# 国家海水鱼产业技术体系年度报告（2021）

国家海水鱼产业技术研发中心　编著

中国海洋大学出版社
·青岛·

**图书在版编目（CIP）数据**

国家海水鱼产业技术体系年度报告 . 2021 / 国家海水鱼产业技术研发中心编著 . —青岛：中国海洋大学出版社，2022.10

ISBN 978-7-5670-3374-0

Ⅰ . ①国… Ⅱ . ①国… Ⅲ . ①海水养殖—水产养殖业—技术体系—研究报告—中国— 2021 Ⅳ . ① S967

中国版本图书馆 CIP 数据核字（2022）第 238554 号

GUOJIA HAISHUIYU CHANYE JISHU TIXI NIANDU BAOGAO 2021

**国家海水鱼产业技术体系年度报告 . 2021**

出版发行 中国海洋大学出版社
出 版 人 刘文菁
社　　址 青岛市香港东路23号
邮政编码 266071
网　　址 http://pub.ouc.edu.cn
电子信箱 dengzhike@sohu.com
订购电话 0532-82032573（传真）
责任编辑 邓志科　姜佳君
电　　话 0532-85901040
印　　制 日照报业印刷有限公司
版　　次 2022 年 11 月第 1 版
印　　次 2022 年 11 月第 1 次印刷
成品尺寸 185 mm × 260 mm
印　　张 40.75
字　　数 900 千
印　　数 1 ~ 1000
定　　价 120.00 元

发现印装质量问题，请致电 0633-8221365，由印刷厂负责调换。

# 国家海水鱼产业技术体系2021年亮点工作集锦

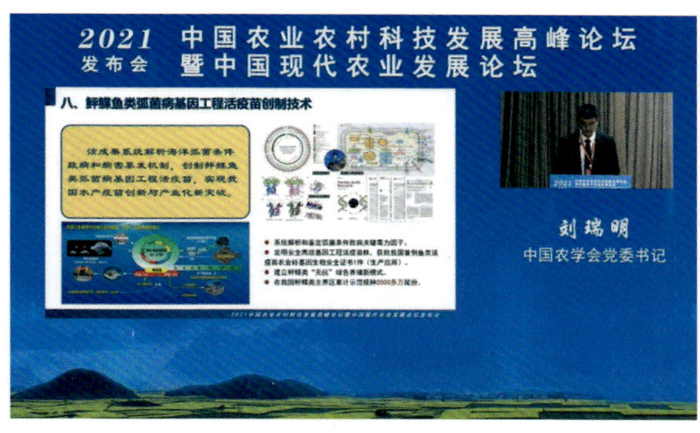


体系成果入选2021中国农业农村十大新技术

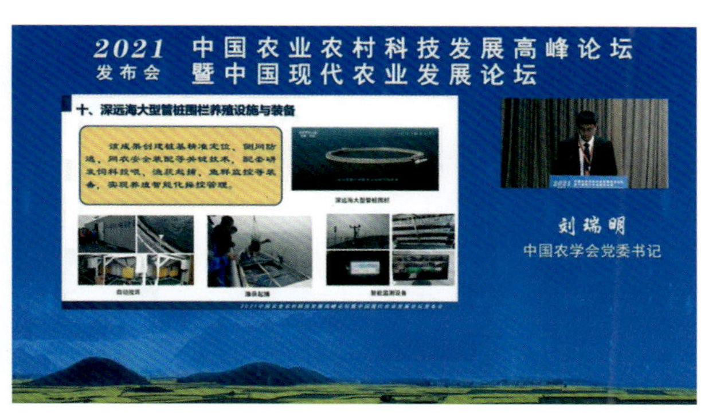


体系成果入选2021中国农业农村十大新装备

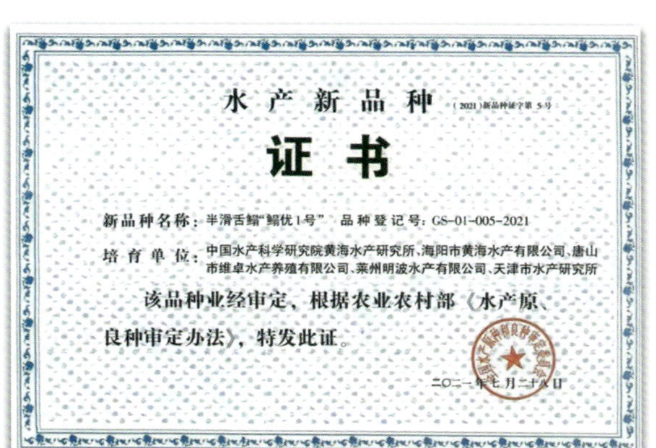

水产新品种 （2021）新品种证字第 5 号

证书

新品种名称：半滑舌鳎"鳎优1号" 品种登记号：GS-01-005-2021

培育单位：中国水产科学研究院黄海水产研究所、海阳市黄海水产有限公司、唐山市维卓水产养殖有限公司、莱州明波水产有限公司、天津市水产研究所

该品种业经审定，根据农业农村部《水产原、良种审定办法》，特发此证。

二〇二一年七月二十八日

半滑舌鳎“鳎优1号”通过国家新品种审定

体系多岗位参与全国水产养殖种质资源普查

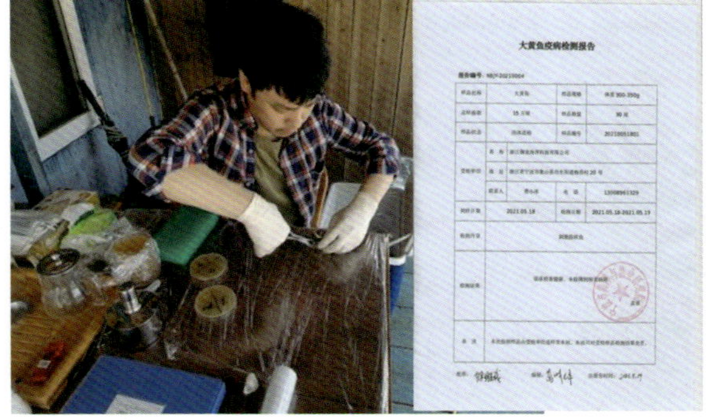

一县一业：宁波宁德跨区域转运活体检疫

一县一业：海鲈产业发展论坛暨龙头企业对接

举办产业技术培训会52场，发放宣传册4261份

体系共完成阶段性成果验收28项

国家海水鱼产业技术体系组织结构图

# 国家海水鱼产业技术体系

首席科学家、执行专家组
（首席办公室）

## 国家海水鱼产业技术研发中心

依托单位：中国水产科学研究院黄海水产研究所

### 功能研究室

- 遗传改良研究室
  - 大菱鲆种质资源与品种改良
  - 牙鲆种质资源与品种改良
  - 半滑舌鳎种质资源与品种改良
  - 大黄鱼种质资源与品种改良
  - 石斑鱼种质资源与品种改良
  - 海鲈种质资源与品种改良
  - 卵形鲳鲹种质资源与品种改良
  - 军曹鱼种质资源与品种改良
  - 河鲀种质资源与品种改良
- 营养与饲料研究室
  - 鲆鲽类营养需求与饲料
  - 大黄鱼营养需求与饲料
  - 石斑鱼营养需求与饲料
  - 军曹鱼卵形鲳鲹营养需求与饲料
  - 海鲈营养需求与饲料
  - 河鲀营养需求与饲料
- 疾病防控研究室
  - 环境胁迫性疾病与综合防控
  - 病毒病防控
  - 细菌病防控
  - 寄生虫病防控
- 养殖与环境控制研究室
  - 养殖设施与装备
  - 养殖水环境调控
  - 网箱养殖
  - 池塘养殖
  - 工厂化养殖
  - 深远海养殖
  - 智能化养殖
- 加工研究室
  - 保鲜与贮运
  - 鱼品加工
  - 质量安全与营养品质评价
- 产业经济研究室
  - 产业经济

### 综合试验站

- 天津综合试验站
- 秦皇岛综合试验站
- 北戴河综合试验站
- 大连综合试验站
- 丹东综合试验站
- 葫芦岛综合试验站
- 烟台综合试验站
- 青岛综合试验站
- 莱州综合试验站
- 东营综合试验站
- 日照综合试验站
- 南通综合试验站
- 宁波综合试验站
- 宁德综合试验站
- 漳州综合试验站
- 珠海综合试验站
- 北海综合试验站
- 陵水综合试验站
- 三沙综合试验站

示范县（市、区）

# 前言

海水鱼类是海洋渔业生产中的主要捕捞对象和人类优质动物蛋白质的重要来源。然而，随着海洋野生鱼类资源的日益衰退，水产品的供给侧逐步转向依靠养殖业的发展。FAO发布的报告显示，世界海水鱼类养殖业正以8%~10%的年增长率迅猛地发展，养殖鱼类产品占世界鱼类消费的比例持续增加。由此可见，海水鱼类养殖业的发展潜力巨大，前景广阔。

我国的海水鱼类繁育与养殖研究始于20世纪50年代，而规模化养殖则兴起于20世纪80年代后期。1984年，我国的海水鱼类养殖产量仅为0.94万吨，相比于海洋藻类、虾类、贝类养殖产业，海水鱼类养殖发展严重滞后。但此后，在渔业"以养为主"方针的正确指导及相关政策的支持下，我国海水鱼类苗种人工繁育技术不断取得突破，设施养殖技术与模式不断创新，推动了我国海水鱼类养殖产业的快速发展，并在2002年和2012年先后突破50万吨和100万吨养殖产量大关，为此，海水鱼类养殖也被誉为我国海水养殖的第四次产业化浪潮。2021年底，我国海水鱼类养殖产量已达184.38万吨，开发的养殖种类近百种，建立起海水网箱、工厂化和池塘三大主养模式，形成了大黄鱼、海鲈、石斑鱼、卵形鲳鲹、大菱鲆、牙鲆、半滑舌鳎、河鲀、军曹鱼等主导养殖产业。海水鱼类养殖产业的发展对开拓我国全新的海洋产业、保障水产品有效供给、改善国民膳食结构、提供沿海渔民就业机会和繁荣"三农"经济等方面，都做出了突出的贡献。

2017年，经农业农村部（原农业部）批准，原"国家鲆鲽类产业技术体系"进行了扩容和优化调整，正式更名为"国家海水鱼产业技术体系"（以下简称海水鱼体系）。本体系由产业技术研发中心和综合试验站2个层级构成，下设遗传改良、营养与饲料、疾病防控、养殖与环境控制、加工和产业经济等6个功能研究室，聘任岗位科学家31名。设综合试验站19个，辐射示范县区95个，分布于辽宁、河北、天津、山东、江苏、浙江、福建、广东、广西、海南等10个沿海省区市。"十三五"期间，海水鱼体系以"生态友好、生产发展、设施先进、产品优质"为产业发展目标，面向我国海水鱼类养殖产业发展需求，围绕制约产业发展的突出问题，开展共性关键技术研发、集成、试验和示范，突破技术瓶颈，为我国海水鱼类养殖产业持续健康发展提供技术支撑。

《国家海水鱼产业技术体系年度报告（2021）》由国家海水鱼产业技术研发中心编著，财政部和农业农村部：国家现代农业产业技术体系资助（CARS-47）。本书概括了海水鱼体系 2021 年度的主要工作内容与成果，主要包括海水鱼产业技术研究进展报告，海水鱼主产区调研报告，轻简化实用技术，获奖成果和鉴定验收成果汇编，专利汇总等。海水鱼体系全体岗位科学家、综合试验站团队参与了编写工作，体系首席办公室对书稿进行了整合、审阅和补充。

由于编写时间仓促、学科交叉内容较多，书中错误和疏漏之处在所难免，敬请广大读者批评指正并给予谅解。

**国家海水鱼产业技术体系首席科学家**

2022 年 10 月 10 日

**第五篇**

# 第一篇

# 研究进展报告

# 2021 年度海水鱼产业技术发展报告

（国家海水鱼产业技术体系）

## 1　国际海水鱼生产与贸易概况

### 1.1　生产情况

水产养殖对全球海水鱼的贡献持续上升，其比重从 2000 年的 3.6%升至 2019 年的 10.5%。据联合国粮农组织（Food and Agriculture Organization, FAO）最新数据，2019 年全球海洋捕捞①总产量 8 040.9 万t，其中，海水鱼类捕捞产量 6 806.8 万t，占 84.7%；全球海水养殖②总产量 3 203.4 万t，其中，海水鱼类养殖产量 795.7 万t，占 24.8%。海水鱼类养殖在全球区域的分布：亚洲 436.9 万t，欧洲 205.2 万t，美洲 115.2 万t，大洋洲 8.4 万t，非洲 29.9 万t。水产养殖对海水鱼类产量的贡献：欧洲>亚洲>美洲>大洋洲>非洲（14.4%>11.4%>7.5%>5.3%>4.5%）。目前，全球海水鱼养殖种类中，养殖规模较大的有大西洋鲑、海鲈、鲕鱼、大黄鱼、鲆鲽类等，其中，单一种类产量最大的是大西洋鲑，2019 年全球养殖产量 261.4 万t。

### 1.2　贸易情况

2021 年，尽管全球经济仍受疫情反复影响，但由于疫情总体控制能力增强，全球各主要经济体的出口供给能力逐渐恢复，进口需求日益增加。具体来看：全球最大海鲈进口国是美国，2021 年前 8 个月进口额达 5 518.57 万美元，同比增加 72.64%，约占全球总进口额的 50%，已远超 2019 年同期进口规模。全球最大海鲈出口国是土耳其，2021 年前 8 个月的出口额为 1.73 亿美元，同比增加 26.25%，约占全球总出口额的 96.81%。全球最大石斑鱼进口国是美国，2021 年前 9 个月进口达 4 543.14 万美元，同比增长 54.32%，已超过 2019 年同期水平。最大鲆鲽类出口国或经济体中，除了加拿大，中国、欧盟 28 国和美国均未恢复到疫情前出口规模；最大进口国中除美国外，中国、欧盟 28 国和日本均未恢

① 不含水生哺乳动物、鳄、短吻鳄和凯门鳄、海藻和其他水生植物。

② 不含水生哺乳动物、鳄、短吻鳄和凯门鳄、海藻和其他水生植物。

复到疫情前进口规模。

# 2 国内海水鱼生产与贸易概况

## 2.1 生产情况

2021年体系示范县域海水鱼养殖面积为：工厂化养殖677.24万$m^3$，比2020年的740.10万$m^3$下降8.49%，其中循环水占比较2020年上升0.05%；池塘养殖1.30万$hm^2$，同比上升1.09%，其中工程化占比上升0.03%；普通网箱养殖2 385.15万$m^2$，深水网箱养殖908.84万$m^3$，围网养殖114.23万$m^2$，较2020年分别变动−2.73%、4.20%和0.00%。

2021年体系跟踪区域主要海水鱼养殖品种总产量为101.07万t，如表1所示：

**表1 2021年体系跟踪区域海水鱼产量统计表**

| 鱼类品种 | 示范县产量/万t | 体系跟踪的非示范县产量/万t | 合计/万t |
|---|---|---|---|
| 大菱鲆 | 4.64 | 0.01 | 4.65 |
| 牙鲆 | 0.37 | | 0.37 |
| 半滑舌鳎 | 0.56 | | 0.56 |
| 其他鲆鲽类 | 0.00 | | 0.00 |
| 珍珠龙胆 | 3.30 | 6.37 | 9.67 |
| 其他石斑鱼 | 2.11 | 0.72 | 2.83 |
| 暗纹东方鲀 | 0.42 | 0.50 | 0.92 |
| 红鳍东方鲀 | 0.30 | | 0.30 |
| 其他河鲀鱼 | 0.48 | | 0.48 |
| 大黄鱼 | 13.47 | 0.96 | 14.43 |
| 海鲈 | 15.10 | | 15.10 |
| 军曹鱼 | 0.32 | 0.90 | 1.22 |
| 卵形鲳鲹 | 11.66 | 6.05 | 17.71 |
| 鲷鱼 | 1.86 | 8.51 | 10.38 |
| 美国红鱼 | 1.19 | 3.17 | 4.36 |
| 鰤鱼 | 0.11 | 1.40 | 1.51 |
| 许氏平鲉 | 0.01 | | 0.01 |
| 其他海水鱼 | 0.95 | 15.63 | 16.58 |
| 合计 | 56.84 | 44.23 | 101.07 |

## 2.2 贸易情况

2021年面临国内新冠肺炎疫情反复，国际上贸易保护主义抬头、供应链加速重构，中国海水鱼产业交出了令人满意的贸易成绩，贸易规模基本恢复甚至超出2019年水平，展现了海水鱼产业的发展韧性。

中国在大黄鱼和河鲀出口中占据绝对优势。2021年前10个月，大黄鱼出口额达2.21亿美元，同比增长16.61%，略低于疫情前出口规模，河鲀出口额达447.87万美元，同比增长14.11%，微高于疫情前出口规模。中国是军曹鱼（尤其是冰鲜品）非常重要的出口国，2021年前11个月出口额达339.71万美元，虽同比减少4.47%，却远高于疫情前出口规模。中国是卵形鲳鲹（尤其是冻品）的重要出口国，2021年前11个月出口额达1.22亿美元，同比增长86.70%，远高于疫情前出口规模；2020年以来，该品种冰鲜品和冻品出口单价出现倒挂现象，且价差扩大，价差已达2 470.92美元/吨。中国是鲆鲽鳎类的重要贸易国，2021年前8个月进出口额双减，贸易逆差进一步缩小至0.52亿美元，逆差同比减少了54.74%，只有疫情前的一半。

# 3　国际海水鱼产业技术研发进展

## 3.1　海水鱼遗传改良技术

2021年，土耳其研究者采用多倍体育种技术开展了大菱鲆育种研究；墨西哥开展了基于深度学习技术的基因组选择算法分子选育技术研究；日本研究人员采用基因编辑技术对红鳍东方鲀的瘦蛋白受体基因进行了编辑，增加了红鳍东方鲀的生长速度；英国设计研发了60K的SNP芯片MedFish，其中包含金头鲷及欧洲鲈的SNP标记位点各30K，为群体基因组学研究及通过全基因组选择手段加速育种进程提供了有效的工具；挪威利用微卫星标记构建大西洋鲑高密度遗传连锁图谱，完成了对抗病基因的精准QTL定位。

## 3.2　海水鱼养殖与环境控制技术

### 3.2.1　工厂化养殖

研究热点聚焦于循环水养殖系统（RAS）环境与养殖动物的生理响应、RAS系统病害控制与免疫、水环境控制技术与装备、新型RAS系统、养殖尾水处理和资源化利用、精准投喂与品质控制等方面。

### 3.2.2　网箱和深远海养殖

挪威三文鱼生产商Nova Sea实施最新离岸养殖项目“Spidercage”，总计3 120吨养殖容量。Spidercage是一款封闭式养殖网箱，隔绝鱼虱进入设施内部的垂直深度达到12 m，可吸收部分海洋能量转化为电能。智利EcoSea养殖公司也在与我国深入交流共同发展深远海养殖装备。

#### 3.2.3 池塘养殖

围绕海水鱼池塘养殖生境中物质循环利用机制开展了系列研究，进展集中在池塘养殖鱼类生长代谢机制、环境微生态调控、养殖鱼的环境适应机制等方面。

#### 3.2.4 养殖水环境控制

研究聚焦在对氮、磷营养盐的去除和资源化再利用、病原微生物的有效控制以及药物残留的吸附去除等方面，采用的工艺技术包括臭氧深度氧化、生物炭吸附、曝气辅助硝化、生物移动床等。

#### 3.2.5 养殖设施与装备

人工智能技术的应用研究成为热点。希腊采用深度光流神经网络建立模型对鱼类摄食强度进行评价，准确率达 95%。韩国和沙特分别开展了利用水下传感器识别检测鱼类状态的算法。印度和越南分别开展了增氧机智能控制和氨氮自动监测系统的研发。

### 3.3 海水鱼疾病防控技术

#### 3.3.1 致病病原

2021 年度，研究主要集中在爱德华氏菌（*Edwardsiella* spp.）、气单胞菌（*Aeromonas* spp.）、黄杆菌（*Flavobacterium* spp.）、诺卡氏菌（*Nocardia* spp.）、发光杆菌（*Photobacterium* spp.）、鲁氏耶尔森菌（*Photobacterium* spp.）、鲑立克次氏体（*Piscirickettsia salmonis*）、弧菌（*Vibrio* spp.）和海洋屈挠杆菌（*Flexibacter maritimus*）等细菌病原；传染性鲑贫血症病毒（*Infectious salmon anaemia virus*）、病毒性出血性败血症病毒（*Infection with viral haemorrhagic septicaemia virus*）、传染性造血坏死病毒（*Infectious hematopoietic necrosis virus*）等病毒性病原以及鲑鱼海虱（*Lepeophtheirus salmonis*）、刺激隐核虫（*Cryptocaryon irritans*）等寄生虫病原。

#### 3.3.2 病原–宿主互作

运用各种功能基因组学研究手段，从宿主趋化因子活性调节、病原载量动态变化、病毒复制周期、病原进化、流行病学调查等方面阐明病原的分子致病机制和宿主免疫防御功能。

#### 3.3.3 鱼病防治

病害控制手段呈现多元化，但疫苗接种依然是最为热点的病防策略。此外益生菌、免疫增强与调节剂、新型饲料、养殖系统消毒措施等成为重要补充手段。国际上对于鱼类养殖过程中环境丰容越来越重视，通过生态调节提高养殖鱼类抗病能力也是一个重要的研究方向。开发基于鱼类免疫系统的绿色健康病防技术已经是当前国际前沿领域的普遍共识。

### 3.4 海水鱼营养与饲料技术

#### 3.4.1 营养需求

与以往相比，海水鱼营养需求研究更加关注生长阶段、养殖环境等对营养素代谢的影响，同时注重营养素对海水鱼免疫及抗病力的影响。

#### 3.4.2 蛋白源、脂肪源开发

当前，评估昆虫蛋白、单细胞蛋白等新型非粮蛋白源在海水鱼中的应用效果研究越来越多，开发提升豆粕等植物性蛋白原料利用效率的技术也是目前研究的热点。

#### 3.4.3 功能性添加剂

关注养殖动物健康、提升饲料应用效果是目前水产动物营养领域研究的热点。国际上通过系统评测活性物质在海水鱼生长性能、免疫抗病、品质形成等方面的作用，拓展饲料功能性添加剂来源。

### 3.5 海水鱼产品质量安全控制与加工技术

2021 年国际上研究最多的加工鱼种是金枪鱼、鳕鱼和三文鱼，也有少部分研究涉及马鲛鱼、沙丁鱼、鲐鱼等品种。加工技术包括海水鱼加工过程中的品质变化及其调控机制、功效成分发掘与功能评价研究、风味形成机制与调控技术、海水鱼品质智能评价；含有天然抗菌剂的活性包装、采用非热杀菌技术杀灭微生物、采用栅栏技术抑制微生物生长繁殖、海水鱼保活运输过程中的应激安抚处理技术、鱼肉肉质评价及预测无损技术；养殖海水鱼用药定向识别和快检技术、重金属的检测和消减控制技术。

## 4 国内海水鱼产业技术研发进展

### 4.1 海水鱼遗传改良技术

2021 年度，国内海水鱼主要采用规模化家系选育、杂交育种、分子标记辅助育种、全基因组选择技术手段进行遗传改良。在大菱鲆育种领域，建立起以育种值均值选家系，以分子标记选个体的大菱鲆抗逆性状分子标记辅助育种技术路线；在大黄鱼育种领域，开发了应用于大黄鱼SNP分型及基因组选择的低深度基因组重测序技术；在半滑舌鳎育种领域，研制了抗病育种用“鳎芯 1 号”基因芯片；分析了体色相关基因以及抗病家系优势表达的基因；在卵形鲳鲹育种领域，研发出卵形鲳鲹群体育种方法、卵形鲳鲹与布氏鲳鲹的杂交育种技术、卵形鲳鲹全同胞家系构建方法和基于Gompertz模型的卵形鲳鲹体质量育种方法；在海鲈育种领域，建立了适合海鲈生长、耐盐碱性状的GWAS流程和模型，定位出 20 个与生长性状、18 个与耐盐碱显著关联的SNP位点，建立了适合于北方海鲈生长性状

的全基因组选择育种模型；在军曹鱼育种领域，基于低氧胁迫后的军曹鱼幼鱼肠道转录组测序结果，筛选出大量SNP位点，为军曹鱼耐低氧品系选育研究提供参考资料。

## 4.2 海水鱼养殖与环境控制技术

### 4.2.1 工厂化养殖

山东、河北、天津、海南等地尝试性投建海水RAS养殖车间约 3 万$m^2$。养殖技术主要集中在病害绿色防控、高附加值品种、尾水处理和资源化利用、节能降耗等方面。

### 4.2.2 网箱和深远海养殖

福建省“闽投 1 号”养殖平台开建，舟山东极智慧渔场综合体项目完成建设规划，中集来福士设计建造的“经海 001 号”深海智能网箱正式交付开始运营。

### 4.2.3 池塘养殖

制定了牙鲆工程化池塘养殖技术标准，在青岛、珠海等地完成了牙鲆、海鲈工程化池塘生态养殖技术优化与示范；同时，在池塘养殖鱼类肠道与环境微生态调控机制研究方面取得了诸多进展。

### 4.2.4 养殖水环境控制

研究聚焦于养殖水生物处理，采用混合营养型钝顶螺旋藻结合膜光合反应器不仅实现了海水养殖循环水高效的碳、氮、磷同步去除，并可稳定收获生物质资源。采用生物技术、工程技术等措施构建生态系统，水体富营养化程度降低了 42%。

### 4.2.5 养殖设施与装备

开展了鱼体图像分割算法和动态鱼体智能测量技术的研发，鱼群摄食行为智能判别技术研究准确率达 99.24%。研制了一种管道式自动吸鱼装备，经第三方检测吸鱼能力达 15.9 kg/min。

## 4.3 海水鱼疾病防控技术

### 4.3.1 致病病原

我国海水鱼病害主要细菌病原为弧菌（*Vibrio* spp.）、爱德华氏菌（*Edwardsiella* spp.）、假单胞菌（*Pseudomonas* spp.）、链球菌（*Streptococcus* spp.）和发光杆菌（*Photobacterium* spp.）；病毒病病原主要为石斑鱼虹彩病毒（*Singapore grouper iridovirus*）和神经坏死病毒（*Nervous necrosis virus*）；寄生虫则为刺激隐核虫（*Cryptocaryon irritans*）。

### 4.3.2 鱼病防治

完成大菱鲆疫苗联合接种生产示范，实现全程“无抗”养殖，兽药减量为 70%~80%。由华东理工大学研发的“大菱鲆哈维氏弧菌灭活疫苗（MAVH402 株）”和华南农业大学研发的我国首例“石斑鱼蛙虹彩病毒病灭活疫苗（HN株）”获批农业农村部临床试验批件。研发了防治刺激隐核虫病的纳米杀虫涂料和镀锌材料，以及混养罗非鱼防控刺激隐核虫病生态防控技术，摸清了主养区大黄鱼内脏白点病、体表白点病以及白鳃病和大菱鲆出血症的发病情况，建立了相应的病害监测、预警及苗种检疫体系。

## 4.4　海水鱼营养与饲料技术

### 4.4.1　营养需求参数

进一步完善海水鱼营养需求参数。近几年，随着我国海水鱼养殖产量逐渐增加，开发典型养殖模式下海水鱼优质配合饲料成为我国海水鱼营养与饲料研究的重点，特别是针对特定养殖环节（高温、越冬）等条件下营养需求参数精准度进一步提升。

### 4.4.2　饲料开发

提升饲料利用效率、降低氮磷排放等受到越来越多国内研究者关注。特别是当前部分养殖品种开展替代冰鲜杂鱼行动的推进，开发优质环保饲料成为当前国内海水鱼营养与饲料领域研究和推进的热点。

### 4.4.3　功能性添加剂

中草药等免疫增强剂在海水鱼饲料中的应用效果研究进一步开展，特别是随着饲料禁抗等政策推进，通过营养免疫等手段提升养殖动物健康已经成为我国海水鱼营养研究的重要部分。

## 4.5　海水鱼产品质量安全控制与加工技术

### 4.5.1　鱼品加工

鱼品加工主要集中在海鲈、三文鱼、大黄鱼、河豚、鳕鱼、牙鲆、卵形鲳鲹、鳗鱼等鱼种。加工技术是通过改进抑菌物质来延长鱼片的货架期及提高储运过程的安全性；利用副产物生产降血糖肽、血管紧张素转化酶抑制肽、抗氧化肽等；用大宗海水鱼蛋白资源生产富含呈味肽的呈味基料及调味品。

### 4.5.2　质量安全控制

海水鱼营养评价与残留物检测新方法的研究；利用近红外等技术测定鱼类品质和新鲜度；开展了重金属检测和消减技术、渔药残留的现场无损快速检测技术研发。

### 4.5.3　保鲜贮运

研发了大宗养殖大黄鱼、海鲈商品化保鲜贮运新技术；研究了海鲈有水保活工艺及对其品质的影响。

# 2021年海水鱼类养殖产业运行分析报告

国家海水鱼产业技术体系产业经济岗位团队

本研究以海水鱼类产业技术体系各综合试验站调查数据为基础，以产业经济岗位团队的调研数据为补充，对2021年度海水鱼类养殖产业经济运行情况进行了分析，旨在为生产者、管理部门、产业技术体系及其他利益相关者提供参考。主要研究结论如下：

（1）养殖面积变动情况。

对于不同养殖模式而言，2020年第4季度至2021年第4季度的养殖面积变化情况不尽相同。2021年第4季度的养殖面积情况分别为：在工厂化养殖模式下，其养殖面积676.50万$m^3$，同比和环比分别下降8.47%和12.14%。在网箱养殖模式下，其养殖面积为3 518.21万$m^3$，同比和环比分别下降了22.57%和5.40%。在池塘养殖模式下，养殖面积为12 694.24公顷，同比上升0.75%，环比下降4.59%。

对于不同品种海水鱼各模式养殖面积而言，2020年第4季度至2021年前4季度的养殖面积也呈现不同的变化趋势。2021年第4季度，工厂化模式养殖面积为676.50万$m^3$，同比和环比分别下降8.47%和12.14%，以大菱鲆和半滑舌鳎为主。网箱模式养殖面积为3 518.21万$m^3$，同比和环比分别下降22.57%和5.40%，以河鲀、珍珠龙胆石斑鱼、海鲈、大黄鱼、卵形鲳鲹、军曹鱼和许氏平鲉养殖为主。池塘养殖总面积为12 694.24万$m^2$，同比上升0.75%，环比下降4.59%，以牙鲆、河鲀、珍珠龙胆石斑鱼和海鲈养殖为主。

对于不同地区各模式养殖面积而言，工厂化养殖模式主要分布在辽宁、山东和河北地区，网箱养殖模式主要分布在福建、海南和广西地区，池塘养殖模式则主要分布在辽宁、福建、广东和海南地区。

（2）季末存量变动情况。

对于不同养殖模式而言，尽管同往年一致，网箱养殖的季末存量最高，池塘养殖次之，工厂化养殖季末存量相对较小，但是其季末存量变动也呈现不同的趋势。2021年第4季度末，网箱养殖的存量为16.64万t，同比和环比分别下降26.95%和24.42%；池塘养殖的存量为8.11万t，同比上升18.95%，环比下降7.69%；工厂化养殖的存量为4.01万t，同比和环比分别下降7.19%和6.21%。

就不同养殖品种海水鱼而言，2021年第4季度季末存量变动呈现出一定的差异。存量低于10万t但高于5万t的有大黄鱼和海鲈，其中大黄鱼存量为95 633.5 t，同比下降29.80%，环比下降5.31%；海鲈存量为84 972.95 t，同比上升1.08%，环比下降5.66%。存量低于5万t但高于1万t的有大菱鲆和珍珠龙胆石斑鱼，其中大菱鲆存量为3.08万t，同比下降13.35%，环比下降8.46%；珍珠龙胆石斑鱼存量上升为21 142 t，同比上升15.83%，环比下降3.57%。存量低于1万t的有卵形鲳鲹、半滑舌鳎、河鲀、牙鲆、军曹鱼和许氏平鲉，其中卵形鲳鲹养殖存量为6 727 t，同比下降35.07%，环比下降87.18%；半滑舌鳎存量为3 858.53 t，同比上升13.05%，环比下降6.05%；河鲀存量为3 683 t，同比下降0.83%，环比下降33.09%；牙鲆存量为1 114.32t，同比上升10.89%，环比下降15.28%；军曹鱼存量为570 t，同比上升100.00%，环比下降46.98%。许氏平鲉存量为17 t，同比下降78.32%，环比上升41.67%。

（3）销量变动情况。

体系示范区县海水鱼养殖销量总体呈现先下降再上升的变动趋势。随着新冠肺炎疫情的有效控制，2020年第4季度的销量显著提高，达到21.62万t，同比和环比分别上升14.45%和42.24%。然而，自2021年1月起，新冠肺炎疫情的多点反弹爆发造成销量连续2季度下降，从第3季度开始，销量逐渐开始回升，在第4季度销量上升至17.15 t，同比下降19.33%，环比增长18.28%。

就不同养殖模式看，2021年第4季度工厂化养殖模式的总销量为1.77万t，同比和环比分别下降17.4%和12.86%。池塘养殖模式的总销量为4.32万t，同比下降17.7%，环比上升37.31%。网箱养殖模式的总销量为11.06万t，同比下降22.30%，环比上升18.56%。

就各海水鱼养殖品种而言，不同养殖品种销量呈现不同的变动趋势。大菱鲆养殖销量呈波动变化趋势，在2021年第4季度销量提升至12 477.77 t。牙鲆养殖销量呈波动降低趋势，2021年第4季度的销量为582.77 t。半滑舌鳎销量总体呈现先升后降、再升再降的变动趋势，2021年第4季度销量为1 273.98 t。河鲀销量的波动趋势较为明显，2021年第4季度销量为3 291.50 t。珍珠龙胆石斑鱼销量自2019年以来总体上呈现下跌的趋势，但在2021年迎来较大幅度的上升，2021年第4季度销量为10 007.00 t，环比上升18.62%，同比上升21.98%。大黄鱼销量总体呈现先升后降再升的变动趋势，2021年第4季度销量为40 684.50 t。卵形鲳鲹销量成周期性震荡上升趋势，2021年第4季度销量降至44 461.00 t，同比下降56.18%，环比下降11.79%。军曹鱼销量总体呈现波动下降的变动趋势，2021年第4季度销量为1 480.00 t，环比上升79.39%，同比上升64.44%，较2019年第4季度下降53.36%。海鲈季度销量波动幅度较大，季末销量整体为先下降后上升，到达第一个峰值，其后再下降后上升，到达第二个峰值后呈下降趋势，总体呈波动变化趋势，2021年第4季度为40 421.00 t，同比下降39.10%，环比上升57.19%。许氏平鲉销量呈现快速下降后在低位波动的趋势，2021年第4季度销量为19.00 t，同比增加35.71%，环比增加90.00%。

（4）价格变动情况。

自体系成立以来，参与统计的9种海水鱼价格呈现不同的变化趋势，但多品种价格呈现下降趋势。大菱鲆价格波动较为频繁，呈现波动下降的趋势，尤其是2020年4月受新冠肺炎疫情的影响，其价格下降至低点26元/千克，之后震荡提升；2021年11月达到74元/千克，之后震荡下降至60元/千克。牙鲆价格整体持续波动，呈现波动下降趋势。2020年5月价格下降到26元/千克，随后价格波动回升，到2021年12月价格波动回弹至55元/千克。半滑舌鳎价格持续波动，呈现波动上升的趋势。进入2020年，价格持续下降，并于5月份降至2020年最低点88.3元/千克，随后波动上升，逐步回升至2021年9月的125.0元/千克。河鲀价格相对稳定，但2020年河鲀的销售同样受到新冠肺炎疫情的影响，价格大幅度下降后呈现逐渐恢复的趋势；随后，红鳍东方鲀价格随着疫情反复波动呈现震荡趋势，暗纹东方鲀则呈现波动上升趋势。珍珠龙胆石斑鱼价格呈现波动趋势，在2020年第1季度降至最低点，随后呈现波动上升趋势，2021年11月回升至60.18元/千克。海鲈出池价格呈现波动趋势，每年的10—11月份为海鲈的盛渔期，价格在此期间有所下降。至次年2-3月份，海鲈的产量有所下降，所以又导致价格的回升。大黄鱼价格呈现出震荡上行的趋势，2021年9月价格为37.19元/千克，与2019年9月相比，上升21.5%；2012年12月价格又回落至25.75元/千克。卵形鲳鲹价格总体来看呈现震荡下跌趋势，周期性较为明显，每年1、2季度价格偏高，3、4季度价格偏低，2021年12月收购价格为18.00元/千克，同比降低1.01%，环比增长4.65%。军曹鱼价格呈现波动上升趋势，目前基本稳定在54元/千克左右，相比较于2017年1月，上升了27.06%。许氏平鲉价格在2021年呈现逐步上升的趋势，10月价格上升至64元/千克，相比较于1月，上升48.84%。

（5）海水鱼养殖成本收益情况。

2021年，不同海水鱼的养殖成本结构各不相同，但单位变动成本均高于单位固定成本。半滑舌鳎单位总成本最高，其中工厂化循环水养殖成本为96.63元/千克，工厂化流水养殖成本为86.39元/千克；卵形鲳鲹总成本最低，其中普通网箱养殖成本为20.76元/千克，深水网箱养殖成本为16.91元/千克。其他统计的海水鱼养殖平均成本区间在20~50元/千克。作为单位总成本中占比较高的饲料支出项目，在不同养殖模式下有明显的差异，以网箱养殖模式下的饲料支出占比最高，其次是池塘养殖，工厂化养殖模式下的饲料支出占比相对略小。

2021年不同海水鱼养殖呈现不同的成本收益情况：

大菱鲆工厂化养殖的单位总成本为32.67元/千克，单位变动成本为23.14元/千克，单位固定成本为9.53元/千克。净利润达到16.17元/千克，成本利润率为49.52%，销售利润率为33.12%，边际贡献率为52.62%。牙鲆养殖单位总成本为35.63元/千克。其中，单位变动成本为23.89元/千克，单位固定成本为11.74元/千克。净利润为10.24元/千克，成本利润率为28.75%，销售利润率为22.33%，边际贡献率为47.93%。半滑舌鳎主要采用工厂化养殖模式，包括工厂化流水养殖和工厂化循环水养殖模式。在工厂化流水养殖模式下，单位总成本为86.39元/千克，可变成本为62.41元/千克，固定成本为23.98元/千克；在工厂化循环水养殖模式下，单位总成本为96.63元/千克，可变成本为68元/千克，固定成本为28.63元/千克。净利润为18.59元/千克，其中工厂化流水养殖和工厂化循环水养殖的净利润分别为18.88元/千克和17.89元/千克，边际贡献率分别40.72%和40.62%。暗纹东方鲀单位养殖总成本为36.68元/千克，其中单位可变成本为28.14元/千克，单位固定成本为8.54元/千克。红鳍东方鲀养殖平均单位总成本为52.08元/千克，其中单位可变成本为31元/千克，单位固定成本为21.12元/千克。从获利能力上看，工厂化养殖暗纹东方鲀和红鳍东方鲀，其利润率均高于其他养殖模式。珍珠龙胆石斑鱼养殖成本为41.69元/千克，池塘养殖和工厂化养殖的成本分别为38.43元/千克和65.86元/千克；珍珠龙胆石斑鱼养殖的净利润为17.41元/千克，其中池塘养殖和工厂化养殖净利润分别为18.71元/千克和7.8元/千克；池塘养殖和工厂化养殖安全边际率分别为92.19%和61.16%；珍珠龙胆石斑鱼工厂化养殖和池塘养殖两种模式下，净利润对销售价格的影响均为正向最大。军曹鱼养殖成本为25.26元/千克，普通网箱养殖的成本为26.24元/千克，而深水网箱养殖的成本为24.28元/千克，深水网箱养殖的成本低于普通网箱养殖。净利润为8.76元/千克，其中，普通网箱养殖和深水网箱养殖的净利润分别为7.38元/千克和10.14元/千克。这两种养殖方式对应的成本利润率分别为28.13%和41.76%，销售利润率分别为21.95%和29.46%。海鲈养殖，普通池塘养殖的成本最低，单位总成本为24.04元/千克，深水网箱养殖的成本最高，单位总成本为32.70元/千克。普通池塘、普通网箱和深水网箱养殖的净利润分别为2.38元/千克、8.33元/千克和6.10元/千克，成本利润率分别为9.90%、28.28%和18.35%；销售利润率分别为9.00%、22.05%和15.50%；边际贡献率分别为16.92%、27.54%和34.24%。大黄鱼养殖模式主要为普通网箱和深水网箱模式，在普通网箱养殖模式下，单位总成本为21.34元/千克，可变成本为18.4元/千克，固定成本为2.95元/千克。在深水网箱模式下，深水网箱养殖大黄鱼单位总成本为26.89元/千克，可变成本为22.18元/千克，固定成本为4.71元/千克。净利润为11.82元/千克，其中普通网箱和深水网箱养殖净利润分别为11.2元/千克和11.07元/千克；大黄鱼普通网箱养殖的安全边际率为89.58%，深水网箱养殖的安全边际率为84.07%。卵形鲳鲹的养殖单位总成本为19.69元/千克，可变成本为16.77元/千克，单位固定成本为2.92元/千克。不同养殖模式的成本存在一定差异。其中，深水网箱的单位总成本低于普通网箱的单位总成本，分别为16.91元/千克和20.76元/千克。网箱养殖的净利润为2.91元/千克，深水网箱养殖的净利润为5.59元/千克；深水网箱养殖和普通网箱养殖的成本利润率分别为33.06%和14.02%；深水网箱养殖和普通网箱养殖的边际贡献率分别为34.27%和25.94%。许氏平鲉养殖成本为34.16元/千克，普通网箱养殖的单位成本为41.05元/千克，深水网箱养殖的成本为28.91元/千克，普通网箱养殖的成本高于深水网箱养殖。净利润为13.21元/千克，其中普通网箱养殖和深水网箱养殖净利润分别为12.18元/千克和18.50元/千克，普通网箱养殖和深水网箱养殖安全边际率分别为76.36%和86.37%。

（6）海水鱼类产品国际市场简况。

全球经济复苏，海产品消费需求强劲，市场供不应求。2021年上半年，随着疫苗接种人数增长、病毒检测技术的进步以及国际旅游需求的释放，尤其是欧洲各国自4月下旬逐渐放宽第三次COVID-19疫情防控措施后，餐饮、旅游等服务业重启，全球经济复苏势头良好。

快速上涨的运输成本以及燃料和劳动力成本助推海产品价格上涨。据美国能源情报署的数据，4月份柴油平均价格比2020年同期上涨了26%，汽油达到近7年的最高水平；燃油价格上涨，渔船、货运卡车、集装箱船和电力等成本增加，全球货运成本大幅提升。疫情带来的劳动力市场紧张，进一步提升了劳动力成本。此外，国际主要市场海水鱼价格涨势明显，冷冻加工鱼片类产品高涨。

受疫情影响，海产品消费偏好增加，推动了消费新渠道和新业态发展。美国海产品零售销售增长明显，尤其是线上销售表现突出。欧盟水产品消费和偏好保持增加趋势，对包装和冷冻水产品的需求出现增长，消费者居家消费增加，海鲜配送服务兴起。日本人均水产品消费量上升。韩国居民倾向选择多样化料理的“家庭方便食品”。

基于运行分析，提出以下建议：

以国内消费市场为重点，进一步强化“双循环”新发展格局；加大政策支持力度，进一步稳定从业人员就业；促进产品深加工走向精细化，进一步优化产业链；加强产业组织化建设，进一步规范生产经营秩序；探索新的水产品交易方式，进一步拓宽流通渠道；加强产业技术研发，进一步推动绿色发展。

# 1　引言

为了便于业界、管理部门、科研单位等有关部门及相关人员掌握2021年海水鱼产业经济运行情况，本书以国家海水鱼产业技术体系各综合试验站跟踪调查区域调查数据为基础，辅以农业农村部渔业渔政管理局养殖渔情监测系统调研数据，结合产业经济岗位团队的调研数据，对2021年我国跟踪调查区域海水鱼养殖面积变动、存量变动、销量变动、生产要素及海水鱼价格变动、成本收益以及我国海水鱼国际贸易等产业运行情况进行分析。

报告中所指的体系示范区县包括大连市甘井子区、旅顺口区、庄河市、瓦房店市、长海县，丹东市东港市，葫芦岛市龙港区、兴城市、绥中县，盘锦市大洼区、盘山县，营口市鲅鱼圈区、老边区、盖州市，青岛市黄岛区、崂山区、即墨区，日照市东港区、岚山区，威海市文登区、环翠区、荣成市、乳山市，潍坊市昌邑市，烟台市福山区、牟平区、蓬莱区、芝罘区、海阳市、莱阳市、莱州市、龙口市、招远市，东营市利津县，滨州市无棣县，宁波市象山县，舟山市普陀区，温州市洞头区、平阳县，台州市椒江区，南通市通州区、启东市、海安市、如东县，连云港市赣榆区，秦皇岛市山海关区、昌黎县，唐山市曹妃甸区、丰南区、滦南县、乐亭县，沧州市黄骅市，海口市，三亚市，文昌市，儋州市，万宁市，琼海市，东方市，陵水黎族自治县，昌江黎族自治县，乐东黎族自治县，临高县，澄迈县，铜仁市万山区，北海市铁山港区、合浦县，防城港市港口区、防城区，钦州市钦南区，珠海市斗门区，江门市新会区，潮州市饶平县，阳江市阳西县，惠州市惠东县，福州市罗源县、连江县，宁德市蕉城区、福鼎市、霞浦县，漳州市漳浦县、东山县、云霄县等地区。

除特别说明外，报告中所用的数据以数据信息采集平台统计为主。在数据采集过程中，得到了各综合试验站、相关岗位科学家的帮助与支持，在此一并表示感谢！

# 2 体系示范区县海水鱼养殖面积分布情况

## 2.1 不同养殖模式养殖面积分布情况

根据跟踪调查数据，整理得出 2020 年第 4 季度至 2021 年第 4 季度体系示范区县养殖总面积变动情况如图 1 所示。

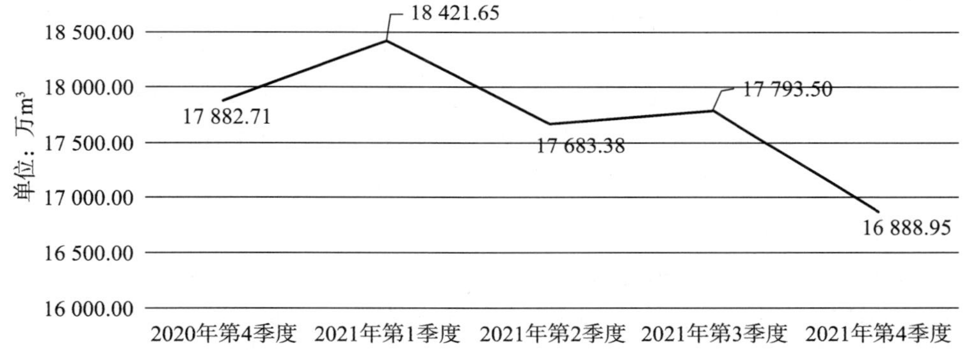


**图 1 体系跟踪调查区域养殖总面积变动**

由图 1 所示，2020 年第 4 季度至 2021 年第 4 季度养殖总面积呈波动下降的趋势。2020 年第 4 季度为 17 882.71 万$m^3$，同比下降 7.75%，环比上升 0.15%。在 2020 年第 1 季度达到 18 421.65 万$m^3$；随后在 2021 年第 3 季度缩减至 17 793.50 万$m^3$，同比下降 0.35%，环比上升 0.62%；最后在 2021 年第 4 季度下降至 16 888.95 万$m^3$，同比下降 5.56%，环比下降 5.08%。

**表 1　体系示范区县各养殖模式养殖面积变动**[①]

| 时间 | 工厂化养殖面积/万m³ | | | 网箱养殖面积/万$m^3$ | | | | 池塘养殖面积/公顷 | | |
|---|---|---|---|---|---|---|---|---|---|---|
| | 工厂化流水养殖 | 工厂化循环水养殖 | 工厂化养殖面积合计 | 普通网箱养殖 | 深水网箱养殖 | 围网养殖 | 网箱养殖面积合计 | 普通池塘养殖 | 工程化池塘养殖 | 池塘养殖面积合计 |
| 2020 年第 4 季度 | 710.14 | 28.98 | 739.12 | 3 486.05 | 943.27 | 114.23 | 4 543.55 | 12 496.04 | 104.00 | 12 600.04 |
| 2021 年第 1 季度 | 651.24 | 37.24 | 688.48 | 2 374.44 | 664.50 | 114.23 | 3 153.17 | 14 533.33 | 46.67 | 14 580.00 |
| 2021 年第 2 季度 | 644.18 | 27.37 | 671.55 | 2 388.93 | 986.50 | 114.23 | 3 489.66 | 13 465.50 | 56.67 | 13 522.17 |
| 2021 年第 3 季度 | 744.97 | 24.99 | 769.96 | 2 398.33 | 1 126.25 | 194.32 | 3 718.90 | 13 191.31 | 113.33 | 13 304.64 |
| 2021 年第 4 季度 | 648.42 | 28.08 | 676.50 | 2 383.86 | 1 020.12 | 114.23 | 3 518.21 | 12 560.91 | 133.33 | 12 694.24 |

根据跟踪调查数据，整理得出 2021 年体系示范区县不同养殖模式面积的变动情况如表 1 所示。在工厂化养殖模式下，养殖总面积呈现波动的趋势。2021 年第 4 季度的养殖面积为 676.50 万$m^3$，同比和环比分别下降 8.47%和 12.14%。工厂化养殖模式以工厂化流水养殖为主，2021 年第 3 季度的养殖面积为 744.97 万$m^3$（占工厂化养殖面积的 96.75%），同比和环比分别上升 4.90%和 15.65%；然而受到养殖季节性和新冠肺炎疫情影响，2021 年第 4 季度的养殖面积下降到 648.42 万$m^3$，同比和环比分别下降 8.69%和 12.96%。工厂化循环水养殖模式作为国家鼓励的绿色养殖模式之一，2021 年第 1 季度相比较于上一季度的养殖面积有一定程度增加，但随后出现较大波动，2021 年第 3 季度的养殖面积为 24.99 万$m^3$，同比和环比分别下降 13.77%和 8.70%；2021 年第 4 季度的养殖面积为 28.08 万$m^3$，同比下降 3.11%，环比上升 12.36%；

在网箱养殖模式下，2021 年第 4 季度的养殖总面积为 3 518.21 万$m^3$，同比和环比分别下降 22.57%和 5.4%。网箱养殖以普通网箱养殖为主，2021 年第 4 季度面积为 2 383.86 万$m^3$（总网箱养殖面积的 67.76%），同比和环比分别下降 31.62%和 0.6%。其次是深水网箱养殖，2021 年第 4 季度的养殖面积为 1 020.12 万$m^3$，同比上升 19.40%，环比下降 9.42%。围网养殖 2021 年第 4 季度的养殖面积为 114.23 万$m^3$，同比不变，环比却下降了 41.22%。

在池塘养殖模式下，2021 年第 4 季度养殖面积为 12 694.24 公顷，同比上升 0.75%，环比下降 4.59%。其中，普通池塘养殖面积呈现先增后减趋势，2021 年第 4 季度的养殖面积为 12 560.91 万公顷（总池塘养殖面积的 98.95%），同比上升 0.52%、环比下降 4.78%。工程化池塘养殖模式同样呈现波动上升的趋势，2021 年第 4 季度的养殖面积为 133.33 公顷，同比和环比上升 28.20%和 17.65%。

① 注：为了便于比较，深水网箱养殖面积以 1 ∶ 1 比例由立方米转化为平方米（下同）。

### 2.2　不同养殖品种各模式养殖面积变动

基于调研数据整理，根据养殖周期规律性，该部分以 2021 年第 3 季度数据分析不同养殖品种各模式养殖面积变动情况。

#### 2.2.1　工厂化养殖面积变动

2021 年第 3 季度体系示范区县不同养殖品种在工厂化养殖模式下养殖面积的变动情况如表 2 所示。

**表 2　体系示范区县海水鱼工厂化养殖面积变动**

| 养殖模式 | 2021 年第 3 季度面积 /万m³ | 与 2020 年同比增幅/% | 与上季度环比增幅/% |
|---|---|---|---|
| 工厂化流水养殖 | 744.97 | 6.55% | 15.65% |
| 工厂化循环水养殖 | 24.99 | −2.31% | −8.70% |
| 工厂化养殖面积合计 | 769.96 | 6.24% | 14.65% |

根据体系跟踪调查数据显示，工厂化养殖的海水鱼仍以鲆鲽类①为主，2021 年第三季度鲆鲽类养殖面积占总工厂化养殖面积的 99.04%，同比上升了 3.86%；大菱鲆的工厂化养殖面积依然占比最高，达到了 88.66%。由表 2 可以看出，2021 年第 3 季度养殖面积为 769.96 万$m^3$，同比和环比分别上升 6.24%和 14.65%。就工厂化流水养殖而言，2021 年第 3 季度养殖面积为 744.97 万$m^3$，同比和环比分别上升 6.55%和 15.65%。半滑舌鳎 2021 年第 3 季度养殖面积为 80.34 万$m^3$，同比上升 0.09%，环比上升 1.08%；其中工厂化流水养殖面积为 66.90 万$m^3$，面积占比 83.27%，同比下降 2.08%，环比上升 0.15%。通过对比近三年数据，以大菱鲆工厂化养殖为例，由于市场销售、地区建设和综合治理等原因，部分地区的大菱养殖面积在 2019 年第 1~2 季度处于低点，表现最为明显的是山东和河北地区，2019 年中期养殖户对大菱鲆市场前景看好，养殖面积出现回升，之后 2020 年整体养殖面积处于一个平稳的阶段，至 2021 年养殖面积继续呈现小幅度上升的现象。就工厂化循环水养殖而言，2021 年第 3 季度养殖面积为 24.99 万$m^3$，同比下降 2.31%，环比下降 8.70%。半滑舌鳎 2021 年第 3 季度工厂化循环水养殖面积为 13.44 万$m^3$，面积占比 16.73%，同比上升 12.47%，环比上升 5.99%。通过对比近三年数据，2020 年养殖面积相比较于 2019 年有小幅度的上升，然而在 2021 年小幅度下降，主要原因可能是工厂化循环水养殖模式需要投入的成本相对较高，经营风险较高，部分养殖生产者退出工厂化循环水养殖模式。

#### 2.2.2　网箱养殖面积变动

2021 年第 3 季度体系示范区县不同养殖品种在网箱养殖模式下养殖面积的变动情况如表 3 所示。

① 若无特殊说明，本报告中的鲆鲽类主要指大菱鲆、牙鲆和半滑舌鳎。

**表 3 体系示范区县海水鱼网箱养殖面积变动**

| 养殖模式 | 2021 年第 3 季度面积 /万 m³ | 与 2020 年同比增幅/% | 与上季度环比增幅/% |
| --- | --- | --- | --- |
| 普通网箱养殖 | 2 398.33 | 1.03% | 0.39% |
| 深水网箱养殖 | 1 126.25 | 15.50% | 14.17% |
| 围网养殖 | 194.32 | 70.11% | 70.11% |
| 网箱养殖面积合计 | 3 718.90 | 7.38% | 6.57% |

由上表可以看出，2021 年第 3 季度养殖面积为 3 718.90 万$m^3$，同比和环比分别上升 7.38%和 6.57%。相比较于 2019 年，随着新冠肺炎疫情的有效控制，市场行情的逐渐好转，2020 年和 2021 年网箱养殖面积持续增加，但仍未恢复到 2019 年同期养殖面积。普通网箱养殖模式下，2021 年第 3 季度养殖面积为 2 398.33 万$m^3$，同比和环比分别增加 1.03%和 0.39%；作为国家鼓励的养殖模式，深水网箱养殖模式在 2021 年第 3 季度面积为 1 126.25 万$m^3$，同比和环比分别增加 15.50%和 14.17%；围网养殖模式下，仍是以大黄鱼养殖为主，2021 年第 3 季度的养殖面积为 194.32 万$m^3$，同比和环比均大幅度增加 70.11%，这表明从 2021 年第 3 季度开始，大黄鱼养殖市场较活跃。

#### 2.2.3 池塘养殖面积变动

2021 年第三季度体系示范区县不同养殖品种在池塘养殖模式下养殖面积的变动情况如表 4 所示。

**表 4 体系示范区县海水鱼池塘养殖面积变动**

| 养殖模式 | 2021 年第 3 季度面积 /万 m³ | 与 2020 年同比增幅/% | 与上季度环比增幅/% |
| --- | --- | --- | --- |
| 普通池塘养殖 | 13 191.31 | −3.15% | −2.04% |
| 工程化池塘养殖 | 113.33 | 136.10% | 99.98% |
| 池塘养殖面积合计 | 13 304.64 | −2.66% | −1.61% |

池塘养殖模式主要养殖牙鲆、河鲀、珍珠龙胆石斑鱼和海鲈。2021 年第 3 季度养殖总面积为 13 304.64 万$m^3$，同比与环比分别下降 2.66%和 1.61%。普通池塘养殖模式下，2021 年第 3 季度养殖面积为 13 191.31 公顷，同比与环比分别下降 3.15%和 2.04%。作为国家鼓励的绿色养殖模式，工程化池塘养殖模式在 2021 年第 3 季度养殖面积为 113.33 公顷，同比与环比分别上升 136.10%和 99.98%，主要原因是珍珠龙胆石斑鱼工程化池塘养殖面积增加和鲷鱼开始尝试应用工程化池塘养殖模式。

### 2.3 不同地区各模式养殖面积变动

2021 年第 4 季度体系示范区县不同养殖模式下养殖面积的分布情况如表 5 所示。

**表 5　2021 年第 4 季度体系示范区县各养殖模式养殖面积变动**

| 地区 | 工厂化养殖面积/万m³ | | | 网箱养殖面积/万m³ | | | | 池塘养殖面积/公顷 | | |
|---|---|---|---|---|---|---|---|---|---|---|
| | 工厂化流水养殖 | 工厂化循环水养殖 | 工厂化养殖面积合计 | 普通网箱养殖 | 深水网箱养殖 | 围网养殖 | 网箱养殖面积合计 | 普通池塘养殖 | 工程化池塘养殖 | 池塘养殖面积合计 |
| 辽宁 | 286.35 | 3.80 | 290.15 | 5.35 | 36.40 | 0.00 | 41.75 | 3 060.02 | 0.00 | 3 060.02 |
| 天津 | 0.00 | 6.38 | 6.38 | 0.00 | 0.00 | 0.00 | 0.00 | 0.00 | 0.00 | 0.00 |
| 河北 | 75.90 | 8.59 | 84.49 | 0.00 | 0.00 | 0.00 | 0.00 | 986.34 | 0.00 | 986.34 |
| 山东 | 246.61 | 8.65 | 255.26 | 2.70 | 2.19 | 0.00 | 4.89 | 0.53 | 0.00 | 0.53 |
| 江苏 | 13.10 | 0.00 | 13.10 | 0.00 | 0.00 | 0.00 | 0.00 | 40.00 | 0.00 | 40.00 |
| 浙江 | 0.00 | 0.00 | 0.00 | 16.00 | 34.15 | 80.08 | 130.23 | 0.00 | 0.00 | 0.00 |
| 福建 | 0.00 | 0.66 | 0.66 | 2 305.67 | 37.46 | 34.15 | 2 377.28 | 3 333.35 | 0.00 | 3 333.35 |
| 广东 | 0.00 | 0.00 | 0.00 | 20.99 | 120.85 | 0.00 | 141.84 | 2 386.68 | 113.33 | 2 500.01 |
| 广西 | 0.00 | 0.00 | 0.00 | 3.75 | 360.26 | 0.00 | 364.01 | 0.00 | 0.00 | 0.00 |
| 海南 | 25.71 | 0.00 | 25.71 | 28.02 | 377.92 | 0.00 | 405.94 | 2 753.87 | 0.00 | 2 753.87 |
| 汇总 | 647.67 | 28.08 | 675.75 | 2 382.48 | 969.23 | 114.23 | 3 465.94 | 12 560.79 | 113.33 | 12 674.12 |

注：由于各省数据的四舍五入差异，其汇总养殖面积与之前数据存在极小的偏差。

从表格中可以明显看出，工厂化养殖模式主要分布在辽宁、山东和河北地区，网箱养殖模式主要分布在福建、海南和广西地区，池塘养殖模式则主要分布在辽宁、福建、广东和海南地区。

辽宁、山东和河北地区 2021 年第 4 季度的工厂化养殖面积分别为 286.35 万m³、246.61 万m³ 和 75.90 万m³，占总流水养殖面积的 44.21%、38.08%和 11.72%；工厂化循环水养殖模式主要分布在山东、河北和天津，分别为 8.65 万m³、8.59 万m³ 和 6.38 万m³。2021 年第 4 季度普通网箱的养殖面积主要分布在福建，为 2 305.67 万m³，占总普通网箱养殖面积的 96.78%；深水网箱的养殖面积主要分布在海南、广西和广东，分别占总深水网箱养殖面积的 38.99%、37.17%和 12.47%；围网网箱的养殖面积主要分布在浙江和福建，分别占总围网网箱养殖面积的 70.1%和 29.9%。

池塘养殖以普通池塘为主，其分布区域较广，其中福建、辽宁、海南、广东和河北 2021 年第 4 季度的普通池塘养殖面积分别为 3 333.35 公顷、3 060.02 公顷、2 753.87 公顷、2 386.68 公顷和 986.34 公顷，分别占总普通池塘养殖面积的 26.54%、24.36%、21.92%、19.00%和 7.85%。工程化池塘养殖面积较小，其分布在广东，面积为 113.33 公顷。

# 3　体系示范区县海水鱼季末存量变动情况

## 3.1　不同养殖模式下海水鱼养殖季末存量变动情况

### 3.1.1　季末存量整体变动

2021 年体系示范区县海水鱼季末存量整体的变动情况如图 2 所示。

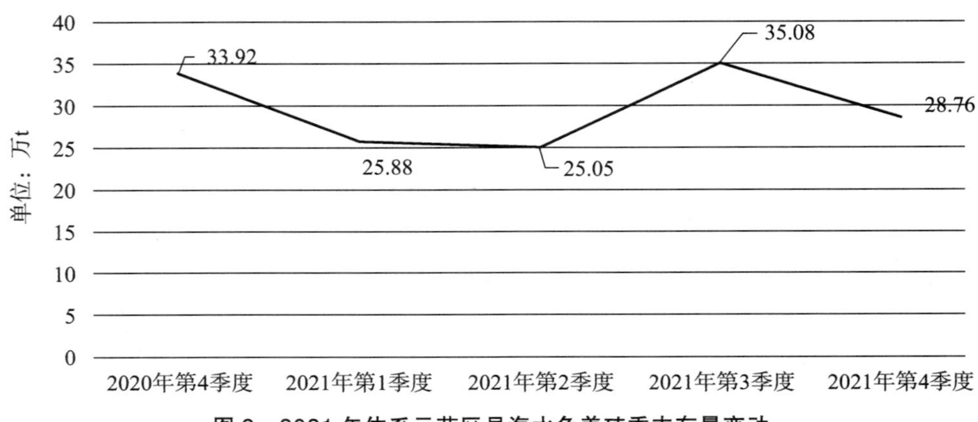


**图 2　2021 年体系示范区县海水鱼养殖季末存量变动**

从图中可以明显看出，2020 年第 4 季度至 2021 年第 4 季度末的养殖存量呈现波动下降的变化趋势。随着新冠疫情的有效控制，2020 年第 3 季度的销量显著提高，从而引起 2020 年第 4 季度的存量大幅下降，为 33.92 万t，同比和环比分别下降 49.83%和 58.39%。进入 2021 年后，由于 2021 年第 1 季度和第 2 季度的产量明显下降，销量也有所下降，但销量的下降幅度小于产量的下降幅度，因此 2021 年第 1 季度和第 2 季度的季末存量分别为 25.88 万t和 25.05 万t，相比较于 2020 年第 4 季度，分别下降 23.70%和 26.15%。2021 年第 3 季度的季末存量为 35.08 万t，环比上升 40.04%。2021 年第 4 季度的季末存量为 28.76 万t，同比和环比分别下降 15.22%和 18.03%。经实地调研了解到，尽管新冠肺炎疫情得到有效控制，但其影响依然存在，部分养殖户为了降低经营风险，进行了减产，从而导致 2021 年年底季末存量同比有较大的下降。

### 3.1.2　不同养殖模式季末存量变动情况

跟踪调查区域调查数据显示，2020 年第 4 季度至 2021 年第 4 季度各地区跟踪调查区域不同养殖模式下海水鱼季末存量整体的变动情况如表 6 所示。

**表 6　体系示范区县各养殖模式季末存量变动**

| 时间 | 工厂化养殖季末存量/t | | | 网箱养殖季末存量/t | | | | 池塘养殖季末存量/t | | |
|---|---|---|---|---|---|---|---|---|---|---|
| | 工厂化流水养殖 | 工厂化循环水养殖 | 工厂化养殖季末存量合计 | 普通网箱养殖 | 深水网箱养殖 | 围网养殖 | 网箱养殖季末存量合计 | 普通池塘养殖 | 工程化池塘养殖 | 池塘养殖季末存量合计 |
| 2020 年第 4 季度 | 40 947.57 | 2 259.69 | 43 207.26 | 195 451.00 | 29 988.39 | 2 355.00 | 227 794.39 | 67 916.14 | 262.00 | 68 178.14 |
| 2021 年第 1 季度 | 40 316.91 | 2 872.66 | 43 189.57 | 143 713.00 | 19 383.87 | 954.00 | 164 050.87 | 51 482.12 | 63.00 | 51 545.12 |
| 2021 年第 2 季度 | 40 206.63 | 2 193.01 | 42 399.64 | 112 572.50 | 35 815.23 | 2 684.00 | 151 071.73 | 56 921.73 | 90.00 | 57 011.73 |

续表

| 时间 | 工厂化养殖季末存量/t | | | 网箱养殖季末存量/t | | | | 池塘养殖季末存量/t | | |
|---|---|---|---|---|---|---|---|---|---|---|
| | 工厂化流水养殖 | 工厂化循环水养殖 | 工厂化养殖季末存量合计 | 普通网箱养殖 | 深水网箱养殖 | 围网养殖 | 网箱养殖季末存量合计 | 普通池塘养殖 | 工程化池塘养殖 | 池塘养殖季末存量合计 |
| 2021 年第 3 季度 | 39 762.16 | 2 994.48 | 42 756.64 | 150 156.00 | 67 088.96 | 2 925.00 | 220 169.96 | 87 603.79 | 250.00 | 87 853.79 |
| 2021 年第 4 季度 | 36 646.61 | 3 403.97 | 40 050.58 | 140 069.00 | 24 396.50 | 197.00 | 166 440.50 | 80 761.25 | 298.70 | 81 059.95 |

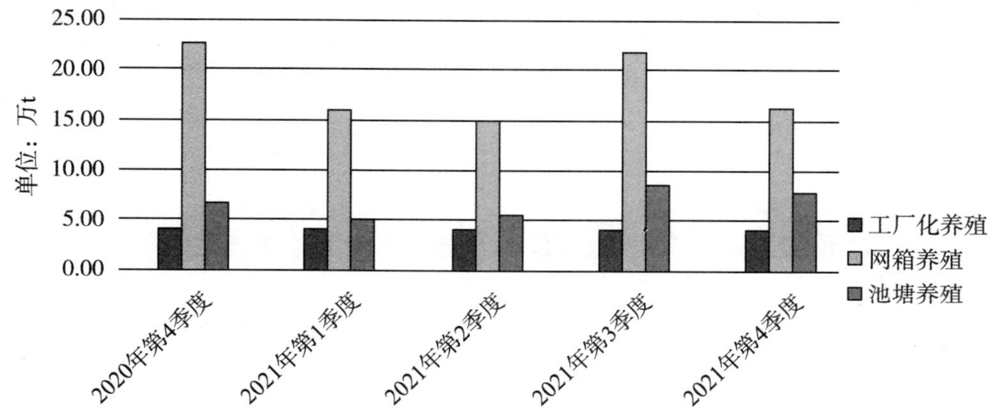


**图 3　海水鱼养殖不同养殖模式季末存量变动**

结合表 6 和图 3 可以看出，各季度末存量最高的均是网箱养殖，其次是池塘养殖，工厂化养殖的季末存量相对较少。2021 年第 4 季度末，网箱养殖的存量为 16.64 万t，同比和环比分别下降 26.95%和 24.42%；池塘养殖的存量为 8.11 万t，同比上升 18.95%，环比下降 7.69%；工厂化养殖的存量为 4.01 万t，同比和环比分别下降 7.19%和 6.21%。

## 3.2　不同养殖品种季末存量变动情况

根据调查区域跟踪调查数据显示，2020 年第 3 季度至 2021 年第 4 季度各地区跟踪调查区域不同养殖品种季末存量呈现不同的变动趋势。

就 2021 年第 4 季度季末具体而言，存量低于 10 万t但高于 5 万t的有大黄鱼和海鲈，其中大黄鱼存量为 95 633.5 t，同比下降 29.80%，环比下降 5.31%；海鲈存量为 84 972.95 t，同比上升 1.08%，环比下降 5.66%。存量低于 5 万t但高于 1 万t的有大菱鲆和珍珠龙胆石斑鱼，其中大菱鲆存量为 3.08 万t，同比下降 13.35%，环比下降 8.46%；珍珠龙胆石斑鱼存量上升为 21 142 t，同比上升 15.83%，环比下降 3.57%。存量低于 1 万t的有卵形鲳鲹、半滑舌鳎、河鲀、牙鲆、军曹鱼和许氏平鲉，其中卵形鲳鲹养殖存量为 6 727 t，同比下降 35.07%，环比下降 87.18%；半滑舌鳎存量为 3 858.53 t，同比上升 13.05%，环比下降 6.05%；河鲀存量为 3 683 t，同比下降 0.83%，环比下降 33.09%；牙鲆存量为 1 114.32 t，同比上升 10.89%，环比下降 15.28%；军曹鱼存量为 570 t，同比上升 100.00%，环比下降 46.98%。许氏平鲉存量为 17 t，同比下降 78.32%，环比上升 41.67%。

### 3.2.1 鲆鲽类季末存量变动

2021 年第 4 季度体系示范区县鲆鲽类养殖季末存量变动情况如表 7 所示。

**表 7 体系示范区县不同养殖模式下鲆鲽类季末存量变动**

| 养殖模式 | 大菱鲆 | | | 牙鲆 | | | 半滑舌鳎 | | |
|---|---|---|---|---|---|---|---|---|---|
| | 2021 年第 4 季度末存量 /t | 与 2020 年同比增幅/% | 与上季度环比增幅/% | 2021 年第 4 季度末存量 /t | 与 2020 年同比增幅/% | 与上季度环比增幅/% | 2021 年第 4 季度末存量 /t | 与 2020 年同比增幅/% | 与上季度环比增幅/% |
| 工厂化流水养殖 | 30 240.37 | −13.61 | −8.65 | 991.32 | 0.40 | 3.93 | 1 604.32 | −31.13 | −12.30 |
| 工厂化循环水养殖 | 559.26 | 3.23 | 3.05 | 63 | 260.00 | 472.73 | 2 254.21 | 107.99 | −1.03 |
| 工厂化养殖合计 | 30 799.63 | −13.35 | −8.46 | 1 054.32 | 4.92 | 9.28 | 3 858.53 | 13.05 | −6.05 |
| 普通网箱养殖 | 0.00 | / | / | 0.00 | / | / | 0.00 | / | / |
| 深水网箱养殖 | 0.00 | / | / | 0.00 | / | / | 0.00 | / | / |
| 网箱养殖合计 | 0.00 | / | / | 0.00 | / | / | 0.00 | / | / |
| 普通池塘养殖 | 0.00 | / | / | 60.00 | / | −70.07 | 0.00 | / | / |
| 池塘养殖合计 | 0.00 | / | / | 60.00 | / | −70.07 | 0.00 | / | / |
| 总计 | 30 799.63 | −13.35 | −8.46 | 1 114.32 | 10.89 | −15.28 | 3 858.53 | 13.05 | −6.05 |

由表 7 结合表 2 可以看出，鲆鲽类主要是工厂化养殖，因新冠肺炎疫情得到有效控制，市场信心虽得到一定程度的稳定，还仍受较大的影响。大菱鲆作为工厂化养殖模式的主要品种，其 2021 年第 4 季度季末存量为 3.08 万t，同比下降 13.35%，环比下降 8.46%；2021 年第 4 季度半滑舌鳎季末存量为 3 858.53 t，同比上升 13.05%，环比下降 6.05%。牙鲆由于其养殖面积占比较小，其 2021 年第 4 季度季末存量也相对较小，其季末存量为 1 114.32 t，同比上升 10.89%，环比下降 15.28%。

### 3.2.2 河鲀季末存量变动

2021 年第 4 季度体系示范区县河鲀养殖季末存量变动情况如表 8 所示。

**表 8　体系示范区县不同养殖模式下河鲀养殖存量波动情况**

| 养殖模式 | 暗纹东方鲀 | | | 红鳍东方鲀 | | | 其他河鲀 | | | 河鲀合计 | | |
|---|---|---|---|---|---|---|---|---|---|---|---|---|
| | 2021 年第 4 季度末存量 | 同比增幅/% | 环比增幅/% | 2021 年第 4 季度末存量 | 同比增幅/% | 环比增幅/% | 2021 年第 4 季度末存量 | 同比增幅/% | 环比增幅/% | 2021 年第 4 季度末存量 | 同比增幅/% | 环比增幅/% |
| 工厂化流水 | 0.00 | — | — | 0.00 | — | — | 42.00 | 10.53 | 68.00 | 42.00 | 10.53 | 68.00 |
| 工厂化循环水 | 0.00 | — | — | 398.00 | −5.46 | 397.50 | 0.00 | — | — | 398.00 | −5.46 | 397.50 |
| 普通网箱 | 0.00 | — | — | 292.00 | 7 200.00 | −2.67 | 0.00 | — | — | 292.00 | 7 200.00 | −2.67 |
| 深水网箱 | 0.00 | — | — | 0.00 | — | −100.00 | 0.00 | — | — | 0.00 | — | −100.00 |
| 普通池塘 | 2 231.00 | 17.37 | −37.15 | 20.00 | −96.00 | 900.00 | 700.00 | −17.65 | −6.67 | 2 951.00 | −9.22 | −38.44 |
| 总计 | 2 231.00 | 17.37 | −37.15 | 710.00 | −23.23 | −39.78 | 742.00 | −16.44 | −4.26 | 3 683.00 | −0.83 | −33.09 |

表 8 显示，2021 年第 4 季度河鲀季末存量为 3 683.00 t，同比下降 0.83%，环比下降 33.09%；其中，暗纹东方鲀季末存量为 2 231.00 t，以普通池塘为主要养殖模式，同比增加 17.37%，环比下降 37.15%；红鳍东方鲀季末存量为 710.00 t，同比和环比分别下降 23.23%、39.78%。其他河鲀季末存量 742.00 t，同比下降 16.44%，环比下降 4.26%。

### 3.2.3　珍珠龙胆石斑鱼季末存量变动

2019 年第 3 季度至 2021 年第 4 季度体系示范区县珍珠龙胆石斑鱼季末存量变动情况如图 4 所示。根据图 4 可知，2019 年第 4 季度季末存量最高，然后呈下降趋势，并在 2020 年第 2 季度下降至 19 551 t，之后存量逐渐上升至 2020 年第 3 季度，形成小高峰；然后季末存量逐渐下降至 2021 年第 1 季度。2021 年第 3 季度存量为 21 924 t，同比上升 4.9%，环比上升 15.09%；2020 年第 4 季度季末存量为 18 252 t，2021 年第 4 季度季末存量上升为 21 142 t，同比上升 15.83%，环比下降 3.57%。自 2021 年以来，珍珠龙胆石斑鱼的季末存量开始逐渐上升，从近一年的存量低点 18 100 t逐步上涨至第 3 季度的 21 924 t，在第 4 季度有略微下降。石斑鱼存量的这种变化，除季节、技术、预期以及政策因素外，疫情冲击是一个重要原因。

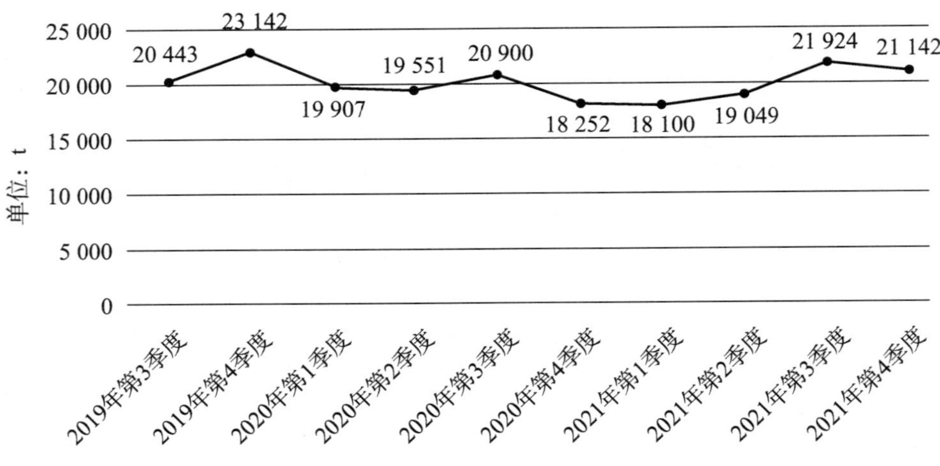


**图 4　2019—2021 年第 4 季度体系示范区县石斑鱼季末存量**

3.2.4　海鲈季末存量变动

2019 年第 1 季度—2021 年第 4 季度体系示范区县海鲈季末存量变动情况如图 5 所示。根据图 5 可知，2019 年第 1 季度到 2021 年第 4 季度体系示范区县海鲈季末存量变化幅度较大，季末存量整体为先升后降，其后再升后降再升再降，呈波动变化趋势。2019 年第 1 季度季末存量较低，然后呈上升趋势，并在 2019 年第 3 季度达到峰值，之后存量下滑，自 2020 年第 1 季度开始上升，到 2020 年第 3 季度再次形成高峰，随后存量继续下滑，到 2021 年第 2 季度跌至季末存量最低值，至 2021 年第 3 季度呈大幅上升趋势。2021 年第 4 季度存量下滑到 84 972.95 t，同比上升 1.08%，环比下降 5.66%。

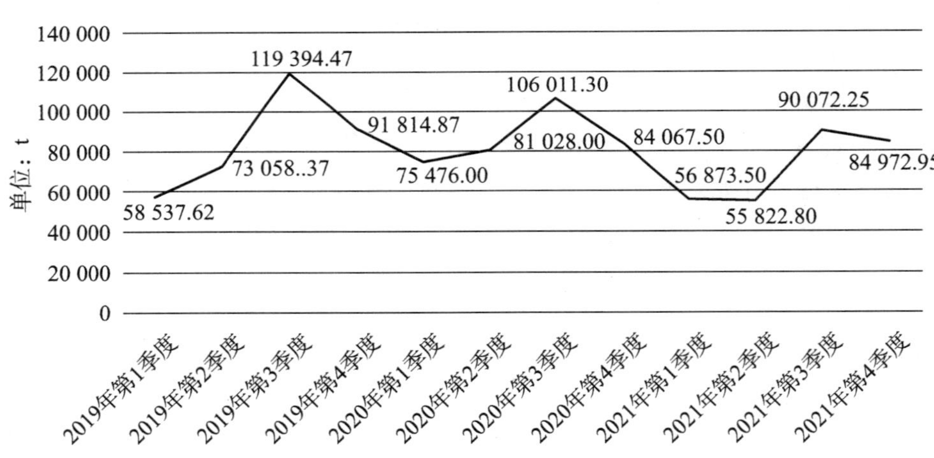


**图 5　2019 第 1 季度—2021 年第 4 季度体系示范区县海鲈季末存量变动情况**

3.2.5　大黄鱼季末存量变动

2019 年第 1 季度—2021 年第 4 季度体系示范区县大黄鱼季末存量变动情况如图 6 所示。根据图 6 可知，体系示范区县大黄鱼季末存量整体呈波动上升的变动趋势，具体来看，

2019 年第 1 季度末存量为 44 884.38 t，之后逐渐上升，并于 2020 年第 4 季度达到最高值 136 220.49 t。到 2021 年第 4 季度，大黄鱼存量下降为 95 633.5 t，同比下降 29.80%，环比下降 5.31%。

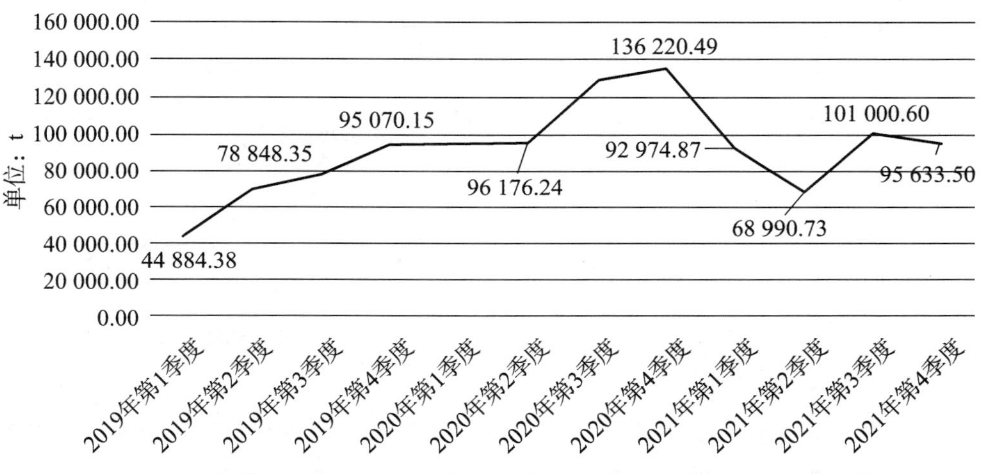


**图 6　2019 年第 1 季度—2021 年第 4 季度末体系示范区县季末存量变动情况**

### 3.2.6　卵形鲳鲹季末存量变动

2019 年第 1 季度至 2021 年第 4 季度，体系示范区县卵形鲳鲹季末存量变动情况如图 7 所示：卵形鲳鲹季末存量整体呈现周期性变动趋势，从上一年第 1 季度开始，到第 3 季度逐渐上升并达到峰值。2021 年第 3 季度存量为 52 486 t，同比降低 5.44%，环比增长 191.27%。2021 年第 4 季度存量为 6 727 t，处于本年度存量低位，同比降低 35.07%，环比降低 87.18%。2021 年第 3 季度末，体系示范区县卵形鲳鲹存量为 52 486 t，主要分布在广西和海南。其中普通网箱养殖季末存量为 4 070 t，占总季末存量的 7.75%，主要分布在广东（440 t）和广西（3 630 t）；深水网箱养殖季末存量为 48 416 t，占总季末存量的 92.25%，主要分布在广西（19 000 t）、海南（21 231 t）和广东（8 185 t）。2021 年第 4 季度末，体系示范区县卵形鲳鲹存量大幅降低，总体为 6 727 t，同比下降 35.07%，环比下降 87.18%。主要分布在广东和海南。其中普通网箱养殖季末存量为 495 t，占总季末存量的 7.36%，主要分布在广东（95 t）和广西（400 t）；深水网箱养殖季末存量为 6 232 t，占总季末存量的 92.64%，主要分布在广东（4 782 t）、海南（850 t）和广西（600 t）。

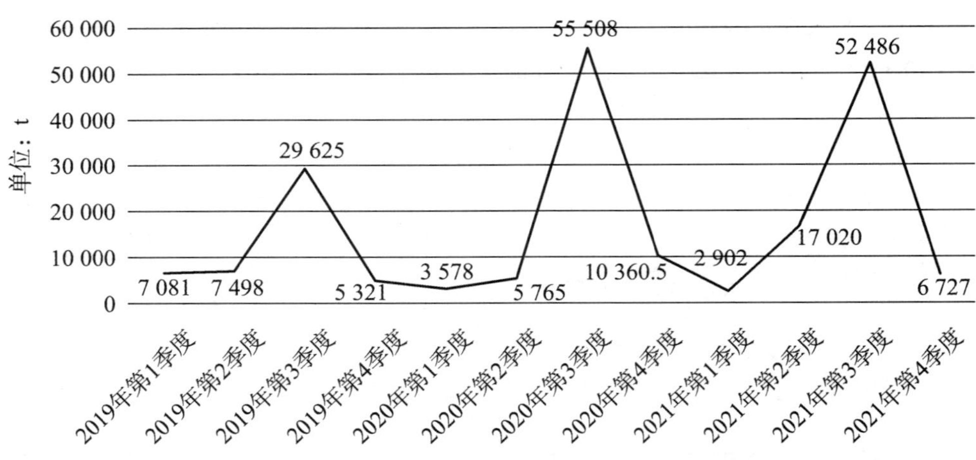


**图 7　2019 年第 1 季度—2021 年第 4 季度末体系示范区县卵形鲳鲹存量变动情况**

3.2.7　军曹鱼季末存量变动

2019 年第 1 季度—2021 年第 4 季度体系示范区县军曹鱼季末存量变动情况如图 8 所示。2019 年第 3 季度（1 990 t）季末存量最高，然后呈下降趋势，并在 2020 年第 2 季度（494 t）达到低值，之后存量上升至 2020 年第 3 季度（721 t），形成小高峰，随后存量降至 2020 年第 4 季度（285 t），为最低点；之后存量上升，至 2021 年第 3 季度（1 075 t）达到小高峰，随后降至 2021 年第 4 季度（570 t）。2020 年第 2 季度末存量下降为 494 t，同比下降 60.92%，环比下降 60.92%。2021 年第 2 季度军曹鱼存量上升为 955 t，环比上涨 43.61%，同比上涨 93.32%，较 2019 年第 2 季度下降 24.45%。2021 年第 3 季度军曹鱼存量上升至 1 075 t，环比上涨 12.57%，同比上涨 49.10%，较 2019 年第 3 季度下降 45.98%。2021 年第 4 季度军曹鱼存量下降至 570 t，环比下降 46.98%，同比上涨 100.00%，较 2019 年第 4 季度下降 39.17%。

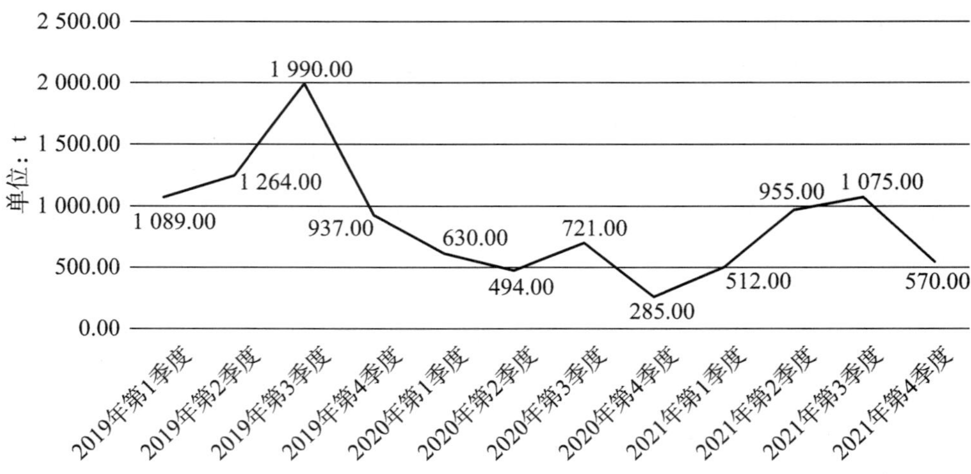


**图 8　2019 年第 1 季度-2021 年第 4 季度末体系示范区县军曹鱼存量变动情况**

3.2.8　许氏平鲉养殖季末存量变动

2019 年第 1 季度—2021 年第 4 季度体系示范区县许氏平鲉季末存量变动情况如图 9 所示。许氏平鲉季末存量先呈波段式上升趋势，至 2020 年第 2 季度季末存量最高，骤降后再缓慢回升，在 2021 年第 1 季度达到最低值。2021 年第 2、第 3 季度均为 12 t，2021 年第 4 季度为 17 t。2020 年第 2 季度许氏平鲉存量 201 t，2021 年第 2 季度末存量下降至 12 t，同比下降 94.03%。2019 年第 2 季度季末存量为 78.4 t，2021 年第 2 季度与之相比，减少 84.69%。2020 年第 3 季度许氏平鲉存量 195 t，2021 年第 3 季度末存量为 12 t，同比下降 93.85%，环比不变。2020 年第 4 季度许氏平鲉存量 78.4 t，2021 年第 4 季度末存量为 17 t，同比下降 78.32%，环比上升 41.67%。

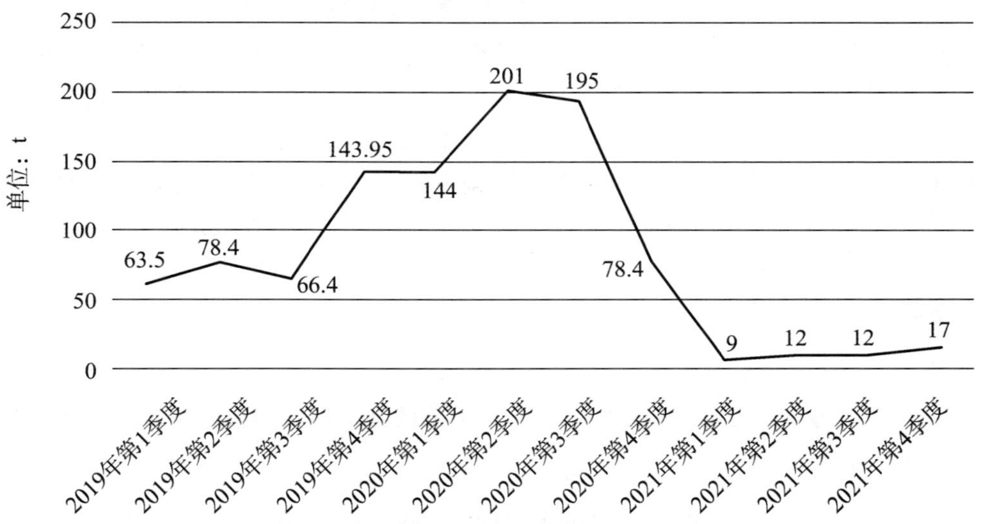

**图 9　2019 年第 1 季度—2021 年第 4 季度末体系示范区县许氏平鲉存量变动情况**

# 4　体系示范区县海水鱼销量变动情况

## 4.1　不同养殖模式下海水鱼养殖销量变动情况

### 4.1.1　销量整体变动

2021 年体系示范区县海水鱼销量变动如图 10 所示。

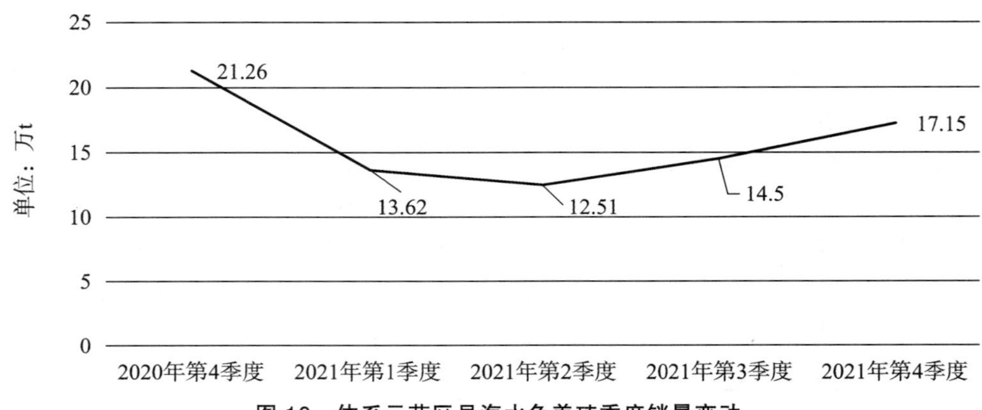


**图10　体系示范区县海水鱼养殖季度销量变动**

从图10中可以明显看出，2020年第4季度至2021年第4季度销量呈现先下降再上升的变动趋势。随着新冠肺炎疫情的有效控制，2020年第4季度的销量显著提高，达到21.62万t，同比和环比分别上升14.45%和42.24%。然而，在2021年1月起，新冠肺炎疫情的多点反弹爆发，第1季度销量急剧下降，为13.62万t，同比和环比分别下降14.46%和37%；随后在第2季度呈继续下降的趋势，同比上升52.56%，但环比下降8%。从第3季度开始，销量逐渐开始回升，在第4季度上升至17.15万t，环比上升18.28%，但同比下降19.33%。

4.1.2　销量变动分模式分析

2020年第4季度至2021年第4季度体系示范区县不同养殖模式下海水鱼销量整体的变动情况如表9所示。

**表9　体系示范区县各养殖模式销量变动**

| 时间 | 工厂化养殖销量/t | | | 网箱养殖销量/t | | | | 池塘养殖销量/t | | |
|---|---|---|---|---|---|---|---|---|---|---|
| | 工厂化流水养殖 | 工厂化循环水养殖 | 工厂化养殖销量合计 | 普通网箱养殖 | 深水网箱养殖 | 围网养殖 | 网箱养殖销量合计 | 普通池塘养殖 | 工程化池塘养殖 | 池塘养殖销量合计 |
| 2020年第4季度 | 20 413.88 | 1 027.12 | 21 441.00 | 103 570.00 | 37 668.70 | 1 085.00 | 142 323.70 | 52 184.60 | 282.00 | 52 466.60 |
| 2021年第1季度 | 15 046.07 | 1 834.45 | 16 880.52 | 63 323.00 | 19 818.22 | 1 757.00 | 84 898.22 | 34 311.44 | 118.00 | 34 429.44 |
| 2021年第2季度 | 16 059.66 | 1 335.40 | 17 395.06 | 67 279.80 | 13 717.24 | 215.00 | 81 212.04 | 26 335.82 | 118.00 | 26 453.82 |
| 2021年第3季度 | 19 572.77 | 752.17 | 20 324.94 | 42 251.50 | 50 808.07 | 214.00 | 93 273.57 | 31 306.80 | 140.00 | 31 446.80 |
| 2021年第4季度 | 17 028.19 | 682.08 | 17 710.27 | 60 842.00 | 48 577.45 | 1 170.00 | 110 589.45 | 43 004.75 | 175.00 | 43 179.75 |

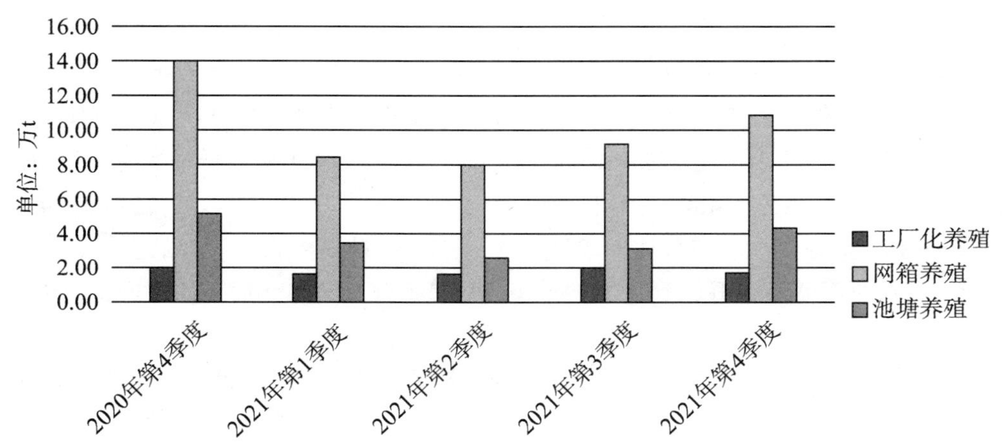


**图 11　体系示范区县海水鱼养殖不同养殖模式季度销量变动**

结合表 9 和图 11 来看，2021 年第 4 季度的销量，相比较于网箱养殖和池塘养殖，工厂化养殖的销量占比较少，与养殖面积和季末存量的结果倾向一致。2021 年第 4 季度，工厂化养殖模式的总销量为 1.17 万t，同比和环比分别下降 17.4%和 12.86%，该销量占各模式总销量的 10.33%，同比上升 4.16%，环比下降 26.30%；池塘养殖模式的总销量为 4.32 万t，同比下降 17.7%，环比上升 37.31%，该销量占各模式总销量的 25.18%，同比和环比分别上升 3.78%和 16.14%；网箱养殖模式的总销量为 11.06 万t，同比下降 22.3%，环比上升 18.56%，该销量占各模式总销量的 64.49%，同比下降 2.02%，环比上升 0.29%；不同模式下销量的变动与各模式主要的海水鱼养殖品种有关，其变动趋势相应地也会受到各品种的销量变动影响。

### 4.2　不同养殖品种销量变动情况

跟踪调查区域调查数据显示，2019 年第 1 季度至 2021 年第 4 季度各地区跟踪调查区域不同养殖品种销量呈现不同的变动趋势。具体而言，大菱鲆养殖销量呈波动变化趋势，在 2020 年第 1 季度迅速降至最低点，随后销量逐渐提升，提升至 2020 年第 3 季度达到第二峰值，再逐渐递减，在 2021 年第 4 季度提升至 12 477.77 t。牙鲆养殖销量呈波动降低趋势，在 2019 年逐渐上升，进入 2020 年后销量降到最低值，之后缓慢提升，在 2020 年第 3 季度达到第二峰值后，随之再波动变化，2021 年第 4 季度销量为 582.77 t。半滑舌鳎销量总体呈现先升后降再升再降的变动趋势，2019 年第 2 季度至 2020 年第 1 季度半滑舌鳎销量呈大幅度下降趋势，之后逐渐上升，在 2020 年第 4 季度达到近两年高峰，之后又呈现大幅度下降趋势，2021 年第 4 度销量为 1 273.98 t。河鲀销量的波动趋势较为明显，2021 年第 4 季度销量为 3291.50 t。珍珠龙胆石斑鱼销量自 2019 年以来总体上呈现下跌的趋势，但在 2021 年迎来较大幅度的上升，2021 年第 4 季度销量为 10 007 t，环比上升 18.62%，同比上升 21.98%。大黄鱼销量总体呈现先升后降再升的变动趋势，2019 年处于整体震荡模式，2020 年第 1 季度呈下降趋势，随后呈现一路上涨，进入 2021 年呈现波动下降趋势，2021 年第 4 季度销量为 40 684.5 t。军曹鱼销量总体呈现波动下降的变动趋势，2019 年间军曹鱼销量经历了下落到上涨，随后呈现波动下降的趋势，2021 年第 3 季度销量为 825 t，环比上涨 142.65%，同比下降 2.02%，较 2019 年第 3 季度下降 46.64%。2021 年第 4 季度销量为 1 480 t，环比上升 79.39%、同比上升 64.44%，较 2019 年第 4 季度下降 53.36%。海鲈季度销量波动幅度较大，季末销量整体为先下降后上升，到达第一个峰值，其后再下降后上升，到达第二个峰值后呈下降趋势，然后有所上升，总体呈波动变化趋势，2021 年第 4 季度为 40 421 t，同比下降 39.1%，环比上升 57.19%。卵形鲳鲹销量呈现波动上升趋势，由每年的第二季度开始销量持续上升，在第三季度销量达到峰值，至第四季度起到次年的第一季度开始快速下降，2021 年第四季度末销量降低为 44 461 t，同比降低 56.18%，环比降低 11.79%。许氏平鲉销量呈现快速下降后在低位波动的趋势，2021 年第 4 季度销量为 19 t，同比增加 35.71%，环比增加 90.00%。

4.2.1　鲆鲽类销量变动

2019 年第 1 季度—2021 年第 4 季度末体系示范区县大菱鲆销售变动情况如图 12 所示。大菱鲆养殖销量呈波动变化趋势。在 2019 年第 1 季度—第 2 季度降低，之后缓慢提升，至 2019 年第 4 季度达到峰值（15 626.85 t），在 2020 年第 1 季度迅速降至最低点（4 422.25 t），随后销量逐渐提升，提升至 2020 年第 3 季度达到第二峰值（15 395.55 t），再逐渐递减，降到了 2021 年第 1 季度的 11 264.62 t，之后在 2021 年第 3 季度提升至 14 824.64 t，在 2021 年第 4 季度降至 12 477.77 t。

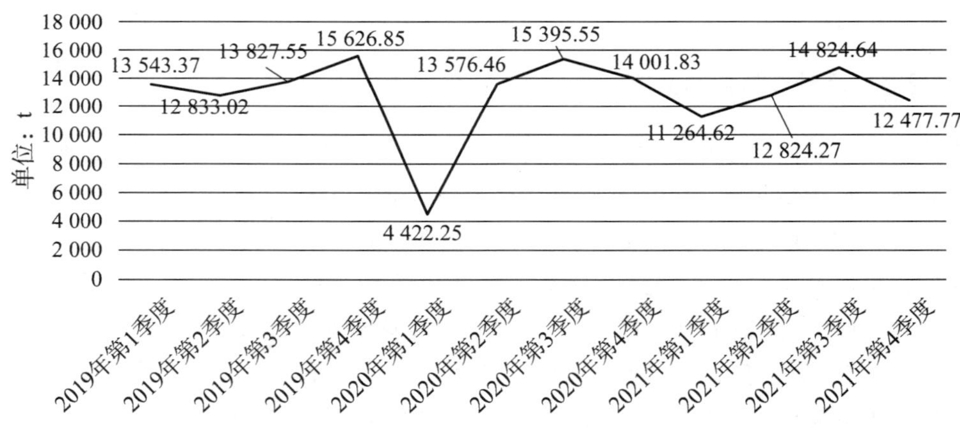


**图 12　2019 年第 1 季度—2021 年第 4 季度末体系示范区县大菱鲆销售变动情况**

2019 年第 1 季度—2021 年第 4 季度末体系示范区县牙鲆销售变动情况如图 13 所示。牙鲆养殖销量呈波动降低趋势。在 2019 年第 1 季度—第 4 季度逐渐上升，并在第 4 季度达到峰值（3 951.73 t），之后销量降到最低值（245.54 t），之后缓慢提升，在 2020 年第 3 季度达到第二峰值（2 631.92 t），再逐渐递减，降至 2021 年第 2 季度的 475.17 t，之后提升至 2021 年第 3 季度的 1 989.20 t，在第 4 季度降至 582.77 t。

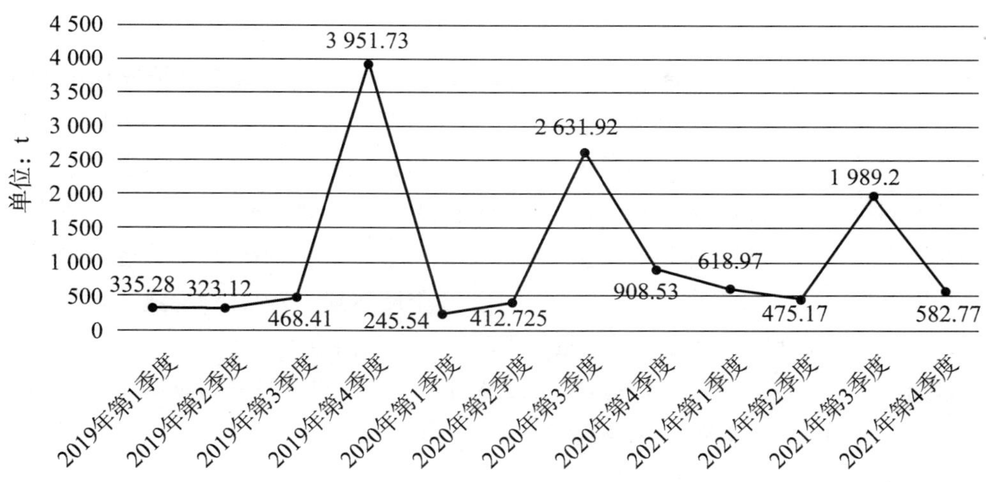


**图 13　2019 年第 1 季度—2021 年第 4 季度末体系示范区县牙鲆销售变动情况**

2019 年第 1 季度—2021 年第 3 季度末体系示范区县半滑舌鳎销售变动情况。如图 14 所示可知，半滑舌鳎销量总体呈现先升后降再升再降的变动趋势，具体来看，2019 年第 1 季度至第 2 季度，半滑舌鳎销量由 2 262.61 t升至 3 109.10 t，上升幅度达到 37.41%；随后 2019 年第 2 季度至 2020 年第 1 季度半滑舌鳎销量呈大幅下降趋势，跌至观测期间最低值（783.81 t），其原因主要在于 2020 年年初新冠肺炎疫情的爆发对半滑舌鳎的销售造成严重的负向影响；随着国内疫情防控取得明显成效，半滑舌鳎销量由 2020 年第 1 季度的 783.81 t逐步升至 2020 年第 4 季度的 3 386.30 t。2021 年第 1 季度半滑舌鳎销量再次出现明显下降，与 2020 年第 4 季度相比下降幅度达到 65.32%。2021 年第 2 季度体系示范区县半滑舌鳎销量为 1 180.03 t，同比减少 15.55%，环比上升 0.48%。2021 年第 3 季度体系示范区县半滑舌鳎销量为 1 598.20 t，同比减少 50.45%，环比上升 35.44%。2021 年第 4 季度体系示范区县半滑舌鳎销量为 1 273.98 t，同比减少 62.38%，环比减少 20.29%。

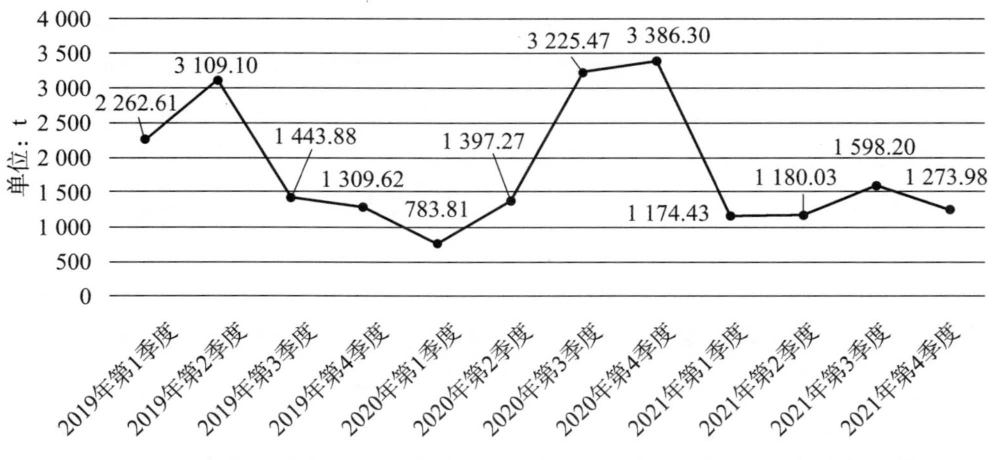


**图 14　2019 年第 1 季度—2021 年第 4 季度末体系示范区县半滑舌鳎销售变动情况**

### 4.2.2 河鲀销量变动

2019 年第 1 季度—2021 年第 4 季度末体系示范区县河鲀销售变动情况如图 15 所示。可知，河鲀销量的波动趋势与其季末存量相反，第 4 季度至次年第 1 季度销量高于第 2、3 季度。具体来看，2019 年河鲀总销量先由第 1 季度的 3 026.35 t降至第 2 季度的 1 809.83 t，随后上升至同年第 4 季度的 3 292.27 t。2020 年新冠肺炎疫情的爆发对河鲀养殖造成较大冲击，2020 年第 1 季度河鲀销量迅速降至 1 453.85 t，随着国内疫情防控形势逐渐向好，2020 年第 2 季度开始河鲀销量逐步回升，并于同年第 3 季度达到 2 791.35 t，随后降至第 4 季度的 2 573.74 t。2021 年第 1 季度河鲀销量达到观测期间最高值（4 366.54 t），同年第 2 季度河鲀销量降至 2 217.42 t，第 3、4 季度销量逐渐回升。2021 年第 4 季度河鲀销量 3 291.50 t，其中暗纹东方鲀销量 1 644.50 t，红鳍东方鲀销量 1 027 t。

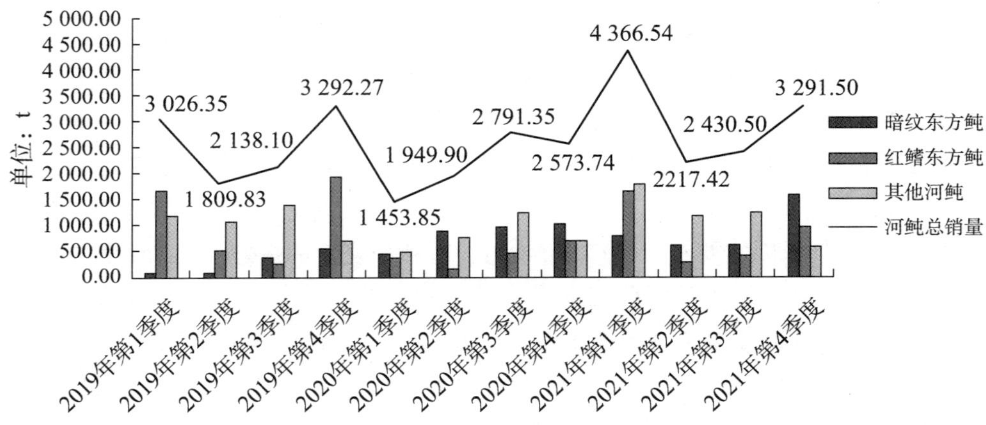


**图 15　2019 年第 1 季度—2021 年第 4 季度末体系示范区县河鲀销售变动情况**

### 4.2.3 珍珠龙胆石斑鱼销量变动

2019 年第 3 季度—2021 年第 4 季度末体系示范区县珍珠龙胆石斑鱼销售变动情况如图 16 所示。可知，2019 年第 3 季度至 2019 年第 4 季度珍珠龙胆石斑鱼销量大幅上涨至观测期间最高值。2020 年第 1 季度珍珠龙胆石斑鱼销量大幅下跌至观测期间最低值。从 2020 年第 1 季度至 2020 年第 3 季度，珍珠龙胆石斑鱼销量从观测最低值逐步上升至峰值。随后从 2020 年第 3 季度的峰值一路缓慢下跌至 2021 年第 2 季度的 6 496 t。2021 年第 2 季度环比下跌 309 t，跌幅为 4.54%，同比下跌幅度为 5.62%；2021 年第 3、4 季度珍珠龙胆石斑鱼销量持续上升，2021 年第 4 季度销量为 10 007 t，环比上升 18.62%，同比上升 21.98%。自 2019 年以来，珍珠龙胆石斑鱼的销量在短周期内可能会有起伏，但是总体上呈现下跌的趋势，这与珍珠龙胆石斑鱼不断下跌的价格有关，珍珠龙胆石斑鱼卖不出好价钱，很多养殖户又不愿意低价贱卖，所以销量总体上持续下降。

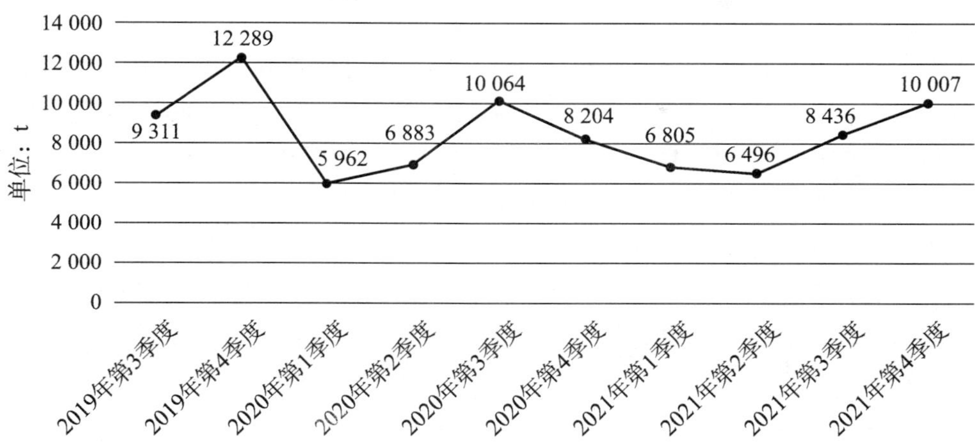


**图 16　2019 年第 3 季度—2021 年第 4 季度末体系示范区县珍珠龙胆石斑鱼销售变动情况**

### 4.2.4　大黄鱼销量变动

2019 年第 1 季度—2021 年第 3 季度末体系示范区县大黄鱼销售变动情况如图 17 所示。可知，大黄鱼销量总体呈现先升后降再升的变动趋势，具体来看，2019 年处于整体震荡模式，从 1 季度的 21 008.97 t下降至 2、3 季度的 18 386.7 t、17 503.68 t，4 季度上升至 26 866.9 t；随后 2020 年第 1 季度大黄鱼销量呈下降趋势，跌至观测期间的最低值（16 976 t），其原因主要在于 2020 年年初受新冠肺炎疫情的爆发对大黄鱼的销售造成严重的负向影响；之后 2020 年全年大黄鱼的销量呈现一路上涨，第 2 季度达 17 176.21 t，第 3 季度达 28 253.35 t，第 4 季度达 69 906.2 t。2021 年第 1 季度大黄鱼销量为 55 832.02 t。第 4 季度体系示范区县大黄鱼销量为 40 684.50 t。

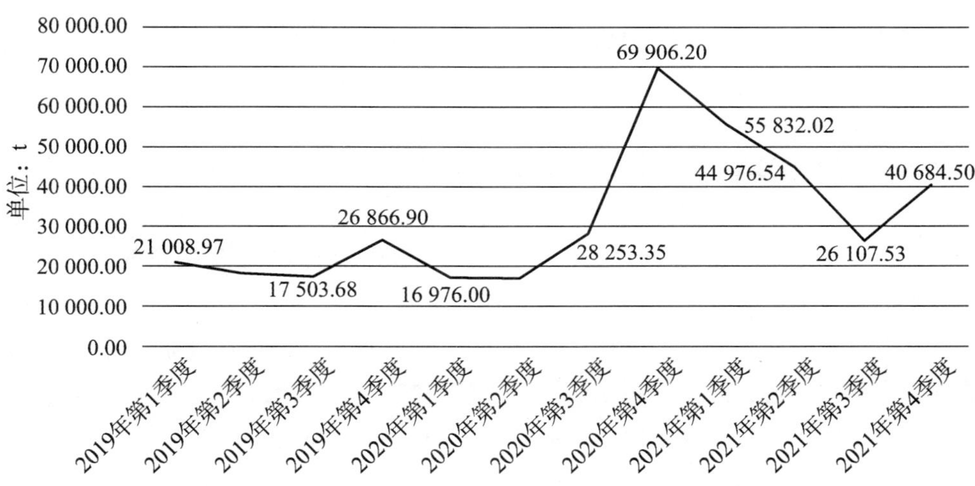


**图 17　2019 年第 1 季度—2021 年第 4 季度末体系示范区县大黄鱼销售变动情况**

### 4.2.5　军曹鱼销量变动

2019 年第 1 季度—2021 年第 4 季度末体系示范区县军曹鱼销售变动情况如图 18 所

示。可知，2019年间军曹鱼销量经历了下落到上涨，并在2019年第4季度（3 173 t）达到最高值。之后军曹鱼销量呈下降趋势，2020年第2季度销量为693 t，下跌幅度为78.16%，环比下降69.57%，同比下降42.49%，随后销量有小幅回升，2020年第3季度销量为842 t，同比下降45.54%，环比上涨21.50%。2020年第4季度后军曹鱼销量出现下降，并在2021年第1季度（235 t）达到最低点，随后呈逐年上升趋势，2021年第2季度销量为340 t，环比上涨44.68%，同比下降50.94%，较2019年第2季度下降71.78%。2021年第3季度销量为825 t，环比上涨142.65%，同比下降2.02%，较2019年第3季度下降46.64%。2021年第4季度销量为1 480 t，环比上涨79.39%，同比上涨64.44%，较2019年第4季度下降53.36%。

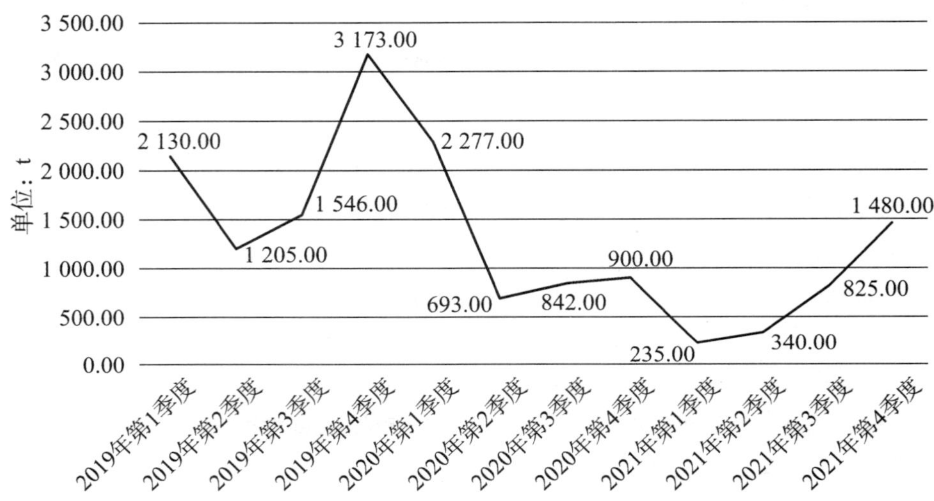


**图18　2019年第1季度—2021年第4季度末体系示范区县军曹鱼销售变动情况**

4.2.6　海鲈销量变动

2019年第1季度—2021年第4季度末体系示范区县海鲈销售变动情况如图19所示。可知，2019年第1季度到2021年第4季度体系示范区县海鲈季度销量波动幅度较大，季末销量整体为先下降后上升，到达第一个峰值，其后再下降后上升，到达第二个峰值后呈下降趋势，然后有所上升，总体呈波动变化趋势。2019年第1季度销量较低，其后继续呈下降趋势，至2019年第3季度跌至季度销量最低值。然后呈上升趋势，并在2019年第4季度达到观测期间的峰值，之后销量下滑至2020年第2季度后开始上升，到2020年第4季度再次形成高峰，随后季度销量呈现下降趋势，直到2021年第3季度后再次上升。2021年第4季度海鲈销量为40 421 t，同比下降39.1%，环比上升57.19%。

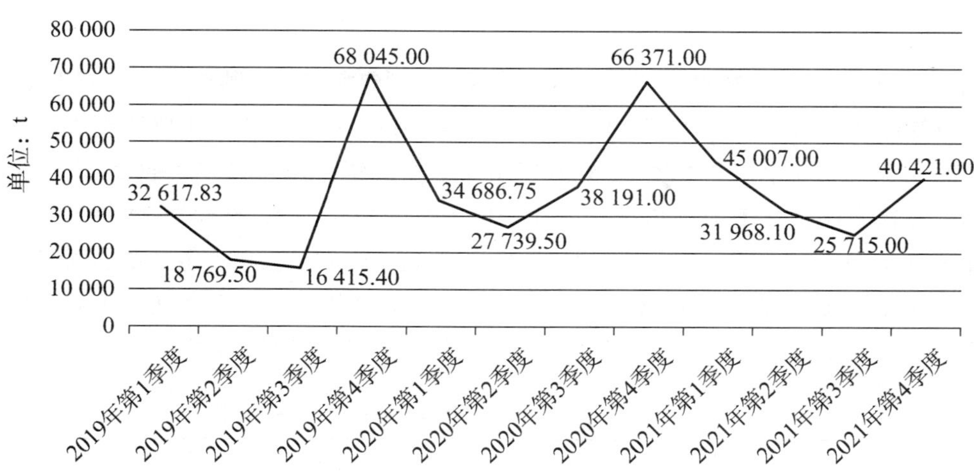


**图 19　2019 年第 1 季度—2021 年第 4 季度末体系示范区县海鲈季度销售变动情况**

### 4.2.7　卵形鲳鲹销量变动

图 20 为 2019 年第 1 季度至 2021 年第 4 季度，体系示范区县卵形鲳鲹销量变动情况。

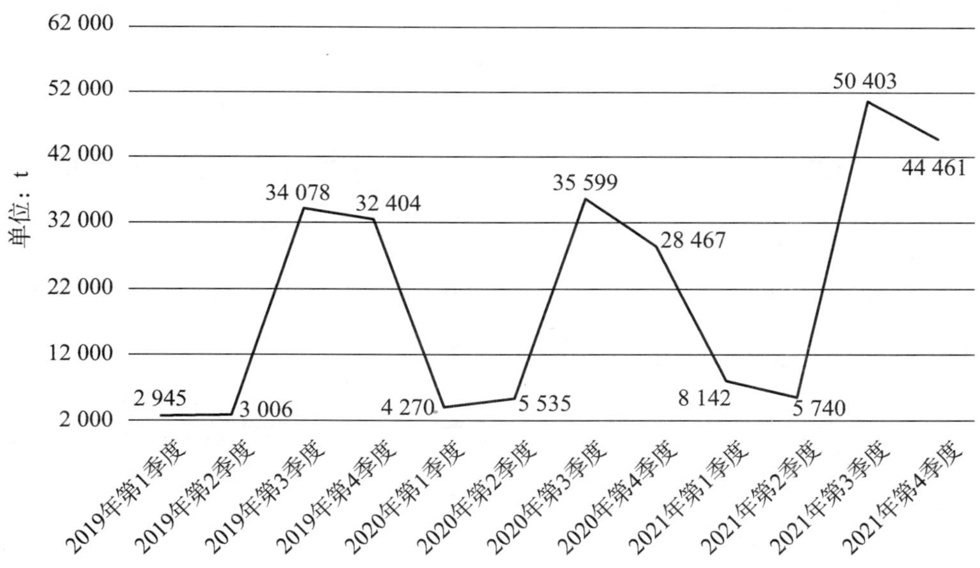


**图 20　2019 年第 1 季度—2021 年第 4 季度末体系示范区县卵形鲳鲹季度销售变动情况**

从图 20 可知，2019 年第 1 季度至 2021 年第 4 季度卵形鲳鲹销量成周期性震荡趋势。由每年第 2 季度开始销量持续上升，在第 3 季度销量达到峰值，自第 4 季度起到次年第 1 季度呈降低趋势。2021 年第 2 季度销量降至 5 740 t，同比增长 3.70%，环比降低 29.50%。 随后至 2021 年第 3 季度增长至 50 403 t，同比增长 41.59%，环比增长 778.10%。最后至第 4 季度销量显著降低，至 2021 年第 4 季度末销量降低为 44 461 t，同比降低 56.18%，环比降低 11.79%。

#### 4.2.8 许氏平鲉销量变动

2019 年第 1 季度—2021 年第 4 季度末体系示范区县许氏平鲉销售变动情况如图 21 所示。可知，2019 年第 1 季度至 2020 年第 1 季度许氏平鲉销量大幅下降跌至观测期间最低值（3.2 t）。2020 年第 2 季度到 2020 年第 4 季度的销量基本持平，自 2020 年第 4 季度开始，许氏平鲉销量增加，2021 年第 1 季度销量变为 93.2 t，然而 2021 年第 2 季度销量同比下跌 91.42%，与 2019 年第 2 季度相比，下降 68.00%。2021 年第 3 季度销量增长至 10 t，同比下降 16.67%，环比上升 25.00%，与 2019 年第 3 季度相比，下降 60.00%。2020 年第 4 季度销量为 14 t，2021 年第 4 季度销量为 19 t，同比增加 35.71%，环比增加 90.00%。

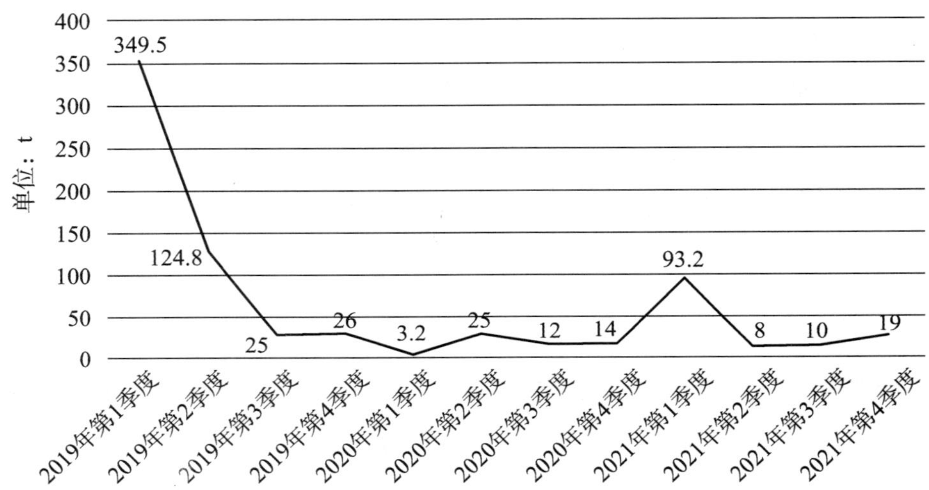


**图 21 2019 年第 1 季度—2021 年第 4 季度末体系示范区县许氏平鲉季度销量变动情况**

# 5 体系示范区县海水鱼价格变动情况

根据产业经济岗位数据跟踪，对不同品种海水鱼价格变动情况及其价格指数进行分析。

## 5.1 鲆鲽类价格变动趋势

2009 年 12 月—2021 年 12 月体系示范区县大菱鲆价格变动情况如图 22 所示。可知，从 2009 年 12 月至 2021 年 12 月，大菱鲆价格波动较为频繁。2012 年 3 月大菱鲆达到最高为 87 元/千克，并且在 2011 年 10 月至 2012 年 9 月间一直保持在 70 元/千克以上，随后价格一路走低，于 2016 年 1 月降至最低点 24 元/千克；在 2016 年之后，大菱鲆价格逐步回升，重新在 2017 年 10 月回到 78 元/千克的高点；之后价格波动回落，到 2020 年 4 月价格下降至低点 26 元/千克，之后震荡提升，在 2021 年 11 月达到又一峰值（74 元/千克）；之后震荡下降至 60 元/千克。

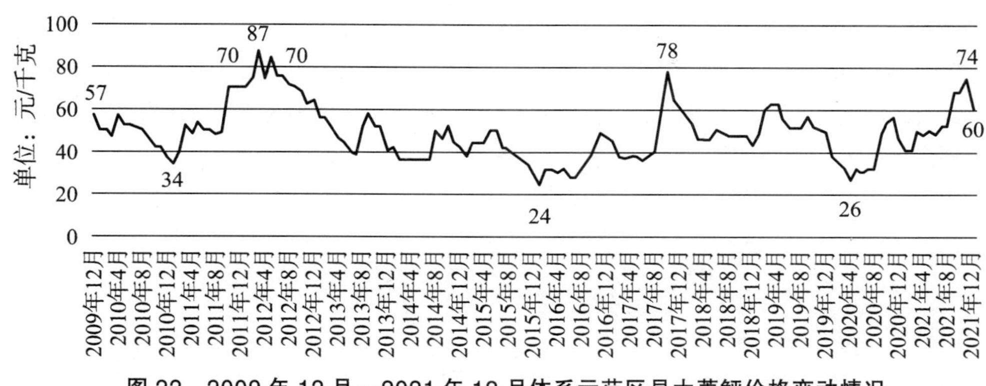


**图 22　2009 年 12 月—2021 年 12 月体系示范区县大菱鲆价格变动情况**

2009 年 4 月—2021 年 12 月体系示范区县牙鲆价格变动情况如图 23 所示。可知，牙鲆整体出池价格呈持续波动趋势。其中 2009 年 4 月至 2014 年 2 月期间，由 2009 年 4 月的 56 元/千克，波动上升至 2013 年 1 月的 70 元/千克，随后下降至 2014 年 2 月的 35 元/千克。随后价格处于波动上升阶段，在 2018 年 9 月达到 73 元/千克；之后价格快速下降，2020 年 5 月价格下降到 26 元/千克，跌破了 2014 年 2 月价格。进入 2020 年下半年，受新冠肺炎疫情得到控制的有利因素影响，市场价格波动回升，到 2021 年 12 月价格波动回弹至 55 元/千克。

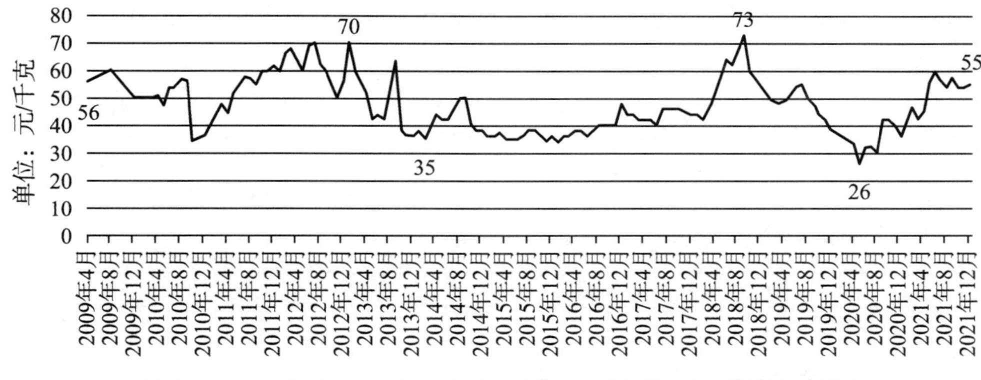


**图 23　2009 年 4 月—2021 年 12 月体系示范区县牙鲆价格变动情况**

2010 年 1 月—2021 年 9 月体系示范区县半滑舌鳎价格变动情况如图 24 所示。可知，半滑舌鳎塘边价格持续波动，具体来看，2010 年 1 月至 2011 年 9 月价格总体呈上升趋势，于 2011 年 9 月达到价格最高点 274.0 元/千克；随后价格在波动中呈下跌趋势，逐步跌至 2014 年 4 月的 130.0 元/千克；2014 年 4 月至 2015 年 12 月，半滑舌鳎价格基本维持在 130.0 元/千克；随后 2016 年 1 月至 5 月价格呈小幅上升趋势，最后 2016 年 5 月至 12 月半滑舌鳎价格稳定在 200.0 元/千克；2017 年 1 月至 2020 年 1 月半滑舌鳎价格在波动中呈小幅下降态势，由 2017 年 1 月的 180.0 元/千克降至 2020 年 1 月的 130.0 元/千克。2020 年年初新冠肺炎疫情的爆发对海水鱼类的销售产生巨大阻碍，水产品市场受到较大程度的冲击和影响，各地区水产品销售较为困难，2020 年 1 月至 5 月半滑舌鳎价格持续下降，并于5月份降至2020年最低点88.3元/千克；随着下半年疫情在国内得到有效控制和缓解，6月价格开始出现缓慢回升，至2020年11月达到104.0元/千克。2020年12月半滑舌鳎价格呈小幅下跌，持续跌至2021年3月的87.0元/千克，随后逐步回升至2021年6月的130.0元/千克，9月的价格微降为125.0元/千克。

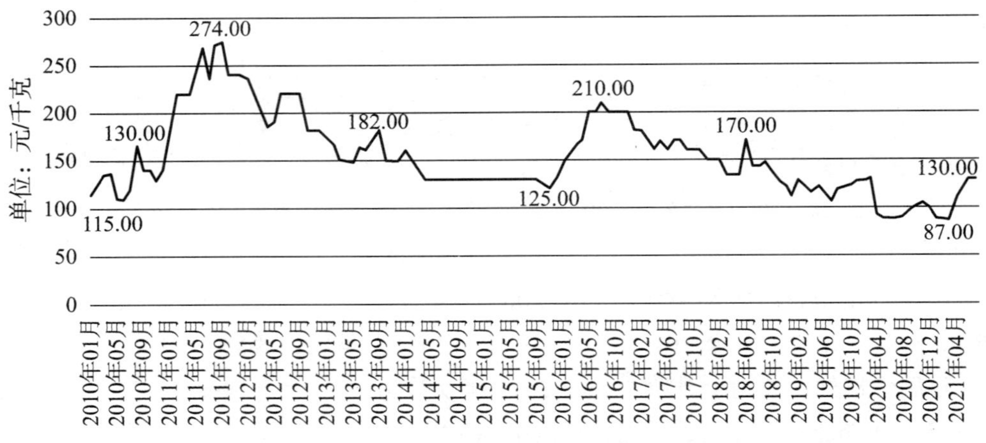


图24　2010年1月-2021年9月体系示范区县半滑舌鳎价格变动情况

## 5.2 河鲀价格变动趋势

2018年5月—2021年12月体系示范区县河鲀价格变动情况如图25所示。

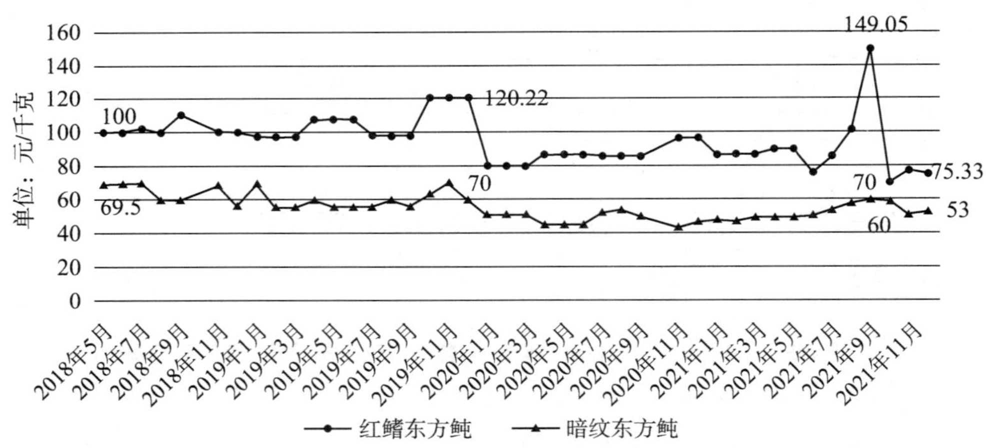


图25　2018年5月—2021年12月体系示范区县河鲀价格变动情况

可知，2018年5月份以来，两种品种河鲀出池价格呈现如下特点：第一，2019年9月以前，红鳍东方鲀出池价格基本保持稳定且明显高于暗纹东方鲀出池价格，每千克高出40元左右，价格分别维持在100元/千克和60元/千克左右；第二，2019年第4季度红鳍东方鲀价格和暗纹东方鲀价格均有大幅度上涨，与年末水产品价格普遍上涨有一定关系；第三，2020年以来，受到疫情影响，红鳍东方鲀和暗纹东方鲀的价格均有大幅度下降，但呈现出不同的波动趋势。一方面由于暗纹东方鲀主要供给国内市场，2020年上半年受新冠肺炎疫情的影响，销量少，价格跌至低点45.5元/千克，2020年7月开始，国内疫情稳定后，暗纹东方鲀的销售开始逐渐恢复，但价格明显低于之前，且9月后集中上市，价格出现短期下降，但随后2021年开始逐渐保持上升态势，且2021年9月的价格已经恢复到60元/千克，2021年第4季度价格略有下降；另一方面，红鳍东方鲀主要供出口且多深加工产品，2020年上半年受疫情影响，养殖户养成后可将成鱼卖给加工企业，有加工企业进行深加工后销售，因此2020年第1季度新冠肺炎疫情最严重之时，红鳍东方鲀价格在年初突降至80元/千克，随后逐渐有所上涨，2020年11月价格达到96.26元/千克，与当时暗纹东方鲀的价格差接近52元/千克。然而，2021年以来国内外疫情的波动影响了红鳍东方鲀的销售，使其价格波动更为明显，其中9月价格高至149.05元/千克，10月价格则骤降至70元/千克，后两个月略有回升，但仍低于80元/千克。

### 5.3　珍珠龙胆石斑鱼价格变动趋势

2017年1月—2021年12月体系示范区县珍珠龙胆石斑鱼价格变动情况如图26所示。可知，2018年2月珍珠龙胆石斑鱼价格达到观测期间的短期峰值，然后逐步下降到2019年7月，2019年10月价格上涨至48.5元/千克，然后持续下滑到2020年10月份观测期间的最低点，之后一路上涨至2021年3月份的99元/千克并到达整个观测期间的价格峰值。2021年年初，珍珠龙胆石斑鱼塘边价格一路暴涨，从年初的49.92元/千克大幅上涨至2021年3月份的99元/千克，随后价格出现大幅回落，从99元/千克回落至2021年11月的60.18元/千克，12月份价格有所回升。

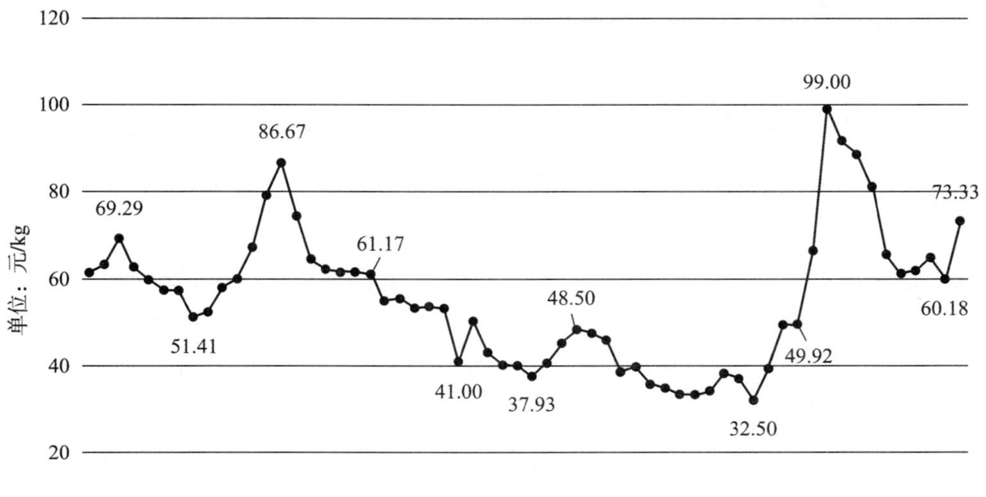


**图26　2017年1月—2021年12月体系示范区县珍珠龙胆石斑鱼价格变动情况**

### 5.4 海鲈价格变动趋势

2019 年 9 月—2021 年 12 月体系示范区县海鲈价格变动情况如图 27 所示。可知，海鲈出池价格呈现波动趋势。2019 年 9 月至 10 月海鲈出池价格呈现持续上升趋势，至观测期间的最高值 25.17 元/千克；2019 年 10 月至 2020 年 8 月呈现先下降再上升的趋势。之后价格呈下跌趋势，2021 年 2 月价格持续下跌至观测期间的最低值 15.6 元/千克，之后价格一路上涨至 2021 年 7 月的 24.4 元/千克；2021 年 7 月至 9 月价格呈下降趋势，价格下降至 19.72 元/千克，2021 年 10 月至 12 月价格逐渐平稳。每年的 10-11 月份为海鲈的盛渔期，短期内海鲈供给量上升，而市场需求保持相对稳定，导致价格在此期间有所下降。至次年 2-3 月份，海鲈的产量有所下降，所以又导致价格的回升。

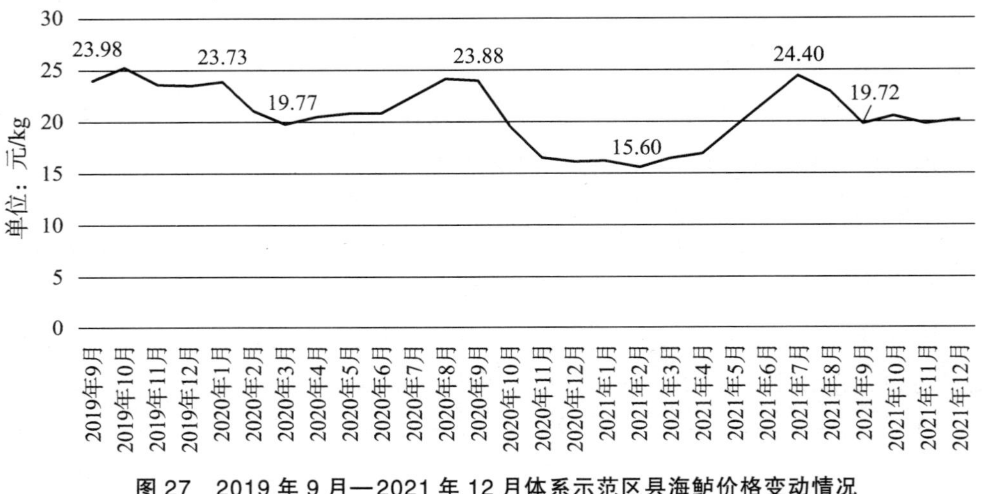


图 27 2019 年 9 月—2021 年 12 月体系示范区县海鲈价格变动情况

### 5.5 大黄鱼价格变动趋势

2020 年 1 月—2021 年 12 月体系示范区县大黄鱼价格变动情况如图 28 所示。可知，大黄鱼价格呈现出震荡上行的趋势，且价格整体在 25 元/千克（平均）以上。2020 年上半年处于稳步增长的态势，从年初的 25.58 元/千克上行至 9 月的 34.22 元/千克，2020 年下半年，大黄鱼价格从 9 月份的 34.22 元/千克的高点回撤至 2020 年 12 月份的 24.63 元/千克；2021 年全年处于先上升再下降趋势，从 1 月份的 24.71 元/千克，上升至 8 月份的 38.45 元/千克。9 月份至 12 月份，大黄鱼价格进一步回落，回落至 12 月份最低点 25.75 元/千克。2021 年 12 月与 2019 年 12 月价格相比，价格增加 4.55%。

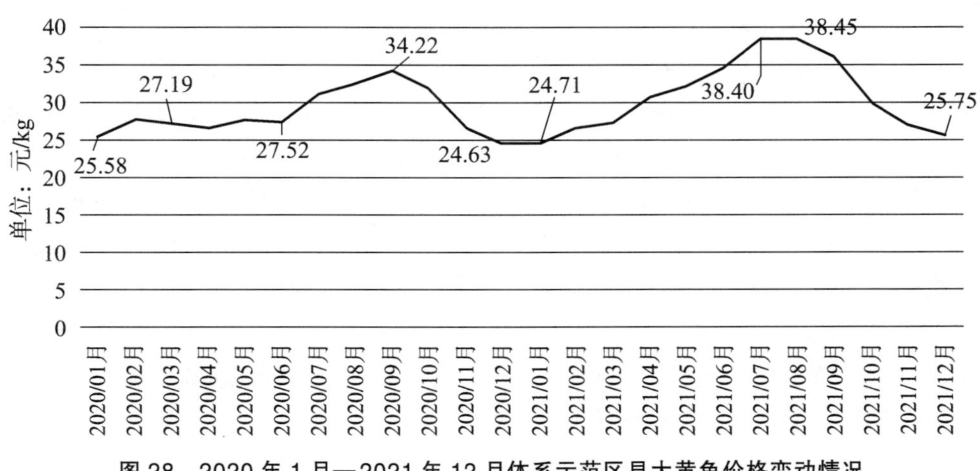


**图 28　2020 年 1 月—2021 年 12 月体系示范区县大黄鱼价格变动情况**

## 5.6　卵形鲳鲹价格变动趋势

采用 2015 年 11 月至 2021 年 11 月的卵形鲳鲹价格连续数据绘制趋势图，数据来自于国家海水鱼产业技术体系数据库，相关缺失数据通过均值替换法补充。从 2015 年 11 月以来，卵形鲳鲹收购价格总体呈现震荡下跌趋势，周期性较为明显，每年 3 月份左右价格偏高，10 月份左右价格偏低，在卵形鲳鲹存销量最高时，价格达到谷底。且在各年度 3 月份左右存销量较低时，价格达到峰值，2016—2021 年峰值分别为 34.28 元/千克（2016）、30.20 元/千克（2017）、31.22 元/千克（2018）、35.00 元/千克（2019）、38.98 元/千克（2020）及 28.40 元/千克（2021）。最低价格为 18.54 元/千克（2017 年 11 月）。2021 年 12 月卵形鲳鲹收购价格为 18.00 元/千克，比 2020 年同比降低 1.01%，环比增长 4.65%。详见图 29。

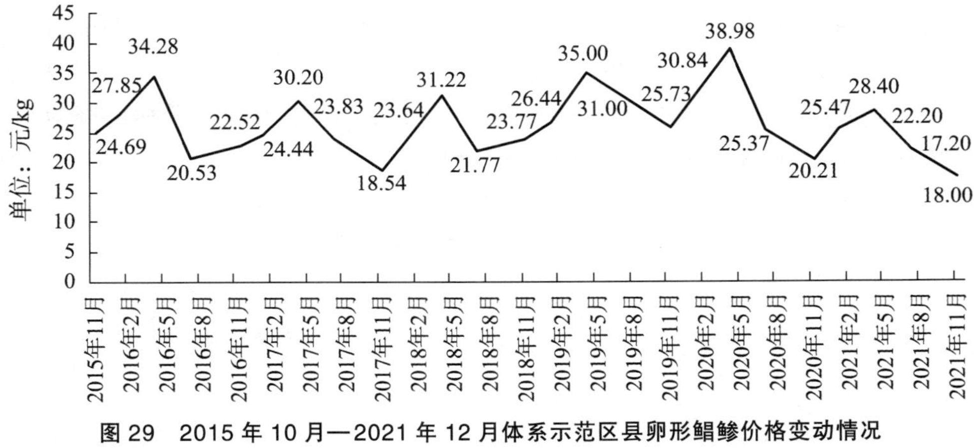


**图 29　2015 年 10 月—2021 年 12 月体系示范区县卵形鲳鲹价格变动情况**

## 5.7　军曹鱼价格变动趋势

2017 年 1 月—2021 年 11 月体系示范区县军曹鱼价格变动情况如图 30 所示。可知，

2019年1月达到峰值60元/千克，逐步下降到2019年9月（45.5元/千克），2020年1月价格上涨至52元/千克，然后持续下滑到2020年10月份的低点（49元/千克），2021年11月有所回升，上涨至53元/千克，并在12月稳定在53元/千克。2021年1月起，至2021年9月，军曹鱼价格基本稳定在54元/千克，2021年10月有所上升，至2021年11月军曹鱼价格稳定在51元/千克。2021年1-9月军曹鱼的平均塘边价格为54元/千克，与2019年同期平均塘边价格相比，军曹鱼价格同比上涨8.99%，与2018年同期相比，军曹鱼价格同比上涨15.50%。2021年1-11月军曹鱼的平均塘边价格为53.45元/千克，与2019年同期平均塘边价格相比，军曹鱼价格同比上涨10.02%，与2018年同期平均塘边价格相比，军曹鱼价格同比上涨6.84%。与2018年、2019年和2020年相比，2021年军曹鱼塘边价上涨，均价为53.45元/千克。

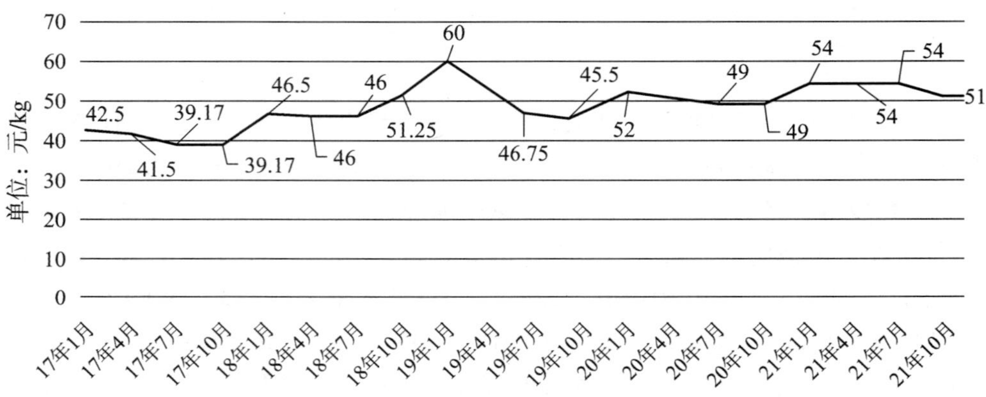


图30　2017年1月—2021年12月体系示范区县军曹鱼价格变动情况

## 5.8　许氏平鲉价格变动趋势

2020年1月—2021年10月体系示范区县许氏平鲉价格变动情况如图31所示。可知，2021年1月至4月，许氏平鲉价格稳定在43元/千克，2021年5月到6月，价格略微增长至45元/千克，2021年7月和8月达到51.5元/千克，2021年9月价格略降为50.5元/千克，2021年10月许氏平鲉价格上升至64元/千克。

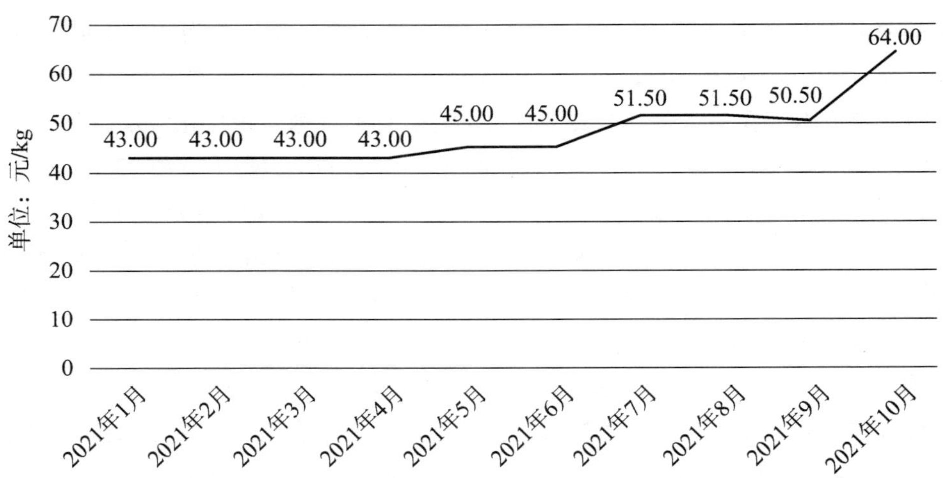


**图 31　2020 年 1 月—2021 年 10 月体系示范区县许氏平鲉价格变动情况**

# 6　体系示范区县海水鱼成本收益情况

根据 2021 年海水鱼产业技术体系产业经济岗位的线上调研数据，对不同品种海水鱼的养殖成本收益情况进行分析。

## 6.1　不同品种海水鱼养殖成本分析

不同品种海水鱼的养殖成本构成情况如表 10 所示。由表中数据可以明显看出：

统计的 11 种海水鱼的养殖成本各不相同，单位变动成本高于单位固定成本，半滑舌鳎单位总成本最高，其中工厂化循环水养殖成本为 96.63 元/千克，工厂化流水养殖成本为 86.39 元/千克；卵形鲳鲹总成本最低，其中普通网箱养殖成本为 20.76 元/千克，深水网箱养殖成本为 16.91 元/千克。其他统计的海水鱼养殖平均成本区间在 20−50 元/千克。

作为单位总成本中占比较高的饲料支出项目，在不同养殖模式下有明显的差异，以网箱养殖模式下的饲料支出占比最高，其次是池塘养殖，工厂化养殖模式下的饲料支出占比相对略小。

从不同品种海水鱼养殖成本来看，大菱鲆工厂化养殖的单位总成本为 32.67 元/千克，单位变动成本为 23.14 元/千克，占单位总成本的 70.84%；单位固定成本为 9.53 元/千克，占单位总成本的 29.16%。单位变动成本中占比最大的为饲料支出（16.59 元/千克），占单位总成本的 50.79%；苗种支出为 2.89 元/千克，占单位总成本的 8.83%；电费支出为 2.65 元/千克，占单位总成本的 8.11%。上述三项成本一直为单位变动成本中的主要开支，也是养殖户缩减成本时的重点考虑对象。固定成本中较大比例的为固定资产折旧和固定员工工资，分别为 6.67 元/千克和 1.82 元/千克，分别占单位总成本的 20.41%和 5.56%。具体详见表 4。同 2019 年相比，大菱鲆养殖企业的单位总成本降低 15.84%，单位变动成本减少 13.44%，单位固定成本减少 21.15%。

牙鲆养殖单位总成本为 35.63 元/千克。其中，单位变动成本为 23.89 元/千克，占单位总成本的 67.05%；单位固定成本为 11.74 元/千克，占单位总成本的 32.95%。不同模式下牙鲆的养殖成本存在一定差异。其中普通网箱、普通池塘、工厂化流水以及工厂化循环水的单位总成本分别为 34.34 元/千克、28.03 元/千克、37.02 元/千克和 43.11 元/千克。普通网箱、普通池塘、工厂化流水以及工厂化循环水的单位变动成本分别为 25.38 元/千克、19.71 元/千克、24.58 元/千克和 25.87 元/千克，其中，饲料支出在总成本中所占比例最高，分别为 56.58%、57.08%、45.92%和 35.56%。不同养殖模式下，单位变动成本在总成本中所占的比例均明显高于固定成本。固定成本分别为 8.96 元/千克、8.32 元/千克、12.44 元/千克和 17.24 元/千克，其中，固定员工工资和土地租金占比较大。

半滑舌鳎主要采用工厂化养殖模式，包括工厂化流水和工厂化循环水养殖模式。在工厂化流水养殖模式下，单位总成本为 86.39 元/千克，可变成本为 62.41 元/千克，占总成本的 72.24%；固定成本为 23.98 元/千克，占总成本的 27.76%。在工厂化循环水养殖模式下，单位总成本为 96.63 元/千克，可变成本为 68 元/千克，占总成本的 70.37%；固定成本为 28.63 元/千克，占总成本的 29.63%。工厂化循环水模式养殖成本较高的主要原因是饲料成本和固定资产折旧较高。

暗纹东方鲀的养殖成本统计分析中，得出池塘养殖成本为 34.43 元/千克，而工厂化+池塘的养殖成本为 42.31 元/千克，高于前者，一方面在于该养殖模式下，养殖周期长，均摊的苗种、饲料以及电费都高于池塘养殖模式，另一方面在于工厂化+池塘的养殖模式，设备投入多，维修费用高，员工工资投入多。分地区分析暗纹东方鲀的养殖成本，可以发现，广东的养殖成本为 34.12 元/千克，略低于江苏的养殖成本 38.6 元/千克，主要是因为江苏的调研对象是养殖企业，固定资产投入和管理人员投入多，费用高。

红鳍东方鲀的养殖成本统计分析中，池塘养殖从小苗养到成鱼，其成本为 50.8 元/千克，池塘养殖从大苗养到成鱼的成本为 66.83 元/千克，工厂化+普通网箱养殖模式下从小苗养到成鱼，其成本为 44.24 元/千克，工厂化流水养殖小苗的成本为 33.43 元/千克，此外，深水网箱养殖模式下，将大苗养到成鱼的成本是 64.91 元/千克。比较可以发现，从小苗养到成鱼的成本要低于大苗直接养成，其中最重要的在于大苗的苗种支出成本占比高。同等条件下，河北池塘养殖红鳍东方鲀的成本要高于辽宁工厂化与网箱养殖的成本。

珍珠龙胆石斑鱼养殖平均单位成本为 41.69 元/千克，其中工厂化循环水养殖的单位成本为 65.86 元/千克，池塘养殖的单位成本为 38.78 元/千克，池塘养殖的单位成本远低于工厂化循环水养殖的单位成本。池塘养殖和工厂化循环水养殖两种模式下，单位饲料支出在单位总成本中所占比例最高，分别为 69.42%和 42.17%；单位固定成本构成存在较大差异，工厂化养殖和池塘养殖下，固定资产折旧在总成本中占比分别为 20.48%和 2.02%。调研样本中，工厂化养殖的养殖成本中，电费支出占到 11.63%，员工工资支出占到 14.69%。池塘养殖相较于工厂化养殖来说存在一定的成本优势，造成这种优势的原因主要有固定资产折旧、水电煤费支出和员工工资较低。

军曹鱼养殖成本为25.26元/千克，普通网箱养殖的成本为26.24元/千克，而深水网箱养殖的成本为24.28元/千克，深水网箱养殖的成本低于普通网箱养殖。饲料支出在单位可变成本中所占比例最高，分别为91.28%和92.83%，其次鱼苗支出的占比分别为4.21%和3.53%，其在两种模式中占比相对较大，因此海南省军曹鱼养殖可变成本的变动特点主要取决于饲料和苗种的变动情况。普通网箱养殖模式下，固定成本在总成本中所占的比例均明显低于可变成本；深水网箱养殖模式下，固定成本在总成本中所占的比例均明显低于可变成本。两种养殖模式的固定成本构成有较大差异，普通网箱养殖和深水网箱养殖下，固定资产折旧在总成本中占比分别为6.21%和0.08%。军曹鱼的深水网箱养殖存在一定的成本优势。

海鲈养殖主要有普通池塘养殖、普通网箱养殖和深水网箱养殖，三种不同养殖模式下，普通池塘养殖的成本最低，单位总成本为24.04元/千克，深水网箱养殖的成本最高，单位总成本为32.70元/千克。从可变成本来看，饲料支出在普通池塘、普通网箱和深水网箱养殖中占比最高，分别为77.39%、89.65%和73.54%，从而可知，海鲈养殖成本的变动主要取决于饲料费用的变动。其次，鱼苗支出在普通池塘、普通网箱和深水网箱养殖中分别占总成本的3.51%、1.28%和0.74%。电费支出在普通池塘、普通网箱和深水网箱养殖中分别占总成本的8.04%、0.16%和0.27%，差别较大，原因在于海鲈池塘养殖多为高密度养殖，需要持续开增氧机以满足养殖要求。水费支出在海鲈养殖过程中非常少，这是因为海鲈的养殖为海水养殖，所以水费支出基本为0。并且通过分析可知，海鲈养殖成本的变动主要取决于饲料费用的变动。其次，可变成本在总成本中所占的比例明显高于固定成本。池塘养殖成本低于网箱养殖成本的主要原因包括池塘养殖周期短、饵料系数低。

大黄鱼养殖模式主要为普通网箱和深水网箱模式。在普通养殖模式下，单位总成本为21.34元/千克，可变成本为18.4元/千克，占总成本的86.19%；固定成本为2.95元/千克，占总成本的13.81%。在深水网箱模式下，深水网箱养殖大黄鱼单位总成本为26.89元/千克，可变成本为22.18元/千克，占总成本的82.49%；固定成本为4.71元/千克，占总成本的17.51%。深水网箱养殖模式养殖成本较高的主要原因是饲料成本和固定员工工资较高。

卵形鲳鲹的养殖单位总成本为19.69元/千克，可变成本为16.77元/千克，占总成本85.19%；单位固定成本为2.92元/千克，占总成本的14.81%。不同养殖模式的成本存在一定差异。其中深水网箱的单位总成本低于普通网箱的单位总成本，分别为16.91元/千克和20.76元/千克，相较于2019年单位总成本，深水网箱下降1.34%，普通网箱增加13.94%，从长期经济效益来看，深水网箱养殖可能要好于普通网箱养殖。

许氏平鲉养殖成本为34.16元/千克，普通网箱养殖的单位成本为41.05元/千克，深水网箱养殖的成本为28.91元/千克，普通网箱养殖的成本高于深水网箱养殖。在深水网箱养殖和普通网箱养殖两种不同模式下，饲料支出无论是在可变成本中，还是在总成本中，所占比例都是最高，在可变成本中占比分别为83.95%和84.37%，在总成本中占比分别为63.83%和61.92%。可变成本在总成本中所占的比例均明显高于固定成本。两种养殖模式的固定成本构成存在较大差异，深水网箱养殖和普通网箱养殖模式下，员工工资在总成本中占比分别为7.48%和13.56%。调研样本中，深水网箱养殖的员工工资为2.16元/千克，但是普通网箱养殖的员工工资为5.57元/千克，在单位固定成本中所占比例为50.95%。深水网箱养殖存在一定的成本优势，主要原因是饲料和固定员工工资支出较低。

**表10　2021年海水鱼养殖成本分析（单位：元/千克）**

| 鱼种 | 养殖模式 | 单位总成本 | 苗种支出 | 饲料支出 | 渔药支出 | 水费支出 | 电费支出 | 油/煤费支出 | 临时员工工资 | 运输费用 | 其他可变费用 | 单位变动成本 | 固定员工工资 | 固定资产折旧 | 设备维修费 | 水域/土地租金 | 利息费用 | 其他固定费用 | 单位固定成本 |
|---|---|---|---|---|---|---|---|---|---|---|---|---|---|---|---|---|---|---|---|
| 大菱鲆 | 工厂化 | 32.67 | 2.89 | 16.59 | 0.35 | 0.39 | 2.65 | 0.00 | 0.21 | 0.07 | 0.00 | 23.14 | 1.82 | 6.67 | 0.43 | 0.14 | 0.48 | 0.00 | 9.53 |
| 牙鲆 | 普通网箱 | 34.34 | 2.32 | 19.43 | 0.42 | 0.00 | 0.00 | 0.00 | 0.57 | 2.64 | 0.00 | 25.38 | 4.45 | 1.04 | 0.57 | 1.13 | 1.64 | 0.13 | 8.96 |
| | 普通池塘 | 28.03 | 2.83 | 16.00 | 0.26 | 0.04 | 0.11 | 0.14 | 0.18 | 0.00 | 0.15 | 19.71 | 1.73 | 1.43 | 0.29 | 4.85 | 0.02 | 0.00 | 8.32 |
| | 工厂化流水 | 37.02 | 2.14 | 17.00 | 0.20 | 0.00 | 4.90 | 0.00 | 0.34 | 0.00 | 0.00 | 24.58 | 11.59 | 0.44 | 0.41 | 0.00 | 0.00 | 0.00 | 12.44 |
| 半滑舌鳎 | 工厂化循环水 | 96.63 | 8.71 | 46.13 | 0.91 | 4.43 | 7.08 | 0.00 | 0.12 | 0.61 | 0.00 | 68.00 | 13.34 | 10.92 | 2.66 | 0.72 | 0.99 | 0.00 | 28.63 |
| | 工厂化流水 | 86.39 | 8.37 | 41.78 | 0.31 | 2.94 | 8.01 | 0.00 | 0.68 | 0.32 | 0.00 | 62.41 | 10.14 | 8.97 | 1.93 | 1.23 | 1.71 | 0.00 | 23.98 |
| 暗纹东方鲀 | 工厂化+池塘 | 42.31 | 3.175 | 21.156 | 0.134 | 0.00 | 5.496 | 0.00 | 0.849 | 0.00 | 0.00 | 30.810 | 6.482 | 2.221 | 1.701 | 1.097 | 0.00 | 0.00 | 11.502 |
| | 普通池塘 | 34.43 | 1.917 | 19.667 | 0.857 | 0.00 | 3.552 | 0.020 | 0.988 | 0.064 | 0.00 | 27.064 | 1.582 | 2.290 | 0.310 | 2.985 | 0.193 | 0.00 | 7.361 |
| 红鳍东方鲀 | 工厂化+普通网箱 | 44.24 | 1.22 | 15.244 | 0.50 | 0.00 | 5.854 | 4.250 | 0.018 | 0.183 | 0.00 | 27.269 | 2.208 | 14.650 | 0.116 | 0.00 | 0.00 | 0.00 | 16.974 |
| | 工厂化流水 | 33.43 | 1.429 | 22.50 | 0.278 | 0.00 | 2.00 | 0.00 | 0.278 | 0.556 | 0.00 | 27.04 | 4.167 | 2.222 | 0.00 | 0.00 | 0.00 | 0.00 | 6.389 |
| | 深水网箱 | 64.91 | 28.431 | 15.05 | 0.441 | 0.00 | 0.196 | 0.490 | 0.794 | 3.922 | 0.00 | 49.325 | 9.00 | 5.461 | 0.784 | 0.343 | 0.00 | 0.00 | 15.588 |
| | 普通池塘 | 50.80 | 1.00 | 20.00 | 1.000 | 0.00 | 5.00 | 0.00 | 0.333 | 0.667 | 0.00 | 28.00 | 5.00 | 0.00 | 0.30 | 17.50 | 0.00 | 0.00 | 22.80 |
| 珍珠龙胆 | 普通池塘 | 38.43 | 5.30 | 26.68 | 0.67 | 1.69 | 1.37 | 0.00 | 0.15 | 0.01 | 0.00 | 35.87 | 1.02 | 0.78 | 0.09 | 0.60 | 0.06 | 0.00 | 2.56 |
| | 工厂化循环水 | 65.86 | 5.82 | 27.77 | 0.52 | 0.00 | 7.66 | 0.00 | 0.00 | 0.00 | 0.00 | 41.78 | 9.67 | 13.49 | 0.92 | 0.00 | 0.00 | 0.00 | 24.08 |
| 军曹鱼 | 深水网箱 | 24.28 | 0.83 | 18 | 0.37 | 0.2 | 0.00 | 0.00 | 0.32 | 0.00 | 0.00 | 19.72 | 2.6 | 0.02 | 0.75 | 1 | 0.09 | 0.10 | 4.56 |
| | 普通网箱 | 26.24 | 0.72 | 18.91 | 0.54 | 0.05 | 0.00 | 0.00 | 0.15 | 0.00 | 0.00 | 20.37 | 2.98 | 1.63 | 1.03 | 0.00 | 0.11 | 0.12 | 5.87 |
| 海鲈 | 池塘养殖 | 24.04 | 0.84 | 18.61 | 0.47 | 0.00 | 1.93 | 0.00 | 0.09 | 0.004 | 0.00 | 21.95 | 1.00 | 0.54 | 0.03 | 0.47 | 0.04 | 0.01 | 2.09 |
| | 普通网箱 | 29.46 | 0.38 | 26.41 | 0.01 | 0.02 | 0.05 | 0.01 | 0.17 | 0.29 | 0.07 | 27.40 | 0.86 | 0.76 | 0.24 | 0.02 | 0.18 | 0.00 | 2.06 |
| | 深水网箱 | 32.70 | 0.24 | 24.04 | 0.05 | 0.004 | 0.09 | 0.14 | 0.39 | 0.18 | 0.31 | 25.45 | 1.74 | 5.04 | 0.07 | 0.01 | 0.11 | 0.27 | 7.25 |
| 大黄鱼 | 普通网箱 | 21.34 | 0.79 | 16.64 | 0.05 | 0.00 | 0.04 | 0.21 | 0.42 | 0.17 | 0.09 | 18.40 | 1.32 | 1.10 | 0.20 | 0.05 | 0.27 | 0.01 | 2.95 |
| | 深水网箱 | 26.89 | 1.49 | 19.11 | 0.07 | 0.39 | 0.19 | 0.02 | 0.34 | 0.30 | 0.27 | 22.18 | 3.02 | 0.98 | 0.38 | 0.21 | 0.12 | 0.00 | 4.71 |
| 卵形鲳鲹 | 普通网箱 | 20.76 | 1.33 | 15.81 | 0.00 | 0.00 | 0.00 | 0.00 | 0.00 | 0.38 | 0.00 | 17.53 | 0.20 | 0.34 | 0.05 | 0.01 | 0.00 | 2.63 | 3.23 |
| | 深水网箱 | 16.91 | 0.95 | 13.54 | 0.00 | 0.00 | 0.00 | 0.11 | 0.06 | 0.01 | 0.13 | 14.79 | 0.25 | 0.72 | 0.01 | 0.02 | 0.19 | 0.91 | 2.11 |
| 许氏平鲉 | 网箱 | 34.16 | 2.19 | 21.46 | 0.35 | 0.83 | 0.00 | 0.00 | 0.42 | 0.05 | 0.20 | 25.50 | 3.63 | 2.52 | 0.57 | 1.18 | 0.74 | 0.00 | 8.66 |

## 6.2 不同品种海水鱼养殖收益分析

2017—2021 年不同养殖模式下海水鱼养殖收益情况如表 11 所示。

**表 11　2017—2021 年海水鱼养殖收益分析比较**

| 鱼种 | 年份 | 养殖模式 | 养殖成本/（元/千克） | 销售价格/（元/千克） | 净利润 /（元/千克） | 成本利润率/% | 销售利润率/% | 边际贡献率/% |
|---|---|---|---|---|---|---|---|---|
| 大菱鲆 | 2017 | 工厂化 | 34.21 | 35.00 | 0.79 | 2.31 | 2.26 | 31.41 |
| | 2018 | 工厂化 | 33.86 | 49.00 | 13.48 | 37.95 | 27.51 | 53.71 |
| | 2019 | 工厂化 | 36.67 | 49.05 | 12.38 | 33.76 | 25.24 | 44.45 |
| | 2020 | 工厂化 | 44.08 | 35.83 | −8.25 | −18.72 | −23.03 | 9.73 |
| 牙鲆 | 2021 | 工厂化 | 32.66 | 48.84 | 16.17 | 49.52 | 33.12 | 52.62 |
| | 2017 | 工厂化流水 | 37.96 | 50.00 | 12.04 | 31.70 | 24.07 | 47.79 |
| | 2018 | 工厂化流水 | 54.62 | 60.00 | 5.38 | 9.85 | 8.97 | 30.00 |
| | 2019 | 工厂化流水 | 24.92 | 32.29 | 7.37 | 29.57 | 22.82 | 37.07 |
| | 2020 | 工厂化流水 | 31.94 | 29.33 | −2.60 | −8.15 | −8.88 | 31.39 |
| | 2021 | 工厂化流水 | 37.02 | 50.00 | 12.98 | 35.06 | 25.96 | 50.84 |
| | 2018 | 普通池塘 | 32.34 | 37.00 | 4.66 | 14.41 | 12.59 | 52.00 |
| | 2019 | 普通池塘 | 30.49 | 42.29 | 11.8 | 38.70 | 27.90 | 57.82 |
| | 2020 | 普通池塘 | 33.26 | 38.89 | 5.63 | 16.93 | 14.48 | 38.05 |
| | 2021 | 普通池塘 | 28.03 | 40.00 | 11.97 | 42.70 | 29.93 | 50.73 |
| | 2019 | 普通网箱 | 24.37 | 27.00 | 2.63 | 10.79 | 9.74 | 33.67 |
| | 2020 | 普通网箱 | 27.45 | 34.25 | 6.80 | 24.79 | 19.87 | 54.93 |
| | 2021 | 普通网箱 | 34.34 | 43.47 | 9.13 | 26.59 | 21.01 | 41.62 |
| 半滑舌鳎 | 2018 | 工厂化流水 | 109.41 | 140.00 | 30.59 | 27.96 | 21.85 | 48.00 |
| | 2021 | 工厂化流水 | 86.39 | 105.27 | 18.88 | 21.86 | 17.94 | 40.72 |
| | 2017 | 工厂化循环水 | 97.25 | 160.00 | 62.75 | 64.53 | 39.22 | 68.84 |
| | 2018 | 工厂化循环水 | 100.47 | 140.00 | 39.53 | 39.35 | 28.24 | 41.00 |
| | 2019 | 工厂化循环水 | 88.37 | 113.00 | 25.30 | 28.63 | 22.26 | 49.81 |
| | 2020 | 工厂化循环水 | 87.95 | 116.24 | 28.29 | 32.17 | 24.34 | 51.57 |
| | 2021 | 工厂化循环水 | 96.63 | 113.00 | 17.89 | 18.51 | 15.62 | 40.62 |

续表

| 鱼种 | 年份 | 养殖模式 | 养殖成本/（元/千克） | 销售价格/（元/千克） | 净利润 /（元/千克） | 成本利润率/% | 销售利润率/% | 边际贡献率/% |
|---|---|---|---|---|---|---|---|---|
| 红鳍东方鲀 | 2020 | 工厂化循环水+普通网箱 | 55.26 | 100.00 | 44.74 | 80.96 | 44.74 | 66.03 |
| | 2020 | 深水网箱 | 48.46 | 90.00 | 41.54 | 85.72 | 46.16 | 52.45 |
| | 2020 | 普通池塘 | 49.51 | 37.00 | −12.51 | −25.26 | −33.80 | 1.73 |
| | 2021 | 池塘养殖 | 50.80 | 65.00 | 14.20 | 27.95 | 21.85 | 56.92 |
| | 2021 | 工厂化+普通网箱 | 44.24 | 100.00 | 55.76 | 126.03 | 55.76 | 72.73 |
| | 2021 | 深水网箱 | 64.91 | 90.00 | 25.09 | 38.65 | 27.87 | 45.19 |
| | 2021 | 工厂化流水 | 33.43 | 80.00 | 46.57 | 139.32 | 58.21 | 66.20 |
| 暗纹东方鲀 | 2017 | 池塘养殖 | 50.03 | 55.00 | 4.70 | 9.35 | 8.55 | 39.97 |
| | 2019 | 池塘养殖 | 24.19 | 68.94 | 44.75 | 185.02 | 64.91 | 67.65 |
| | 2020 | 池塘养殖 | 34.95 | 57.50 | 22.55 | 64.52 | 39.22 | 53.53 |
| | 2021 | 池塘养殖 | 34.43 | 48.40 | 13.97 | 40.60 | 28.87 | 44.08 |
| 海鲈 | 2017 | 池塘养殖 | 16.18 | 17.75 | 1.57 | 9.70 | 8.84 | 15.66 |
| | 2018 | 池塘养殖 | 14.28 | 23.00 | 8.72 | 61.07 | 37.91 | 42.29 |
| | 2019 | 池塘养殖 | 17.36 | 18.67 | 1.31 | 7.53 | 7.00 | 17.96 |
| | 2020 | 池塘养殖 | 16.87 | 18.22 | 1.35 | 8.02 | 7.42 | 20.32 |
| | 2021 | 池塘养殖 | 24.04 | 26.42 | 2.38 | 9.90 | 9.00 | 16.92 |
| | 2017 | 普通网箱 | 31.48 | 38.09 | 6.61 | 21.00 | 17.36 | 31.50 |
| | 2019 | 普通网箱 | 32.07 | 42.05 | 9.97 | 31.10 | 23.72 | 29.83 |
| | 2020 | 普通网箱 | 32.08 | 35.21 | 3.13 | 9.74 | 8.88 | 24.66 |
| | 2021 | 普通网箱 | 29.46 | 37.79 | 8.33 | 28.28 | 22.05 | 27.54 |
| | 2017 | 深水网箱 | 36.62 | 39.71 | 3.09 | 8.45 | 7.79 | 30.87 |
| | 2019 | 深水网箱 | 17.95 | 62.09 | 44.14 | 245.95 | 71.09 | 72.83 |
| | 2020 | 深水网箱 | 35.25 | 36.79 | 1.54 | 4.38 | 4.19 | 26.28 |
| | 2021 | 深水网箱 | 32.70 | 38.70 | 6.00 | 18.35 | 15.50 | 34.24 |
| 军曹鱼 | 2017 | 普通网箱 | 23.13 | 40.00 | 16.87 | 72.96 | 42.18 | 49.00 |
| | 2018 | 普通网箱 | 30.77 | 50.00 | 19.23 | 62.50 | 38.46 | 46.12 |
| | 2019 | 普通网箱 | 26.15 | 39.33 | 13.18 | 50.42 | 33.52 | 39.60 |
| | 2020 | 普通网箱 | 31.99 | 44.00 | 12.01 | 37.53 | 27.29 | 36.71 |
| | 2021 | 普通网箱 | 26.24 | 33.62 | 7.38 | 28.13 | 21.95 | 34.97 |
| | 2018 | 深水网箱 | 28.90 | 30.00 | 1.10 | 3.80 | 3.66 | 10.87 |
| | 2019 | 深水网箱 | 25.40 | 44.00 | 18.60 | 73.23 | 42.27 | 48.71 |
| | 2020 | 深水网箱 | 32.37 | 40.00 | 7.63 | 23.56 | 19.07 | 27.88 |
| | 2021 | 深水网箱 | 24.28 | 34.42 | 10.14 | 41.76 | 29.46 | 44.38 |

续表

| 鱼种 | 年份 | 养殖模式 | 养殖成本/（元/千克） | 销售价格/（元/千克） | 净利润 /（元/千克） | 成本利润率/% | 销售利润率/% | 边际贡献率/% |
|---|---|---|---|---|---|---|---|---|
| 珍珠龙胆石斑鱼 | 2018 | 池塘养殖 | 51.36 | 67.50 | 16.14 | 31.43 | 23.91 | 39.51 |
| | 2019 | 池塘养殖 | 41.14 | 52.00 | 10.86 | 26.40 | 20.88 | 25.40 |
| | 2020 | 池塘养殖 | 34.76 | 34.30 | −0.51 | −1.47 | −1.50 | 7.32 |
| | 2021 | 池塘养殖 | 38.43 | 57.14 | 18.71 | 48.69 | 32.74 | 37.22 |
| | 2020 | 普通网箱 | 33.84 | 34.00 | 0.16 | 0.48 | 0.48 | 14.89 |
| | 2021 | 工厂化养殖 | 65.86 | 73.66 | 7.80 | 11.84 | 10.59 | 43.28 |
| 卵形鲳鲹 | 2017 | 普通网箱 | 20.17 | 23.00 | 2.83 | 14.04 | 12.31 | 23.87 |
| | 2018 | 普通网箱 | 20.91 | 22.8 | 1.89 | 9.03 | 8.28 | 23.63 |
| | 2019 | 普通网箱 | 15.61 | 23.94 | 8.33 | 53.35 | 34.79 | 47.03 |
| | 2020 | 普通网箱 | 19.51 | 24.00 | 4.49 | 23.00 | 18.70 | 33.09 |
| | 2021 | 普通网箱 | 20.76 | 23.67 | 2.91 | 14.02 | 12.29 | 25.94 |
| | 2017 | 深水网箱 | 19.84 | 24.00 | 4.16 | 20.95 | 17.32 | 31.97 |
| | 2018 | 深水网箱 | 19.74 | 22.80 | 3.06 | 15.50 | 13.42 | 27.28 |
| | 2019 | 深水网箱 | 13.63 | 21.33 | 7.71 | 56.55 | 36.12 | 46.98 |
| | 2020 | 深水网箱 | 21.57 | 24.42 | 2.84 | 13.19 | 11.65 | 30.57 |
| | 2021 | 深水网箱 | 16.91 | 22.50 | 5.59 | 33.06 | 24.84 | 34.27 |
| 大黄鱼 | 2017 | 普通网箱 | 27.77 | 29.50 | 1.73 | 6.22 | 5.85 | 19.48 |
| | 2018 | 普通网箱 | 23.57 | 28.10 | 4.53 | 19.21 | 16.12 | 21.96 |
| | 2019 | 普通网箱 | 33.93 | 36.96 | 3.03 | 8.93 | 8.20 | 22.92 |
| | 2020 | 普通网箱 | 23.52 | 35.00 | 11.48 | 48.81 | 32.80 | 43.66 |
| | 2021 | 普通网箱 | 21.34 | 32.54 | 11.20 | 52.48 | 34.42 | 43.45 |
| | 2020 | 深水网箱 | 25.79 | 37.21 | 10.69 | 40.31 | 28.73 | 47.73 |
| | 2021 | 深水网箱 | 26.89 | 36.96 | 10.07 | 37.45 | 27.25 | 39.99 |
| 许氏平鲉 | 2021 | 网箱 | 36.79 | 50.00 | 13.21 | 35.91 | 26.42 | 54.77 |

注：大菱鲆和卵形鲳鲹 2019 年数据是更新数据（在 2019 年数据基础上增加了补充调研样本量）。

由表 11 可得，2021 年大部分海水鱼养殖收益要高于 2020 年，其主要原因有两点，一是随着新冠肺炎疫情得到有效控制，用工成本和相关生产资料成本下降引起养殖成本下降；二是随着新冠疫情得到有效控制，消费市场信心有效提升带动销售单价提升。因此，为了更有针对性地了解 2021 年养殖收益情况，将其与 2019 年收益情况进行对比分析。通过对比分析得出，2021 年海水鱼养殖依然受到新冠肺炎疫情影响，部分品种养殖收益低于 2019 年养殖收益。例如，2021 年暗纹东方鲀的销售净利润为 15.61 元/千克，成本利润率为 42.55%，销售利润率为 29.85%，边际贡献率为 46.19%，比 2019 年分别下降 65.12%、77%、54.01%和 31.72%。海鲈三种养殖模式 2021 年的成本较 2019 年均有所增加，分别增加了 41.83%、12.83%和 42.24%；普通池塘养殖的净利润有所增加，增加了 40%，而普通网箱养殖和深水网箱养殖的的净利润有所降低，分别降低了 55.93%和 72.74%；三种养殖模式的成本利润率、销售利润率和边际贡献率均有所降低。2021 年卵形鲳鲹普通网箱养殖的净利润为 2.91 元/千克，相较于 2019 年 3.32 元/千克下降了 12.35%；深水网箱养殖的净利润为 5.59 元/千克，相较于 2019 年 5.86 元/千克有所下降，但盈利相对平稳；从成本利润率来看，2021 年深水网箱养殖高于普通网箱养殖，依次为 33.06%和 14.02%，相较于 2019 年均有所下降。

与此同时，部分养殖品种 2021 年养殖收益高于 2019 年，受到新冠疫情影响较小。以大菱鲆为例，其销售市场在 2021 年一定程度上摆脱了 2020 年以来因疫情造成的市场影响，销售价格较为稳定，平均售价为 48.84 元/千克，净利润达到 16.17 元/千克，成本利润率为 49.52%，销售利润率为 33.12%，边际贡献率为 52.62%，边际贡献率能够反映产品对企业贡献的能力，是销售收入减去变动成本后在销售收入中所占的比例，上述较高的边际贡献率也代表着养殖企业已从去年疫情的影响中缓慢恢复。同 2019 年相比，大菱鲆养殖的成本减少 15.85%，主要规格成品鱼的平均销售价格降低 1.19%，净利润提升 52.12%，成本利润率增加 80.80%，销售利润率增加 54.05%，边际贡献率增加 14.57%。此外，珍珠龙胆石斑鱼工厂化养殖模式下，其养殖的单位总成本由 2019 年的 42.28 元/千克上涨至 2021 年的 65.86 元/千克，销售价格则是从 2019 年的 50 元/千克大幅上涨至 2021 年的 73.66 元/千克，单位净利润上涨了 23.66 元/千克。

### 6.3 不同品种海水鱼养殖盈亏平衡分析

不同品种海水鱼的养殖盈亏平衡情况如表 12 所示，由表中数据可以明显看出：

不同养殖模式下，同种海水鱼的销售价格与盈亏平衡价格之差有较大区别。珍珠龙胆石斑鱼的差值最高，池塘养殖的销售价格与盈亏平衡价格之差为 18.71 元，而工厂化循环水养殖该数值仅为 7.8 元，究其原因是由于工厂化循环水固定资产投入高和实际产量较低导致单位养殖总成本较高。牙鲆在普通网箱、普通池塘、工厂化流水和工厂化循环水养殖模式下销售价格与盈亏平衡价格之差也存在较大的差距，其中工厂化循环水养殖的差值明显小于工厂化流水养殖，究其原因与珍珠龙胆石斑鱼情况大致相同。海鲈在普通池塘、普通网箱和深水网箱养殖模式中的销售价格与盈亏平衡价格之差分别是 2.38 元、8.33 元和 6.1 元，究其原因是普通池塘养殖模式下成品鱼由于口感问题导致销售价格较低，深水网箱固定资产折旧费用较高引起养殖成本较高。需要指出的是半滑舌鳎和大黄鱼的销售价格与盈亏平衡价格之差较小。

不同海水鱼之间、不同养殖模式下同种海水鱼之间的安全边际率均差距大。安全边际率越高，表明该种养殖方式的养殖风险越低。根据统计数据，11 种海水鱼养殖的平均安全边际率为 60.2%，其中大黄鱼养殖的安全边际率最高，达到了 86.83%，这说明该品种养殖风险很低。同种海水鱼中不同养殖模式下，其安全边际率也存在较大的差距。牙鲆在普通池塘养殖模式下的安全边际率高达63.99%，然而在工厂化循环水养殖模式下仅为28.24%，这表明工厂化循环水养殖模式的风险明显高于普通池塘养殖模式；海鲈在普通网箱养殖模式下的安全边际率高达80.06%，然而在普通池塘和深水网箱养殖模式下分别仅为53.25%和45.28%；珍珠龙胆石斑鱼在池塘养殖模式下安全边际率高达92.19%，然而在工厂化循环水养殖模式下仅为61.16%，这表明不同养殖模式造成了一定的养殖成本和销售单价的差异，从而影响了其风险。

**表12 2021年海水鱼养殖不确定性分析**

| 鱼种 | 养殖模式 | 盈亏平衡产量/kg | 实际销售产量/kg | 安全边际量/kg | 安全边际率/% | 盈亏平衡作业率/% | 盈亏平衡价格/（元/千克） | 销售价格/（元/千克） | 销售价格与盈亏平衡价格之差/（元/千克） |
|---|---|---|---|---|---|---|---|---|---|
| 大菱鲆 | 工厂化 | 860 376.00 | 2 361 735.00 | 1 501 359.00 | 63.57 | 36.43 | 32.66 | 48.83 | 16.17 |
| 牙鲆 | 普通网箱 | 78 710.00 | 159 000.00 | 80 290.00 | 50.50 | 49.50 | 34.34 | 43.47 | 9.13 |
| | 普通池塘 | 265 718.00 | 737 950.00 | 472 232.00 | 63.99 | 36.01 | 28.03 | 40.00 | 11.97 |
| | 工厂化流水 | 10 274.00 | 21 000.00 | 10 726.00 | 51.08 | 48.92 | 37.02 | 50.00 | 12.98 |
| | 工厂化循环水 | 33 502.00 | 46 688.00 | 13 185.00 | 28.24 | 71.76 | 43.11 | 50.00 | 6.89 |
| 半滑舌鳎 | 工厂化循环水 | 81 948.59 | 133 141.97 | 51 193.39 | 38.45 | 61.55 | 96.63 | 114.52 | 17.89 |
| | 工厂化流水 | 142 970.73 | 255 556.03 | 112 585.30 | 44.06 | 55.94 | 86.39 | 105.27 | 18.88 |
| 暗纹东方鲀 | 综合模式 | 195 212.43 | 551 814.00 | 356 601.57 | 64.62 | 35.38 | 36.68 | 52.29 | 15.61 |
| 红鳍东方鲀 | 综合模式 | 466151.25 | 972000.00 | 505848.75 | 52.04 | 47.96 | 52.08 | 75.00 | 22.92 |
| 海鲈 | 普通池塘 | 784 892.51 | 1 679 000.00 | 894107.49 | 53.25 | 46.75 | 24.04 | 26.42 | 2.38 |
| | 普通网箱 | 250 212.70 | 1 254 875.00 | 1 004 662.30 | 80.06 | 19.94 | 29.46 | 37.79 | 8.33 |
| | 深水网箱 | 603 074.04 | 1 102 150.00 | 499 075.96 | 45.28 | 54.72 | 32.70 | 38.80 | 6.10 |
| 珍珠龙胆石斑鱼 | 池塘养殖 | 10 058.00 | 119 404.00 | 109 346.00 | 92.19 | 7.81 | 38.43 | 57.14 | 18.71 |
| | 工厂化循环水 | 12 582.00 | 33 595.00 | 21 012.00 | 61.16 | 19.56 | 65.86 | 73.66 | 7.80 |
| 军曹鱼 | 深水网箱 | 55 943.00 | 341 250.00 | 285 307.00 | 83.61 | 16.39 | 25.60 | 34.42 | 8.82 |
| | 普通网箱 | 40 763.00 | 217 250.00 | 176 487.00 | 81.24 | 18.76 | 27.50 | 33.62 | 6.12 |
| 大黄鱼 | 普通网箱 | 426 771.99 | 4 094 850.00 | 3 668 078.01 | 89.58 | 10.42 | 19.87 | 32.54 | 12.67 |
| | 深水网箱 | 471 882.27 | 2 962 000.00 | 2 490 117.73 | 84.07 | 15.93 | 24.53 | 36.96 | 12.43 |
| 卵形鲳鲹 | 网箱 | 2 756 296.82 | 11 549 516.44 | 8 793 219.62 | 76.13 | 23.87 | 19.69 | 23.34 | 3.65 |
| 许氏平鲉 | 网箱 | 34 536.59 | 195 500.00 | 160 963.41 | 82.33 | 17.67 | 34.16 | 50.00 | 15.84 |

## 6.4 不同品种海水鱼养殖敏感性分析

不同品种海水鱼的养殖敏感性情况如表 13 所示，由表数据可以明显看出：

在变化方向方面，单位固定成本和可变成本与净利润的变化方向相反，价格与净利润的变化方向相同。

在价格对于养殖生产者的净利润影响中，销售价格每提高 1%，大菱鲆和牙鲆养殖将会增加 3%以上，其中牙鲆养殖将会增加 4.48%。其他品种的海水鱼养殖净利润对价格的敏感性基本在 15%以下。

在养殖成本对于养殖生产者的净利润影响中，从单位总成本的敏感性来看，单位总成本每提高 1%，牙鲆的养殖净利润会亏损 2%至 6.5%之间（不同养殖模式亏损程度不一样），大菱鲆养殖也将亏损 2%左右，其他品种养殖亏损大多数低于 10%。成本方面的敏感性主要集中在单位可变成本，各品种单位可变成本和单位总成本的敏感性相近；从单位固定成本的敏感性来看，当单位固定成本增加 1%时，牙鲆养殖净利润亏损 0.7%至 2.5%之间；大菱鲆养殖净利润亏损 0.6%左右；其他品种海水鱼的养殖单位固定成本对净利润相较单位可变成本敏感性较低，大多数在 2%以下。

**表 13　2021 年海水鱼养殖敏感性分析**

| 鱼种 | 项目 | 单位变动成本 | 单位固定成本 | 单位总成本 | 价格 |
|---|---|---|---|---|---|
| | 变动百分比 | 10% | 10% | 10% | 10% |
| 大菱鲆 | 工厂化养殖 | −1.43 | −0.59 | −2.02 | 3.02 |
| 牙鲆 | 网箱养殖 | −2.78 | −0.98 | −3.76 | 4.48 |
| | 普通池塘养殖 | −1.65 | −0.70 | −2.34 | |
| | 工厂化流水养殖 | −1.89 | −0.96 | −2.85 | |
| | 工厂化循环水养殖 | −3.75 | −2.50 | −6.26 | |
| 半滑舌鳎 | 工厂化循环水养殖 | −3.80 | −1.60 | −5.40 | 6.40 |
| | 工厂化流水养殖 | −3.30 | −1.27 | −4.57 | 5.57 |
| 暗纹东方鲀 | 综合模式养殖 | −1.80 | −0.55 | −2.35 | 3.35 |
| 红鳍东方鲀 | 综合模式养殖 | −1.35 | −0.92 | −2.27 | 3.27 |
| 卵形鲳鲹 | 普通网箱养殖 | −6.03 | −1.11 | −7.14 | 8.14 |
| | 深水网箱养殖 | −2.65 | −0.38 | −3.02 | 4.02 |
| 海鲈鱼 | 池塘养殖 | −9.22 | −0.88 | −10.10 | 11.10 |
| | 普通网箱养殖 | −3.29 | −0.25 | −3.54 | 4.54 |
| | 深水网箱养殖 | −4.24 | −1.21 | −5.45 | 6.45 |
| 珍珠龙胆石斑鱼 | 池塘养殖 | −3.11 | −0.21 | −3.31 | 4.31 |
| | 工厂化循环水养殖 | −9.22 | −5.00 | −14.22 | 15.22 |
| 大黄鱼 | 普通网箱养殖 | −1.65 | −0.27 | −1.91 | 2.90 |
| | 深水网箱养殖 | −2.20 | −0.46 | −2.67 | 3.67 |

续表

| 鱼种 | 项目<br>变动百分比 | 单位变动成本<br>10% | 单位固定成本<br>10% | 单位总成本<br>10% | 价格<br>10% |
|---|---|---|---|---|---|
| 军曹鱼 | 普通网箱养殖 | −1.52 | −0.37 | −1.96 | 7.53 |
| | 深水网箱养殖 | −0.49 | −0.46 | −1.48 | 4.42 |
| 许氏平鲉 | 网箱 | −1.62 | −0.55 | −2.17 | 3.17 |

# 7 海水鱼国际市场简况

## 7.1 全球经济复苏，带动海产品消费需求

全球经济复苏，海产品消费需求强劲，市场供不应求。2021 年上半年，随着疫苗接种人数增长、病毒监测技术的进步以及国际旅游需求的释放，尤其是欧洲各国自 4 月下旬逐渐放宽第三次COVID−19 疫情防控措施后，餐饮、旅游等服务业重启，全球经济复苏势头良好。北美经济圈、欧洲经济圈和东亚经济圈作为海产品主要消费地，海产品需求增长高于预期，叠加 6 月暑季消费旺季，市场供不应求。

## 7.2 成本快速上涨，引起海产品价格上涨

快速上涨的运输成本以及燃料和劳动力成本助推海产品价格上涨。据美国能源情报署的数据，4 月份柴油平均价格比 2020 年同期上涨了 26%，汽油达到近 7 年最高水平；燃油价格上涨，渔船、货运卡车、集装箱船和电力等成本增加，全球货运成本大幅提升。疫情带来的劳动力市场紧张局面进一步提升了劳动力成本。此外，国际主要市场海水鱼价格涨势明显，冷冻加工鱼片类产品价格高涨。韩国鹭梁津水产品市场大黄鱼均价 4 903 韩元/千克，同比上涨 6.7%；中国香港市场青斑和老虎斑价格上涨。日韩市场海鲈供应增加，海鲈价格触底反弹，第二、三季度同比分别上涨 13.1%和 34.2%。日本冰鲜虎河豚一、二、三季度均价分别为 2 998 日元/千克、1 662 日元/千克、1 453 日元/千克，同比分别下降 8.3%、上涨 51.5%和上涨 22.4%。西班牙莫卡巴那水产市场鲆鲽类交易量已基本恢复至疫情前同期水平，交易量 1 833.8 t，同比增长 10.5%；交易量最大的冰鲜舌鳎第三季度涨幅达 18.4%；冻舌鳎鱼片价格自疫情前 10 欧元/千克涨至最高 18 欧元/千克，涨幅达 80%。美国波特兰鱼市场鲆鲽类交易均价 2.0 美元/千克，同比上涨 24%。

## 7.3 受疫情影响，海产品新业态发展迅速

受疫情影响，海产品消费偏好增加，推动了消费新渠道和新业态发展。美国海产品零售增长明显，尤其是线上销售表现突出；美国消费者在疫情爆发一年后养成了选用海鲜产品的习惯，且在短期内不会改变。欧盟水产品消费和偏好保持增加趋势，对包装和冷冻水

产品的需求出现增长，消费者居家消费增加，海鲜配送服务兴起。日本大量消费者学习掌握了家庭烹饪手艺，人均水产品消费为 23.9 kg，比 2019 年增加了 0.1 kg。韩国居民倾向选择多样化料理的“家庭方便食品”。

# 8 存在的问题

## 8.1 市场恢复良好，但仍受疫情反复影响

2021 年上半年，海水鱼价格处于相对稳定的情况，市场恢复良好，大部分品种市场销售价格均超过疫情前 2019 年同期水平。然而，尽管国内疫情得到有效控制，但国际疫情控制得不理想，导致国内部分地区疫情反复，而疫情的反复仍对海水鱼销售市场带来了较大的不确定性，从而影响市场信心。

## 8.2 产业发展风险较大，支持政策仍需优化

海水鱼养殖业是一个风险相对较高的产业，生产者不仅面临病害风险，还面临着自然灾害、市场风险、社会舆情风险、宏观经济风险，甚至饵料短缺与质量风险、苗种质量风险、断水断电风险、人身安全风险等。新冠肺炎疫情、国际局势变化以及鱼粉、大豆进口依赖程度高等叠加，使产业风险加剧。在近几年暑期调研访谈时均发现，疫情及日常的各种自然灾害，给大部分养殖户造成了巨大的损失。因此，大部分养殖户对水产养殖保险需求很强烈，希望能够建立稳定的保险制度，获得更多的资金支持，帮助减缓养殖过程中面临的各类风险和压力。这个问题在近几年的报告中均有提到，但仍未得到有效解决。

## 8.3 养殖成本波动较大，抗风险能力较弱

在历年调研中发现，成本控制问题是养殖户重点关注的问题之一。2021 年市场逐渐开放和恢复，养殖户收益相比较于 2020 年得到提升，但饲料成本提高、苗种存活率下降、人工成本上升、固定资产折旧等因素正在挤压生产者的利润空间。以当年大菱鲆和牙鲆调研为例，这两年的饲料价格、鱼药价格、甚至部分地区的电费和土地租金价格均有上涨，而养殖户直接销售活鱼给经销商或加工企业的价格则没有提升甚至有所下降，导致养殖压力过大。

## 8.4 价格协调机制不健全，制约产业绿色发展

海水鱼养殖业绿色发展的一个内在要求是其发展过程中资源得以有效开发利用与配置。经济学理论已经阐明，市场价格是引导资源配置的指针。因此，价格波动是否合理，在很大程度上会影响产业发展过程中资源是否会被浪费、环境是否会被污染。根据近五年的产业运行报告来看，绝大部分的海水鱼养殖品种的价格波动较大，这很大程度上制约了

产业的绿色发展。价格协调机制不健全的问题近几年一直存在，并未得到有效解决，而造成这一问题的主要原因是调控组织缺失或能力不足和缺乏经济有效的产品质量保障机制。

### 8.5　产业链不够完善，影响产品附加值

海水鱼养殖产业链从苗种繁育、养殖、中间商收购、加工、批发到最后的零售，销售环节则以线下鲜活、冰鲜、冷冻海水鱼产品为主，部分品种开始线上销售，但缺乏一定规模。加工环节以鱼干、切片急冻产品等初级与粗加工为主，产品精深加工相对滞后，甚至部分产品初级加工留有空白；同时海水鱼养殖产品缺乏产品设计、品牌化销售等。相比成熟养殖产业的产业链而言，我国海水鱼产业链的资源利用率和产品附加值较低，产业链有待进一步延伸。

## 9　对策建议

### 9.1　以国内消费市场为重点，进一步强化“双循环”新发展格局

近两年由于受到疫情的冲击，包括海水鱼产品在内的多种水产品销量均受到影响，鲜活水产品受到储存、运输条件的制约，价格更加下滑，极大地影响了从业人员的收入，甚至导致少数养殖户放弃养殖。随着疫情缓解，在常态化防疫的背景下，产品消费逐步恢复，但是仍然受到一定程度的抑制。因此，需要着力打通国内养殖、流通、消费的各个环节，构建完善的海水鱼产业链，开拓国内市场、满足国内海水鱼需求、加强国内循环。在优化国内海水鱼产业链的基础上，提升海水鱼全产业链优势，为今后向国际市场扩张打下基础。

### 9.2　加大政策支持力度，进一步稳定从业人员就业

新冠肺炎疫情发生以来，海水鱼养殖产业发展又遇到新的困难，生产资料供应、产品销售不稳定等问题普遍存在，如不妥善解决，不仅会影响产业稳定发展，还会影响从业人员基本生活和新冠肺炎疫情防控大局。因此，政府应加强财政政策支持力度，主要包括放宽小额贷款要求、减少贷款手续，发展水产养殖政策性保险，加强渔业补贴等方式，从而进一步稳定从业人员就业。

### 9.3　促进产品深加工走向精细化，进一步优化产业链

我国水产品加工的发展历程实现了由传统手工加工到现代加工的转变，但总体仍面临以初级加工为主、机械化程度不高的问题，海水鱼养殖产业的加工也同样存在这些问题。因此，海产品加工企业应加快转型步伐，精准定位国内不同阶层消费者、研发高品质、形式多样的、电商渠道的、易运输存储的、标准化程度高的加工水产品、半成品或预制品等，

以应对国际市场需求疲软、关税和长期加工贸易不确定性问题。同时，要依托科技创新，在海洋保健功能食品、海洋生物材料、海洋药物方面进行研发，完全延伸产业链，增加产品附加值，提高国际市场的竞争力。

## 9.4 加强产业组织化建设，进一步规范生产经营秩序

目前由于一些养殖户规模比较小、成本控制能力有限等因素导致其应对市场风险能力较弱，建议政府相关部门通过政策与资金支持引导养殖户加强产业组织化建设，拓展产业规模，进一步规范生产经营秩序，从而增强养殖户抵御市场风险的能力。例如，由地方优质养殖企业及水产协会牵头，鼓励养殖户团结协作，探索合作养殖新模式，互帮互助相互借鉴，提升产业凝聚力及突发灾害下的抗风险能力。

## 9.5 探索新的水产品交易方式，进一步拓宽流通渠道

在现代信息通信技术的迅速发展，尤其是人工智能和大数据营销的背景下，行业应利用现代互联网技术和电商平台，在完善传统交易市场的同时，积极拓展水产品线上销售渠道，形成现代化海水鱼产品流通网络，压缩中间商等多余环节，拉近养殖生产者和消费者之间的距离，提高产品流通效率；通过与电商平台搭建的交易平台，基于O2O销售模式，利用大数据营销实施精准营销，有效拓展市场份额。

## 9.6 加强产业技术研发及应用，进一步推动绿色发展

目前，海水鱼养殖产业已经有较好的技术基础和产业优势，但小规模生产者在养殖总量中仍占绝大部分，他们之间鱼苗支出、饲料支出等成本的标准差较大，原因可能是养殖技术不同造成的，同时养殖中海水资源消耗较大、利用率较低、养殖废水等问题也与养殖技术相关。因此，建议支持高等院校开展关于良种培育、饲料研发等的科研工作，扶持企业并培训相关专业人才，促进产学研融合。同时农业主管相关机构和渔业合作经济组织应构建长效的养殖生产者培训体系，拓展培训渠道、丰富培训方式；构建以养殖生产者为中心的新技术推广体系，鼓励示范企业、龙头企业和科研单位等相关组织更广泛参与到新技术推广体系中，建立示范新品种养殖企业，从而丰富养殖生产者获取新技术信息的渠道，进而达到在减少环境负影响的同时，提高养殖者的经济效益，推动产业绿色发展。

# 大菱鲆种质资源与品种改良技术研究进展

大菱鲆种质资源与品种改良岗位

2021年度，大菱鲆种质资源与品种改良岗位重点开展了大菱鲆耐高温性状的基因组选择研究；完成了基于全基因组重测序筛选大菱鲆耐高温性状的相关SNP研究；完成了高温主效功能基因染色体精细定位；开展了大菱鲆热应激细胞水平分子调控机理解析；开展了大菱鲆热休克蛋白Hsp47的功能研究；完成了不同脂质含量饲料对不同盐度处理下大菱鲆幼鱼生长影响研究；完成了一种用于大规模测定大菱鲆个体饲料转化率的方法研究；完成了鳗弧菌感染大菱鲆7种免疫因子的遗传评估；完成了鳗弧菌感染大菱鲆免疫因子的基因型与组织交互作用解析。

## 1　开展了大菱鲆耐高温性状的基因组选择研究

将所有大菱鲆个体经重测序获得的SNP位点进行取交集分析，共获得77 618个SNP，经过过滤筛选（哈温不平衡0.001，缺失值大于10%，其他缺失值随机补全），剩余46 508个SNP，构建基因型文件ggeno，用来GLUP值计算。两种模型合并分析的结果显示，大多数散点处在一条直线上，表明ABLUP与GBLUP值具有一定的相关性，另外图中也出现个别离散度较大的点，说明两者存在一定的区别（图1）。将GBLUP育种值从大到小排列，从育种值的大小可以看出，之前的分子标记辅助育种与基因组选择基本吻合。

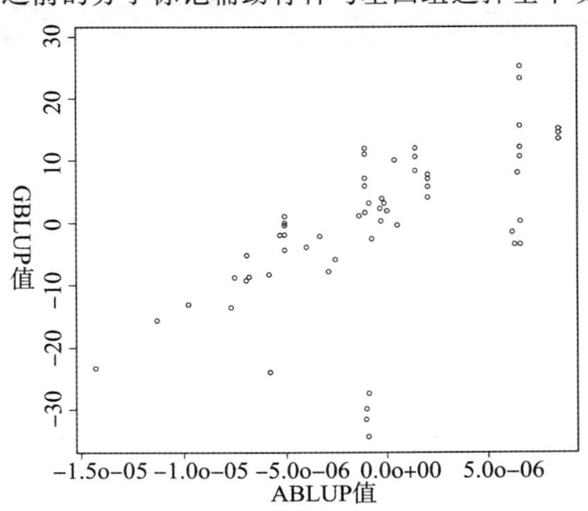


**图1　ABLUP与GBLUP合并图**

# 2　完成了基于全基因组重测序筛选大菱鲆耐高温性状的相关SNP研究

将选取的大菱鲆家系个体进行耐高温实验，每个家系 60 尾，分别放入 2 个实验用玻璃水缸。实验期间每半小时统计死亡个体数目，并即时记录样本死亡时间，冷冻保存。实验鱼死亡达到 30 尾时，停止实验，从存活个体中挑选 10 尾作为耐高温组；从死亡个体中取 10 尾作为不耐高温组，记录下每个个体的死亡时间、死亡温度。所得 60 个样本 -80℃ 冷冻保存，以备用于DNA提取及后续重测序分析。将所有个体经重测序获得的SNP位点进行取交集分析，共获得 77 618 个SNP，经过过滤筛选（哈温不平衡 0.001，缺失值大于 10%，其他缺失值随机补全），剩余 46 508 个SNP 用于SNP效应值分析，结果如图 2 所示：$q$值<0.05 的SNP有 73 个，$q$值<0.01 的有 3 个。GO结果显示，基因大多处于生物进程以及细胞组分部分，关于分子功能的基因较少（图 3）；KEGG富集结果显示，基因大多富集在 $Ca^{2+}$信号通路、MAPK信号通路、Wnt信号通路、T细胞受体信号通路以及昼夜节律相关信号通路等（图 4）。

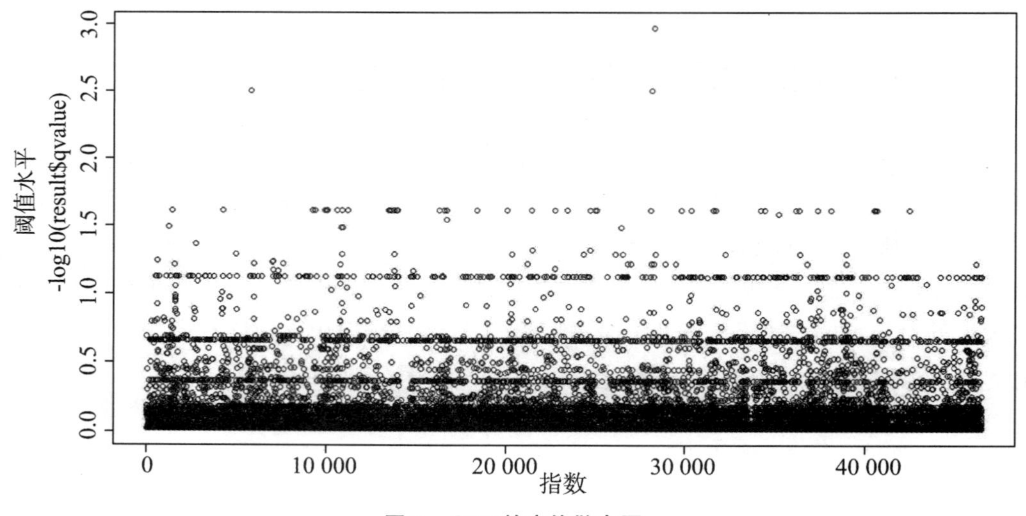


图 2　SNP效应值散点图

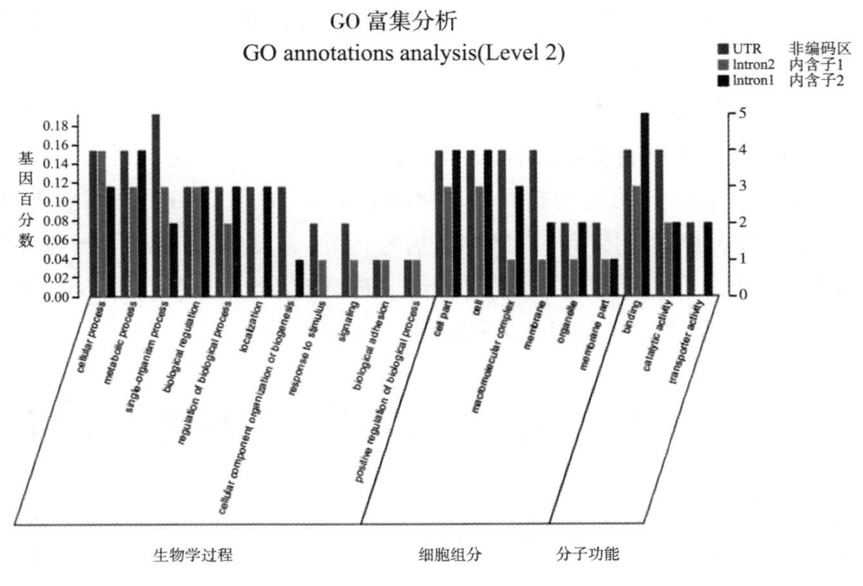


图 3 GO分类结果图

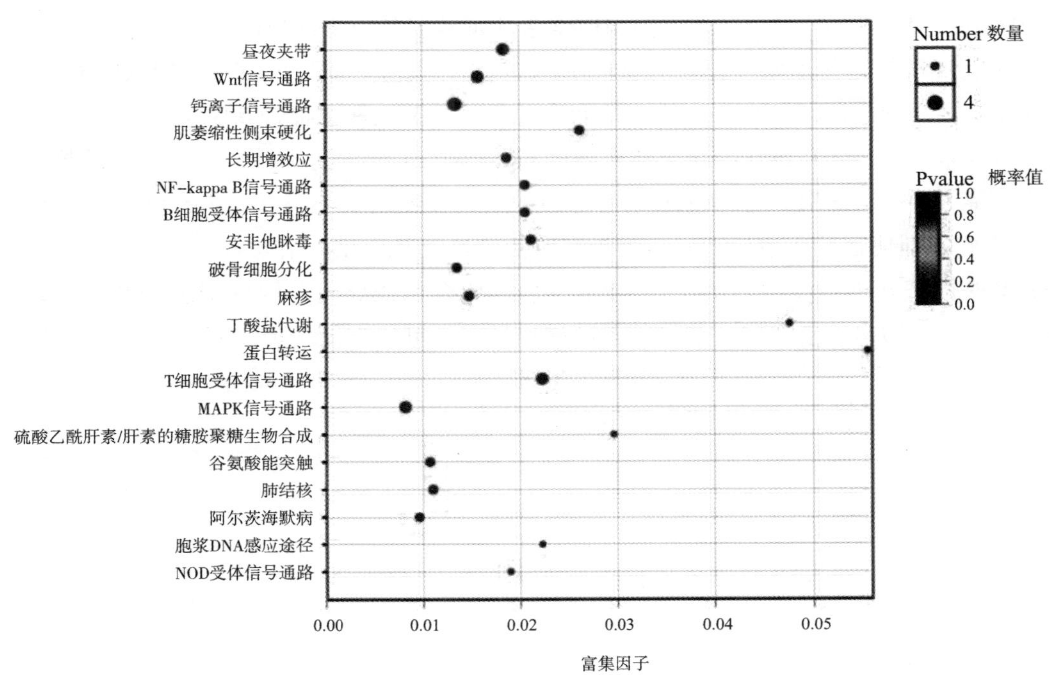


图 4 KEGG富集结果图

# 3 完成了高温主效功能基因染色体精细定位

为了鉴定与 UTT 相关的候选基因，对 1 363 个基因序列进行了基因组注释，并注释了 26 个 QTL 标记，有 34 个与应激反应相关，并对关键通路中的功能基因进行了染色体定位。通过GO分析对 388 个基因进行分类，将基因分为三大类（细胞成分、分子功能和生物过程）；其中，结合活性（209个）、细胞进程（205个）、代谢过程（192个），单生物代谢过程（171个），催化活性（156个），细胞（144），生物调节（108个），应激反应（69个）和信号转导（41个）功能组中涉及的基因较多。这结果显示了大菱鲆热应激过程中发生着生理生化自平衡过程。基于通路分析，在QTL定位区间通过生物信息学鉴定了大约882个具有已知功能的基因，富集分析显示10条KEGG通路显著富集，包括“泛素蛋白酶体”“FoxO信号传导”“ MAPK信号传导”“ JAK-STAT信号传导”“脂肪酸代谢”“GnRH信号传导”“肾上腺素信号传导”“PPAR信号通路”“Peroxisome”“p53信号”“Apoptosis”，大多数途径都参与防御反应，与GO富集分析一致。

## 4 开展了大菱鲆热应激细胞水平分子调控机理解析

对大菱鲆肾脏细胞进行了不同时间（0~120min）的热应激（37℃）。研究了热应激时HSP90的表达模式，以及细胞外调节信号激酶（ERK）和转录因子HSF1和c-Fos的表达和磷酸化水平。结果表明，热应激可激活大菱鲆肾脏细胞ERK1/2和HSF1（图5），诱导TK细胞HSP90基因表达（图6-A），抑制ERK激活可减弱热应激诱导的HSP90基因表达。此外，热应激显著诱导了两种转录因子HSF1和c-Fos的表达（图6-B C），ERK抑制剂显著降低热应激诱导的HSF1和c-Fos的表达和磷酸化。双荧光素酶报告基因实验结果表明，热应激可导致HSF1和HSP90启动子共转染的TK细胞，荧光素酶活性明显增强。结果表明，在热休克条件下，HSF1能增强HSP90基因的启动子活性。共转染c-Fos和HSP90启动子的TK细胞，即使在热应激处理后，荧光素酶活性也没有变化。结果表明，HSF1是热诱导HSP90基因表达的重要转录因子，c-Fos不直接调控热诱导大菱鲆肾细胞HSP90的表达。调节大菱鲆细胞热休克反应的信号通路的研究结果，可能有助于理解海鱼细胞应激反应的潜在分子机制。

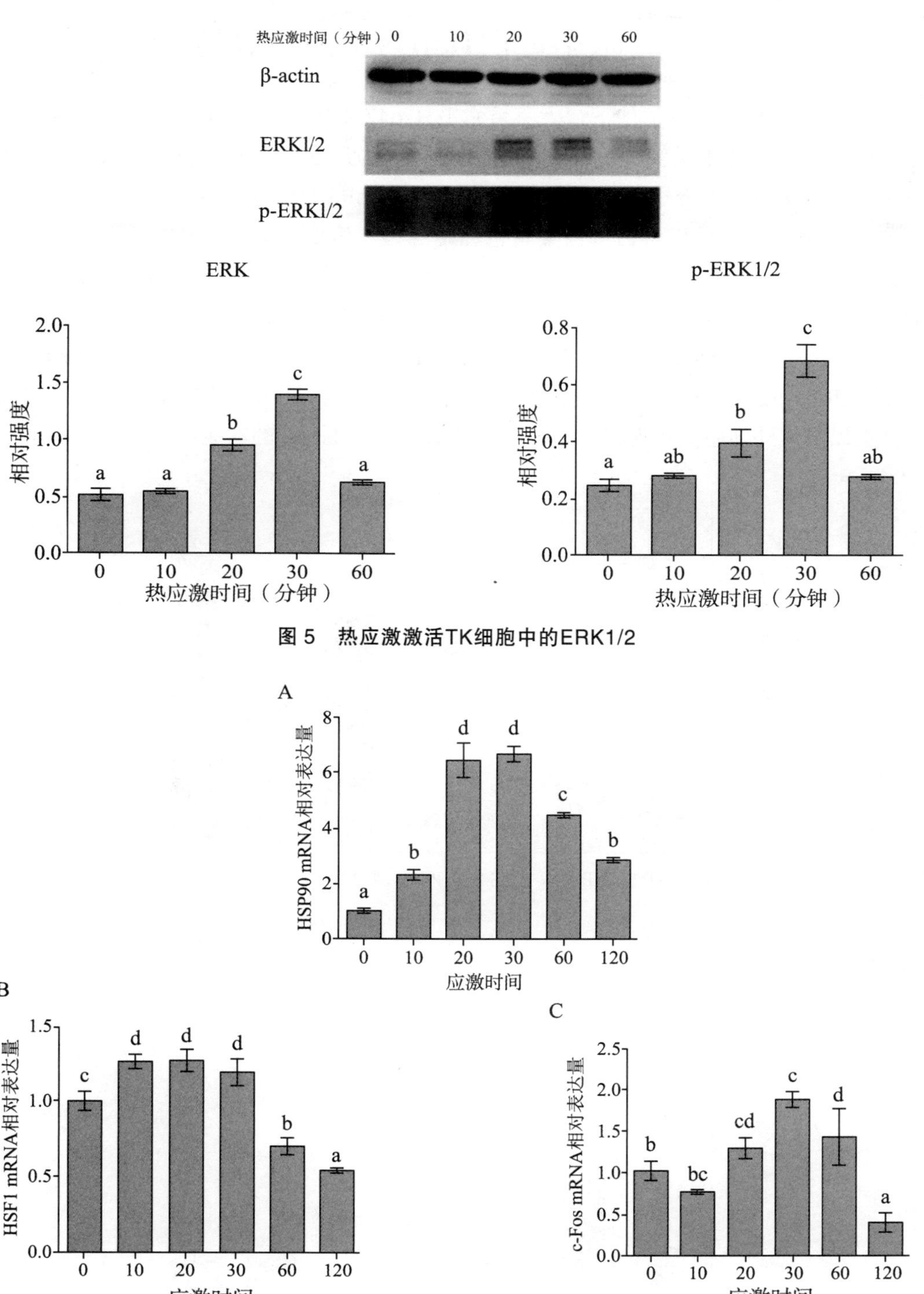


图 5　热应激激活TK细胞中的ERK1/2

图 6　热应激不同时间的TK细胞中HSP90、HSF1 和c-Fos基因的相对mRNA水平

# 5　开展了大菱鲆热休克蛋白Hsp47 的功能研究

研究中发现在热应激条件下，大菱鲆皮肤Hsp47 基因表达量异常升高，增加至原来的 150 倍，并且在体表黏液中的Hsp47 蛋白也会在高温胁迫下大量表达。大菱鲆热休克蛋白Hsp47 对病原相关分子模式（PAMP）脂多糖（LPS）和磷壁酸（LTA）具有明显的刺激响应。SmHsp47 重组蛋白可与金黄色葡萄球菌、溶壁微球菌、枯草芽孢杆菌、大肠杆菌、鳗弧菌、嗜水气单胞菌六种菌均发生了不同程度的细菌结合，具有细菌结合活性。SmHsp47 重组蛋白对溶壁微球菌表现出较强的凝集效应和明显的抑制活性。通过His-pull down，筛选出与SmHsp47 蛋白可能发生互作的 2 个已知蛋白，分别是Fetuin B和Collagen-binding protein。本研究创新性地开展了大菱鲆热休克蛋白SmHsp47 在细菌结合、凝集以及体外抑菌等免疫相关实验，同时也丰富了Hsp47 的功能研究。

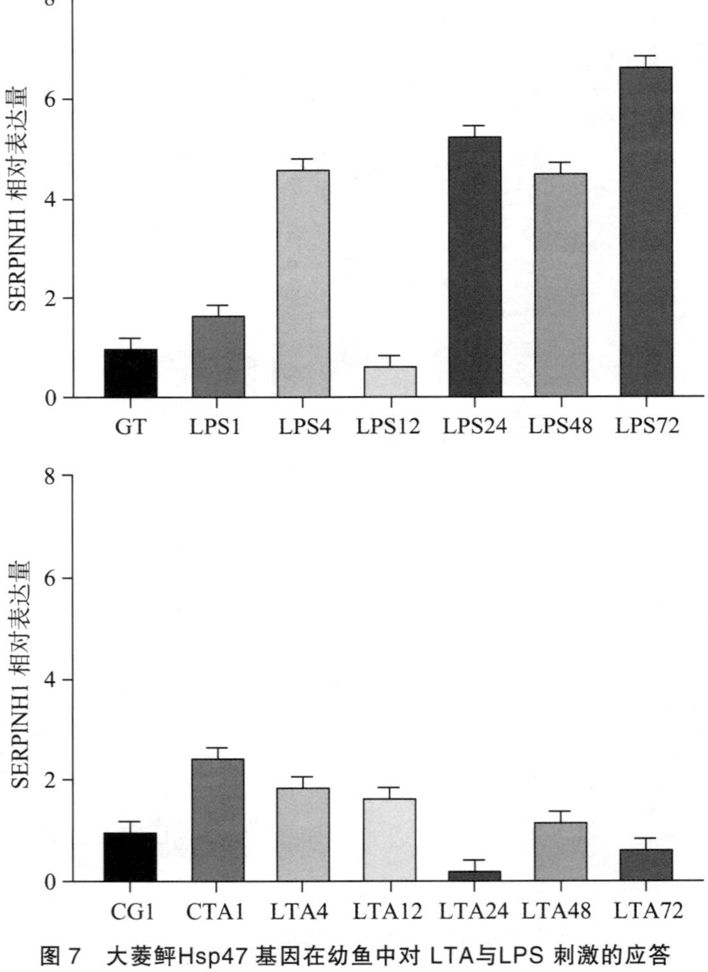


图 7　大菱鲆Hsp47 基因在幼鱼中对 LTA与LPS 刺激的应答

# 6　完成了不同脂质含量饲料对不同盐度处理下大菱鲆幼鱼生长影响研究

以鱼粉、豆粕为蛋白源，鱼油为脂肪源，通过调整饲料中鱼油的含量，配置4组不同脂肪含量的饲料，脂肪水平分别为8%、12%、16%、20%，蛋白含量均为50%。实验分为12组，3个盐度梯度（10、20、30），每个盐度对应4个实验组，实验周期为60天，实验结束后对所有实验组进行生长性状的测定。结果表明在正常养殖盐度下（30），随着脂含量的升高，生长表现呈现先升高后降低的趋势，最佳的脂含量为16%，在20盐度下也出现相同的趋势，且两个盐度之间差异不显著，这表明20的盐度对大菱鲆养殖来说并不会产生生长胁迫，可以进行正常养殖。另外研究还发现在低盐环境下（10），其生长表现与其他两组有所不同，其最好的生长表现出现在脂肪水平20%组，且显著高于20以及30中的脂肪水平20%组，这表明在低盐环境下，高脂含量的饲料有利于缓解低盐胁迫造成的不利影响，同时还可以减少因脂质吸收增加带来的负面影响。

# 7　完成了一种用于大规模测定大菱鲆个体饲料转化率的方法研究

研究发明了一种用于大菱鲆个体饲料转化率的测定方法，具体步骤如下：① 根据大菱鲆全长制作圆柱形网箱（图8），网箱直径是鱼全长的4倍以上，高度60 cm以上，尼龙无节网，孔径6 mm以上，底部用圆形PVC板作为支撑；② 选择长方形的养殖池，使用竹竿将网箱固定到养殖池内，靠近池边，呈直线排列，水深达到网箱高度的2/3以上；③ 每个网箱中放入1尾体重15 g以上的大菱鲆并编号，在放入前对该鱼的体重数据进行测量并记录；④ 投喂颗粒饲料，灯光诱食，饱食投喂，清理残饵，记录每条鱼的日摄食粒数；所述灯光诱食包括：投喂前先用手电筒散光对整排的小网箱进行来回照射4~5次，然后单独投喂1尾鱼时，尽量将颗粒料投喂于鱼头正前方，手电筒聚光照在颗粒饵料处，若饵料离鱼头较远，或者偏离方向，用聚光从鱼头前方逐渐移动到饵料处，可完成诱食过程；⑤ 每30天作为一个测试周期，获得该周期内增重和个体总摄食量；在新的测试周期开始前停止投喂1天；⑥ 根据公式：个体饲料转化率=个体增重/个体实际总摄食量，得到该测试周期内每尾大菱鲆的个体饲料转化率，实现该测试周期内对大菱鲆个体饲料转化率的测定。本发明首次提供了测定鱼类个体饲料转化率的方法，解决了选择育种过程中难以获得个体表型的难题；该方法操作简单，能够在养殖企业大规模开展；能够准确完整地获取多家系、多批次、多测试周期大菱鲆的个体摄食量数据，进而获得大菱鲆的个体饲料转化率性状的表型数据，为后续开展该性状的遗传评估和选择育种夯实基础。

图 8　饲料转化率测定车间局部以及养殖网箱

# 8　完成了鳗弧菌感染大菱鲆 7 种免疫因子的遗传评估

完成了鳗弧菌感染大菱鲆肝脏中 7 种免疫因子的遗传评估。在烟台天源水产公司，选择 30 个 12 月龄大菱鲆全同胞家系，每个家系选择 60 尾鱼，对其进行鳗鲡弧菌感染试验。取每条鱼肝脏，置于离心管中。所有样品均储存在液氮中。采用实时荧光定量PCR方法测定感染鳗弧菌后大菱鲆肝脏中的溶菌酶（Lysozyme）、抗菌肽（Hepcidin）、热激蛋白 70（HSP70）、热激蛋白 90（HSP90）、免疫球蛋白（IgM）、C−型凝集素（C−type lectin）、Lily−型凝集素（Lily−type lectin）等 7 种免疫因子的表达量；在此基础上采用动物模型BLUP法对 7 种免疫因子的遗传参数进行了评估。

分析结果表明，7 种免疫因子的加性方差、全同胞方差和残差的范围分别是 $2.897\times10^{-3}$–$4.370\times10^{-2}$，$4.737\times10^{-13}$–$9.456\times10^{-9}$ 和 $8.777\times10^{-3}$–$4.313\times10^{-1}$；溶菌酶、抗菌肽、HSP70、HSP90、IgM、C−型凝集素、Lily−型凝集素的遗传力分别为 0.289 ± 0.087，0.092 ± 0.024，0.282 ± 0.043，0.244 ± 0.027，0.343 ± 0.081，0.092 ± 0.011 和 0.084 ± 0.009。The heritability values of 溶菌酶、HSP70、HSP90 和IgM的遗传力为中等，抗菌肽、C−型凝集素和Lily−型凝集素为低遗传力（表 1）。七种免疫因子的表型、遗传和环境相关性范围分别为−0.889 至 0.759、−0.841 至 0.888 和−0.919 至 0.883。除两个表型相关系数、三个遗传相关系数和一个环境相关系数外，其他相关系数在 5%或 1%水平上均达到显著水平。在表型相关中，7 个低相关，5 个中等相关，其他为高相关；对于遗传相关，7 个为低相关，5 个为中等相关，其余为高相关。对于环境相关，其中八个环境相关性较低，四个中等，其他较高。HSP70、HSP90 和IgM的遗传力中等，HSP70、HSP90 和IgM之间的遗传相关为中到高度正相关，说明可通过多性状综合育种技术或间接选择对这三个免疫性状进行遗传改良。

**表 1 感染鳗弧菌大菱鲆 7 种免疫因子的方差成分和遗传力**

| 免疫因子 | 方差组分 | | | |
|---|---|---|---|---|
| | $\sigma_a^2 \pm SE$ | $\sigma_f^2 \pm SE$ | $\sigma_e^2 \pm SE$ | $h^2 \pm SE$ |
| 溶菌酶 | $3.574 \times 10^{-2} \pm 0.011$ | $6.024 \times 10^{-9} \pm 0.000$ | $8.378 \times 10^{-2} \pm 0.009$ | $0.289 \pm 0.087$ |
| 抗菌肽 | $4.370 \times 10^{-2} \pm 0.013$ | $5.777 \times 10^{-10} \pm 0.000$ | $4.313 \times 10^{-1} \pm 0.008$ | $0.092 \pm 0.024$ |
| HSP70 | $1.109 \times 10^{-2} \pm 0.001$ | $8.354 \times 10^{-10} \pm 0.000$ | $2.842 \times 10^{-2} \pm 0.003$ | $0.282 \pm 0.043$ |
| HSP90 | $8.922 \times 10^{-3} \pm 0.000$ | $1.271 \times 10^{-11} \pm 0.000$ | $2.769 \times 10^{-2} \pm 0.001$ | $0.244 \pm 0.027$ |
| IgM | $4.601 \times 10^{-3} \pm 0.001$ | $9.456 \times 10^{-9} \pm 0.000$ | $8.777 \times 10^{-3} \pm 0.001$ | $0.343 \pm 0.081$ |
| C-型凝集素 | $6.244 \times 10^{-3} \pm 0.002$ | $1.513 \times 10^{-12} \pm 0.000$ | $6.125 \times 10^{-2} \pm 0.021$ | $0.092 \pm 0.011$ |
| Lily-型凝集素 | $2.897 \times 10^{-3} \pm 0.001$ | $4.737 \times 10^{-13} \pm 0.000$ | $3.112 \times 10^{-2} \pm 0.007$ | $0.084 \pm 0.009$ |

# 9 完成了鳗弧菌感染大菱鲆免疫因子的基因型与组织交互作用解析

选择 6 个 12 月龄大菱鲆全同胞家系，对其进行鳗鲡弧菌感染试验。向试验鱼腹腔注射适当的细菌剂量。在注射后第 15 天，从每组中随机抽取 5 尾大菱鲆。将大菱鲆肝脏、脾脏和头肾取出，放入液氮中储存。采用实时荧光半定量PCR方法测定感染鳗弧菌后大菱鲆肝脏中的溶菌酶（Lysozyme）、抗菌肽（Hepcidin）、热激蛋白 70（HSP70）、热激蛋白 90（HSP90）、免疫球蛋白（IgM）、C-型凝集素（C-type lectin）、Lily-型凝集素（Lily-type lectin）等 7 种免疫因子的表达量；在此基础上对其进行基因型与组织交互作用分析。采用AMMI模型和GGE双标图分析了免疫因子的基因型 × 组织互作。

AMMI分析表明，基因型、组织和基因型 × 组织相互作用显著影响免疫因子的表达。与组织效应（7.54%）和基因型 × 组织相互作用（12.52%）相比，基因型（65.85%）是导致免疫因子表达总变异的主要因素（表 2）。GGE双标图分析显示，在 3 种组织中，7 种免疫因子的排序存在差异；头肾对 7 种免疫因子的识别能力最强。试验组织部位可划分为肝-脾区和头肾区；HSP70 在肝-脾区表达最高，溶菌酶在头肾区表达最高。总体上，HSP70 和HSP90 在 3 种组织中的表达和稳定性最优（图 9-12），能被作为抗鳗弧菌选育的间接首选指标。

**表 2　7 种免疫因子的AMMI分析**

| 变异来源 | df | SS | MS | F | Prob. | 占总平方和比例 |
|---|---|---|---|---|---|---|
| 总变异 | 125 | 34.283 8 | 0.274 3 | | | |
| 处理 | 20 | 29.451 3 | 1.472 6 | 31.996 1** | 0.000 0 | |
| 基因 | 6 | 22.574 6 | 3.762 4 | 81.750 7** | 0.000 0 | 65.846 3 |
| 组织 | 2 | 2.585 5 | 1.292 8 | 28.089 4** | 0.000 0 | 7.541 5 |
| 交互作用 | 12 | 4.291 1 | 0.357 6 | 7.769 8** | 0.000 0 | 12.516 4 |
| IPCA1 | 7 | 3.933 8 | 0.561 97 | 12.210 58** | 0.000 0 | 91.673 5 |
| 残差 | 5 | 0.357 32 | 0.071 46 | | | |
| 误差 | 105 | 4.832 45 | 0.046 02 | | | |

注: 1 df: 自由度, SS:平方和, MS: 均方。

2**: 在 0.01 水平上的显著性。

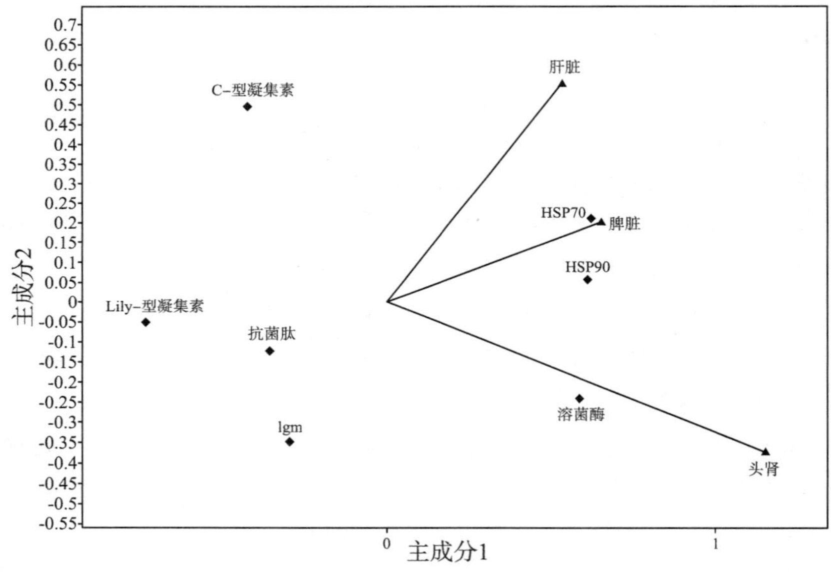


**图 9　不同组织间关系图**

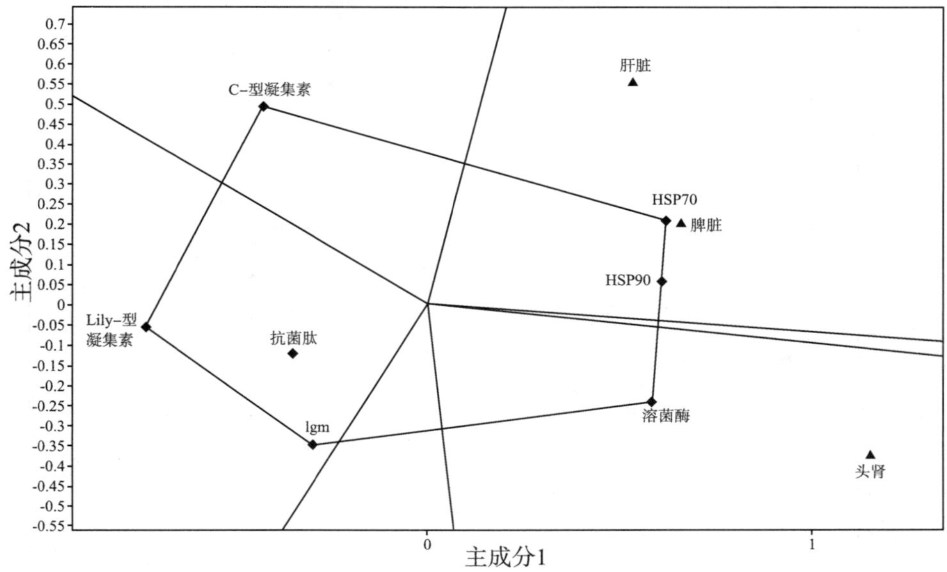


图 10 “那个赢在那里”功能图

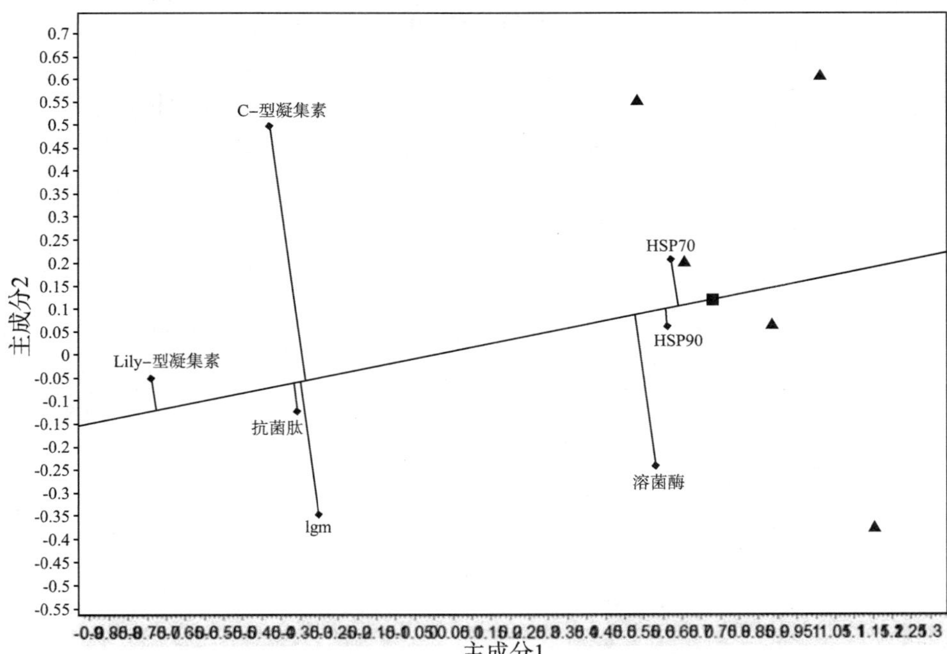


图 11 高表达和高稳定性图

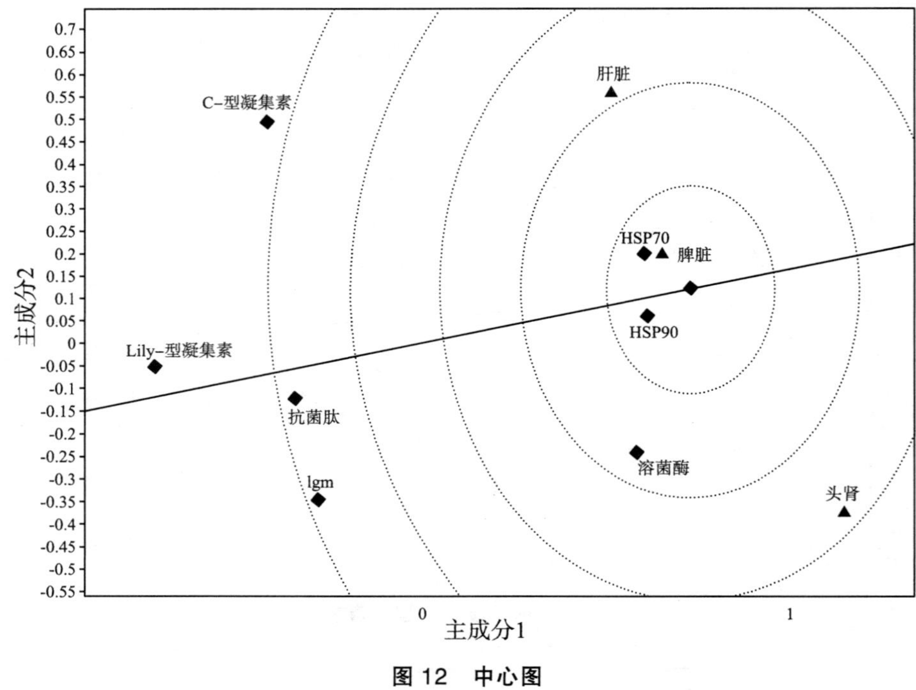


**图 12　中心图**

（岗位科学家　马爱军）

# 牙鲆种质资源与品种改良技术研发进展

牙鲆种质资源与品种改良岗位

## 1　牙鲆新品种苗种培育及示范

2021 年度共推广“北鲆 2 号”优质受精卵约 7 284 万粒，60.7 kg。开展的“北鲆 2 号”优质苗种培育，2021 年度共培育和推广各种规格苗种 20 万尾，在牙鲆工厂化养殖主产区河北省昌黎县进行养殖示范。同时在辽宁东港池塘示范养殖抗淋巴囊肿苗种 4 万尾，双克隆杂交苗种 9 万尾。

## 2　牙鲆黏质沙雷氏菌分离和鉴定

针对牙鲆腹水溃疡病，分离鉴定到一株黏质沙雷氏菌（*Serratia marcescens*）YP1，该菌株作为病原菌首次在海水鱼上被分离及鉴定。该菌株保藏编号为CCTCC M 20211340，核酸序列正式编号为NMDCN0000Q2C。通过细菌形态（图 1）、分子生物学（图 2）及生理生化进行细菌种类综合鉴定。通过回归感染实验证实该菌是导致牙鲆腹水的病原菌，半致死浓度为 $9.26\times10^{7}$ CFU/g；通过病理实验证实该菌对多脏器均有不同程度的损伤（图 3），为全身性感染；通过药敏试验证实该菌对氨苄西林、头孢拉定多西环素、利福平等 19 种药物具有多重耐药性，但对左氧氟沙星、诺氟沙星思借沙星、新霉素等 14 种药物敏感，为该病菌的防治提供了依据。

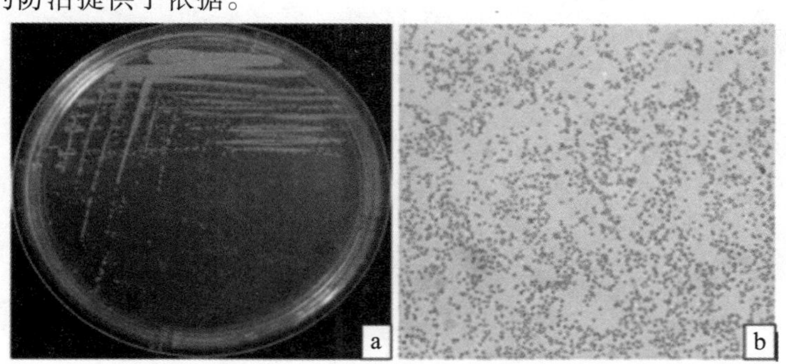


**图 1　细菌YP1 形态**

a：菌落形态；b: 革兰氏染色鉴定结果（×100）

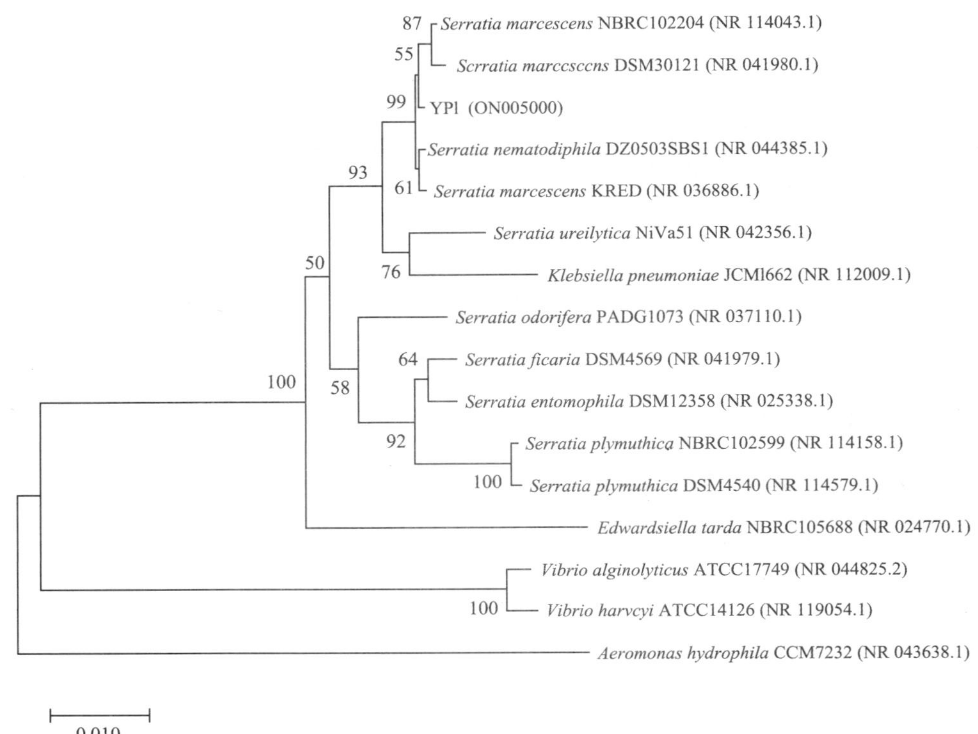


图 2　YP1 株 16*S* rDNA基因序列与相关菌株的系统发育树

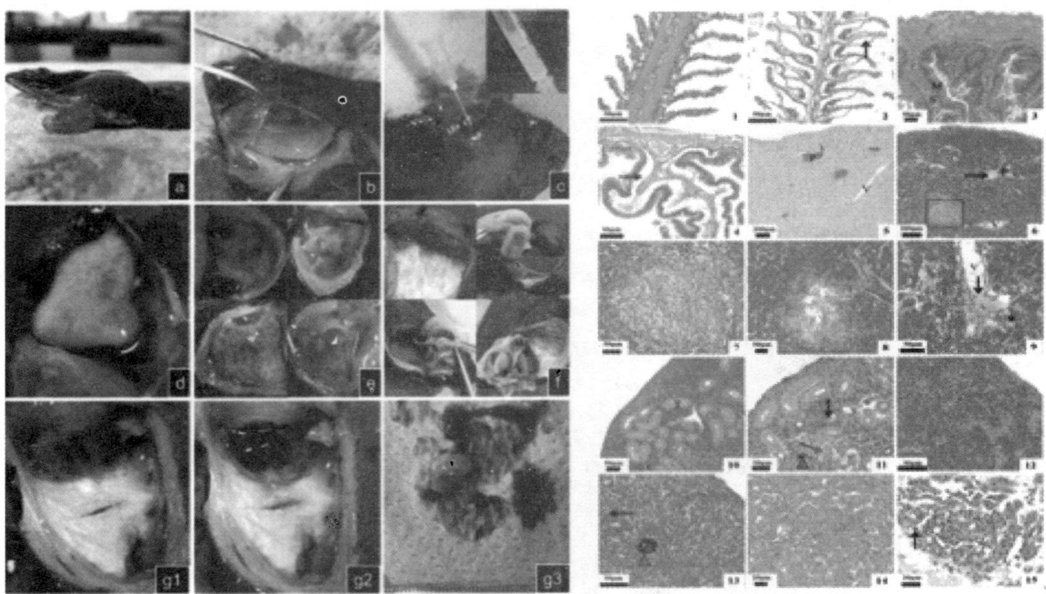


图 3　牙鲆感染YP1 后主要症状和组织病理

# 3　牙鲆抗鳗鲡爱德华氏菌家系筛选

本团队开展牙鲆抗鳗鲡爱德华氏菌病家系选育，结果（图 4）表明，不同家系抗鳗鲡爱德华氏菌的能力存在明显差别，10 个家系中成活率在 60%以上的家系有 4 个，成活率在 50%~60%的家系有 1 个，成活率在 35%~50%的家系有 1 个，成活率在 35%以下的家系有 4 个。未经选育的野生牙鲆鱼死亡率高达（76.67 ± 4.71）%，三倍体家系牙鲆鱼死亡率更是达（82.5 ± 3.54）%。

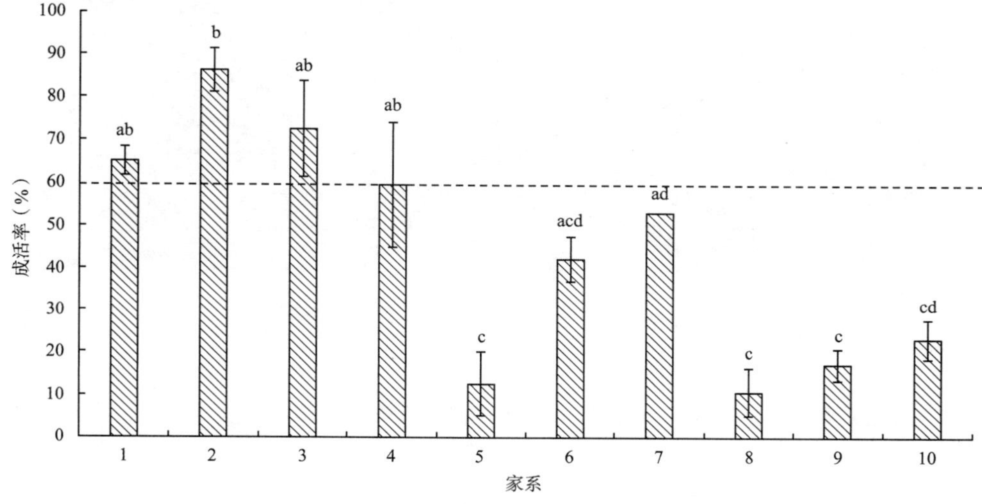


**图 4　抗病家系筛选效果**

# 4　牙鲆细胞系建立及相关研究

## 4.1　精原干细胞原代和传代培养

2020 年 3 月 3 日，开始进行精原干细胞原代培养。采集 1 龄⁺雄鱼尚未性成熟的牙鲆精巢组织进行原代培养，性腺指数为 0.2，性腺发育处于Ⅱ期末、Ⅲ期初，精巢组织以精原细胞为主（图 5A）。组织培养 3-5 天后，有细胞迁出，且首先迁出的细胞以体细胞为主，精原干细胞紧密长在体细胞之上（图 5B）。待培养 48 天后，多层细胞叠加，放大至 400 倍镜下发现最上层长有大量直径约 10 μm且清晰可见的精原干细胞团，此细胞团向外迁移扩增（图 5C），用细胞刮将此细胞团刮下移入新瓶继续培养，1 天后精原干细胞团贴壁，并向外迁移增殖（图 5D），待细胞长满一瓶后，用 0.25%胰酶消化进行 1 ∶ 2 传代培养。

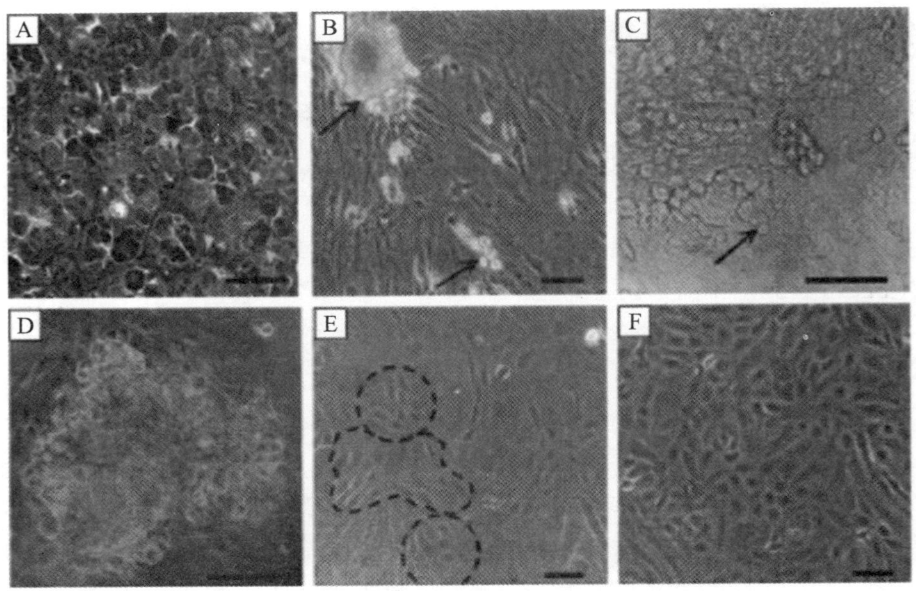


**图 5　精原干细胞原代与传代培养光学观察**

## 4.2　精原干细胞鉴定分析

参考Schulz等（2009）对A型精原细胞的形态学鉴定方法，A型精原细胞与原始生殖细胞形态学上十分相似，是精巢中最大的生殖细胞，呈圆形或者椭圆形，要显著大于周围的细胞；细胞直径为 10~12 μm，细胞核直径为 6~10 μm，有 1~2 个致密核仁，并且具有特征性的亚细胞结构-生殖质颗粒。而体外培养的精原干细胞与体内精原干细胞有十分相似的地方，细胞核直径较其他细胞核大许多，平均直径均大于 6 μm，且有 1~2 个致密核仁（图 6A、B），且Vasa蛋白显著表达（图 6C），碱性磷酸酶试剂盒染色呈现深蓝色（图 6）。为了鉴定细胞系，对 7~8 代、63~66 代和 110 代以上的细胞开展了生殖干细胞或者生殖细胞特异基因*egr3*、*etv5*、*itgb1*、*dazl*、*dnd*、*vasa*以及支持细胞特异基因*dmrt1*基因表达分析。除了*vasa*在 110 代以上和*egr3*在 7~8 代无表达以外，其余均出现了不同程度的生殖干细胞或者生殖细胞特异基因的表达。支持细胞特异基因在不同代间有弱表达，与光学观察的结果相符（图 6E）。精原干细胞系存在的少量支持细胞主要起到滋养精原干细胞的作用。对 27 代精原干细胞进行染色体核型分析，统计 104 个分裂项细胞，发现染色体数目为 48 条的细胞数目占比高达 54.8%（图 6F、G），表现为正常的牙鲆二倍体核型，说明该细胞系并未出现分化。停止换液半个月以后，出现分化的精细胞，用海水刺激后产生具有动能的精子，间接说明培养的细胞为精原干细胞。将培养的精原干细胞移植入受体性腺中 46 天后，组织切片荧光观察发现携带大量PKH26 的精原干细胞，说明在受体性腺中进行了增殖。由于移植后，分化的生殖细胞和支持细胞不能在性腺中增殖，只有具有自我更新能力的生殖干细胞具有增殖能力，故进一步证明培养的细胞主要为精原干细胞。综上所述，从细胞形态、生殖细胞特异基因表达、碱性磷酸酶活性检测、染色体核型、体外分化实验和移植实验的结果分析，此细胞系为稳定传代，维持自我更新的精原干细胞系。

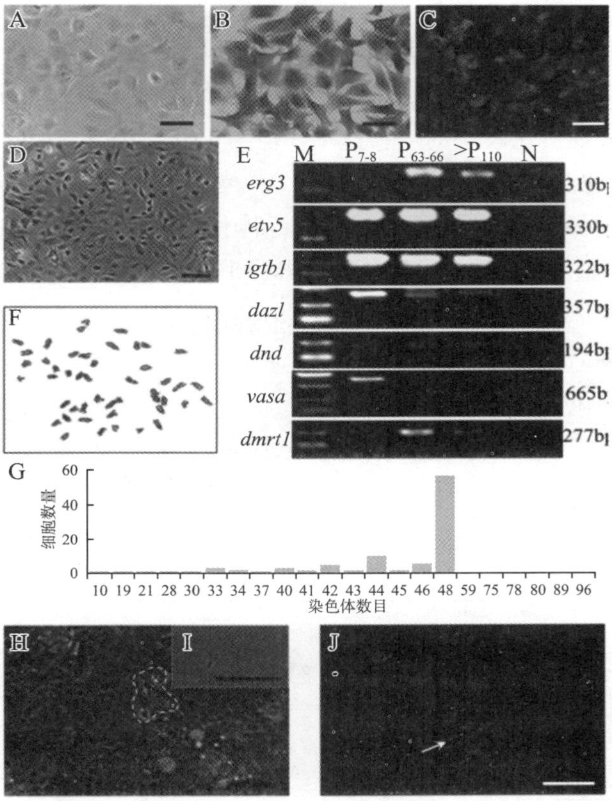

图 6　精原干细胞鉴定分析

## 4.3　精原干细胞生长特征分析

### 4.3.1　不同培养基

不同培养基培养条件下，前 3 天精原干细胞生长呈指数上升趋势，而第 3~4 天生长进入一个平台期，随后细胞数量呈现出缓慢下降趋势（图 7A）。比较不同培养基细胞生长状况发现，除了M199 在培养 3 天后细胞数量出现相对明显的下降趋势，其他培养基相对表现良好，由此推测适合精原干细胞培养对不同培养基均有不同程度的适应，可选择的培养基范围大，易于其体外培养。

### 4.3.2　不同浓度FBS

最初两天细胞呈指数生长趋势，且FBS浓度越高，生长状况越好（图 7B）。其中，FBS血清浓度为 5%和 10%条件下，精原干细胞随着培养时间的延长，其生长速度与其他较高浓度的FBS差距逐渐明显。而 15% FBS生长速度与 20%、25% FBS条件下细胞生长速度相差不大，30% FBS浓度条件下精原干细胞高于其他组别，但培养 4 天后与 15%~25%

FBS条件下差距逐渐缩小。综合分析，牙鲆精原干细胞适宜培养的FBS浓度为 15%~30%。

4.3.3　不同温度

11℃细胞培养条件下，精原干细胞在起始的前 3 天出现负生长状况，之后缓慢出现正生长状况，但是生长速度远远落后于其他温度培养下的细胞（图 7C）。最适宜精原干细胞培养的温度为 23℃，表现出比较快的生长速率，但与 17℃，29℃差距不太明显。说明牙鲆精原干细胞培养适应的温度范围较广，为 17~23℃。

综合分析，牙鲆精原干细胞适宜 2~3 天进行传代，适宜培养基包括L-15、MEM、DMEM、DMEM/F12，适宜FBS浓度范围为：15%~30%；适宜温度范围为：17~23℃。

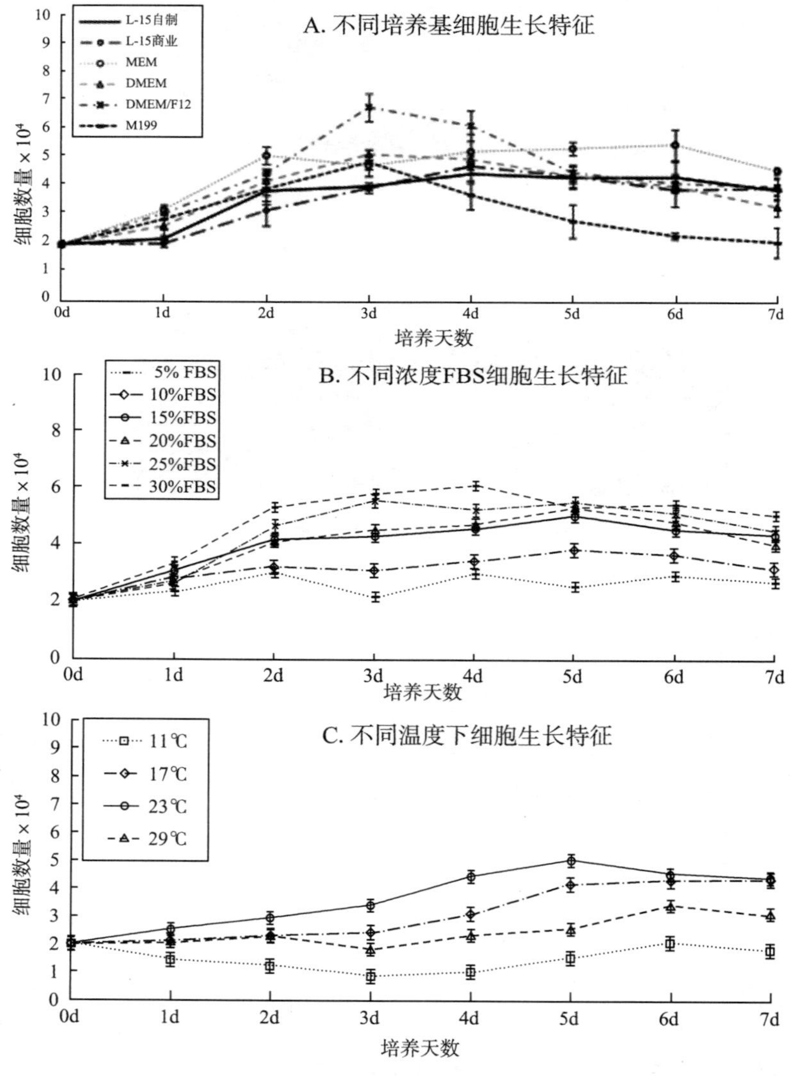


图 7　不同培养条件下精原干细胞生长特征

### 4.4　精原干细胞转染分析

通过脂质体（Genejammer）法成功地将pEGFP-N1 绿色荧光蛋白质粒转入到SSC中，并在转化后的 12 h观察到了EGFP基因的表达（图 8）。在大约 20%的细胞中，EGFP基因得到了表达，表明脂质体法可以对SSC进行转化，并且 SV40 和PCMV启动子可以在SSC中启动EGFP基因的表达。另外，携带ZsGreen基因的慢病毒也成功转染了精原干细胞，转染效率较pEGFP-N1 质粒更高，达到 50%（图 9）。由于慢病毒同时也携带了抗嘌呤霉素基因，通过添加嘌呤霉素使得未转染成功的精原干细胞凋亡，进一步纯化阳性细胞，为建立转基因精原干细胞系打下前期基础。

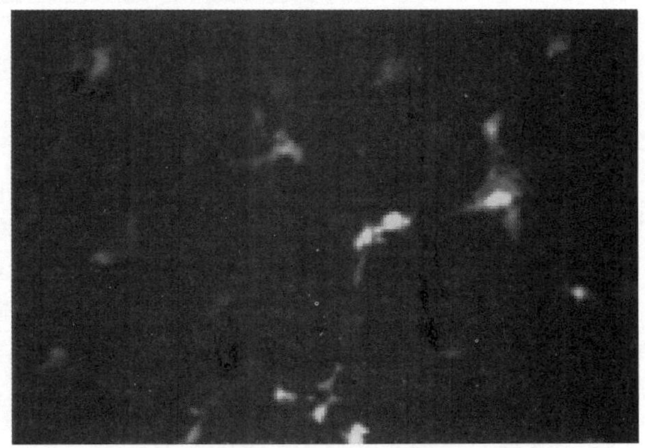

图 8　pEGFP-N1 质粒转染后GFP基因表达

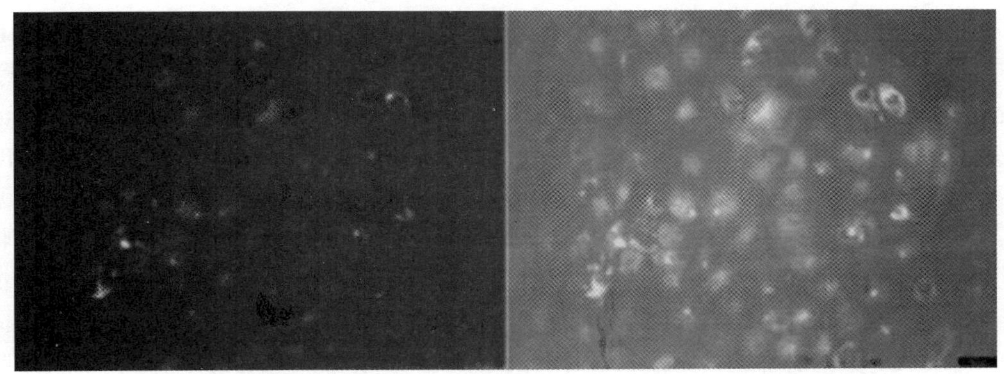

图 9　EF1-ZsGreen1-Puro Lentivirus 转染细胞后，ZsGreen基因表达

### 4.5　精原干细胞体外分化研究

参考Higaki等（2020）体外诱导精原干细胞分化方法，调整激素配比，开展精原干细胞体外分化研究。经过对冻存半年后复苏稳定传代的精原干细胞和一直传代的精原干细胞进行激素分化诱导，50 天后精原干细胞逐渐聚集成团，并在支持细胞的作用下进一步分化成精子，收集细胞加入海水刺激，可见具有活力的游动精子，且精子的动力较强，平均运

动时长均在 5 min以上（图 10）。

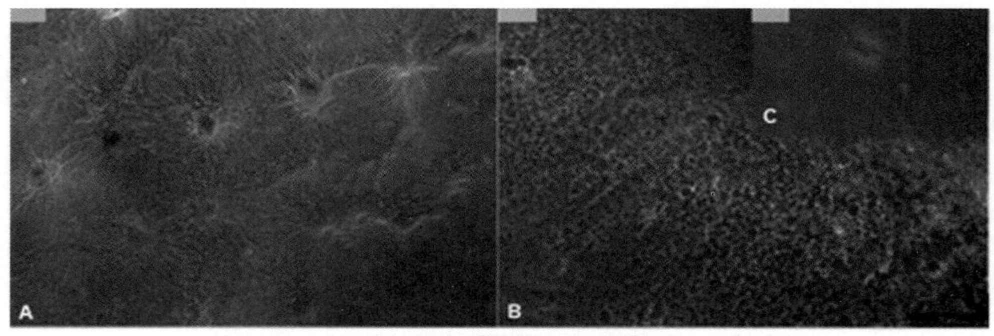


图 10　精原干细胞体外精子发生

# 5　牙鲆精原干细胞转录组分析

基于转录组测序技术构建不同世代牙鲆精原干细胞（10 代牙鲆精原干细胞、20 代牙鲆精原干细胞、30 代牙鲆精原干细胞，缩写分别为ssc_g10、ssc_g20、ssc_g30）和精巢支持细胞（Sertoli细胞，缩写为sc）的mRNA表达谱，通过转录组差异表达分析以及功能富集分析，从全转录水平分析mRNA在牙鲆精原干细胞传代过程中起到的作用。

通过不同世代牙鲆精原干细胞，与sc组比较分析（图 11A-C），ssc_g10 组上调的mRNA有 3 807 个，下调的mRNA有 3 704 个；ssc_g20 组上调的mRNA有 4 251 个，下调的mRNA有 4 412 个；ssc_g30 组上调的mRNA有 3 678 个，下调的mRNA有 4 174 个。为进一步缩小范围，共筛选到 6 036 个共同差异表达mRNA（图 11D）。将筛选出的 6 036 个共同差异表达mRNA进行KEGG富集分析，并绘制Top20 pathway的气泡图（图 11E），其中包括磷酸戊糖途径（Pentose phosphate pathway）、糖胺聚糖的生物合成-硫酸软骨素/硫酸皮肤素途径（Glycosaminoglycan biosynthesis−chondroitin sulfate / dermatan sulfate）、ECM受体相互作用（ECM−receptor interaction）、粘蛋白型O−聚糖的生物合成（Mucin type O−Glycan biosynthesis）、糖酵解/糖原异生（Glycolysis / Gluconeogenesis）、黏着斑（Focal adhesion）、黏多糖的降解（Glycosaminoglycan degradation）、氨基酸的生物合成（Biosynthesis of amino acids）、N−甘氨酸生物合成（N−Glycan biosynthesis）、果糖和甘露糖代谢（Fructose and mannose metabolism）、粘着连接，附着带（adherens junctions, zonula adherens）、粘着连接（Adherens junction）、细胞凋亡（Apoptosis）、磷脂酰肌醇信号通路（Phosphatidylinositol signaling system）、碳代谢（Carbon metabolism）、磷酸肌醇代谢（Inositol phosphate metabolism）、肌动蛋白细胞骨架的调节（Regulation of actin cytoskeleton）、甘油磷脂代谢（Glycerophospholipid metabolism）、TGF−β信号通路（TGF-beta signaling pathway）、内质网中的蛋白质加工（Protein processing in endoplasmic reticulum）、血管平滑肌收缩（Vascular smooth muscle contraction）。

将筛选出的 6 036 个共同差异表达mRNA进行GO富集分析（图 11F），差异表达基因主要富集在磷代谢过程（phosphorus metabolic process），细胞内信号转导（intracellular signal transduction），钙离子结合（calciumion binding），小GTPase介导的信号转导（small GTPase mediated signal transduction），碳水化合物代谢过程（carbohydrate metabolic process）等二级GO条目。

研究结果为牙鲆精原干细胞在增殖传代过程中参与多种细胞分化、凋亡以及免疫的解析奠定了基础。

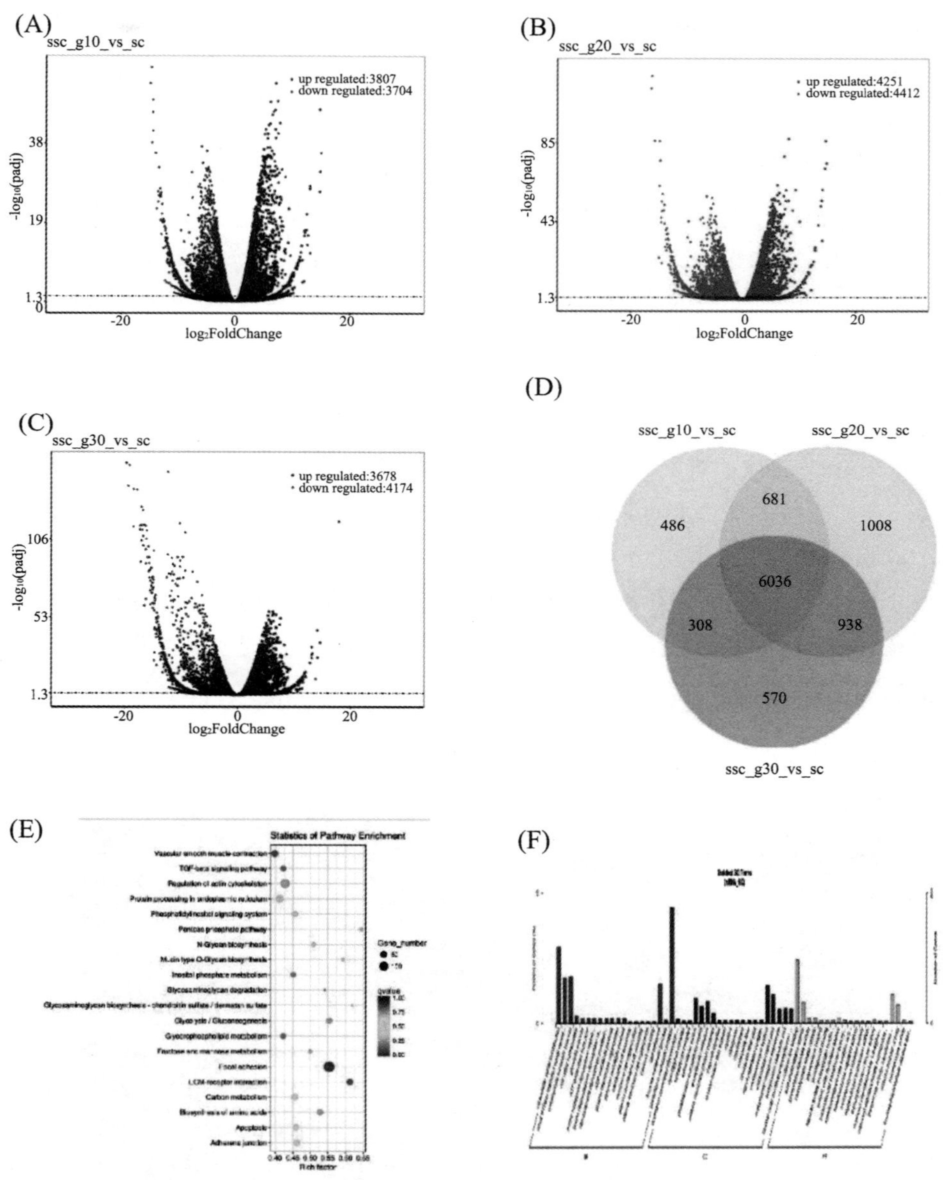


**图 11　不同世代牙鲆精原干细胞（ssc_g10、ssc_g20、ssc_g30）和精巢支持细胞（sc）的转录组比较分析结果**

（岗位科学家　王玉芬）

# 半滑舌鳎种质资源与品种改良技术研究进展

半滑舌鳎种质资源与品种改良岗位

## 1 半滑舌鳎种质资源调查、收集与保存

对包含 1 个国家级半滑舌鳎原种场和 2 个省级半滑舌鳎良种场等在内的 6 个调查单位进行了半滑舌鳎种质资源调查与取样工作（图 1），覆盖了包括山东、河北、天津和辽宁等在内的半滑舌鳎主养区。共采集各类组织样本 400 份、标本资源 10 份、基因资源 180 份和细胞资源 60 份。

此外，在山东潍坊、青岛，辽宁营口和江苏南通等地收集了黄渤海野生半滑舌鳎群体 4 个，共保存鳍条样本 137 份。在唐山市维卓水产养殖有限公司冷冻保存半滑舌鳎优质雄鱼精子 100 份。

各类资源由专人记载、整理、审查、归档，长期保存，同时保存纸质版和电子版。该工作将在很大程度上促进半滑舌鳎种质资源的保护和利用，同时也为半滑舌鳎下一步选育工作提供参考。

图 1 半滑舌鳎种质资源调查与取样

# 2　半滑舌鳎“鳎优 1 号”通过国家水产新品种审定，获新品种证书

本岗位陈松林院士牵头培育和申报的半滑舌鳎“鳎优 1 号”新品种通过了国家新品种审定，新品种登记号为GS-01-005-2021（图 2）。这是半滑舌鳎的第一个国审新品种。

半滑舌鳎是我国重要海水养殖鱼类，也是国家海水鱼产业技术体系 9 大品种之一，因其味道鲜美、营养丰富，深受广大消费者喜爱。但随着半滑舌鳎养殖业的发展，一些问题相继出现，其中，半滑舌鳎雄鱼个体小、生长慢且比例高达 70%~90%以及病害频发、养殖成活率低至 30%等两大问题严重限制了渔民养殖的积极性和半滑舌鳎养殖产业的可持续发展，导致半滑舌鳎养殖规模缩小、产量下降、渔民收入减少。

针对这些问题，本岗位陈松林院士带领团队对半滑舌鳎高产抗病良种分子育种技术及新品种培育进行了系统研究，联合山东海阳黄海水产有限公司、唐山维卓水产养殖公司等国内多个半滑舌鳎养殖公司开展了 10 多年的技术攻关和联合育种。团队累计建立半滑舌鳎家系 510 多个，采用家系选育技术筛选出抗病家系和易感家系，进一步建立了抗病性状基因组选择育种技术，研制出抗病育种基因芯片，经过 4 代家系选育，结合全基因组选择，最终培育出半滑舌鳎新品种“鳎优 1 号”（图 3），通过了国家审定。

“鳎优 1 号”新品种具有抗病力强、生长快和养殖存活率高等优点，与未经选育的半滑舌鳎相比，抗哈维氏弧菌感染能力提高 30.9%，18 月龄鱼的体重平均提高 17.7%，养殖成活率平均提高 15.7%；此外，“鳎优 1 号”新品种苗种的生理雌鱼比例高达 40%左右。

“鳎优 1 号”新品种的问世为半滑舌鳎养殖业提供了一个抗病高产的优良品种，填补了半滑舌鳎养殖业缺乏新品种的空白，对于解决半滑舌鳎养殖业中存在的病害问题和雄鱼比例过高的问题具有重大的现实意义，对于推动半滑舌鳎种业发展、加快鱼类抗病育种进程、培育抗病高产优质的突破性新品种具有重要的战略意义和推广应用价值。

水产新品种　（2021）新品种证字第 5号

证书

新品种名称：半滑舌鳎“鳎优1号”　品种登记号：GS-01-005-2021

培育单位：中国水产科学研究院黄海水产研究所、海阳市黄海水产有限公司、唐山市维卓水产养殖有限公司、莱州明波水产有限公司、天津市水产研究所

该品种业经审定，根据农业农村部《水产原、良种审定办法》，特发此证

二〇二一年七月二十[illegible]日

图 2　半滑舌鳎“鳎优 1 号”水产新品种证书

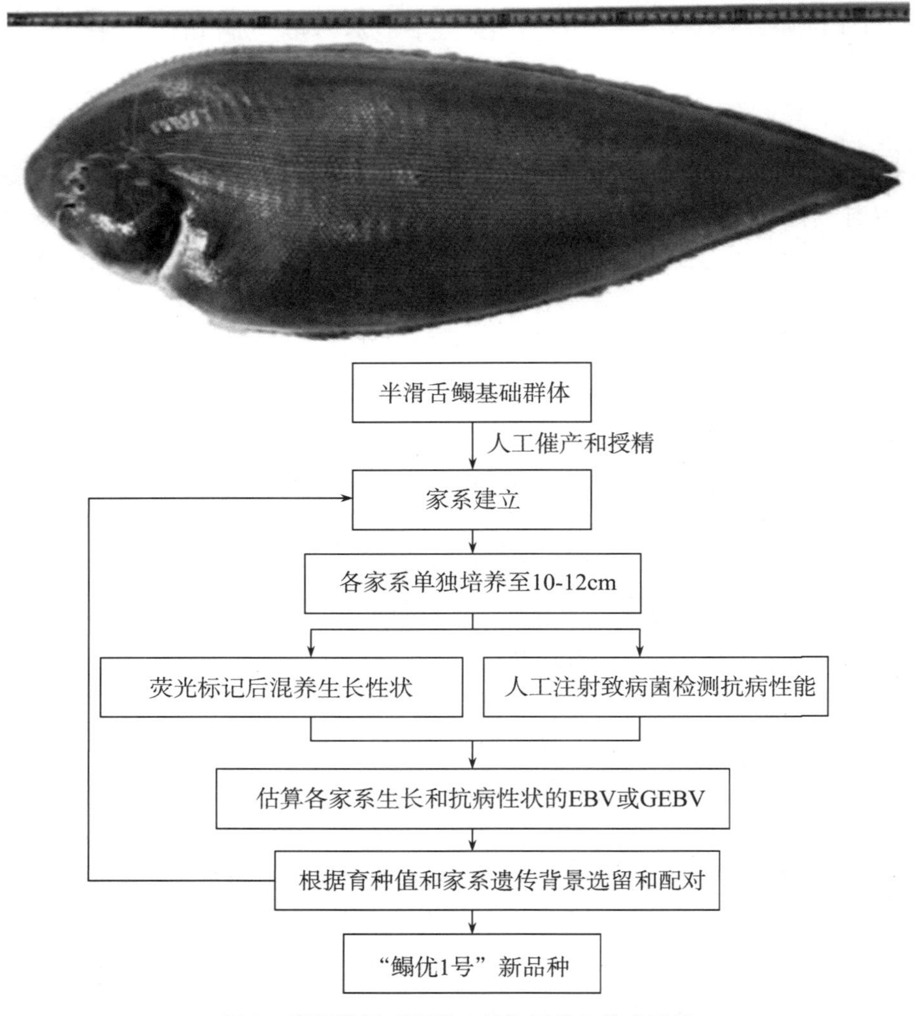


**图 3　半滑舌鳎“鳎优 1 号”及培育技术路线**

# 3　半滑舌鳎 38K SNP芯片研发及其在抗哈维氏弧菌病基因组选择中的应用

构建了个体数为 1572 的半滑舌鳎抗哈维氏弧菌病参考群体，通过全基因组重测序（平均测序深度 6.2×）获取了基因组范围内 2 077 510 个高质量SNP。利用这些SNP位点比较了GBLUP、加权GBLUP、BayesB和BayesC法预测半滑舌鳎抗哈维氏弧菌病基因组育种值（GEBV）的准确性，综合考虑计算时间和基因分型成本，认为GBLUP的预测效果较好。基于SNP芯片探针设计规则和上述SNP在基因组内的分布，研制出半滑舌鳎抗病育种芯片“鳎芯 1 号”（图 4~图 6）。该芯片包含 38 295 个SNP位点，分型结果与重测序结果的一致性高达 94.8%。最后选取了 44 尾候选半滑舌鳎，使用“鳎芯 1 号”对其进行分型，根据

GBLUP计算的GEBV排序进行选育，并用亲本GEBV均值表示相应家系GEBV。结果表明，家系GEBV与相应子代感染存活率之间的相关系数为0.706，属于中高强度正相关。此外，家系GEBV排名前5的家系的感染存活率（家系F01、F02、F15、F13、F10，平均GEBV为0.152，平均存活率79.1%）高于排名后5的家系的存活率（家系F18、F04、F11、F16、F12，平均GEBV−0.250，平均存活率56.4%）（表1）。相关研究成果在*Genomics*发表。

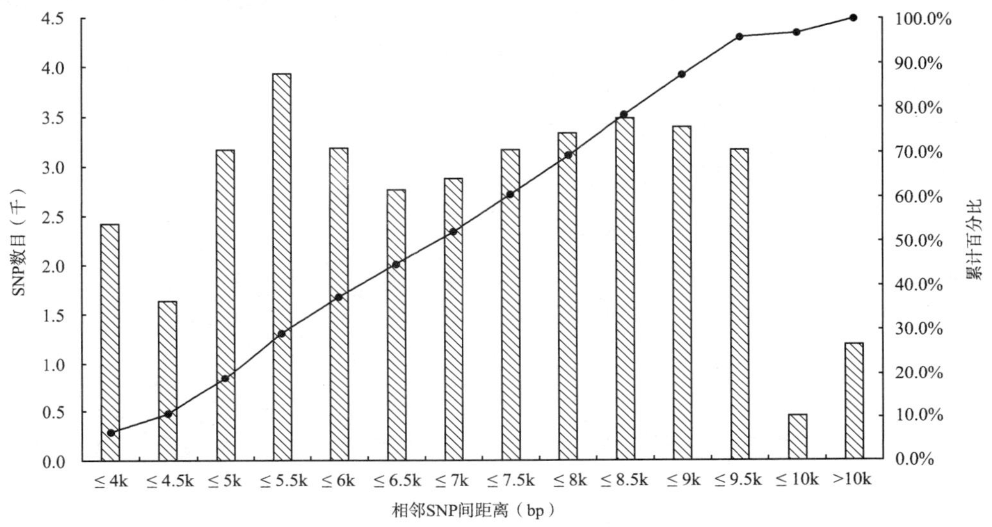


图4　半滑舌鳎"鳎芯1号"相邻SNP间隔分布（Lu et al., 2021）

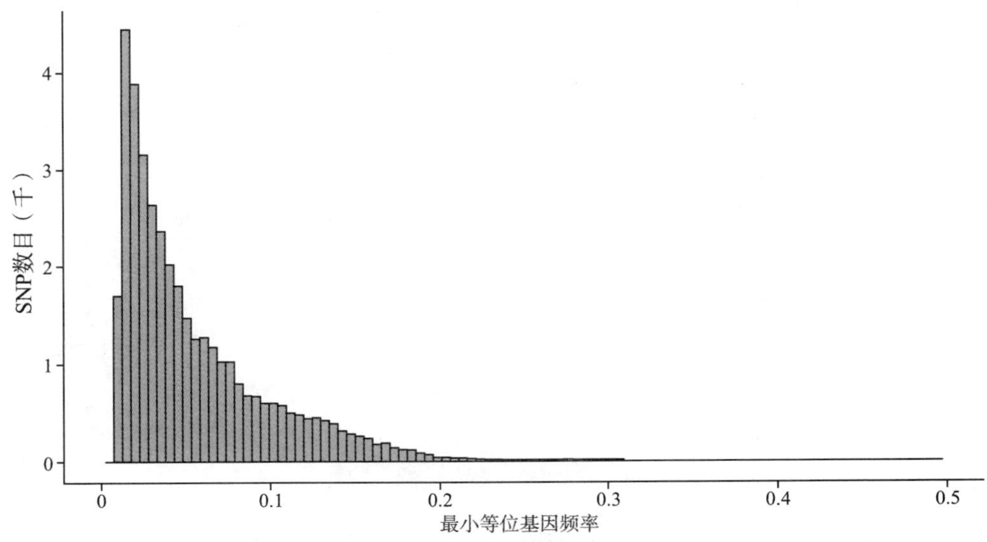


图5　半滑舌鳎"鳎芯1号"最小等位基因频率分布（Lu et al., 2021）

图 6　半滑舌鳎基因芯片“鳎芯 1 号”及全自动芯片分型设备

表 1　半滑舌鳎 23 个家系的感染存活率和GEBV值

| 家系号 | 感染存活率/% | GEBV | 家系号 | 感染存活率/% | GEBV |
|---|---|---|---|---|---|
| F01 | 78.6 | 0.225 | F13 | 71.4 | 0.108 |
| F02 | 88.4 | 0.224 | F14 | 53.5 | −0.143 |
| F03 | 77.4 | −0.052 | F15 | 87.5 | 0.158 |
| F04 | 61.3 | −0.200 | F16 | 52.2 | −0.268 |
| F05 | 65.2 | −0.091 | F17 | 44.0 | −0.095 |
| F06 | 65.9 | −0.158 | F18 | 60.6 | −0.200 |
| F07 | 65.0 | −0.085 | F19 | 58.8 | −0.011 |
| F08 | 70.0 | −0.040 | F20 | 66.7 | −0.006 |
| F09 | 85.7 | −0.054 | F21 | 66.7 | −0.178 |
| F10 | 69.4 | 0.042 | F22 | 40.3 | −0.151 |
| F11 | 64.5 | −0.252 | F23 | 44.8 | −0.151 |
| F12 | 43.5 | −0.329 | | | |

# 4　半滑舌鳎基因编辑性控育种建立

采用半滑舌鳎*dmrt*1 基因突变的F2 雌鱼和雄鱼进行交配，获得F3 受精卵 160 g，保有dmrt1 突变F3 苗种 3 000 余尾，其生长速度比雄鱼快 2 倍，接近雌鱼（图 7），解决半滑舌鳎雄鱼生长慢、长不大的难题。半滑舌鳎基因编辑F3 鱼苗于 2021 年 3 月在唐山通过了专家现场验收。

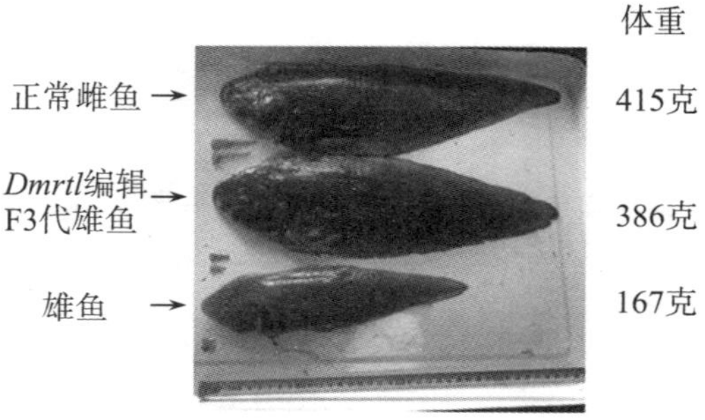


图 7　半滑舌鳎*dmrt*1 基因敲除后生长速度加快的F3 代雄鱼

# 5　半滑舌鳎体色相关*TYR*和*DCT*基因分析

半滑舌鳎有时会发生无眼侧黑化（Melanism）、有眼侧白化（Albinism）的体色异常现象。本研究克隆了半滑舌鳎体色相关的酪氨酸酶基因（*TYR*）和多巴色素异构酶基因（DCT）的cDNA 序列，并对这 2 个基因进行了系统发育和时空表达分析。*TYR* 基因cDNA 长 1 620 bp，编码 539 个氨基酸；*DCT*基因cDNA 长 1 551 bp，编码 516 个氨基酸。这 2 个基因在 20 日龄前的鱼苗体内表达量较高，尤其是在变态关键时期（15~20 日龄）表达量最高，30 日龄时的表达量锐减到很低水平（图 8）；在其他时期的皮肤组织中，这 2 个基因在有眼侧正常皮肤和无眼侧黑化皮肤中的表达量最高，在有眼侧白化皮肤和无眼侧正常皮肤中表达量极低（图 9）；在其他时期的其他组织中，在眼睛中的表达量最高，其次是肝脏，在脾脏和肌肉中表达量极低（图 10）。研究表明，*TYR* 和*DCT*基因是半滑舌鳎无眼侧黑化发生和有眼侧体色维持的关键基因。研究结果为查明半滑舌鳎体色异常机制提供了重要依据和参考。

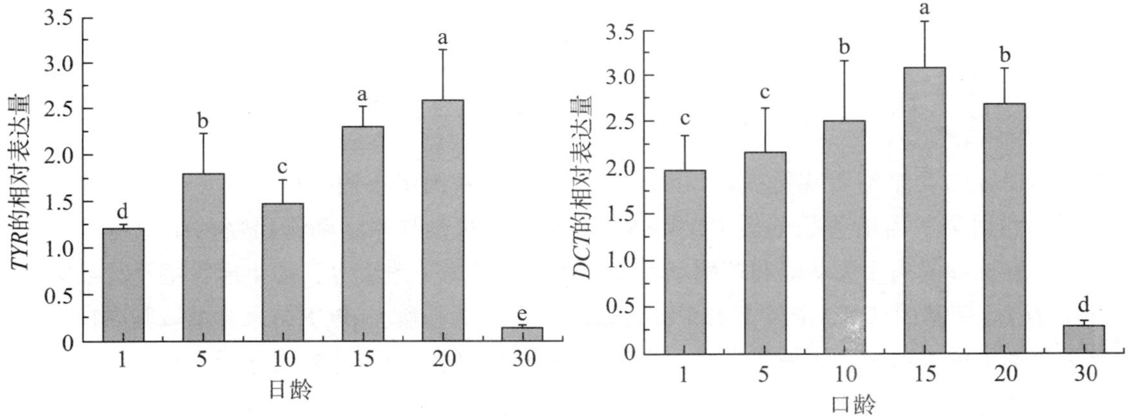


**图 8　半滑舌鳎*TYR*（左）和*DCT*（右）基因在仔鱼生长发育阶段的表达（吴垚磊等，2021）**

注：柱上不同字母表示差异显著（$P<0.05$）。

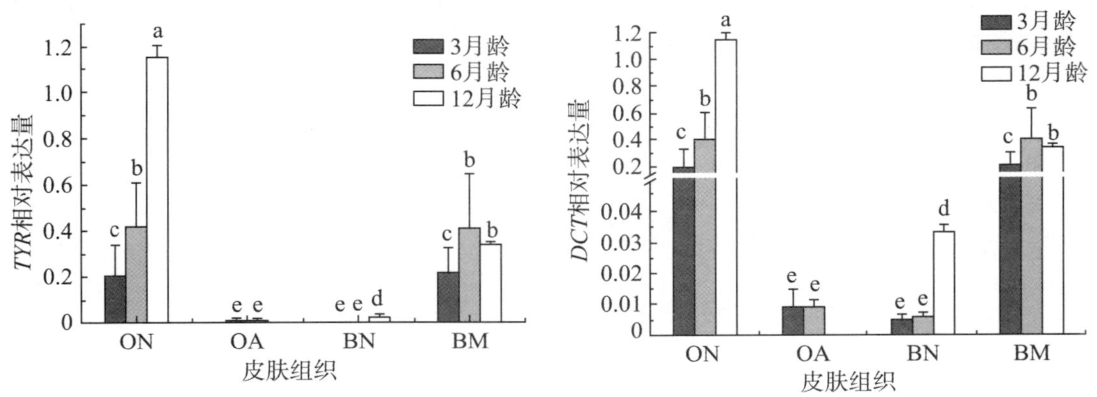


**图 9　半滑舌鳎*TYR*（左）和*DCT*（右）基因在皮肤中的表达（吴垚磊等，2021）**

注：柱上不同字母表示差异显著（$P<0.05$）。ON：有眼侧正常皮肤；OA：有眼侧白化皮肤；BN：无眼侧正常皮肤；BM：无眼侧黑化皮肤。

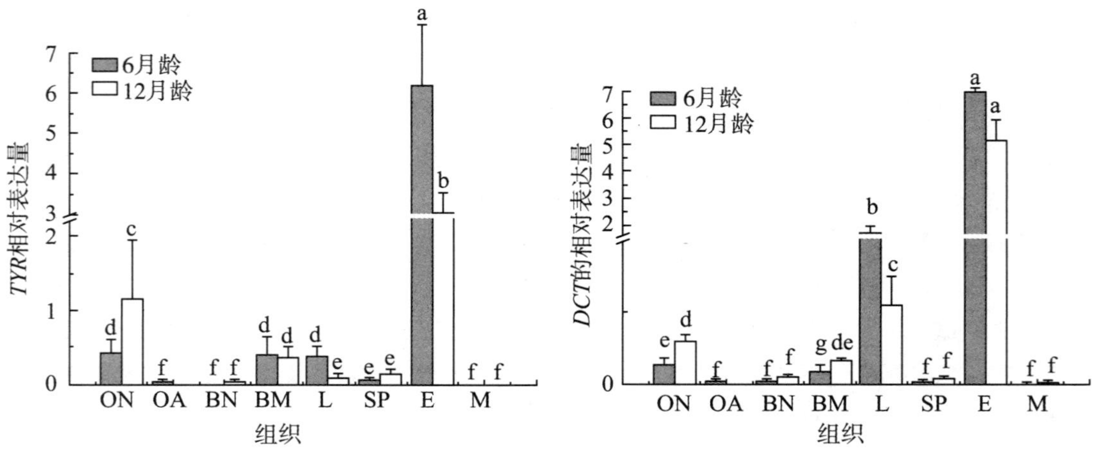


**图 10　半滑舌鳎*TYR*（左）和*DCT*（右）基因在不同组织中的表达（吴垚磊等，2021）**

注：柱上不同字母表示差异显著（$P<0.05$）。ON：有眼侧正常皮肤；OA：有眼侧白化皮肤；BN：无眼侧正常皮肤；BM：无眼侧黑化皮肤；L：肝脏；SP：脾脏；E：眼；M：肌肉。

# 6　半滑舌鳎抗细菌病相关*PRF1l*基因分析

本研究结合半滑舌鳎抗病家系和易感家系的全基因组重测序数据和免疫组织转录组数据，利用全基因组关联分析（GWAS）等生物信息学技术，筛选出新的组织特异性表达、具有抗细菌病相关功能和抗病家系优势表达的基因（图 11），即半滑舌鳎穿孔素基因（*PRF1l*）。该基因cDNA全长 1 835 bp，编码 514 个氨基酸。qPCR结果显示该基因在抗病家系鱼肠中的表达量高于易感家系。半滑舌鳎健康成鱼组织表达模式分析表明，该基因除在肠和鳃等中有高表达之外，在其余组织中表达量很低；注射哈维氏弧菌后，该基因在肝脏、脾脏、肾脏、肠、鳃和皮肤的表达量显著上调（图 11）。此外，该基因重组蛋白对哈维氏弧菌的抑菌活性较高（图 12）。该研究对半滑舌鳎抗病家系选育、病害防治、饲料添加剂及杀菌剂研制等方面具有重要价值。

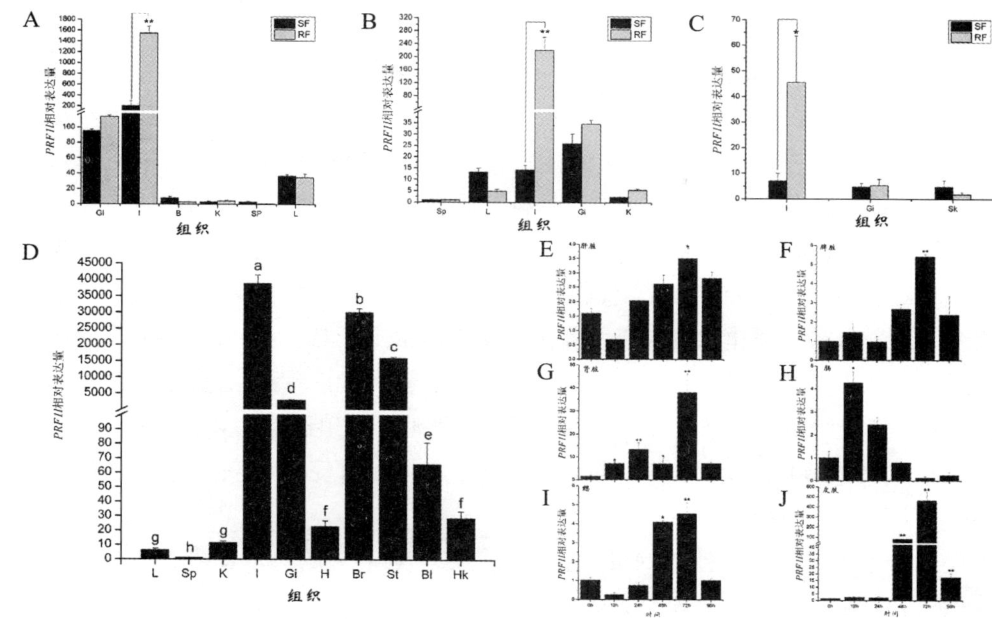

图 11　半滑舌鳎*PRF1l* mRNA表达情况（Fu et al., 2021）

（A）-（C）：PRF1l在 2014、2017 和 2018 年抗病与易感家系各组织中的表达水平；（D）：在健康成鱼各组织中的表达水平；（E）-（J）：在哈维氏弧菌感染后肠、鳃、皮肤、肾脏、肝脏、脾脏等免疫相关组织中的表达分析。

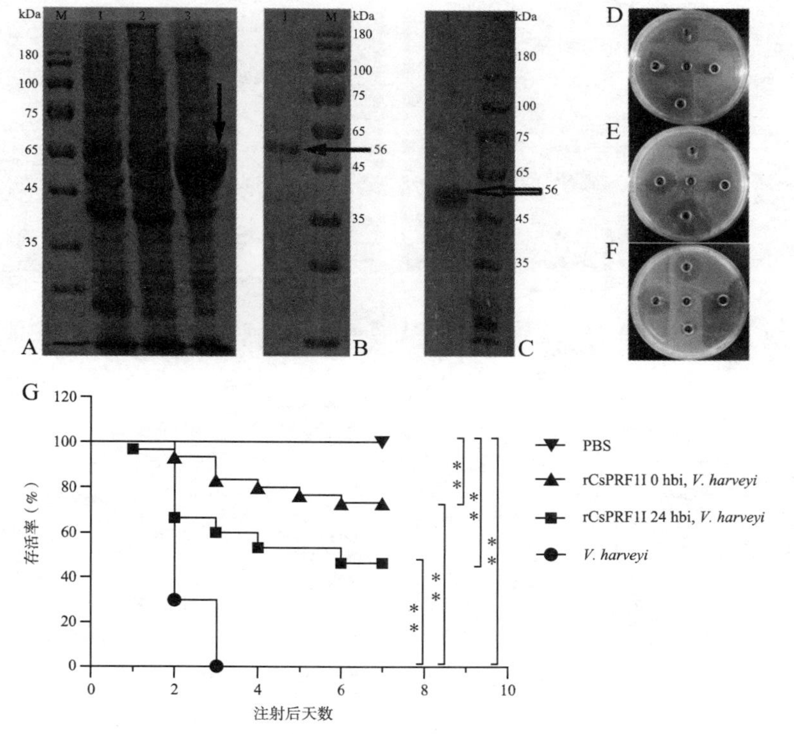


图 12　PRF1l蛋白重组表达及抑菌活性分析（Fu et al., 2021）

（A）：重组蛋白诱导表达，（B）：重组蛋白可溶性分析及纯化，（C）：重组蛋白纯化和透析后，（D）-（F）：重组蛋白抑制哈维氏弧菌、副溶血弧菌和爱德华氏菌效果示意图，（G）：生长曲线分析。

# 7 半滑舌鳎性别鉴定技术与高雌抗病苗种生产

2021 年陈松林院士继续带领或委派团队成员和研究生赴唐山市维卓水产养殖公司进行半滑舌鳎亲鱼人工催产和授精、遗传性别检测、高雌苗种制种、抗病高产“鳎优 1 号”新品种培育等指导服务，示范推广半滑舌鳎科技成果（图 13）。共进行了 1 800 多尾雄性亲鱼的遗传性别鉴定，剔除伪雄鱼，筛选出 1 650 尾优质雄性亲鱼；指导生产半滑舌鳎高雌受精卵超 180 kg，占全国的 60%以上；同时指导生产半滑舌鳎“鳎优 1 号”受精卵 60 kg，并在河北、天津、山东、福建和辽宁等主养区进行示范推广，“鳎优 1 号”苗种本年度市场占有率达到 40%以上；指导培育半滑舌鳎“鳎优 1 号”苗种 80 多万尾，并进行了工厂化示范养殖。此外，还在唐山维卓公司进行了半滑舌鳎室外池塘养殖试验，共放养大规格苗种（每尾 150~300 g）19 500 亩，池塘养殖面积 130 亩，10~11 月完成收获工作，收获平均规格达到 500 g以上，成活率约 80%。

本项工作为半滑舌鳎养殖业的可持续发展提供了强有力的技术支撑，产生了良好的经济效益和社会效益，得到企业和业界的好评；推动半滑舌鳎种业发展。

图 13　半滑舌鳎遗传性别检测和优质苗种繁育

（陈松林　李仰真　李希红　王磊　崔忠凯　卢昇　周茜　陈亚东　杨英明　邵长伟）

（岗位科学家　邵长伟）

# 大黄鱼种质资源与品种改良研究进展

大黄鱼种质资源与品种改良岗位

2021 年大黄鱼品种改良研究工作取得多方面的进展。搜集了优良种质资源，为大黄鱼遗传改良提供基础；利用所建立的分子选育技术培育了大黄鱼抗内脏白点病、速生和耐粗饲性状的选育群；完成了近 1 亿尾“闽优 1 号”大黄鱼的扩繁；建立了新的大黄鱼基因组育种技术，包括开发了基因组选择新技术ResGS、开发了速生性状的分子标记等；另外，也针对大黄鱼重要经济性状包括抗盾纤毛虫病、内脏白点病和耐高温等性状的分子机制开展了较深入研究。

## 1　大黄鱼种质资源收集进展

与宁德市官井洋大黄鱼养殖有限公司合作，从多个不同闽粤东族大黄鱼养殖群体中采集了 300 尾生长快（2 龄雌鱼体重≥ 1.2 kg，雄鱼≥ 1.0 kg）、体型体色好的优异个体，保养于公司渔排，作为良种选育和苗种繁育亲本；收集了 300 尾岱衢族大黄鱼的优异种质材料，保存于大黄鱼育种中心，作为 2022 年闽粤东族与岱衢族的杂交制种亲本；另外，采集了南海区野生大黄鱼幼鱼暂养中死亡的个体 27 尾，提取了基因组DNA，进行基因组重测序，以研究其与其他种群和现有养殖大黄鱼种质的差异。

## 2　大黄鱼良种选育技术及其应用研究进展

本岗位前期分别将 2 个不同的变形假单胞菌人工攻毒实验群体分别作为参考群，对极端表型亚群进行重测序挖掘SNP、进行GWAS分析，通过标记效应值和基因组选择预测力分析筛选了 2 组不同的育种分子标记；用投喂无鱼粉无鱼油人工配合饲料的实验群体作为参考群，经上述同样分析筛选了 1 组“耐粗饲”（节鱼粉）选育分子标记，经过应用试验发现选育出的群体肌肉中EPA和DHA含量均显著提高，因此这组分子标记可以同时用作大黄鱼品质改良育种的分子标记。本年度应用上述 3 组分子标记，按照基因组选择方法分别开展了针对大黄鱼抗内脏白点病和耐低鱼粉饲料 2 个性状的分子选育，同时用表型选择方法从候选亲本群体中挑选极大个体培育了 1 个快速生长选育群。

在宁德市官井洋大黄鱼养殖有限公司保种和养殖的“闽优 1 号”大黄鱼群体中采集优

质雌鱼727尾、雄鱼366尾，用MassArray技术进行SNP分型，根据标记基因型及效应值计算每个个体的基因组育种值。按抗病育种值排序后选取了排名靠前的雄鱼33尾、雌鱼53尾用于抗内脏白点病苗种选育，分两组育苗，抗病1组16尾雄鱼、25雌鱼，抗病2组17尾雄鱼、28雌鱼，入选亲本体重与GEBV见表1和表2。按GEBV挑选了耐粗饲选育入选亲本雄鱼26尾、雌鱼33尾作为1组，另外完全根据表型选择建立了1个快生长选育群，入选亲鱼包括体重>1 180 g的特大雌鱼29尾、体重>990 g的特大雄鱼18尾。各组产卵量（指收集使用的上浮受精卵量）、受精率、孵化率和育苗量、育苗成活率情况见表3。由于育苗过程中遭遇了1次鼓风机故障和1次刺激隐核虫感染，导致本年度选育育苗成活率偏低，最终共培育出全长3.5 cm以上选育鱼苗62万尾，移到宁德市官井洋大黄鱼养殖有限公司位于三都澳白基湾海区的渔排网箱中进行养殖示范。两组抗病选育苗种各分出一部分由宁波综合试验站在象山湾进行养殖示范。今年夏季福建宁德养殖大黄鱼遭遇了前所未见的严重病害，导致到8月底养殖成活率平均已不到30%，严重区域成活率不到1%，甚至死亡殆尽。取病死大黄鱼观察，体表白点病、内脏白点病、白鳃病、溃疡病等多种不同病症个体都可见到。显然与海区养殖环境破坏有关。白基湾海区也属于病害严重海区，官井洋大黄鱼养殖有限公司与周边其他业主渔排大黄鱼养殖成活率基本上均不到5%。由于受到养殖海域环境影响，导致4组选育大黄鱼也几乎死亡殆尽，各剩下100余尾，作为抗病力强的候选亲鱼加以培育，用于继续选育。

8月10日和12月5日对养殖于宁波的两组抗病选育大黄鱼进行取样，并测量其生长情况。两组大黄鱼5月23日从宁德移到宁波养殖，放苗量各5 000尾，12月5日清点的结果是，抗病1组尚有1 250尾、存活率25%，抗病2组有2 150尾、存活率43%，抗病2组存活率高于抗病1组，而抗病1组生长速度略快于抗病1组，这可能与抗病2组存活数多、密度较高有关。宁波示范养殖渔排2021年也遭遇比较严重的病害，导致养殖大黄鱼成活率总体偏低，但远远高于同组在白基湾养殖的鱼苗；在同一渔排上养殖的当地培育大黄鱼苗，同样放苗量，至12月5日清点时存活数都不足1 000尾，两个抗病选育组存活率显著较高，抗病1组至少高20%以上，抗病2组高50%乃至高1倍以上。说明所进行的选育确实能提高选育后代的抗病力，从而提高其成活率。无论是在宁波示范养殖还是在宁德市官井洋白基湾养殖，都表明抗病二组的抗病力高于抗病一组，其原因可能是抗病二组的候选群与参考群的亲缘关系更近。抗病一组的参考群所用鱼苗来自于4个不同业主的渔排，而抗病二组的实验鱼苗来源于同一鱼排。

**表1　抗病1组入选亲鱼编号、体重和育种值**

| ID | 性别 | 体重 | GEBV | ID | 性别 | 体重 | GEBV |
|---|---|---|---|---|---|---|---|
| 111880514913 | 雌 | 768.4 | 2.837 | 111880514059 | 雌 | 1 111.9 | 2.844 |
| 111880515303 | 雌 | 788.8 | 2.916 | 111880515092 | 雌 | 1 112.1 | 2.899 |
| 201380300883 | 雌 | 812.3 | 2.844 | 111880513821 | 雌 | 1 133.6 | 2.899 |

续表

| ID | 性别 | 体重 | GEBV | ID | 性别 | 体重 | GEBV |
|---|---|---|---|---|---|---|---|
| 201380300590 | 雌 | 835.7 | 2.844 | 120030281464 | 雌 | 1 135.3 | 2.847 |
| 111880514927 | 雌 | 837.1 | 2.864 | 111880515591 | 雄 | 714.7 | 2.852 |
| 201380300991 | 雌 | 852.3 | 2.864 | 201380301359 | 雄 | 745.8 | 2.837 |
| 201211787263 | 雌 | 859 | 2.916 | 111880515382 | 雄 | 755.4 | 2.821 |
| 111881869271 | 雌 | 862.2 | 2.84 | 111880513834 | 雄 | 761.1 | 2.824 |
| 111880514466 | 雌 | 862.7 | 2.837 | 201380300439 | 雄 | 782.5 | 2.844 |
| 201380301316 | 雌 | 881 | 2.853 | 201380301601 | 雄 | 794.5 | 2.837 |
| 111880514517 | 雌 | 888.9 | 2.876 | 111881869096 | 雄 | 805 | 2.823 |
| 201380301004 | 雌 | 891.6 | 2.899 | 111880514004 | 雄 | 824.8 | 2.827 |
| 111881869212 | 雌 | 895.5 | 2.847 | 201380301372 | 雄 | 831.8 | 2.844 |
| 120030287759 | 雌 | 940.3 | 2.837 | 201380300771 | 雄 | 853.2 | 2.844 |
| 111880513937 | 雌 | 946.7 | 2.837 | 201380301129 | 雄 | 857.4 | 2.837 |
| 111880515087 | 雌 | 964.1 | 2.837 | 201380300602 | 雄 | 863.5 | 2.864 |
| 111880514248 | 雌 | 967.6 | 2.837 | 201380301268 | 雄 | 877.5 | 2.876 |
| 201380301289 | 雌 | 1 009.6 | 2.866 | 201380301307 | 雄 | 878.3 | 2.865 |
| 111880514441 | 雌 | 1 047.9 | 2.876 | 120030279224 | 雄 | 900.6 | 2.848 |
| 201380301046 | 雌 | 1 051 | 2.844 | 201380301644 | 雄 | 987.3 | 2.837 |
| 111880515480 | 雌 | 1 057.2 | 2.876 | | | | |

**表 2　抗病 2 组入选亲鱼编号、体重和育种值**

| ID | 性别 | 体重 | GEBV | ID | 性别 | 体重 | GEBV |
|---|---|---|---|---|---|---|---|
| 201380300951 | 雌 | 765.3 | 190.309 | 201380300370 | 雌 | 996.4 | 197.78 |
| 201380301125 | 雌 | 798.3 | 206.574 | 111880514041 | 雌 | 1 018.5 | 206.574 |
| 111880515321 | 雌 | 820.7 | 206.574 | 201211788668 | 雌 | 1 042.1 | 197.78 |
| 111880515254 | 雌 | 839.2 | 211.376 | 111881868574 | 雌 | 1 079 | 206.574 |
| 111880514866 | 雌 | 840.8 | 206.574 | 111880514799 | 雌 | 1 094.2 | 211.376 |
| 201380300583 | 雌 | 848.4 | 197.78 | 201211786731 | 雄 | 705 | 206.574 |
| 111880515399 | 雌 | 860.4 | 190.309 | 201380301311 | 雄 | 708 | 190.309 |
| 201380301473 | 雌 | 867.2 | 203.2 | 111880514701 | 雄 | 721.1 | 190.309 |
| 201380300189 | 雌 | 868.8 | 197.78 | 111880514368 | 雄 | 729.4 | 211.501 |
| 111880514457 | 雌 | 871.4 | 190.309 | 201380301281 | 雄 | 745.4 | 197.78 |
| 120030277634 | 雌 | 872.5 | 206.574 | 201211786747 | 雄 | 754.7 | 222.714 |
| 201380300511 | 雌 | 885.7 | 198.267 | 201380300938 | 雄 | 759.1 | 197.78 |
| 111881868968 | 雌 | 888.7 | 192.728 | 201380301376 | 雄 | 760.9 | 206.574 |

续表

| ID | 性别 | 体重 | GEBV | ID | 性别 | 体重 | GEBV |
|---|---|---|---|---|---|---|---|
| 111880514837 | 雌 | 893.9 | 206.574 | 111880514356 | 雄 | 781.4 | 206.574 |
| 201380301655 | 雌 | 895.9 | 206.574 | 111888054244 | 雄 | 821.1 | 190.309 |
| 111880514077 | 雌 | 904.1 | 190.309 | 111880513990 | 雄 | 831.7 | 181.515 |
| 201380301495 | 雌 | 910.5 | 206.574 | 111880514924 | 雄 | 850.3 | 206.574 |
| 201380300307 | 雌 | 916.2 | 190.309 | 120029865354 | 雄 | 873.1 | 197.655 |
| 201211786767 | 雌 | 941.9 | 190.309 | 111881869288 | 雄 | 889 | 190.309 |
| 111880514033 | 雌 | 943.5 | 190.309 | 201380301532 | 雄 | 890.8 | 211.501 |
| 111880514665 | 雌 | 968.7 | 197.78 | 111880515374 | 雄 | 910.8 | 181.515 |
| 201380300514 | 雌 | 984.5 | 198.267 | 111880514154 | 雄 | 974.8 | 227.766 |

**表 3　2021 年春季选育各组育苗情况**

| | 抗病 1 组 | 抗病 2 组 | 快长 | 耐粗饲 |
|---|---|---|---|---|
| 受精卵/kg | 2.9 | 3.4 | 6.7 | 3.1 |
| 受精率% | 74.4 | 73.9 | 67.0 | 73.8 |
| 孵化率/% | 88.8 | 90.8 | 89.2 | 87.2 |
| 初孵仔鱼/万尾 | 154.5 | 185.2 | 358.6 | 162.2 |
| 下排苗/万尾 | 16.0 | 20.0 | 14.0 | 12.0 |
| 育苗成活率/% | 10.4 | 10.8 | 3.9 | 7.4 |

# 3　“闽优 1 号”大黄鱼的扩繁进展

本年度“闽优 1 号”大黄鱼的扩繁在宁德市官井洋大黄鱼养殖有限公司进行，本岗位依托单位与该公司共建了国家级大黄鱼遗传育种中心。本年度在该公司共培育大黄鱼“闽优 1 号”良种鱼苗 1 亿尾。

# 4　大黄鱼分子选育技术研究进展

本年度主要取得下述显著进展。

## 4.1　开发了一个快速有效的基因组选择新算法ResGS

基因组选择的关键是准确预测育种值，我们开发的算法是一种改进深度残差神经网络（基于工智能技术）的预测方法，它利用训练群体的基因型和表型数据预训练基因组选择模型，采用卷积、采样和丢弃策略来降低高维基因型数据的复杂性。考虑到深度学习的收敛速度问题，我们采用批量归一化操作（Batch Normalization），加快了模型的收敛，节省了时间。ResGS有效解决了因层数的增加而导致模型准确性降低的问题。100 次交叉验证结果表明，ResGS模型的效果优于另一种基于人工智能算法的软件DeepGS，育种值准确性提高了 1.71%~4.66%。相较于传统的前馈神经网络模型，ResGS在全部表型中获得了更高的预测准确性，相对提高 101.59%~130.83%（表 4）。在大部分表型中，ResGS比统计模型GBLUP提高了 2.24%~20.19%。而且在计算耗时方面ResGS仅次于GBLUP，收敛速度远远超过DeepGS（图 1）。

**表 4　ResGS与其他基因组选择算法对育种值预测准确的比较**

| 方法 | 模拟数据 1 | 模拟数据 2 | 模拟数据 3 | 模拟数据 4 |
|---|---|---|---|---|
| | 预测力 | 预测力 | 预测力 | 预测力 |
| ResGS | 0.53（0.012） | 0.461（0.011） | 0.395（0.013） | 0.495（0.013） |
| DeepGS | 0.513（0.013） | 0.450（0.012） | 0.378（0.013） | 0.486（0.012） |
| FNN | 0.265（0.013） | 0.199（0.013） | 0.191（0.013） | 0.239（0.013） |
| GBLUP | 0.444（0.010） | 0.450（0.012） | 0.409（0.009） | 0.423（0.011） |

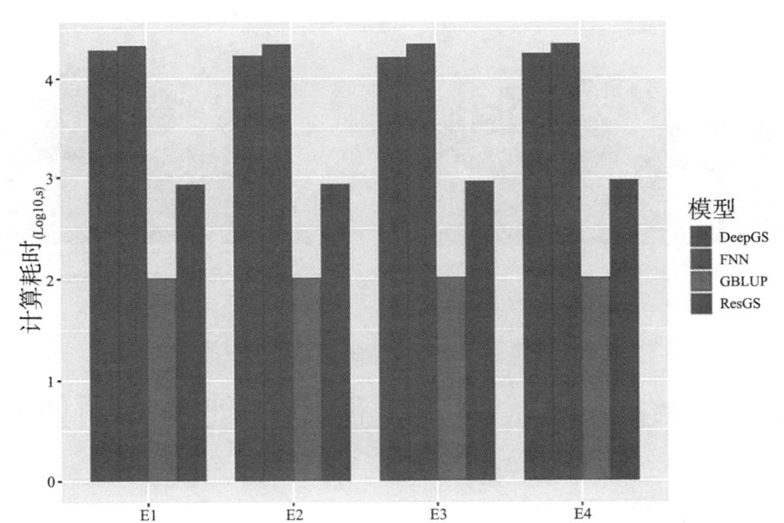


**图 1　GBLUP，FNN，DeepGS和ResGS 在计算时间上的比较**

DeepGS: 深度学习基因组选择，FNN：前馈神经网络，ResGS: 残差网络基因组选择，GBLUP：基因组最佳线性无偏预测

## 4.2　挖掘和开发了一个大黄鱼快速生长相关的GWAS位点

通过对大黄鱼全基因组关联分析，在 6 号染色体上发现了一个效应非常显著的GWAS信号（图 2），效应值最高SNP纯合基因型个体的体重较群体均值高出 50.6 g。初步在GWAS位点内部筛选了分子标记，为了使分子标记也同样适用于其他群体，我们通过测序

数据研究了这些分子标记在其他群体中对生长的作用，证实了该区域对另外两个具有生长记录的群体也存在关联，表明该位点是对许多闽粤东族养殖大黄鱼群体都有重要影响的一个重要位点。据此我们在该GWAS区域内筛选了20个可用于大黄鱼速生性状选育的分子标记，已应用到2022年度的选育实践。

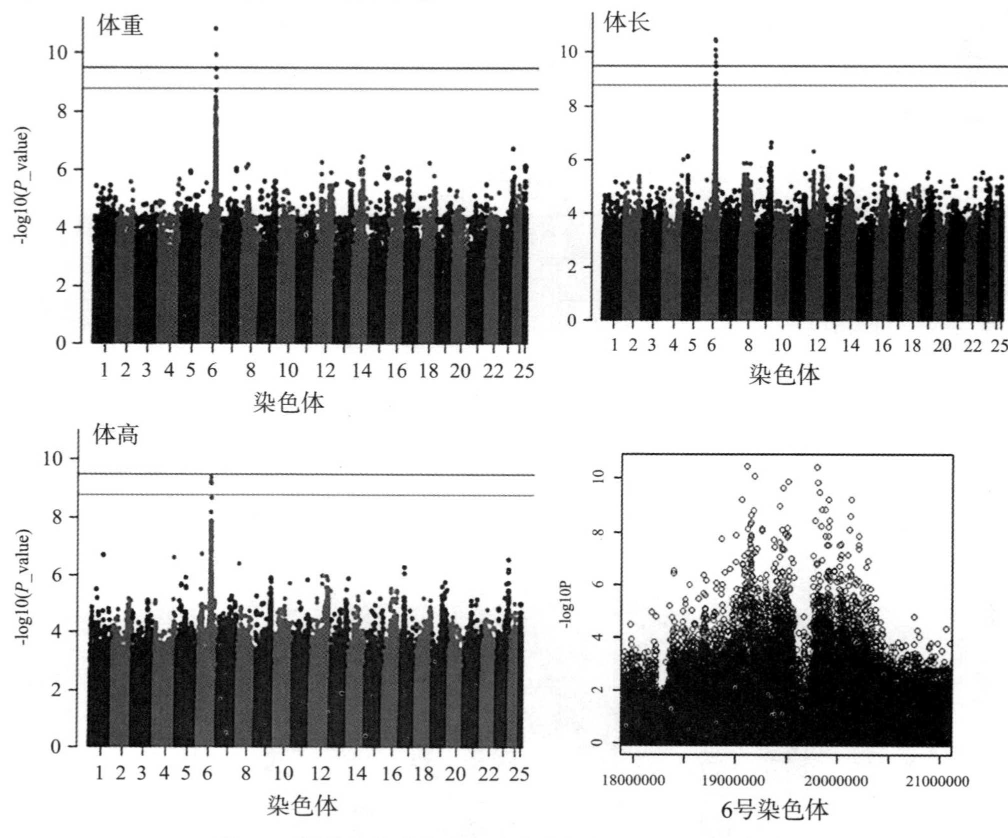


**图2　6号染色体上存在与个体生长差异关联的分子标记**

# 5　大黄鱼重要经济性状的分子遗传基础等方面研究进展

## 5.1　大黄鱼抗盾纤毛虫病遗传基础分析

近3年来盾纤毛虫引起的“烂身病”（溃疡病）在宁德市导致了每年10多亿尾2 cm以上的大黄鱼苗死亡损失，是危害大黄鱼鱼苗的主要病害，目前尚没有有效的防治方法。因此，开展大黄鱼的抗盾纤毛虫病育种研究迫在眉睫。我们在大黄鱼鱼苗自然染病群体采集了270尾抗性和敏感极端表型个体，进行了全基因组重测序、分型、GWAS分析（图3），在2号、7号、9号、14号、17号、18号和22号染色体发现了14个与抗病相关的SNP，可解释的遗传表型变异为5.4%~9.2%。并发现5个候选基因NF-κB1、UBXN1、PTX3、DAB2IP和CYR61，这些基因均参与NF-κB信号转导途径，提示NF-κB信号转导途径在抗烂身病过程中起到重要作用。结果表明，大黄鱼对盾纤毛虫的抗性是一个多基因控制的性状。本研究为大黄鱼抗盾纤毛虫病的分子标记辅助选择育种奠定了一定的基础。

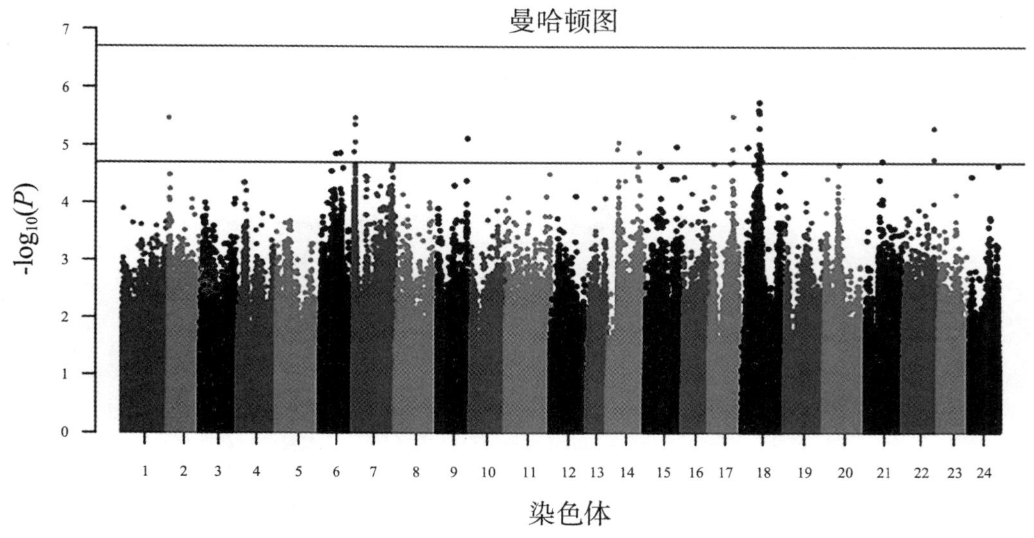


**图 3　大黄鱼抗盾纤毛虫病的GWAS分析**

在内脏白点病的功能基因研究方面，通过对 817 尾人工攻毒幼鱼进行基因组重测序，挖掘获得近 107 万个SNP，以攻毒后发病时间作为抗病力表型值进行GWAS分析，精细定位了抗病相关区域。从定位的主效区域中筛选出 1 个抗病相关基因TMEM208，进行了分子及表达特征等分析。跨膜蛋白 208（Transmembrane protein 208，TMEM208）是一个自噬抑制基因，可能通过对细胞内质网应激的抑制达到抑制自噬的作用。内质网能识别并降解未正确折叠的蛋白，内质网应激是指各种原因引起的细胞内质网发生功能紊乱，导致错误折叠和未折叠蛋白在内质网腔内聚集以及$Ca^{2+}$平衡紊乱的病理状态。大黄鱼TMEM208 基因的ORF为 522 bp，编码 173 个氨基酸。预测TMEM208 蛋白无信号肽序列，其蛋白质的相对分子质量为 $19.68 \times 10^3$，理论等电点为 5.20。我们进行了组织及时序表达谱分析（图 4）。在健康大黄鱼的鳃、鳍、头肾、脑、肝、肾、肠、脾 8 个组织和器官中，TMEM208 基因在肾脏中相对表达量最高，其次为头肾，在脑中表达量最低。在变形假单胞菌攻毒后，大黄鱼肾脏中该基因相对表达量呈上升趋势，在 120 h左右达到最大值。肝脏中该基因在 72 h之前无明显增加，72 h之后显著增加，在 96 h达到峰值，脾脏中该基因相对表达量呈上升趋势，在 96 h达到峰值。

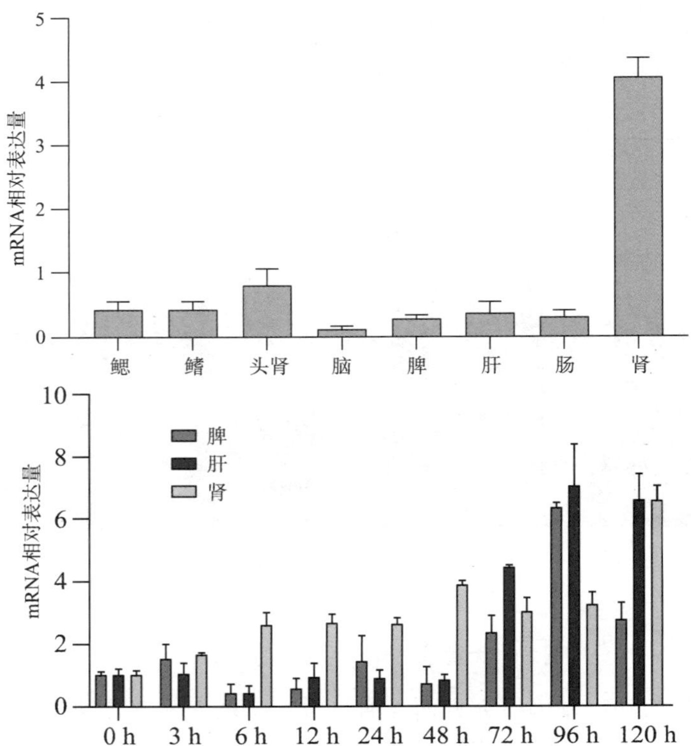


**图4　大黄鱼TMEM208基因在健康大黄鱼组织（上图）以及变形假单胞菌攻毒后大黄鱼脾、肝、肾组织中的时间表达谱**

## 5.2　大黄鱼高温胁迫响应的非侵入性检测方法研究

目前，监测鱼类健康状况的方法主要是通过血液生化指标。由于采血过程经常对鱼体造成损害（有时导致死亡），因此迫切需要开发一种非侵入式检测方法。现有研究表明，可以在鱼体表黏液或周围水中检测到应激指标。我们测定了高温胁迫后的0、0.5、1、1.5和2 h的大黄鱼的血液、鱼体表黏液和周围水中的皮质醇水平，同时，还测量了血液和体表黏液中丙二醛（MDA）、免疫球蛋白M（IgM）和碱性磷酸酶（AKP）的水平。结果显示，随着应激时间延长，血液、鱼体表黏液和周围水中的皮质醇水平先升高然后降低，在1.5 h达到峰值，血液和体表黏液、血液和周围水以及皮肤黏液和周围水中的皮质醇相关系数分别为0.936、0.955和0.915，均具有显著性水平$P<0.01$。血液和体表黏液中的MDA和IgM含量先升高然后降低，而AKP含量先降低然后升高。对于MDA、IgM和AKP水平，血清和体表黏液之间的相关系数分别为0.586、0.762和0.792（$P<0.01$）。上述结果提示，可以使用体表黏液或周围水作为介质来监测高温下大黄鱼的早期应激反应。

（王志勇　方铭　李完波　张东玲　韩芳　刘贤德）

# 石斑鱼种质资源与品种改良技术研究进展

石斑鱼种质资源与品种改良岗位

2021年度围绕岗位的重点任务，主要开展了石斑鱼种质资源鉴定与评价、种质保存、石斑鱼基因组结构与功能多样性分析、石斑鱼重要性状相关功能基因挖掘和分子标记筛选、石斑鱼新品种（系）培育等方面的技术研究。主要内容包括：① 研发石斑鱼种质资源鉴定评价技术，构建石斑鱼种质资源鉴定评价体系；② 完成高质量的驼背鲈（老鼠斑）基因组图谱绘制，并进行了比较基因组结构和功能分析；③ 开发了多种石斑鱼的亲子鉴定分子标记，为石斑鱼的谱系分析提供了高效可靠的技术支撑；④ 通过转录组测序，揭示不同生长速度棕点石斑鱼肌肉组织的基因表达差异；⑤ 成功构建一株斜带石斑鱼精原干细胞系，在培养条件下已增殖超过600天，经验证该细胞系具有减数分裂的能力；⑥ 成功培育具有重要开发潜力的驼背鲈♀×鞍带石斑鱼♂杂交品系花龙杂交斑，开展了胚胎发育、形态、肌肉营养成分、染色体核型差异等方面的系统分析，为杂交新品种的开发积累了重要数据。

## 1　石斑鱼种质资源研究

### 1.1　棕点石斑鱼表型指标和遗传指标的测定

#### 1.1.1　棕点石斑鱼表型数据

棕点石斑鱼身体呈长椭圆形，侧扁而粗壮。成鱼的头背部框架在眼睛处有凹痕，从该处到背鳍的起点位置有明显的凸起，眶间区平坦或略凹陷。眼小，短于吻长。口大，上下颌前端具小犬齿或无，两侧齿细尖，下颌中侧部约3或4列牙齿，内侧牙齿长大约是外侧的两倍，犬齿难以察觉，上颌向前延伸到眼部。前鳃盖骨呈圆形，有小锯齿，鳃盖上缘明显凸起，向下几乎与鳃盖后缘相垂直。眶前骨的前缘在鼻孔的下方深深凹陷，后鼻孔呈三角形，成鱼时是前鼻孔的4~7倍，两鼻孔闭合。鱼侧线鳞光滑，有辅鳞，侧线鳞孔数52~58，纵列鳞数102~115。体呈淡黄褐色，有5块纵系列的深褐色暗斑组成了不规则的条纹。头部、体侧和鳍密集分布着小的褐色斑点，在深色暗斑上的小斑点比位于暗斑之间的小斑点颜色深很多，尾柄后缘具一模糊的黑色鞍状斑，在颌骨一侧有2或3根模糊的深色条纹。

### 1.1.2 棕点石斑鱼可数数据

棕点石斑鱼背鳍鳍棘部与鳍条部相连，无缺刻，具硬棘XI，背鳍条 13~16。胸鳍呈圆形鳍条 15~18。腹鳍腹位，末端延伸及肛门开口处具有硬棘Ⅰ，腹鳍条 5。臀鳍有Ⅲ硬棘，臀鳍条 8~9。尾鳍圆形鳍条数 15~18。详细参数见表 1。

**表 1 棕点石斑鱼可数性状**

| | 棕点石斑鱼 |
|---|---|
| 背鳍棘 | 11 |
| 背鳍条 | 13~16<br>（14.20 ± 0.25） |
| 胸鳍条 | 15~18<br>（16.90 ± 0.23） |
| 腹鳍棘 | 1 |
| 腹鳍条 | 5 |
| 臀鳍棘 | 3 |
| 臀鳍条 | 8~9<br>（8.80 ± 0.13） |
| 尾鳍条 | 15~18<br>（16.30 ± 0.26） |

### 1.1.3 棕点石斑鱼可量数据

对 30 条棕点石斑鱼的可量性状进行统计分析得到数据结果见表 2。

**表 2 棕点石斑鱼可量性状统计**

| 项目 | 棕点石斑鱼 |
|---|---|
| 全长/体长 | 1.17 ± 0.01 |
| 全长/体长 | 2.91 ± 0.02 |
| 体长/体高 | 5.43 ± 0.02 |
| 体长/体宽 | 2.73 ± 0.04 |
| 体长/头长 | 7.02 ± 0.03 |
| 体长/尾柄长 | 1.45 ± 0.02 |
| 体长/肛前体长 | 1.2 ± 0.01 |
| 尾柄长/尾柄高 | 5.73 ± 0.06 |
| 头长/吻长 | 7.96 ± 0.15 |
| 头长/眼径 | 4.79 ± 0.02 |
| 头长/眼间距 | 1.44 ± 0.01 |
| 头长/眼后头长 | 1.17 ± 0.01 |

### 1.1.4　棕点石斑鱼外形框架

对 30 条棕点石斑鱼进行外形框架数据测量，并根据测量数据构建外形框架图（图 1、图 2）。

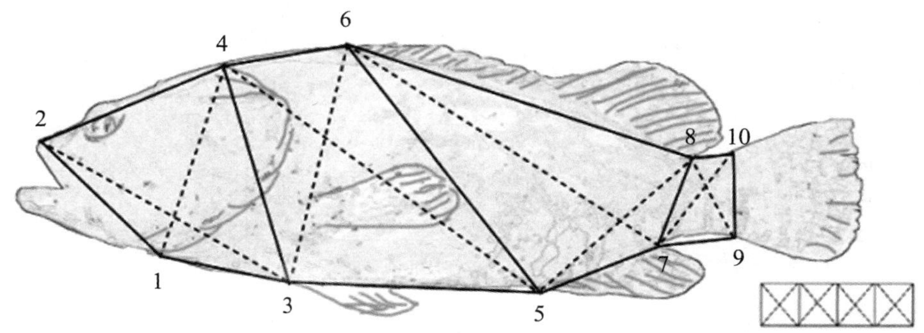


**图 1　外形框架构建测量图**

1. 鳃盖下末端；2. 吻端；3. 腹鳍前端；4. 鳃盖上末端；5. 臀鳍前端；6. 背鳍前端；7. 臀鳍下末端；8. 背鳍末端；9. 尾鳍下前端；10. 尾鳍上前端

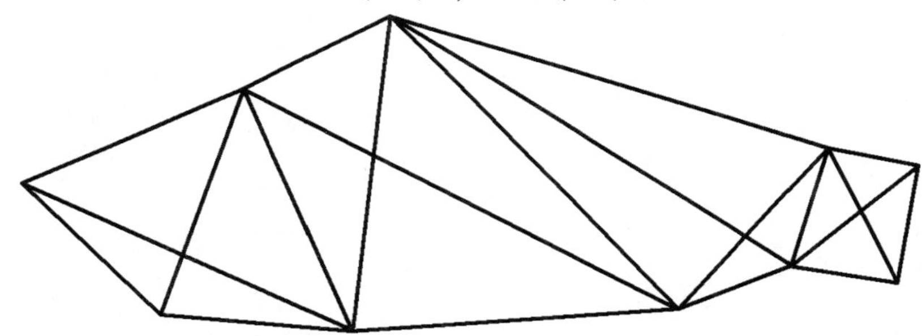

**图 2　棕点石斑鱼外形框架图**

## 1.2　石斑鱼精子冷冻损伤机制研究

### 1.2.1　抗氧化剂对鞍带石斑鱼精子冻存的影响

本研究旨在研究辅酶$Q_{10}$（$CoQ_{10}$）作为一种抗氧化添加剂，对超低温保存鞍带石斑鱼精子质量的影响。冷冻和解冻后，通过添加不同浓度的$CoQ_{10}$，评估精子的活力、活率、凋亡、线粒体膜电位（MMP）、细胞内活性氧（ROS）生成、DNA碎片和受精率等各种质量参数。与对照组相比，在培养基中添加$CoQ_{10}$可显著提高总运动力（图 3）。添加$CoQ_{10}$组显著降低了ROS的产生，提高了受精率（图 4）。结果表明，抗氧化剂$CoQ_{10}$对鞍带石斑鱼精子解冻后的品质有明显改善作用。

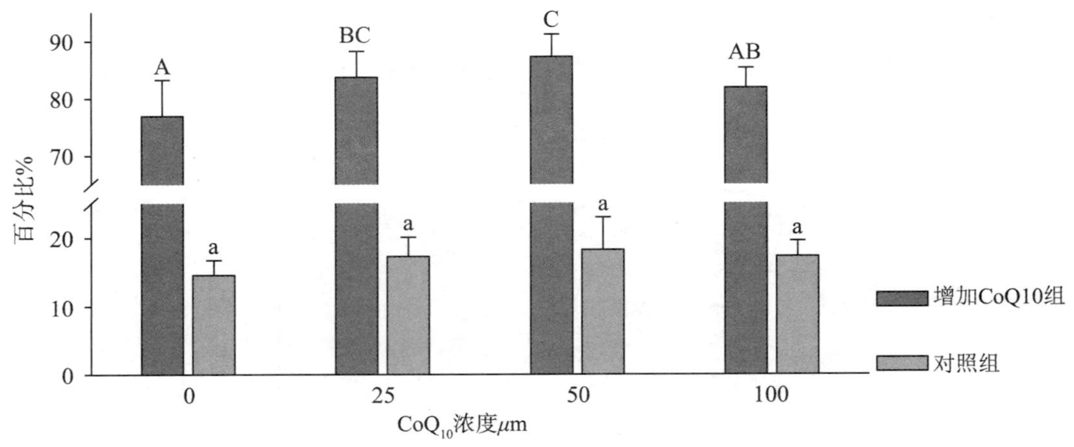


**图 3　$CoQ_{10}$ 对鞍带石斑鱼解冻后精子活力的影响**

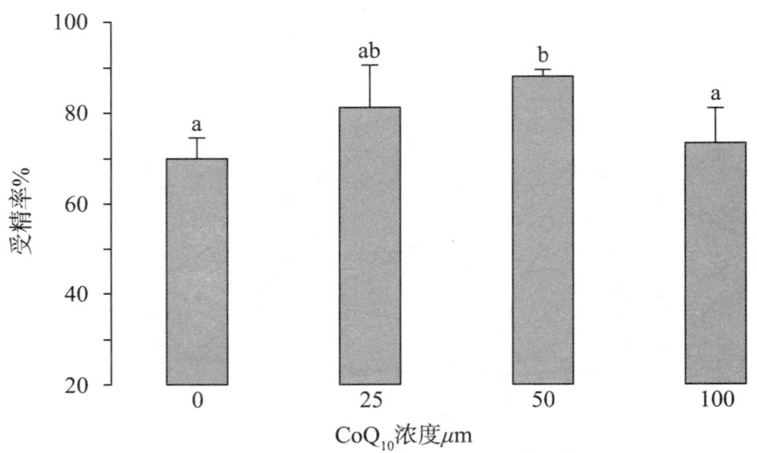


**图 4　$CoQ_{10}$ 对鞍带石斑鱼解冻后精子受精率的影响**

1.2.2　鞍带石斑鱼精子离体保存的多组学分析

性成熟不同步性是石斑鱼繁育的一个主要制约因素，精子冷冻保存是解决该问题的有效方法（图 5）。但随着体外保存时间的延长，精子逐渐失去活性。本研究探讨了低温保存对鞍带石斑鱼精子转录组、蛋白质组和抗氧化能力的影响。随着保存时间的延长，精子细胞质和线粒体中的RNA数量逐渐减少。绝对蛋白质量也显著降低，减少的蛋白质主要富集于氧化磷酸化途径；与平均总蛋白相比，参与氧化磷酸化的蛋白降解速度更快。体外储存过程中，精子抗氧化能力和三磷酸腺苷（ATP）含量显著降低。这些结果表明，转录组、蛋白质组和抗氧化能力的损伤会对精子的正常功能，特别是对能量代谢产生负面影响。

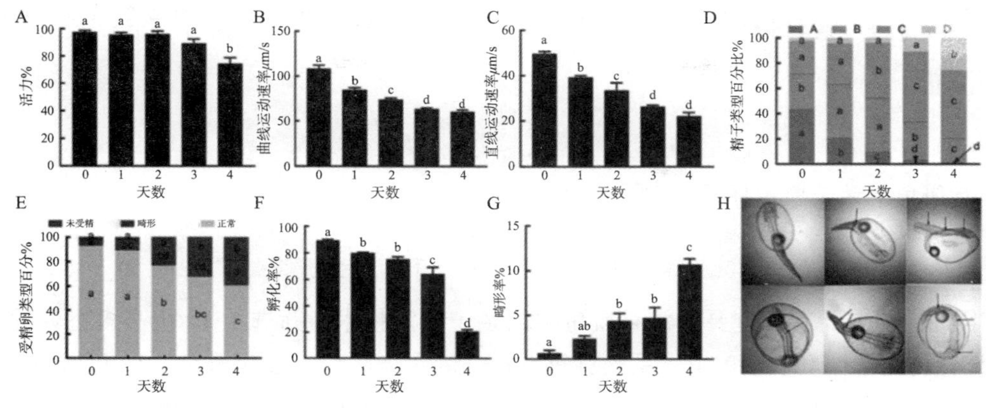


图 5 精子蛋白质的组成及变化

# 2 基于高通量测序技术开展基因组结构和功能多样性等研究

驼背鲈（老鼠斑）基因组图谱绘制与进化分析：该研究，采用Illumina二代测序、PacBio三代测序以及Hi-C技术，组装了高质量的驼背鲈基因组序列（图 6）。并对已知的石斑鱼物种进行了进化分析，发现驼背鲈分化自石斑鱼属，且驼背鲈基因组相比于其他石斑鱼属基因组在六号染色体有一段缺失。

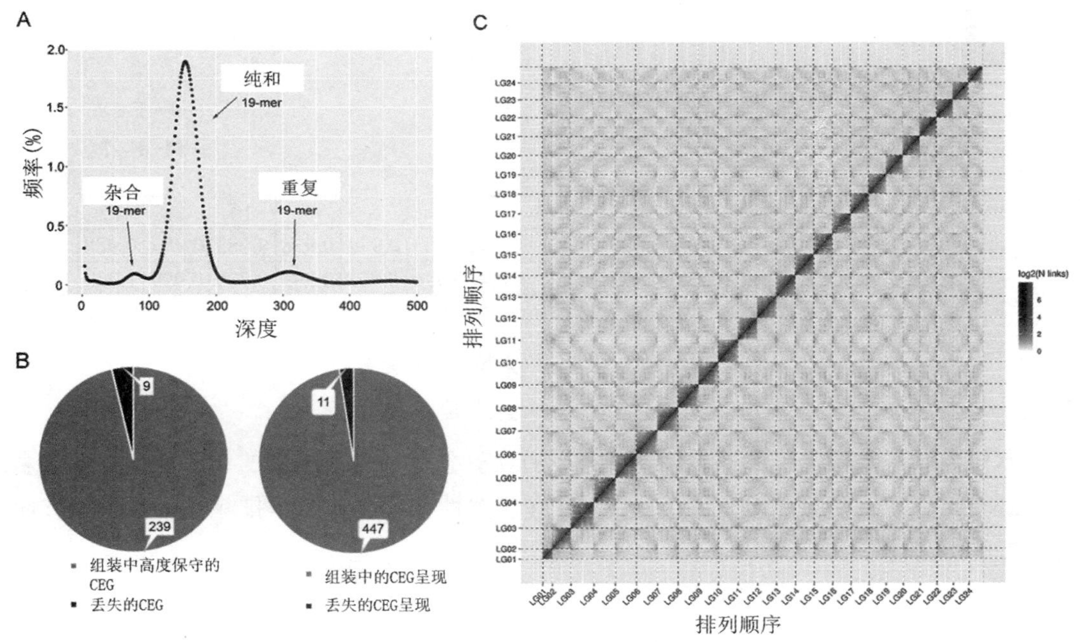


图 6 驼背鲈基因组测序

# 3　利用全基因组关联分析和连锁分析解析重要经济性状形成机制

## 3.1　石斑鱼类亲子鉴定标记开发及应用

### 3.1.1　斜带石斑鱼亲子鉴定多重微卫星（SSR）分子标记的开发

本团队首次开发了重要经济石斑鱼类的亲子鉴定技术。筛选了 12 个高多态性的微卫星标记，构建了两套多重PCR体系，对斜带石斑鱼混交家系（15 尾雄鱼，12 尾雌鱼和 226 尾子鱼）进行亲子鉴定，鉴定率为 100%。在原家系基础上增加 79 尾野生个体后，鉴定率为 98.7%（图 7）。

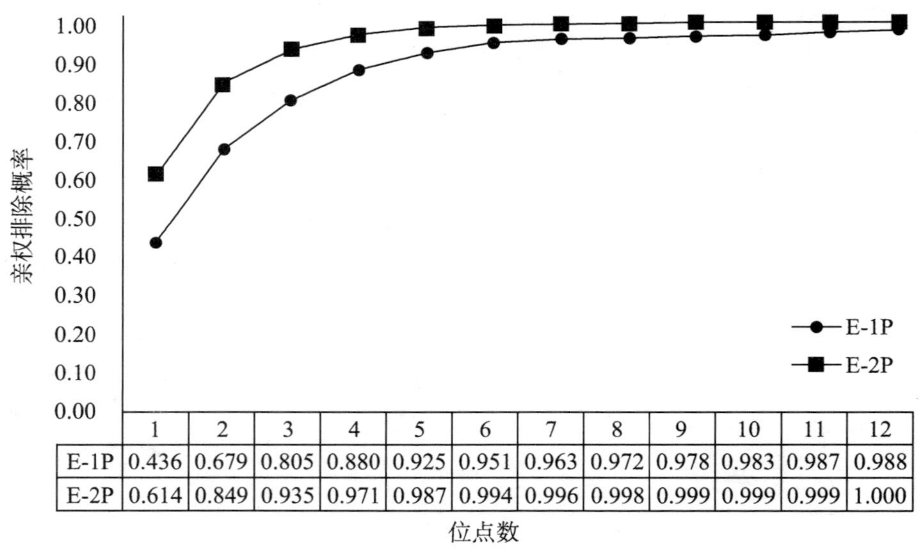


| | 1 | 2 | 3 | 4 | 5 | 6 | 7 | 8 | 9 | 10 | 11 | 12 |
|---|---|---|---|---|---|---|---|---|---|---|---|---|
| E-1P | 0.436 | 0.679 | 0.805 | 0.880 | 0.925 | 0.951 | 0.963 | 0.972 | 0.978 | 0.983 | 0.987 | 0.988 |
| E-2P | 0.614 | 0.849 | 0.935 | 0.971 | 0.987 | 0.994 | 0.996 | 0.998 | 0.999 | 0.999 | 0.999 | 1.000 |

**图 7　微卫星标记的累积亲权排除概率**

### 3.1.2　鞍带石斑鱼亲子鉴定SSR和SNP分子标记的开发

本研究利用基因分型测序技术（GBS）首次开发的鞍带石斑鱼的 208 个单核苷酸多态性（SNPs）。研究发现，与SSR相比，SNP在相关性估计、非亲本排除和个体识别方面具有更好的潜力（图 8）。

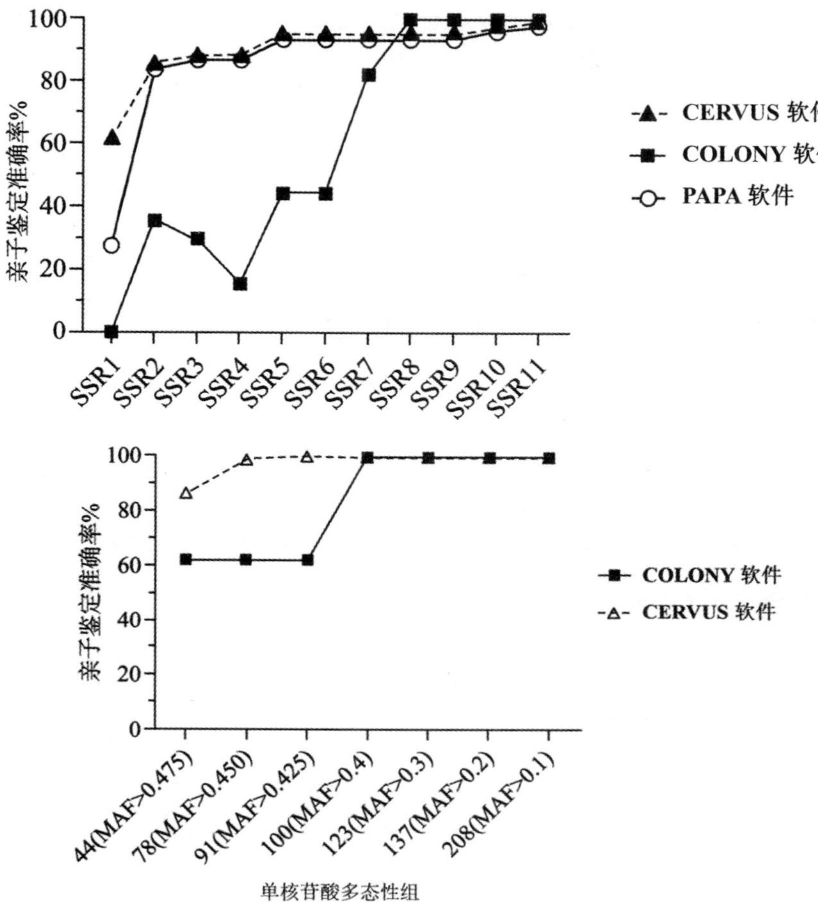


图 8 SSR和SNP标记的亲子鉴定准确率

## 3.2 棕点石斑鱼基因组绘制与进化分析

该研究，采用Illumina二代测序、PacBio三代测序以及Hi-C技术，组装了高质量的棕点石斑鱼基因组序列（图 9）。

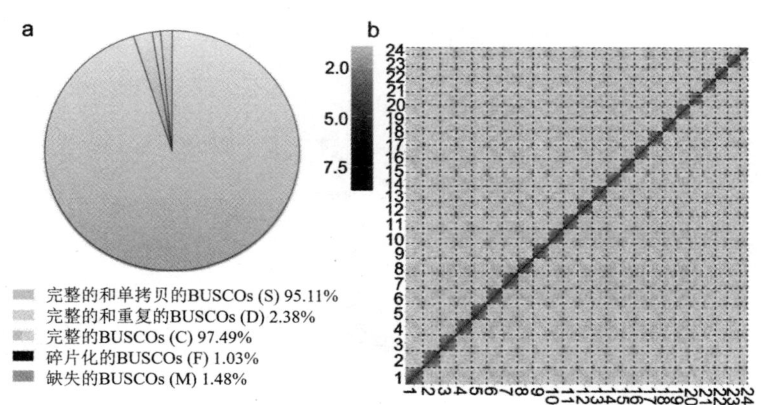


图 9 棕点石斑鱼基因组组装和质量检测

另外，利用SNP标记，构建了首个棕点石斑鱼遗传连锁图谱，总长度为 3 061.88 cM。联合遗传连锁分析、全基因组关联分析和群体遗传分析等方法，在 20 号染色体 32,332,447 bp 上，挖掘到一个与生长显著相关的标记（LOD值达 5.92），位于该位点附近的基因*meox1*和*etv4*可能是潜在的生长相关基因（图 10），为石斑鱼生长性状的遗传解析及其在品质改良中的利用打下基础。

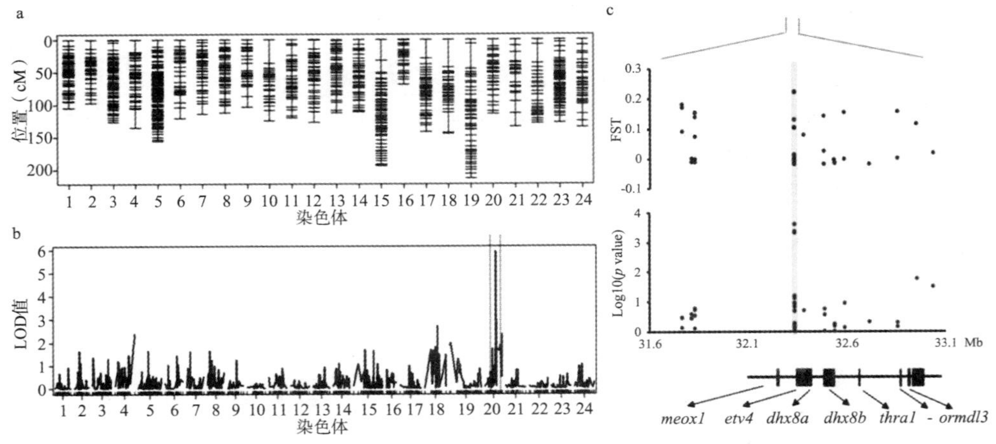


图 10　棕点石斑鱼遗传连锁图谱以及生长相关标记的定位

## 3.3　转录组测序揭示不同生长速度棕点石斑鱼肌肉组织的基因表达差异

对快速生长及生长缓慢的棕点石斑鱼进行肌肉组织内差异表达基因的鉴定与分析。共鉴定出 77 个显著上调基因和 92 个显著下调基因。在差异基因的鉴定过程中，发现了许多与生长相关的功能基因，如MYH1，MYH4，TNNI2，GTR12，FMO5，TTC9A，LAT2，JUN，B3GT2 等（图 11）。

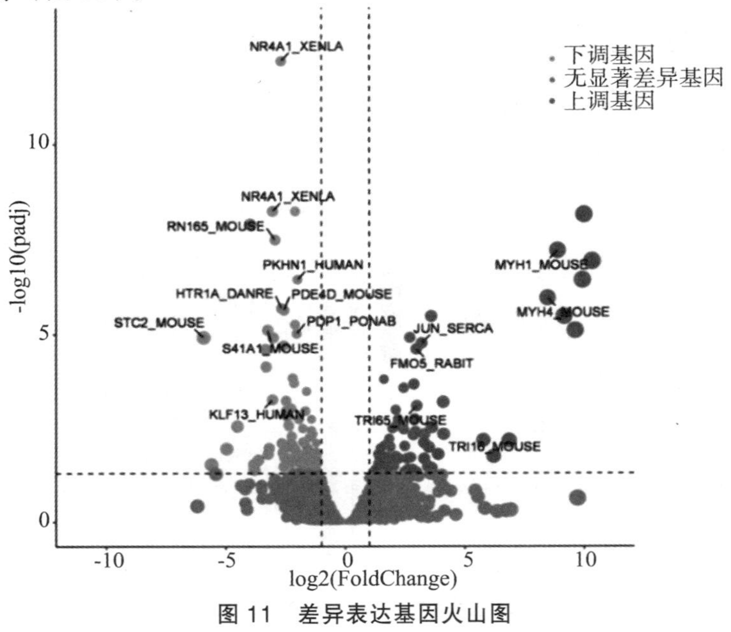


图 11　差异表达基因火山图

# 4　斜带石斑鱼精原干细胞系GPT的建立和鉴定

本岗位团队成功构建一株斜带石斑鱼精原干细胞系，将其命名为GPT。在先前的研究中，本岗位团队通过原位杂交技术鉴定了特异表达于斜带石斑鱼精巢生殖细胞的标记基因，分别是*vasa*、*plzf*、*ly75*、*thy1*、*zbtb*40 和*star*，此外，通过荧光免疫组化技术确定了抗体Piwi、Dazl、Nanog、Ssea1 能特异性标记斜带石斑鱼精巢生殖细胞。在此基础上，本岗位团队分别从mRNA和蛋白水平上鉴定这株精原干细胞系。

从GPT细胞系生殖细胞和体细胞标记基因的表达情况可以看出（图 12），GPT细胞系明显地表达*ly*75、*thy*1、*zbtb*40、*star*和*plzf*等生殖细胞特异标记基因，但*vasa*的表达依然较弱。此外，GPT细胞不表达体细胞特异标记基因*amh*、*cyp*11*b*2 和*sdf*1。通过免疫荧光染色技术观察这些蛋白在GPT细胞中的表达情况（图 13），发现Piwi信号出现在细胞质中，Dazl信号在细胞核及核周区，Ssea1 信号存在于整个细胞中，Nanog和PCNA信号都局限于细胞核，实验结果与预期一致。

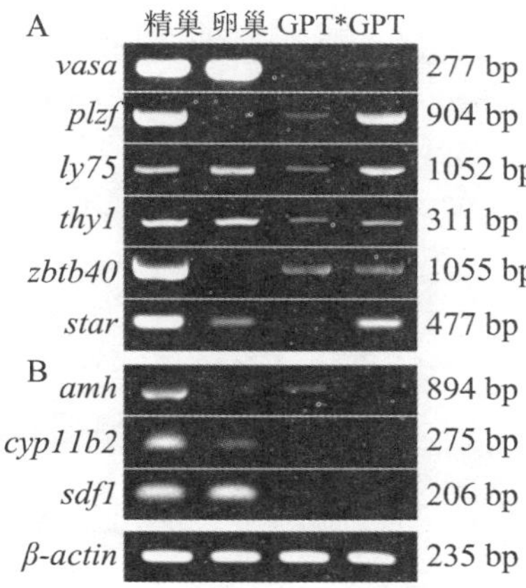


**图 12　精巢、卵巢、未纯化的精巢细胞GPT*和GPT细胞系标记基因的表达**

A．GPT细胞系表达生殖细胞特异标记基因；B．GPT细胞系不表达体细胞特异标记基因。β -actin为对照基因。Testis：精巢；Ovary：卵巢；GPT*：未纯化的精巢细胞；GPT：斜带石斑鱼精原干细胞系。

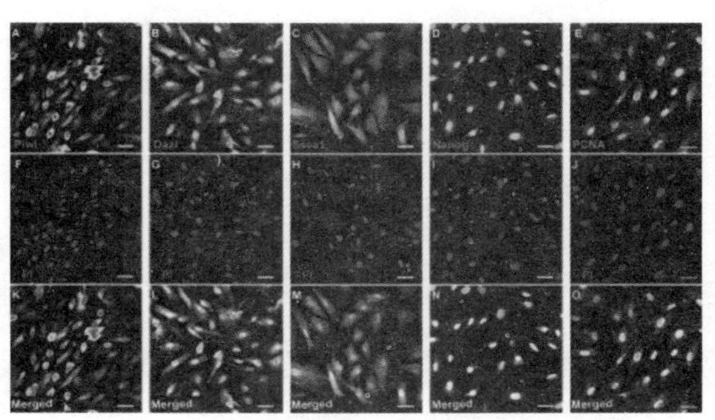


**图 13　抗体在GPT细胞中的免疫荧光染色**

A~E．Piwi、Dazl、Ssea1、Nanog、PCNA在GPT细胞中的荧光免疫染色；F~J．碘化丙啶（PI）复染GPT细胞核；K~O．合并图像。标尺=20 μm

# 5　驼背鲈♀×鞍带石斑鱼♂杂交品系（俗称花龙斑）培育及性状分析

## 5.1　驼背鲈♀×鞍带石斑鱼♂杂交子代的胚胎发育

对杂交的受精卵进行观察记录，并与母本驼背鲈的胚胎发育情况进行比较。根据实验观察的结果（图 14），可以将驼背鲈♀×鞍带石斑鱼♂杂种胚胎发育划分为卵裂期、囊胚期、原肠胚期、神经胚期、器官形成期和孵化期。本次实验观察共描述了驼背鲈♀×鞍带石斑鱼♂杂种胚胎发育全过程的 28 个具体发育时期的形态特征和发育时间。实验中杂种胚胎发育全过程的观察结果与驼背鲈胚胎发育的结果基本一致，杂种胚胎发育时间比驼背鲈稍快，但差异不明显。

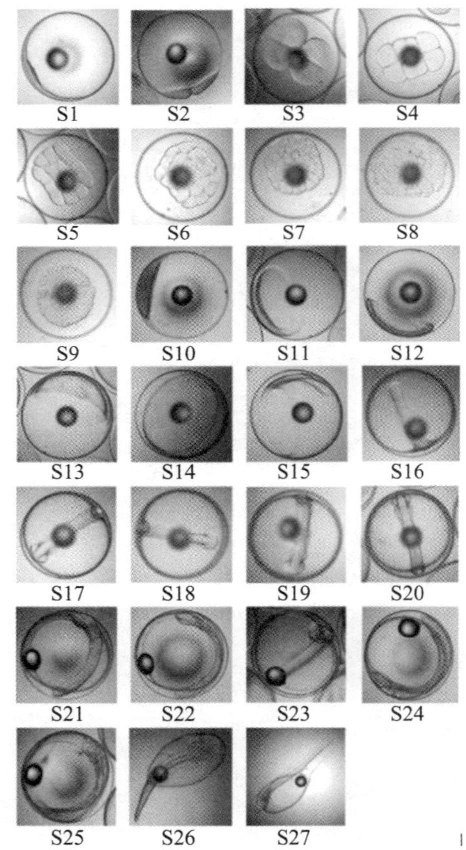


**图 14　驼背鲈♀×鞍带石斑鱼♂杂交品系胚胎发育图**

S1：胚盘形成；S2：2 细胞期；S3：4 细胞期；S4：8 细胞期；S5：16 细胞期；S6：32 细胞期；S7：64 细胞期；S8：多细胞期；S9：桑葚期；S10：高囊胚期；S11：低囊胚期；S12：原肠早期；S13：原肠中期；S14：原肠后期；S15：胚体形成期；S16：胚孔封闭期；S17：视囊形成期；S18：肌节出现期；S19：听囊形成期；S20：脑泡形成期；S21：心脏形成期；S22：尾芽期；S23：晶体形成期；S24：心脏跳动期；S25：将孵期；S26：孵化期；S27：初孵仔鱼

### 5.2　驼背鲈♀×鞍带石斑鱼♂杂交子代及其亲本形态差异比较分析

外部形态差异分析是比较亲本和子代差别最直观的指标，其受到遗传和环境的影响，比较结果对后续鱼类育种起到关键作用。研究种群形态差异对于种群结构组成、环境效应影响方面具有实际意义，对渔业资源管理也能起到指导效应。该部分对杂交子代及其亲本的可数性状及可量性状进行统计分析，同时构建杂交子代及其亲本外型框架进行比较，并构建相应判别表达式对三者进行区分。

### 5.3　驼背鲈♀×鞍带石斑鱼♂杂交子代及其亲本生理特性比较分析

首先对驼背鲈♀×鞍带石斑鱼♂杂交子代及其亲本肌肉营养成分进行比较分析，测定了亲本及子代肌肉的一般营养成分、氨基酸组成及含量，并对亲本及子代的营养价值进行了评估。

其次，对亲本和子代的染色体核型进行了分析，经染色体核型分析，杂交子代体细胞染色体数为（2*n*）：48。臂数（NF）：50。核型公式：2n=2sm+1st+45t。经与驼背鲈、鞍带石斑鱼染色体核型对比分析发现，杂交子代继承了父本和母本各一套染色体组（图15）。

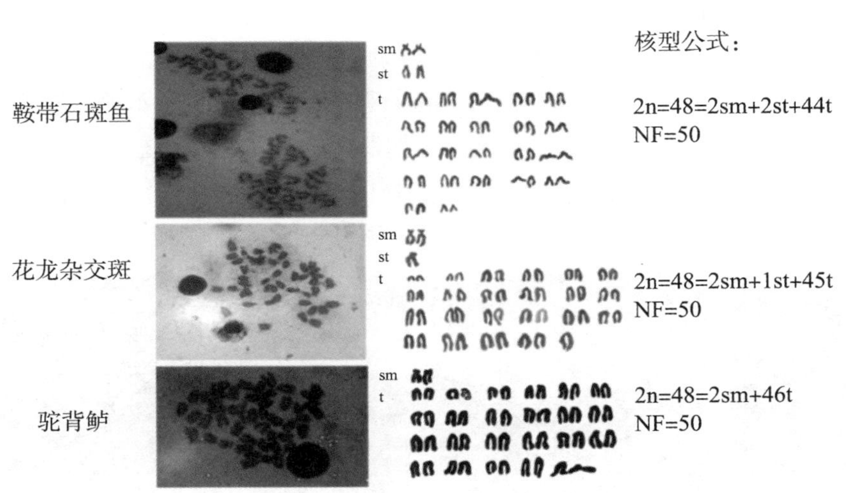


**图 15　杂交子代及其亲本染色体中期分裂相（左）和核型（右）**

（岗位科学家　刘晓春）

# 海鲈种质资源与品种改良技术研发进展

海鲈种质资源与品种改良岗位

## 1 海鲈优质苗种生产与示范

2021 年度本岗位在北方海鲈育种基地山东省东营市利津县双瀛水产苗种有限责任公司繁殖车间保有性成熟优质黄渤海海鲈亲鱼共 165 尾（体重 2.47~7.43 千克，平均 3.83 千克），后备亲鱼 340 尾（平均体重 1.0 千克以上），在唐山海都渔业集团滦南县养殖基地保有后备亲鱼超过 1500 尾（平均体重 2.76 千克）。10-11 月份，通过人工繁殖手段（图 1），共获得“利津鲈鱼”海鲈受精卵约 555 万粒，东营基地保留苗种受精卵约 230 万粒，其余分别发往烟台、珠海等地进行苗种培育，其中为烟台经海海洋渔业有限公司提供海鲈受精卵 1.3 kg用以探索海鲈“工厂化苗种培育+近海网箱中间养殖+深远海养成”养殖模式，为珠海提供初孵仔鱼约 20 万尾用以海鲈苗种早期淡化培育试验。在东营利津基地共获得初孵仔鱼 180 万尾，孵化率为 78.3%。在水温 18~19 ℃进行苗种培育，经过 42 天，培育出海鲈鱼苗约 60 万尾，鱼苗全长 9.6~15.7 毫米，平均全长 11.4 毫米。

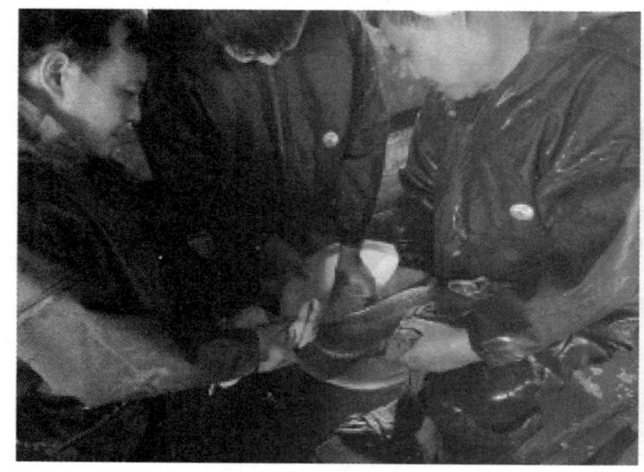

图 1　2020-2021 年度海鲈人工繁殖与苗种生产

# 2　海鲈种质资源扩充与解析

## 2.1　海鲈种质资源库样本补充

冷冻精子库：本年度补充采集黄渤海海鲈的冷冻精液30份。

DNA种质库：本年度补充采集黄渤海、北部湾群体的海鲈DNA样本534份，获得基因组重测序数据量3 269 G。

活体库：在东营市利津县双瀛水产苗种有限责任公司储备耐盐碱、速生选育的核心育种亲鱼活体505尾，在唐山海都渔业集团滦南县养殖基地储备后备亲鱼1 532尾，在海南省热带海水水产良种繁育中心储备耐高温选留的后备亲鱼78尾。

表型库：补充记录不同来源的海鲈个体的生长性能、形态特征、抗逆性能（主要为耐盐碱性能）数据量超2 000条。

## 2.2　珠海斗门区养殖海鲈种质溯源

通过dd-RAD简化基因组测序技术，以海鲈野生群体的遗传结构特征为研究背景，对珠海斗门地区海鲈养殖群体进行遗传鉴定分析。主成分分析（PCA）分析结果显示，斗门地区养殖海鲈群体与北方黄渤海（天津、烟台和文登）的野生群体间遗传差异最小（图2），表明斗门地区养殖海鲈苗种为黄渤海种质来源，这个结果与我们现场调研结果一致。

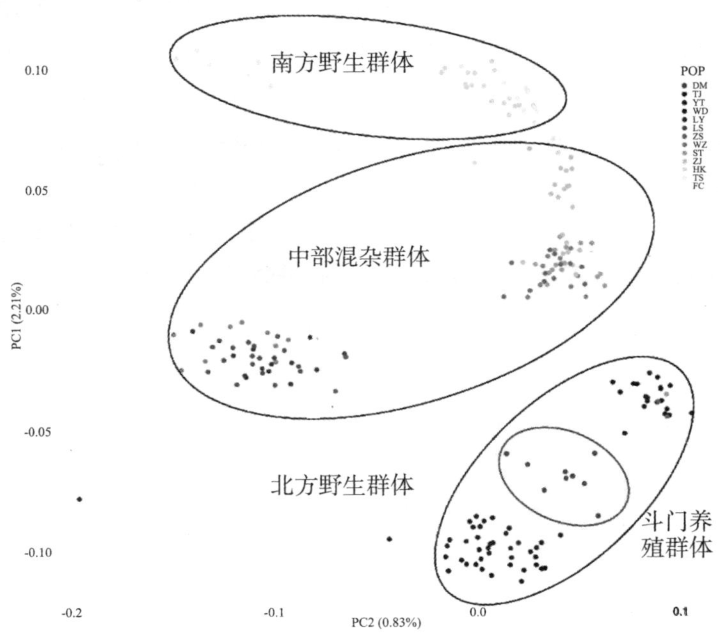


图2　珠海斗门地区养殖海鲈种质遗传鉴定的主成分分析结果

# 3 海鲈经济性状遗传改良研究进展

## 3.1 海鲈生长性状的遗传选育技术研究进展

### 3.1.1 海鲈速生选育系的生长性能测试

本年度对2020年度培育的黄渤海海鲈快速生长继代选育群体进行生长性能指标的跟踪记录。在不同阶段（280、320、360、400日龄4个取样点）的生长性能测试结果表明，选育群体比未选育系体质量分别提升了5.58%、7.42%、10.81%、10.92%；体质量分别提升了1.12%、1.28%、3.32%、4.28%。此外，本岗位向烟台经海海洋渔业有限公司提供快速生长继代选育系的海鲈受精卵2.2 kg，并对当地鱼苗培育情况进行了跟踪。结果表明选育群体的受精卵孵化率比未选育群体提高了5.7%，苗种成活率提高了4.4%。以上指标均表明海鲈速生选育系表现出良好的选育效果。

### 3.1.2 海鲈生长性状的全基因组选择育种研究进展

对301尾6月龄的海鲈进行生长性状的测量，测量指标包括全长、体长、体重、体高，对表型数据进行统计分析和正态检验，各性状指标之间的相关性均超过0.8。基于Illumina Hiseq Xten测序平台对样本进行基因组重测序并进行高通量SNP的基因分型，利用plink，beagle，GCTA等软件处理基因型数据，使用gemma软件中的混合线性模型（LMM）进行海鲈生长性状的全基因组关联分析（GWAS），基于GWAS分析的结果，筛选出20个−log10（*P*）>6.67的生长性状显著相关位点，其中相关性极显著的位点（−log10（*P*）>7.97）定位到了MACF1基因的内含子区，表明该基因与生长有着显著的相关性（图3）。其中，针对全长、体长、体重、体高性状，一共鉴别得到23个候选功能基因（表1）。此外，以上述海鲈样本为参考群体，根据GWAS分析的结果，选取不同数量SNP位点（20，200，2000，20000，200000）和不同的选择育种模型（GBLUP、RRBLUP、Bayes−B和Bayesian−LASSO），初步探索了适用于海鲈生长性状的GS育种模型。

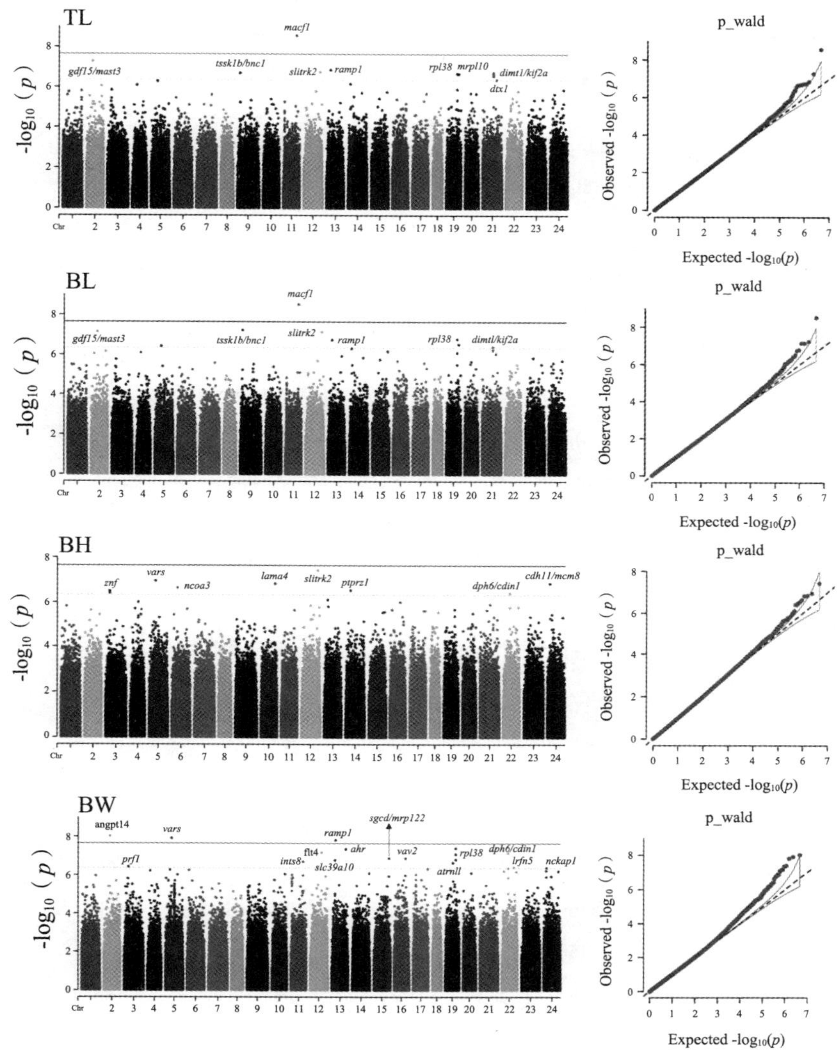


**图 3　海鲈全长（TL）、体长（BL）、体高（BH）、体质量（BW）的全基因组关联分析结果**

曼哈顿图（左）和QQ图（右）。

**表 1　海鲈生长性状的显著关联性SNP位点和基因信息**

| 性状 | 染色体 | SNP位置 | 等位基因 | 位置 | *P*值 | 候选基因 |
|---|---|---|---|---|---|---|
| 全长 | 2 | 8973102 | G/T | 基因间 | 5.30E−08 | *gdf15/mast3* |
| | 9 | 3433100 | T/A | 基因间 | 2.03E−07 | *tssk1b/bnc1* |
| | 11 | 18805630 | C/T | 基因内 | 2.76E−09 | *macf1* |
| | 12 | 23267873 | A/G | 基因间 | 1.80E−07 | *slitrk2* |
| | 13 | 5640281 | C/T | 基因内 | 1.41E−07 | *ramp1* |
| | 19 | 15466147 | T/A | 基因内 | 2.13E−07 | *rpl38* |
| | 21 | 15415990 | G/A | 基因间 | 1.87E−07 | *dimt1/kif2a* |

续表

| 性状 | 染色体 | SNP位置 | 等位基因 | 位置 | *P*值 | 候选基因 |
|---|---|---|---|---|---|---|
| 体长 | 2 | 8973102 | G/T | 基因间 | 5.30E−08 | *gdf15/mast3* |
| | 9 | 3433100 | T/A | 基因间 | 2.03E−07 | *tssk1b/bnc1* |
| | 11 | 18805630 | C/T | 基因内 | 2.76E−09 | *macf1* |
| | 12 | 23267873 | A/G | 基因间 | 1.80E−07 | *slitrk2* |
| | 13 | 5640281 | C/T | 基因内 | 1.41E−07 | *ramp1* |
| | 19 | 15466147 | T/A | 基因内 | 2.13E−07 | *rpl38* |
| 体高 | 5 | 9225217 | A/G | 基因间 | 1.10E−07 | *vars* |
| | 10 | 19492301 | G/T | 基因内 | 1.46E−07 | *lama4* |
| | 12 | 23267873 | A/G | 基因间 | 3.77E−08 | *slitrk2* |
| | 24 | 3467373 | T/C | 基因间 | 1.40E−07 | *cdh11* |
| 体质量 | 2 | 8902605 | T/C | 基因间 | 9.55E−09 | *angptl4* |
| | 5 | 9225217 | A/G | 基因间 | 1.23E−08 | *vars* |
| | 11 | 18404621 | T/C | 基因内 | 2.00E−07 | *ints8* |
| | 12 | 17266377 | G/A | 基因内 | 6.74E−08 | *flt4* |
| | 13 | 4929312 | T/A | 基因间 | 1.70E−07 | *slc39a10* |
| | 13 | 5640281 | C/T | 基因内 | 1.55E−08 | *ramp1* |
| | 13 | 21236985 | A/G | 基因间 | 4.56E−08 | *ahr* |
| | 15 | 22695502 | C/G | 基因间 | 1.36E−07 | *sgcd/mrpl22* |
| | 16 | 16852732 | G/C | 基因内 | 1.36E−07 | *vav2* |
| | 19 | 15466132 | A/G | 基因内 | 4.11E−08 | |
| | 19 | 15466142 | T/A | 基因内 | 1.58E−07 | *rpl38* |
| | 19 | 15466147 | T/A | 基因内 | 8.39E−08 | |
| | 22 | 9077745 | G/A | 基因间 | 7.33E−08 | *dph6/cdin1* |

#### 3.1.3 海鲈生长性状的分子调控机制解析

基于家系样本的QTL连锁定位结果显示，成纤维细胞生长因子受体 4（FGFR4）及配体基因为调控海鲈生长的重要候选基因。本年度鉴定出与FGFR4 结合并作用于海鲈骨骼肌细胞的关键成纤维细胞生长因子（FGFs）配体基因（*fgf6a*、*fgf6b*、*fgf18*），并获得了FGF6a、FGF6b、FGF18 的重组蛋白。以不同浓度的FGFs重组蛋白刺激体外培养的海鲈骨骼肌原代细胞，通过实时荧光定量PCR技术鉴定了成肌细胞分化的标志基因肌细胞生成素基因（*myog*）的mRNA相对表达量，结果显示，相较于对照组，FGFs蛋白处理 48 h后，*myog*的mRNA表达水平显著下降（图 4），表明FGF6a、FGF6b、FGF18 抑制成肌细胞分化。本研究证实FGFs-FGFR4 通路通过调节海鲈骨骼肌细胞的分化进而影响生长性能。

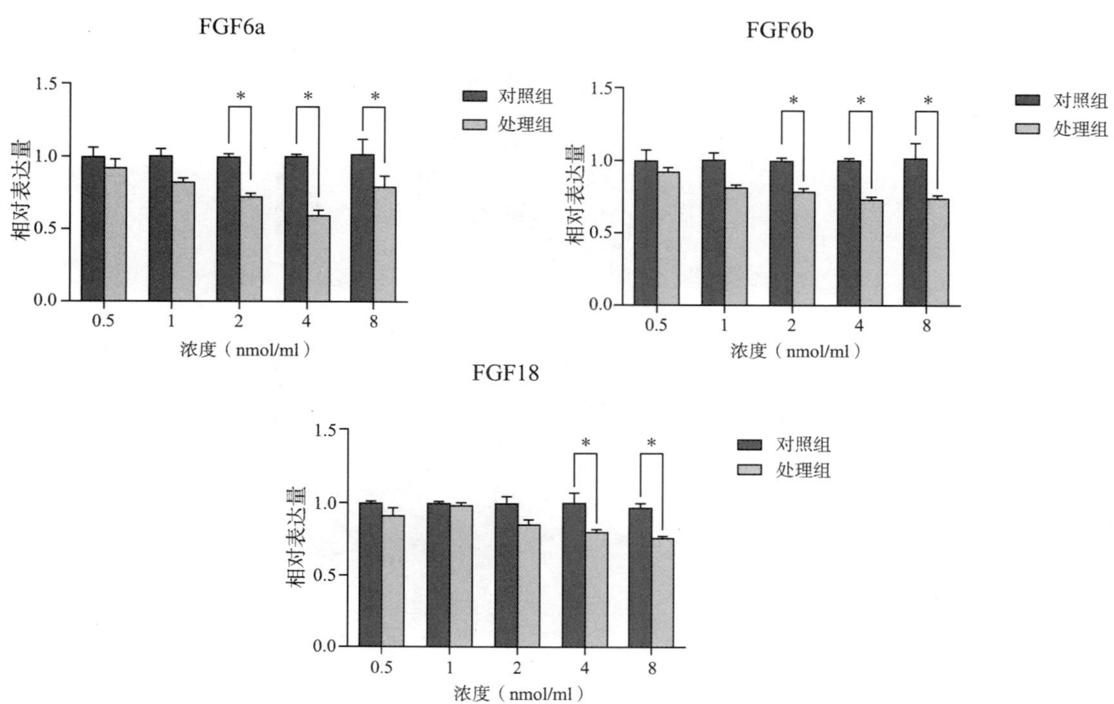


**图 4　成纤维细胞生长因子配体基因（FGF6a、FGF6b、FGF18）重组蛋白刺激诱导分化 48 h的海鲈成肌细胞后肌细胞生成素（*myog*）基因的相对表达量**

C：对照组，空载体蛋白处理；T：处理组，FGFs蛋白处理

### 3.1.4　温度调控海鲈生长的分子机制解析

通过离体细胞培养实验结合转录组测序技术，探究了温度对海鲈骨骼肌细胞生长的分子调控机制。将处于增殖以及诱导分化阶段的海鲈成肌细胞置于21℃，25℃以及28℃下进行培养，并进行比较转录组分析。研究结果表明，温度升高能够显著提升海鲈成肌细胞增殖及分化速度；高温通过激活HSF1相关通路、促进DNA复制、诱导肌原纤维融合相关基因的高表达等来加快成肌细胞增殖、分化及融合进程，从而促进骨骼肌细胞的生长，从中还鉴定出一系列参与肌细胞发育的关键调控基因（图 5）。研究结果为揭示温度调控鱼类生长的分子机制提供了科学依据。

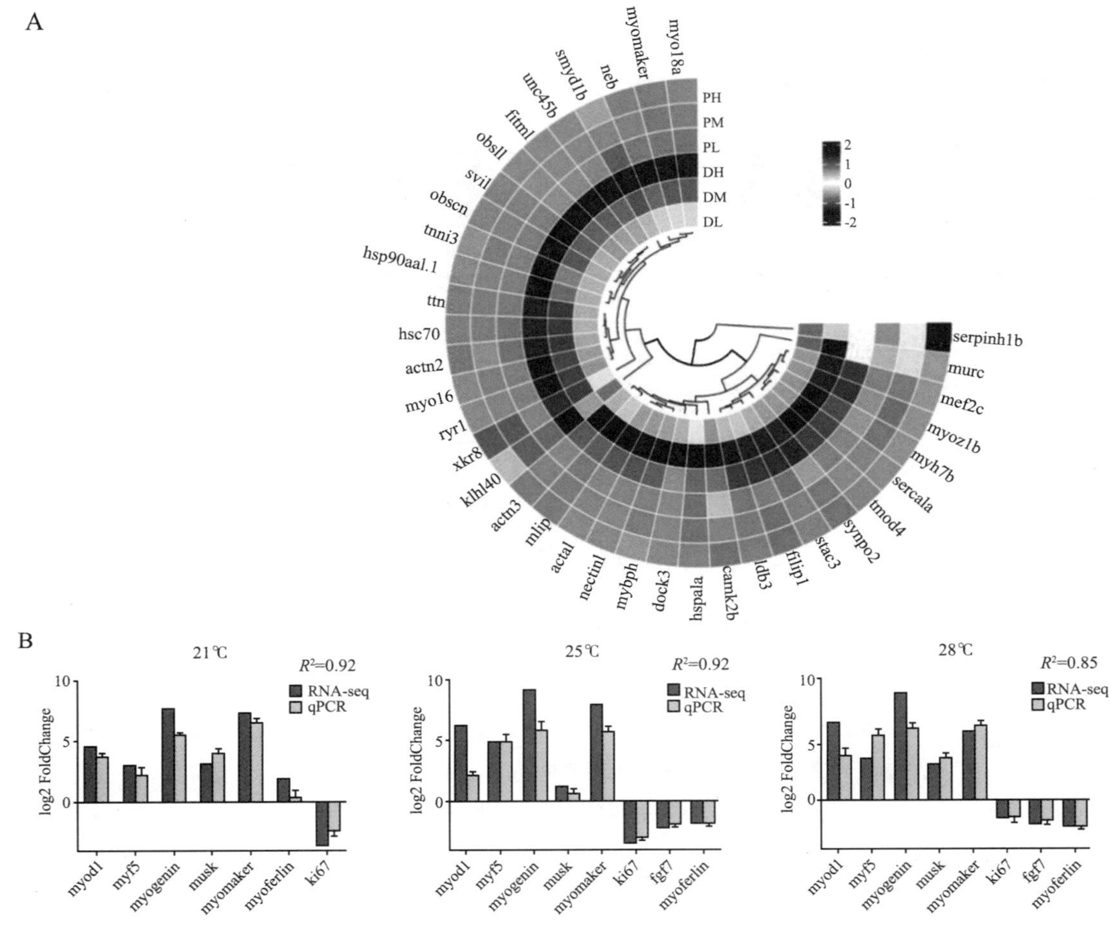


**图 5　响应温度调控海鲈骨骼肌细胞发育的关键基因的表达水平**

（A）环状热图显示受温度调控且参与海鲈肌生成关键基因的表达水平;（B）通过qRT-PCR技术验证RNA-Seq数据的可靠性。

## 3.2　海鲈耐盐碱性状的遗传选育技术研究进展

### 3.2.1　海鲈耐盐碱性状的全基因组关联分析

对 6 月龄海鲈进行高碱度胁迫实验（浓度 26.16 mmol/L），将其在高碱环境的存活时间作为碱度耐受性能的表型数据，记录 287 尾海鲈的耐受性能，收集鳍条样本，并在Illumina Hiseq Xten平台进行重测序。利用GEMMA软件，从基于LMM模型的GWAS结果中（图 6），筛选出 18 个$-\log10$（$P$）> 5.46 的耐碱性状显著关联的SNP位点，共鉴定出 24 个与海鲈盐碱耐受性状相关的候选功能基因（表 2）。

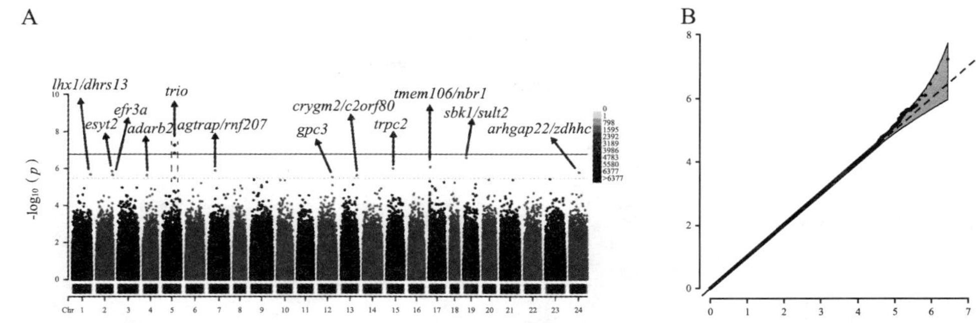


**图 6　海鲈耐盐碱性状全基因组关联分析（GWAS）的曼哈顿图（A）和QQ图（B）**

**表 2　海鲈耐盐碱性状的显著关联性SNP位点和基因信息**

| 性状 | 染色体 | SNP位置 | 等位基因 | 位置 | *P*值 | 候选基因 |
|---|---|---|---|---|---|---|
| | 5 | 17240108 | A/G | 基因内 | 5.48e−8 | *trio* |
| | 5 | 17240102 | T/G | 基因内 | 1.47e−7 | *trio* |
| | 5 | 17240340 | G/A | 基因内 | 3.19e−6 | *trio* |
| | 19 | 3663661 | G/A | 基因间 | 2.67e−7 | *sbk1/sult2* |
| | 17 | 9090459 | C/A | 基因间 | 8.28e−7 | *tmem106/nbr1* |
| | 15 | 1998029 | A/C | 基因内 | 1.03e−6 | *trpc2* |
| | 7 | 9098736 | T/G | 基因间 | 1.31e−6 | *agtrap/rnf207* |
| 耐高碱 | 2 | 22205739 | C/A | 基因内 | 1.40e−06 | *esyt2* |
| | 24 | 13431371 | T/C | 基因间 | 1.68e−6 | *arhgap22/zdhhc* |
| | 1 | 6262065 | A/C | 基因间 | 2.12e−6 | *lhx1/dhrs13* |
| | 2 | 8629987 | T/C | 基因内 | 2.26e−6 | *efr3a* |
| | 4 | 54422553 | A/T | 基因内 | 2.34e−6 | *adarb2* |
| | 13 | 23436276 | T/C | 基因间 | 2.40e−6 | *crygm2/c2orf80* |
| | 12 | 4775891 | C/G | 基因内 | 2.97e−6 | *gpc3* |

### 3.2.2　海鲈耐盐碱性状的分子机制解析

对海鲈进行急性碱度胁迫实验（浓度 18 mmol/L），分别在 0 h, 12 h, 24 h, 72 h采集鳃组织样品，在Illumina Hiseq Xten平台进行转录组测序并进行表达谱分析。共获得 2 141 个差异表达基因，其中鉴定出大量离子转运相关基因。KEGG、GSEA、差异可变剪切等分析结果显示，细胞外基质及细胞间连接相关通路在碱度胁迫后显著上调，而细胞周期及基因表达调控相关通路的基因表达受到显著抑制（图 7）。

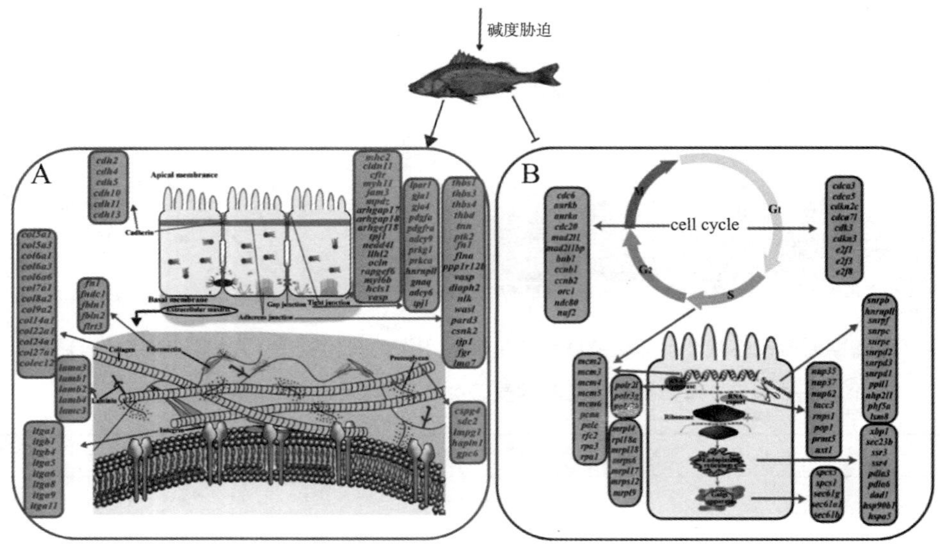


**图 7　海鲈碱度胁迫响应模式图**

（A）碱度胁迫响应的上调富集通路，主要包括：ECM-受体交互作用、细胞黏附分子和紧密连接等。（B）碱度胁迫响应的下调富集通路，主要包括：细胞周期、核糖体、剪切体和蛋白转运等。

（岗位科学家　温海深）

# 卵形鲳鲹种质资源与品种改良技术研发进展

卵形鲳鲹种质资源与品种改良岗位

## 1　卵形鲳鲹快速生长新品系苗种培育与深水网箱养殖示范

按照卵形鲳鲹快速生长新品种培育计划，开展了卵形鲳鲹快速生长新品系“鲳丰 1 号”亲鱼催产，获得优质受精卵 17.6 kg并进行了推广示范；同时开展了“鲳丰 1 号”新品系优质苗种培育，经 40 d培育，获得苗种 105 万余尾，苗种成活率为 51.22%，苗种规格为 3.6~5.4 cm；开展了近海渔排和深水网箱养殖试验对比，经过 6 个月养殖，“鲳丰 1 号”新品系苗种体长和体质量较对照组性状平均提高比例分别为 10.93%和 22.27%，显示出良好选育效果（图 1）。

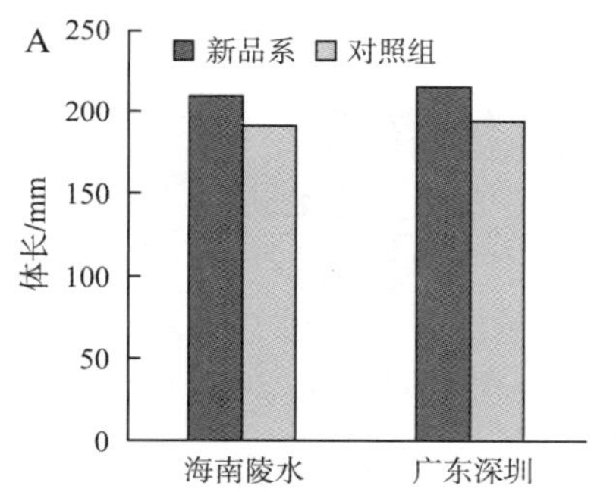


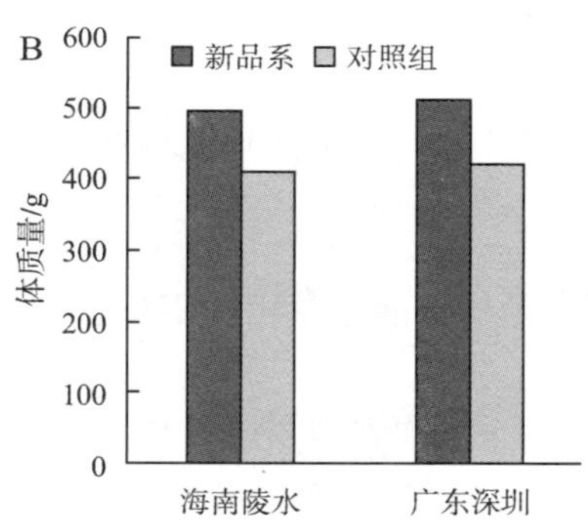


**图 1　卵形鲳鲹快速生长新品系和对照组苗种体长（A）和体质量（B）比较**

## 2　卵形鲳鲹生长性状遗传解析

### 2.1　卵形鲳鲹体质量显著关联SNP位点验证

前期基于全基因组重测序技术与全基因组关联分析方法筛选获得 2 个与卵形鲳鲹体质量显著关联的SNP位点（SNP8803256 和SNP11496401），采用五引物扩增受阻突变体系（PARMS）技术对 380 尾个体进行上述 2 个SNP位点基因分型，结果显示，SNP8803256 位点GA基因型个体体质量极显著大于AA基因型个体（$P$<0.01）（图 2–A），SNP11496401 位点CC基因型个体体质量极显著大于CA和AA基因型个体（$P$<0.01）（图 2–B），表明

SNP8803256 与SNP11496401 位点与卵形鲳鲹体质量极显著关联，可用于卵形鲳鲹体质量遗传改良工作。

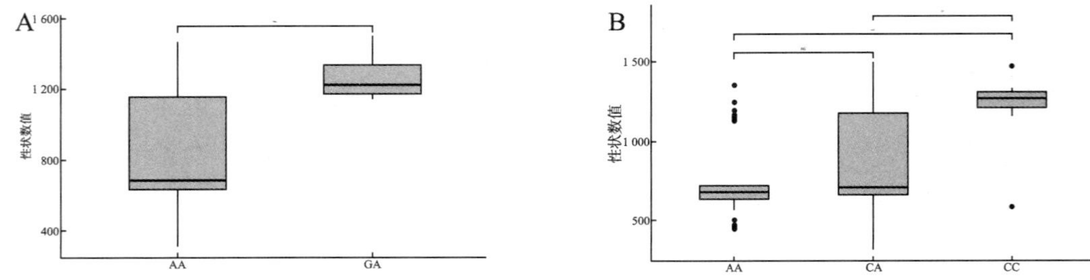


**图 2　SNP8803256（A）和SNP11496401（B）位点不同基因型间体质量箱型图**

### 2.2　卵形鲳鲹形态性状显著关联SNP位点筛选

基于线性混合模型开展了卵形鲳鲹个体形态性状（全长、体长、头长、体高、尾柄长和尾柄高）全基因组关联分析，筛选获得了 3 个与全长显著关联的SNP位点，分别位于 3 号、4 号和 15 号染色体；获得 3 个与体长显著关联的SNP位点，分别位于 4 号、15 号和 19 号染色体；获得 4 个与头长显著关联的SNP位点，分别位于 4 号、15 号、16 号和 22 号染色体；获得 4 个与体高显著关联的SNP位点，分别位于 6 号和 15 号染色体；获得 5 个与尾柄长显著关联的SNP位点，分别位于 4 号和 20 号染色体；获得 4 个与尾柄高显著关联的SNP位点，分别位于 1 号、15 号、16 号和 5 号染色体。

# 3　卵形鲳鲹抗刺激隐核虫病性状遗传解析

### 3.1　抗刺激隐核虫病性状相关SNP位点筛选与应用

#### 3.1.1　RAC3 基因序列内SNP4116 位点分析

以存活时间作为评价指标，挑选卵形鲳鲹感染刺激隐核虫存活时间最短的 50 尾个体和最长的 50 尾个体进行基因组重测序，根据测序数据对RAC3 基因SNP4116（G/T）进行基因分型与统计分析，结果显示SNP4116 位点TG基因型个体比GG基因型个体更加易感（$P$<0.05）（表 1），优选SNP4116 位点GG基因型个体以提高卵形鲳鲹抗刺激隐核虫病能力。

**表 1　卵形鲳鲹RAC3 基因SNP4116 位点不同基因型与抗病关联分析**

| 基因型 | 易感组$N$/% | 抗感组$N$/% | 卡方值$X^2$（$P$） | 等位基因 | 易感组$N$/% | 抗感组$N$/% | 卡方值$X^2$（$P$） |
|---|---|---|---|---|---|---|---|
| GG | 14（28.0） | 23（46.0） | | | | | |
| GT | 34（68.0） | 22（44.0） | 6.046 | G | 62（62.0） | 68（68.0） | 0.791 |
| TT | 2（4.0） | 5（10.0） | （0.049） | T | 38（38.0） | 32（32.0） | （0.374） |

注：$P$<0.05 表示差异显著。

#### 3.1.2 LAAO基因序列内SNP6200和SNP6237位点分析

挑选卵形鲳鲹感染刺激隐核虫存活时间最短的50尾个体和最长的50尾个体进行基因组重测序，根据测序数据对LAAO基因序列内SNP6200和SNP6237位点进行基因分型与统计分析，结果显示SNP6200位点TT基因型个体比CC基因型个体更加抗感（$P<0.05$），SNP6237位点AA基因型个体比GG基因型个体更加抗感（$P<0.05$）（表2），优选SNP6200位点TT基因型个体和SNP6237位点AA基因型个体，可用于卵形鲳鲹抗刺激隐核虫病育种材料早期筛选，能够有效提高育种效率和缩短育种年限。

**表2 卵形鲳鲹LAAO基因SNP6200和SNP6237不同基因型与抗病关联分析**

| 位点 | 基因型 | 易感组 N/% | 抗感组 N/% | 卡方值$X^2$（P） | 等位基因 | 易感组 N/% | 抗感组 N/% | 卡方值$X^2$（P） |
|---|---|---|---|---|---|---|---|---|
| SNP6200 | CC | 14（28.0） | 7（14.0） | | | | | |
| | CT | 25（50.0） | 21（42.0） | 6.384 | C | 53（53.0） | 35（35.0） | 6.575 |
| | TT | 11（22.0） | 22（44.0） | （0.042） | T | 47（47.0） | 65（65.0） | （0.010） |
| SNP6237 | GG | 14（28.0） | 7（14.0） | | | | | |
| | GA | 26（52.0） | 22（44.0） | 6.570 | G | 54（54.0） | 36（36.0） | 6.545 |
| | AA | 10（20.0） | 21（42.0） | （0.037） | A | 46（46.0） | 64（64.0） | （0.011） |

### 3.2 刺激隐核虫感染卵形鲳鲹皮肤全转录组分析

选取感染组和对照组各9尾鱼剪取皮肤组织进行全转录组分析，其中对照组皮肤组织为未感染刺激隐核虫鱼体的皮肤部位（prior to infection，PRE），感染组皮肤组织分为感染刺激隐核虫鱼体的感染区域皮肤部位（attached，ATT）和邻近感染区域皮肤部位（adjacent，ADJ），结果表明，ATT、PRE、ADJ间均存在大量差异性基因，并筛选获得了大量miRNA信息，包括已知的miRNA成熟体249个，前体271个，同时预测到新的miRNA成熟体216个，前体152个，并进行各组间miRNA差异分析（表3）。

**表3 各组间miRNA差异分析**

| 组别 | 差异miRNA总数 | 上调miRNA数目 | 下调miRNA数目 |
|---|---|---|---|
| ADJ vs PRE | 36 | 12 | 24 |
| ATT vs ADJ | 41 | 23 | 18 |
| ATT vs PRE | 109 | 52 | 57 |

## 4 粗饲料对卵形鲳鲹生长及肠道微生物影响

参照卵形鲳鲹饲料配方，将饲料蛋白来源完全替换成发酵豆粕，配制成相应饲料进行养殖试验，经 60 d养殖后，挑选体质量最大和最小各 9 尾鱼分别组建快速生长组（FG）和缓慢生长组（SG），进行不同组别生长数据分析与肠道内容物 16S rDNA扩增子测序。结果表明，全部个体体质量变异系数为 15.26%，快速生长组体质量极显著高于缓慢生长组（$P<0.01$）；快速生长组和缓慢生长组均有变形菌门（*Proteobacteria*）大量分布，但快速生长组中软壁菌门（*Tenericutes*）和厚壁菌门（*Firmicutes*）相对丰度高于缓慢生长组，而螺旋体门（*Spirochaetes*）相对丰度低于缓慢生长组（图 3–A）；快速生长组中支原体属（*Mycoplasma*）和发光杆菌属（*Photobacterium*）相对丰度大于缓慢生长组，而螺旋体属（*Brevinema*）和栖水菌属（*Enhydrobacter*）相对丰度小于缓慢生长组（图 3–B）。由此可见，摄食豆粕型饲料后卵形鲳鲹体质量变异程度较大，具有一定改良潜力，且受宿主遗传与肠道微生物调控影响，可利用宿主遗传与肠道微生物效应进行协调选育。

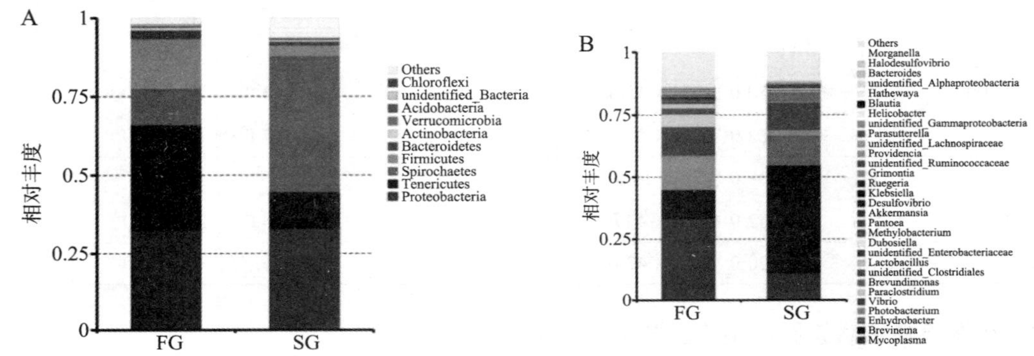


**图 3　快速生长组和缓慢生长组门（A）和属（B）水平肠道菌群相对丰度**

# 5　卵形鲳鲹耐低氧性状遗传解析

## 5.1　耐低氧性状显著关联SNP位点应用

利用PARMS技术对 500 尾低氧胁迫实验个体开展与卵形鲳鲹显著关联的 4 个SNP位点进行基因分型，结果表明，SNP24194184 与SNP24101852 位点不同基因型存在极显著差异（ $P<0.01$ ），SNP24194184 位点GG和GC基因型个体存活时间极显著长于CC基因型个体（$P<0.01$），且GG基因型个体存活时间最长；SNP24101852 位点CC基因型个体存活时间极显著长于CT基因型个体（$P<0.01$），SNP9934726 位点CC与CT基因型个体间存在显著差异（$P<0.05$），但SNP28384758 位点GG与GT基因型个体间存活时间无显著差异（$P>0.05$）（图 4），由此可见，SNP24194184 与SNP24101852 位点与卵形鲳鲹耐低氧性状极显著相关，筛选SNP24194184 位点GG和GC基因型、SNP24101852 位点CC基因型个体可获得耐低氧能力较强个体，可用于卵形鲳鲹耐低氧性状遗传改良工作。

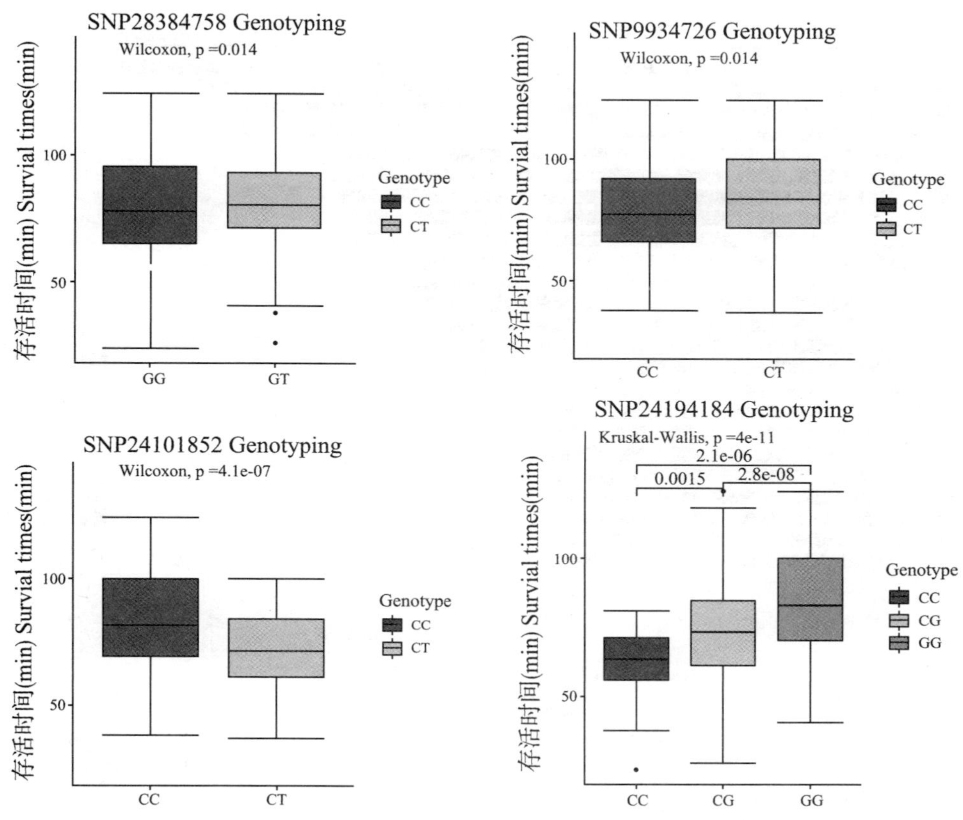


图 4 耐低氧性状关联SNP位点不同基因型间存活时间箱型图

## 5.2 耐低氧性状显著关联InDel位点筛选与候选基因鉴定

利用卵形鲳鲹幼鱼溶解氧窒息点（1.3 mg · $L^{-1}$）进行低氧胁迫试验后，对死亡顺序前10%的缺氧敏感组和后10%的缺氧耐受组进行全基因组重测序，检测到2574178个InDel位点，其中插入和缺失数目分别为1103610和1470568个，获得InDel平均密度为3972.1 InDel/Mb，在24条染色体中，密度最大的是17号染色体，密度为4886.6 InDel/Mb；密度最小的是4号染色体，密度为3400.9 InDel/Mb（图5）；对敏感组和耐受组进行InDel分析，敏感组和耐受组分别筛选到1723005个和1720945个InDel，其中耐受组所特有的InDel有249395个，其中2209个InDel位于外显子上，涉及543个基因，KEGG富集分析表明这些基因主要富集在核苷酸切除修复信号通路和细胞黏着分子（图6）。

基于线性混合模型进行耐低氧性状表型数据与InDel位点的全基因组关联分析，筛选获得了3个与耐低氧性状显著关联InDel位点（InDel22883061、InDel24919481、InDel14451779）（图7），对其上下游50 kb的基因组序列进行注释，注释到9个与耐低氧性状相关的候选基因，其中，InDel22883061和InDel24919481位点注释到3个基因，分别为gpr153、acot7和lrfn2b，InDel14451779注释到6个基因，分别为tmem237b、mpp4、als2、LOC111232287、LOC111232276和LOC120797970。

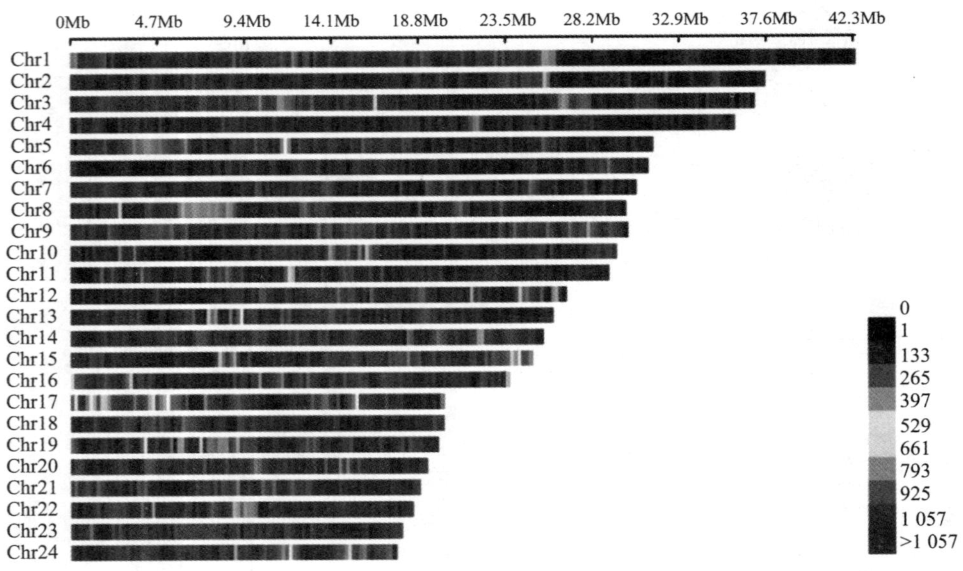


图 5　InDel在基因组上分布密度

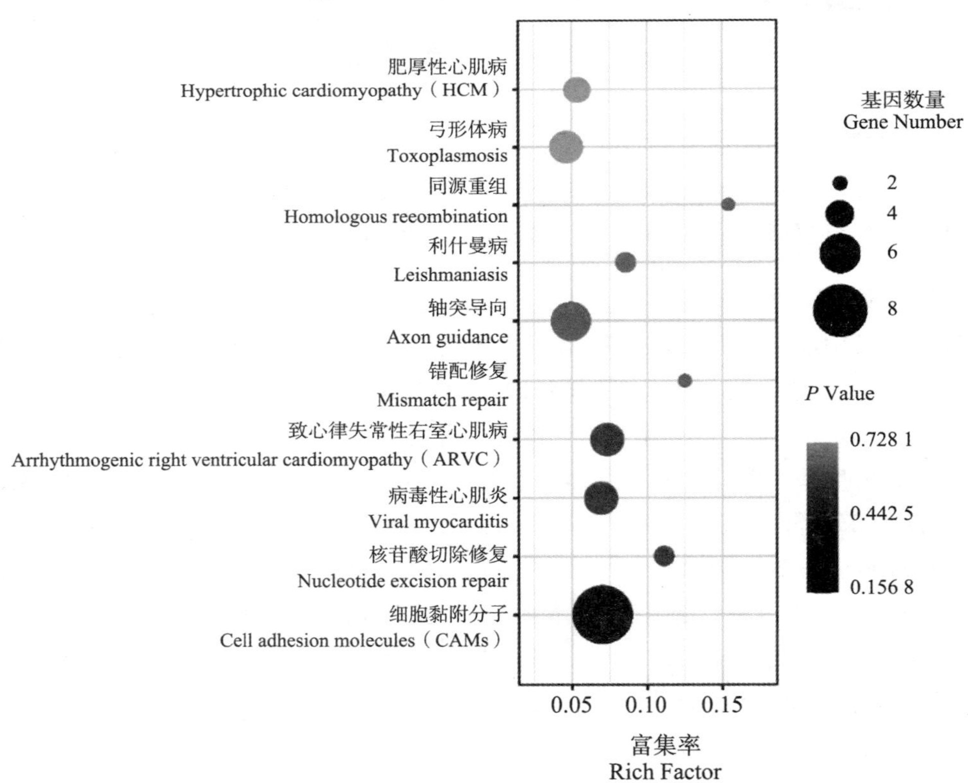


图 6　耐低氧性状关联InDel位点基因KEGG通络分析

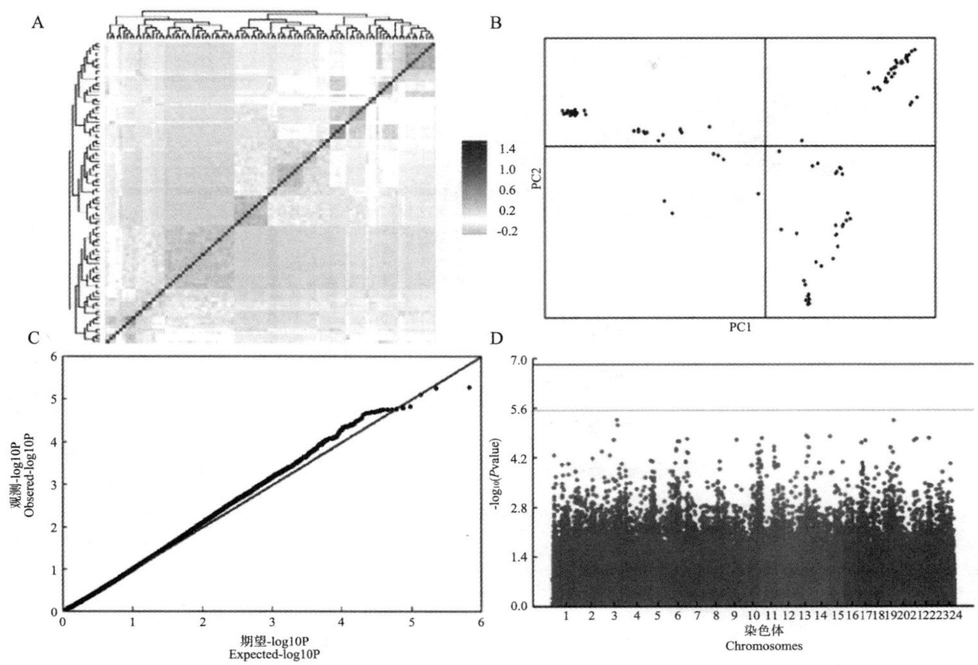


图 7　基于InDel位点绘制亲缘关系热图（A）、主成分分析（B）、全基因组关联分析的QQ图（C）和曼哈顿图（D）

## 5.3　低氧和复氧条件下卵形鲳鲹鳃组织转录组分析

选取 450 尾卵形鲳鲹个体进行低氧和复氧试验，以正常溶解氧为对照，分别于缺氧处理后 4、8、12、24 h及溶解氧恢复后 12、24 h取鳃组织液氮保存，进行转录组测序，结果表明，低氧应激组 4 个时间点和缺氧恢复组 2 个时间点样品与对照组比较，获得 5294 个差异基因，且在低氧应激 8 h时获得 1594 个差异基因，包括 572 个上调基因与 1022 个下调基因；与正常氧组相比较，4 个低氧应激组获得 90 个相同差异基因（43 个上调差异基因与 47 个下调差异基因），而 2 个低氧应激组获得 533 个相同差异基因（433 个上调差异基因与 100 个下调差异基因）（图 8）。

GO和KEGG富集分析表明，鱼体受到低氧应激后，趋化因子（chemokines）、趋化因子受体（chemokine receptors）、白细胞介素（interleukins）、补体因子（complement factors）和其他细胞因子（other cytokines）等相关基因显著下调，且多数下调基因富集在类固醇生物合成（steroid biosynthesis）、粘着斑（focal adhesion）和细胞外基质-受体互作（extracellular matrix（ECM）-receptor interaction）信号通路，进而影响细胞信号转导、粘附和凋亡；当水中溶氧水平恢复后，与吞噬作用和蛋白质降解相关的上调差异表达基因数量增加，以通过快速移除错误折叠蛋白修复低氧应激损伤。此外 5 个基因的 RNA-Seq和qRT-PCR表达量模式一致，表明转录组分析结果准确。

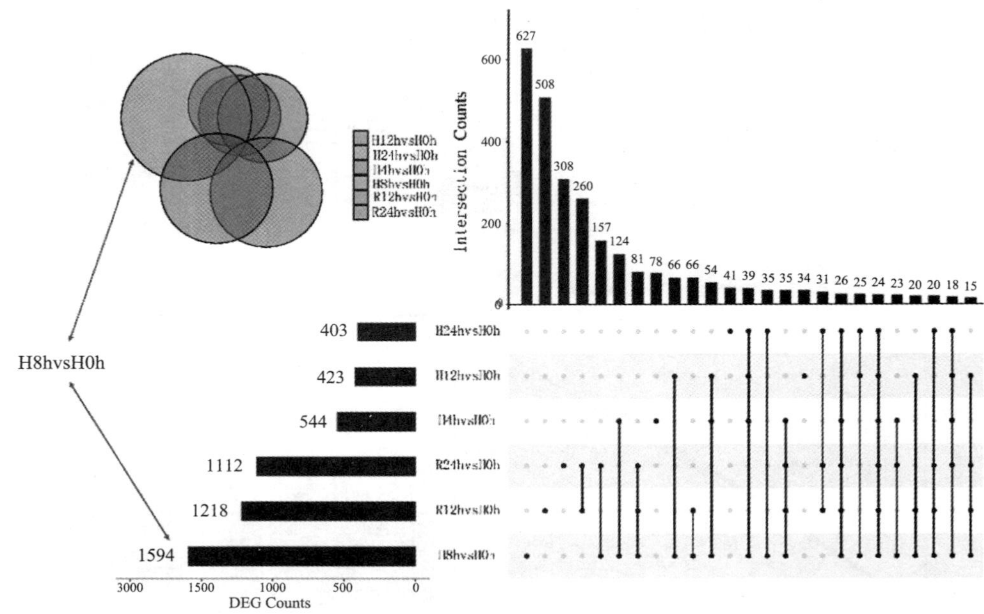


**图 8　不同氧处理条件下差异表达基因集合图**

# 6　急性氨暴露和恢复对卵形鲳鲹组织特征、生化指标和相关基因的影响

利用卵形鲳鲹幼鱼开展急性氨暴露和恢复实验，分别在氨胁迫期 6 个时间点（6 h、12 h、24 h、48 h、72 h和 96 h）与氨恢复期 4 个时间点（R24 h、R48 h、R72 h和R96 h，R表示恢复）采集血液和肝脏组织，开展生理生化指标、组织切片以及相关基因表达研究，结果表明，血浆中AST、ALT、MDA、COR、TC、ACP、ALP和LDH含量随氨胁迫延长而升高（$P$<0.05），均在 96 h达到值峰；此外氨胁迫期肝脏中CAT和GPX活性升高，24 h达到峰值，此后迅速下降，且在恢复期间不同程度地恢复到初始水平（$P$<0.05），氨胁迫期SOD活性先下降，6-48 h迅速上升之后逐渐下降，恢复期活性逐渐上升（$P$<0.05）。鳃与肝脏组织切片观察发现，鱼体暴露在氨中使其鳃组织和肝脏组织均受到不同程度损失，且在暴露 96 h时其损害最为严重（图 9–图 10）。基因表达结果表明，随着氨胁迫时间增加，肝脏中抗氧化基因SOD、CAT和GPX表达量先升高后降低（$P$<0.05），且在 48 h前表达水平均显著高于对照组（$P$<0.05）（图 11–A、图 11–B与图 11–C）；Nrf2 和Keap1 表达量随暴露时间增加先升高后降低（$P$<0.05）（图 11–D与图 11–E）；鳃中超氧化物歧化酶（SOD）、过氧化氢酶（CAT）和谷胱甘肽过氧化物酶（GPX）mRNA表达水平先升高后降低（$P$<0.05），而在恢复期 3 个基因表达水平有不同程度的下降（图 12–a、图 12–c与图 12–c）。鳃中HIF–1α–NF–κb信号通路基因HIF–1α、NF–κb、IKB激酶（IKK）和血管内皮生长因子（VEGF）mRNA表达水平随氨胁迫时间增加而增加，在 96 h达到峰

值（$P<0.05$），在恢复期其表达水平有不同程度的下降（图 12-d、图 12-e、图 13-a和图 13-b），而抑制蛋白（IKB）表达水平显示出相反模式（图 13-c）。鳃中炎症基因肿瘤坏死因子α（TNF-α）和白细胞介素 1β（IL-1β）mRNA表达水平在 48 h急剧增加，在 96 小时达到高峰，并在恢复期间逐渐降低（图 13-d与图 13-e）。

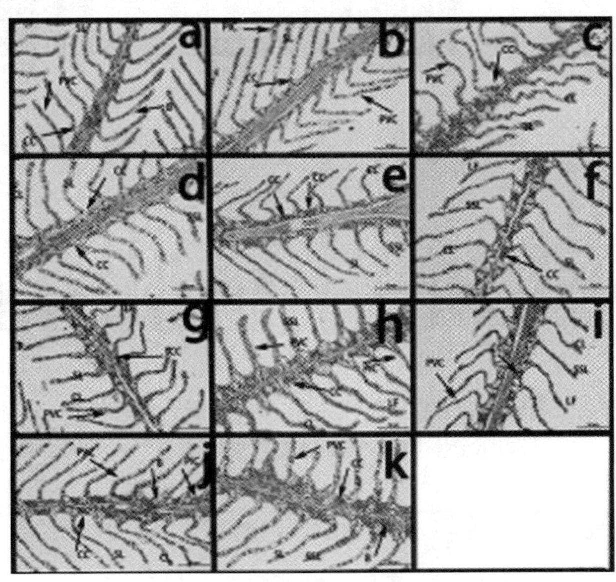


**图 9　氨胁迫和恢复期幼鱼鳃组织微观结构**

a代表正常鳃组织切片；b-g代表氨胁迫 6 h、12 h、24 h、48 h、72 h与 96 h鳃组织切片；h-k表示恢复期R24 h、R48 h、R72 h、R96 h鳃组织切片。CC为泌氯细胞，PVC为呼吸上皮细胞，PIC为柱状细胞，B为血细胞，SL为鳃小片，CL为鳃小片卷曲，LF为鳃小片融合，SSL为鳃小片变短

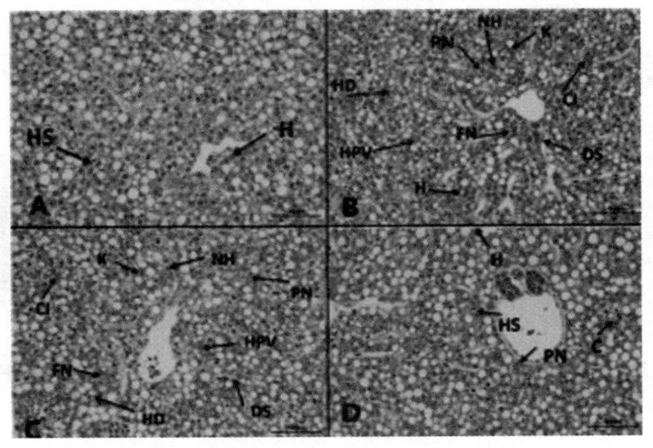


**图 10　氨胁迫和恢复期幼鱼肝组织显微结构**

A代表正常肝脏组织切片；B表示氨胁迫 96h肝组织切片；C-D代表恢复期肝组织切片；H为肝细胞，HS为肝血窦，PN为细胞核偏移，NH为细胞核肿大，K为细胞核溶解，HPV为肝细胞空泡化，HD为肝细胞水样变性，C为充血，CI为细胞轮廓模糊，DS为血窦扩张，FN为点状病灶

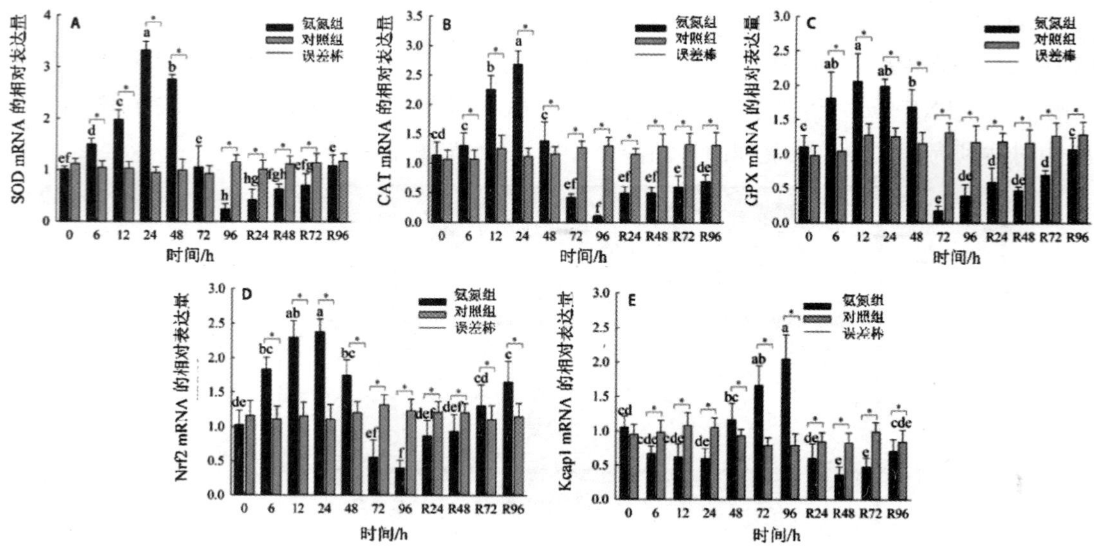


图 11　氨胁迫和恢复期幼鱼肝脏中SOD（A）、CAT（B）、GPX（C）、Nrf2（D）和Keap1（E）mRNA相对表达水平

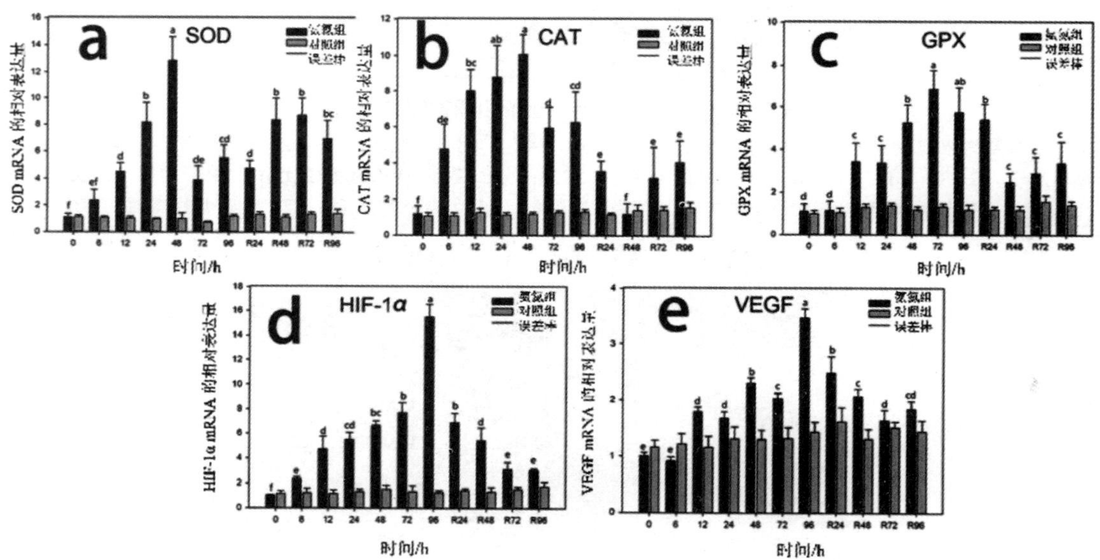


图 12　氨胁迫和恢复期幼鳃中SOD（a）、CAT（b）、GPX（c）、HIF-1α（d）和VEGF（e）mRNA相对表达水平

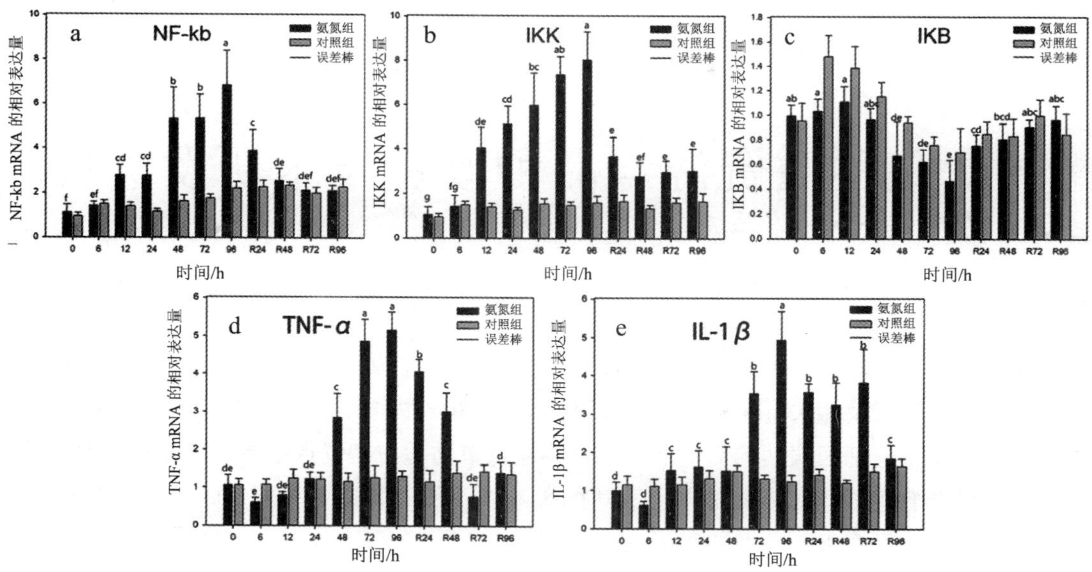


**图 13　氨胁迫和恢复期幼鳃中NF-κb（a）、IKK（b）、IKB（c）、TNF-α（d）和IL-1β（e）mRNA相对表达水平**

# 7　卵形鲳鲹组织细胞系构建

利用组织块法，以卵形鲳鲹肌肉组织为材料，采用包含 25%浓度血清和成纤维生长因子的L15 培养基开展了卵形鲳鲹肌肉细胞培养，建立了卵形鲳鲹肌肉细胞系，已传代至 16 代；以卵形鲳鲹肝脏、头肾组织为材料，利用胰酶消化法建立了卵形鲳鲹肝脏细胞系和头肾细胞系，分别传代至 7 代和 11 代。

# 8　卵形鲳鲹种质资源普查与遗传材料制作

配合农业农村部渔业渔政管理局开展卵形鲳鲹种质资源普查工作，完成广东、海南和广西等三省份 7 个调查点系统调查及样品采集工作，完成了 210 个个体生物学特征数据测量、生理生化指标以及遗传多样性检测及 21 个样品品质性状检测，保存了 350 尾活体，制作了 10 个标本、250 个基因与 8 个细胞资源，共计 618 份遗传材料。

（岗位科学家　张殿昌）

# 军曹鱼种质资源与品种改良技术研发进展

军曹鱼种质资源与品种改良岗位

2021年度，军曹鱼种质资源与品种改良岗位主要完成了军曹鱼NHE3和NKAα1a基因克隆、表达模式及相关miRNA的靶向调控研究、低氧胁迫对军曹鱼幼鱼消化酶活性、肠道屏障结构及相关基因表达的影响、军曹鱼响应低氧胁迫SNP位点挖掘及其功能注释分析、低氧胁迫对军曹鱼幼鱼免疫相关基因表达的影响以及低氧胁迫下军曹鱼肠道转录组和代谢组的联合分析等研究工作，并取得了一定进展。

## 1 军曹鱼NHE3和NKAα1a基因克隆、表达模式及相关miRNA的靶向调控研究

克隆了军曹鱼NHE3与NKAα1a基因的全长cDNA序列，其开放阅读框长度分别为2 718、3 075 bp，分别编码905、1 024个氨基酸。qRT-PCR结果显示，NHE3、NKAα1a基因在鳃、肠、心脏等9种组织中均有表达，其中以鳃组织中的表达丰度最高。随着盐度逐渐升高，NHE3基因在鳃中表达量逐渐下降，低盐和高盐适应后均呈显著性差异（$P<0.05$）。NKAα1a基因随着盐度升高出现不同趋势，在鳃和肠中受低盐和高盐影响后均显著上调，而高盐环境下其在体肾中的表达水平显著下调。在不同盐度适应过程中，NHE3、NKAα1a基因均以鳃组织中的表达水平最高。双荧光素酶检测显示，NHE3-pmirGLO-WT与miR-1335-3p共转染时，较对照组相对荧光素酶活性下降，并存在极显著差异（$P<0.001$）；NKAα1a-pmirGLO-WT分别与miR-1788-3p和mimic NC（对照组）的共转染结果与上述结果类似。双荧光素酶检测结果表明miR-1335-3p和miR-1788-3p可分别与NHE3和NKAα1a 3′-UTR序列结合，并下调其mRNA表达水平。

## 2 低氧胁迫对军曹鱼幼鱼消化酶活性、肠道屏障结构及相关基因表达的影响

以军曹鱼幼鱼（体质量：50.44±2.78g）为研究对象，探讨低氧胁迫（溶解氧：3.15±0.21mg/L）对其肠道消化酶活性、肠道显微和超微结构及相关基因mRNA表达的影

响。结果表明，在本实验条件下，军曹鱼幼鱼经历 28 d低氧饲养后：① 肠道形态结构发生显著变化。显微观察下，肠道的黏膜皱襞高度和肌层厚度均极显著低于对照组（$P<0.01$），绒毛宽度略低于对照组（$P<0.05$）；超微观察下，肠道微绒毛长短不一，排列杂乱，部分脱落，细胞与细胞之间边界模糊不清，微绒毛明显受损（图 1）。② 肠道消化酶活性呈降低的变化。其中淀粉酶活性、脂肪酶活性均极显著低于对照组（$P<0.01$），胰蛋白酶活性显著低于对照组（$P<0.05$）。③ 肠道紧密连接相关基因的相对表达量呈现不同程度下调。其中，ZO-1 和Claudin-4 的mRNA表达量均极显著低于对照组（$P<0.01$）；ZO-2、Occludin的mRNA表达量均显著低于对照组（$P<0.05$）。综上结果显示，低氧胁迫对军曹鱼肠道形态结构造成一定程度的损伤，抑制其消化酶活性并导致肠道紧密连接蛋白相关基因表达量显著下调。表明低氧胁迫造成军曹鱼肠道屏障结构和消化生理功能造成影响。

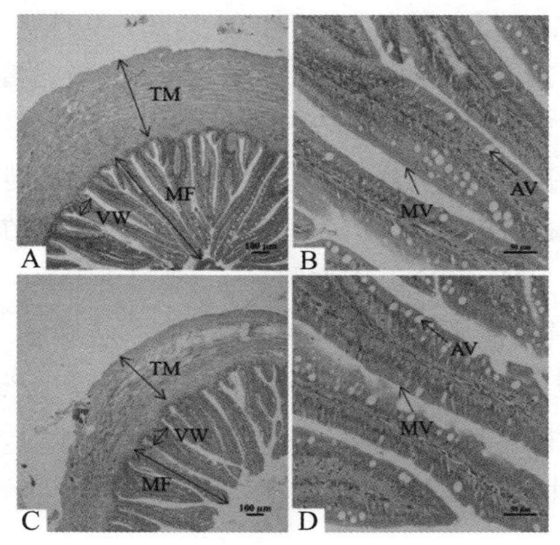


**图 1　军曹鱼幼鱼中肠组织切片**

A和B分别为对照组的军曹鱼肠道；C和D为低氧组军曹鱼肠道。A和C的比例尺为 100 μm，B和D的比例尺为 50 μm。MF:黏膜皱襞高度；VW:绒毛宽度；TM:肌层厚度；MV：微绒毛；AV：吸收性的液泡。

# 3　军曹鱼响应低氧胁迫SNP位点挖掘及其功能注释分析

为了研究低氧胁迫下军曹鱼肠道转录组中SNP位点及SNP所在基因SNP-Unigene的作用。主要通过SOAPsnp软件对军曹鱼幼鱼对照组和低氧组肠道转录组测序结果进行SNP检测，并将其比对到GO、KOG、KEGG数据库进行功能注释。结果显示：军曹鱼转录组SNP位点分布在 13 346 条SNP-Unigene上，共检测到 236 758 个SNP位点，SNP平均发生频率约为 1/171 bp；SNP-Unigene功能注释发现，在低氧胁迫条件下，军曹鱼主要参与“信号转导”“传染病”“癌症”和“内分泌系统”等生物过程。进一步筛选到 3 147 条SNP-Unigene被注释到“MAPK signaling pathway”等 36 条与免疫相关的通路中，并检测了其中差异表达基因的SNP位点分布情况。同时，对HIF信号通路中的差异表达基因的SNP位点进行了分析。

# 4 低氧胁迫对军曹鱼幼鱼免疫相关基因表达的影响

为研究低氧胁迫对军曹鱼幼鱼免疫功能的影响，将幼鱼暴露于溶氧浓度为（3.15 ± 0.21）mg/L的水体 28 d，测定不同时间点肿瘤坏死因子α（TNF−α）、肿瘤坏死因子α诱导蛋白 3（TNFAIP3）、白细胞介素 1β、白细胞介素 1 受体 2、白细胞介素 17C（IL−17C）和热休克蛋白 70（HSP70）等免疫相关基因在幼鱼鳃、肝脏、肠道和脾脏中的表达水平。结果显示：① 在幼鱼的鳃和肝脏中，TNFα 和IL−1R2 基因在胁迫 1 d显著下降（$P<0.05$）后上升，胁迫 7 d与对照组无显著差异，在胁迫 14 d和 28 d则显著低于对照水平（$P<0.05$）；TANFAIP3 在胁迫 1 d极显著升高（$P<0.01$）后呈显著下降的变化趋势（$P<0.05$）；IL−1β 在鳃组织中于胁迫 1 d极显著下降（$P<0.01$）后极显著升高（$P<0.01$），在肝脏中的所有胁迫时间点均极显著上升（$P<0.01$）；IL−17C在鳃组织中于胁迫 7 d和 14 d极显著下降（$P<0.01$），在肝脏中于胁迫 7 d、14 d和 28 d极显著低于对照水平（$P<0.01$）；HSP70 在鳃组织中于胁迫 1 d显著下降后（$P<0.05$），在胁迫 7 d上升至对照水平后极显著下降（$P<0.01$），其在肝脏中表达量持续上升，并于胁迫 28 d达到顶峰（$P<0.01$）。② 在肠道中，TNFα、IL−1β、IL−1R2、IL−17C和HSP70 基因表达量在胁迫的所有时间点均极显著高于对照组（$P<0.01$），TNFAIP3 基因在胁迫 1 d极显著升高（$P<0.01$）后下降，并且在胁迫 7 d和 14 d与对照组具有极显著差异（$P<0.01$）。③ 在脾脏中，TNFα、IL−1β、IL−1R2 和IL−17C基因表达量在胁迫的所有时间点均显著下降（$P<0.05$），TNFAIP3 基因在胁迫的所有时间点均与对照组无显著差异，HSP70 基因在胁迫 1 d和 7 d和 28 d极显著下降（$P<0.01$），在 14 d与对照水平无显著差异。

# 5 低氧胁迫下军曹鱼肠道转录组和代谢组的联合分析

溶解氧是水产养殖中重要的环境胁迫因子之一，对水生生物的发育和健康至关重要。肠道是机体抵御外界压力的重要屏障。低氧是水产养殖中的常见现象，对鱼类的生长、代谢和免疫系统影响已被广泛报道，但是低氧胁迫对鱼类肠道损伤的分子机制尚不完全清楚。本研究采用转录组学和代谢组学相结合的方法，研究了军曹鱼低氧胁迫 28 d后肠道转录和代谢水平的变化。在转录组分析显示，62 条显著的代谢通路被显著富集，包括Glutathione metabolism，Fat digestion and absorption，Bile secretion，Glycerolipid metabolism，TCA cycle，Glycolysis/Gluconeogenesis等通路（表 1）。代谢组分析发现，大部分SDMs与氨基酸代谢和脂质代谢有关。综合转录组和代谢组分析结果表明，持续的低氧胁迫对军曹鱼的肠道造成一定程度的氧化损伤，干扰了其消化吸收和生理代谢过程，包括抗氧化和解毒功能异常，氨基酸代谢、脂质代谢和碳水化合物代谢发生紊乱，离子运输能力下降。

**表 1　低氧胁迫后与肠道营养物质消化和代谢相关的差异表达基因**

| 基因 | 基因注释 | Log2FC | P值 | 错误发现率 |
|---|---|---|---|---|
| **谷胱甘肽代谢** | | | | |
| *G6PD* | 葡萄糖-6-磷酸 1-脱氢酶 | -2.755 | 0.001 | 0.027 |
| *ANPEP* | 氨肽酶 | -3.845 | 0.000 | 0.002 |
| *GPX*1 | 谷胱甘肽过氧化物酶 1 | -1.453 | 0.000 | 0.002 |
| *GSR* | 预测：谷胱甘肽还原酶，线粒体亚型X2 | -1.408 | 0.000 | 0.013 |
| *GSTF*14 | 谷胱甘肽S-转移酶A样 | -2.966 | 0.000 | 0.000 |
| *IDH*1 | 预测：异柠檬酸脱氢酶[NADP]细胞质 | -1.785 | 0.000 | 0.021 |
| *IDH*2 | 异柠檬酸脱氢酶[NADP]，线粒体样亚型X2 | -3.268 | 0.000 | 0.000 |
| *GCLC* | 谷氨酸半胱氨酸连接酶催化亚基亚型X1 | -1.330 | 0.002 | 0.036 |
| **细胞色素P450 对外源生物代谢的影响** | | | | |
| *UGT2A2* | UDP-葡萄糖醛酸转移酶 2A2 | -2.919 | 0.000 | 0.000 |
| *CYP*1*A*1 | 细胞色素P450 1A1 | -1.963 | 0.001 | 0.023 |
| *EPHX*1 | 环氧水解酶 1-样 | -2.673 | 0.000 | 0.004 |
| **氨基酸代谢** | | | | |
| *ALDH3A2* | 脂肪醛脱氢酶样 | -2.225 | 0.000 | 0.012 |
| *PRODH* | 脯氨酸脱氢酶 1，线粒体样 1 | 1.516 | 0.000 | 0.019 |
| *DAO* | D-氨基酸氧化酶样蛋白 | -1.828 | 0.000 | 0.019 |
| *AOC*1 | 胺敏胺氧化酶[含铜] | -4.644 | 0.000 | 0.000 |
| *ASPA* | 预测：天冬氨酸酶 | -2.572 | 0.000 | 0.001 |
| *CKM* | 肌酸激酶M型 | 4.106 | 0.003 | 0.042 |
| *HNMTA* | 组胺n-甲基转移酶A样亚型X1 | -2.280 | 0.001 | 0.025 |
| *GOT*1 | 天冬氨酸转氨酶，胞质 | -2.452 | 0.002 | 0.034 |
| **脂质代谢** | | | | |
| *DHCR*7 | 7-脱氢胆固醇还原酶 | -2.208 | 0.002 | 0.034 |
| *LIPA* | 三酰甘油脂肪酶 | -1.971 | 0.000 | 0.011 |
| *BSAL* | 预测：低质量蛋白质：胆盐活化脂肪酶样 | 2.764 | 0.002 | 0.040 |
| *PLA2G12B* | 预测：XIIB组分泌磷脂酶a2 样蛋白亚型X1 | -4.890 | 0.000 | 0.000 |
| *CPT*1 | 甘油-3-磷酸脱氢酶 | 1.409 | 0.000 | 0.022 |
| *GK* | 甘油激酶样亚型X1 | -4.565 | 0.000 | 0.000 |
| *DGAT*1 | 二酰基甘油O-酰基转移酶 1-样 | O-2.603 | 0.000 | 0.022 |
| *DGAT*2 | 二酰基甘油O-酰基转移酶 2 | -3.311 | 0.000 | 0.006 |
| *MOGAT2A* | 2-酰基甘油O-酰基转移酶 2 | -3.164 | 0.000 | 0.003 |
| *LPIN*1 | 磷脂酸磷酸酶LPIN1 样亚型X1 | 1.488 | 0.001 | 0.024 |

续表

| 基因 | 基因注释 | Log2FC | P值 | 错误发现率 |
|---|---|---|---|---|
| *PNPLA2* | 帕他丁类似磷酸酶结构域含 2 蛋白 | −3.835 | 0.000 | 0.002 |
| **碳水化合物代谢** | | | | |
| *HK*1 | 己糖激酶−1 样亚型X1 | 1.245 | 0.000 | 0.015 |
| *G6PC* | 葡萄糖−6−磷酸酶亚型X1 | −2.136 | 0.010 | 0.099 |
| *PCK*2(*PEPECK*) | 线粒体磷酸烯醇化丙酮酸羧激酶 | −3.409 | 0.000 | 0.000 |
| *FBP*1 | 预测：果糖−1，6−双磷酸酶 1 样 | −2.238 | 0.002 | 0.040 |
| *PFKFB*4 | 预测：6−磷酸果糖−2−激酶/果糖−2，6−双磷酸酶 4 样亚型X1 | 1.215 | 0.003 | 0.047 |
| *MDH*1 | 预测：苹果酸脱氢酶，细胞质样亚型X1 | −1.055 | 0.000 | 0.017 |
| *OGDH* | 2−氧代戊二酸脱氢酶，线粒体 | −2.778 | 0.002 | 0.039 |
| **消化系统** | | | | |
| *ABCB*1 | 多药耐药性蛋白 1 | −3.790 | 000 | 0.003 |
| *ABCC*4 | 多药耐药相关蛋白 4 样 | −2.074 | 0.002 | 0.035 |
| *ABCG*2 | ATP结合盒亚家族G成员 2 样 | −4.296 | 0.000 | 0.000 |
| *SLC*9*A*1 | 钠/氢交换器 1 样 | −3.672 | 0.000 | 0.000 |
| *SLC*10*A*2 | 回肠钠/胆汁酸协同转运蛋白 | −3.466 | 0.002 | 0.034 |
| *SLC*16*A*10 | 单羧酸转运蛋白 10 亚型X1 | −2.551 | 0.000 | 0.002 |
| *SLC*19*A*3 | 硫胺转运蛋白 2 样 | −2.915 | 0.000 | 0.009 |
| *SLC*30*A*1 | 锌转运体 1 | −2.653 | 0.000 | 0.009 |
| *SLC*31*A*1 | 高亲和力铜摄取蛋白 1 | −4.478 | 0.000 | 0.000 |
| *SLC*39*A*4 | 预测：锌转运蛋白ZIP4 | −4.668 | 0.002 | 0.037 |
| *ATP*1*A*1 | 钠/钾转运ATP酶亚基 α −1 | −2.188 | 0.000 | 0.000 |
| *AQP*1 | 低质量蛋白质：水通道蛋白−1 样 | −1.843 | 0.000 | 0.016 |
| *AQP*8 | 水通道蛋白−8 样 | −2.222 | 0.002 | 0.033 |
| *CD*36 | 血小板糖蛋白 4 | −3.879 | 0.000 | 0.001 |
| *APOA*1 | 载脂蛋白A−I | −3.515 | 0.000 | 0.001 |
| *FXR*（*NR*1*H*4） | 胆汁酸受体亚型X1 | −2.978 | 0.001 | 0.017 |

# 6 低温胁迫对军曹鱼幼鱼脂代谢相关生理生化的影响。

在低温胁迫过程中，军曹鱼血清甘油三酯（TG）含量随胁迫时间的延长呈上升趋势；总胆固醇（T−CHO）呈现先降后升再降的趋势；高密度脂蛋白（HDL）在前 4 d 与对照组无显著差异，之后显著低于对照组；低密度脂蛋白（LDL）在 1 d 时与对照组无显著差异，之后呈现显著上升趋势；血清总抗氧化能力（T−AOC）在 7 d 内均呈现下降趋势，丙二醛（MDA）在显著上升后又呈下降趋势；肝脏组织油红O 切片结果显示有脂滴分布不均的现象；低温胁迫对军曹鱼肌肉脂肪酸组成的影响不显著，但能显著提高肝脏和腹腔脂肪（IPF）的多不饱和脂肪酸比例。

## 7 低温胁迫对军曹鱼幼鱼脂代谢相关基因表达的影响

低温 1 d 时肝脏的肉碱脂酰基转移酶–1 基因（cpt–1）、脂肪激素敏感脂肪酶基因（hsl）以及肌肉的cpt–1、hsl、单酰基甘油酯酶基因（mgl）等显著上调，肝脏、肌肉的乙酰辅酶A 羧化酶基因（acc）和脂肪酸合成酶基因（fas）以及IPF 5 个脂代谢相关基因均显著下调；4 d 时肝脏的cpt–1、hsl、mgl 和肌肉的hsl、mgl、acc、fas 以及IPF 的cpt–1、hsl、mgl、acc 等表达上调，肝脏的acc、fas 显著下调；7 d 时肝脏和IPF 的cpt–1、hsl、mgl、acc 和肌肉的hsl、mgl、acc 等表达上调，肌肉cpt–1 和肝脏fas 显著下调。

## 8 军曹鱼幼鱼低温胁迫肝脏转录组分析

本研究对军曹鱼幼鱼肝脏进行转录组测序，6 个测序样品共发现约 243 694 134 个row reads，所有样品Q20%均超过 98%，GC%在 47.65%–48.16%范围内。共筛选出 4 362 个差异表达基因，其中 2 793 个基因上调，1 569 个基因下调。大量差异基因富集在脂代谢过程、脂质生物合成过程、甘油磷脂代谢过程、磷脂代谢过程和甘油脂代谢过程等生物过程中，并筛选出与脂代谢相关的重要通路，包括PPAR 信号通路、TCA 循环等。

## 9 军曹鱼早期骨骼发育特征

1~33 日龄军曹鱼仔稚鱼骨骼发育情况如下：① 与摄食、呼吸相关的头骨优先发育，包括米克尔氏软骨、颚方骨、下舌骨、舌骨棒、基鳃骨和角鳃骨。前颌骨、上颌骨和齿骨于 11 日龄开始骨化，主鳃盖骨、间鳃盖骨、下鳃盖骨和关节骨于 15 日龄开始骨化，18 日龄的额骨、齿骨、上颌骨和前颌骨基本骨化完成，基舌骨、颚骨、方骨和眶下骨于 26 日龄骨化完成，头骨于 28 日龄基本骨化完成（图 2）。② 椎骨于 13 日龄由前向后开始骨化，背肋、腹肋分别于 17 日龄、20 日龄开始由前向后、由基部向末端骨化，并分别于 20 日龄、29 日龄骨化完成。13 日龄仔鱼其神经弓由两端向中间骨化，脉弓由尾部向头部骨化，脉弓、神经弓、脉棘与神经棘均从基部向末端骨化（图 3）。③ 附肢骨骼骨化起始顺序依次为胸鳍、尾鳍、背鳍、臀鳍、腹鳍。胸鳍匙骨于 12 日龄开始骨化，乌喙骨与肩胛骨于 20 日龄开始骨化；尾杆骨和尾下骨分别于 15 日龄、18 日龄开始骨化；臀鳍、背鳍分别于 17 日龄、18 日龄开始骨化，骨化模式一致；腹鳍于 18 日龄开始骨化。30 日龄时附肢骨骼基本骨化完成，骨化顺序与发生顺序一致。

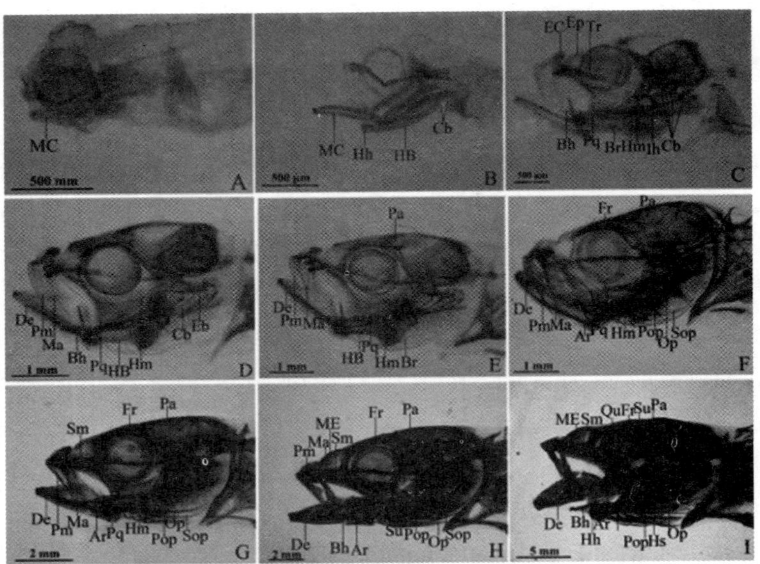


**图 2　军曹鱼仔稚鱼头骨骨化发育过程**

A: 2 日龄，TL=（4.03±0.15）mm; B: 3 日龄，TL=（4.45±0.26）mm; C: 7 日龄，TL=（8.17±0.31）mm; D: 11 日龄，TL=（12.33±0.48）mm; E: 13 日龄，TL=（16.86±1.04）mm; F: 15 日龄，TL=（23.71±2.07）mm; G: 18 日龄，TL=（31.45±1.11）mm; H: 26 日龄，TL=（64.13±4.38）mm; I: 30 日龄，TL=（79.27±5.45）mm; Ar: 关节骨; Bh:基舌骨, Br: 鳃条骨, Cb:角鳃骨, De:齿骨, Eb:上鳃骨, EC: 筛骨软骨; EP: 筛板; Fr: 额骨; HB: 舌骨棒; Hb: 下鳃骨; Hh:下舌骨; Hm: 舌颌骨; Hs: 舌续骨; Ih: 茎舌骨; Ma: 上颌骨; Mc: 米克尔氏软骨; ME: 中筛骨; Op: 主鳃盖骨; Pa: 顶骨; Pm: 前颌骨; Pop: 前鳃盖骨; Pq: 颚方骨; Qu: 方骨; Sm: 辅上颌骨; Sop: 下鳃盖骨; Su: 眶下骨; Tr: 骨小梁; TL: 全长.

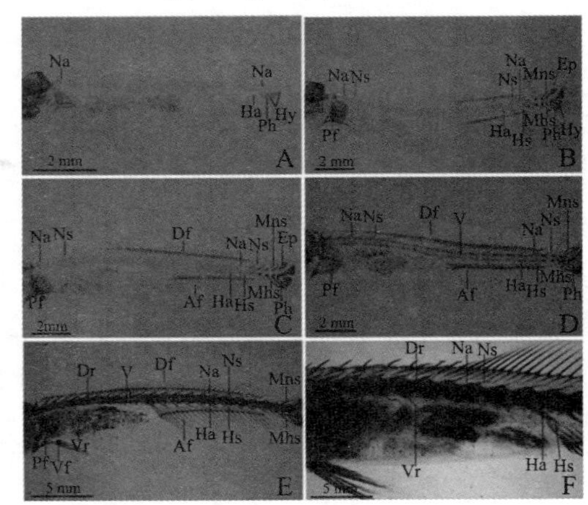


**图 3　军曹鱼仔稚鱼脊柱骨化发育过程**

A. 7 日龄，TL=（8.17±0.31）mm. B. 11 日龄，TL=（12.33±0.68）mm. C. 13 日龄，TL=（16.86±1.04）mm. D. 15 日龄，TL=（23.71±2.07）mm. E. 21 日龄，TL=（37.39±2.98）mm. F. 29 日龄，TL=（76.33±7.44）mm. Af. 臀鳍，Df. 背鳍，Dr. 背肋，Ep. 尾上骨，Ha. 脉弓，Hs. 脉棘，Hy. 尾下骨，Mhs. 愈合型脉棘，Mns. 愈合型髓棘，Na. 神经弓，Ns. 神经棘，Pf. 胸鳍，Ph. 侧尾下骨，V. 脊柱，Vf. 腹鳍，Vr. 腹肋，TL. 全长

# 10　骨形态发生蛋白基因家族的鉴定分析

本研究共筛选鉴定到军曹鱼BMP基因家族成员19个（BMP1~BMP16），其开放阅读框（Open Reading Frame, ORF）长度在1 170~3 009 bp之间，编码氨基酸数目在390~1 003 aa之间，蛋白相对分子质量大小介于44.34~112.73 kDa，等电点介于5.26~10。NJ进化树显示BMP基因共分为5个亚组，同一亚组内位置相近的基因结构相似。19个BMP基因分别分布在军曹鱼的13条染色体上。qRT-PCR检测结果表明，与1日龄相比，11日龄时,BMP2和BMP4相对表达量极显著上升,BMP3b显著上升,BMP5和BMP11极显著下降；18日龄时，BMP2、BMP4、BMP5和BMP16相对表达量极显著上升，BMP8a、BMP11极显著下降；25日龄稚鱼中，BMP4、BMP9、BMP15和BMP16相对表达量极显著上升；30日龄稚鱼中，BMP4和BMP16相对表达量极显著上升，BMP5和BMP8a极显著下降。BMP基因的组织表达分布结果表明，BMP1、BMP2、BMP3a、BMP4、BMP7b、BMP8a、BMP9和BMP16在各组织中广泛表达。在军曹鱼骨组织中，米克尔氏软骨中BMP3b和BMP11表达量最高，椎骨和鳍中BMP4表达量最高，鳞片中BMP8a表达量最高。

（岗位科学家　陈　刚）

# 河鲀种质资源与品种改良技术研发进展

河鲀种质资源与品种改良岗位

河鲀种质资源与品种改良岗位重点开展了红鳍东方鲀和暗纹东方鲀种鱼和苗种的选留、红鳍东方鲀全同胞家系的构建、红鳍东方鲀 12 月龄生长性状的遗传力估计、红鳍东方鲀生长性状候选基因SNP的筛选及其与生长性状的关联分析、暗纹东方鲀生长性状候选基因的克隆及其SNP与其生长性状的关联分析、红鳍东方鲀和暗纹东方鲀种质资源的调查等工作。

## 1 河鲀种鱼的选留、提供健康的苗种

结合红鳍东方鲀和暗纹东方鲀的鱼种特点，根据个体选择和家系选择的方法，选留了 4 龄以上的种鱼 700 尾、3 龄种鱼 500 尾、2 龄种鱼 1 200 尾。培育了红鳍东方鲀健康苗种 650 多万尾。选择并培育了暗纹东方鲀 3 龄以上的种鱼 8 000 多尾，培育了健康苗种 1 100 多万尾。

## 2 红鳍东方鲀全同胞家系的构建和快速生长家系的筛选与养殖

对 2018 年选择的日本家系核心群体、2019 年选择的四个家系（家系 9、家系 10、家系 13 和家系 14）核心群体和 2020 年的 12 个家系继续进行了养殖和培育。

2021 年春季，采用全同胞家系的育种方法构建了 30 个家系，在育苗阶段、2.5 月龄时、6 月龄时，根据成活率、生长情况进行了选择，选留了 14 个家系。

## 3 红鳍东方鲀 12 月龄生长性状的遗传力估计

对 2020 年选留的 12 个全同胞家系进行了体重、体长和体全长等生长性状的测定，测定值见表 1，并进行了遗传力估计。结果表明，12 月龄体重、体长和体全长等的遗传力分别为 0.28、0.26、0.37。

2020 年已对红鳍东方鲀 1 月龄、2 月龄、6 月龄和 18 月龄的体重、体长和体全长的遗传力进行了估计。红鳍东方鲀 1 月龄的体重、体长和体全长的遗传力分别为 0.73、0.65 和 0.66；2 月龄这三个性状的遗传力分别为 0.48、0.38 和 0.35；6 月龄这三个性状的遗传力分别为 0.23、0.19 和 0.16；18 月龄这三个性状的遗传力分别为 0.23、0.16 和 0.19。红鳍东方鲀不同生长阶段生长性状的遗传力估计值为红鳍东方鲀的品种改良提供了理论依据。

**表 1　2020 年家系 12 月龄生长性状测定值**

| 月龄 | 家系 | 个体数 | 体重/g<br>X ± S | 变异系数% | 体长/cm<br>X ± S | 变异系数% | 体全长/cm<br>X ± S | 变异系数% |
|---|---|---|---|---|---|---|---|---|
| 12 | 8 | 101 | 322.37 ± 62.12$^{def}$ | 19.27% | 19.06 ± 1.61$^{f}$ | 8.45% | 21.94 ± 2.05$^{de}$ | 9.34% |
| | 12 | 100 | 355.43 ± 81.26$^{bc}$ | 22.86% | 19.61 ± 1.53$^{de}$ | 7.80% | 22.02 ± 1.93$^{fe}$ | 8.78% |
| | 15 | 100 | 373.15 ± 75.51$^{b}$ | 20.24% | 19.24 ± 1.61$^{ef}$ | 8.36% | 23.4 ± 1.91$^{c}$ | 8.17% |
| | 16 | 103 | 336.03 ± 70.76$^{cde}$ | 21.06% | 18.81 ± 1.71$^{f}$ | 9.09% | 20.44 ± 1.98$^{f}$ | 9.71% |
| | 17 | 104 | 375.29 ± 82.11$^{b}$ | 21.88% | 20.51 ± 1.55$^{b}$ | 7.57% | 23.27 ± 1.92$^{c}$ | 8.24% |
| | 19 | 104 | 315.94 ± 58.14$^{ef}$ | 18.40% | 20.99 ± 1.46$^{a}$ | 6.95% | 25.29 ± 1.57$^{a}$ | 6.23% |
| | 21 | 104 | 304.29 ± 63.15$^{f}$ | 20.75% | 19.9 ± 1.87$^{cd}$ | 9.37% | 22.27 ± 2.12$^{d}$ | 9.52% |
| | 23 | 100 | 320.01 ± 56.61$^{def}$ | 17.69% | 19.19 ± 1.57$^{ef}$ | 8.20% | 22.46 ± 1.62$^{d}$ | 7.23% |
| | 24 | 100 | 419.95 ± 88.44$^{a}$ | 21.06% | 21.08 ± 1.7$^{a}$ | 8.08% | 24.45 ± 2.24$^{b}$ | 9.14% |
| | 27 | 103 | 338.27 ± 69.6$^{cd}$ | 20.58% | 20.2 ± 1.6$^{bc}$ | 7.94% | 24.83 ± 1.61$^{ab}$ | 6.47% |
| | 29 | 103 | 266.89 ± 56.87$^{g}$ | 21.31% | 17.75 ± 1.41$^{g}$ | 7.96% | 21.71 ± 1.61$^{e}$ | 7.43% |
| | 32 | 104 | 277.95 ± 52.18$^{g}$ | 18.77% | 19.64 ± 1.3$^{de}$ | 6.61% | 22.33 ± 1.68$^{d}$ | 7.53% |

注：所有数值均为均值 ± 标准差/（Mean ± SD）表示，同一列不同大写字母表示不同基因型与生长性状极显著相关（$P<0.01$），不同小写字母表示显著相关（$P<0.05$），相同字母表示无显著相关（$P>0.05$）。

# 4　暗纹东方鲀*igf–ii*基因的克隆与分析

类胰岛素生长因子（Insulin-like growth factors，IGFs）是一类影响细胞生长与分化的重要调控因子，在鱼类中已发现有IGF－Ⅰ和IGF－Ⅱ两种。

本岗位克隆得到的暗纹东方鲀*igf–ii*基因的cDNA序列长 720 bp，包括 648 bp的开放阅读框，共编码 215 个氨基酸。IGF－Ⅱ蛋白相对分子质量为 24 574.66，等电点为 9.90，不稳定值数为 67.26，亲水性的总体平均值（GRAVY）为−0.393，由此推测IGF－Ⅱ蛋白为亲水的不稳定蛋白。IGF－Ⅱ氨基酸序列不含信号肽，但存在 4 个半胱氨酸的保守排列的胰岛素家族标签。IGF－Ⅱ蛋白二级结构中$\alpha$–螺旋（h）占 45.58%，$\beta$–折叠（e）占 10.70%，$\beta$–转角（t）占 5.58%，无规卷曲（c）占 38.14%。

# 5　红鳍东方鲀B-FABP基因SNPs的筛选及其与生长性状的关联分析

脂肪酸结合蛋白（Fatty acid binding proteins，FABPs）是一类重要的细胞内脂肪转运载体蛋白，其所有成员都具有调控脂肪酸吸收和脂质胞内转运的基本功能，在动物体内主要存在于心脏、骨骼肌、乳腺上皮细胞、平滑肌、主动脉弓、肺、肾、脑、卵巢等组织中。脑型脂肪酸结合蛋白（Brain-like fatty acid binding proteins，B-FABP）最初是在脑组织中发现，主要功能是结合以及运输多不饱和脂肪酸PUFAs，这些脂肪酸在生长早期的细胞分化、突触活化以及光感受器膜的生物合成中必不可少，可以影响生长性状。

本岗位以红鳍东方鲀 1 龄群体为材料，测定 6 月龄和 12 月龄时的体重、体长、体全长、尾柄长、体高、吻长、头长、眼头长、头躯长、尾长、尾柄高、尾柄宽、眼间距和体宽等 14 个生长性状，采集鱼鳍样本，利用全基因组重测序技术筛选B-FABP基因上的SNPs位点，对突变位点进行基因型分型，分析了B−FABP基因的SNPs与红鳍东方鲀生长性状之间的相关关系，以期为探究B−FABP对红鳍东方鲀生长性状的影响提供理论依据。研究发现，在B−FABP基因上存在 3 个SNP位点（C442T、G676A和C731A），其 6 月龄和 12 月龄红鳍东方鲀群体中各SNPs位点与生长性状相关性结果见表 2 和表 3。

从表 2 可以看出，6 月龄红鳍东方鲀群体中，C442T位点的多态性只与眼间距显著相关，CC基因型个体显著高于TT基因型个体（$P<0.05$），其他性状均没有达到显著水平；G676A和C731A位点的多态性与大多数生长性状都存在显著的关联性。其中，G676A位点的GA基因型个体的体重、体高、尾柄宽均显著高于AA基因型个体（$P<0.05$），GG基因型的头长显著高于GA基因型（$P<0.05$），并且GA基因型的眼间距极显著高于GG基因型（$P<0.01$）；C731A位点的AA基因型个体的体重、体长、体全长、尾柄长、体高、吻长、头长、尾长、尾柄高均显著高于CC基因型（$P<0.05$），并且在体长、体全长、尾柄长、吻长、头长、尾长和尾柄高上达到极显著水平（$P<0.01$），AA基因型的个体体长、体全长、尾柄长、尾长均显著高于AC基因型个体（$P<0.05$），CC基因型个体的尾柄长、吻长、头长、尾长均显著高于AC基因型（$P<0.05$），其中在吻长和头长两个性状上达到极显著水平（$P<0.01$）。

从表 3 可以看出，在 12 月龄红鳍东方鲀群体中，各突变位点与 6 月龄基本一致。其中C442T位点与生长性状没有显著相关；G676A位点与大多数生长性状都存在显著关联，GA基因型个体的体全长、体高、吻长、头长、眼头长、头躯长、尾柄宽、眼间距、体宽均显著高于GG基因型个体（$P<0.05$），并且在体全长、体高、吻长、头长、眼头长、头躯长、眼间距、体宽上达到极显著水平（$P<0.01$），GG基因型个体体长与尾长极显著高于GA基因型个体，GA基因型个体的体宽性状显著高于AA基因型个体（$P<0.05$）；C731A位点只与体宽性状有显著相关，AA基因型个体的体宽显著高于CC基因型个体（$P<0.05$），CC基因型个体的体宽显著高于AC基因型个体（$P<0.05$）。

表 2　B-FABP基因SNP位点基因型与 6 月龄红鳍东方鲀生长性状的关联分析

| SNP位点 | 基因型 | 个体数 | 生长性状 | | | | | | | | | | | | | |
|---|---|---|---|---|---|---|---|---|---|---|---|---|---|---|---|---|
| | | | 体重/g | 体长/cm | 体全长/cm | 尾柄长/cm | 体高/cm | 吻长/cm | 头长/cm | 眼头长/cm | 头躯长/cm | 尾长/cm | 尾柄高/cm | 尾柄宽/cm | 眼间距/cm | 体宽/cm |
| C442T | CC | 231 | 223.123 ± 75.216 | 18.427 ± 2.293 | 21.808 ± 2.817 | 2.753 ± 0.530 | 6.189 ± 0.883 | 1.789 ± 0.285 | 5.329 ± 0.607 | 2.438 ± 0.399 | 12.848 ± 1.686 | 8.471 ± 1.281 | 1.625 ± 0.239 | 1.263 ± 0.260 | 2.704 ± 0.445$^{a}$ | 5.129 ± 0.694 |
| | CT | 73 | 217.158 ± 76.275 | 18.409 ± 2.177 | 21.910 ± 2.783 | 2.752 ± 0.487 | 6.218 ± 0.878 | 1.741 ± 0.299 | 5.202 ± 0.728 | 2.422 ± 0.468 | 12.684 ± 1.556 | 8.582 ± 1.282 | 1.593 ± 0.217 | 1.212 ± 0.245 | 2.651 ± 0.420 | 5.071 ± 0.751 |
| | TT | 4 | 169.025 ± 48.542 | 16.581 ± 1.710 | 19.225 ± 1.925 | 2.526 ± 0.378 | 5.652 ± 0.522 | 1.575 ± 0.304 | 4.949 ± 0.592 | 2.341 ± 0.187 | 11.508 ± 1.395 | 7.542 ± 1.069 | 1.527 ± 0.364 | 1.211 ± 0.091 | 2.224 ± 0.250$^{b}$ | 4.812 ± 0.462 |
| G676A | GG | 169 | 216.830 ± 72.860 | 18.396 ± 2.298 | 21.896 ± 2.804 | 2.781 ± 0.535 | 6.179 ± 0.872 | 1.752 ± 0.312 | 5.224 ± 0.248$^{a}$ | 2.417 ± 0.412 | 12.707 ± 1.643 | 8.558 ± 1.304 | 1.612 ± 0.226 | 1.241 ± 0.231 | 2.610 ± 0.430$^{A}$ | 5.056 ± 0.710 |
| | GA | 193 | 230.956 ± 76.937a | 18.498 ± 2.206 | 21.796 ± 2.761 | 2.720 ± 0.486 | 6.259 ± 0.884$^{b}$ | 1.799 ± 0.253 | 5.383 ± 0.584$^{b}$ | 2.476 ± 0.379 | 12.975 ± 1.661 | 8.432 ± 1.203 | 1.634 ± 0.244$^{a}$ | 1.276 ± 0.284 | 2.801 ± 0.418$^{B}$ | 5.205 ± 0.683 |
| | AA | 16 | 188.638 ± 79.244b | 17.667 ± 2.333 | 20.781 ± 3.188 | 2.674 ± 0.576 | 5.754 ± 0.851$^{a}$ | 1.825 ± 0.332 | 5.346 ± 0.869 | 2.264 ± 0.620 | 12.288 ± 1.652 | 8.128 ± 1.589 | 1.525 ± 0.256$^{b}$ | 1.137 ± 0.254 | 2.593 ± 0.527 | 4.982 ± 0.781 |
| C731A | AA | 68 | 235.238 ± 77.395a | 18.992 ± 1.987$^{Aa}$ | 22.704 ± 2.366A$^{a}$ | 2.925 ± 0.538A$^{a}$ | 6.306 ± 0.884$^{a}$ | 1.749 ± 0.281$^{A}$ | 5.201 ± 0.687$^{A}$ | 2.420 ± 0.453 | 13.087 ± 1.457 | 8.938 ± 1.156$^{Aa}$ | 1.671 ± 0.22$^{A}$ | 1.287 ± 0.242 | 2.626 ± 0.414 | 5.175 ± 0.715 |
| | AC | 163 | 220.420 ± 72.101 | 18.325 ± 2.247$^{b}$ | 21.770 ± 2.745$^{b}$ | 2.752 ± 0.503$^{b}$ | 6.225 ± 0.851 | 1.735 ± 0.280$^{A}$ | 5.241 ± 0.598$^{A}$ | 2.407 ± 0.381 | 12.768 ± 1.646 | 8.481 ± 1.235$^{ab}$ | 1.617 ± 0.25 | 1.255 ± 0.253 | 2.684 ± 0.435 | 5.121 ± 0.666 |
| | CC | 77 | 209.679 ± 78.881b | 17.974 ± 2.437$^{Bb}$ | 21.058 ± 3.09B$^{b}$ | 2.591 ± 0.485B$^{a}$ | 6.009 ± 0.914$^{b}$ | 1.882 ± 0.299$^{B}$ | 5.486 ± 0.648$^{B}$ | 2.499 ± 0.443 | 12.581 ± 1.812 | 8.096 ± 1.363$^{Bb}$ | 1.566 ± 0.22$^{B}$ | 1.205 ± 0.270 | 2.740 ± 0.470 | 5.036 ± 0.775 |

注：所有数值均为均值 ± 标准差/（Mean ± SD）表示，同一列不同大写字母表示不同基因型与生长性状极显著相关（$P< 0.01$），不同小写字母表示显著相关（$P<0.05$），相同字母表示无显著相关（$P>0.05$）。

表 3　B-FABP基因SNP位点基因型与 12 月龄红鳍东方鲀生长性状的关联分析

| SNP位点 | 基因型 | 个体数 | 生长性状 | | | | | | | | | | | | | |
|---|---|---|---|---|---|---|---|---|---|---|---|---|---|---|---|---|
| | | | 体重/g | 体长/cm | 体全长/cm | 尾柄长/cm | 体高/cm | 吻长/cm | 头长/cm | 眼头长/cm | 头躯长/cm | 尾长/cm | 尾柄高/cm | 尾柄宽/cm | 眼间距/cm | 体宽/cm |
| C442T | CC | 231 | 375.437 ± 85.709 | 21.581 ± 3.719 | 25.363 ± 4.598 | 3.406 ± 0.945 | 7.536 ± 1.507 | 2.408 ± 0.565 | 6.333 ± 1.270 | 3.005 ± 0.774 | 15.142 ± 2.528 | 5.115 ± 2.109 | 1.943 ± 0.534 | 1.877 ± 0.427 | 4.218 ± .0.875 | 6.302 ± 2.033 |
| | CT | 73 | 395.507 ± 90.190 | 20.920 ± 3.219 | 24.593 ± 4.086 | 3.213 ± 0.932 | 7.422 ± 1.248 | 2.326 ± 0.526 | 6.094 ± 1.167 | 2.835 ± 0.752 | 14.691 ± 2.121 | 5.248 ± 2.403 | 1.927 ± 0.851 | 1.803 ± 0.308 | 4.066 ± 0.777 | 5.986 ± 1.903 |
| | TT | 4 | 391.725 ± 89.922 | 22.848 ± 2.179 | 26.159 ± 2.499 | 3.809 ± 0.391 | 8.720 ± 1.041 | 2.726 ± 0.341 | 7.057 ± 0.641 | 3.547 ± 0.059 | 15.863 ± 1.535 | 3.377 ± 0.584 | 1.686 ± 0.424 | 1.951 ± 0.054 | 4.806 ± 0.444 | 6.842 ± 1.037 |
| G676A | GG | 169 | 383.514 ± 82.618 | 20.876 ± 3.437$^{A}$ | 24.535 ± 4.332$^{A}$ | 3.292 ± 0.935 | 7.342 ± 1.345$^{A}$ | 2.287 ± 0.514$^{A}$ | 6.012 ± 1.245$^{A}$ | 2.838 ± 0.805$^{A}$ | 14.657 ± 2.312$^{A}$ | 5.485 ± 2.259$^{A}$ | 1.887 ± 0.694 | 1.815 ± 0.325$^{a}$ | 4.032 ± 0..882$^{A}$ | 5.980 ± 1.894$^{A}$ |
| | GA | 193 | 377.339 ± 95.372 | 22.297 ± 3.670$^{B}$ | 26.187 ± 4.492$^{B}$ | 3.491 ± 0.926 | 7.791 ± 1.560$^{B}$ | 2.540 ± 0.570$^{B}$ | 6.647 ± 1.167$^{B}$ | 3.155 ± 0.691$^{B}$ | 15.620 ± 2.504$^{B}$ | 4.639 ± 1.966$^{B}$ | 2.019 ± 0.508 | 1.930 ± 0.484$^{b}$ | 4.391 ± 0.809$^{B}$ | 6.664 ± 2.030$^{B}$ |
| | AA | 16 | 371.137 ± 64.190 | 20.825 ± 3.609 | 24.453 ± 4.479 | 3.184 ± 1.044 | 7.400 ± 1.383 | 2.370 ± 0.635 | 6.412 ± 1.164 | 2.984 ± 0.700 | 14.718 ± 2.368 | 5.038 ± 2.199 | 1.809 ± 0.559 | 1.815 ± 0.354 | 4.310 ± 0.447 | 5.609 ± 2.265$^{a}$ |
| C731A | AA | 68 | 389.544 ± 82.882 | 21.610 ± 3.711 | 25.509 ± 4.640 | 3.457 ± 0.839 | 7.507 ± 1.509 | 2.323 ± 0.521 | 6.065 ± 1.246 | 2.881 ± 0.832 | 15.041 ± 2.490 | 5.525 ± 2.247 | 1.970 ± 0.552 | 1.862 ± 0.360$^{a}$ | 4.124 ± 0.982 | 6.451 ± 1.949$^{a}$ |
| | AC | 163 | 382.474 ± 90.285 | 21.581 ± 3.643 | 25.390 ± 4.554 | 3.397 ± 0.986 | 7.571 ± 1.437 | 2.390 ± 0.545 | 6.316 ± 1.283 | 2.988 ± 0.766 | 15.176 ± 2.495 | 5.066 ± 2.163 | 1.932 ± 0.522 | 1.877 ± 0.447$^{b}$ | 4.183 ± 0.875 | 6.359 ± 1.971$^{a}$ |
| | CC | 77 | 367.956 ± 82.979 | 20.996 ± 3.405 | 24.488 ± 4.082 | 3.218 ± 0.918 | 7.441 ± 1.433 | 2.460 ± 0.602 | 6.418 ± 1.148 | 3.020 ± 0.718 | 14.771 ± 2.243 | 4.894 ± 2.119 | 1.914 ± 0.842 | 1.825 ± 0.323a$^{b}$ | 4.263 ± 0.665 | 5.778 ± 2.041$^{b}$ |

注：所有数值均为均值 ± 标准差/（Mean ± SD）表示，同一列不同大写字母表示不同基因型与生长性状极显著相关（$P< 0.01$），不同小写字母表示显著相关（$P<0.05$），相同字母表示无显著相关（$P>0.05$）。

# 6 红鳍东方鲀SSTR1 基因的多态性及其与生长性状的关联分析

生长抑素（Somatostain，SS）是一种广泛分布于中枢神经系统和周围组织的环状多肽，在动物体内以 14 肽和 28 肽两种形式存在。研究表明，SS作为信号分子由细胞膜上的SS受体家族（Somatostatin receptors，SSTRs）介导，在诱导细胞凋亡、抑制肿瘤细胞增生、抑制胰岛素的作用及抑制细胞生长等生物学过程中发挥了重要作用。研究表明SSTR1 在调控胰岛素和生长激素分泌中发挥重要作用，因此可将SSTR1 基因作为鱼类的候选生长相关基因进行研究。

研究发现，红鳍东方鲀SSTR1 基因上存在 3 个SNPs位点（G612A、C1270A和C2400T），其与生长性状的关联分析结果见表 4 与表 5。

从表 4 可以看出，在 6 月龄红鳍东方鲀的群体中，G612A位点GG型的体重、体高、头躯长、体宽和尾长的均值显著高于AA型（$P<0.05$），该位点的不同基因型在全长、体长、尾柄长、吻长、眼头长、尾柄高和眼间距这 7 个生长性状没有显著差异（$P>0.05$）；C1270A位点AA型的全长、体长、尾长和尾柄高的均值显著高于CC型（$P<0.05$），CC型的吻长、头长和眼间距的均值显著高于CA型或AA型，其余 6 个生长性状的均值都没有显著差异（$P>0.05$）；C2400T位点CC型的体重、全长、体长、尾柄长、体高、头躯长、尾长、尾柄高和体宽的均值显著高于CT型或TT型（$P<0.05$），该位点不同基因型的其余 4 个生长性状的均值都没有显著差异（$P>0.05$）。

从表 5 可以看出，在 12 月龄红鳍东方鲀的群体中，G612A位点GG型的全长、体长、尾柄长、眼头长和体宽的均值显著高于GA型或AA型（$P<0.05$），其余 8 个生长性状均没有显著差异（$P>0.05$）；C1270A位点CC型的全长、体长、体高、吻长、眼头长、头躯长、尾柄高和眼间距显著高于CA型或AA型，CA型在体重这一性状的均值显著高于CC型（$P<0.05$），AA型与CA型的尾长均值显著高于CC型，其余两个性状的均值间没有显著差异（$P>0.05$）；C2400T位点CC型的体重和尾长这两个性状的均值显著大于CT型或TT型，CA型的头长、眼头长和眼间距的均值显著大于CC型或TT型（$P<0.05$），该位点不同基因型的其余 8 个生长性状的均值间都没有显著差异（$P>0.05$）。

表 4　SSTR1 基因SNPs位点与 6 月龄红鳍东方鲀生长性状的关联分析

| 位点 | G612A | | | C1270A | | | C2400T | | |
|---|---|---|---|---|---|---|---|---|---|
| 基因型 | GG | GA | AA | CC | CA | AA | CC | CT | TT |
| 样本数 | 89 | 181 | 38 | 251 | 34 | 23 | 205 | 89 | 14 |
| 体重/g | $234.71 \pm 86.678^{a}$ | $219.69 \pm 70.773^{ab}$ | $195.15 \pm 60.386^{b}$ | $220.27 \pm 79.331$ | $220.66 \pm 43.713$ | $229.54 \pm 68.059$ | $228.16 \pm 71.256^{a}$ | $212.35 \pm 80.015^{ab}$ | $171.12 \pm 82.683^{b}$ |
| 全长/cm | $21.960 \pm 3.064$ | $21.894 \pm 2.723$ | $20.963 \pm 2.497$ | $21.488 \pm 2.920^{b}$ | $22.932 \pm 1.710^{a}$ | $23.509 \pm 1.639^{a}$ | $22.338 \pm 2.537^{a}$ | $20.978 \pm 2.922^{b}$ | $19.114 \pm 3.256^{c}$ |
| 体长/cm | $18.554 \pm 2.458$ | $18.469 \pm 2.204$ | $17.704 \pm 1.984$ | $18.239 \pm 2.385^{b}$ | $18.953 \pm 1.274^{ab}$ | $19.334 \pm 1.652^{a}$ | $18.767 \pm 2.052^{a}$ | $17.875 \pm 0.254^{b}$ | $16.354 \pm 2.737^{c}$ |
| 眼头/cm | $2.410 \pm 0.469$ | $2.426 \pm 0.392$ | $2.526 \pm 0.381$ | $2.437 \pm 0.390$ | $2.429 \pm 0.439$ | $2.394 \pm 0.613$ | $2.451 \pm 0.411$ | $2.417 \pm 0.412$ | $2.278 \pm 0.468$ |
| 头躯长/cm | $13.010 \pm 1.807^{a}$ | $12.801 \pm 1.599^{ab}$ | $12.242 \pm 1.449^{b}$ | $12.760 \pm 1.763$ | $12.913 \pm 0.850$ | $12.965 \pm 1.321$ | $12.980 \pm 1.506^{a}$ | $12.614 \pm 1.787^{a}$ | $11.183 \pm 1.978^{b}$ |
| 体高/cm | $6.337 \pm 0.964^{a}$ | $6.168 \pm 0.863^{ab}$ | $5.948 \pm 0.685^{b}$ | $6.161 \pm 0.911$ | $6.285 \pm 0.660$ | $6.352 \pm 0.799$ | $6.277 \pm 0.804^{a}$ | $6.099 \pm 0.980^{a}$ | $5.483 \pm 0.947^{b}$ |
| 体宽/cm | $5.255 \pm 0.778^{a}$ | $5.082 \pm 0.668^{ab}$ | $4.919 \pm 0.650^{b}$ | $5.119 \pm 0.733$ | $5.163 \pm 0.457$ | $4.959 \pm 0.704$ | $5.185 \pm 0.662^{a}$ | $5.009 \pm 0.723^{b}$ | $4.695 \pm 0.988^{b}$ |
| 吻长/cm | $1.762 \pm 0.280$ | $1.781 \pm 0.305$ | $1.778 \pm 0.259$ | $1.786 \pm 0.298^{a}$ | $1.770 \pm 0.247^{ab}$ | $1.660 \pm 0.268^{b}$ | $1.780 \pm 0.302$ | $1.771 \pm 0.255$ | $1.728 \pm 0.360$ |
| 头长/cm | $5.302 \pm 0.636$ | $5.298 \pm 0.660$ | $5.257 \pm 0.554$ | $5.347 \pm 0.625^{a}$ | $5.091 \pm 0.569^{b}$ | $5.019 \pm 0.781^{b}$ | $5.305 \pm 0.652$ | $5.313 \pm 0.605$ | $5.017 \pm 0.649$ |
| 尾长/cm | $8.555 \pm 1.327^{a}$ | $8.557 \pm 1.246^{a}$ | $7.987 \pm 1.261^{b}$ | $8.308 \pm 1.293^{b}$ | $9.028 \pm 0.918^{a}$ | $9.630 \pm 0.683^{a}$ | $8.767 \pm 1.185^{a}$ | $8.037 \pm 1.252^{b}$ | $7.219 \pm 1.339^{c}$ |
| 尾柄长/cm | $2.777 \pm 0.515$ | $2.764 \pm 0.537$ | $2.621 \pm 0.421$ | $2.727 \pm 0.522$ | $2.880 \pm 0.546$ | $2.813 \pm 0.413$ | $2.798 \pm 0.520^{a}$ | $2.678 \pm 0.500^{ab}$ | $2.512 \pm 0.514^{b}$ |
| 尾柄高/cm | $1.629 \pm 0.253$ | $1.616 \pm 0.230$ | $1.592 \pm 0.227$ | $1.603 \pm 0.249^{b}$ | $1.655 \pm 0.145^{ab}$ | $1.710 \pm 0.166^{a}$ | $1.636 \pm 0.219^{a}$ | $1.595 \pm 0.261^{ab}$ | $1.480 \pm 0.268^{b}$ |
| 尾柄宽/cm | $1.245 \pm 0.271$ | $1.262 \pm 0.255$ | $1.204 \pm 0.222$ | $1.245 \pm 0.271$ | $1.244 \pm 0.149$ | $1.322 \pm 0.202$ | $1.281 \pm 0.243^{a}$ | $1.210 \pm 0.265^{b}$ | $1.062 \pm 0.285^{c}$ |
| 眼间距/cm | $2.722 \pm 0.451$ | $2.685 \pm 0.435$ | $2.603 \pm 0.442$ | $2.711 \pm 0.440^{a}$ | $2.529 \pm 0.417^{b}$ | $2.644 \pm 0.447^{ab}$ | $2.701 \pm 0.429$ | $2.675 \pm 0.465$ | $2.528 \pm 0.443$ |

注：所有数值均为均值 ± 标准差/（Mean ± SD）表示，同一列不同小写字母表示显著相关（$P< 0.05$），相同字母表示无显著相关（$P>0.05$）。

表 5　SSTR1 基因SNPs位点与 12 月龄红鳍东方鲀生长性状的关联分析

| 位点 | G612A | | | C1270A | | | C2400T | | |
|---|---|---|---|---|---|---|---|---|---|
| 基因型 | GG | GA | AA | CC | CA | AA | CC | CT | TT |
| 样本数 | 89 | 181 | 38 | 251 | 34 | 23 | 205 | 89 | 14 |
| 体重/g | 369.33 ± 96.101 | 389.14 ± 81.495 | 364.71 ± 87.016 | 375.79 ± 88.490$^{b}$ | 420.00 ± 67.532$^{a}$ | 389.23 ± 61.329$^{ab}$ | 392.43 ± 85.905$^{a}$ | 359.68 ± 86.002$^{b}$ | 336.03 ± 73.707$^{b}$ |
| 全长/cm | 25.546 ± 4.635$^{a}$ | 25.308 ± 4.419$^{ab}$ | 23.802 ± 1.121$^{b}$ | 25.430 ± 4.469$^{a}$ | 24.030 ± 4.308$^{ab}$ | 20.938 ± 1.220$^{b}$ | 25.294 ± 4.600 | 25.293 ± 4.204 | 23.045 ± 3.741 |
| 体长/cm | 21.723 ± 3.740$^{a}$ | 21.571 ± 3.592$^{a}$ | 20.167 ± 3.076$^{b}$ | 21.639 ± 3.575$^{a}$ | 20.487 ± 3.673$^{ab}$ | 17.895 ± 1.014$^{b}$ | 21.463 ± 3.710 | 21.630 ± 3.416 | 19.923 ± 2.836 |
| 眼头/cm | 3.117 ± 0.769$^{a}$ | 2.934 ± 0.793$^{ab}$ | 2.818 ± 0.823$^{b}$ | 3.066 ± 0.720$^{a}$ | 2.388 ± 0.833$^{b}$ | 1.851 ± 0.202$^{b}$ | 2.906 ± 0.811$^{b}$ | 3.134 ± 0.648$^{a}$ | 2.924 ± 0.747$^{ab}$ |
| 头躯长/cm | 15.176 ± 2.481 | 15.143 ± 2.444 | 14.274 ± 2.158 | 15.179 ± 2.414$^{a}$ | 14.391 ± 2.487$^{ab}$ | 12.653 ± 0.845$^{b}$ | 15.050 ± 2.523 | 15.204 ± 2.292 | 13.970 ± 1.677 |
| 体高/cm | 7.586 ± 1.519 | 7.570 ± 1.425 | 7.166 ± 1.381 | 7.587 ± 1.411$^{a}$ | 7.289 ± 1.752a$^{b}$ | 6.136 ± 0.583$^{b}$ | 7.493 ± 1.495 | 7.633 ± 1.351 | 7.314 ± 1.427 |
| 体宽/cm | 6.511 ± 1.911$^{a}$ | 6.234 ± 1.980$^{a}$ | 5.586 ± 2.160$^{b}$ | 6.286 ± 2.019 | 6.095 ± 1.917 | 4.835 ± 0.317 | 6.302 ± 1.985 | 6.200 ± 2.015 | 5.471 ± 2.007 |
| 吻长/cm | 2.403 ± 0.549 | 2.410 ± 0.581 | 2.289 ± 0.436 | 2.453 ± 0.532$^{a}$ | 2.024 ± 0.564$^{b}$ | 1.646 ± 0.179$^{b}$ | 2.358 ± 0.589 | 2.482 ± 0.480 | 2.351 ± 0.450 |
| 头长/cm | 6.403 ± 1.128 | 6.285 ± 1.310 | 6.020 ± 1.176 | 6.443 ± 1.159$^{a}$ | 5.312 ± 1.347$^{b}$ | 4.393 ± 0.394$^{b}$ | 6.186 ± 1.245$^{b}$ | 6.540 ± 1.015$^{a}$ | 6.147 ± 1.043$^{b}$ |
| 尾长/cm | 4.734 ± 2.155 | 5.284 ± 2.179 | 5.279 ± 2.149 | 4.843 ± 2.033$^{b}$ | 6.906 ± 2.225$^{a}$ | 8.373 ± 0.705$^{a}$ | 5.403 ± 2.214$^{a}$ | 4.545 ± 2.015$^{b}$ | 4.729 ± 1.918$^{ab}$ |
| 尾柄长/cm | 3.366 ± 0.940$^{a}$ | 3.326 ± 0.902$^{b}$ | 3.047 ± 0.766$^{b}$ | 3.395 ± 0.954 | 3.251 ± 0.858 | 2.722 ± 0.384 | 3.378 ± 0.893 | 3.334 ± 0.948 | 3.401 ± 1.50$^{6}$ |
| 尾柄高/cm | 1.948 ± 0.550$^{a}$ | 1.843 ± 0.315$^{b}$ | 1.948 ± 0.550$^{b}$ | 1.868 ± 0.409 | 1.827 ± 0.354 | 1.729 ± 0.174 | 1.846 ± 0.333 | 1.904 ± 0.534 | 1.814 ± 0.333 |
| 尾柄宽/cm | 1.986 ± 0.533 | 1.949 ± 0.676 | 1.761 ± 0.520 | 1.963 ± 0.633$^{a}$ | 1.813 ± 0.522$^{ab}$ | 1.441 ± 0.121$^{b}$ | 1.930 ± 0.533 | 1.996 ± 0.802 | 1.657 ± 0.460 |
| 眼间距/cm | 4.216 ± 0.862 | 4.174 ± 0.865 | 4.209 ± 0.787 | 4.295 ± 0.777$^{a}$ | 3.525 ± 1.064$^{b}$ | 2.980 ± 0.335$^{b}$ | 4.108 ± 0.930$^{b}$ | 4.373 ± 0.332$^{a}$ | 4.235 ± 0.530$^{ab}$ |

注：所有数值均为均值 ± 标准差/（Mean ± SD）表示，同一列不同小写字母表示显著相关（$P$<0.05），相同字母表示无显著相关（$P$>0.05）。

鱼类的生长主要由生长激素-胰岛素样生长因子Ⅰ轴（GH-IGF-I）调节。生长抑素（SS）是GH的负调节因子，在生物界中普遍存在，发挥着重要的生理及发育上的功能。本研究以 6 月龄与 12 月龄的红鳍东方鲀为研究对象，采用GWAS技术寻找SSTR1 基因上的SNPs位点，通过直接测序法进行验证并对SSTR1 基因多态性与生长性状进行关联分析。在SSTR1 基因上共检测到了 3 个SNPs，其中位点C612A与C1270A均位于 5′ UTR，虽然并不位于该基因的编码区，但非编码区位点的突变可能引起红鳍东方鲀SSTR1 的翻译、结构和功能，进而对生长性状产生影响。而位点C2400T虽位于编码区，但并没有引起氨基酸的改变，属于同义突变。但已有大量研究表明，同义突变虽然不会影响蛋白质的表达，但有可能影响基因的表达和翻译，从而引起生长性状的变化。本研究将SSTR1 基因单个SNP位点的不同基因型与红鳍东方鲀生长性状进行关联分析，发现位点G612A的GG基因型个体体质量、体长与体高等生长性状均显著大于AA基因型；C1270A位点的不同基因型体长、全长、尾长、尾柄高存在差异显著，AA基因型显著大于CC基因型；与 6 月龄红鳍东方鲀生长性状的关联变化有所不同，该位点在体长、全长与体高等性状方面存在显著差异，CC基因显著大于AA基因型，由此说明AA基因型可以作为红鳍东方鲀早期生长发育的优良基因型；C2400T位点的CC基因型个体体质量与体长等性状均显著大于TT基因型。C2400T位点虽然为同义突变，但是已有大量研究表明，同义突变虽然不会影响蛋白质的表达，但有可能影响基因的表达和翻译，从而引起鱼类生长性状的变化。本研究仅从DNA层面对红鳍东方鲀的SSTR1 基因的多态性与生长性状进行关联分析，后续有待从转录及蛋白质水平上对该基因进行分析，更深入地了解各个SNPs位点对生长产生的影响。

## 7 红鳍东方鲀的MAPK信号通路分析

信号通路是指能将细胞外的分子信号经细胞膜传入细胞内发挥效应的一系列酶促反应通路。这些细胞外的分子信号（即配体）可与位于细胞表面或细胞内部的受体结合，引起受体的构象变化，从而实现信号的进一步传递。每个细胞对特定的细胞外信号分子做出不同反应，使它们得以共同完成生命活动。丝裂原活化蛋白激酶（MAPK，Mitogen-activated protein kinase）信号通路，是一种重要的信号通路，可由多种信号激活酪氨酸激酶受体，在激酶级联反应后引发转录和翻译，进而发生细胞增殖、分化和迁移。

基于 13 月龄与 15 月龄红鳍东方鲀的脑与肌肉组织MAPK信号通路如图 1 所示。我们发现在MAPK通路中有增殖分化相关作用的上调基因*fos*和*jun*在脑组织中被抑制调节，而在肌肉中则促进它们的表达。*fos*和*jun*的下游基因*egr*1、c/*ebp*β、*ctgf*等上调且与骨骼发育相关。MAPK信号通路还调节促进了肌肉的组织纤维化相关的基因，而在脑中这个过程减弱。MAPK信号通路还可能影响脂质代谢，在脑中脂肪积累被促进并伴随着基础代谢降低，而在肌肉中促进了脂质吸收。因此，MAPK信号通路通过调节*fos*和*jun*及其下游基因，促进肌肉和骨骼发育，使红鳍东方鲀在这两个时期内体重、体长和体全长性状显著增加。

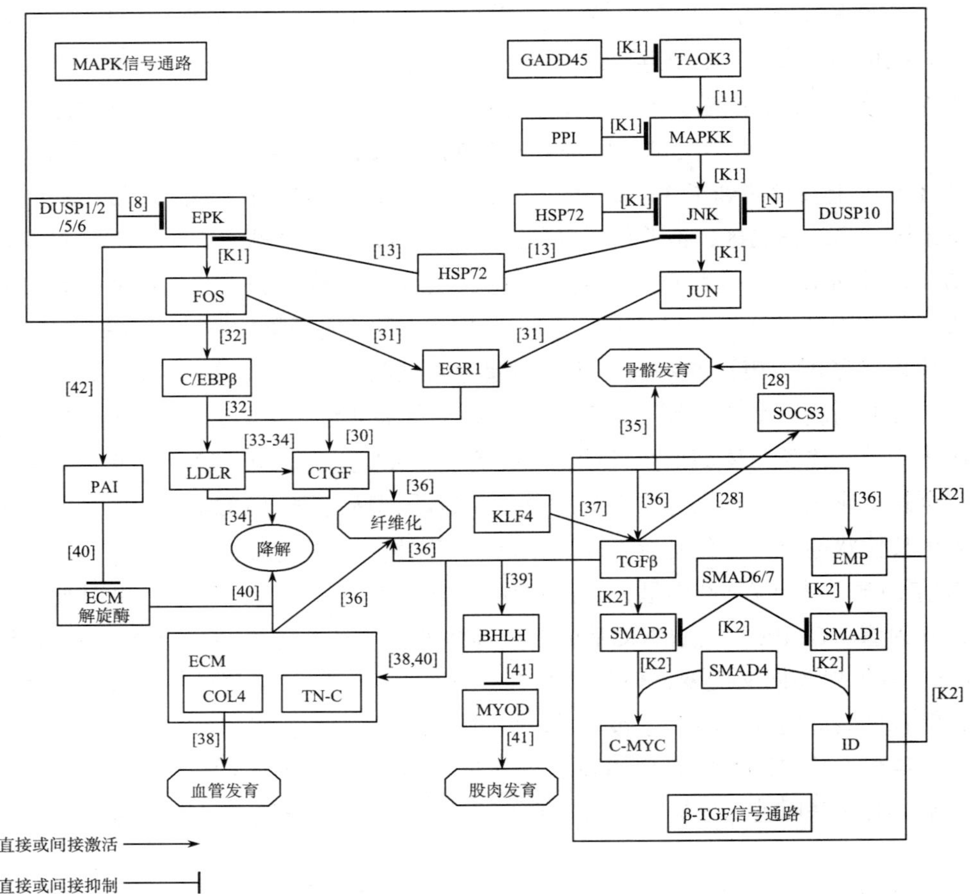


**图 1　MAPK信号通路及其下游基因表达产物的互作图**

（岗位科学家　王秀利）

# 鲆鲽类营养需求与饲料岗位研发进展

鲆鲽类营养需求与饲料岗位

本年度鲆鲽类营养需求与饲料岗位开展了鲆鲽类营养需求与代谢、新型水产饲料蛋白源评估、功能性饲料添加剂开发、肠道微生态调控等方面的研究工作。本岗位在前期工作的基础上新获得大菱鲆营养需求参数 5 个，系统评估了 3 种新型鲆鲽类饲料蛋白源的应用价值，筛选了 2 种可用于鲆鲽类饲料的生物活性物质，开发了 2 项调控大菱鲆肠道微生态技术，构建了 1 种可提升饲料利用效率的科学投饲技术。

## 1　投饲频率可通过调节营养感知信号系统提升大菱鲆体蛋白沉积效率

由动物摄入的蛋白质经消化后进入机体游离氨基酸代谢库，进而诱发细胞内信号转导、引起代谢重构。TOR（target of rapamycin）信号通路是细胞感受营养状态、调节合成与分解代谢的关键节点。前期研究证实鱼类TOR信号系统活性是调控鱼体蛋白利用的关键，并受摄食及饲料组成影响。如何通过调控TOR信号系统以定向调节鱼体代谢状态，进而提升养殖鱼类对饲料的利用效率是当前水产养殖业的迫切需求。以大菱鲆为研究对象，系统研究了两种饲喂模式（每日单次定量投喂 2.4%/鱼体重；或每日投喂 3 次，每次投喂 0.8%/鱼体重）、及添加 1.0%亮氨酸等对鱼类TOR信号系统活性、鱼体生长、游离氨基酸代谢库、蛋白质沉积效率及次级代谢等的影响。结果表明：摄食率固定条件下，每日投喂 3 次较投喂 1 次可提高鱼体增重率 7.68%，蛋白质保留率提升 4.01%。投饲频率可显著影响鱼体游离氨基酸动力学，提升投饲频率显著延长了鱼体游离氨基酸维持在较高水平的时间，从而使得mTOR信号通路长时间处于激活状态，进而显著提升了大菱鲆肌肉蛋白质沉积率（21.6%）。同时，提高投饲频率显著促进了肝脏糖酵解及脂肪合成代谢。此外，饲料中添加 1.0%亮氨酸可显著提高鱼体TOR信号系统活性，提升肌肉体蛋白沉积效率及肝脏次级代谢。

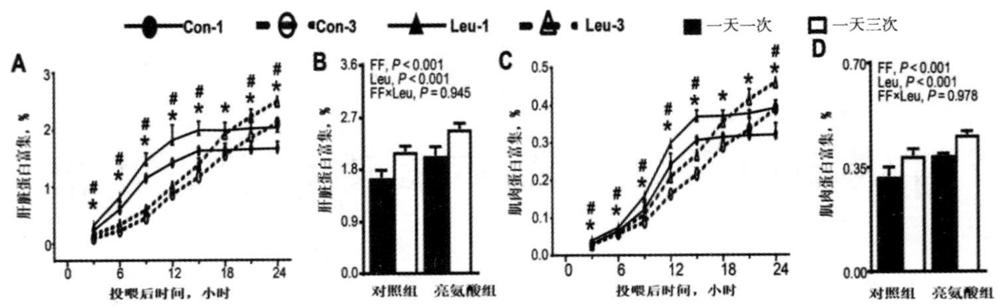


图 1　投饲频率对大菱鲆肝脏及肌肉蛋白质合成的影响

# 2　大菱鲆的赖氨酸最适需求量研究

实验设计了 5 种等氮（约 50%粗蛋白）和等脂（约 12.5%粗脂肪）的实验饲料，实验饲料赖氨酸水平分别为 1.69%、2.49%、3.32%、4.11%和 4.90%。以初始平均体重为 7.41 ± 0.01 g和 43.10 ± 0.11 g的大菱鲆为实验对象。每天表观饱食喂养两次（07:00 和 19:00），养殖周期为 10 周，以探究两种规格大菱鲆的赖氨酸最适需求量。结果表明：随着饲料赖氨酸水平增加至 3.32%，两种规格大菱鲆的终末体重（FBW）、增重率（WGR）、特定生长率（SGR）、蛋白质效率（PER）、饲料效率（FER）和摄食率（FI）均逐渐上升。当饲料赖氨酸水平超过 3.32%后，生长和饲料利用指标不再增加，呈稳定趋势。在相同的饲料赖氨酸水平下，规格Ⅱ大菱鲆的增重率、特定生长率、饲料效率和蛋白质效率均高于规格Ⅰ大菱鲆，而摄食率低于规格Ⅰ大菱鲆。经过二次回归折线模型分析，两种规格大菱鲆的特定生长率和饲料赖氨酸水平的关系如图 2 所示，以特定生长率为评价指标，规格Ⅰ大菱鲆的最适赖氨酸需求量为 3.171%（占饲料蛋白的 6.352%），规格Ⅱ大菱鲆的最适赖氨酸需求量为 3.190%（占饲料蛋白的 6.390%）。

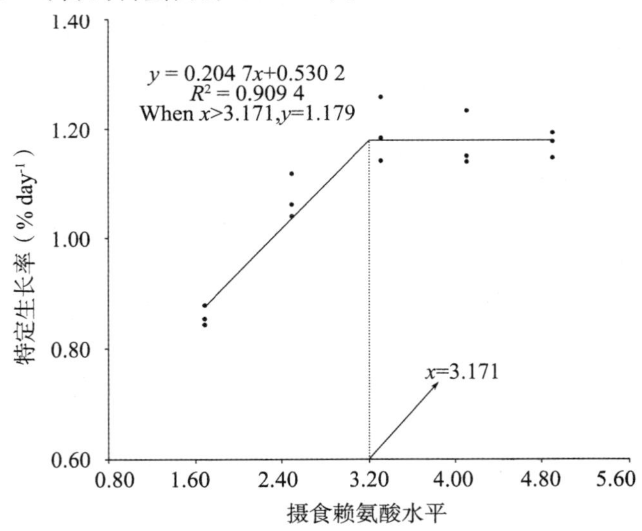


图 2　大菱鲆赖氨酸最适需求量的研究

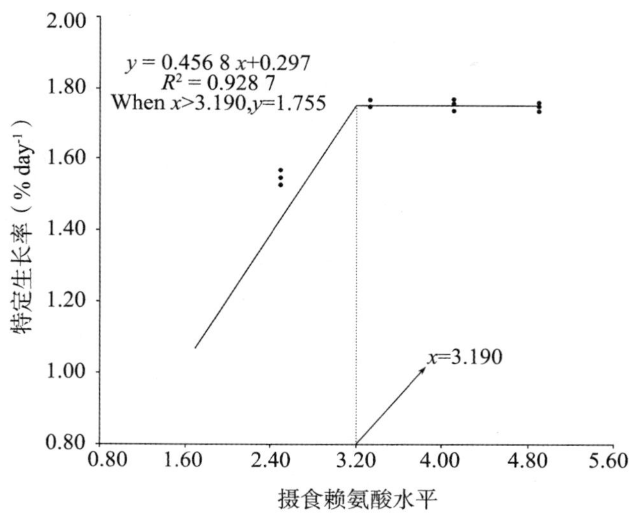


**图 2　大菱鲆赖氨酸最适需求量的研究（续）**

# 3　大菱鲆幼鱼饲料精氨酸需求量研究

研究使用酪蛋白和明胶作为蛋白源，鱼油和大豆卵磷脂作为脂质源，配制了五种等氮等脂饲料（51%的粗蛋白和12.5%的脂质），精氨酸含量分别为饲料干重的1.92%、2.65%、3.40%、4.17%和4.88%。以大菱鲆为研究对象（43.07 ± 0.10 g），每天7:00、19:00进行饱食投喂，养殖周期为10周。以探究大菱鲆幼鱼饲料精氨酸需求。结果表明：随着饲料精氨酸水平从1.92%增至3.40%，大菱鲆的特定生长率（SGR）、饲料效率（FCR）、蛋白质效率（PER）、增重率（WG）和肥满度（CF）显著提高，3.40%之后保持恒定。与对照组相比，3.40%~4.88%饲料精氨酸水平显著提高了大菱鲆的干物质表观消化率和蛋白质表观消化率，同时，也显著提高了肠道淀粉酶、脂肪酶和胰蛋白酶活力。另外，相比于对照组，3.40%~4.88%饲料精氨酸水平显著提高了血浆总一氧化氮合酶（T−NOS）活力。而肝脏精氨酸酶 I 的基因表达量呈现出随饲料精氨酸水平依赖性升高的趋势。基于SGR数据进行折线回归分析，大菱鲆的最适饲料精氨酸需求量为饲料干物质的3.17%，饲料蛋白的6.21%。

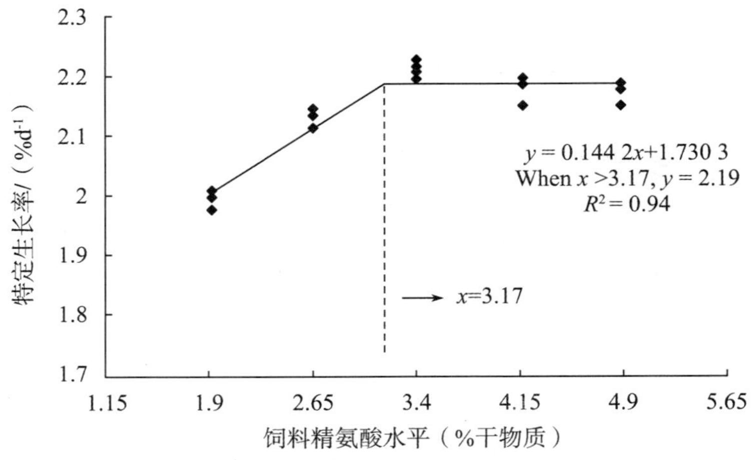


**图 3　大菱鲆幼鱼精氨酸需求研究**

# 4　磷脂酸对饲喂高植物蛋白饲料的大菱鲆幼鱼生长和抗氧化能力的影响

用高植物蛋白替代鱼粉会降低养殖鱼类的生长性能并产生健康问题，而补充功能性添加剂被认为是缓解植物蛋白替代负面影响的一种潜在策略。本研究评估了磷脂酸对饲喂高植物蛋白饲料的大菱鲆幼鱼生长和抗氧化能力的影响。使用分别含 0.05%、0.1%或 0.5%磷脂酸的日粮进行了为期 11 周的养殖试验。结果表明，添加 0.5%磷脂酸可显著改善大菱鲆的生长性能，而不影响摄食量。此外，补充 0.5%磷脂酸可显著提高肝脏中igf-1 的mRNA水平。磷脂酸添加组的肥满度也显著增加。添加磷脂酸可提高脂肪酶的活性，而对淀粉酶和胰蛋白酶的活性没有影响。添加磷脂酸可显著降低丙二醛的含量并提高超氧化物歧化酶（sod）、谷胱甘肽过氧化物酶（gpx）和过氧化物酶 6（prx6）的mRNA水平。结果表明，磷脂酸可能是一种具有促生长和抗氧化作用的功能性水产饲料添加剂。

# 5　饲料脂肪水平影响大菱鲆幼鱼肠道抗氧化状态、炎症反应、细胞凋亡和微生物群

饲料不同脂肪水平在大菱鲆上的研究主要集中于生长、体组成、脂质代谢等方面，而针对鱼类健康的研究较少。我们发现饲料中 12% 的脂肪水平增加了肠道消化酶和刷状缘酶的活性。16 % 的脂肪水平显著降低了肠道抗氧化酶水平，增加了脂质过氧化压力。此外，16 %的脂肪水平还刺激肠道炎症的发生，显著上调TNF-α、IL-1β、IFN-γ和TGF-β的表达水平。8%和 16%的脂肪水平均能诱导肠上皮细胞凋亡。肠道细菌 16s rRNA V4 区

测序表明，12 %脂肪水平的鱼类肠道菌群丰度和多样性均显著高于其他组。8%和 16%脂肪水平均显著降低肠道有益菌的相对丰度。从微生态平衡的角度来看，12%的脂肪水平更有利于维持大菱鲆肠道菌群的稳定。

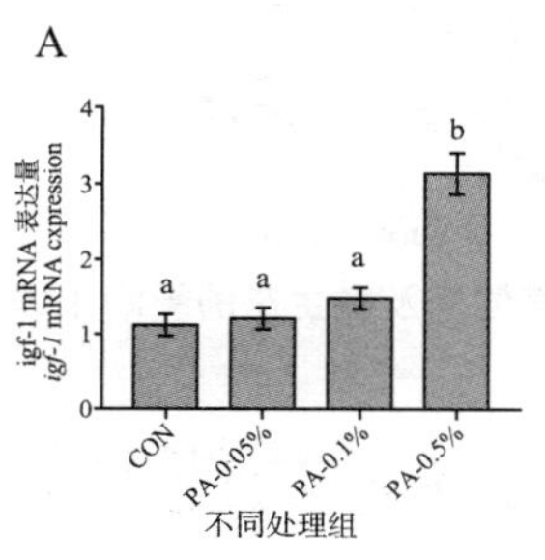


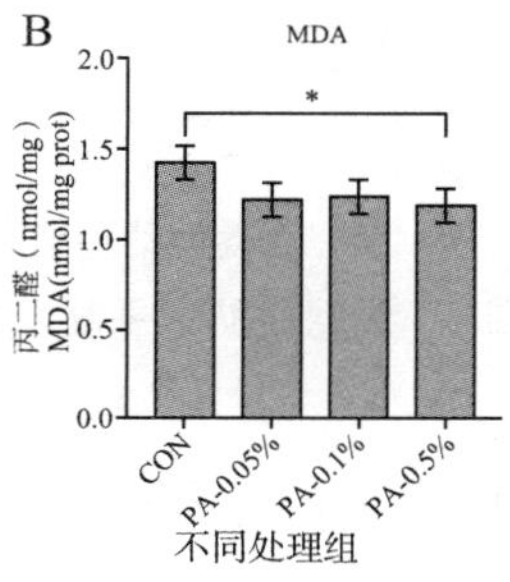


**图 4　添加磷脂酸可显著提高肝脏中igf-1 的mRNA水平并降低MDA含量**

**脂肪水平对大菱鲆幼鱼消化吸收功能的影响**

| Diet | LL | ML | HL |
|---|---|---|---|
| Trypsin（U/mg protein） | 514.73 ± 183.22[a] | 1713.26 ± 87.53[b] | 1548.01 ± 376.97[b] |
| Amylase（U/mg protein） | 0.10 ± 0.00[b] | 0.09 ± 0.00[a] | 0.09 ± 0.00[a] |
| AKP（King unit/gprot） | 141.07 ± 18.76 | 188.07 ± 47.15 | 139.23 ± 51.50 |
| ACP（King unit/gprot） | 385.01 ± 27.60[ab] | 414.79 ± 12.63[b] | 325.34 ± 28.16[a] |
| Na* · $K^+$ · ATP（U/mg protein） | 4.99 ± 0.52[a] | 7.05 ± 0.28[b] | 4.84 ± 0.14[a] |

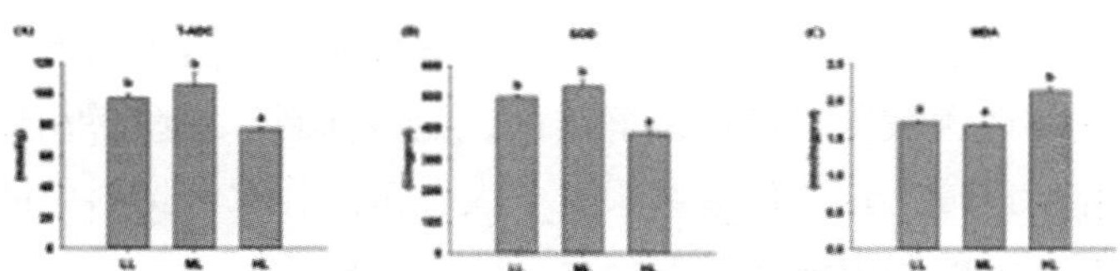

日粮脂肪水平对大菱鲆幼鱼肠道抗氧化能力的影响

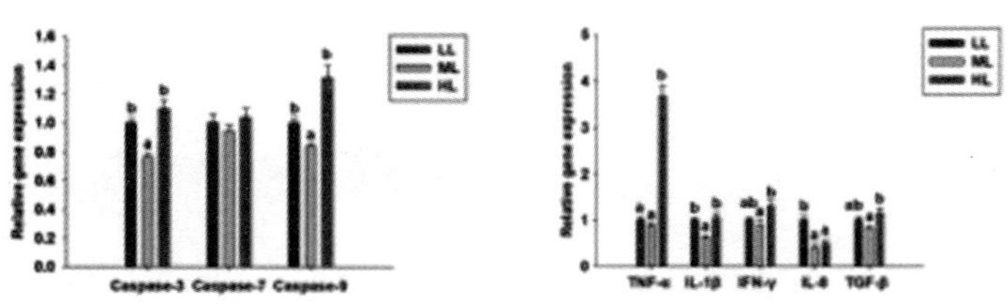


肠道炎症相关因子和细胞凋亡基因的表达

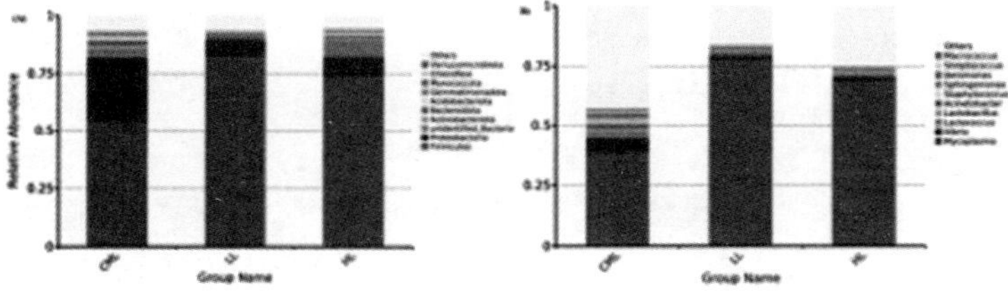


门和属水平上最丰富的前10名细菌（基于相对丰度）

**图 5　饲料脂肪水平对大菱鲆幼鱼肠道健康及微生态的影响**

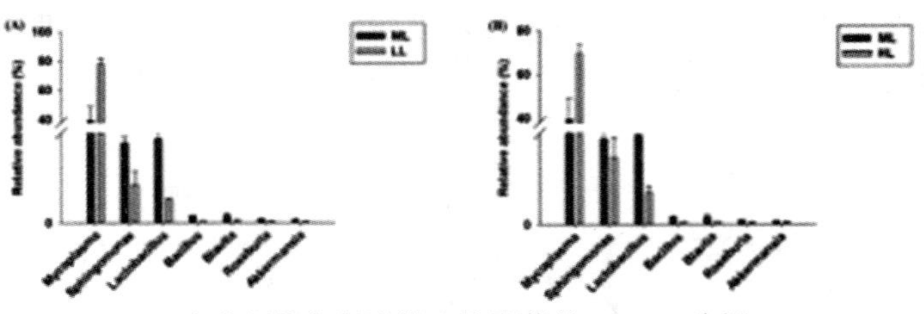

大菱鲆幼鱼肠道微生物群落的MetaStat分析

**图 5　饲料脂肪水平对大菱鲆幼鱼肠道健康及微生态的影响（续）**

# 6　大豆黄酮增强大菱鲆肠道黏膜屏障功能并改善大菱鲆肠道菌群结构

增强大菱鲆肠道健康，降低或缓解其肠炎症状对于提高大菱鲆植物蛋白利用率具有重要意义。大豆黄酮因其具有抗炎、抗氧化等功能已经在畜禽类养殖中得到应用，但其在水产动物养殖中的研究和应用都还比较少。本实验通过在高豆粕饲料中添加大豆黄酮投喂大菱鲆 12 周后取样分析大菱鲆的肠道黏膜屏障功能和肠道微生物组成和结构。实验结果表明，饲料中添加 40 mg/kg的大豆黄酮能够显著提高肠道抗炎细胞因子TGF－β的表达，并显著降低促炎细胞因子TNF－α以及信号分子p38, JNK and NF－κB的表达水平。高豆粕饲料显著上调了氧化应激和细胞凋亡相关的基因表达，但是添加大豆黄酮将表达水平降至与鱼粉对照组无显著差异的表达水平。此外，大豆黄酮也显著提高了肠道紧密连接蛋白的表达水平。大豆黄酮能够改善大菱鲆肠道菌群结构，同时抑制了一些潜在致病菌的相对丰度，提高了益生菌的相对丰度。这些研究结果对于大豆黄酮在水产饲料中的应用，对于提高植物蛋白在大菱鲆饲料中的利用都具有重要意义。

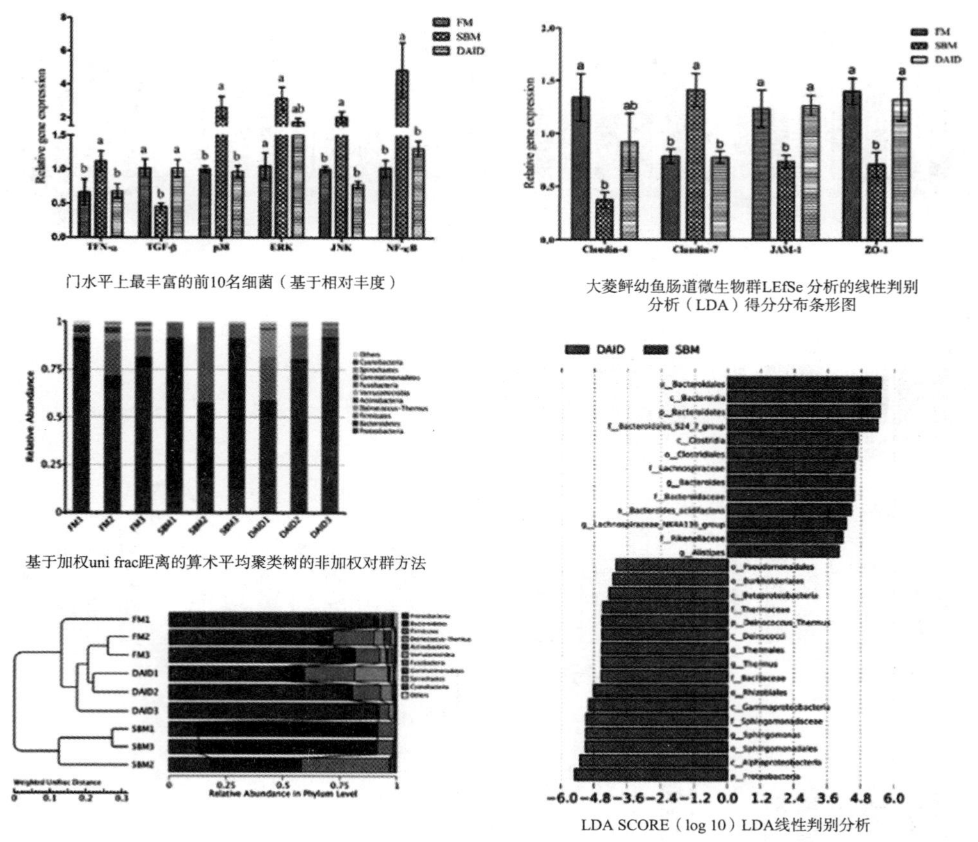


**图 6　大豆黄酮对大菱鲆肠道黏膜屏障功能及菌群结构的影响**

# 7　发酵豆粕替代鱼粉对大菱鲆幼鱼生长、抗氧化能力与免疫应答的影响

本研究旨在用大豆异黄酮高效降解菌发酵豆粕，并以不同种类发酵豆粕替代鱼粉，研究大豆异黄酮高效降解菌发酵豆粕替代鱼粉对大菱鲆幼鱼短期和长期的生长、抗氧化能力与免疫应答的影响。通过对四种发酵豆粕营养组成及抗营养因子降解情况进行分析，四种发酵豆粕均能有效降解抗营养因子并提高豆粕的酸溶蛋白含量。豆粕中结合型大豆异黄酮被不同程度降解为游离型大豆异黄酮。四种发酵豆粕替代鱼粉相比于豆粕替代组对大菱鲆幼鱼短期和长期的生长性能均能起到很好的促进作用。同时对血清抗氧化酶活力及免疫相关酶活力的分析，得出四种发酵豆粕替代鱼粉相比于豆粕替代鱼粉对大菱鲆幼鱼短期和长期的抗氧化能力与免疫应答能力均有显著提高。总之，通过以上研究得出，四种大豆异黄酮高效降解菌发酵豆粕替代鱼粉可以显著提高大菱鲆幼鱼的生长、抗氧化能力与免疫应答能力，其中以SF45 和BA45 发酵豆粕的优势更为显著。

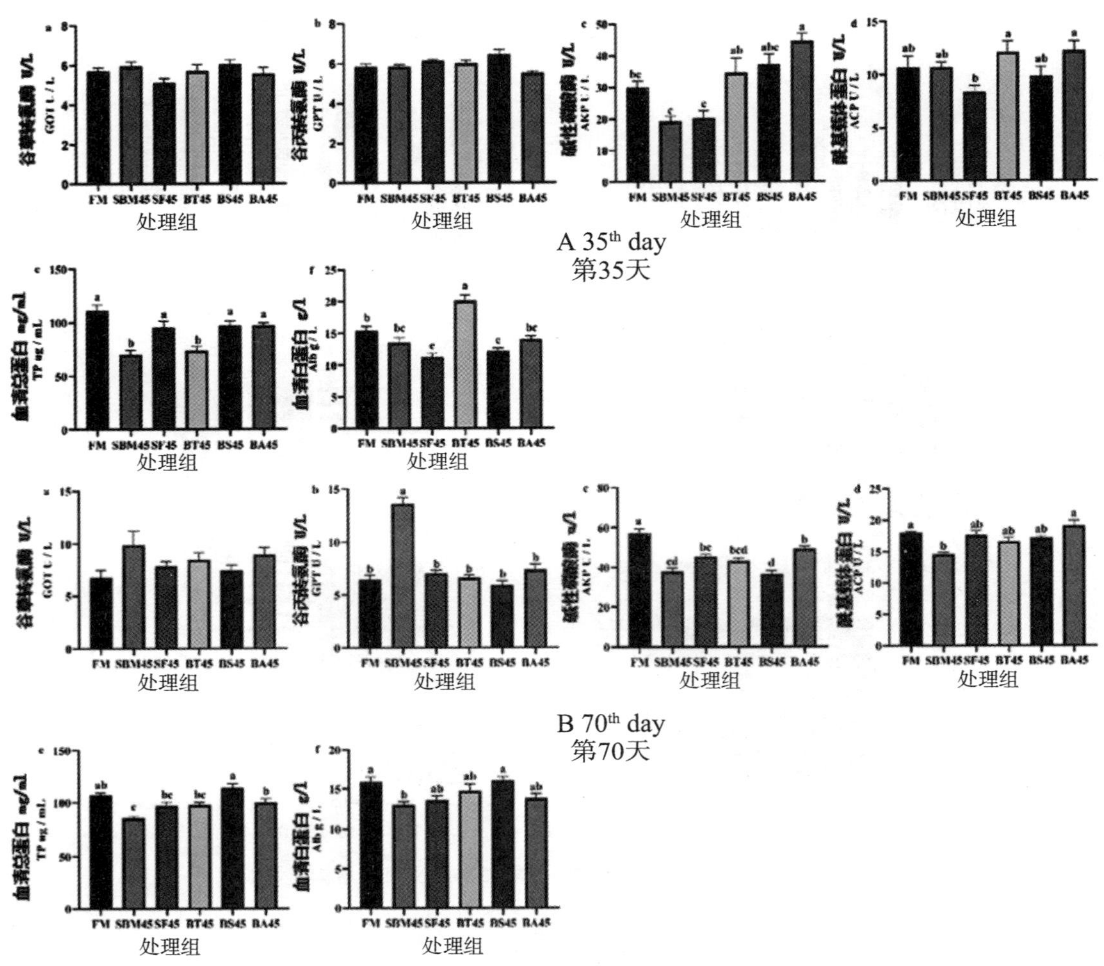


**图 7　发酵豆粕替代鱼粉对大菱鲆幼鱼血清免疫相关的酶活力**

# 8　单细胞菌蛋白替代大菱鲆饲料中鱼粉的评价

研究选取单细胞蛋白梯度替代（0、15%、30%、45%、60%、80%和 100%）饲料中鱼粉蛋白，进行为期 8 周的养殖实验，测定单细胞蛋白对大菱鲆生长、饲料利用、体组成、肝脏健康和蛋白质代谢的影响。结果表明：单细胞菌蛋白可替代饲料中大约 30%的鱼粉而未显著降低大菱鲆的生长，且对大菱鲆幼鱼的存活率和肝脏健康无显著负面影响。在含有豆粕的饲料中添加一定含量的单细胞蛋白具有提高饲料利用效率的趋势。饲料中过高水平的单细胞蛋白会降低大菱鲆幼鱼饲料消化率、降低摄食率、抑制肌肉蛋白质合成作用。

（岗位科学家　麦康森）

# 大黄鱼营养需求与饲料技术研发进展

大黄鱼营养需求与饲料岗位

本年度大黄鱼营养需求与饲料岗位针对大黄鱼养殖过程中人工配合饲料使用和推广存在的问题，聚焦幼鱼和仔稚鱼阶段，系统开展了其营养学相关研究，开发出了高效的大黄鱼人工配合饲料及人工微颗粒饲料，并进行了示范推广。研究内容主要包括以下几方面：对大黄鱼幼鱼进行了多种绿色饲料添加剂的功效评估以及新型蛋白源与脂肪源的开发，在此基础上开发了大黄鱼环保高效型人工配合饲料，同时与企业对接，共同完成了养殖示范和技术推广工作。对大黄鱼仔稚鱼进行了功能性饲料添加剂的开发，将菌群移植技术和饲料喷涂工艺相结合，开创了新型仔稚鱼饲料益生菌应用模式，同时利用微包膜技术，改良了仔稚鱼微颗粒饲料加工工艺，在此基础上开发出了新型高效的大黄鱼人工微颗粒饲料。在基础任务方面，本岗位顺利完成了2021年度国家海水鱼产业技术研发中心基础数据库和国家海水鱼产业技术体系大黄鱼营养需求与饲料岗位数据库的数据收集；同时从营养调控方面为大黄鱼养殖户提供疾病防治的技术支持，圆满完成了相关应急任务。本年度研究成果共发表SCI论文17篇，新申请国家发明专利3项，培养博士后3人、全日制博士/硕士研究生22人。部分成果进行了视频现场验收，获得专家组高度评价；获得教育部自然科学一等奖。积极开展体系内、体系间以及体系外的交流与合作，积极参与国内外学术交流。本年度共参加各类技术推介、宣传、培训和会议共14次，培训技术推广人员、相关从业人员和科技示范户520余人次，发放宣传手册520本。通过与企业的合作，进行了产业化推广和示范，大黄鱼人工配合饲料的使用率在示范区提高5.6%左右，研究成果的转化产生了较大经济效益，为行业的绿色健康发展做出了重要贡献。本年度共填报日志280篇，经费收支平衡，使用合理。

## 1　大黄鱼功能性饲料添加剂的开发

### 1.1　饲料中添加碱性蛋白酶对大黄鱼生长和生理生化的影响

本实验以大黄鱼为研究对象，探究乙醇梭菌蛋白替代基础饲料中45%鱼粉后，分别添加0 U（M0）、4 000 U（M1）、8 000 U（M2）、12 000 U（M3）、16 000 U（M4）、20 000 U（M5）、120 000 U（M6）和160 000 U（M7）的碱性蛋白酶（酶活力以50万

U/g计），对大黄鱼幼鱼生长和生理生化的影响。实验结果表明：饲料中添加碱性蛋白酶可以一定程度改善大黄鱼幼鱼的生长状况，其中8 000 U组最为显著；而饲料中过量添加碱性蛋白酶对大黄鱼的生长并无显著影响（图1）。

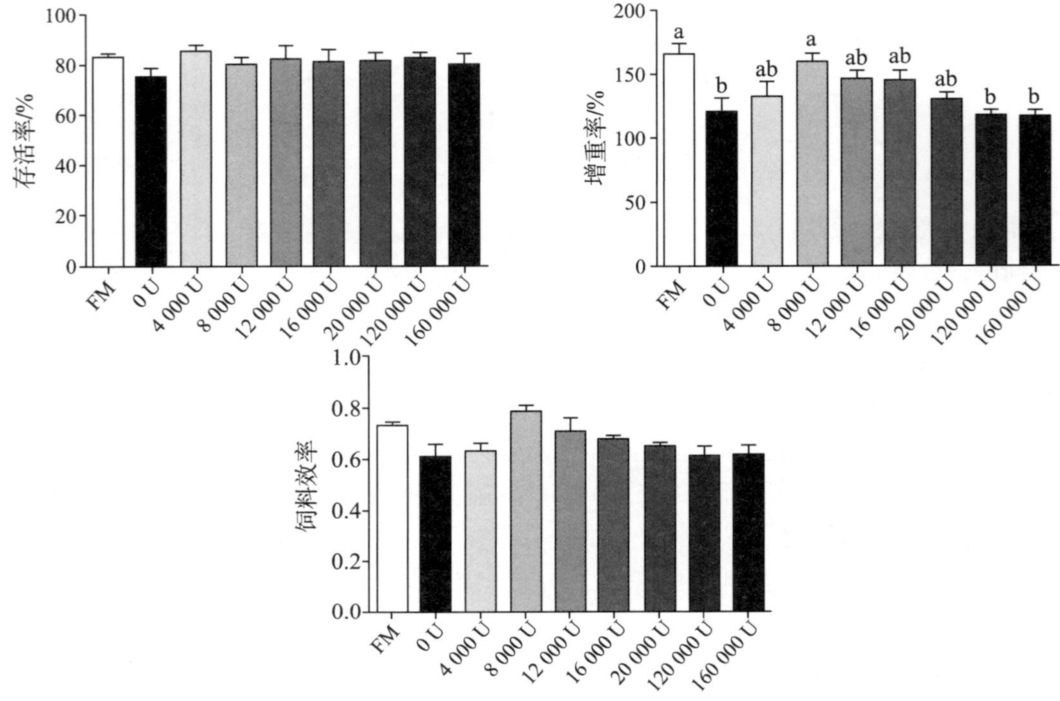


相同字母表示组间差异不显著（$P>0.05$）

**图1　碱性蛋白酶对大黄鱼幼鱼生长性能的影响**

## 1.2　饲料中添加渔用青蒿素对大黄鱼生长和生理生化的影响

本实验以大黄鱼为研究对象，探究乙醇梭菌蛋白替代基础饲料中45%鱼粉后，分别添加0%（Q0）、0.03%（Q1）、0.06%（Q2）、0.09%（Q3）、0.12%（Q4）、0.16%（Q5）和1.2%（Q6）的渔用青蒿素（青蒿素含量≥1%），对大黄鱼幼鱼生长和生理生化的影响。实验结果表明：饲料中添加适量渔用青蒿素显著改善大黄鱼幼鱼生长指标，其中添加0.09%和0.12%渔用青蒿素饲料效果最显著；而渔用青蒿素添加量达到1.2%时则抑制了大黄鱼生长（图2）。

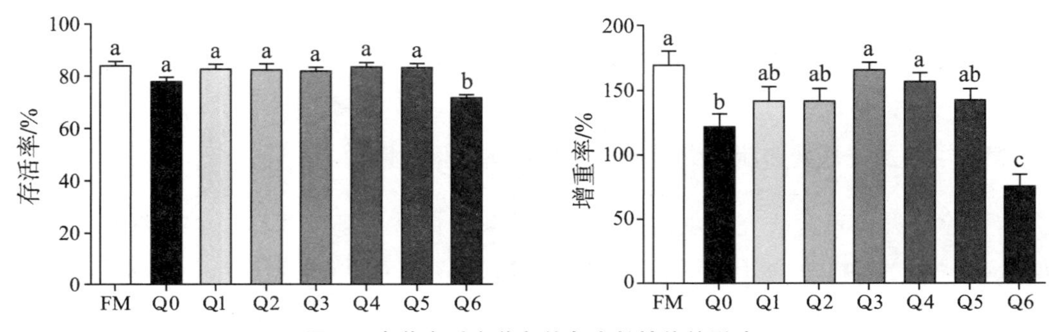


**图2　青蒿素对大黄鱼幼鱼生长性能的影响**

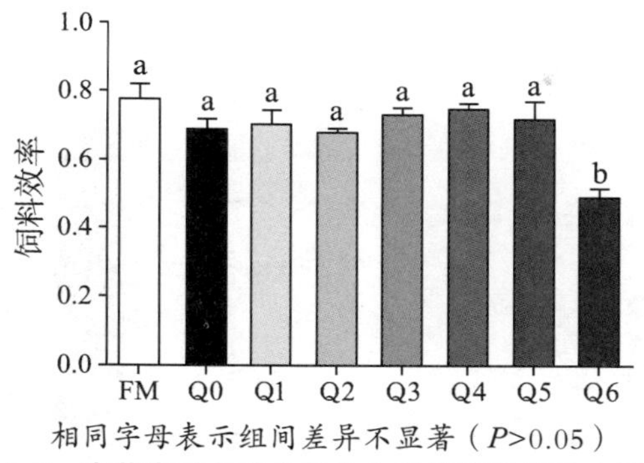


相同字母表示组间差异不显著（$P>0.05$）

**图 2　青蒿素对大黄鱼幼鱼生长性能的影响（续）**

## 1.3　溶血卵磷脂对高脂诱导下大黄鱼生长和抗氧化力的影响

为探讨溶血卵磷脂对高脂诱导下大黄鱼生长和抗氧化力的影响，本实验以42.0%粗蛋白和18.5%粗脂肪的高脂饲料为对照组（HFD），在对照组的基础上，分别添加0.2%、0.4%和0.6%的溶血卵磷脂，配制成4种等氮、等脂的实验饲料。选择初始体重为6.1 g ± 0.1 g的大黄鱼幼鱼，随机分成4个组，每组3个重复，每个重复60尾鱼，进行为期70天的摄食生长实验。结果表明，使用添加0.2%的溶血卵磷脂的高脂饲料饲喂大黄鱼幼鱼，可以显著提升其增重率和特定生长率；与对照组相比，高脂饲料中添加0.2%~0.4%溶血卵磷脂均可以显著提升肝脏总抗氧化力并显著降低肝脏丙二醛含量（图3）。综上所述，高脂饲料中添加0.2%的溶血卵磷脂能显著提升大黄鱼的生长性能和抗氧化力。

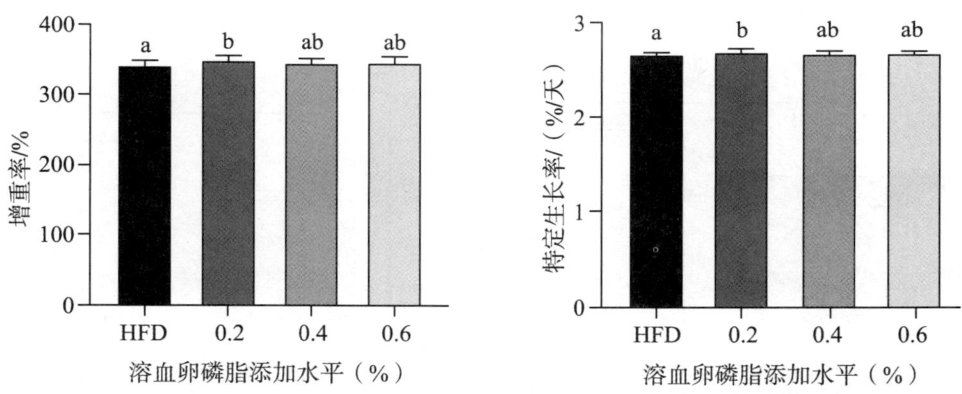


**图 3　溶血卵磷脂对高脂饲料喂养的大黄鱼生长和抗氧化力的影响**

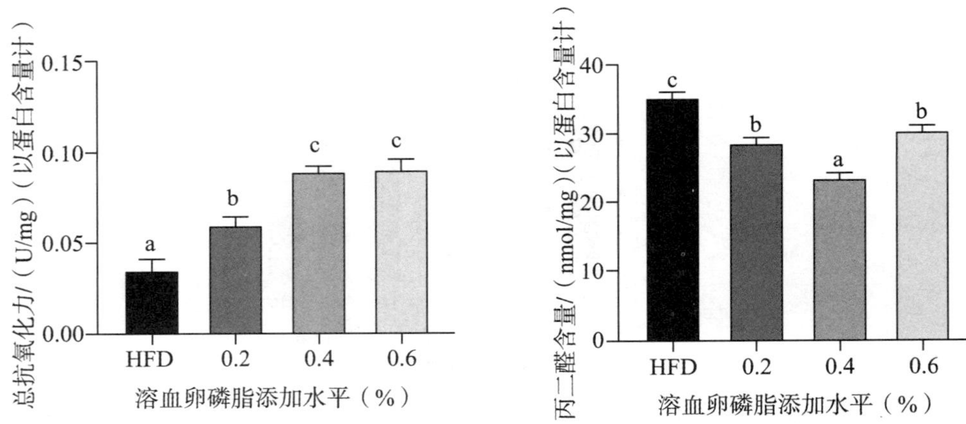


相同字母表示组间差异不显著（$P>0.05$）

**图 3　溶血卵磷脂对高脂饲料喂养的大黄鱼生长和抗氧化力的影响（续）**

## 1.4　饲料中添加发酵杜仲液对大黄鱼生长性能的影响

本实验以大黄鱼为研究对象，旨在探究饲料中添加 4%杜仲发酵液对大黄鱼幼鱼生长的影响。本实验以鱼粉和豆粕为主要蛋白源，以鱼油为主要脂肪源，配制 2 种等氮、等脂饲料，其中基础饲料为对照组（CON），基础饲料中添加 4%杜仲发酵液为实验组（DZ）。选择初始体重为 12.9 g ± 0.03 g的大黄鱼 300 尾，随机分成 2 组，每组 3 个重复，每个重复 50 尾鱼，进行为期 63 天的摄食生长实验，水温 13.6~25.8℃。结果表明，饲料中添加 4%杜仲发酵液可显著提高大黄鱼幼鱼生长性能（图 4）。

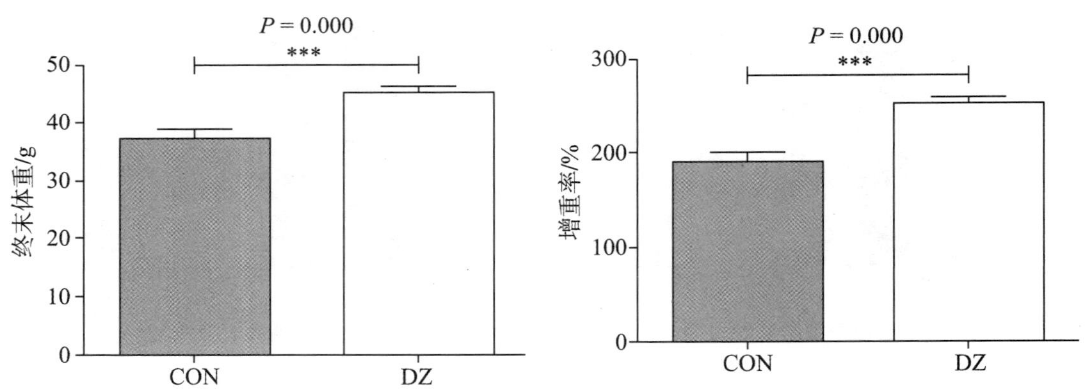


**图 4　饲料中添加 4%杜仲发酵液对大黄鱼生长性能的影响**

## 1.5　饲料中添加复合型功能饲料添加剂对大黄鱼生长性能的影响

本实验以大黄鱼为研究对象，旨在探究饲料中添加 2%复合型功能添加剂对大黄鱼幼鱼生长的影响。本实验以鱼粉和豆粕为主要蛋白源，以鱼油为主要脂肪源，配制 2 种等氮、等脂饲料，其中基础饲料为对照组（CON），基础饲料中添加 2%复合型功能添加剂为实验组（GN）。选择初始体重为 12.9 g ± 0.03 g的大黄鱼 300 尾，随机分成 2 组，每组 3 个重复，每个重复50尾鱼，进行为期63天的摄食生长实验，水温13.6~25.8℃。结果表明，饲料中添加2%复合型功能添加剂可显著提高大黄鱼幼鱼生长性能（图5）。

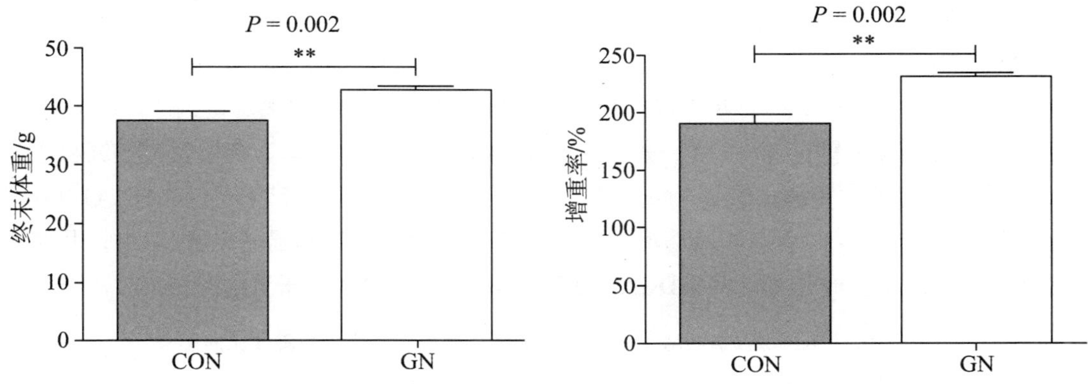


图5　饲料中添加2%复合型功能添加剂对大黄鱼生长性能的影响

# 2　开发防治肝胆综合症的大黄鱼高效功能性饲料

## 2.1　饲料中添加猪去氧胆酸（HDCA）对大黄鱼生长和形体指标的影响

以我国重要海水养殖鱼类大黄鱼为研究对象，分别以鱼油组（FO）和豆油组（SO）为正、负对照组，并在豆油组基础饲料中分别添加0.03%（HDCA300）、0.06%（HDCA600）和0.12%（HDCA1200）的HDAC，配制5种等氮、等脂饲料，研究添加不同水平HDCA对大黄鱼幼鱼生长和形体指标的影响。选择初始体重为6.5 g ± 0.32 g的大黄鱼，随机分成5组，每组3个重复，每个重复40尾鱼，进行为期63天的摄食生长实验。结果表明：饲料中添加HDCA显著提高了大黄鱼幼鱼末均重，并随添加比例增加呈上升趋势，各添加组显著高于SO组，HDCA1200组显著高于其余各组；脏体比随添加比例增加呈降低趋势，其中HDCA300和HDCA1200组显著低于SO组；肝体比随添加比例增加呈上升趋势，其中HDCA300和HDCA600组显著高于SO组（表1）。

表1　饲料中添加猪去氧胆酸（HDCA）对大黄鱼生长、肝体比和脏体比的影响

| 指标 | FO | SO | HDCA300 | HDCA600 | HDCA1200 |
|---|---|---|---|---|---|
| 终末体重/g | $23.01 \pm 0.25^{b}$ | $16.25 \pm 0.50^{d}$ | $18.68 \pm 0.71^{c}$ | $21.51 \pm 0.70^{b}$ | $25.38 \pm 0.39^{a}$ |
| 脏体比/% | $5.02 \pm 0.10^{b}$ | $6.17 \pm 0.14^{a}$ | $5.17 \pm 0.13^{b}$ | $5.79 \pm 0.12^{a}$ | $5.24 \pm 0.11^{b}$ |
| 肝体比/% | $1.67 \pm 0.03^{c}$ | $2.31 \pm 0.14^{bc}$ | $3.28 \pm 0.30^{a}$ | $3.15 \pm 0.20^{a}$ | $2.86 \pm 0.21^{ab}$ |

注：实验数据采用平均值 ± 标准误差（$n$=3）的形式表示。同一行相同字母上标表示差异不显著（$P$>0.05）。

## 2.2 饲料中添加去氧胆酸（DCA）对大黄鱼生长和形体指标的影响

以我国重要海水养殖鱼类大黄鱼为研究对象，分别以鱼油组（FO）和豆油组（SO）为正、负对照组，并在豆油组基础饲料中分别添加 0.03%（DCA300）、0.06%（DCA600）和 0.12%（DCA1200）的DCA，配制 5 种等氮、等脂饲料，研究添加不同水平DCA对大黄鱼幼鱼生长和形体指标的影响。选择初始体重为 6.5 g ± 0.32 g的大黄鱼，随机分成 5 组，每组 3 个重复，每个重复 40 尾鱼，进行为期 63 天的摄食生长实验。结果表明：饲料中添加DCA显著提高了大黄鱼幼鱼末均重，并随添加比例增加呈上升趋势，其中DCA1200 组显著高于SO组；脏体比随添加比例增加呈降低趋势，各添加组均显著低于SO组；肝体比随添加比例增加呈上升趋势，其中DCA300 和DCA1200 组显著高于SO组（表 2）。

**表 2 饲料中添加去氧胆酸（DCA）对大黄鱼生长、肝体比和脏体比的影响**

| 指标 | FO | SO | DCA300 | DCA600 | DCA1200 |
|---|---|---|---|---|---|
| 终末体重/g | $23.01 \pm 0.25^{a}$ | $16.25 \pm 0.50^{b}$ | $19.18 \pm 0.26^{b}$ | $18.01 \pm 0.77^{b}$ | $26.01 \pm 1.29^{a}$ |
| 脏体比/% | $5.02 \pm 0.10^{b}$ | $6.17 \pm 0.14^{a}$ | $5.03 \pm 0.11^{b}$ | $4.97 \pm 0.37^{b}$ | $4.81 \pm 0.09^{b}$ |
| 肝体比/% | $1.67 \pm 0.03^{c}$ | $2.31 \pm 0.14^{bc}$ | $3.44 \pm 0.28^{a}$ | $3.13 \pm 0.37^{ab}$ | $3.66 \pm 0.37^{a}$ |

注：实验数据采用平均值 ± 标准误差（$n$=3）的形式表示。同一行相同字母上标表示差异不显（$P$>0.05）。

## 2.3 饲料中添加胆酸（CA）对大黄鱼生长和形体指标的影响

以我国重要海水养殖鱼类大黄鱼为研究对象，分别以鱼油组（FO）和豆油组（SO）为正、负对照组，并在豆油组基础饲料中分别添加 0.03%（CA300）、0.06%（CA600）和 0.12%（CA1200）的CA，配制 5 种等氮、等脂饲料，研究添加不同水平CA对大黄鱼幼鱼生长和形体指标的影响。选择初始体重为 6.5 g ± 0.32 g的大黄鱼，随机分成 5 组，每组 3 个重复，每个重复 40 尾鱼，进行为期 63 天的摄食生长实验。结果表明：饲料中添加CA显著提高了大黄鱼幼鱼终末体重，并随添加比例增加呈上升趋势，各添加组显著高于SO组，CA600 和CA1200 组显著高于CA300 组；脏体比随添加比例增加呈降低趋势，各添加组均显著低于SO组；肝体比随添加比例增加呈上升趋势，其中CA1200 组显著高于SO组（表 3）。

**表 3 饲料中添加胆酸（CA）对大黄鱼生长、肝体比和脏体比的影响**

| 指标 | FO | SO | CA300 | CA600 | CA1200 |
|---|---|---|---|---|---|
| 终末体重/g | $23.01 \pm 0.25^{a}$ | $16.25 \pm 0.5^{c}$ | $19.66 \pm 0.24^{b}$ | $22.13 \pm 0.80^{a}$ | $22.56 \pm 0.38^{a}$ |
| 脏体比/% | $5.02 \pm 0.10^{c}$ | $6.17 \pm 0.14^{a}$ | $4.96 \pm 0.10^{c}$ | $5.47 \pm 0.04^{b}$ | $5.12 \pm 0.08^{bc}$ |
| 肝体比/% | $1.67 \pm 0.03^{c}$ | $2.31 \pm 0.14^{bc}$ | $2.65 \pm 0.02^{ab}$ | $3.29 \pm 0.32^{ab}$ | $2.96 \pm 0.17^{a}$ |

注：实验数据采用平均值 ± 标准误差（$n$=3）的形式表示。同一行相同字母上标表示差异不显著（$P$>0.05）。

# 3 新原料开发

## 3.1 饲料中添加葵花籽粕替代鱼粉对大黄鱼消化能力的影响

本实验设计葵花籽粕部分替代鱼粉（42.5%粗蛋白和12.6%粗脂肪）的等氮、等脂饲料，替代比例依次为0%、8%、16%、24%和32%。选择初始体重为13.0 g ± 0.56 g的大黄鱼幼鱼，随机分成5组，每个组3个重复，每个重复60尾幼鱼，进行为期70天的摄食生长实验。实验结果表明：随着葵花籽粕替代鱼粉替代比例的升高，脂肪酶活力呈现先上升、后下降的趋势。其中，葵花籽粕替代16%的鱼粉组脂肪酶活力最高；葵花籽粕替代鱼粉对淀粉酶活力无显著影响（图6）。综上所述，葵花籽粕替代16%的鱼粉能够提高大黄鱼的消化能力。

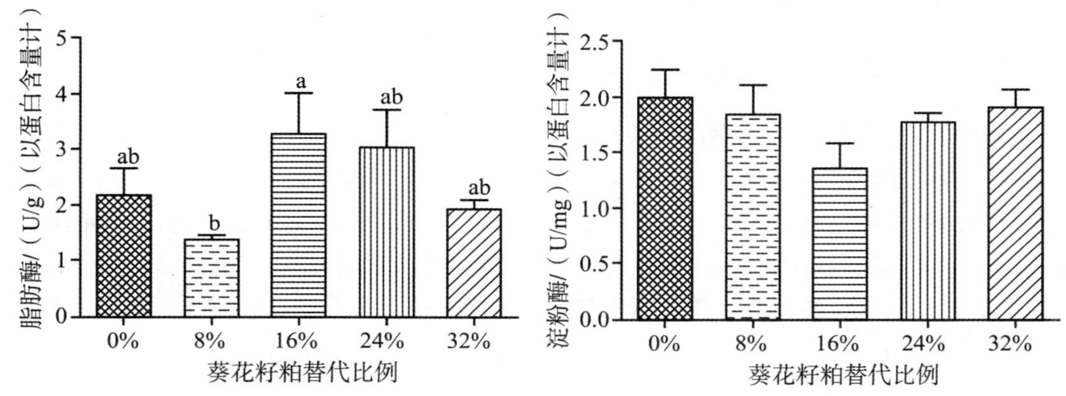


相同字母表示组间差异不显著（$P>0.05$）

**图6 饲料中添加葵花籽粕替代鱼粉对大黄鱼消化酶活力的影响**

## 3.2 饲料中添加花生粕替代鱼粉对大黄鱼消化能力的影响

本实验设计花生粕部分替代鱼粉（42.5%粗蛋白和12.6%粗脂肪）的等氮、等脂饲料，替代比例依次为0、15%、30%、45%和60%。选择初始体重为13.0 g ± 0.74 g的大黄鱼幼鱼，随机分成5组，每个组3个重复，每个重复60尾幼鱼，进行为期70天的摄食生长实验。结果表明：饲料中花生粕替代后对大黄鱼淀粉酶和脂肪酶无显著影响（图7）。综上所述，饲料中花生粕替代鱼粉比例为15%~60%时并不会影响大黄鱼的淀粉酶和脂肪酶活力。

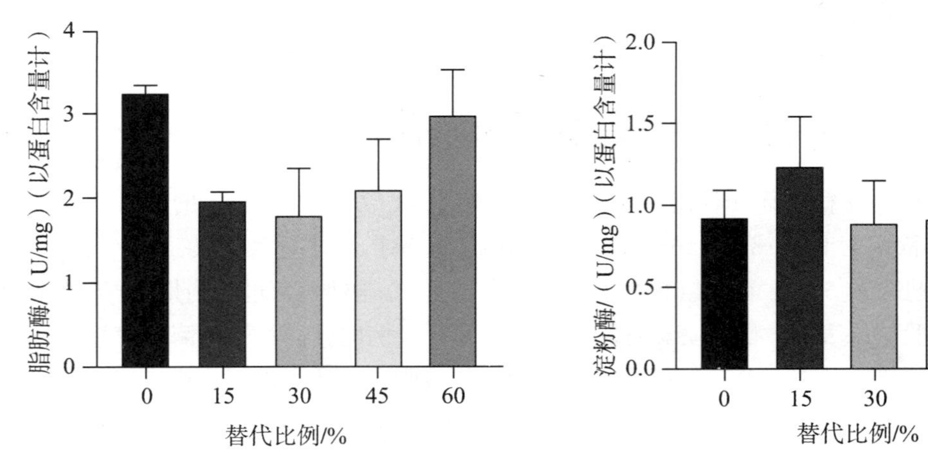


相同字母表示组间差异不显著（$P$>0.05）

**图 7　饲料中添加花生粕替代鱼粉对大黄鱼消化酶活力的影响**

## 3.3　饲料中添加脱酚棉籽蛋白替代鱼粉对大黄鱼消化能力的影响

本实验设计脱酚棉籽蛋白部分替代鱼粉（42.5%粗蛋白和12.6%粗脂肪）的等氮、等脂饲料，替代比例依次为0%、20%、40%、60%和80%。选择初始体重为13.0 g ± 0.56 g的大黄鱼幼鱼，随机分成5组，每个组3个重复，每个重复60尾幼鱼，进行为期70天的摄食生长实验。实验结果表明：随着脱酚棉籽蛋白替代鱼粉替代比例的升高，脂肪酶活力呈现先上升、后下降的趋势，其中20%替代组脂肪酶活力最高；胰蛋白酶活力均显著高于对照组，其中20%替代组胰蛋白酶活力最高；脱酚棉籽蛋白替代鱼粉对淀粉酶活力无显著影响（图8）。综上所述，脱酚棉籽蛋白替代20%的鱼粉能够提高大黄鱼的消化能力。

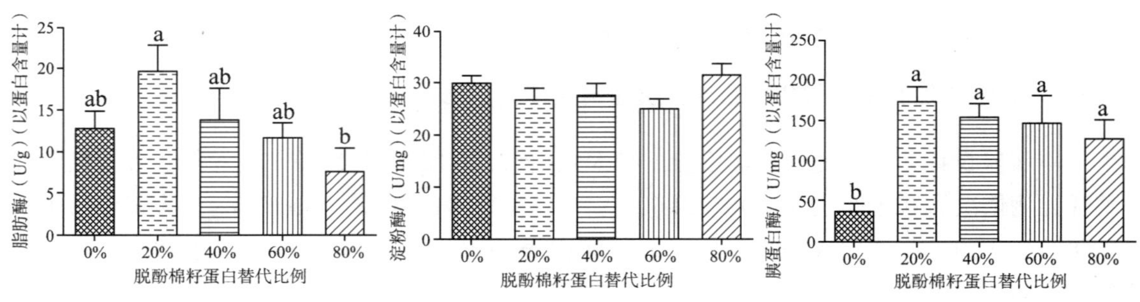


相同字母表示组间差异不显著（$P$>0.05）

**图 8　饲料中添加脱酚棉籽蛋白替代鱼粉对大黄鱼消化酶活力的影响**

## 3.4　饲料中复合脂肪源替代鱼油对大黄鱼生长和形体指标的影响

本实验旨在探究复合脂肪源完全替代基础饲料中鱼油后对大黄鱼幼鱼生长和形体指标的影响。选择初始体重为12.9 g的大黄鱼幼鱼，随机分成鱼油组（CON）和混合脂肪源组（ZF），每个组3个重复，每个重复60尾幼鱼，进行为期70天的摄食生长实验。结果表明，混合脂肪源完全替代鱼油不会对大黄鱼的生长和肥满度产生显著影响（图 9）。

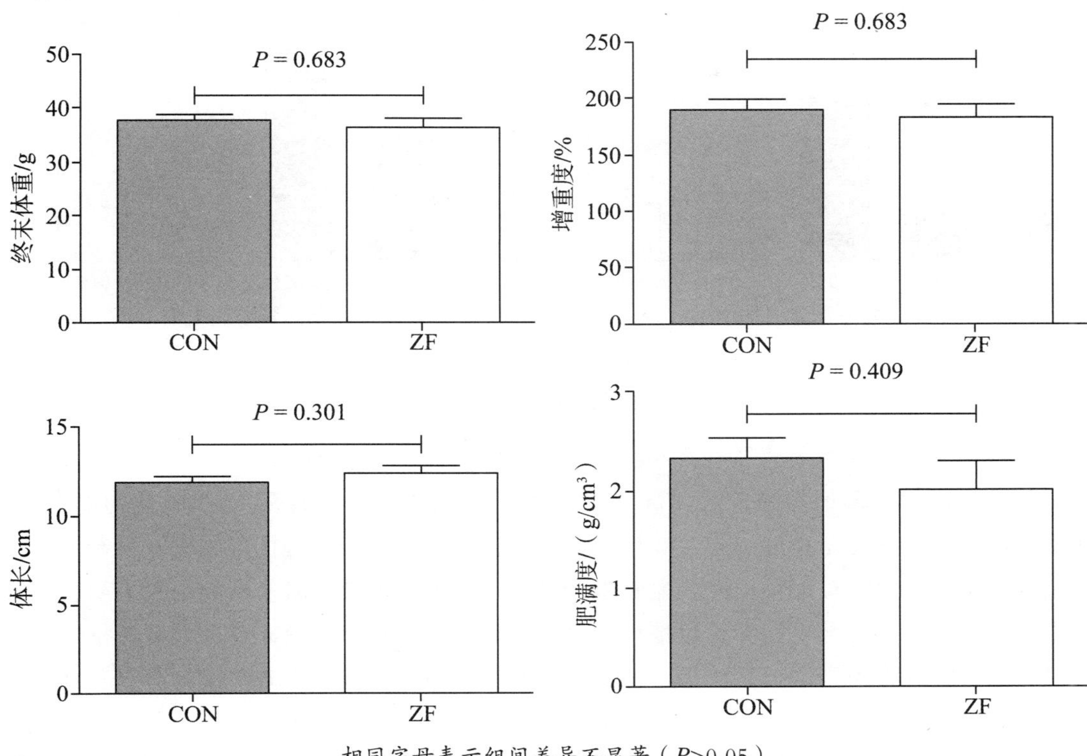


相同字母表示组间差异不显著（$P$>0.05）

**图 9　饲料中复合脂肪源替代鱼油对大黄鱼生长和形体指标的影响**

# 4　微颗粒饲料开发与生产工艺优化升级

## 4.1　大黄鱼稚鱼功能性饲料添加剂的开发

### 4.1.1　微颗粒饲料添加甘草甜素对抗氧化力以及摄食相关基因的影响

本实验研究旨在探究微颗料饲料中添加甘草甜素能否提高大黄鱼稚鱼的生长、存活、消化酶活力、抗氧化力以及摄食相关基因表达，以初始体重为 3.78 mg ± 0.27 mg的大黄鱼稚鱼（15 日龄）为实验对象，在基础饲料中分别添加 0.00%（对照组）、0.005%、0.01%和 0.02%的甘草甜素，制作成 4 种含粗蛋白 54%左右、粗脂肪 16%左右的微颗料饲料，实验周期为 30 天。实验结果表明：稚鱼肠段 α –淀粉酶和胰蛋白酶活力随甘草甜素添加量的增加呈现先升高、后降低的趋势，其中 0.01%处理组肠段淀粉酶和胰蛋白酶显著高于对照组、0.01%和 0.02%处理组（图 10）。综上所述，饲料中添加甘草甜素可以提高大黄鱼稚鱼的消化酶活力。

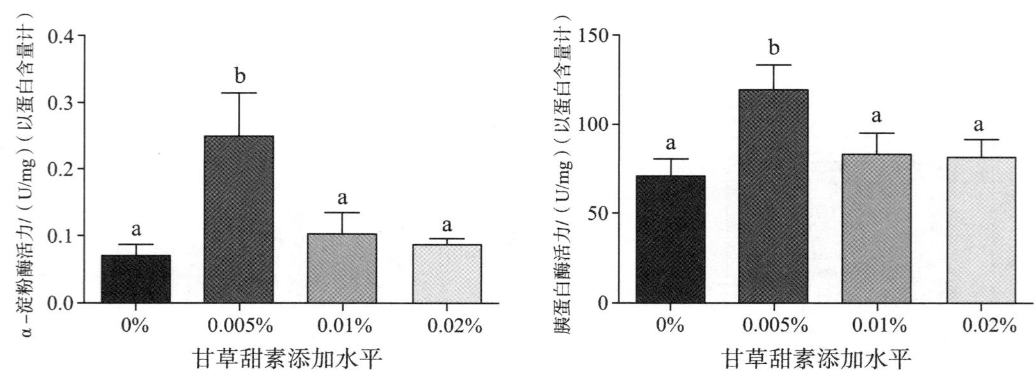


相同字母表示组间差异不显著（$P>0.05$）

**图 10　微颗粒饲料中添加甘草甜素对大黄鱼稚鱼消化酶活力的影响**

4.1.2　饲料中添加谷维素养殖大黄鱼稚鱼的实验研究

为探究饲料中添加谷维素对大黄鱼稚鱼存活、生长、消化酶活力和抗氧化力的影响，在基础饲料中分别添加 0 mg/kg、20 mg/kg、40 mg/kg和 80 mg/kg的谷维素，配制成 4 种等氮等脂的人工微颗粒饲料，进行为期 30 d的大黄鱼稚鱼养殖实验。研究结果表明，饲料中添加谷维素可以显著提高大黄鱼稚鱼的存活率和特定生长率（图 11）。大黄鱼稚鱼的胰蛋白酶活力随着谷维素添加量从 0 mg/kg增加到 80 mg/kg呈现不断升高的趋势；谷维素添加量为 80 mg/kg时，胰蛋白酶活力显著高于对照组（图 11）。此外，大黄鱼稚鱼抗氧化酶活力随着谷维素添加量的升高呈现上升趋势，80 mg/kg的谷维素能够显著提高稚鱼内脏团总超氧化物歧化酶活力（图 11）。综上所述，饲料中添加 80 mg/kg谷维素能够促进大黄鱼稚鱼的生长，提高消化酶活力和抗氧化能力。

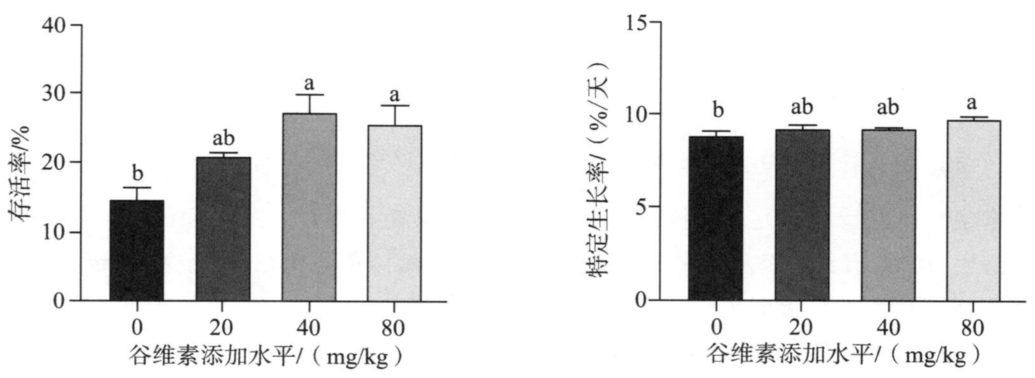


**图 11　饲料中添加谷维素对大黄鱼稚鱼生长性能和酶活力的影响**

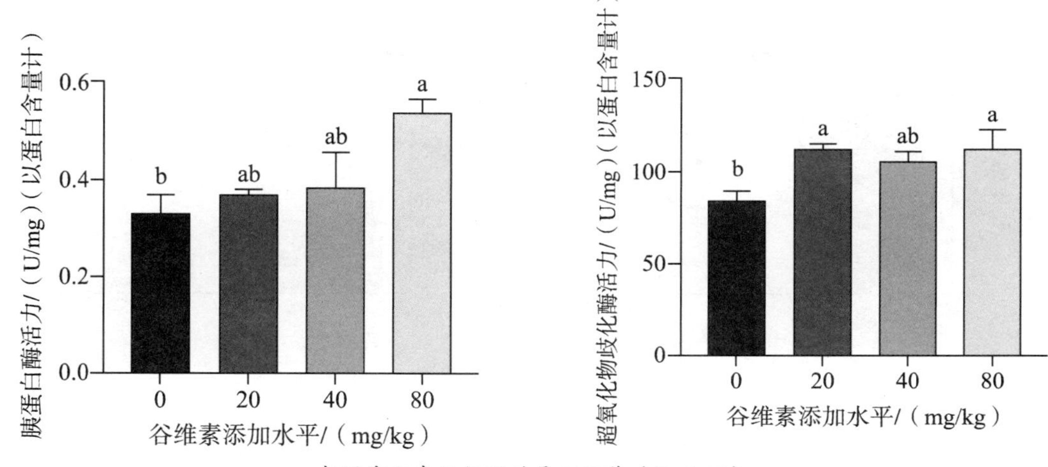


相同字母表示组间差异不显著（$P$>0.05）

**图 11 饲料中添加谷维素对大黄鱼稚鱼生长性能和酶活力的影响（续）**

## 4.2 新型仔稚鱼饲料益生菌群应用模式的开发——来自 12 月龄大黄鱼的粪菌对大黄鱼稚鱼生长和肠道发育的影响

本实验旨在探究微颗粒饲料中接种 12 月龄健康大黄鱼的粪便微生物能否通过改善大黄鱼稚鱼的肠道微生态从而促进其发育早期的肠道健康，提高其生长性能。实验设置对照组（Control）和接种粪菌组（FMT），以俄罗斯白鱼粉、磷虾粉和鱿鱼粉为主要蛋白源，鱼油和大豆卵磷脂为油源配制成含粗蛋白 48.2%、粗脂肪 18.2%的实验饲料。每天 21：00 在超净台中取好第二日所需投喂量的饲料分别放入 4 个培养皿中，取之前制备好并保存于−80℃冰箱的来自 12 月龄大黄鱼粪便的菌液解冻，然后按每组 2 mL的量喷涂至饲料上，用灭过菌的细胞刮刀搅拌均匀，阴干 8 h后用于第二天投喂，对照组喷涂等量的无菌PBS。实验采用平均初始体长为 6.61 mm，平均初始体重为 3.64 mg的大黄鱼稚鱼，随机分成 2 组，每个组 3 个重复，每个重复 3 000 尾稚鱼，进行为期 30 天的摄食生长实验。实验结果表明：微颗粒饲料中接种 12 月龄大黄鱼的粪便微生物显著提高了大黄鱼稚鱼的终末体重、增重率和特定生长率（图 12）。微颗粒饲料中接种 12 月龄大黄鱼的粪便微生物显著提高了大黄鱼稚鱼肠段刷状缘上亮氨酸氨基肽酶活力，显著提高了大黄鱼稚鱼肠段*pcna*和*occludin*基因的表达量（图 12）。

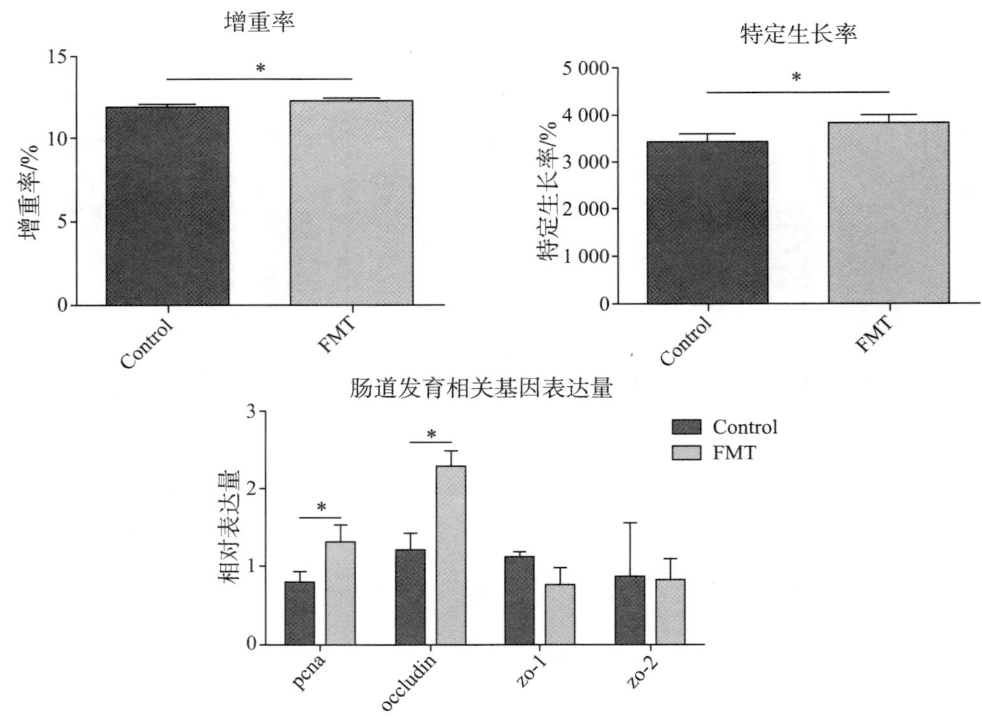


图中*表示组间差异显著（$P<0.05$）

**图 12　微颗粒饲料中接种粪菌对大黄鱼稚鱼生长和肠道发育的影响**

### 4.3　大黄鱼稚鱼微包膜饲料工艺开发——以新型壁材包被的微包膜饲料对饲料物理性质的影响

本实验以基础饲料（50.1%粗蛋白和 15.2%粗脂肪）配制成 4 种等氮、等脂的实验饲料，新型壁材包被质量体积比分别为 0.30%、0.60%和 0.90%。同时设置未包膜饲料为对照组（0.00%）。选择初始体重为 3.81 mg ± 0.20 mg的大黄鱼稚鱼，随机分成 4 组，每组 3 个重复，每个重复 3 000 尾鱼，进行为期 30 天的摄食生长实验（海水的pH为 7.8~8.2，盐度为 21~24，温度为 23~26℃）。结果表明：随着新型壁材喷覆比例的升高，饲料溶失率和沉降速度显著下降，对饲料容重并未产生显著影响（表 4）。同时，新型壁材喷覆比例的提高，可以显著提高饲料氮保留率和脂类包埋率（表 4）。综上所述，以新型壁材包被的微包膜饲料可以有效减少饲料的营养溶失。

**表 4　微包膜饲料中喷覆新型壁材对饲料品质的影响**

| 指标 | 新型壁材包被质量体积比 | | | |
|---|---|---|---|---|
| | 0.00% | 0.30% | 0.60% | 0.90% |
| 溶失率 /% | 31.52 ± 1.86[a] | 24.87 ± 1.23[b] | 19.75 ± 0.82[c] | 18.22 ± 1.18[c] |
| 容重/（g/L） | 570.44 ± 2.70 | 573.63 ± 1.54 | 577.07 ± 2.12 | 578.20 ± 1.65 |
| 沉降速度/（cm/s） | 2.20 ± 0.13 | 2.08 ± 0.11 | 2.03 ± 0.04 | 1.93 ± 0.08 |

续表

| 指标 | 新型壁材包被质量体积比 | | | |
|---|---|---|---|---|
| | 0.00% | 0.30% | 0.60% | 0.90% |
| 氮保留率/% | 63.76 ± 0.78[c] | 76.14 ± 0.98[b] | 77.52 ± 0.95[b] | 84.68 ± 1.36[a] |
| 脂类包埋率/% | 60.52 ± 1.40[b] | 84.63 ± 2.03[a] | 88.06 ± 1.67[a] | 88.65 ± 1.37[a] |

注：实验数据采用平均值 ± 标准误差（$n$=3）的形式表示。同一行相同字母上标表示差异不显著（$P$>0.05）。

（岗位科学家　艾庆辉）

# 石斑鱼营养需求与饲料技术研发进展

石斑鱼营养需求与饲料岗位

2021 年，本岗位按体系年度工作任务要求，大力推进石斑鱼绿色健康养殖，开展配合饲料替代幼杂鱼行动，进一步提高石斑鱼配合饲料普及率；高度重视国家饲料粮安全，开发利用新型非粮蛋白资源，提高优质饲料蛋白源的国产化率；开发石斑鱼环保饲料，降低饲料氮、磷、重金属排放，保护渔业生态环境。集成的相关技术获海洋科学技术一等奖 1 项。具体工作进展如下。

## 1 完善石斑鱼对营养参数需求数据库并开发适用配合饲料

厘清东星斑（豹纹鳃棘鲈）对饲料中脂类和必需氨基酸类营养素的需求情况，并在此基础上评估不同配合饲料在东星斑中的应用效果。

### 1.1 东星斑幼鱼对饲料中脂肪需要量的研究

饲料脂肪水平的增加对东星斑的增重率、特定生长率和肥满度等生长指标产生显著影响（表 1）。以增重率为判断依据，构建二次回归曲线模型，得出饲料中脂肪水平 9.40% 时东星斑生长性能最佳（图 1）。

**表 1 饲料不同脂肪水平对东星斑生长性能的影响**

| 项目 | 组别 | | | | | |
|---|---|---|---|---|---|---|
| | 6% | 8% | 10% | 12% | 14% | 16% |
| 初重/g | 13.99 ± 0.03 | 13.99 ± 0.01 | 13.92 ± 0.03 | 13.90 ± 0.04 | 13.96 ± 0.00 | 13.90 ± 0.04 |
| 末重/g | 49.02 ± 0.92$^{a}$ | 54.15 ± 4.26$^{ab}$ | 58.41 ± 0.18$^{b}$ | 51.22 ± 0.26$^{a}$ | 51.14 ± 1.32$^{a}$ | 50.88 ± 1.96$^{a}$ |
| 增重率/% | 250.50 ± 7.46$^{a}$ | 286.91 ± 30.13$^{ab}$ | 319.76 ± 2.23$^{b}$ | 268.67 ± 2.89$^{a}$ | 266.29 ± 9.51$^{a}$ | 265.29 ± 14.83$^{a}$ |
| 特定生长率/（%/d） | 2.05 ± 0.04$^{a}$ | 2.13 ± 0.07$^{a}$ | 2.35 ± 0.01$^{b}$ | 2.14 ± 0.01$^{a}$ | 2.13 ± 0.04$^{a}$ | 2.12 ± 0.07$^{a}$ |
| 肥满度/（g/cm$^{3}$） | 1.94 ± 0.11$^{a}$ | 2.19 ± 0.01$^{b}$ | 2.48 ± 0.03$^{c}$ | 2.21 ± 0.06$^{b}$ | 2.23 ± 0.05$^{b}$ | 2.25 ± 0.05$^{b}$ |
| 肝体比/% | 0.98 ± 0.05$^{a}$ | 1.09 ± 0.11$^{ab}$ | 1.24 ± 0.07$^{abc}$ | 1.17 ± 0.04$^{abc}$ | 1.42 ± 0.15$^{bc}$ | 1.49 ± 0.25$^{c}$ |
| 脏体比/% | 3.93 ± 1.10$^{a}$ | 5.15 ± 0.19$^{ab}$ | 5.66 ± 0.33$^{b}$ | 5.61 ± 0.33$^{b}$ | 6.10 ± 0.10$^{b}$ | 6.39 ± 0.18$^{b}$ |

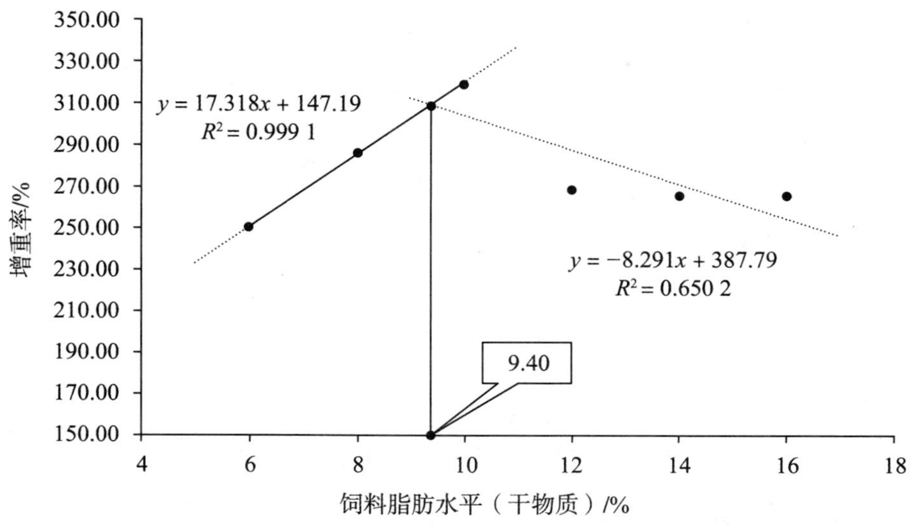


**图 1　饲料脂肪水平与东星斑增重率的关系**

## 1.2　东星斑幼鱼对饲料中磷脂需要量的研究

不同磷脂水平对东星斑生长性能影响显著（表 2）。随着饲料中磷脂水平的增加，东星斑增重率、特定生长率和肥满度呈现先升高、后降低的趋势，3% 组达到最高值，且显著高于其他各组。以增重率为判断依据，构建二次回归曲线模型，得出饲料中磷脂水平为 3.14% 时东星斑生长性能最佳（图 2）。

**表 2　饲料不同磷脂水平对东星斑生长性能的影响**

| 项目 | 组别 | | | | | |
|---|---|---|---|---|---|---|
| | 0% | 1% | 2% | 3% | 4% | 5% |
| 初重/g | 13.89 ± 0.04 | 13.98 ± 0.01 | 13.91 ± 0.04 | 13.86 ± 0.01 | 13.89 ± 0.05 | 13.95 ± 0.05 |
| 末重/g | 53.54 ± 1.73$^{a}$ | 58.31 ± 0.79$^{b}$ | 60.02 ± 1.07$^{b}$ | 68.57 ± 0.42$^{c}$ | 60.47 ± 2.28$^{b}$ | 60.61 ± 2.03$^{b}$ |
| 增重率/% | 285.49 ± 13.24$^{a}$ | 317.01 ± 5.68$^{ab}$ | 331.69 ± 8.86$^{b}$ | 394.75 ± 2.82$^{c}$ | 334.69 ± 18.23$^{b}$ | 332.96 ± 14.01$^{b}$ |
| 特定生长率/（%/d） | 2.17 ± 0.06$^{a}$ | 2.30 ± 0.02$^{ab}$ | 2.36 ± 0.03$^{b}$ | 2.58 ± 0.01$^{c}$ | 2.37 ± 0.07$^{b}$ | 2.36 ± 0.05$^{b}$ |
| 肥满度/（g/cm$^{3}$） | 2.17 ± 0.02$^{a}$ | 2.23 ± 0.07$^{ab}$ | 2.26 ± 0.02$^{ab}$ | 2.46 ± 0.02$^{c}$ | 2.30 ± 0.01$^{b}$ | 2.21 ± 0.02$^{ab}$ |
| 肝体比/% | 1.05 ± 0.06 | 1.17 ± 0.06 | 1.13 ± 0.17 | 1.20 ± 0.12 | 1.07 ± 0.16 | 0.93 ± 0.05 |
| 脏体比/% | 4.84 ± 0.37$^{a}$ | 5.78 ± 0.49$^{ab}$ | 5.59 ± 0.49$^{ab}$ | 6.48 ± 0.64$^{b}$ | 5.50 ± 0.21$^{ab}$ | 5.77 ± 0.24$^{ab}$ |

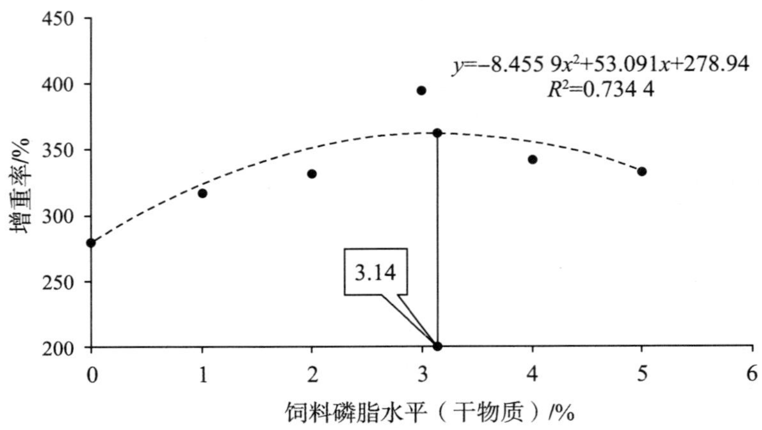


**图 2　饲料磷脂水平与东星斑增重率的关系**

### 1.3　东星斑幼鱼对赖氨酸需要量的研究

饲料不同赖氨酸水平对东星斑幼鱼生长性能和形态学指标均产生影响（表 3）。随着饲料中赖氨酸水平的提高，东星斑增重率和特定生长率呈现先升高、后降低的趋势，饲料系数呈现先降低、后升高的趋势。以特定生长率为判断依据，构建二次回归曲线模型，得出饲料中赖氨酸水平为 2.75% 时东星斑生长性能最佳（图 3）。

**表 3　饲料不同赖氨酸水平对东星斑幼鱼生长性能和形态学指标的影响**

| 指标 | 组别 | | | | | |
|---|---|---|---|---|---|---|
| | 1.10% | 1.69% | 2.30% | 3.08% | 3.56% | 4.36% |
| 初重/g | 10.57 ± 0.01 | 10.56 ± 0.02 | 10.58 ± 0.01 | 10.57 ± 0.01 | 10.58 ± 0.00 | 10.58 ± 0.03 |
| 末重/g | 17.02 ± 0.44[a] | 20.13 ± 0.89[b] | 21.01 ± 1.01[c] | 20.29 ± 1.40[c] | 19.70 ± 0.48[abc] | 17.39 ± 0.52[ab] |
| 增重率/% | 61.11 ± 4.06[a] | 90.48 ± 8.20[bc] | 98.59 ± 16.71[c] | 91.97 ± 13.17[c] | 86.25 ± 4.56[abc] | 64.39 ± 4.75[ab] |
| 特定生长率/（%/d） | 0.85 ± 0.04[a] | 1.15 ± 0.08[c] | 1.22 ± 0.09[c] | 1.15 ± 0.05[c] | 1.11 ± 0.08[bc] | 0.88 ± 0.09[ab] |
| 饲料系数 | 2.27 ± 0.17[ab] | 1.96 ± 0.22[ab] | 1.63 ± 0.18[a] | 1.77 ± 0.30[a] | 1.90 ± 0.00[ab] | 2.55 ± 0.17[b] |
| 肥满度/（$g/cm^3$） | 1.67 ± 0.04[a] | 1.74 ± 0.07[ab] | 1.79 ± 0.05[abc] | 1.81 ± 0.03[abc] | 1.86 ± 0.03[bc] | 1.92 ± 0.04[c] |
| 肝体比/% | 1.06 ± 0.14 | 0.99 ± 0.16 | 0.99 ± 013 | 1.01 ± 0.08 | 0.93 ± 0.14 | 0.95 ± 0.05 |
| 脏体比/% | 4.10 ± 0.18[ab] | 3.85 ± 0.33[a] | 4.47 ± 0.20[ab] | 4.63 ± 0.17[b] | 4.73 ± 0.15[b] | 4.03 ± 0.10[ab] |

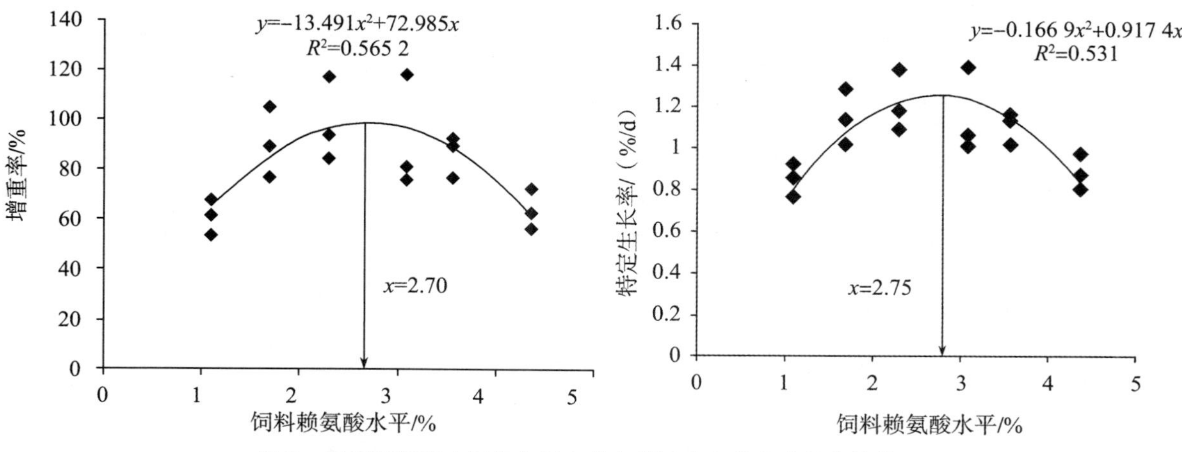


**图 3　饲料赖氨酸水平与东星斑幼鱼增重率和特定生长率的关系**

## 1.4　东星斑幼鱼对蛋氨酸需要量的研究

饲料中不同赖氨酸水平对东星斑幼鱼生长性能、形态学指标、血清血浆生化指标和抗氧化能力均产生显著影响（表 4）。当饲料蛋氨酸水平为 1.54%时，血清总胆固醇、总甘油三酯和高密度脂蛋白显著提高，ALT活性在 1.27% 蛋氨酸水平组显著提高。0.70%和 0.98% 蛋氨酸水平组肝脏中的酸性磷酸酶活性显著高于其他水平组。以增重率为判断依据，构建二次回归曲线模型，得出饲料中蛋氨酸水平为 1.56% 时东星斑生长性能最佳（图 4）。

**表 4　饲料不同蛋氨酸水平对东星斑幼鱼生长性能和形态学指标的影响**

| 指标 | 组别 | | | | | |
|---|---|---|---|---|---|---|
| | 0.44% | 0.70% | 0.98% | 1.27% | 1.54% | 1.91% |
| 生长性能 | | | | | | |
| 初重/g | 10.57 ± 0.01 | 10.56 ± 0.02 | 10.58 ± 0.01 | 10.57 ± 0.01 | 10.58 ± 0.00 | 10.58 ± 0.03 |
| 末重/g | 14.73 ± 0.23$^{a}$ | 16.03 ± 0.76$^{ab}$ | 16.44 ± 1.06$^{ab}$ | 16.92 ± 0.25$^{ab}$ | 18.28 ± 0.40$^{b}$ | 17.59 ± 1.31$^{ab}$ |
| 增重率/% | 39.32 ± 2.25a | 51.48 ± 7.02$^{ab}$ | 55.30 ± 10.11$^{ab}$ | 60.15 ± 2.29$^{ab}$ | 72.81 ± 3.75$^{b}$ | 66.32 ± 12.51$^{ab}$ |
| 特定生长率/（%/d） | 0.59 ± 0.04$^{a}$ | 0.74 ± 0.08$^{ab}$ | 0.78 ± 0.12$^{ab}$ | 0.84 ± 0.03$^{ab}$ | 0.98 ± 0.13$^{b}$ | 0.81 ± 0.04$^{b}$ |
| 饲料系数 | 2.85 ± 0.04$^{b}$ | 1.97 ± 0.20$^{a}$ | 1.72 ± 0.20$^{a}$ | 1.79 ± 0.08$^{a}$ | 2.01 ± 0.06$^{a}$ | 1.90 ± 0.04$^{a}$ |
| 形态学 | | | | | | |
| 肥满度/（g/cm$^3$） | 1.65 ± 0.10 | 2.00 ± 0.04 | 2.03 ± 0.06 | 1.95 ± 0.07 | 2.04 ± 0.05 | 2.06 ± 0.07 |
| 肝体比/% | 0.67 ± 0.07$^{a}$ | 0.98 ± 0.10$^{b}$ | 1.01 ± 0.12$^{b}$ | 0.92 ± 0.10$^{ab}$ | 0.91 ± 0.09$^{ab}$ | 0.95 ± 0.09$^{b}$ |
| 脏体比/% | 3.96 ± 0.37 | 4.48 ± 0.20 | 4.52 ± 0.34 | 4.26 ± 0.39 | 4.38 ± 0.23 | 4.51 ± 0.22 |
| 血清生化指标 | | | | | | |
| 总/（mmol/L） | 2.32 ± 0.26$^{a}$ | 2.53 ± 0.29$^{a}$ | 2.61 ± 0.23$^{a}$ | 2.20 ± 0.17$^{a}$ | 3.68 ± 0.39$^{b}$ | 2.39 ± 0.08$^{a}$ |
| TG/（mmol/L） | 0.91 ± 0.12$^{a}$ | 1.40 ± 0.54$^{a}$ | 0.96 ± 0.41$^{a}$ | 1.98 ± 0.54$^{a}$ | 4.89 ± 01.49$^{b}$ | 1.08 ± 0.30$^{a}$ |

续表

| 指标 | 组别 | | | | | |
|---|---|---|---|---|---|---|
| | 0.44% | 0.70% | 0.98% | 1.27% | 1.54% | 1.91% |
| HDL-C/（mmol/L） | 1.07 ± 0.17[a] | 1.47 ± 0.21[ab] | 1.15 ± 0.10[ab] | 1.80 ± 0.13[ab] | 1.87 ± 0.45[b] | 1.68 ± 0.23[ab] |
| 谷草转氨酶/（U/g） | 15.49 ± 3.77[a] | 18.75 ± 3.95[ab] | 12.59 ± 1.53[a] | 15.83 ± 3.30[a] | 27.01 ± 2.49[b] | 26.31 ± 2.75[b] |
| 谷丙转氨酶/（U/g） | 7.57 ± 1.04[a] | 12.49 ± 3.38[ab] | 6.14 ± 1.46[a] | 20.61 ± 6.37[b] | 16.65 ± 5.04[ab] | 11.52 ± 1.01[ab] |
| 抗氧化指标 | | | | | | |
| 酸性磷酸酶/（U/g） | 10.28 ± 0.78[a] | 13.86 ± 0.86[b] | 13.60 ± 0.70[b] | 11.38 ± 1.01[a] | 10.70 ± 0.45[a] | 9.35 ± 0.57[a] |
| 碱性磷酸酶/（U/g） | 1.12 ± 0.22 | 1.18 ± 0.25 | 1.05 ± 0.09 | 1.00 ± 0.05 | 1.09 ± 0.14 | 1.10 ± 0.09 |
| 超氧化物歧化酶/（U/mg） | 99.35 ± 17.37 | 104.31 ± 20.96 | 126.89 ± 8.20 | 108.18 ± 27.79 | 113.34 ± 5.16 | 108.76 ± 4.40 |
| 总抗氧化能力/（μmol/g） | 46.00 ± 7.18[a] | 72.41 ± 7.31[b] | 69.15 ± 8.93[b] | 65.57 ± 2.66[b] | 70.04 ± 4.67[b] | 64.32 ± 2.19[b] |
| 丙二醛/（nmol/mg） | 1.68 ± 0.15[a] | 2.03 ± 0.21[ab] | 2.93 ± 0.45[bc] | 2.93 ± 0.35[bc] | 3.49 ± 0.26[c] | 3.06 ± 0.40[c] |

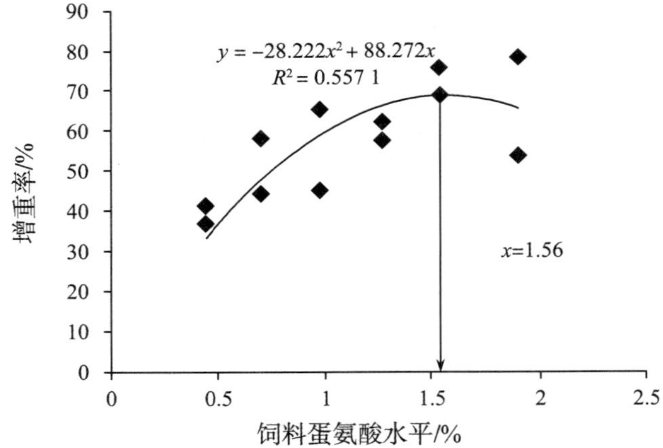


**图 4　饲料蛋氨酸水平与东星斑幼鱼增重率的关系**

## 1.5　九种饲料对东星斑生长性能和形体指标的影响

以WGR为主要衡量指标，东星斑对不同蛋白源的消化率由大到小排序为秘鲁蒸汽红鱼粉>鸡肉粉>豆粕>大豆浓缩蛋白>甲烷菌体蛋白>棉籽蛋白>天虫优>乙醇梭菌蛋白>国产200 型菜粕（图 5）。东星斑在摄食不同蛋白源时，生长性能和形态指标差异显著（表 5、表 6）。秘鲁蒸汽红鱼粉组东星斑存活率、增重率和特定生长率均显著高于其他各组，各实验组中东星斑HSI均低于对照组。

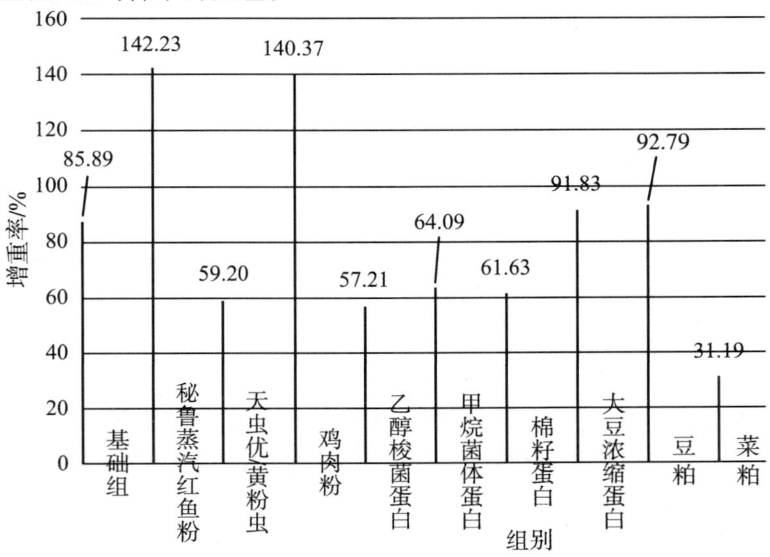


**图 5 消化率实验生长拟合曲线**

**表 5 九种饲料对东星斑生长性能的影响**

| 项目 | 初重/g | 末重/g | 增重率/% | 特定生长率/% | 存活率/% |
|---|---|---|---|---|---|
| 基础组 | 14.77 ± 0.02 | 27.45 ± 1.16$^{Bb}$ | 85.88 ± 8.18$^{Bbc}$ | 1.77 ± 0.12$^{Bbc}$ | 76.67 ± 1.93$^{Cf}$ |
| 秘鲁蒸汽红鱼粉组 | 14.75 ± 0.04 | 35.73 ± 2.32$^{Aa}$ | 142.23 ± 15.41$^{Aa}$ | 2.52 ± 0.18$^{Aa}$ | 98.89 ± 1.11$^{Aa}$ |
| 黄粉虫组 | 14.75 ± 0.03 | 23.48 ± 1.01$^{BbCc}$ | 59.20 ± 6.70$^{BbCcd}$ | 1.32 ± 0.12$^{BbCc}$ | 90.00 ± 1.92$^{ABbcde}$ |
| 鸡肉粉组 | 14.78 ± 0.01 | 35.52 ± 0.98$^{Aa}$ | 140.37 ± 6.56$^{Aa}$ | 2.51 ± 0.08$^{Aa}$ | 96.67 ± 1.93$^{Aabc}$ |
| 乙醇梭菌蛋白组 | 14.81 ± 0.01 | 23.28 ± 2.01$^{BbCc}$ | 57.21 ± 13.55$^{BCcd}$ | 1.27 ± 0.25$^{BCc}$ | 87.78 ± 4.01$^{ABde}$ |
| 甲烷菌体蛋白组 | 14.68 ± 0.06 | 24.10 ± 2.18$^{BbCc}$ | 64.09 ± 14.48$^{BCbcd}$ | 1.40 ± 0.24$^{BbCc}$ | 97.78 ± 1.11$^{Aab}$ |
| 棉籽蛋白组 | 14.77 ± 0.01 | 23.87 ± 1.05$^{BbCc}$ | 61.64 ± 7.00$^{BCbcd}$ | 1.37 ± 0.12$^{BbCc}$ | 95.56 ± 2.94$^{AaBbcd}$ |
| 大豆浓缩蛋白组 | 14.66 ± 0.02 | 28.13 ± 1.30$^{Bb}$ | 91.83 ± 8.91$^{Bbc}$ | 1.85 ± 0.13$^{ABb}$ | 92.22 ± 2.94$^{AaBbcde}$ |
| 豆粕组 | 14.78 ± 0.05 | 28.50 ± 2.23$^{Bb}$ | 92.79 ± 14.55$^{Bb}$ | 1.86 ± 0.23$^{ABb}$ | 84.45 ± 4.01$^{BCe}$ |
| 国产 200 型菜粕组 | 14.71 ± 0.02 | 19.30 ± 0.34$^{Cc}$ | 31.19 ± 2.41$^{Cd}$ | 0.78 ± 0.05$^{Cd}$ | 88.89 ± 2.22$^{ABcde}$ |

**表 6 九种饲料对东星斑形体指标的影响**

| 项目 | 肝体比/% | 肠体比/% | 肥满度/（g/cm$^3$） |
|---|---|---|---|
| 基础组 | 1.20 ± 0.17$^{a}$ | 22.71 ± 2.72$^{de}$ | 2.02 ± 0.06$^{ab}$ |
| 秘鲁蒸汽红鱼粉组 | 0.68 ± 0.06$^{b}$ | 19.56 ± 1.13$^{e}$ | 1.75 ± 0.19$^{b}$ |
| 黄粉虫组 | 0.82 ± 0.08$^{b}$ | 31.17 ± 1.68$^{bc}$ | 2.20 ± 0.05$^{a}$ |
| 鸡肉粉组 | 0.97 ± 0.07$^{ab}$ | 22.03 ± 1.04$^{de}$ | 2.10 ± 0.06$^{a}$ |
| 乙醇梭菌蛋白组 | 0.94 ± 0.15$^{ab}$ | 29.27 ± 4.35$^{bcd}$ | 1.92 ± 0.07$^{ab}$ |

续表

| 项目 | 肝体比/% | 肠体比/% | 肥满度/（g/cm³） |
|---|---|---|---|
| 甲烷菌体蛋白组 | 0.79 ± 0.10$^{b}$ | 39.02 ± 3.40$^{a}$ | 2.09 ± 0.11$^{a}$ |
| 棉籽蛋白组 | 0.80 ± 0.10$^{b}$ | 33.57 ± 2.37$^{ab}$ | 2.00 ± 0.06$^{ab}$ |
| 大豆浓缩蛋白组 | 0.93 ± 0.13$^{ab}$ | 25.68 ± 2.01$^{cde}$ | 2.18 ± 0.12$^{a}$ |
| 豆粕组 | 0.89 ± 0.06$^{ab}$ | 26.66 ± 1.44$^{bcde}$ | 2.17 ± 0.10$^{a}$ |
| 国产 200 型菜粕组 | 1.00 ± 0.15$^{ab}$ | 32.51 ± 1.83$^{abc}$ | 2.10 ± 0.06$^{a}$ |

# 2　新蛋白资源的开发与应用

评估了植物性蛋白（豆粕）、动物性蛋白（鸡肉粉）和单细胞蛋白（乙醇梭菌蛋白）等一批新型蛋白源在石斑鱼饲料的应用效果，确定其在饲料中的适宜和安全用量，完善石斑鱼对非粮蛋白源生物利用率数据库。

## 2.1　豆粕替代鱼粉对东星斑生长性能和形体指标的影响

豆粕替代不同水平的鱼粉对东星斑生长性能和形体指标产生显著影响（表 7），在 16%、24%、32%、40% 替代水平下，东星斑FBW、WGR和SGR均显著高于对照组。以WGR为判据可知，饲料中豆粕替代鱼粉的水平为 32%时东星斑生长性能最佳（图 6）。

**表 7　豆粕替代鱼粉对东星斑生长性能和形态学指标的影响**

| 指标 | 替代水平 | | | | | |
|---|---|---|---|---|---|---|
| | 0% | 8% | 16% | 24% | 32% | 40% |
| 初重/g | 19.75 ± 0.01 | 19.74 ± 0.02 | 19.75 ± 0.01 | 19.70 ± 0.04 | 19.74 ± 0.02 | 19.73 ± 0.01 |
| 末重/g | 26.42 ± 0.99$^{Bc}$ | 27.85 ± 0.64A$^{Bbc}$ | 30.75 ± 0.59$^{AaBb}$ | 32.37 ± 1.41$^{Aa}$ | 33.15 ± 0.61$^{Aa}$ | 32.16 ± 1.93$^{Aa}$ |
| 增重率/% | 33.77 ± 5.01$^{Bc}$ | 41.08 ± 3.38$^{ABbc}$ | 55.67 ± 3.05$^{AaBb}$ | 64.33 ± 7.30$^{Aa}$ | 67.92 ± 2.97$^{Aa}$ | 63.03 ± 9.80$^{Aa}$ |
| 特定生长率/（%/d） | 0.48 ± 0.06$^{Bc}$ | 0.57 ± 0.04$^{ABbc}$ | 0.74 ± 0.03$^{AaBb}$ | 0.82 ± 0.07$^{Aa}$ | 0.86 ± 0.03$^{Aa}$ | 0.81 ± 0.10$^{Aa}$ |
| 存活率/% | 94.44 ± 2.94 | 92.22 ± 1.11 | 97.78 ± 1.11 | 96.67 ± 1.93 | 96.67 ± 3.33 | 92.22 ± 4.45 |
| 肝体比/% | 0.87 ± 0.09 | 0.94 ± 0.23 | 0.75 ± 0.06 | 0.92 ± 0.06 | 0.87 ± 0.08 | 1.00 ± 0.08 |
| 肠体比/% | 74.84 ± 4.13$^{Bb}$ | 62.93 ± 1.86$^{Cc}$ | 72.97 ± 2.39$^{BbC}$ | 83.43 ± 1.90$^{AaB}$ | 87.00 ± 1.63$^{Aa}$ | 86.19 ± 3.90$^{Aa}$ |
| 肥满度/(g/cm³) | 0.02 ± 0.00 | 0.02 ± 0.00 | 0.02 ± 0.00 | 0.02 ± 0.00 | 0.02 ± 0.00 | 0.02 ± 0.00 |

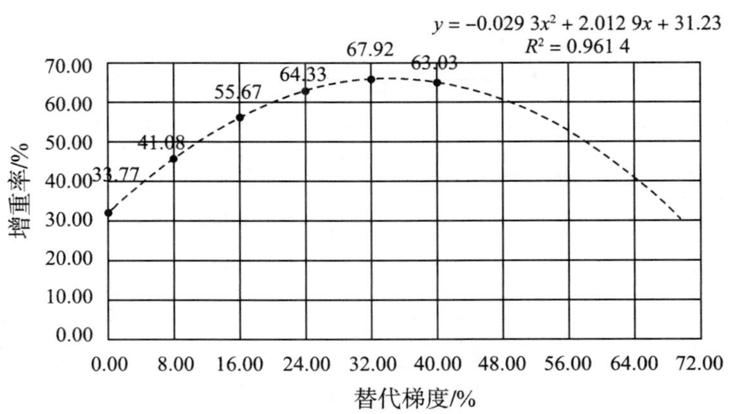


**图 6　豆粕替代鱼粉水平与东星斑增重率的关系**

## 2.2　鸡肉粉替代鱼粉对东星斑生长性能和形体指标的影响

鸡肉粉替代鱼粉显著影响东星斑生长性能，但对其形态学指标没有显著性影响（表8）。各替代组中东星斑SR相较对照组均明显增加，但无显著性差异。20%、30%、40%替代组FBW、WG、SGR均显著增加，其中30%替代水平下差异极显著。HSI、IBR、CF均无显著差异。以WGR为判据，饲料中鸡肉粉替代鱼粉的水平为30%时东星斑生长性能最佳（图7）。

**表 8　鸡肉粉替代鱼粉对东星斑生长性能和形态学指标的影响**

| 指标 | 替代水平 | | | | |
|---|---|---|---|---|---|
| | 0% | 10% | 20% | 30% | 40% |
| 初重/g | 19.75 ± 0.01 | 19.75 ± 0.01 | 19.78 ± 0.01 | 19.74 ± 0.02 | 19.75 ± 0.01 |
| 末重/g | 26.42 ± 0.99$^{Bc}$ | 27.23 ± 0.22$^{Bbc}$ | 29.13 ± 0.48$^{AaBb}$ | 30.85 ± 0.62$^{Aa}$ | 28.60 ± 0.51$^{ABb}$ |
| 增重率/% | 33.77 ± 5.01$^{Bc}$ | 37.86 ± 1.16$^{Bbc}$ | 47.24 ± 2.36$^{AaBb}$ | 56.24 ± 3.20$^{Aa}$ | 44.84 ± 2.59$^{ABb}$ |
| 特定生长率/（%/d） | 0.48 ± 0.06$^{Bc}$ | 0.54 ± 0.01$^{Bbc}$ | 0.65 ± 0.03$^{AaBb}$ | 0.74 ± 0.03$^{Aa}$ | 0.62 ± 0.03$^{ABb}$ |
| 存活率/% | 94.44 ± 2.94 | 95.55 ± 2.22 | 95.55 ± 1.11 | 98.89 ± 1.11 | 97.78 ± 1.11 |
| 肝体比/% | 0.87 ± 0.09 | 0.97 ± 0.13 | 0.85 ± 0.07 | 1.06 ± 0.06 | 0.79 ± 0.06 |
| 肠体比/% | 74.84 ± 4.13 | 77.11 ± 3.39 | 81.73 ± 7.33 | 74.48 ± 3.36 | 80.63 ± 5.14 |
| 肥满度/（g/cm$^3$） | 0.02 ± 0.00 | 0.02 ± 0.00 | 0.02 ± 0.00 | 0.02 ± 0.00 | 0.03 ± 0.00 |

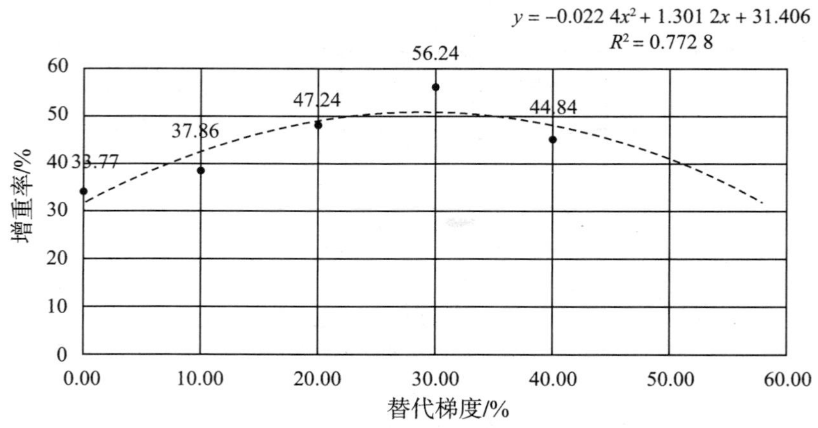


**图 7　鸡肉粉替代鱼粉水平与东星斑增重率的关系**

## 2.3　乙醇梭菌蛋白替代饲料中鱼粉对珍珠龙胆石斑鱼生长和组织形态的影响

乙醇梭菌（*Clostridium autoethanogenum*）蛋白替代鱼粉对珍珠龙胆石斑鱼幼鱼生长性能、肠道形态和肝脏细胞均产生显著影响，过高替代水平（60%）不利于珍珠龙胆石斑鱼的生长（表 9），其后肠皱襞长度（表 10）、肝脏细胞形态也显著改变（图 8）。

**表 9　饲料中乙醇梭菌蛋白替代鱼粉对珍珠龙胆石斑鱼生长性能的影响**

| 项目 | FM | CAP15 | CAP30 | CAP45 | CAP60 |
|---|---|---|---|---|---|
| 初重/g | 17.90 ± 0.06 | 17.87 ± 0.05 | 17.98 ± 0.03 | 17.98 ± 0.04 | 18.10 ± 0.11 |
| 末重/g | 95.20 ± 1.5[b] | 94.98 ± 0.91[b] | 92.75 ± 1.81[ab] | 91.70 ± 0.44[ab] | 89.60 ± 1.44[a] |
| 增重率/% | 431.83 ± 8.04[b] | 431.72 ± 4.13[b] | 415.87 ± 10.00[ab] | 410.15 ± 2.62[ab] | 397.95 ± 8.45[a] |
| 特定生长率/（%/d） | 2.98 ± 0.03[b] | 2.98 ± 0.01[b] | 2.93 ± 0.03[ab] | 2.91 ± 0.01[ab] | 2.87 ± 0.03[a] |
| 饲料系数 | 0.80 ± 0.01 | 0.80 ± 0.00 | 0.81 ± 0.01 | 0.81 ± 0.01 | 0.81 ± 0.01 |
| 摄食率/（% g/d） | 1.90 ± 0.01[ab] | 1.90 ± 0.02[ab] | 1.91 ± 0.00[b] | 1.87 ± 0.01[ab] | 1.86 ± 0.01[a] |
| 存活率/% | 92.00 ± 1.63[ab] | 89.25 ± 3.40[ab] | 95.00 ± 2.52[b] | 82.75 ± 0.95[ab] | 84.00 ± 6.53[a] |

**表 10　乙醇梭菌蛋白替代鱼粉对肠道形态的影响**

| 项目 | FM | CAP15 | CAP30 | CAP45 | CAP60 |
|---|---|---|---|---|---|
| 皱襞长度/μm | 538.8 ± 19.78[b] | 521.57 ± 12.68[ab] | 515.37 ± 25.56[ab] | 471.57 ± 20.46[a] | 479.58 ± 6.51[a] |
| 皱襞宽度/μm | 83.80 ± 4.26 | 83.30 ± 1.99 | 81.36 ± 2.72 | 82.19 ± 5.82 | 80.69 ± 2.54 |
| 肌层厚度/μm | 101.47 ± 3.74 | 109.17 ± 5.58 | 101.8 ± 6.27 | 98.66 ± 8.84 | 90.02 ± 2.67 |

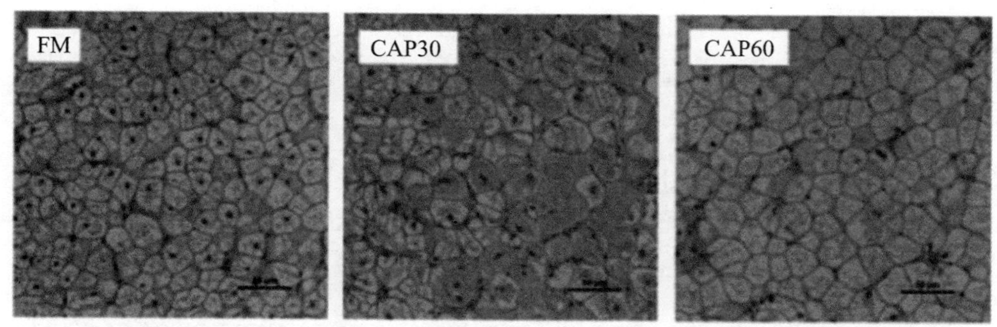


图 8　400 倍光学显微镜下乙醇梭菌蛋白替代鱼粉实验中石斑鱼的肝脏HE切片

# 3　饲料添加剂的开发应用

一方面，在厘清棉籽浓缩蛋白、乙醇梭菌蛋白等非粮饲料资源替代鱼粉对石斑鱼造成影响的基础上，研究甲壳素寡糖（COS）和诱食剂等对其高效利用的促进作用。另一方面，研究谷氨酰胺、胆汁酸等添加剂在改善珍珠龙胆石斑鱼肠炎和脂肪沉积上的作用机制。

## 3.1　添加甲壳素寡糖浓缩棉籽蛋白替代鱼粉饲养石斑鱼肠道菌群和免疫指标的影响

鱼粉替代条件下，添加甲壳素寡糖对石斑鱼肠道菌群和免疫指标产生显著影响。在门和科水平上，石斑鱼肠道有益菌丰度上升，而条件致病菌的丰度下降（图 9）。在COS0.6 组中，石斑鱼肠道溶菌酶（LYS）、免疫球蛋白M（IgM）、补体蛋白 3（C3）和补体蛋白 4（C4）达到最高值，酸性磷酸酶（ACP）活性在COS0.4 组中最大（表 11）。

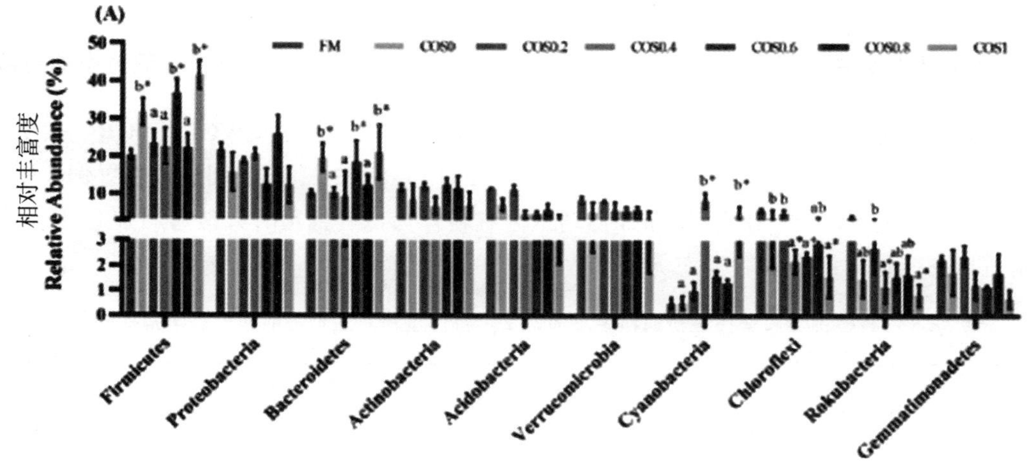


图 9　石斑鱼肠道菌群门水平（A）和科水平（B）主要细菌相对丰度柱形图

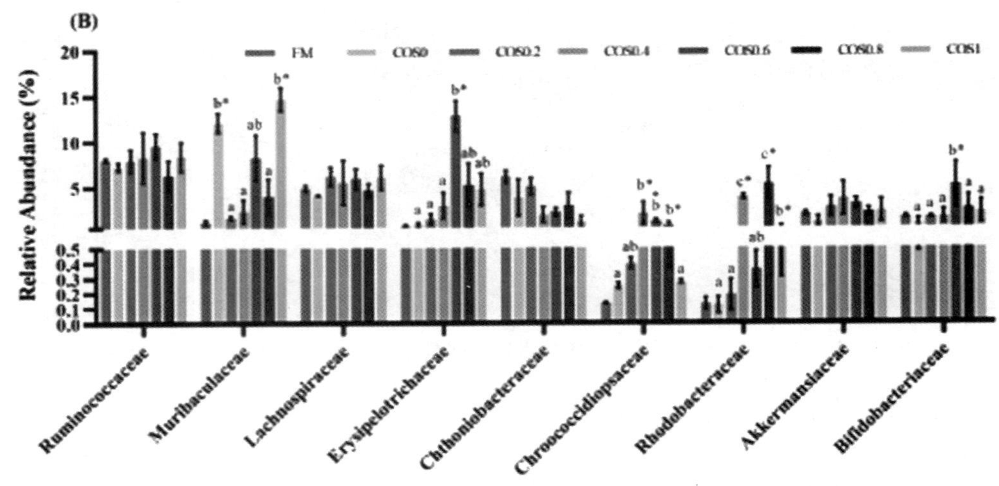


图 9　石斑鱼肠道菌群门水平（A）和科水平（B）主要细菌相对丰度柱形图（续）

表 11　浓缩棉籽蛋白替代鱼粉条件下添加COS对石斑鱼肠道非特异性免疫指标

| 项目 | FM | COS0 | COS0.2 | COS0.4 | COS0.6 | COS0.8 | COS1 | 标准误 | P-值 |
|---|---|---|---|---|---|---|---|---|---|
| 溶菌酶 /（U/L） | 6.23$^{b}$ | 5.78$^{a}$ | 6.49$^{b}$ | 6.99$^{bc}$ | 7.72$^{c}$ | 6.66$^{b}$ | 5.82$^{a}$ | 0.25 | 0.02 |
| 酸性磷酸酶/（U/L） | 7.73$^{a}$ | 7.32$^{a}$ | 8.72$^{b}$ | 10.46$^{c}$ | 9.26$^{bc}$ | 7.50$^{a}$ | 8.74$^{b}$ | 0.29 | < 0.01 |
| 补体C3/（μg/mL） | 72.12$^{ab}$ | 61.62$^{a}$ | 75.04$^{ab}$ | 85.25$^{ab}$ | 94.11$^{b}$ | 90.86$^{b}$ | 83.61$^{ab}$ | 5.60 | 0.037 |
| 补体C4/（μg/mL） | 120.32$^{a}$ | 129.01$^{a}$ | 139.53$^{a}$ | 168.64$^{b}$ | 179.38$^{c}$ | 167.98$^{b}$ | 160.65$^{ab}$ | 8.07 | 0.025 |
| 免疫球蛋白M/（μg/mL） | 16.29$^{a}$ | 16.26$^{a}$ | 20.47$^{a}$ | 25.37$^{b}$ | 31.68$^{c}$ | 27.90$^{bc}$ | 26.11$^{b}$ | 1.31 | 0.040 |

## 3.2　乙醇梭菌蛋白替代鱼粉饲料中添加诱食剂对珍珠龙胆石斑鱼生长和组织形态的影响

乙醇梭菌蛋白替代鱼粉组（CAP60N）中珍珠龙胆石斑鱼幼鱼WGR和SGR（表 12）、后肠皱襞宽度和肌层厚度均显著低于正对照组（FM）（表 13），肝脏细胞核位置偏离中心，可见细胞核也更少（图 10），添加虾膏乌贼内脏粉作为诱食剂可有效改善石斑鱼生长性能和肠道形态，但对肝脏细胞形态无显著改善。

表 12　乙醇梭菌蛋白替代鱼粉饲料中添加诱食剂替代鱼粉对生长性能和形态学指标的影响

| 项目 | FM | CAP60N | CAP60P1 | CAP60P2 |
|---|---|---|---|---|
| 初重/g | 17.90 ± 0.06 | 18.10 ± 0.11 | 17.93 ± 0.06 | 17.93 ± 0.03 |
| 末重/g | 95.20 ± 1.50$^{b}$ | 89.60 ± 1.44$^{a}$ | 90.06 ± 1.74$^{a}$ | 92.47 ± 1.02$^{ab}$ |
| 增重率/% | 431.83 ± 8.04$^{b}$ | 397.95 ± 8.45$^{a}$ | 402.30 ± 8.77$^{a}$ | 415.67 ± 5.54$^{ab}$ |
| 特定生长率/（%/d） | 2.98 ± 0.03$^{b}$ | 2.87 ± 0.03$^{a}$ | 2.88 ± 0.03$^{a}$ | 2.93 ± 0.02$^{ab}$ |
| 饲料系数 | 0.80 ± 0.01 | 0.81 ± 0.01 | 0.79 ± 0.01 | 0.79 ± 0.01 |
| 摄食率/（% g/d） | 1.90 ± 0.01$^{b}$ | 1.86 ± 0.01$^{a}$ | 1.87 ± 0.01$^{ab}$ | 1.88 ± 0.01$^{ab}$ |

续表

| 项目 | FM | CAP60N | CAP60P1 | CAP60P2 |
|---|---|---|---|---|
| 存活率/% | 92.00 ± 1.63 | 84.00 ± 6.53 | 93.00 ± 4.73 | 94.75 ± 0.95 |
| 肥满度/% | 2.71 ± 0.10 | 2.88 ± 0.03 | 2.74 ± 0.09 | 2.86 ± 0.11 |
| 肝体比/% | 3.17 ± 0.32 | 3.83 ± 0.26 | 3.29 ± 0.16 | 3.75 ± 0.21 |
| 脏体比/% | 9.85 ± 0.48 | 10.67 ± 0.37 | 9.99 ± 0.17 | 10.69 ± 0.34 |

**表 13　乙醇梭菌蛋白替代鱼粉饲料中添加诱食剂对珍珠龙胆石斑鱼后肠形态的影响**

| 项目 | FM | CAP60N | CAP60P1 | CAP60P2 |
|---|---|---|---|---|
| 皱襞长度/μm | 538.8 ± 19.78$^{b}$ | 479.58 ± 6.51$^{a}$ | 471.03 ± 13.54$^{a}$ | 487.57 ± 7.74$^{a}$ |
| 皱襞宽度/μm | 83.80 ± 4.26 | 80.69 ± 2.54 | 79.00 ± 3.34 | 81.95 ± 2.80 |
| 肌层厚度/μm | 101.47 ± 3.74$^{b}$ | 90.02 ± 2.67$^{a}$ | 96.31 ± 3.93$^{ab}$ | 104.36 ± 5.91$^{b}$ |

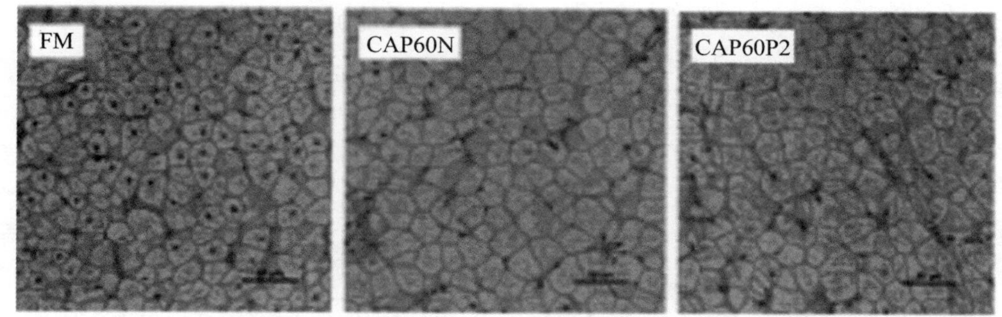


**图 10　乙醇梭菌蛋白替代鱼粉饲料中添加诱食剂对石斑鱼肝脏的影响**

### 3.3　谷氨酰胺对β-伴大豆球蛋白诱导珍珠龙胆石斑鱼肠炎的保护作用及机制研究

饲料中β-伴大豆球蛋白（7S）能降低珍珠龙胆石斑鱼生长性能（表 14），改变肠道组织结构（图 11），补充Ala-Gln可通过抑制Myd88/NF-κB通路来有效缓解 7S诱导石斑鱼产生的不良症状，最终有利于鱼体健康生长（图 12）。

**表 14　Gln对摄食β-伴大豆球蛋白的珍珠龙胆石斑鱼幼鱼生长性能的影响**

| 项目 | FM | 7S | 1% Ala-Gln | 2% Ala-Gln | *P* |
|---|---|---|---|---|---|
| 末重/g | 50.83 ± 0.55$^{b}$ | 46.47 ± 0.63$^{a}$ | 49.60 ± 0.99$^{b}$ | 49.72 ± 1.21$^{b}$ | 0.049 |
| 增重率/% | 497.63 ± 6.49$^{b}$ | 446.86 ± 7.21$^{a}$ | 483.33 ± 11.74$^{b}$ | 484.94 ± 13.63$^{b}$ | 0.048 |
| 特定生长率/(%/d) | 3.19 ± 0.02$^{b}$ | 3.03 ± 0.02$^{a}$ | 3.15 ± 0.04$^{b}$ | 3.16 ± 0.04$^{b}$ | 0.050 |
| 摄食率/(% g/d) | 2.11 ± 0.08$^{a}$ | 2.39 ± 0.03$^{b}$ | 2.37 ± 0.0$^{b}$ | 2.36 ± 0.06$^{b}$ | 0.022 |
| 蛋白质效率比 | 2.44 ± 0.11 | 2.05 ± 0.14 | 2.21 ± 0.02 | 2.15 ± 0.09 | 0.104 |
| 饲料系数 | 0.84 ± 0.04$^{a}$ | 1.03 ± 0.07$^{b}$ | 0.93 ± 0.01$^{ab}$ | 0.97 ± 0.04$^{ab}$ | 0.048 |
| 存活率/% | 97.50 ± 1.60 | 97.50 ± 0.83 | 99.17 ± 0.83 | 99.17 ± 0.83 | 0.517 |

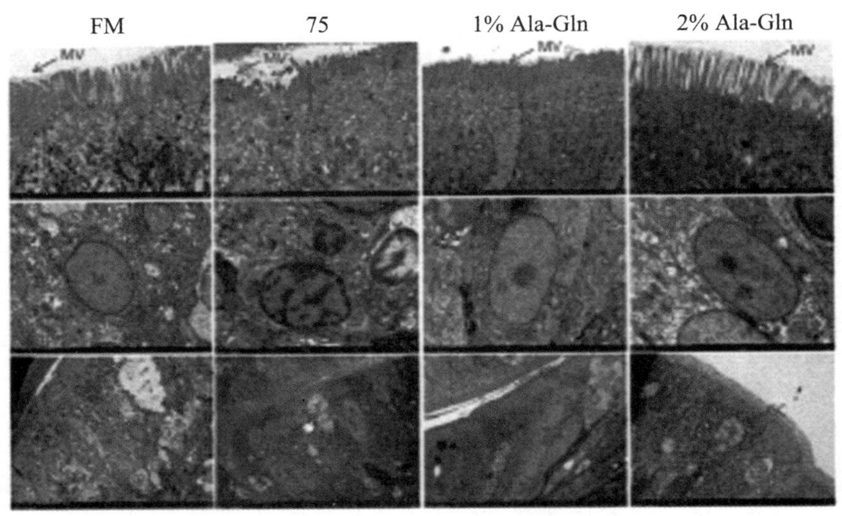


图 11 Gln对摄食β-伴大豆球蛋白的珍珠龙胆石斑鱼幼鱼肠道超微结构的影响

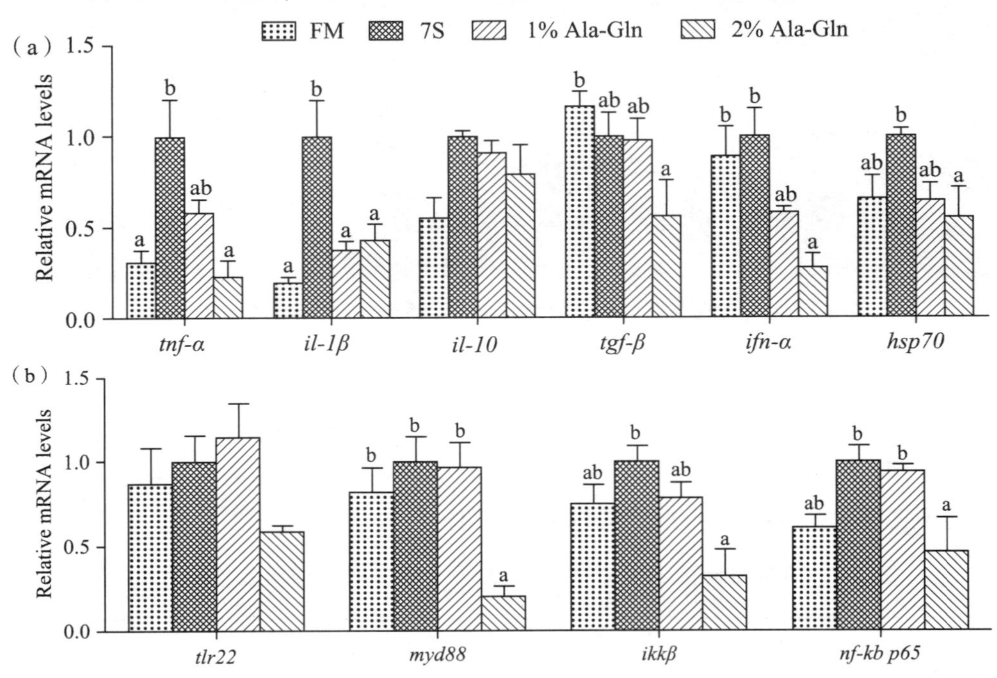


图 12 Gln对摄食β-伴大豆球蛋白的珍珠龙胆石斑鱼幼鱼肠道细胞炎症因子（a）和TLR22/Myd88/NF-κB信号通路（b）的基因表达的影响

### 3.4 谷氨酰胺对摄食大豆球蛋白诱导珍珠龙胆石斑鱼肠炎的保护作用及机制研究

饲料中大豆球蛋白（11S）能够降低珍珠龙胆石斑鱼的生长性能（表 15），影响免疫能力（图 13），补充Gln后可通过抑制Myd88/NF-κB通路来缓解 11S诱导的不良症状（图 14），最终有利于鱼体健康生长。

**表 15 Gln对摄食大豆球蛋白的珍珠龙胆石斑鱼幼鱼生长性能的影响（$n$=4）**

| 项目 | FM | 11S | 1% Ala-Gln | 2% Ala-Gln | P-value |
|---|---|---|---|---|---|
| 末重/g | 50.83 ± 0.55[b] | 45.31 ± 1.66[a] | 51.09 ± 2.17[b] | 52.78 ± 0.92[b] | 0.019 |
| 增重率/% | 497.63 ± 6.49[b] | 432.69 ± 19.47[a] | 501.16 ± 25.78[b] | 520.52 ± 10.29[b] | 0.019 |
| 特定生长率/（%/d） | 3.19 ± 0.02[b] | 2.98 ± 0.06[a] | 3.20 ± 0.08[b] | 3.26 ± 0.03[b] | 0.017 |
| 摄食率/（% g/d） | 2.11 ± 0.08[a] | 2.41 ± 0.05[b] | 2.43 ± 0.02[b] | 2.33 ± 0.07[b] | 0.024 |
| 蛋白质效率比 | 2.44 ± 0.11 | 2.12 ± 0.08 | 2.2 ± 0.06 | 2.21 ± 0.09 | 0.137 |
| 饲料系数 | 0.84 ± 0.04 | 0.98 ± 0.04 | 0.95 ± 0.02 | 0.86 ± 0.03 | 0.059 |
| 存活率/% | 97.5 ± 1.60 | 98.34 ± 0.96 | 98.34 ± 0.96 | 97.5 ± 1.60 | 0.938 |

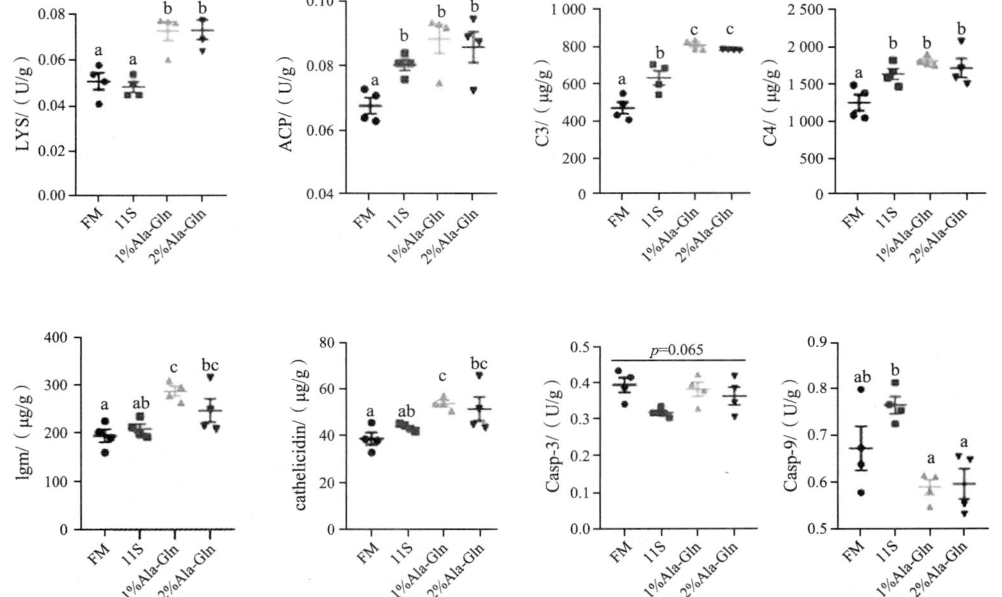


**图 13 Gln对摄食大豆球蛋白的杂交石斑鱼幼鱼肠道先天性免疫酶活性的影响**

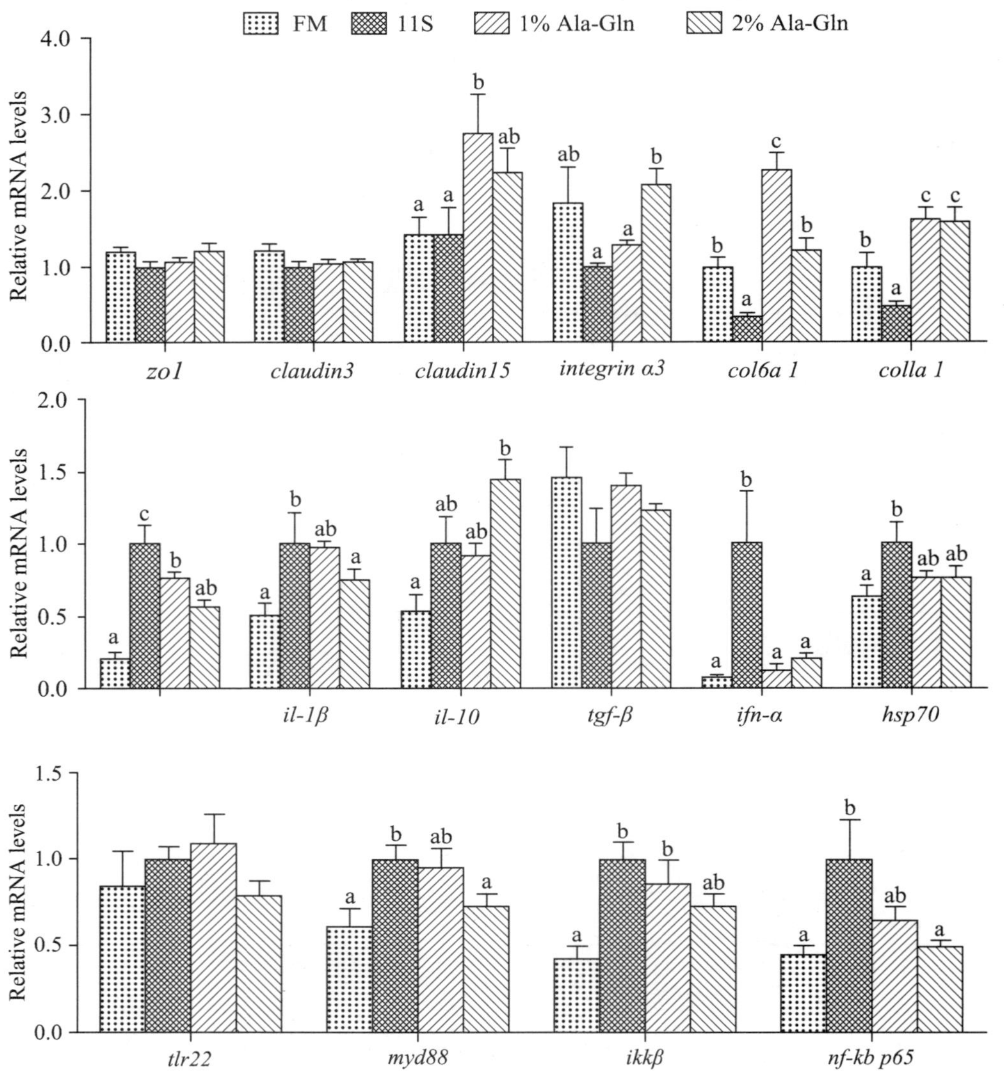


**图 14　Gln对摄食大豆球蛋白杂交石斑鱼后肠炎症相关基因表达的影响**

## 3.5　外源胆汁酸通过调控胆汁酸代谢进而改善珍珠龙胆石斑鱼幼鱼的肝脏脂肪沉积

外源添加胆汁酸对珍珠龙胆石斑鱼幼鱼的胆汁酸代谢和脂肪沉积产生显著影响。添加900 mg/kg的胆汁酸能显著减少肝脏脂肪沉积并改善肝脏健康（图 15）。胆汁酸干预后，肠道菌群结构发生改变，BSH菌的丰度增加，未结合胆汁酸含量显著升高（图 16）。

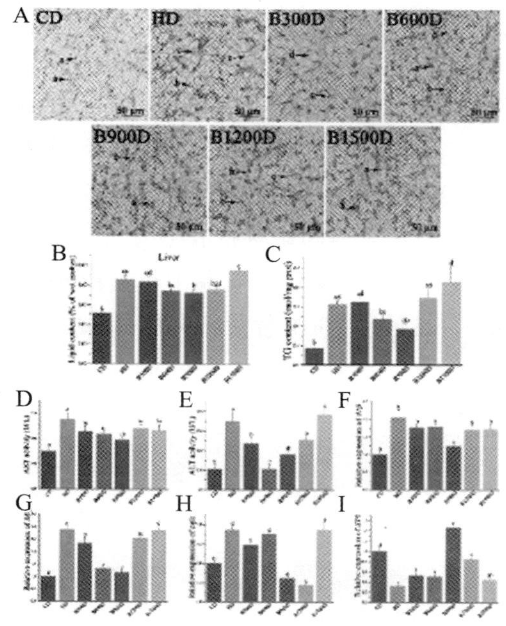


图 15　饲料胆汁酸添加量与珍珠龙胆石斑鱼脂肪沉积和肝脏健康的影响

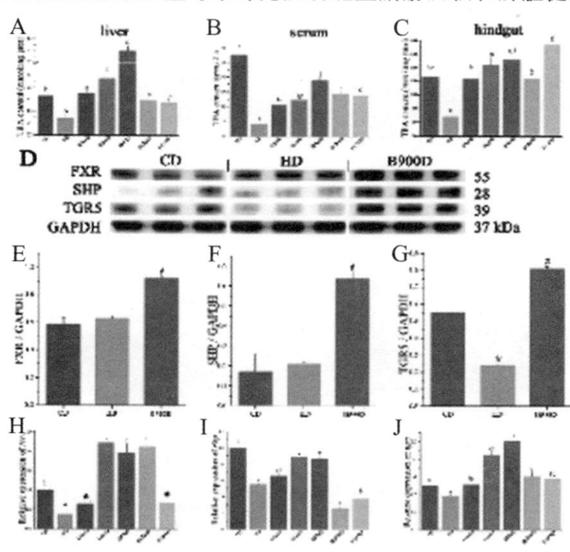


图 16　各实验组的胆汁酸代谢基因和蛋白表达分析

# 4　典型养殖模式营养供给模型的完善与示范

分别建立珍珠龙胆、斜带石斑鱼典型养殖模式（池塘、工业化循环水、网箱）下营养供给模型 6 个。

# 5 石斑鱼安全高效环保饲料技术示范与推广应用

一方面，以国家海洋科学技术一等奖成果“石斑鱼高效环保饲料关键技术创新与应用”为依托，继续在广东恒兴、广东粤群、湛江澳华、海南海壹等4家企业推广应用，现已累计生产石斑鱼高效环保饲料9.84万吨，新增产值13亿元，新增利税超2.8亿余元，增收节支7 000万元。另一方面，与广东泽和诚科技有限公司共同研制新型非粮蛋白源——昆虫蛋白（天虫优TM）病退黄应用，石斑鱼对产品中粗蛋白质的表观消化率为78%~83%，饲料中鱼粉替代比例为30%，且可以100%替代石斑鱼饲料中的豆粕。

（岗位科学家　谭北平）

# 军曹鱼、卵形鲳鲹营养需求与饲料技术研发进展

军曹鱼、卵形鲳鲹营养需求与饲料岗位

2021 年，本岗位围绕重点任务开展了如下研究工作：推广应用“十三五”研发的卵形鲳鲹（金鲳）复合油及高效低鱼粉配合饲料；筛选出 2 种新的非粮蛋白源和 2 种复合脂肪源；探明金鲳复合蛋白可高比例替代鱼粉的部分原因及机制；初步揭示金鲳组织HUFA沉积机制；开发 5 种有利于金鲳健康的功能性饲料添加剂，并初步揭示其作用机制。

## 1　推广应用“十三五”研发的金鲳复合油及高效低鱼粉配合饲料

### 1.1　金鲳高效优质配合饲料的应用效果获认可

本岗位将金鲳高效优质配合饲料在阳江海纳水产有限公司（阳江市深海网箱养殖省级产业园的牵头单位）的深海网箱养殖基地进行示范应用。利用 6 个周长 60 m的HDPE网箱，设置金鲳高效配合饲料试验组和商品料对照组，每组 3 个平行，试验鱼为海纳公司平均体重约 260 g的过冬鱼，示范过程按照标准的金鲳生产技术工艺操作。本次示范应用效果由广东省水产学会组织专家进行现场测评。结果表明，与金鲳商品料对照组鱼相比，金鲳高效优质配合饲料组鱼的增重率提高 14.43%，特定生长率提高 8.19%，试验料展现出良好的促生长效果，获得测评专家好评。此外，高效优质配合饲料组鱼背肌水分和脂肪含量，以及剪切力、咀嚼性、胶着性等质构特性指标明显优于商品饲料组鱼。

### 1.2　金鲳高效优质配合饲料的推广应用

通过进一步与广州市优百特饲料科技公司、向星饲料有限公司和阳江海纳水产有限公司等企业的合作，本岗位在广东、海南、广西推广金鲳高效优质配合饲料 2 710 余吨，新增产值 2 689 万元。该优质低鱼粉配合饲料明显促进了金鲳养殖节本降耗和效益提升，获得饲料企业和养殖户的好评。该成果的推广应用对于推动金鲳养殖业的绿色发展和提质增

效发挥示范引领作用；同时，对于缓解我国海水鱼养殖饲料所需鱼粉鱼油主要依赖进口的“卡脖子”问题也具有重要战略意义。

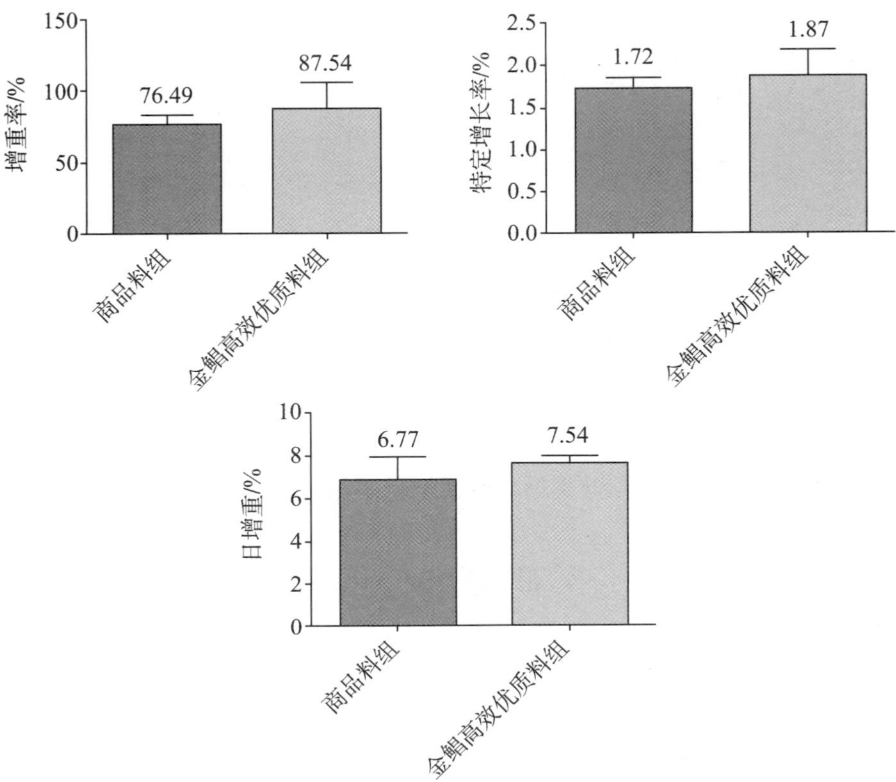


**图1　金鲳高效优质饲料与商品饲料的促生长效果比较**

**图2　金鲳高效优质配合饲料**

# 2 筛选非粮蛋白源和新型脂肪源，为解决鱼粉鱼油资源短缺的“卡脖子”问题提供技术支撑

## 2.1 确定一种非粮复合蛋白在金鲳幼鱼配合饲料中替代鱼粉的适宜水平

利用浓缩棉籽蛋白、肉骨粉和血粉等非粮蛋白源组成复合蛋白，研究其替代金鲳幼鱼配合饲料中鱼粉的可行性及适宜替代水平。配制 4 种等氮（42%）、等脂（12%）饲料（D1~D4），其中对照组（D1）含 24%鱼粉，D2~D4 为复合蛋白替代配合饲料中 25%~75%鱼粉（使饲料鱼粉含量分别降至 18%、12%、6%）。

利用此 4 种饲料在近海养殖网箱中饲养初始体重约 9.7 g的金鲳幼鱼 63 天后，生长性能结果显示（图 3）：与对照组D1 相比，D2 组鱼生长性能无差异（$P>0.05$），且其肝体比降低 25.05%；但D3、D4 组鱼的生长性能显著低于D1 组（$P<0.05$）。各饲料组全鱼常规成分无显著差异（$P>0.05$），但D2 组鱼背肌粗脂肪含量显著高于D1 组鱼（$P<0.05$），而D3、D4 组鱼背肌粗脂肪含量显著低于D1 组鱼（$P<0.05$）。此外，复合蛋白替代 25.52%饲料鱼粉（D2 组），可改善金鲳肌肉回复性、剪切力等质构特性，而过量替代（D3、D4 组）则对肌肉质构特性有负面影响。血清生化指标方面，与对照组D1 相比，D2~D4 组金鲳血清血清胆固醇和高密度脂蛋白含量无显著差异（$P>0.05$），但D2 和D3 组甘油三酯和低密度脂蛋白的含量显著升高（$P<0.05$）。抗氧化和免疫方面，与D1 组相比，D3 组谷草转氨酶与碱性磷酸酶的含量显著提高（$P<0.05$）。结果说明，该非粮复合蛋白至少可替代金鲳配合饲料中 25%的鱼粉，将饲料鱼粉含量降低至 18%。

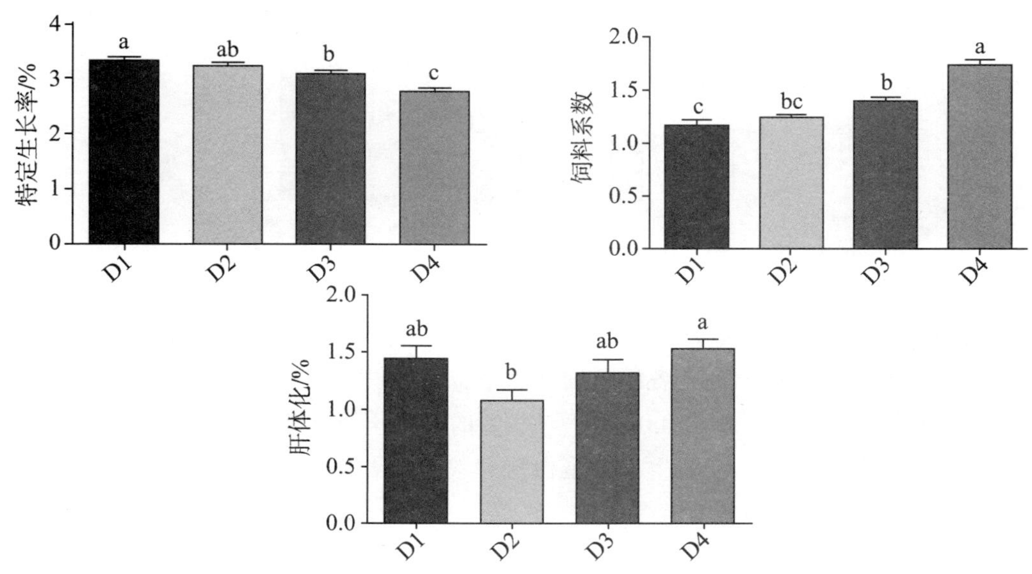


图 3 不同饲料投喂组金鲳的生长性能指标

## 2.2 比较了 4 种陆生复合蛋白在金鲳配合饲料中的应用效果

比较了全陆生动物蛋白（鸡肉粉、肉骨粉等，D2 组）、全植物蛋白（发酵豆粕、酶解豆粕、大豆浓缩蛋白等，D3 组）、动植物蛋白复合物（D4 组）以及本岗位前期研发的金鲳复合蛋白（D5 组）在金鲳养殖中的应用效果。以 30%鱼粉饲料为对照组（D1 组），上述 4 种复合蛋白各替代D1 组饲料中 80%的鱼粉，使饲料鱼粉含量低至 6%。采用上述 5 种饲料投喂金鲳幼鱼（体重约 10 g）70 天后的生长性能结果显示（图 4）：D2 组和D5 组的增重率、特定生长率与D1 组（30%鱼粉）无差异（$P>0.05$），而D3 组和D4 组的增重率、特定生长率和饲料系数都显著低于D1 组（$P<0.05$），说明金鲳复合蛋白和全动物蛋白饲料的应用效果与 30%鱼粉饲料相当。

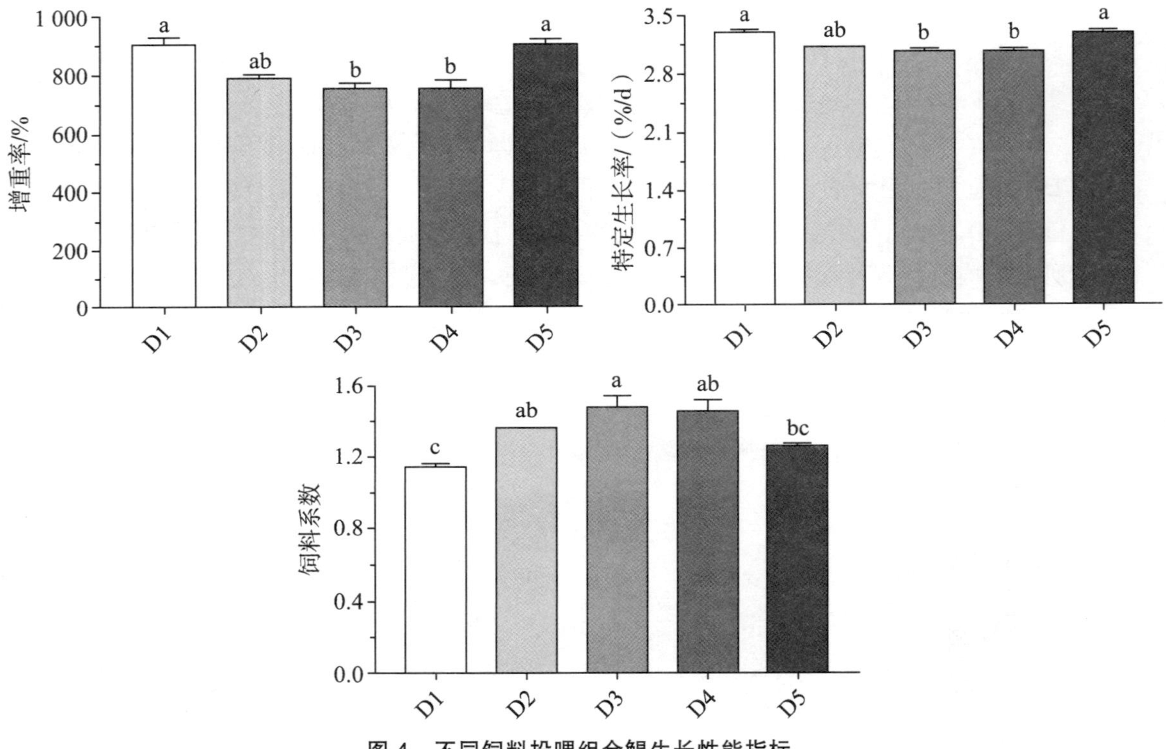


**图 4　不同饲料投喂组金鲳生长性能指标**

背肌营养成分结果显示，各组的水分含量无差异，但D3 组脂肪含量显著降低（$P<0.05$）。质构特性指标方面，各组鱼的持水率、硬度、黏性、弹性、咀嚼性、胶着性、黏聚性和回复性无显著差异（$P>0.05$），但D3 组的最大正力显著高于D1 组。以上结果表明，以增重率为评价标准，全陆生动物蛋白可替代金鲳饲料 80%鱼粉（鱼粉添加量降至 6%），但其替代效果差于金鲳复合蛋白。

### 2.3　评估 6 种脂肪源在金鲳配合饲料中的应用效果，确定 2 种脂肪源可用于金鲳饲料生产

在满足金鲳必需脂肪酸（EFA）需求的基础上，采用不同比例的猪油和茶油替代鱼油和豆油，调配 5 种复合油脂（D2~D6 组）。D2~D6 除都含 1.5%鱼油外，分别含有猪油（8.5%）、猪油（7%）+豆油（1.5%）、豆油（1.5%）+茶油（7%）、猪油（1.5%）+豆油（7%）、豆油（8.5%）；D1 组（10%鱼油）和D7 组（10%金鲳复合油）为对照组。以此 7 种油脂配制饲料，于网箱养殖金鲳幼鱼（体重约 11 g）56 天。生长性能结果显示（图 5）：D7 组鱼的增重率、特定生长率、饲料系数等指标均显著优于D2~D6 组（$P<0.05$）；与D1 组相比，D3 组和D6 组鱼增重率、特定生长率、饲料系数无显著差异（$P>0.05$），但D2、D4、D5 组鱼增重率、特定生长率、饲料系数显著低于D1 组（$P<0.05$）。以生长性能指标为评价标准，在满足金鲳EFA需求基础上，搭配适量的猪油和豆油对金鲳生长无负面影响，但其对茶油利用较差。

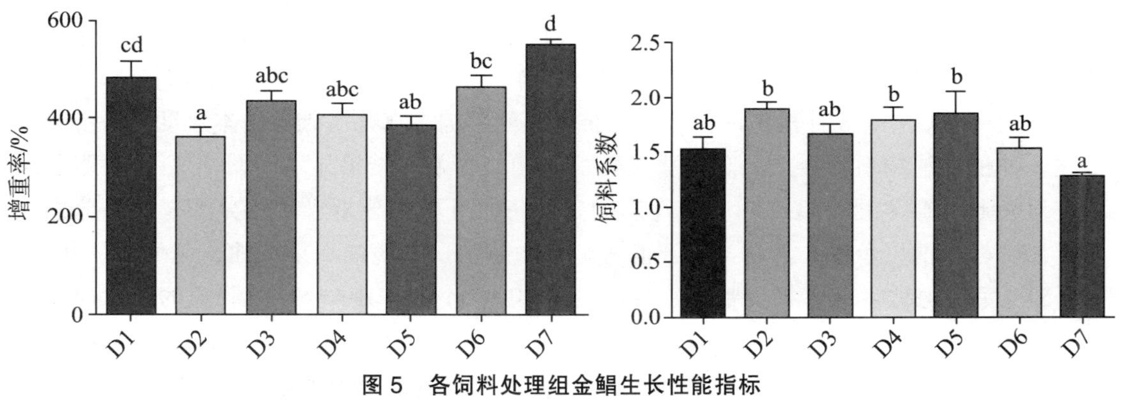


图 5　各饲料处理组金鲳生长性能指标

### 2.4　通过评估乳化处理脂肪源对金鲳饲料应用效果的影响，初步得出乳化作用效果有限

为探讨乳化匀质预处理能否提高金鲳对饲料脂肪的利用效果，本研究以鱼油、金鲳复合油、公司复合油，以及经乳化匀质预处理的上述三种油脂为脂肪源，配制 6 种蛋白含量为 45%、脂肪含量为 12%的配合饲料（D1：鱼油；D2：乳化鱼油；D3：金鲳复合油；D4：乳化金鲳复合油；D5：公司油；D6：乳化公司油），饲养金鲳幼鱼（体重约 9.67 g）56 天。

生长性能结果显示（图 6），各组间的增重率、特定生长率、饲料系数、脏体比和存活率均无显著差异（$P>0.05$）。相同油脂条件下，乳化处理对鱼肝体比无显著影响（$P>0.05$）；相比于公司油脂，鱼油和金鲳复合油组鱼肝体比显著降低（$P<0.05$）。此外，肌肉质构特性结果显示，D1 组鱼背肌熟肉率、剪切力、硬度、弹性、咀嚼性、胶着性以及黏聚性均高于D2 组；D3 组与D4 组间无显著性差异；D5 组鱼背肌剪切力、硬度、弹性、咀嚼性和胶着性均高于D6 组。上述结果表明，油脂乳化预处理对金鲳的生长性能无提升效果。

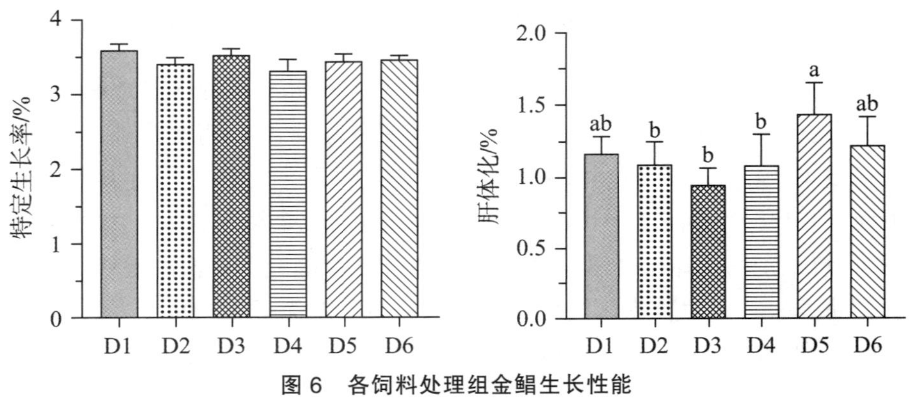

图 6　各饲料处理组金鲳生长性能

## 2.5　比较椰子油、棕榈油、橄榄油等 8 种植物油对金鲳肠道健康及菌群结构影响

在上一年度，本岗位评估了富含饱和脂肪酸（SFA）的椰子油（CO）、棕榈油（PO），富含单不饱和脂肪酸（MUFA）的山茶油（OTO）、橄榄油（OO），富含n−6 多不饱和脂肪酸（PUFA）的菜籽油（CNO）、花生油（PNO），以及富含n−3 PUFA的亚麻籽油（LO）、紫苏籽油（PFO）等 8 种植物油对金鲳生长性能的影响。在此基础上，本年度进一步分析上述 8 种植物油饲料对金鲳肠道健康及菌群结构的影响。结果显示（图 7）：饲料脂肪酸组成对鱼肠道微生物丰富度和多样性影响显著，通过聚类分析显示可分为三类，分别是椰子油、棕榈油，鱼油、苏籽油、亚麻籽油，山茶油、橄榄油、菜籽油、花生油。其中，投喂SFA鱼肠道微生物多样性最高；过高的MUFA和n−6 PUFA会导致肠道的氧化应激反应并破坏肠道形态结构的完整，这可能与窄食单胞菌属（*Stenotrophomonas*）丰度的特异性升高相关；n−3 PUFA和鱼油组在属水平由高度相似的肠道菌群组成，其中蓝藻细菌属（*Cyanobacteria*）、链球菌属（*Streptococcus*）与乳酸菌属（*Lactobacillus*）为其优势菌种。

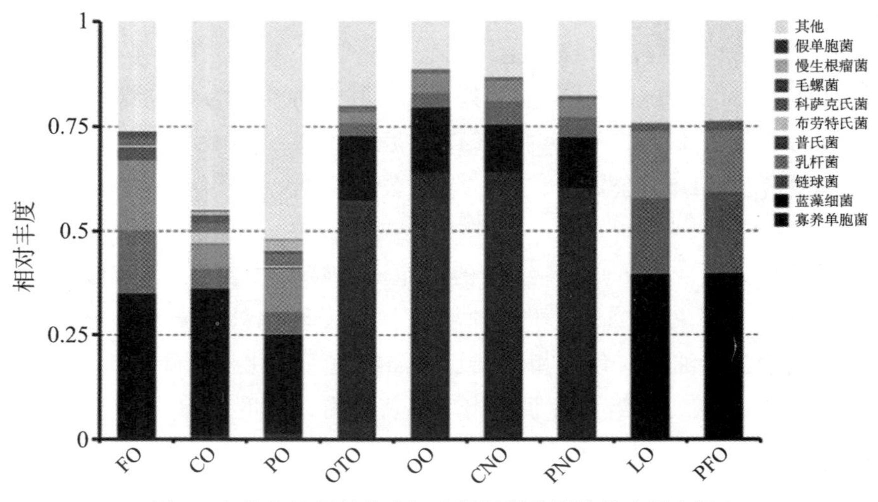

图 7　各植物油饲料处理组金鲳肠道菌群结构（属水平）

## 3　探明金鲳复合蛋白可高比例替代鱼粉的部分原因

前期，本岗位研发的金鲳复合蛋白源可替代金鲳饲料80%鱼粉，使饲料鱼粉含量降至6%。本年度，进一步用金鲳复合蛋白源与全陆生动物蛋白、全植物蛋白以及动植物复合物等3种复合蛋白源开展鱼粉替代效果对比研究。生长性能效果如2.2所述，都是替代80%饲料鱼粉，但金鲳复合蛋白的促生长效果明显优于其他复合蛋白，甚至还好于30%鱼粉对照饲料。

本部分初步探讨金鲳复合蛋白可高比例替代鱼粉的部分原因。血清免疫结果方面，金鲳复合蛋白组（D5）鱼血清碱性磷酸酶活性和球蛋白含量显著高于30%鱼粉组（D1，对照组）及全陆生动物蛋白（D2）、全植物蛋白（D3）、动植物蛋白（D4）组。此外，D5组血清白蛋白、总氨基酸、尿素氮和血氨含量，以及谷丙转氨酶、谷草转氨酶、谷丙转氨酶、黄嘌呤氧化酶和琥珀酸脱氢酶活性与D1组无显著差异（$P>0.05$），且其总蛋白含量显著高（$P<0.05$）；但D3、D4组尿素氮含量，D2组血氨含量、黄嘌呤氧化酶活性显著低于D1组（$P<0.05$）。分析各组血清GH和IGF−I水平发现，D5组GH和IGF−I水平都显著高于D2~D4组（$P<0.05$）。以上结果表明，金鲳复合蛋白可改善鱼体的免疫力，促进蛋白代谢，提高GH和IGF−I水平，从而对鱼的生长起到积极作用。

## 4　初步揭示金鲳组织HUFA沉积机制，为提升养殖金鲳的品质和营养价值奠定基础

哺乳动物相关研究表明，脂肪酸结合蛋白4（Fabp4）可介导组织DHA沉积。但是，鱼类组织中HUFA沉积机制尚不清晰。为此，本岗位通过启动子克隆和生物信息学分析，获得*fabp4*基因上游调控片段2006 bp（核心启动子区为−2 006 bp~−1 521 bp），并预测到有2个PPARγ潜在结合位点。点突变实验证实了PPARγ与*fabp4*基因启动子区结合，并影响其启动子的活性。肝细胞离体实验表明，过表达*fabp4*或*pparγ*都显著提升了细胞DHA含量；而敲低*fabp4*或*pparγ*表达，则降低了细胞DHA水平。此外，同时过表达*fabp4*和*pparγ*基因，可进一步提升细胞DHA水平；抑制*fabp4*基因表达（抑制剂BMS309403处理），过表达*pparγ*对肝细胞DHA水平的提升能力被削弱（图8）。综上，Fabp4可促进金鲳肝细胞DHA的沉积，且该过程受到PPARγ的调控。

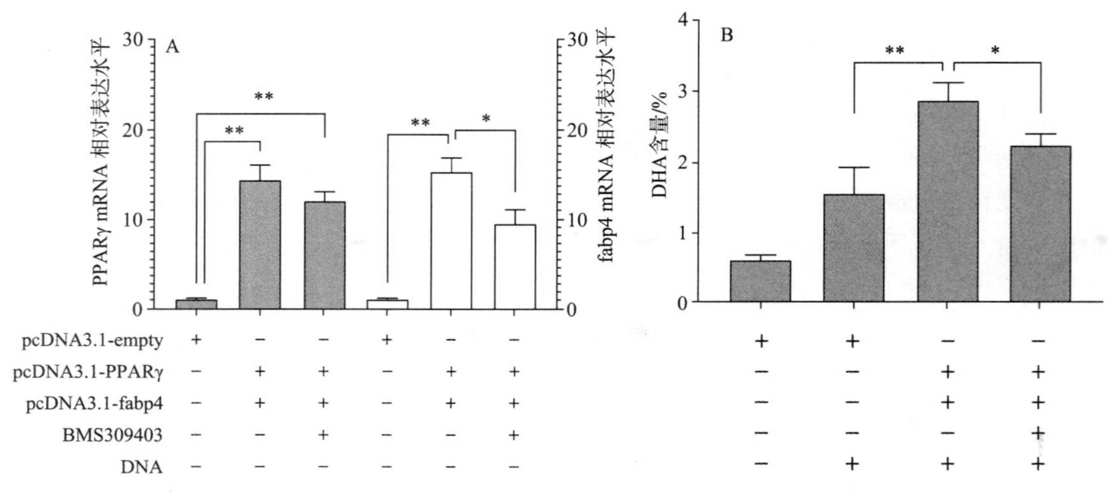


图 8　PPARγ 调控fabp4-介导肝细胞DHA沉积

# 5　开发 5 种有利于金鲳肝肠健康的功能性饲料添加剂，初步揭示其作用机制

## 5.1　揭示小檗碱维护摄食高脂饲料金鲳健康生长的机制

前期生长实验表明，高脂饲料中添加 1 g/kg小檗碱有利于金鲳的生长，可促进鱼体肝脏脂肪的分解及转运，减少高脂饲料对肝脏的损伤。本年度比较分析高脂饲料中添加小檗碱对金鲳肠道屏障和肠道菌群的影响。结果显示，随着脂肪水平的升高，肠壁变薄，肠道空隙增大，高脂组（HF）肠绒毛折叠损伤程度最严重。中脂组（MF）肠道脂肪酶（Lip）、淀粉酶（Ams）和胰蛋白酶（Trypsin）活性最高。分析肠道菌群结构发现，HF饲料不仅会导致肠道微生物中厚壁菌门和拟杆菌门比例失衡，还会导致变形菌门增多、乳酸菌减少的问题。添加小檗碱后肠壁厚度显著增加，HBBR组显著减轻肠绒毛折叠损伤程度，增加肠道营养吸收的表面积，修复高脂饮食造成的肠道屏障损伤。相较于HF组，HBBR组显著提高了肠道消化能力，Lip、Ams和Trypsin活性最高；HBBR组肠道拟杆菌门增加，厚壁菌门显著减少，致病菌发光杆菌属数量降低，益生菌乳酸菌属数量增加，优化肠道菌群结构（图 9）。

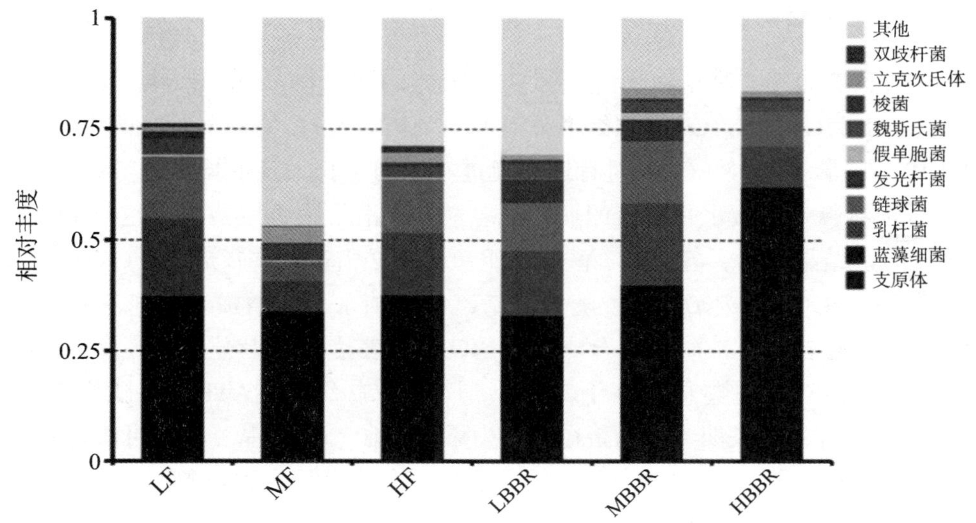


图 9　不同饲料对金鲳幼鱼肠道属水平优势菌群的影响

## 5.2　初步揭示丙酮酸钙可改善高脂饲料引起的肝脂蓄积的机制

上一年度研究表明，高脂饲料中分别添加 0.25~1.0 g/kg的丙酮酸钙（命名为D1~D4，D0 对照组不添加），发现 0.75 g/kg丙酮酸钙有利于鱼鲳生长，显著降低其肝脏脂肪含量（$P<0.05$）。本年度进一步分析丙酮酸钙对金鲳肝脂代谢的影响（图 10）。随着饲料中丙酮酸钙水平的升高，肝脏脂肪分解（*pparα*、*cpt1*、*hsl*）和胞内脂肪酸转运（*fabp1*）相关基因mRNA表达水平均上升，且在D3 组或D4 组中达到最大值（$P<0.05$）；脂肪酸合成（*srebp-1*、*fas*、*acc*）和脂肪酸转运（*cd36*、*apob100*）相关基因mRNA表达被抑制。

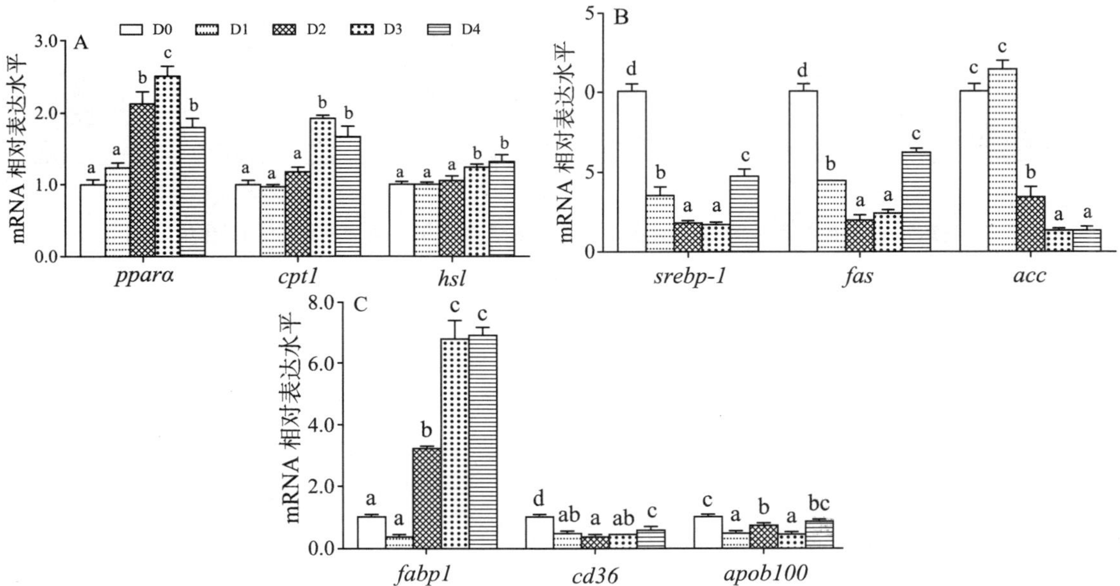


图 10　饲料丙酮酸钙水平对金鲳肝脂分解（A）、合成（B）和转运（C）代谢基因的影响

## 5.3 揭示胍基乙酸缓解植物蛋白饲料对金鲳生长的负面影响

上一年度研究表明，高植物蛋白饲料中分别添加 0.05 g/kg、0.10 g/kg和 0.15 g/kg的胍基乙酸（命名为G1~D3，G0 对照组不添加），以鱼粉蛋白源饲料作为对照组（F0），发现添加 0.10 g/kg胍基乙酸（G2）组有助于促进金鲳的生长，其生长性能与鱼粉组相当。本年度分析饲料胍基乙酸水平对金鲳肌肉氨基酸、肌酸合成关键酶的表达与ATP含量的影响（图 11）。结果显示，各胍基乙酸添加组鱼肌肉必需氨基酸指数高于G0 组与F0 组，且G2 组显著高于G0 组（$P<0.05$）。随着胍基乙酸添加水平的增加，胍基乙酸合成限速酶AGAT表达量显著降低，而肌酸合成催化酶GAMT表达量呈上升趋势。此外，G1~G3 组鱼肌肉肌酸、ATP含量整体上高于G0 组，且G1 与G2 组肌肉ATP含量显著高于G0 组（$P<0.05$）。本研究结果表明，植物蛋白饲料中添加 0.10 g/kg胍基乙酸，可改善肌肉氨基酸组成，促进肌酸合成，提高肌肉ATP的含量，从而有助于促进金鲳健康生长。

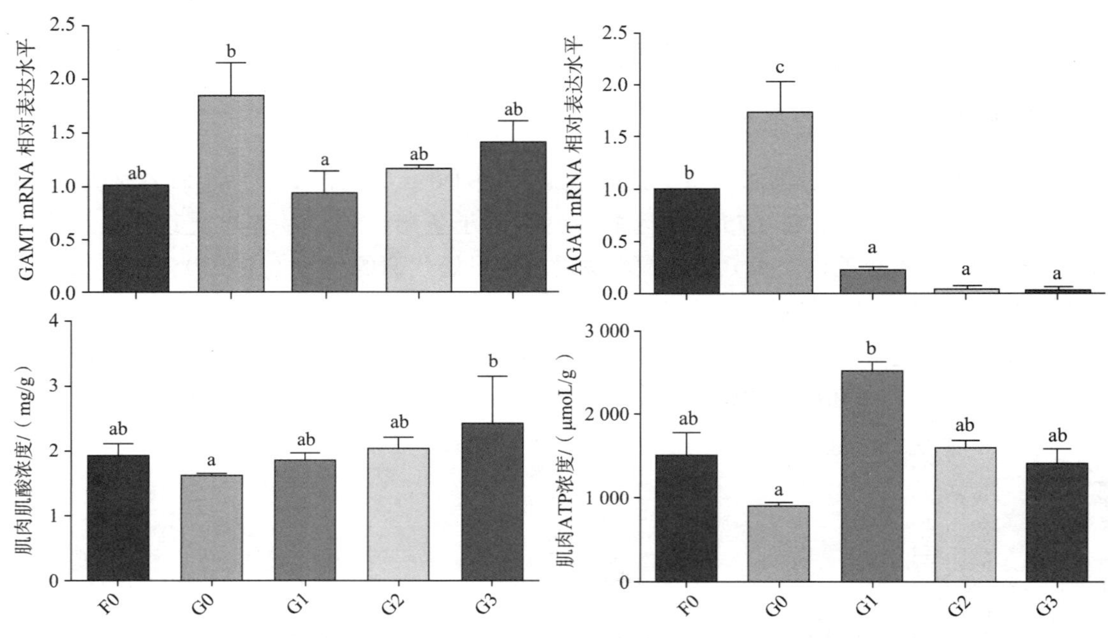


图 11 不同饲料组金鲳肌酸合成相关基因表达水平与肌肉肌酸和ATP含量

## 5.4 发现魔芋葡多糖和亚麻籽胶可减缓金鲳肝脏脂肪过度沉积

为探讨魔芋多糖和亚麻籽胶在缓解金鲳肝脂过度沉积的作用，本岗位在脂肪含量分别为 9%（BFD）和 18%（HFD）的饲料中分别添加不同水平（0%、0.5%、1%和 2%）的魔芋葡多糖以及亚麻籽胶，在近海网箱养殖金鲳幼鱼（体重约 12 g）60 天。生长性能结果显示（表 1 和表 2），在BFD组和HFD组中添加 1% 魔芋葡多糖或 1%亚麻籽胶，鱼体增重率、特定生长率显著升高，肝体比显著降低。

**表 1　饲料魔芋多糖水平对金鲳生长性能和形态指标的影响**

| 脂肪/% | 魔芋多糖/% | 末体重/g | 增重率/% | 特定生长率/（%/d） | 饵料系数 | 肝体比/% |
|---|---|---|---|---|---|---|
| 9 | 0 | 65.19 ± 0.43$^{bc}$ | 438.7 ± 8.62$^{ab}$ | 2.69 ± 0.03$^{a}$ | 1.71 ± 0.01$^{d}$ | 1.38 ± 0.04$^{a}$ |
| | 0.5 | 67.56 ± 0.59$^{cd}$ | 450.3 ± 7.33$^{b}$ | 2.74 ± 0.04$^{ab}$ | 1.49 ± 0.04$^{b}$ | 1.39 ± 0.02$^{a}$ |
| | 1 | 72.03 ± 0.58$^{e}$ | 489.5 ± 9.03$^{c}$ | 2.89 ± 0.02$^{bc}$ | 1.27 ± 0.01$^{a}$ | 1.48 ± 0.03$^{ab}$ |
| | 2 | 68.63 ± 1.05$^{d}$ | 481.8 ± 5.15$^{c}$ | 2.84 ± 0.02$^{bc}$ | 1.50 ± 0.20$^{b}$ | 1.54 ± 0.01$^{ab}$ |
| 18 | 0 | 60.57 ± 1.38$^{a}$ | 422.8 ± 8.80$^{a}$ | 2.67 ± 0.05$^{a}$ | 1.83 ± 0.02$^{e}$ | 1.86 ± 0.08$^{c}$ |
| | 0.5 | 64.15 ± 0.21$^{b}$ | 447.3 ± 2.63$^{b}$ | 2.70 ± 0.03$^{a}$ | 1.54 ± 0.06$^{bc}$ | 1.82 ± 0.07$^{c}$ |
| | 1 | 67.51 ± 0.82$^{cd}$ | 479.9 ± 6.97$^{c}$ | 2.83 ± 0.03$^{bc}$ | 1.45 ± 0.13$^{b}$ | 1.55 ± 0.09$^{ab}$ |
| | 2 | 65.22 ± 0.44$^{bc}$ | 453.8 ± 3.77$^{b}$ | 2.76 ± 0.02$^{ab}$ | 1.64 ± 0.05$^{cd}$ | 1.62 ± 0.09$^{ab}$ |

**表 2　饲料亚麻籽胶水平对金鲳生长性能和形态指标的影响**

| 脂肪/% | 亚麻籽胶/% | 末体重/g | 增重率/% | 特定生长率/（%/d） | 饵料系数 | 肝体比/% |
|---|---|---|---|---|---|---|
| 9 | 0 | 65.19 ± 0.43$^{b}$ | 438.72 ± 8.62$^{b}$ | 2.69 ± 0.03a$^{b}$ | 1.71 ± 0.01$^{c}$ | 1.38 ± 0.04$^{a}$ |
| | 0.5 | 67.04 ± 0.97$^{b}$ | 470.6 ± 14.20$^{c}$ | 2.73 ± 0.03a$^{b}$ | 1.46 ± 0.04$^{b}$ | 1.33 ± 0.01$^{a}$ |
| | 1 | 77.83 ± 0.52$^{c}$ | 561.9 ± 11.25$^{d}$ | 3.07 ± 0.02$^{c}$ | 1.22 ± 0.07$^{a}$ | 1.28 ± 0.02$^{a}$ |
| | 2 | 76.18 ± 0.28$^{c}$ | 552.04 ± 3.01$^{d}$ | 3.00 ± 0.01$^{c}$ | 1.23 ± 0.17$^{a}$ | 1.32 ± 0.03$^{a}$ |
| 18 | 0 | 60.57 ± 1.38$^{a}$ | 422.89 ± 8.80$^{b}$ | 2.67 ± 0.05$^{a}$ | 1.83 ± 0.02$^{d}$ | 1.86 ± 0.08$^{c}$ |
| | 0.5 | 59.82 ± 0.33$^{a}$ | 393.94 ± 3.66$^{a}$ | 2.64 ± 0.01$^{a}$ | 1.61 ± 0.09$^{c}$ | 1.76 ± 0.06$^{c}$ |
| | 1 | 66.83 ± 0.51$^{b}$ | 458.02 ± 3.24$^{c}$ | 2.77 ± 0.00$^{b}$ | 1.32 ± 0.05$^{a}$ | 1.60 ± 0.00$^{b}$ |
| | 2 | 66.66 ± 1.14$^{b}$ | 457.58 ± 4.03$^{c}$ | 2.75 ± 0.04$^{b}$ | 1.47 ± 0.07$^{b}$ | 1.64 ± 0.03$^{b}$ |

（岗位科学家　李远友）

# 海鲈营养需求与饲料技术研发进展

海鲈营养需求与饲料岗位

根据本年度的重点任务，获得高温下海鲈对饲料铁、硒、镁等矿物元素的需要量；开发了黄粉虫粉、荚膜甲基球菌蛋白等两种非粮蛋白的使用方法；发现了高豆粕饲料中添加荚膜甲基球菌蛋白可以显著改善花鲈的生长性能和非特异性免疫，并可通过调节肠道炎症因子和肠道菌群平衡来增强肠道健康。

## 1　矿物元素对海鲈营养生理的影响

### 1.1　磷对海鲈脂肪代谢影响机制的研究

磷作为常量元素，对鱼类营养和生理机能有着重要影响，然而饲料中过高的磷会导致养殖水体中的磷含量增加，造成环境污染。使用低磷饲料能够降低成本与减少磷的排放。但是饲料中磷水平的不足会导致生长抑制、饲料效率降低和骨骼异常，影响血浆参数，并且造成脂肪在肝脏中大量沉积，影响鱼的品质与健康生长。因此，探明磷对脂肪代谢的影响及其内在机制非常必要。实验饲料以脱骨鱼粉、酪蛋白为蛋白源，鱼油、豆油为脂肪源，以磷酸二氢钠与磷酸氢二钾作为磷源，配制磷水平分别为0.36%（0.36P）、0.72%（0.72P）与1.08%（1.08P）的3种饲料，并在0.36P与0.72P组中加入AMPK激活剂AICAR。

结果表明，与正常磷组相比，低磷组花鲈末均重、增重率显著降低，MDA显著增加；肝体比、全体脂肪、肝脏脂肪、肝脏甘油三酯含量有所增加。与低磷组相比低磷+AICAR组与低磷组相比末均重、全体脂肪、增重率有所增加，肝体比有所降低，但均无显著差异（表1）。

**表1　磷对海鲈生长性能的影响**

| 组别 | 末均重/g | 增重率/% | 肝体比/% | 全体脂肪/% |
|---|---|---|---|---|
| 0.36P | $82.78 \pm 4.34^{ab}$ | $772.34 \pm 43.34^{ab}$ | $1.46 \pm 0.23$ | $12.49 \pm 0.43^{b}$ |
| 0.72P | $101.45 \pm 2.72^{c}$ | $967.21 \pm 29.16^{c}$ | $1.05 \pm 0.17$ | $11.23 \pm 0.47^{ab}$ |
| 1.08P | $75.12 \pm 5.23^{a}$ | $689.65 \pm 52.76^{a}$ | $1.15 \pm 0.15$ | $12.35 \pm 0.90^{b}$ |
| 0.36P+AICAR | $84.88 \pm 4.47^{ab}$ | $793.28 \pm 48.92^{ab}$ | $1.39 \pm 0.16$ | $12.18 \pm 0.39^{ab}$ |
| 0.72P+AICAR | $95.28 \pm 7.49^{bc}$ | $899.69 \pm 76.45^{bc}$ | $1.22 \pm 0.03$ | $10.76 \pm 0.27^{a}$ |

### 1.2　淡水养殖条件下海鲈对饲料镁需要量的研究

镁离子是细胞内含量较高的阳离子之一，对鱼类的生长发育、营养物质代谢和渗透调节功能等方面均有十分重要的作用。已有研究表明，在海水中养殖的鱼类可以直接从海水中获取足够的镁，而在淡水中养殖的鱼类则需要从饲料中获取足够的镁来保证生长与正常的生理功能。实验饲料以鱼片、酪蛋白、谷朊粉为蛋白源，以鱼油、豆油为脂肪源，以$MgSO_4$为镁源配制成6种等氮、等脂饲料，各组实测镁水平分别为351.5 mg/kg、652.7 mg/kg、860.4 mg/kg、1 019.4 mg/kg、1 332.9 mg/kg、1 557.6 mg/kg，在淡水中养殖10周后采集样品。

结果表明，在淡水养殖条件下，饲料镁水平对海鲈的末均重、增重率、摄食率、饲料系数、存活率均有显著影响，随着饲料镁水平的增加，末均重、增重率及特定生长率都呈现先升高、后降低的趋势，且都在1 019.4 mg/kg组达到最大值。通过二次回归分析可得，淡水养殖下花鲈对饲料镁的需求量为1.13 g/kg（表2）。

**表2　饲料镁水平对花鲈生长性能和形体指标的影响**

| 镁水平/（mg/kg） | 末重/g | 增重率/% | 摄食率/（%/d） | 饲料系数 | 存活率/% |
|---|---|---|---|---|---|
| 351.5 | $81.92 \pm 4.62^{a}$ | $663.47 \pm 42.94^{a}$ | $3.72 \pm 0.24^{b}$ | $1.43 \pm 0.20^{b}$ | $96.00 \pm 4.00^{b}$ |
| 652.7 | $91.65 \pm 2.17^{a}$ | $759.71 \pm 24.23^{ab}$ | $3.80 \pm 0.11^{b}$ | $1.44 \pm 0.06^{b}$ | $96.00 \pm 4.00^{b}$ |
| 860.4 | $92.30 \pm 0.53^{ab}$ | $764.04 \pm 5.75a^{b}$ | $3.44 \pm 0.13^{ab}$ | $1.32 \pm 0.10^{ab}$ | $89.33 \pm 1.33^{a}$ |
| 1 019.4 | $94.98 \pm 1.61^{b}$ | $791.58 \pm 15.40^{b}$ | $3.17 \pm 0.10^{a}$ | $1.19 \pm 0.06^{a}$ | $97.33 \pm 1.33^{b}$ |
| 1 332.9 | $90.19 \pm 1.41^{ab}$ | $742.48 \pm 11.35^{ab}$ | $3.85 \pm 0.08^{b}$ | $1.47 \pm 0.06^{b}$ | $93.33 \pm 3.52^{ab}$ |
| 1 557.6 | $88.38 \pm 7.08^{ab}$ | $729.41 \pm 75.60^{ab}$ | $3.48 \pm 0.10^{ab}$ | $1.31 \pm 0.04^{ab}$ | $93.33 \pm 1.33^{ab}$ |

### 1.3　不同温度下花鲈对饲料硒需要量的研究

硒（Se）是动物生长过程中不可或缺的微量矿物质元素之一，在促进机体生长和维持机体健康方面发挥着重要作用。硒代蛋氨酸（Se-Met）是一种有机硒，由硒元素取代了蛋氨酸中同族的硫元素而合成，具有吸收快、利用率高、毒副作用小、环境污染少等特点。实验以脱骨鱼粉、酪蛋白、谷朊粉为蛋白源，鱼油和豆油、卵磷脂为脂肪源，配制蛋白水平为45.0%、脂肪水平为12.0%的饲料。采用2×5设计，即2个温度水平（27℃、33℃）、5个硒代蛋氨酸水平（0 mg/kg、17.5 mg/kg、35 mg/kg、70 mg/kg、140 mg/kg），设计5组不同Se-Met添加量的饲料配方，饲料中硒的理论水平为0.27 mg/kg、0.62 mg/kg、0.97 mg/kg、1.67 mg/kg和3.07 mg/kg。

通过双因素方差分析可得高温（33℃）显著降低花鲈的增重率、特定生长率和摄食率，提高饲料系数。同时，饲料Se-Met水平也对这些指标有显著影响。通过二次回归分析可得，花鲈在27℃与33℃下对饲料硒的需求量分别为75.36 mg/kg与75.74 mg/kg（表3）。

**表 3　饲料硒代蛋氨酸水平和水温对花鲈生长性能的影响**

| 水温/℃ | 硒水平/（mg/kg） | 增重率/% | 特定生长率/（%/d） | 摄食率/% | 饲料系数 |
|---|---|---|---|---|---|
| 27 | 0.0 | 5 102.95 ± 60.34 | 5.32 ± 0.02 | 3.43 ± 0.06 | 1.26 ± 0.03 |
| | 17.5 | 5 737.90 ± 241.47 | 5.49 ± 0.06 | 3.35 ± 0.25 | 1.22 ± 0.10 |
| | 35.0 | 6 324.76 ± 114.81 | 5.63 ± 0.02 | 3.16 ± 0.03 | 1.15 ± 0.01 |
| | 70.0 | 6 112.70 ± 113.08 | 5.58 ± 0.03 | 3.30 ± 0.08 | 1.20 ± 0.02 |
| | 140.0 | 5 573.61 ± 442.75 | 5.45 ± 0.12 | 3.39 ± 0.07 | 1.24 ± 0.03 |
| 33 | 0.0 | 4 748.86 ± 111.42 | 5.23 ± 0.03 | 3.44 ± 0.05 | 1.27 ± 0.02 |
| | 17.5 | 5 150.51 ± 194.19 | 5.34 ± 0.05 | 3.20 ± 0.05 | 1.17 ± 0.02 |
| | 35.0 | 5 275.13 ± 420.25 | 5.37 ± 0.11 | 3.23 ± 0.04 | 1.18 ± 0.02 |
| | 70.0 | 5 901.86 ± 200.45 | 5.53 ± 0.05 | 3.04 ± 0.08 | 1.11 ± 0.03 |
| | 140.0 | 4 973.20 ± 24.20 | 5.29 ± 0.01 | 3.27 ± 0.03 | 1.20 ± 0.01 |
| 水温/℃ | | | | | |
| 27 | | 5 770.38$^{B}$ | 5.49$^{B}$ | 3.33$^{B}$ | 1.22$^{B}$ |
| 33 | | 5 209.91$^{A}$ | 5.35$^{A}$ | 3.23$^{A}$ | 1.19$^{A}$ |
| 硒水平/（mg/kg） | | | | | |
| 0.0 | | 4 925.90$^{a}$ | 5.27$^{a}$ | 3.43$^{b}$ | 1.26$^{c}$ |
| 17.5 | | 5 444.21$^{bc}$ | 5.41$^{bc}$ | 3.27$^{ab}$ | 1.20$^{ab}$ |
| 35.0 | | 5 799.94$^{cd}$ | 5.50$^{cd}$ | 3.19$^{a}$ | 1.17$^{ab}$ |
| 70.0 | | 6 007.28$^{d}$ | 5.56$^{d}$ | 3.17$^{a}$ | 1.16$^{a}$ |
| 140.0 | | 5 273.41$^{ab}$ | 5.37$^{ab}$ | 3.33$^{ab}$ | 1.22$^{bc}$ |
| ANOVA分析 | | | | | |
| 水温 | | <0.001 | <0.001 | 0.015 | 0.045 |
| 硒水平 | | <0.001 | <0.001 | <0.001 | <0.001 |
| 水温 × 硒水平 | | 0.056 | 0.087 | 0.057 | 0.058 |

## 1.4　不同温度下花鲈对饲料铁需要量的研究

铁是鱼类必需微量元素之一。作为机体内多数蛋白质、酶、激素等物质的活性中心或辅因子，铁在机体物质运输、能量代谢、免疫应答等一系列生理生化过程中发挥着重要作用。实验饲料是以酪蛋白和脱骨鱼粉为主要蛋白源、鱼油和豆油为主要脂肪源的半纯化饲料，在此基础上分别添加 0、60、120、240、360 和 480 mg/kg的$FeSO_4 \cdot H_2O$。结果表明，33℃组花鲈的增重率和饲料效率均显著低于 27℃组，并且随着饲料铁水平的升高，花鲈的增重率呈现先升高、后保持稳定的趋势。通过折线分析可得，海鲈在 27℃与 33℃下对饲料铁的需求量分别为 178.5 mg/kg与 209 mg/kg（表 4）。

表 4　饲料铁水平和水温对花鲈生长性能的影响

| 水温/℃ | 铁水平/（mg/kg） | 增重率/% | 饲料效率 | 摄食量/g | 存活率/% |
|---|---|---|---|---|---|
| 27 | 63.26 | 2 507.57 | 1.01 | 976.53 | 97.80 |
| | 120.48 | 2 750.37 | 1.07 | 1 021.50 | 98.90 |
| | 188.14 | 2 885.50 | 1.08 | 1 072.80 | 100.00 |
| | 316.79 | 2 857.97 | 1.07 | 1 031.73 | 96.70 |
| | 425.72 | 2 920.50 | 1.07 | 1 080.97 | 98.90 |
| | 554.61 | 2 852.93 | 1.07 | 1 032.73 | 96.70 |
| 33 | 63.26 | 2 392.50 | 0.95 | 1 000.20 | 98.90 |
| | 120.48 | 2 617.70 | 0.98 | 1 045.60 | 97.77 |
| | 188.14 | 2 745.33 | 1.04 | 1 056.87 | 98.90 |
| | 316.79 | 2 830.40 | 1.04 | 1 075.77 | 98.90 |
| | 425.72 | 2 805.40 | 1.03 | 1 077.10 | 98.90 |
| | 554.61 | 2 832.93 | 1.04 | 1 094.03 | 100.00 |
| 水温/℃ | | | | | |
| 27 | | 2 795.81[b] | 1.06[b] | 1 036.04 | 98.17 |
| 33 | | 2 704.04[a] | 1.01[a] | 1 058.26 | 98.89 |
| 铁水平/（mg/kg） | | | | | |
| 63.26 | | 2 450.03[a] | 0.98[a] | 988.37 | 98.35 |
| 120.48 | | 2 684.03[b] | 1.03[ab] | 1 033.55 | 98.33 |
| 188.14 | | 2 815.42[b] | 1.06[b] | 1 064.83 | 99.45 |
| 316.79 | | 2 844.18[b] | 1.06[b] | 1 053.75 | 97.80 |
| 425.72 | | 2 862.95[b] | 1.05[b] | 1 079.03 | 98.90 |
| 554.61 | | 2 842.93[b] | 1.05[b] | 1 063.38 | 98.35 |
| *P* | | | | | |
| 水温 | | 0.033 | <0.001 | 0.258 | 0.246 |
| 铁水平 | | <0.001 | 0.004 | 0.129 | 0.717 |
| 水温 × 铁水平 | | 0.913 | 0.793 | 0.860 | 0.243 |

# 2　新型饲料蛋白源的利用及鱼粉替代

## 2.1　黄粉虫粉替代鱼粉对花鲈生长性能的影响

由于黄粉虫粉具有较高的蛋白质含量，氨基酸组成齐全，并且具有生产可持续性，因此被认为是理想的鱼粉替代物。本部分实验旨在明确黄粉虫粉分别替代 5%、10%、15%、

20%的鱼粉后，对海鲈生长、免疫与肠道健康的影响。以鱼粉、黄粉虫粉、大豆浓缩蛋白、豆粕、面粉为蛋白源，以鱼油、豆油、卵磷脂为脂肪源，设计 5 组等氮、等脂的饲料，养殖海鲈 8 周后，测定相关指标。结果表明：在花鲈饲料中，黄粉虫粉替代鱼粉建议水平为 15%（表 5）。

**表 5　黄粉虫粉替代鱼粉对海鲈生长性能的影响**

| 组别 | 末重/g | 脏体比/% | 肝体比/% | 腹脂率/% |
|---|---|---|---|---|
| 对照 | 56.10 ± 2.82[a] | 10.75 ± 0.16[a] | 1.07 ± 0.06 | 5.63 ± 0.11 |
| 5%替代 | 58.30 ± 1.80[a] | 10.57 ± 0.11[a] | 1.07 ± 0.03 | 5.17 ± 0.08 |
| 10%替代 | 52.40 ± 1.70[ab] | 11.23 ± 0.27[ab] | 1.12 ± 0.05 | 5.74 ± 0.21 |
| 15%替代 | 50.67 ± 0.83[ab] | 11.38 ± 0.27[ab] | 1.08 ± 0.05 | 5.81 ± 0.36 |
| 20%替代 | 43.83 ± 2.23[b] | 11.91 ± 0.11[b] | 1.13 ± 0.06 | 6.03 ± 0.07 |

## 2.2　高豆粕饲料中添加丁酸梭菌和蚯蚓粉对花鲈生长性能的影响

豆粕由于蛋白含量高，氨基酸组成相对均衡，并且产量较高，价格低廉，被认为是重要的替代鱼粉的植物蛋白饲料。然而，饲料中过高的豆粕水平对鱼类的肠道健康造成不利影响，进而影响鱼类生长性能与免疫机能，因此，开发能够缓解高豆粕饲料对鱼类带来的不利影响的功能性添加剂，对低鱼粉、高豆粕饲料的应用具有重要意义。实验以鱼粉、大豆浓缩蛋白、面粉、豆粕为蛋白源，以鱼油、豆油、卵磷脂为脂肪源配制 3 种饲料，在高豆粕基础上分别添加 3%的丁酸梭菌和蚯蚓粉，养殖花鲈 8 周后采集样品并测定相关指标。结果表明，3%的丁酸梭菌与蚯蚓粉均能有效缓解高豆粕饲料对海鲈生长的不利影响（表 6）。

**表 6　在高豆粕饲料中补充丁酸梭菌与蚯蚓粉对海鲈生长性能的影响**

| 组别 | 末均重/g | 增重率/% | 脏体比/% | 肝体比/% | 腹脂率/% |
|---|---|---|---|---|---|
| 基础组 | 51.73 ± 1.29[a] | 1 728.47 ± 51.43[a] | 11.28 ± 0.18 | 1.15 ± 0.01 | 6.07 ± 0.09 |
| 丁酸梭菌 | 58.63 ± 0.84[b] | 1 967.52 ± 36.61[ab] | 11.72 ± 0.28 | 1.15 ± 0.07 | 5.90 ± 0.17 |
| 蚯蚓粉 | 60.89 ± 1.67[b] | 2 046.44 ± 56.90[b] | 11.60 ± 0.29 | 1.13 ± 0.01 | 6.13 ± 0.16 |

## 2.3　高豆粕饲料中添加菌体蛋白对海鲈生长、非特异免疫及肠道健康的影响

与FM组相比，SBM组花鲈的终末体重、增重率、特定生长率和蛋白质效率显著下降，饲料系数和摄食率显著提高（$P<0.05$）。2%BPM组的终末体重、增重率和特定生长率相比于SBM组显著增加，饲料系数显著降低（$P<0.05$）；4%BPM组的终末体重和增重率相比于SBM组显著增加，饲料系数显著降低（$P<0.05$），但特定生长率、蛋白质效率和摄食率相比于SBM组无显著差异；6%BPM和 8%BPM组的终末体重、增重率和特定生长率相比于

SBM组无显著差异，但8%BPM组的饲料系数和摄食率相比于SBM组显著下降（$P<0.05$）（表7）。

本研究可知，高豆粕饲料中添加2%~4%的菌体蛋白可以显著改善花鲈的生长性能和非特异性免疫，同时通过提高肠道抗氧化能力和消化酶活性、调节肠道炎症因子和肠道菌群平衡来增强肠道健康。

**表7　高豆粕饲料中添加荚膜甲基球菌蛋白对花鲈生长性能的影响**

| 组别 | 末体重/g | 增重率/% | 特定生长率/（%/d） | 饲料系数 | 蛋白质效率 | 摄食率/% |
|---|---|---|---|---|---|---|
| FM | 61.50 ± 0.04[b] | 1 948.01 ± 30.47[b] | 5.73 ± 0.05[c] | 1.07 ± 0.01[a] | 2.18 ± 0.06[a] | 3.41 ± 0.10[a] |
| SBM | 54.86 ± 2.33[a] | 1 730.66 ± 72.03[a] | 5.54 ± 0.12[ab] | 1.15 ± 0.01[c] | 1.99 ± 0.01[b] | 3.67 ± 0.01[c] |
| 2%BPM | 65.84 ± 0.33[c] | 2 088.84 ± 33.01[c] | 5.79 ± 0.06[c] | 1.12 ± 0.01[b] | 2.04 ± 0.04[b] | 3.62 ± 0.04[bc] |
| 4%BPM | 61.6 ± 1.56[b] | 1 958.20 ± 74.83[b] | 5.66 ± 0.09[bc] | 1.11 ± 0.00[b] | 2.05 ± 0.01[b] | 3.58 ± 0.03[bc] |
| 6%BPM | 56.33 ± 0.22[a] | 1 774.50 ± 8.83[a] | 5.55 ± 0.04[ab] | 1.16 ± 0.02[c] | 1.98 ± 0.04[b] | 3.68 ± 0.06[c] |
| 8%BPM | 56.12 ± 0.90[a] | 1 757.47 ± 26.14[a] | 5.51 ± 0.03[a] | 1.10 ± 0.01[b] | 2.06 ± 0.01[b] | 3.52 ± 0.04[ab] |

# 3　环境胁迫对海鲈生长及生理的影响

## 3.1　高温对花鲈生长性能与血清生化指标的影响

在夏季高温季节，我国南方地区水温在较长一段时间内会高于30℃。较高的水温会降低鱼类的生长性能、免疫能力，还会对机体组织造成损伤，甚至死亡。设计高温应激实验以探究海鲈对高温的响应机制，以期为后期缓解高温的不利影响提供一定的理论支持。本实验设计3个温度梯度（27℃、31℃、35℃）组，养殖海鲈8周后采集样品。高温（35℃）显著降低海鲈的生长性能，并提高死亡率，这可能是由于高温导致的肝脏损伤、氧化应激、脂肪代谢紊乱造成的（表8）。

**表8　高温对海鲈血清生化指标的影响**

| 水温 | 27℃ | 31℃ | 35℃ |
|---|---|---|---|
| ALT/（U/L） | 13.24 ± 0.64[a] | 13.54 ± 1.42[a] | 33.80 ± 3.99[b] |
| AST/（U/L） | 11.66 ± 0.55[a] | 12.04 ± 1.38[a] | 23.67 ± 3.51[b] |
| TP/（μg/mL） | 39 674.29 ± 638.40[a] | 37 882.37 ± 2 186.99[a] | 32 875.45 ± 1 373.36[b] |
| CREA/（μmol/L） | 37.17 ± 1.84[a] | 36.69 ± 1.31[a] | 57.71 ± 5.95[b] |
| SOD/（U/mL） | 16.06 ± 2.62[a] | 20.53 ± 0.99[a] | 40.22 ± 1.36[b] |
| T-AOC/（mmol/L） | 0.84 ± 0.01[a] | 0.84 ± 0.02[a] | 0.95 ± 0.03[b] |
| MDA/（nmol/mL） | 13.62 ± 0.82[a] | 14.71 ± 1.15[a] | 24.25 ± 0.77[b] |

续表

| 水温 | 27℃ | 31℃ | 35℃ |
| --- | --- | --- | --- |
| TG/（mmol/L） | 2.86 ± 0.18 | 2.35 ± 0.18 | 3.09 ± 0.34 |
| TC/（mmol/L） | 2.91 ± 0.22[a] | 2.51 ± 0.15[a] | 3.42 ± 0.09[b] |

## 3.2　亚硝酸盐对花鲈生长性能的影响

亚硝酸盐是一种常见的制约鱼类生存的环境因子，大量的研究表明水体中的亚硝酸盐超过一定水平对鱼类的生长发育、器官结构、生理生化活动和机体防御能力等均会造成显著的不利影响。本实验旨在探究亚硝酸盐对海鲈的安全浓度及对海鲈生长、生理的影响，为海鲈的养殖提供理论支持。将海鲈分别在含有 0 mg/L、4 mg/L、8 mg/L、12 mg/L、16 mg/L 亚硝酸盐的水体中养殖 8 周。结果表明，16 mg/L的亚硝酸盐会显著降低海鲈的增重率、特定生长率、摄食率、存活率（表 9）。

**表 9　慢性亚硝酸盐胁迫对海鲈生长性能的影响**

| 亚硝酸盐浓度/（mg/L） | 增重率/% | 特定生长率/（%/d） | 存活率/% |
| --- | --- | --- | --- |
| 0 | 749.43 ± 4.418[ab] | 3.82 ± 0.009[ab] | 98.88 ± 1.111[a] |
| 4 | 727.51 ± 42.25[ab] | 3.76 ± 0.159 2[ab] | 97.77 ± 2.222[a] |
| 8 | 801.73 ± 16.09[a] | 3.92 ± 0.031 8[a] | 97.77 ± 1.111[a] |
| 12 | 781.31 ± 20.01[ab] | 3.88 ± 0.042 9[ab] | 93.33 ± 1.925[a] |
| 16 | 680.29 ± 46.31[c] | 3.66 ± 0.109 5[c] | 74.44 ± 10.715[b] |

（岗位科学家　张春晓）

# 河鲀营养需求与饲料技术研发进展

河鲀营养需求与饲料岗位

2021年河鲀营养需求与饲料岗位围绕体系年度工作任务要求，完善河鲀基础营养素的数据库，研究鱼粉、鱼油的替代，氨基酸需求及代谢以及功能性添加剂的开发，并尝试池塘养殖模式下红鳍东方鲀混养的鲜杂鱼替代方案，从而节约资源，减少发病率，实现绿色发展。具体工作概括为以下几个方面：确定了红鳍东方鲀缬氨酸的需求量；研究了饲料支链氨基酸在红鳍东方鲀体内的拮抗作用；研究了乙醇梭菌蛋白替代鱼粉对暗纹东方鲀的影响，并确定了适宜替代水平；探讨了饲料中牛油及禽油替代鱼油对红鳍东方鲀的影响，并确定了其最佳替代比例；研究了高脂饲料中添加溶血卵磷脂对红鳍东方鲀生长及脂肪代谢的影响，开发了功能性添加剂1种；探讨了高脂饲料对红鳍东河鲀肠道健康的影响，发现了高脂饲料会对其肠道功能、黏膜屏障及微生物组成产生负面影响；研发了池塘养殖模式下红鳍东方鲀混养的饲料配方2套，在不同的混养模式下成功替代鲜杂鱼，进行中试2次、现场验收2次，完善了河鲀专用配合饲料全养殖模式下的推广应用，制定投喂技术规范1项。

## 1　完善河鲀营养需求及饲料利用参数

### 1.1　红鳍东方鲀幼鱼对饲料中缬氨酸需求量的研究

以鱼粉、花生粕和明胶为蛋白源，鱼油和豆油为脂肪源配制基础饲料，在此基础上，添加0%、0.6%、1.2%、1.8%、2.4%、3.0%的晶体缬氨酸配制成半精制实验饲料（实测缬氨酸含量为1.09%、1.52%、2.05%、2.52%、3.14%、3.63%）。以红鳍东方鲀幼鱼（初始体重为24.7 g ± 0.3 g）为实验对象，每天2次饱食投喂（7：00，17：00），养殖周期为8周。结果表明，随饲料缬氨酸水平上升，增重率、特定生长率、饲料效率、蛋白质效率和蛋白质沉积率均呈现先升高、后下降的趋势，并在2.52%组达到最大值；鱼体粗蛋白含量在2.52%组达到最大值（$P<0.05$）；肥满度和肝体比随饲料缬氨酸的升高呈现出先上升、后趋于平缓的趋势，在2.52%组达到最大值；随饲料缬氨酸水平上升，肌肉缬氨酸含量呈现出先升高、后降低的趋势；饲料缬氨酸2.52%组的肌肉支链氨基酸转氨酶（BCAT）和肝脏支链α－酮酸脱氢酶（BCKDH）活性最高（$P<0.05$），饲料缬氨酸3.14%组肝脏支链α－酮酸脱氢酶激酶（BCKDHK）活性最高（$P<0.05$）。分别以特定生长率、饲料效率

和蛋白质效率作为评价指标，通过折线模型和二次曲线模型拟合得到红鳍东方鲀幼鱼的缬氨酸需求量为饲料的 2.42%~2.90%，占饲料蛋白质的 5.41%~6.49%（图 1）。

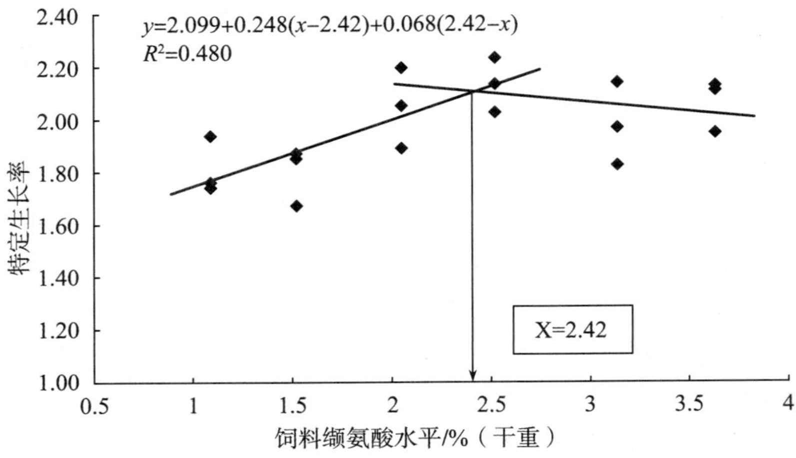


**图 1　饲料缬氨酸水平与特定生长率之间的关系**

### 1.2　牛油替代鱼油对红鳍东方鲀生长性能的影响

以初始体重为 12.0 g的红鳍东方鲀幼鱼为研究对象，基础饲料含 6%的鱼油，分别用牛油（BT）替代基础饲料中 0%、25%、50%、75%和 100%的鱼油，配制成 5 种实验饲料（FO−C组、25%BT组、50%BT组、75%BT组和 100%BT组），研究牛油替代鱼油对红鳍东方鲀生长及饲料利用的影响。在水温 19~21 ℃的条件下进行为期 12 周的养殖实验。结果表明，用不同梯度牛油替代鱼油，显著影响红鳍东方鲀的增重率、肝体比、脏体比和饲料效率等指标。在增重率方面，呈现出先下降、后上升、再下降的趋势，其中，100%BT组和 75%BT组的增重率均高于FO−C组；在肝体比（HSI）和脏体比（VSI）上表现出相同的趋势，也均为先下降、后上升、再下降的趋势，其中FO−C组的HSI和VSI最高；在肥满度方面，各组间均无显著差异（$P>0.05$）；在饲料效率方面，也表现出先下降、后上升、再下降的趋势，其中 75%组的饲料效率最高。在鱼体粗成分方面，牛油替代鱼油对红鳍东方鲀的鱼体粗蛋白影响不显著（$P>0.05$），但对水分和粗脂肪产生不同的影响，其中 50%BT组和 75%BT组的水分显著高于（$P<0.05$）FO−C组和 25%BT组，而 50%BT组和 75%BT组的粗脂肪显著低于（$P<0.05$）FO−C组和 25%BT组（表 1）。本实验发现牛油替代鱼油作为脂肪源，当牛油较高水平替代鱼油，即牛油替代 75%鱼油，饲料牛油添加量为 4.5%时，能促进鱼体生长、提高饲料效率及鱼体粗脂肪的形成。

**表 1　不同水平牛油替代鱼油对生长性能及形体指标（平均值 ± 标准误差）的影响**

| 指标 | FO−C | 25%BT | 50%BT | 75%BT | 100%BT |
|---|---|---|---|---|---|
| 初均重/g | 12.0 ± 0.00 | 12.0 ± 0.00 | 12.0 ± 0.00 | 12.0 ± 0.00 | 12.0 ± 0.00 |
| 末均重/g | 75.4 ± 1.36[ab] | 68.8 ± 1.07[ab] | 68.6 ± 0.67[a] | 83.5 ± 8.02[b] | 75.6 ± 4.26[ab] |

续表

| 指标 | FO−C | 25%BT | 50%BT | 75%BT | 100%BT |
|---|---|---|---|---|---|
| 饲料效率 | 0.71 ± 0.03[b] | 0.54 ± 0.03[a] | 0.36 ± 0.09[a] | 0.78 ± 0.18[b] | 0.65 ± 0.06[ab] |
| 增重率/% | 628 ± 11.29[b] | 574 ± 8.89[a] | 572 ± 5.62[a] | 696 ± 66.8[b] | 630 ± 35.5[ab] |
| 肝体比/% | 9.63 ± 0.38[b] | 9.34 ± 0.18[b] | 7.39 ± 0.62[a] | 8.61 ± 0.19[ab] | 8.47 ± 0.41[ab] |
| 脏体比/% | 14.9 ± 0.32[b] | 14.3 ± 0.44[b] | 11.3 ± 1.84[a] | 13.9 ± 0.18[ab] | 13.6 ± 0.4[ab] |
| 肥满度/（$g/cm^3$） | 3.44 ± 0.09 | 3.45 ± 0.11 | 3.65 ± 0.15 | 3.29 ± 0.16 | 3.46 ± 0.25 |

## 1.3　禽油替代鱼油对红鳍东方鲀生长性能的影响

以体重 12.28 g的红鳍东方鲀幼鱼为研究对象，基础饲料含 6%的鱼油，分别用禽油替代基础饲料中 25%、50%、75%和 100%的鱼油，配制成 5 种实验饲料，研究禽油替代鱼油对红鳍东方鲀生长的影响。养殖期间采用自然光周期，在水温 19~23℃条件下进行为期 8 周的投喂养殖实验。结果表明，用不同水平禽油替代鱼油，对增重率及饲料效率没有显著影响（$P$>0.05），但显著影响红鳍东方鲀的摄食率和脏体比，摄食率表现为随着禽油替代鱼油水平的提高，呈先升高、后降低的趋势。但是，禽油替代鱼油对红鳍东方鲀幼鱼的鱼体粗蛋白、粗脂肪、灰分、水分以及鱼体的肥满度肝体比无显著差异（$P$>0.05）。以摄食率为评价指标，进行折线拟合模型，得到基础饲料中鱼油含量为 6%的条件下，禽油最适合替代鱼油的水平为 15.60%~19.26%（图 2）。

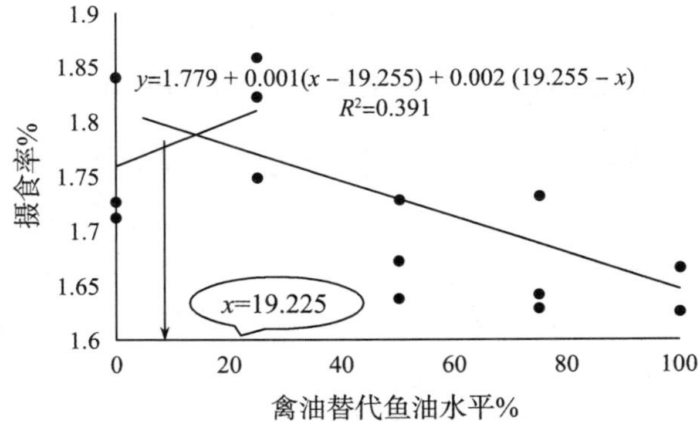


**图 2　饲料中禽油替代鱼油水平与摄食率之间的关系**

## 1.4　饲料脂肪水平对红鳍东方鲀肠道屏障及菌群结构的影响

在红鳍东方鲀饲料中设置适宜脂肪对照组（C−SL）、中高脂组（MHL）和极高脂组（EHL），脂肪含量分别为 9.05%、13.03%和 17.03%，饲养 65 天。随着脂肪水平的增加，红鳍东方鲀的总抗氧化能力、$Na^+K^+$−ATP、淀粉酶及胰蛋白酶活性显著降低；与对照组相比，EHL组的紧密连接蛋白相关的基因（Claudin14、Claudin18、junctional adhesion molecule−A）表达显著下调，极度高脂血清二胺氧化酶活性显著升高；此外，EHL组上调促炎因子、肿瘤坏死因子−α（TNF−α）、干扰素−2、白介素（IL）−1β、IL−8 和

IL−15 的基因表达，下调细胞抗炎转化因子−β（TGF−β）的表达（图 3）；EHL组显著提高了厚壁菌门/拟杆菌门的比例，降低了肠道菌群的 α −多样性和相对丰度，减少了一些潜在的有益菌如乳酸菌、鞘氨单胞菌和热菌。综上所述，饲料中脂肪水平过高（17.03%）对红鳍东方鲀的肠道功能状况、黏膜屏障及微生物群落结构产生负面影响，说明红鳍东方鲀对饲料脂肪水平是比较敏感。

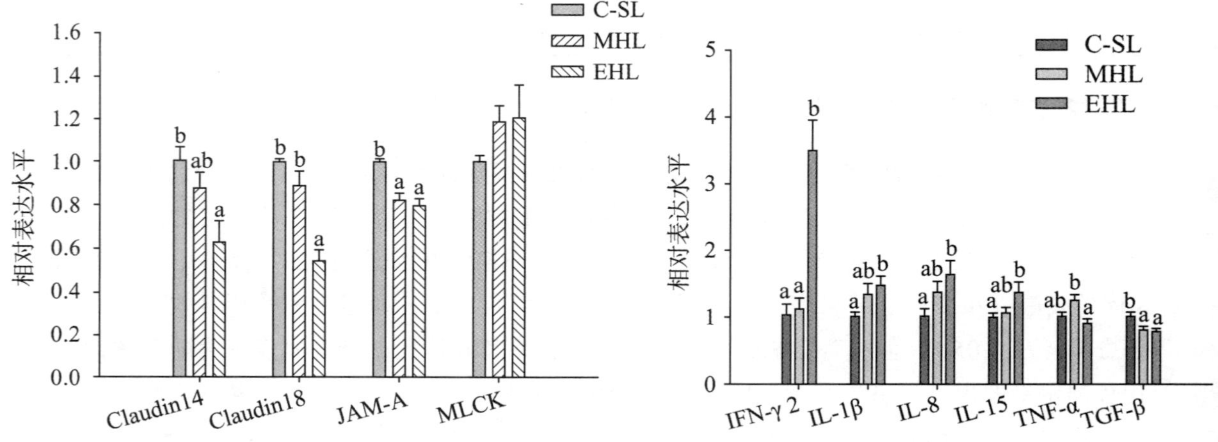


图 3　饲料脂肪水平对肠道屏障及细胞因子相关基因表达的影响

# 2　非粮新型蛋白原料应用效果评价

### 2.1　乙醇梭菌蛋白替代鱼粉对暗纹东方鲀生长及饲料利用的影响

乙醇梭菌蛋白是一种新型的蛋白源，是由乙醇梭菌发酵产生的一种菌体蛋白。以初始均体质量为 18.5 g的暗纹东方鲀幼鱼为实验对象，基础饲料含有 42%的鱼粉，分别利用乙醇梭菌蛋白替代基础饲料中 0、20%、40%和 80%（分别为CAP0、CAP20、CAP40 和 CAP80）的鱼粉配制成 4 种等氮、等脂的实验饲料，研究乙醇梭菌蛋白替代鱼粉对暗纹东方鲀的生长及饲料利用的影响。在水温 24~28℃条件下进行为期 63 天的投喂养殖实验。结果表明，乙醇梭菌蛋白替代鱼粉，能够显著影响暗纹东方鲀的增重率、特定生长率、饲料效率、蛋白质沉积率和蛋白质效率。随着乙醇梭菌蛋白替代鱼粉水平上升，暗纹东方鲀的增重率、特定生长率、饲料效率、蛋白质沉积率和蛋白质效率均呈现先上升、后下降的趋势（图 4）。乙醇梭菌蛋白替代鱼粉并未对暗纹东方鲀幼鱼的鱼体粗蛋白、粗脂肪、灰分和水分以及鱼体的形体指标肥满度、肝体比和脏体比产生显著影响。但是当乙醇梭菌蛋白替代 40%以上的鱼粉时，会显著降低脂肪消化率；而替代量达到 80%时，干物质消化率、蛋白质消化率和脂肪消化率都呈现明显下降的趋势。以增重率、饲料效率和蛋白质消化率为评价指标，得到在基础饲料鱼粉为 42%的条件下，乙醇梭菌蛋白最适替代鱼粉的水平为 20%，占饲料配方的鱼粉水平为 8.4%。

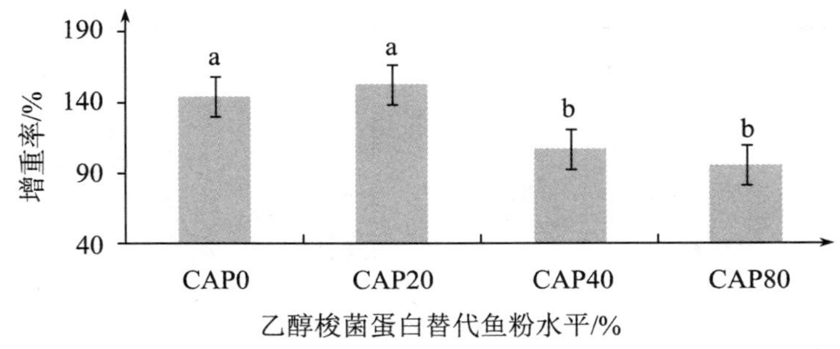


**图 4　饲料中乙醇梭菌蛋白替代鱼粉水平与增重率之间的关系**

## 2.2　红鳍东方鲀亮氨酸与其他支链氨基酸的交互作用

鱼类支链氨基酸的不平衡是否会导致生长和血液或组织支链氨基酸产生拮抗作用，目前仍不清楚。本研究探究了饲料不同亮氨酸水平对红鳍东方鲀生长及支链氨基酸潜在交互作用。实验设 5 个饲料组，其中亮氨酸组包括适宜亮氨酸组（29.0 g/kg饲料）、亮氨酸不足组（12.6 g/kg饲料）和亮氨酸过量组（55.9 g/kg饲料），另外设计异亮氨酸（43.2 g/kg饲料）和缬氨酸（49.6 g/kg饲料）过量组。选择初始体重 24 g左右的红鳍东方鲀，在室内流水养殖条件下进行为期 8 周的养殖实验。结果表明，红鳍东方鲀的生长性能在摄食实验饲料组之间均无显著差异。与适宜亮氨酸水平组相比，支链 α -酮酸脱氢酶（BCKDH）和支链 α -酮酸脱氢酶激酶（BCKDHK）活性在亮氨酸或缬氨酸过量水平组显著升高。饲料亮氨酸、异亮氨酸和缬氨酸水平过量时，氨基酸转运载体$B^0$AT1 和$y^+$LAT2 及小肽转运载体PepT1 表达显著下调。亮氨酸缺乏组与适宜或者过量亮氨酸组相比，血清和肌肉中游离缬氨酸水平显著升高（表 2）。综上所述，在饲料中支链氨基酸满足需求的条件下，尽管过量亮氨酸、异亮氨酸和缬氨酸对红鳍东方鲀生长影响不显著，但通过对支链氨基酸分解代谢相关酶活性和肠道氨基酸转运载体基因表达的分析发现，其仍会在红鳍东方鲀体内产生一定的拮抗作用。另外，血清和肌肉亮氨酸水平的结果表明缬氨酸比异亮氨酸更容易与亮氨酸产生拮抗作用，且在缺乏亮氨酸的饲料组会出现缬氨酸对亮氨酸的拮抗作用，但在亮氨酸过量组不会出现。

**表 2　血清和肌肉氨基酸含量**

| | Control | Leu-L | Leu-H | Ile-H | Val-H | PSE | *P*（ANOVA） |
|---|---|---|---|---|---|---|---|
| 肌肉 | | | | | | | |
| 总支链氨酸/（g/kg） | | | | | | | |
| 亮氨酸 | 60.9 | 63.6 | 60.8 | 61.5 | 61.7 | 0.8 | 0.818 |
| 异亮氨酸 | 37.7 | 39.9 | 37.5 | 38.5 | 38.4 | 0.5 | 0.602 |
| 缬氨酸 | 41.4 | 42.7 | 40.9 | 41.8 | 42.3 | 0.4 | 0.696 |

续表

| | Control | Leu-L | Leu-H | Ile-H | Val-H | PSE | $P$（ANOVA） |
|---|---|---|---|---|---|---|---|
| 游离支链氨酸/（μg/g） | | | | | | | |
| 亮氨酸 | 536.1[b] | 129.9[c] | 814.7[a] | 492.1[b] | 522.3[b] | 60.3 | <0.001 |
| 异亮氨酸 | 340.7[b] | 490.6[b] | 266.7[b] | 835.3[a] | 320.2[b] | 56.1 | <0.001 |
| 缬氨酸 | 487.5[c] | 660.4[b] | 363.7[c] | 424.5[c] | 983.8[a] | 61.1 | <0.001 |
| 血清 | | | | | | | |
| 游离支链氨酸 /（μg/mL） | | | | | | | |
| 亮氨酸 | 178.7[b] | 16.9[c] | 408.9[a] | 139.9[b] | 143.1[b] | 35.4 | <0.001 |
| 异亮氨酸 | 106.3[b] | 149.3[b] | 98.9[b] | 251.4[a] | 82.3[b] | 17.7 | <0.001 |
| 缬氨酸 | 178.7[b] | 232.9[ab] | 160.2[b] | 137.9[b] | 337.6[a] | 21.4 | 0.002 |

注：Leu-L：低亮氨酸组；Leu-H：高亮氨酸组；Ile-H：高异亮氨酸组；Val-H：高缬氨酸组。

# 3　红鳍东方鲀功能性添加剂的开发

以鱼粉、大豆浓缩蛋白、豆粕、啤酒酵母为主要蛋白源，以鱼油和豆油为主要脂肪源，配制蛋白含量约为44%、脂肪含量约为16%的基础饲料。分别在基础饲料中添加0（对照组）、0.1%、0.25%和0.50%的溶血卵磷脂（LPC），制成4种实验饲料。对初始体重约为15.22 g ± 0.01 g的红鳍东方鲀幼鱼进行8周的喂养实验。结果表明，随着饲料中溶血卵磷脂含量升高，饲料系数、摄食率及脏体比呈现先升高、后降低的趋势。脏体比在溶血卵磷脂LPC 0.25%组最大，显著高于0%组和LPC 0.1%组（$P<0.05$）。特定生长率则相反，随着饲料中溶血卵磷脂含量升高，特定生长率呈现先降低、后上升的趋势，无显著差异（$P>0.05$）。随着饲料中溶血卵磷脂含量升高，存活率和增重率均无显著差异（$P>0.05$）。随着饲料中溶血卵磷脂含量升高，LPC 0.25%组肥满度显著高于0.10%组（$P<0.05$），与其他各组无显著差异；0.10%组肝体比显著低于0%和LPC 0.25%组（$P<0.05$）；随着饲料中溶血卵磷脂含量升高，鱼体营养成分粗蛋白、粗脂肪呈现先降低、后升高的趋势，且0%组粗蛋白含量显著高于LPC 0.10%及0.25%组（$P<0.05$），但是粗脂肪各组无显著差异（$P>0.05$）。0.10%组水分显著高于0%组（$P<0.05$）并且与其他各组无显著差异（$P>0.05$）。鱼肌肉、肝脏中水分含量随着饲料中溶血卵磷脂含量升高呈现先升高、后降低的趋势，且肝脏中0.10%组水分含量显著高于0%和0.50%组（$P<0.05$），与0.25%组无显著差异（$P>0.05$）。鱼肌肉中粗脂肪含量随着饲料中溶血卵磷脂含量的升高呈逐渐上升趋势，而肝脏中粗脂肪含量则呈现先下降、后升高的趋势。鱼肌肉中0.50%组粗脂肪含量显著高于0%和0.10%组（$P<0.05$），与0.25组无显著差异（$P>0.05$）；鱼肝脏中粗脂肪含量LPC 0.25%组显著低于其他各组（$P<0.05$）；鱼肌肉中粗蛋白含量LPC 0.25%组显著低于0%和LPC

0.10%组（$P<0.05$），与LPC 0.50%组无显著差异（$P>0.05$）（图 5）。因此，尽管高脂饲料中添加卵磷脂不影响红鳍东方鲀的生长性能，但适量添加（0.25%）可以起到降低肝脏脂肪的作用。

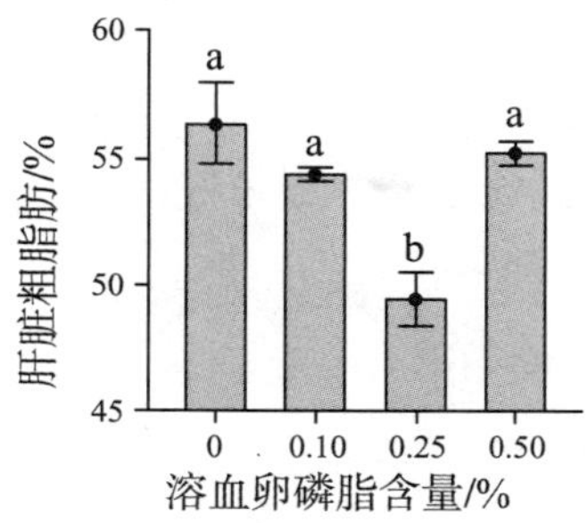


**图 5　高脂饲料中添加卵磷脂对肝脏脂肪含量的影响**

# 4　典型养殖模式配合饲料的完善与示范

## 4.1　红鳍东方鲀与对虾池塘混养模式专用配合饲料的开发

红鳍东方鲀与对虾池塘混养是河北省的特色产业，红鳍东方鲀与对虾池塘混养模式专用配合饲料的中试在唐山海都水产食品有限公司进行。团队根据河鲀与对虾混养的实际情况，设计了红鳍东方鲀和凡纳滨对虾混养专用配方，养殖池塘为 50 亩，与凡纳滨对虾混养，分别投喂专用配合饲料和鲜杂鱼，饲料组和鲜杂鱼组初始体重均为 10 g。实验结束后分别对两组进行称重，结果为投喂红鳍东方鲀专用饲料组平均体重 209 g，鲜杂鱼组平均体重 194 g（表 3）。结果表明，在池塘与凡纳滨对虾混养的条件下，本团队研制的红鳍东方鲀专用配合饲料完全可取代鲜杂鱼，且池塘养殖鱼生长速度与投喂鲜杂鱼组无显著差异。该配合饲料 2021 年 9 月 26 日通过了专家现场验收，得到了与会专家的一致好评。

**表 3　唐山池塘中试终末鱼称重**

| 序号 | 饲料组（红鳍）10 尾体重/g | 鲜杂鱼组 10 尾体重/g |
|---|---|---|
| 1 | 2 030 | 1 940 |
| 2 | 1 940 | 1 948 |
| 3 | 2 544 | 1 942 |
| 4 | 2 184 | 1 940 |
| 5 | 2 210 | 1 946 |
| 平均体重/g | 209 | 194 |

## 4.2　红鳍东方鲀、菊黄东方鲀分别与海蜇、缢蛏、中国对虾混养模式专用配合饲料的开发

“池塘养殖条件下红鳍东方鲀、菊黄东方鲀专用配合饲料中试”于 2021 年 7 月 10 日

至2021年10月1日在辽宁省东港市祥顺渔业有限公司进行。试验在3个池塘中进行，红鳍东方鲀、菊黄东方鲀分别与海蜇、缢蛏、中国对虾混养。团队针对红鳍东方鲀、菊黄东方鲀及其混养对象，设计了专用配合饲料。红鳍东方鲀设置对照组和试验组，分别投喂鲜杂鱼和配合饲料，菊黄东方鲀设置配合饲料投喂组；红鳍东方鲀初始体重为10 g，菊黄东方鲀为3.5 g。7月10日开始，试验组池塘投喂专用配合饲料，对照组池塘全程投喂鲜杂鱼；9月1日试验组投喂配合饲料与鲜杂鱼混合投喂（100 kg鲜鱼+40 kg饲料）。池塘养殖试验于9月30日结束，并转入到室内养殖。试验结束后，分别对对照组和试验组随机各取50尾鱼进行称重，结果为红鳍东方鲀专用饲料组平均体重286.8 g，鲜杂鱼组平均体重286.0 g，菊黄东方鲀平均体重151.8 g（表4）。从中试结果可见专用配合饲料和冰鲜杂鱼展现相似的生长性能。

2021年10月10日，邀请有关专家对“池塘养殖条件下红鳍东方鲀、菊黄东方鲀专用配合饲料中试”进行现场和视频线上验收。专家组查阅了相关养殖试验记录资料，听取了项目组汇报，并进行现场称重测试，一致认为投喂配合饲料的河鲀抗应激及抗病能力强，且池塘水质清澈，鱼体规格均匀，效果显著优于使用鲜杂鱼组。

**表4　丹东东港中试终末鱼称重**

| 序号 | 饲料组（红鳍）10尾体重/g | 鲜杂鱼组10尾体重/g | 饲料组（菊黄）10尾体重/g |
|---|---|---|---|
| 1 | 2 790 | 2 910 | 1 460 |
| 2 | 2 940 | 2 870 | 1 640 |
| 3 | 2 540 | 2 930 | 1 650 |
| 4 | 3 000 | 2 730 | 1 370 |
| 5 | 3 070 | 2 860 | 1 470 |
| 平均体重/g | 286.8 | 286.0 | 151.8 |

（岗位科学家　梁萌青）

# 海水鱼类病毒防控技术研究进展

海水鱼类病毒病防控岗位

2021年海水鱼体系病毒病防控岗位重点开展了我国主要海水养殖鱼类重要病毒性病原流行病学调查、病原检测技术、SGIV灭活疫苗临床试验批件申报、海水鱼类病毒感染致病机理、石斑鱼抗病免疫基因的功能和海鲈肠道抗病益生菌的分离鉴定等工作，取得如下进展。

## 1　完成2021年我国主要海水养殖鱼类重要病毒性病原流行病学调查

通过10多次调研，总计采集我国海南、广东、广西、山东、福建和辽宁等地养殖的石斑鱼、海鲈、卵形鲳鲹、鲆鲽类等海水鱼类样品350多份，检测主要病毒的感染情况。在石斑鱼和海鲈养殖过程中，苗期以神经坏死病毒感染为主，其次是肿大虹彩病毒和蛙虹彩病毒，养成期以虹彩病毒感染为主（图1）。目前，石斑鱼神经坏死病毒（RGNNV）有向大规格鱼体感染的趋势。卵形鲳鲹苗期以神经坏死病毒感染为主，养成期出现虹彩病毒、细菌和刺激隐核虫混合感染的情况。

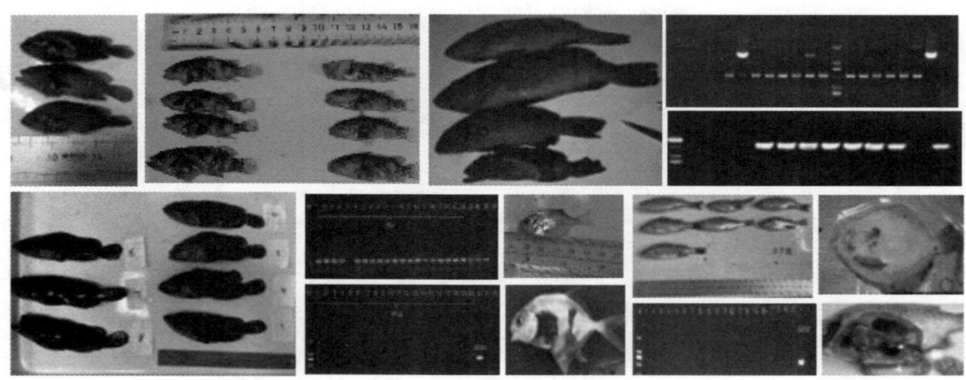

图1　患病鱼症状及PCR检测结果

# 2　海水鱼类病毒的分离鉴定

对2021年3—6月份采集的海鲈病鱼样品进行病毒性病原检测，结果表明，检测的病毒性病原中，细胞肿大虹彩病毒检出阳性率超过50%。病鱼表现为黑身，一般体表无其他异常症状；解剖可见脾脏肿大甚至发黑，部分肾脏肿大、发黑。根据症状推测为细胞肿大虹彩病毒。利用细胞肿大病毒的MCP引物（ISKNV MCP和RSIV MCP）做PCR扩增，ISKNV MCP的引物能扩增出明显的阳性条带，而RSIV MCP引物不能扩增出阳性条带。阳性产物测序比对后发现，患病鱼体中的病毒MCP序列与ISKNV同源率达到90%。将发病鱼碾磨、过滤，接种到自主建立的海鲈仔鱼细胞系SPF上，出现明显的细胞变圆现象。反复接种几代后仍能出现相似的细胞病变特征。电镜观察发现，病变的细胞中含有大量的病毒颗粒。从患病海鲈中成功分离到一株海鲈细胞肿大虹彩病毒，命名为SPIV-ZH（Sea perch iridovirus-Zhuhai）（图2），这是一种ISKNV型的细胞肿大虹彩病毒。

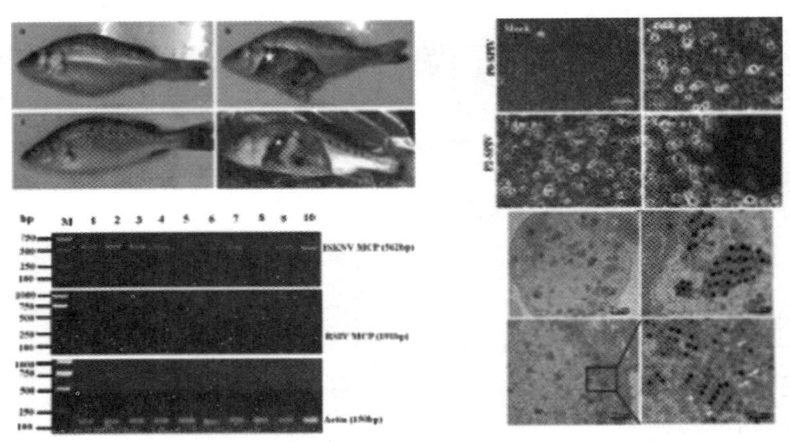

图2　海鲈虹彩病毒珠海株的分离纯化

# 3　基于识别病毒的特异性核酸适配体和抗体，研制海水鱼类病毒胶体金快速检测试纸条和试剂盒

将核酸适配体和胶体金偶联、封闭与浓缩，研制简单而灵敏的快速检测神经坏死症病毒和虹彩病毒的胶体金试纸条。与广州双螺旋基因公司合作组装了RGNNV的核酸适配体胶体金检测试剂盒。研发的基于恒温核酸扩增和适配体结合的RGNNV新型检测技术、产品和配套的检测仪，已在广东石斑鱼和海鲈养殖中进行推广应用。“海水养殖动物重要病原新型核酸检测技术研发及推广应用”成果获2021年广东省农业技术推广一等奖。另外，制备了海鲈虹彩病毒主要衣壳蛋白的单克隆抗体，利用抗原抗体反应原理，构建了用于检测海鲈虹彩病毒（SPIV-ZH）的免疫胶体金试纸条（图3）。

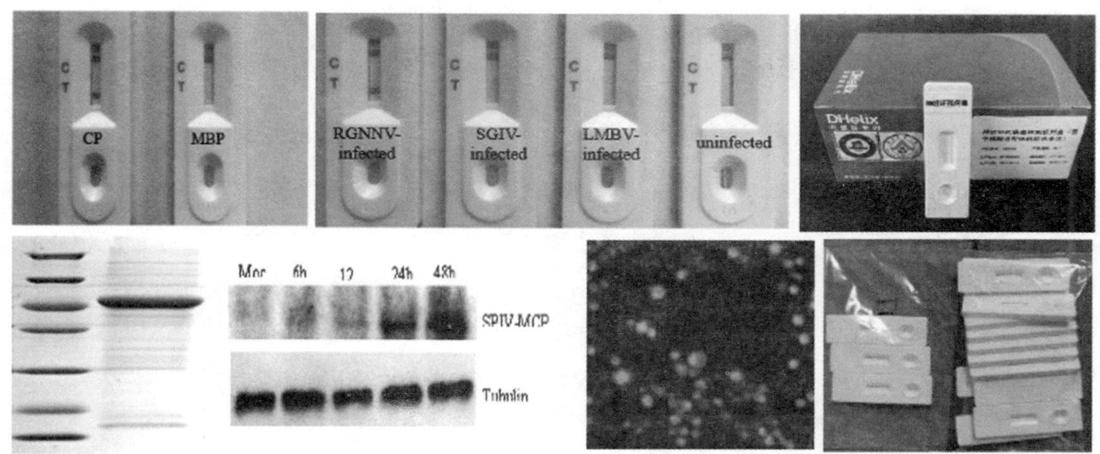


图 3　海水鱼类病毒核酸适配体–胶体金或抗体–胶体金检测

# 4　获得石斑鱼蛙虹彩病毒病灭活疫苗临床试验批件

由华南农业大学和广东永顺生物制药股份有限公司联合研制的石斑鱼蛙虹彩病毒病灭活疫苗（HN株）临床试验申请已按照农业部 442 号令、55 号公告及 1704 号公告要求，完成了临床试验前各项研究工作。试验结果表明，石斑鱼蛙虹彩病毒病灭活疫苗（HN株）生产工艺科学、合理，安全性及效力检验符合要求，中间试制生产产品质量稳定，因此完全可以在该中间试制生产基础上进行批量生产。于 2021 年 4 月 14 日，获批农业农村部兽用生物制品临床实验批件“石斑鱼蛙虹彩病毒灭活疫苗（HN株）临床试验”（批准号：2021006）。这是我国第一个正式批准的海水鱼类病毒疫苗临床试验批件。根据GCP要求免疫石斑鱼 30 000 多尾，目前已在 3 个符合兽药临床试验的基地开展疫苗的临床试验工作，评价疫苗的临床免疫保护效果。结果显示两次效力结果均符合要求，疫苗相对保护率分别为 69.2%、72.5%（图 4）。

中华人民共和国农业农村部
兽用生物制品临床试验批件

图 4　石斑鱼蛙虹彩病毒灭活疫苗临床试验批件及中试

# 5 海水鱼类病毒感染致病机理研究

## 5.1 单细胞测序技术阐明RGNNV感染石斑鱼中枢神经系统的细胞类型

利用单细胞测序技术破译了RGNNV感染石斑鱼中枢神经系统的细胞类型，揭示了病毒感染导致宿主细胞死亡机制。研究结果表明，RGNNV攻击的细胞类型为GLU1 和GLU3 神经细胞，石斑鱼脑中巨噬细胞数目显著增多，且存在急性细胞因子和炎症反应。病毒感染后，中脑组织小神经胶质细胞向M1 型巨噬细胞转化并产生炎症细胞因子，以减少病毒对神经组织的损伤（图 5）。相关研究成果发表在*Plos Pathogen*等国际期刊上。

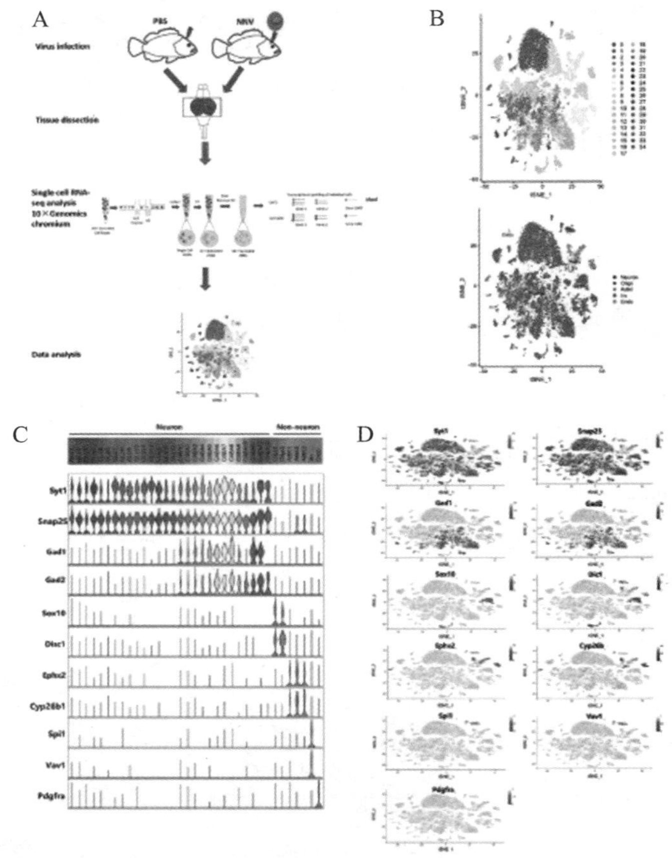


图 5　石斑鱼中脑细胞分类和细胞类型

## 5.2 石斑鱼虹彩病毒（SGIV）破坏磷脂平衡，胞质型磷脂酶A2 参与SGIV病毒复制

通过脂质组学揭示SGIV对宿主细胞磷脂代谢的影响。脂质谱数据显示，SGIV感染细胞中的甘油磷脂（GP），包括磷脂酰胆碱（PC）、磷脂酰丝氨酸（PS）、甘油磷脂醇（PI）和脂肪酸（FA）显著升高，表明SGIV感染扰乱了GP稳态，进而影响FA的代谢，尤其是花生四烯酸（AA）（图 6）。使用相应的特异性抑制剂进一步研究SGIV感染中关键酶的作

用，结果表明，抑制胞质型磷脂酶、环氧化酶（COX）和脂氧合酶（LOX）的活性能显著抑制病毒的复制。该结果首次证明体外SGIV感染扰乱了GP稳态，cPLA2 在SGIV复制中发挥了关键作用。

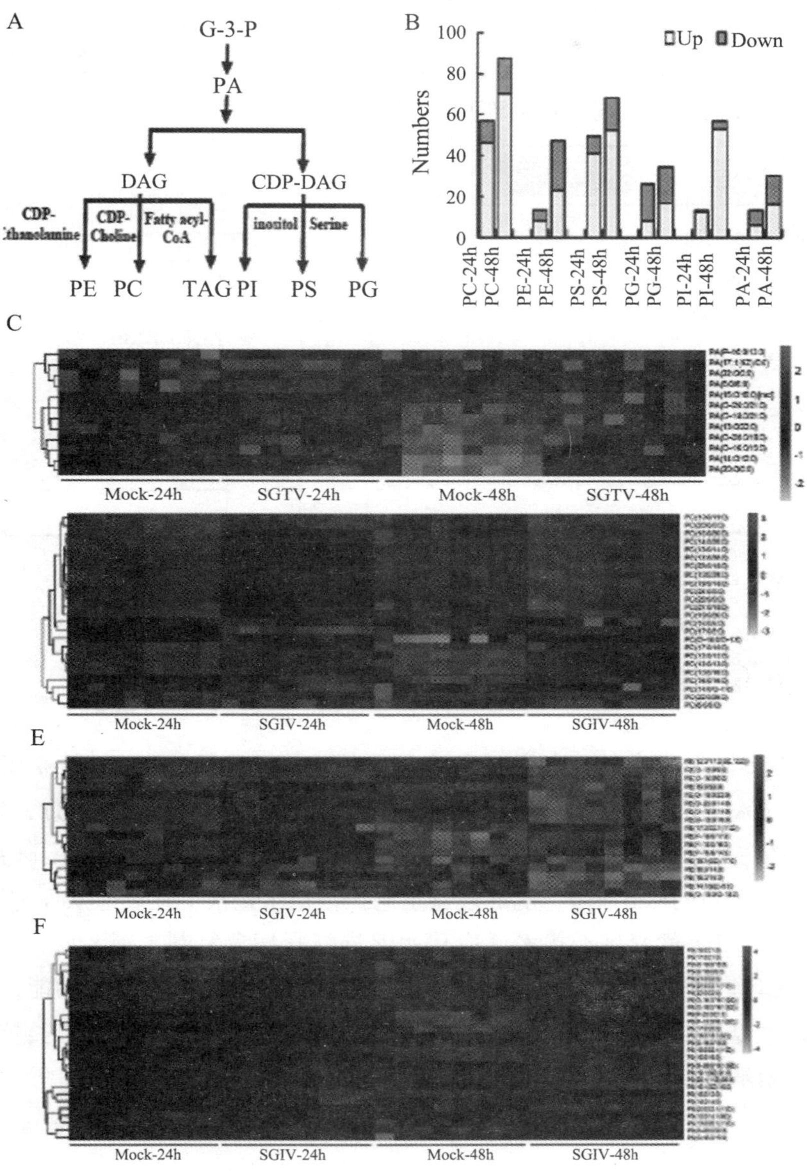


图 6　SGIV感染细胞的脂质组学分析显示甘油磷脂的稳态变化

### 5.3　石斑鱼和卵形鲳鲹的病原混合感染模型建立

选取严重危害海水鱼健康养殖的病毒性和细菌性病原——RGNNV和哈维氏弧菌，分别在石斑鱼和卵形鲳鲹中成功构建了病毒和细菌混合感染模型。结果显示，在石斑鱼混合感染模型中，RGNNV–哈维氏弧菌和哈维氏弧菌–RGNNV混合感染组的死亡率均明显高于RGNNV或哈维氏弧菌单独感染组，表明RGNNV和哈维氏弧菌在不同注射顺序时共感染均具有协同作用。在卵形鲳鲹混合感染模型中，RGNNV-哈维氏弧菌混合感染组在感染后1周的死亡率均明显高于RGNNV或哈维氏弧菌单独感染组，然而，哈维氏弧菌-RGNNV混合感染组死亡率与两种病原单独感染组相比未有显著差异，表明在卵形鲳鲹中，两种病原共感染的致死性会因病原感染的先后次序而呈现差异，只有在先感染RGNNV再感染哈维氏弧菌时，两种病原才表现出协同作用（图 7）。

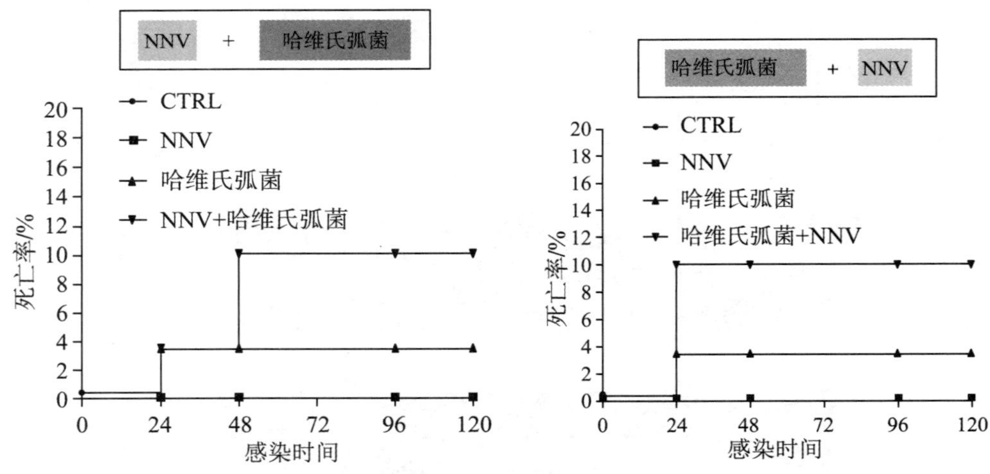


**图 7　混合感染后石斑鱼的死亡率统计**

# 6　石斑鱼免疫基因的功能研究

阐明了 10 多个石斑鱼抗病相关的免疫基因的功能，包括Rab20、肿瘤坏死因子受体相关因子 5（TRAF5）、TRAF4、干扰素诱导跨膜蛋白（IFITM）、SR-B1，从免疫调节、代谢及与病毒蛋白互作等方面，解析了石斑鱼抗病免疫基因的作用机制。研究结果表明，EcRab20 作为一个新的Rab基因，能够通过正调控宿主干扰素免疫反应从而抑制SGIV感染复制。石斑鱼TRAF5 负调控干扰素反应从而促进虹彩病毒复制（图 8），而EcTRAF4 能够与RGNNV CP蛋白相互作用从而调控病毒复制。EcIFITM1 具有双重功能，包括免疫调节和脂质代谢，以应对鱼类病毒感染。宿主免疫相关基因的功能研究为鱼类抗病功能制品的筛选奠定理论基础。

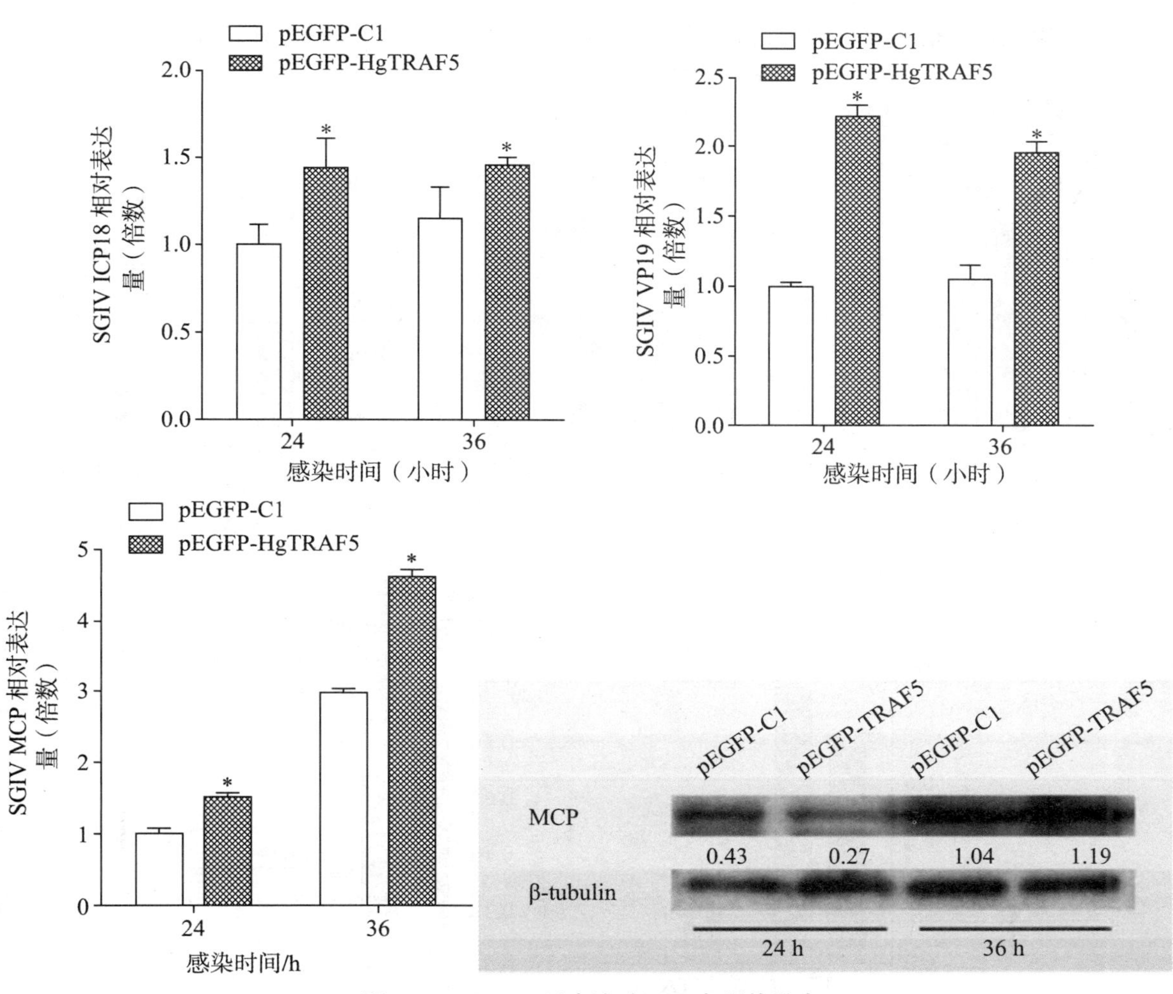


**图 8　HgTRAF5 过表达对SGIV复制的影响**

# 7　石斑鱼抗神经坏死病毒SNP分子标记的筛选与抗病毒技术的研发

## 7.1　基于简化基因组技术分析石斑鱼对RGNNV抗病相关关联分子标记及候选基因

利用RGNNV感染石斑鱼养殖群体，通过表型观察筛选出易感群体和抗感群体，构建易感群体和抗感群体的简化基因数据库，通过简化基因组数据库关联分析，筛选出对RGNNV抗病相关关联分子标记 5 个：EPHA7、Osbpl2、GPC5、CDH4、Pou3f1。这些基因参与神经系统发育、视网膜形成和脂质代谢调节（图 9）。结合RGNNV感染特征的研究，推测在石斑鱼生命周期的早期阶段，免疫系统发育还不完全，因此，提高RGNNV耐药性可能通过调节神经系统发育或脂质代谢相关途径实现。此外，还分析了与抗病性状相关的

SNP基因型，本研究获得的标记和基因可能有助于分子标记辅助选择育种过程。

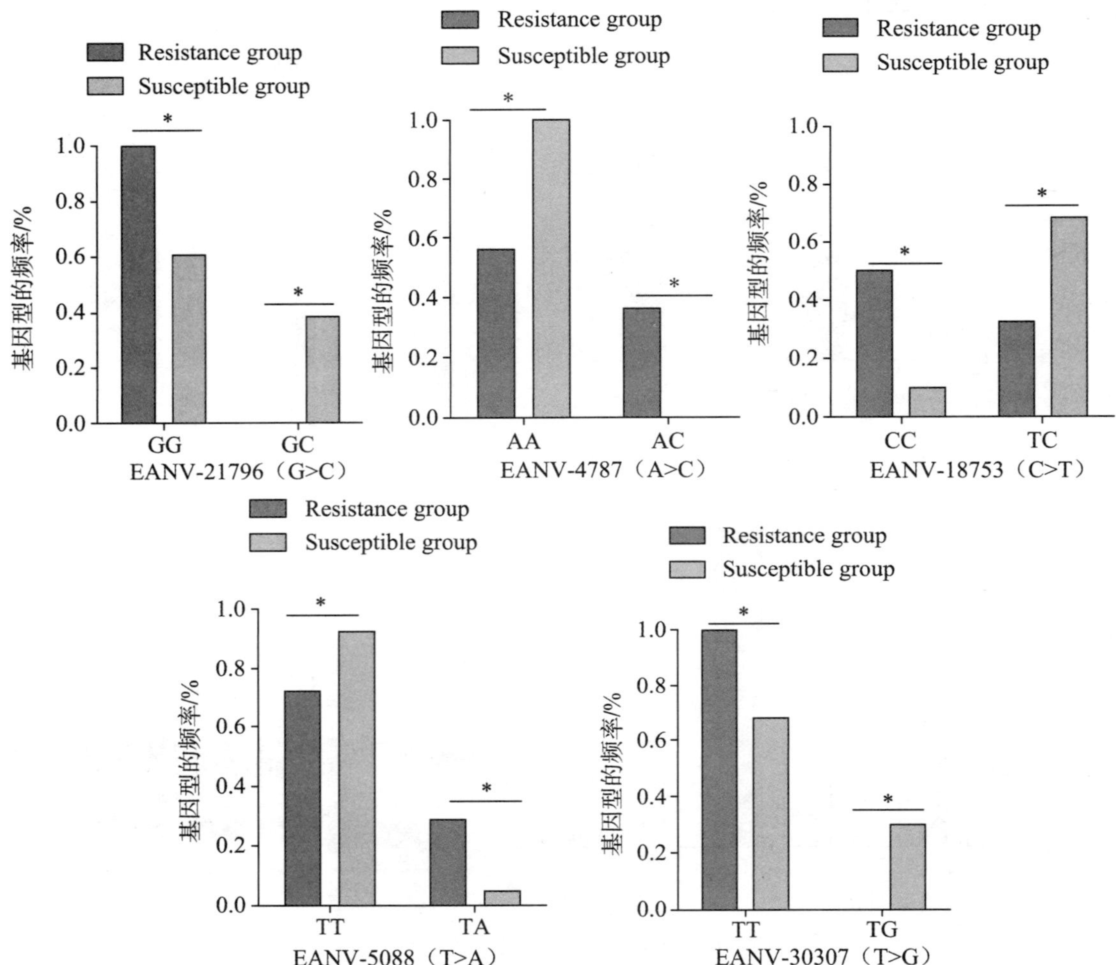


图 9　RGNNV抗感或易感群体中相关SNP的基因型分布频率

## 7.2　石斑鱼对病毒性疾病的抗病机制解析

石斑鱼MHC I介导的抗原递呈信号通路在抗病毒免疫反应中发挥重要作用，也与宿主对病毒的抗病性密切关联。我们以在石斑鱼先天性免疫系统中发挥重要调控作用的抗原呈递信号通路为研究对象开展研究，分析转录因子NFYC基因在MHC I介导的抗原呈递信号通路中的转录调控作用。NFYC会正调控MHC I信号通路、干扰素信号通路和炎症因子的表达。MHC Ia启动子−878 ~ +82 bp区域被鉴定为NFYC作用的核心启动子。此外，点突变和电泳迁移实验验证了NFYC通过结合在不包含CCAAT−box的M1 和M2 结合位点激活MHC Ia表达。这些结果有助于阐明NFYC在MHC转录机制中的作用，从而有利于对石斑鱼抗病毒性疾病的机制的解析。

# 8　海鲈肠道抗病益生菌的分类鉴定

采集海鲈的肠道内容物进行微生物的实验室纯培养。对纯培养的细菌进行DNA提取、PCR扩增、测序和序列分析，从海鲈的肠道内容物中共分离得到 219 株细菌。其中，肠道中益生菌来源种属占一定的比例，包括乳酸乳球菌、魏斯氏菌、肠球菌和芽孢杆菌，毗邻单胞菌属和不动杆菌属占比最高。采用益生菌培养基筛选，初步筛选出 13 株（图 10），其中，具有革兰氏阳性菌海豚链球菌抗性的有 13 株，无乳链球菌抗性的有 8 株，革兰氏阴性菌溶藻弧菌抗性的有 8 株，对这 3 病原菌均有抗性的益生菌有 8 株，分别是 10 株乳球菌、1 株乳杆菌、1 株肠球菌、1 株芽孢杆菌。

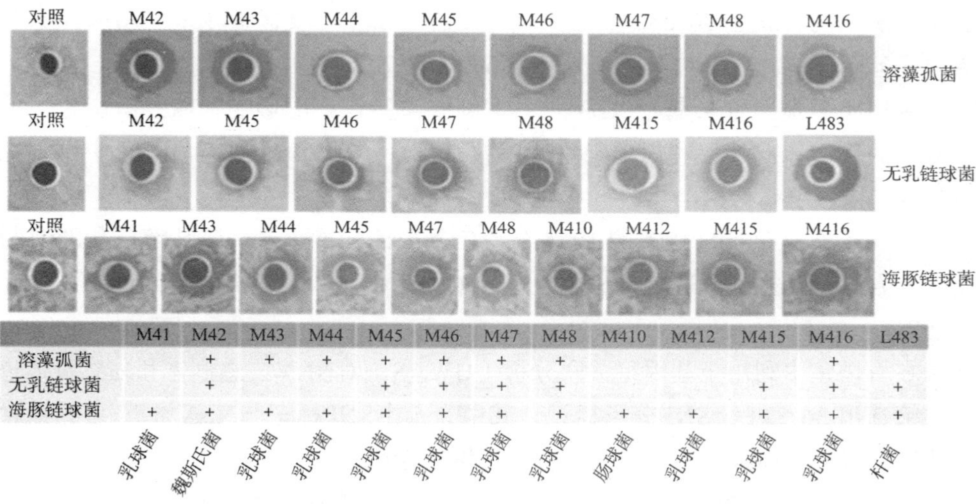


| | M41 | M42 | M43 | M44 | M45 | M46 | M47 | M48 | M410 | M412 | M415 | M416 | L483 |
|---|---|---|---|---|---|---|---|---|---|---|---|---|---|
| 溶藻弧菌 | | + | + | + | + | + | + | + | | | | + | |
| 无乳链球菌 | | + | | | + | + | + | + | | | + | + | + |
| 海豚链球菌 | + | + | + | + | + | + | + | + | + | + | + | + | + |
| | 乳球菌 | 魏斯氏菌 | 乳球菌 | 乳球菌 | 乳球菌 | 乳球菌 | 乳球菌 | 乳球菌 | 肠球菌 | 乳球菌 | 乳球菌 | 乳球菌 | 杆菌 |

**图 10　海鲈肠道益生菌的筛选及抗菌活性分析**

# 9　石斑鱼抗病功能制品的研制

分别培养SGIV、灭活病毒以及重组表达SGIV主要衣壳蛋白MCP，将灭活病毒和SGIC MCP重组蛋白作为两种不同的疫苗免疫蛋鸡，收集卵黄，提取纯化卵黄抗体IgY，在GS细胞通过抗体中和的方法评估卵黄抗体的防控病毒能力。结果显示，SGIV卵黄抗体IgY可以中和病毒，使病毒滴度下降 1 或 2 个数量级，表明卵黄抗体防控病毒具有较大的应用潜力。

# 10　年度进展小结

（1）调研 10 多次，总计采集我国主要海水养殖地区（海南、广东、广西、山东、福建和辽宁等地）的石斑鱼、海鲈、卵形鲳鲹、鲆鲽类等海水鱼类样品 350 多份，检测主要病毒的感染情况。在石斑鱼和海鲈养殖过程中，苗期以RGNNV感染为主，其次是肿大虹彩病毒和蛙虹彩病毒，养成期以虹彩病毒感染为主。目前，RGNNV有向大规格鱼体感染的趋势。卵形鲳鲹苗期以RGNNV感染为主，养成期出现虹彩病毒、细菌和刺激隐核虫混合感染的情况。分离鉴定到一种海鲈虹彩病毒，命名为海鲈虹彩病毒–珠海株（Sea perch iridovirus–Zhuhai，SPIV–ZH）。

（2）开发了海水鱼类重要病毒核酸检测试剂盒和配套的检测仪，相关成果获得广东省农业技术推广奖一等奖。已将该技术在广东等地的石斑鱼和海鲈养殖中进行推广应用。另外，制备了海鲈虹彩病毒主要衣壳蛋白的单克隆抗体，利用抗原抗体反应原理，构建了用于检测海鲈虹彩病毒（SPIV–ZH）的免疫胶体金试纸条。

（3）石斑鱼蛙虹彩病毒病灭活疫苗（HN株）获批农业农村部兽用生物制品临床试验批件（批准号: 2021006），这是我国第一个正式批准的海水鱼类病毒疫苗临床试验批件。根据GCP要求免疫石斑鱼 30 000 多尾，评价疫苗的临床免疫保护效果。结果显示两次效力结果均符合要求，疫苗相对保护率分别为 69.2%、72.5%。

（4）阐明了石斑鱼虹彩病毒SGIV对宿主细胞磷脂代谢的影响，以及磷脂代谢关键酶在病毒复制的作用。此外，利用单细胞测序技术破译了RGNNV感染石斑鱼中枢神经系统的细胞类型，揭示了病毒感染导致宿主细胞死亡机制。

（5）阐明了石斑鱼抗病相关的 10 多个免疫基因的功能，从免疫调节、代谢及与病毒蛋白互作等方面，解析了石斑鱼抗病免疫基因的作用机制，为鱼类抗病功能制品的筛选奠定理论基础。

（6）在石斑鱼中利用全基因组关联分析（GWAS）对NNV抗感群体和易感群体进行了分析，共筛选出 36 311 个SNP分子标记，其中有 5 个SNP标记与NNV抗感/易感性状显著关联，结果为石斑鱼神经坏死病毒抗病育种提供理论依据。

（7）从健康海鲈肠道中分离鉴定 219 株细菌，肠道中益生菌来源种属占比较高。采用益生菌培养基筛选，初步筛选出 13 株候选的益生菌。其中，具有革兰氏阳性菌海豚链球菌抗性的有 13 株，无乳链球菌抗性的有 8 株，革兰氏阴性菌溶藻弧菌抗性的有 8 株，乳球菌占比较高。

（岗位科学家　秦启伟）

# 海水鱼类细菌病防控技术研究进展

细菌病防控岗位

## 1　大菱鲆高效细菌疫苗产品临床研发与示范应用开发

### 1.1　联合接种应用示范

针对我国大菱鲆养殖主产区的主要细菌性流行病害（弧菌病、爱德华氏菌病、杀鲑气单胞菌病），以获得国家一类新兽药证书的大菱鲆疫苗为核心产品依托，以“科技+龙头企业”产研联合示范推广为载体，通过在辽宁和山东大菱鲆主养区龙头企业实施弧菌病-爱德华氏菌疫苗联合接种生产应用技术开发与示范，在龙头养殖企业率先探索构建以疫苗接种为核心的绿色健康生产体系，完善“大菱鲆疫苗联合接种生产实施规程”配套标准体系，进而以此示范的配套成果辐射带动周边养殖区域的病害防控方式转型升级，逐步实现兽药明显减量使用的经济、社会和生态效应。

在体系葫芦岛综合试验站、丹东综合试验站和烟台综合试验站的协助下，在辽宁兴城、大连和山东烟台、威海等地大菱鲆养殖龙头企业的工厂化养殖车间进行了弧菌病-爱德华氏菌疫苗联合免疫接种生产应用示范与规程开发，分别实施了 35 万尾和 15 万尾联合免疫接种。实施疫苗联合接种后，免疫大菱鲆池组病害发生率下降至 5%以下，各类兽药用量平均减少约 80%（以药品支出计），养殖成活率达 98%以上（图 1~图 3），初步实现全程“无抗”养殖，显著降低了兽药使用量和病害发生频率，为今后全面建立以疫苗为核心的“无抗”健康养殖新模式提供了示范样本。

图 1　大菱鲆工厂化车间实施疫苗联合接种应用示范（浸泡免疫）

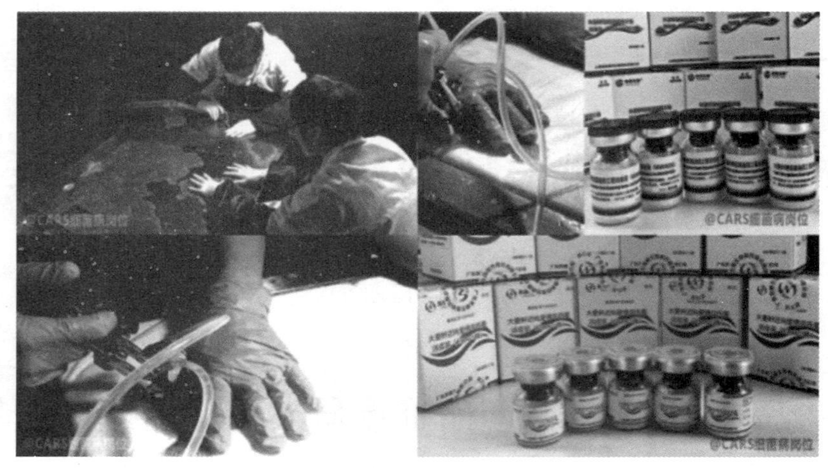


图 2　大菱鲆工厂化车间实施疫苗联合接种应用示范（注射免疫）

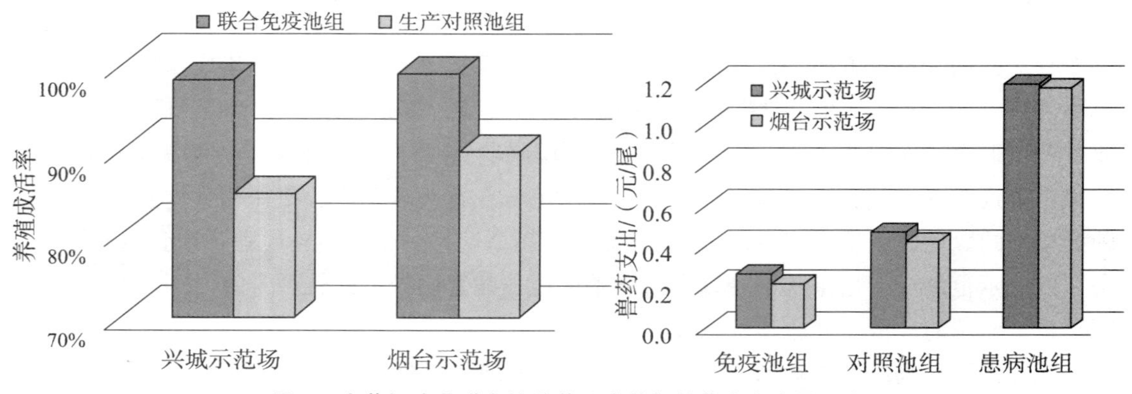


图 3　大菱鲆疫苗联合接种养殖成效与兽药支出减量评价

根据生产应用示范，对大菱鲆养殖生产过程适宜接种免疫空间和免疫方式进行了优化，完善了《大菱鲆疫苗联合接种生产实施规程》，对相关接种鱼龄标准、疫苗联合接种方式与接种操作进行了规范，使接种规程根据不同养殖生产方式更加具有适用性和标准化、规范化。

## 1.2　大菱鲆哈维氏弧菌灭活疫苗临床开发

为应对养殖生产中的多病原挑战，丰富疫苗产品种类，并为疫苗联合接种计划提供更多配套产品组合方案，在完成大菱鲆哈维氏弧菌灭活疫苗临床前研究基础上，按照临床申报要求，在兽用生物制品GMP资质生产企业完成 10 批次临床试验用产品制备，向农业农村部兽药评审中心提交临床试验申报，于 2021 年 10 月获批临床批件 1 项（批件号：2021028），为后续全面开展临床应用开发提供了行政许可保障（图 4）。

图 4 大菱鲆哈维氏弧菌灭活疫苗

## 1.3 大菱鲆杀鲑气单胞菌灭活疫苗筛选

根据岗位“十三五”期间在大菱鲆主养区的流行病学调查统计，杀鲑气单胞菌逐渐成为又一严重危害鲆鲽鱼类养殖生产安全的重要细菌病流行病原，目前无可用商业化疫苗。系统进化树分析显示，我国大菱鲆主养区的流行株为杀鲑气单胞菌日本鲑亚种（*Aeromonas salmonicida* subsp. *masoucida*）。

本年度首先以分离获得的强毒流行株为疫苗研制出发株，开展了杀鲑气单胞菌灭活疫苗的理性设计与临床前开发工作（图 5、图 6），建立了杀鲑气单胞菌攻毒感染模型，确立了疫苗效力评价筛选的攻毒剂量；其次，对不同佐剂制备的疫苗进行了考察。免疫评价结果表明：添加Montanide ISA 763A VG−ploy I:C佐剂的疫苗组免疫保护力超过 60%，复配AHGS佐剂免疫保护力进一步提高至 80%以上。随后基于优选佐剂考察了单价疫苗的最小免疫剂量，确定了杀鲑气单胞菌单价疫苗的最小免疫剂量。目前，筛选获得的杀鲑气单胞菌灭活疫苗候选产品的各项临床前评价工作已完成，正在着手开展临床试验申报工作。

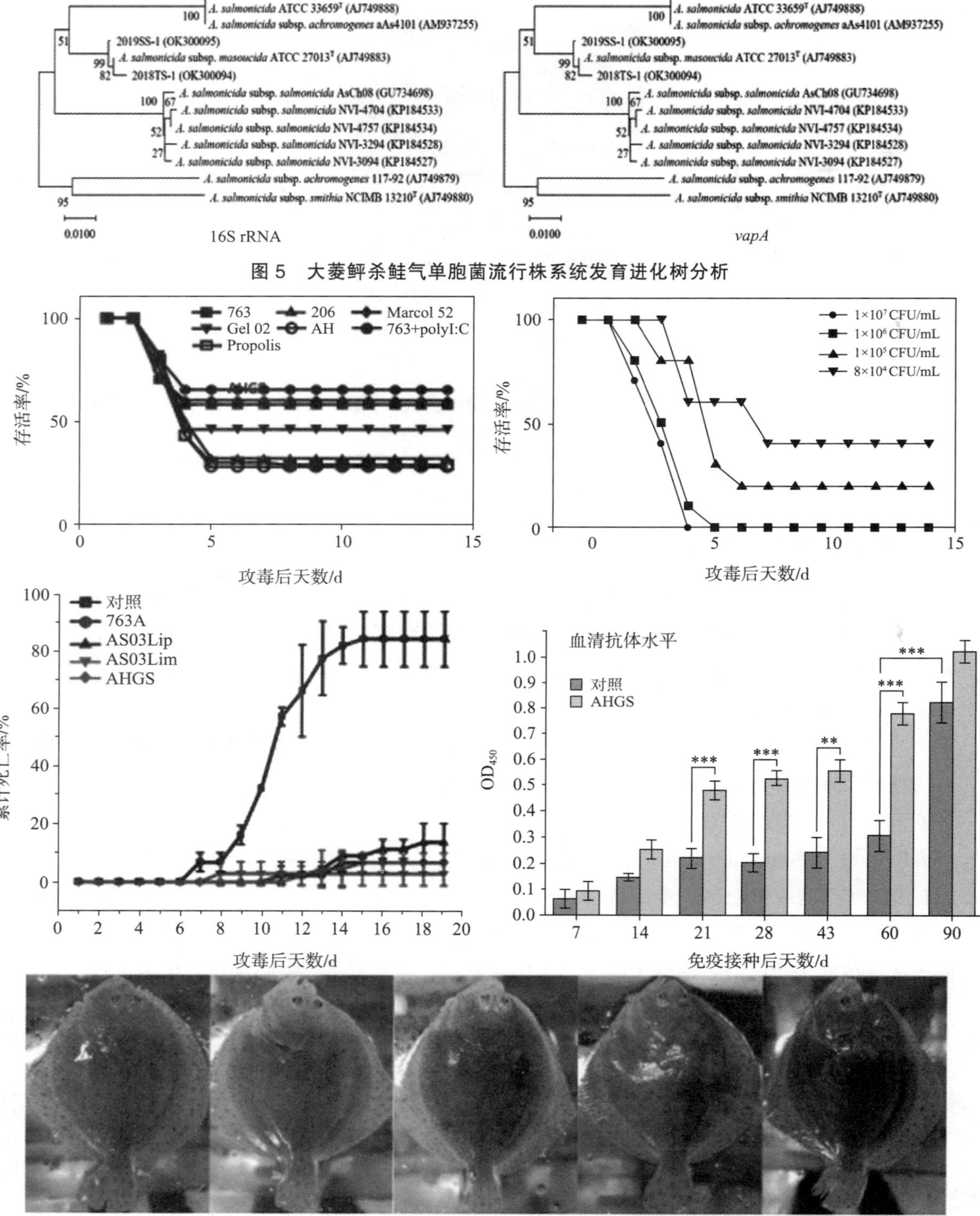


图 5　大菱鲆杀鲑气单胞菌流行株系统发育进化树分析

图 6　大菱鲆杀鲑气单胞菌灭活疫苗筛选评价

# 2　大黄鱼杀香鱼假单胞菌灭活疫苗筛选

在前期大黄鱼内脏白点病细菌疫苗开发与设计探索基础上，为加快疫苗产品研发进程，本年度开展了大黄鱼杀香鱼假单胞菌灭活疫苗的开发与筛选工作（图 7~图 9）。

以大黄鱼为实验靶动物，通过建立稳定的动物感染模型（腹腔注射和浸泡感染）、灭活工艺优化与制备、免疫佐剂复配筛选、免疫效力免疫学评价等一些列临床前研究，筛选获得 1 株免疫保护力超过 60%的灭活疫苗，为今后开展临床申报和开发提供了候选灭活疫苗产品储备。

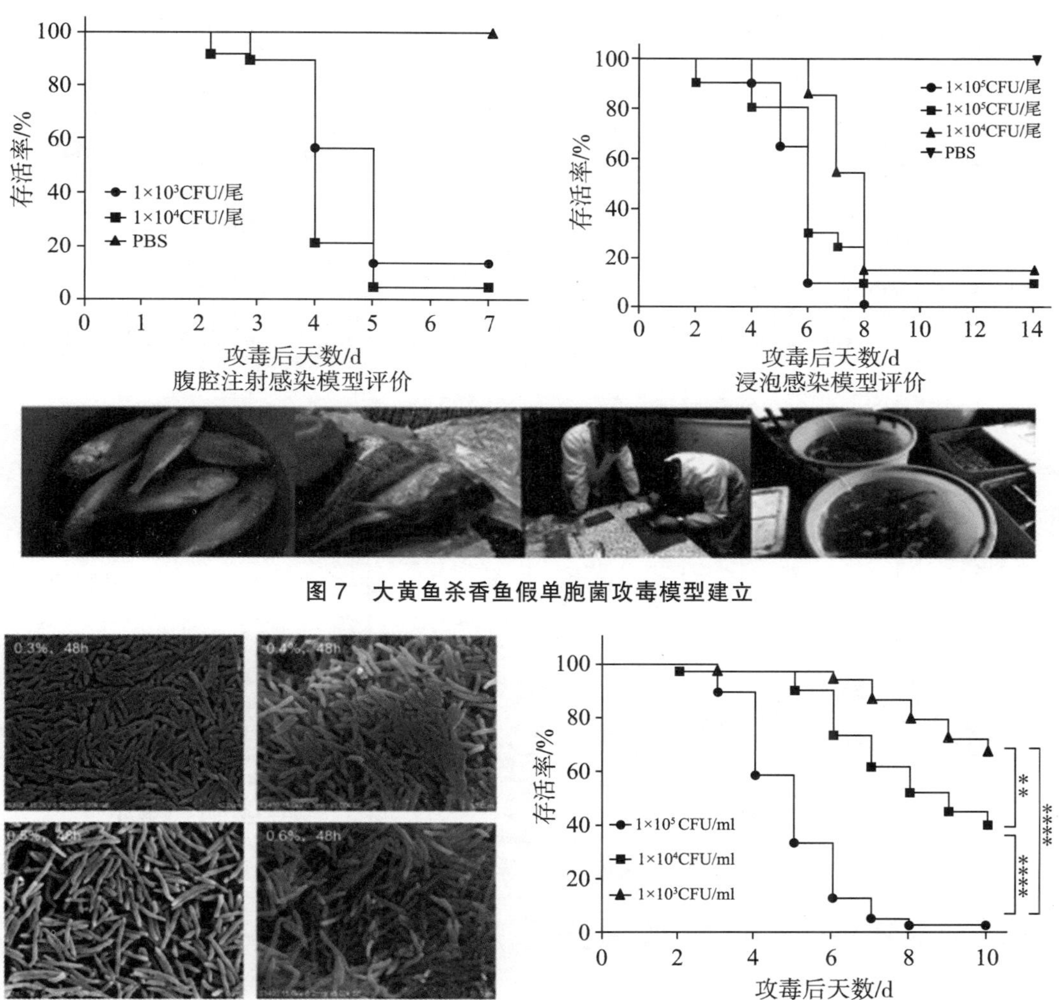


图 7　大黄鱼杀香鱼假单胞菌攻毒模型建立

图 8　大黄鱼杀香鱼假单胞菌灭活疫苗灭活制备工艺建立

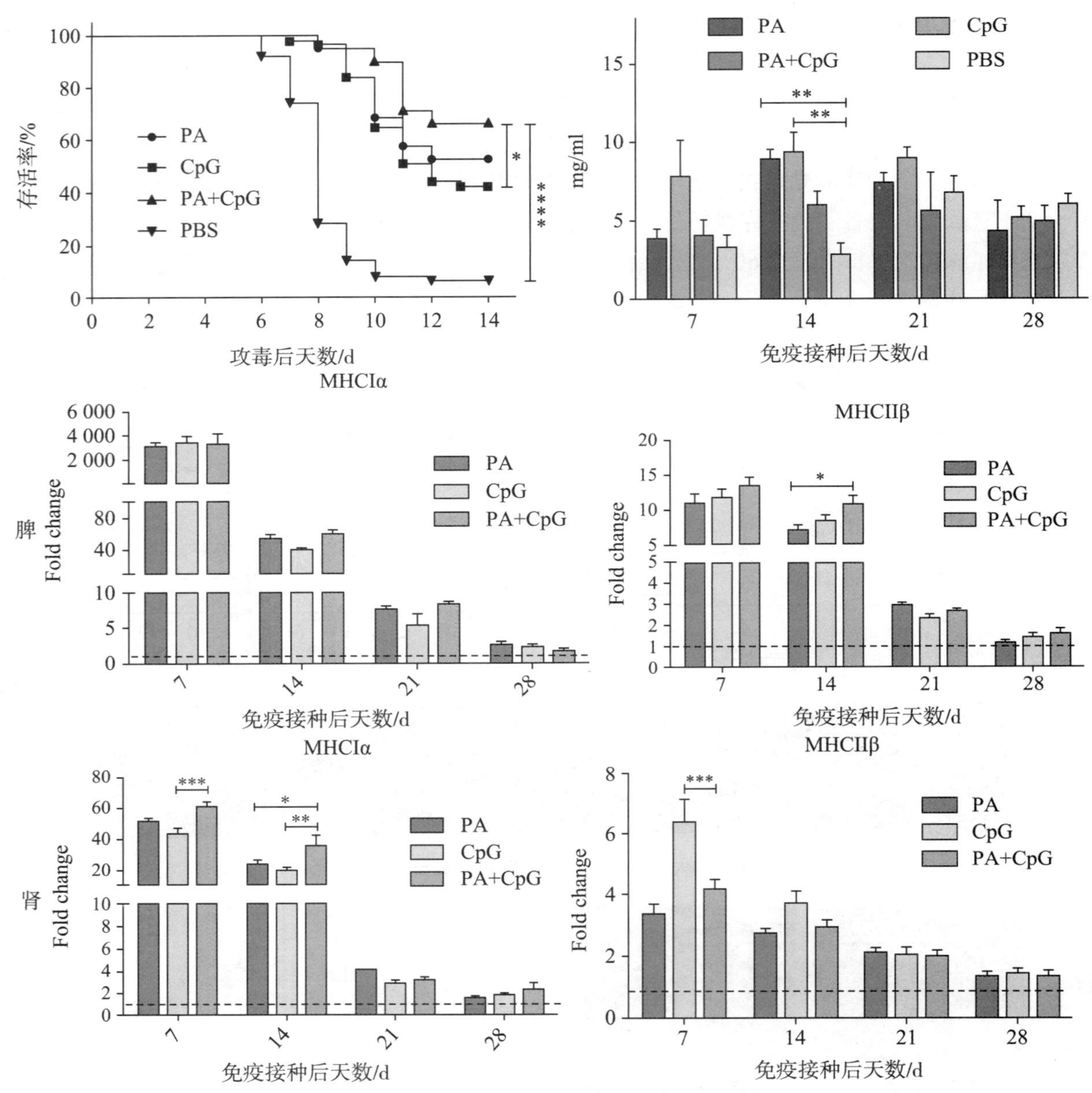


图 9　免疫佐剂复配筛选与免疫学评价

## 3　基于RPA–LF的海水鱼细菌病原现场快检技术开发

病原检测与监测是海水鱼类养殖生产中流行病学监测的重要依据，也是疾病精准防控的首要前提之一。针对这一急需技术并结合岗位参与承担的重要任务内容，以岗位前期构建的海水鱼重要细菌性病原库中代表性流行病原株为先导检测靶标，成功构建了基于纤维素纸提取DNA的RPA–侧向流技术平台，实现了针对杀鱼爱德华氏菌、杀鲑气单胞菌和杀香鱼假单胞菌的现场快速检测，并建立起RPA-LF快检试纸条制备工艺，为今后在我国主要海水鱼主养区进行流行学调查与病原监测，服务“一县一业”区域发展提供了可靠的关键技术平台和先导产品支持（图 10、图 11）。

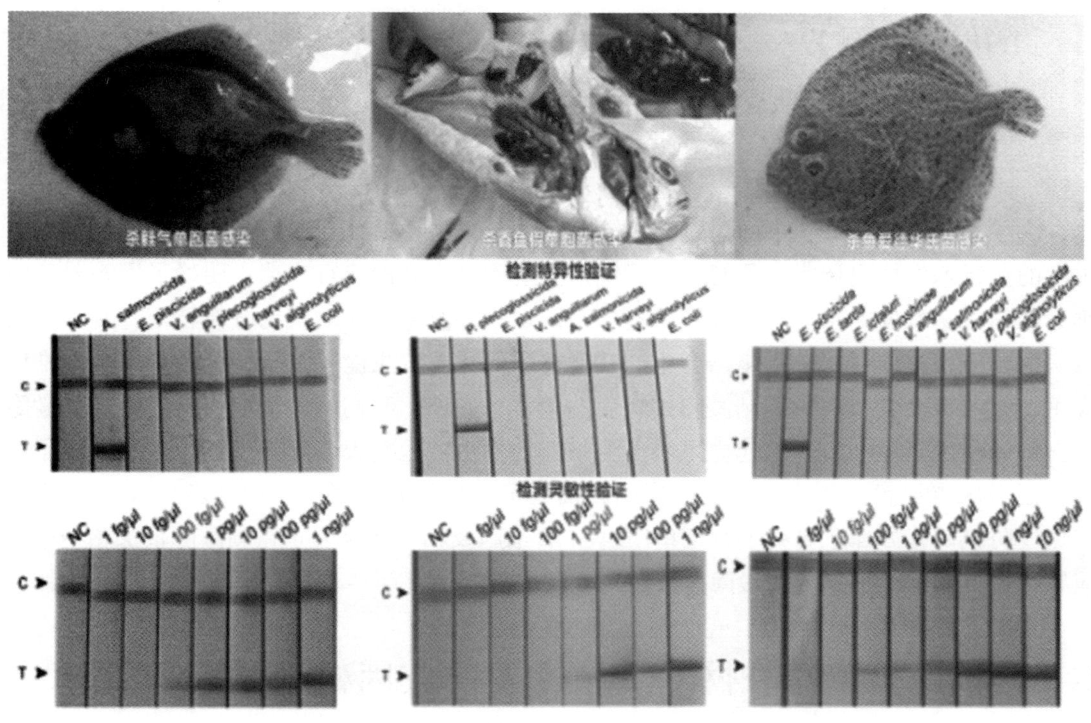


图 10　多种海水鱼细菌病原RPA-LF快速检测试纸条验证

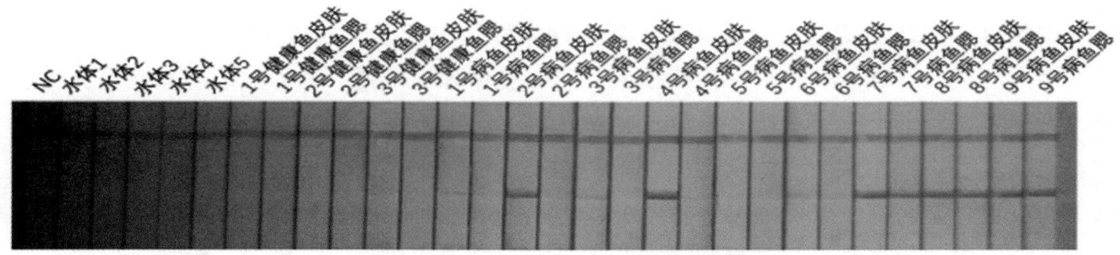


图 11　临床样本检测（杀鲑气单胞菌）

（岗位科学家　王启要）

# 海水鱼类寄生虫病防控技术研究进展

寄生虫病防控岗位

为了推动海水鱼产业提质增效及绿色发展，2021年度本岗位主要开展了海水鱼寄生虫病的流行暴发情况调查，了解了卵形鲳鲹主要寄生虫病的流行规律；明确了网箱养殖中刺激隐核虫病暴发的主要感染源和网箱养殖区域中刺激隐核虫幼虫的分布特征，刺激隐核虫病的预警预报体系；进一步结合生产实际需求优化了抗虫涂料技术，并进行了示范推广应用，有效帮助养殖户减缓刺激隐核虫病的危害；此外，我们明确了镀锌材料防控刺激隐核虫病的作用路径和机制；建立了眼点淀粉卵涡鞭虫实验室人工感染模型，并进一步研究了低温对眼点淀粉卵涡鞭虫发育的影响；确定了紫外线和臭氧杀灭刺激隐核虫最低剂量；在免疫防控研究方面，研究了石斑鱼CD4−1$^{+}$ T细胞及相关转录因子在刺激隐核虫感染中的应答特性，揭示了宿主抗刺激隐核虫的免疫反应机制。

## 1　刺激隐核虫病在网箱养殖暴发的成因机制研究

刺激隐核虫广泛存在于海洋中，但刺激隐核虫病在网箱养殖暴发的成因机制尚不清楚。本年度拟以病原传播源为切入点，阐述网箱养殖中刺激隐核虫病暴发的主要感染源，以期为网箱设计、选址、布局、疾病预警和防控提供理论依据，助力我国海水网箱养殖业健康发展。基于前期研究成果——海水刺激隐核虫幼虫检测技术，针对发病网箱进行了调查。比较了发病网箱和未发病网箱网衣附着物及附近海水中的幼虫密度。结果表明发病网箱中幼虫数量显著高于未发病网箱（图1A），并且发病网箱网衣附着物中存在一定数目的包囊，说明网衣附着物上的包囊很可能为该病暴发的主要感染源。同时，为揭示网箱养殖区域幼虫的分布特征，检测了发病网箱不同时间和空间海水幼虫的密度。结果显示，网箱内晚上幼虫的数量显著高于白天，且主要集中在网箱上层水域的1~3 m处（图1B），说明幼虫感染鱼主要发生于晚上。在后续的实验中，将研究网箱附近海水中幼虫数量同疾病暴发的关联度，获得预警阈值，并利用预警阈值，结合环境因素，通过监测网箱附近海水中幼虫数量，以实现对刺激隐核虫病的早期预警预报。

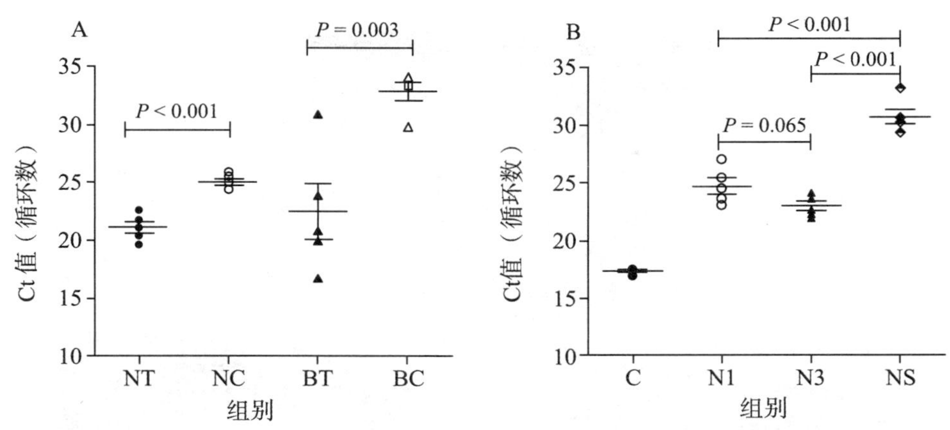


NT: 发病网箱底部网衣附近水样; NC: 空网箱底部网衣附近水样; BT: 发病网箱底部网衣附着物; BC组: 空网箱底部网衣附着物; N1、N3 和NS:分别在水深 1 m、3 m和海底附近采集的水样; C: 500 只/L。

**图 1　海水样品qPCR检测刺激隐核虫幼虫的Ct值**

# 2　优化抗虫涂料技术并进行示范推广

研发的杀虫涂料可有效防控刺激隐核虫病。本年度通过优化涂料组成成分，降低石英砂粒径和增加水泥基渗透结晶母料来提高涂料光滑度与黏附性，确定了涂料最优组成：铜粉 3~5 份、硅酸盐水泥 30~40 份、石英砂 35~45 份、无水柠檬酸 0.4~0.6 份、水泥基渗透结晶母料 7~8 份。将该抗虫涂料涂于池底，可以使刺激隐核虫包囊失去分裂活性并死亡，阻止其繁殖和二次感染，且涂料配方组成安全无毒，对鱼类没有不良影响，也不会造成海水污染。目前该涂料已应用于室内水泥池养殖。本年度在宁德富发有限公司、宁德市官井洋大黄鱼养殖有限公司、南海水产所深圳基地、宁波水产研究所和象山港湾水产苗种进行推广，示范面积达 1 200 m$^2$，目前尚未收到有发生刺激隐核虫病的反馈。

# 3　卵形鲳鲹寄生虫病季节性调查

本年度每月对广东养殖的卵形鲳鲹进行致病外寄生虫种类调查，调查方法为体表直接观察和解剖光镜观察。结果显示，卵形鲳鲹的主要致病外寄生虫为刺激隐核虫（图 2A）、本尼登虫（图 2B）和眼点淀粉卵涡鞭虫（图 2C）。调查发现：春季苗期主要为眼点淀粉卵涡鞭虫和车轮虫感染；夏季和秋季多发刺激隐核虫病，部分存在眼点淀粉卵涡鞭虫和指环虫感染；冬季主要为本尼登虫感染。此调查结果明确了卵形鲳鲹养殖在不同时期的致病外寄生虫流行规律，为预防寄生虫病的暴发提供了防控方向。此外，在 2021 年 5 月，卵形鲳鲹苗暴发了眼点淀粉卵涡鞭虫，我们建议养殖户使用低浓度硫酸铜（2 mg/L）连续浸泡 7 天，7 天后鱼苗恢复正常进食，鳃部镜检无眼点淀粉卵涡鞭虫寄生，相对于没有使用该治疗方法的养殖池，死亡率降低了 70%。这为形成示范推广的眼点淀粉卵涡鞭虫防控技术奠定了应用基础。

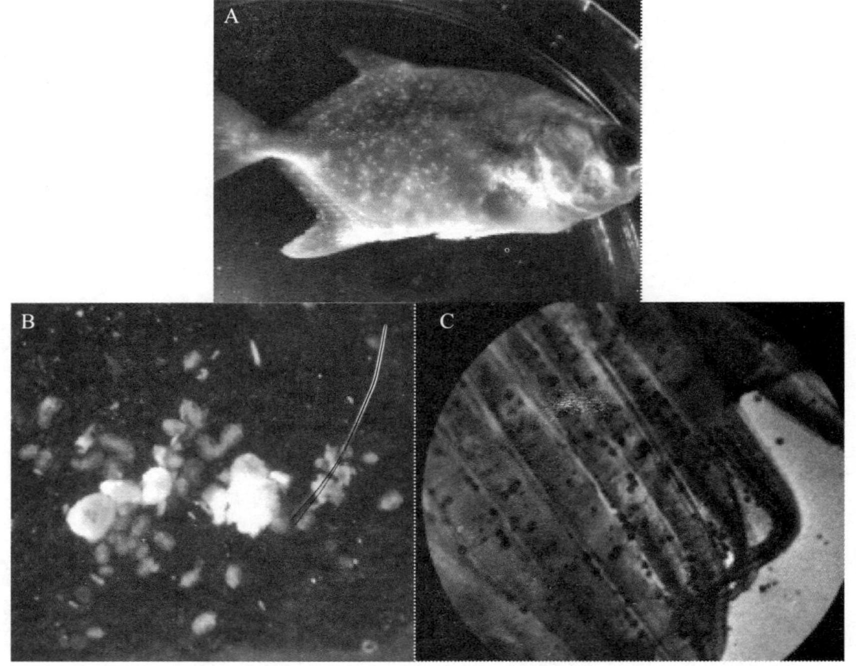


（A）刺激隐核虫；（B）本尼登虫；（C）眼点淀粉卵涡鞭虫。

**图 2　卵形鲳鲹外寄生虫种类调查**

# 4　三斑海马淀粉卵涡鞭虫病病原分离鉴定

2021 年 5 月汕尾风车岛养殖的三斑海马出现连续性死亡，养殖数量约 3 000 尾，4 天内累积死亡率在 75%以上。发病海马主要出现厌食、不上架、刺激性挣扎等临床症状。经光学显微镜观察发现病鱼的鳃组织发白，每片鳃上有数百个眼点淀粉卵涡鞭虫滋养体寄生，感染严重，因而判定眼点淀粉卵涡鞭虫寄生是三斑海马大量死亡的原因（图 3）。采用低浓度硫酸铜（2 mg/L）连续浸泡 7 天的方法，死亡率降低约 50%。值得一提的是，由于三斑海马鳃腔特殊的半封闭式结构，脱落的眼点淀粉卵涡鞭虫包囊可在鳃腔内直接发育并完成生活史，导致疫病加剧。对健康海马和感染鱼海马组织进行病理学分析，结果显示，感染海马鳃小片间隙可见眼点淀粉卵涡鞭虫滋养体分布，鳃小片上皮细胞大量减少，基底膜结构疏松，部分鳃丝血道与基底膜分离，间隙增宽，鳃丝上较多细胞核固缩深染。扩增分离得到的汕尾虫株 18S rDNA序列并上传至NCBI获得登录序列号：MZ618889。将汕尾虫株 18S rDNA序列与世界各地已报道虫株 18S rDNA序列进行比对，构建进化树。结果显示，所有虫株均聚为一支，表明各地虫株进化同源性高。

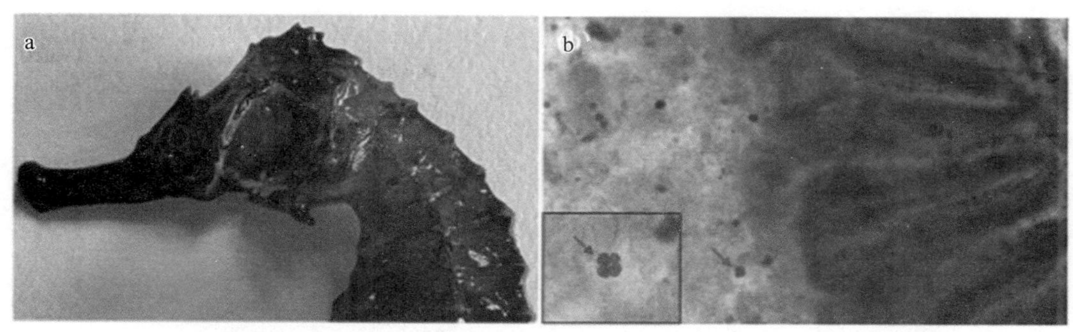

**图 3 感染鱼鳃丝发白（a）和寄生在鳃组织的淀粉卵涡鞭虫滋养体（b）**

# 5 眼点淀粉卵涡鞭虫实验室人工感染模型建立

眼点淀粉卵涡鞭虫是一种常见的海水鱼寄生虫，可感染几乎所有海水鱼类，造成巨大的经济损失。为建立一套眼点淀粉卵涡鞭虫实验室感染模型，用于抗虫药物筛选和疫苗研发，本研究以黄鳍鲷为动物模型，探究眼点淀粉卵涡鞭虫滋养体在鱼体上的发育规律和脱落规律，并探究包囊孵化规律和涡孢子孵化不同时间后的感染率变化。结果显示，滋养体直径随寄生时间延长而增大，发育成熟后包囊直径为 85.44 μm ± 4.82 μm，滋养体在感染后 40 h开始脱落，感染后 44~52 h为滋养体脱落的高峰期（表 1，图 4a）。成熟包囊在 12 h左右出现第一次分裂，之后每 5~7 h分裂一次，包囊脱落后 51~60 h为包囊孵化涡孢子的高峰期（28℃）。涡孢子感染能力随孵化时间延长而减弱，刚孵化的涡孢子具有较强的感染能力，最高感染率可达 55%，涡孢子在孵化后至少 7 d内具有感染能力（图 4b）。

**表 1 滋养体和包囊直径随感染时间变化规律**

| 寄生时间/h | 滋养体直径/μm | 包囊直径/μm |
|---|---|---|
| 24 | 43.51 ± 6.14 | 41.43 ± 4.72 |
| 30 | 56.63 ± 7.60 | 55.20 ± 4.74 |
| 36 | 64.13 ± 6.62 | 63.05 ± 4.36 |
| 42 | 72.71 ± 6.24 | 69.80 ± 3.77 |
| 48 | 83.88 ± 7.38 | 82.10 ± 4.89 |
| 自然脱落 | — | 85.44 ± 4.82 |

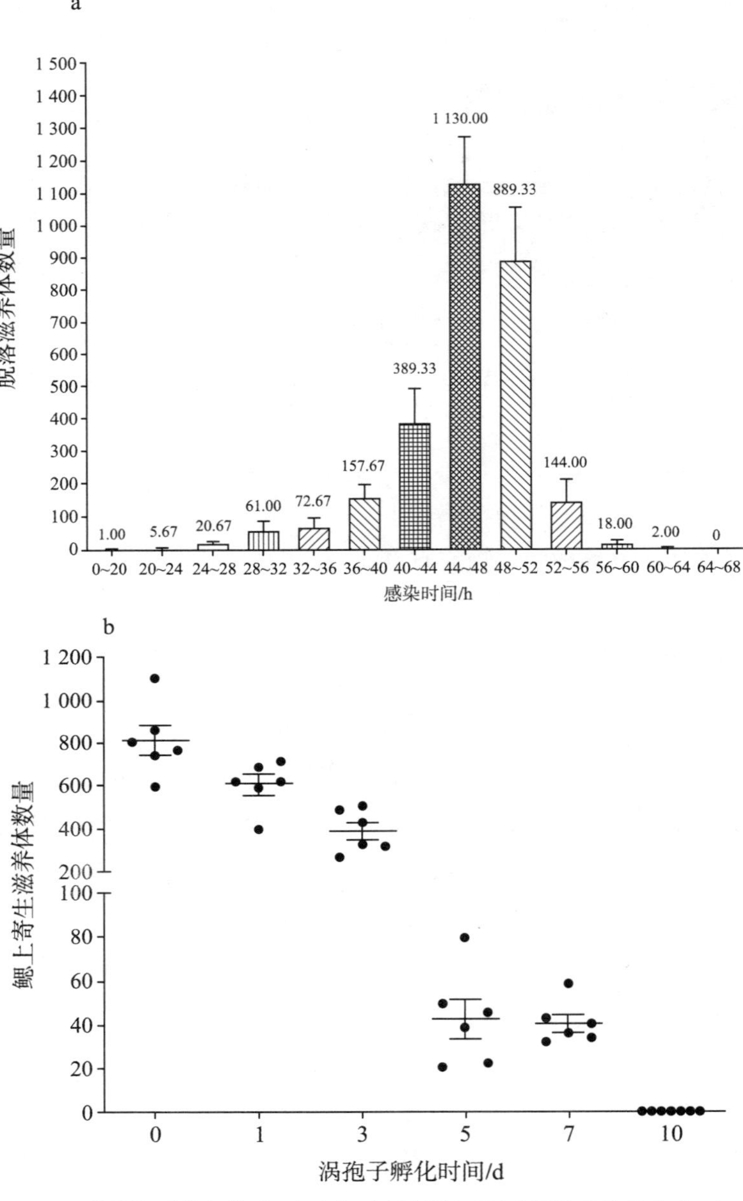


**图 4　滋养体脱落规律（a）和涡孢子孵化不同时间的感染能力（b）**

# 6　低温保存对眼点淀粉卵涡鞭虫包囊发育的影响

为获得足够数量的包囊和涡孢子用于实验，需对眼点淀粉卵涡鞭虫进行人工传代。然而，虫株传代过程较为烦琐且不能间断，即使在不需要实验材料时，虫株的传代工作也必须进行，造成经济和时间的巨大浪费。因此，本研究尝试利用低温环境诱导包囊休眠，评估不同发育阶段包囊的低温保存效果。本研究从鱼体分离发育不同阶段的滋养体，待其发育形成包囊后，置于12℃环境下保存一个月。结果显示不同发育阶段的包囊低温保存后的存活率存在差异：低温保存一个月后，在鱼体发育24 h形成的包囊存活率最高，其次是36 h形成的包囊，48 h形成的包囊存活率最低（表2）。

**表2　低温保存前后不同发育阶段包囊存活率变化**

| 组别 | 24 h | 36 h | 48 h |
|---|---|---|---|
| 低温保存前包囊存活率 | 99.07% ± 0.6% | 98.56% ± 0.31% | 96.98% ± 0.49% |
| 12℃保存30 d后包囊存活率 | 97.89% ± 1.75% | 84.11% ± 6.00% | 64.84% ± 9.16% |

# 7　镀锌材料对刺激隐核虫病的防控效果、安全性及其作用机制

前期研究发现，在养殖池底部铺垫镀锌材料可有效防控刺激隐核虫病。本实验在此基础上，探究了换水率对使用镀锌材料来防控刺激隐核虫病的影响，并进一步通过检测养殖水体和鱼体肌肉中的锌离子含量，以及对肝脏的病理切片观察来评估使用镀锌材料对鱼体的安全性。实验结果表明（图5）：使用镀锌材料时，在日换水率为1 200%的条件下，鱼体的刺激隐核虫载虫量显著降低（$P<0.05$），仍具有良好的防控效果。此外，使用镀锌材料过程中，水体的锌离子含量会逐渐升高，但鱼体肌肉的锌离子含量与对照组无明显差异（$P>0.05$），其肝脏的病理切片观察显示与对照组无明显的病理变化。说明使用镀锌材料对养殖鱼类无明显的副作用。

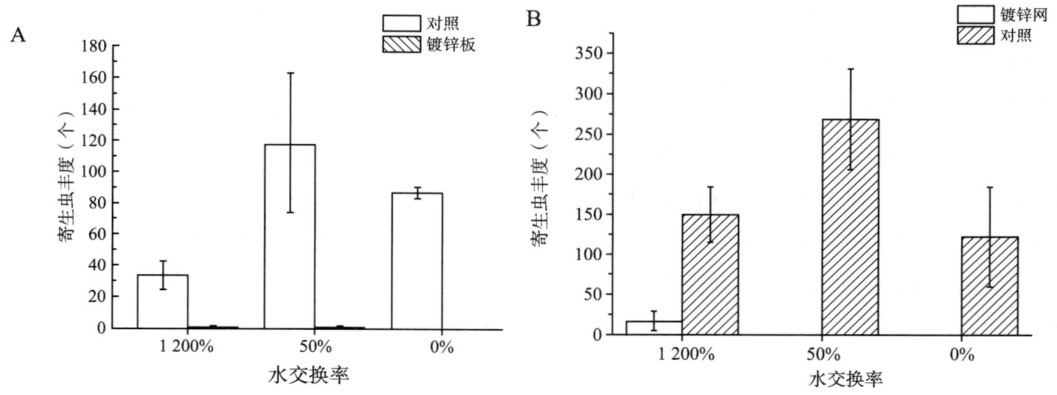


**图5　镀锌材料对刺激隐核虫病的防控效果**

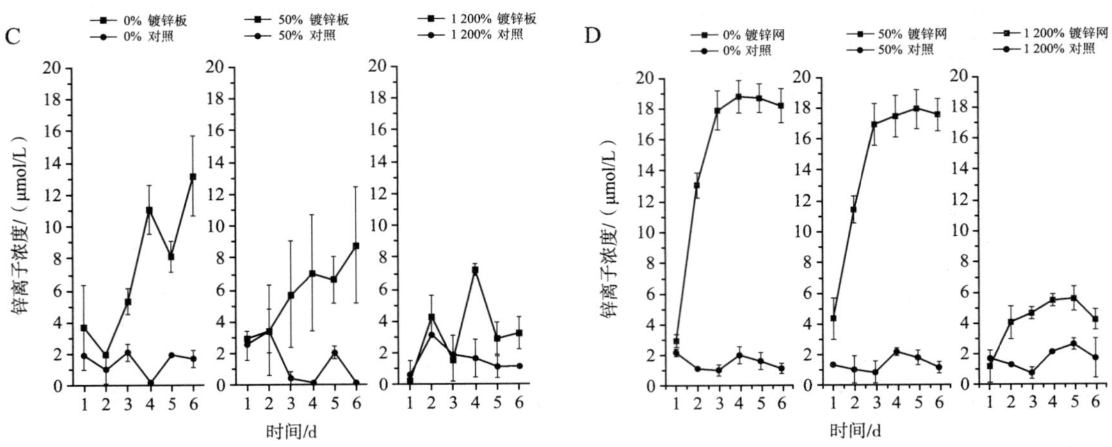


镀锌板(A)和镀锌网(B)在不同日换水率条件下的防控效果;镀锌板(C)和镀锌网(D)在不同日换水率条件下的水体锌离子含量。

**图 5　镀锌材料对刺激隐核虫病的防控效果(续)**

为了解镀锌材料对刺激隐核虫的防控机制,本实验进一步探究了镀锌材料的作用路径,将镀锌材料悬挂于水体中或者铺垫于池底,对比两者的防虫效果。结果显示,无论是将镀锌材料悬挂于水体中还是铺垫于池底,相比于对照组均能显著降低鱼体刺激隐核虫的载虫量($P$<0.05),说明水体可能具有抑杀刺激隐核虫的作用。本实验进一步将感染了刺激隐核虫的卵形鲳鲹转移到浸泡镀锌材料 2 d后的水体,观察鱼体上刺激隐核虫的载虫量变化。结果显示养殖于浸泡镀锌材料后水体的鱼体载虫量显著低于对照组($P$< 0.05)。此实验结果证实了镀锌材料防控刺激隐核虫病的路径是释放杀虫物质进入水体进而发挥作用。为了解锌离子是否是镀锌材料释放到水中的主要杀虫成分,我们检测了铺垫有镀锌网的养殖池在日换水率为 1 200%和 0%条件下的锌离子浓度(分别为 0.36 mg/L和 1.83 mg/L),并通过使用硫酸锌配制相同锌离子浓度的养殖水体,探究其与镀锌材料是否具有相似的防控刺激隐核虫的效果。结果显示 0.36 mg/L,1.83 mg/L和镀锌材料组的鱼体载虫量均低于对照组($P$<0.05),但 0.36 mg/L和 1.83 mg/L组也显著低于镀锌材料组($P$< 0.05)(图 6)。这说明了镀锌材料释放到水中的锌离子对刺激隐核虫具有良好的杀虫效果,但锌离子可能不是镀锌材料释放到水中唯一的杀虫物质。

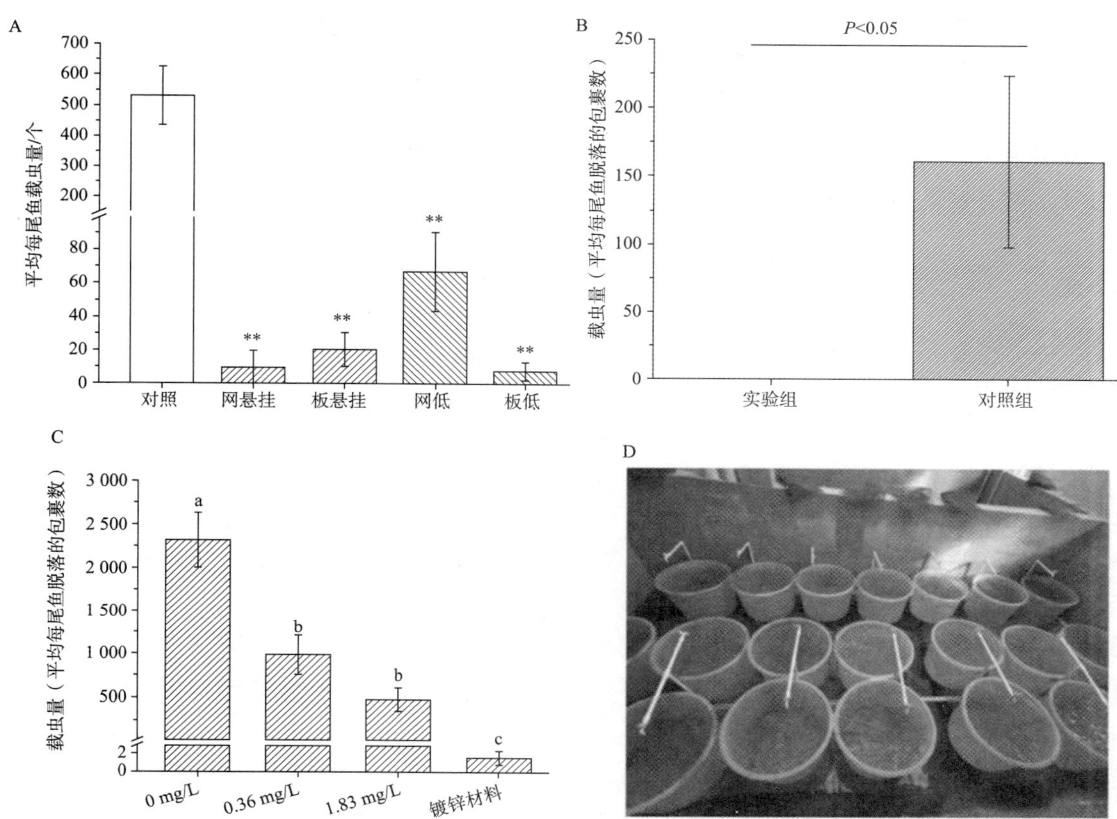


A：镀锌材料悬挂或铺垫桶底对刺激隐核虫的保护效果；B：浸泡镀锌材料后的水体对刺激隐核虫的防控效果；C：锌离子在镀锌材料防虫效果中的作用

**图 6 镀锌材料对刺激隐核虫防控的抑杀路径探究**

为了进一步了解锌离子对刺激隐核虫的作用机制，特别是锌离子对刺激隐核虫代谢的影响，我们对 20 μmol/L锌离子溶液作用 12 h后的包囊前体进行了非靶向的代谢组学分析。结果显示，经锌离子作用后，包囊前体的代谢与对照组发生了显著的差别，最终发现并鉴定到 175 个差异代谢物，与基本生命活动相关的糖代谢、氨基酸代谢、脂质代谢、核苷酸代谢和神经传导代谢均发生了紊乱。特别地，抗氧化相关物质含量增加，如抗坏血酸盐、谷胱甘肽和丁香酸，说明锌离子作用包囊前体后发生了严重的氧化应激。进一步的差异代谢物回补实验表明，加入抗坏血酸钠能够显著提高包囊的孵化率，降低锌离子对虫体的胁迫。

# 8 紫外与臭氧消毒对刺激隐核虫病防治效果

利用循环养殖系统养殖海水鱼的模式逐渐增多。循环养殖系统多以紫外与臭氧消毒，然而剂量较低的紫外或臭氧仍易导致刺激隐核虫病暴发；剂量过大，则造成资源浪费。因此，为了实现指导工厂化养殖中利用紫外线和臭氧防治该病的目的，我们研究了紫外线和臭氧消毒防治刺激隐核虫病的最适处理条件，对幼虫进行杀灭。实验结果显示，紫外辐照最小致死剂量为 $2.88\times10^{5}$ μWs/cm²，臭氧的最低致死浓度为 0.15 mg/L（图 7A）；利用紫外辐照剂量为 $1.61\times10^{5}$ μWs/cm²，最小臭氧浓度为 0.1 mg/L处理含虫水体后（图 7B），可有效阻止刺激隐核虫感染。

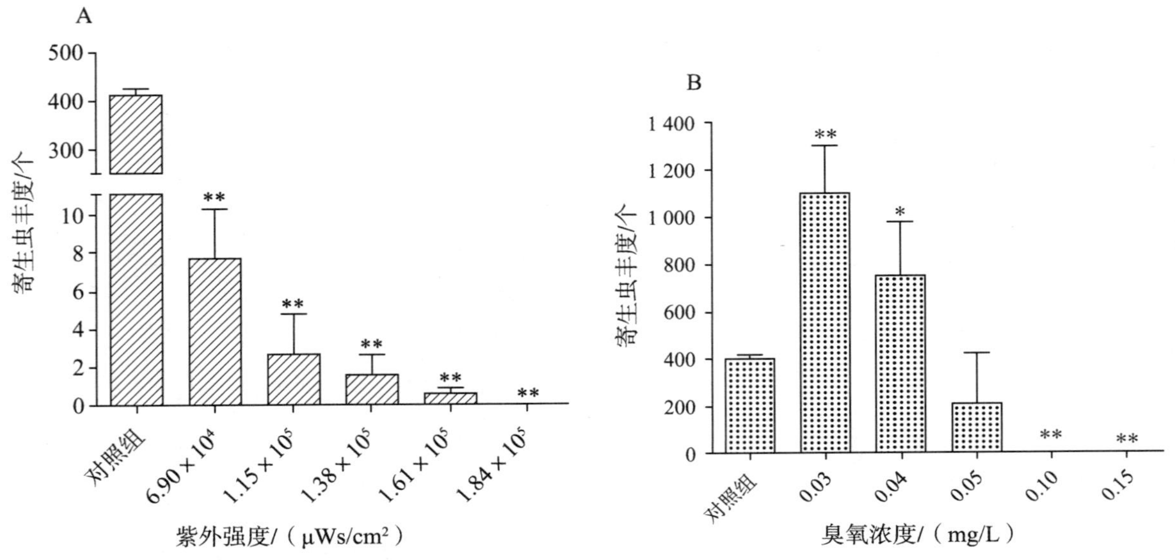


**图 7　紫外（A）与臭氧（B）消毒对刺激隐核虫幼虫灭活效果**

# 9　石斑鱼CD4−1⁺ T细胞及相关转录因子在刺激隐核虫感染中的应答特性

为了揭示宿主抗刺激隐核虫的免疫反应机制，2021 年度本实验室继续研究石斑鱼抗刺激隐核虫感染免疫机制，制备了抗石斑鱼CD4−1 的单克隆抗体，对刺激隐核虫感染后CD4−1⁺ T细胞及其亚群转录因子T−bet、GATA3、STAT3、Foxp3、BCL−6 的应答特性进行了初步研究，并克隆出斜带石斑鱼Pax−5 和Blimp−1 基因。免疫组化发现CD4−1⁺ T细胞在石斑鱼各个组织中广泛分布，胸腺中阳性细胞数量最多，头肾和脾脏次之，鳃、肠道和皮肤中的CD4−1⁺细胞数量较少；使用激隐核虫感染后，GATA3、STAT3 和BCL−6 的表达量在感染后第 2~3 天的头肾和鳃组织中显著上调，并在第 3 天时达到峰值。以上结果表明，在感染刺激隐核虫后，石斑鱼中的CD4−1 mRNA和CD4−1⁺ T细胞均增长趋势，尤其是在第 2 天时增长明显。而针对外来病原的CD4⁺ T细胞亚群的主转录因子GATA3、STAT3 和BCL−6 在寄生虫感染后的第 2 天和第 3 天显著增长，提示CD4⁺ T细胞及其相关转录因子可能参与了抗刺激隐核虫的免疫应答，并在应答过程中起到重要作用。

# 10　石斑鱼IgM/IgT在抗虫免疫应答中的作用机制研究

建立刺激隐核虫体表感染石斑鱼的免疫模型。经两次免疫后，石斑鱼即出现对刺激隐核虫的抵抗力；三次免疫后，约95%的石斑鱼可抵抗再次感染。在石斑鱼的血清和黏液中，特异性IgM在三次免疫后均有显著上升，而IgT仅有总抗体水平上升，特异性IgT则无明显变化。石斑鱼组织体外培养实验显示黏液中的特异性IgM可由皮肤和鳃中的抗体分泌细胞分泌，且皮肤相对于鳃和头肾优先出现黏膜免疫应答；而组织培养上清中均未检测到特异性IgT，推测其在刺激隐核虫引发的适应性免疫应答中效果甚微。同时，相对于对照组，免疫后石斑鱼头肾和鳃中的IgM阳性细胞数量均显著上升，且在鳃中变化早于头肾；在三次免疫后的头肾和鳃中，IgT阳性细胞数目也有上升。结合之前未检测到特异性IgT的结果，关于刺激隐核虫感染中IgT阳性细胞发挥的功能还需要进一步探究。

（岗位科学家　李安兴）

# 海水鱼养殖环境胁迫性疾病与综合防控技术研发进展

环境胁迫性疾病与综合防控岗位

2021 年，环境胁迫性疾病与综合防控岗位围绕海水鱼环境胁迫性疾病诊断方法研发、大黄鱼流行病学调查与养殖环境监测、免疫调节剂和益生菌筛选等重点任务开展技术研发，主要研究进展介绍如下。

## 1　海水鱼生理生化参数检测

本年度测定了大黄鱼、大菱鲆和石斑鱼血清生理生化指标，获得相关统计数据 41 条（表 1~表 3）。大黄鱼和石斑鱼血清中丙二醛（MDA）和溶菌酶（LSZ）含量的变化幅度都很大，总抗氧化能力（T−AOC）和总一氧化氮合成酶（NOS）的含量相对稳定；但是在大菱鲆血清中，总抗氧化能力和总一氧化氮合成酶含量变化幅度较大，而溶菌酶含量相对稳定，说明不同鱼类的血清生理生化指标有所差异。

**表 1　大黄鱼血清生理生化指标**

| 编号 | 指标 | 单位 | 数据范围 |
|---|---|---|---|
| 1 | 总抗氧化能力（T−AOC） | U/mL | 1.1~12.4 |
| 2 | 总一氧化氮合成酶（NOS） | U/mg | 1.0~9.2 |
| 3 | 溶菌酶（LSZ） | U/mL | 324~1 320 |
| 4 | 超氧化物歧化酶（T-SOD） | U/mL | 26.1~91.9 |
| 5 | 过氧化氢酶（CAT） | U/mL | 1.2~32.5 |
| 6 | 酸性磷酸酶（ACP） | U/mL | 2.1~66.4 |
| 7 | 丙二醛（MDA） | nmol/mL | 32.1~430.4 |
| 8 | 肌酐（Cre−P） | μmol/L | 1.2~25.6 |
| 9 | γ−谷氨酰基转移酶（GGT） | U/L | 0~1.1 |
| 10 | 总接胆红素（T−Bil） | μmol/L | 12.5~33.8 |
| 11 | 尿素氮（UREA） | mmol/L | 15.0~39.0 |
| 12 | 丙氨酸氨基转移酶（ALT） | U/L | 1.5~9.2 |

续表

| 编号 | 指标 | 单位 | 数据范围 |
|---|---|---|---|
| 13 | 碱性磷酸酶（ALP） | U/L | 10.1~24.5 |
| 14 | 直接胆红素（D−Bil） | μmol/L | 0.1~1.5 |
| 15 | 高密度脂蛋白胆固醇（HDL−C） | mmol/L | 0.2~3.3 |
| 16 | 低密度脂蛋白胆固醇（LDL−C） | mmol/L | 0.2~1.4 |
| 17 | 天门冬氨酸氨基转移酶（AST） | U/L | 1.0~32.1 |
| 18 | 甘油三酯（TG） | mmol/L | 0.2~2.4 |
| 19 | 总蛋白（TP） | g/L | 2.2~17.1 |
| 20 | 白蛋白（ALB） | g/L | 0.5~4.3 |
| 21 | 总胆固醇（TC/CHO） | mmol/L | 0.2~4.1 |
| 22 | 葡萄糖（GLU） | mmol/L | 0.3~2.5 |
| 23 | 尿酸（UA） | μmol/L | 1.8~22.0 |
| 24 | 钙离子（$Ca^{2+}$） | mmol/L | 0.2~2.1 |
| 25 | 镁离子（$Mg^{2+}$） | mmol/L | 0.11~1.6 |
| 26 | 二氧化碳（$CO_2$） | mmol/L | 1.2~4.3 |
| 27 | 无机磷（IP） | mmol/L | 0.4~2.8 |

**表 2　大菱鲆血清生理生化指标**

| 编号 | 指标名称 | 单位 | 数据范围 |
|---|---|---|---|
| 1 | 总抗氧化能力（T−AOC） | U/mL | 13.2~120.0 |
| 2 | 总一氧化氮合成酶（NOS） | U/mg | 9.1~58.5 |
| 3 | 溶菌酶（LSZ） | U/mL | 170.1~208.7 |
| 4 | 超氧化物歧化酶（T−SOD） | U/mL | 26.1~147.2 |
| 5 | 过氧化氢酶（CAT） | U/mL | 7.2~78.6 |
| 6 | 酸性磷酸酶（ACP） | U/mL | 25.0~110.5 |
| 7 | 丙二醛（MDA） | nmol/mL | 115.6~943.5 |

**表 3　石斑鱼血清生理生化指标**

| 编号 | 指标名称 | 单位 | 数据范围 |
|---|---|---|---|
| 1 | 总抗氧化能力（T−AOC） | U/mL | 1.2~18.2 |
| 2 | 总一氧化氮合成酶（NOS） | U/mg | 3.4~26.6 |
| 3 | 溶菌酶（LSZ） | U/mL | 36.0~670.0 |
| 4 | 超氧化物歧化酶（T−SOD） | U/mL | 4.5~40.5 |
| 5 | 过氧化氢酶（CAT） | U/mL | 1.0~21.1 |
| 6 | 酸性磷酸酶（ACP） | U/mL | 25.0~110.5 |
| 7 | 丙二醛（MDA） | nmol/mL | 62.9~735.6 |

# 2 大黄鱼病害流行病学调查与养殖环境监测

本岗位在福建省宁德市5个大黄鱼养殖区（长腰岛、莱尾、大湾、盘前和小雷江）开展了养殖环境的水质监测和大黄鱼主要病害的发病情况调查工作。水质监测结果表明，宁德大黄鱼主要养殖区水温年度变化范围为13.4~28.5℃，pH为7.58~7.95，盐度为26.58~31.92。养殖海域的pH相对稳定，水温和盐度随季节变化明显（表4）。

**表4 福建省宁德市大黄鱼主要养殖区水质监测结果（2021年）**

| 月份 | 温度/℃ | | | | | 溶解氧/（mg/L） | | | | | 盐度 | | | | |
|---|---|---|---|---|---|---|---|---|---|---|---|---|---|---|---|
| | 长腰岛 | 莱尾 | 大湾 | 盘前 | 小雷江 | 长腰岛 | 莱尾 | 大湾 | 盘前 | 小雷江 | 长腰岛 | 莱尾 | 大湾 | 盘前 | 小雷江 |
| 1 | — | — | 16.26 | 13.12 | — | — | — | 9.08 | 8.70 | — | — | — | 26.52 | 26.94 | — |
| 3 | 15.30 | 15.70 | 18.16 | 15.34 | 15.82 | 8.60 | 9.66 | 8.76 | 9.16 | 8.32 | 30.18 | 29.38 | 29.70 | 30.02 | 30.04 |
| 4 | 17.62 | 18.28 | 22.72 | 18.04 | 18.24 | 6.98 | 7.50 | 7.64 | 7.30 | 7.90 | 29.92 | 28.70 | 29.70 | 29.80 | 29.86 |
| 5 | 22.20 | 22.32 | 27.34 | 23.06 | 22.94 | 6.12 | 6.64 | 5.78 | 5.56 | 5.58 | 30.06 | 23.84 | 27.54 | 28.66 | 28.82 |
| 6 | 26.24 | 27.36 | 28.64 | 25.92 | 26.40 | 4.90 | 5.96 | 5.54 | 5.28 | 5.04 | 29.14 | 23.40 | 26.98 | 29.74 | 29.50 |
| 7 | 28.12 | 29.00 | 28.36 | 28.54 | 28.30 | 4.76 | 5.48 | 4.76 | 4.98 | 5.80 | 32.30 | 30.24 | 31.84 | 32.52 | 32.68 |
| 8 | 27.70 | 27.86 | 27.80 | 27.62 | 28.00 | 5.18 | 5.48 | 5.66 | 5.16 | 5.12 | 30.50 | 29.34 | 30.40 | 32.12 | 31.54 |
| 10 | 28.15 | 28.35 | 20.86 | 27.95 | 27.62 | 7.72 | 7.57 | 6.90 | 8.52 | 7.20 | 30.40 | 23.67 | 28.25 | 30.75 | 31.25 |
| 11 | 20.52 | 20.32 | 16.26 | 20.96 | 20.32 | — | — | — | — | — | 29.40 | 28.54 | 28.44 | 28.78 | 28.82 |
| 12 | 17.12 | 17.58 | 17.22 | 16.50 | 16.74 | 7.45 | 7.24 | 6.82 | — | — | 28.12 | 27.44 | 28.66 | 29.22 | 28.90 |

对2021年大黄鱼养殖过程中发病情况统计发现，主要病害有11种，包括内脏白点病、细菌性体表溃疡、虹彩病毒病、刺激隐核虫病、肠道棘头虫病、肝胆综合症等常见病害（图1），以及肝萎缩病、涡虫病等新发疾病（图2）。由变形假单胞菌引起的内脏白点病发病时间是1—6月和8—11月。其中，3—4月发病率高，死亡率也较高。但是在高温期8—10月也出现了内脏白点病，病症与变形假单胞菌引起的内脏白点病不同，白色结节较为平整，不形成凸起，大小为1~3 mm，经鉴定其病原可能是诺卡氏菌（*Nocardia seriolea*）。

刺激隐核虫发病时间集中在3—7月和10—12月；虹彩病毒病发病时间集中在6—8月，在宁德三都湾内几乎所有大黄鱼养殖鱼排均有发病，发病率和死亡率都较高；肠道棘头虫病在3—12月都有发生，部分养殖鱼排发病率在70%以上；大黄鱼肝胆综合症发病时间集中于6—10月，主要与饲料投喂过量、营养成分搭配不当以及冰鲜饲料不新鲜有关，整体发病率和死亡率不高；细菌性体表溃疡发病基本全年都有发现，主要病原为溶藻弧菌、坎式弧菌、哈维式弧菌等弧菌，一般与刺激隐核虫、本尼登虫等寄生虫病同时发生。大黄鱼肝萎缩病是新发疾病，发病时间为6—10月，主要症状为缓游、拒食、腹腔有积水、肝脏萎缩等，目前病因不明，使用水产养殖用抗生素和其他治疗手段处理均无显著效果；

涡虫病也是新发疾病，发病时间集中在 8—12 月，主要症状为鳃出血、溃烂，鳃丝上有泥样附着物，显微镜观察可发现鳃丝上附着大量拟格拉夫涡虫（*Pseudograffilla* sp.）。

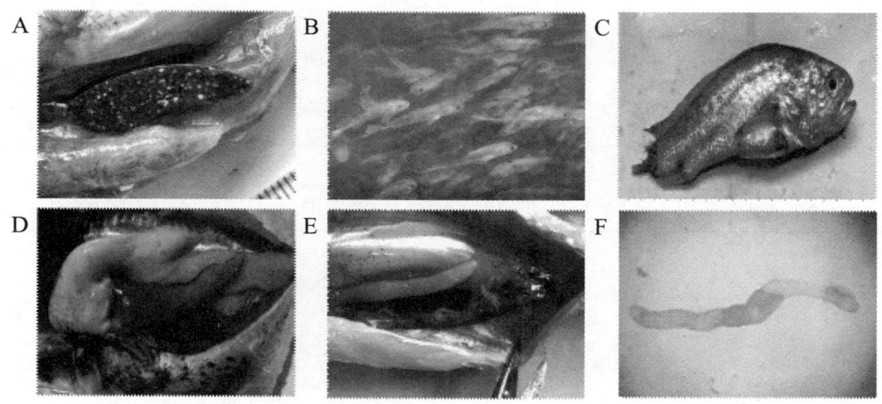

A. 内脏白点病；B. 刺激隐核虫病；C. 细菌性体表溃疡；D. 肝胆综合征；E. 肠道棘头虫病；F. 棘头虫病。

**图 1 大黄鱼常见病害（2021 年）**

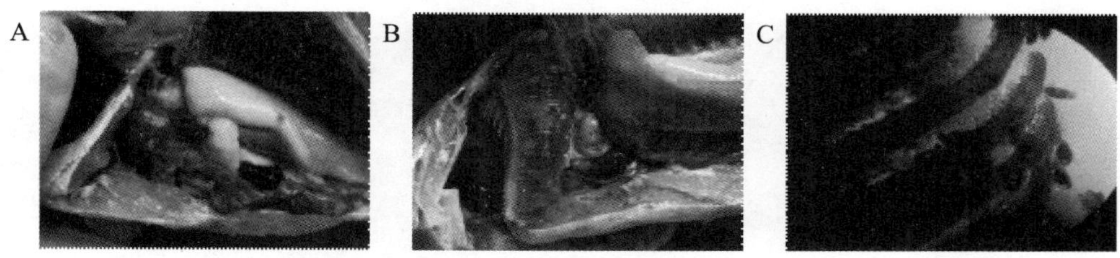

A. 肝萎缩病；B, C. 拟格拉夫涡虫病。

**图 2 2021 年大黄鱼养殖过程中新发疾病**

# 3 大黄鱼疾病预警模型

通过分析 2019 年大黄鱼主要养殖区养殖环境数据和发病率的相关性，发现水温、溶解氧与发病率之间具有明显的相关性，病鱼体内变形假单胞菌的含量与内脏白点病发病率之间也具有相关性（表 5）。进一步使用多元线性回归方程，建立了 3 个模型。水温（$x$）–总发病率（$y$）预测模型：$y$=0.004 水温$x$−0.035。溶解氧（$x$）–总发病率（$y$）预测模型：$y=0.008\times x-0.189\ 5$。体内变形假单胞菌含量（$x$）–脏白点病发病率（$y$）的预测模型：$y=2\times 10^{-7}x+0.008\ 8$（图 3）。利用这 3 个模型，我们对 2020 年和 2021 年的总发病率和内脏白点病发病率分别进行预测，结果显示水温–总发病率预测模型与体内变形假单胞菌含量–内脏白点病发病率预测模型的预测结果较好，预测发病率与实际发病率之间的差异较小，而溶氧–总发病率预测模型的预测结果与实际偏差较大（图 4）。

**表 5　宁德市大黄鱼主要养殖区环境因子与发病率之间的相关性系数**

| 环境因子 | 总发病率 | 内脏白点病发病率 |
|---|---|---|
| 水温 | 0.92 | −0.34 |
| pH | 0.08 | 0.21 |
| 溶解氧 | 0.85 | −0.35 |
| 盐度 | −0.02 | −0.09 |
| 病鱼变形假单胞菌含量 | −0.26 | 0.80 |

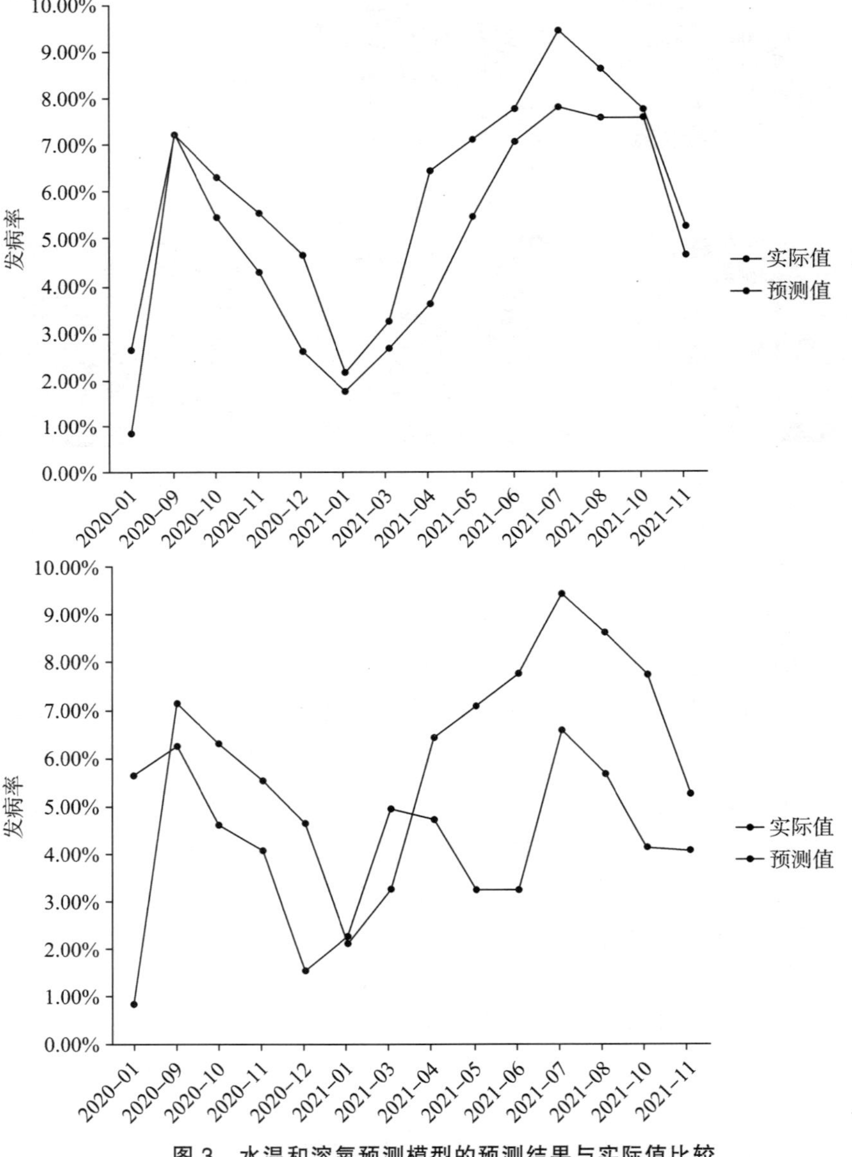


**图 3　水温和溶氧预测模型的预测结果与实际值比较**

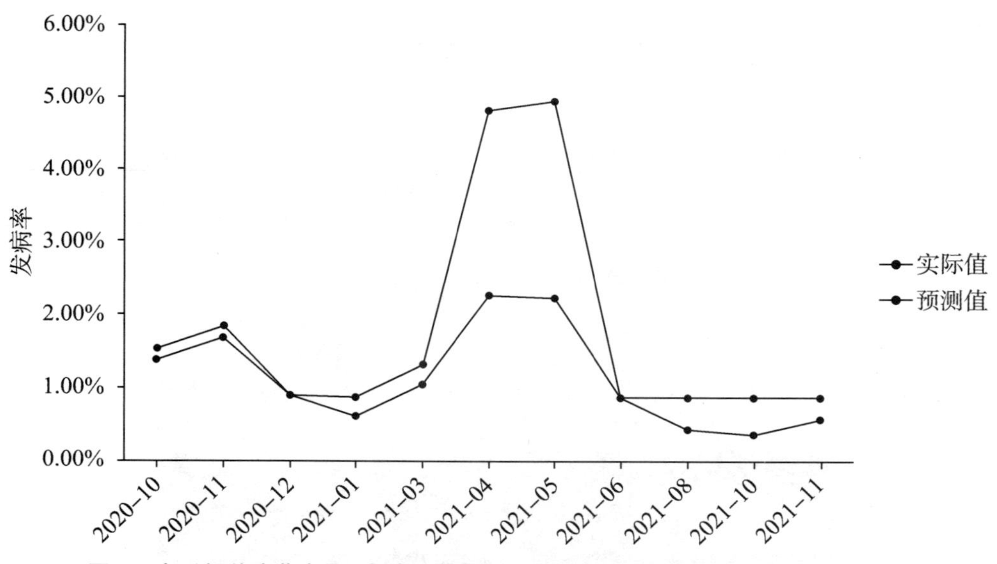


**图 4　变形假单胞菌含量–内脏白点病发病率预测模型的预测结果与实际值比较**

# 4　鱼类免疫调节剂研发

## 4.1　大黄鱼抗菌肽 β–防御素抗菌活性及机制

β–防御素是一种富含半胱氨酸的阳离子多肽，广泛分布于植物、昆虫和脊椎动物中，在生物体抗菌方面发挥重要作用。本研究从大黄鱼基因组数据中筛选到 1 个 β–防御素基因，其开放阅读框为 195 个核苷酸，编码 64 个氨基酸，其中第 1~20 个氨基酸为信号肽，21~64 位氨基酸为成熟肽。合成的大黄鱼 β–防御素成熟肽具有较好的抑菌活性，显著抑制常见的水产病原菌，如坎氏弧菌、溶藻弧菌、副溶血弧菌、哈维氏弧菌和变形假单胞菌的生长（表 6）。透射电镜和扫描电镜观察发现，合成的大黄鱼 β–防御素成熟肽通过破坏细菌的细胞膜结构，从而改变细胞膜的通透性，使内容物流出，造成菌体死亡（图 5）。此外，合成的大黄鱼 β–防御素成熟肽还能够上调大黄鱼单核/巨噬细胞中促炎因子IL–1β、TNF–α2 和CXCL8_L1 的表达水平（图 6），下调抑炎因子IL–10 的表达水平，并且促进巨噬细胞的吞噬功能（图 7）。以上结果表明大黄鱼 β–防御素不仅对常见的水产病原菌具有明显的抑制作用，而且能够活化巨噬细胞。

**表 6　大黄鱼 β–防御素抗菌谱和最低抑菌浓度**

| 病原菌 | MIC/μM |
| --- | --- |
| 坎氏弧菌（*Vibrio campbellii*） | 4 |
| 副溶血弧菌（*Vibrio parahaemolyticus*） | 8 |
| 溶藻弧菌（*Vibrio alginolyticus*） | 16 |

续表

| 病原菌 | MIC/μM |
|---|---|
| 哈维氏弧菌（*Vibrio harveyi*） | 16 |
| 变形假单胞菌（*Pseudomonas plecoglossicid*） | 64 |

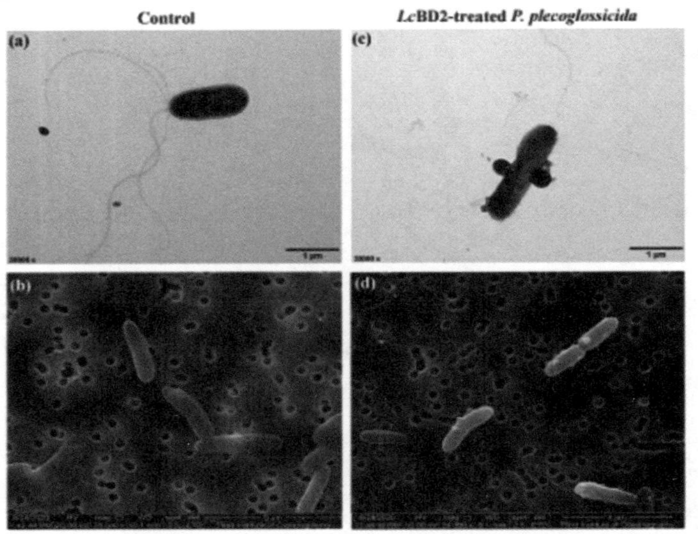


透射电镜观察正常（a）和大黄鱼β-防御素处理后（c）的变形假单胞菌；扫描电镜观察正常（b）和大黄鱼β-防御素处理后（d）的变形假单胞菌。

**图5　透射电镜和扫描电镜观察大黄鱼β-防御素处理前后的变形假单胞菌**

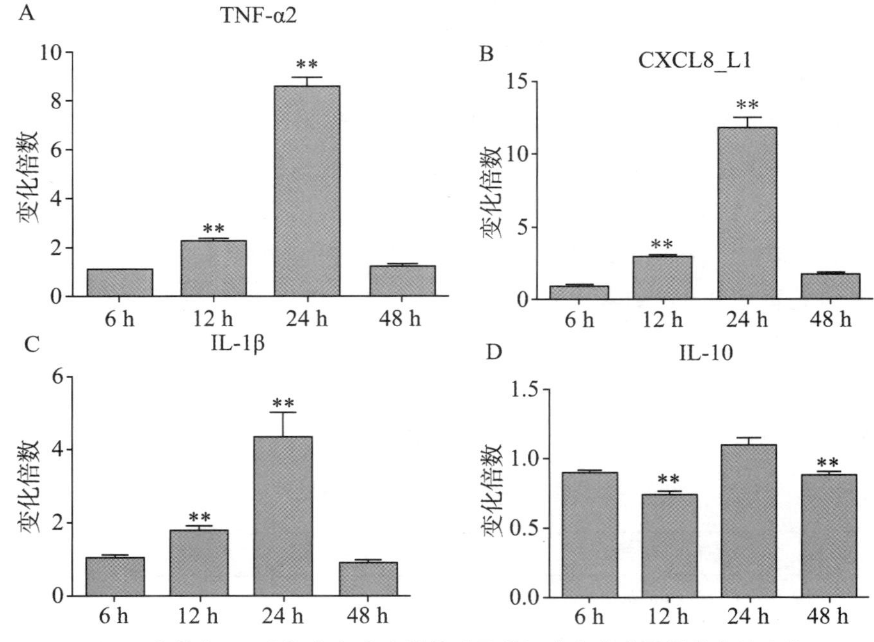


**图6　大黄鱼β-防御素合成肽刺激后巨噬细胞中炎症因子的表达变化**

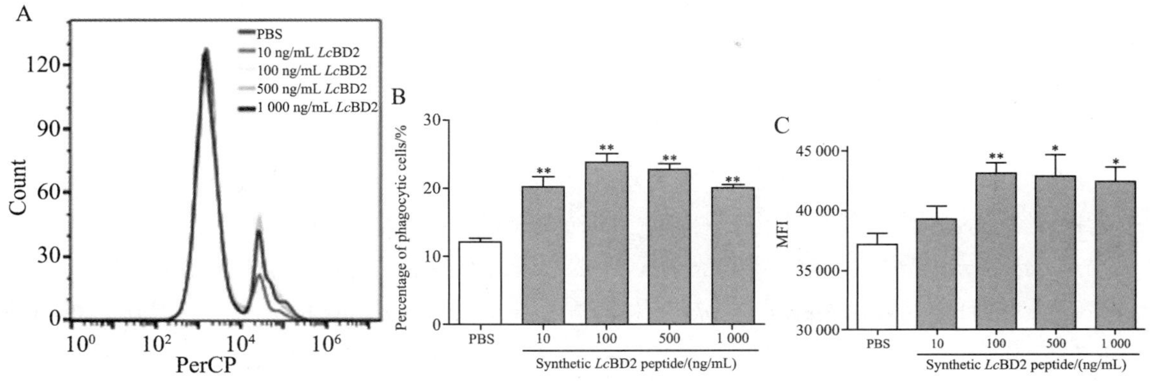


a. 流式细胞技术分析巨噬细胞吞噬活性；b. 吞噬荧光微球的巨噬细胞的比例；c. 吞噬荧光微球的巨噬细胞的平均荧光强度。

**图 7　大黄鱼 β－防御素促进巨噬细胞吞噬功能**

## 4.2　抗大黄鱼疾病中草药筛选

中药是国人通过长期实践积累所得的医药学瑰宝，具有毒性低、副作用小、药物作用靶点多样等特点，已被证实是免疫增强剂的主要来源之一。本岗位选取了畜禽病害防治常用的黄芪、板蓝根、女贞子、连翘、刺五加等 13 种中草药提取物（500 mg/mL），对哈维氏弧菌、坎氏弧菌、溶藻弧菌、嗜水气单胞菌等水产常见病原菌进行了体外药敏实验。结果显示：连翘、板蓝根和刺五加这 3 种中草药提取物对水产常见病原菌都有显著的抑菌活性，其中连翘可以抑制哈维式弧菌、坎式弧菌、溶藻弧菌、嗜水气单胞菌，板蓝根抑制哈维式弧菌、坎式弧菌、嗜水气单胞菌，刺五加抑制哈维式弧菌、坎式弧菌、嗜水气单胞菌（表 7）。

**表 7　三种中草药提取物抑菌谱及抑制活性**

| 病原菌 | 抑菌圈直径/mm | | |
|---|---|---|---|
| | 连翘 | 板蓝根 | 刺五加 |
| 坎氏弧菌（*Vibrio campbellii*） | 28 | 35 | 23 |
| 嗜水气单胞菌（*Aeromonas hydrophila*） | 17 | 32 | 23 |
| 溶藻弧菌（*Vibrio alginolyticus*） | 20 | — | — |
| 哈维氏弧菌（*Vibrio harveyi*） | 30 | 30 | 21 |
| 变形假单胞菌（*Pseudomonas plecoglossicid*） | — | — | — |

# 5 海水鱼益生菌制剂研发

## 5.1 海水鱼肠道功能菌株分离与活性分析

从海水鱼肠道中共筛选到87株可培养的细菌，其中6株对常见的病原菌具有抑制作用，经16S鉴定分别是植物乳杆菌（*Lactiplantibacillus plantarum*）、佛氏柠檬酸杆菌（*Citrobacter freundii*）、肠球菌（*Enterococcus pseudoavium*）、肠杆菌（*Enterobacter* sp.）、布氏柠檬酸杆菌（*Citrobacter braakii*）和鼠乳杆菌（*Lactobacillus murinus*）。其中，植物乳杆菌抑菌谱广、活性强，能够抑制变形假单胞菌、溶藻弧菌、嗜水气单胞菌、肠炎沙门氏菌、坎氏弧菌和金黄色葡萄球菌（图8）。鼠乳杆菌的抑菌谱为溶藻弧菌、嗜水气单胞菌、坎氏弧菌、副溶血弧菌、哈维氏弧菌、金黄色葡萄球菌、大肠杆菌和变形假单胞菌，并且其提取物的活性不受蛋白酶和温度的影响，但是pH对其影响较大，酸性条件下抑菌活性较强，当pH接近中性时丧失抑菌活性（表8、表9），推测其抗菌活性物种可能是酸性的化合物。

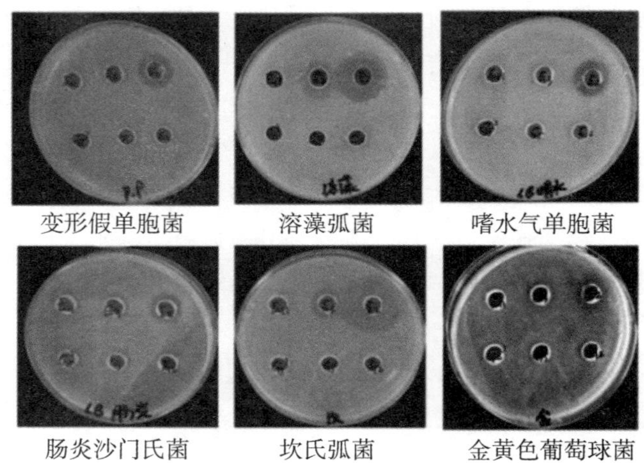


**图8 植物乳杆菌抑菌谱**

**表8 温度对鼠乳杆菌提取物抑菌效果的影响** 单位：mm

| 37℃（对照） | 60℃ | 80℃ | 100℃ | 121℃ |
|---|---|---|---|---|
| 27.20 ± 0.26 | 26.50 ± 0.80 | 25.83 ± 0.31 | 24.93 ± 0.40 | 24.20 ± 0.46 |

**表9 pH对鼠乳杆菌提取物抑菌效果的影响** 单位：mm

| 2 | 3 | 4（对照） | 5 | 6 | 7 |
|---|---|---|---|---|---|
| 32.03 ± 0.50 | 30.93 ± 0.38 | 28.33 ± 0.40 | 16.77 ± 0.83 | — | — |

## 5.2 养殖环境中功能菌株分离与活性分析

本岗位从养殖环境中筛选获得了调节养殖水质的益生菌 8 株，包括深孔微小杆菌（*Exiguobacterium profundum*）、降解红球菌（*Rhodococcus degradans*）、嗜酸寡养单胞菌（*Stenotrophomonas acidaminiphila*）、微囊藻毒素降解杆菌（*Paucibacter* sp.）、赖氨酸芽孢杆菌（*Lysinibacillus* sp.）、几丁质降解菌株（*Chitinimonas taiwanensis*）、枯草芽孢杆菌（*Bacillus subtilis* strain 203）和地衣芽孢杆菌（*Bacillus licheniformis* 207）。其功能涉及分解有机物、微囊藻毒素和几丁质，降解石油烷烃、芳香烃、氨氮、亚硝酸盐等。其中，嗜酸寡养单胞菌处理 2 周后，水体中氨氮减少了 80%，亚硝酸盐减少了 58%；微囊藻毒素降解杆菌处理 2 周后，水体中氨氮减少了 75%，亚硝酸盐减少了 83%（图 9）。两者都具有作为微生态制剂开发的应用前景。

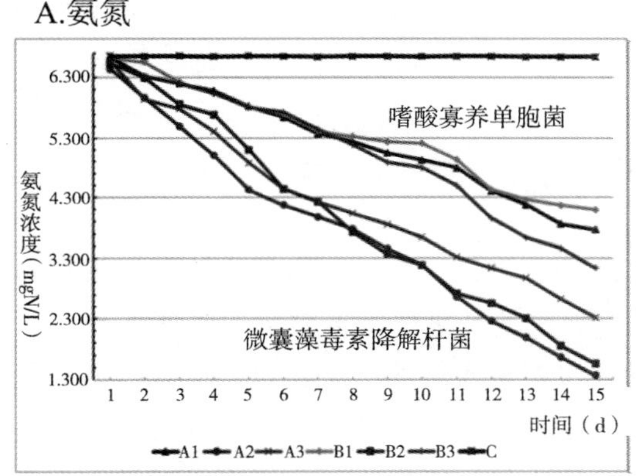


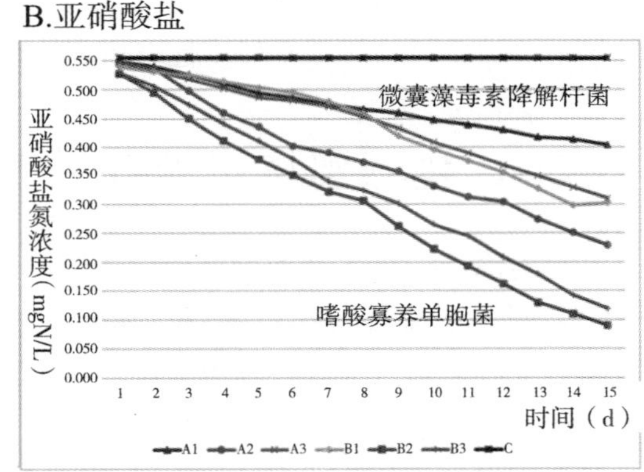


**图 9 嗜酸寡养单胞菌和微囊藻毒素降解杆菌降解氨氮与亚硝酸盐的效果**

（岗位科学家 陈新华）

# 海水鱼养殖设施与关键装备研发进展

养殖设施与装备岗位

2020 年，养殖设施与装备岗位主要开展了大菱鲆养殖提质稳产关键技术攻关与集成示范、大型养殖平台气力投饲系统研制、船载舱养的系统构建关键技术、水产行业标准《工厂化循环水养殖车间施工质量验收规范》编制等方面的研究，完成“国信 1 号”大型养殖工船舱养系统设计和工程经济性分析等技术示范推广工作，取得的研究进展总结如下。

## 1　工厂化养殖尾水处理系统集成示范

针对海南蓝田水产南繁渔业示范园养殖尾水问题，设计一套基于曝气生物滤池的尾水处理系统，处理量 36 000 m$^3$/d。系统工艺如图 1 所示。养殖尾水排放集中到集水渠，可以通过开降闸门直接排外至大海中，也可以通过配水渠流入微滤机中粗过滤。经过微滤机粗过滤之后，通过升降闸门排放至大海，也可以通过水泵提升至蛋白分离器进行精过滤，之后流入曝气生物滤池，进行除磷脱氮工艺。达到尾水排放标准之后，可以通过排水管排入大海。相关技术指标如表 1 所示。由于疫情影响，系统建设工作进展缓慢，目前土建施工完成 80%左右（图 2），预计 2021 年上半年可投入生产使用。

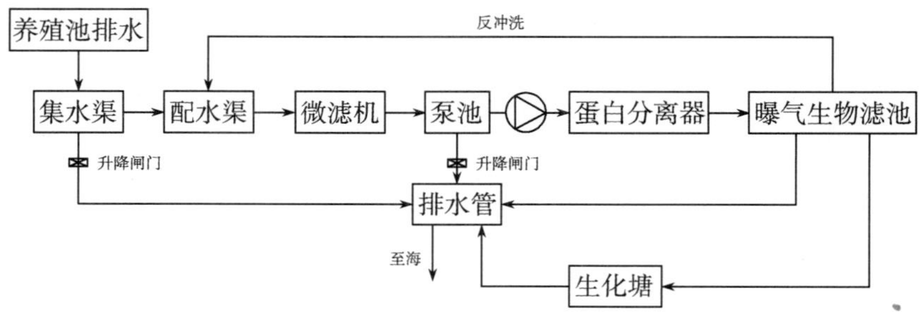


**图 1　系统工艺流程图**

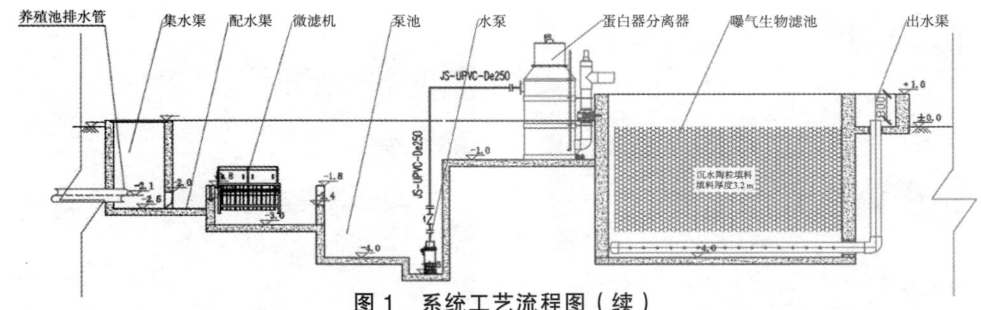


图 1　系统工艺流程图（续）

表 1　设计参数

| 参数 | 指标 |
|---|---|
| 水量（$Q$） | 36 000 $m^3/d$ |
| 进水BOD | 40 mg/L |
| 出水BOD | 10 mg/L |
| 容积负荷 | 3 kg/（$m^3 \cdot d$），一般 3~5 kg/（$m^3 \cdot d$） |
| 填料层高度（$H$） | 3.2 m，一般为 2.5~4.5 m |
| BAF池面积 | 37.2 $m^2$ |
| BFA池个数（$n$） | 3 |
| BAF池边长（$L_1$） | 5.4 m |
| BAF池边长（$L_2$） | 6.9 m |
| 承托层（$h_2$） | 0.3 m，一般取 0.2~0.3 m |
| 清水区（$h_3$） | 0.4 m，一般取 0.4~1.0 m |
| 反冲洗风量 | 0.2~0.8 $m^3$/（$m^2 \cdot min$） |
| 水洗强度 | 0.5~1 $m^3$/（$m^2 \cdot min$） |
| 单孔曝气器 | 0.2 $m^3/h$，服务面积 0.5 $m^2$ |
| 曝气风机 | 1.2 $m^3/min$，压强 49 kPa，功率 1.8 kW，选型 2.2 kW |
| 反冲洗水泵 | 流量 650 $m^3/h$，扬程 12 m，功率 30 kW |
| 微滤机 | 400 $m^3/h$ |
| 蛋白分离器 | 250 $m^3/h$ |
| 蛋白供水泵 | 流量 250 $m^3/h$，扬程 7 m |
| 臭氧 | 120 g/h，空气源 |

图 2　万宁尾水处理系统建设施工现场

## 2　深远海大型养殖工船舱养系统工艺研究

根据海上养殖冷水性大西洋鲑鱼的需求，采用物质平衡关系构建养殖水舱环境下氮元素和氧元素的物质能量流动均衡模型，设计提出了一套内外结合、双路循环的水处理系统工艺方案。

正常工况下，海水置换系统和内循环水处理系统同时开启，其总体工艺流程示意图如图 3 所示，设计最大海水置换量为 3 400 $m^3/h$，内循环设计流量为 1 900 $m^3/h$。海水置换系统中的水泵同时抽取 14 m表层海水和 50 m深层海水，调配成适宜养殖对象生长的水温。每个养鱼船舱设置切向进水口，布置在 4 个切角内，顺向推动舱内水流旋转，进水口截面流速≥ 2 m/s。海水置换系统中的主进水管路上安装增氧装置，通过氧锥对抽上来的外海水进行增氧，以保证水质满足养殖对象的生长。内循环水处理系统用于净化水质，减小海水置换量的需求。生物过滤装置放在鱼舱正中间，从鱼舱底部抽水，分为两路：一路由变频水泵抽至紫外杀菌装置和微滤机池；另一路由吸鱼泵间歇式抽水，用于收集养殖过程中的死鱼泵入集鱼装置。微滤机池出来的水自流至移动床生物滤器的底部，水流由下至上流经移动床生物滤器，返回养殖水舱。

应急工况（船舶在航行期间无法抽取适宜水温的海水或遇到台风等）下，养殖对象的投饲量减半或停止，同时关闭海水置换系统，内循环水处理系统一直开启，并开启内循环辅路进行增氧，进而维持鱼舱中的养殖水质。应急工况下，鱼舱内循环设计流量为 2 200 $m^3/h$。

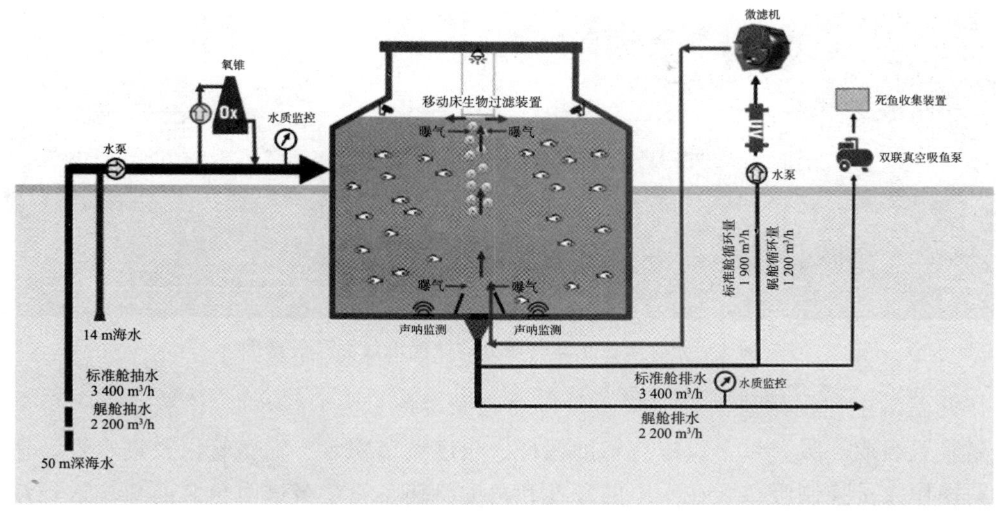


**图 3　总体工艺流程示意图**

# 3　工厂化养殖活鱼自动起捕装备研发

针对现有真空泵吸技术间歇工作、设备体积庞大且较笨重的问题，开展活鱼自动起捕装备技术研发。设计一种环形流速扩增器，利用科恩达效应产生的流体附壁作用实现吸鱼口管道流速扩增，达到快速吸捕活鱼的目的。

环形流速扩增器截面如图 4 所示，整体呈扩口状。采用SOLIDWORKS FloXpress软件对扩增器通径、收缩角、喷口缝隙宽度、进水流量等参数进行仿真优化（图 5），进鱼口内径 75 mm，出鱼口内径 100 mm，入水口内径 40 mm，出水环间隙 1 mm，收缩角 5°，总长 180 mm，宽度 120 mm。

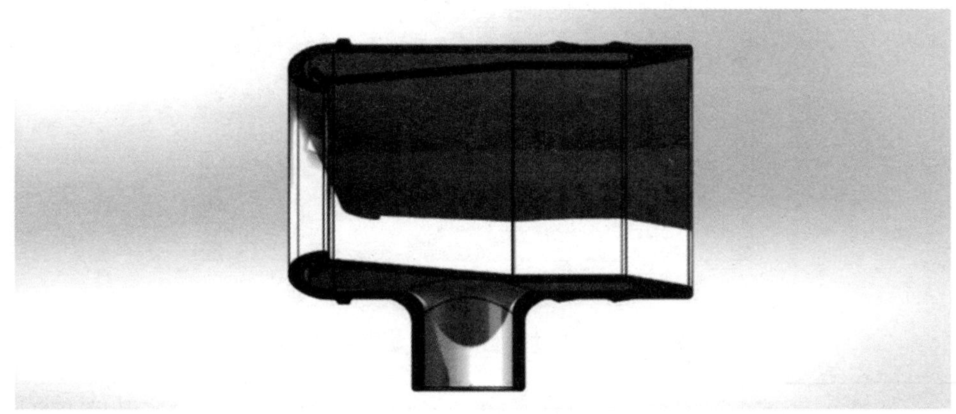

**图 4　环形流速扩增器断面**

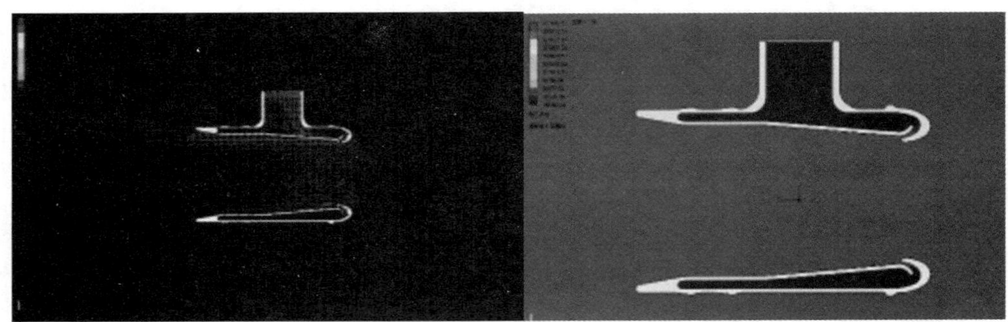

图 5　无叶泵出水环断面处的速度流线图和矢量图

在此基础上，设计研制管道式活鱼自动起捕装备 1 台（图 6）。该装备由吸鱼泵和鱼水分离装置组成。吸鱼泵上设置有辅助握杆、角度调节螺母、输鱼管以及进水管。辅助握杆帮助操作人员控制吸鱼泵在水中的深度和角度，输鱼管将吸进吸鱼泵的鱼输送到鱼水分离装置，进水管用于水动力输入。鱼水分离器上设置有漏水孔板、输鱼管法兰接口、小鱼回池位、分级滚筒、平行四边形连杆、档鱼板。当鱼从输鱼管输送到鱼水分离器时，首先到达漏水孔板与水分离，接着进入分级滚筒。分级滚筒由平行四边形连杆连接，通过调节分级滚筒的间距实现大鱼和小鱼的分级，小鱼从滚筒间隙中落下，最后随着水流滑入矩形的小鱼回池位。档鱼板用于防止小鱼逃逸，提高分级的准确度。

2021 年 3 月，岗位团队委托渔机所检测实验室进行了管道式吸鱼装备性能检测，吸鱼能力达 15.9 kg/min（表 2）。

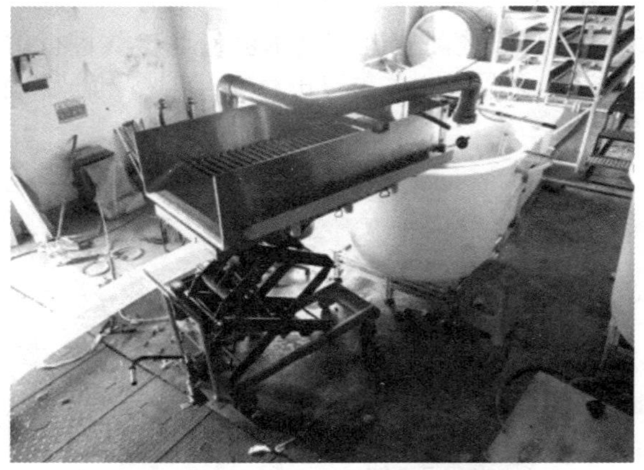

图 6　管道式自动提鱼装备

表 2　管道式自动提鱼装置提鱼能力实验结果

| 序号 | 2 min转移鱼总质量/kg | 提鱼能力/（kg/min） |
|---|---|---|
| 1 | 31.53 | 15.765 |
| 2 | 32.53 | 16.265 |
| 3 | 28.5 | 14.25 |
| 均值 | 30.85 | 15.9 |

# 4　年度进展小结

（1）针对海南蓝田水产南繁渔业示范园养殖尾水问题，设计一套基于曝气生物滤池的尾水处理系统，处理量 36 000 $m^3/d$。

（2）根据海上船载养殖大西洋鲑鱼的需求，以氮营养盐和溶解氧物质平衡为基础，设计提出了一套内外结合、双路循环的水处理系统工艺方案，设计最高密度可达 60 $kg/m^3$，满足冷水鱼类养殖低温控制和短期封闭循环的技术需求。

（3）利用科恩达效应产生的流体附壁作用，设计研制管道式自动吸鱼装备 1 台，经第三方检测，吸鱼能力达 15.9 kg/min。

（岗位科学家　倪　琦）

# 海水鱼类养殖水环境调控技术研发进展

养殖水环境调控岗位

2021 年，养殖水环境调控岗位建立及优化了生态工程化养殖尾水处理工艺和处理系统，优化并示范了养殖尾水工程化处理技术工艺与处理系统，进行了功能性藻类筛选、海马齿铁–碳（Fe–C）人工湿地（CW）等养殖尾水处理工艺研发，开展了养殖水质硝态氮（$NO_3^-$–N）、二氧化碳对鱼类养殖生物过程的影响等工作，取得了重要进展。

## 1　海水鱼类工厂化循环水高效养殖技术工艺

针对循环水养殖系统的组成与功能，明确了弧形筛对悬浮固体（SS）的贡献最大，蛋白分离器可有效降低氨氮和有机物，生物滤池对氨氮、亚氮去除的贡献最大，紫外消毒可杀灭 85%的细菌。基于此，初步建立设施设备、生物过程及生产技术工艺相结合的工厂化养殖水质调控技术（表 1）。完成中国（日照）海马种业产业园循环水养殖系统、宁波万里学院种业研究院循环水养殖系统设计。

**表 1　养殖系统各个环节对水环境变化的贡献及处理能力**

| 参数 | 进水 | 微滤机 | 蛋白分离器 | 生物滤池 | 紫外消毒 |
|---|---|---|---|---|---|
| 氨氮/（mg/L） | 0.276 ± 0.096 | 0.272 ± 0.095<br>（1.42%） | 0.183 ± 0.057<br>（32.60%） | 0.047 ± 0.028<br>（74.31%） | 0.041 ± 0.026<br>（12.76%） |
| 亚氮/（mg/L） | 0.029 ± 0.01 | 0.028 ± 0.008<br>（2.96%） | 0.027 ± 0.007<br>（3.36%） | 0.005 ± 0.001<br>（81.48%） | 0.004 ± 0.001<br>（20%） |
| 硝酸盐/（mg/L） | 0.316 ± 0.098 | 0.406 ± 0.103<br>（−6.47%） | 0.325 ± 0.091<br>（−6.16%） | 0.381 ± 0.106<br>（−17.18%） | 0.406 ± 0.103<br>（−6.47%） |
| 磷酸盐/（mg/L） | 0.227 ± 0.057 | 0.225 ± 0.057<br>（0.58%） | 0.211 ± 0.057<br>（6.41%） | 0.216 ± 0.054<br>（−2.51%） | 0.202 ± 0.061<br>（6.62%） |
| COD/（mg/L） | 8.419 ± 1.571 | 7.275 ± 1.590<br>（13.59%） | 5.544 ± 1.474<br>（23.79%） | 6.092 ± 1.311<br>（−9.8%） | 4.655 ± 1.456<br>（23.58%） |
| SS/（mg/L） | 36 ± 7 | 13 ± 2（63.89%） | 11 ± 1（5.55%） | 14 ± 1（−8.33%） | 13 ± 1（5.55%） |
| 细菌指数/（个/毫升） | 27 294 ± 3 042 | 26 831 ± 2 721<br>（1.70%） | 15 744 ± 2 669<br>（41.32%） | 26 623 ± 2 661<br>（−69.10%） | 4 216 ± 695<br>（84.57%） |

基于工厂化循环水养殖系统的各个环节对水环境处理效率参数，构建了海水鱼类精准

养殖系统，完成了养殖水环境动态变化特征与养殖鱼类健康福利水平的关联性研究，实现了工厂化鱼类的精准养殖。技术成果在山东东方海洋科技有限公司莱州分公司进行了应用示范，精准示范养殖水体 1 224 $m^3$，示范养殖珍珠龙胆石斑鱼 71 600 尾，实现养殖成活率 83.5%（图 1）。

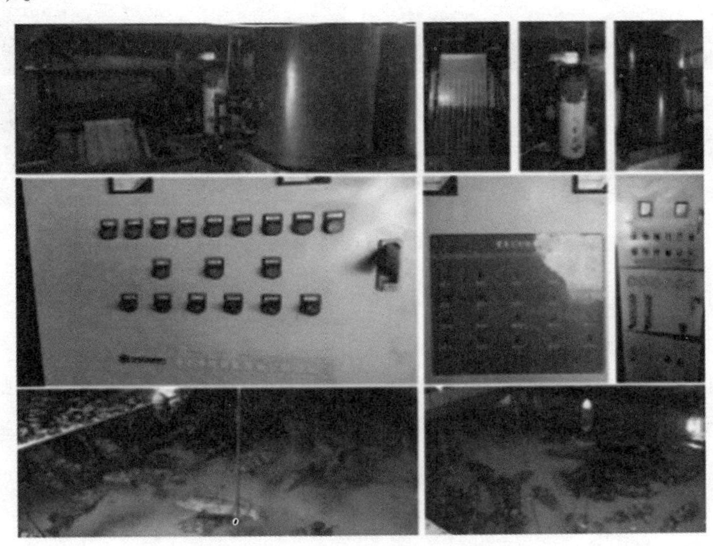

图 1　珍珠龙胆工厂化精准养殖系统

# 2　生态工程化养殖尾水处理技术工艺应用与示范

针对目前山东省海水工厂化养殖大部分为流水养殖，少部分为循环水养殖的情况，在烟台开发区天源水产有限公司建立海水工厂化养殖尾水处理系统 1 套，尾水处理能力为 6 000 $m^3$/d，年处理尾水 144 万$m^3$，减少 7.2 t颗粒悬浮物外排，降低尾水 80%以上的颗粒悬浮物，减轻对外海环境压力，实现养殖尾水的达标排放（图 2、图 3）。

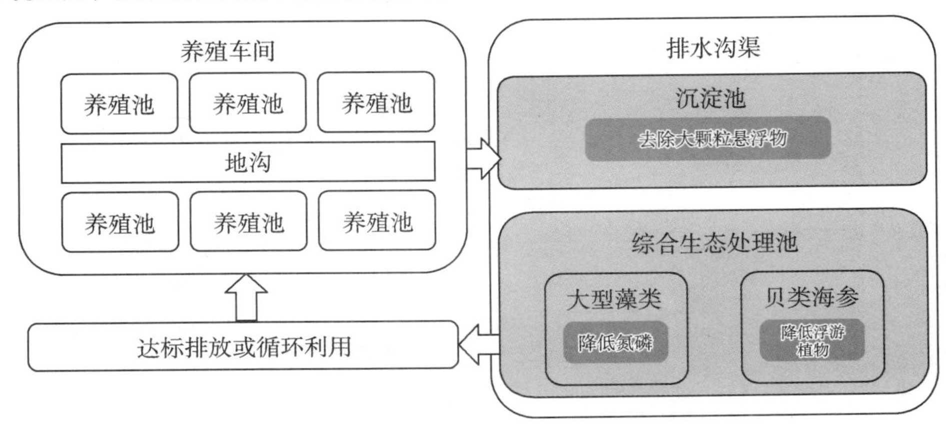


图 2　生态工程化养殖尾水处理技术工艺

图 3　生态工程化养殖尾水处理技术示范基地

# 3　滤食性贝类尾水处理效果

初步筛选出两种具有尾水净化功能的滤食性贝类。紫贻贝与太平洋牡蛎均能有效吸收尾水中氮、磷等营养物质，对养殖尾水中的氮、磷具有良好的吸收效果。通过氮、磷等营养物质吸收实验对比，优先选择太平洋牡蛎作为尾水处理功能性贝类。

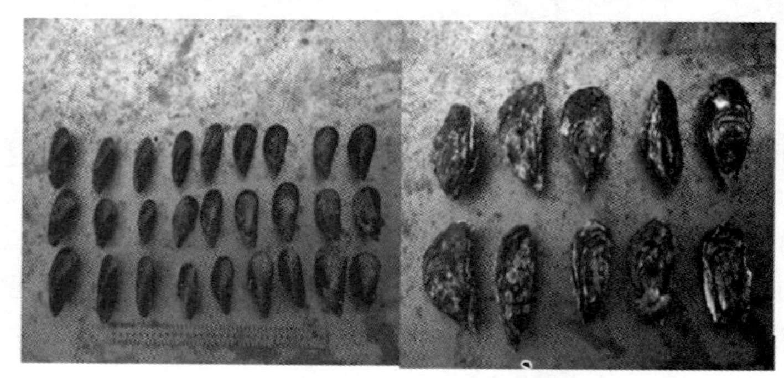

图 4　紫贻贝（左）与太平洋牡蛎（右）

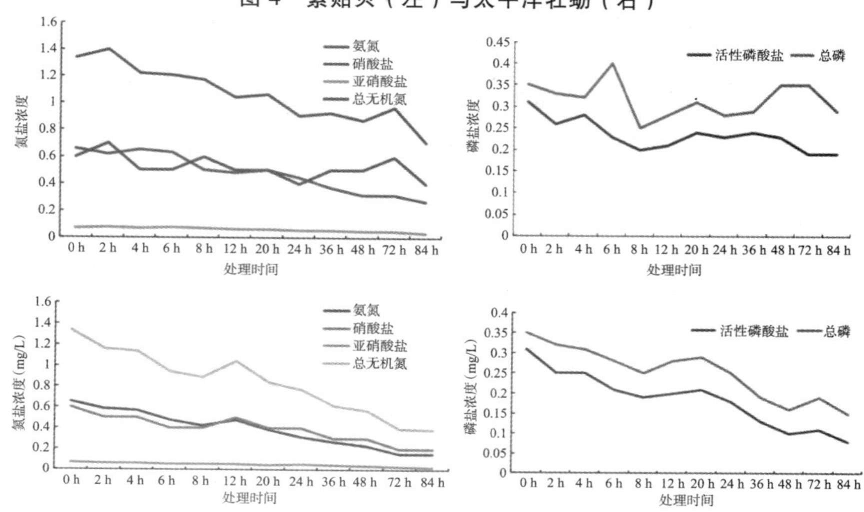


图 5　滤食性贝类筛选

分别用紫贻贝、太平洋牡蛎处理采集养殖池内尾水样本。结果显示：紫贻贝对各类氮盐均有去除作用，较于硝酸盐与亚硝酸盐，紫贻贝对氨氮的处理效果最好。太平洋牡蛎对各类氮盐均有去除作用，对氨氮、硝酸盐有较好的处理效果。实验结果对比可知，紫贻贝与太平洋牡蛎均能有效吸收尾水中氮、磷等营养物质，太平洋牡蛎处理尾水的能力要高于紫贻贝，处理时效高于紫贻贝，因此优先选择太平洋牡蛎作为尾水处理功能性滤食性贝类。滤食性贝类主要通过吸收水中悬浮物质，减少尾水中氮、磷含量，但单纯利用双壳滤食性贝类去除氮、磷，其效果不及大型藻类，因此利用两者共同进行尾水的生物处理，效果更佳（图 4、图 5）。

# 4 铁-碳强化海马齿人工湿地对海水养殖尾水脱氮效能优化

本实验选用的铁-碳基质，采用还原性铁粉和精焦煤粉为原材料。研究结果显示：铁-碳的加入对水体盐度和离子强度无显著影响，这可能是由于海水本身的盐度和离子强度足够大，铁-碳加入后产生的离子变化相对较小，不足以影响整个溶液的盐度和离子强度；然而，铁-碳的加入显著影响水体的pH，使pH上升，这可能是因为发生了微电解反应。极差分析结果揭示影响因素大小的顺序：铁-碳量>铁-碳比>盐度>pH（图 6、图 7）。

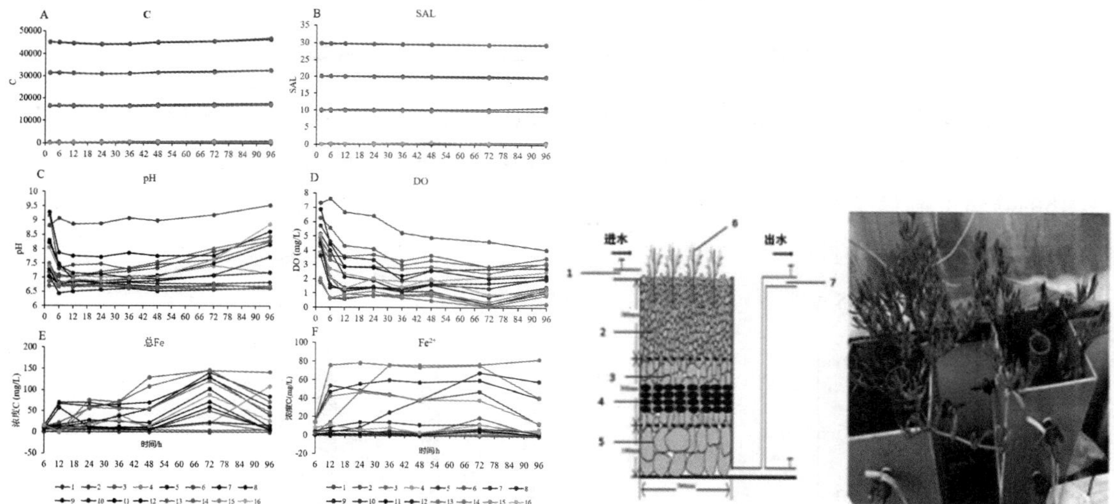


**图 6 铁-碳对水体中理化因子的影响规律**

**图 7 人工湿地实验系统模式图及实物图**

在此基础上开展了铁-碳强化海马齿人工湿地对海水养殖尾水脱氮效能优化实验，优化了铁-碳人工湿地铁-碳比、进水方式、曝气，曝气、铁-碳比（2∶1）、进水方式可以优化铁-碳人工湿地脱氮过程。应用铁-碳人工湿地处理海水养殖尾水，氨氮去除最高可达 57%，硝态氮去除最高可达 82%，无机氮去除达 70%（图 8）。

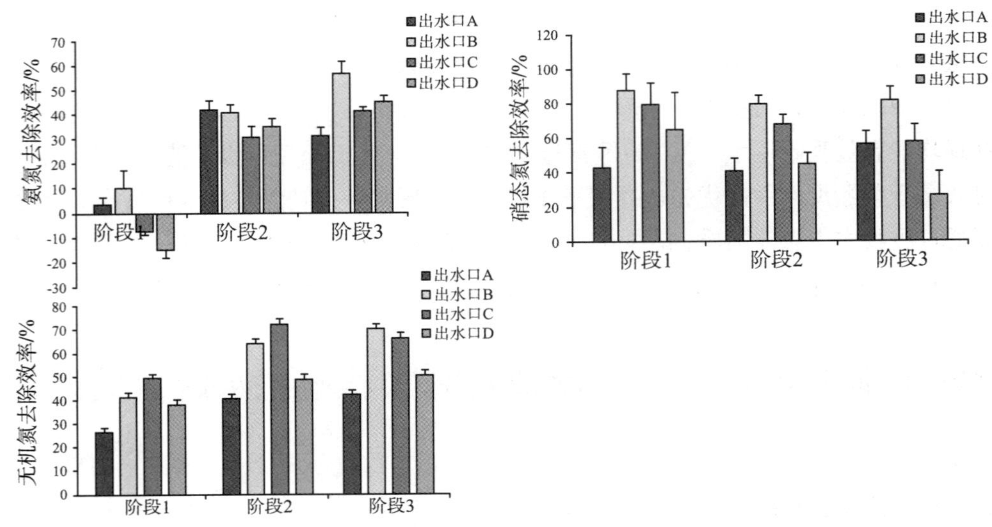


**图 8　不同处理下人工湿地对氨氮、硝态氮、无机氮去除效率优化**

# 5　硝态氮对大菱鲆幼鱼的胁迫影响

## 5.1　大菱鲆血浆高铁血红蛋白（MetHb）和血红蛋白（Hb）含量变化

不同浓度的硝态氮处理后，大菱鲆血浆中MetHb的含量影响明显。在 15~60 天，MN和HN组血浆MetHb含量显著上升（$P$<0.05），LN和对照组之间无显著差异。大菱鲆血浆中Hb的含量受到硝态氮处理的影响，在实验开始的第 15 天后，随硝态氮浓度的增加而降低，并在HN组显著降低（$P$<0.05）（图 9）。

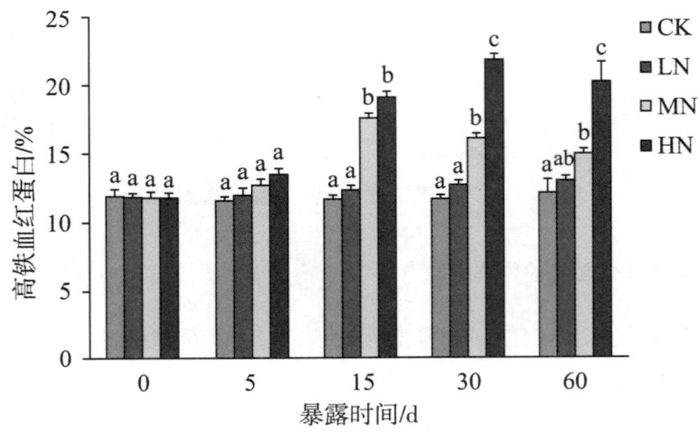


CK：对照组；LN：低浓度组；MN：中浓度组；HN：高浓度。

**图 9　不同浓度硝态氮暴露下大菱鲆血浆高铁血红蛋白和血红蛋白含量变化**

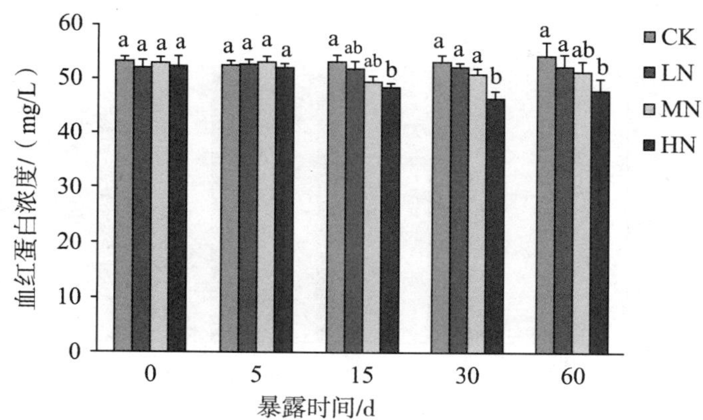


CK：对照组；LN：低浓度组；MN：中浓度组；HN：高浓度。

**图 9　不同浓度硝态氮暴露下大菱鲆血浆高铁血红蛋白和血红蛋白含量变化（续）**

## 5.2　血浆应激相关参数变化

不同浓度的硝态氮处理对大菱鲆血浆皮质醇含量有一定影响，总体趋势为血浆皮质醇含量随硝态氮处理浓度的增加而增加。第 5 天，MN和HN组血浆皮质醇含量显著高于对照组（$P<0.05$）；而在第 30~60 天，仅HN组血浆皮质醇含量显著高于对照组（$P<0.05$）。不同浓度的硝态氮处理对血浆葡萄糖含量有一定影响。在第 5~30 天，与对照组相比，MN和HN组血浆葡萄糖水平显著上调（$P<0.05$）。从第 5~60 天，不同浓度的硝态氮处理对大菱鲆血浆的甘油三酯含量存在不同程度的影响。在第 5 和 60 天，MN和HN组血浆的甘油三酯含量显著高于对照组（$P<0.05$）。低浓度硝态氮处理不会影响大菱鲆血浆乳酸水平。在第 5~30 天，MN和HN组血浆乳酸水平显著高于对照组和LN组（$P<0.05$）；在第 60 天，HN组血浆乳酸水平显著高于其他 3 组（$P<0.05$）（图 10）。

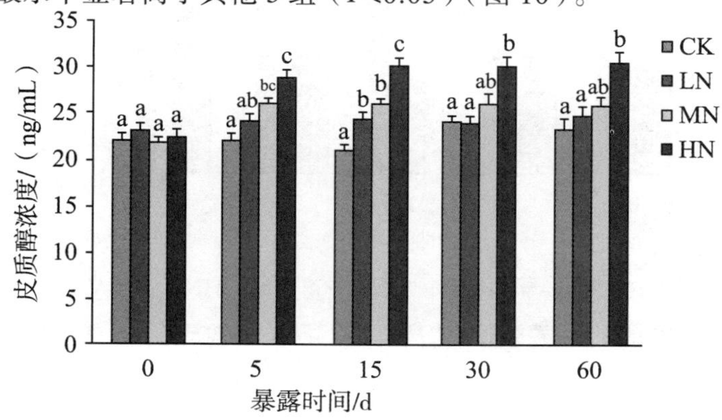


CK：对照组；LN：低浓度组；MN：中浓度组；HN：高浓度。

**图 10　不同浓度硝态氮暴露下大菱鲆血浆皮质醇、葡萄糖、甘油三酯和乳酸含量变化**

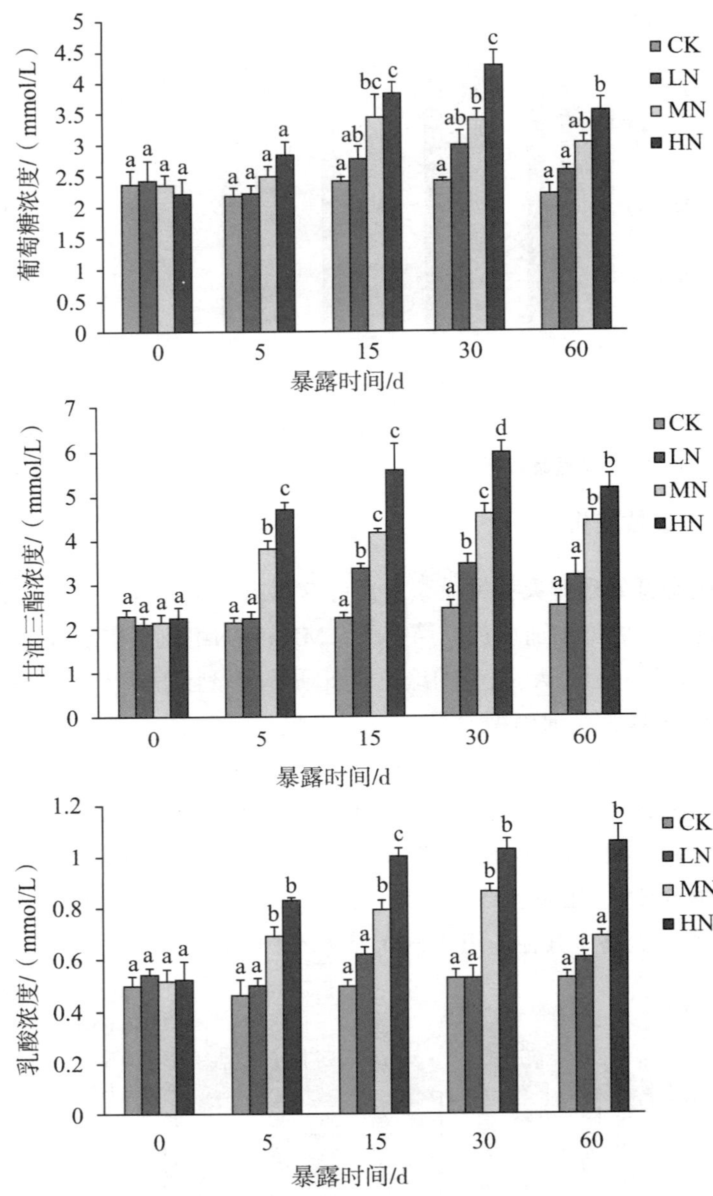


CK：对照组；LN：低浓度组；MN：中浓度组；HN：高浓度。

**图 10　不同浓度硝态氮暴露下大菱鲆血浆皮质醇、葡萄糖、甘油三酯和乳酸含量变化（续）**

### 5.3　大菱鲆血浆重要离子浓度变化

大菱鲆血浆中的$Na^+$浓度受到不同浓度硝态氮处理的影响。MN和HN组的血浆$Na^+$的浓度显著降低（$P<0.05$）。大菱鲆血浆的$K^+$浓度也受到不同浓度硝态氮处理的影响。MN和HN组的血浆$K^+$浓度显著高于对照组（$P<0.05$）。不同浓度的硝态氮处理对大菱鲆$Cl^-$浓度存在一定影响。MN和HN组血浆$Cl^-$浓度显著降低（$P<0.05$）（图 11）。

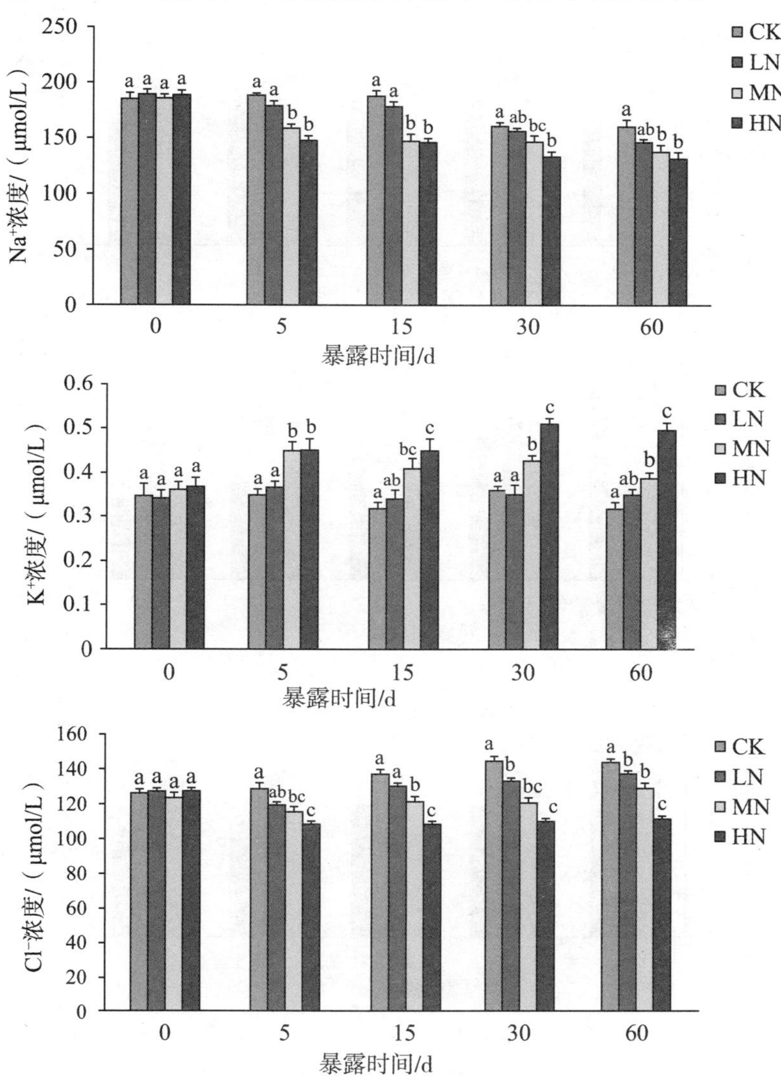


CK：对照组；LN：低浓度组；MN：中浓度组；HN：高浓度。

**图 11　不同浓度硝氮暴露下大菱鲆$Na^+$、$K^+$和$Cl^-$含量变化**

### 5.4　大菱鲆血浆抗氧化水平变化

不同浓度的硝态氮处理对大菱鲆血浆的SOD含量产生一定程度的影响。LN、MN和

HN组血浆SOD浓度显著低于对照组（$P<0.05$）。MN和HN组大菱鲆血浆CAT浓度显著低于对照组（$P<0.05$）。MN和HN组血浆GSH浓度显著低于对照组（$P<0.05$）。不同浓度的硝态氮处理对大菱鲆血浆的GPx水平存在不同程度的影响。LN、MN和HN组血浆GPx浓度显著低于对照组，4 组之间均存在显著差异（$P<0.05$）。MN和HN组血浆MDA浓度显著高于对照组和LN组（$P<0.05$）（图 12）。

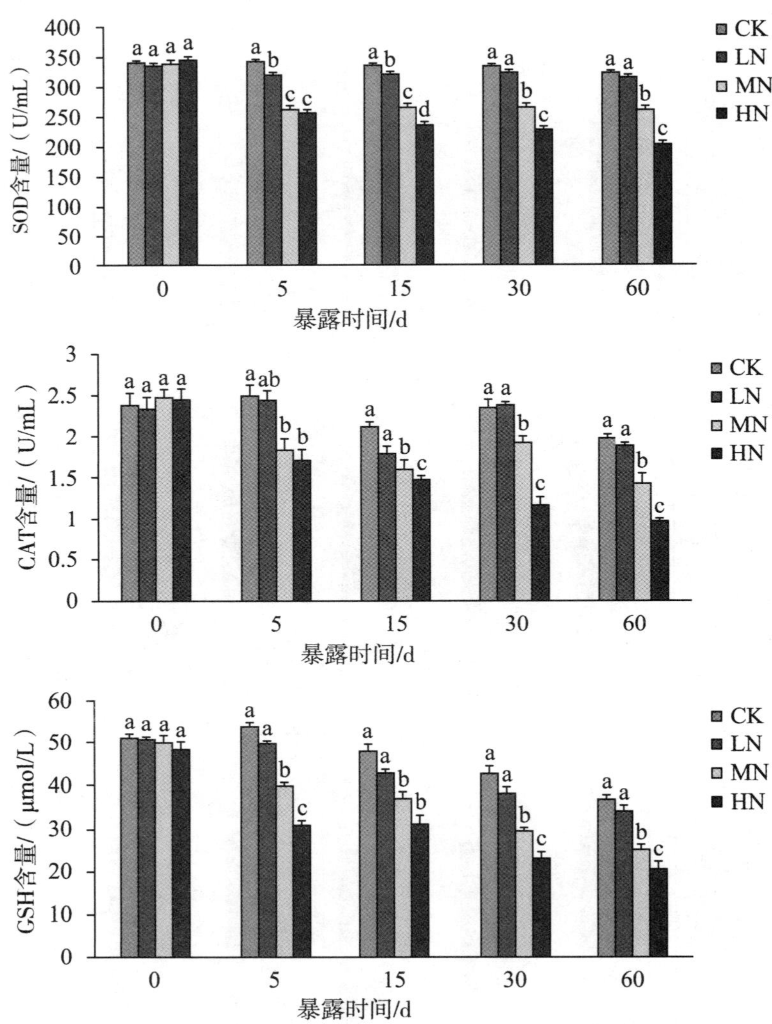


CK：对照组；LN：低浓度组；MN：中浓度组；HN：高浓度。不同字母代表同一时间的不同浓度组之间有显著差异（$P<0.05$）。

**图 12　不同浓度硝态氮暴露下大菱鲆血浆SOD、CAT、GSH、GPx和MDA含量变化**

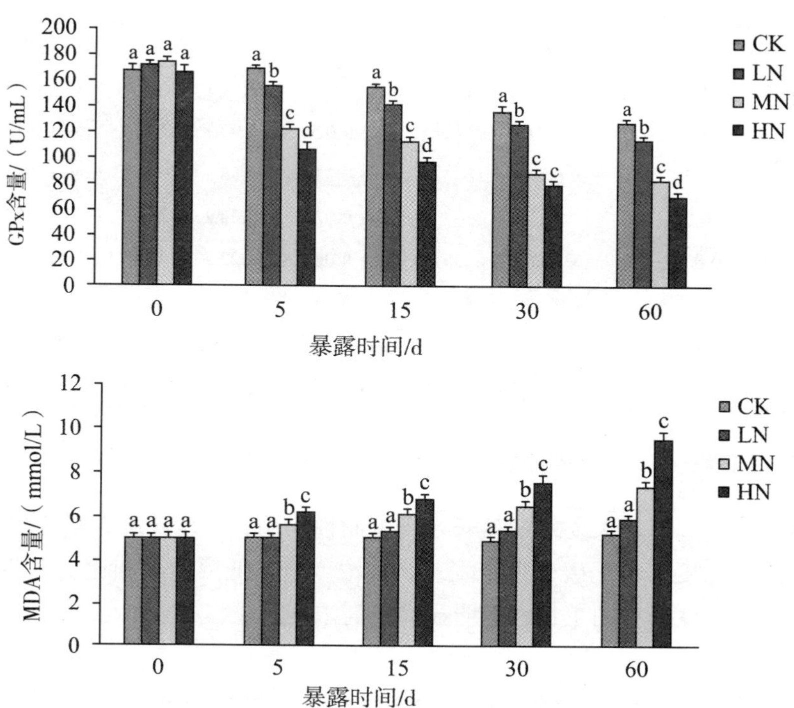


CK：对照组；LN：低浓度组；MN：中浓度组；HN：高浓度。不同字母代表同一时间的不同浓度组之间有显著差异（$P$<0.05）。

**图 12　不同浓度硝态氮暴露下大菱鲆血浆SOD、CAT、GSH、GPx和MDA含量变化（续）**

# 6　二氧化碳对大菱鲆幼鱼的毒性作用及生理影响

## 6.1　不同浓度二氧化碳对循环水水质的影响

设定不同浓度二氧化碳梯度（control、8 mg/L、16 mg/L、24 mg/L、32 mg/L），盐度、温度以及溶解氧通过外界调控，基本保持恒定水平。二氧化碳浓度的变化对水质最直接的影响是pH水平，随二氧化碳浓度升高，pH逐步下降。二氧化碳浓度变化对其他水质指标影响并不明显，各组之间差异很小。但二氧化碳浓度升高对总悬浮固体（TSS）以及化学耗氧量（COD）影响较大；当二氧化碳浓度升高至 16 mg/L水平时，TSS和COD显著高于对照组和低浓度组（$P$<0.05）（表 2）。

**表 2　不同二氧化碳浓度下水质变化情况**

| 参数 | 源水 | Control | 8 mg/L | 16 mg/L | 24 mg/L | 32 mg/L |
|---|---|---|---|---|---|---|
| 二氧化碳/（mg/L） | 1 | 1 | 6-9 | 14-18 | 22-25 | 30-36 |
| 盐度 | – | 19.11 ± 0.03 | 20.15 ± 0.05 | 19.89 ± 0.03 | 20.07 ± 0.04 | 19.04 ± 0.04 |
| 温度/℃ | 14.6 ± 0.1 | 14.6 ± 0.1 | 14.6 ± 0.1 | 14.6 ± 0.1 | 14.6 ± 0.1 | 14.6 ± 0.1 |

续表

| 参数 | 源水 | Control | 8 mg/L | 16 mg/L | 24 mg/L | 32 mg/L |
|---|---|---|---|---|---|---|
| COD/（mg/L） | 4.49 ± 0.13 | 8.41 ± 0.14 | 8.49 ± 0.17 | 8.69 ± 0.08 | 8.35 ± 0.33 | 8.77 ± 0.33 |
| pH | 7.22 ± 0.08 | 7.21 ± 0.04 | 7.14 ± 0.02 | 6.97 ± 0.07 | 6.69 ± 0.11 | 6.45 ± 0.13 |
| 总氮/（mg/L） | 5.22 ± 0.13 | 6.45 ± 0.18 | 6.29 ± 0.31 | 7.83 ± 0.86 | 6.46 ± 0.19 | 7.32 ± 0.13 |
| 氨氮/（mg/L） | 0.08 ± 0.03 | 0.17 ± 0.01 | 0.22 ± 0.02 | 0.24 ± 0.02 | 0.24 ± 0.01 | 0.23 ± 0.03 |
| 亚硝态氮/（mg/L） | 0.005 ± 0.001 | 0.028 ± 0.003 | 0.040 ± 0.004 | 0.023 ± 0.003 | 0.022 ± 0.007 | 0.025 ± 0.007 |
| 硝态氮/（mg/L） | 2.91 ± 0.37 | 4.51 ± 0.24 | 4.69 ± 0.27 | 5.61 ± 0.46 | 3.39 ± 0.14 | 5.32 ± 0.73 |
| TSS/（mg/L） | 14.47 ± 2.38 | 12.27 ± 1.21 | 11.67 ± 3.66 | 14.63 ± 2.42 | 16.67 ± 5.73 | 21.33 ± 5.73 |
| COD/（mg/L） | 1.44 ± 0.11 | 2.10 ± 0.32 | 2.16 ± 0.47 | 3.75 ± 1.32 | 5.22 ± 0.99 | 5.61 ± 0.85 |

### 6.2 不同浓度二氧化碳对大菱鲆生长状况的影响

二氧化碳浓度升高对大菱鲆的生长产生抑制性作用，浓度越高，影响越明显。如图 13 所示，比较不同浓度二氧化碳处理组发现，高浓度组与低浓度组相比，大菱鲆生长速度缓慢，对照组和低浓度组后期生长潜力明显高于高浓度组。

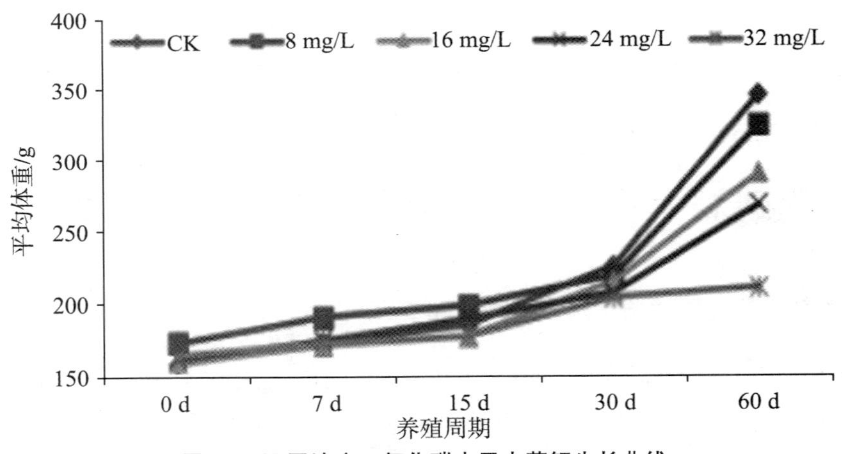


图 13　不同浓度二氧化碳水平大菱鲆生长曲线

二氧化碳浓度对大菱鲆的增重率（WG）、特定生长率（SGR）、饵料系数（FCR）以及肥满度（K）均有影响（图 14）。随养殖时间推移，大菱鲆WG、SGR随二氧化碳浓度升高而降低；在 15 d时，各组之间生长出现分层，浓度越高，养殖期越长，分层越明显（图 14）。FCR与二氧化碳处理浓度呈正相关，通过比较发现，最高浓度处理组饵料系数最高。K在不同养殖期内各处理组之间略有差异，但不同二氧化碳浓度下各组K反复波动，整体来看，高浓度处理组K表现较差。

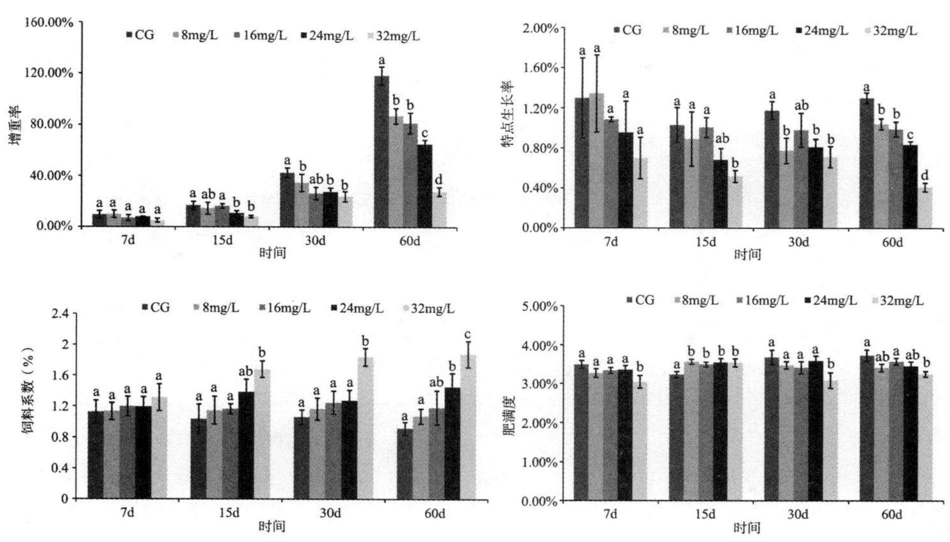


图 14　不同浓度二氧化碳水平对大菱鲆生长的影响

## 6.3　不同浓度二氧化碳对大菱鲆健康状况的影响

水环境二氧化碳浓度的升高会对大菱鲆产生胁迫，从而影响其健康状况。通过图 15 可以看出，大菱鲆存活率随二氧化碳浓度的增加而递减，对照组和低浓度组、两组中间浓度组以及最高浓度组之间均存在显著差异（$P<0.05$）。其中，高浓度组存活率最低，仅有 68.42%。

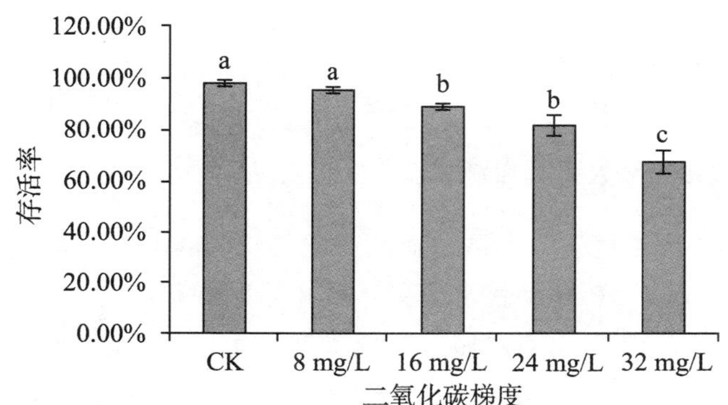


图 15　不同浓度二氧化碳水平下大菱鲆存活率

## 6.4　不同浓度二氧化碳下大菱鲆血红蛋白携氧能力变化

不同浓度的二氧化碳对大菱鲆血红蛋白的携氧能力有干扰作用。由图 16 可知，血浆中血红蛋白的总量及高铁血红蛋白的总量随二氧化碳浓度的增加而上升，尤其在高浓度组。这表明鱼体通过升高血红蛋白含量来抵抗高二氧化碳水平导致的缺氧状态。高铁血红蛋白含量高，表明低价铁血红蛋白的比重低，而低价铁血红蛋白具备携氧能力，因此在高浓度组，二氧化碳升高影响了大菱鲆血红蛋白的携氧能力。

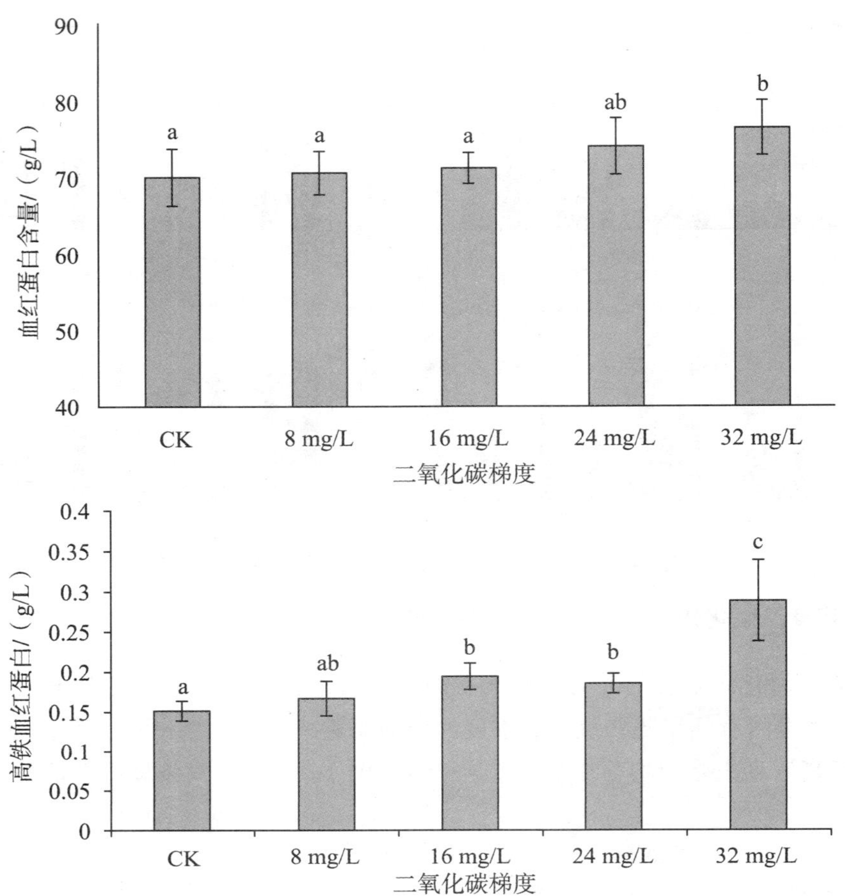


**图 16　不同浓度二氧化碳水平下大菱鲆血红蛋白（Hb）和高铁血红蛋白（MetHb）变化**

## 6.5　不同浓度二氧化碳对大菱鲆血液生理水平的影响

在不同的二氧化碳浓度下，大菱鲆血浆氧化氢酶（CAT）、超氧化物歧化酶（SOD）和谷胱甘肽过氧化物酶（GPx）活性水平在对照组与低浓度组（8 mg/L）之间无显著差异，且GPx中浓度组（16 mg/L）也与对照组和低浓度组无显著差异，但GPx在两个高浓度组（24、32 mg/L）之间存在显著差异（$P$<0.05）且均显著高于其他 3 组。SOD活性水平在中浓度组（16 mg/L）则显著低于两个高浓度组（24、32 mg/L）（$P$<0.05），CAT活性水平在中、高浓度组（16、24 mg/L）显著低于最高浓度组（32 mg/L）（$P$<0.05）。总体来说，抗氧化酶的活性随二氧化碳浓度的升高呈上升趋势。这说明抗氧化防御系统的抗氧化酶增加缓解低氧对生物体的应激压力，再次为高浓度二氧化碳影响大菱鲆血红蛋白携氧能力提供了证据。溶菌酶随二氧化碳水平升高而升高，其中，对照组（control）和低溶氧组（8 mg/L）之间无显著差异，其他 3 组（16、24、32 mg/L）溶菌酶（LZM）水平显著高于对照组（control）和低溶氧组（8 mg/L），且这 3 组两两之间差异显著（$P$<0.05）（表 3）。

表 3 不同二氧化碳浓度下大菱鲆血浆指标变化

| 指标 | 二氧化碳浓度 | | | | |
|---|---|---|---|---|---|
| | Control | 8 mg/L | 16 mg/L | 24 mg/L | 32 mg/L |
| SOD/（U/mL） | 387.54 ± 5.52[a] | 382.33 ± 3.54[a] | 431.15 ± 5.86[b] | 496.11 ± 9.05[c] | 511.38 ± 20.12[c] |
| GPx/（U/mL） | 135.62 ± 4.38[a] | 135.47 ± 8.34[a] | 143.52 ± 4.65[a] | 171.35 ± 4.02[b] | 184.55 ± 3.58[c] |
| CAT/（U/mL） | 2.77 ± 0.47[a] | 2.90 ± 0.27[a] | 3.46 ± 0.13[b] | 4.26 ± 0.87[b] | 5.37 ± 0.41[c] |
| LZM/（μg/mL） | 40.47 ± 0.89[a] | 42.48 ± 3.43[a] | 49.35 ± 2.56[b] | 57.81 ± 4.58[c] | 64.33 ± 1.36[d] |

## 6.6 不同浓度二氧化碳对大菱鲆免疫组织的影响

鳃作为酸排泄的主要器官，是维持体内酸碱平衡的重要器官，尤其是在呼吸性酸中毒期间，90%~100%的酸是由鳃排泄的。鳃上的碳酸酐酶对此发挥了重要作用。研究发现不同浓度的二氧化碳对鱼体有不同程度的损伤（图 17）。对照组鳃丝较为发达，排列紧密，细胞间并没有明显的空隙。而最大二氧化碳浓度（32 mg/L）胁迫下，鳃丝内细胞排布混乱且疏松；鳃小片膨胀是由于血红细胞膨胀，把柱细胞挤压到几乎无法用肉眼辨别的程度；而泌氯细胞明显减少，未分化细胞增多，黏液细胞也增多；鳃丝末端有膨胀。

对鳃中一系列基因进行的荧光定量分析，变化最明显的为碳酸酐酶（CA）的表达。碳酸酐酶为鳃组织中主要的调节酶，为维持血液平衡和二氧化碳转换为$HCO_3^-$提供了有效的条件。其他酶如$Na^+/K^+$-ATP 酶也发挥着重要作用。

肾是$HCO_3^-$平衡缓冲系统和肾代谢调节系统。由组织切片（图 18）看到肾脏没有明显变化，一方面可能由于二氧化碳经鳃的酸排泄系统排泄，另一方面可能是由于二氧化碳浓度本身并没有达到导致机体损伤肾的浓度。

由图 19 可见，对照组肝细胞颗粒空泡化小，细胞核清晰可见；而最高浓度下，脂肪化空泡严重，这可能是由于二氧化碳导致鱼体内发生某种代谢变化，使脂肪肝加剧。

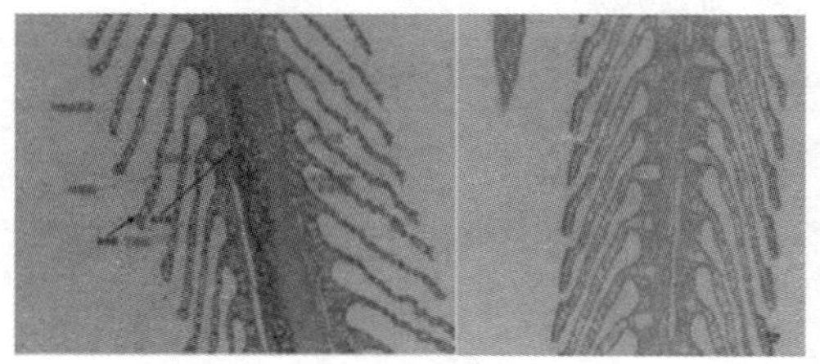

图 17 对照组（左）与实验组（右，32 mg/L）

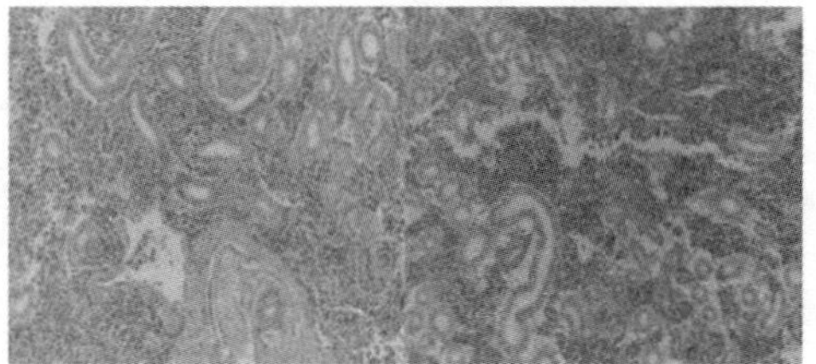

图 18 对照组（左）与实验组（右，32 mg/L）

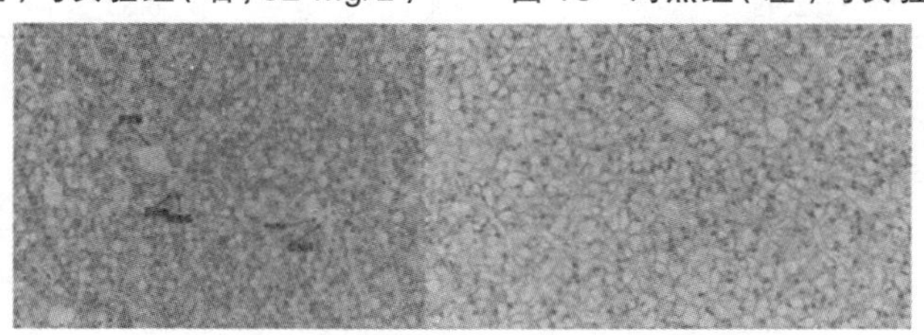

图 19 对照组（左）与实验组（右，32 mg/L）

## 6.7 不同浓度二氧化碳对大菱鲆基因表达的影响

根据$Na^+/K^+$–ATP酶荧光定量基因分析（表 4），随着二氧化碳浓度的升高，$Na^+/K^+$–ATP酶基因表达不断增加，当达到 24 mg/L时，出现减少，与检测血清中的$Na^+$离子浓度相呼应。

碳酸酐酶参与各种上皮细胞泌H–和碳酸氢盐有关，通过催化二氧化碳水化反应，参与多种离子交换，维持机体内环境稳态。根据CA荧光定量基因分析（表 5），随着二氧化碳浓度的升高，CA基因表达不断增加，当达到 24 mg/L时，出现最大值。CA无法再进行体内酸碱平衡的调节。鳃组织出现不同程度的损伤。

一般认为NHE2（表 6）参与了高碳酸血症时的酸碱调节，鳃$Na^+$吸收和酸排泄之间的联系反映了$Na^+/H^+$交换。$Na^+/H^+$离子交换器有 3 个亚型：NHE1 和NHE3 在肾中表达，NHE2 在鳃中表达。研究发现随着二氧化碳浓度的升高，NHE2 基因表达不断增大，24 mg/L时达到最大，这与检测血清中的$Na^+$离子浓度相呼应。

**表 4　不同天数、不同二氧化碳浓度下大菱鲆鳃中$Na^+/K^+$–ATP酶的变化**

| 二氧化碳浓度 | 处理天数 | | | |
|---|---|---|---|---|
| | 7 d | 15 d | 30 d | 60 d |
| control | 0.49 | 0.97 | 0.66 | 0.66 |
| 8 mg/L | 0.53 | 1.2 | 0.76 | 0.75 |
| 16 mg/L | 0.97 | 2.2 | 0.88 | 1.03 |
| 24 mg/L | 1.24 | 2.65 | 1.29 | 1.45 |
| 32 mg/L | 0.67 | 1.72 | 0.6 | 0.45 |

**表 5　不同天数、不同二氧化碳浓度下大菱鲆鳃中碳酸酐酶（CA）的变化**

| 二氧化碳浓度 | 处理天数 | | | |
|---|---|---|---|---|
| | 7 d | 15 d | 30 d | 60 d |
| control | 1.08 | 0.95 | 0.97 | 2.10 |
| 8 mg/L | 1.43 | 1.23 | 1 | 4.58 |
| 16 mg/L | 1.86 | 1.30 | 1.02 | 5.89 |
| 24 mg/L | 1.89 | 1.56 | 1.82 | 5.97 |
| 32 mg/L | 2.98 | 1.98 | 0.53 | 1.71 |

**表 6　不同天数、不同二氧化碳浓度下大菱鲆鳃中$Na^{+}/H^{+}$离子交换器（NHE2）的变化**

| 二氧化碳浓度 | 处理天数 | | | |
|---|---|---|---|---|
| | 7 d | 15 d | 30 d | 60 d |
| control | 10.38 | 13.88 | 11.69 | 11.02 |
| 8 mg/L | 11.41 | 14.97 | 14.3 | 12.56 |
| 16 mg/L | 23.84 | 18.55 | 15.28 | 14.78 |
| 24 mg/L | 27.16 | 19.1 | 19.78 | 18.32 |
| 32 mg/L | 19.57 | 18.81 | 17.57 | 17.01 |

（岗位科学家　李　军）

# 海水鱼类网箱设施与养殖技术研发进展

网箱养殖岗位

2021年，网箱养殖岗位围绕传统小型网箱养殖升级改造、新型环保网箱研制、大型围栏生态养殖模式、养殖环境定期监测与评估、网箱养殖配套装备研发、坐底式网箱水动力特性试验研究等重点任务开展技术研发，主要进展如下。

## 1　大黄鱼传统小型网箱养殖升级改造

本年度，网箱养殖岗位继续在宁德海域实施传统网箱升级改造工作。通过HDPE浮台式网箱、新型塑胶渔排和深水网箱的示范应用，为宁德地区传统网箱的升级改造提供了样板。在宁德市政府及渔业主管部门的资金与政策支持下，宁德地区海上养殖设施升级改造取得明显成效。截止2021年11月底，已辐射带动宁德市蕉城区累计完成传统网箱升级改造10万余口，面积约200万平方米。通过海水鱼体系传统网箱养殖转型升级任务的实施与辐射带动，宁德市蕉城区网箱养殖区旧貌换新颜。养殖设施的抗风浪能力提升、产业形象的改观及养殖环境的改善，极大地提升了宁德地区海水网箱养殖可持续发展能力。

## 2　新型环保网箱研制

为实现网箱生态养殖，满足残饵、粪便收集的需要，防止养殖废弃物造成水体和环境污染，与中集蓝公司联合研发一种具备集污功能的新型环保网箱，依托先进的技术手段，通过提升网箱的操作性能来实现网箱绿色养殖。试制网箱规格为5 m×5 m，采用双层网衣设计。其中，内网网衣为超高分子量聚乙烯材质，网目大小为6 cm，外网网衣装配集污布兜（图1）。集污布材质采用高强度低纱聚酯丝，总厚度1 mm。其他组成构件包括集污桶、吸污泵及吸污软管、微滤机和微型发电机等（图2）。

图 1　新型环保网箱集污网衣与集污布

图 2　新型环保网箱集污设备

# 3　大型围栏养殖设施装备优化与生态养殖示范

本年度，岗位团队与莱州综合试验站合作，对大型围栏网衣材料及装配工艺进行优化研究，采用PET网衣新材料和分块式网衣装配工艺，新建周长 160 m的管桩围栏一座（图 3），并投入使用，效果良好。完成了周长 400 m的大型围栏的修缮及配套装备升级，示范养殖大规格斑石鲷（均重 224.13 g ± 39.24 g）苗种 6.5 万尾，摸清了最佳转运密度为 140 $kg/m^3$，转运成活率 100%，同步投放半滑舌鳎、梭鱼、五条鰤等经济鱼类，建立围栏生态混养模式。经 4 个月养殖，均重 602.82 g ± 24.72 g，成活率 99%。同传统网箱养殖相比，节本减损带来效益提升 30%以上。围栏养殖前后对比发现：斑石鲷血浆浓度显著升高，肝脏脂滴数量显著减少。这表明经过围栏阶段养殖后，斑石鲷肝脏代谢和生理功能得到显著改善。在系统总结大型围栏设施装备研制及养殖模式构建相关工作的基础上，形成的可复制推广的“深远海大型管桩围栏养殖设施与装备”成果，入选 2021 中国农业农村 10 项重大新装备。

图 3　优化设计并建造的“蓝钻二号”大型养殖围栏

# 4　管桩围栏养殖区生态环境监测与评估

## 4.1　调查站位

实施莱州明波管桩大围栏养殖对海区生态环境影响调查。根据《海洋调查规范》（GB/T 12763—2020），在管桩大围栏中心设定O点，在顺流速方向和垂直流速方向分别设定8个站点，顺流速方向站点标记为EA、EB、EC、ED、WA、WB、WC、WD，垂直流速方向站点标记为NA、NB、NC、ND、SA、SB、SC、SD，共计17个站位。其中，EA、WA、NA、SA 4点为管桩大围网外边界，EB、EC、ED距离EA分别为200 m、400 m、1 000 m，其他3个方向间距相同（图4）。对17个监测站点进行了2次调查：2021年6月为放鱼前调查，2021年9月为养殖期间调查。

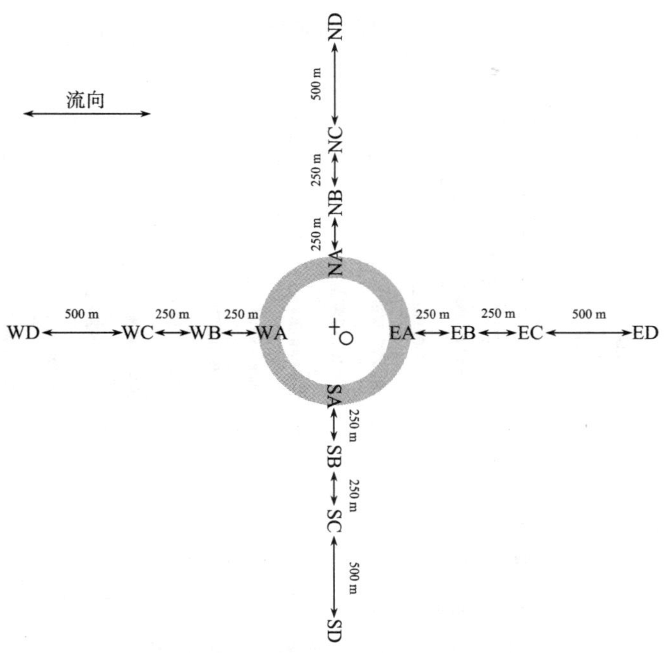


图 4　大型围栏养殖环境调查站位示意图

## 4.2　结果与评价

2021 年 9 月，海水总磷含量为 0.019 3~0.119 6 mg/L，最大值出现在SD，最小值出现在WB。2021 年 6 月，海水总磷含量为 0.005 53~0.019 23 mg/L，最大值出现在EA，最小值出现在ED（图 5）。

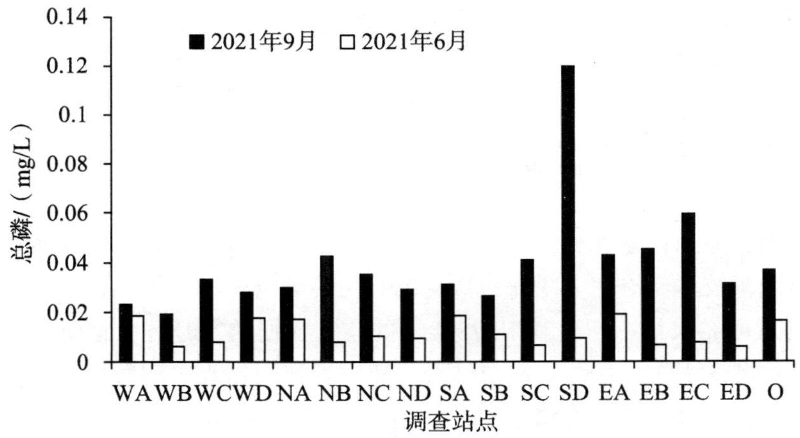


图 5　各调查站位海水总磷含量指标

2021 年 9 月，海水总氮含量为 0.144 3~0.213 6 mg/L，最大值出现在O，最小值出现在WB。2021 年 6 月，海水总氮含量为 0.513 6~0.606 3 mg/L，最大值出现在NC，最小值出现在ED（图 6）。

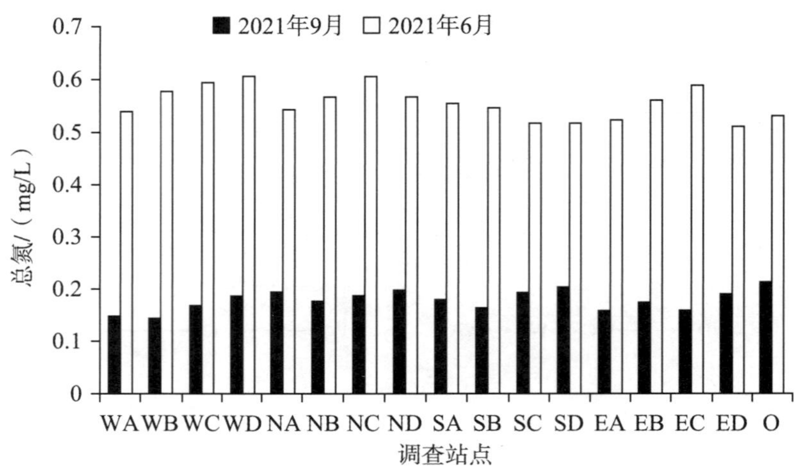


**图 6　各调查站位海水总氮含量指标**

2021 年 9 月，沉积物总氮含量为 0.235 6~1.076 6 mg/L，最大值出现在NA，最小值出现在SD。2021 年 6 月，沉积物总氮含量为 0.154 0~1.083 3 mg/L，最大值出现在WA，最小值出现在SC。2021 年 9 月，沉积物总磷含量为 0.007~0.385 3 mg/L，最大值出现在WA，最小值出现在SB。2021 年 6 月，沉积物总磷含量为 0.192 6~0.414 0 mg/L，最大值出现在NA，最小值出现在ND。

各单指标调查显示，2 次调查各站位无机氮含量指标符合《国家海水水质标准》（GB 3097—1997）第二类海水水质标准，2021 年 9 月全部调查站位均符合第一类海水水质标准，2021 年 6 月均超过第一类海水水质标准。2 次调查各站位活性磷酸盐含量指标均符合《国家海水水质标准》第一类海水水质标准。2 次调查各站位溶解氧、pH均符合《国家海水水质标准》第一类海水水质标准。

# 5　网箱养殖配套装备研发

针对近海网箱养殖海域水质变化，开展养殖环境要素在线实时监测技术研究。通过多要素在线实时采集技术、海上无线快速数据编码与传输技术、云平台技术等实现近海网箱养殖环境的信息可靠采集。开展基于B/S架构的监测数据的实时可视化研究，实现数据实时跨平台推送；基于人工智能与双阈值结合，研究近海网箱水监测数据的预警信息分析方法，针对不同的预警信息进行分类上报。2021 年 5 月在青岛薛家岛海域进行了海上测试。试验海域海水深度 20 m，海上风浪较为平稳。试验设备采用波浪动能剖面浮标一台，搭载CTD传感器、压力计、感应耦合等载荷（图 7）。

图 7　水质监测系统海上测试

开发后台配套软件，以时间为x轴，深度为y轴绘制浮标的运动轨迹图，可以直观地观察浮标的运动轨迹。生成浮标的运动状态拐点文件，该文件记录了浮标每次剖面运动的开始时间、结束时间以及此时的深度数据。绘制叠加温度属性或者盐度属性的浮标运动轨迹图。温度或盐度属性以不同颜色分布在运动轨迹上，可直观展示浮标所经过水层的温度以及盐度情况（图 8）。

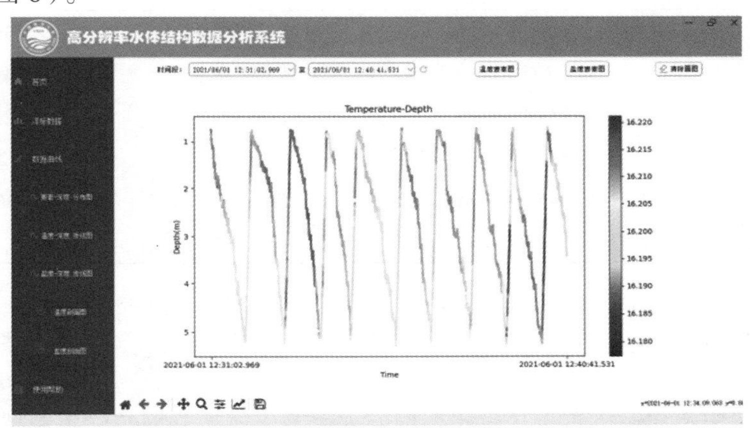


图 8　配套软件开发

# 6　坐底式网箱水动力特性研究

大型坐底式网箱具有结构安全性高、海域适应性强等优点（图 9）。此种形式网箱主要包括两部分：起固定和支撑作用的刚性框架系统和形成养殖水体的网衣系统。根据坐底式网箱独特的布置特点，其网衣系统在复杂海况下会存在较大的失效风险。为了解网衣系统的安全性能，利用有限元方法对上述网衣系统进行水动力分析，研究在给定较大外部荷载作用下网衣的最大位移、最大张力数据和网纲的最大张力数据。

计算结果如表 1 所示，可以看出网衣的位移和受力随着流速增大而增大；网衣最大位移为 1.34 m，最大受力为 1 808.41 N；当流速达到 1 m/s时，网衣位移超过 1 m，可能与其他绳索发生磨损。

图 9　坐底式网箱

表 1　水流作用下网衣位移与受力

| 流速 | 网衣位移 | 网筋受力 | 网衣受力（无网筋） |
|---|---|---|---|
| 1.5 m/s | 1 341.63 mm | 1 808.41 N | 397.248 N |
| 1.25 m/s | 1 203.33 mm | 1 451.19 N | 339.719 N |
| 1.0 m/s | 1 044.54 mm | 1 115.5 N | 282.034 N |
| 0.75 m/s | 864.148 mm | 810.2 N | 224.88 N |
| 0.5 m/s | 645.648 mm | 546.235 N | 172.766 N |
| 0.25 m/s | 384.033 mm | 347.032 N | 151.506 N |

# 7　年度进展小结

（1）在福建宁德实施大黄鱼传统小型网箱养殖升级改造，网箱健康养殖示范 200 万平方米。

（2）研发一种具备集污功能的新型环保网箱，依托先进的技术手段，通过提升网箱的操作性能来实现网箱绿色养殖。

（3）在莱州湾围栏养殖区设置监测点，进行养殖环境基础数据采集，跟踪监测养殖区水环境变化情况，撰写评估报告。

（4）通过多要素在线实时采集技术、海上无线快速数据编码与传输技术、云平台技术等开展养殖环境要素在线实时监测技术研究。

（5）“深远海大型管桩围栏养殖设施与装备”成果，入选 2021 中国农业农村 10 项重大新装备。

（岗位科学家　关长涛）

# 海水鱼池塘养殖技术研发进展

池塘养殖岗位

2021 年，池塘养殖岗位完成了海鲈池塘生态养殖技术示范、牙鲆工程化池塘高效养殖示范及免疫增强剂开发等重点工作，并开展了海水鱼池塘环境适应机制、营养代谢生理特性、生殖调控机制、应激消减机制等应用基础研究，为建立海水鱼类池塘养殖生长调控等关键技术研发提供理论依据。

## 1　海鲈池塘生态养殖技术示范

2021 年，在珠海斗门基地利用两口面积为 8 亩的池塘开展了海鲈生态养殖示范，完善了池塘护坡，改良了底质。其中，4#塘放养全长 2~3 cm的苗种 6.0 万尾，养殖成活率达 85.20%，截至 11 月底，养殖鱼平均体重达 579 g，养殖单产达 3 699.8 千克/亩；5#塘放苗 5.8 万尾，养殖成活率达 86.3%，目前养殖鱼平均体重 567 g，养殖单产达 3 547.6 千克/亩（图 1），完善了池塘生态养殖技术工艺。

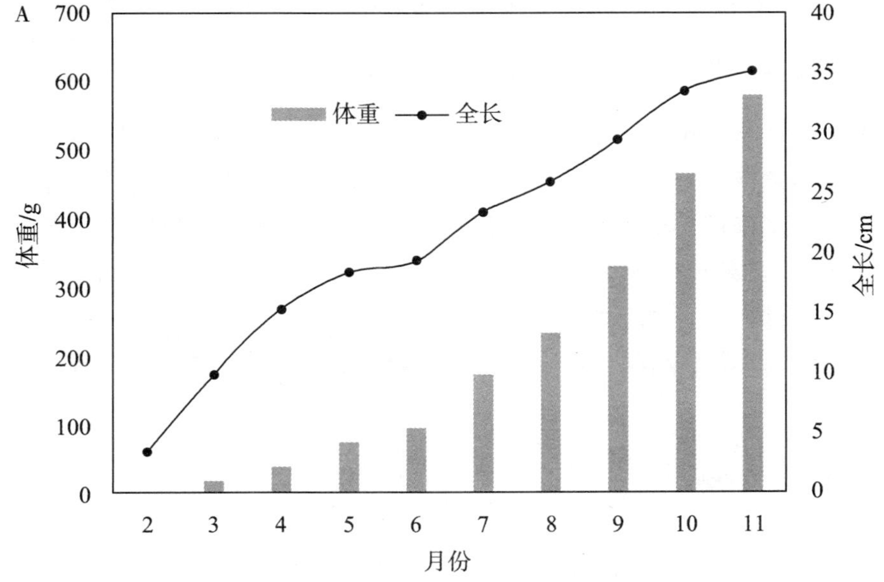


**图 1　珠海基地 4#塘（A）与 5#塘（B）鲈鱼生长情况**

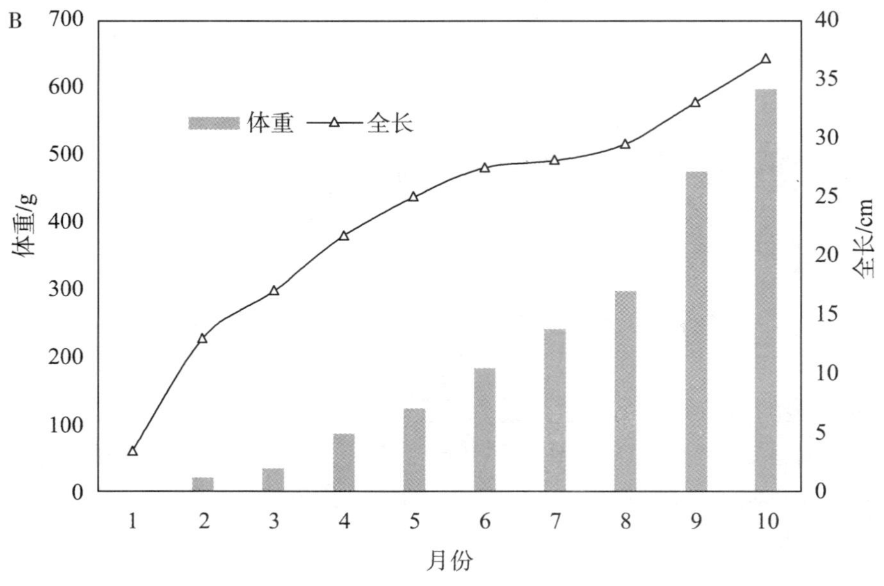


**图 1　珠海基地 4#塘（A）与 5#塘（B）鲈鱼生长情况（续）**

# 2　牙鲆工程化池塘高效养殖示范

在青岛基地利用一口面积为 10 亩的工程化岩礁池塘开展了牙鲆高效养殖示范。5 月份放养全长 16~18 cm的大规格牙鲆苗种 8 万尾，按照工程化岩礁池塘高效养殖技术规程进行生产操作，至 12 月底养殖鱼平均体重达 755 g，养殖单产达 5 357.5 千克/亩，养殖成活率达 88.7%。在牙鲆工程化岩礁池塘养殖示范过程中，探究了消化道蛋白酶在营养代谢过程中的变化趋势及其机理，为池塘养殖饲料精准投喂技术的开发提供参考。

## 2.1　池塘养殖牙鲆消化道蛋白酶在营养代谢过程中的变化趋势

饵料营养代谢过程中，池塘养殖牙鲆胃组织的蛋白酶呈现先上升、后下降的趋势，但是各取样时间点间差异不显著（$P>0.05$）（表 1）。幽门盲囊、肠道的胰蛋白酶活性均呈现先上升、后下降的趋势，其中，幽门盲囊中 6 h时的胰蛋白酶活性显著高于 12 h的（$P<0.05$），与 0 h的差异不显著（$P>0.05$）。幽门盲囊、肠道的糜蛋白酶活性呈现先上升、后下降的趋势，肠道中 6 h时的糜蛋白酶活性显著高于其余取样时间点的（$P<0.05$）。可见，摄食 6 h前后是营养消化吸收的高峰阶段，这为牙鲆池塘养殖过程中制定合理的投喂策略提供理论参考。

**表 1　各部位蛋白酶活性分析（每克组织鲜重）**

| 分组 | | 胃蛋白酶/（U/g） | 胰蛋白酶/（U/g） | 糜蛋白酶/（U/g） |
|---|---|---|---|---|
| 胃 | 0 h | 53.56 ± 1.22 | — | — |
| | 6 h | 54.14 ± 1.80 | — | — |
| | 12 h | 50.65 ± 0.75 | — | — |
| 幽门盲囊 | 0 h | — | 10.88 ± 0.15[ab] | 69.47 ± 2.40 |
| | 6 h | — | 11.76 ± 0.35[a] | 77.50 ± 4.30 |
| | 12 h | — | 10.72 ± 0.23[b] | 68.43 ± 1.08 |
| 肠道 | 0 h | — | 11.20 ± 0.22 | 29.99 ± 1.03[b] |
| | 6 h | — | 11.59 ± 0.12 | 34.86 ± 0.72[a] |
| | 12 h | — | 10.64 ± 0.39 | 27.94 ± 1.26[b] |

注：不同的小写字母上标表示同一组织内各消化酶活性在不同时间点间的差异显著（$P<0.05$）。

## 2.2　池塘养殖牙鲆消化道各组织蛋白酶原基因的表达变化特征

解析了营养代谢过程中消化道蛋白酶活性变化机理：伴随营养物质的消化吸收过程，胃组织中*pep*表达量呈现先上升、后下降的趋势，在 6 h时的表达量显著高于起始取样时间点（$P<0.05$）（图 2）。幽门盲囊和肠道中的*try1*、*try3*、*chy1*和*chy2*基因表达量均呈现先上升、后下降的趋势，且在 6 h时表达量显著高于其余取样时间点（$P<0.05$）（图 3、图 4）。

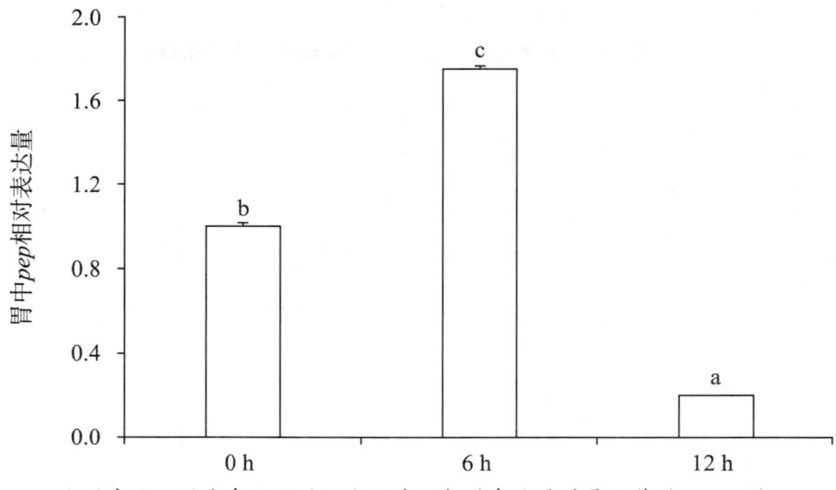


小写字母不同代表不同时间点间基因相对表达量差异显著（$P<0.05$）。

**图 2　胃组织中蛋白酶原基因相对表达量情况**

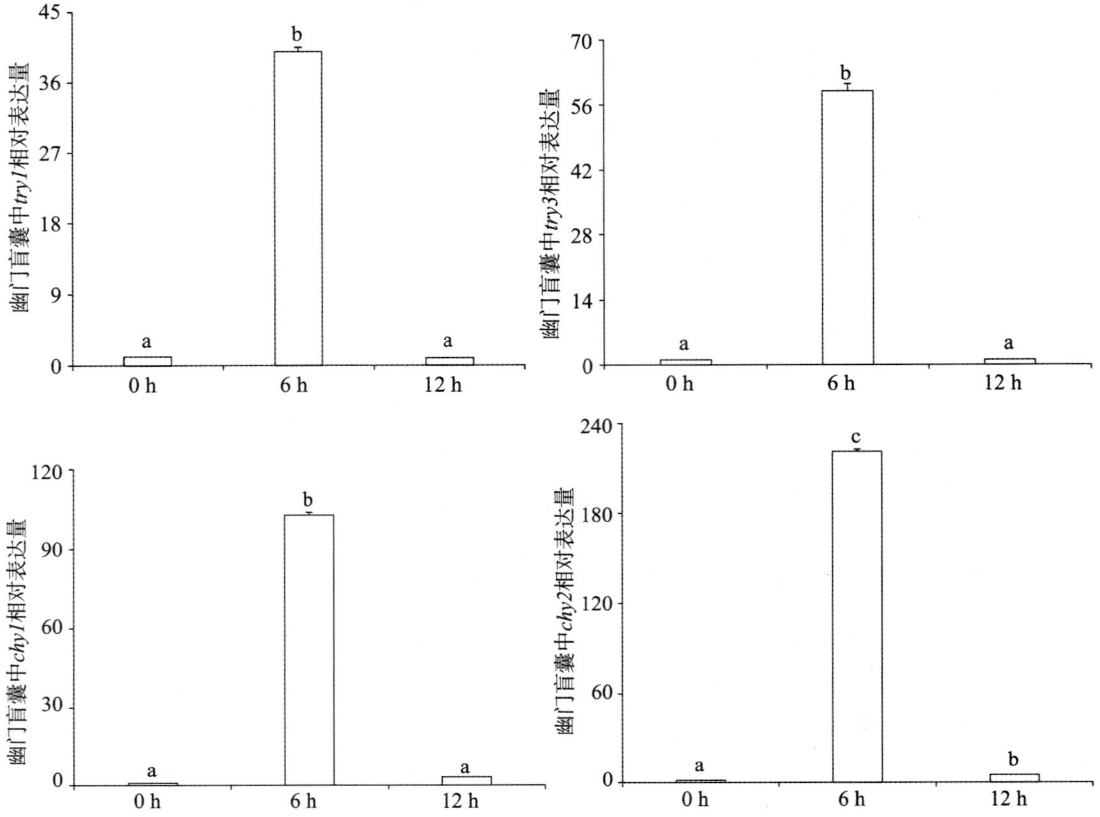

幽门盲囊中*try1*相对表达量

幽门盲囊中*try3*相对表达量

幽门盲囊中*chy1*相对表达量

幽门盲囊中*chy2*相对表达量

0 h 6 h 12 h

小写字母不同代表不同时间点间基因相对表达量差异显著（$P<0.05$）。

**图 3　幽门盲囊组织中蛋白酶原基因相对表达量情况**

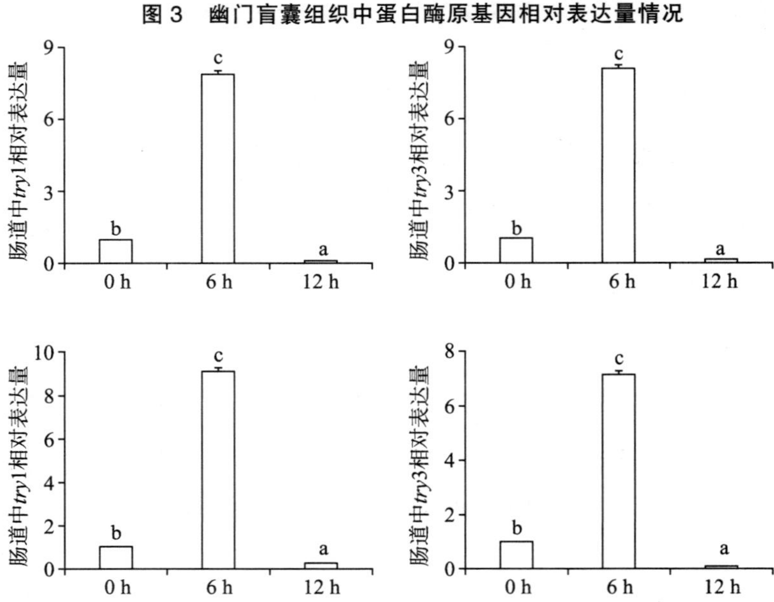


小写字母不同代表不同时间点间基因相对表达量差异显著（$P<0.05$）。

**图 4　肠道组织中蛋白酶原基因相对表达量情况**

### 2.3 池塘养殖牙鲆血清代谢酶活性变化规律

解析了营养代谢过程中，池塘养殖牙鲆血清代谢相关酶活性变化规律。从表 2 可以看出，血清中谷草转氨酶和谷丙转氨酶活性随着消化吸收的进行均呈现先下降、后上升的趋势，分别在 0 h和 12 h时达到最高值 95.00 U/L、16.23 U/L。进一步验证了摄食后 6 h是营养代谢旺盛时期。

**表 2 血清中谷草转氨酶和谷丙转氨酶活性**

| 分组 | 谷草转氨酶/（U/L） | 谷丙转氨酶/（U/L） |
|---|---|---|
| 0 h | $95.00 \pm 3.20^b$ | $16.18 \pm 0.41^b$ |
| 6 h | $72.80 \pm 0.38^a$ | $12.59 \pm 0.56^a$ |
| 12 h | $86.92 \pm 2.72^b$ | $16.23 \pm 0.43^b$ |

### 2.4 牙鲆工程化岩礁池塘养殖应激消减技术

在青岛基地牙鲆岩礁池塘养殖过程中，于 8 月份高温期应用基于 5–羟甲基糠醛（5–HMF）的绿色生物制剂产品，按照 1 升/亩的用量全池泼洒。通过对过氧化氢酶（CAT）、超氧化物歧化酶（SOD）、酸性磷酸酶（ACP）、碱性磷酸酶（AKP）、溶菌酶等酶活性分析，发现应用抗应激产品的池塘养殖牙鲆肝脏和肾脏等组织的免疫酶指标显著优于对照组，表明所使用的抗应激产品具有较为明显的鱼体免疫增强效果，为开发牙鲆岩礁池塘养殖过程中应激消减技术提供了依据（图 5）。

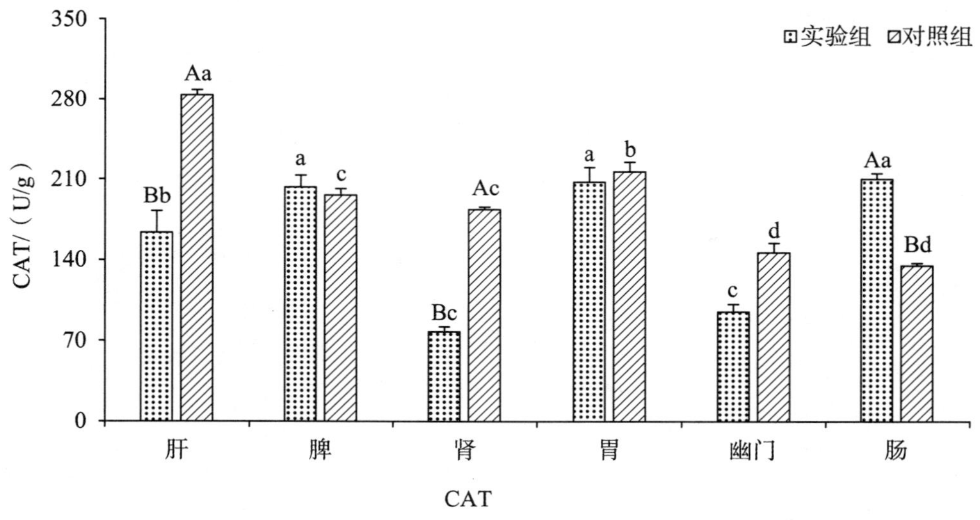


**图 5 实验组与对照组实验鱼不同组织非特异性免疫酶活力**

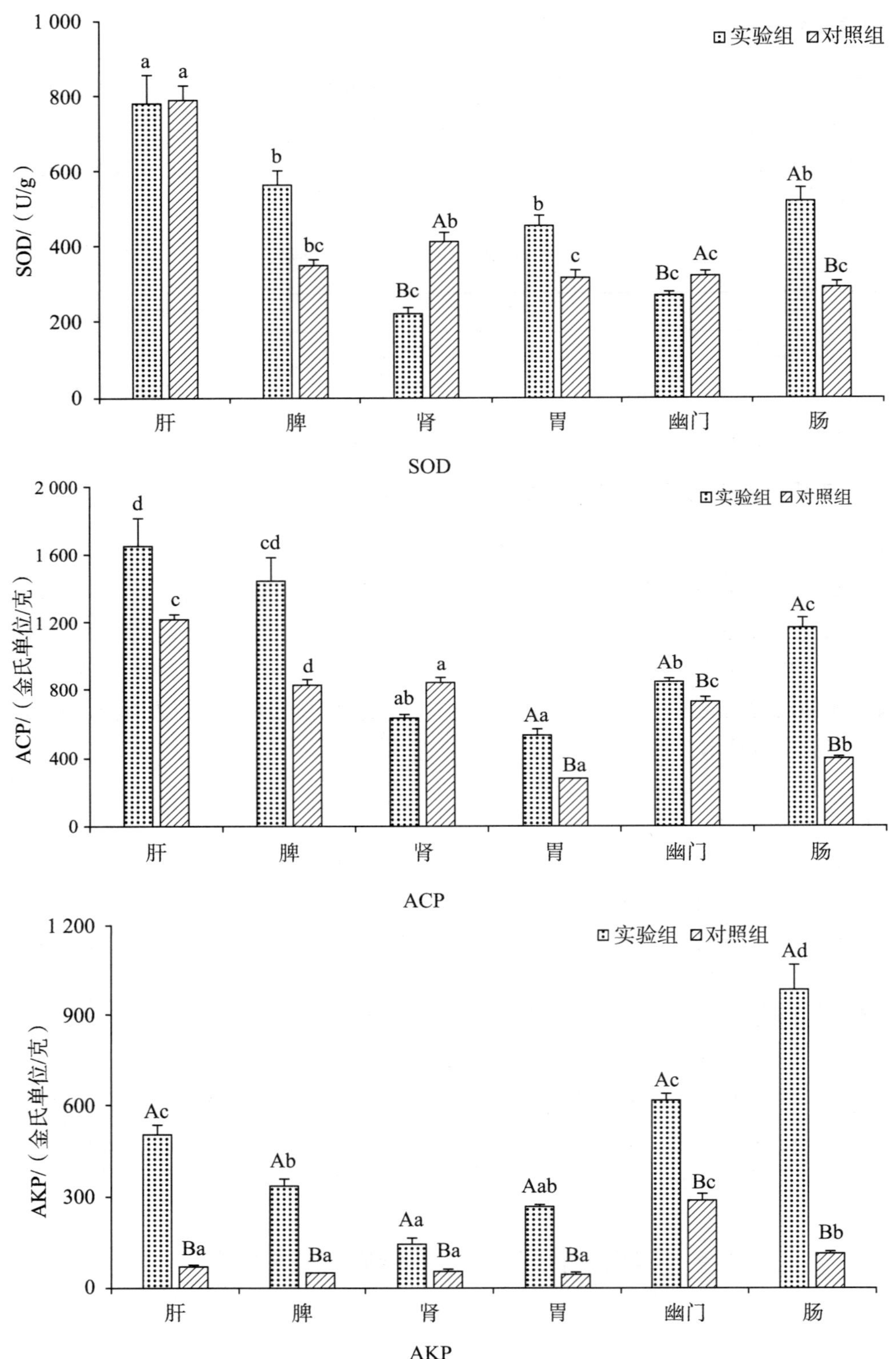


**图 5　实验组与对照组实验鱼不同组织非特异性免疫酶活力（续）**

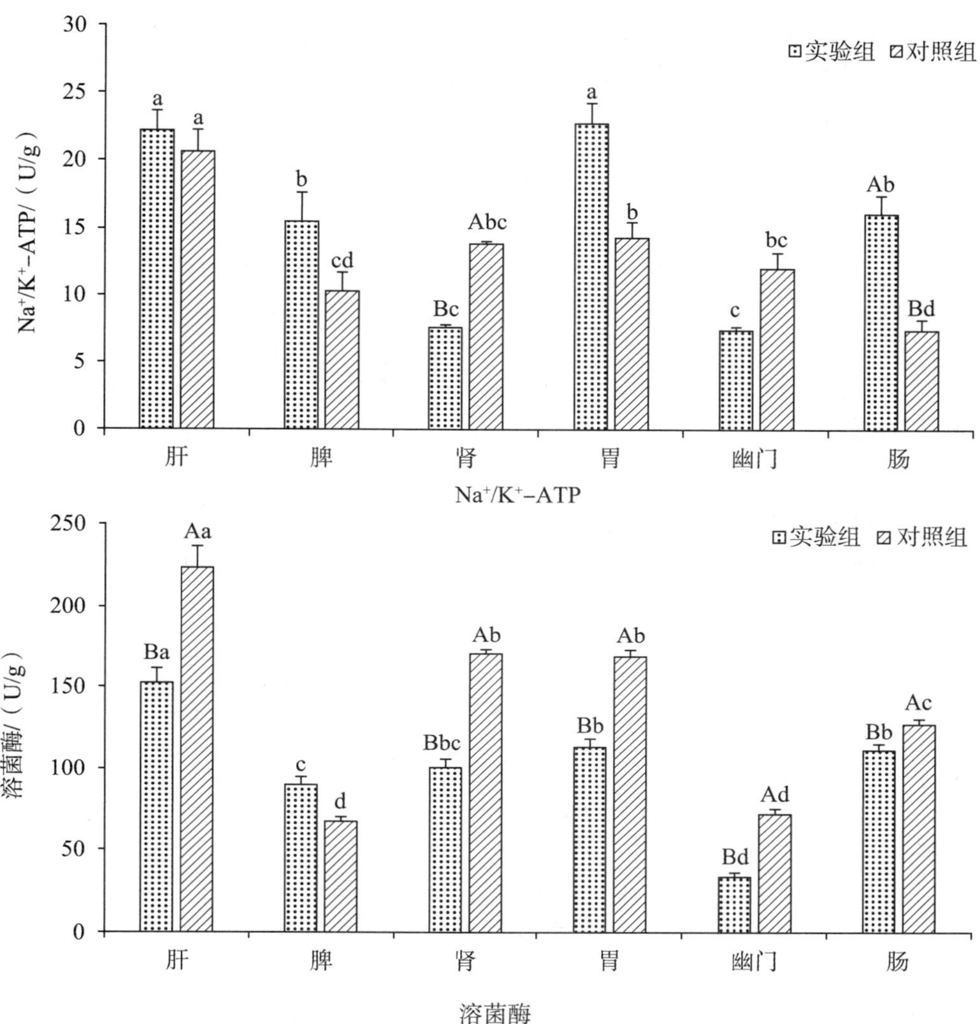


小写字母不同代表同一处理组不同组织间差异显著（$P<0.05$），大写字母不同代表同一组织不同处理组间差异显著（$P<0.05$）。

**图5 实验组与对照组实验鱼不同组织非特异性免疫酶活力（续）**

# 3 海水养殖鱼类生殖调控机制研究

首次在鲆鲽鱼类半滑舌鳎鉴定出了神经激肽B（NKB）编码基因*tac3*，阐明了其雌雄组织分布差异、脑区分布以及卵巢成熟过程中的时空表达特征。半滑舌鳎*tac3*基因cDNA全长序列为742 bp，开放阅读框为372 bp，编码前体多肽为123 aa。*tac3*前体多肽包含NKB成熟肽以及另一个相关肽NKBRP，它们的C末端均为-FVGLM基序。组织分布结果表明，*tac3* mRNA均在雌雄鱼脑、肠和性腺中高表达，在其他组织中表达量相对较低（图6）。脑区分布结果表明，*tac3* mRNA主要在下丘脑中高表达。并且，检测了舌鳎卵巢成熟过程中脑—垂体—性腺轴*tac3*的表达谱，脑中*tac3* mRNA水平在整个卵巢成熟过程中保持不变，垂体和卵巢中*tac3* mRNA的表达量在Ⅲ期显著性增加，达到最大值，表明NKB可能在半滑舌鳎生殖调控中发挥了重要功能（图 7）。

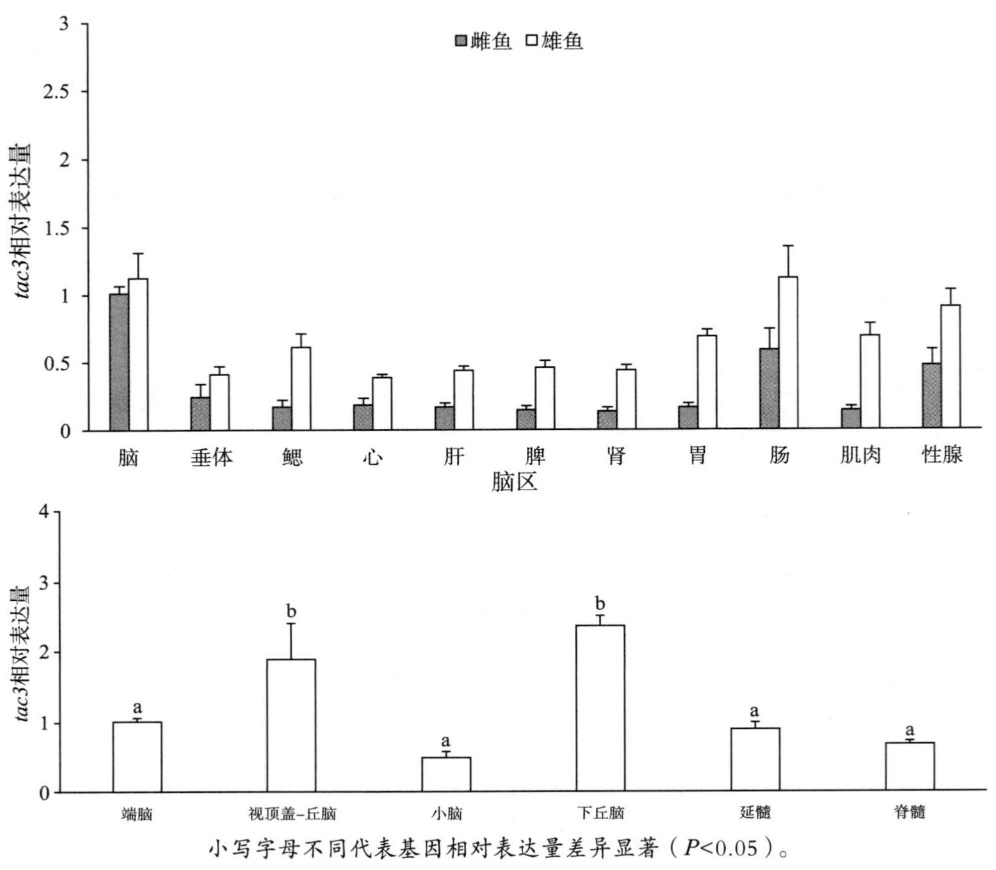


小写字母不同代表基因相对表达量差异显著（$P<0.05$）。

**图 6　舌鳎*tac3*组织分布和脑区分布表达特征**

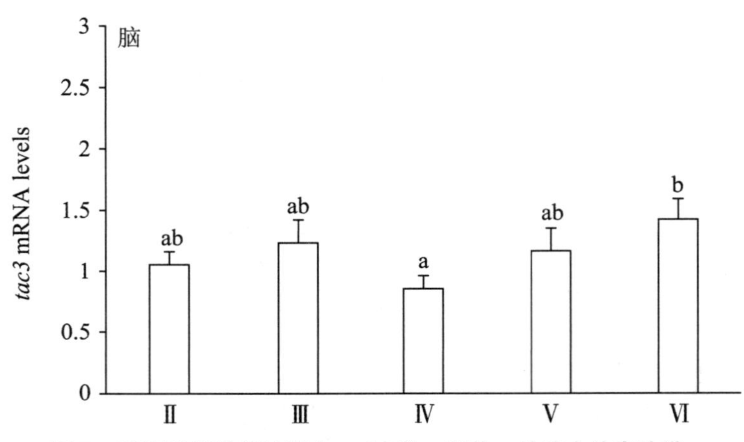


**图 7　舌鳎卵巢发育过程中*tac3*在脑—垂体—性腺中的表达谱**

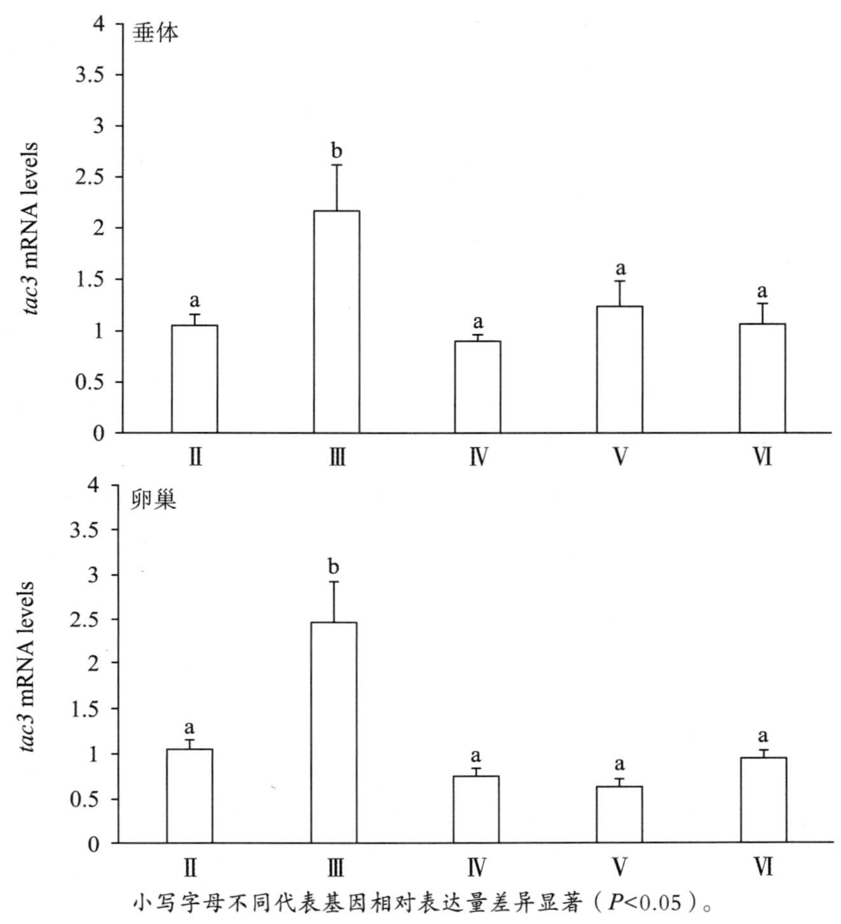


小写字母不同代表基因相对表达量差异显著（$P<0.05$）。

**图7　舌鳎卵巢发育过程中*tac3*在脑—垂体—性腺中的表达谱（续）**

# 4　黄条鰤对麻醉处理的生理适应特性

研究了不同温度条件下（20℃、24℃）两种麻醉剂（MS-222和丁香油）对1龄黄条鰤的麻醉效果，通过行为判别与生理指标（血清皮质醇、肾上腺素、葡萄糖）分析确定了两种麻醉剂对黄条鰤的最适麻醉时间、复苏时间和麻醉剂量（表3、表4和图8）。在水温20℃、24℃时，MS-222麻醉黄条鰤的最佳浓度分别为100~120 mg/L、100 mg/L，而丁香油麻醉黄条鰤的最佳浓度均为40 mg/L。黄条鰤均可在3 min之内入麻，5 min之内复苏。随着麻醉剂浓度的升高，黄条鰤入麻时间呈现缩短趋势，复苏时间呈现延长趋势。在水温20℃和24℃条件下，40 mg/L的丁香油和100 mg/L的MS-222麻醉黄条鰤后，血清皮质醇、肾上腺素、葡萄糖水平分别于均在24 h内达峰值，并在复苏72 h后均显著降低至初始水平以下，表明黄条鰤对不同温度条件下两种麻醉剂的最佳麻醉剂量和时间具有良好的生理适应性（图9和图10）。相关结果可为制定黄条鰤的养殖生产操作规范提供参考依据。

**表 3　不同丁香油浓度和水温对黄条𫚕麻醉时间和复苏时间的影响**

| 剂量/（mg/L） | 麻醉时间/s | | 复苏时间/s | |
|---|---|---|---|---|
| | 20℃ | 24℃ | 20℃ | 24℃ |
| 20 | 335 ± 63.2[a] | 269 ± 98.6[a] | 589 ± 129.6[b] | 361 ± 77.9[ab] |
| 40 | 104 ± 34.6[b] | 102 ± 31.7[b] | 315 ± 88.7[a] | 324 ± 22.6[a] |
| 60 | 91 ± 24.2[b] | 79 ± 8.5[b] | 595 ± 72.4[b] | 430 ± 75.7[bc] |
| 80 | 76 ± 6.1[b] | 74 ± 10.2[b] | 547 ± 71.4[b] | 464 ± 81.4[c] |
| 100 | 112 ± 50.9[b] | 74 ± 10.1[b] | 577 ± 86.8[b] | 512 ± 30.7[c] |
| 120 | 61 ± 15.1[b] | 71 ± 7.4[b] | 709 ± 70.4[b] | 741 ± 92.9[d] |

注：不同小写字母表示不同处理组麻醉或复苏时间之间具有显著差异（$P<0.05$）。

**表 4　不同MS-222 浓度和水温对黄条𫚕麻醉时间和复苏时间的影响**

| 剂量/（mg/L） | 麻醉时间/s | | 复苏时间/s | |
|---|---|---|---|---|
| | 20℃ | 24℃ | 20℃ | 24℃ |
| 40 | — | — | 112 ± 52.9[a] | 87 ± 5.1[a] |
| 60 | — | 616 ± 87.2[a] | 261 ± 34.1[b] | 186 ± 1.4[b] |
| 80 | 255 ± 7.1[a] | 284 ± 16.5[b] | 153 ± 16.6[a] | 286 ± 42.4[c] |
| 100 | 152 ± 16.1[b] | 126 ± 2.2[c] | 250 ± 73.3[b] | 211 ± 29.6[b] |
| 120 | 139 ± 5.8[b] | 81 ± 2.8[c] | 283 ± 53.9[b] | 361 ± 93.3[d] |

注：不同小写字母表示不同处理组麻醉或复苏时间之间具有显著差异（$P<0.05$）。

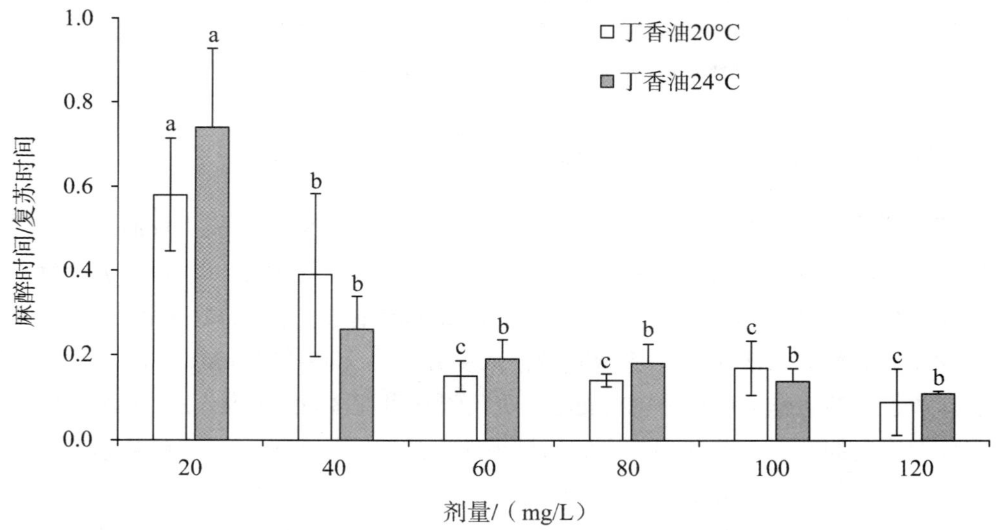


**图 8　不同水温下丁香油和MS-222 对黄条𫚕麻醉时间/复苏时间的影响**

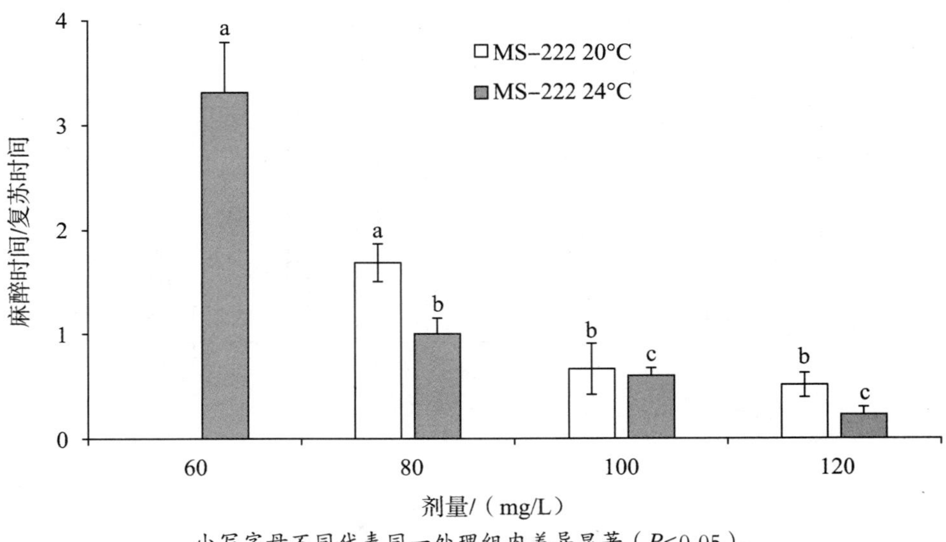


小写字母不同代表同一处理组内差异显著（$P<0.05$）。

**图 8　不同水温下丁香油和MS-222 对黄条鰤麻醉时间/复苏时间的影响（续）**

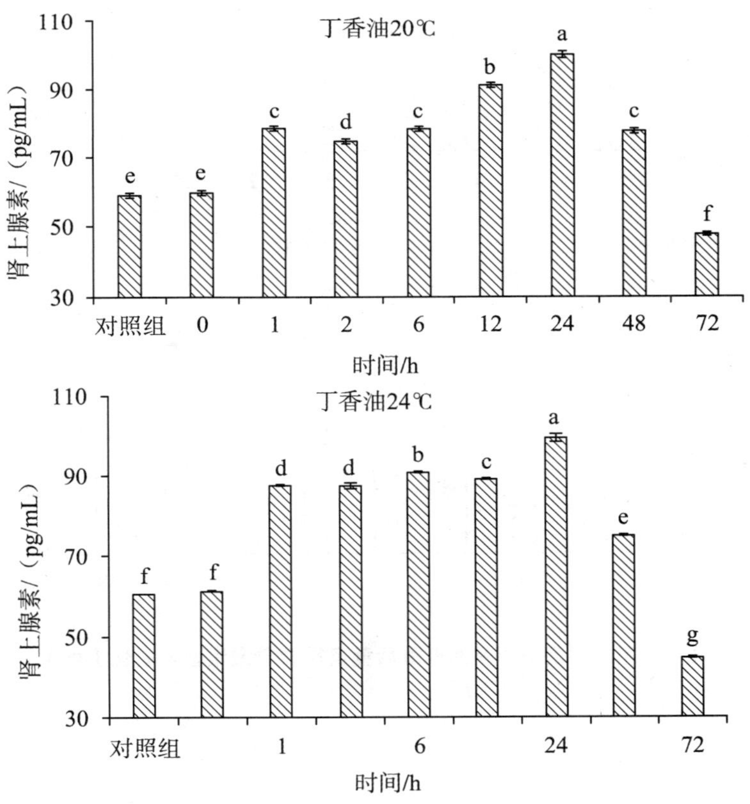


**图 9　不同温度下丁香油麻醉后黄条鰤血清激素含量变化**

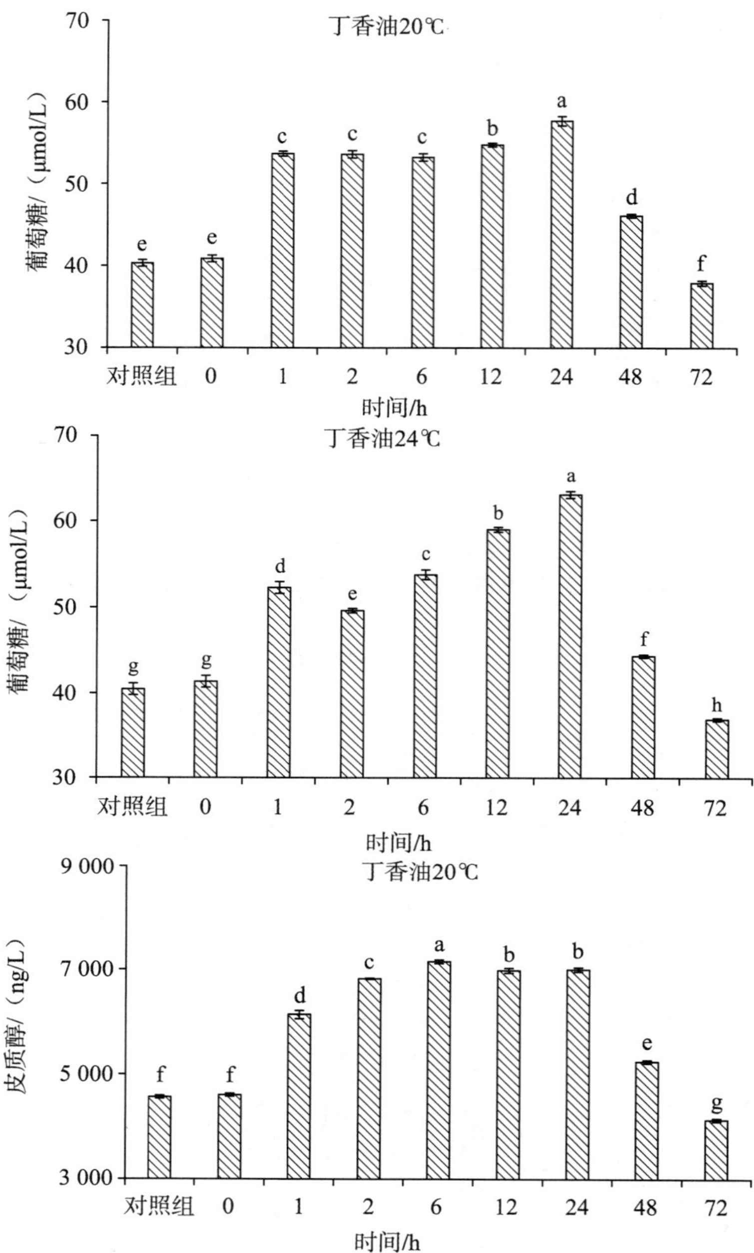


**图 9　不同温度下丁香油麻醉后黄条鰤血清激素含量变化（续）**

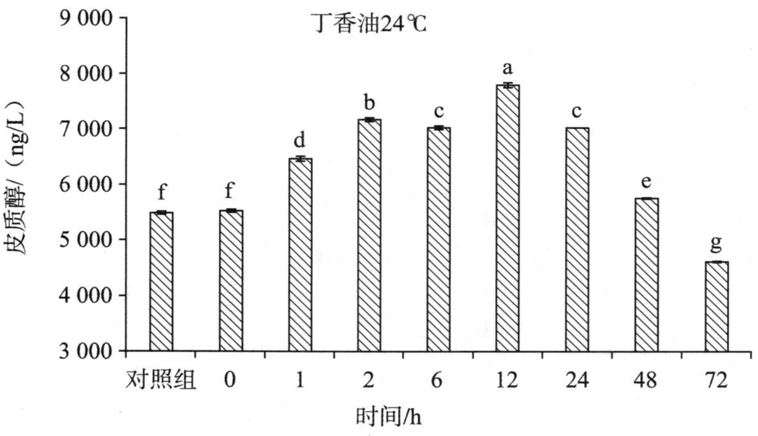


小写字母不同代表不同处理组间差异显著（$P<0.05$）。

**图 9　不同温度下丁香油麻醉后黄条血清激素含量变化（续）**

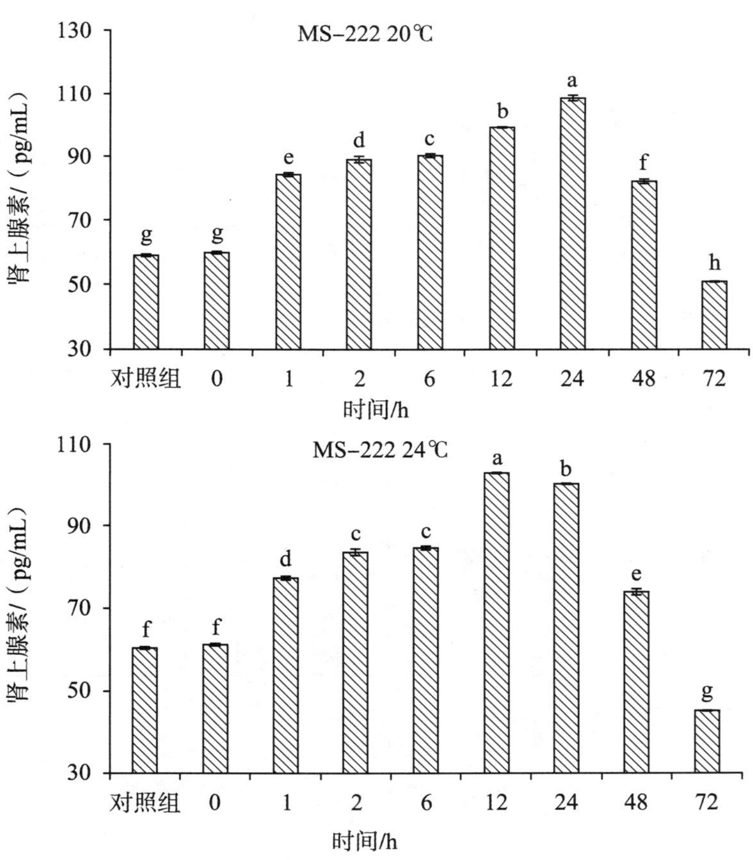


**图 10　不同温度下MS-222 麻醉后黄条鰤血清激素含量变化**

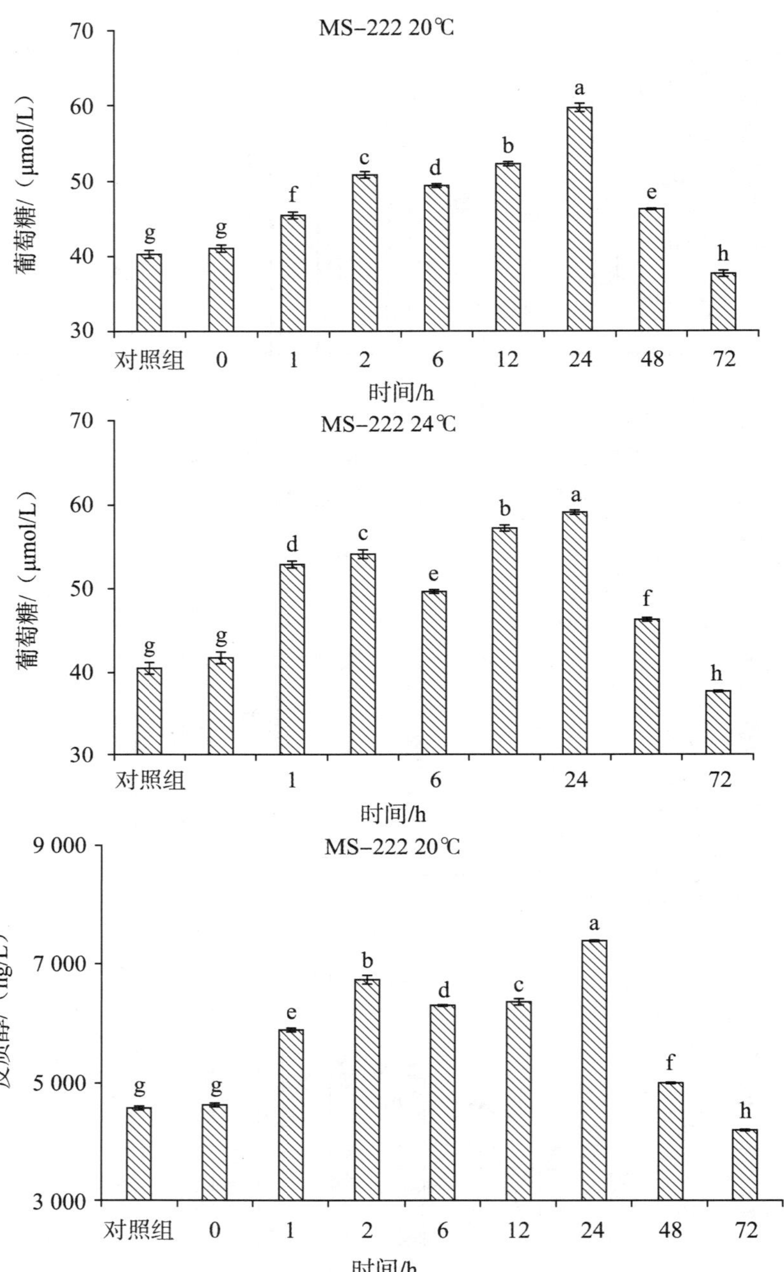


**图 10　不同温度下MS-222 麻醉后黄条鰤血清激素含量变化(续)**

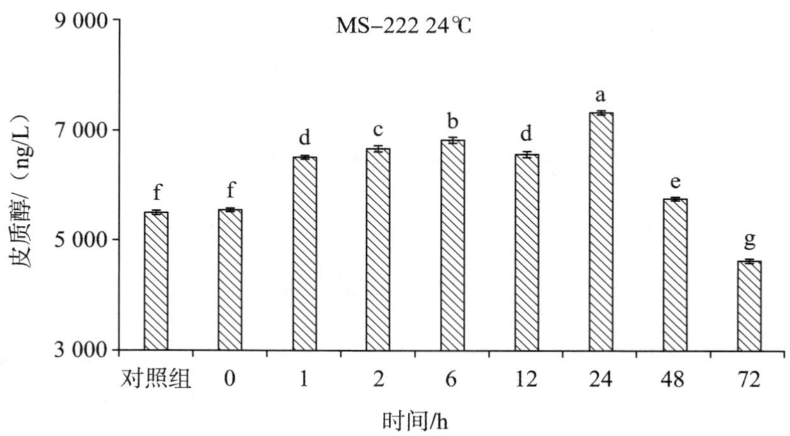


小写字母不同代表不同处理组间差异显著（$P<0.05$）。

**图10 不同温度下MS-222 麻醉后黄条鰤血清激素含量变化（续）**

# 5 年度研究进展小结

（1）完成了斗门区海鲈池塘养殖产业调研报告，参加了珠海斗门海鲈“一县一业”任务研讨会，完成了龙头企业产业技术对接工作。

（2）在珠海斗门基地示范海鲈池塘生态养殖，单产达 3 623.6 千克/亩，养殖成活率 85.8%；制定了牙鲆岩礁池塘工程化养殖技术规程，在青岛基地示范牙鲆岩礁池塘养殖，单产达 5 357.5 千克/亩，养殖成活率 88.7%。

（3）完成了岗位基础数据库和产业技术研发中心数据库信息采集及更新工作。

（4）在海水鱼类池塘养殖环境适应机制、营养代谢生理特性、鱼类生殖调控机制、应激消减机制等应用基础研究取得新进展，为建立海水鱼类健康生殖与池塘养殖生长调控等关键技术研发提供理论依据。

（岗位科学家 徐永江）

# 海水鱼工厂化养殖模式技术研发进展

工厂化养殖模式岗

2021 年，工厂化养殖模式岗位围绕着四大重点研发任务——工厂化养殖模式升级与示范、工厂化循环水苗种高效繁育系统与工艺、构建标准化管理策略与工厂化高效健康养殖技术，重点开展了工厂化循环水养殖模式和技术的集成和推广示范工作，具体内容如下。

## 1　开展海水鱼类工厂化养殖工艺集成研究与示范

岗位团队与青岛创茂生态农业科技示范园有限公司就青岛西海岸海青镇 300 亩现代渔业园区建设签订产学研合作协议书，规划和技术指导建设工厂化养殖车间 10 万$m^2$，总养殖水体 6 万$m^3$；截至 2021 年年底已建设完成工厂化养殖车间超过 3 万$m^2$，完成固定资产建设投资近 1 亿元，并已开展工厂化养殖生产。完成莱州市循环经济现代渔业产业园区建设规划，园区占地面积 2 500 余亩，建设工厂化苗种育种繁育和循环水养殖车间总建筑面积 77 万$m^2$，总养殖水体 55 万$m^3$，项目建设总投资估算为 20 亿元，该项目已成为烟台市和莱州市“十四五”渔业重点建设项目。编制烟台经海海洋渔业有限公司《福建平潭 200 亩陆基工厂化苗种繁育园区规划》；正在开展《烟台经海蓝色种业研究院建设规划》《日照万宝现代渔业产业示范园区建设规划 》的编制工作。超额完成了新建工厂化养殖示范点 1 个、示范养殖车间面积 6 000 $m^2$ 的考核指标。

## 2　开展投喂频率对RAS中云龙石斑鱼耗氧水平与代谢节律影响的研究

开展了投喂频率对RAS中云龙石斑鱼耗氧水平与代谢节律影响的实验。通过调整投喂频率，监测RAS中云龙石斑鱼耗氧水平变化，探究云龙石斑鱼代谢节律的响应特征，进而解析其代谢节律与水体溶解氧的内在关联性。预期研究结果将为构建石斑鱼工厂化循环水养殖适宜投喂策略和水体溶解氧的精准调控提供理论参考。研究结果表明：投喂频率对云龙石斑鱼生长性能有显著影响。每天 2 次投喂和每天 4 次投喂的增重率和特定生长率显著高于其余两个处理组，每天 4 次投喂处理组的云龙石斑鱼幼鱼的生长、消化酶和代谢酶活力均处于较高水平，说明每天 4 次投喂为云龙石斑鱼幼鱼适宜投喂频率（表 1）；除每天 2

次投喂以外，其余 3 组的水体溶解氧和鱼体耗氧率均存在显著的节律特性。每天 4 次投喂的云龙石斑鱼日平均耗氧率显著低于其余 3 组，说明每天 4 次投喂的云龙石斑鱼幼鱼的日总代谢水平低，用于维持日常生命活动的代谢能消耗低，有利于生长能的积累（图 1）。

**表 1　投喂频率对云龙石斑鱼生长的影响**

| 组别 | 增重率/% | 特定生长率/（%/d） | 饲料系数/% | 死亡率/% |
|---|---|---|---|---|
| F1 | 145.57 ± 6.99[b] | 2.23 ± 0.06[b] | 1.34 ± 0.04[b] | 1.77 ± 0.51 |
| F2 | 161.94 ± 1.84[a] | 2.41 ± 0.017[a] | 1.23 ± 0.08[c] | 1.67 ± 0.57 |
| F4 | 163.15 ± 6.61[a] | 2.45 ± 0.06[a] | 1.19 ± 0.06[c] | 1.61 ± 0.69 |
| FC | 135.27 ± 4.11[c] | 2.09 ± 0.04[c] | 1.47 ± 0.09[a] | 1.86 ± 0.51 |

注：同一列中标有不同字母者表示组间差异显著（$P< 0.05$）。F1：每天投喂 1 次；F2：每天投喂 2 次；F4：每天投喂 4 次；FC：连续投喂。

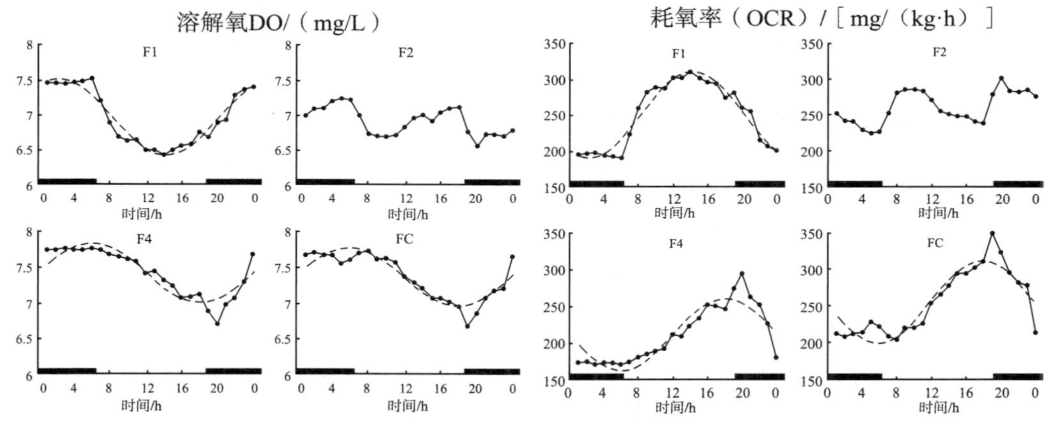


**图 1　不同投喂频率下循环水氧动态变化**

# 3　开展地下水锰在云龙石斑鱼幼鱼体内的生物积累及其对氧化应激和免疫反应的研究

开展了为期 30 天的锰暴露实验。我们将实验鱼分别暴露于不同浓度的$Mn^{2+}$（0、0.5、1、2 和 4 mg/L），评估不同暴露时间（0、10、20、30 d）锰的生物积累及毒性效应（图 2）。结果表明暴露后鱼体内锰的生物积累量均显著升高，且呈剂量和时间依赖性增加。锰在不同组织中的积累顺序为肝脏>鳃>肠>肌肉。锰暴露引起抗氧化参数SOD、CAT、GSH、GPx、MDA水平的显著变化，表明$Mn^{2+}$积累后诱导氧化应激效应。抗氧化酶的增加可能有助于在锰暴露早期消除锰诱导的活性氧（ROS），但抗氧化系统不足以消除或中和过量的ROS，会诱导氧化应激和免疫反应。我们发现锰暴露后热休克蛋白 70（Hsp70）和热休克蛋白 90（Hsp90）水平显著升高，表明氧化应激的开始。同时补体C3 和C4 水平显著升高，溶菌酶（LZM）和免疫球蛋白M（IgM）水平显著降低，部分免疫相关基因（tlr3、tnf−a、 il-1β、il-6）表达量发生改变，表明锰导致免疫反应的发生。综上所述，锰可在石斑鱼幼鱼体内积累并引起氧化应激和免疫反应。这些发现为重金属污染物对鱼类的负面影响提供了一个新的视角。

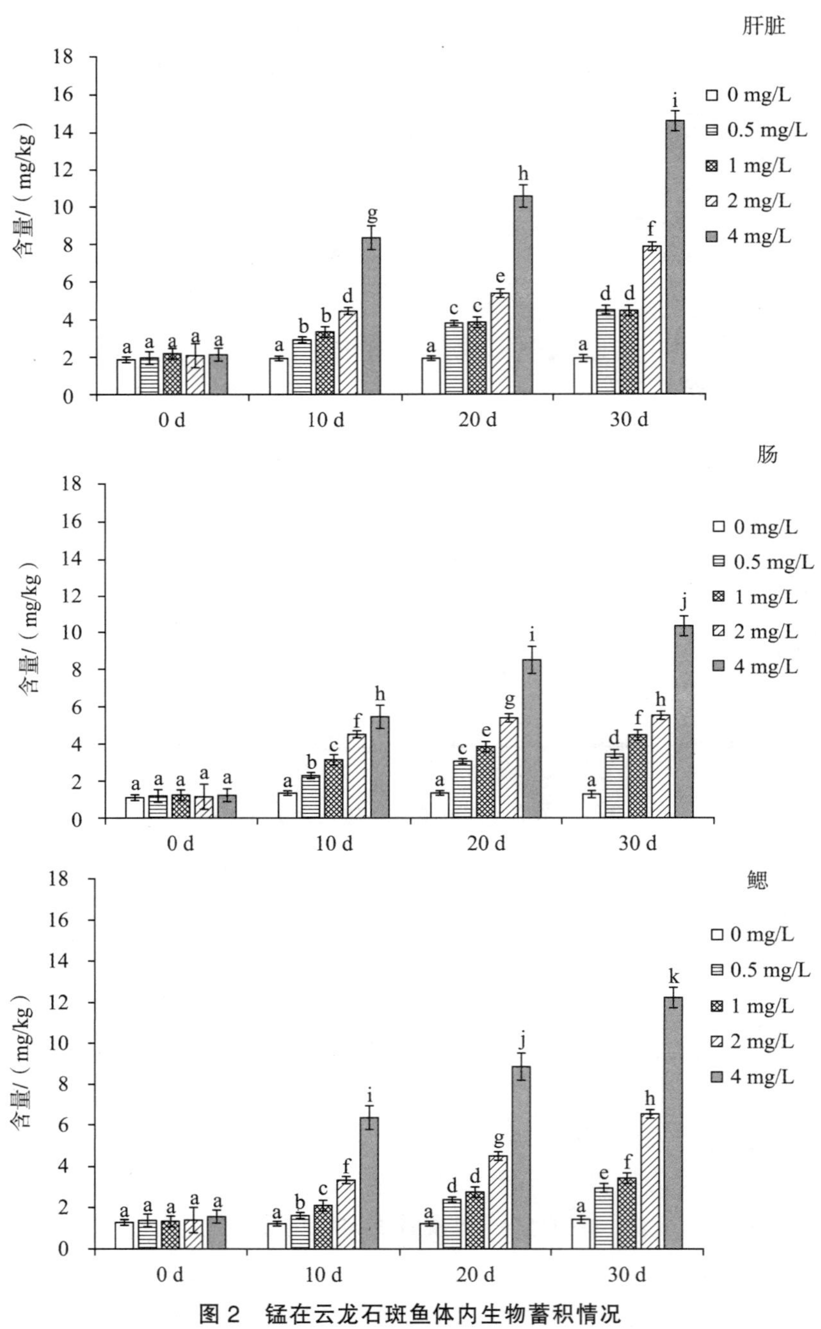


**图 2　锰在云龙石斑鱼体内生物蓄积情况**

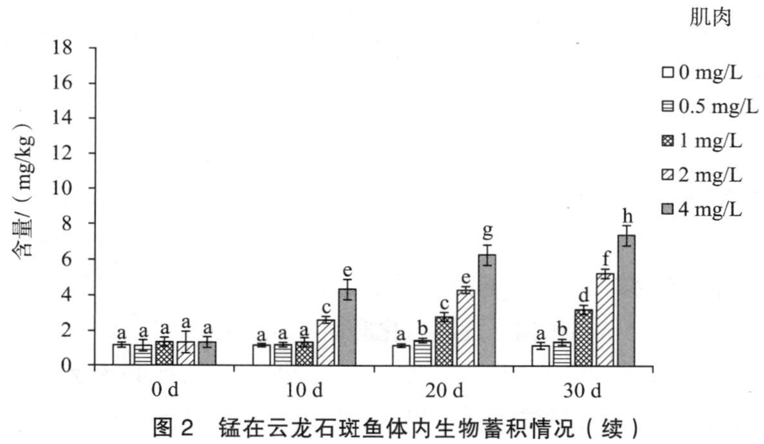


**图 2　锰在云龙石斑鱼体内生物蓄积情况（续）**

# 4　开展封闭循环水条件下红鳍东方鲀苗种生长规律研究

在 12 $m^3$ 水体的小型循环水系统（4 套）中开展了红鳍东方鲀苗种繁育工作，共繁育3~4 cm苗种 3 万尾左右，并在此过程中研究了苗种的生长规律及内在摄食特性。在整个循环水繁育过程中，水温始终维持在为 20.64℃ ± 1.08℃，溶解氧保持在 7.95 mg/L ± 0.41 mg/L，氨氮水平控制在 0.02 mg/L ± 0.01 mg/L左右，亚硝酸盐始终控制在 0.15 mg/L ± 0.05 mg/L，养殖用水pH维持在 7.26 ± 0.15，盐度为 28.77 ± 0.37。结果表明红鳍东方鲀全长和体重与日龄的关系符合指数生长模型。初孵仔鱼全长为 2.52 mm，体重为 1.16 mg，到实验结束全长达到39.42 mm，体重达到 1 510.53 mg。全长和体重的日增长率分别为 0.061 mm/d和 0.179 mg/d（图 3）。

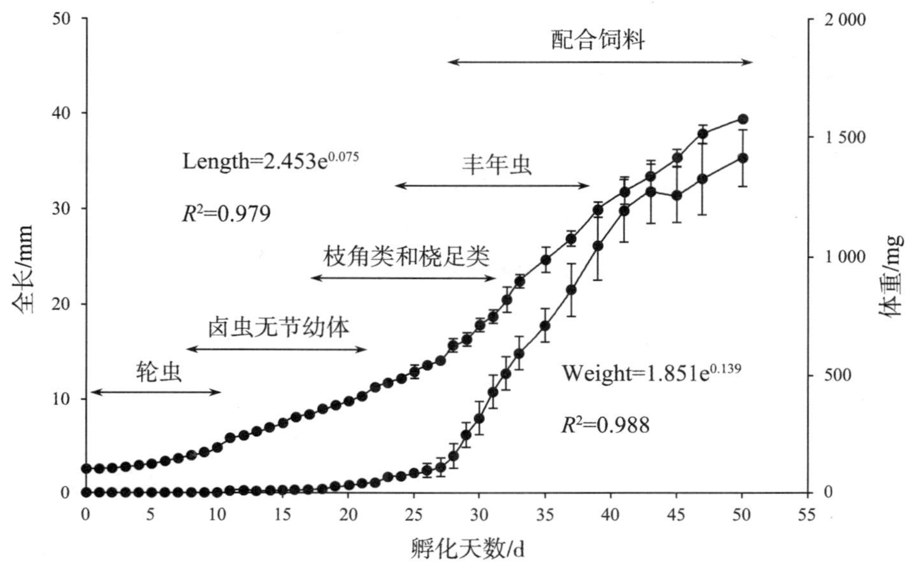


**图 3　红鳍东方鲀全长和体重与日龄的关系符合指数生长模型**

# 5 开展封闭循环水条件下红鳍东方鲀苗种摄食规律研究

如图4所示，4 h内，6日龄仔鱼出现2个摄食高峰，分别在12：00及14：00时；15日龄仔鱼在24小时内具有3个摄食高峰；30日龄稚鱼在4个时间段维持着较好的摄食状态；46日龄幼鱼在5个时间段均维持着较好的摄食状态。由此可见，随着红鳍东方鲀的生长发育，24小时内的摄食高峰逐渐增加。6日龄早期仔鱼大约需要1 h 45 min达到饱食；15日龄晚期仔鱼约需1 h 30 min达到饱食，而30日龄稚鱼则需要1 h 15 min达到饱食；46日龄幼鱼则需要45 min达到饱食。消化时间方面，仔、稚、幼鱼消化时间由6日龄的1 h 15 min增加到15日龄的1 h 30 min、30日龄的2 h 15 min及46日龄的3 h 30 min（表2）。实验采用消化道内饵料计量法对仔、稚、幼鱼的日摄食情况进行了观察。6日龄仔鱼日摄食量为0.04 mg，日摄食率为12.61%；15日龄仔鱼日摄食量为1.24 mg，日摄食率为43.89%；30日龄稚鱼日摄食量为26.25 mg，日摄食率为40.05%；46日龄稚鱼日摄食量为139.50 mg，日摄食率为28.46%（表3）。

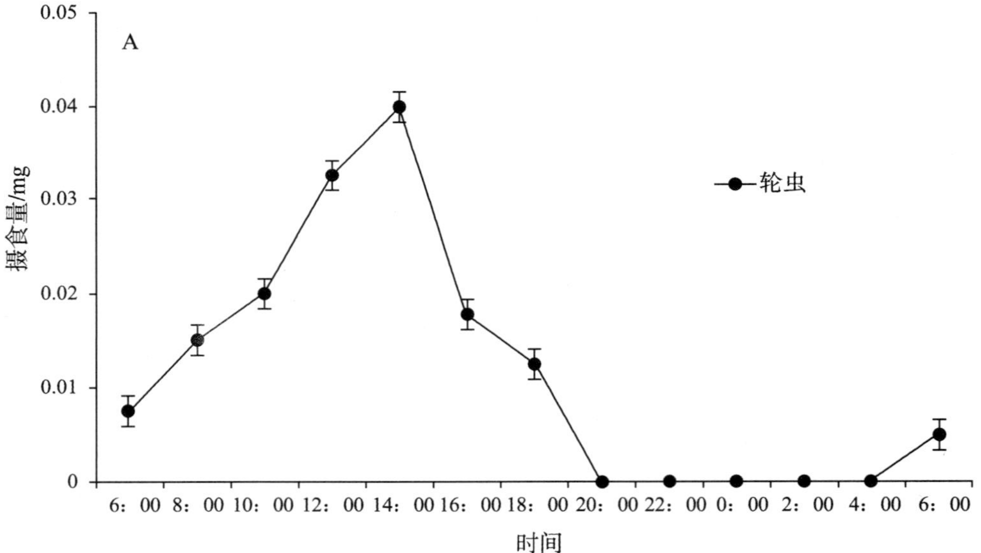


**图4 红鳍东方鲀不同发育阶段摄食节律研究**

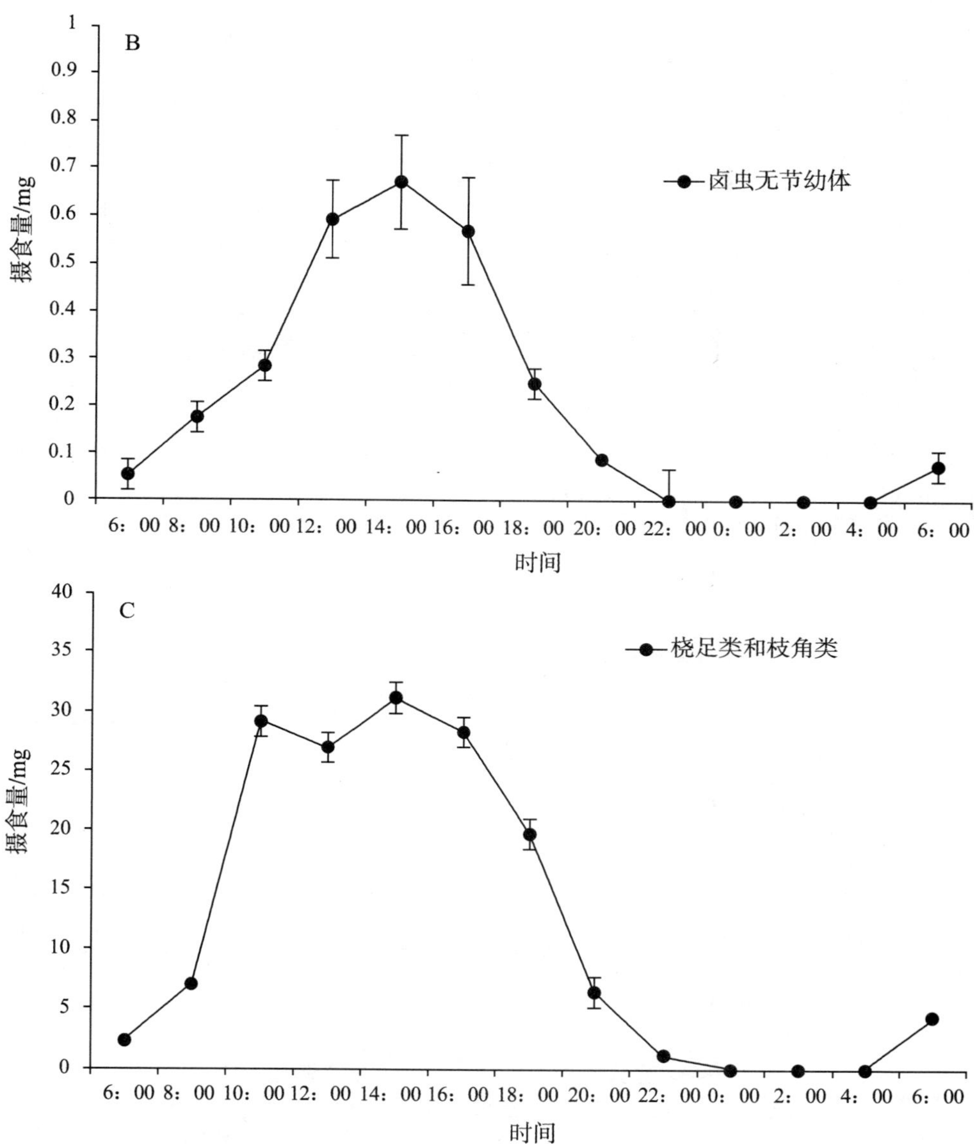


**图 4　红鳍东方鲀不同发育阶段摄食节律研究（续）**

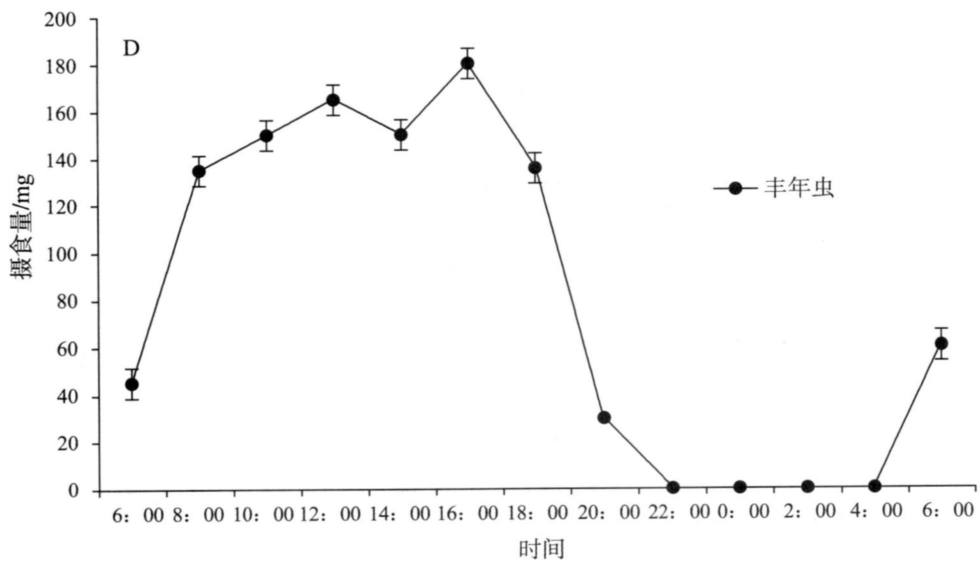


**图 4　红鳍东方鲀不同发育阶段摄食节律研究（续）**

**表 2　红鳍东方鲀仔、稚、幼鱼的饱食时间和消化时间**

| 日龄/d | 全长/mm | 发育阶段 | 饵料 | 水温/℃ | 饱食时间 | | 消化时间 | |
|---|---|---|---|---|---|---|---|---|
| | | | | | $S_0$ | $S_1$ | $D_0$ | $D_1$ |
| 6 | 3.38 ± 0.06 | 早期仔鱼 | R | 20.5 | 45 min | 1 h45 min | 45 min | 1 h15 min |
| 15 | 8.09 ± 0.45 | 晚期仔鱼 | An | 21.4 | 45 min | 1 h30 min | 60 min | 1 h30 min |
| 30 | 13.97 ± 0.82 | 稚鱼期 | CC | 22.6 | 30 min | 1 h15 min | 1 h15 min | 2 h15 min |
| 46 | 23.01 ± 1.07 | 幼鱼期 | AS | 23.2 | 15 min | 45 min | 1 h45 min | 3 h30 min |

注：R—轮虫；An—卤虫无节幼体；CC—桡足类和枝角类；As—丰年虫；$S_0$—饱食个体出现；$S_1$—全部饱食；$D_0$—排空个体出现；$D_1$—全部排空。

**表 3　红鳍东方鲀仔、稚、幼鱼日摄食情况**

| 日龄/d | 体质量/mg | 发育阶段 | 饵料 | 饱食量/mg | 日摄食时间/h | 日摄食量/mg | 日摄食率/% |
|---|---|---|---|---|---|---|---|
| 6 | 1.19 ± 0.01 | 早期仔鱼 | R | 0.04 ± 0.00 | 14 | 0.15 ± 0.01 | 12.61 |
| 15 | 11.3 ± 0.05 | 晚期仔鱼 | An | 1.24 ± 0.06 | 14 | 4.96 ± 0.24 | 43.89 |
| 30 | 250 ± 50.4 | 稚鱼期 | CC | 26.25 ± 3.34 | 14 | 100.12 ± 9.76 | 40.05 |
| 46 | 1 384 ± 107.5 | 幼鱼期 | AS | 139.50 ± 6.71 | 14 | 393.88 ± 18.94 | 28.46 |

注：R—轮虫；An—卤虫无节幼体；CC—桡足类和枝角类；As—丰年虫。

# 6　开展循环水养殖条件下固定投喂频率对红鳍东方鲀营养消化动态变化研究

在投喂4次的条件下开展了大规格苗种消化生理特性研究（图5）。结果发现，喂养生物饵料的红鳍东方鲀的胃及肠质量均在0.745~1.073 g及4.78~6.53 g波动，且出现了轻微的增加。而投喂饲料组的红鳍东方鲀胃及肠的质量均随着养殖时间的延长而显著增加，分别增加了2.23倍及1.37倍。不同的饵料对红鳍东方鲀消化酶活性产生了显著的影响。由图5可见，投喂饲料的养殖组各种消化酶（胃蛋白酶、胰蛋白酶、糜蛋白酶、脂肪酶及淀粉酶）的活性均不同程度上显著高于投喂生物饵料组。这说明鱼类为了更好地消化吸收饲料颗粒，需要更大的胃和肠的厚度，这也进一步反映了饲料颗粒的可消化性比生物饵料差。虽然投喂颗粒饲料提高了鱼类各种消化酶的活力，而其获得的体重增加却远远低于生物饵料组，我们推测鱼类虽然为了更好地消化颗粒饲料而在不同程度上改变了其消化生理功能，但总体上而言仍然并不能完全适应。因此，我们仍然需要进一步开发及完善更适合鱼类消化的可适性饲料。

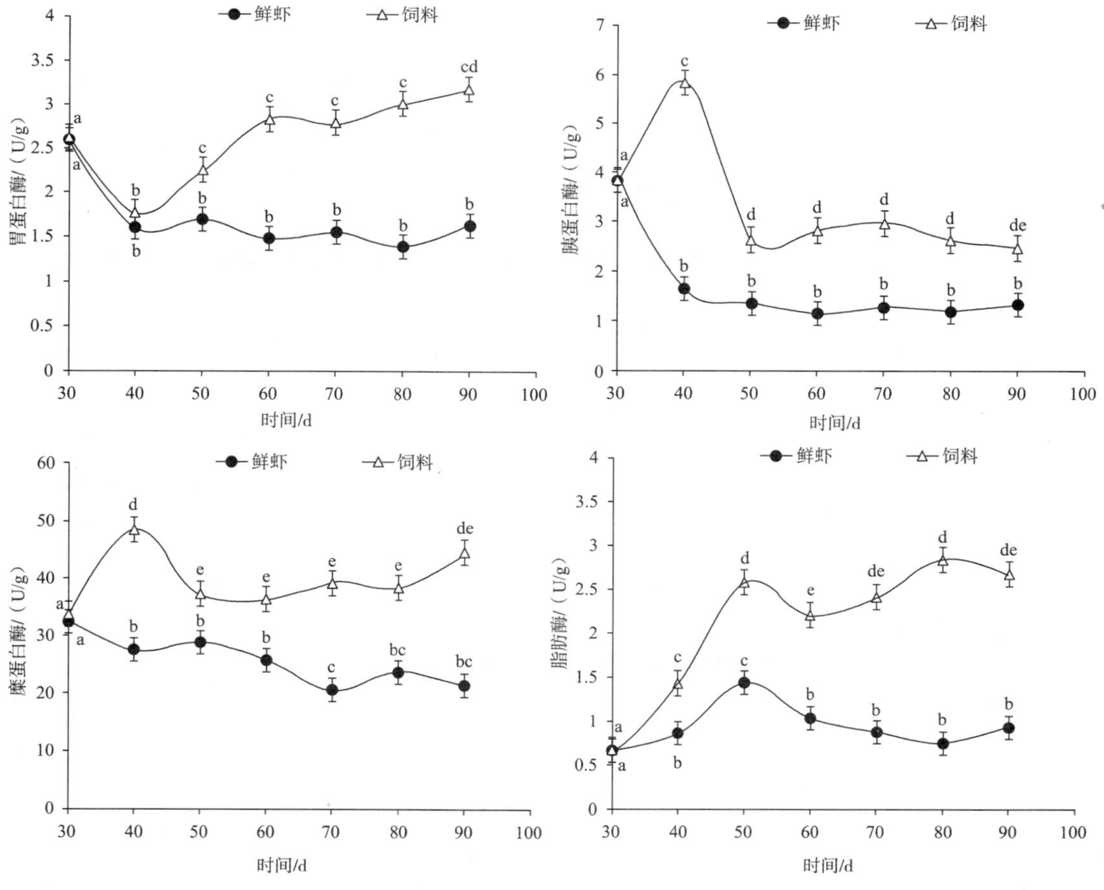


**图5　不同饵料对红鳍东方鲀消化酶活性的影响**

# 7 开展红鳍东方鲀卵母细胞脂滴形成模型构建研究

基于红鳍东方鲀组织切片观察，挑选处在脂滴生成前期的亲鱼，应用细胞系完全培养基进行培养。选取油酸作为脂滴沉积的诱导剂，于完全培养基中接种卵巢细胞系，当细胞成长到 80%丰度时，添加不同浓度的油酸，孵育 24 h，发现随着油酸浓度的增加，卵母细胞成活率在 5~80 μmol/L的范围内并无显著差异，当油酸浓度达到 160 μmol/L和 320 μmol/L时，其成活率显著降低，显示其细胞活性受到抑制。与对照组相比，40~80 μmol/L油酸条件下的细胞凋亡率差异不显著（图 6）。而且通过检测各时间点细胞胆固醇含量，发现随着添加油酸时间的延长，细胞内胆固醇水平逐渐升高，且在孵育 72 h 时，达到最大值 7.67 mmol/L ± 0.11 mmol/L。之后在原来培养基的基础上继续培养 15 天，每 5 天更换一次培养液。采集样品于 Bouin’s 液室温固定 24 小时，切片，计算卵母细胞及脂滴生长速度。结果表明卵母细胞表面积及卵内脂滴总表面积均逐渐增加，在 15 天结束时分别达到了 268.45 $mm^2$ ± 11.95 $mm^2$ 及 245.83 $\mu m^2$ ± 8.25 $\mu m^2$，这暗示脂滴构建模型在一定程度上取得了成功（图 7）。

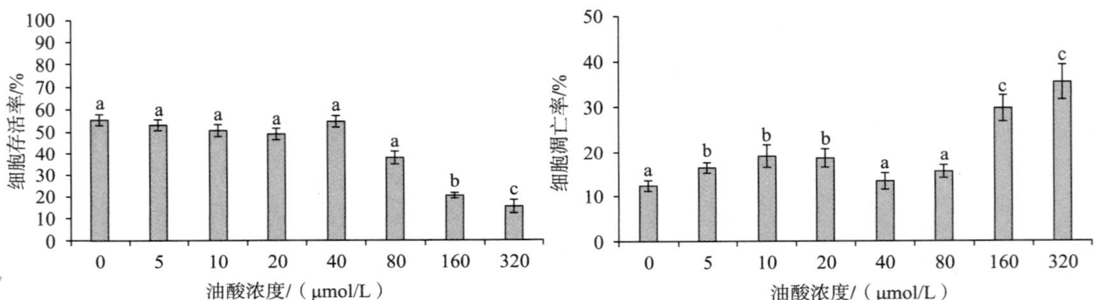


图 6 不同油酸浓度对红鳍东方鲀卵母细胞成活率及凋亡率的影响

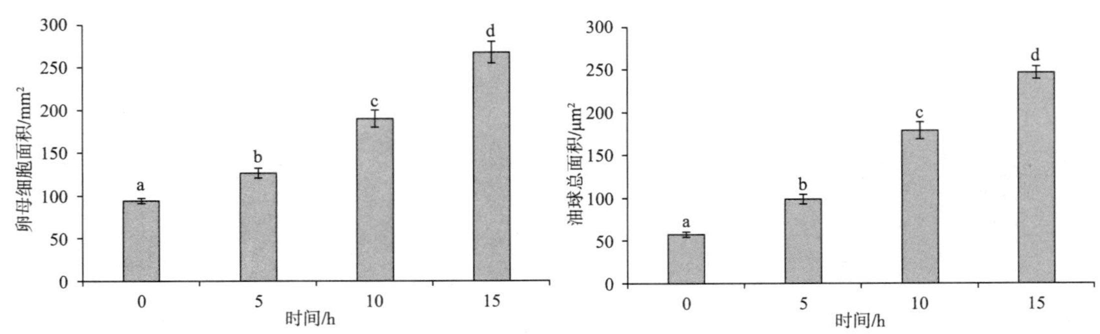


图 7 油酸孵育红鳍东方鲀卵母细胞生长及脂滴大小量化

## 8　开展工厂化养殖条件下亚硝酸盐、氨氮暴露对亚东鲑应激反应、氧化、免疫影响的研究

工厂化循环水系统中经常面临着氨氮、亚硝酸盐、二氧化碳等物质的胁迫，对养殖鱼类造成较大影响。氨氮和亚硝酸盐是水体中主要的有毒物质，影响鱼类的生长、渗透压稳定、免疫功能等各项生理功能。在亚东鲑中，关于氨氮和亚硝酸盐胁迫的报道较少，且其毒性机制尚不明确。实验结果显示：亚东鲑亚硝酸盐半致死浓度为11.46 mg/L，氨氮半致死浓度35.14 mg/L，96 h安全浓度分别为1.146 mg/L和3.514 mg/L。由此可以得出亚东鲑幼鱼对氨氮的耐受能力明显高于亚硝酸盐。亚东鲑幼鱼对亚盐毒性的耐受能力较低（表4、表5）。

**表4　亚东鲑亚硝酸盐96 h半致死浓度与死亡情况**

| 亚硝酸盐浓度/（mg/L） | 死亡数量 | 死亡率/% |
|---|---|---|
| 4 | 0 | 0 |
| 6.09 | 2 | 20 |
| 9.28 | 5 | 50 |
| 14.14 | 6 | 60 |
| 21.54 | 8 | 80 |
| 32.82 | 9 | 90 |
| 50 | 10 | 100 |

**表5　亚东鲑氨氮96 h半致死浓度与死亡情况**

| 氨氮浓度/（mg/L） | 死亡数量 | 死亡率/% |
|---|---|---|
| 20 | 0 | 0 |
| 24.64 | 1 | 10 |
| 30.37 | 30 | 30 |
| 37.42 | 6 | 60 |
| 46.1 | 9 | 90 |
| 56.81 | 9 | 90 |
| 70 | 100 | 100 |

## 9　开展饲料中添加辣椒素对循环水条件下半滑舌鳎生长、免疫和抗病力的影响研究

探讨饲料中添加辣椒素对半滑舌鳎生长、免疫和抗病力的影响研究。在山东莱州养

殖车间随机选取6个直径为1.5 m的聚乙烯养殖桶，每桶放养10尾半滑舌鳎成鱼（466.33 g ± 11.56 g），在每千克饲料中分别加入0（对照）和200 mg辣椒素，制成2种饲料，开展为期8周的养殖实验。结果表明，饲料中添加辣椒素能显著提高半滑舌鳎成鱼增重率、粗蛋白含量，增强血清和肝脏SOD、CAT活力（$P<0.05$），显著降低粗脂肪含量以及血清和肝脏MDA含量（$P<0.05$）；人工感染鳗弧菌后，辣椒素组鱼脾脏TLR9 和IL−1β 基因上调倍数低于对照组，避免了过激的促炎反应，有利于保持机体内稳态。

## 10　开展大黄鱼工厂化适宜养殖密度选择研究

以大黄鱼幼鱼（初始体重约110 g）为研究对象，在流水养殖模式下，设置了低（4.70 kg/m$^3$）、中（7.23 kg/m$^3$）、高（9.76 kg/m$^3$）3个养殖密度。经120 d的养殖，低、中、高密度组最终养殖密度分别达到9.39 kg/m$^3$、14.35 kg/m$^3$、15.70 kg/m$^3$。结果如下（表6）：高密度组大黄鱼的终末体重、特定生长率（SGR）、日平均增重（AGR）、增重率（WGR）、肥满度（CF）均显著低于中密度组和低密度组（$P<0.05$）；饵料系数（FCR）随养殖密度升高呈升高趋势，高密度组大黄鱼的FCR显著高于中密度组和低密度组（$P<0.05$）。本实验中养殖密度对流水系统中大黄鱼的存活率没有显著影响。

**表6　养殖120 d后不同养殖密度组生长参数**

| 生长参数 | 低密度组<br>（4.70~9.39 kg/m$^3$） | 中密度组<br>（7.23~14.35 kg/m$^3$） | 高密度组<br>（9.76~15.70 kg/m$^3$） |
|---|---|---|---|
| 体重/g | 242.71 ± 22.33$^a$ | 241.14 ± 35.92$^a$ | 197.29 ± 17.26$^b$ |
| 体长/cm | 24.64 ± 0.99 | 24.36 ± 1.03 | 23.79 ± 0.95 |
| 全长/cm | 27.93 ± 1.06 | 27.71 ± 0.91 | 27.29 ± 0.99 |
| 肝体比/% | 1.68 ± 0.19 | 1.70 ± 0.31 | 1.25 ± 0.36 |
| 脏体比/% | 4.06 ± 0.11 | 4.03 ± 0.41 | 3.56 ± 0.38 |
| 肥满度 | 1.72 ± 0.17$^a$ | 1.70 ± 0.17$^a$ | 1.43 ± 0.14$^b$ |
| 特定生长率/% | 0.66 ± 0.08$^a$ | 0.65 ± 0.13$^a$ | 0.48 ± 0.07$^b$ |
| 日平均增重/% | 1.11 ± 0.19$^a$ | 1.09 ± 0.30$^a$ | 0.73 ± 0.14$^b$ |
| 增重率/% | 120.65 ± 20.30$^a$ | 119.22 ± 30.65$^a$ | 79.35 ± 15.69$^b$ |
| 饵料系数 | 1.07 ± 0.21$^a$ | 1.24 ± 0.41$^a$ | 1.79 ± 0.31$^b$ |

（岗位科学家　黄　滨）

# 海水鱼类深远海养殖技术研发进展

深远海养殖岗位

## 1 深远海智能沉降式网箱集成应用示范

深远海智能沉降式铜合金网衣网箱及智能操控系统的构建，集成内循环沉降系统、波浪感应的网箱沉降智能控制系统、养殖监控与水文监测系统、机器视觉等成套系统。

### 1.1 框架系统

框架系统包括主体框架、防鸟网架和底圈 3 部分。

#### 1.1.1 网箱主体框架

主体框架由 3 根管径为 250 mm的HDPE浮管焊接而成。外圈周长为 50 m，为 3 浮管结构。框架配备 32 个支架，支架高度 80 cm。支架上端为扶手管，扶手管采用管径为 125 mm的HDPE管，周长为 50 m。网箱主体框架见图 1。

图 1 网箱主体框架

#### 1.1.2 防鸟网架

防鸟网架为四棱台型，下底面边长 5 m，上底面边长 2 m，支撑管长度 2.5 m。防鸟网架均采用管径为 125 mm的HDPE管焊接（图 2）。

图2　防鸟网架

1.1.3　底圈

底圈由一个 50 m周长的圆环和一个 6 m边长的正方形组成（图 3），均由管径 160 mm的HDPE管焊接而成。

图3　底圈

## 1.2　网衣系统

网衣系统包括侧网和底网两部分。侧网和底网均采用丝径为 3 mm，网目尺寸为 5 cm 的铜合金网衣。

1.2.1　侧网

网衣高度为 6 m，周长为 50 m。为了便于运输与安装，将网衣分为 5 片，每片长 10 m，高 6 m（图 4）。

图 4　侧网安装现场

1.2.2　底网

1 片边长 6 m的正方形网片和 4 片扇形网片拼接成周长为 50 m的圆形底网。4 片扇形网片与 1 片正方形网片都需要在网片的边缘穿固定力纲，采用 4 mm的超高分子量聚乙烯绳索（图 5）。

图 5　底网安装现场

## 1.3　沉降系统

沉降系统由浮舱、沉舱和控制系统组成。

1.3.1　浮舱与沉舱

浮舱高约 2 m，直径 1.2 m，为圆形桶状，重约 1 t，内部加装淡水 1 t，整体重约 2 t（图 6）。沉舱高约 1.5 m，直径 1.2 m，为圆形桶状，重约 2 t，内部填充配重沉块，整体重约 2 t（图 6）。

图 6　浮舱与沉舱

1.3.2　控制主机和控制软件

通过控制主机内的控制软件（图 7），可控制网箱升降，同时监测浮舱与沉舱水交换情况、升降预计时间、执行时间、阀泵的工作状态，以及网箱的深度、姿态等参数，并能三维显示。软件采用B/S架构，通过局域网或英特网可以访问服务器（控制主机），实现对网箱的监控。

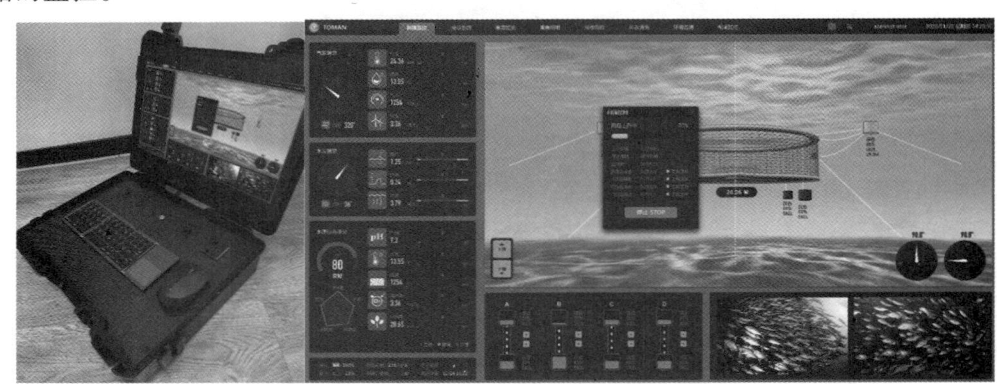

图 7　远程控制主机及控制软件界面

# 2　大黄鱼对深远海养殖主要环境因子的适应性评估

## 2.1　环境因子胁迫对大黄鱼ATP酶活力及血清离子含量的影响

低氧组的$Na^+/K^+$-ATP酶活力在 96 h内呈现递减趋势，而后显著递增（$P<0.05$），至 30 d时达到最高峰。而酸化组的$Na^+/K^+$-ATP酶活力在短期胁迫下一直呈现比较平稳的变化趋势，直到 7 d时出现显著递增趋势（$P<0.05$），并在 15 d时出现最高峰，且显著高于其他处理时间点（$P<0.05$），而后出现回落现象。低氧组的$Ca^{2+}$-ATP酶活力胁迫期间总体呈先增加、后下降、再增加的趋势。酸化-低氧组的$Ca^{2+}$-ATP酶活力从 3 h开始呈现显著

减少（$P<0.05$），至 6 h开始显著增加（$P<0.05$），而后在 12 h开始持续性递减，至 48 h再增加，在 7 d时达到最高峰并极显著地高于其他时间点（$P<0.01$）。

实验期间对照组$Ca^{2+}$含量无显著变化。低氧组的$K^+$含量从 3 h开始呈现显著递增趋势（$P<0.05$），至 48 h出现显著递减趋势（$P<0.05$），至 14 d开始递增直到实验结束，在 30 d时达到最高峰并显著高于其他时间点（$P<0.05$）。酸化−低氧组的$K^+$含量从 3 h开始呈现极显著递增趋势（$P<0.01$），直至 12 h后显著递减（$P<0.05$），至 14 d极显著增加（$P<0.01$），在 14 d时达到最高峰并极显著高于其他时间点（$P<0.01$）。低氧组的$Na^+$含量从 6 h开始呈现显著递增趋势（$P<0.05$），至 24 h出现显著减少现象（$P<0.05$），而后继续递增，至 14 d时达到最高峰。酸化−低氧组的$Na^+$含量在 3 h时出现极显著的增加现象（$P<0.01$），而后出现显著递减趋势（$P<0.05$），至 7 d时出现显著增加现象（$P<0.05$），而后递减直到实验结束，其含量在 3 h时达到最高峰并极显著地高于其他时间点（$P<0.01$）。低氧组的$Cl^-$含量从 3 h开始呈现递减趋势，至 12 h出现显著增加现象（$P<0.05$），而后递减，至 48 h趋于平缓。酸化−低氧组的$Cl^-$含量在 6 h时出现极显著的减少现象（$P<0.01$），至 12 h时显著递增（$P<0.05$），而后在 24 h时递减，其含量在 7 d时达到最高峰。

### 2.2 不同环境因子胁迫对大黄鱼鳃组织结构的影响

对照组的鳃小片细长，柱细胞大小正常，胞间无明显间隙，上皮细胞结构完整，无损伤。低氧组、酸化组、低氧−酸化组的大黄鱼鳃组织均出现不同程度的损伤。低氧组的鳃小片出现出血现象，鳃小片基部出现空洞，上皮细胞出现角质化、抬升、脱离现象，甚至出现上皮细胞与鳃小片分离的现象，红细胞褶皱。酸化组的鳃小片上皮细胞出现脱离现象，黏液细胞增加，泌氯细胞体积变大且数量增加。低氧−酸化组的鳃小片明显变宽，鳃小片基部出现空洞，鳃小片上皮细胞出现增生、肥大、隆起现象，黏液细胞增加，红细胞褶皱。

### 2.3 不同环境因子胁迫对大黄鱼非特异性免疫与抗氧化能力的影响

酸化−低氧组的LZM活力在 3 h时低于初始水平，随后显著（$P<0.05$）高于初始水平，在 48 h时达到峰值并极显著地（$P<0.01$）高于其他时间点。在慢性胁迫下，酸化−低氧组、酸化组、低氧组均表现出恢复至初始水平的趋势。

酸化−低氧组的SOD含量在 3 h、6 h、12 h、24 h、48 h、96 h、7 d、15 d、30 d任一胁迫时间点都与对照组存在极显著差异（$P<0.01$）；低氧组的SOD含量在 3 h、6 h、12 h、24 h、48 h、96 h、7 d时与对照组存在极显著差异（$P<0.01$），在 15 d时存在显著差异（$P<0.05$）；酸化组的SOD含量在 12 h、24 h、96 h时与对照组存在极显著差异（$P<0.01$），3 h时存在显著差异（$P<0.05$）。酸化−低氧组的CAT活力在 3 h、6 h、12 h、24 h、96 h、7 d、30 d胁迫时与对照组存在极显著差异（$P<0.01$），15 d胁迫时存在显著差异（$P<0.05$）；低氧组的CAT活力在 6 h、12 h、24 h、48 h、96 h、30 d胁迫时与对照组存在极显著差异（$P<0.01$），7 d时存在显著差异（$P<0.05$）；酸化组的CAT活力在 3 h、6 h、12 h、24 h、48 h、96 h、

7 d、30 d任一胁迫时间点与对照组存在极显著差异（$P$<0.01）。酸化–低氧组的MDA含量在3 h、12 h、24 h、48 h、96 h、15 d、30 d胁迫时与对照组存在极显著差异（$P$<0.01）；低氧组的MDA含量在3 h、6 h、12 h、24 h、48 h、96 h、7 d、15 d、30 d任一胁迫时间点都与对照组存在极显著差异（$P$<0.01）；酸化组的MDA含量在3 h、6 h、12 h、24 h、48 h、96 h、15 d、30 d胁迫时与对照组存在极显著差异（$P$<0.01），在7 d胁迫时存在显著差异（$P$<0.05）。

# 3　基于多孔介质模型的养殖装备网衣水动力特性研究

规则波研究发现，随着密实度的增加，网衣对波浪的阻尼作用逐渐增强。令波幅与波浪圆频率的乘积为特征速度，则网衣的阻力大小近似与特征速度呈线性关系，给出了阻力与速度的关系式。以网绳直径与波长的比值作为特征参数，随着这一参数的增大，波浪的透射系数逐渐增加。由于网绳直径比波长是一个小量，透射系数与这一比值近似呈线性关系（图8）。

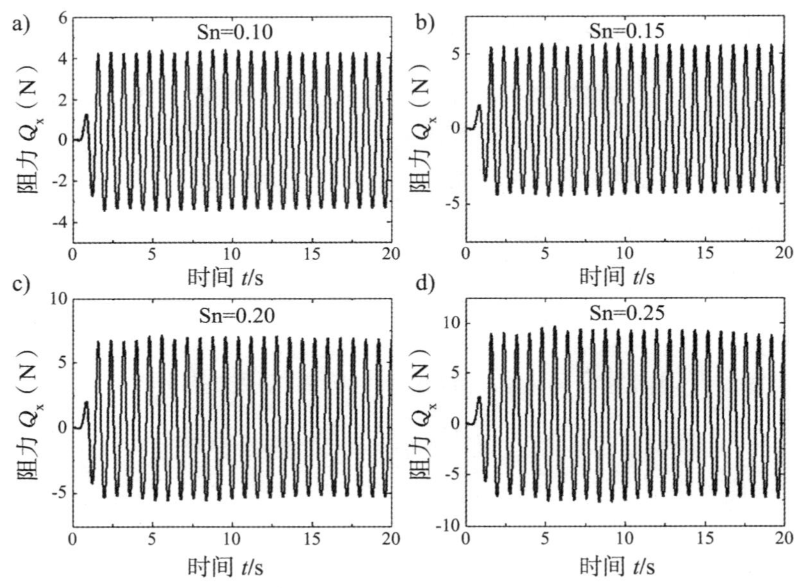


**图8　不同Sn下的阻力时历及不同U下的阻力时历**

聚焦波研究中发现，在与网衣作用会之后，波浪的频域分布没有明显变化，只是幅值有小幅降低；随着波陡的增大，网衣的阻力呈增大态势（图9）。

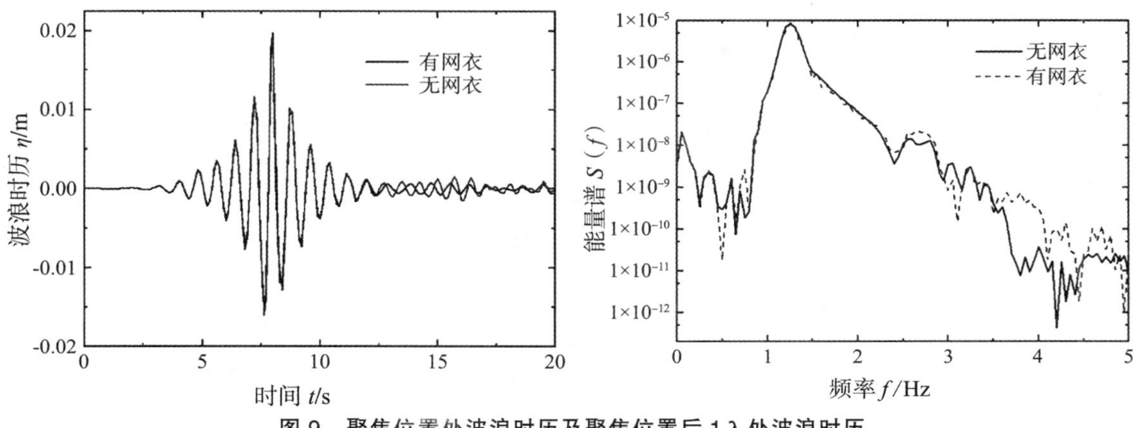


**图 9　聚焦位置处波浪时历及聚焦位置后 1 λ 处波浪时历**

网衣阻力的预报的数值拟合结果近似为一个曲面，从而可以为阻力的预测分析、网衣参数的设计提供一定的参考（图 10）。

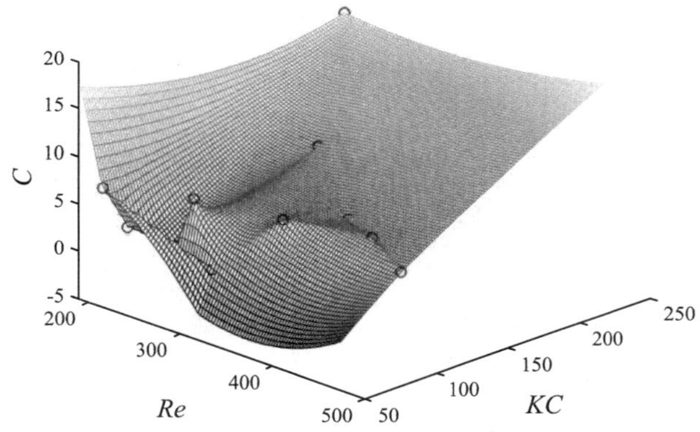


**图 10　F_D/0.5a ρ VS=f（Re, KC, Sn）=C拟合模型**

# 4　低氧驯化可改善铜胁迫下大黄鱼线粒体的能量代谢功能

低氧驯化不影响线粒体的超微结构和活性氧（ROS），但降低了氧化磷酸化（OXPHOS）效率。铜暴露损伤了线粒体超微结构，增加了ROS生成，抑制了OXPHOS效率。与铜暴露相比，低氧驯化+铜暴露可以通过提高线粒体呼吸控制率、线粒体膜电位以及电子传递链酶的活性和基因表达来减少ROS的产生，并提高OXPHOS的效率。综上所述，低氧驯化改善了铜胁迫下大黄鱼线粒体能量代谢（图 11）。

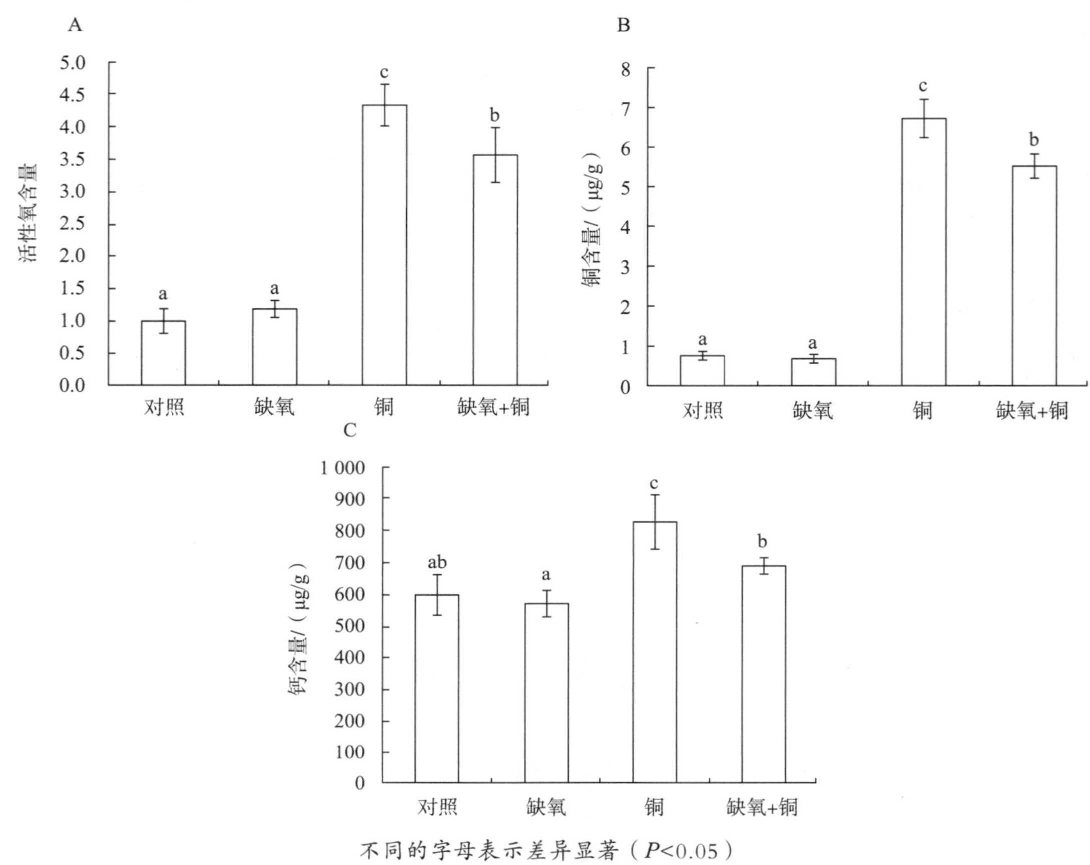


不同的字母表示差异显著（$P<0.05$）

**图 11 大黄鱼暴露在铜和缺氧环境下肝脏线粒体中ROS（A）、铜含量（B）和钙含量（C）的变化**

# 5 小肽对大黄鱼仔鱼生长和小肠发育的影响及其在低温胁迫下的抗氧化应激反应

不同浓度小肽均显著增加了轮虫和卤虫的必需氨基酸和总氨基酸含量（$P<0.05$），显著增加了大黄鱼仔鱼的体长及小肠绒毛高度、数量和组织面积（$P<0.05$）（图 12）。小肽通过显著提高低温胁迫下大黄鱼仔鱼的谷胱甘肽（GSH）含量、抗氧化酶基因和非特异性免疫酶基因表达水平来显著降低活性氧（ROS）含量（$P<0.05$），从而缓解低温胁迫诱导的氧化损伤。核转录因子NF−E2 相关因子 2（*Nrf*2）和核转录因子− κB（*NF-κB*）基因表达水平分别与抗氧化酶基因和非特异性免疫酶基因表达水平呈显著正相关（$P<0.05$），并均与ROS含量呈显著负相关（$P<0.05$），表明*Nrf*2 和*NF−κB*分别在抗氧化反应和非特异性免疫反应中发挥重要作用（图 13）。综上所述，小肽能够提高轮虫和卤虫的必需氨基酸和总氨基酸含量，从而改善大黄鱼仔鱼的生长和小肠发育及缓解低温胁迫诱导的氧化损伤。

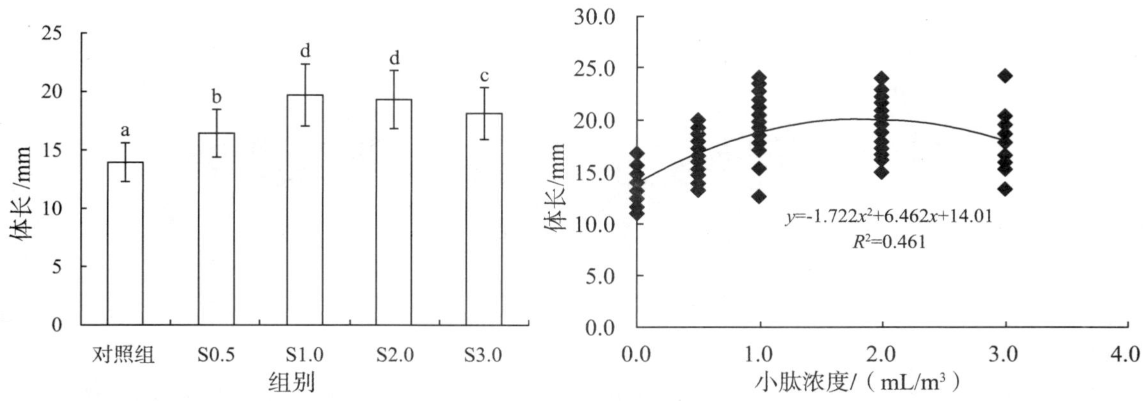


图 12　小肽对大黄鱼仔鱼生长的影响

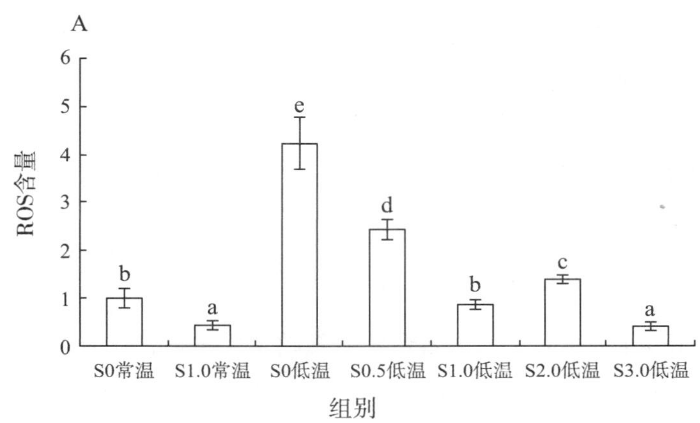


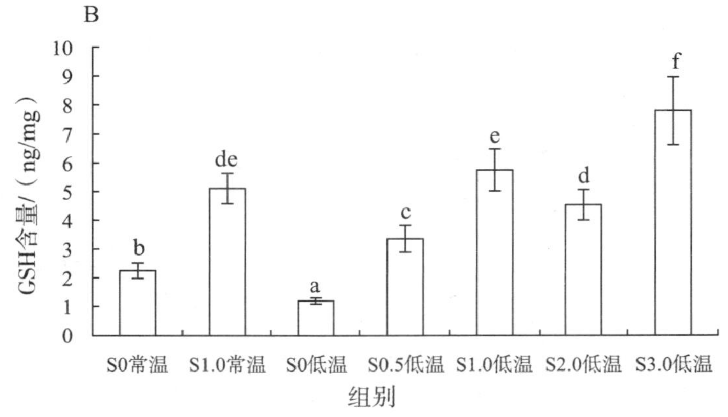


图 13　小肽对低温胁迫下大黄鱼仔鱼ROS（A）和GSH（B）含量的影响

（岗位科学家　王鲁民）

# 海水鱼保鲜与贮运技术研发进展

海水鱼保鲜与贮运岗位

2021 年海水鱼保鲜与贮运岗位重点开展了养殖大黄鱼商品化保鲜贮运新技术的研发，获得臭氧水对大黄鱼特定腐败菌作用机制、静态和动态臭氧流化冰处理大黄鱼的工艺；参加白蕉海鲈全产业链经营模式关键技术研究与示范，获得了超声处理的保鲜工艺和超声联合微酸性电解水处理的工艺；研究了海鲈有水保活工艺及对其品质影响。

## 1　大宗养殖大黄鱼商品化保鲜贮运新技术研发

### 1.1　臭氧水对大黄鱼特定腐败菌作用机制分析

研究了 1.8 mg/mL的臭氧水对大黄鱼特定腐败菌（腐败希瓦氏菌与腐生葡萄球菌）的作用机制。由图 1 至图 4 可知，经 1.8 mg/mL的臭氧水处理的特定腐败菌细胞破损严重，改变了细胞膜通透性，蛋白质、核酸等细胞质成分泄漏，最终导致菌体死亡。由扫描电镜结果得出，臭氧水处理可导致腐败希瓦氏菌表面皱缩破裂，使腐生葡萄球菌细胞内物质泄露。

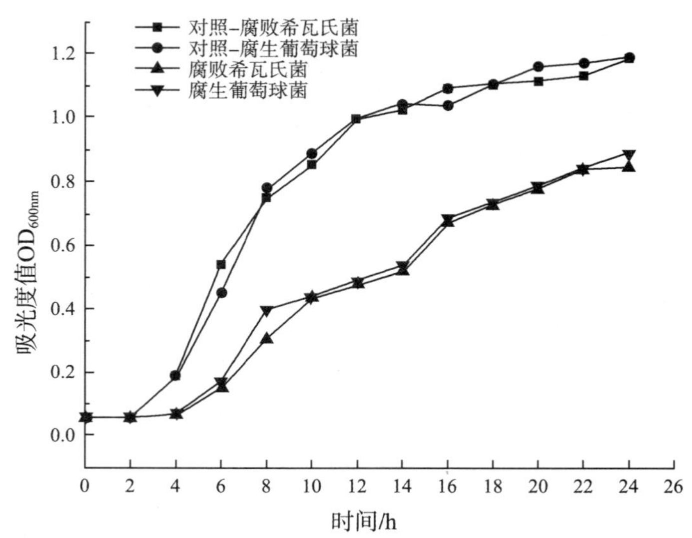


**图 1　臭氧水处理对腐败希瓦氏菌和腐生葡萄球菌生长曲线变化影响**

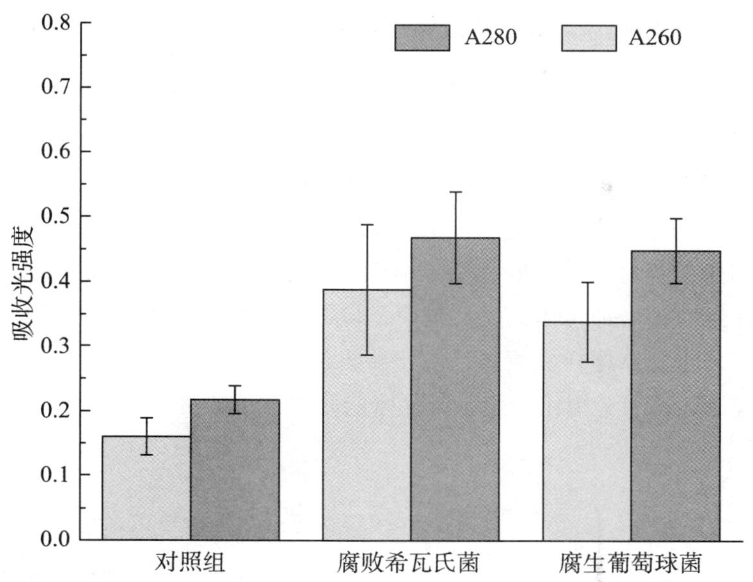


图 2　臭氧水处理对腐败希瓦氏菌和腐生葡萄球菌DNA蛋白质泄露变化影响

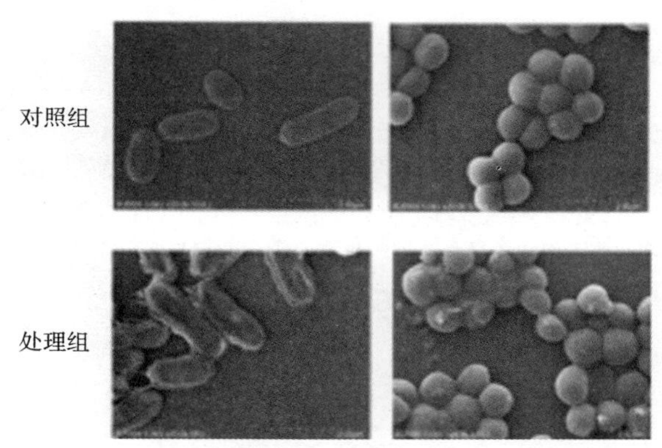


图 3　臭氧水处理对腐败希瓦氏菌和腐生葡萄球菌形态结构变化影响

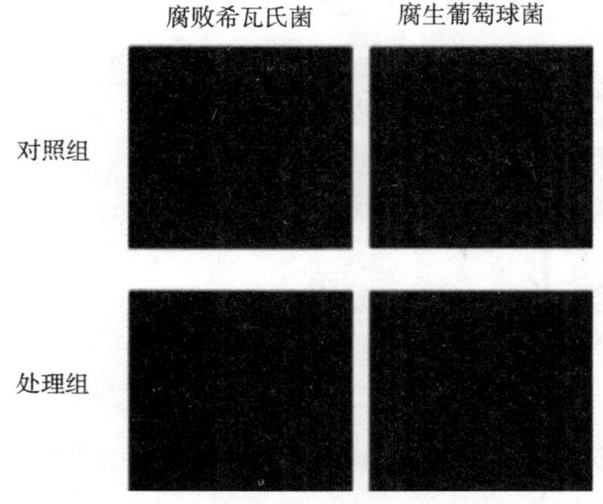


图 4　臭氧水处理后腐败希瓦氏菌和腐生葡萄球菌的激光共聚焦扫描显微

## 1.2 探究静态和动态流化冰对大黄鱼蛋白质及鲜度品质作用效果

研究静态和动态流化冰对大黄鱼蛋白质及鲜度品质的影响，设置静态碎冰组、动态碎冰组、静态流化冰组及动态流化冰组。动态组置于模拟运输振动台上（55 r/min）振荡 24 h，每 12 h更换一次冰。由图 5 至图 8 可知，随贮藏时间的延长，大黄鱼的pH和嗜冷菌数显著上升，$Ca^{2+}$–ATP酶活性显著下降（$P<0.05$）。与静态贮藏大黄鱼相比，动态处理会加速鱼体微生物的生长和鱼肉品质的劣变。由感官分析图可以看出，动态处理会加大鱼体间摩擦，破坏鱼体组织，增加鱼体的交叉感染，该结果与嗜冷菌数变化一致。由LF–NMR与MRI图结果可知，与碎冰组样品相比，流化冰组保持较高的持水性。动态处理加速了鱼体腐败，与静态碎冰（12 d）相比，静态流化冰能使大黄鱼的货架期延长至少 6 d。

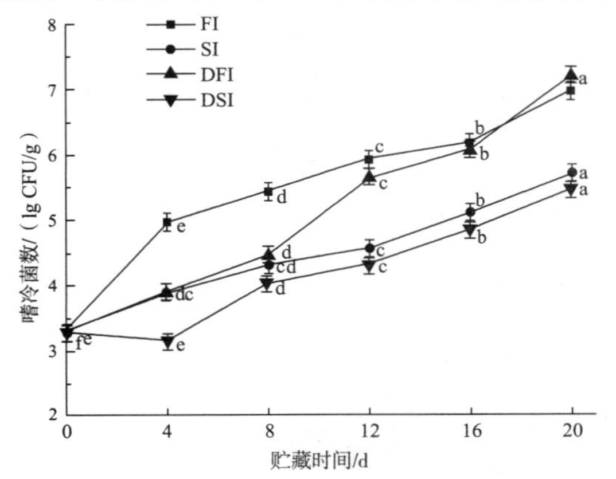


静态碎冰（FI）、流化冰（SI）、动态碎冰（DFI）、动态流化冰（DSI）；不同小写字母表示组内差异显著（$P<0.05$）

**图 5 大黄鱼在不同状态流化冰中贮藏期间的嗜冷菌数变化**

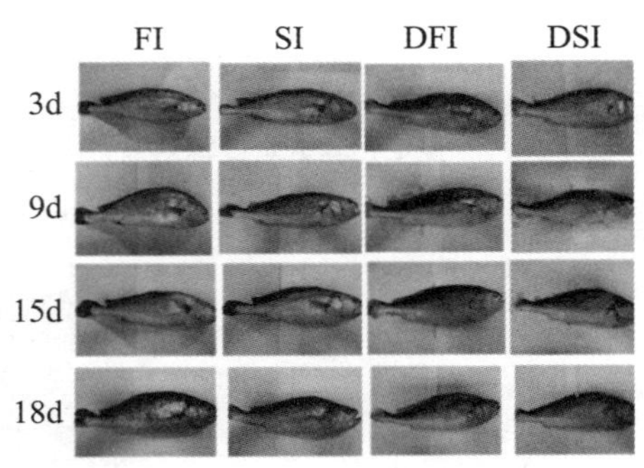


FI. 静态碎冰 SI. 流化冰 DFI. 动态碎冰 DSI. 动态流化冰

**图 6 大黄鱼在不同状态流化冰中贮藏期间的感官变化**

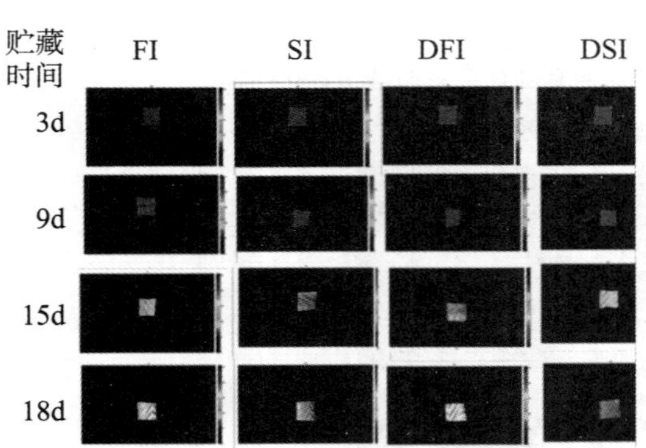


FI. 静态碎冰 SI. 流化冰 DFI. 动态碎冰 DSI. 动态流化冰

**图 7 大黄鱼在不同状态流化冰中贮藏期间的MRI变化**

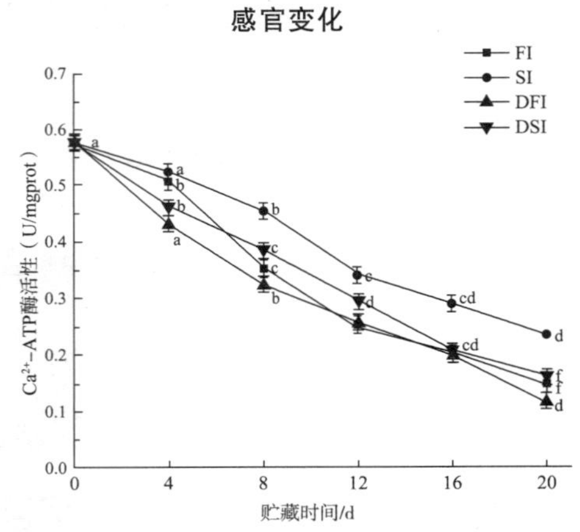


静态碎冰（FI）、流化冰（SI）、动态碎冰（DFI）、动态流化冰（DSI）；不同小写字母表示组内差异显著（$P<0.05$）

**图 8 大黄鱼在不同状态流化冰中贮藏期间的$Ca^{2+}$–ATP酶活性变化**

### 1.3　臭氧流化冰对大黄鱼贮藏期间脂肪氧化及品质变化影响

研究了臭氧流化冰对大黄鱼贮藏期间脂肪氧化及品质变化影响，实验设置碎冰组、流化冰组和臭氧流化冰组。结果表明，与碎冰组相比，流化冰和臭氧流化冰组处理能显著延缓大黄鱼贮藏期间菌落总数的升高，减缓pH、K值及生物胺含量的增加。臭氧流化冰处理会使样品贮藏期间TBA值升高，加速脂肪氧化，可能由于臭氧的强氧化性导致鱼体内脂肪氧化。此外发现，与碎冰相比，流化冰处理能显著抑制大黄鱼TVB-N值的上升，且随贮藏时间的延长，呈下降趋势。综上，臭氧流化冰可有效抑制微生物的生长，延缓大黄鱼贮藏期间的品质劣变，但同时亦会导致鱼体脂肪的轻微氧化。与碎片冰处理（12 d）相比，流化冰与臭氧流化冰可延长大黄鱼贮藏货架期 6 d与 9 d（图 9、图 10）。

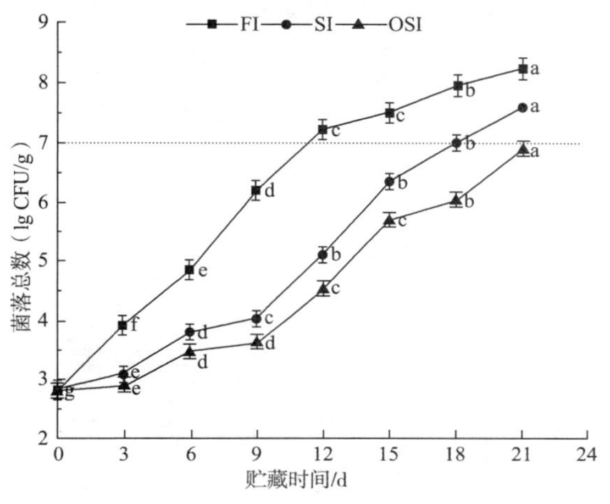


FI. 碎冰组　SI. 流化冰组　OSI. 臭氧流化冰组不同小写字母表示组内差异显著（$P<0.05$）

**图 9　大黄鱼在不同保鲜冰中贮藏期间的菌落总数变化（缩写同图 5）**

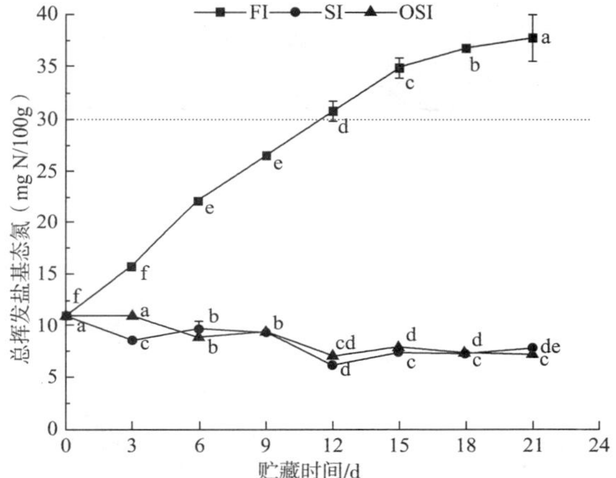


FI. 碎冰组　SI. 流化冰组　OSI. 臭氧流化冰组不同小写字母表示组内差异显著（$P<0.05$）

**图 10　大黄鱼在不同保鲜冰中贮藏期间的TVB-N值变化（缩写同图 5）**

## 2　海鲈商品化保鲜贮运新技术研发

### 2.1　超声前处理对冷藏海鲈鱼品质及蛋白质特性的影响

研究了超声处理时间对海鲈鱼冷藏期间品质及蛋白质特性变化影响，将新鲜鲈鱼片分别使用 20 kHz、600 W的超声处理 5 min（U1）、10 min（U2）与 20 min（U3），未超声的无菌水处理样品为对照组（CK），四组样品沥干后装入无菌PE袋中，于 4℃冰箱中贮藏。样品经超声处理后结果见图 11 和图 12，其菌落总数、嗜冷菌数、pH与TVB-N值的增长速度明显缓于对照组；肌原纤维碎片化指数（MFI）的增幅高于对照组，硬度值相应降低，可见超声处理使样品嫩度相应提高。然而，其$Ca^{2+}$-ATP酶活性与总巯基含量同超声处理时间负相关，表明超声处理会使样品的蛋白质结构破坏。由荧光强度分析可知，与对照组相比，超声处理可延缓样品贮藏期间荧光强度的下降，尤其以U2 处理效果最佳。综上所述，以超声处理 10 min对样品的综合品质保持效果相对较好，与对照组（8 d）相比，其可至少延长冷藏海鲈货架期 2 d。

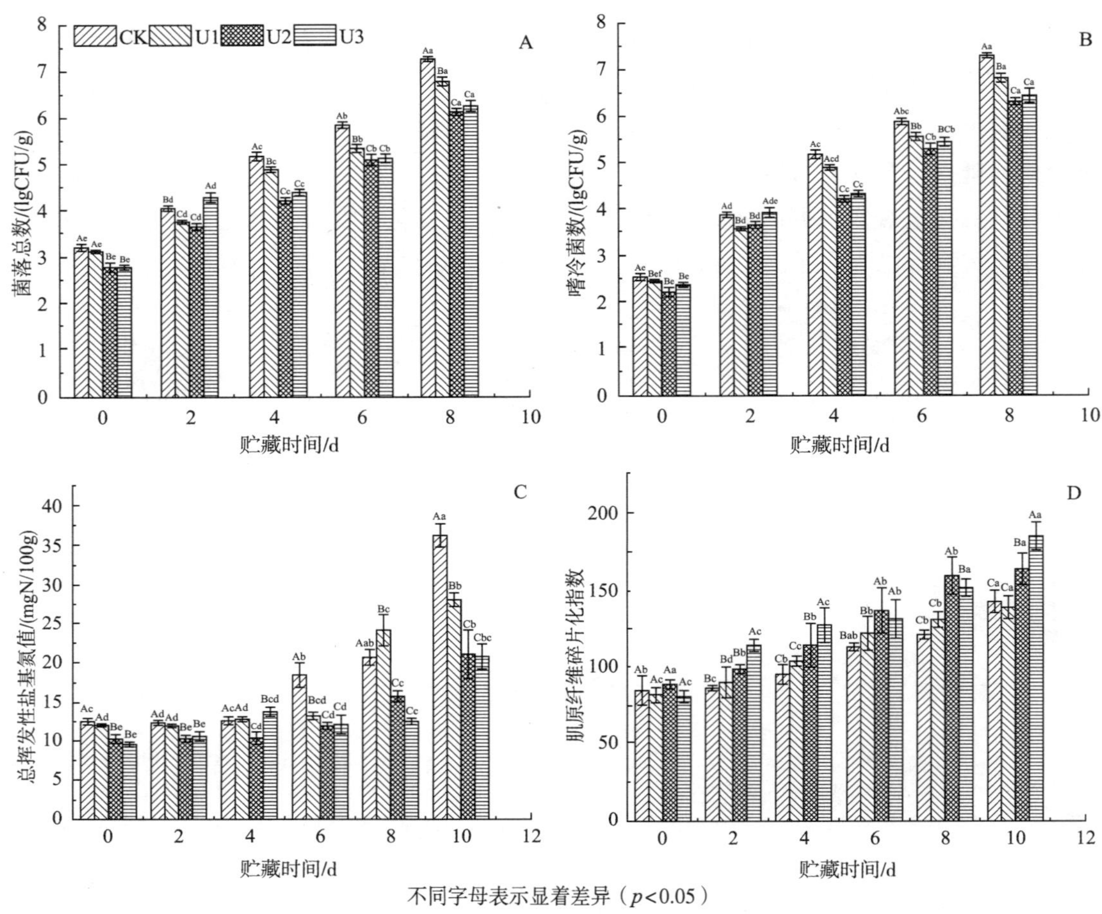


CK：未处理组，U1：20 kHz、600 W的超声处理 5 min，U2：20 kHz、600 W的超声处理 10 min，U3：20 kHz、600 W的超声处理 20 min

**图 11　超声时间对海鲈鱼冷藏期间菌落总数（A）、嗜冷菌数（B）、TVB-N值、肌原纤维碎片化指数的变化影响。**

## 2.2　超声联合微酸性电解水处理对冷藏海鲈品质变化影响

将新鲜鲈鱼片分别使用 20 kHz、600 W超声（US）、微酸性电解水（SAEW）、超声联合微酸性电解水（US+SAEW）处理 10 min，以无菌水浸渍处理 10 min样品为对照组（CK），四组样品沥干后装入无菌PE袋中，于 4 ℃冰箱中贮藏。结果表明（见图 12），US+SAEW处理可抑制TVC、PBC与希瓦氏菌数的增长，减缓TVB-N、TBA、pH与K值的升高。TVC和TVB-N值分析结果表明，CK组样品在第 8 天达到腐败，而SAEW处理能明显抑制微生物生长，US处理可改善鱼肉质地。与对照组（8 d）相比，US与SAEW联合处理可使海鲈的冷藏货架期延长 4 d。

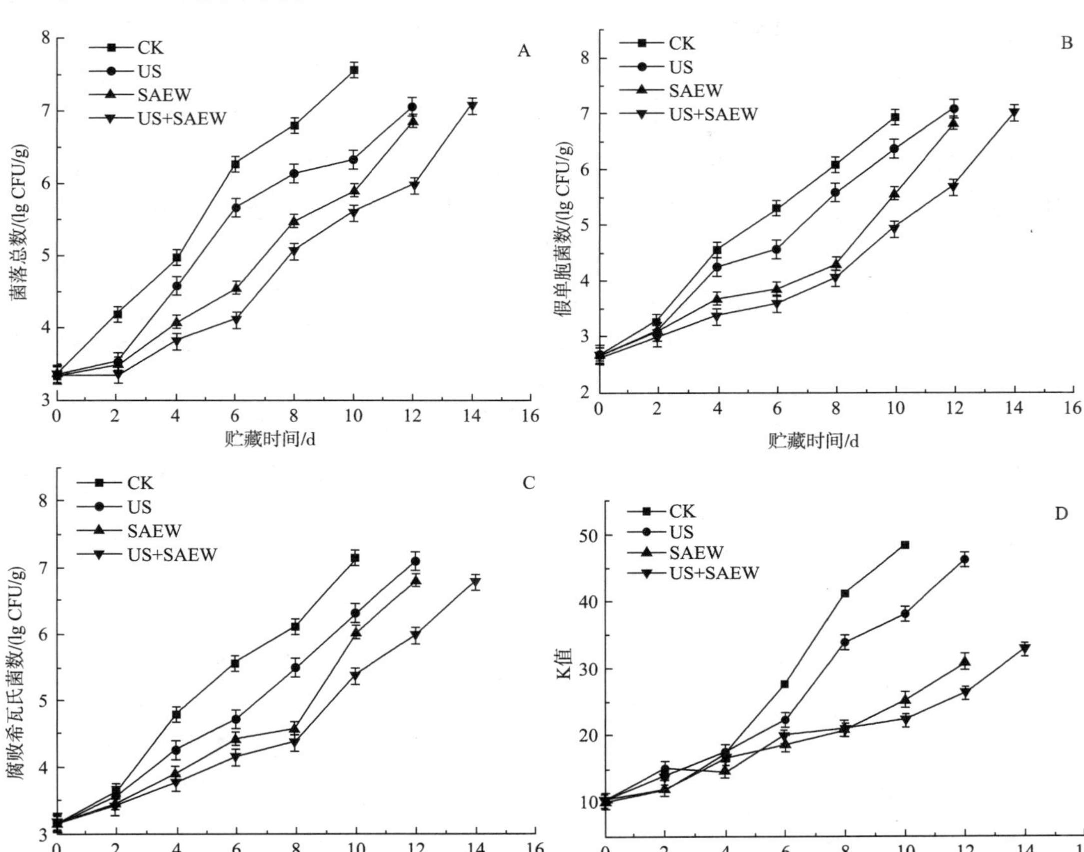


US：20 kHz、600 W超声 10 min，SAEW：微酸性电解水浸渍处理 10 min，US+SAEW：超声联合微酸性电解水处理 10 min，CK：未处理组

**图 12 不同处理方式对海鲈鱼冷藏期间菌落总数（A）、假单胞菌数（B）、腐败希瓦氏菌数（C）、TVB-N（D）和K值（E）的变化影响**

# 3 海鲈有水保活工艺及对其品质影响的研究

## 3.1 研究海鲈保活运输过程中盐度、密度和温度胁迫对海鲈的应激反应以及对运输后营养风味的影响

以海鲈为研究对象，探讨低温保活运输对其血液生化和肌肉理化指标的影响。实验首先分别测定了温度、盐度、密度和暂养时间对海鲈鱼运输存活率的影响；其次，将海鲈鱼以 3℃ /h的降温速率降温至保活运输温度 12℃、16℃和 20℃，以室温下不运输的海鲈作为对照组，分别在模拟运输第 12 h、24 h、36 h、48 h、60 h、72 h和运输结束恢复 12 h后测

定水质、血液生化和肌肉理化指标。结果表明：在温度 12℃、盐度 16、鱼水比 1 ：（8~10）、暂养时间 36 h条件下，保活运输后的存活率最高。在整个保活运输过程中，水质随着温度的升高呈显著下降趋势（$P$<0.05）。血清乳酸脱氢酶、谷草转氨酶和谷丙转氨酶活性以及皮质醇水平显著升高（$P$<0.05），血糖和应激蛋白呈先升高后降低的趋势。运输结束恢复 12 h后，12℃组海鲈应激蛋白、乳酸脱氢酶、谷草转氨酶和谷丙转氨酶活性恢复至对照组状态。肌肉中总蛋白和乳酸水平呈显著上升趋势，肌糖原、硬度和咀嚼性显著降低（$P$<0.05），保活运输前后海鲈肌肉pH、持水力和弹性无显著性变化（$P$>0.05）。海鲈长途运输的最佳保活温度为 12℃、盐度 16、鱼水比 1 ：（8~10），在该条件下保活运输 72 h，海鲈鱼的存活率为 100%，恢复 12 h后的存活率为 98%。该研究结果为海鲈及其他海水鱼类的保活运输提供参考。

（1）不同运输条件对海鲈运输存活率的影响见图 13。

（2）随着保活时间的延长，水质逐渐恶化，海鲈在不同温度运输条件下对水体指标的影响见图 14。

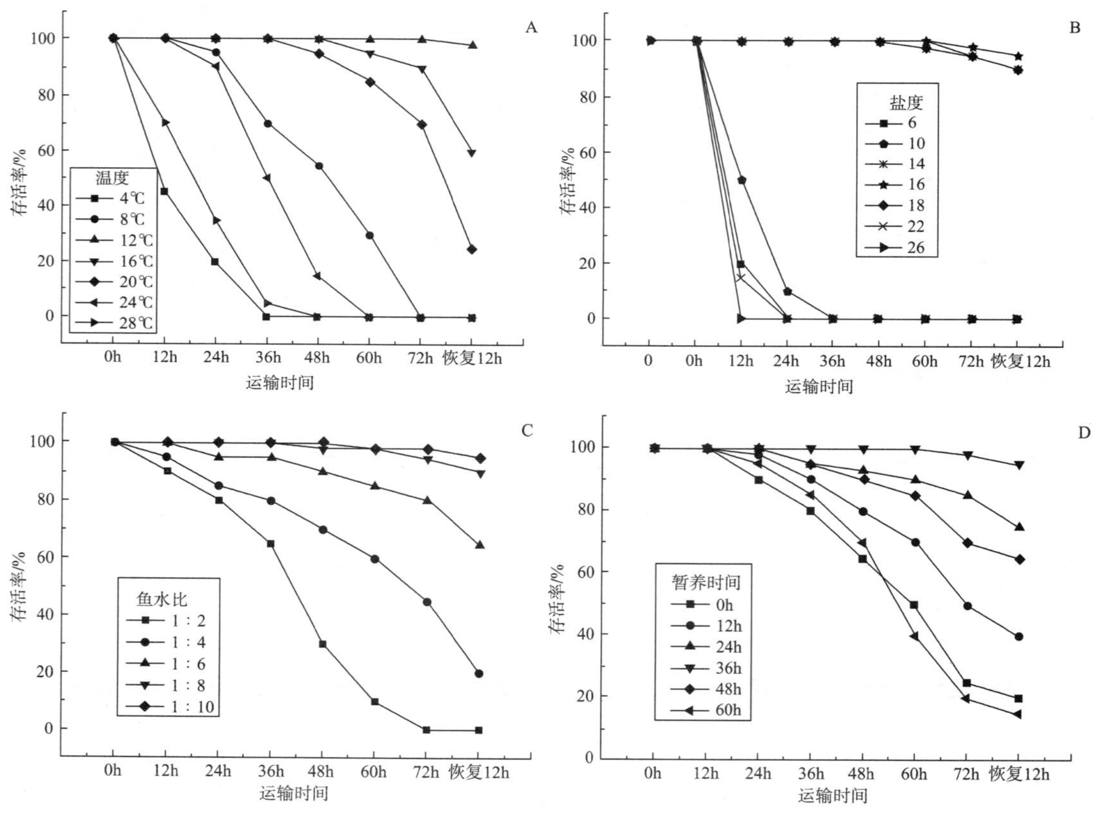


**图 13　温度（A）、盐度（B）、鱼水比（C）和暂养时间（D）对海鲈鱼运输存活率的影响**

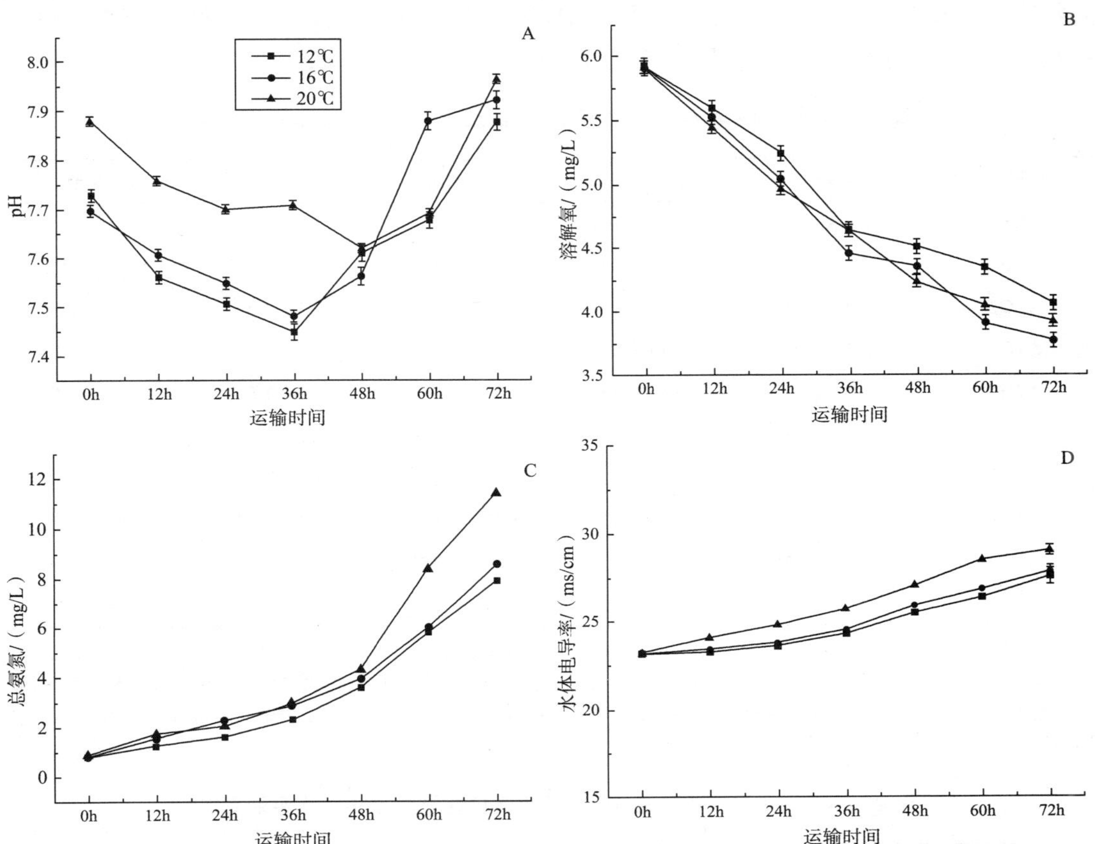


**图 14　温度对保活运输水体中pH（A）、溶解氧（B）、总氨氮（C）与电导率（D）的影响**

## 3.2　海鲈在有水活运中缺氧胁迫诱发的应激反应、唤醒速率对其肝脏和鳃纤维结构以及代谢通路的影响

海鲈暂养 6 h后经冷水机以 3℃ /h降温速率将暂养箱中水温从 22~23℃降至临界温度4℃，从水中捞出后包装，包装内充氧气浓度（60%、80%、98%），模拟无水活运环境运输 8 h，运输结束后以（1℃ /h、5℃ /h、直接室温）的升温方式唤醒。由表 1 可知，随着运输时间的延长，包装充氧浓度为 60%时MDA含量在三个包装组中处于较低值，包装充氧浓度为 80%时SOD值在整个运输过程中均处于较高水平。比较运输 8 h和运输 8 h后数据发现 5℃ /h唤醒操作SOD值偏高、MDA值偏低，表明这项操作有利于花鲈抗氧化能力的增强。运输操作导致花鲈体表黏液溶菌酶（LSZ）含量降低，5℃ /h唤醒操作后恢复较好。鱼鳃组织形态也因运输操作受到影响（图 15 至图 17），鳃丝明显肿胀，鳃小片出现融合黏连；鳃小片表面主要因无水操作造成皱起不平，圆形颗粒与窦状隙形状未见明显异常；鳃丝内部游离线粒体增多且趋于表皮，表皮边缘微嵴变粗。研究表明：包装充氧浓度为 60%~80%时，以 5℃ /h的升温速度升至室温唤醒可以很好地保证花鲈的抗氧化能力。

唤醒速率对鳃组织形态没有影响，充氧 80%包装运输 8 h鱼鳃组织形态更接近CK组，且充氧 80%更经济，建议将包装充氧浓度设在 60%~80%，唤醒速率设定为 5℃ /h。

**表 1　不同充氧浓度和唤醒速率对无水活运花鲈血清SOD水平的影响**

| 组别/测定时间 | 运输 0 h | 运输 1 h | 运输 2 h | 运输 8 h | 运输 8 h后 |
|---|---|---|---|---|---|
| CK | 5.38 ± 0.29 | | | | |
| A1G1： | 9.37 ± 1.46[a] | 4.56 ± 1.54[a] | 6.34 ± 1.44[ab] | 5.92 ± 1.55[b] | 2.31 ± 0.77[b] |
| A1G2： | 8.98 ± 1.23[a] | 5.97 ± 0.94[a] | 8.58 ± 1.65[a] | 5.33 ± 1.04[b] | 4.11 ± 0.86[b] |
| A1G3： | 9.31 ± 2.01[a] | 5.26 ± 1.55[a] | 6.25 ± 0.47[a] | 6.29 ± 0.07[b] | 3.09 ± 0.51[b] |
| A2G1： | 9.20 ± 2.74[a] | 3.77 ± 1.89[a] | 6.86 ± 2.05[ab] | 9.43 ± 2.20[a] | 8.93 ± 0.48[a] |
| A2G2： | 8.91 ± 1.11[a] | 5.77 ± 1.46[a] | 4.49 ± 1.11[b] | 4.97 ± 1.71[b] | 7.26 ± 0.83[a] |
| A2G3： | 9.37 ± 1.63[a] | 5.63 ± 1.74[a] | 6.69 ± 1.20[ab] | 7.19 ± 0.68[ab] | 9.36 ± 0.63[a] |
| A3G1： | 9.14 ± 1.09[a] | 4.23 ± 0.37[a] | 4.83 ± 1.37[ab] | 5.72 ± 0.47[b] | 2.69 ± 0.16[b] |
| A3G2： | 8.99 ± 1.47[a] | 5.89 ± 1.57[a] | 7.24 ± 1.35[a] | 6.33 ± 0.85[b] | 2.92 ± 0.05[b] |
| A3G3： | 8.39 ± 1.35[a] | 5.98 ± 1.66[a] | 6.92 ± 1.03[a] | 5.90 ± 0.33[b] | 1.92 ± 0.19[c] |

注：数据表示为平均数 ± 标准差，不同小写英文字母为不同处理组同一时间点的差异显著，$P<0.05$（$n=10$）。A1.模拟运输 8 h后放入 4℃水中以 1℃ /h升温唤醒　A2.模拟运输 8 h后放入 4℃水中以 5℃ /h升温唤醒　A3.模拟运输 8 h后直接放入室温水中唤醒　G1.模拟运输包装装中充氧量 60%　G2.模拟运输包装袋中充氧量 80%　G3.模拟运输包装袋中充氧量 98%。

**表 2　不同充氧浓度和唤醒速率对无水活运花鲈血清MDA水平的影响**

| 组别/测定时间 | 运输 0 h | 运输 1 h | 运输 2 h | 运输 8 h | 运输 8 h后 |
|---|---|---|---|---|---|
| CK | 14.93 ± 1.54 | | | | |
| A1G1： | 24.89 ± 1.24[a] | 20.98 ± 1.03[c] | 26.47 ± 0.24[c] | 32.36 ± 0.57[d] | 30.67 ± 1.47[b] |
| A1G2： | 24.92 ± 0.98[a] | 33.74 ± 2.65[a] | 41.54 ± 1.02[b] | 44.29 ± 0.23[a] | 27.37 ± 1.09[b] |
| A1G3： | 24.29 ± 0.56[a] | 26.57 ± 1.46[b] | 40.02 ± 2.72[b] | 40.37 ± 0.62[b] | 30.36 ± 1.80[b] |
| A2G1： | 25.00 ± 0.01[a] | 15.71 ± 1.19[d] | 25.59 ± 1.78[c] | 31.31 ± 1.26[d] | 27.38 ± 2.38[b] |
| A2G2： | 23.21 ± 1.79[a] | 31.67 ± 2.38[a] | 42.38 ± 1.90[b] | 40.36 ± 0.59[b] | 29.29 ± 1.95[b] |
| A2G3： | 24.34 ± 1.31[a] | 22.02 ± 0.59[c] | 47.38 ± 1.52[a] | 36.91 ± 2.38[c] | 27.02 ± 1.78[b] |
| A3G1： | 23.92 ± 1.66[a] | 16.37 ± 2.04[d] | 27.37 ± 1.50[c] | 42.46 ± 1.74[a] | 36.94 ± 2.69[a] |
| A3G2： | 25.14 ± 1.36[a] | 32.58 ± 1.03[a] | 39.36 ± 0.79[b] | 41.82 ± 1.05[b] | 35.66 ± 1.94[a] |
| A3G3： | 24.72 ± 1.09[a] | 25.36 ± 1.24[b] | 45.94 ± 0.45[a] | 45.03 ± 1.46[a] | 37.23 ± 1.79[a] |

注：数据表示为平均数 ± 标准差，不同小写英文字母为不同处理组同一时间点的差异显著，$P<0.05$（$n=10$）。

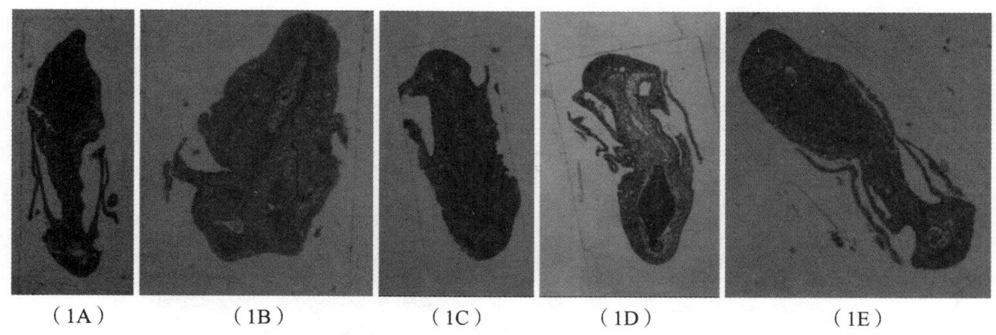


**图 15　包装充氧浓度对无水活运花鲈鳃丝横截面显微形态的影响（400 ×）**

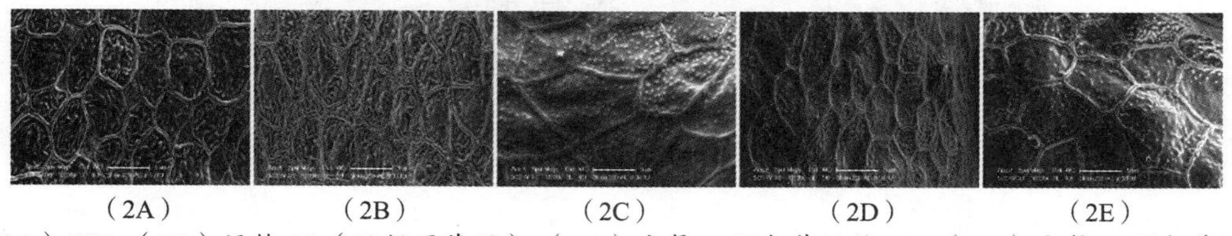


（2A）CK；（2B）运输 0h（只经历降温）；（2C）充氧 60%包装运输 8h；（2D）充氧 80%包装运输 8h；（2E）充氧 98%包装运输 8h

**图 16　包装充氧浓度对无水活运花鲈鳃小片表面超微形态的影响（5 μ m）**

（3A）CK；（3B）运输 0h（只经历降温）；（3C）充氧 60%包装运输 8h；（3D）充氧 80%包装运输 8h；（3E）充氧 98%包装运输 8h

**图 17　包装充氧浓度对无水活运花鲈鳃丝内部超微结构的影响（2 μ m）**

### 3.3　香蜂草精油（MOEO）在海鲈保活运输中对组织损伤和免疫功能的影响

研究了MOEO在低温条件下进行模拟保活运输对海鲈鳃组织形态结构、肝组织损伤和免疫能力的影响，以优化海鲈活体运输过程中麻醉剂和镇定剂的浓度。在模拟保活运输 72 h后，经 40 mg/L MOEO（A3）处理后的海鲈比其他各处理组的鳃组织损伤程度小（图 18）。丙酮酸激酶（PK）、磷酸果糖激酶（PFK）、己糖激酶（HK）、肝糖原（Gly）、超氧化物歧化酶（SOD）、脂质过氧化物（MDA）和Caspase-3 半胱天冬酶的检测结果表明（图 19、图 20），A3 组的糖酵解率、能量消耗、脂质过氧化和肝细胞凋亡水平均最低。此外，溶菌酶（LZM）和鱼免疫球蛋白（IgM）的检测结果表明A3 组免疫水平最高。保活运输 72 h后，B（30 mg/L MS-222）处理组中海鲈的运输存活率为 100%；A2（20 mg/L MOEO）和A3 处理组的海鲈运输存活率均为 96%，比CK（不添加麻醉剂和香蜂草精油）中的运输存活率高 46%，比C（20 mg/L丁香酚）处理组中的运输存活率高 2 %。在长途模拟保活运输水体中添加 40 mg/L MOEO对海鲈具有很好的镇定和麻醉作用，且可以有效减缓保活运输对鱼体的应激反应和组织损伤。

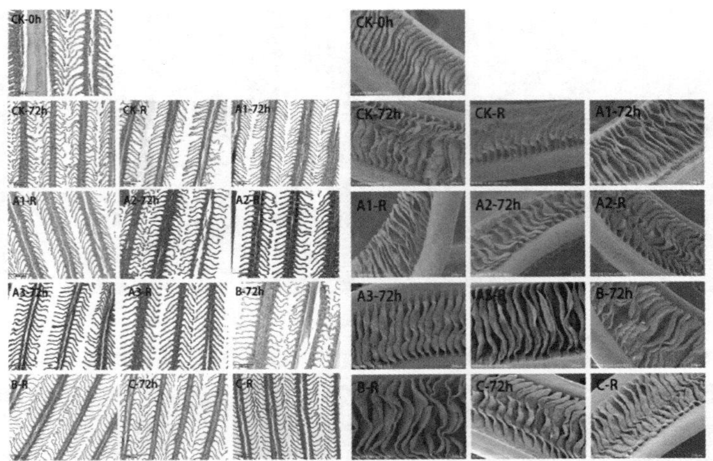


A1：10 mg/L MOEO，A2：20 mg/L MOEO，A3：40 mg/L MOEO，B：30 mg/L MS-222，C：20 mg/L丁香酚，CK：无添加；运输 72 h或恢复 12 h（R）

**图 18　不同处理组中的海鲈鱼在保活运输前后鳃组织结构形态的变化（左：H&E染色切片；右：扫描电子显微镜）。**

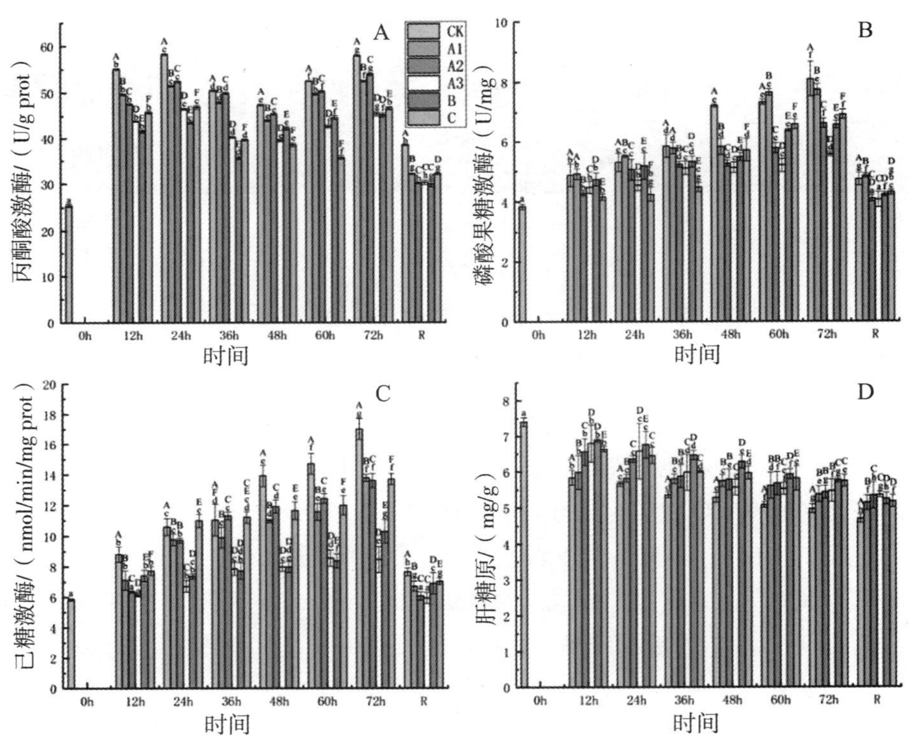


A1：10 mg/L MOEO，A2：20 mg/L MOEO，A3：40 mg/L MOEO，B：30 mg/L MS-222，C：20 mg/L丁香酚，CK：无添加。不同小写字母代表不同运输时间的组内差异显著（$P<0.05$）；不同大写字母代表同一运输时间的组间差异显著（$P<0.05$）

**图 19　不同处理组的海鲈鱼在保活运输过程中其体内丙酮酸激酶（PK，A）、磷酸果糖激酶（PFK；B）、己糖激酶（HK，C）、肝糖原（Gly，D）的变化**

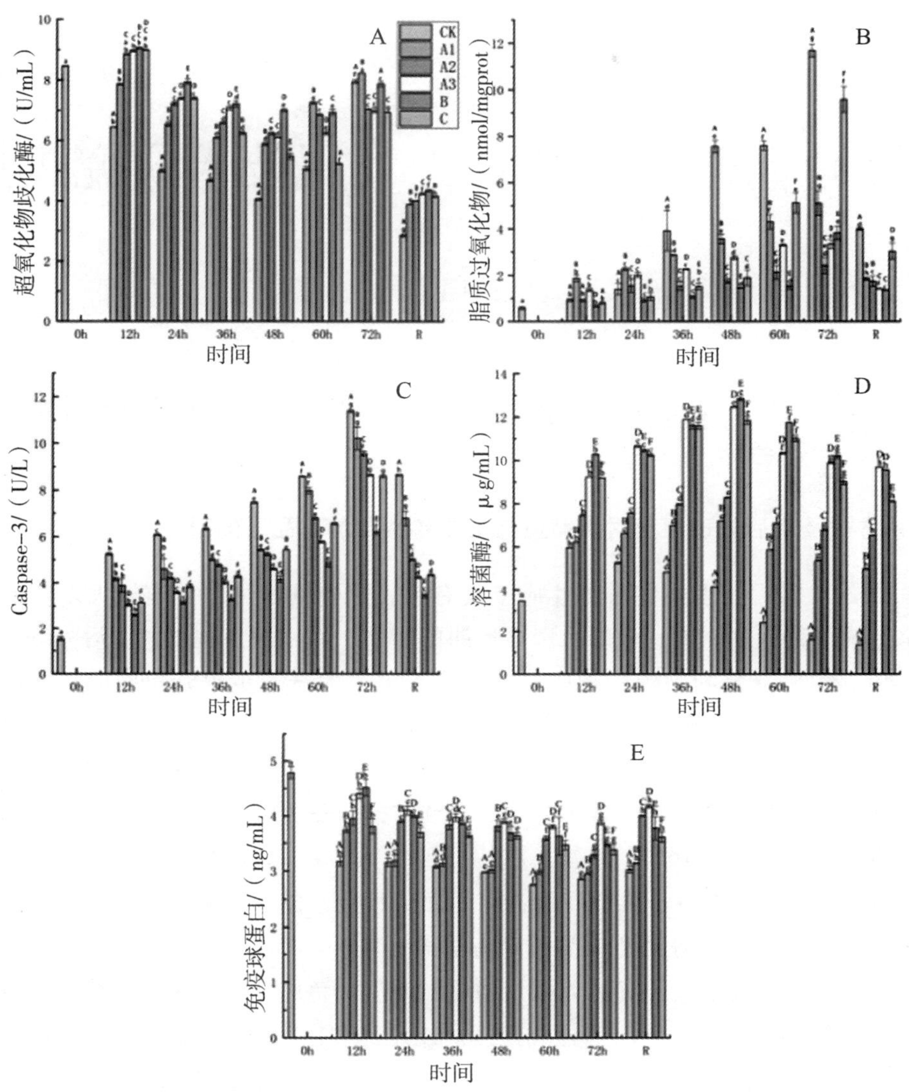


A1：10 mg/L MOEO，A2：20 mg/L MOEO，A3：40 mg/L MOEO，B：30 mg/L MS-222，C：20 mg/L丁香酚，CK：无添加。不同小写字母代表不同运输时间的组内差异显著（$P<0.05$）；不同大写字母代表同一运输时间的组间差异显著（$P<0.05$）

**图 20　不同处理组的海鲈鱼在保活运输过程中其体内超氧化物歧化酶（SOD，A）、脂质过氧化物（MDA，B）、Caspase-3（C）、溶菌酶（LZM，D）和免疫球蛋白（IgM，E）的变化**

（岗位科学家　谢　晶）

# 海水鱼高值化综合加工利用技术研究进展

鱼品加工岗位

## 1　不同宰杀与加工前处理方式对海鲈鱼肉品质特性的影响

### 1.1　宰杀方式及宰后处理温度对海鲈鱼肉蛋白特性和加工品质的研究

宰杀方式和宰后处理条件对鱼片质量具有至关重要的作用，目前绝大多数的研究集中在宰杀方式对猪、牛、羊、鱼的肌肉糖代谢的影响，而宰杀方式以及宰后处理温度对鱼肉食用品质、蛋白降解和微观结构的影响尚未报道。为进一步提升鱼肉的加工品质，本研究以海鲈为研究对象，研究鲜活控晕宰杀组（Head shot control stun death, HSD）、心脏刺穿放血宰杀组（Bloodletting to death slaughter,BDS）和冰晕致死宰杀组（Ice Faint to death, IFD）三种宰杀方式，以及宰杀后分别放置在−80℃、0℃、15℃、25℃，探讨其对海鲈鱼肉的品质，即pH、色差、质构、剪切力、肌原纤维小片化指数（Myofibril fragmentation index, MFI）、肌原纤维蛋白表面疏水性、微观结构和感官评分的影响。结果见图 1−3，宰杀方式对海鲈鱼肉品质具有显著影响（$P<0.05$）。HSD宰杀方式较IFD、BDS好，采用这种方式宰杀，海鲈无强烈的应激反应，鱼腥味淡、蛋白氧化程度低、鱼肉多汁性好，富有良好的硬度、咀嚼性和嫩度。BDS组和IFD组的应激反应大于HSD组，腥味也重于HSD组。BDS组表面疏水性大于IFD组和HSD组，宰后鱼肉硬度低、咀嚼性差、剪切力大，且微观结构紧绷、过密；IFD组硬度、咀嚼性和弹性与HSD组无显著性差异（$P>0.05$），但剪切力值大，微观结构显示肌原纤维表面粗糙呈棉絮状，感官评分较低。宰后处理温度对海鲈鱼肉的品质具有重要影响，0℃对海鲈鱼的宰后品质具有积极影响，−80℃、15℃和 25℃对海鲈鱼肉宰后品质具有消极影响。与 0℃相比，−80℃时鱼肉中有冰晶产生，造成肌原纤维蛋白疏水性较高，−80℃减缓了鱼肉宰后僵直与成熟的进程，鱼肉纤维出现紧绷、过密现象；处理温度为 15℃和 25℃时，肌原纤维疏水性较高，肌原纤维排列不整齐，纤维间空隙过大，红度a*值下降，感官整体评分值低；而 25℃时硬度、咀嚼性低，肌原纤维排列散乱、呈现棉絮状，或有断裂产生，肌束膜破裂。0℃时肌原纤维表面疏水性低、嫩度佳、硬度大，有较好咀嚼性，整体感官评分高。因此，0℃适宜于宰后处理。建议可将海鲈鱼经HSD法宰杀后先置于 0℃下宰后制熟，然后于−80℃下冻藏。（图 1 至图 3）

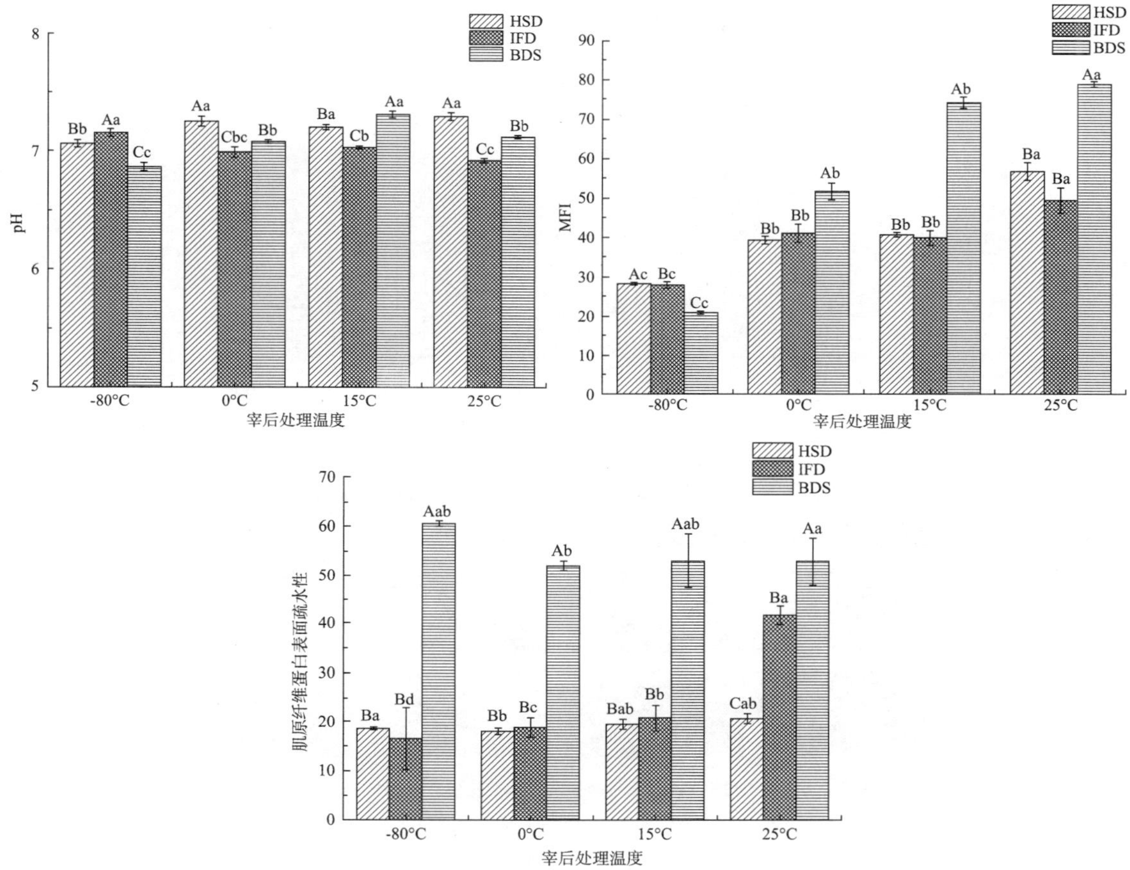

图 1　宰杀方式和宰后处理温度对海鲈鱼肉pH、MFI、肌原纤维表面疏水性的影响

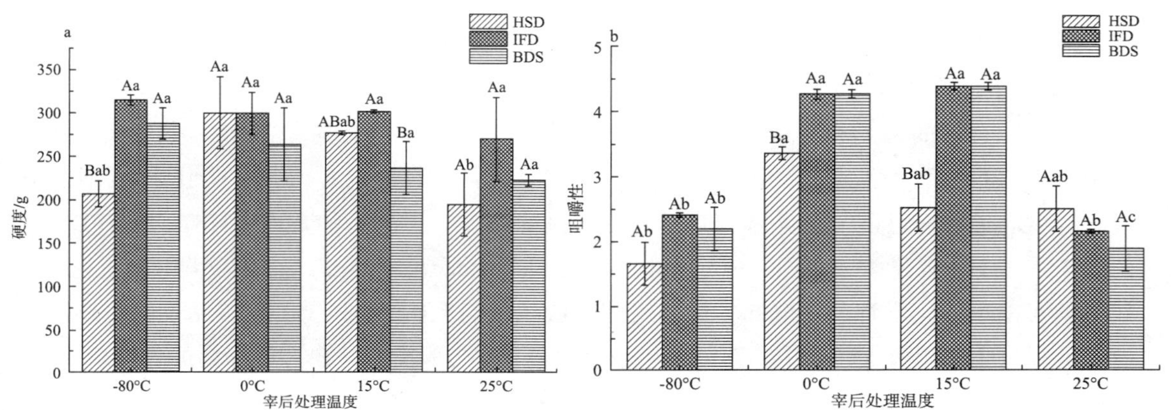


图 2　宰杀方式和宰后处理温度对海鲈鱼肉质构特性的影响

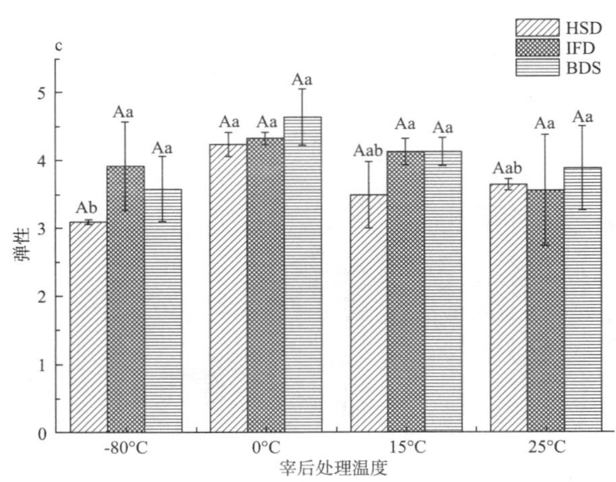


**图2　宰杀方式和宰后处理温度对海鲈鱼肉质构特性的影响(续)**

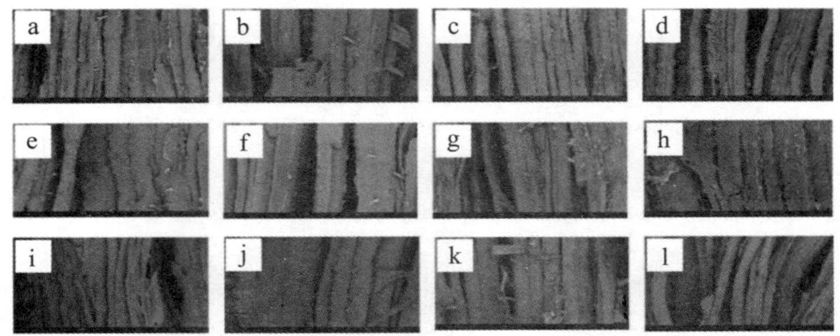


a: HSD−CK；b: HSD−0℃；c: HSD−15℃；d: HSD−25℃；e: IFD−CK；f: IFD−0℃；g: IFD−15℃；h: IFD−25℃；i:BDS−CK；j:BDS−0℃；k:BDS−15℃；l:BDS−25℃

**图3　宰杀方式和宰后处理温度对海鲈鱼组织微观结构的影响(500倍)**

## 1.2　不同宰杀方式对海鲈鱼肉挥发性成分的影响

风味是影响消费者购买欲望的主要指标之一。利用GC-IMS联用技术，对蒸制前后二维图谱、指纹图谱和聚类热图分析，由表1可知，不同宰杀方式的生、熟海鲈鱼肉的挥发性有机化合物的种类和含量明显不同。生鲜海鲈鱼肉挥发性成分有31种，蒸制鱼肉中共检测到39种挥发性成分，新产生2种醛((E)-2-辛烯醛、(E)-2-戊烯醛)、2种醇((E)-2-己烯醇、己醇)和4种未定性挥发性风味物质。生鲜海鲈鱼肉中HSD组和IFD组的腥味重，丁香酚麻醉宰杀组(Eugenol anesthesia to death slaughter, EAD)组因丁香酚残留具有浓重的化学性刺激气味，BDS组腥味淡。蒸制后IFD组和HSD组腥味加重，EAD组仍具有化学性刺激气味。BDS组因苯甲醛含量高，2-戊基呋喃、(E)-2-辛烯醛含量较高，酯类物质总含量最高，而具有浓郁的、令人愉悦的香味。因此，就鱼肉风味而言，BDS组更适宜于海鲈的宰杀。

表 1 不同宰杀方式下生、熟海鲈鱼肉的挥发性风味物质鉴定结果

| 序号 | 挥发性成分 | 生肉峰值 | | | | 熟肉峰值 | | | |
|---|---|---|---|---|---|---|---|---|---|
| | | HSDR | IFDR | BDSR | EADR | EADC | HSDC | BDSC | IFDC |
| 醛类 | | | | | | | | | |
| 1 | 壬醛-M | $784.3 \pm 203.0^{a}$ | $528.7 \pm 86.8^{b}$ | $815.9 \pm 41.9^{a}$ | $874.8 \pm 59.0^{a}$ | $1\ 400.4 \pm 136.2^{C}$ | $3\ 204.3 \pm 12.3^{B}$ | $3\ 931.2 \pm 92.1^{A}$ | $3\ 924.7 \pm 37.7^{A}$ |
| 2 | 壬醛-D | $84.9 \pm 22.7^{a}$ | $72.6 \pm 10.5^{a}$ | $86.6 \pm 8.6^{a}$ | $97.0 \pm 9.1^{a}$ | $172.9 \pm 27.6^{D}$ | $944.5 \pm 26.1^{C}$ | $1\ 548.1 \pm 110.1^{B}$ | $1\ 731.3 \pm 39.5^{A}$ |
| 9 | 苯甲醛 | $116.3 \pm 8.6^{a}$ | $88.5 \pm 5.1^{a}$ | $131.3 \pm 51.9^{a}$ | $99.4 \pm 10.9^{a}$ | $135.7 \pm 10.9^{D}$ | $244.6 \pm 12.7^{C}$ | $325.0 \pm 20.5^{A}$ | $276.1 \pm 5.0^{B}$ |
| 10 | 庚醛-单体 | $419 \pm 23.4^{a}$ | $297.6 \pm 31^{b}$ | $433.8 \pm 56.9^{a}$ | $232.6 \pm 9.5^{b}$ | $1\ 567.3 \pm 148.8^{B}$ | $2\ 664.4 \pm 145.8^{A}$ | $1\ 872.3 \pm 118.2^{B}$ | $2\ 870.9 \pm 28.3^{A}$ |
| 11 | 庚醛-二聚体 | $56.2 \pm 9.8^{a}$ | $32.3 \pm 1.6^{b}$ | $50.6 \pm 9.6^{a}$ | $33.2 \pm 4.3^{b}$ | $796.0 \pm 107.4^{C}$ | $2\ 108.0 \pm 261.3^{AB}$ | $2\ 454.3 \pm 76.2^{A}$ | $1\ 974.6 \pm 74.6^{B}$ |
| 21 | （E）-2-辛烯醛 | $40.1 \pm 7.8^{ab}$ | $44.4 \pm 7.7^{a}$ | $44.0 \pm 4.7^{a}$ | $31.3 \pm 3.4^{b}$ | $98.3 \pm 5.6^{C}$ | $288.9 \pm 73.6^{B}$ | $211.7 \pm 39.9^{B}$ | $529.0 \pm 20.4^{A}$ |
| 26 | 己醛-单体 | $1\ 267.4 \pm 34.3^{a}$ | $925.3 \pm 20.7^{c}$ | $1\ 095.6 \pm 159.1^{b}$ | $432.3 \pm 52.2^{d}$ | $1\ 498.4 \pm 54.9^{C}$ | $2\ 144.9 \pm 35.0^{A}$ | $1\ 842.1 \pm 55.0^{B}$ | $1\ 761.1 \pm 17.4^{B}$ |
| 27 | 己醛-二聚体 | $1\ 741.0 \pm 122.3^{a}$ | $541.2 \pm 57.8^{c}$ | $1\ 255.3 \pm 173.5^{b}$ | $256.6 \pm 26.2^{c}$ | $4\ 895.1 \pm 14.4^{B}$ | $5\ 950.6 \pm 164.4^{A}$ | $6\ 035.4 \pm 130.7^{A}$ | $4\ 906.4 \pm 169.7^{B}$ |
| 30 | 戊醛-单体 | $594.1 \pm 68.9^{a}$ | $451.9 \pm 103.5^{ab}$ | $389.0 \pm 89.5^{bc}$ | $273.2 \pm 35.9^{c}$ | $584.5 \pm 19.4^{C}$ | $877.4 \pm 65.5^{B}$ | $955.1 \pm 19.2^{A}$ | $822.4 \pm 22.1^{B}$ |
| 33 | 2-甲基丁醛-单体 | $535.7 \pm 47.1^{a}$ | $538.5 \pm 10.7^{a}$ | $421.0 \pm 116.1^{a}$ | $268.4 \pm 18.8^{b}$ | $195.7 \pm 6.0^{C}$ | $323.9 \pm 28.7^{A}$ | $280.1 \pm 10^{B}$ | $216.5 \pm 11.5^{C}$ |
| 34 | 3-甲基丁醛-单体 | $602.6 \pm 13.9^{b}$ | $734.6 \pm 7.2^{a}$ | $441.1 \pm 149.2^{c}$ | $239.7 \pm 19.2^{c}$ | $275.2 \pm 15.3^{C}$ | $496.7 \pm 53.3^{A}$ | $550.9 \pm 21.7^{A}$ | $340.4 \pm 19.1^{B}$ |
| 35 | 2-甲基丁醛-二聚体 | $1\ 268.0 \pm 101.6^{ab}$ | $1\ 383.0 \pm 232.4^{a}$ | $558.3 \pm 283.5^{c}$ | $938.2 \pm 162.6^{bc}$ | $1\ 497.3 \pm 150.8^{A}$ | $1\ 269.8 \pm 92.3^{B}$ | $361.8 \pm 46.3^{C}$ | $1\ 430.6 \pm 59.1^{AB}$ |
| 36 | 3-甲基丁醛-二聚体 | $1\ 276.6 \pm 160.3^{ab}$ | $1\ 494.3 \pm 274.9^{a}$ | $545.0 \pm 106.0^{c}$ | $995.1 \pm 174.9^{b}$ | $2\ 230.6 \pm 153.2^{AB}$ | $2\ 126.1 \pm 188.2^{B}$ | $536.1 \pm 102.3^{C}$ | $2\ 442.6 \pm 12.0^{A}$ |
| 48 | 戊醛-二聚体 | $102.9 \pm 9.7^{a}$ | $41.9 \pm 0.7^{bc}$ | $56.2 \pm 12.1^{b}$ | $39.2 \pm 4.0^{c}$ | $873.1 \pm 286.6^{C}$ | $1\ 860.4 \pm 232.2^{AB}$ | $2\ 064.4 \pm 37.4^{A}$ | $1\ 502.0 \pm 100.1^{B}$ |

续表

| 序号 | 挥发性成分 | 生肉峰值 | | | | 熟肉峰值 | | | |
|---|---|---|---|---|---|---|---|---|---|
| | | HSDR | IFDR | BDSR | EADR | EADC | HSDC | BDSC | IFDC |
| 50 | 反式-2-戊烯醛(单体) | $26.8 \pm 3.0^{b}$ | $22.7 \pm 1.3^{b}$ | $64.2 \pm 15.4^{a}$ | $67.8 \pm 12.5^{a}$ | $95.8 \pm 7.5^{D}$ | $164.0 \pm 15.6^{C}$ | $212.9 \pm 4.3^{B}$ | $240.6 \pm 21.5^{A}$ |
| 51 | 反式-2-戊烯醛(二聚体) | $8.1 \pm 2.4^{ab}$ | $5.6 \pm 0.2^{b}$ | $12.1 \pm 3.6^{a}$ | $6.8 \pm 2.0^{b}$ | $23.7 \pm 6.6^{C}$ | $51.9 \pm 8.6^{C}$ | $108.6 \pm 13.7^{B}$ | $202.4 \pm 26.7^{A}$ |
| 醇类 | | | | | | | | | |
| 7 | 1-辛烯-3-醇(单体) | $123.5 \pm 11.7^{a}$ | $100.3 \pm 19.1^{ab}$ | $124.3 \pm 17.5^{a}$ | $91.6 \pm 9.6^{b}$ | $588.5 \pm 69.0^{D}$ | $1\,181.0 \pm 54.3^{C}$ | $1\,431.6 \pm 41.0^{B}$ | $1\,749.6 \pm 51.0^{A}$ |
| 8 | 1-辛烯-3-醇(二聚体) | $40.3 \pm 3.2^{a}$ | $41.9 \pm 1.5^{a}$ | $41.1 \pm 3.1^{a}$ | $36.6 \pm 3.4^{a}$ | $60.0 \pm 1.6^{D}$ | $119.2 \pm 16.2^{C}$ | $189 \pm 12.6^{B}$ | $283.3 \pm 14.6^{A}$ |
| 13 | 正己醇(单体) | $60.6 \pm 8.6^{a}$ | $54.5 \pm 2.0^{a}$ | $62.7 \pm 8.0^{a}$ | $53.8 \pm 9.3^{a}$ | $412.5 \pm 27.3^{B}$ | $957.6 \pm 206.7^{A}$ | $467.2 \pm 113.2^{B}$ | $1\,006.3 \pm 21.8^{A}$ |
| 14 | 正己醇(二聚体) | $41 \pm 5.1^{a}$ | $35.7 \pm 5.8^{a}$ | $37.7 \pm 2.2^{a}$ | $41.2 \pm 1.5^{a}$ | $134.3 \pm 23.2^{C}$ | $928.0 \pm 389.2^{B}$ | $436.3 \pm 124.6^{C}$ | $1\,820.7 \pm 26.5^{A}$ |
| 15 | 反式-2-己烯-1-醇(单聚体) | $60.6 \pm 8.2^{a}$ | $62.4 \pm 7.6^{a}$ | $76.5 \pm 11.8^{a}$ | $61.4 \pm 0.4^{a}$ | $119.3 \pm 11.9^{D}$ | $214.7 \pm 9.2^{C}$ | $266.2 \pm 2.9^{B}$ | $313.7 \pm 19.6^{A}$ |
| 16 | 反式-2-己烯-1-醇(二聚体) | $25.16 \pm 4.9^{a}$ | $25.56 \pm 1.3^{a}$ | $17.98 \pm 0.9^{b}$ | $21.96 \pm 3.8^{ab}$ | $34.2 \pm 4.9^{D}$ | $134.8 \pm 17.6^{C}$ | $249.4 \pm 23.5^{B}$ | $435.7 \pm 52.8^{A}$ |
| 28 | 1-戊醇(单体) | $99.6 \pm 10.9^{a}$ | $55.6 \pm 8.4^{b}$ | $58.1 \pm 10.5^{b}$ | $47.8 \pm 5.7^{b}$ | $375.4 \pm 48.0^{C}$ | $758.8 \pm 9.0^{A}$ | $685.1 \pm 35.7^{B}$ | $619.4 \pm 47.6^{B}$ |
| 41 | 1-丙醇 | $423.6 \pm 23.5^{a}$ | $451.5 \pm 54.2^{a}$ | $281.9 \pm 89.5^{b}$ | $390.0 \pm 23.4^{a}$ | $737.4 \pm 50.1^{C}$ | $1\,526.4 \pm 119.3^{B}$ | $1\,660.4 \pm 71.8^{AB}$ | $1\,779.3 \pm 77.5^{A}$ |
| 43 | 乙醇 | $223.0 \pm 7.0^{b}$ | $178.7 \pm 10.5^{c}$ | $174.3 \pm 23^{c}$ | $6\,116.3 \pm 9.1^{a}$ | $5\,175.2 \pm 243.1^{A}$ | $856.6 \pm 45.6^{B}$ | $626.8 \pm 30.8^{B}$ | $719.8 \pm 19.4^{B}$ |
| 47 | 1-戊醇(二聚体) | $23.9 \pm 2.2^{a}$ | $23.7 \pm 2.6^{a}$ | $24.9 \pm 3.7^{a}$ | $23.5 \pm 4.8^{a}$ | $275.6 \pm 51.3^{C}$ | $959.1 \pm 94.5^{C}$ | $1\,040.5 \pm 61.5^{B}$ | $1\,286.2 \pm 12.3^{A}$ |

续表

| 序号 | 挥发性成分 | 生肉峰值 | | | | 熟肉峰值 | | | |
|---|---|---|---|---|---|---|---|---|---|
| | | HSDR | IFDR | BDSR | EADR | EADC | HSDC | BDSC | IFDC |
| 酮类 | | | | | | | | | |
| 18 | 2-庚酮 | $80.1 \pm 7.0^{a}$ | $59.5 \pm 2.9^{b}$ | $87.2 \pm 12.1^{a}$ | $58.4 \pm 8.2^{b}$ | $275.7 \pm 35.1^{C}$ | $508.4 \pm 71.9^{B}$ | $736.9 \pm 20.6^{A}$ | $443.5 \pm 8.6^{B}$ |
| 31 | 2-戊酮-单体 | $285.4 \pm 11.6^{b}$ | $222.5 \pm 8.2^{b}$ | $215.0 \pm 25.8^{b}$ | $653.4 \pm 74.7^{a}$ | $121.7 \pm 20.7^{A}$ | $63.7 \pm 1.4^{B}$ | $63.8 \pm 1.5^{B}$ | $66.6 \pm 2.4^{B}$ |
| 32 | 2-戊酮-二聚体 | $246.7 \pm 16.2^{a}$ | $104.9 \pm 14.0^{c}$ | $137.6 \pm 10.1^{b}$ | $87.9 \pm 17.4^{c}$ | $352.9 \pm 15.5^{C}$ | $607.6 \pm 30.5^{A}$ | $514.0 \pm 7.7^{B}$ | $588.7 \pm 7.3^{A}$ |
| 40 | 2-丁酮 | $481.6 \pm 21.0^{a}$ | $358.4 \pm 35.0^{b}$ | $319.7 \pm 17.8^{b}$ | $270.5 \pm 21.9^{c}$ | $841.9 \pm 55.7^{C}$ | $1\,195.0 \pm 55.3^{B}$ | $1\,258.2 \pm 34.7^{B}$ | $1\,350.8 \pm 7.1^{A}$ |
| 42 | 丙酮 | $574.7 \pm 56.6^{b}$ | $356.8 \pm 43.1^{c}$ | $430.4 \pm 57.2^{c}$ | $1\,408.8 \pm 89.2^{a}$ | $1\,540.5 \pm 79.8^{AB}$ | $1\,646.2 \pm 119.2^{A}$ | $1\,291.5 \pm 30.0^{D}$ | $1\,394.9 \pm 58B^{C}$ |
| 45 | 乙偶姻 | $382.9 \pm 44.0^{b}$ | $266.6 \pm 39.9^{b}$ | $63.4 \pm 6.3^{c}$ | $707.6 \pm 119.7^{a}$ | $79.0 \pm 12.4^{C}$ | $137.1 \pm 9.0^{B}$ | $198.8 \pm 4.1^{A}$ | $184.9 \pm 12.4^{A}$ |
| 54 | 2，3-丁二酮 | $43.8 \pm 9.3^{b}$ | $50.7 \pm 4.2^{b}$ | $68.2 \pm 19.6^{b}$ | $449.1 \pm 29.1^{a}$ | $422.7 \pm 26.7^{A}$ | $45.0 \pm 10.2^{B}$ | $44.3 \pm 2.2^{B}$ | $48.4 \pm 3.4^{B}$ |
| 酯类 | | | | | | | | | |
| 19 | 乙酸异戊酯 | $62.5 \pm 25.8^{a}$ | $39.0 \pm 12.1^{a}$ | $60.0 \pm 14.0^{a}$ | $44.4 \pm 12.3^{a}$ | $68.5 \pm 15.1^{A}$ | $91.8 \pm 17.0^{A}$ | $74.5 \pm 3.8^{A}$ | $82.1 \pm 5.9^{A}$ |
| 24 | 丙酸丁酯 | $12.9 \pm 1.7^{a}$ | $11.1 \pm 1.2^{ab}$ | $10.6 \pm 1.7^{ab}$ | $8.7 \pm 2.3^{b}$ | $30.7 \pm 3.6^{A}$ | $31.0 \pm 8.6^{A}$ | $31.0 \pm 4.5^{A}$ | $23.8 \pm 6.5^{A}$ |
| 49 | 甲酸乙酯 | $23.7 \pm 2.2^{c}$ | $37.6 \pm 4.0^{b}$ | $49.3 \pm 9.3^{a}$ | $25.3 \pm 4.8^{c}$ | $92.6 \pm 9.7^{B}$ | $71.0 \pm 6.7^{B}$ | $280.2 \pm 142.8^{A}$ | $89.6 \pm 1.8^{B}$ |
| 53 | 乙酸乙酯 | $35.0 \pm 5.9^{b}$ | $19.4 \pm 2.6^{b}$ | $27.9 \pm 6.6^{b}$ | $88.0 \pm 17.2^{a}$ | $208.0 \pm 46.0^{A}$ | $97.2 \pm 11.8^{B}$ | $111.6 \pm 5.8^{B}$ | $122.8 \pm 17.9^{B}$ |
| 酸类 | | | | | | | | | |
| 20 | 己酸 | $74.1 \pm 12.2^{b}$ | $66.7 \pm 6.2^{b}$ | $126.0 \pm 26.8^{a}$ | $67.6 \pm 6.6^{b}$ | $61.0 \pm 2.1^{B}$ | $54.2 \pm 4.0^{B}$ | $55.7 \pm 2.7^{B}$ | $72.1 \pm 8.2^{A}$ |
| 25 | 2-甲基丁酸 | $27.1 \pm 4.1^{bc}$ | $19.8 \pm 4.7^{c}$ | $86.2 \pm 40.9^{a}$ | $62.7 \pm 4.8^{ab}$ | $15.0 \pm 0.6^{A}$ | $17.9 \pm 2.3^{A}$ | $17.2 \pm 2.7^{A}$ | $20.1 \pm 5.3^{A}$ |
| 55 | 丁酸 | $12.1 \pm 0.3^{a}$ | $15.0 \pm 3.0^{a}$ | 23.7 ± 11.9a | $11.4 \pm 1.3^{a}$ | $13.1 \pm 2.3^{B}$ | $21.8 \pm 6.1^{B}$ | $39.4 \pm 4.1^{A}$ | $41.6 \pm 5.2^{A}$ |
| 呋喃类 | | | | | | | | | |
| 23 | 2-戊基呋喃 | $22.2 \pm 3.6^{a}$ | $16.4 \pm 2.9^{b}$ | $21.0 \pm 0.8^{ab}$ | $16.5 \pm 0.9^{b}$ | $97.4 \pm 17.4^{C}$ | $205.1 \pm 9.6^{B}$ | $279.0 \pm 28.2^{A}$ | $284.0 \pm 8.7^{A}$ |

续表

| 序号 | 挥发性成分 | 生肉峰值 | | | | 熟肉峰值 | | | |
|---|---|---|---|---|---|---|---|---|---|
| | | HSDR | IFDR | BDSR | EADR | EADC | HSDC | BDSC | IFDC |
| 含硫化合物 | | | | | | | | | |
| 29 | 二甲基二硫醚 | $36.5 \pm 14.0^{b}$ | $41.9 \pm 4.3^{b}$ | $182.6 \pm 91.1^{a}$ | $148.5 \pm 21.4^{a}$ | $30.7 \pm 4.4^{C}$ | $53.7 \pm 2.3^{AB}$ | $58.9 \pm 1.0^{A}$ | $50.0 \pm 4.1^{B}$ |
| 烃类 | | | | | | | | | |
| 3 | 辛烷-单体 | $262.7 \pm 26.0^{a}$ | $200.1 \pm 32.0^{b}$ | $260.2 \pm 27.0^{a}$ | $184.2 \pm 14.0^{b}$ | $1\ 215.8 \pm 198.3^{C}$ | $2\ 396.4 \pm 93.9^{B}$ | $2\ 648.9 \pm 69.7^{A}$ | $2\ 368.9 \pm 60.5^{B}$ |
| 4 | 辛烷-二聚体 | $70.6 \pm 5.3^{a}$ | $75.8 \pm 11.3^{a}$ | $70.5 \pm 7.2^{a}$ | $71.9 \pm 5.9^{a}$ | $354.2 \pm 134.2^{C}$ | $1\ 629.9 \pm 151.2^{B}$ | $2\ 355.7 \pm 129.7^{A}$ | $2\ 220.2 \pm 104.4^{A}$ |

注：同行标有不同小写字母，表示不同宰杀方式的生肉组间差异显著（$P<0.05$）；同行标有不同大写字母，表示不同宰杀方式的熟肉组间差异显著（$P<0.05$）。

# 2　响应面法优化海鲈鱼小片的品质改良工艺技术

由于海鲈鱼肌肉呈蒜瓣形态，在切鱼小片时出现蛋白之间联结不紧密的问题，切片性差，遇沸水更易松散碎化，成为解决当前产业生产中遇到的“瓶颈”，为提高海鲈鱼切小片后的品质，研究比较了TG酶、明胶和蛋清粉等对改善鱼小片鱼肉品质影响，见表 2 和图 4、图 5，发现其能改善鱼肉组织，使海鲈鱼小片更紧密和煮后不易松散，通过采用响应面法优化，建立了海鲈鱼小片品质改良剂配方，并获得最佳处理工艺，即将鱼小片放在改良溶液中在 15℃条件下浸渍 5.50 h，可明显提高海鲈鱼小片耐煮性、不易散，色泽洁白，具有海鲈鱼特有的香鲜气味，弹性适中，品质较佳。

**表 2　浸渍时间对海鲈鱼小片品质的影响**

| 品质特性 | 浸渍时间/h | | | | | |
|---|---|---|---|---|---|---|
| | 0.00 | 2.00 | 4.00 | 6.00 | 8.00 | 10.00 |
| 硬度/g | 96.00 ± 11.17[d] | 109.50 ± 10.83[cd] | 187.50 ± 25.24[ab] | 202.17 ± 23.71[a] | 174.50 ± 23.45[ab] | 150.83 ± 8.43[bc] |
| 弹性 | 3.05 ± 0.35[b] | 2.96 ± 0.05[b] | 3.17 ± 0.12[ab] | 2.25 ± 0.26[c] | 3.26 ± 0.32[ab] | 3.76 ± 0.05[a] |
| 咀嚼性 | 1.35 ± 0.22[b] | 1.47 ± 0.34[b] | 2.15 ± 0.16[ab] | 2.80 ± 0.83[a] | 1.68 ± 0.08[b] | 1.57 ± 0.31[b] |
| 亮度L* | 79.24 ± 0.61[a] | 78.77 ± 0.14[a] | 79.50 ± 0.30[a] | 78.83 ± 0.92[a] | 78.95 ± 2.39[a] | 79.50 ± 0.54[a] |
| 红度a* | −0.89 ± 0.16[ab] | −0.82 ± 0.32[a] | −0.86 ± 0.10[a] | −1.59 ± 0.32[b] | −1.18 ± 0.37[ab] | −0.92 ± 0.16[ab] |
| 黄度b* | 5.56 ± 0.35[c] | 5.87 ± 0.66[bc] | 6.65 ± 0.80[bc] | 6.64 ± 0.32[bc] | 7.17 ± 0.78[b] | 8.95 ± 0.28[a] |
| 感官评分/分 | 71.50 ± 9.87[c] | 75.50 ± 9.03[c] | 80.67 ± 10.36[b] | 90.67 ± 11.12[a] | 89.67 ± 11.43[a] | 87.83 ± 11.61[a] |

注：同行不同小字母表示差异显著（$P<0.05$）。浸渍时间 0.00 h为空白组。

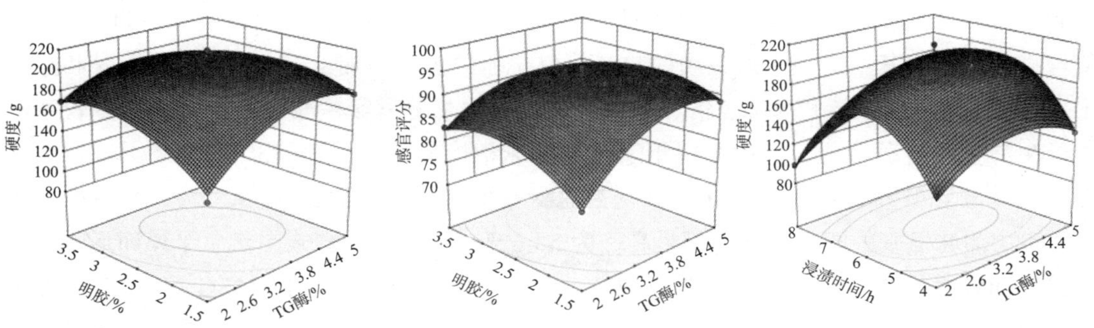


**图 4　响应面各因素交互作用结果分析图**

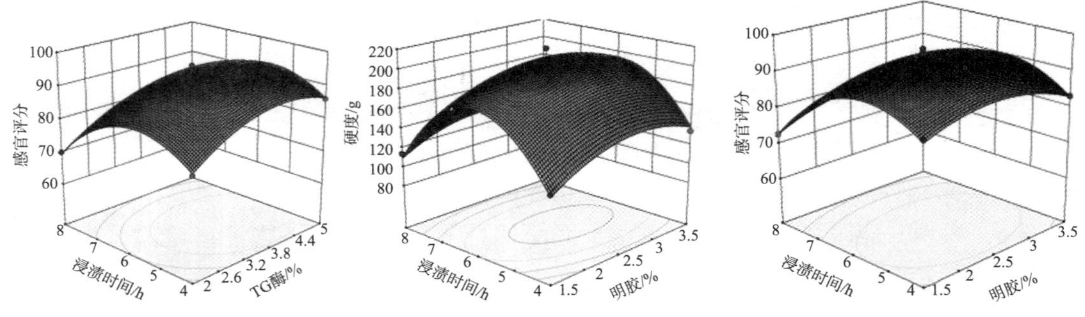


图 4　响应面各因素交互作用结果分析图（续）

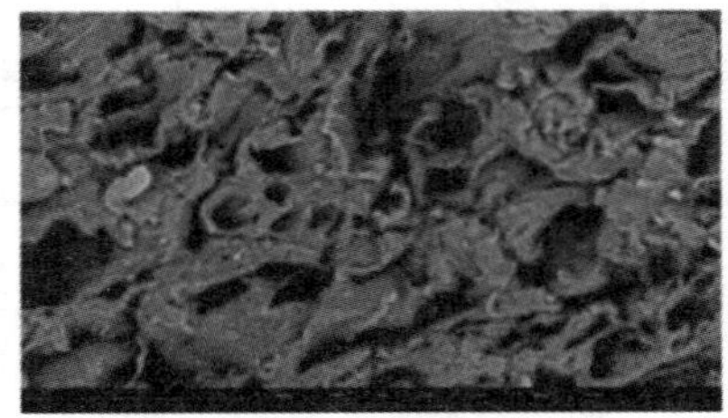

（a）未处理组的海鲈鱼小片（2 000倍）

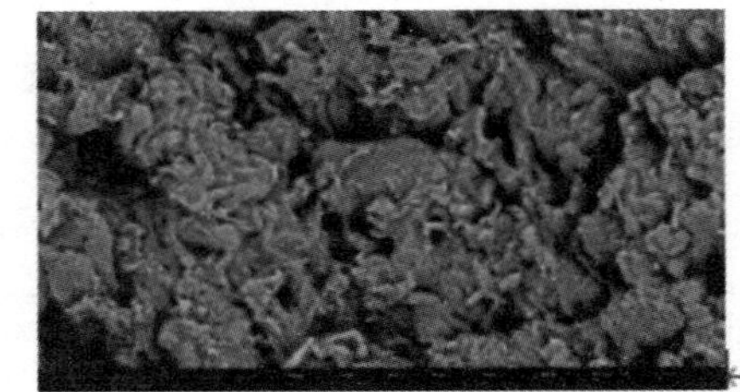

（b）品质改良液处理组的海鲈鱼小片（2 000倍）

图 5　海鲈鱼小片微观结构

# 3　加工方式对卵形鲳鲹鱼片品质的影响

## 3.1　不同干燥方式对卵形鲳鲹鱼片风味的影响

为开发卵形鲳鲹轻便干燥食品，研究分析了热风干燥、热泵干燥、冷冻干燥 3 种方式干制卵形鲳鲹鱼片的风味差异，结果见表 3 至表 5，干燥后的卵形鲳鲹鱼片中TBA值与K值均显著上升，其中冷冻干燥鱼肉的TBA值仅比冰鲜鱼片增加 1.6 倍，但热泵干燥和热风干燥则分别增加了 5.5 倍和 4.5 倍。干燥后鱼肉中的总游离氨基酸含量及味精当量较冰鲜卵形鲳鲹鱼片显著降低，其中热风干燥鱼肉的味精当量下降了 50.83%。热泵干燥鱼肉中苦味氨基酸含量和鲜味氨基酸含量分别占总氨基酸含量的 19.11%和 7.37%，而冷冻干燥组鱼肉中甜味氨基酸相对百分含量最高，为 53.62%。3 种干燥方式中热泵干燥卵形鲳鲹鱼片的鲜味程度最高，其味精当量为每 100 g鱼片含 4.47 g谷氨酸钠（MSG）。就挥发性风味成分而言，热泵干燥鱼肉酯类和酮类较多，其主要呈现果香味和焙烤坚果味；热风干燥中烃类和芳香类的相对含量约占 70%，醛类和酯类相对含量达 20%，但有一定量的醛类和酯类；而冷冻干燥中烃类与芳香类相对含量占到 90%以上，醛类和酯类相对含量不足 8%，这种高呈味阈值的风味物质相对含量占到 90%以上，其风味较淡。综上，3 种干燥方式的卵形鲳鲹鱼片均具有较好的食用品质，干燥加工可有效除去水产品特有的鱼腥味，增加鱼肉中呈味氨基酸含量，提升鱼片的风味。热泵干燥鱼片的鲜味更为明显，而冷冻干燥能有效抑制和延缓鱼肉脂肪的氧化，更适合应用于脂肪含量较高的鱼肉中。（表 3 至表 5）

**表 3　不同干燥方式卵形鲳鲹核苷酸含量的影响（100 g鱼肉中所含毫克数）**

| 核苷酸相关化合物 | 冰鲜鱼肉 | 热风干燥鱼肉 | 热泵干燥鱼肉 | 冷冻干燥鱼肉 |
|---|---|---|---|---|
| 次黄嘌呤/（mg/100 g）Hx | 0.98 ± 0.00$^{d}$ | 29.80 ± 0.04$^{b}$ | 35.40 ± 0.03$^{a}$ | 2.05 ± 0.02$^{c}$ |
| 肌苷酸/（mg/100 g）IMP | 133.17 ± 0.21$^{b}$ | 67.71 ± 0.0.11$^{c}$ | 70.42 ± 0.25$^{c}$ | 160.30 ± 1.99$^{a}$ |
| IMP的滋味强度值 TAV of IMP | 5.33 | 2.71 | 2.82 | 6.41 |
| 次黄嘌呤核苷/（mg/100 g）HxR | 7.84 ± 0.15$^{d}$ | 17.27 ± 0.14$^{c}$ | 29.42 ± 0.06$^{a}$ | 19.88 ± 0.33$^{b}$ |
| 腺苷酸/（mg/100 g）AMP | 1.28 ± 0.14$^{a}$ | 0.81 ± 0.01$^{b}$ | 0.66 ± 0.02$^{b}$ | 1.18 ± 0.02$^{a}$ |
| AMP的滋味强度值 TAV | 0.15 | 0.35 | 0.59 | 0.40 |
| 二磷酸腺苷/（mg/100 g）ADP | 24.05 ± 0.27$^{c}$ | 14.65 ± 0.27$^{d}$ | 49.02 ± 0.19$^{a}$ | 38.68 ± 0.02$^{b}$ |
| 三磷酸腺苷/（mg/100g）ATP | 1.28 ± 0.09 | 0.81 ± 0.01 | 0.66 ± 0.01 | 1.18 ± 0.02 |
| 鸟苷酸/（mg/100 g）GMP | 0.26 ± 0.36$^{a}$ | 0.08 ± 0.12$^{a}$ | 0.43 ± 0.16$^{a}$ | 0.25 ± 0.21$^{a}$ |
| GMP的滋味强度值 TAV | 0.02 | 0.01 | 0.01 | 0.02 |
| 总量 | 167.58 ± 0.11$^{b}$ | 130.31 ± 0.69$^{b}$ | 185.34 ± 0.38$^{b}$ | 222.34 ± 2.13$^{a}$ |
| *K*值/% | 7.70 ± 0.14$^{d}$ | 55.42 ± 0.03$^{a}$ | 54.54 ± 0.07$^{b}$ | 14.05 ± 0.06$^{c}$ |

注：同行中上标不同小写字母表示差异显著（$P<0.05$）。

**表 4　不同干燥方式卵形鲳鲹游离氨基酸含量（100 g鱼肉中所含毫克数）**

| 氨基酸种类 | 呈味阈值 | 冰鲜鱼肉 | 热风干燥鱼肉 | 热泵干燥鱼肉 | 冷冻干燥鱼肉 |
|---|---|---|---|---|---|
| 天冬氨酸 Asp | 100 | 17.8 ± 3.43$^{a}$ | 1.75 ± 1.46$^{b}$ | 14.35 ± 3.31$^{a}$ | 6.48 ± 3.9b |
| 谷氨酸 Glu | 30 | 35.4 ± 1.97$^{b}$ | 35.1 ± 1.63$^{b}$ | 52.71 ± 3.92$^{a}$ | 19.15 ± 0.77c |
| 天冬酰胺 Asn | | 1.43 ± 0.05$^{a}$ | 0.12 ± 0.21$^{b}$ | 0.22 ± 0.38$^{b}$ | 0 ± 0b |
| 丝氨酸 Ser | 150 | 18.21 ± 1.34$^{a}$ | 16.39 ± 0.74$^{b}$ | 11.78 ± 0.52$^{c}$ | 8.79 ± 0.66d |
| 谷氨酰胺 Gln | | 5.37 ± 0.56$^{a}$ | 2.91 ± 0.35$^{b}$ | 3.39 ± 0.54$^{b}$ | 2.24 ± 0.3c |
| 组氨酸 His | 20 | 21.29 ± 0.66$^{b}$ | 11.12 ± 1.04$^{c}$ | 24.37 ± 0.22$^{a}$ | 9 ± 0.59d |
| 甘氨酸 Gly | 130 | 0 ± 0$^{d}$ | 157.79 ± 4.87$^{a}$ | 112.48 ± 1.34$^{c}$ | 135.46 ± 8.95b |
| 苏氨酸 Thr | 260 | 254.14 ± 20.85$^{a}$ | 0 ± 0$^{c}$ | 26.97 ± 0.97$^{b}$ | 17.69 ± 1.48b |
| 瓜氨酸 Ccp | | 30.46 ± 2.43$^{a}$ | 27.98 ± 0.44$^{b}$ | 12.37 ± 0.50$^{c}$ | 3.56 ± 0.64d |
| 精氨酸 Arg | 50 | 15.84 ± 1.09$^{b}$ | 19.31 ± 0.49$^{a}$ | 10.17 ± 0.82$^{c}$ | 6.48 ± 0.86d |
| 丙氨酸 Ala | 60 | 196.67 ± 20.59$^{a}$ | 155.06 ± 5.18$^{b}$ | 182.78 ± 3.54$^{a}$ | 124.76 ± 5.98c |
| 酪氨酸 Tyr | | 20.31 ± 1.46$^{a}$ | 10.86 ± 1.47$^{b}$ | 8.06 ± 1.02$^{c}$ | 7.49 ± 0.52c |
| 半胱氨酸 Cys | | 157.16 ± 10.75$^{a}$ | 126.48 ± 1.8$^{b}$ | 92.25 ± 1.38$^{d}$ | 111.06 ± 7.41c |
| 缬氨酸 Val | 40 | 16.54 ± 1.14$^{b}$ | 15 ± 0.31$^{c}$ | 32.07 ± 0.54$^{a}$ | 6.85 ± 0.54d |
| 蛋氨酸 Met | 30 | 10.73 ± 0.99$^{b}$ | 8.35 ± 0.21$^{c}$ | 14.05 ± 0.48$^{a}$ | 4.41 ± 0.19$^{d}$ |
| 正缬氨酸 Cbz | | 3.67 ± 1.02$^{b}$ | 1.59 ± 0.46$^{c}$ | 18.37 ± 1.77$^{a}$ | 1.75 ± 0.16$^{bc}$ |
| 色氨酸 Trp | | 168.58 ± 14.62$^{a}$ | 110.38 ± 1.63$^{ab}$ | 92.02 ± 76.63$^{b}$ | 3.85 ± 0.4$^{c}$ |

续表

| 氨基酸种类 | 呈味阈值 | 冰鲜鱼肉 | 热风干燥鱼肉 | 热泵干燥鱼肉 | 冷冻干燥鱼肉 |
|---|---|---|---|---|---|
| 苯丙氨酸 Phe | 90 | $26.06 \pm 1.78^{a}$ | $15.65 \pm 0.16^{b}$ | $24.08 \pm 0.23^{a}$ | $11.36 \pm 1.26^{c}$ |
| 异亮氨酸 Ile | 90 | $12.47 \pm 0.6^{b}$ | $8.88 \pm 0.24^{c}$ | $19.9 \pm 0.18^{a}$ | $4.62 \pm 0.43^{d}$ |
| 亮氨酸 Leu | 50 | $34.64 \pm 2.87^{b}$ | $19.87 \pm 0.45^{c}$ | $41.44 \pm 0.75^{a}$ | $15.54 \pm 1.27^{d}$ |
| 赖氨酸 Lys | 50 | $16.78 \pm 1.26^{a}$ | $11.46 \pm 0.91^{b}$ | $7.48 \pm 0.23^{c}$ | $16.94 \pm 2.67^{a}$ |
| 羟脯氨酸 Hyp | | $62.3 \pm 3.67^{b}$ | $52.97 \pm 3.91^{c}$ | $80.44 \pm 6.96^{a}$ | $23.06 \pm 2.89^{d}$ |
| 肌氨酸 Sar | | $0.54 \pm 0.12^{b}$ | $0.33 \pm 0.19^{b}$ | $20.87 \pm 2.47^{a}$ | $0.99 \pm 1.31^{b}$ |
| 脯氨酸 Pro | 300 | $24.31 \pm 2.05^{a}$ | $12.53 \pm 1.3^{b}$ | $11.89 \pm 1.42^{b}$ | $11.05 \pm 1.43^{b}$ |
| 总游离氨基酸 TAA | | $1\ 150.69 \pm 82.73^{a}$ | $821.86 \pm 13.63^{b}$ | $914.52 \pm 90.89^{b}$ | $552.57 \pm 36.31^{c}$ |
| 甜味氨基酸 SAA | | $493.32 \pm 43.43^{a}$ | $341.75 \pm 11.58^{bc}$ | $345.90 \pm 5.98^{b}$ | $297.75 \pm 16.92^{c}$ |
| SAA/TAA/% | | $42.84 \pm 0.68^{b}$ | $41.58 \pm 0.77^{bc}$ | $38.06 \pm 3.61^{c}$ | $53.92 \pm 1.54^{a}$ |
| 苦味氨基酸 BAA | | $154.36 \pm 9.08^{b}$ | $109.63 \pm 2.04^{c}$ | $173.56 \pm 0.25^{a}$ | $75.20 \pm 7.65^{d}$ |
| BAA/TAA/% | | $13.43 \pm 0.37^{b}$ | $13.34 \pm 0.22^{b}$ | $19.11 \pm 1.98^{a}$ | $13.59 \pm 0.77^{b}$ |
| 鲜味氨基酸 FAA | | $53.19 \pm 3.21^{b}$ | $36.85 \pm 1.93^{c}$ | $67.06 \pm 6.97^{a}$ | $25.63 \pm 3.54^{d}$ |
| FAA/TAA/% | | $4.64 \pm 0.43^{b}$ | $4.48 \pm 0.20^{b}$ | $7.37 \pm 0.95^{a}$ | $4.63 \pm 0.46^{b}$ |

**表 5　主要挥发性物质种类及相对含量**

| 化合物 | 新鲜鱼肉 | | 热风干燥鱼肉 | | 热泵干燥鱼肉 | | 冷冻干燥鱼肉 | |
|---|---|---|---|---|---|---|---|---|
| | 百分含量/% | 种类 | 百分含量/% | 种类 | 百分含量/% | 种类 | 百分含量/% | 种类 |
| 酯类 | 2.72 | 5 | 9.27 | 5 | 35.52 | 11 | 3.86 | 6 |
| 醇类 | 2.25 | 1 | 2.59 | 1 | 2.55 | 4 | 1.16 | 2 |
| 含氮类 | 14.52 | 5 | 2.65 | 2 | 8.81 | 6 | 0.42 | 1 |
| 芳香类 | 33.3 | 9 | 28.41 | 6 | 31.11 | 6 | 32.78 | 10 |
| 醛类 | 33.19 | 4 | 11.63 | 2 | 1.94 | 2 | 4.07 | 4 |
| 酮类 | 3.23 | 4 | 0.34 | 1 | 0.59 | 2 | 0 | 0 |
| 醚类 | 0 | 0 | 2.05 | 2 | 0.55 | 1 | 0 | 0 |
| 烃类 | 10.79 | 17 | 43.06 | 22 | 18.94 | 14 | 57.71 | 34 |

## 3.2　不同腌制方式对卵形鲳鲹理化指标及其挥发性风味成分的影响

目前卵形鲳鲹加工除了冷冻加工，还有腌制加工，由于腌制方式不同造成腌制加工的卵形鲳鲹品质也参差不齐，为此，根据产业需要，本研究以卵形鲳鲹为原料，比较干腌、湿腌、超声波辅助腌制 3 种不同腌制方式对鱼肉基本营养成分、盐含量、pH、硫代巴比妥酸（TBA）值、脂肪酸组成及挥发性风味成分等的影响，旨在为腌制加工提供理论参考。结果见表 6、表 7，在腌制加工后，卵形鲳鲹粗蛋白和粗脂肪含量升高，而水分含量下降，其中干腌、湿腌、超声波辅助腌制鱼肉中水分含量分别为53.71% ± 0.97%、61.45% ± 0.72%和59.29% ± 1.41%。与卵形鲳鲹原料相比，干腌、超声波辅助腌制、湿腌鱼肉中盐含量增加，依次为每100 g鱼肉含盐（3.29 ± 0.15）g、（2.64 ± 0.02）g和（2.15 ± 0.11）g，而在腌制加工后鱼肉的pH下降。在腌制加工后，卵形鲳鲹的脂质发生氧化反应，TBA值增加，干腌、湿腌、超声波辅助腌制鱼肉的TBA值分别为（0.80 ± 0.07）、（0.55 ± 0.09）和（0.73 ± 0.08）mg MDA/kg，饱和脂肪酸和单不饱和脂肪酸含量增加，而多不饱和脂肪酸含量减少。冻藏保鲜、干腌、湿腌、超声波辅助腌制鱼肉中分别检测出54、56、62和57种挥发性风味物质，主要为醛类、醇类和酮类，对风味形成有重要贡献作用。研究表明，卵形鲳鲹经3种不同腌制方式加工后，干腌鱼肉水分含量最低，而盐含量和TBA值最高；超声波辅助腌制鱼肉的挥发性风味物质中醛类、醇类相对含量最高，而pH最低。本研究可为腌制加工及生产工艺优化提供理论参考。

**表6　不同腌制方法对卵形鲳鲹基本营养成分的影响**

| 腌制方式 | 原料 | 干腌法 | 湿腌法 | 超声波辅助腌制 |
|---|---|---|---|---|
| 水分 | 67.64 ± 0.40[a] | 53.71 ± 0.97[d] | 61.45 ± 0.72[b] | 59.3 ± 1.41[c] |
| 粗蛋白 | 16.39 ± 0.54[c] | 22.62 ± 0.49[a] | 20.06 ± 0.23[b] | 20.41 ± 1.72[b] |
| 粗脂肪 | 8.65 ± 0.27[b] | 10.44 ± 0.48[a] | 9.69 ± 0.5[a] | 9.95 ± 0.15[a] |

注：同行标注字母不同表示差异显著，$P < 0.05$。

**表7　腌制卵形鲳鲹挥发性风味成分相对气味活度值**

| 原料 | | 干腌 | | 湿腌 | | 超声波辅助腌制 | |
|---|---|---|---|---|---|---|---|
| 合物名称 | ROVA | 化合物名称 | ROVA | 化合物名称 | ROVA | 化合物名称 | ROVA |
| 癸醛 | 100.00 | （E，Z）-2，6-壬二烯醛（E，Z）- | 100.00 | （E，Z）-2，6-壬二烯醛（E，Z）- | 100.00 | （E，Z）-2，6-壬二烯醛（E，Z）- | 100.00 |
| 壬醛 | 57.51 | 己醛 | 30.09 | （E）-2-壬烯醛 | 27.98 | 癸醛 | 89.47 |
| 辛醛 | 28.68 | 1-辛烯-3-醇 | 22.04 | 壬醛 | 25.58 | 壬醛 | 35.17 |
| 1-辛烯-3-酮 | 22.45 | 十四醛 | 16.67 | 己醛 | 24.37 | 己醛 | 29.86 |
| （E）-2-壬烯醛 | 18.94 | 辛醛 | 13.83 | 1-辛烯-3-醇 | 17.75 | 1-辛烯-3-醇 | 24.00 |
| 己醛 | 16.05 | 壬醛 | 13.80 | 辛醛 | 16.79 | 辛醛 | 19.82 |
| 十四醛 | 8.42 | （E）-2-壬烯醛 | 11.03 | （Z）-4-庚烯醛 | 3.63 | （E）-2-壬烯醛 | 16.45 |
| 1-辛烯-3-醇 | 8.08 | （E，E）-2，4-庚二烯醛 | 1.72 | 3-已烯-1-醇 | 2.14 | 十四醛 | 14.04 |
| 庚醛 | 5.98 | （E）-2-辛烯醛 | 1.14 | （E，E）-2，4-庚二烯醛 | 1.39 | 3-甲基丁醛 | 10.29 |
| （E,E）-2,4-庚二烯醛 | 1.07 | 2，3-戊二酮 | 1.09 | （E）-2-辛烯醛 | 1.05 | （E）-2-癸烯醛 | 6.49 |
| 1-庚醇 | 0.73 | 1-庚醇 | 1.00 | 1-庚醇 | 0.91 | 1-庚醛 | 6.28 |

续表

| 原料 | | 干腌 | | 湿腌 | | 超声波辅助腌制 | |
|---|---|---|---|---|---|---|---|
| 合物名称 | ROVA | 化合物名称 | ROVA | 化合物名称 | ROVA | 化合物名称 | ROVA |
| （Z）-4-庚烯醛 | 0.67 | 戊醛 | 0.55 | 2，3-戊二酮 | 0.62 | 三甲胺 | 4.77 |
| （E）-2-辛烯醛 | 0.46 | 苯甲醛 | 0.28 | 戊醛 | 0.33 | （Z）-4-庚烯醛 | 2.57 |
| 戊醛 | 0.34 | （E）-2-辛烯-1-醇 | 0.15 | 十一醛 | 0.17 | （E，E）-2，4-庚二烯醛 | 1.75 |
| 十一醛 | 0.14 | 3，5-辛二烯-2-酮 | 0.11 | 3，5-辛二烯-2-酮 | 0.14 | 异戊醇 | 1.55 |
| 苯甲醛 | 0.12 | 1-戊醇 | 0.08 | （E）-2-辛烯-1-醇 | 0.12 | 2，3-戊二酮 | 1.05 |
| （E）-2-己烯醛 | 0.07 | 1-戊烯-3-醇 | 0.05 | （E）-2-己烯醛 | 0.06 | 1-庚醇 | 0.92 |
| 1-戊醇 | 0.03 | 6-甲基-5-庚烯-2-酮 | 0.02 | 1-戊醇 | 0.04 | （E）-2-辛烯醛 | 0.89 |
| （E）-2-辛烯-1-醇 | 0.03 | 1-己醇 | 0.02 | 1-戊烯-3-醇 | 0.03 | 戊醛 | 0.45 |
| 6-甲基-5-庚烯-2-酮 | 0.02 | 邻二甲苯 | <0.01 | 6-甲基-5-庚烯-2-酮 | 0.03 | 3，5-辛二烯-2-酮 | 0.15 |
| 1-戊烯-3-醇 | 0.01 | 1，2，4-三基甲苯 | <0.01 | 1-己醇 | 0.03 | （E）-2-辛烯-1-醇 | 0.11 |
| 1-己醇 | 0.01 | | | | | 1-己醇 | 0.05 |
| 吡啶 | 0.01 | | | | | 1-戊醇 | 0.05 |
| 萘 | 0.01 | | | | | 1-戊烯-3-醇 | 0.04 |
| 3，5-辛二烯-2-酮 | 0.01 | | | | | 6-甲基-5-庚烯-2-酮 | 0.02 |
| 对二甲苯 | < 0.01 | | | | | 吡啶 | <0.01 |
| 乙苯 | < 0.01 | | | | | 对二甲苯 | <0.01 |

# 4　卵形鲳鲹黄嘌呤氧化酶抑制肽（XOD）的制备工艺技术

为开发降尿酸肽，研究发现用中性蛋白酶水解卵形鲳鲹可以得到较高含量的具有XOD抑制活性的肽。通过单因素实验确定主要影响因素的水平范围（图6），以响应面法优化水解工艺，得到最佳的制备黄嘌呤氧化酶抑制肽工艺：加酶量0.19%，温度54℃，时间3.85 h，XOD抑制活性为52.41%。通过对该肽特性分析表明，其卵形鲳鲹酶解产物肽相对分子质量分布如图7所示，相对分子质量<3 000的肽段占据总量的93.92%，相对分子质量<1 000的肽段高达53.57%，其总疏水氨基酸占比36.95%，亮氨酸、苯丙氨酸、缬氨酸和异亮氨酸含量较高。

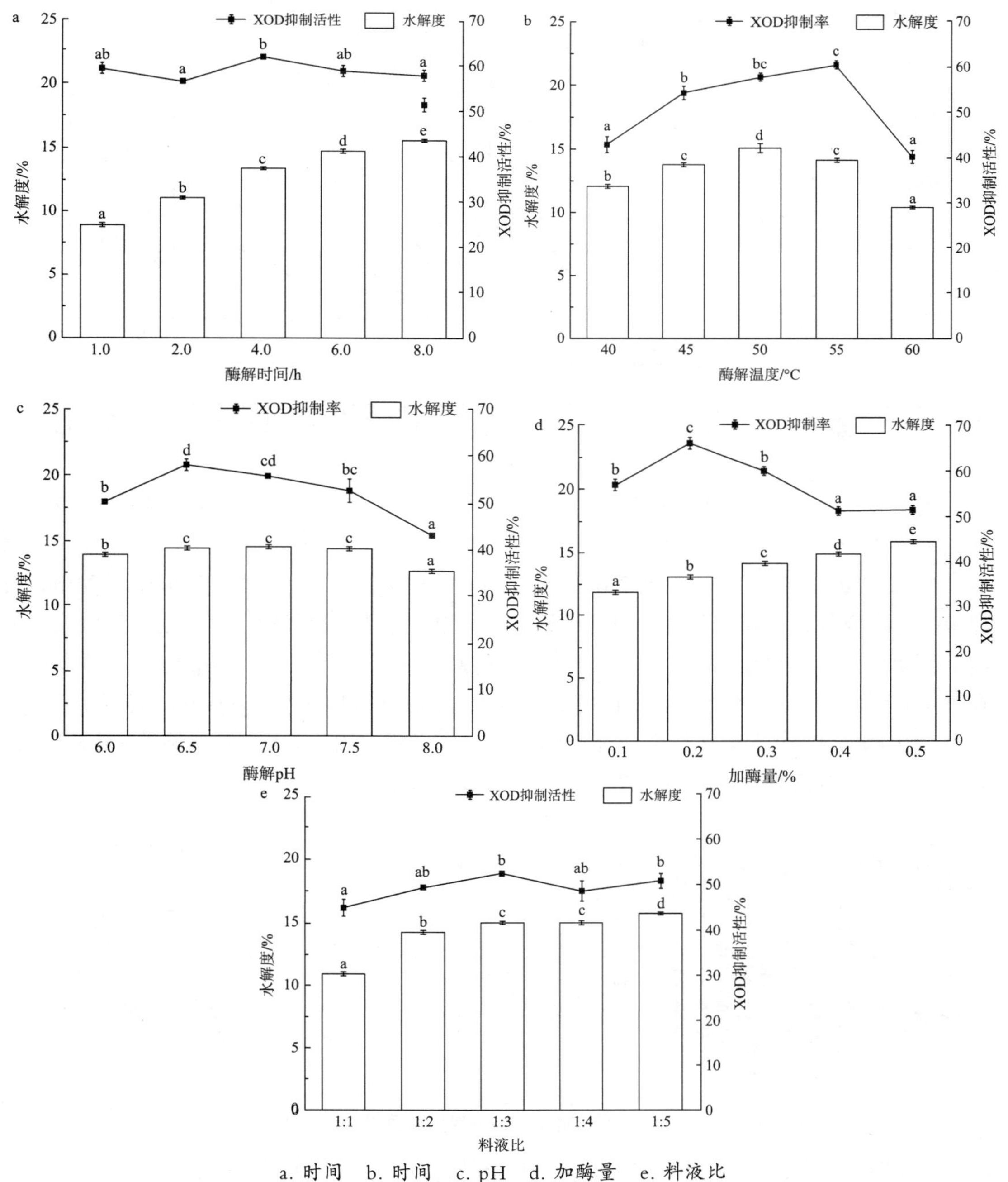


a. 时间　b. 时间　c. pH　d. 加酶量　e. 料液比

**图 6　时间、温度、pH、加酶量、料液比对水解度和XOD抑制活性的影响**

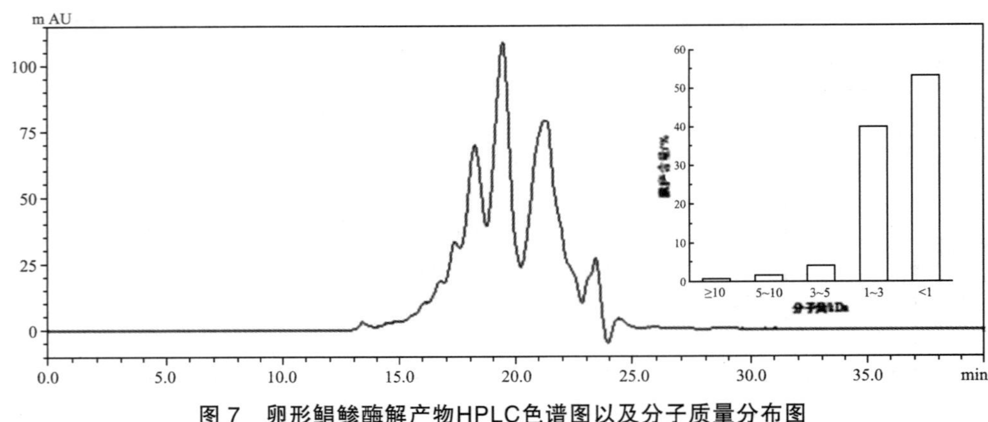


图 7　卵形鲳鲹酶解产物HPLC色谱图以及分子质量分布图

# 5　黄鳍金枪鱼贮藏过程中微生物组成及品质特征的变化

黄鳍金枪鱼在0℃、4℃、10℃、20℃贮藏期间，随着贮藏温度的上升与贮藏时间的延长，细菌总数、TVB-N、生物胺均呈现上升。菌落总数分别在0℃贮藏12 d后、4℃贮藏7 d后、10℃贮藏5 d后、20℃贮藏2 d后高于7 log CFU/g（图8）。通过Illumina-MiSeq高通量测序研究发现，随着贮藏时间的延长，微生物多样性逐渐降低，假单胞菌最后成为黄鳍金枪鱼中优势致腐微生物。FDA对水产品组胺浓度限量标准为50 mg/kg。黄鳍金枪鱼在贮藏0℃ 12 d、4℃ 4 d、10℃ 4 d、20℃ 1.5 d组胺含量均在50 mg/kg以内，TVB-N值均小于0.2 mg N/g。微生物与生物胺及TVB-N的相关性分析中显示，假单胞菌、希瓦氏菌、摩根菌和不动杆菌与生物胺的积累与TVB-N的上升呈现正相关。

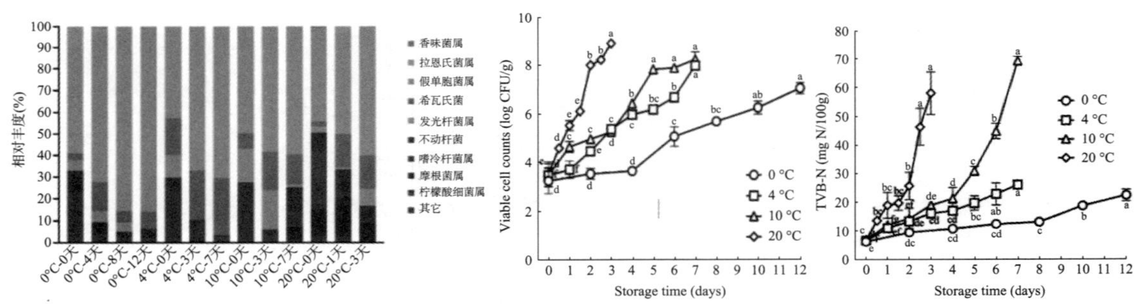


图 8　黄鳍金枪鱼贮藏期间菌群丰度、菌落总数、TVB-N变化

# 6　不同脱腥方法对大黄鱼肝油风味与品质的影响

为去除大黄鱼肝油特殊的腥臭味，为其开发功能食品或保健品提供风味品质保障，本研究在去年酶法提取大黄鱼肝油基础上，分别使用旋蒸、沸石、活性黏土、硅藻土、碱性稀醇、绿茶多酚（GTP）6种方法对大黄鱼肝油进行脱腥处理，分析不同脱腥方法对鱼肝

油的挥发性风味成分与氧化指标（过氧化值、碘值、酸价）、脂肪酸组成、致动脉粥样硬化指数（IA）、血栓形成指数（IT）等品质指标变化的影响，结果见图 9 和图 10，表 8 至表 10，6 种脱腥方法均可以显著降低其油脂味、鱼腥味和酸味，脂肪酸组成及含量略有差异，但总体品质较为优质，均可保证其营养成分和功能特性。碱性稀醇脱腥鱼肝油酸价最低，与精制油相比降低了 87.37%，GTP脱腥鱼肝油碘值最高，与精制油相比碘值增加了 1.12 倍，且GTP也有效降低了鱼肝油过氧化值。与精制油相比，经GTP脱腥后鱼肝油的IA与IT分别降低了 18.18%和 28.57%，可降低高血脂、冠心病等心脑血管疾病的概率，品质得到了显著的提升。

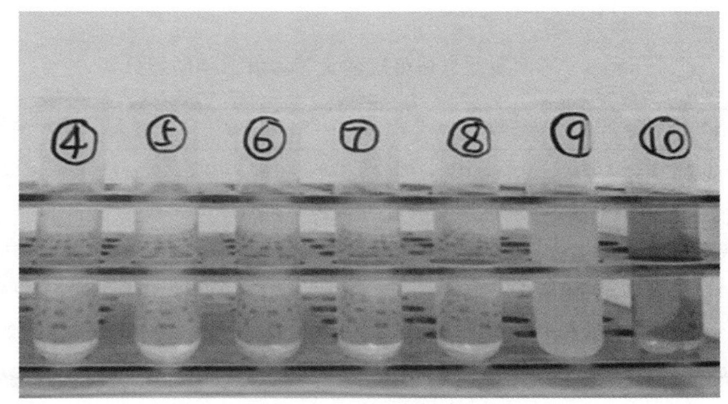


④ 精制油、⑤ 活性黏土、⑥ 硅藻土、⑦ 沸石、⑧ 旋蒸、⑨ 碱性稀醇、⑩ GTP

**图 9　不同脱腥方法处理的大黄鱼肝油色泽**

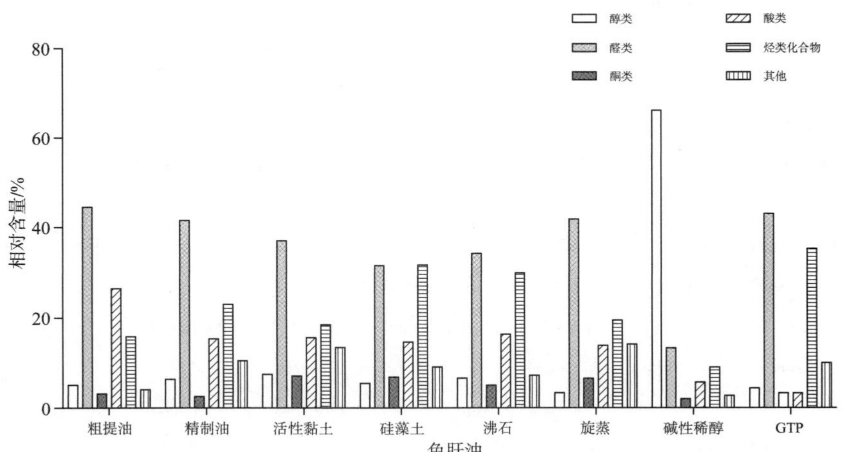


**图 10　不同脱腥方法处理的鱼肝油中各类挥发性成分相对含量**

**表 8　不同脱腥方法处理的大黄鱼肝油理化性质**

| 理化性质 | 粗提油 | 精制油 | 旋蒸 | 沸石 | 活性黏土 | 硅藻土 | 碱性稀醇 | GTP |
|---|---|---|---|---|---|---|---|---|
| 酸价（mg /g，以KOH计） | 4.80 ± 0.60[a] | 1.90 ± 0.13[b] | 1.75 ± 0.0[ab] | 1.79 ± 0.12[a] | 2.07 ± 0.05[a] | 1.64 ± 0.70[ab] | 0.24 ± 0.07[b] | 2.03 ± 0.65[a] |
| 碘值（g/100g） | 125.56 ± 4.11[c] | 141.70 ± 1.13[ab] | 149.75 ± 3.29[a] | 152.73 ± 2.09[a] | 154.92 ± 7.12[a] | 155.37 ± 1.26[a] | 158.49 ± 2.87[a] | 158.73 ± 0.55[a] |
| 过氧化值（mmol/kg） | 4.83 ± 0.05[b] | 2.51 ± 0.33[c] | 2.95 ± 0.05[b] | 1.71 ± 0.72[c] | 3.49 ± 0.02[ab] | 4.56 ± 0.05[a] | 3.14 ± 0.13[b] | 1.56 ± 0.19[c] |

注：不同字母表示差异显著性。

**表 9　不同脱腥方法处理的大黄鱼肝油脂肪酸分析**

| 脂肪酸组成 | 粗提油 | 精制油 | 旋蒸 | 沸石 | 活性黏土 | 硅藻土 | 碱性稀醇 | GTP |
|---|---|---|---|---|---|---|---|---|
| C12:0 | 0.02 ± 0.00 | 0.02 ± 0.00 | 0.02 ± 0.01 | 0.02 ± 0.00 | 0.02 ± 0.00 | 0.02 ± 0.00 | 0.02 ± 0.00 | 0.01 ± 0.00 |
| C13:0 | – | – | – | – | – | – | 0.02 ± 0.01 | – |
| C14:0 | 0.72 ± 0.06 | 0.80 ± 0.12 | 1.13 ± 0.05 | 1.08 ± 0.33 | 1.36 ± 0.02 | 1.01 ± 0.05 | 0.91 ± 0.13 | 0.64 ± 0.01 |
| C15:0 | 0.09 ± 0.01 | 0.09 ± 0.02 | 0.14 ± 0.01 | 0.12 ± 0.02 | 0.13 ± 0.00 | 0.11 ± 0.00 | 0.10 ± 0.01 | 0.08 ± 0.01 |
| C16:0 | 13.40 ± 0.59 | 16.92 ± 0.11 | 16.45 ± 0.21 | 15.81 ± 0.16 | 12.62 ± 2.61 | 16.60 ± 0.41 | 18.26 ± 1.16 | 14.43 ± 0.17 |
| C17:0 | 0.09 ± 0.00 | 0.06 ± 0.00 | 0.09 ± 0.01 | 0.12 ± 0.06 | 0.10 ± 0.01 | 0.10 ± 0.03 | 0.29 ± 0.01 | 0.08 ± 0.03 |
| C18:0 | 2.60 ± 0.11 | 1.42 ± 0.06 | 2.53 ± 0.01 | 2.06 ± 0.59 | 3.00 ± 0.03 | 2.04 ± 0.11 | 2.17 ± 0.37 | 1.28 ± 0.03 |
| C19:0 | 0.02 ± 0.00 | – | 0.01 ± 0.00 | 0.01 ± 0.00 | 0.01 ± 0.00 | 0.01 ± 0.00 | 0.03 ± 0.00 | 0.01 ± 0.00 |
| C20:0 | – | 0.01 ± 0.00 | 0.04 ± 0.01 | 0.03 ± 0.01 | 0.03 ± 0.00 | 0.02 ± 0.00 | 0.04 ± 0.00 | 0.02 ± 0.00 |
| C21:0 | 0.11 ± 0.03 | 0.07 ± 0.00 | 0.09 ± 0.01 | 0.04 ± 0.04 | 0.13 ± 0.02 | 0.10 ± 0.00 | 0.13 ± 0.00 | 0.10 ± 0.00 |
| C22:0 | 0.01 ± 0.00 | – | 0.01 ± 0.00 | 0.01 ± 0.00 | 0.01 ± 0.00 | 0.01 ± 0.00 | 0.02 ± 0.00 | – |
| SFA | 17.06 | 19.39 | 20.51 | 19.30 | 17.41 | 20.02 | 21.99 | 16.65 |
| C16:1 | 22.06 ± 0.36 | 21.83 ± 0.52 | 22.16 ± 0.04 | 21.11 ± 0.50 | 19.78 ± 0.67 | 21.17 ± 0.18 | 17.00 ± 1.50 | 20.27 ± 0.10 |
| C18:1（n-9） | 45.42 ± 1.18 | 39.11 ± 3.05 | 31.02 ± 9.81 | 29.74 ± 8.62 | 31.84 ± 4.03 | 34.66 ± 7.70 | 43.89 ± 0.63 | 38.82 ± 1.11 |
| C19:1 | 0.05 ± 0.01 | 0.05 ± 0.00 | 0.08 ± 0.03 | 0.07 ± 0.03 | 0.09 ± 0.01 | 0.06 ± 0.01 | 0.05 ± 0.03 | 0.07 ± 0.01 |
| C22:1 | 0.05 ± 0.02 | 0.05 ± 0.01 | 0.05 ± 0.04 | 0.06 ± 0.03 | 0.03 ± 0.00 | 0.06 ± 0.01 | 0.07 ± 0.02 | 0.03 ± 0.01 |
| C24:1 | 0.02 ± 0.00 | 0.02 ± 0.01 | 0.03 ± 0.01 | 0.02 ± 0.00 | 0.02 ± 0.00 | 0.02 ± 0.01 | 0.06 ± 0.02 | 0.02 ± 0.00 |
| MUFA | 67.60 | 61.06 | 53.34 | 51.00 | 51.76 | 55.97 | 61.07 | 59.21 |
| C18:2 反式 | 0.04 ± 0.04 | – | 0.03 ± 0.03 | 0.04 ± 0.02 | 0.06 ± 0.03 | 0.04 ± 0.00 | 0.03 ± 0.00 | 0.09 ± 0.09 |
| C18:2 顺式 | 6.84 ± 0.04 | 8.45 ± 0.97 | 11.19 ± 5.87 | 14.60 ± 6.30 | 13.11 ± 0.22 | 10.50 ± 7.13 | 4.79 ± 1.51 | 7.89 ± 0.17 |
| C18:3（n-3） | 0.26 ± 0.05 | 0.43 ± 0.15 | 0.24 ± 0.16 | 0.10 ± 0.01 | 0.35 ± 0.17 | 0.44 ± 0.01 | 0.44 ± 0.34 | 0.43 ± 0.02 |
| C20:3（n-6） | – | 0.04 ± 0.01 | 0.07 ± 0.01 | 0.02 ± 0.01 | 0.07 ± 0.01 | 0.05 ± 0.00 | 0.07 ± 0.02 | 0.05 ± 0.00 |
| C20:4（n-3） | 0.49 ± 0.01 | 0.52 ± 0.05 | 0.60 ± 0.24 | 0.72 ± 0.12 | 0.87 ± 0.03 | 0.64 ± 0.01 | 0.55 ± 0.01 | 0.64 ± 0.02 |
| EPA | 1.66 ± 0.02 | 2.59 ± 0.05 | 3.37 ± 0.84 | 3.05 ± 0.74 | 3.97 ± 0.16 | 2.70 ± 0.01 | 2.31 ± 0.42 | 2.55 ± 0.11 |
| DHA | 5.98 ± 0.10 | 7.54 ± 0.23 | 10.65 ± 4.36 | 11.15 ± 0.92 | 12.42 ± 0.36 | 9.63 ± 0.06 | 8.80 ± 0.60 | 12.53 ± 0.36 |
| EPA+ DHA | 7.64 | 10.17 | 14.02 | 14.20 | 16.39 | 12.33 | 11.11 | 15.08 |

续表

| 脂肪酸组成 | 粗提油 | 精制油 | 旋蒸 | 沸石 | 活性黏土 | 硅藻土 | 碱性稀醇 | GTP |
|---|---|---|---|---|---|---|---|---|
| PUFA | 15.27 | 19.57 | 26.15 | 29.68 | 30.85 | 24.00 | 16.99 | 24.18 |
| UFA | 82.87 | 80.63 | 79.49 | 80.68 | 82.61 | 79.97 | 78.06 | 83.39 |
| IA | 0.17 | 0.22 | 0.22 | 0.21 | 0.17 | 0.22 | 0.25 | 0.18 |
| IT | 0.27 | 0.28 | 0.26 | 0.25 | 0.20 | 0.27 | 0.30 | 0.20 |

注：ΣSFA：饱和脂肪酸总和；ΣMUFA：单不饱和脂肪酸总和；ΣPUFA：多不饱和脂肪酸总和；ΣUFA：不饱和脂肪酸总和。IA是致动脉粥样硬化指数；IT是血栓形成指数。

**表 10 不同脱腥工艺处理的大黄鱼肝油OAV值**

| 序号 | 挥发性风味物质 | 风味阈值（ng/g） | 风味描述 | OAVs | | | | | | | |
|---|---|---|---|---|---|---|---|---|---|---|---|
| | | | | 粗提油 | 精制油 | 活性黏土 | 硅藻土 | 沸石 | 旋蒸 | 碱性稀醇 | GTP |
| 1 | 1−辛烯−3−醇 | 15c | 蘑菇味 | 10.39 | 7.13 | 7.87 | 11.57 | 15.77 | 12.9 | 5.66 | 6.74 |
| 2 | 己醛 | 5c | 青草味 | 2.024 | 0.55 | 1.67 | 10.64 | 3.602 | 1.16 | 14.97 | 0.73 |
| 3 | 庚醛 | 2.9c | 腐败味 | 7.36 | 3.89 | 8.09 | 7.98 | 13.18 | 5.71 | 10.48 | 5.64 |
| 4 | 顺−4−庚烯醛 | 4.2c | 油脂味、鱼腥味 | 3.28 | 1.33 | 3.49 | 2.57 | 5.14 | 1.69 | 2.17 | 1.24 |
| 5 | 反−2−庚烯醛 | 13e | 烤味 | 2.28 | 0.81 | 1.32 | 2.47 | 2.26 | 1.56 | 0.93 | 0.58 |
| 6 | （E,E）−2,4−庚二烯醛 | 15.4c | 油脂味、鱼腥味 | 5.50 | 3.24 | 5.31 | 4.22 | 6.24 | 4.27 | 2.13 | 2.12 |
| 7 | 反−2−辛烯醛 | 3e | 油脂味、鱼腥味 | 10.75 | 9.55 | 12.20 | 14.10 | 23.12 | 15.56 | 0 | 6.09 |
| 8 | 壬醛 | 1.1c | 青草味 | 28.67 | 17.81 | 33.33 | 47.53 | 56.55 | 25.40 | 36.90 | 24.76 |
| 9 | 反−2−壬烯醛 | 0.08e | 油脂味、鱼腥味 | 211.00 | 269.25 | 177.75 | 375.88 | 564.00 | 349.63 | 245.00 | 173.25 |
| 10 | 癸醛 | 0.1b | 瓜香味 | 41.90 | 24.10 | 27.20 | 86.60 | 72.30 | 47.00 | 41.90 | 33.60 |
| 11 | （E,Z）−2,4−癸二烯醛 | 0.01e | 油脂味、鱼腥味 | 3 100.00 | 1 089.00 | 3 006.00 | 5 093.00 | 6 423.00 | 1 875.00 | 2 817.00 | 580.00 |
| 12 | 乙酸 | 5.5c | 酸味 | 38.88 | 15.54 | 31.60 | 45.74 | 54.71 | 16.94 | 17.51 | 3.43 |
| 13 | 柠檬烯 | 34d | 水果味 | 1.69 | 1.05 | 1.30 | 16.06 | 16.64 | 1.26 | 0.62 | 0.93 |
| 14 | 2−乙基呋喃 | 2.3 a | 腐败味 | 2.87 | 1.10 | 4.84 | 3.74 | 1.43 | 3.03 | 5.13 | 0 |

注：OAV：气味活性值。芳香物质在水中的阈值：a[30]；b[31]；c[32]；d[33]；e[34]。

（岗位科学家 吴燕燕）

# 海水鱼质量安全与营养评价技术研发进展

质量安全与营养评价岗位

## 1　养殖大菱鲆品质评价指标及其快速评价方法的研究

本研究探究了基于近红外光谱的鱼肉品质快速检测方法（图 1），实现鱼肉品质的快速检测。无损检测技术可以有效应对和解决水产品品质安全快速检测技术缺乏的难题。

图 1　大菱鲆近红外光谱的收集

大菱鲆不同部位品质差异性的研究。本研究对大菱鲆可食用部位进行了科学的划分，分为外侧背部、外侧腹部、内侧背部、内侧腹部和裙边等，通过对不同可食部位的营养、风味和质构特征等品质研究，了解大菱鲆的基本品质特征。综合风味、营养等内在指标，以及色差等外在指标，得出结论：可以选用大菱鲆外侧背部（侧线上部）肌肉代表大菱鲆整体的品质。

### 1.1　不同规格和不同产地大菱鲆品质差异性的研究

将同一养殖场的大菱鲆按体重分为不同的规格，发现体重对大菱鲆的品质影响较大，且规格为（800 ± 100）g/尾的大菱鲆在外形、风味、营养、质构以及感官评价方面更优；研究了辽宁、山东和江苏等三地的大菱鲆品质，其品质存在一定差异，但结合可接受度评分来看，差异性并不显著。通过对不同规格、不同产地的大菱鲆的品质进行对比分析，筛选出来众多可以初步作为大菱鲆品质评价的指标。

### 1.2　大菱鲆的品质指标与感官评分的联系研究

找到了优质大菱鲆的品质参考指标，主要有鱼体重为 870 g、尾椎长高比为 0.46、肥满度为 3.4%、表面亮暗度L*为 51、色差值△E为 42、必需氨基酸含量与非必需氨基酸含量的比值为 0.74、总脂肪酸含量为 22 mg/g，考虑到检测的方便性，可以选取鱼体重、尾椎长高比、肥满度和色差值△E 等为品质参考指标。在粗蛋白含量为 20.3%时，胶原蛋白含量为 6.75 mg/g时可接受度最佳。

### 1.3　养殖大菱鲆品质快速评价方法的构建

以MicroNIR1700 微型便携式近红外光谱仪（图 1）为硬件支撑，利用R语言对样品进行非度量多维尺度分析（NMD分析），初步实现了对大菱鲆品质的快速无损检测（图 2），并经检验证明预测度良好。本研究所探索的方法对于近红外光谱技术在水产品养殖和流通环节的现场检测具有重要意义。

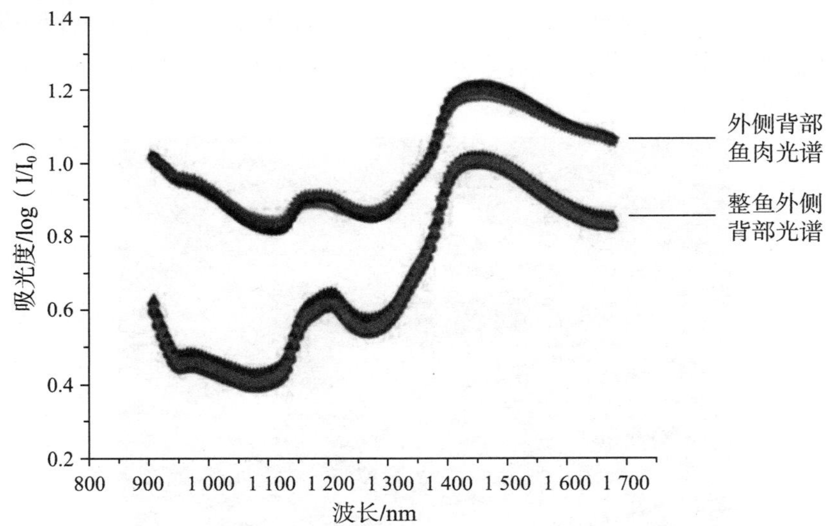


图 2　整鱼外侧背部样本光谱和外侧背部鱼肉样本光谱

## 2　水产品中氧氟沙星现场快速检测技术的研究

本研究以水产品中氧氟沙星及常见氟喹诺酮类药物恩诺沙星、环丙沙星为研究对象，对市面上常见的几种商品化胶体金免疫产品进行系统筛选，筛选出符合要求的商品化胶体金免疫产品。在此基础上，结合前处理一体机装置（图 3），进一步建立能有效去除蛋白基质干扰且检出限更低的前处理方法，并在不同水产品中验证此前处理方法的普遍适用性和实用性。

### 2.1 氧氟沙星胶体金免疫产品的性能评价及适用性研究

标准工作液的初筛结果显示，MQ07A1、MQ07A2 两款产品符合筛选标准要求。对两款产品的复溶体系（PBS和配套样本复溶液）进行探究，结果显示产品配套复溶液能有效消除基质效应影响，因此选择产品配套复溶液作为实际样本的复溶体系。通过实际水产品评价两款产品的检出限及特异性，结果显示，MQ07A2 产品的氧氟沙星检出限更低，特异性与MQ07A1 相差不大，并进一步验证该产品的前处理方法的适用性。结果显示，该方法不具备广谱适用性，有待优化。因此最后选择MQ07A2 胶体金免疫产品进行后续的鱼肉样品研究。

### 2.2 水产品氧氟沙星现场快检技术及装置的研究与验证

结合前处理一体机装置的验证结果显示，原试剂盒的前处理方法并不能满足检测要求。通过对前处理过程中提取、离心、吹干、复溶等步骤的条件优化，最终建立一种氧氟沙星检出限更低、前处理用时更短的前处理方法。此前处理方法在使用前处理一体机的基础上将检出限提高 5 倍以上，最低检出限可达 1 μg/kg，前处理用时从 30 min 缩短至 18 min，并具有一定可行性和适用性。

图 3 使用一体机装置的前处理操作

## 3 具有恩诺沙星及环丙沙星双结合位点适配体的构建与胶体金检测方法的研究

恩诺沙星是一种广谱性抗菌药，在体内易发生脱乙基反应生成代谢产物环丙沙星。本研究建立了一种用于快速同时检测恩诺沙星和环丙沙星的适配体检测方法。基于目前已有的长度分别为 60-mer和 98-mer的恩诺沙星和环丙沙星适配体，通过计算机对其二级结构、三级结构进行模拟，对两条适配体进行剪短及拼接，并对新设计适配体与靶标进行模拟对接，最终得到一条长度为 37-mer的适配体，通过实验验证其仅对恩诺沙星和环丙沙星具有较高结合特异性（图 4）。利用胶体金聚集状态不同颜色发生变化以及对荧光的猝灭作用，通过适配体与胶体金之间静电作用对实验条件优化，最终构建了具有较高灵敏度、较强特异性以及稳定性的适配体胶体金快速检测法。通过对鱼肉样品的前处理优化，可实现对多种不同水产品样品中恩诺沙星和环丙沙星的快速检测。

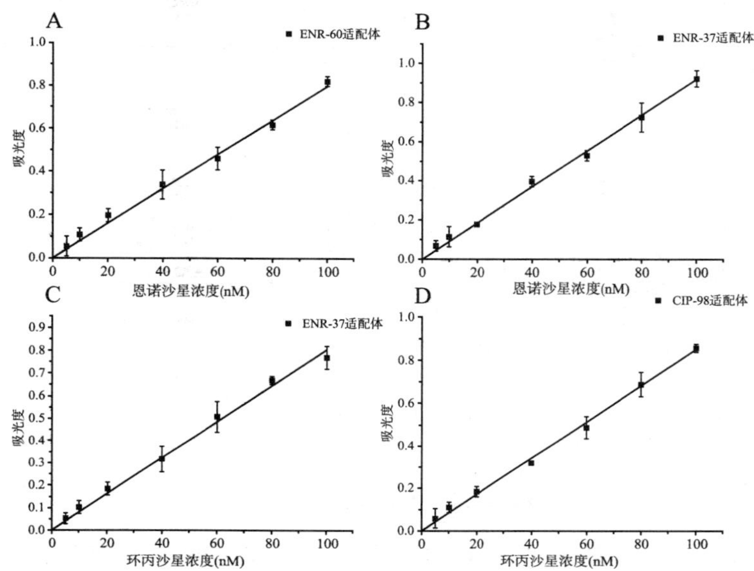


A. ENR−60 适配体与恩诺沙星标曲；B. ENR−37 适配体与恩诺沙星标曲；C. ENR−37 适配体与环丙沙星标曲；D. CIP−98 适配体与环丙沙星标曲

**图 4　比色法对适配体检测灵敏度进行评价**

# 4　金鲳鱼肉定向酶解鲜味肽的鉴定及其克隆表达研究

本研究以金鲳为研究对象，研究了不同酶解方式对金鲳肉酶解液呈味特性的影响，旨在通过复合蛋白酶酶解技术高效利用金鲳蛋白质资源，以期提升金鲳的附加值，为水产动物蛋白酶解技术的创新和水产调味料的开发提供技术支撑（图 5）。

本研究以水解度、可溶性肽、滋味轮廓（电子舌）为指标，在确定适宜蛋白酶种类的基础上，探究了不同蛋白酶组合方式对金鲳鱼肉酶解特性及酶解产物呈味特性的影响。在酶解时间、酶解温度和酶解pH的单因素试验基础上，根据Box−Benhnken Design中心组合设计和响应面优化得到最佳酶解条件。在此作用条件下，相对分子质量为 200~1 000 短肽的获得率高达 49.31%。

采用复配蛋白酶酶解处理制备得到金鲳鱼肉酶解液呈味基料，借助超滤、凝胶过滤色谱（GFC）和反相高效液相色谱（RP−HPLC）对其进行分离纯化，以感官评价结合电子舌分析结果为评价指标，先后获得最具有鲜味活性的组分：TOH−Ⅱ、F2 和p1，筛选出鲜味最佳的组分p1 进行Nano−HPLC−MS/MS质谱鉴定获得了 5 个新型的呈味肽（APAP、ASEFFR、AEASALR、WDDMEK、LGDVLVR）（图 5），鉴定肽的潜在感官活性经BIOPEP database呈味数据库进行初步预测均为鲜味肽。

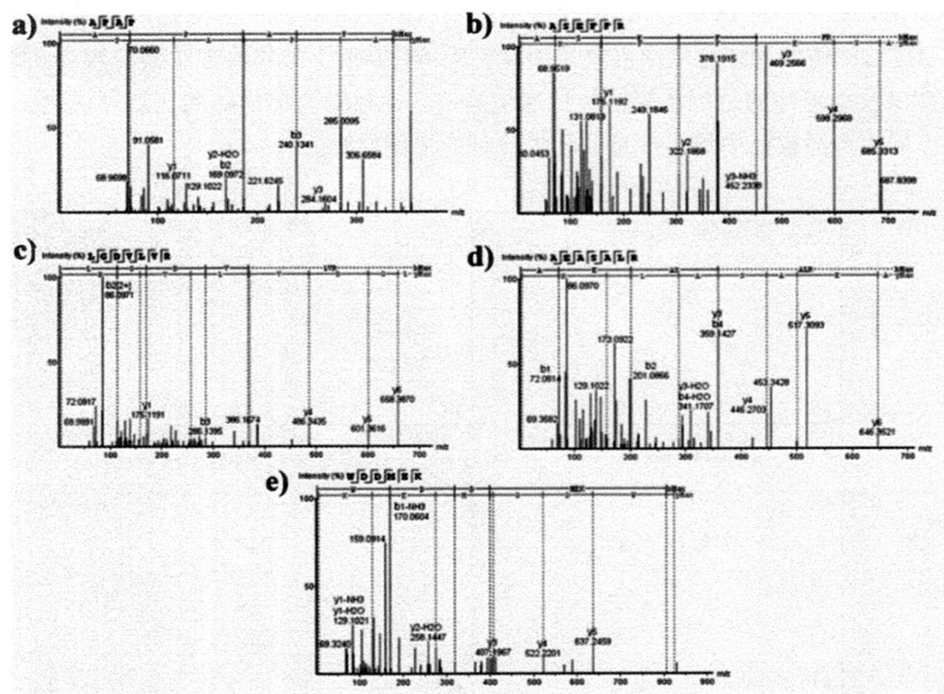


（a）APAP，（b）ASEFFR，（c）LGDVLVR，（d）AEASALR，（e）WDDMEK. $b_x$和$y_x$代表肽产生的离子峰a−e代表五种呈味肽的名称

**图 5　纯化肽的MS/MS图谱**

根据鉴定序列采用固相合成法合成小分子肽，并采用感官分析结合电子舌验证分析合成肽的呈味特性（图 6）。结果显示，合成的 5 种肽段均具有鲜味和咸味，经验证为鲜味肽，其呈鲜阈值范围在 0.034~0.306 mg/mL；将其加到模拟肉汤后，均具有提升鲜味和咸味的效果，并且鲜味的提升效果优于咸味。分子对接结果表明，Glu301、Asp192、Asn150、Asp219 在鉴定的鲜味肽与T1R3 的相互作用中起着至关重要的作用；金鲳鲜味肽WDDMEK较市售的三种鲜味剂鲜味、咸味及后味的呈现更为全面，其与一品鲜酵母抽提物按 2∶3 的配比进行复配，具有非常出色的提鲜、降盐的效果。

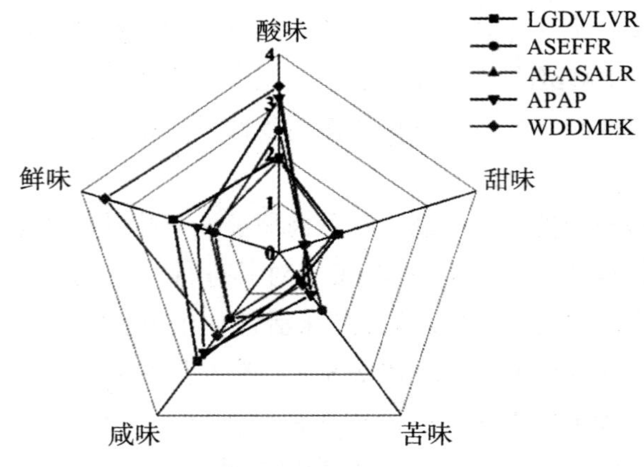


**图 6　合成肽的滋味轮廓**

进一步选取呈鲜阈值最低的肽段（WDDMEK），采用基因串联技术对该鲜味肽基因进行了多拷贝同向串联的构建，通过无缝克隆成功获得带有多拷贝鲜味肽基因的重组表达质粒，结合不同的分子技术构建16WDDMEK的重组表达菌BL21/pATX-sumo-16WDDMEK，测序结果验证构建成功；在最佳表达条件下，可获得鲜味肽 16WDDMEK的表达量为 0.34 g/mL；SDS-PAGE电泳检测验证目标鲜味多肽的表达成功，感官评价结果发现 16WDDMEK纯化液鲜味评分达到 5.313 分，鲜味明显，几乎不存在苦味和酸味。

## 5　基于LIBS技术的水产品中重金属检测的信号增强方法研究

本研究通过固体—液体—固体的物态转化，将新鲜水产品的LIBS检测转化为对基底上沉积样品的检测，并结合了纳米颗粒增强的方法，在普通LIBS实验系统下实现对水产品重金属的检测，提高检测灵敏度，满足水产品中痕量有毒重金属（Pb和Cd）的检测需求。

本研究采用基底辅助结合纳米颗粒增强的方式，将新鲜的水产品匀浆，采用盐酸提取样品内重金属元素，经超声振荡并离心后分离出上清液，将上清液滴在表面覆了纳米颗粒层的玻璃基底上，烘干，形成待测样品，优化LIBS检测的实验参数，对待测样品进行光谱采集分析（图 7）。将不同浓度的重金属标准溶液加入待测样品，制备系列浓度的样品，经光谱采集，利用重金属浓度与光谱强度之间的相关性建立定标曲线，将未知浓度待测样品的光谱强度代入定标曲线，可获得未知浓度待测样品中重金属的含量。

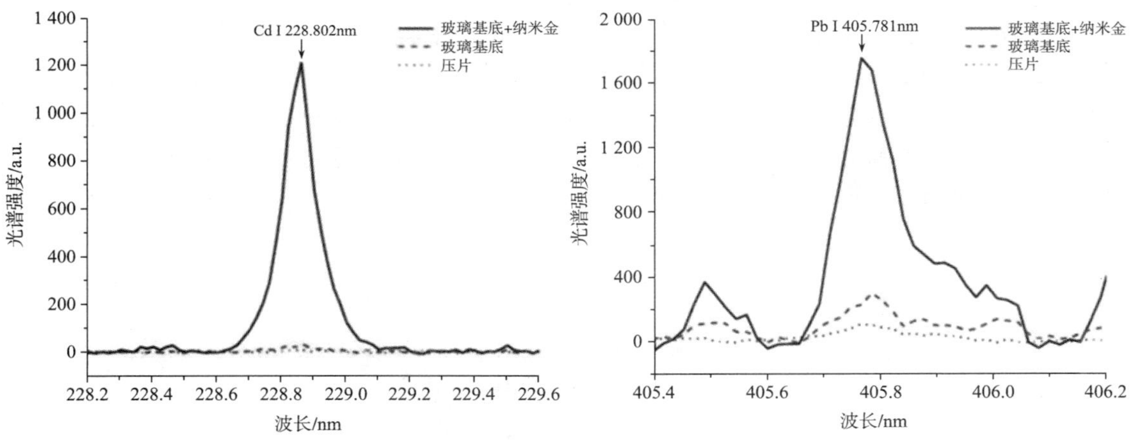


**图 7　不同样品制备方法的Cd和Pb元素LIBS光谱强度增强效果**

## 6　大黄鱼鲜度的近红外快检方法研究

本研究探究了基于近红外光谱的鱼肉鲜度快速检测方法，可以有效应对和解决水产品鲜度快速检测技术缺乏的难题。使用便携式近红外仪扫描不同腐败程度的 20 尾大黄鱼（4 度储藏 0~13 d）外侧背部的近红外光谱（图 8），通过与挥发性盐基氮测定值相关联，结合化学计量学方法，建立了大黄鱼的TVB-N近红外光谱模型，初步实现了快速、无损定量评价大黄鱼整鱼的新鲜度。证明了使用便携式近红外仪快速检测大黄鱼鲜度的可行性，为以后建立宁德大黄鱼鲜度快速检测提供方法依据和宝贵经验。

图 8　大黄鱼近红外光谱的收集

# 7　基于LIBS技术的鲈鱼鲜度快速分类鉴别研究

本研究利用LIBS技术对室温下放置的不同腐败程度鱼肉中元素进行分析，通过对比元素变化，结合化学计量学建立模型，可以有效对不同新鲜程度的鲈鱼进行分类鉴别。

将新鲜鲈鱼置于 25℃放置 0 h、4 h、8 h、12 h、16 h、20 h、24 h、32 h，得到不同新鲜度的鲈鱼样品。将腐败后的鱼肉剔除鱼骨、鱼皮、脂肪和鱼筋后烘干、研磨，按照鱼肉：黏合剂=2：3 混合并搅匀，称取 0.35 g样品进行压片，压片时间保持 15 min。PLS模型是用每种腐败程度 21 个光谱作为训练集建立模型，用剩下 9 个光谱坐样本集进行分类。结果证明，PCA主成分分析的二维模型（图 9）不仅可以按照不同腐败小时进行分类，并且很明显可以看出放置 12 h以上的样品分类区域较为集中，与检测结果较为一致，分类效果明显。且验证结果正确率较高，说明该方法准确率高，能准确对各类样品进行分类和回归，可有效地对不同腐败程度的鱼肉进行区分。

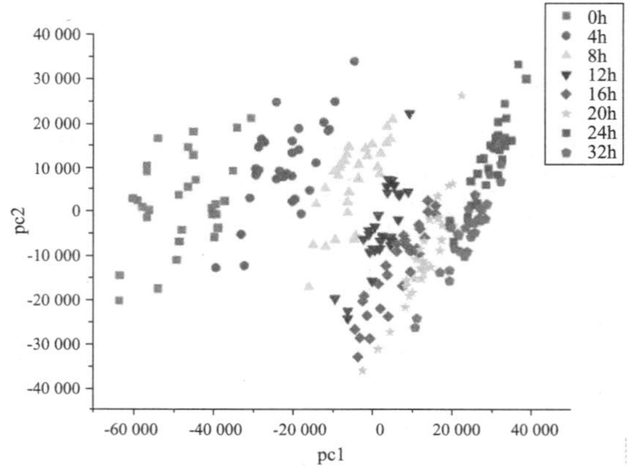


图 9　不同腐败程度鲈鱼的PCA二维模型

（岗位科学家　林　洪）

# 智能化养殖技术研发进展

智能化养殖岗位

2021 年度，智能化养殖岗位开展了海水鱼养殖物联网和智能装备关键技术研究，研发了水产养殖溶解氧传感器自适应接口中间件、水产养殖水质传感器自动清洁维护装置和陆基工厂化养殖池自动清洗机器人等智能装备，解决了因传感器标准缺失导致的水产养殖物联网系统兼容性差、难以集成的技术难题，实现了水质传感器的自动清洁维护和陆基工厂化养殖池池底、池壁的自动清洗，显著降低了劳动力成本和从业人员劳动强度，降低了物联网系统的集成难度和智能化养殖技术的应用成本，提高了养殖生产效率。

## 1　水产养殖溶解氧传感器自适应接口中间件

针对不同品牌溶解氧传感器输出信号不统一导致的水产养殖物联网系统兼容性差、应用成本高、传感器不能互换等问题，研发了支持电压和电流输入、4 路信号同时接入、兼容主流品牌溶解氧传感器的自适应接口中间件（dissolved oxygen sensor interface middleware，DOS-IM）。DOS-IM实现了传感器接口的统一化管理和水产养殖物联网系统架构不变的前提下不同品牌溶解氧传感器的互换，解决了因传感器标准缺失导致的水产养殖物联网兼容性差的技术难题，显著降低了物联网系统的集成难度和使用成本。如图 1 所示。

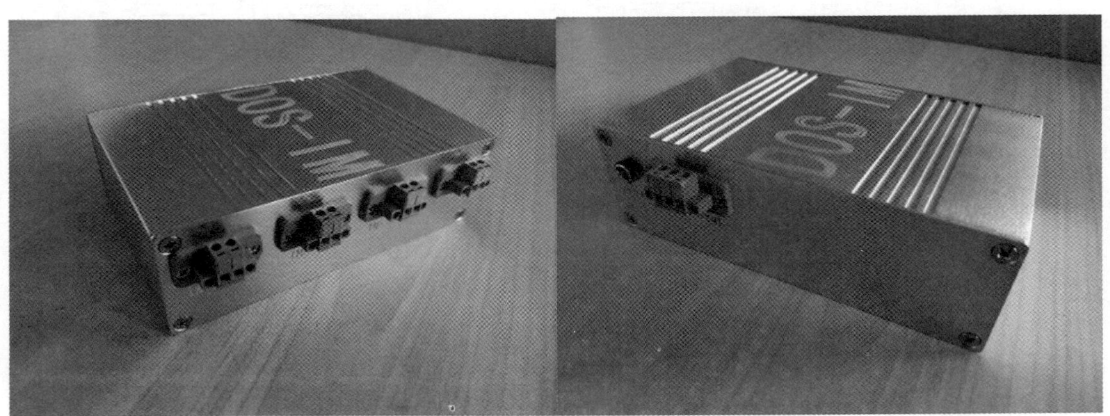


**图 1　溶解氧传感器自适应接口中间件**

## 1.1 总体结构

DOS–IM由控制模块、信号采集模块、数据存储模块、数据输出模块和电源模块组成。总体结构如图 2 所示。

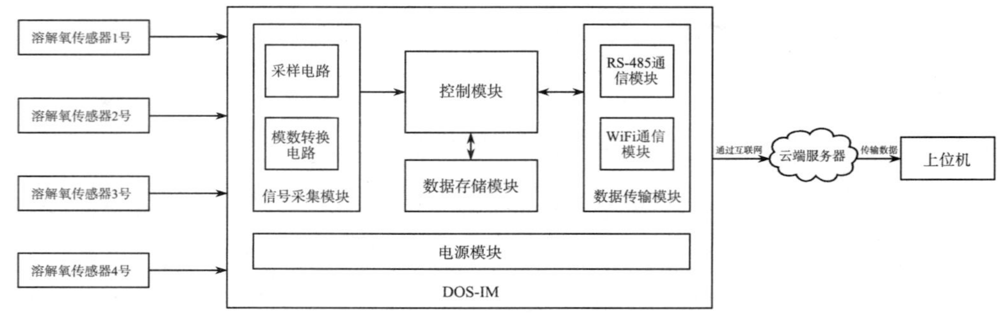


**图 2　DOS–IM总体结构**

## 1.2 硬件设计

### 1.2.1 控制模块

控制模块采用 32 位单片机STM32F103C8T6，设计电路如图 3 所示。

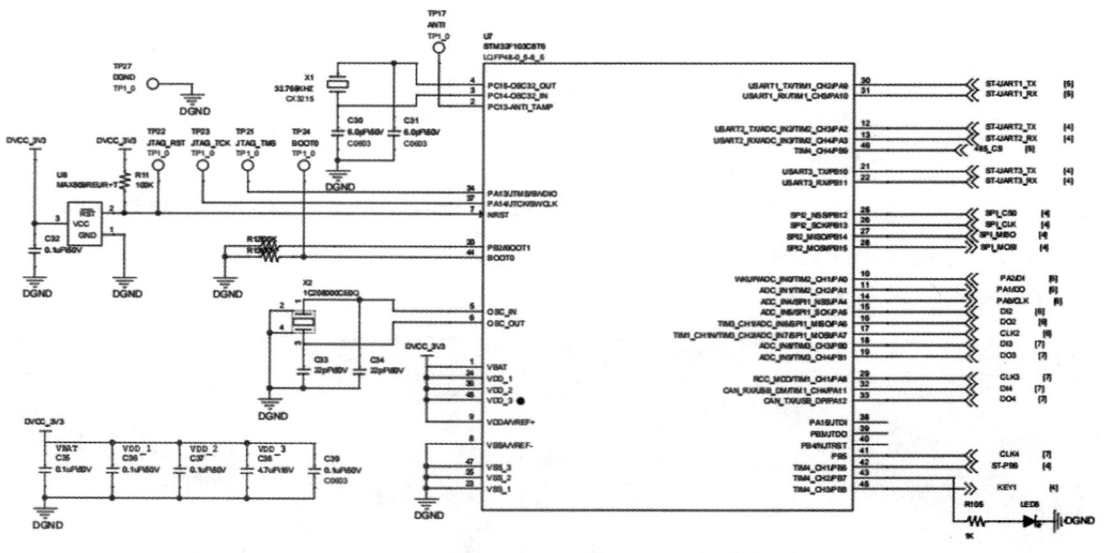

**图 3　STM32F103C8T6 电路图**

### 1.2.2 信号采集模块

信号采集模块完成溶解氧传感器输出信号的采集和转换，可同时采集 4 个传感器信号。四路信号采集、模数转换和电压转换电路分别如图 4、图 5、图 6 所示。

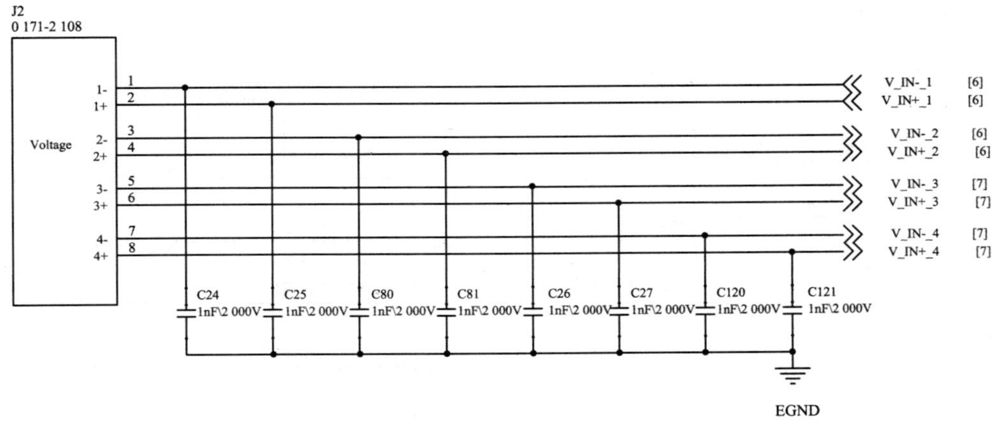


**图 4 四路接线器电路**

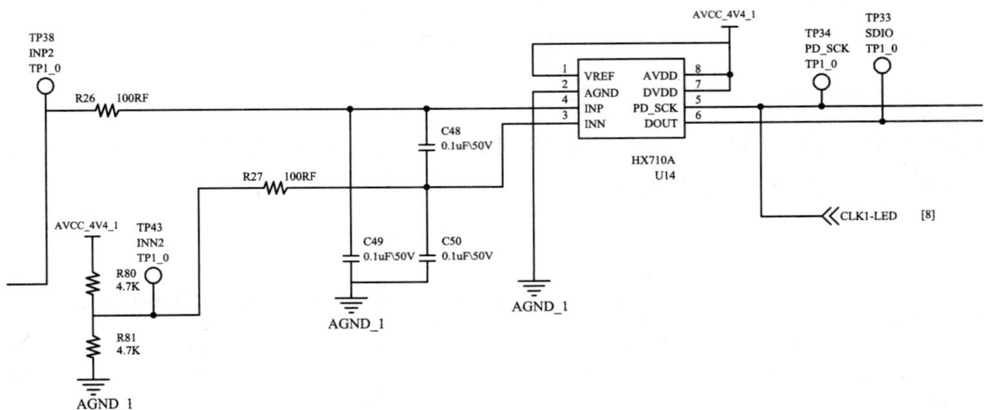


**图 5 模数转换电路**

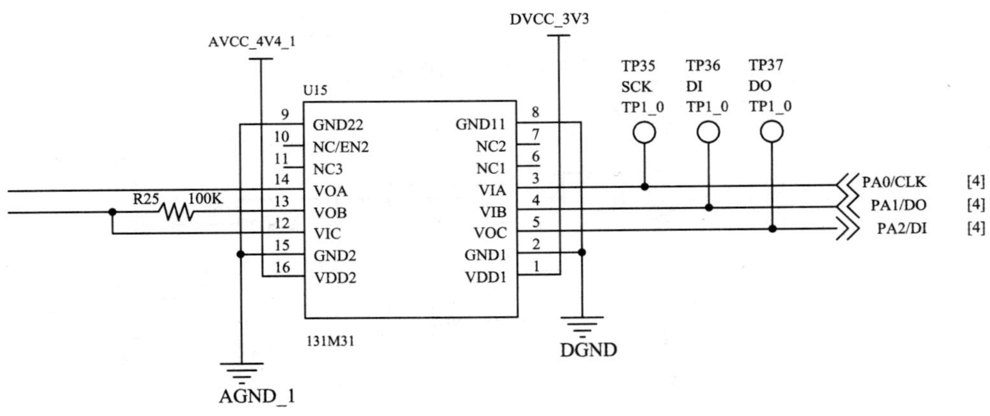


**图 6 电压转换电路**

### 1.2.3 数据存储模块

数据存储模块采用W25Q128 串行Flash存储器，用于存储DOS-IM的端口号配置、数据输出类型和校准值等参数，W25Q128 硬件电路如图 7 所示。

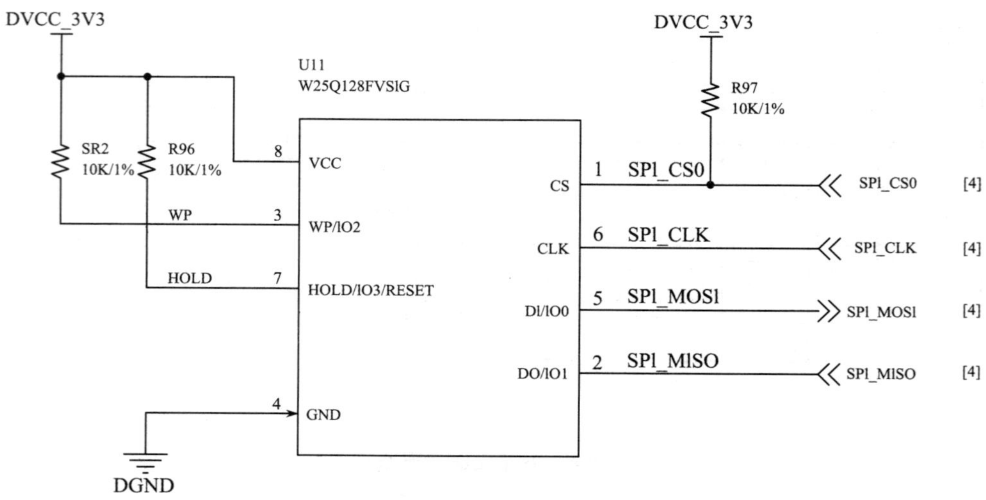


图 7　数据存储模块电路

1.2.4　数据输出模块

DOS-IM分别通过WiFi通信模块和RS-485 接口进行无线、有线传输。WiFi通信电路、RS-485 通信电路如图 8、图 9 所示。

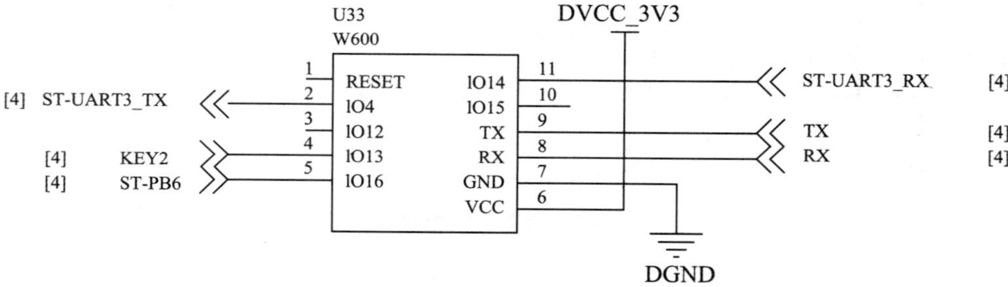


图 8　WiFi通信电路

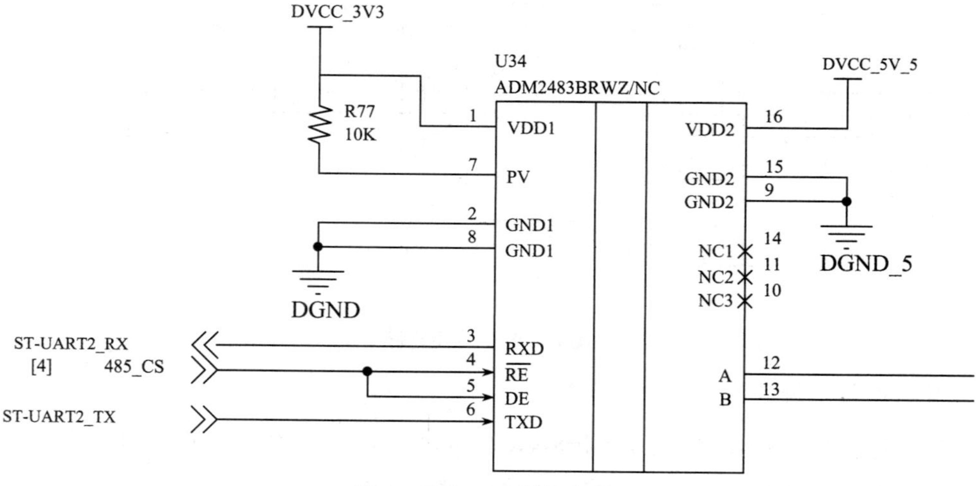


图 9　RS-485 通信电路

## 1.3　软件设计

软件系统主要包括配置端口、数据采样、数据存储、数据输出和系统复位模块，软件总体架构、主程序流程如图 10、图 11 所示。

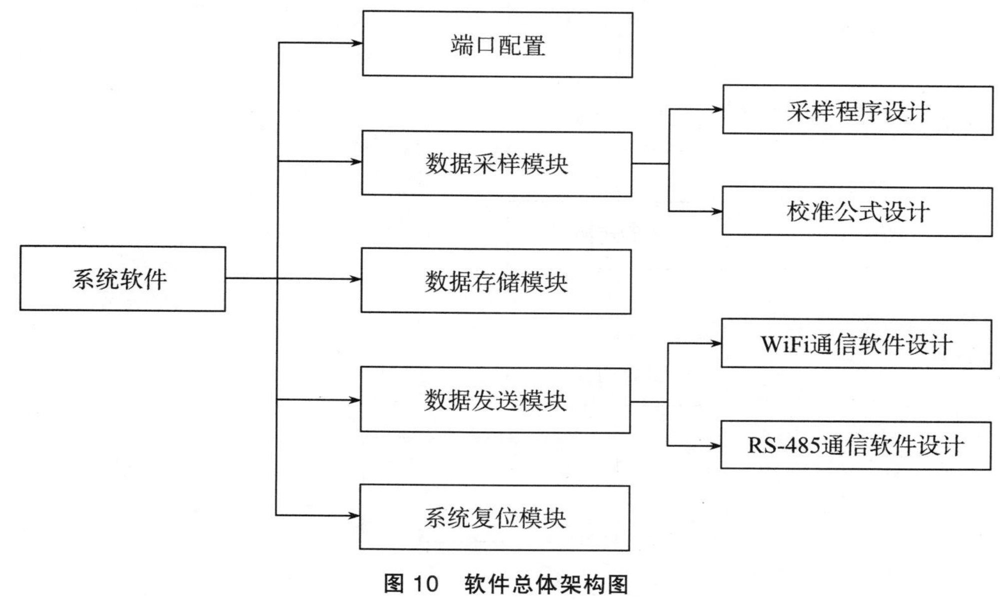


**图 10　软件总体架构图**

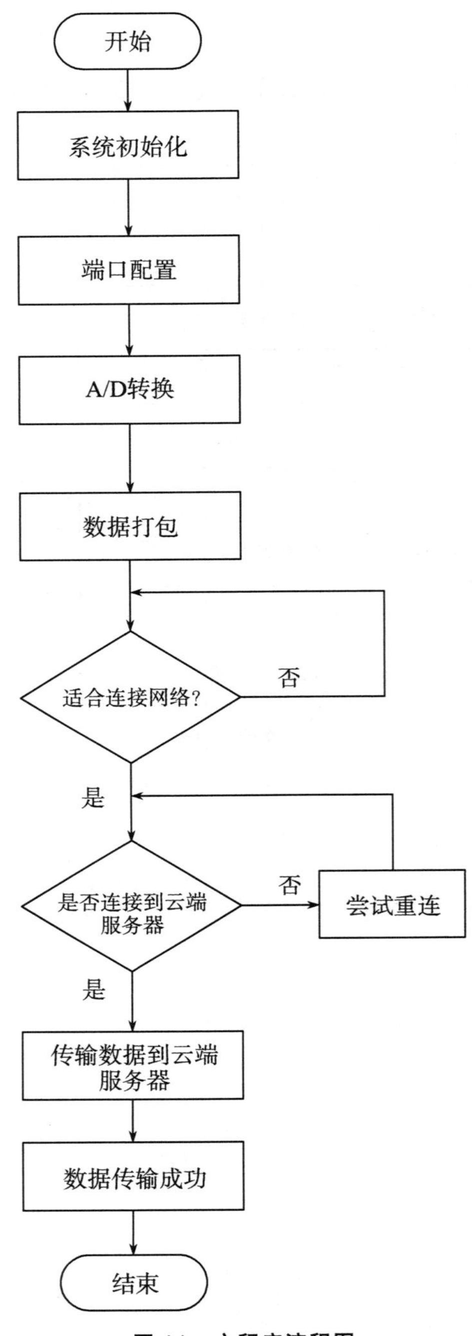


图 11　主程序流程图

# 2　水产养殖水质传感器自动清洁维护装置

如图 12 所示，水质传感器自动清洁维护装置集成毛刷、气动清洁方式，实现了水质传感器探头自动清洁，解决了因探头附着物造成的水质传感器灵敏度下降的问题，避免了手动清洁对传感器探头造成的损伤，延长了传感器使用寿命。

图 12　水质传感器自动清洁维护装置

## 2.1　总体设计

水质传感器清洁维护装置由控制、固定和清洁三部分组成。控制部分可设定清洁方式、开始清洗时间和清洗时长，控制空气调压阀调节压缩空气压力。固定装置与清洁部分相连接，通过固定半环与螺栓固定传感器。清洁部分通过毛刷、气动清洁方式，完成传感器的自动清洁。总体结构如图 13 所示。

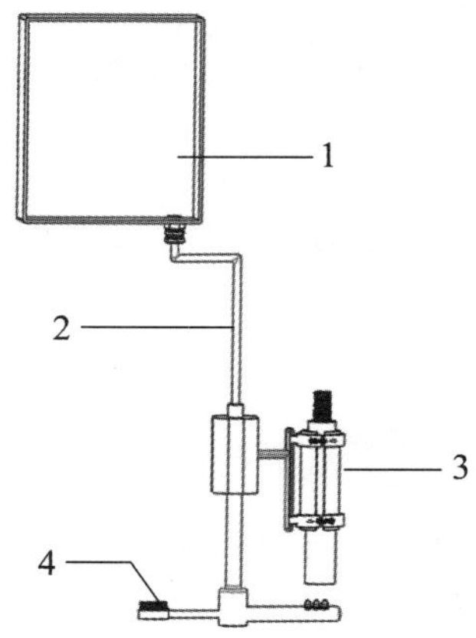


1. 清洗控制箱　2. 空气导管　3. 固定机构　4. 清洁机构

图 13　传感器清洗装置总体结构示意图

## 2.2　控制部分

控制部分包括时间控制器、压缩空气罐、调压阀、电磁阀和电源模块，其内部结构如图 14 所示。

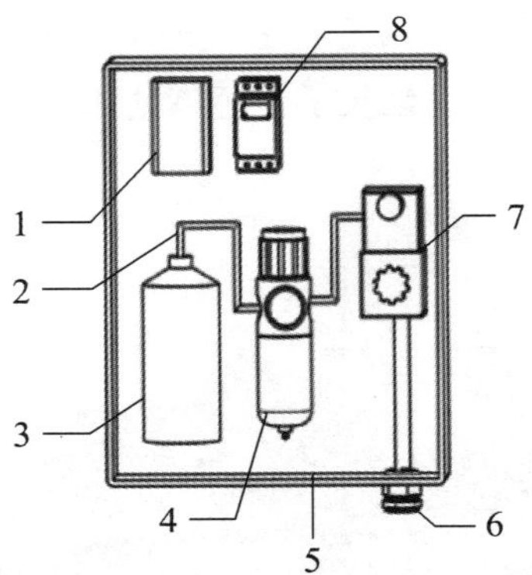


1. 电源　2. 空气导管　3. 压缩空气罐　4. 调压阀　5. 控制箱　6. 防水接头　7. 电磁阀　8. 时间控制器

**图 14　控制装置内部结构图**

### 2.3　固定部分

用于固定水质传感器，包括固定柱和两个固定半环，如图 15 所示。

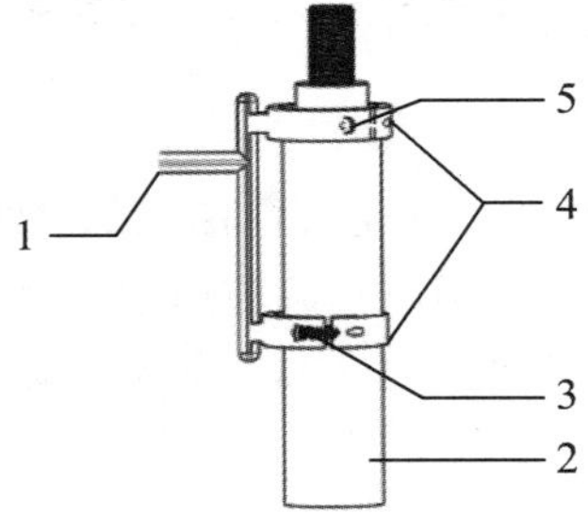


1. 固定柱　2. 水质传感器　3. 内六角顶丝　4. 固定半环　5. 固定孔

**图 15　固定装置结构图**

### 2.4　清洁部分

包括电机盒、清洁管、挂刷，如图 16 所示。

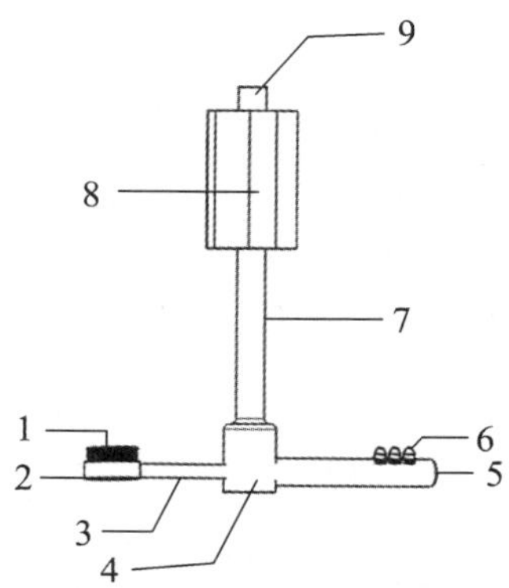


1. 毛刷　2. 刷托　3. 挂刷　4. 连接件　5. 清洁管堵头　6. 清洁管喷口　7. 清洁管　8. 电机盒
9. 空气导管

图 16　清洁装置结构图

# 3　陆基工厂化养殖池自动清洗机器人

如图 17 所示，自动清洗机器人具有自动清洗、自动越池、自动避障和路径规划功能，实现了工厂化养殖池池底和池壁的自动清洗，解决了人工清洗作业繁琐重复、劳动强度大、清洗效率低等问题。

图 17　陆基工厂化养殖池自动清洗机器人

## 3.1　总体设计

自动清洗机器人主要包括机械部分、控制部分、电机驱动模块、传感器模块和电源模块。

3.1.1 机械部分

机械部分采用导轨与移动清洗机构相结合的结构，总体结构如图 18 所示。移动机构依托导轨沿前后、左右、上下 6 个方向平稳运行，带动清洗刷头对养殖池进行清洗。其中，Y轴导轨与X轴移动机构相连接，带动Y轴的清洗装置到达导轨覆盖的所有区域；Z轴清洗机构连接在Y轴移动机构上，可自由伸缩，实现越池清洗功能；A轴旋转机构实现清洗刷头 360° 旋转，提高清洗效率。清洗过程中四轴联动、相互配合，完成整组养殖池自动清洗作业。

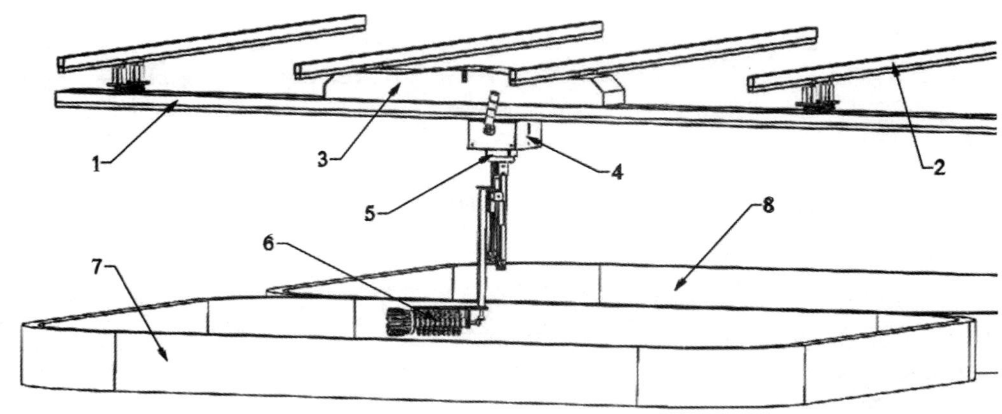


1. Y轴导轨 2. X轴导轨 3. X轴移动机构 4. Y轴清洗机构 5. A轴旋转伸缩组件 6. Z轴清洗机构 7. 养殖池 1 8. 养殖池 2

**图 18 清洗装置总体结构**

3.1.2 清洗机构

清洗机构由旋转伸缩装置和清洗刷头组成，如图 19 所示。

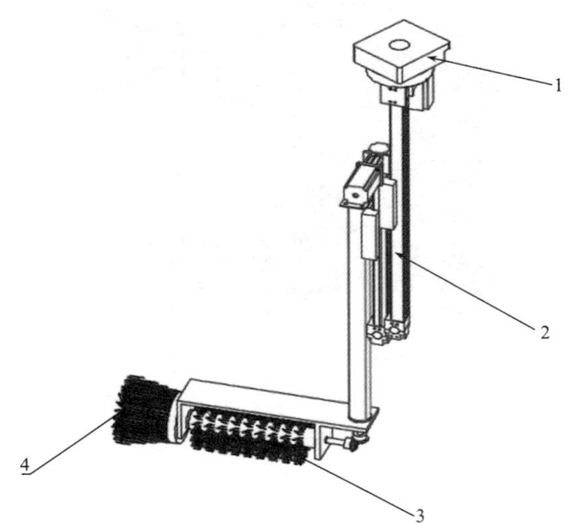


1. 旋转机构 2. 伸缩装置 3. 滚筒刷 4. 盘型刷

**图 19 清洗机构示意图**

### 3.2 控制系统

控制系统包括主控制器模块、电源模块、信息采集模块、电机驱动模块和附加模块组成，总体结构如图 20 所示。

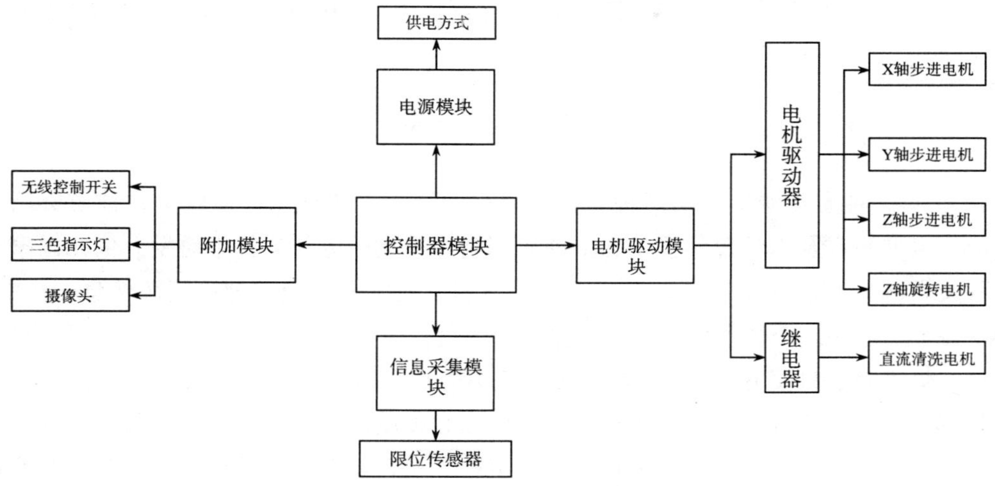


图 20 控制系统总体结构

（岗位科学家 田云臣）

# 海水鱼种质资源鉴定与新种质创制技术研究进展

海水鱼种质资源鉴定与新种质创制岗位

2021 年，种质资源鉴定与新种质创制岗位围绕海水鱼种质资源收集，种质资源鉴定与评价，表型测定及组学育种技术和新种质创制等重点任务开展技术研发。依托国家海洋生物种质资源库和已有工作基础，广泛收集整理了我国海水鱼类种质资源信息，从配子、DNA、细胞、组织、个体等层次收集和保存海水鱼种质资源 1 000 多份，明晰了黄带拟鲹、沙带鱼、灯笼鱼、虾虎鱼等 31 种重要海水鱼类的种质特性，丰富了我国海洋渔业生物种质资源库。在我国北方创建了石斑鱼育种活体库和种质冷冻库，突破了“南鱼北育”的技术瓶颈，并将冷冻精子应用于产业化的杂交苗种生产，培育出生长快、适温广和耐低氧性状的杂交新种质“金虎石斑鱼”，在多地区规模化推广养殖苗种 356 万尾，产生了显著的经济和社会效益。构建了大菱鲆三倍体苗种规模化诱导技术，诱导受精卵 1.6 kg，培育 7 月龄和 1 月龄苗种 2 批次，并对其养殖性能进行跟踪测试；建立了三倍体静水压法高效诱导技术，具有诱导效率稳定、孵化率高和受精卵物理损伤小的优势，适于产业化推广应用。初步构建海水鱼类种质资源评价信息平台。

## 1 海水鱼种质资源凭证标本库建设

初步建立了海水鱼种质资源收集和保存体系，完善了从取样到保藏的一系列操作规程，完成 1 000 余份海水鱼种质资源的收集和保存（图 1），包括海水鱼个体、组织、DNA等。向国家海洋生物种质资源库和中国重要渔业生物DNA条形码信息平台分别提交凭证标本和DNA条形码信息等 1 000 余份（图 2）。

图 1　海水鱼种子资源收集与保存

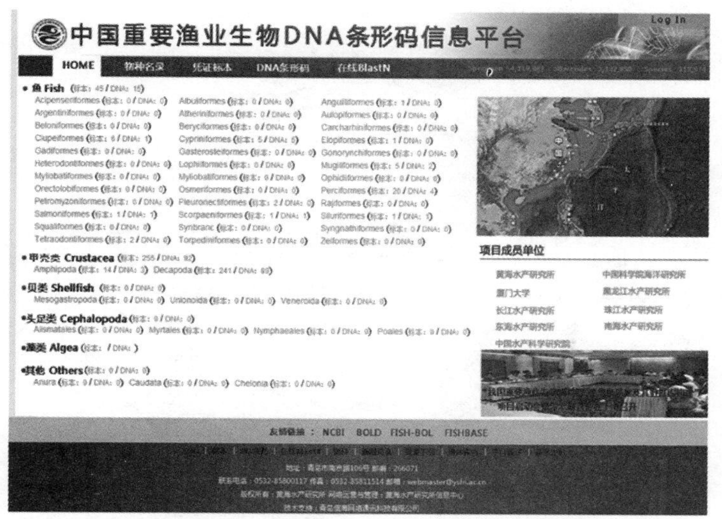


图 2　中国重要渔业生物DNA条形码信息平台

# 2　我国重要海水鱼类的种群动态信息采集和种质特性评价

采集和整理了我国重要海水鱼类种群动态和分布等信息，共 31 种（沙带鱼、日本带鱼、小带鱼、南海带鱼、高鳍带鱼、斑尾刺虾虎鱼、纹缟虾虎鱼、双带缟虾虎鱼、髭缟虾虎鱼、裸项缟虾虎鱼、普氏细棘虾虎鱼、七星底灯鱼、黄唇鱼、黄姑鱼、元鼎黄姑鱼、双棘原黄姑鱼、白姑鱼、花尾鹰鲻、小杜父鱼、星康吉鳗、太平洋鳕、斑点肩鳃鳚、丝背细鳞鲀、金色小沙丁鱼、白氏文昌鱼、高眼鲽、方氏云鳚、梭鱼、鲻、七带下美鮨、赤点石斑鱼）。

通过基因组、转录组、蛋白组、表观遗传等多组学联合分析，阐明了黄带拟鲹和灯笼鱼的种质特征。绘制了黄带拟鲹线粒体基因组图谱（16 569bp）（图 3）及鲹科 18 属 36 种鱼类的系统关系；解析了其染色体核型特征（图 4，核型公式 2n=48 t，染色体臂数 NF=48；染色体相对长度最大 5.921 ± 0.276，最小 2.052 ± 0.210，未观察到异型性染色体、随体和次缢痕）及其核型进化规律；组装了高质量的黄带拟鲹基因组（658 Mb）。组装获得了染色体水平的七星底灯鱼基因组（1.27 Gb），结合比较基因组学、转录组学等数据分析，挖掘出底灯鱼适应性演化的相关功能基因，推测灯笼鱼可能已经演化出一套独特的视觉适应系统。

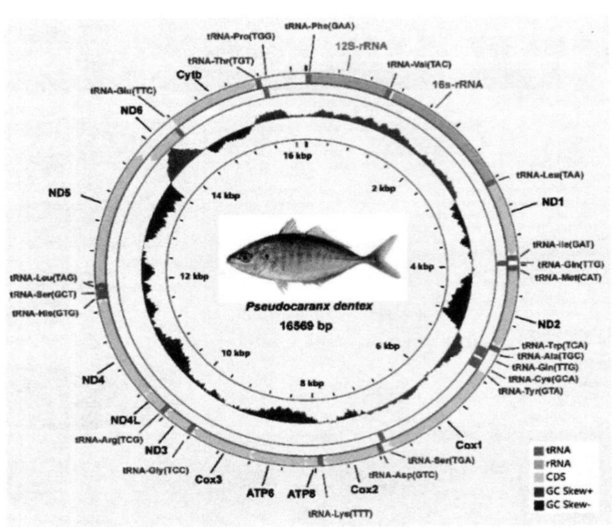


图 3　中国重要渔业生物DNA条形码信息平台

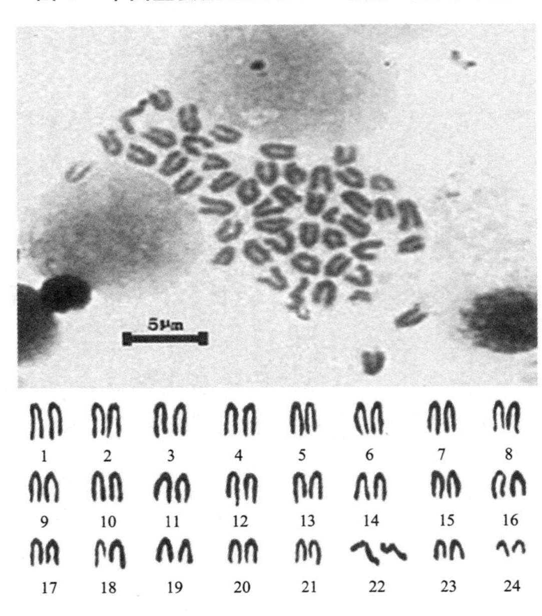


图 4　黄带拟鲹染色体核型分析

# 3 黄唇鱼种质资源鉴定

受广东省惠东县农业农村局委托，对 3 种养殖石首鱼类进行了物种鉴定，其中包括了疑似黄唇鱼（国家一级保护野生动物）亲鱼及其人工繁育F1 代幼苗、疑似元鼎黄姑鱼及疑似双棘原黄姑鱼。形态学观察测量和DNA条形码技术鉴定结果显示，待检亲鱼和幼苗样品确定为黄唇鱼（*Bahaba taipingensis*），其他两种分别确定为元鼎黄姑鱼（*Nibea chui*）和双棘原黄姑鱼（*Protonibea diacanthus*）。根据上述结鉴定结果，出具《鱼类物种鉴定报告书》

一份，已复函递交广东省惠东县农业农村局。该项工作为黄唇鱼种质资源的保护及进一步开展其人工繁育技术的研究提供了科学依据，是鱼类种质资源鉴定与评价技术建立过程中的一次重要实践。本岗位团队将继续开展海水鱼种质资源收集和保存工作，致力廓清我国重要海水鱼类资源种类、种群动态，优化海水鱼类种质资源评价信息平台，不断发掘和创制新养殖模式适养种类，为阐明我国重要海水鱼类资源种类、种群动态，支撑海水鱼类资源养护和增养殖产业健康发展提供依据。

## 4 石斑鱼精子冷冻保存和精子库建立

利用石斑鱼类精子冷冻保存液EMS−3、ELS−3冷冻保存了蓝身大斑石斑鱼、云纹石斑鱼、鞍带石斑鱼、棕点石斑鱼等鱼类精子，蓝身大斑石斑鱼精子保存量为120 mL、云纹石斑鱼为200 mL、鞍带石斑鱼为500 mL、棕点石斑鱼200 mL。建立了石斑鱼精子冷冻库1 020 mL，冷冻精子活力达到80%以上，主要保存在中国水产科学研究院黄海水产研究所和莱州明波水产有限公司，精子库已经被大量地应用于石斑鱼杂交育种和优良苗种培育。

## 5 石斑鱼冷冻精子在杂交育种和苗种培育中应用

利用蓝身大斑石斑鱼冷冻精子与棕点石斑鱼杂交，培育石斑鱼杂交养殖新种质“金虎石斑鱼”，具有生长快、耐低氧和耐低温的优良性状，在山东、天津、福建、广东和海南进行了大量推广养殖，产生了显著的经济和社会效益。2021年7月15日，中国水产科学研究院黄海水产研究所和莱州明波水产有限公司组织专家对“金虎石斑鱼家系建立及苗种规模化培育”项目的实施进展情况进行了现场验收。项目筛选构建蓝身大斑石斑鱼、棕点石斑鱼育种群体分别达100尾和460尾，冷冻保存精子500 mL，活力平均达85%以上。2020年建立金虎斑杂交种家系11个，经过培育筛选目前保留苗种3 000多尾。在工厂化养殖条件下对金虎斑、棕点石斑鱼纯系、珍珠龙胆石斑鱼进行对比养殖，验收时14月龄金虎斑苗体重（$902.4 \pm 103.1$）g，全长（$37.4 \pm 1.6$）cm，体高（$9.7 \pm 0.5$）cm，金虎斑体重是纯系的2.03倍。12月龄金虎斑体重（$572.7 \pm 59.9$）g，全长（$31.3 \pm 1.3$）cm，体高（$8.1 \pm 0.4$）cm，金虎斑体重是珍珠龙胆石斑鱼的1.49倍（图5）。对比养殖显示，金虎斑和珍珠龙胆石斑鱼感染神经坏死病毒后的死亡率分别为6.07%和25.13%，金虎斑成活率显著高于珍珠龙胆19.1%。批量生产受精卵4 080 g，平均孵化率40%，培育鱼苗达到356万尾。

图 5　14 月龄杂交金虎石斑鱼（下）与棕点石斑鱼（上）

# 6 大菱鲆三倍体苗种规模化培育

2021 年春季共布池大菱鲆三倍体受精卵 750 g，平均孵化率 38%。保有大菱鲆三倍体幼鱼 132 500 尾，幼鱼平均全长 4.74 cm，平均体重 1.58 g，送检 60 尾鱼苗的第三方流式细胞仪检验结果为三倍体率 100%（图 6）。三倍体幼鱼规格整齐，活力和生长情况良好，于 7 月 24 日完成现场验收。冬季获得大菱鲆受精卵 800 g，培育 1 月龄仔鱼 40 余万尾。

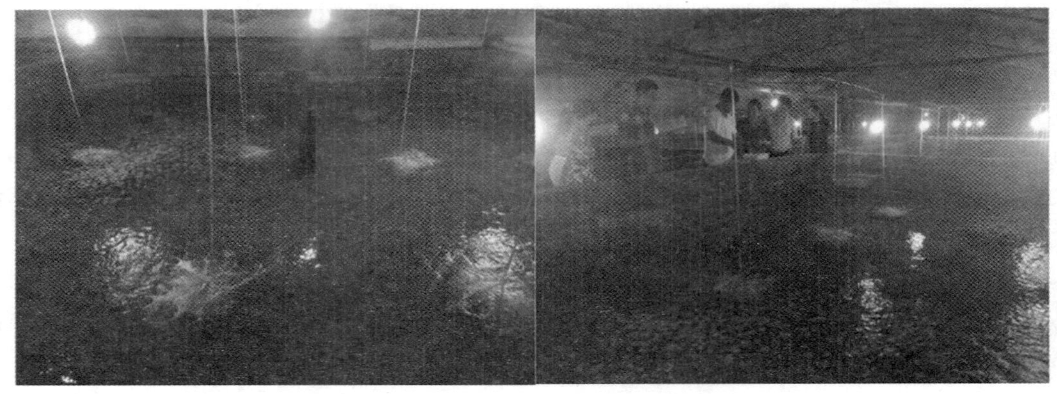

图 6　大菱鲆三倍体苗种及现场验收

# 7 静水压诱导大菱鲆三倍体条件的建立及其与冷休克诱导方法的比较

通过单因素实验优化了静水压法诱导大菱鲆三倍体的条件参数。结果表明，对照组与实验组间受精率均无显著性差异（图 7，76.70%~92.49%），说明单因素实验中使用的卵子、精子质量较好，而静水压压力、处理起始时间和处理持续时间对受精率无显著性影响。

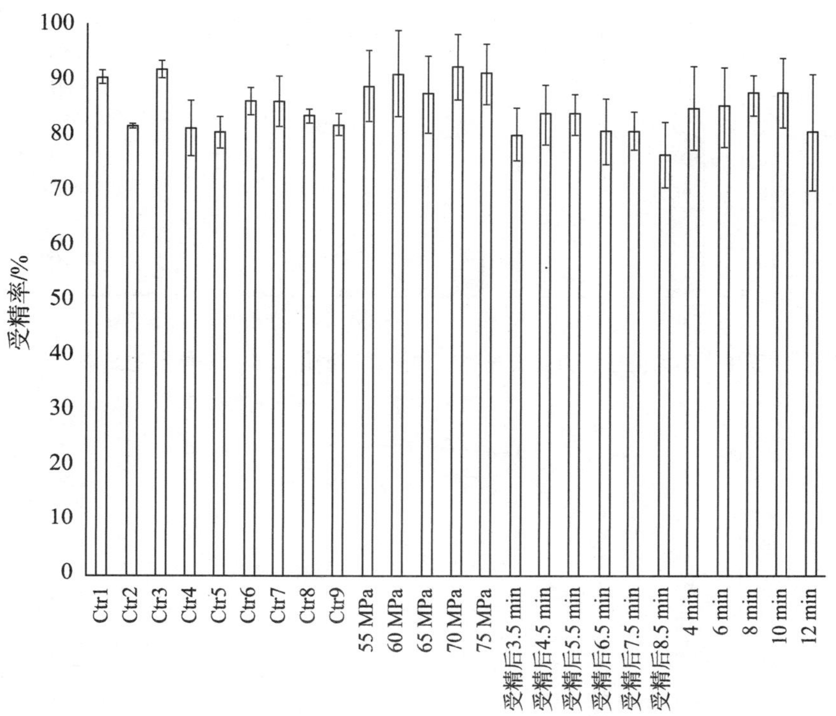


**图 7　静水压诱导参数实验中对照组和处理组的受精率**

固定静水压诱导起始时间为 6.5 min受精后、持续时间为 6 min，所有测试压力组［（55~75）MPa］均可获得一定数量的形态正常的初孵仔鱼，其中 60 MPa组正常仔鱼孵化率［（13.04 ± 1.98）%］显著高于其他各处理组，初孵仔鱼三倍体率达 100%（图 8）。

在处理压力为 60 MPa，处理持续时间为 6 min条件下，不同处理起始时间对孵化率具有显著影响，处理起始时间为受精后 3.5 min，正常仔鱼孵化率为（8.95 ± 1.20）%，受精后 4.5 min处理组孵化率最高，可达（18.91 ± 6.60）%，此后孵化率显著降低，受精后 6.5~8.5 min处理组孵化率极低；受精后 4.5 min处理组初孵仔鱼三倍体率可达（97.78 ± 1.92）%，显著高于受精后 3.5 min处理组［（70.56 ± ）9.18%］，与其他处理起始时间组无显著性差异（图 9）。

在处理压力为 60 MPa，处理起始时间为 4.5 min条件下，各诱导组随处理持续时间的延长，孵化率逐渐降低，持续时间为 4 min处理组孵化率稍高于 6 min处理组，两者无显著性差异，三倍体诱导率均高于 95%（图 10）。

综上，静水压法诱导大菱鲆三倍体的诱导参数：处理起始时间为受精后 4.5 min，静水压压力为 60 MPa，处理持续时间为 4~6 min。

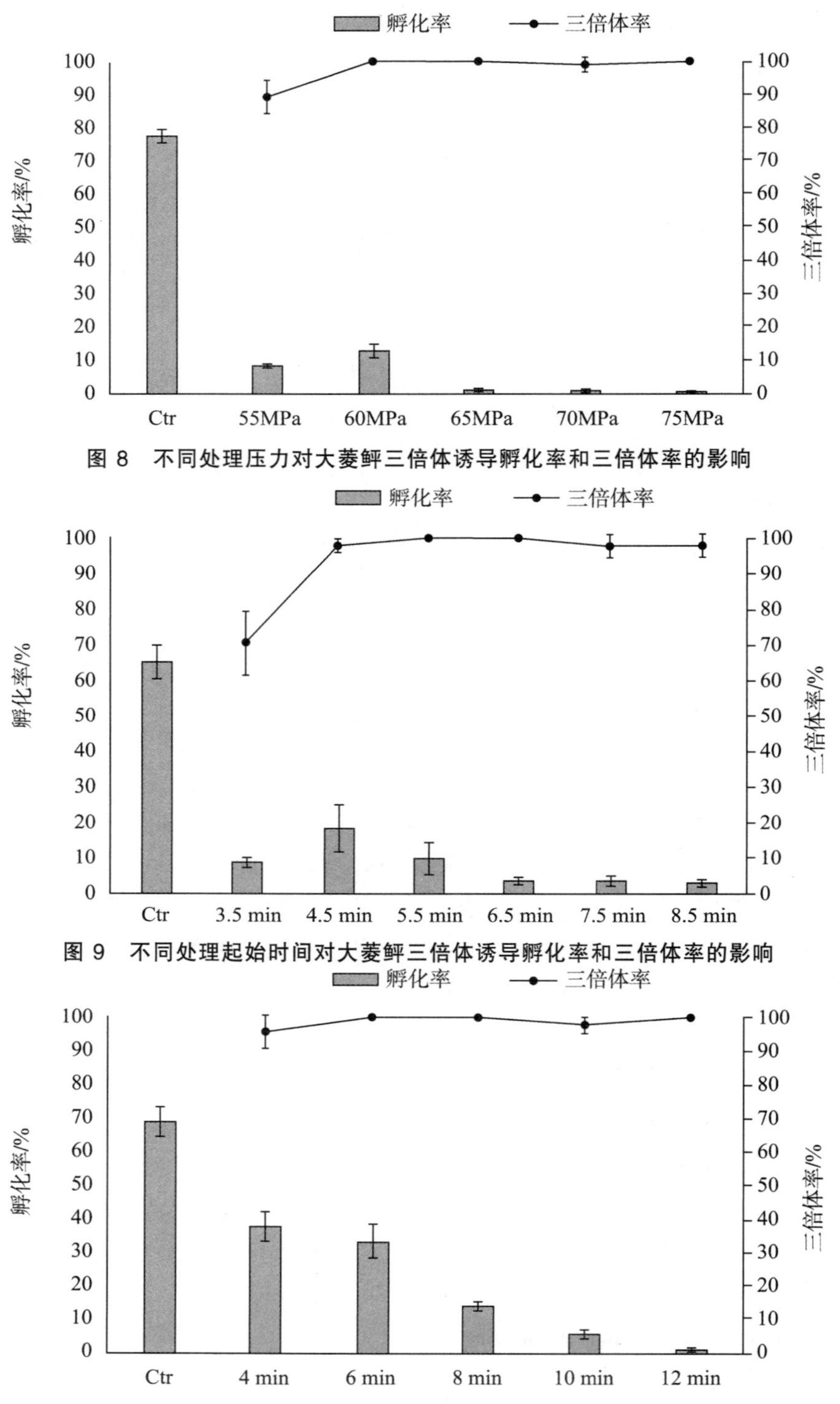


图 8 不同处理压力对大菱鲆三倍体诱导孵化率和三倍体率的影响

图 9 不同处理起始时间对大菱鲆三倍体诱导孵化率和三倍体率的影响

图 10 不同处理持续时间大菱鲆三倍体诱导孵化率和三倍体率的影响

使用 3 尾不同的大菱鲆雌鱼卵子对静水压和冷休克诱导三倍体的受精后效果进行比较研究，静水压法诱导处理条件为处理压力 60 MPa、处理起始时间为受精后 4.5 min、持续时间为 6 min，冷休克法处理条件为水温−2℃、处理起始时间为 6.5 min AF、持续时间为 45 min。结果表明，静水压法和冷休克法均显著降低孵化率，静水压法孵化率稍高于冷休克法，两者无显著性差异，但冷休克法初孵仔鱼畸形率显著高于静水压法，两种方法初孵仔鱼三倍体率均高于 90%（图 11）。由此可见，相比于冷休克诱导方法，静水压法诱导大菱鲆三倍体对受精卵物理损伤较小，初孵仔鱼畸形率显著降低，诱导效果较为理想。

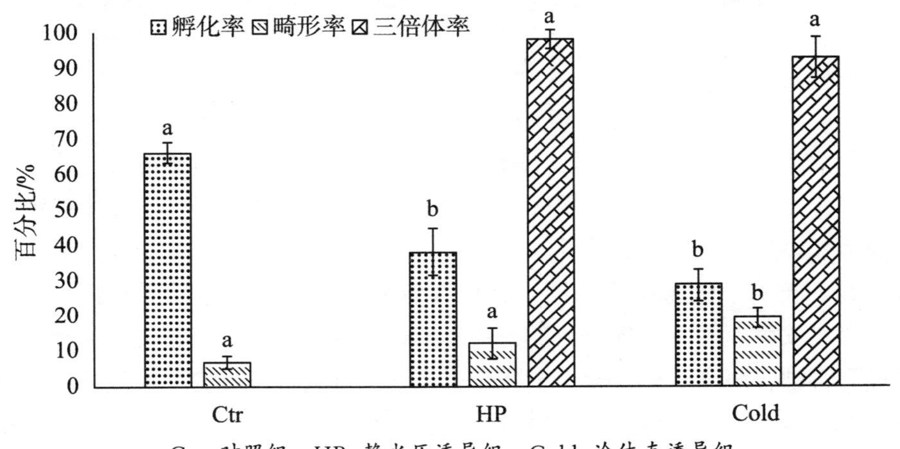


Ctr. 对照组　HP. 静水压诱导组　Cold. 冷休克诱导组

**图 11　大菱鲆三倍体静水压法和冷休克法诱导效果的比较**

# 8 大菱鲆与 4 种鲆鲽类品种远缘杂交的初步研究

探索了大菱鲆（*Scophthalmus maximus*）与鲽形目（*Pleuronectiformes*）不同科属远缘物种的杂交潜力，为开展杂交育种培育有经济价值的新品种，或筛选适宜的异源精子进行雌核发育诱导和杂交多倍体育种奠定基础。以大菱鲆为母本，选择星突江鲽（*Platichthys stellatus*）、圆斑星鲽（*Verasper variegatus*）、石鲽（*Platichthys bicoloratus*）和褐牙鲆（*Paralichthys olivaceus*）为父本进行了远缘杂交实验。结果表明（图 12），在水温为（14.5 ± 0.5）℃，pH为 7.8~8.2 和盐度为 29.8 的孵化条件下，大菱鲆对照组、星突江鲽（♂）、圆斑星鲽（♂）、石鲽（♂）和褐牙鲆（♂）杂交组受精率分别为（86.01 ± 5.57）%、（79.06 ± 6.20）%、（78.78 ± 7.64）%、（79.05 ± 5.23）%和（64.85 ± 2.32）%，其中褐牙鲆（♂）杂交组受精率显著低于其他组；孵化率分别为（92.98 ± 2.97）%、（46.31 ± 2.35）%、（11.79 ± 7.11）%、（5.77 ± 3.48）%、（4.08 ± 0.28）%，圆斑星鲽（♂）、石鲽（♂）和褐牙鲆（♂）杂交组孵化率显著低于星突江鲽（♂）杂交组，后者又显著低于大菱鲆对照组孵化率。

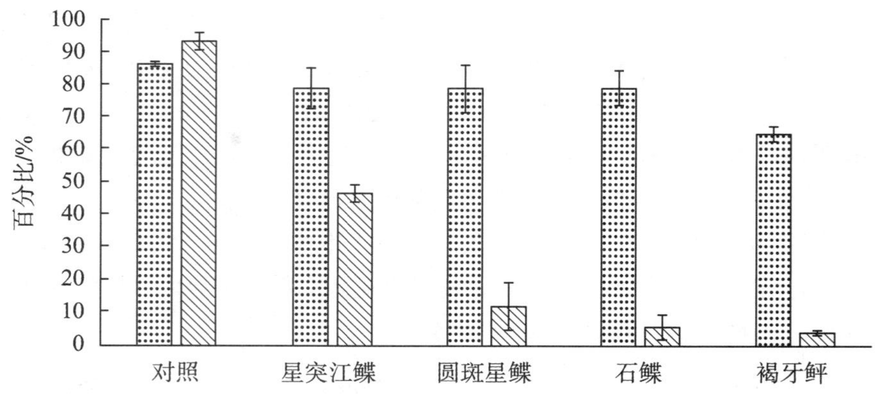


**图 12　大菱鲆与 4 种鲆鲽类杂交胚胎的受精率及孵化率**

胚胎发育形态上，细胞分裂期各杂交组与对照组胚胎发育形态无显著性差异（图 13）；囊胚期：高囊胚时期各组无明显差异，低囊胚时期大菱鲆♀×石鲽♂杂交组囊胚帽明显较小、胚盘下缘不整齐、细胞杂乱排列，其他各组发育形态均无差异。原肠胚期：大菱鲆♀×星突江鲽♂发育速度不一致，大菱鲆♀×圆斑星鲽♂与对照组相近，大菱鲆♀×石鲽♂杂交组胚环不圆，胚盘下包速度慢，胚盘边缘细胞排列极不整齐，大菱鲆♀×牙鲆♂杂交组形态与对照相似，但下包速度不均一。克氏囊期：对照组克氏囊明显，杂交组未观察到克氏囊。心跳期：大菱鲆♀×石鲽♂杂交组未见心跳，其余各组都观察到心跳。出膜前期：大菱鲆♀×星突江鲽♂杂交组发育速度明显较快、色素丛呈现黄绿色，大菱鲆♀×圆斑星鲽♂杂交组胚体纤细、黑色斑点分布均匀、发育速度与对照接近，大菱鲆♀×石鲽♂杂交组发育速度极慢、斑点为黑色与黄色相间，大菱鲆♀×牙鲆♂杂交组发育速度缓慢、斑点为黄色。初孵仔鱼：大菱鲆♀×星突江鲽♂杂交组与大菱鲆♀×圆斑星鲽♂杂交组发育缓慢，畸形严重，到第 3 日几乎全部死亡下沉。

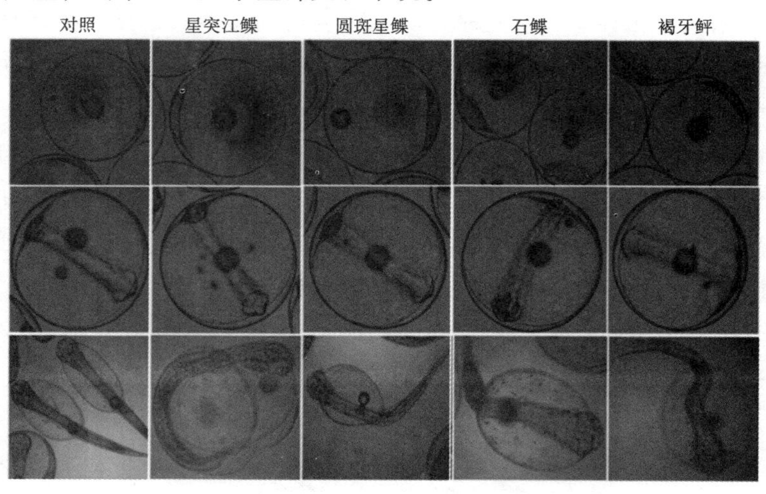


**图 13　大菱鲆与 4 种鲆鲽类杂交胚胎发育观察**

大菱鲆与星突江鲽、石鲽、圆斑星鲽、牙鲆四种鲽鲆类鱼类远缘杂交参考受精率、孵化率与胚胎发育过程，大菱鲆♀×牙鲆♂受精率和孵化率均较低，初孵仔鱼畸形且不能存活，杂交相容性差；大菱鲆♀×石鲽♂受精率较高，但孵化率低，胚胎发育过程中未观察到心跳，初孵仔鱼全部畸形，也不适于开展杂交实验；大菱鲆♀×星突江鲽♂与大菱鲆♀×圆斑星鲽♂受精率和孵化率都相对较高，孵出仔鱼形态畸形，不能继续发育，但是否可以作为大菱鲆雌核发育异源精子来源还有待研究，杂交胚胎倍性及其是否为雌核发育后代等信息尚需进一步研究。

# 9　年度研究进展小结

（1）构建了海水鱼类种质资源评价信息平台，评估了 2 种海水鱼类的遗传变异趋势，收集保存了海水鱼DNA、组织和个体等种质资源 500 份以上，采集了我国重要海水鱼类种群动态和分布等信息 31 种以上，向国家海洋生物种质资源库和中国重要渔业生物DNA条形码信息平台分别提交凭证标本和DNA条形码信息等 1 000 余份。

（2）石斑鱼远缘杂交育种：创建了石斑鱼育种活体库和种质冷冻库，收集保存了海水鱼配子、细胞等种质资源 500 份以上，研发了多技术辅助石斑鱼远缘杂交育种技术，培育出生长快、适温广和耐低氧性状的杂交新种质“金虎石斑鱼”，推广养殖苗种 356 万尾。

（3）大菱鲆三倍体育种：构建了大菱鲆三倍体苗种规模化诱导技术，培育苗种 13.25 万尾，三倍体率达 100%；建立了三倍体静水压法诱导技术，开发了大容量静水压诱导装置，静水压诱导方法对受精卵物理损伤小，初孵仔鱼畸形率低，诱导效果好，适于规模化诱导。

（岗位科学家　柳淑芳）

# 第二篇

# 海水鱼主产区调研报告

# 天津综合试验站产区调研报告

## 1　示范县（市、区）海水鱼养殖现状

本综合试验站下设 5 个示范县（市、区），分别为天津市塘沽区、天津市大港区、天津市汉沽区、天津市宁河区、浙江省温州市苍南县，各示范县育苗、养殖品种、产量及规模详见附表 1。

### 1.1　育苗面积及苗种产量

#### 1.1.1　育苗面积

5 个示范县育苗总面积为 36 000 $m^2$，其中塘沽区 1 000 $m^2$、汉沽区 33 800 $m^2$、大港区 1 200 $m^2$。按品种分：大菱鲆育苗面积 12 000 $m^2$、半滑舌鳎育苗面积 21 200 $m^2$、牙鲆育苗面积 1 000 $m^2$、珍珠龙胆石斑鱼育苗面积 1 800 $m^2$。

#### 1.1.2　苗种年产量

5 个示范县共计 19 户育苗厂家，总计育苗 3 710 万尾，其中：大菱鲆 2 000 万尾、半滑舌鳎 1 220 万尾、牙鲆 300 万尾、珍珠龙胆石斑鱼 190 万尾。各县育苗情况如下：

塘沽区：1 户育苗厂家，生产半滑舌鳎 200 万尾，用于本场自用养殖。

汉沽区：16 户育苗厂家，生产大菱鲆 2 000 万尾、半滑舌鳎 1 000 万尾、牙鲆 300 万尾，用于天津地区养殖及供应山东、河北、辽宁，珍珠龙胆石斑鱼苗种 90 万尾，用于天津地区养殖及供应福建。

大港区：2 户育苗厂家，生产半滑舌鳎苗种 20 万尾，用于本场自用养殖，珍珠龙胆石斑鱼苗种 100 万尾，用于天津地区养殖及供应福建。

### 1.2　养殖面积及年产量、销售量、年末库存量

#### 1.2.1　工厂化养殖

工厂化养殖方式有工厂化循环水养殖、工厂化非循环水养殖，养殖企业共有 21 家，工厂化养殖面积 98 000 $m^2$，年总生产量 1 237 t，销售量 928 t，年末库存量 309 t。

塘沽区：1 户，养殖面积 38 000 $m^2$，半滑舌鳎养殖面积 38 000 $m^2$，年产量 490 t，销售量 390 t，年末库存量 100 t。

汉沽区：12 户，养殖面积 42 000 $m^2$，其中，半滑舌鳎 41 000 $m^2$，年产量 520 t，销售量 364 t，年末库存量 156 t；珍珠龙胆石斑鱼养殖面积 1 000 $m^2$，年产量 30 t，销售量 12 t，年末库存量 18 t。

大港区：6 户，养殖面积 12 000 $m^2$，其中，半滑舌鳎 8 500 $m^2$，年产量 87 t，销售量 64 t，年末库存量 23 t；珍珠龙胆石斑鱼养殖面积 3 000 $m^2$，年产量 58 t，销售量 50 t，年末库存量 8 t；红鳍东方鲀养殖面积 500 $m^2$，年产量 10 t，销售量 8 t，年末库存量 2 t。

苍南县：1 户，半滑舌鳎养殖面积 6 000 $m^2$，年产量 42 t，销售量 40 t，年末库存量 2 t。

#### 1.2.2 池塘养殖（亩）

只有天津市宁河区采用池塘养殖的方式，种类为花鲈，采用与南美白对虾池塘混养方式，养殖户 2 户，养殖面积 50 亩，年总生产量 38 t，销售量 38 t，年末库存量 0 t。

### 1.3 品种构成

各品种的养殖面积及产量占示范县养殖总面积和总产量的比例详见附表 2。

统计 5 个示范县海水鱼养殖面积调查结果，各品种构成如下：

工厂化育苗总面积为 36 000 $m^2$，其中大菱鲆为 12 000 $m^2$，占总面积的 33.33%；半滑舌鳎为 21 200 $m^2$，占总面积的 58.89%；牙鲆为 1 000 $m^2$，占总面积的 2.78%；珍珠龙胆石斑鱼为 1 800 $m^2$，占总育苗面积的 5%。

工厂化育苗总出苗量为 3 710 万尾，其中大菱鲆为 2 000 万尾，占总出苗量的 53.91%；半滑舌鳎为 1 220 万尾，占总出苗量的 32.88%；牙鲆为 300 万尾，占总出苗量的 8.09%；珍珠龙胆石斑鱼为 190 万尾，占总出苗量的 5.12%。

工厂化养殖总面积为 98 000 $m^2$，其中半滑舌鳎为 93 500 $m^2$，占总养殖面积的 95.41% ；珍珠龙胆石斑鱼为 4 000 $m^2$，占总养殖面积的 4.08%；红鳍东方鲀为 500 $m^2$，占总养殖面积的 0.51%。

工厂化养殖总产量为 1 237 t，其中半滑舌鳎为 1 139 t，占总养殖产量的 92.08%；珍珠龙胆石斑鱼为 88 t，占总养殖产量的 7.11%；红鳍东方鲀为 10 t，占总养殖产量的 0.81%。

池塘养殖总面积为 50 亩，全部为天津宁河养殖本地花鲈。

池塘养殖总产量为 38 t，全部为天津宁河养殖本地花鲈。

从以上统计可以看出，在 5 个示范县内，半滑舌鳎、珍珠龙胆石斑鱼两个品种养殖面积和产量都占绝对优势。

# 2　示范县（市、区）科研开展情况

## 2.1　科研课题情况

天津市滨海新区天世农水产养殖有限公司示范工厂化循环水养殖半滑舌鳎 6 000 $m^2$，在循环水养殖系统生物滤池中应用新型亲水海绵生物填料，在天津养殖企业继续示范养殖水环境岗位科学家的养殖尾水处理技术，联合对在天津地区创新构建并示范应用的海水工厂化养殖尾水高效处理技术进行成果总结，由山东水产学会组织专家鉴定达到了国际先进水平。在天津立达海水资源开发有限公司示范智能化养殖岗位的“工厂化养殖池自动清洗装置”1 套，控制清洗装置进行往复型或螺旋型路径的自动清洗，并具有避障、越池功能。在天津 4 家海水工厂化养殖企业集成典型养殖模式的科学投饲策略，示范半滑舌鳎仔稚鱼微颗粒饲料、循环水系统专用优质配合饲料 4 t。引进了大菱鲆种质资源与品种改良岗位的大菱鲆良种“多宝 1 号”受精卵 2 kg，在天津市舜兴海珍品养殖场进行优质苗种规模化繁育，孵化苗种 100 万尾。配合半滑舌鳎种质资源与品种改良岗位联合申报的半滑舌鳎“鳎优 1 号”新品种，通过了全国水产原种和良种审定委员会的审定，引进“鳎优 1 号”受精卵 5 kg在天津地区进行孵化，孵化培育苗种 200 万尾，进行半滑舌鳎新品种的工厂化养成。配合半滑舌鳎种质资源与品种改良岗位在天津地区进行半滑舌鳎种质资源调查。

## 2.2　发表论文、专利情况

发表论文 3 篇：

［1］Zhao，Na.，Jia，lei，et al. Comparative Mucous miRomics in *Cynoglossus semilaevis* Related to *Vibrio harveyi* Caused Infection［J］. Marine Biotechnology，2021，23：766-776.

［2］Zhao，Na.，Jia，lei，et al. Proteomics of mucosal exosomes of *Cynoglossus semilaevis* altered when infected by *Vibrio harveyi*［J］. Developmental and Comparative Immunology，2021，119，104045.

［3］Zhao，Na.，Zhang Bo，Jia，lei，et al. Extracellular vesicles piwi-interacting RNAs from skin mucus for identification of infected *Cynoglossus semilaevis* with Vibrio harveyi［J］. Fish and Shellfish Immunology，2021，111：170-178.

授权专利 3 项：

［1］张博，贾磊，赵娜，等. 一种半滑舌鳎外泌体性别差异表达标签及试剂盒：中国，201811019139.5［P］. 2021-4-27.

［2］张博，贾磊，高磊，等. 半滑舌鳎性别标签piR-mmu-72274 的应用：中国，201811020134.4［P］. 2021-4-16.

［3］张博，贾磊，赵娜，等. 半滑舌鳎差异表达的microRNA标签及应用：中国，

201811019600.7［P］. 2021－5－14.

# 3　海水鱼产业发展中存在的问题

## 3.1　特大暴雪导致养殖车间大面积坍塌

受寒潮影响，天津市从 11 月 6 日午后开始气温下降，7 日迎来 2021 年强降雪。特大暴雪导致滨海新区海水养殖企业养殖车间大面积坍塌，全市海水工厂化养殖损失惨重，给养殖户带来极大的经济损失。据不完全统计，预计受灾海水工厂化养殖面积超过 30 万$m^2$，损失各规格养殖鱼类 500 万尾以上。

## 3.2　养殖品种单一，互相竞争影响价格

由于天津基本养殖半滑舌鳎，养殖品种单一，生产一哄而上，导致产品供大于求，产品滞销，产品价格下降，需开发更多元化的适宜品种用于养殖。

**附表 1　2021 年度本综合试验站示范县海水鱼育苗及成鱼养殖情况表**

| 项目 | 品种 | 塘沽区 | 汉沽区 | | | | 大港区 | | | 宁河区 | 苍南县 |
|---|---|---|---|---|---|---|---|---|---|---|---|
| | | 半滑舌鳎 | 大菱鲆 | 半滑舌鳎 | 牙鲆 | 珍珠龙胆石斑鱼 | 半滑舌鳎 | 珍珠龙胆石斑鱼 | 红鳍东方鲀 | 花鲈 | 半滑舌鳎 |
| 育苗 | 面积/$m^2$ | 1 000 | 12 000 | 20 000 | 1 000 | 800 | 200 | 1 000 | 0 | 0 | 0 |
| | 产量/万尾 | 200 | 2 000 | 1 000 | 300 | 90 | 20 | 100 | 0 | 0 | 0 |
| 工厂化养殖 | 面积/$m^2$ | 38 000 | 0 | 41 000 | 0 | 1 000 | 8 500 | 3 000 | 500 | 0 | 6 000 |
| | 年产量/t | 490 | 0 | 520 | 0 | 30 | 87 | 58 | 10 | 0 | 42 |
| | 年销售量/t | 390 | 0 | 364 | 0 | 12 | 64 | 50 | 8 | 0 | 40 |
| | 年末库存量/t | 100 | 0 | 156 | 0 | 18 | 23 | 8 | 2 | 0 | 2 |
| 池塘养殖 | 面积/亩 | 0 | 0 | 0 | 0 | 0 | 0 | 0 | 0 | 50 | 0 |
| | 年产量/t | 0 | 0 | 0 | 0 | 0 | 0 | 0 | 0 | 38 | 0 |
| | 年销售量/t | 0 | 0 | 0 | 0 | 0 | 0 | 0 | 0 | 38 | 0 |
| | 年末库存量/t | 0 | 0 | 0 | 0 | 0 | 0 | 0 | 0 | 0 | 0 |
| 户数 | 育苗户数 | 1 | 5 | 8 | 2 | 1 | 1 | 1 | 0 | 0 | 0 |
| | 养殖户数 | 1 | 0 | 11 | 0 | 1 | 3 | 2 | 1 | 2 | 1 |

**附表 2　本综合试验站 5 个示范县养殖面积、养殖产量及主要品种构成**

| 项目＼品种 | 年产总量 | 大菱鲆 | 半滑舌鳎 | 牙鲆 | 珍珠龙胆石斑鱼 | 红鳍东方鲀 | 花鲈 |
|---|---|---|---|---|---|---|---|
| 工厂化育苗面积/$m^2$ | 36 000 | 12 000 | 21 200 | 1 000 | 1 800 | 0 | 0 |
| 工厂化出苗量/万尾 | 3 710 | 2 000 | 1 220 | 300 | 190 | 0 | 0 |
| 工厂化养殖面积/$m^2$ | 98 000 | 0 | 93 500 | 0 | 4 000 | 500 | 0 |
| 工厂化养殖产量/t | 1 237 | 0 | 1 139 | 0 | 88 | 10 | 0 |
| 池塘养殖面积/亩 | 50 | 0 | 0 | 0 | 0 | 0 | 50 |
| 池塘年总产量/t | 38 | 0 | 0 | 0 | 0 | 0 | 38 |
| 各品种工厂化育苗面积占总面积的比例/% | 100 | 33.33 | 58.89 | 2.78 | 5.00 | 0.00 | 0.00 |
| 各品种工厂化出苗量占总出苗量的比例/% | 100 | 53.91 | 32.88 | 8.09 | 5.12 | 0.00 | 0.00 |
| 各品种工厂化养殖面积占总面积的比例/% | 100 | 0.00 | 95.41 | 0.00 | 4.08 | 0.51 | 0.00 |
| 各品种工厂化养殖产量占总产量的比例/% | 100 | 0.00 | 92.08 | 0.00 | 7.11 | 0.81 | 0.00 |
| 各品种池塘养殖面积占总面积的比例/% | 100 | 0 | 0 | 0 | 0 | 0 | 100 |
| 各品种池塘养殖产量占总产量的比例/% | 100 | 0 | 0 | 0 | 0 | 0 | 100 |

（天津综合试验站站长　贾　磊）

# 秦皇岛综合试验站产区调研报告

## 1　示范县（市、区）海水鱼类养殖现状

本综合试验站下设5个示范县（市、区），分别为昌黎县、丰南区、滦南县、乐亭县、黄骅市。主要养殖品种有大菱鲆、牙鲆、半滑舌鳎和红鳍东方鲀，养殖模式有工厂化（流水和循环水）、池塘和网箱养殖。2021年育苗、养殖品种、产量及规模见附表1。

### 1.1　育苗面积及苗种产量

#### 1.1.1　育苗面积

五个示范县育苗总面积为16 000 $m^2$，其中昌黎县5 000 $m^2$、黄骅市11 000 $m^2$。按品种分：半滑舌鳎育苗面积2 000 $m^2$、牙鲆14 000 $m^2$。

#### 1.1.2　苗种年产量

5个示范县共计4户育苗厂家，年育苗量280万尾，其中：牙鲆200万尾、半滑舌鳎80万尾。各示范县育苗情况如下：

昌黎县：共有育苗厂家2户，育苗水体5 000 $m^2$，年育苗220万尾。其中牙鲆育苗厂家1户，育苗水体3 000 $m^2$，年生产牙鲆苗种140万尾；半滑舌鳎育苗厂家1户，育苗水体2 000 $m^2$，年生产半滑舌鳎苗种80万。

黄骅市：共有牙鲆育苗厂家2户，育苗水体11 000 $m^2$，年生产牙鲆苗种60万尾。

滦南县、丰南区、乐亭县2021年无海水鱼苗种生产。

### 1.2　养殖面积及年产量、销售量、年末库存量

#### 1.2.1　工厂化养殖

5个示范县共有工厂化养殖户57家，养殖面积461 000 $m^2$，年总生产量3 785.55 t，年销售量3 238.55 t，年末库存量4 362.16 t。其中：

昌黎县：38户，养殖面积300 000 $m^2$。其中大菱鲆养殖31户，养殖面积217 000 $m^2$，产量2 096.33 t，销售1 941.62 t，年末库存2 729.43 t；牙鲆养殖3户，养殖面积45 000 $m^2$，年产量953.97 t，销售910.02 t，年末库存865.32 t；半滑舌鳎养殖4户，养殖面积38 000 $m^2$，年产量352.81 t，年销售70.47 t，年末库存557.81 t。

滦南县：2户，养殖面积5 000 m$^2$。牙鲆养殖2户，养殖面积5 000 m$^2$，年产量103.14 t，年销售132.84 t。

乐亭县：17户，养殖面积156 000 m$^2$。其中，大菱鲆养殖16户，养殖面积155 000 m$^2$，年产量174.6 t，年销售135.9 t，年末库存136.9 t；半滑舌鳎养殖1户，养殖面积1 000 m$^2$，年产量104.7 t，年销售47.7 t，年末库存72.7 t。

黄骅市、丰南区：2021年无海水鱼工厂化养殖厂家。

#### 1.2.2 池塘养殖

本站示范区内2021年无海水鱼池塘养殖。

#### 1.2.3 网箱养殖

本站示范区内2021年未进行海水鱼网箱养殖。

### 1.3 品种构成

辖区每个品种养殖面积及产量占示范县养殖总面积和总产量的比例见附表2。

统计5个示范县海水鱼类育苗、养殖情况，各品种构成如下：

工厂化育苗总面积为16 000 m$^2$。其中牙鲆14 000 m$^2$，占育苗总面积的87.5%；半滑舌鳎2 000 m$^2$，占育苗总面积的12.5%。

年总出苗量为280万尾。其中牙鲆为200万尾，占总出苗量的71.43%；半滑舌鳎为80万尾，占总出苗量的28.57%。

工厂化养殖总面积为461 000 m$^2$。其中大菱鲆为372 000 m$^2$，占总养殖面积的80.69%；牙鲆为50 000 m$^2$，占总养殖面积的10.85%；半滑舌鳎为39 000 m$^2$，占总养殖面积的8.46%。

工厂化养殖总产量为3 785.55 t。其中大菱鲆为2 270.93 t，占总量的59.98%；牙鲆1 057.11 t，占总量的27.93%；半滑舌鳎为457.51 t，占总量的12.09%。

从以上统计数据可以看出，5个示范县内，大菱鲆的工厂化养殖产量和面积占绝对优势，其次是牙鲆和半滑舌鳎。

## 2 示范县（市、区）科研开展情况

### 2.1 科研开展情况

1. 优良品种的引进与示范推广

（1）在岗位科学家指导下，在昌黎示范县秦皇岛启民水产养殖有限公司进行了海水鱼优质健康苗种养殖模式，引进许氏平鲉体长5 cm以上大规格健康苗种50 000尾，示范面积2 200 m$^2$，现平均体长达14.5 cm，平均体重231 g，成活率92%以上。

（2）开展牙鲆新品种培育，引进北鲆 2 号优质苗种 3 万尾，示范面积 1 500 $m^2$，现平均体长达 14 cm，平均体重 153 g，成活率 90%以上。

（3）配合农业农村部渔业渔政管理局和中国水产科学研究院黄海水产研究所完成河鲀种质普查工作。

（4）完成海水鱼基础信息数据库收集工作，完成示范县生产情况调查，配合岗位科学家做好相关资料收集工作。

### 2.2　发表论文情况

发表论文 1 篇。

师皓晨，万玉美，孙桂清，赵海涛，崔兆进，吴彦，陈秀玲。铜离子对大菱鲆幼鱼的急性毒性［J］. 河北渔业，2021，（12）：1-4 页。

## 3　海水鱼养殖产业发展中存在问题

（1）投喂冰鲜小杂鱼的养殖户仍然较多，优质全价配合饲料使用率有待提高。

（2）病害防控，目前主养大菱鲆、牙鲆、半滑舌鳎病害频发，严重影响养殖成活率，防控措施有待完善。

**附表 1　2021 年秦皇岛综合试验站示范县海水鱼类育苗及成鱼养殖情况统计表**

| 项目 \ 品种 | | 昌黎县 | | | | 丰南区 | | 滦南县 | | 乐亭县 | | | 黄骅市 | |
|---|---|---|---|---|---|---|---|---|---|---|---|---|---|---|
| | | 大菱鲆 | 牙鲆 | 半滑舌鳎 | 红鳍东方鲀 | 大菱鲆 | 牙鲆 | 牙鲆 | 红鳍东方鲀 | 大菱鲆 | 半滑舌鳎 | 牙鲆 | 牙鲆 | 红鳍东方鲀 |
| 育苗 | 面积/$m^2$ | — | 3 000 | 2 000 | — | — | — | — | — | — | — | — | 11 000 | — |
| | 产量/万尾 | — | 140 | 80 | — | — | — | — | — | — | — | — | 60 | — |
| 工厂化养殖 | 面积/$m^2$ | 217 000 | 45 000 | 38 000 | — | — | — | 5 000 | — | 155 000 | 1 000 | — | — | — |
| | 年产量/t | 2 096.33 | 953.97 | 352.81 | — | — | — | 103.14 | — | 174.6 | 104.7 | — | — | — |
| | 年销售量/t | 1 941.62 | 910.02 | 70.47 | — | — | — | 132.84 | — | 135.9 | 47.7 | — | — | — |
| | 年末库存量/t | 2 729.43 | 865.32 | 557.81 | — | — | — | — | — | 136.9 | 72.7 | — | — | — |
| 池塘养殖 | 面积/亩 | — | — | — | — | — | — | — | — | — | — | — | — | — |
| | 年产量/t | — | — | — | — | — | — | — | — | — | — | — | — | — |
| | 年销售量/t | — | — | — | — | — | — | — | — | — | — | — | — | — |
| | 年末库存量/t | — | — | — | — | — | — | — | — | — | — | — | — | — |
| 户数 | 育苗户数 | — | 1 | 1 | — | — | — | — | — | — | — | — | 2 | — |
| | 养殖户数 | 31 | 3 | 4 | — | — | — | 2 | — | 16 | 1 | — | — | — |

**附表 2　秦皇岛综合试验站五个示范县养殖面积、养殖产量及品种构成**

| 项目 \ 品种 | 年产总量 | 大菱鲆 | 牙鲆 | 半滑舌鳎 | 红鳍东方鲀 |
|---|---|---|---|---|---|
| 工厂化育苗面积/$m^2$ | 16 000 | — | 14 000 | 2 000 | — |
| 工厂化出苗量/万尾 | 280 | — | 200 | 80 | — |
| 工厂化养殖面积/$m^2$ | 461 000 | 372 000 | 50 000 | 39 000 | — |
| 工厂化养殖产量/t | 3 446.21 | 2 270.93 | 1 057.11 | 118.17 | — |
| 池塘养殖面积/亩 | — | — | — | — | — |
| 池塘年总产量/t | — | — | — | — | — |
| 各品种工厂化育苗面积占总面积的比例/% | — | — | 87.5 | 12.5 | — |
| 各品种工厂化出苗量占总出苗量的比例/% | — | — | 71.43 | 28.57 | — |
| 各品种工厂化养殖面积占总面积的比例/% | — | 80.69 | 10.85 | 8.46 | — |
| 各品种工厂化养殖产量占总产量的比例/% | — | 59.99 | 30.67 | 12.09 | — |

（秦皇岛综合试验站站长　赵海涛）

# 北戴河综合试验站产区调研报告

## 1 示范县（市、区）海水鱼养殖现状

北戴河综合试验站下设5个示范县，分别为河北省唐山市曹妃甸区，河北省唐山市中捷产业园区，辽宁省盘锦市盘山县，辽宁省营口市老边区和盖州市。曹妃甸区示范县兼具工厂化养殖和池塘养殖模式，其中工厂化养殖采用工厂化流水模式，养殖的鱼类品种为半滑舌鳎和红鳍东方鲀，池塘养殖的鱼类以红鳍东方鲀为主；中捷产业园区示范县为工厂化养殖模式，包括工厂化流水和工厂化循环水，养殖鱼类品种为半滑舌鳎；盖州市示范县为工厂化流水养殖模式，养殖品种为大菱鲆；盘山县和老边区两个示范县均为普通池塘养殖模式，其中盘山示范县养殖品种为海鲈；老边区示范县养殖品种为牙鲆、海鲈及其他海水鱼。

### 1.1 育苗面积及苗种产量

示范县育苗情况见附表1。

#### 1.1.1 育苗面积

5个示范县中，只有曹妃甸区示范县和中捷产业园区示范县进行海水鱼育苗，其中曹妃甸区示范县育苗品种主要为半滑舌鳎和红鳍东方鲀，育苗模式包括工厂化育苗和池塘育苗，半滑舌鳎采用工厂化育苗，育苗面积为10 000 $m^2$，红鳍东方鲀育苗兼具工厂化育苗和池塘育苗两种模式，其中红鳍东方鲀工厂化育苗面积为50 000 $m^2$，池塘育苗面积为14 795亩；中捷产业园区示范县主要在第一、二、三季度进行半滑舌鳎的工厂化育苗，育苗面积为6 400 $m^2$。

#### 1.1.2 苗种年产量

曹妃甸区有育苗厂家17户，其中半滑舌鳎育苗厂家15户，培育苗种1 000万尾；红鳍东方鲀育苗厂家2户，培育苗种99万尾，累计培育苗种1 099万尾。中捷产业园区有育苗厂家2户，全部培育半滑舌鳎，培育苗种合计137.7万尾。

### 1.2 养殖面积及年产量、销售量、年末库存量

示范县各养殖模式的养殖情况见附表1。

五个示范县成鱼养殖厂家共206家，养殖模式包括工厂化养殖和池塘养殖。其中曹妃甸区采用工厂化养殖和池塘养殖2种模式，中捷产业园区和盖州市采用工厂化养殖模式，盘山县、老边区采用池塘养殖模式。

### 1.2.1　工厂化养殖

工厂化养殖主要集中在曹妃甸区、中捷产业园区和盖州市，养殖面积455 300 m$^2$~457 920 m$^2$，年总生产量为1 223.98 t，销售量为1 618.96 t，年末库存量为437.77 t。

曹妃甸区：半滑舌鳎养殖户20家，养殖面积400 000 m$^2$，全年生产量960.58 t，全年销售量1 359.06 t，年末库存量259.77 t。

中捷产业园区：养殖厂家2家。养殖面积17 300~19 920 m$^2$，均养殖半滑舌鳎，全年生产量180.4 t，全年销售量156.9 t，年末库存量88 t。

盖州市：大菱鲆养殖户7家，养殖面积38 000 m$^2$，全年生产量83 t，全年销售量103 t，年末库存量90 t。

### 1.2.2　池塘养殖

除中捷产业园区、盖州市外，其余3个示范县均有池塘养殖模式，养殖面积合计48 302亩，年产量774.75 t，年销售量1 278.63 t，年末存量15 t。池塘养殖的品种包含红鳍东方鲀、海鲈和其他海水鱼。红鳍东方鲀池塘养殖面积为11 102亩，全年生产量510 t，全年销售1 009.88 t，年末无存量；海鲈养殖面积为35 000亩，全年生产量221 t，全年销售量225 t，年末存量15 t；牙鲆养殖面积为200亩，全年生产量3.75 t，全部售出；其他海水鱼养殖面积为2 000亩，全年生产量40 t，全年销售量40 t，年末无存量。

曹妃甸区：养殖户25家。养殖面积11 102亩，全部养殖红鳍东方鲀，全年生产量510 t，全年销售量1 009.88 t，年末无存量。

盘山县：养殖户150家。养殖面积30 000亩，养殖品种为海鲈，全年生产量181 t，全年销售量185 t，年末存量15 t。

老边区：养殖户2家。养殖面积7 200亩，包括海鲈5 000亩、牙鲆200亩和其他海水鱼2 000亩。全年养殖产量83.75 t，包括海鲈40 t、牙鲆3.75 t和其他海水鱼40 t；全年销售量83.75 t，包括海鲈40 t、牙鲆3.75 t以及其他海水鱼40 t；年末均无存量。

## 1.3　品种构成

各品种的养殖面积及产量占示范县养殖总面积和总产量的比例见附表2。

统计5个示范县海水鱼养殖面积调查结果，各品种构成如下：

工厂化育苗总面积为66 400 m$^2$。其中半滑舌鳎为16 400 m$^2$，占总养殖面积的24.7%；红鳍东方鲀为50 000 m$^2$，占总面积的75.3%。

工厂化育苗总出苗量为1 164.29万尾。半滑舌鳎为1 137.7万尾，占总出苗量的97.7%；红鳍东方鲀为26.59万尾，占总出苗量的2.3%。

工厂化养殖总面积为457 100 $m^2$。其中半滑舌鳎为419 100 $m^2$，占总养殖面积的91.7%；大菱鲆为38 000 $m^2$，占总养殖面积的8.3%。

工厂化养殖总产量为1 223.98 t。其中半滑舌鳎为1 140.98 t，占总量的93.2%；大菱鲆为83 t，占总量的6.8%。

池塘养殖总面积为48 302亩。其中牙鲆为200亩，占总养殖面积的0.4%；红鳍东方鲀为11 102亩，占总养殖面积的23%；海鲈为35 000亩，占总养殖面积的72.5%，其他海水鱼2 000亩，占总养殖面积的4.1%。

池塘养殖总产量为744.75 t。其中牙鲆3.75 t，占总量的0.5%；红鳍东方鲀为510 t，占总量的68.5%；海鲈为191 t，占总量的25.6%，其他海水鱼为40 t，占总产量的5.4%。

从以上统计数据可以看出，5个示范县中，半滑舌鳎的工厂化养殖产量和面积占比最高，分别为93.2%和91.7%。其次为大菱鲆。池塘养殖面积海鲈的占比最高，达到了72.5%，但是产量占比仅为25.6%。池塘养殖产量占比最高的是红鳍东方鲀，占比达到68.5%。

从成品鱼价格来看，半滑舌鳎最高，为110~172元/千克，不同规格价格差别较大，规格为500~750克/尾的单价为110元/千克，规格为750 g以上的单价为172元/千克。大菱鲆价格为52~56元/千克，第一、二季度市场价格比较低迷，疫情过后的三、四季度，价格有所上升，为66~100元/千克。牙鲆价格一直维持在30元/千克左右，老边区与曹妃甸区价格无差异。海鲈价格为20~32元/千克。

# 2　示范县（市、区）科研开展情况

## 2.1　科研课题情况

北戴河试验站依托单位中国水产科学研究院北戴河中心实验站实施科研项目17项，其中省部级9项、院级5项、横向联合3项。

## 2.2　发表论文、专利情况

2021年，发表论文5篇，其中SCI 4篇；申请发明专利1项，获授权专利4项（发明专利3项，实用新型1项）

### 2.2.1　发表论文

（1）Gong, C., Hao, Y., Liu, Yating, Zhao, Y., Liu, Yufeng, Wang, G., He, Z., Liu, J., An, B., Zhang, Y., Yu, Q., Wang, Y., Hou, J., 2021. Immune response and intestinal microbial succession of half-smooth tongue sole (*Cynoglossus semilaevis*) infected with Vibrio vulnificus［J］. Aquaculture, 533, 736229.

（2）Liu，Yating，Hao，Y.，Liu，Yufeng，Wang，G.，He，Z.，Zhao，Y.，Xu，Z.，Liu，X.，Wang，Y.，Gong，C.，Hou，J.，2021. atp6v0b gene regulates the immune response against Vibrio vulnificus in half-smooth tongue sole（*Cynoglossus semilaevis*）［J］. Aquaculture Reports 20，100758.

（3）Mang，Q.，Hou，J.，Han，T.，Wang，G.，Wang，Y.，Liu，Y.，Ren，Y.，Zhao，Y.，He，Z.，Zhang，X.，2021. The effect of infertility on the liver structure，endocrinology，and gene network in Japanese flounder［J］. Animals 11，936.

（4）Ren，Y.，Sun，Z.，Wang，Y.，Yu，Q.，Wang，G.，He，Z.，Liu，Y.，Jiang，X.，Kang，X.，Hou，J.，2021. Production of donor-derived offsprings by allogeneic transplantation of oogonia in the adult Japanese flounder（*Paralichthys olivaceus*）［J］. Aquaculture，543，736977.

（5）任建功，王青林，孙朝徽，于姗姗，王桂兴，于清海，等. 2021. 许氏平鲉6个地理群体遗传多样性的微卫星分析［J］. 水产科学，40（3），9.

2.2.2　申请专利

（1）刘玉峰，何忠伟，侯吉伦，王桂兴，王玉芬，徐子雄，李鸿彬. 一种繁殖后松江鲈亲鱼的养殖方法及其应用：中国，202111441124. X［P］. 2021-11-30.

2.2.3　授权专利：

（1）任玉芹，王玉芬，于清海，孙朝徽，侯吉伦，张晓彦，王桂兴，姜秀凤，司飞. 一种促使牙鲆精巢生殖细胞凋亡的方法：中国，201910366369.7［P］.2021-09-21.

（2）孙朝徽，任玉芹，王玉芬，张晓彦，于清海，姜秀凤，侯吉伦，王桂兴，赵雅贤. 一种诱导鲆鲽鱼类卵巢生殖细胞凋亡的方法 2021.09.21. 专利号：201910352333.3。

（3）张晓彦，侯吉伦，王桂兴，王玉芬，孙朝徽，都威. 牙鲆育性相关SNP分子标记及其筛选方法和应用 2021.10.26. 专利号：201811373070.6。

（4）司飞，孙朝徽，任建功，刘玉峰，何忠伟，赵雅贤，都威，刘霞. 浮性鱼卵分离装置 2021.02.03. 专利号：CN202021894489.9。

# 3　海水鱼养殖产业发展中存在的问题

## 3.1　食品安全问题

海水鱼养殖病害愈发严重，对于高致病性的鱼病（如大菱鲆的出血病），养殖户往往因缺乏技术指导而乱用抗生素，这就导致药物残留超标等问题，严重危害食品安全。

### 3.2 海水鱼养殖面积缩减

北方海水鱼养殖正逐步全面禁止使用地下水，这将极大限制工厂化养殖鲆鲽鱼类越冬，同时受环保政策中尾水排放限制的影响，进一步增加了养殖成本，这将逐步淘汰一些财力一般的个体养殖户，进而造成养殖面积萎缩，造成产业格局变化。

### 3.3 水产养殖模式亟须转型

我站示范县水产养殖模式主要为工厂化流水养殖、池塘养殖。池塘养殖受自然因素影响较大，而工厂化流水养殖面临尾水排放的限制。由于循环水养殖成本过高，造成一些小企业或者个人无法承担水处理系统设备的高昂费用，限制了小微个体的发展。

### 3.4 对自然灾害的警惕性不足

今年 11 月初，北方多地发生暴雪，由于缺乏对暴雪可能造成后果的预见性，多数养殖户没有采取相应的措施，致使许多养殖户的养殖大棚棚顶坍塌，造成严重的经济损失。

**附表 1　2021 年度本综合试验站示范县海水鱼育苗及成鱼养殖情况表**

| 项目 | 品种 | 曹妃甸 | | 中捷产业园 | 盘山 | 老边 | | | 盖州 |
|---|---|---|---|---|---|---|---|---|---|
| | | 半滑舌鳎 | 红鳍东方鲀 | 半滑舌鳎 | 海鲈 | 牙鲆 | 海鲈 | 其他海水鱼 | 大菱鲆 |
| 育苗 | 面积/m$^2$ | 10 000 | 50 000 | 6 400 | | | | | |
| | 产量/万尾 | 1 000 | 99 | 137.7 | | | | | |
| 工厂化养殖 | 面积/m$^2$ | 400 000 | | 17 300 ~ 19 920 | | | | | 38 000 |
| | 年产量/t | 960.58 | | 180.4 | | | | | 83 |
| | 年销售量/t | 1 359.06 | | 156.9 | | | | | 103 |
| | 年末库存量/t | 259.77 | | 88 | | | | | 90 |
| 池塘养殖 | 面积/亩 | | 11 102 | | 30 000 | 200 | 5 000 | 2 000 | |
| | 年产量/t | | 510 | | 181 | 3.75 | 40 | 40 | |
| | 年销售量/t | | 1 009.88 | | 185 | 3.75 | 40 | 40 | |
| | 年末库存量/t | | 0 | | 15 | 0 | 0 | 0 | |
| 户数 | 育苗户数 | 15 | 2 | 2 | | | | | |
| | 养殖户数 | 20 | 25 | 2 | 150 | 2 | 2 | 2 | 7 |

**附表 2　本综合试验站五个示范县养殖面积、养殖产量及主要品种构成**

| 项目＼品种 | 年产总量 | 大菱鲆 | 牙鲆 | 半滑舌鳎 | 红鳍东方鲀 | 海鲈 | 其他海水鱼 |
|---|---|---|---|---|---|---|---|
| 工厂化育苗面积/$m^2$ | 66 400 | | | 16 400 | 50 000 | | |
| 工厂化出苗量/万尾 | 1 164.29 | | | 1 137.7 | 26.59 | | |
| 工厂化养殖面积/$m^2$ | 457 100 | 38 000 | | 419 100 | | | |
| 工厂化养殖产量/t | 1 223.98 | 83 | | 1 140.98 | | | |
| 池塘养殖面积/亩 | 48 302 | | 200 | | 11 102 | 35 000 | |
| 池塘年总产量/t | 744.75 | | 3.75 | | 510 | 191 | 40 |
| 各品种工厂化育苗面积占总面积的比例/% | 100 | | | 24.7 | 75.3 | | |
| 各品种工厂化出苗量占总出苗量的比例/% | 100 | | | 97.7 | 2.3 | | |
| 各品种工厂化养殖面积占总面积的比例/% | 100 | 8.12 | | 91.7 | 8.3 | | |
| 各品种工厂化养殖产量占总产量的比例/% | 100 | 1.28 | | 93.2 | 6.8 | | |
| 各品种池塘养殖面积占总面积的比例/% | 100 | | 0.4 | | 23 | 72.5 | 4.1 |
| 各品种池塘养殖产量占总产量的比例/% | 100 | | 0.5 | | 68.5 | 25.6 | 5.4 |

（北戴河综合试验站站长　于清海）

# 丹东综合试验站产区调研报告

## 1　示范县（市、区）海水鱼养殖现状

丹东综合试验站负责大连市的旅顺口区、瓦房店市、庄河市、营口市的鲅鱼圈区、丹东市的东港市 5 个示范县（市、区）。养殖品种主要为牙鲆、红鳍东方鲀、大菱鲆、黄条鰤等。养殖模式分别为全封闭循环水养殖、流水工程化养殖、海上网箱和陆基工厂化结合的陆海接力养殖以及沿海池塘生态养殖。各个示范县区的人工育苗、养殖品种、产量及规模见附表 1 和附表 2。

### 1.1　育苗面积及苗种产量

#### 1.1.1　育苗面积

丹东综合试验站所辖 5 个示范县的工厂化育苗总面积为 26 000 $m^2$。其中，庄河市 12 000 $m^2$、东港市 12 000 $m^2$、营口市鲅鱼圈区 2 000 $m^2$。按品种分：牙鲆 22 000 $m^2$、红鳍东方鲀 4 000 $m^2$。

#### 1.1.2　苗种年产量

5 个示范县共计 9 户育苗厂家，总计育苗 2 360 万尾，其中：牙鲆 2 200 万尾、红鳍东方鲀 160 万尾。各县育苗情况如下。

鲅鱼圈区：1 户育苗厂家，生产牙鲆苗 300 万尾，全部用于完成放流任务。

庄河市：1 户育苗厂家，生产牙鲆苗 300 万尾，红鳍东方鲀苗 30 万尾。

东港市：7 户育苗厂家，生产牙鲆苗 1 600 万尾，红鳍东方鲀苗 130 万尾。

### 1.2　养殖面积及年产量、销售量、年末库存量

#### 1.2.1　工厂化养殖

工厂化养殖有流水养殖与循环水养殖，5 个示范县共计 9 家养殖户，养殖面积 55 500 $m^2$，年总生产量为 341.6 t，年销售量 561.5 t，年末库存量为 530 t。

旅顺口区：2 户，工厂化流水养殖大菱鲆面积 20 000 $m^2$。全年生产量 150 t，年销售量 161 t，年末库存量 88 t。

瓦房店市：1 户，养殖种类为大菱鲆，工厂化流水养殖面积 5 500 $m^2$，年产量 23.6 t，

年销售量 47.6 t，年末库存量 6 t。

庄河市：1 户，工厂化循环水养殖面积 15 000 $m^2$。其中，红鳍东方鲀养殖面积 10 000 $m^2$，年产量 64 t，年销售量 50 t，年末库存量 288 t；黄条鰤养殖面积 5 000 $m^2$，年产量 65 t，年销售量 90 t，年末库存量 80 t。

东港市：5 户，工厂化养殖面积 15 000 $m^2$，用于室内越冬。其中，红鳍东方鲀养殖面积 5 000 $m^2$，年产量 0 t，年销售量 0 t，年末库存量 20 t；牙鲆养殖面积 10 000 $m^2$，年产量 39 t，年销售量 20 t，年末库存量 60 t。

#### 1.2.2 池塘养殖

本试验站只有东港市进行池塘养殖牙鲆、红鳍东方鲀，均采用混养方式。336 家养殖户，池塘养殖总面积为 22 000 亩，年产量 1 878 t，年销售量 1 890 t，年末库存量为 0 t。其中，牙鲆养殖面积 20 000 亩，年产量 1 755 t，年销售量 1 750 t，年末库存量为 0 t；养殖红鳍东方鲀 2 000 亩，年产量 123 t，年销售量 140 t，年末库存量 0 t。

#### 1.2.3 网箱养殖

5 个示范县共计 1 家养殖户，普通网箱养殖面积 20 000 $m^2$，深水网箱养殖 10 000 $m^3$。

庄河市：1 户，深水网箱养殖 10 000 $m^3$，养殖黄条鰤，年产量 70 t，年销售量 80 t，网箱养殖库存量 0 t；普通网箱养殖面积 20 000 $m^2$，养殖红鳍东方鲀，年产量 60 t，年销售量 70 t，网箱养殖库存量 0 t。

### 1.3 品种构成

经过对本试验站内 5 个示范县区的海水鱼养殖情况的调查统计，每个品种的养殖面积及产量占示范县养殖总面积和总产量的比例情况（详见附表 2）如下：

工厂化育苗总面积为 26 000 $m^2$，其中，牙鲆 22 000 $m^2$、红鳍东方鲀 4 000 $m^2$，分别占总育苗面积的 84.62%、15.38%。

工厂化育苗的总出苗量为 2 360 万尾，其中，牙鲆 2 200 万尾、红鳍东方鲀 160 万尾，分别占工厂化总出苗量的 93.22%、6.78%。

工厂化养殖的总面积为 55 500 $m^2$，其中，牙鲆 10 000 $m^2$、大菱鲆 25 500 $m^2$、红鳍东方鲀 15 000 $m^2$、黄条鰤 5 000 $m^2$，分别占总养殖面积的 18.02%、45.95%、27.03%、9.00%。

工厂化养殖的总产量为 341.6 t，其中，牙鲆 39 t、大菱鲆 173.6 t、红鳍东方鲀 64 t、黄条鰤为 65 t，分别占总产量的 11.42%、50.82%、18.73%、19.03%。

池塘养殖总面积为 22 000 亩，其中，牙鲆 20 000 亩、红鳍东方鲀 2 000 亩，分别占总养殖面积的 90.91%、9.09%。

池塘养殖总产量为 1 878 t，其中，牙鲆 1 755 t、红鳍东方鲀 123 t，分别占总产量的 93.45%、6.55%。

普通网箱养殖面积 20 000 $m^2$，养殖红鳍东方鲀 60 t，养殖面积及产量占全部的100%。

深水网箱养殖体积 15 000 $m^3$，全部养殖黄条鰤 70 t，养殖面积及产量占全部的100%。

从以上统计可以看出，在 5 个示范县内，育苗以牙鲆、红鳍东方鲀为主；工厂化养殖以大菱鲆、牙鲆、红鳍东方鲀、黄条鰤为主；池塘养殖品种以牙鲆、红鳍东方鲀为主；网箱养殖以红鳍东方鲀、黄条鰤为主。

# 2　示范县（市、区）科研、示范开展情况

## 2.1　科研课题情况

丹东综合实验站依托辽宁省海洋水产科学研究院实施科研项目 1 项，承担辽宁省重大项目“辽宁重要海水鱼类高效绿色生产模式研发与示范”子课题“辽宁海水鱼种质资源库构建”，开辟了新的项目申请渠道。在丹东市东港市示范区实施了辽宁省乡村振兴“东港市黄土坎农场科技服务产业提升项目”，开展了牙鲆苗种繁育、池塘养殖技术研究与新品种示范推广。

## 2.2　示范开展情况

丹东综合试验站主要进行了海水鱼网箱养殖模式升级试验与示范、工厂化养殖模式升级试验与示范、养殖病害免疫综合防控技术攻关和示范、海水鱼优质苗种选育与示范、海水鱼种质资源普查与新品种养殖示范、产业技术培训与技术服务、养殖渔情信息采集工作及数字渔业示范基地的建设和海水鱼体系信息管理平台接入工作。

在大连富谷水产有限公司进行陆海接力养殖红鳍东方鲀、黄条鰤，海上网箱养殖与工厂化养殖面积 20 000 $m^2$；进行黄条鰤、红鳍东方鲀封闭循环水工厂化养殖示范面积 5 000 $m^2$；在大连颢霖水产有限公司进行大菱鲆“多宝 1 号”新品种及疫苗免疫鱼苗养殖示范 10 万尾；在丹东友聚和水产养殖公司以及大连富谷水产有限公司等开展了“鲆优 2 号”牙鲆、“北鲆 1 号”牙鲆、黄盖鲽、大泷六线鱼、黄条鰤的苗种繁育；开展了海水鱼种质资源普查工作及新品种养殖示范，在丹东东港景仕水产公司等示范池塘生态混养“鲆优 2 号”苗种 70 万尾，养殖面积 1 000 亩；在丹东友聚和水产公司等示范池塘生态混养半滑舌鳎 1 龄幼鱼苗种 1 000 尾，养殖面积 150 亩；建立海水鱼渔情信息采集点 3 个，完成月度数据采集和网络电子版上报。开展产业技术体系产业调研、调查 6 次，进行现场及电话技术指导与服务 60 余人次，现场产业培训 82 人，发放资料 150 余份。

### 2.3 发表论文情况

发表论文 1 篇。

高祥刚等. Isolation and characterization of 38 SNP markers for the black rockfish, Sebastes schlegelii by next-generation sequencing [J]. Conservation Genetics Resources, 2021。

## 3 海水鱼产业发展中存在的问题

丹东综合试验站各示范县区主养大菱鲆、牙鲆、红鳍东方鲀、黄条鰤等，少量养殖其他鱼类。各示范县区养殖条件与品种不同，养殖存在的问题也不同。

### 3.1 大菱鲆养殖存在的问题

大菱鲆病害暴发较频繁，死亡率较高，优良品种缺乏，优质苗种供应不足，因此应集中产业科研优势，重点攻关，提升大菱鲆种业技术水平。

### 3.2 牙鲆池塘养殖存在的问题

牙鲆池塘养殖产量大幅度下降，培养牙鲆优良品种，尤其是抗高温品种，发展池塘多品种生态养殖，提高产量、降低成本成为池塘养殖发展的出路。

### 3.3 红鳍东方鲀养殖存在的问题

红鳍东方鲀工厂化养殖冬季病害严重，防控措施有待完善。

### 3.4 深水网箱养殖存在的问题

深水抗风浪网箱设施和养殖技术还不完善，机械化、自动化程度低，养殖管理劳动强度大，养殖技术和工艺还需要改进。

### 3.5 市场存在的问题

受疫情影响，商品鱼市场价格波动较大，影响企业经济效益。

**附表1　2021年度丹东综合试验站示范县海水鱼育苗及成鱼养殖情况统计表**

| 项目 \ 品种 | | 庄河市 | | | | 鲅鱼圈区 | 旅顺口区 | | 瓦房店市 | 东港市 | |
|---|---|---|---|---|---|---|---|---|---|---|---|
| | | 红鳍东方鲀 | 黄条鰤 | 牙鲆 | 黄盖鲽 | 牙鲆 | 大菱鲆 | 大泷六线鱼 | 大菱鲆 | 红鳍东方鲀 | 牙鲆 |
| 育苗 | 面积/$m^2$ | 2 000 | | 10 000 | | 2 000 | | | | 2 000 | 10 000 |
| | 产量/万尾 | 30 | | 300 | | 300 | | | | 130 | 1 600 |
| 工厂养殖 | 面积/$m^2$ | 10 000 | 5 000 | | | | 20 000 | | 5 500 | 5 000 | 10 000 |
| | 年产量/t | 64 | 65 | | | | 150 | | 23.6 | 0 | 39 |
| | 年销售量/t | 50 | 90 | | | | 161 | | 47.6 | 0 | 20 |
| | 年末库存量/t | 288 | 80 | 0 | | | 88 | | 6 | 20 | 60 |
| 池塘养殖 | 面积/亩 | | | | | | | | | 2 000 | 20 000 |
| | 年产量/t | | | | | | | | | 123 | 1 755 |
| | 年销售量/t | | | | | | | | | 140 | 1 750 |
| | 年末库存量/t | | | | | | | | | 0 | 0 |
| 网箱养殖 | 面积/$m^2$ | 20 000 | 15 000（$m^3$） | | | | | | | | |
| | 年产量/t | 60 | 70 | | | | | | | | |
| | 年销售量/t | 70 | 80 | | | | | | | | |
| | 年末库存量/t | 0 | 0 | | | | | | | | |
| 户数 | 育苗户数 | 1 | 1 | 1 | | 1 | 0 | | 0 | 1 | 6 |
| | 养殖户数 | 1 | 1 | 0 | | 0 | 2 | | 1 | 6 | 336 |

**附表 2　丹东站 5 个示范县养殖面积、养殖产量及主要品种构成**

| 项目＼品种 | 年产总量 | 牙鲆 | 大菱鲆 | 红鳍东方鲀 | 黄条鰤 | 大泷六线鱼 | 黄盖鲽 |
|---|---|---|---|---|---|---|---|
| 工厂化育苗面积/$m^2$ | 26 000 | 22 000 | 0 | 4 000 | | | |
| 工厂化出苗量/万尾 | 2 360 | 2 200 | 0 | 160 | | | |
| 工厂化养殖面积/$m^2$ | 55 500 | 10 000 | 25 500 | 15 000 | 5 000 | | |
| 工厂化养殖产量/t | 341.6 | 39 | 173.6 | 64 | 65 | | |
| 池塘养殖面积/亩 | 22 000 | 20 000 | | 2 000 | | | |
| 池塘年总产量/t | 1 878 | 1 755 | | 123 | | | |
| 网箱养殖面积/$m^2$ | 20 000 | | | 20 000 | | | |
| 网箱年总产量/t | 60 | | | 60 | | | |
| 深水网箱养殖/$m^3$ | 15 000 | | | | 15 000 | | |
| 深水网箱年总产量/t | 70 | | | | 70 | | |
| 各品种工厂化育苗面积占总面积的比例/% | 100 | 84.62 | | 15.38 | | | |
| 各品种工厂化出苗量占总出苗量的比例/% | 100 | 93.22 | | 6.78 | | | |
| 各品种工厂化养殖面积占总面积的比例/% | 100 | 18.02 | 45.95 | 27.03 | 9.00 | | |
| 各品种工厂化养殖产量占总产量的比例/% | 100 | 11.42 | 50.82 | 18.73 | 19.03 | | |
| 各品种池塘养殖面积占总面积的比例/% | 100 | 90.91 | | 9.09 | | | |
| 各品种池塘养殖产量占总产量的比例/% | 100 | 93.45 | | 6.55 | | | |
| 各品种网箱养殖面积占总面积的比例/% | 100 | | | 100 | | | |
| 各品种网箱养殖产量占总产量的比例/% | 100 | | | | 100 | | |

（丹东综合试验站站长　李云峰）

# 葫芦岛综合试验站产区调研报告

## 1　示范县（市、区）海水鱼养殖现状

本综合试验站下设5个示范县（市、区），分别为兴城市、绥中县、葫芦岛龙港区、锦州滨海经济区、凌海市。其育苗、养殖品种、产量及规模见附表1。

### 1.1　育苗面积及苗种产量

#### 1.1.1　育苗面积

5个示范县育苗总面积为10 000 $m^2$，兴城市5 000 $m^2$，凌海市5 000 $m^2$。

#### 1.1.2　苗种年产量

5个示范县共计2户育苗厂家，年繁育牙鲆鱼苗260万尾。其中，兴城市120万尾，凌海市140万尾，均用于牙鲆人工增殖放流。

### 1.2　养殖面积及年产量、销售量、年末库存量

5个示范县均为陆基工厂化养殖，养殖户753户，面积276.5万$m^2$，年生产量为26 392 t，销售量为30 035 t，年末库存量为22 526 t。

兴城市：大菱鲆养殖户510户，养殖面积200万$m^2$，年产量22 340 t，销售量25 240 t，年末库存量15 500 t。

绥中县：大菱鲆养殖户220户，养殖面积70万$m^2$，年产量3 270 t，销售量3 950 t，年末库存量6 500 t。

葫芦岛龙港区：大菱鲆养殖户20户，养殖面积5万$m^2$，年产量737 t，销售量815 t，年末库存量490 t。

锦州市滨海新区：其他海水鱼2户，养殖面积1.5万$m^2$，年产量45 t，销售量30 t，年末库存量36 t。

凌海市：育苗企业1户，育苗水体5 000 $m^2$，年繁育牙鲆鱼苗140万尾，用于人工增殖放流。

### 1.3 品种构成

本试验站 5 个示范县养殖面积、养殖产量及主要品种构成见附表 2。

统计 5 个示范县海水鱼养殖面积、品种构成如下。

工厂化育苗总面积为 10 000 $m^2$，牙鲆育苗面积 10 000 $m^2$，占总育苗面积的 100%。

工厂化育苗总出苗量为 260 万尾，全部为牙鲆鱼苗 260 万尾，占总出苗量的 100%。

工厂化养殖总面积 276.5 万$m^2$，大菱鲆养殖面积 275 万$m^2$，大菱鲆养殖面积占总养殖面积 99.46%。其他海水鱼养殖面积为 1.5 万$m^2$，占总养殖面积的 0.54%。

工厂化养殖总产量 26 392 t，大菱鲆总产量 26 347 t，大菱鲆产量占总产量的 99.83%。其他海水鱼产量占总产量的 0.17%。

从以上统计可以看出，在 5 个示范县内，工厂化大菱鲆养殖为主要海水鱼养殖品种。

# 2 示范县（市、区）科研开展情况

葫芦岛海水鱼养殖以科学发展观为指导，着眼于新阶段全市渔业和渔业经济的需要，以保证渔民的科技需求为出发点，以服务渔民的成效为检验标准，通过明确职能、理顺体制、优化布局、加强队伍、充实一线、创新机制等一系列措施，通过专家指导、现场交流、示范带动等有效手段，以建立健全运行高效、服务到位、支撑有力、渔民满意为服务宗旨，开展科技服务工作，真正发挥在渔业科技服务中的主导作用。

针对兴城市大菱鲆养殖产业，2020 年海水鱼体系为兴城市大菱鲆养殖产业制定了《辽宁省葫芦岛市兴城市大菱鲆产业转型升级发展规划》（以下简称《规划》），与兴城市政府共同召开了“兴城市大菱鲆养殖产业转型升级发展规划专家论证会”。兴城市委、市政府对《规划》方案予以认可，为破解兴城大菱鲆养殖产业转型升级发展困境，打造科技驱动、文化引领、加工推动、多元发展的“一条鱼”大产业提供智慧引导。为此，兴城市地方政府对大菱鲆产业发展充满了信心。

目前，大菱鲆养殖产业已形成规模，“节能减排”“生态保护”一直是产业发展的瓶颈问题，地下井盐水资源如何节约利用、养殖尾水排放治理等问题一直比较突出。针对上述养殖中存在的问题，葫芦岛综合试验站与兴城市农业农村局、葫芦岛市环保局根据大菱鲆养殖尾水治理问题开展共同研究，推进治理措施，引导大菱鲆养殖户安装三层网过滤及修建沉降池处理养殖尾水。经环保部门现场取样化验分析，除悬浮物外，其他指标均正常。这对于养殖周边环境的改善及提高大菱鲆产品质量起到了积极作用，有利于产业发展，同时使“兴城多宝鱼”质量得到了进一步提升。

# 3　海水鱼养殖产业发展中存在的问题

## 3.1　海水鱼养殖产业发展现状

葫芦岛市位于渤海辽东湾西南部，东邻锦州，西接山海关，海岸线长 261 千米，岛屿岸线 33 千米，良好的资源优势，为葫芦岛市海水鱼发展提供了有利的自然资源条件。葫芦岛综合试验站所辖 5 个示范县，分别为兴城市、绥中县、葫芦岛市龙港区、锦州滨海新区、锦州凌海市。5 个示范区县海水鱼养殖方式主要为工厂化养殖，养殖的品种主要为大菱鲆，其他海水鱼为三文鱼，放流的品种为牙鲆，海水鱼养殖品种比较少，有待扩大海水鱼养殖品种。

从葫芦岛海水鱼养殖情况看，设施渔业稳步发展，海水鱼大菱鲆养殖技术已经成熟，改变了以往单纯注重数量而忽视质量，从投苗开始就注重产品质量，为减少养殖过程中用药问题，采取降低养殖密度，同时提高水体深度的方式，减少了病害的发生，提高了大菱鲆产品的质量，单位养殖水体产量确没有降低。

经过多年发展，葫芦岛市的海水鱼已形成了较为完善的养殖和市场流通产业体系。大菱鲆养殖已成为葫芦岛市农村经济的重要组成部分，有力推动了农村经济发展和农民增收。但葫芦岛市海水鱼发展也存在一些突出的结构性问题：渔业发展方式比较粗放，精深加工业还不够发达，水产品加工业的档次和品质还比较低，水域污染较为严重，海水鱼产品质量安全存在隐患。因市场疲软或新冠疫情等因素影响，以大菱鲆为代表的海水鱼特色产业存在成本上升、增产不增收的问题。

## 3.2　海水鱼养殖业存在的问题

葫芦岛是座沿海城市，拥有水质优良、蓄量丰富的地下盐水资源，这得天独厚的宝贵资源催生了设施渔业的大发展。纵观葫芦岛市设施渔业发展，养殖规模从 2000 年仅有的几千平方米迅速扩大到现在的二百多万平方米，养殖范围也从当初的曹庄镇，扩展到兴城、绥中、龙港等沿海乡、镇，设施渔业的养殖规模在短短几年内暴增了几百倍，为有效规范全市设施渔业的生产秩序和生产行为，使之科学规范、健康有序发展，必须对大菱鲆养殖产业进行升级。

### 3.2.1　大菱鲆养殖产业急需加快转型升级

我国渔业正处在从传统渔业向现代渔业过渡的转型期，而原有的传统海水鱼养殖管理模式已逐渐显现出不适应现代渔业建设需要的态势，构建新的现代渔业管理模式已刻不容缓。其一，为了更好地促进现代渔业建设，传统渔业管理模式必须向现代渔业管理转变；其二，现代渔业管理是促进转变渔业发展方式，提升渔业产业发展质量和水平，实现渔业资源可持续利用和建设良好生态环境、推进现代渔业建设。

3.2.2 急需大力发展水产健康养殖

海水鱼大菱鲆养殖要以水产健康养殖示范场为载体，发挥示范项目在产业结构调整优化中的拉动引导作用。全面推广循环水健康养殖模式。遵循资源节约、环境友好和可持续发展原则，增加循环水设备，减少地下水的开采量。大力发展大菱鲆等精品渔业，提高渔业经济运行质量。现在工厂化养殖遇到的新问题是大菱鲆苗种退化、生长速度下降，地下水资源量不能满足需求。要以引进新品种和加快引进和推广循环水养殖设施来解决以上问题。

3.2.3 急需强化政策引导、科技支撑，提升海水鱼养殖综合效益和竞争力

合理编制全市海水鱼养殖规划、水产品冷链物流规划；提高养殖病情测报和水生动物防疫能力，完善疫病远程会诊系统；加快科研成果转化，提高科技服务水平；发展无公害水产品，抓好品牌建设，继续提升“兴城多宝鱼”水产品地标品牌。

3.2.4 控制养殖规模，减轻环境压力，实现人与自然和谐发展

以海水鱼产业区建设为契机，对设施渔业进行全面治理和整顿，坚决清理私搭滥建鱼棚，扼制疯狂投资、盲目建棚势头；严格建棚用地的审批程序，提高建棚养鱼的门槛；充分发挥价格杠杆调节作用，通过征缴环保、城建、水资源、用电等费用，增加养鱼成本，抑制新增投资者的投资热情。

3.2.5 缺少产业关联，影响产业发展

以兴城旅游业为切入点、推广兴城多宝鱼品牌，做到统筹发展。兴城是座旅游名城，近几年来兴城的游客在逐年增多，兴城市海水鱼的发展应充分利用好这一资源，在来兴城的游客身上搞创收，让每一位游客都成为“兴城多宝鱼”的移动广告。兴城大菱鲆养殖协会要与旅游部门充分合作，渔业协会提供养殖场接待游客参观游玩，旅游部门负责组织客源。游客在养殖场可观鱼、喂鱼、品鱼，还可以把自己挑选的活鱼买回家，这样既增加了兴城市旅游新的亮点，又为养殖场增加了新的创收渠道，更重要的是通过各地游客的口耳相传，扩大兴城多宝鱼的知名度，打造兴城的渔业品牌。

3.2.6 缺少适合的循环水设备

葫芦岛海水工厂化养殖面临着严重的缺水问题，我们通过多种途径引进了全国不同厂家的循环水设备进行水处理试验，但是还没有找到适合我市冬季低温条件下的循环水设备，目前的设备只能进行物理过滤，不能去除氨氮、净化水质。

3.2.7 渔业投入不足

财政部门对海水鱼养殖业的投入很少或者没有投入，致使好的渔业项目得不到扶持和发展。一些农村金融部门对渔业生产不给贷款、不予支持，致使养殖户缺少资金，无力扩大再生产。

### 3.2.8　水产品加工业发展不平衡

葫芦岛市的海水产品加工业与省内的先进地区相比还处于比较落后的局面，普遍存在加工企业规模小、加工技术落后、加工产品档次低、加工产品附加值不高、精深加工产品较少等问题。

### 3.2.9　渔业科技水平、科技含量不高

葫芦岛的海水鱼养殖业大多数还处于粗放式养殖阶段，科技水平、科技含量跟不上现代渔业的发展步伐，与省内外的先进地区相比还存在很大差距，市、县两级的科研推广部门的科技力量薄弱，科研推广部门科技人员较少，科技水平不高，科技经费不足，对海水鱼渔业生产的技术指导和服务跟不上渔业发展的需求。

**附表 1　2021 年度葫芦岛综合试验站五个示范县海水鱼育苗及成鱼养殖情况表**

| 项目 \ 品种 | | 兴城市 | | 绥中县 | 龙港区 | 锦州市滨海新区 | 凌海市 |
|---|---|---|---|---|---|---|---|
| | | 大菱鲆 | 牙鲆 | 大菱鲆 | 大菱鲆 | 其他海水鱼 | 牙鲆 |
| 育苗 | 面积/m² | | 5 000 | | | | 5 000 |
| | 产量/万尾 | | 120 | | | | 140 |
| 工厂化养殖 | 面积/m² | 2 000 000 | | 700 000 | 50 000 | 15 000 | |
| | 年产量/t | 22 340 | | 3 270 | 737 | 45 | |
| | 年销售量/t | 25 240 | | 3 950 | 815 | 30 | |
| | 年末库存量/t | 15 500 | | 6 500 | 490 | 36 | |
| 池塘养殖 | 面积/亩 | | | | | | |
| | 年产量/t | | | | | | |
| | 年销售量/t | | | | | | |
| | 年末库存量/t | | | | | | |
| 网箱养殖 | 面积/m² | | | | | | |
| | 年产量/t | | | | | | |
| | 年销售量/t | | | | | | |
| | 年末库存量/t | | | | | | |
| 户数 | 育苗户数 | 0 | 1 | 0 | 0 | 0 | 2 |
| | 养殖户数 | 510 | 0 | 220 | 20 | 2 | 0 |

**附表 2 葫芦岛综合试验站五个示范县养殖面积、养殖产量及主要品种构成**

| 项目 \ 品种 | 年产总量 | 牙鲆 | 大菱鲆 | 其他海水鱼 |
|---|---|---|---|---|
| 工厂化育苗面积/m² | 10 000 | 10 000 | – | – |
| 工厂化出苗量/万尾 | 260 | 260 | | |
| 工厂化养殖面积/m² | 2 765 000 | | 2 750 000 | 15 000 |
| 工厂化养殖产量/t | 26 392 | | 26 347 | 45 |
| 池塘养殖面积/亩 | | | | |
| 池塘年总产量/t | | | | |
| 网箱养殖面积/m² | | | | |
| 网箱年总产量/t | | | | |
| 各品种工厂化育苗面积占总面积的比例/% | 100 | 100 | | |
| 各品种工厂化出苗量占总出苗量的比例/% | 100 | 100 | | |
| 各品种工厂化养殖面积占总面积的比例/% | 100 | | 99.46 | 0.54 |
| 各品种工厂化养殖产量占总产量的比例/% | 100 | | 99.83 | 0.17 |
| 各品种池塘养殖面积占总面积的比例/% | | | | |
| 各品种池塘养殖产量占总产量的比例/% | | | | |

（葫芦岛综合试验站站长 王 辉）

# 大连综合试验站产区调研报告

## 1　示范县（市、区）海水鱼养殖现状

本综合试验站下设5个示范县（市、区），分别为大连市金普新区、大连市甘井子区、大连市长海县、福建省漳浦县、盘锦市大洼县。试验站的主要示范、推广品种为红鳍东方鲀、双斑东方鲀等。本试验站育苗、养殖品种、产量及规模见附表1。

### 1.1　育苗面积及苗种产量

（1）育苗面积：5个示范县海水鱼育苗总面积15 500 $m^2$。其中，金普新区无海水鱼育苗企业，甘井子区5 500 $m^2$，长海县无育苗企业，漳浦县10 000 $m^2$，大洼县无育苗企业。按品种分：牙鲆育苗面积5 000 $m^2$，双斑东方鲀育苗面积10 000 $m^2$，许氏平鲉育苗面积500 $m^2$。

（2）苗种年产量：5个示范县共计9户育苗厂家，总计育苗3 300万尾。其中，双斑东方鲀2 000万尾（体长4~5 cm）、许氏平鲉500万尾（体长5~6 cm）、牙鲆1 300万尾，红鳍东方鲀200万尾，各县育苗情况如下。

金普新区：无海水鱼育苗企业。

甘井子区：大连德洋水产有限公司、大连天正实业有限公司（大黑石基地）、鹤圣丰水产3家，主要生产褐牙鲆苗种、许氏平鲉苗种。

长海县：无海水鱼育苗企业。

漳浦县：有5家双斑东方鲀育苗室，生产双斑东方鲀苗种2 000万尾（体长4~5 cm），全部用于本县养殖。

大洼县：无海水鱼育苗企业。

### 1.2　养殖面积及年产量、销售量、年末库存量

#### 1.2.1　工厂化养殖

甘井子区、大洼县均有工厂化养殖模式，除漳浦县主要用于育苗外，其他2个示范县均为成鱼养殖，普遍采用开放式流水养殖，仅大连天正实业有限公司大黑石基地为全封闭式循环水养殖，共计养殖户31家，养殖面积60 000 $m^2$，上年度末存量293 t，年总

产量 1 006 t，销售量 1 017 t，年末库存量 282 t。

金普新区：无工厂化养殖企业。

甘井子区：30 户，养殖面积 50 000 $m^2$，其中，有 10 000 $m^2$ 为封闭式循环水养殖模式。大菱鲆养殖面积 30 000 $m^2$，上年度末存量 100 t，产量 370 t，销售量 380 t，年末存量 90 t；牙鲆养殖面积 10 000 $m^2$，上年度末存量 60 t，产量 132 t，全年销售量 142 t，年末存量超过 50 t；红鳍东方鲀养殖面积 5 000 $m^2$，上年度末存量 100 t，产量 410 t，全年销售量 405 t，年末存量超过 100 t；其他海水鱼养殖面积 5 000 $m^2$，产量 30 t，销售量 15 t，年末存量 15 t。

长海县：无工厂化养殖企业。

獐浦县：无工厂化养殖企业。

大洼县：1 户，养殖面积 10 000 $m^2$。红鳍东方鲀养殖面积 10 000 $m^2$，上年度末存量 38 t，产量 94 t，销售量 90 t，年末存量 42 t。

### 1.2.2　网箱养殖

金普新区、长海县、獐浦县是主要的网箱模式养殖地，共计养殖户 567 家，普通网箱养殖面积 150.35 万$m^2$，深水网箱养殖总水体 35.4 万$m^3$，年总生产量 9 156 t，销售量 9 156 t，年末库存量 0 t。其中：

金普新区：18 户，普通网箱养殖面积 3 500 $m^2$，深水网箱养殖水体 9.6 万$m^3$。红鳍东方鲀深水网箱养殖水体 9.6 万$m^3$，产量 1 235 t，销售量 1 235 t，年末存量 0 t；许氏平鲉普通网箱养殖面积 3 500 $m^2$，产量 107 t，销售量 107 t，年末存量 0 t。

甘井子区：无网箱养殖企业。

长海县：58 户，深水网箱总水体 25.8 万$m^3$。牙鲆养殖水体 3 万$m^3$，产量 377 t，销售量 377 t，年末库存 0 t；红鳍东方鲀养殖水体 13.2 万$m^3$，养殖产量 565 t，销售量 565 t，年末存量 0 t；海鲈养殖水体 6 万$m^3$，养殖产量 150 t，销售量 150 t，年末存量 0 t；许氏平鲉养殖水体 3.6 万$m^3$，养殖产量 172 t，销售量约 172 t，年末存量 0 t。

大洼县：无网箱养殖企业。

獐浦县：491 户，普通网箱养殖面积 150 万$m^2$，主要以石斑鱼养殖为主，养殖产量 6 550 t，销售量 6 550 t，年末库量 0 t。

### 1.2.3　池塘养殖

金普新区、甘井子区、大洼县、獐浦县为主要的池塘养殖区，共计养殖户 1 690 户，主要为普通池塘养殖，养殖面积 6 万亩，上年度末存量 925 t，年总产量 5 225 t，销售量 5 365 t，年末库存 925 t。

金普新区：210 户，普通池塘养殖面积 10 000 亩，主要为海参池塘套养牙鲆、海鲈。其中，海鲈养殖面积 5 000 亩，养殖产量 250 t，销售量 220 t，年末存量 50 t；牙鲆养殖面积 5 000 亩，养殖产量 275 t，销售量 265 t，年末存量 35 t。

甘井子区：无池塘养殖企业。

长海县：无池塘养殖企业。

大洼县：无池塘养殖企业。

漳浦县：1 480 户，普通池塘养殖总面积 5 万亩，主要以双斑东方鲀养殖为主，上年度末存量 850 t，养殖总产量 4 700 t，销售量 4 850 t，年末存量 700 t。

### 1.3 品种构成

各品种养殖面积及产量占示范县养殖总面积和总产量的比例见附件 2。统计 5 个示范县各类海水鱼养殖面积调查结果，各品种构成如下。

工厂化育苗总面积为 15 500 $m^2$，其中牙鲆为 5 000 $m^2$，占总育苗面积的 32.26%；双斑东方鲀为 10 000 $m^2$，占总面积的 64.52%；许氏平鲉为 500 $m^2$，占总面积的 3.23%。

工厂化育苗总出苗量为 3 500 万尾，其中牙鲆 1 000 万尾，占总出苗量的 28.58%；双斑东方鲀为 2 000 万尾，占总出苗量的 57.14%；许氏平鲉为 500 万尾，占总出苗量的 14.28%。

工厂化养殖总面积为 60 000 $m^2$，其中大菱鲆为 30 000 $m^2$，占总养殖面积的 50%；牙鲆为 10 000 $m^2$，占总养殖面积的 16.67%；红鳍东方鲀为 10 000 $m^2$，占总养殖面积的 16.67%；其他河鲀鱼为 10 000 $m^2$，占总养殖面积的 16.67%。

工厂化养殖总产量为 1 006 t，其中大菱鲆 370 t，占总产量的 36.78%，牙鲆为 132 t，占总产量的 13.12%；红鳍东方鲀为 410 t，占总产量的 40.76%；其他河鲀鱼为 94 t，占总产量的 9.34%。

普通网箱养殖总面积 150.35 万$m^2$，深水网箱养殖总水体 35.4 万$m^3$。普通网箱养殖以石斑鱼为主，其他海水鱼为辅，养殖面积分别为 150 万$m^2$、0.35 万$m^2$。深水网箱养殖：牙鲆养殖水体 3 万$m^3$，占总水体的 8.47%；红鳍东方鲀养殖水体 22.8 万$m^3$，占总水体的 64.41%；海鲈养殖水体 6 万$m^3$，占总水体的 16.95%；许氏平鲉养殖水体 3.6 万$m^3$，占总水体的 10.17%。

网箱养殖总产量 9 156 t，其中普通网箱养殖产量 6 657 t，深水网箱养殖产量 2 499 t。其中，红鳍东方鲀深水网箱养殖产量 1 800 t；牙鲆深水网箱养殖总产量 377 t；海鲈深水网箱养殖 150 t；许氏平鲉网箱产量 172 t；许氏平鲉普通网箱产量 107 t；其他海水鱼普通网箱养殖产量 6 550 t。

池塘养殖总面积为 6 万亩，其中牙鲆 5 000 亩，占总产量的 8.33%；双斑东方鲀 5 万亩，占总产量的 83.33%；海鲈 5 000 亩，占总产量的 8.33%。

池塘养殖总产量为 5 225 t，其中牙鲆产量 275 t，占总产量的 5.26%；双斑东方鲀养殖产量 4 700 t，占总产量的 89.95%；海鲈养殖产量 250 t，占总产量的 4.79%。

从以上统计可以看出，在 5 个示范县内，主要养殖品种为红鳍东方鲀、许氏平鲉、大菱鲆、牙鲆和海鲈。

# 2　示范县（市、区）科研开展情况

## 2.1　科研课题情况

### 2.1.1　课题情况

金普新区示范县进行科研项目 4 项，名称：“辽宁省 2020 年度重大专项计划：辽宁重要海水鱼类绿色养殖标准化体系构建与产业化示范”“大连市重点研发计划——红鳍东方鲀全雄新种质创新及其产业化”“海洋领域科技成果产业化项目——大连特色海产品精深加工与冷链物流关键技术协同创新及产业化”“大连市‘揭榜挂帅’科技攻关项目：大连养殖海水鱼绿色保鲜与精深加工关键技术研究”等，主要参与人员张君。

甘井子区示范县进行科研项目 4 项，名称：“国家重点研发计划‘蓝色粮仓科技创新’——工厂化智能净水装备与高效养殖模式”“辽宁省重大专项——辽宁重要海水鱼类高效绿色生产模式研发与示范”“大连市重点研发计划——红鳍东方鲀全雄新种质创新及其产业化”“大连市‘揭榜挂帅’科技攻关项目：大连养殖海水鱼绿色保鲜与精深加工关键技术研究”，主要参与人员孟雪松、刘圣聪、张涛等。

长海县示范县进行科研项目 1 项，名称：“许氏平鲉深水网箱养殖关键技术研究”，主要参与人员邹国华。

漳浦县和大洼县暂无海水鱼领域相关科研项目。

### 2.1.2　获奖情况

（1）“海水增养殖与加工标准体系建设及示范工程”项目获海洋工程科学技术二等奖。

（2）“唐山河鲀”及“曹妃甸河鲀鱼”被列为国家地理标志保护产品和农产品公共区域品牌。

（3）成为水产种业分会会员。

（4）与山东大学组建联合培养基地。

（5）大连海洋大学海洋生物资源开发与利用研究院。

（6）2021 大连品牌节“大连行业品牌年度人物”——孟雪松。

（7）大连市 2021 年本地全职青年才俊——包玉龙。

（8）2021 年全国标准化技术委员会培训合格证书——周婧。

## 2.2　发表论文情况

发表论文 4 篇。

（1）杨晓，马文超，杨金，苟盼盼，包玉龙，王秀利，刘圣聪，仇雪梅. 红鳍东方鲀 B-FABP基因SNPs筛选及其与生长性状关联分析［J］. 广东海洋大学学报，2021，41（5）：28−34.

（2）马青，姜晨，周丽青，孙涛，柳淑芳，庄志猛. 黄带拟鲹染色体核型特征分析［J］. 中国水产科学，2021，28（5）：561-568.

（3）田卓，杨莉莉，郑秋月，麻利丹，刘圣聪，尚德静，曹际娟. 水产品和水体中创伤弧菌现场可视化环介导恒温扩增快检方法的建立及应用［J］. 食品安全质量检测学报，2021，12（22）：8782-8789. DOI：10.19812/j.cnki.jfsq11-5956/ts.2021.22.020.

（4）Yuexin MA，Xin DU，Yubin LIU，Tao ZHANG，Yue WANG，Saisai ZHANG. Characterization of the bacterial communities associated with biofilters in two full-scale recirculating aquaculture systems［J］. Journal of Oceanology and Limnology，2021，39（03）：1143-1150.

发布标准（规范）1 项。

（1）大连理工大学. GB/T 40749—2021，海水重力式网箱设计技术规范［S］. 北京：中国标准出版社，2021.

# 3 海水鱼养殖产业发展中存在的问题

## 3.1 金普新区养殖业存在的问题

金普新区以普通网箱和深水网箱养殖为主，养殖品种包括红鳍东方鲀、许氏平鲉，主要存在问题：养殖产品的产量受到市场的制约，产量难以扩大；冬季网箱越冬安全性不高等；养殖品种也较为单一。

## 3.2 甘井子区养殖业存在的问题

甘井子区濒临渤海，冬季结冰，无法投放网箱等海上设施，基本以工厂化及池塘养殖为主，而池塘养殖受海参养殖热的影响，海水鱼养殖只能作为增加产值的副产品。

工厂化养殖以大菱鲆、牙鲆为主，大连天正实业有限公司养殖基地冬季有海上养殖河鲀鱼进入车间越冬，许氏平鲉养殖量逐渐增多。工厂化养殖仍旧存在着病害频发等问题，目前以大连天正实业有限公司为代表的规模企业已经使用了新型绿色疾病防控产品，逐渐应用数字渔业设施和大规格苗种养殖的设施设备，确保养殖安全性。

## 3.3 长海县养殖业存在的问题

长海县以深水网箱为主，养殖品种包括红鳍东方鲀、海鲈、鲕、许氏平鲉等，由于大连海域仅许氏平鲉可能自然越冬，因此冬季其他种类海水鱼必须尽快销售或运输至车间等，而长海县水域位置限制了工厂化养殖的发展，很难为当年养殖鱼提供足够的越冬场所，造成秋季养殖鱼大批量、集中上市，价格受到影响。此外，长海县水温略低，养殖鱼生长速度慢。

### 3.4　大洼县养殖业存在问题

大洼县海域处于渤海北部，夏季养殖周期短，影响鱼的生长速度及出池规格。

### 3.5　漳浦县养殖业存在问题

漳浦县养殖海水鱼从业者众多，几乎家家户户开展海水鱼网箱养殖或池塘养殖，不过该地区规模化养殖程度低，很少有大型的龙头企业，不能够有效推动地区海水鱼产业的发展。

**附表 1　2021 年度大连综合试验站示范县海水鱼育苗及成鱼养殖情况统计表**

| | | 甘井子区 | | | | 金普新区 | | | | 长海县 | | | | 大洼县 | 漳浦县 | |
|---|---|---|---|---|---|---|---|---|---|---|---|---|---|---|---|---|
| | | 大菱鲆 | 牙鲆 | 红鳍东方鲀 | 许氏平鲉 | 红鳍东方鲀 | 许氏平鲉 | 牙鲆 | 海鲈 | 许氏平鲉 | 海鲈 | 红鳍东方鲀 | 牙鲆 | 红鳍东方鲀 | 双斑东方鲀 | 石斑鱼 |
| 育苗 | 面积/$m^2$ | | 5 000 | | 500 | | | | | | | | | | 10 000 | |
| | 产量/万尾 | | 1 300 | | 500 | | | | | | | | | | 2 000 | |
| 工厂养殖 | 面积/$m^2$ | 30 000 | 10 000 | 5 000 | 5 000 | | | | | | | | | 10 000 | | |
| | 年产量/t | 370 | 132 | 410 | 30 | | | | | | | | | 94 | | |
| | 年销售量/t | 380 | 142 | 405 | 15 | | | | | | | | | 90 | | |
| | 年末库存量/t | 90 | 50 | 100 | 15 | | | | | | | | | 42 | | |
| 池塘养殖 | 面积/亩） | | | | | | | 5 000 | 5 000 | | | | | | 50 000 | |
| | 年产量/t | | | | | | | 275 | 250 | | | | | | 4 700 | |
| | 年销售量/t | | | | | | | 265 | 220 | | | | | | 4 850 | |
| | 年末库存量/t | | | | | | | 35 | 50 | | | | | | 700 | |
| 网箱养殖 | 面积/$m^2$ | | | | | 9 600 | 3 500 | | | 36 000 | 60 000 | 132 000 | 30 000 | | | 1 500 000 |
| | 年产量/t | | | | | 1 235 | 107 | | | 172 | 150 | 565 | 377 | | | 7 650 |
| | 年销售量/t | | | | | 1 235 | 107 | | | 172 | 150 | 565 | 377 | | | 7 650 |
| | 年末库存量/t | | | | | 0 | 0 | | | 0 | 0 | 0 | 0 | | | 0 |
| 户数 | 育苗户数 | | 3 | | 1 | | | | | | | | | | 5 | |
| | 养殖户数 | 12 | 10 | 1 | 7 | 1 | 7 | 120 | 90 | 7 | 12 | 27 | 12 | 1 | 1 480 | 491 |

**附表 2　大连站五个示范县养殖面积、养殖产量及主要品种构成**

| 项目＼品种 | 年产总量 | 双斑东方鲀 | 红鳍东方鲀 | 石斑鱼 | 大菱鲆 | 牙鲆 | 海鲈 | 许氏平鲉 | 其他河鲀鱼 |
|---|---|---|---|---|---|---|---|---|---|
| 工厂化育苗面积/$m^2$ | 15 500 | 10 000 | | | | 5 000 | | 500 | |
| 工厂化出苗量/万尾 | 3 500 | 2 000 | | | | 1 000 | | 500 | |
| 工厂化养殖面积/$m^2$ | 60 000 | | 10 000 | | 30 000 | 10 000 | | | 10 000 |
| 工厂化养殖产量/t | 1 006 | | 410 | | 370 | 132 | | | 94 |
| 池塘养殖面积/亩 | 60 000 | 50 000 | | | | 5 000 | 5 000 | | |
| 池塘年总产量/t | 5 225 | 4 700 | | | | 275 | 250 | | |
| 网箱养殖面积/$m^2$ | 1 503 500 | | | 1 500 000 | | | | 3 500 | |
| 网箱年总产量/t | 6 657 | | | 6 550 | | | | 107 | |
| 深水网箱养殖/$m^3$ | 354 000 | | 228 000 | | | 30 000 | 60 000 | 36 000 | |
| 深水网箱年总产量/t | 2 499 | | 1 800 | | | 377 | 150 | 172 | |
| 各品种工厂化育苗面积占总面积的比例/% | 100 | 64.52 | | | | 32.26 | | 3.23 | |
| 各品种工厂化出苗量占总出苗量的比例/% | 100 | 57.14 | | | | 28.58 | | 14..28 | |
| 各品种工厂化养殖面积占总面积的比例/% | 100 | | 16.67 | | 50 | 16.67 | | | 16.67 |
| 各品种工厂化养殖产量占总产量的比例/% | 100 | | 40.76 | | 36.78 | 13.12 | | | 9.34 |
| 各品种池塘养殖面积占总面积的比例/% | 100 | 83.33 | | | | 8.33 | 8.33 | | |
| 各品种池塘养殖产量占总产量的比例/% | 100 | 89.95 | | | | 5.26 | 4.79 | | |
| 各品种普通网箱养殖面积占总面积的比例/% | 100 | | | 99.77 | | | | 0.23 | |
| 各品种网箱养殖产量占总产量的比例/% | 100 | | | 98.39 | | | | 1.61 | |
| 各品种深水网箱养殖水体占总水体积的比例/% | 100 | | 64.41 | | | 8.47 | 16.95 | 10.17 | |
| 各品种深水网箱养殖产量占总产量的比例/% | 100 | | 72.03 | | | 15.09 | 6.00 | 6.88 | |

（大连综合试验站站长　孟雪松）

# 南通综合试验站产区调研报告

## 1 示范县（市、区）海水鱼养殖现状

本综合试验站下设5个示范县（市、区），分别为江苏省南通市海安市、广东省江门市新会区、台山市、广东省阳江市阳西县和广东省中山市。示范基地10处，分别是江苏中洋生态鱼类股份有限公司海安基地、海安县苏粤水产有限责任公司、海安县发华渔业专业合作社、南通龙洋水产有限公司银湖湾分公司、南通龙洋水产有限公司汶村分公司、中洋渔业发展（广东）有限公司广海分公司、中洋渔业发展（广东）有限公司深井分公司、中洋渔业发展（广东）有限公司阳西分公司、中山市海惠水产养殖有限公司以及泰州丰汇农业科技有限公司。在示范县和示范基地主要进行暗纹东方鲀养殖技术的示范和推广工作，其他海水养殖品种主要为黑鲷、半滑舌鳎、大菱鲆等，主要为简单工厂化养殖或者小白虾养殖池中套养，不具规模。各示范县区的人工育苗、养殖品种、产量及规模见附表1。

### 1.1 育苗面积及苗种产量

#### 1.1.1 育苗面积

5个示范县育苗总面积约为90 000 $m^2$，全部集中在江苏省海安市和广东省江门市，繁育的苗种为暗纹东方鲀。

#### 1.1.2 苗种年产量

5个示范县共计2户育苗厂，总计育繁育暗纹东方鲀水花苗约10 000万尾，经标粗后主要用于江苏、广东等地养殖。

### 1.2 养殖面积及年产量、销售量、年末库存量

5个示范县的海水鱼养殖模式主要是池塘养殖，其养殖面积约为7 800亩，年总养殖产量为6 240 t，养殖品种主要为暗纹东方鲀。

#### 1.2.1 池塘养殖

5个示范县池塘养殖面积约为7 800亩，全部为普通池塘养殖暗纹东方鲀，全年产量6 240 t，年销量4 088 t，年末存量为2 292 t。

### 1.3　品种构成

经过对本试验站内5个示范县区的海水鱼养殖情况的调查统计，每个品种的养殖面积及产量占示范县养殖面积和总产量的比例（附表2）情况如下。

工厂化育苗总面积约为90 000 $m^2$，其中暗纹东方鲀为90 000 $m^2$，占总育苗面积的100%。

工厂化育苗的总出苗量为10 000万尾，其中暗纹东方鲀10 000万尾，占总出苗总量的100%。

池塘养殖总面积为7 800亩，全部养殖暗纹东方鲀，占总养殖面积的100%。

池塘养殖总量为6 240 t，其中暗纹东方鲀6 240 t，占总产量的100%。

从以上统计数据可以看出，5个示范县的，育苗全部是暗纹东方鲀，其育苗面积和出苗量均达到了100%。池塘养殖面积和产量均是暗纹东方鲀，占比均为100%。

## 2　示范县（市、区）科研开展情况

### 2.1　科研课题情况

江苏中洋集团股份有限公司是南通综合试验站的建设依托单位，试验站始终保持与体系内外科研院所、岗位科学家、教授协作进行暗纹东方鲀种质资源调查和改良，营养饲料、养殖技术等各方面的合作和研究，并配合海水鱼体系进行暗纹东方鲀等海水鱼品种的养殖技术试验和示范等工作。

本试验站围绕体系重点任务一“CARS-47-01A：海水鱼绿色养殖关键技术攻关与示范”开展了河鲀营养配合饲料和电商超市产品开发相关工作，主要工作如下。

河鲀营养配合饲料方面，配合河鲀营养需求与饲料（CARS-47-G15）岗位科学家进行了乙醇梭菌蛋白替代鱼粉对暗纹东方鲀生长及饲料利用的研究，结果表明，乙醇梭菌蛋白是较为合适的鱼粉替代蛋白，在基础饲料鱼粉为42%的条件下，乙醇梭菌蛋白最适替代鱼粉的水平为20%。

电商超市产品开发方面，试验站联合江苏中洋集团研发人员进行了适于电商、超市和出口河鲀加工产品的研发或升级，形成了红烧河鲀、白汁河鲀和河鲀水饺3个产品。

本试验站围绕体系重点任务二“CARS-47-02A：海水主养鱼类种质资源与新种质创制”开展了河鲀低溶解氧耐受以及杂交河鲀相关的研究，主要工作如下。

河鲀低溶解氧耐受方面，配合河鲀种质资源与品种改良（CARS-47-G09）岗位科学家初步查明了暗纹东方鲀急性低氧胁迫下的分子机制。杂交河鲀方面，获得了暗纹东方鲀♂与红鳍东方鲀♂杂交F1♂与暗纹东方鲀♂回交产生的F2代杂交河鲀水花苗约10 000尾，养成F2代杂交河鲀规格苗约2 500尾，F2代杂交河鲀生长速度、肉质和体色正在研究中。

2021 年，中洋集团旗下子公司南通龙洋水产有限公司承担了江苏省现代农业（特色水产）产业技术体系项目，建设海安推广示范基地，在海水鱼体系的协助下，建立了具有样板功能强、示范效应好，且稳定合作的养殖示范点 5 个，无偿提供“中洋 1 号”河鲀苗种和技术服务，并开展了养殖技术交流学习。

### 2.2 发表论文、标准、专利情况

#### 2.2.1 待发布江苏省级地方标准 1 项，编制企业内部规范草案 1 项

（1）待发布江苏省级地方标准 1 项

涂翰卿，朱浩拥，黄丽萍，闫兵兵，朱新鹏，尹绍武，魏布，沈李元，陈义培，邱燕. 暗纹东方鲀“中洋 1 号”养殖技术规范［S］.

（2）编制企业内部规范草案 1 项

王耀辉，焦冬祥、秦巍仑. 暗纹东方鲀人工早繁与当年养殖技术规范［S］.

#### 2.2.2 申请专利 1 项

钱晓明，叶建华，孙侦龙，储智勇. 一种提取河豚毒素暗纹东方鲀养殖专用配合饲料及使用方法：中国，202111384423.4［P］.

#### 2.2.3 发表论文 1 篇

崔锡帅，孟晓雪，卫育良，段美，刘兴旺，徐后国，朱永祥，梁萌青. 黑水虻幼虫粉替代鱼粉在暗纹东方鲀饲料中的应用［J］. 上海海洋大学学报，2021，DOI：10.12024/jsou.20210403425.

## 3 暗纹东方鲀养殖产业发展中存在的问题

### 3.1 产业受疫情影响严重

暗纹东方鲀产业受新冠疫情影响严重，主要体现在饲料、动保、鱼苗进不来，产品积压，销售不出去或者价格雪崩，低于养殖成本，养殖效益低下，养殖企业和个人养殖意愿逐步降低。

### 3.2 产业管理有待加强

暗纹东方鲀养殖企业或者养殖户自律性较差，容易受市场、疫情等情况影响，导致一窝蜂的养殖或者一窝蜂弃养，从而造成供求关系严重的失衡，造成整个产业的不平稳发展。急需在体系的引导下，加强暗纹东方鲀产业管理。

### 3.3　技术交流有待加强

每年都会有不少新的有关暗纹东方鲀的技术和产品产生，如优质饲料配方，适用的发明技术，但是往往不能被广泛应用，使得研究和科研还是停留在科研阶段，产业的从业者并未得到多大的实惠。急需要专家和相关人员认真在基层进行示范和推广，使暗纹东方鲀的养殖从业者得到实惠，加深彼此之间的联合和沟通。

### 3.4　疾病防控有待加强

疾病往往是导致养殖失败的重要原因，好的养殖模式和科学的防控体系的建立是养殖从业者很关心的话题。体系应该发挥集体优势，集中攻克暗纹东方鲀寄生虫、细菌性疾病等问题，构建综合防控体系。

## 4　当地政府对产业发展的扶持政策

为促进现代渔业的绿色健康发展，依照农业农村部对水产养殖户的扶持政策，南通市施行渔用柴油涨价补贴，渔业资源保护和转产转业财政项目、渔业互助保险保费补贴、发展水产养殖业补贴，包括水产养殖机械补贴、良种补贴、养殖基地补贴，另有渔业贷款贴息、税收优惠等政策。对于渔业用地也有相应的经营财政补贴政策。

## 5　暗纹东方鲀产业技术需求

### 5.1　暗纹东方鲀种质资源保种育种技术

“十三五”规划提出要加快蓝色海洋粮仓的建设，而目前暗纹东方鲀的良种选育研发还处于滞后阶段，目前仅有 1 个国家级新品种中洋 1 号，良种覆盖率较低，急需研发抗病、抗逆新品种来改良、优化种质以确保优质的苗种上市。

### 5.2　暗纹东方鲀养殖用水的水质调控技术

养鱼先养水，要做到绿色、健康的养殖，水质的调控技术需不断提升和创新。

### 5.3　颗粒饲料开发应用技术

目前，暗纹东方鲀的饲料形式还主要是粉状饲料，散失率远高于颗粒饲料，极易造成水体污染，且粉状饲料中黏合剂对于暗纹东方鲀生长来说无任何促进作用，因此急需开展暗纹东方鲀的颗粒饲料配方和生产工艺的研究。

### 5.4 暗纹东方鲀产业深加工技术

目前暗纹东方鲀主要还是以鲜活消费为主，急需研发出相应的深加工技术，实现减损、提质、增效、减排的目标以及摆脱新冠疫情的影响。

**附表 1　2021 年度本综合试验站示范县海水鱼育苗及成鱼养殖情况表**

| 品种 | | 海安市 | 江门市新会区 | 江门市台山市 | 阳江市阳西县 | 广东省中山市 |
|---|---|---|---|---|---|---|
| | | 暗纹东方鲀 | 暗纹东方鲀 | 暗纹东方鲀 | 暗纹东方鲀 | 暗纹东方鲀 |
| 育苗 | 面积/$m^2$ | 20 000 | 70 000 | | | |
| | 产量/万尾 | 2 200 | 7 800 | | | |
| 工厂养殖 | 面积/$m^2$ | | | | | |
| | 年产量/t | | | | | |
| | 年销售量/t | | | | | |
| | 年末库存量/t | | | | | |
| 池塘养殖 | 面积/亩 | 820 | 2 180 | 3 620 | 5 800 | 600 |
| | 年产量/t | 492 | 1 853 | 2 922 | 493 | 480 |
| | 年销售量/t | 202 | 1 251 | 1 972 | 339 | 324 |
| | 年末库存量/t | 230 | 602 | 1 150 | 154 | 156 |
| 网箱养殖 | 面积/$m^3$ | | | | | |
| | 年产量/t | | | | | |
| | 年销售量/t | | | | | |
| | 年末库存量/t | | | | | |
| 户数 | 育苗户数 | 1 | 1 | 0 | 0 | 0 |
| | 养殖户数 | 3 | 1 | 3 | 1 | 1 |

**附表 2　本综合试验站五个示范县养殖面积、养殖产量及主要品种构成**

| 项目＼品种 | 年总量 | 暗纹东方鲀 |
|---|---|---|
| 工厂化育苗面积/$m^2$ | 90 000 | 90 000 |
| 工厂化出苗量/万尾 | 10 000 | 10 000 |
| 工厂化养殖面积/$m^2$ | | – |
| 工厂化养殖产量/t | 科研或放流 | – |
| 池塘养殖面积/亩 | 7 800 | 7 800 |
| 池塘年总产量/t | 6 240 | 6 240 |
| 网箱养殖面积/$m^2$ | – | – |
| 网箱年总产量/t | – | – |
| 各品种工厂化育苗面积占总面积的比例/% | 100 | 100 |
| 各品种工厂化出苗量占总出苗量的比例/% | 100 | 100 |
| 各品种工厂化养殖面积占总面积的比例/% | – | – |
| 各品种工厂化养殖产量占总产量的比例/% | – | – |
| 各品种池塘养殖面积占总面积的比例/% | 100 | 100 |
| 各品种池塘养殖产量占总产量的比例/% | 100 | 100 |
| 各品种网箱养殖面积占总面积的比例/% | – | – |
| 各品种网箱养殖产量占总产量的比例/% | – | – |

（南通综合试验站站长　叶建华）

# 宁波综合试验站产区调研报告

## 1　示范县（市、区）海水鱼类养殖现状

宁波综合试验站下设5个示范区县（市、区），分别为舟山市普陀区、宁波市象山县、台州市椒江区、温州市洞头区、温州市平阳县。其育苗、养殖品种、产量及规模见附表1。

### 1.1　育苗面积及育苗产量

#### 1.1.1　育苗面积

5个示范区县中海水鱼育苗厂家主要分布于宁波象山、舟山普陀等地，育苗总面积为12 000 $m^2$，品种以大黄鱼为主。

#### 1.1.2　苗种年产量

5个示范区县年培育海水鱼苗种19 015万尾，包括大黄鱼、黑鲷、黄姑鱼、小黄鱼、银鲳、日本鬼鲉、褐菖鲉、棘头梅童鱼、赤点石斑鱼等种类，其中大黄鱼苗种15 000万尾，占78.89%，其他海水鱼类4 015万尾，占21.11%。

### 1.2　养殖面积及年产量、销售量、年末库存量

#### 1.2.1　普通网箱养殖

5个示范区县有普通网箱养殖面积286 632 $m^2$，分布于普陀、象山、洞头和平阳等区县，共计养殖户214户，全年养殖生产量3 540.8 t，销售量4 230.8 t，库存量2 965 t。具体介绍如下。

普陀区：10户，养殖面积22 481 $m^2$，产量652 t，销售量599 t，年末库存量515 t。其中，养殖大黄鱼10 800 $m^2$，产量352 t，销售量242 t，年末库存量300 t。海鲈3 076 $m^2$，产量85 t，销售量45 t，年末库存量90 t；鲷2 017 $m^2$，产量75 t，销售量102 t，年末库存量55 t；美国红鱼6 588 $m^2$，产量140 t，销售量210 t，年末库存量80 t。

象山县：109户，养殖面积249 387 $m^2$，产量2 584 t，销售量2 802 t，年末库存量2 187 t。其中，养殖大黄鱼220 695 $m^2$，产量2 400 t，销售量2 450 t，年末库存量1 650 t；海鲈23 220 $m^2$，产量160 t，销售量330 t，年末库存量480 t；美国红鱼5 472 $m^2$，产量24 t，销售量22 t，年末库存量57 t。

洞头区：83户，养殖面积13 500 $m^2$，产量148.8 t，销售量663.8 t，年末库存量213 t。养殖大黄鱼9 000 $m^2$，产量110 t，销售量369 t，年末库存量105 t；海鲈900 $m^2$，产量8.1 t，销售47.1 t，年末库存量24 t；鲷900 $m^2$，产量8.1 t，销售量84.1 t，年末库存量24 t；美国红鱼900 $m^2$，产量8.1 t，销售量137.1 t，年末库存量24 t；其他海水鱼以鮸为主，1 800 $m^2$，产量14.5 t，销售量26.5 t，年末库存量36 t。

平阳县：12户，养殖面积1 264 $m^2$，全部养殖大黄鱼，产量156 t，销售量166 t，年末库存量50 t。

#### 1.2.2 深水网箱养殖

5个示范区县有深水网箱养殖面积1 073 818 $m^3$，分布于普陀、椒江、平阳和洞头等区县，全年养殖生产量4 168 t，销售量4 124.07 t，库存量2 386 t。

普陀区：深水网箱养殖水体114 808 $m^3$，年产量456 t，销售量415 t，年末库存量420 t。其中，大黄鱼养殖水体65 024 $m^3$，年产量280 t，销售量210 t，年末库存280 t；海鲈养殖水体3 048 $m^3$，产量18 t，销售量17 t，年末库存量8 t；鲷20 320 $m^3$，产量38 t，销售量42 t，年末库存量38 t；美国红鱼26 416 $m^3$，产量120 t，销售量146 t，年末库存量94 t。

椒江区：深水网箱养殖水体568 000 $m^3$，均养殖大黄鱼，年产量1 500 t，销售量1 450 t，年末库存量950 t。

平阳县：深水网箱养殖水体274 310 $m^3$，均养殖大黄鱼，年产量2 212 t，销售量2 020 t，年末库存量992 t。

洞头区：深水网箱养殖水体116 700 $m^3$，均养殖大黄鱼，年产量0 t，销售量239.07 t，年末库存量24 t。

#### 1.2.3 围网养殖

5个示范区县有围网养殖面积1 900 903 $m^2$，分布于椒江、洞头、普陀等区县，全年养殖生产量2 892.75 t，销售量2 217.75 t，库存量1 720 t。

椒江区：围网养殖面积396 666 $m^2$，均养殖大黄鱼，年产量2 180 t，销售量1 985 t，年末库存量1 495 t。

洞头区：围网养殖面积404 182 $m^2$，均养殖大黄鱼，年产量176 t，销售量201 t，年末库存量150 t。

普陀区：围网养殖面积1 100 055 $m^2$，均养殖大黄鱼，年产量536.75 t，销售量31.75 t，年末库存量75 t。

### 1.3 品种构成

5个示范区县主要养殖品种养殖面积及产量占示范区县养殖面积和总产量的比例见附件2，各品种构成如下。

工厂化育苗总面积为 12 000 m$^2$，其中大黄鱼为 10 500 m$^2$，占育苗总面积的 87.5%。

工厂化育苗总产量为 19 015 万尾，其中大黄鱼为 15 000 万尾，占育苗总产量的 78.89%。

普通网箱养殖总面积为 286 632 m$^2$，其中大黄鱼为 241 759 m$^2$，占育苗总面积的 84.34%；海鲈为 27 196 m$^2$，占总面积的 9.49%；鲷为 2 917 m$^2$，占总面积的 1.02%；美国红鱼为 12 960 m$^2$，占总面积的 4.52%；其他海水鱼为 1 800 m$^2$，占总面积的 0.63%。

普通网箱养殖总产量为 3 540.8 t，其中大黄鱼为 3 018 t，占总产量的 85.23%；海鲈为 253.1 t，占总产量的 7.15%；鲷为 83.1 t，占总产量的 2.35%；美国红鱼为 172.1 t，占总产量的 4.86%；其他海水鱼为 14.5 t，占总产量的 0.41%。

深水网箱养殖总面积为 1 073 818 m$^2$，总产量 4 168 t。主要为大黄鱼，面积为 1 024 034 m$^2$，总产量为 3 992 t。

围网养殖均为大黄鱼，总面积为 1 900 903 m$^2$，总产量为 2 892.75 t。

从以上统计可以看出，在各个方面，大黄鱼都占浙江海水鱼主产区绝对优势。

# 2　示范县（市、区）科研开展情况

## 2.1　科研课题进展

### 2.1.1　参加体系重点任务“CARS-47-01A：海水鱼绿色养殖关键技术攻关与示范”

开展大黄鱼“甬岱 1 号”新品种苗种规模化繁育与养殖示范，繁育大黄鱼“甬岱 1 号”苗种 2 850 余万尾，在浙江象山示范养殖“甬岱 1 号”385 万尾，1 龄鱼种经 185 ~ 216 d 的养殖，比相同养殖条件下养殖的普通大黄鱼平均体重提高 18.36%，体形修长均匀，养殖效益提高 15% ~ 25%。监测示范县大黄鱼等主要养殖鱼类疾病流行暴发情况，病害月度测报 8 次，开展流行病学调查 15 次，采集大黄鱼病原样本 53 批次，分离鉴定细菌病原株 25 株。推广应用优质颗粒配合饲料，全省 11 家示范企业 2021 年配合饲料实际使用率为 60%，5 个示范县颗粒配合饲料使用率超 45%，分别比 2020 年提高 5%；核心示范区 4 918 只（养殖水体 19.92 万m$^3$）网箱，全年配合饲料替代率达 65%，降本增效 10%以上。指导示范县象山县开展海水网箱绿色改造提升工作，建立改造提升示范网箱 15 156 m$^2$，改造新建碳纤维网箱 11 700 m$^2$，消减传统木质泡沫渔排养殖面积 3 684 m$^2$。

### 2.1.2　参加体系重点任务“CARS-47-02A：海水主养鱼类种质资源与新种质创制”

开展大黄鱼“甬岱 1 号”的全雄系培育，筛选 16 尾“甬岱 1 号”超雄鱼与雌鱼配组，繁育“甬岱 1 号”全雄系苗种 25.18 万尾，经 220 d海区网箱养殖后，平均体重 144.8 g，平均体长 21.4 cm（同期养殖的大黄鱼“甬岱 1 号”平均体重 160.0 g，平均体长 20.4 cm），雄性化率 93.3%。开展大黄鱼耐低氧全基因组选择育种研究，基于大黄鱼“甬岱 1 号”采用梯度降氧方法构建400尾低氧耐受参考群体，经重测序初步建立耐低氧性状育种值评估方法；筛选获得大黄鱼耐低氧F1候选群体，选择497尾低氧耐受F1候选群体中育种值（低氧性状70%，生长性状30%）排序靠前的约10%个体，繁育构建了低氧耐受F2苗种6.6万尾。开展了大黄鱼抗内脏白点病选育系养殖试验，引进大黄鱼抗内脏白点病选育系鱼苗2万尾，在象山港白石山海域进行养殖试验，至12月两个选育系平均体重分别为180.5 g和158.9 g，并表现出明显的存活率优势。联合示范企业在东海大目洋南韭山海域采集野生大黄鱼183尾，保活养殖61尾。

#### 2.1.3 参加服务县域经济支撑宁德市蕉城区大黄鱼“一县一业”任务

建立宁波—宁德跨区域转运活体大黄鱼检疫工作机制，为3家浙江大黄鱼养殖示范企业开展了4批次的跨区域转运活体大黄鱼检疫服务。在宁德市蕉城区开展大黄鱼“甬岱1号”新品种苗种繁育与推广，联合宁德综合试验站，在宁德市富发水产公司繁育推广大黄鱼“甬岱1号”苗种800余万尾。在浙江象山港湾水产苗种有限公司建立5万$m^3$水体大黄鱼网箱绿色养殖综合示范，养殖优质商品鱼100 t，产品平均售价60元/千克，增效15%以上，在浙江温州洞头区浙江东一海洋集团公司和黄鱼岛海洋渔业公司分别建立了大黄鱼工程化座底式围栏绿色养殖（示范养殖面积40万$m^2$）和HPDE抗风浪网箱绿色养殖（示范16万$m^3$水体），实现颗粒配合饲料使用率60%，养殖产品禁用药残抽检合格率100%，品质接近野生，产品售价为220元/千克和160元/千克，分别销售大黄鱼86 t和188 t，销售额分别为1 900余万元和3 000余万元，增效10%以上。

### 2.2 创新技术研发

#### 2.2.1 大黄鱼低氧耐受性状GWAS分析

采用大黄鱼低氧耐受性状参考群体表观数据和ddRAD测序SNP数据，对大黄鱼低氧耐受性状进行GWAS分析，绘制了低氧性状关联高质量SNP密度图谱，SNP位点数17 728个，平均SNP密度24.62个/Mb。以鱼体失去平衡的时间（LOE time）和存活二元性状（死亡0存活1）为评价性状，分别发现1个和6个显著的SNP位点。选择这些SNP位点上下100 kb的序列，与大黄鱼参考基因组进行BLAST序列比对并进行基因功能注释，得到一些与耐低氧性状相关的功能基因。

#### 2.2.2 大黄鱼低氧耐受性状调控机制研究

应用代谢组、转录组等分析技术，对低氧条件下大黄鱼糖代谢、免疫等相关的TR-PI3K/HIF-1α、PHD-IKKβ-HIF-1α通路相关基因进行研究，初步解析低氧条件下大黄鱼糖代谢、免疫应答基因表达调控特征。低氧对大黄鱼肝脏的糖代谢、脂代谢、氨基酸代谢、核苷酸代谢均产生显著影响。低氧胁迫下大黄鱼以提高无氧酵解为主要供能方式，糖酵解/糖异生增强，为碳水化合物代谢提供能量底物。大黄鱼细胞在低氧胁迫下通过TR激活PI3K/HIF-1α通路，诱导糖酵解相关酶、蛋白及基因的表达，同时抑制有氧呼吸作用，提高细胞适应低氧环境的能力。大黄鱼低氧耐受群体具有更高的PHD-IKKβ-HIF-1α信号通路活性，更易激活免疫系统相关通路（Nod样受体信号通路、Toll样受体信号通路），揭示了耐低氧群体具有更高抗病力。

### 2.3　专利、论文、标准和人才培养情况

#### 2.3.1　专利

申请实用新型专利 1 项。

一种全自动水产动物溶解氧控制实验装置，专利申请号 202121234428.4，2022-01-11。

#### 2.3.2　论文

Yibo Zhang，Jie Ding，Cheng Liu，et al. Genetics Responses to Hypoxia and Reoxygenation Stress in *Larimichthys crocea* Revealed via Transcriptome Analysis and Weighted Gene Co-Expression Network. Animals，2021，11，3021. https：//doi.org/10.3390/ani11113021

#### 2.3.3　人才培养

培养指导全日制在读硕士研究生 1 人、博士研究生 2 人，其中毕业博士研究生 1 名。试验站站长吴雄飞获“2021 年度宁波市有突出贡献专家”；试验站成员葛明锋获 2021 年度“浙江金蓝领”“浙江省技术能手”；沈伟良获 2021 年度“浙江省农业技术能手”。

#### 2.3.4　成果鉴定获奖情况

（1）浙江省科技查新咨询协会查新工作站B01 组织专家对“岱衢族大黄鱼养殖产业提升关键技术研究与示范”成果进行鉴定，鉴定委员会一致认为该成果总体达到国际先进水平。

（2）“岱衢族大黄鱼养殖产业提升关键技术创新与应用”获 2021 年度宁波市科学技术进步奖一等奖，2021 年度中国水产科学研究院科学技术奖二等奖。

## 3　海水鱼养殖产业发展中存在的问题

（1）养殖病害频发，养殖大黄鱼“三白病”在传统网箱养殖区依然流行，防控手段传统，养殖成活率不高，影响养殖效益。

（2）台风灾害对一些大型围栏和深远海网箱养殖企业设施毁损严重，“烟花”台风对刚建成投产的舟山六横悬山大型围栏养殖设施造成毁灭性损毁，直接经济损失近 2 亿元。海洋大型围栏养殖设施及深远海抗风浪养殖设施的选址、设计、建造和运行缺乏海域风险等级及对应抗灾害技术标准，导致一些投资巨大的海洋设施化养殖工程抵御台风灾害能力

不足。

（3）一些养殖大黄鱼品种近亲繁育，抗逆、抗病性状等出现一定程度下降，影响养殖成活率。

（4）产业链短板问题依然显现。海水养殖鱼类保鲜和加工环节能力不足、技术水平不高，仍然是影响养殖效益和产业高质量发展的突出短板。

（5）近岸养殖仍然存在环境容量过载风险，一些养殖区早期规划不足，海区可承载养殖总量评估缺失，极易因养殖密度过大，超过环境承载力而暴发病害等问题。

**附表 1　2021 年度本综合试验站示范县海水鱼育苗及成鱼养殖情况表**

| | | | 象山县 | | | | 椒江区 | 洞头区 | | | | | 平阳县 | 普陀区 | | | |
|---|---|---|---|---|---|---|---|---|---|---|---|---|---|---|---|---|---|
| | | | 大黄鱼 | 海鲈 | 美国红鱼 | 其他海水鱼 | 大黄鱼 | 大黄鱼 | 海鲈 | 鲷 | 美国红鱼 | 其他海水鱼 | 大黄鱼 | 大黄鱼 | 海鲈 | 鲷 | 美国红鱼 |
| 育苗 | 面积/$m^2$ | | 8 000 | | | 1 500 | | | | | | | | 2 500 | | | |
| | 年产量/万尾 | | 12 500 | | | 4 015 | | | | | | | | 2 500 | | | |
| 养殖 | 普通网箱 | 面积/$m^2$ | 220 695 | 23 220 | 5 472 | | | 9 000 | 900 | 900 | 900 | 1 800 | 1 264 | 10 800 | 3 076 | 2 017 | 6 588 |
| | | 产量/t | 2 400 | 160 | 24 | | | 110 | 8.1 | 8.1 | 8.1 | 14.5 | 156 | 352 | 85 | 75 | 140 |
| | 深水网箱 | 面积/$m^3$ | | | | | 568 000 | 116 700 | | | | | 274 310 | 65 024 | 3 048 | 20 320 | 26 416 |
| | | 产量/t | | | | | 1 500 | 0 | | | | | 2 212 | 280 | 18 | 38 | 120 |
| | 围网 | 面积/$m^2$ | | | | | 396 666 | 404 182 | | | | | | 1 100 055 | | | |
| | | 产量/t | | | | | 2 180 | 176 | | | | | | 536.75 | | | |
| 户数 | 育苗户数 | | 3 | | | 3 | | | | | | | | 3 | | | |
| | 养殖户数 | | 99 | 75 | 56 | | 11 | 9 | 38 | 36 | 36 | 39 | 12 | 13 | 5 | 6 | 5 |

**附表 2　本综合试验站五个示范县养殖面积、养殖产量及主要品种构成**

| 项目 \ 品种 | 年产总量 | 大黄鱼 | 海鲈 | 鲷 | 美国红鱼 | 其他海水鱼 |
|---|---|---|---|---|---|---|
| 工厂化育苗面积/$m^2$ | 12 000 | 10 500 | | | | 1 500 |
| 工厂化育苗产量/万尾 | 19 015 | 15 000 | | | | 4 015 |
| 普通网箱养殖面积/$m^2$ | 286 632 | 241 759 | 27 196 | 2 917 | 12 960 | 1 800 |
| 普通网箱养殖产量/t | 3 540.8 | 3 018 | 253.1 | 83.1 | 172.1 | 14.5 |
| 深水网箱养殖面积/$m^3$ | 1 073 818 | 1 024 034 | 3 048 | 20 320 | 26 416 | |
| 深水网箱养殖产量/t | 4 168 | 3 992 | 18 | 38 | 120 | |
| 围网养殖面积/$m^2$ | 1 900 903 | 1 900 903 | | | | |
| 围网养殖产量/t | 2 892.75 | 2 892.75 | | | | |
| 各品种育苗面积占育苗总面积的比例/% | 100 | 87.5 | | | | 12.5 |
| 各品种育苗量占总育苗量的比例/% | 100 | 78.89 | | | | 21.11 |
| 各品种普通网箱养殖面积占总面积的比例/% | 100 | 84.34 | 9.49 | 1.02 | 4.52 | 0.63 |
| 各品种普通网箱养殖产量占总产量的比例/% | 100 | 85.23 | 7.15 | 2.35 | 4.86 | 0.41 |
| 各品种深水网箱养殖面积占总面积的比例/% | 100 | 95.37 | 0.28 | 1.89 | 2.46 | |
| 各品种深水网箱养殖产量占总产量的比例/% | 100 | 95.78 | 0.43 | 0.91 | 2.88 | |
| 各品种围网养殖面积占总面积的比例/% | 100 | 100 | | | | |
| 各品种围网养殖产量占总产量的比例/% | 100 | 100 | | | | |

（宁波综合试验站站长　吴雄飞）

# 宁德综合试验站产区调研报告

## 1　示范县（市、区）海水鱼养殖现状

宁德综合试验站下设5个示范县（市、区），分别为福建省宁德市的蕉城区、霞浦县、福安市以及福建省漳州市的东山县、诏安县。示范基地10处，分别是宁德市富发水产有限公司、宁德市达旺水产有限公司、霞浦县蔡建华养殖场、霞浦县陈忠养殖场、福安市陈时红养殖场、福安市林亦通养殖场、东山县祥源汇水产养殖有限公司、福建省逸有水产科技有限公司、诏安县郑祖盛养殖场、诏安县高忠明养殖场，其示范区育苗、养殖品种、产量和规模见附表1。

### 1.1　育苗面积和苗种产量

#### 1.1.1　育苗面积

5个示范县育苗总面积为64 160 $m^2$，其中蕉城区为50 000 $m^2$，霞浦和福安未统计到育苗场；东山县为9 500 $m^2$，诏安县为4 660 $m^2$；按品种来分，大黄鱼育苗面积为50 000 $m^2$，石斑鱼为6 700 $m^2$，鲷为2 660 $m^2$，鲈为4 800 $m^2$。

#### 1.1.2　苗种年产量

五个示范县育苗户数为187户，总育苗量为16.10亿尾，其中大黄鱼为16亿尾，石斑鱼为295万尾，鲷为280万尾，鲈为380万尾。各县的育苗数量如下。

蕉城区：共有育苗户49家，共计育大黄鱼苗16亿尾；

东山县：共有育苗户118家，苗种繁育数量为600万尾，其中石斑鱼苗250万尾，鲷鱼苗200万尾，鲈鱼苗150万尾；

诏安县：共有育苗户20家，苗种繁育数量为355万尾，其中石斑鱼苗45万尾，鲷鱼苗80万尾，鲈鱼苗230万尾。

### 1.2　养殖面积及年产量、销售量、年末库存量

#### 1.2.1　工厂化养殖

5个示范县工厂化养殖面积为11 200 $m^2$，其养殖产量为210 t，其中年销售量为140 t，年库存量为70 t。各县的养殖情况如下。

东山县工厂化养殖面积 9 000 $m^2$，养殖总产量 140 t，年销售量为 80 t，年库存量为 60 t。

诏安县工厂化养殖面积 2 200 $m^2$，养殖总产量尾 70 t，年销售量为 60 t，年库存量为 10 t。

#### 1.2.2 池塘养殖

5 个示范县池塘养殖面积为 750 $m^2$，养殖产量为 60 t，其中年销售量为 38 t，年库存量为 22 t。各县养殖情况如下：东山县池塘养殖总面积为 600 $m^2$，年产量为 35 t，销售量为 20 t，库存量为 15 t；诏安县池塘养殖总面积为 150 $m^2$，年产量为 25 t，销售量为 18 t，库存 7 t。

#### 1.2.3 网箱养殖

5 个示范县网箱养殖总面积为 21 295 700 $m^2$，总产量为 165 895 t，其中年销售量为 146 950 t，库存 19 215 t。各示范县的养殖情况如下：蕉城区网箱养殖面积为 13 130 000 $m^2$，养殖产量为 68 307 t，销售量为 61 000 t，库存量为 7 307 t；霞浦县网箱养殖面积为 6 080 000 $m^2$，养殖产量为 59 490 t，销售量为 55 000 t，库存量为 4 490 t；福安市网箱养殖面积为 1 860 000 $m^2$，养殖产量为 25 198 t，销售量为 21 000 t，库存量为 4 198 t；东山县网箱养殖面积为 208 000 $m^2$，养殖产量为 10 380 t，销售量为 7 700 t，库存量为 2 680 t；诏安县网箱养殖面积为 17 700 $m^2$，养殖产量为 2 790 t，销售量为 2 250 t，库存量为 540 t。

### 1.3 品种构成

每品种养殖面积及产量占示范县养殖总面积和总产量的比例见附表 2。

统计五个示范县海水鱼养殖面积调查结果，各品种构成如下。

育苗面积：总育苗面积为 64 160 $m^2$，其中大黄鱼育苗面积为 50 000 $m^2$，占总育苗面积的 77.93%；石斑鱼为 6 700 $m^2$，占总育苗面积的 10.44%；鲷为 2 660 $m^2$，占总育苗面积的 4.15%；鲈为 4 800 $m^2$，占总育苗面积的 7.48%。

育苗产量：五个示范县育苗总量为 160 955 万尾，其中大黄鱼为 160 000 万尾，占总育苗量的比例为 99.041%；石斑鱼育苗数量为 295 万尾，所占比例为 0.18%；鲷育苗数量为 280 万尾，所占比例为 0.17%；鲈育苗数量为 380 万尾，所占比例为 0.24%。

工厂化养殖面积：工厂化养殖总面积为 11 200 $m^2$，全部为石斑鱼工厂化养殖。

工厂化养殖产量：工厂化养殖总产量为 210 t，全部为石斑鱼工厂化养殖。

池塘养殖面积：池塘养殖总面积为 750 $m^2$，全部为石斑鱼池塘养殖。

池塘养殖产量：池塘养殖总产量为 60 t，全部为石斑鱼。

网箱养殖面积：网箱养殖总面积为 21 295 700 $m^2$，其中大黄鱼养殖面积为 21 070 000 $m^2$，所占比例为 98.94%；石斑鱼养殖面积为 97 500 $m^2$，所占比例为

0.46%；鲷养殖面积为 30 000 m$^2$，所占比例为 0.14%；鲈养殖面积为 5 220 m$^2$，所占比例为 0.24%；美国红鱼养殖面积为 46 000 m$^2$，所占比例为 0.22%。

网箱养殖产量：网箱养殖总产量为 165 895 t，其中大黄鱼网箱养殖产量为 152 725 t，所占比例为 92.06%；石斑鱼网箱养殖产量为 3 860 t，所占比例为 2.33%；鲷网箱养殖产量为 4 050 t，所占比例为 2.44%；鲈网箱养殖产量为 3 480 t，所占比例为 2.10%；美国红鱼网箱养殖产量为 1 780 t，所占比例为 1.07%。

# 2　示范县（市、区）科研开展情况

## 2.1　主要科研课题情况

（1）开展新品种的遗传育种工作是宁德综合试验站长期以来的主要任务。以生长性状为选育目标，结合家系选育和群体选育技术，现已建立了大黄鱼核心选育群体，培育出具生长优势的“富发 1 号”大黄鱼新品种。大黄鱼“富发 1 号”共计培育 6 849.3 万尾，平均培育密度达 1.61 万尾/m$^3$（水体）。示范养殖大黄鱼“富发 1 号”苗种 330 口网箱（4 m × 4 m），健康养殖技术辐射推广 1 500 口网箱。2021 年，新品种苗种繁育技术，受精卵、亲鱼、鱼苗等产品和相关技术已辐射推广至多家育苗户（企业），推广面积达到 3 600 m$^2$。

（2）宁德综合试站还联合厦门大学徐鹏教授课题组，围绕大黄鱼产业的发展需求，建立了成熟的基因组育种技术体系，开展速生、体型优良、抗虫和耐高温等多个大黄鱼新品系培育工作。其中，应用基因组选择育种技术开展大黄鱼抗刺激隐核虫新品系“宁抗 1 号”选育，示范养殖设置试验组和对照组，2021 年 12 月 30 日测产，试验组存活数量为 10.02 万尾、平均体重为 97.7 g，对照组存活数量为 54.10 万尾、平均体重为 110.8 g，试验组和对照组成活率分别为 31.31%、16.91%，试验组相对对照组的成活率提高了 14.40%。

（3）开展物联网自动投饵系统在大黄鱼养殖上的应用研究。引进了日本水产株式会社的研究成果，结合我国大黄鱼养殖的特点，开展大黄鱼鱼群摄食行为研究，通过伪饵（食欲传感器）进行数据采集，比较分析大黄鱼的周年摄食规律，确立了适于大黄鱼的养殖投饵参数，申请并获计算机软件著作权登记证书 1 项，合作研发完成 1 种适合大黄鱼养殖的物联网自动投饵系统。在宁德大湾海区构建了物联网自动投饵养殖示范区，示范养殖面积 10.36 亩，新增产值 246.85 万元，发表论文 2 篇，制定企业标准 1 项，开展专业技术培训 66 人次。研究结果表明，试验组相较于对照组饲料成本降低了 19.80%。

（4）提供大黄鱼等宁德地区特色海水鱼类营养与饲料创新研究与应用的苗种、场地，并进行协助。

宁德综合试验站配合海水鱼体系营养与饲料研究室岗位科学家麦康森院士及艾庆辉教授，开展大黄鱼的新型饲料蛋白源的开发与利用的试验示范。累计开展应用试验 400 多口网箱，包含沉性和浮性两种环保型全价颗粒配合饲料。

协助海水鱼体系疾病防控研究室岗位科学家对宁德地区主养海水鱼类主要暴发鱼病的调研，协助他们进行病原微生物的取样和研究示范。目前已配合海水鱼体系疾病防控研究室的细菌病防控、寄生虫病防控、环境胁迫性疾病与综合防控等岗位科学家，对宁德养殖海水鱼类常见的刺激隐核虫病、内脏白点病、弧菌病、白鳃病等主要疾病暴发情况的调研和综合防治机制研究试验示范，为岗位科学家的病原取样、攻毒试验等提供了场地和生物材料便宜。

（5）配合体系工作，成立大黄鱼工作小组，开展大“一县一业”大黄鱼质量安全保障与产业价值提升行动。推动宁德地区全塑胶养殖网箱升级改造，建立福建宁德地区大黄鱼健康养殖示范区；牵头多家单位和育苗大户拟定成立大黄鱼健康优质苗种繁育示范区，推广应用大黄鱼优质健康苗种；配合疾病防控研究岗位，开展养殖大黄鱼流行性暴发性病害集成防控研究工作；配合推广大黄鱼养殖环保型全价颗粒配合饲料；参与建立大黄鱼产地检疫制度；开放大黄鱼博物馆，介绍大黄鱼产业发展历程，学习大黄鱼科技攻关艰苦历程。

## 2.2 发表论文、标准、专利情况

发表文章 2 篇；申请发明专利 1 项，授权发明专利 2 项；授权实用新型专利 3 项；授权计算机软件著作权 1 项；制定企业标准 1 项。

（1）发表论文：

［1］陈佳，柯巧珍，余训凯，张文兵，黄匡南，翁华松，包欣源，刘兴彪，刘家富. 电解多维对大黄鱼仔稚鱼尾部骨骼发育的致畸性初探［J］. 渔业信息与战略，2021，36（3）：201-204.

［2］姜燕，于超勇，徐永江，柳学周，郑炜强，陈佳，刘莹，王滨，史宝. 健康与患病大黄鱼消化道微生物结构特征分析［J］. 中国海洋大学学报，2021，51（5）：32-40.

（2）专利申请：

申请发明专利 1 项：

一种用于野生大黄鱼的保活方法：中国，202110363285.5［P］. 2021-04-02.

授权发明专利 2 项：

一种含有皂苷提取物的渔用饲料：中国，ZL201811507397.8［P］. 2021-07-20.

一种便捷自动投喂桡足类的装置：中国，ZL202010642314.7［P］. 2021-11-09.

授权实用新型专利 3 项：

一种银鲳鱼的投饵装置：中国，ZL202021238321.2［P］. 2021-04-20.

一种大黄鱼亲鱼的全自动催产装置：中国，ZL202021838835.1［P］. 2021-05-18.

一种新型净化水质的环保海水过滤池：中国，ZL202022342252.6［P］. 2021-09-24.

授权计算机软件著作权 1 项：

一种大网箱养殖物联网自动投饵系统控制软件V1.0：中国，2021SR0576277［P］.

2021-04-22.

（3）标准：制定企业标准1项。

环境友好型大黄鱼配合饲料：Q/NDFF 001—2021. 于2021年8月30日在企业标准信息公共服务平台备案。

# 3　示范县（市、区）海水鱼产业发展中存在的问题

（1）养殖病害防控意识不强，整个产业对安全用药和病害防控存在很大的认知缺失，同时药物和冰鲜饵料的投喂更加剧了海区环境的污染，影响了原有的生态环境。

（2）养殖模式升级还需继续加强，侧重不同海域做出不同的养殖装备选择，对于养殖理念和配套设备的更新还不够完善，高品质养殖产品产量不足，产业综合效益空间日益萎缩；同时，精深加工技术欠缺，产品少，附加值低，产业链尚不完善。

**附表 1　2021 年度本综合试验站示范县海水鱼育苗及成鱼养殖情况表**

| | | 蕉城区 | 霞浦县 | 福安市 | 东山县 | | | | 诏安县 | | |
|---|---|---|---|---|---|---|---|---|---|---|---|
| | | 大黄鱼 | 大黄鱼 | 大黄鱼 | 石斑鱼 | 鲷 | 鲈 | 美国红鱼 | 石斑鱼 | 鲷 | 鲈 |
| 育苗 | 面积/$m^2$ | 50 000 | 0 | 0 | 6 000 | 2 000 | 1 500 | 0 | 700 | 660 | 3 300 |
| | 产量/万尾 | 160 000 | 0 | 0 | 250 | 200 | 150 | 0 | 45 | 80 | 230 |
| 工厂化养殖 | 面积/$m^2$ | 0 | 0 | 0 | 9 000 | 0 | 0 | 0 | 2 200 | 0 | 0 |
| | 年产量/t | 0 | 0 | 0 | 140 | 0 | 0 | 0 | 70 | 0 | 0 |
| | 年销售量/t | 0 | 0 | 0 | 80 | 0 | 0 | 0 | 60 | 0 | 0 |
| | 年库存量/t | 0 | 0 | 0 | 60 | 0 | 0 | 0 | 10 | 0 | 0 |
| 池塘养殖 | 面积/$m^2$ | 0 | 0 | 0 | 600 | 0 | 0 | 0 | 150 | 0 | 0 |
| | 年产量/t | 0 | 0 | 0 | 35 | 0 | 0 | 0 | 25 | 0 | 0 |
| | 年销售量/t | 0 | 0 | 0 | 20 | 0 | 0 | 0 | 18 | 0 | 0 |
| | 年库存量/t | 0 | 0 | 0 | 15 | 0 | 0 | 0 | 7 | 0 | 0 |
| 网箱养殖 | 面积/$m^2$ | 13 130 000 | 6 080 000 | 1 860 000 | 90 000 | 27 000 | 45 000 | 46 000 | 7 500 | 3 000 | 7 200 |
| | 年产量/t | 68 307 | 59 490 | 25 198 | 3 300 | 3 200 | 2 100 | 1 780 | 560 | 850 | 1 380 |
| | 年销售量/t | 61 000 | 55 000 | 21 000 | 2 800 | 2 250 | 1 300 | 1 350 | 410 | 660 | 1 180 |
| | 年库存量/t | 7 307 | 4 490 | 4 198 | 500 | 950 | 800 | 430 | 150 | 190 | 200 |
| 户数 | 育苗户数 | 49 | 0 | 0 | 62 | 43 | 13 | 0 | 0 | 0 | 0 |
| | 养殖户数 | 1 300 | 2 000 | 600 | 182 | 103 | 86 | 98 | 166 | 138 | 144 |

**附表 2 本综合试验站五个示范县养殖面积、养殖产量及主要品种构成**

| | 年总产量 | 大黄鱼 | 石斑鱼 | 鲷 | 鲈 | 美国红鱼 | 鲆 |
|---|---|---|---|---|---|---|---|
| 育苗面积/$m^2$ | 67 460 | 50 000 | 8 700 | 3 660 | 5 100 | 0 | 0 |
| 育苗产量/万尾 | 131 305 | 130 000 | 350 | 475 | 480 | 0 | 0 |
| 工厂化养殖面积/$m^2$ | 16 000 | 5 000 | 11 000 | 0 | 0 | 0 | 0 |
| 工厂化养殖产量/t | 237.6 | 37.6 | 200 | 0 | 0 | 0 | 0 |
| 池塘养殖面积/$m^2$ | 900 | 0 | 900 | 0 | 0 | 0 | 0 |
| 池塘养殖产量/t | 71 | 0 | 71 | 0 | 0 | 0 | 0 |
| 网箱养殖面积/$m^2$ | 5 711 255 | 5 456 385 | 101 450 | 32 160 | 56 060 | 54 000 | 11 200 |
| 网箱养殖产量/t | 253 159.5 | 237 919.5 | 4 400 | 4 040 | 4 360 | 1 780 | 660 |
| 各品种育苗面积占总面积的比例/% | 100 | 74.12 | 12.89 | 5.43 | 7.56 | | |
| 各品种出苗量占总出苗量的比例/% | 100 | 99.01 | 0.27 | 0.36 | 0.36 | | |
| 各品种工厂化养殖面积占总面积的比例/% | 100 | 31.88 | 68.12 | | | | |
| 各品种工厂化养殖产量占总产量的比例/% | 100 | 15.82 | 84.18 | | | | |
| 各品种池塘养殖面积占总面积的比例/% | 100 | | 100 | | | | |
| 各品种池塘养殖产量占总产量的比例/% | 100 | | 100 | | | | |
| 各品种网箱养殖面积占总面积的比例/% | 100 | 95.55 | 1.79 | 0.56 | 0.98 | 0.95 | 0.20 |
| 各品种网箱养殖产量占总产量的比例/% | 100 | 93.98 | 1.74 | 1.60 | 1.72 | 0.70 | 0.26 |

（宁德综合试验站站长　郑炜强）

# 漳州综合试验站产区调研报告

## 1　示范县（市、区）海水鱼养殖现状

漳州综合试验站下设5个示范县，分别为福建省宁德市福鼎市、福建省福州市连江县、福建省福州市罗源县、福建省漳州市云霄县、广东省潮州饶平县。试验站主要示范、推广品种为海鲈、大黄鱼、鲷。其育苗、养殖品种、产量及规模见附表1。

### 1.1　育苗面积及苗种产量

#### 1.1.1　育苗面积

5个示范县育苗总体积为124 515 $m^3$，其中福鼎市为39 245 $m^3$、连江县为55 270 $m^3$、罗源县为21 500 $m^3$、饶平县为8 500 $m^3$，云霄县没有苗种生产。按品种分：大黄鱼为53 940 $m^3$、海鲈为48 505 $m^3$、鲷22 070 $m^3$。

#### 1.1.2　苗种年产量

5个示范县年育苗14 170万尾，其中，海鲈7 280万尾、大黄鱼5 590万尾、鲷1 300万尾。各示范县育苗情况如下。

福鼎市：年生产海鲈苗种5 840万尾，大黄鱼苗种3 400万尾，鲷苗种500万尾。

连江县：年生产海鲈苗种650万尾，大黄鱼苗种1 430万尾，鲷苗种300万尾。

罗源县：年生产海鲈苗种220万尾，大黄鱼苗种430万尾，鲷苗种240万尾。

饶平县：年生产海鲈苗种570万尾，大黄鱼苗种330万尾，鲷苗种260万尾。

云霄县：没有育苗。

### 1.2　养殖面积及年产量、销售量、年末库存量

#### 1.2.1　普通网箱养殖

5个示范县普通网箱养殖面积共计5 481 700 $m^2$，其中养殖产量较多的分别为海鲈、大黄鱼、鲷，故仅统计这三类鱼品种，普通网箱共计为4 579 320 $m^2$，年总生产量为71 923.52 t，销售量为61 145 t，年末库存量为44 694 t。

福鼎市：普通网箱养殖面积1 997 600 $m^2$，鲈鱼养殖面积722 000 $m^2$，年产量18 242 t，年销售量12 770 t，年末库存量10 229 t；大黄鱼养殖面积963 000 $m^2$，年产量20 790 t，年

销售量 16 996 t，年末库存量 12 483 t；鲷养殖面积 312 600 m$^2$，年产量 1 775 t，年销售量 1 832 t，年末库存量 1 310 t。

连江县：普通网箱养殖面积 1 380 900 m$^2$，海鲈养殖面积 475 000 m$^2$，年产量 6 540.8 t，年销售量 5 715 t，年末库存 4 000 t；大黄鱼养殖面积 732 000 m$^2$，年产量 1 035 t，年销售量 2 800 t，年末库存量 1 419 t；鲷养殖面积 173 900 m$^2$，年产量 2 352 t，年销售量 2 384 t，年末库存量 1 707 t。

罗源县：普通网箱养殖面积 1 116 960 m$^2$，海鲈养殖面积 221 300 m$^2$，年产量 5 340 t，年销售量 4 466 t，年末库存量 3 629 t；大黄鱼养殖面积 545 200 m$^2$，年产量 8 460 t，年销售量 7 265 t，年末库存量 5 079 t；鲷养殖面积 350 460 m$^2$，年产量 6 416 t，年销售量 5 873 t，年末库存量 4 219 t。

云霄县：普通网箱养殖面积 59 860 m$^2$，海鲈养殖面积 48 700 m$^2$，年产量 677 t，年销售量 639 t，年末库存量 410 t；鲷养殖面积 11 160 m$^2$，年产量 154 t，年销售量 184 t，年末库存量 91 t。

饶平县：普通网箱养殖面积 24 000 m$^2$，海鲈养殖面积 24 000 m$^2$，年产量 141.36 t，年销售量 221 t，年末库存量 118 t。

#### 1.2.2　深水网箱养殖

5 个示范县内深水网箱养殖体积共计 123 420 m$^3$，年总生产量约为 20 967.08 t，销售量约为 16 006 t，年末库存量为 13 972 t。

福鼎市：深水网箱养殖体积 28 300 m$^3$，其中海鲈养殖体积 4 300 m$^3$，年产量 7 818 t，年销售量 5 252 t，年末库存量 3 943 t；大黄鱼养殖体积 5 700 m$^3$，年产量 8 910 t，年销售量 6 506 t，年末库存量 5 362 t；鲷养殖体积 18 300 m$^3$，年产量 760.24 t，年销售量 646 t，年末库存量 563 t。

连江县：深水网箱养殖水体 86 620 m$^3$，其中海鲈养殖水体 36 040 m$^3$，年产量 2 196 t，年销售量 1 951 t，年末库存量 1 561 t；大黄鱼养殖水体 40 200 m$^3$，年产量 444 t，年销售量 797 t，年末库存量 451 t；鲷养殖水体 10 380 m$^3$，年产量 804 t，年销售量 761 t，年末库存量 628 t。

饶平县：深水网箱养殖体积 8 500 m$^3$，海鲈养殖水体 8 500 m$^3$，年产量 34.84 t，年销售量 93 t，年末库存量 45 t。

云霄县：深水网箱养殖面积小，未统计。

罗源县：没有深水网箱养殖。

### 1.3　品种构成

每品种养殖面积及产量占示范县养殖总面积和产量的比例见表 2。统计 5 个示范县海水鱼类养殖面积调查结果，各品种构成如下。

5个示范县育苗总水体为124 515 $m^3$，其中，大黄鱼为53 940 $m^3$，占总育苗水体的43.32%；海鲈为48 505 $m^3$，占总育苗水体的38.96%；鲷为22 070 $m^3$，占总育苗水体17.72%。

5个示范县年育苗14 170万尾，其中：大黄鱼7 280万尾，占总产量的51.38%；海鲈5 590万尾，占总产量的39.45%；鲷1 300万尾，占总产量的9.17%。

普通网箱养殖总面积为4 579 320 $m^2$，其中海鲈为1 491 000 $m^2$，占总面积的32.53%；大黄鱼为2 240 200 $m^2$，占总面积的48.94%；鲷为535 520 $m^2$，占总面积的18.53%。总产量为71 923.52 t，其中海鲈为30 941.16 t，占总产量的43.02%；大黄鱼为30 285 t，占总产量的42.11%；鲷为10 697 t，占总产量的14.87%。

深水网箱养殖养殖总体积为123 420 $m^3$，其中海鲈为48 840 $m^3$，占总体积的39.57%；大黄鱼为45 900 $m^3$，占总体积的37.19%；鲷为28 680 $m^3$，占总体积的23.24%。总产量为20 967.08 t，其中海鲈产量10 048.84 t，占总产量的47.93%；大黄鱼为9 354 t，占总产量的44.61%；鲷为1 564.24 t，占总产量的7.46%。

# 2　示范县（市、区）科研开展情况

## 2.1　科研课题情况

福建闽威实业股份有限公司是漳州综合试验站建设依托单位，试验站积极与体系内外科研院所、岗位科学家、研究人员合作，开展海鲈种质选育、水产品精深加工、网箱养殖技术等方面的合作和研究，并踊跃向有关部门申请海水鱼产业相关项目。根据国家海水鱼产业技术体系“绿色发展、增产增收、提质增效、富裕渔民”的发展战略，面向我国海水鱼养殖产业发展需求，开展关键技术研发、试验和示范工作。漳州综合试验站以网箱升级优化、海水鱼优质饲料开发、海鲈良种选育与健康苗种繁育、海水鱼产品加工等为研究方向，积极展开各项工作，取得了诸多显著成效。

### 2.1.1　助力传统网箱转型升级，构建深水网箱养殖模式

为进一步拓宽水产养殖发展空间，优化提升网箱养殖设施，今年我站开展传统网箱转型升级，共升级改造建设网箱22口规格为26 m×26 m新型塑胶深水网箱，面积达14 872 $m^2$，并积极配合和协助示范县福鼎市开展海上综合治理工作，取得良好效果。

### 2.1.2　开展优质花鲈苗种繁育，带动养殖户健康养殖

今年，在我站良种场开展花鲈优质苗种的规范化繁育工作，累计生产花鲈苗种7 000万尾。该苗种拥有生长速度快、抗病性能强、健康稳定等优势性状，得到养殖企业和养殖户的认可。我站从源头上保障了花鲈的品质，将苗种输送至下属5个示范县。带动养殖户进行绿色、健康养殖，帮助示范县数百户渔民增产创收。

#### 2.1.3　有序进行花鲈种质选育工作，项目取得良好效果

我站非常重视花鲈种质优化工作，积极与集美大学合作开展“温度对花鲈抗氧化能力、呼吸及生理生化指标影响的研究”；与中国海洋大学合作开展“鲈鱼品质特征及快速鉴定技术研究”。鲈鱼品质特征及快速鉴定技术研究通过基于激光诱导击穿光谱技术的鲈鱼新鲜度快速检测和基于表面增强拉曼光谱的鲈鱼孔雀石绿药物残留无损检测两个研究方向进行，目前已成功获得丝素蛋白微针，并且通过金纳米粒子溶胶测得孔雀石绿的拉曼增强光谱图谱。

#### 2.1.4　大力开发水产品精深加工，进一步提高产品附加值

我站对产品加工工艺进行优化提升，以市场需求为导向，不断尝试开发鱼制产品新品种，通过长期市场调研和实践，持续改进与完善，成功研制出调味海鲈鱼、烤虾、去刺鱼等新产品。同时与中国工程院朱蓓薇院士团队对接攻克鱼松散状的形态、去刺鱼工艺设备方法、海水鱼类下脚料加工开发、优化鱼脯鱼脆加工工艺等技术研发。

### 2.2　发表论文、专利情况

申请4项实用新型专利：

［1］一种冷链包装系统：中国，ZL202020690705.1［P］. 2021-04-27.

［2］鱼肉搅拌调味机：中国，ZL202020699106.6［P］. 2021-04-27.

［3］鱼肉食品挤压成型机：中国，ZL202020699094.7［P］. 2021-04-27.

［4］一种裹冰机：中国，ZL202020692442.8［P］. 2021-06-22.

## 3　海水鱼养殖产业发展中存在的问题

随着我国冷链技术水平的逐步完善，以及消费者对于食材新鲜度、口味的要求越来越高，预制菜也因具有产品新鲜度高、后期可再自主调味等多方优势，迎来了更加快速的发展，市场前景广阔。目前，市场上水产品精深加工产品预制菜种类少，类型较为单一，精深加工工艺技术尚不成熟，需进一步加大力度完善发展。

附表 1　2021 年度本综合试验站示范县海水鱼育苗及成鱼养殖情况表

| | | 福鼎市 | | | 连江县 | | | 罗源县 | | | 云霄县 | | | 饶平县 | | |
|---|---|---|---|---|---|---|---|---|---|---|---|---|---|---|---|---|
| | | 海鲈 | 大黄鱼 | 鲷 | 海鲈 | 大黄鱼 | 鲷鱼 | 海鲈 | 大黄鱼 | 鲷 | 海鲈 | 大黄鱼 | 鲷鱼 | 海鲈 | 大黄鱼 | 鲷 |
| 育苗 | 面积/$m^2$ | | | | | | | | | | | | | | | |
| | 产量/万尾 | 5 840 | 3 400 | 500 | 650 | 1 430 | 300 | 220 | 430 | 240 | | | | 570 | 330 | 260 |
| 工厂养殖 | 面积/$m^2$ | | | | | | | | | | | | | | | |
| | 年产量/t | | | | | | | | | | | | | | | |
| | 年销售量/t | | | | | | | | | | | | | | | |
| | 年库存量/t | | | | | | | | | | | | | | | |
| 普通网箱 | 面积/$m^2$ | 722 000 | 963 000 | 3 126 000 | 475 000 | 73 200 | 173 900 | 221 300 | 545 200 | 350 460 | 48 700 | | 11 160 | 24 000 | | |
| | 年产量/t | 18 242 | 20 790 | 1 775 | 6 540.8 | 1 035 | 2 352 | 5 340 | 8 460 | 6 416 | 677 | | 154 | 141.36 | | |
| | 年销售量/t | 12 770 | 16 996 | 1 832 | 5 715 | 2 800 | 2 384 | 4 466 | 7 265 | 5 873 | 639 | | 184 | 221 | | |
| | 年库存量/t | 10 229 | 12 483 | 1 310 | 4 000 | 1 419 | 1 707 | 3 629 | 5 079 | 4 219 | 410 | | 91 | 118 | | |
| 深水网箱 | 面积/$m^3$ | 4 300 | 5 700 | 18 300 | 36 040 | 40 200 | 10 380 | | | | | | | 8 500 | | |
| | 年产量/t | 7 818 | 8 910 | 760.24 | 2 196 | 444 | 804 | | | | | | | 34.84 | | |
| | 年销售量/t | 5 252 | 6 506 | 646 | 1 951 | 797 | 761 | | | | | | | 93 | | |
| | 年库存量/t | 4 259 | 5 362 | 563 | 1 561 | 451 | 628 | | | | | | | 45 | | |
| 户数 | 育苗户数 | | | | | | | | | | | | | | | |
| | 养殖户数 | | | | | | | | | | | | | | | |

**附表 2　本综合试验站五个示范县养殖面积、养殖产量及主要品种构成**

| 项目＼品种 | 年产总量 | 海鲈 | 大黄鱼 | 鲷 |
|---|---|---|---|---|
| 育苗面积/$m^3$ | 124 515 | 48 505 | 53 940 | 22 070 |
| 出苗量/万尾 | 14 170 | 7 280 | 5 590 | 1 300 |
| 工厂化养殖面积/$m^2$ | | | | |
| 工厂化养殖产量/t | | | | |
| 池塘养殖面积/亩 | | | | |
| 池塘养年总产量/t | | | | |
| 普通网箱养殖面积/$m^2$ | 4 579 320 | 1 491 000 | 2 240 200 | 535 520 |
| 普通网箱年总产量/t | 71 923.52 | 30 941.16 | 30 285 | 10 697 |
| 深水网箱养殖面积/$m^3$ | 123 420 | 48 840 | 45 900 | 28 680 |
| 深水网箱年总产量/t | 20 967.08 | 10 048.84 | 9 354 | 1 564.24 |
| 各品种育苗体积占总体积的比例/% | | | | |
| 各品种出苗量占总体积的比例/% | | | | |
| 各品种工厂化养殖面积占总面积的比例/% | | | | |
| 各品种工厂化养殖产量占总面积的比例/% | | | | |
| 各品种池塘养殖面积占总面积的比例/% | | | | |
| 各品种池塘养殖产量占总面积的比例/% | | | | |
| 各品种普通网箱养殖面积占总面积的比例/% | 100 | 32.53 | 48.94 | 18.53 |
| 各品种普通网箱养殖产量占总面积的比例/% | 100 | 43.02 | 42.11 | 14.87 |
| 各品种深水网箱养殖体积占总体积的比例/% | 100 | 39.57 | 37.19 | 23.24 |
| 各品种深水网箱养殖产量占总体积的比例/% | 100 | 47.93 | 44.61 | 7.46 |

（漳州综合试验站站长　方　秀）

# 烟台综合试验站产区调研报告

## 1　示范县（市、区）海水鱼养殖现状

本综合试验站下设5个示范县（市、区），分别为烟台市福山区、海阳市、蓬莱区、牟平区、芝罘区。福山区、海阳市、蓬莱区、牟平区主要以工厂化养殖海水鱼为主，养殖品种主要有大菱鲆、石斑鱼、大西洋鲑等；芝罘区以网箱养殖海水鱼为主，养殖品种主要有鲈、红鳍东方鲀等。

### 1.1　育苗面积及苗种产量

#### 1.1.1　育苗面积

5个示范县育苗总面积为28 000 m$^2$，其中海阳市7 000 m$^2$、福山区13 500 m$^2$、蓬莱市3 000 m$^2$、牟平区4 500 m$^2$。按品种分：大菱鲆育苗面积11 000 m$^2$、牙鲆1 000 m$^2$、半滑舌鳎2 000 m$^2$、大西洋鲑500 m$^2$、许氏平鲉2 500 m$^2$、花鲈1 000 m$^2$、石斑鱼1 000 m$^2$、黄盖鲽1 500 m$^2$、其他海水鱼7 500 m$^2$。

#### 1.1.2　苗种年产量

5个示范县共计17户育苗厂家，总计育苗2 400万尾。其中，大菱鲆700万尾（5~6 cm）、牙鲆200万尾（5~6 cm）、半滑舌鳎100万尾（5~6 cm）、大西洋鲑50万尾（5~6 cm）、黄盖鲽200万尾（5~6 cm）、许氏平鲉300万尾（5~6 cm）、黑鲷、石斑、花鲈等其他海水鱼850万尾，芝罘区主要是网箱养殖海水鱼类，因此无育苗业户，所需苗种均为外地购买。各县育苗情况如下。

海阳市：5户育苗厂家，较大规模的育苗厂家为海阳黄海水产有限公司、海阳富瀚海洋科技有限公司。大菱鲆育苗面积2 000 m$^2$，生产苗种150万尾；石斑育苗面积1 000 m$^2$，生产苗种50万尾；半滑舌鳎育苗面积2 000 m$^2$，生产苗种100万尾；其他海水鱼2 000 m$^2$，生产苗种200万尾。

福山区：共6户育苗厂家，主要育苗企业有烟台开发区天源水产有限公司、国信东方（烟台）循环水养殖科技有限公司、烟台宗哲海洋科技有限公司。大菱鲆育苗面积7 000 m$^2$，生产苗种600万尾；牙鲆育苗面积1 000 m$^2$，生产苗种150万尾；大西洋鲑育苗面积500 m$^2$，生产苗种50万尾；黄盖鲽育苗面积1 500 m$^2$，生产苗种200万尾；其他海水鱼育苗面积

3 500 m²，生产苗种400万尾。

蓬莱区：2户育苗厂家，较大规模的为蓬莱海岳水产养殖有限公司、蓬莱市多宝海水养殖有限公司。大菱鲆育苗面积1 000 m²，生产苗种100万尾；其他海水鱼育苗面积2 000 m²，生产苗种150万尾。

牟平区：共4户育苗厂家，主要育苗企业有烟台经海渔业有限公司、烟台合普佳和生物工程有限公司、烟台兴运海尚生态渔业有限公司。大菱鲆育苗面积1 000 m²，生产苗种100万尾；许氏平鲉育苗面积2 500 m²，生产苗种300万尾；花鲈育苗面积1 000 m²，生产苗种100万尾。

## 1.2 养殖面积及年产量、销售量、年末库存量

### 1.2.1 工厂化养殖

5个示范县中，海阳市、福山区、蓬莱市、牟平区均为工厂化养殖，共计25家养殖户；养殖面积136 400 m²，工厂化流水式养殖面积106 400 m²，工厂化循环水养殖面积30 000 m²；年总生产量为2 375 t，销售量为1 860.3 t，年末库存量为514.7 t。

海阳市：现有11家养殖业户，工厂化养殖面积44 400 m²。大菱鲆养殖面积9 600 m²，年产量260 t，销售206.3 t，年末库存53.7 t；半滑舌鳎8 200 m²，年产量120 t，销售量88.2 t，年末库存量31.8 t；石斑鱼养殖面积20 000 m²，年产量150 t，销售量128 t，年末库存量22 t；其他海水鱼类养殖面积6 600 m²，产量80 t，销售量62 t，年末库存量18 t。

福山区：现共有6家养殖业户，工厂化养殖面积67 000 m²。大菱鲆养殖面积39 000 m²，年产量750 t，销售量600.5 t，年末库存149.5 t；大西洋鲑养殖面积20 000 m²，年产量450 t，销售量330.6 t，年末库存量119.4 t；其他海水鱼类养殖面积8 000 m²，年产量180 t，销售量150 t，年末库存量30 t。

蓬莱区：共有4家海水鱼类养殖业户，工厂化养殖面积17 000 m²。大菱鲆养殖面积15 000 m²，年产量220 t，销售量168.7 t，年末库存量51.3 t；其他海水鱼养殖2 000 m²，年产量60 t，销售量42 t，年末库存量18 t。

牟平区：共有4家养殖业户，工厂化养殖面积8 000 m²。主要养殖产品为大菱鲆，年产量为105 t，销售量84 t，年末库存量21 t。

### 1.2.2 网箱养殖

在芝罘区以浅海筏式网箱的养殖方式进行海水鱼类养殖，主要养殖品种为花鲈、红鳍东方鲀、许氏平鲉等。

芝罘区：海水鱼养殖业户9户，网箱养殖面积16 000 m²，养殖产量112.6 t，销售量96.2 t，年末库存量16.4 t。

### 1.3 品种构成

统计 5 个示范县海水鱼类育苗面积调查结果，各品种构成如下：

工厂化育苗总面积为 28 000 $m^2$。其中大菱鲆为 11 000 $m^2$，占育苗总面积的 39.29%；牙鲆为 1 000 $m^2$，占育苗总面积的 3.57%；半滑舌鳎为 2 000 $m^2$，占育苗总面积的 7.14%；大西洋鲑为 500 $m^2$，占育苗总面积 1.78%；许氏平鲉 2 500 $m^2$，占育苗总面积 8.93%；黄盖鲽 1 500 $m^2$，占育苗总面积的 5.36%；其他海水鱼 9 500 $m^2$，占育苗总面积的 33.93%。

工厂化育苗总产量为 2 400 万尾。其中大菱鲆 700 万尾，占总产苗量的 29.17%；牙鲆为 200 万尾，占总产苗量的 8.33%；半滑舌鳎为 100 万尾，占总产苗量的 4.17%；许氏平鲉 300 万尾，占总产苗量的 12.5%；黄盖鲽 200 万尾，占总产苗量的 8.33%；其他海水鱼为 900 万尾，占总产苗的 37.5%。

工厂化养殖总面积为 136 400 $m^2$。其中大菱鲆为 71 600 $m^2$，占总养殖面积的 52.49%；半滑舌鳎为 8 200 $m^2$，占总养殖面积的 6.01% ；大西洋鲑为 20 000 $m^2$，占总养殖面积的 14.66%；石斑鱼养殖面积 20 000 $m^2$，占总养殖面积的 14.66%；其他海水鱼为 16 600 $m^2$，占总养殖面积的 12.18%。

工厂化养殖总产量为 2 375 吨。其中大菱鲆为 1 335 吨，占总量的 56.21%，大西洋鲑为 450 吨，占总量的 18.95%；半滑舌鳎为 120 吨，占总量的 5.05%；石斑鱼为 150 吨，占总产量的 6.32%；其他海水鱼 320 吨，占总产量的 13.47%。

网箱养殖总面积 16 000 $m^2$，养殖总产量 112.6 吨。

从以上统计可以看出，在进行工厂化养殖的 4 个示范县中，大菱鲆为主要养殖品种，面积和产量都占绝对优势。在进行网箱养殖的一个示范县中，受养殖环境限制，主要养殖品种为花鲈和红鳍东方鲀。

## 2 示范县（市、区）科研开展情况

海阳市 2021 年承担国家重点项目（蓝色粮仓专项）3 个子课题的研究任务，福山区参与山东省良种工程项目、山东省重点研发计划（科技示范工程）1 个子课题研究任务、承担省重大“深远海设施渔业科技示范工程”项目子课题，承担地方项目 2 项。

通过开展大菱鲆、石斑鱼等品种的科研工作，进一步提升养殖产品的种质，开发具有更高经济效益的海水鱼类养殖品种，推动海水鱼养殖产业发展。通过海洋牧场建设及深远海养殖设施装备研制，使海水鱼类养殖业走向深蓝，构建“深蓝粮仓”。

# 3　海水鱼产养殖业发展中存在的问题

（1）随着海水鱼养殖路基养殖空间逐渐缩小，需要建立自动化能力更高的养殖模式，来适应发展趋势，构建集约化、工厂化多层的养殖模式，提高土地利用率，使产业健康稳定发展。

（2）随着深远海网箱养殖业的发展，需要发掘适宜于北方全年养殖的品种；加大品种选育及开发力度，促进深远海渔业养殖产业的多样化发展。

附表 1　2022 年度烟台综合试验站示范县海水鱼育苗及成鱼养殖情况统计表

| 项目 | 品种 | 海阳市 | | | | 福山区 | | | | | 蓬莱区 | | 牟平区 | | | 芝罘区 | |
|---|---|---|---|---|---|---|---|---|---|---|---|---|---|---|---|---|---|
| | | 大菱鲆 | 石斑 | 半滑舌鳎 | 其他 | 大菱鲆 | 牙鲆 | 大西洋鲑 | 黄盖鲽 | 其他海水鱼 | 大菱鲆 | 其他海水鱼 | 许氏平鲉 | 花鲈 | 大菱鲆 | 红鳍东方鲀 | 花鲈 |
| 育苗 | 面积/$m^2$ | 2 000 | 1 000 | 2 000 | 2 000 | 7 000 | 1 000 | 500 | 1 500 | 3 500 | 1 000 | 2 000 | 2 500 | 1 000 | 1 000 | | |
| | 产量/万尾 | 150 | 50 | 100 | 200 | 600 | 150 | 50 | 200 | 400 | 100 | 150 | 300 | 100 | 100 | | |
| 工厂化养殖 | 面积/$m^2$ | 9 600 | 20 000 | 8 200 | 6 600 | 39 000 | | 20 000 | | 8 000 | 15 000 | 2 000 | | | 8 000 | | |
| | 年产量/t | 260 | 150 | 120 | 80 | 750 | | 450 | | 180 | 220 | 60 | | | 105 | | |
| | 年销售量/t | 206.3 | 128 | 88.2 | 62 | 600.5 | | 330.6 | | 150 | 186.7 | 42 | | | 84 | | |
| | 年末库存量/t | 53.7 | 22 | 31.8 | 18 | 149.5 | | 119.4 | | 30 | 73.7 | 18 | | | 21 | | |
| 网箱养殖 | 面积/$m^2$ | | | | | | | | | | | | | | | 8 000 | 8 000 |
| | 年产量/t | | | | | | | | | | | | | | | 50 | 62.6 |
| | 年销售量/t | | | | | | | | | | | | | | | 40 | 56.2 |
| | 年末库存量/t | | | | | | | | | | | | | | | 10 | 6.4 |
| 户数 | 育苗户数 | 2 | 1 | 3 | 2 | 3 | 2 | 1 | 1 | 2 | 2 | 1 | 3 | 1 | 1 | | |
| | 养殖户数 | 5 | 1 | 8 | 1 | 6 | | 1 | | 2 | 3 | 1 | | | 4 | 2 | 2 |

**附表 2　烟台综合试验站五个示范县养殖面积、养殖产量及品种构成**

| 项目＼品种 | 年产总量 | 大菱鲆 | 牙鲆 | 半滑舌鳎 | 其他海水鱼 | 石斑 | 许氏平鲉 | 大西洋鲑 | 黄盖鲽 | 红鳍东方鲀 | 花鲈 |
|---|---|---|---|---|---|---|---|---|---|---|---|
| 工厂化育苗面积/$m^2$ | 28 000 | 11 000 | 1 000 | 2 000 | 9 500 | 1 000 | 2 500 | 500 | 1 500 | | |
| 工厂化出苗量/万尾 | 2 400 | 700 | 200 | 100 | 900 | 50 | 300 | 50 | 200 | | |
| 工厂化养殖面积/$m^2$ | 136 400 | 71 600 | | 8 200 | 36 600 | 20 000 | | 20 000 | | | |
| 工厂化养殖产量/t | 2 375 | 1 335 | | 120 | 320 | 150 | | 450 | | | |
| 各品种工厂化育苗面积占总面积的比例/% | 100 | 39.29 | 3.57 | 7.14 | 30.36 | 3.57 | 8.93 | 1.78 | 5.36 | | |
| 各品种工厂化出苗量占总出苗量的比例/% | 100 | 29.17 | 8.33 | 4.17 | 32.88 | 2.1 | 12.5 | 2.52 | 8.33 | | |
| 各品种工厂化养殖面积占总面积的比例/% | 100 | 52.49 | | 6.01 | 12.18 | 14.66 | | 14.66 | | | |
| 各品种工厂化养殖产量占总产量的比例/% | 100 | 56.21 | | 5.05 | 13.47 | 6.32 | | 18.95 | | | |
| 网箱养殖面积/$m^2$ | 16 000 | | | | | | | | | 8 000 | 8 000 |
| 网箱年总产量/t | 112.6 | | | | | | | | | 50 | 62.5 |
| 各品种网箱养殖面积占总面积的比例/% | 100 | | | | | | | | | 50 | 50 |
| 各品种网箱养殖产量占总产量的比例/% | 100 | | | | | | | | | 44.4 | 55.60 |

（烟台综合试验站站长　杨　志）

# 莱州综合试验站产区调研报告

## 1　示范县（市、区）海水鱼养殖现状

莱州综合试验站下设莱州市、昌邑市、龙口市、招远市、乳山市5个示范县开展产业技术体系的示范推广和调研工作。各示范县育苗、养殖品种、产量及规模见附表1。

### 1.1　育苗面积及苗种产量

#### 1.1.1　育苗面积

五个示范县育苗总面积为170 000 $m^2$，其中莱州市160 000 $m^2$、乳山市10 000 $m^2$。按品种分：大菱鲆育苗面积94 600 $m^2$、半滑舌鳎25 000 $m^2$、石斑鱼30 000 $m^2$、斑石鲷20 000 $m^2$、牙鲆400 $m^2$。

#### 1.1.2　苗种年产量

五个示范县共计63户育苗厂家，总计育苗2 710尾，其中：大菱鲆1 800万尾（5 cm）、半滑舌鳎500万尾（5 cm）、石斑鱼230万尾（6 cm）、斑石鲷170万尾（6 cm）、牙鲆10万尾（5 cm）。各县育苗情况如下。

莱州市：29家育苗企业，其中大菱鲆育苗企业12家、半滑舌鳎育苗企业15家、石斑鱼育苗企业1家、斑石鲷育苗企业1家。生产大菱鲆1 680万尾、半滑舌鳎500万尾、石斑鱼230万尾、斑石鲷170万尾。苗种除自用外，其余主要销往辽宁、河北、天津、山东、江苏、福建、广东、海南等省市。

乳山市：34家育苗企业，其中大菱鲆育苗企业33家、牙鲆育苗企业1家。生产大菱鲆120万尾、牙鲆苗种10万尾。苗种除本市自用外，其余销往山东沿海县市。

### 1.2　养殖面积及年产量、销售量、年末库存量

试验站所辖5个示范县养殖模式主要为工厂化养殖和网箱养殖，其中工厂化养殖面积为2 115 500 $m^2$，年产量为15 920 t、年销售量为16 871 t、年末库存量为4 449 t，养殖企业共计832家；网箱养殖面积为34 000 $m^2$，年产量为50 t、年销售量为0 t、年末库存量为50 t，养殖企业共计2家。

莱州市：工厂化养殖企业300户，养殖面积1 342 000 $m^2$，养殖大菱鲆1 286 000 $m^2$，

年产量 9 661 t、年销售量 9 966 t、年末存量 2 818 t；养殖半滑舌鳎 14 000 $m^2$，年产量 122 t、年销售量 148 t、年末存量 49 t；养殖石斑鱼 12 000 $m^2$，年产量 79 t、年销售量 82 t、年末存量 12 t；养殖斑石鲷 30 000 $m^2$，年产量 169 t、年销售量 195 t、年末存量 44 t。网箱养殖企业 2 户，养殖面积 34 000 $m^2$，养殖斑石鲷 34 000 $m^2$，年产量 50 t、年销售量 0 t、年末存量 50 t。

龙口市：工厂化养殖企业 53 户，养殖面积 193 000 $m^2$，养殖大菱鲆 180 000 $m^2$，年产量 1 453 t、年销售量 1 620 t、年末存量 366 t；养殖半滑舌鳎 13 000 $m^2$，年产量 102 t、年销售量 105 t、年末存量 32 t。

招远市：工厂化养殖企业 38 户，养殖面积 67 500 $m^2$，养殖大菱鲆 61 500 $m^2$，年产量 481 t、年销售量 487 t、年末存量 134 t；养殖半滑舌鳎 6 000 $m^2$，全年产量 47 t、年销售量为 53 t、年末存量 11 t。

昌邑市：工厂化养殖企业 317 户，养殖面积 435 000 $m^2$，养殖大菱鲆 390 000 $m^2$，年产量 2 800 t、年销售量 3 067 t、年末存量 760 t；养殖半滑舌鳎 45 000 $m^2$，年产量 386 t、年销售量 436 t、年末存量 76 t。

乳山市：工厂化养殖企业 124 户，养殖面积 78 000 $m^2$，养殖大菱鲆 60 000 $m^2$，年产量 491 t、年销售量 580 t、年末存量 109 t；养殖牙鲆 18 000 $m^2$，年产量 129 t、年销售量 132 t、年末存量 38 t。

### 1.3　品种构成

每个品种养殖面积及产量占示范县养殖总面积和总产量的比例见附表 2，统计 5 个示范县海水鱼养殖面积调查结果，各品种构成如下。

工厂化育苗总面积为 170 000 $m^2$，其中大菱鲆为 94 600 $m^2$，占总育苗面积的 55.65%；半滑舌鳎为 25 000 $m^2$，占总面积的 14.71%；牙鲆为 400 $m^2$，占总面积的 0.24%；石斑鱼为 30 000 $m^2$，占总面积的 17.65%；斑石鲷为 20 000 $m^2$，占总面积的 11.76%。

工厂化育苗总出苗量为 2 710 万尾，其中大菱鲆 1 800 万尾，占总出苗量的 66.42%；半滑舌鳎为 500 万尾，占总出苗量的 18.45%；牙鲆为 10 万尾，占总出苗量的 0.37%；石斑鱼为 230 万尾，占总出苗量的 8.49%；斑石鲷为 170 万尾，占总出苗量的 6.27%。

工厂化养殖总面积为 2 115 500 $m^2$，其中大菱鲆为 1 977 500 $m^2$，占总养殖面积的 93.48%；半滑舌鳎为 78 000 $m^2$，占总养殖面积的 3.69%；牙鲆为 18 000 $m^2$，占总养殖面积的 0.85%；石斑鱼为 12 000 $m^2$，占总养殖面积的 0.57%；斑石鲷为 30 000 $m^2$，占总养殖面积的 1.42%。

工厂化养殖总产量为 15 920 t，其中大菱鲆 14 886 t，占总量的 93.50%；半滑舌鳎为 657 t，占总量的 4.13%；牙鲆为 132 t，占总量的 0.83%；石斑鱼为 79 t，占总量的 0.50%；斑石鲷为 169 t，占总量的 1.06%。

网箱养殖总面积为 34 000 $m^2$，其中斑石鲷为 34 000 $m^2$，占总养殖面积的 100%；网箱养殖总产量50 t，其中斑石鲷为50 t，占总量的100%。

从以上统计可以看出，在5个示范县内，大菱鲆养殖面积和产量最大，其次为半滑舌鳎，牙鲆养殖面积最小、产量最少。

# 2 示范县（市、区）科研开展情况

## 2.1 科研课题情况

试验站依托单位莱州明波水产有限公司，积极承担国家、省市海水鱼良种研发、生态养殖模式创新等相关科研课题，设立企业横向课题、自研课题，做好产业技术支撑和引领。承担参与国家重点研发计划中英政府间国际合作重大专项“新一代水产养殖精准测控技术与智能装备研发”、国家重点研发计划中马政府间国际合作重大专项“稚幼鱼循环水养殖实时精准监测系统研究与示范”、国家重点研发计划蓝色粮仓科技创新重点专项“开放海域和远海岛礁养殖智能装备与增殖模式”、山东省重大科技创新工程“陆海接力鱼类精准养殖关键技术集成与示范”“基于多传感参数融合感知的海洋环境监测系统”等重大课题；设立横向课题“石斑鱼多倍体诱导及培育技术开发”、“东星斑良种选育、苗种培育和精准养殖关键技术研发及产业化”、“管桩大围网生态资源调查和养殖环境监测”。科研课题的开展，有力推动石斑鱼良种开发、大型管桩围网立体生态养殖模式构建、渔业精准化养殖等研发创新，带动试验站示范县及全国海水养殖业提质转型、创新发展。

# 3 海水鱼产业发展中存在的问题

## 3.1 无序化发展导致行业进入微利时代

随着海水鱼产业逐渐稳定发展，苗种繁育和养殖技术的成熟，对育养技术、设施设备、从业人员素质要求的门槛降低，养殖行业逐渐趋向于平衡，产品价格围绕总产量与市场需求量之间波动。海水养殖利润会逐渐被压缩，而进入微利时代。

## 3.2 养殖业面临较大的环保压力

北方以工厂化流水养殖为主，南方以池塘、高位池、近海网箱养殖为主，养殖设施设备简单，抵御自然灾害能力弱，对近海生态环境压力大，不符合渔业环境友好、可持续发展的理念。随着国家对生态文明建设的高度重视，中央、省市环保督查力度的加大，海水养殖业发展面临严峻挑战，养殖模式面临深刻变革。陆基工厂化循环水养殖、海上大型网箱、大型围栏深远海生态养殖对周围环境友好，符合渔业发展方向。

### 3.3 海水鱼种质退化现象显现、养殖效益不高

在大菱鲆、半滑舌鳎、石斑鱼等海水鱼类繁育过程中，由于亲本活体种质库更新缓慢、亲本选育不足，常年近亲繁殖，种质退化严重，后代苗种抗病能力下降、生长速度降低，养殖效益不高。

附表 1　2021 年度莱州综合试验站示范县海水鱼育苗及成鱼养殖情况统计表

| | | 莱州市 | | | | | 昌邑市 | | | 招远市 | | 龙口市 | | 乳山市 | |
|---|---|---|---|---|---|---|---|---|---|---|---|---|---|---|---|
| | | 大菱鲆 | 半滑舌鳎 | 石斑鱼 | 斑石鲷 | 红鳍东方鲀 | 大菱鲆 | 半滑舌鳎 | 斑石鲷 | 大菱鲆 | 半滑舌鳎 | 大菱鲆 | 半滑舌鳎 | 大菱鲆 | 牙鲆 |
| 育苗 | 面积/m$^2$ | 85 000 | 25 000 | 30 000 | 20 000 | | | | | | | | | 9 600 | 400 |
| | 产量/万尾 | 1 680 | 500 | 230 | 170 | | | | | | | | | 120 | 10 |
| 工厂养殖 | 面积/m$^2$ | 1 286 000 | 14 000 | 12 000 | 30 000 | | 390 000 | 45 000 | | 61 500 | 6 000 | 180 000 | 13 000 | 60 000 | 18 000 |
| | 年产量/t | 9 661 | 122 | 79 | 169 | | 2 800 | 386 | | 481 | 47 | 1 453 | 102 | 491 | 129 |
| | 年销售量/t | 9 966 | 148 | 82 | 195 | | 3 067 | 436 | | 487 | 53 | 1 620 | 105 | 580 | 132 |
| | 年末库存量/t | 2 818 | 49 | 49 | 44 | | 760 | 76 | | 134 | 11 | 366 | 32 | 109 | 38 |
| 池塘养殖 | 面积/亩 | | | | | | | | | | | | | | |
| | 年产量/t | | | | | | | | | | | | | | |
| | 年销售量/t | | | | | | | | | | | | | | |
| | 年末库存量/t | | | | | | | | | | | | | | |
| 网箱养殖 | 面积/m$^2$ | | | | 34 000 | | | | | | | | | | |
| | 年产量/t | | | | 50 | | | | | | | | | | |
| | 年销售量/t | | | | 0 | | | | | | | | | | |
| | 年末库存量/t | | | | 50 | | | | | | | | | | |
| 户数 | 育苗户数 | 12 | 15 | 1 | 1 | | 0 | 0 | 0 | 0 | 0 | 0 | 0 | 33 | 1 |
| | 养殖户数 | 259 | 38 | 1 | 2 | | 196 | 120 | 1 | 35 | 3 | 49 | 4 | 98 | 26 |

附表 2　莱州综合试验站五个示范县养殖面积、养殖产量及品种构成

| 项目＼品种 | 年产总量 | 大菱鲆 | 半滑舌鳎 | 牙鲆 | 石斑鱼 | 斑石鲷 | 红鳍东方鲀 |
|---|---|---|---|---|---|---|---|
| 工厂化育苗面积/m² | 170 000 | 94 600 | 25 000 | 400 | 30 000 | 20 000 | |
| 工厂化出苗量/万尾 | 2 710 | 1 800 | 500 | 10 | 230 | 170 | |
| 工厂化养殖面积/m² | 2 115 500 | 1 977 500 | 78 000 | 18 000 | 12 000 | 30 000 | |
| 工厂化养殖产量/t | 15 920 | 14 886 | 657 | 132 | 79 | 169 | |
| 池塘养殖面积/亩 | | | | | | | |
| 池塘年总产量/t | | | | | | | |
| 网箱养殖面积/m² | 34 000 | | | | | 34 000 | |
| 网箱年总产量/t | 50 | | | | | 50 | |
| 各品种工厂化育苗面积占总面积的比例/% | 100 | 55.65 | 14.71 | 0.24 | 17.65 | 11.76 | |
| 各品种工厂化出苗量占总出苗量的比例/% | 100 | 66.42 | 18.45 | 0.37 | 8.49 | 6.27 | |
| 各品种工厂化养殖面积占总面积的比例/% | 98.42 | 92.0 | 3.63 | 0.84 | 0.56 | 1.40 | |
| 各品种工厂化养殖产量占总产量的比例% | 99.69 | 93.21 | 4.11 | 0.83 | 0.49 | 1.06 | |
| 各品种池塘养殖面积占总面积的比例% | | | | | | | |
| 各品种池塘养殖产量占总产量的比例% | | | | | | | |

（莱州综合试验站站长　翟介明）

# 东营综合试验站产区调研报告

## 1　示范县（市、区）海水鱼养殖现状

东营综合试验站下设5个示范县（市、区），分别为日照东港、烟台长岛、威海荣成、威海文登和滨州无棣，其中威海荣成是全国大菱鲆苗种的主要产区。各示范县育苗、养殖品种、产量及规模见附表1。

### 1.1　育苗面积及苗种产量：

#### 1.1.1　育苗面积

5个示范县育苗总面积为152 000 m²，其中日照东港9 000 m²、威海荣成140 000 m²、滨州无棣3 000 m²、烟台长岛以及威海文登无育苗生产。按品种分：大菱鲆育苗面积140 000 m²、半滑舌鳎3 000 m²、牙鲆6 000 m²、其他石斑鱼3 000 m²。

#### 1.1.2　苗种年产量

5个示范县总计育苗14 850万尾，其中，大菱鲆13 500万尾、半滑舌鳎350万尾、牙鲆970万尾、其他石斑鱼30万尾。各县育苗情况如下。

日照东港：生产牙鲆苗种970万尾，其他石斑鱼苗种30万尾；

威海荣成：生产大菱鲆苗种13 500万尾；

滨州无棣：生产半滑舌鳎苗种350万尾；

烟台长岛和威海文登无育苗生产。

### 1.2　养殖面积及年产量、销售量、年末库存量

#### 1.2.1　工厂化养殖

养殖面积196 000 m²，年总生产量为3 340.6 t，销售量为3 049.6 t，年末库存量为2 642.5 t。

日照东港：大菱鲆、半滑舌鳎、牙鲆、其他石斑鱼养殖面积分别为55 000 m²、90 000 m²、10 000 m²、10 000 m²。大菱鲆产量830 t，销售量870 t，年末存量310 t；半滑舌鳎产量866 t，销售量1 113 t，年末存量968 t；牙鲆产量6 t，销售量0 t，年末存量6 t；其他石斑鱼产量866 t，销售量70 t，年末存量86 t。

威海文登：因 2020 年行政管辖区域划分变更，养殖面积变为 11 000 $m^2$，生产大菱鲆 96.6 t，销售量 103.6 t，年末存量 60.5 t。

滨州无棣：养殖面积 20 000 $m^2$，生产半滑舌鳎 1 400 t，销售量 893 t，年末存量 1 202 t。

烟台长岛无工厂化养殖，主要为网箱养殖。

1.2.2　网箱养殖

养殖水体 883 000 $m^3$，年总生产量 3 081.68，销售量为 1 818 t，年末存量为 1 263.68。

烟台长岛：海鲈和许氏平鲉养殖水体分别为 81 000 $m^3$、802 000 $m^3$，海鲈生产量 67.68 t，销售量 0 t，年末存量 67.68 t；许氏平鲉生产量 3 014 t，销售量 1 818 t，年末存量 1 196 t。

威海荣成：荣成原为网箱养殖的重要产区，但受海洋环保督察影响，近海网箱已全部拆除，目前主要以育苗为主。

### 1.3　品种构成

每品种养殖面积及产量占示范县养殖总面积和总产量的比例见附表 2。

统计 5 个示范县养殖面积调查结果，各品种构成如下。

工厂化育苗总面积为 152 000 $m^2$，其中牙鲆为 6 000 $m^2$，占总育苗面积的 3.94%；半滑舌鳎为 3 000 $m^2$，占总面积的 1.97%；大菱鲆为 140 000 $m^2$，占总面积的 92.11%；其他石斑鱼为 3 000 $m^2$，占总面积的 1.97%。

工厂化育苗总出苗量为 14 850 万尾，其中牙鲆 970 万尾，占总出苗量的 6.53%；半滑舌鳎为 350 万尾，占总出苗量的 2.36%；大菱鲆为 13 500 万尾，占总出苗量的 90.91%；其他石斑鱼为 30 万尾，占总出苗量的 0.20%。

工厂化养殖总面积为 196 000 $m^2$，其中牙鲆为 10 000 $m^2$，占总养殖面积的 5.10%；半滑舌鳎为 110 000 $m^2$，占总养殖面积的 56.12%；大菱鲆为 66 000 $m^2$，占总养殖面积的 33.67%；其他石斑鱼为 10 000 $m^2$，占总养殖面积的 5.10%。

工厂化养殖总产量为 3 340.6 t，其中牙鲆为 6 t，占总重量的 0.18%；半滑舌鳎为 2 266 t，占总量的 67.83%；大菱鲆为 926.6 t，占总量的 22.74%；其他石斑鱼为 142 t，占总重量的 4.25%。

网箱养殖总水体 883 000 $m^3$，其中海鲈 81 000 $m^3$，占总水体的 9.17%；许氏平鲉为 802 000 $m^3$，占养殖总水体的 90.83%。

网箱养殖总产量 3 081.68 t，其中海鲈为 67.68 t，占总产量的 2.20%；许氏平鲉为 3 014 t，占总产量的 97.80%。

从以上统计可以看出，在 5 个示范县内，工厂化养殖中半滑舌鳎养殖面积和产量均占优势，其次为大菱鲆；网箱养殖中许氏平鲉的养殖水体和产量均占优势。

# 2 示范县（市、区）科研开展情况

## 2.1 科研课题情况

本试验站承担了山东省自然科学基金“营体内受精的许氏平鲉高密度遗传连锁图谱的构建及生长与性别性状QTL精细定位”和烟台市科技创新发展计划项目“许氏平鲉新品系选育及产业化关键技术研究与应用”2 项课题。

## 2.2 科研进展情况

海水鱼源益生菌制剂的开发与应用——为筛选兼具产酶活性和抑制病原菌特性的海水鱼源益生菌，我站从野生许氏平鲉、大泷六线鱼消化道内壁黏膜分离纯化的 80 株细菌中筛选出 2 株潜在益生菌TS2 和TH8，进一步研究发现：TS2 产蛋白酶、淀粉酶和脂肪酶，其无菌培养产物可显著抑制鳗弧菌、副溶血弧菌、哈维氏弧菌和假交替单胞菌的生长；TH8 产蛋白酶和脂肪酶，其无菌培养产物可显著抑制鳗弧菌、溶藻弧菌、副溶血弧菌、假交替单胞菌、嗜水气单胞菌、金黄色葡萄球菌和大肠杆菌的生长。并通过安全性检测试验验证了菌株对同源宿主的安全性。随后开展了为期 56d的养殖效果评价试验，发现TS2 和TH8 分别对试验鱼种的生长产生良好的促进作用，最优实验组许氏平鲉和大泷六线鱼的生长速度比对照组分别提高了 8.52%和 15.98%。养殖实验结果证明，我站开发的益生菌TS2 和TH8 性能良好，能够促进特定养殖对象的生长，将在各示范基地进一步开展中试评价和示范应用，促进海水鱼养殖产业的健康发展。

## 2.3 授权转录、发表论文情况

授权国家发明专利 1 件、实用新型专利 2 件，发表学术论文 1 篇。

韩慧宗，王腾腾，姜海滨等. 一种许氏平鲉致病菌哈氏弧菌菌株P5W及应用：中国，ZL.202110234519.6［P］. 2021-03-03.

韩慧宗，王腾腾，姜海滨等. 一种许氏平鲉人工授精定量输精装置：ZL.202022398152.5［P］. 2021-07-02.

韩慧宗，姜海滨，王腾腾等. 一种许氏平鲉怀仔亲鱼的运输装置：ZL.202022397472.9［P］. 2021-07-30.

谢维俊，姜海滨. 微生态制剂在水产养殖中的应用研究进展［J］. 安徽农学通报，2021，27（22）：103-108.

# 3 示范县（市、区）海水鱼产业发展中存在的问题

（1）产业发展受各类社会事件的影响较大，如在今年新冠疫情防控常态化背景下，海

水鱼的价格、销量等受到严重影响，阻碍了产业的发展，应畅通渠道，降低海水鱼市场价格及销量等的波动，保障产业的发展。

（2）北方沿海地区深水网箱适养品种相对短缺，应加大适养品种优良品种的开发与选育工作，建议在9大主养品种外增加其他主推品种，如许氏平鲉等，促进海水鱼产业的多样化发展。

**附表 1　2021 年度东营综合试验站示范县海水鱼育苗及成鱼养殖情况统计表**

| | | 日照东港 | | | | 威海荣成 | 威海文登 | 烟台长岛 | | 滨州无棣 |
|---|---|---|---|---|---|---|---|---|---|---|
| | | 大菱鲆 | 牙鲆 | 半滑舌鳎 | 其他石斑鱼 | 大菱鲆 | 大菱鲆 | 海鲈 | 许氏平鲉 | 半滑舌鳎 |
| 育苗 | 面积/$m^2$ | | 6 000 | | 3 000 | 140 000 | | | | 3 000 |
| | 产量/万尾 | | 970 | | 30 | 13 500 | | | | 350 |
| 工厂养殖 | 面积/$m^2$ | 55 000 | 10 000 | 90 000 | 10 000 | | 11 000 | | | 20 000 |
| | 年产量/t | 830 | 6 | 866 | 142 | | 96.6 | | | 1 400 |
| | 年销售量/t | 870 | 0 | 1 113 | 70 | | 103.6 | | | 893 |
| | 年末库存量/t | 310 | 6 | 968 | 96 | | 60.5 | | | 1 202 |
| 池塘养殖 | 面积/亩 | | | | | | | | | |
| | 年产量/t | | | | | | | | | |
| | 年销售量/t | | | | | | | | | |
| | 年末库存量/t | | | | | | | | | |
| 网箱养殖 | 面积/$m^3$ | | | | | | | 81 000 | 802 000 | |
| | 年产量/t | | | | | | | 67.68 | 3 014 | |
| | 年销售量/t | | | | | | | 0 | 1 818 | |
| | 年末库存量/t | | | | | | | 67.68 | 1 196 | |
| 户数 | 育苗户数 | | 8 | | 2 | 42 | | | | 1 |
| | 养殖户数 | 196 | 2 | 32 | 9 | | 13 | 2 | 207 | 7 |

**附表 2　东营综合试验站 5 个示范县养殖面积、养殖产量及品种构成**

| 项目＼品种 | 年产总量 | 牙鲆 | 半滑舌鳎 | 大菱鲆 | 其他石斑鱼 | 海鲈 | 许氏平鲉 |
|---|---|---|---|---|---|---|---|
| 工厂化育苗面积/$m^2$ | 152 000 | 6 000 | 3 000 | 140 000 | 3 000 | | |
| 工厂化出苗量/万尾 | 14 850 | 970 | 350 | 13 500 | 30 | | |
| 工厂化养殖面积/$m^2$ | 196 000 | 10 000 | 110 000 | 66 000 | 10 000 | | |
| 工厂化养殖产量/t | 3 340.6 | 6 | 2 266 | 926.6 | 142 | | |
| 池塘养殖面积/亩 | | | | | | | |
| 池塘年总产量/t | | | | | | | |
| 网箱养殖水体/$m^3$ | | | | | | 81 000 | 802 000 |
| 网箱年总产量/t | | | | | | 67.68 | 3 014 |
| 各品种工厂化育苗面积占总面积的比例/% | 100 | 3.94 | 1.97 | 92.11 | 1.97 | | |
| 各品种工厂化出苗量占总出苗量的比例/% | 100 | 6.53 | 2.36 | 90.91 | 0.20 | | |
| 各品种工厂化养殖面积占总面积的比例/% | 100 | 5.10 | 56.12 | 33.67 | 5.10 | | |
| 各品种工厂化养殖产量占总产量的比例/% | 100 | 0.18 | 67.83 | 22.74 | 4.25 | | |
| 各品种网箱养殖水体占总水体的比例/% | 100 | | | | | 9.17 | 90.83 |
| 各品种网箱养殖产量占总产量的比例/% | 100 | | | | | 2.20 | 97.80 |

（东营综合试验站站长　姜海滨）

# 日照综合试验站主产区调研报告

## 1 示范县（市、区）海水鱼类养殖现状

日照综合试验站下设山东省日照市开发区、山东省潍坊市滨海开发区、山东省青岛市崂山区、山东省青岛市即墨区、山东省东营市利津县5个示范县，其育苗、养殖品种、产量及规模见附表1。

### 1.1 育苗面积及苗种产量

#### 1.1.1 育苗面积

5个示范基地育苗总面积为65 200 m$^2$，其中潍坊市滨海区54 000 m$^2$，东营利津县2 200 m$^2$，青岛市崂山区9 000 m$^2$。按品种分：半滑舌鳎育苗面积55 500 m$^2$，海鲈育苗面积700 m$^2$，牙鲆育苗面积3 000 m$^2$，许氏平鲉育苗面积3 000 m$^2$，其他海水鱼育苗面积3 000 m$^2$。

#### 1.1.2 苗种年产量

5个示范基地总计育苗695万尾，其中牙鲆300万尾、许氏平鲉155万尾，海鲈110万尾，半滑舌鳎100万尾。各县育苗情况如下。

东营市利津县：半滑舌鳎育苗面积1 500 m$^2$，全年生产育苗100万尾；海鲈育苗面积800 m$^2$，全年生产育苗110万尾。

青岛市崂山区：牙鲆育苗面积3 000 m$^2$，全年生产300万尾；许氏平鲉育苗面积3 000 m$^2$，全年生产育苗155万尾；其他海水鱼育苗面积3 000 m$^2$，全年育苗面积30万尾。

潍坊市滨海区：半滑舌鳎育苗面积54 000 m$^2$。

### 1.2 养殖面积及年产量、销售量、年末库存量

日照综合试验站所辖区域主要是工厂化流水养殖、深水网箱养殖、池塘养殖。5个示范基地共计养殖面积分工厂化流水121 500 m$^2$、深水网箱9 200 m$^2$、普通池塘20亩、工程化池塘1 000亩，年总生产量为807.38 t，年销售量为1 060.88 t。

青岛市崂山区：总养殖面积为深水网箱8 000 m$^2$、工程化池塘1 000亩。许氏平鲉养殖面积为深水网箱8 000 m$^2$，年产量21.8 t，年销售量87.2 t，年末库存量0 t；牙鲆养殖

面积 100 亩（工程化池塘），产量 0.2 t，年末库存量 1.2 t；半滑舌鳎养殖面积 100 亩（工程化池塘），产量 1 t，年末库存量 2 t；红鳍东方鲀养殖面积 100 亩工程化池塘，产量 0.5 t，年末库存量 1.5 t；石斑鱼养殖面积 700 亩（工程化池塘），产量 8 t，销售量 5 t，年末库存量 4 t。

潍坊滨海开发区：总养殖面积 54 000 $m^2$。半滑舌鳎养殖面积 54 000 $m^2$，产量 40.55 t，销售量 9.6 t，年末库存量 44.85 t。

日照开发区：养殖面积工厂化流水 64 600 $m^2$、普通池塘 20 亩、深水网箱 1 200 $m^2$。养殖大菱鲆 25 600 $m^2$，产量 343 t，销售量 428 t，年末库存量 69 t；牙鲆养殖面积 18 000 $m^2$，产量 118 t，销售量 152 t，年末库存量 23 t；半滑舌鳎养殖面积 21 000 $m^2$，产量 111 t，销售量 190 t，年末库存量 44 t；海鲈养殖面积 20 亩，产量 27.45 t，销售量 37 t，年末库存量 1.45 t；许氏平鲉养殖面积 1 200 $m^3$，产量 61 t，销售量 99 t，年末库存量 6 t。

青岛市即墨区：养殖面积 2 400 $m^2$。大菱鲆养殖面积 2 400 $m^2$，产量 32.55 t，销售量 53.08 t，年末库存量 8.33 t。

东营利津县：养殖面积 500 $m^2$。海鲈养殖面积 500 $m^2$，产量 0 t，销售量 0 t，年末库存量 5.5 t。

### 1.3　品种构成

统计 5 个示范基地养殖面积调查结果，各品种构成如下。

工厂化育苗总面积为 65 200 $m^2$，其中半滑舌鳎育苗面积为 55 500 $m^2$，占总育苗面积的 85.12%；牙鲆育苗面积为 3 000 $m^2$，占总育苗面积的 4.6%，海鲈育苗面积为 700 $m^2$，占总育苗面积的 1.08%；许氏平鲉育苗面积 3 000 $m^2$，占总育苗面积 4.6%；石斑鱼育苗面积 3 000 $m^2$，占总育苗面积 4.6%。

工厂化育苗总出苗量为 695 万尾，其中牙鲆 300 万尾，占总出苗量的 43.17%；半滑舌鳎 100 万尾，占总出苗量的 14.39%；海鲈 110 万尾，占总出苗量 15.83%；许氏平鲉 155 万尾，占总出苗量 22.30%；石斑鱼 30 万尾，占总出苗量 4.31%。

成鱼养殖总产量为 807.38 t，其中大菱鲆 375.88 t，占总量的 46.55%；牙鲆 118.2 t，占总量的 14.64%；半滑舌鳎 194.55 t，占总量的 24.10%；海鲈 27.45 t，占总量的 3.40%；许氏平鲉 82.8 t，占总量的 10.26%；石斑鱼 8 t，占总量的 0.99%；红鳍东方鲀 0.5 t，占总量的 0.06%。

从以上统计可以看出，在 5 个示范基地内，大菱鲆的养殖和产量占绝对优势，其次是半滑舌鳎和牙鲆，红鳍东方鲀和石斑鱼所占的比例很少。

## 2　科研开展情况

日照综合试验站依托企业山东美佳集团有限公司（水产品加工出口企业），积极承担国家重点研发计划蓝色粮仓科技创新重点专项、国家海洋食品加工副产物智能化全利用生产免疫增强饲料蛋白项目，为推进山东省重点研发计划“海洋食品加工副产物智能化全利用生产免疫增强饲料蛋白关键技术研究与示范”项目实施，项目组组织召开山东重点研发计划中期检查验收推进现场会，邀请海水鱼体系相关岗位科学家和高校老师到现场指导。本次会议推进了免疫增强饲料蛋白的研发进度。同时，在免疫增强蛋白饲料基础上，开发制作适于大菱鲆和真鲷使用的湿颗粒饲料，并在烟台山东现代海洋渔业有限公司和葫芦岛进行饲喂试验。

开发新的产品菌解发酵鱼浆。使用海水鱼加工生产后的副产物下脚料，通过粉碎把胶体磨打成鱼泥浆，然后添加发酵菌种、培养基混合均匀后进行发酵。研发的菌解发酵鱼浆，生产工艺简单，能源消耗少，全程不需要强热源，不产生污水。菌解发酵鱼浆可作为饲料添加剂，能加强诱食性和适口性，能长时间保持诱食效果，可提高饲料的利用率，相应地减少饲喂成本和水质污染。

获得授权实用新型专利：《干冰缓释可控温保温箱》ZL20202511932.6。

获得软件著作权两项：《美佳发酵饲料蛋白均衡配比智能化管理系统》2021SR1145273；《美佳饲料蛋白质量追溯管理系统》2021SR1149532。

参与编制国家标准：《冷冻水产品包冰规范》GB/T 40745-2021、《食品冷链物流交接规范》GB/T 40956-2021、《冷链物流分类与基本要求》GB/T 28577-2021。

参与编制地方标准：《水产品冷链物流数据元规范》DB 37/T 4339-2021。

与中国海洋大学和中国农业大学提供研究生实习基地协助培养研究生 12 名；在山东美佳集团培养工程师 3 名。

# 3　海水鱼养殖产业发展中存在的问题

## 3.1　养殖业面临较大环保压力

海水鱼养殖主要以工厂化流水养殖和近海网箱养殖为主，随着国家对生态文明建设的高度重视，中央、省市环保督察力度的加大，面对周边近海生态环境保护压力，海水鱼养殖业面临严峻发展挑战，养殖模式需要深刻改革。

## 3.2　海水鱼种质退化现象明显，养殖效益不高

大菱鲆、半滑舌鳎、石斑鱼等海水鱼类繁育过程种，由于亲本活体种质库更新缓慢，亲本选育不足，常年近亲繁育，种质退化严重，苗种抗病能力下降、生长速度降低，造成养殖效益不高。很多养殖户养殖见效益较快的其他水产品种。

### 3.3　病害防控意识薄弱问题

大菱鲆出血症问题反映出养殖业主或企业对病害防控有一定的提高，但是防控意识还是比较淡薄，还有待加强。

**附表 1　2021 年度日照综合试验站示范县海水鱼育苗及成鱼养殖情况统计表**

| | | 日照经济技术开发区 | | | | | 东营利津县 | | 青岛崂山区 | | | | 潍坊滨海区 | | | 青岛即墨区 | |
|---|---|---|---|---|---|---|---|---|---|---|---|---|---|---|---|---|---|
| | | 大菱鲆 | 牙鲆 | 半滑舌鳎 | 许氏平鲉 | 海鲈 | 半滑舌鳎 | 海鲈 | 牙鲆 | 许氏平鲉 | 半滑舌鳎 | 红鳍东方鲀 | 石斑鱼 | 大菱鲆 | 半滑舌鳎 | 大菱鲆 | 半滑舌鳎 |
| 育苗 | 面积/m² | | | | | | 1 500 | 700 | 3 000 | 3 000 | | | 3 000 | | 54 000 | | |
| | 产量/万尾 | | | | | | 100 | 110 | 300 | 115 | | | 30 | | 0 | | |
| 工厂养殖 | 面积/m² | 25 600 | 18 000 | 21 000 | | | | 500 | | | | | | | 54 000 | 2 400 | |
| | 年产量/t | 343 | 118 | 111 | | | | 0 | | | | | | | 40.55 | 32.55 | |
| | 年销售量/t | 428 | 152 | 190 | | | | | | | | | | | 9.6 | 53.08 | |
| | 年末库存量/t | 69 | 23 | 44 | | | | | | | | | | | 44.85 | 8.33 | |
| 池塘养殖 | 面积/亩 | | | | | 20 | | | | | | | | | | | |
| | 年产量/t | | | | | 27.45 | | | | | | | | | | | |
| | 年销售量/t | | | | | 37 | | | | | | | | | | | |
| | 年末库存量/t | | | | | 1.45 | | | | | | | | | | | |
| 网箱养殖 | 面积/m² | | | | 1 200 | | | | | 8 000 | | | | | | | |
| | 年产量/t | | | | 61 | | | | | 21.8 | | | | | | | |
| | 年销售量/t | | | | 99 | | | | | 87.2 | | | | | | | |
| | 年末库存量/t | | | | 6 | | | | | 0 | | | | | | | |
| 工程化池塘养殖 | 面积/亩 | | | | | | | | 100 | | 100 | 100 | 700 | | | | |
| | 年产量/t | | | | | | | | 0.2 | | 1 | 0.5 | 8 | | | | |
| | 年销售量/t | | | | | | | | 0 | | 0 | 0 | 5 | | | | |
| | 年末库存量/t | | | | | | | | 1.2 | | 2 | 1.5 | 4 | | | | |
| 户数 | 育苗户数 | | | | | | | | | | | | | | | | |
| | 养殖户数 | | | | | | | | | | | | | | | | |

**附表 2　2021 年度日照综合试验站五个示范县养殖面积、养殖产量及主要品种构成**

| 项目 \ 品种 | 年产总量 | 大菱鲆 | 牙鲆 | 半滑舌鳎 | 许氏平鲉 | 海鲈 | 石斑鱼 | 红鳍东方鲀 |
|---|---|---|---|---|---|---|---|---|
| 工厂化育苗面积/$m^2$ | 65 200 | | 3 000 | 55 500 | 3 000 | 700 | 3 000 | |
| 工厂化出苗量/万尾 | 695 | | 300 | 100 | 155 | 110 | 30 | |
| 工厂化养殖面积/$m^2$ | 121 500 | 28 000 | 18 000 | 75 000 | | 500 | | |
| 工厂化养殖产量/t | 645.1 | 375.55 | 118 | 151.55 | | 0 | | |
| 池塘养殖面积/亩 | 1 020 | | 100 | 100 | | 20 | 700 | 100 |
| 池塘年总产量/t | 37.15 | | 0.2 | 1 | | 27.45 | 8 | 0.5 |
| 深水网箱养殖/$m^3$ | 9 200 | | | | 9 200 | | | |
| 深水网箱年总产量/t | 82.8 | | | | 82.8 | | | |
| 各品种工厂化育苗面积占总面积的比例/% | 100 | | 4.6 | 85.12 | 4.6 | 1.08 | 4.6 | |
| 各品种工厂化出苗量占总出苗量的比例/% | 100 | | 43.17 | 14.39 | 22.30 | 15.83 | 4.31 | |
| 各品种工厂化养殖面积占总面积的比例/% | 100 | 23.05 | 14.81 | 61.73 | | 0.41 | | |
| 各品种工厂化养殖产量占总产量的比例/% | 100 | 58.22 | 18.29 | 23.49 | | | | |
| 各品种池塘养殖面积占总面积的比例/% | 100 | | 9.80 | 9.80 | | 1.96 | 68.64 | 9.80 |
| 各品种池塘养殖产量占总产量的比例/% | 100 | | 0.54 | 2.69 | | 73.89 | 21.53 | 1.35 |
| 各品种网箱养殖面积占总面积的比例/% | 100 | | | | 100 | | | |
| 各品种网箱养殖产量占总产量的比例/% | 100 | | | | 100 | | | |

（日照综合试验站站长　郭晓华）

# 珠海综合试验站产区调研报告

## 1　示范县（市、区）海水鱼养殖现状

珠海综合试验站下设 5 个示范县区，分别为珠海鹤洲新区（含原万山区）、阳江阳西县、湛江经济技术开发区、珠海斗门区、惠州惠东县。2021 年鱼苗、养殖品种、产量及规模见附表 1。

### 1.1　育苗面积及苗种产量

#### 1.1.1　育苗面积

5 个示范县鱼苗总面积为 1 286 000 $m^2$，其中阳西县 1 228 000 $m^2$，湛江经济技术开发区 12 000 $m^2$，斗门区 46 000 $m^2$。按品种分：珍珠龙胆石斑鱼 20 000 $m^2$，卵形鲳鲹育苗面积 980 000 $m^2$，鲷 286 000 $m^2$。

#### 1.1.2　苗种产量

五个示范县共计育苗 14 970 万尾，其中：珍珠龙胆石斑鱼 470 万尾，卵形鲳鲹 8 000 万尾，鲷 6 500 万尾。各示范县育苗情况如下。

阳西县：育苗总数为 12 220 万尾，其中：珍珠龙胆石斑鱼苗种约 220 万尾，卵形鲳鲹苗种 8 000 万尾，鲷苗种 4 000 万尾，用于本地区养殖及供应海南和粤西等地区。

湛江经济技术开发区：育苗均为珍珠龙胆石斑鱼苗种，约 250 万尾，用于本地区养殖及供应海南、广西和福建等地区。

斗门区：生产鲷苗种 2 500 万尾，用于本地区养殖。

### 1.2　养殖面积及年产量、销售量、年末库存量

#### 1.2.1　池塘养殖

5 个示范县池塘养殖面积 34 700 亩，年总生产量 112 833 t，销售量为 102 370 t，年末库存量为 61 472 t。其中：

阳西县：养殖面积 1 100 亩，年总产量 537 t。其中养殖珍珠龙胆石斑鱼 300 亩，年产量 175 t，销售量 131 t；养殖鲷 800 亩，年产量 362 t，销售 304 t。

湛江经济技术开发区：工程化池塘养殖珍珠龙胆石斑鱼面积 1 000 亩，年总产量 696 t，

销售量 546 t，年末库存量 290 t。

斗门区：养殖面积 31 800 亩，年总产量 111 240 t，全年销量 101 120 t，年末存量 60 740 t。其中海鲈养殖面积 23 200 亩，全年产量 107 200 t，全年销量 96 100 t，年末存量 60 000 t；鲷 5 800 亩，养殖年产量 1 730 t，年销售量 2 180 t，年末存量 360 t；美国红鱼 2 800 亩，全年产量 2 310 t，全年销量 2 840 t，年末存量 380 t。

惠东县：养殖面积 800 亩，年总产量 360 t，全年销量 270 t，年末存量 218 t。其中珍珠龙胆石斑鱼养殖面积 200 亩，全年产量 153 t，销量 107 t，年末存量 88 t；鲷养殖面积 600 亩，全年产量 207 t，全年销量 163 t，年末存量 130 t。

#### 1.2.2　网箱养殖

五个示范县区普通网箱养殖海水鱼总面积 179 200 m$^2$，养殖总产量 3 674 t，全年销售量 3 746 t，年末存量 824 t；深水网箱养殖总水体 1 213 000 m$^3$，年总产量 16 262 t，全年销售量 13 778 t，年末存量 5 917 t。

鹤洲新区：普通网箱养殖面积 61 600 m$^2$，养殖海水鱼总产量 1 435 t，年销售量 1 437 t，年末存量 390 t。其中珍珠龙胆石斑鱼养殖面积 5 700 m$^2$，年产量 115 t，年销售量 123 t，年末存量 60 t；其他石斑鱼养殖面积 6 000 m$^2$，年产量 186 t，年销售量 148 t，年末存量 80 t。深水网箱养殖水体 183 000 m$^3$，养殖海水鱼总产量 3 861 t，年销售量 3 954 t，年末存量 915 t。其中大黄鱼养殖水体 3 000 m$^3$，养殖产量 51 t，年销售量 67 t；卵形鲳鲹养殖水体 100 000 m$^3$，养殖产量 1 383 t，养殖销售量 1 700 t，年末存量 120 t；军曹鱼养殖水体 24 000 m$^3$，养殖产量 857 t，年销售量 847 t，年末存量 70 t；鰤养殖水体 18 000 m$^3$，养殖产量 740 t，年销售量 600 t，年末存量 370 t；其他类海水鱼养殖水体 16 000 m$^3$，年产量 575 t，年销售量 402 t，年末存量 230 t。

阳西县：普通网箱养殖面积 37 600 m$^2$，养殖海水鱼总产量 662 t，年销售量 618 t，年末存量 200 t。其中珍珠龙胆石斑鱼养殖面积 2 000 m$^2$，养殖总产量 46 t，养殖销售量 59 t，年末存量 22 t；其他石斑鱼养殖面积 15 600 m$^2$，年产量 298 t，年销售量 213 t，年末存量 116 t；其他海水鱼养殖面积 20 000 m$^2$，年产量 318 t，年销售量 346 t，年末存量 62 t。深水网箱以养殖卵形鲳鲹为主，养殖水体 700 000 m$^3$，养殖总产量 9 820 t，年销售量 7 520 t，年末存量 3 700 t。

湛江经济技术开发区：普通网箱养殖面积 4 000 m$^2$，养殖海水鱼总产量 132 t，年销售量 121 t，年末存 42 t。其中珍珠龙胆石斑鱼养殖面积 500 m$^2$，养殖产量 26 t，年销售量 17 t，年末存量 12 t；其他海水鱼养殖面积 3 500 m$^2$，养殖产量 106 t，年销售量 104 t，年末存量 30 t。深水网箱养殖主养卵形鲳鲹为主，养殖水体 200 000 m$^3$，养殖产量 1 760 t，年销售量 1 620 t，年末存量 950 t。

惠东县：普通网箱养殖面积 76 000 m$^2$，养殖产量 1 445 t，年销售量 1 570 t，年末存量 192 t。其中珍珠龙胆石斑鱼养殖面积 4 000 m$^2$，养殖产量 46 t，年销售量 65 t，年末存量 8 t；大黄鱼养殖面积 18 000 m$^2$，养殖产量 173 t，年销售量 219 t，年末存量 56 t；卵形鲳鲹养殖面积 33 000 $m^2$，养殖产量 1 076 t，年销售量 1 116 t，年末存量 80 t；其他海水鱼养殖产量 21 000 $m^2$，养殖产量 150 t，年销售量 170 t，年末存量 48 t。深水网箱养殖水体 130 000 $m^3$，养殖产量 821 t，年销售量 684 t，年末存量 352 t。其中卵形鲳鲹 56 000 $m^3$，养殖总产量 398 t，年销售量 435 t，年末存量 12 t；鲷养殖水体 22 000 $m^3$，年产量 152 t，年销售量 112 t，年末存量 160 t。

### 1.3 品种构成

每个品种养殖面积及产量占示范县养殖总面积和总产量的比例见附表 2。

统计 5 个示范县海水鱼养殖面积与产量调查结果，各品种构成如下：

普通网箱养殖总面积为 179 200 $m^2$，其中珍珠龙胆石斑鱼 12 200 $m^2$，占总养面积的 6.81%；其他石斑鱼 21 600 $m^2$，占总面积的 12.05%；大黄鱼为 25 000 $m^2$，占总养殖面积的 13.95%；卵形鲳鲹 42 000 $m^2$，占总养殖面积 23.44%；军曹鱼为 4 300 $m^2$，占总养殖面积的 2.40%；鲷养殖面积为 6 600 $m^2$，占总养殖面积的 3.68%；鰤为 12 000 $m^2$，占总养殖面积的 6.70%；其他海水鱼养殖总面积为 55 500 $m^2$，占总养殖面积的 30.97%。

普通网箱养殖总产量为 3 674 t，其中珍珠龙胆石斑鱼产量为 233 t，占总产量的 6.34%；其他石斑鱼产量为 484 t，占总产量的 13.17%；大黄鱼产量为 311 t，占总产量的 8.46%；卵形鲳鲹产量为 1 226 t，占总产量的 33.37%；军曹鱼产量为 175 t，占总产量的 5.04%；鲷产量为 84 t，占总产量的 2.29%；鰤产量为 289 t，占总产量的 7.87%；其他海水鱼产量为 862 t，占总产量的 23.46%。

深水网箱养殖总养殖水体为 1 213 000 $m^3$，其中大黄鱼为 5 000 $m^3$，占总养殖水体的 0.41%；卵形鲳鲹为 1 056 000 $m^3$，占总养殖水体的 87.06%；军曹鱼为 24 000 $m^3$，占总养殖水体的 1.98%；鲷为 44 000 $m^3$，占总养殖水体的 3.63%；鰤为 18 000 $m^3$，占总养殖水体的 1.48%；其他海水鱼养殖水体为 66 000 $m^3$，占总养殖水体的 5.44%。

深水网箱总产量为 16 262 t，其中大黄鱼产量为 97 t，占总产量的 0.60%；卵形鲳鲹产量为为 13 361 t，占总产量的 82.16%；军曹鱼产量为 857 t，占总产量的 5.27%；鲷产量为 407 t，占总产量的 2.50%；鰤产量为 740 t，占总产量的 4.55%；其他海水鱼产量为 800 t，占总产量的 4.92%。

池塘养殖总面积为 34 700 亩，其中珍珠龙胆石斑鱼 1 500 亩，占总养殖面积 4.32%；海鲈为 23 200 亩，占总养殖面积的 66.86%；鲷为 7 200 亩，占总养殖面积的 20.75%；美国红鱼 2 800 亩，占总养殖面积的 8.07%。

池塘养殖总产量为 112 833 t，其中珍珠龙胆石斑鱼为 1 024 t，占总产量的 0.91%；海鲈为 107 200 t，占总产量的 95.00%；鲷为 2 299 t，占总产量的 2.04%；美国红鱼为 2 310 t，占总产量的 2.05%。

# 2　示范县（市、区）科研开展情况

改进优化德海渔场相关配套系统装备，构建“陆基–近岸–深远海”接力养殖模式，开展大型智能养殖渔场养殖试验示范

为进一步摸清大型养殖渔场的比较优势，确立不同品种各环节养殖周期，指导我国深远海养殖的健康发展，利用德海渔场圈养鱼类进行养殖试验示范，评估试验获取的数据，构建“陆基–近岸–深远海”接力养殖模式。

开展大型智能渔场卵形鲳鲹、军曹鱼养殖试验示范：对卵形鲳鲹、军曹鱼养殖品种，设计不同养殖方案，研究了适宜放养密度、饲料准确适量适时投喂对养殖鱼类生长的影响，构建“陆基–近岸–深远海”接力养殖模式，确定各环节不同品种不同时期养殖时间等关键参数。2021 年 3 月投放 90 000 尾卵形鲳鲹鱼苗，经近 4 个月的试验养殖，卵形鲳鲹平均增长 361 g，投喂饲料量 11 530 kg，饲料转化系数 2.1。试验军曹鱼 3 500 尾，经近 7 个月试验养殖，军曹鱼平均增长 5 320 g。卵形鲳鲹养殖成活率达 96%，养殖 120 d平均体重达 512 g，分别比传统网箱提高 22%和 20 d；军曹鱼养殖成活率达 98%，比传统网箱单产约高 1.5 倍，养殖成活率提高近两成。

德海渔场具有较好的经济性、实用性、耐用性、易维护等特点，“陆基–近岸–深远海”接力养殖各环节衔接合理会有较好养殖利润。与国外先进养殖渔场同级智能化养殖技术装备配置相比性价比优势明显，每立方米养殖水体造价 300 ~ 500 元，推广应用前景广阔，可满足我国近期深远海养殖产业的发展需求。

# 3　海水鱼养殖产业发展中存在的问题

（1）南方主养的几个海水鱼品种种质退化明显，选育工作与生产应用还有一定的距离，科研投入有限，品种老化带来的生长慢、病害多等问题突显。

（2）海水鱼生产与消费有较强的地域性，消费群体有限，单一品种产量不大，一线养殖生产者的组织程度不高，产业各环节受外界因素影响较大，如有些品种不是市场需求拉动养殖，而是饲料厂为了扩大市场去驱动养殖，产业发展的稳定性不够好。

（3）社会对海水鱼的认知不足，分清并了解海水鱼各品种的更少之又少，难做到优质优价，加之品种多，较难形成消费聚集；产品替代性强，较易发生品种转换及消费波动，单一养殖品种产量难有较大突破。

**附表 1　2021 年度珠海综合实验站示范县海水鱼育苗及成鱼养殖情况表**

| 项目 | 品种 | 鹤洲新区（含原万山区） | | | | | | | | 阳西县 | | | | | |
|---|---|---|---|---|---|---|---|---|---|---|---|---|---|---|---|
| | | 珍珠龙胆 | 其他石斑鱼 | 大黄鱼 | 卵形鲳鲹 | 军曹鱼 | 鲷 | 鰤 | 其他海水鱼 | 珍珠龙胆 | 其他石斑鱼 | 卵形鲳鲹 | 鲷 | 其他海水鱼 | 军曹鱼 |
| 育苗 | 面积/$m^2$ | | | | | | | | | 8 000 | | 980 000 | 240 000 | | |
| | 产量/万尾 | | | | | | | | | 220 | | 8 000 | 4 000 | | |
| 工厂化养殖 | 面积/$m^2$ | | | | | | | | | | | | | | |
| | 年产量/t | | | | | | | | | | | | | | |
| | 年销售量/t | | | | | | | | | | | | | | |
| | 年末库存量/t | | | | | | | | | | | | | | |
| 池塘养殖 | 面积/亩 | | | | | | | | | 300 | | | 800 | | |
| | 年产量/t | | | | | | | | | 175 | | | 362 | | |
| | 年销售量/t | | | | | | | | | 131 | | | 304 | | |
| | 年库存量/t | | | | | | | | | 74 | | | 150 | | |
| 网箱养殖 | 面积/$m^2$ | 5 700 | 6 000 | 7 000 | 9 000 | 4 300 | 6 600 | 12 000 | 11 000 | 2 000 | 15 600 | | | 20 000 | |
| | 水体/$m^3$（深水网箱） | | | 3 000 | 100 000 | 24 000 | 22 000 | 18 000 | 16 000 | | | 700 000 | | | |
| | 年产量/t | 115 | 186 | 189 | 1 533 | 1 042 | 339 | 1 029 | 863 | 46 | 298 | 9 820 | | 318 | |
| | 年末库存量/t | 60 | 80 | 60 | 135 | 100 | 145 | 450 | 275 | 22 | 116 | 3 700 | | 62 | |

**附表 1　2021 年度珠海综合实验站示范县海水鱼育苗及成鱼养殖情况表〈续 1〉**

| 项目 | 品种 | 湛江经济技术开发区 | | | | 斗门区 | | | | 惠东县 | | | | | |
|---|---|---|---|---|---|---|---|---|---|---|---|---|---|---|---|
| | | 珍珠龙胆 | 军曹鱼 | 卵形鲳鲹 | 其他海水鱼 | 珍珠龙胆 | 海鲈鱼 | 鲷 | 美国红鱼 | 珍珠龙胆 | 大黄鱼 | 卵形鲳鲹 | 鲷 | 鰤 | 其他海水鱼 |
| 育苗 | 面积/m$^2$ | 12 000 | | | | | | 46 000 | | | | | | | |
| | 产量/万尾 | 250 | | | | | | 2 500 | | | | | | | |
| 工厂化养殖 | 面积/m$^2$ | | | | | | | | | | | | | | |
| | 年产量/t | | | | | | | | | | | | | | |
| | 年销售量/t | | | | | | | | | | | | | | |
| | 年末库存量/t | | | | | | | | | | | | | | |
| 池塘养殖 | 工厂化池塘面积/亩 | 1 000 | | | | | | | | | | | | | |
| | 普通池塘面积/亩 | | | | | | 23 200 | 5 800 | 2 800 | 200 | | | 600 | | |
| | 年产量/t | 696 | | | | | 107 200 | 1 730 | 2 310 | 153 | | | 207 | | |
| | 年销售量/t | 546 | | | | | 96 100 | 2 180 | 2 840 | 107 | | | 163 | | |
| | 年库存量/t | 290 | | | | | 60 000 | 3 600 | 380 | 88 | | | 130 | | |
| 网箱养殖 | 面积/m$^2$ | 500 | | | 3 500 | | | | | 4 000 | 18 000 | 33 000 | | | 21 000 |
| | 水体/m$^3$（深水网箱） | | | 200 000 | | | | | | | 2 000 | 56 000 | 22 000 | | 50 000 |
| | 年产量/吨 | 26 | | 1 760 | 106 | | | | | 46 | 219 | 1 474 | 152 | | 375 |
| | 年末库存量/t | 12 | | 950 | 30 | | | | | 8 | 56 | 92 | 160 | | 228 |

**附表 2　珠海综合试验站五个示范县养殖面积、养殖产量及主要品种构成**

| 项目 \ 品种 | 年产总量 | 珍珠龙胆 | 其他石斑鱼 | 海鲈 | 大黄鱼 | 卵形鲳鲹 | 军曹鱼 | 鲷 | 美国红鱼 | 鰤 | 其他海水鱼 |
|---|---|---|---|---|---|---|---|---|---|---|---|
| 工厂化育苗面积/m$^2$ | 1 286 000 | 20 000 | | | | 980 000 | | 286 000 | | | |
| 工厂化出苗量/万尾 | 14 970 | 470 | | | | 8 000 | | 6 500 | | | |
| 工厂化养殖面积/t | | | | | | | | | | | |
| 工厂化养殖产量/t | | | | | | | | | | | |
| 池塘养殖面积/亩 | 34 700 | 1 500 | | 23 200 | | | | 7 200 | 2 800 | | |
| 池塘年总产量/t | 112 833 | 1 024 | | 107 200 | | | | 2 299 | 2 310 | | |
| 普通网箱养殖面积/m$^2$ | 179 200 | 12 200 | 21 600 | | 25 000 | 42 000 | 4 300 | 6 600 | | 12 000 | 55 500 |
| 深水网箱养殖水体/m$^3$ | 1 213 000 | | | | 5 000 | 1 056 000 | 24 000 | 44 000 | | 18 000 | 66 000 |
| 普通网箱年总产量/t | 3 674 | 233 | 484 | | 311 | 1 226 | 185 | 84 | | 289 | 862 |
| 深水网箱年总产量/t | 16 262 | | | | 97 | 13 361 | 857 | 407 | | 740 | 800 |
| 各品种工厂化育苗占总面积的比例/% | 100 | 1.56 | | | | 76.20 | | 22.24 | | | |
| 各品种工厂化出苗量占总出苗量的比例/% | 100 | 3.14 | | | | 53.44 | | 43.42 | | | |
| 各品种工厂化养殖面积占总面积的比例/% | | | | | | | | | | | |
| 各品种工厂化养殖产量占总产量的比例/% | | | | | | | | | | | |
| 各品种池塘养殖面积占总面积的比例/% | 100 | 4.32 | | 66.86 | | | | 20.75 | 8.07 | | |
| 各品种池塘养殖产量占总产量的比例/% | 100 | 0.91 | | 95.00 | | | | 2.04 | 2.05 | | |
| 各品种普通网箱养殖占总面积的比例/% | 100 | 6.81 | 12.05 | | 13.95 | 23.44 | 2.40 | 3.68 | | 6.70 | 30.97 |
| 各品种普通网箱养殖产量占总产量的比例/% | 100 | 6.34 | 13.17 | | 8.46 | 33.37 | 5.04 | 2.29 | | 7.87 | 23.46 |
| 深水网箱养殖占总水体的比例/% | 100 | | | | 0.41 | 87.06 | 1.98 | 3.63 | | 1.48 | 5.44 |
| 深水网箱养殖产量占总产量的比例/% | 100 | | | | 0.60 | 82.16 | 5.27 | 2.50 | | 4.55 | 4.92 |

（珠海综合试验站站长　陶启友）

# 北海综合试验站产区调研报告

## 1　示范区县海水鱼养殖情况

北海综合试验站下辖5个示范县，分别是广西钦州市钦南区龙门港、防城港市防城区和港口区、北海市铁山港区和合浦县。5个示范县基本已经覆盖全广西主要的海水鱼养殖产区，其中合浦县因为处在入海口，海水浊度高，海水鱼养殖只有少量池塘养殖和木排网箱养殖。

### 1.1　示范县海水鱼育苗情况

广西作为一个沿海海水鱼养殖省份，一直以来缺少海水鱼育苗企业，主要原因有三个。一是广西海水鱼养殖方式相对落后，产业分散程度高。广西传统海水鱼养殖以木排网箱和池塘为主，养殖户比较分散，每户养殖的规模不大，一般每户有一到几组木排网箱（一组12口）。但广西海水鱼养殖的品种却很多，传统养殖品种有卵形鲳鲹、黑鲳、泥猛（褐篮子鱼）、金鼓（点篮子鱼）、海鲈、真鲷、黄鳍鲷、海鲈、军曹鱼等。二是临近省份海水鱼养殖发展更早更快，比如广东、福建、海南，养殖规模大，产业集中度高，育苗产业成熟。广西海水鱼养殖户一般从海南购买卵形鲳鲹苗和石斑鱼鱼苗，从福建购买海鲈鱼苗。三是地理原因，如海南平均气温高，3—4月就有卵形鲳鲹鱼苗出售，广西平均气温低，如果不使用加温设施要6月左右才能出苗。卵形鲳鲹从体长3 cm的苗种养到体重0.5 kg的商品鱼需要6个月左右的时间，广西冬季因为水温低卵形鲳鲹无法过冬，在10月底就陆续开始卖鱼，在11月底之前卖完。养殖户如果使用广西本地孵化的卵形鲳鲹鱼苗，需等到6月中下旬才能投苗，在11月寒潮来临时达不到出售规格。

根据2021年对下辖示范区县的调查，广西海水鱼苗孵化主要集中在北海市，以零散养殖户育苗为主，特点是数量多、规模小、品种多。年孵化卵形鲳鲹苗种约1 000万尾，其他鱼种如点篮子鱼、褐篮子鱼、燕尾鲳等共计约5 000万尾。

### 1.2　养殖面积及年产量、销售量、年末库存量

#### 1.2.1　普通木排网箱养殖

示范县范围内共有木排网箱养殖82 500 m$^2$，年产量约9 420 t，产量基本约等于销售量。2021年全区各海域普遍多发小瓜虫和由小瓜虫诱发的细菌感染病害，养殖户损失较大，

并且由于成鱼价格同比低 1 ~ 2 元/千克，养殖卵形鲳鲹越冬鱼的养殖户较往年稍多。

其中，北海市铁山港区养殖面积 27 000 $m^2$，年产量约 4 600 t。钦州市钦南区养殖面积 21 000 $m^2$，养殖产量约 2 400 t。防城港市防城区养殖面积 2 500 $m^2$，养殖产量约 820 t。防城港市港口区养殖面积 32 000 $m^2$，养殖产量约 800 t。

#### 1.2.2 深水网箱养殖

示范区范围内共有深水网箱养殖水体 3 602 612 $m^3$，总产量约 40 500 t，2021 年年末示范县内深水网箱养殖约有 600 t存网量。

其中北海市铁山港区有养殖水体 1 263 000 $m^3$，养殖产量约 16 600 t。钦州市钦南区有养殖水体 542 000 $m^3$，产量约 5 500 t。防城港市防城区有养殖水体 1 657 962 $m^3$，养殖产量约 16 000 t。防城港市港口区有养殖水体 139 650 $m^3$，产量约 2 400 t。

### 1.3 品种构成

每个品种的养殖面积及产量占总养殖面积和产量的比例见附表 2。

统计 5 个示范县的海水鱼养殖面积及产量，结果如下。

目前防城港市港口区内有 1 家海水鱼鱼苗生产企业，北海市有 3 家育苗企业。其余为非固定育苗户。

示范县木排网箱养殖总面积 82 500 $m^2$，其中卵形鲳鲹 45 000 $m^2$，石斑鱼养殖 35 000 $m^2$，海鲈 2 500 $m^2$。

示范县木排网箱养殖总产量 9 420 t，其中卵形鲳鲹 6 800 t，石斑鱼 1 420 t，海鲈 1 200 t。

示范县深水网箱养殖总水体 3 602 612 $m^3$，基本均为卵形鲳鲹养殖。

示范县深水网箱养殖总产量 40 500 t。

根据 2021 年走访调研情况，示范县内深水网箱养殖品种基本只有卵形鲳鲹，木排网箱养殖品种主要为卵形鲳鲹、珍珠龙趸石斑鱼、海鲈，其他品种包括褐篮子鱼、点篮子鱼、燕尾鲳、大黄鱼、美国红鱼等多个品种。

2021 年海水鱼价格整体低迷，卵形鲳鲹除过冬鱼价格达到 28 元/千克，0.5 kg左右成鱼价格约为 20 ~ 21 元/千克；石斑鱼价格在 56 ~ 68 元/千克波动，年底价格较高；其他养殖品种相对价格较为稳定，褐篮子鱼今年养殖量较往年有所增加，鲜活鱼价格稳定在 32 元/千克左右。

## 2 示范区县科研开展情况

本试验站示范区县 2021 年共进行科研项目 2 项：

项目一："深水抗风浪网箱生态养殖模式创新与示范"，合同编号：桂科 AA17204095-9，承担单位为北海市铁山港区石头埠丰顺养殖有限公司、广西壮族自治区水产科学研究院、广西海世通食品股份有限公司、北海海洋渔民专业合作社，实施时间为2017—2021年；

项目二："卵形鲳鲹规模化繁育技术创新与示范"，合同编号：桂科AA17204094-4，承担单位为广西壮族自治区水产科学研究院、北海市铁山港区石头埠丰顺养殖有限公司、钦州市桂珍深海养殖有限公司，实施时间为2017—2021年。

# 3　海水鱼养殖产业发展中存在的问题

## 3.1　病害较多

受降雨、高温等因素影响，今年区内主养品种卵形鲳鲹病害较多，主要是由小瓜虫感染诱发的细菌病害，症状表现为表皮溃烂。各示范县总体成活率均在在50%~65%，较往年（70% ~ 80%）大幅降低。并且相较2020年，2021年7—9月即卵形鲳鲹成鱼养殖的中后期发病较多，由于此时卵形鲳鲹已接近上市规格，养殖户投入较大，出现病害后养殖户被迫争抢售卖，造成鱼价低迷，很多养殖业户的损失巨大。

## 3.2　产业结构有待升级

卵形鲳鲹产业结构的不合理主要表现为缺乏加工能力，销售途径不足。2020年示范县范围内新增的数家养殖大型企业在2021年基本已经按照最大产能投产，而目前配套加工企业还未到位。由于卵形鲳鲹具有遇病害集中上市和10—11月集中上市这两个特点，一旦出现集中上市，鱼价就会受到较大冲击。除此之外，卵形鲳鲹产品基本为活鱼、冰鲜、条冻或者冻片，相比其迅速增加的产量，其市场消费能力也限制了整个产业的发展。

特别是受新冠疫情影响，市场整体消费能力下降，以条冻鱼为主的卵形鲳鲹商品鱼销路不畅，造成鱼价普遍低迷，对养殖户的打击很大。

## 3.3　养殖装备有待升级

由于今年卵形鲳鲹养殖量快速增加，湾内超容量养殖的弊端逐渐显现。由于卵形鲳鲹具有受伤、受刺激后大量分泌黏液的特性，加上湾内养殖密度大、水流速度慢，卵形鲳鲹发病后会有大量黏液随着水流流动，造成附近其他网箱的卵形鲳鲹或其他品种海水鱼类出现病害症状。因此，如果示范县内的海水鱼养殖量继续增加，那么利用深水网箱在湾外已规划养殖水域养殖势在必行。

但由于湾外养殖具有风浪大、水流快、路程远、补给难的特点，对于养殖网箱的抗风浪能力、大型养殖作业船只的配套，以及人员的生活配套都有较高的要求。但养殖装备升级花费巨大，资金不足成为普通养殖户难以跨越的门槛。

### 3.4 海水鱼育苗能力有待加强

目前广西的卵形鲳鲹苗种还是主要从广东和海南购买，市场整体苗种质量也是良莠不齐，不少养殖户投苗即遇到“黑身”、肠胃炎等病害困扰，发病的幼鱼往往即使能够存活，后期也会出现生长缓慢的情况，给养殖户造成很大损失。

## 4 产业发展建议

### 4.1 扶持优秀育苗企业

目前，广西区内缺乏海水鱼育苗企业的困境正在逐步突显，作为广西最大养殖海水鱼品种的卵形鲳鲹基本没有经过选育，苗种质量参差不齐，苗种培育成活率降低，生长速度减缓，个体大小不均匀。由于卵形鲳鲹价格逐步走高，导致市场对苗种的需求量增大，需要有更多优秀的育苗企业参与其中，政府应提供资金扶持企业开展卵形鲳鲹品种选育工作。

### 4.2 增加技术培训和政策引导

一方面通过海水鱼体系的岗站联动机制、与地方水产技术推广站建立的长效合作机制，把海水鱼的病害防控和深水网箱养殖技术向示范县养殖推广普及。另一方面主要还是依靠地方政府的政策引导，利用养殖合作社等手段让大多数养殖户都能享受到国家对于深水网箱养殖业的补贴，从而提高养殖设备升级的能力。只有大多数养殖户都拥有能走向外海的养殖能力，才能将目前广西区内的养殖海域规划落到实处，从而避免因养殖容量超过环境的承受能力而造成的病害损失。

### 4.3 大力发展鱼品加工业

2021 年，受疫情影响，区内卵形鲳鲹销路受阻，价格低迷。有的养殖户被迫以低于养殖成本的价格出售成鱼。因此，深耕食品加工业，形成完整产业链，是目前卵形鲳鲹产业提高附加值、打开销路的较好选择。

**附表 1　2021 年度北海综合试验站示范县海水鱼育苗及成鱼养殖情况表**

| | | 北海市铁山港区 | | 防城港市港口区 | | 防城港市防城区 | | 钦州市钦南区 | |
|---|---|---|---|---|---|---|---|---|---|
| | | 卵形鲳鲹 | 其他海水鱼 | 卵形鲳鲹 | 珍珠斑 | 卵形鲳鲹 | 海鲈 | 卵形鲳鲹 | 珍珠斑 |
| 育苗 | 面积/m² | | | | 250 | | | | |
| | 产量/万尾 | | | | 270 | | | | |
| 深水网箱 | 水体/m³ | 1 263 000 | | 139 650 | | 1 657 962 | | 542 000 | |
| | 年产量/t | 16 600 | | 2 400 | | 16 000 | | 5 500 | |
| | 年销售量/t | 16 000 | | 2 400 | | 16 000 | | 5 500 | |
| | 年末库存量/t | 600 | | 0 | | 0 | | 0 | |
| 池塘养殖 | 面积/亩 | | | | | | | | |
| | 年产量/t | | | | | | | | |
| | 年销售量/t | | | | | | | | |
| | 年末库存量/t | | | | | | | | |
| 网箱养殖 | 面积/m² | 27 000 | | | 32 000 | | 2 500 | 18 000 | 3 000 |
| | 年产量/t | 5 000 | | | 820 | | 1 200 | 1 800 | 600 |
| | 年销售量/t | 4 600 | | | 820 | | 800 | 1 800 | 600 |
| | 年末库存量/t | 400 | | | 0 | | 400 | 0 | 0 |
| 户数 | 育苗户数 | 6 | 11 | | 1 | | | | |
| | 养殖户数 | 120 | 37 | 18 | 23 | 56 | 78 | 30 | 12 |

**附表 2　2021 年度北海综合试验站四个示范县养殖面积、养殖产量及主要品种构成**

| | 示范县总量 | 卵形鲳鲹 | 石斑鱼 | 海鲈 |
|---|---|---|---|---|
| 普通网箱养殖面积/$m^2$ | 82 500 | 45 000 | 35 000 | 2 500 |
| 普通网箱养殖产量/t | 9 420 | 6 800 | 1 420 | 1 200 |
| 深水网箱养殖水体/$m^3$ | 3 602 612 | 2 602 612 | 0 | 0 |
| 深水网箱养殖产量/t | 40 500 | 40 500 | 0 | 0 |
| 普通网箱养殖面积占比/% | 100 | 42.85 | 33.33 | 23.80 |
| 普通网箱养殖产量占比/% | 100 | 72.19 | 15.07 | 12.74 |
| 深水网箱养殖水体占比/% | 100 | 100 | 0 | 0 |
| 深水网箱养殖产量占比/% | 100 | 100 | 0 | 0 |

（北海综合试验站站长　蒋伟明）

# 陵水综合试验站产区调研报告

## 1　示范县（市、区）海水鱼养殖现状

根据体系新增安排目前陵水综合试验站下设5个示范市县（市），分别为琼海市、东方市、万宁市、陵水黎族自治县、临高县。示范县（市）海水鱼养殖模式、品种等各有不同，如陵水黎族自治县以石斑鱼、卵形鲳鲹及军曹鱼为主养品种，养殖模式主要以池塘养殖、普通网箱养殖、深水网箱养殖为主；琼海市、东方市主要以池塘养殖及工厂化养殖石斑鱼为主；临高县主要以深水网箱养殖卵形鲳鲹、池塘及工厂化养殖石斑鱼为主；万宁市主要以池塘及普通网箱养殖石斑鱼为主。其人工育苗、养殖品种、产量及规模见附表1。

### 1.1　育苗面积及苗种产量

#### 1.1.1　育苗面积

试验站育苗总面积为643 000 $m^2$，其中陵水161 000 $m^2$、琼海190 000 $m^2$，东方200 000 $m^2$，万宁90 000 $m^2$，临高2 000 $m^2$，育苗品种主要包括卵形鲳鲹、石斑鱼和军曹鱼。

#### 1.1.2　苗种年产量

试验站育苗厂家散养户较多，粗略统计共计176户规模较大育苗厂家，总计培育苗种7 460万尾，各县（市）育苗情况如下：

陵水：50户育苗厂家，其中卵形鲳鲹30户，生产苗种9 000万尾，主要用于深水网箱养殖苗种；石斑鱼15户，生产苗种400万，主要用于池塘、工厂化及普通网箱养殖。军曹鱼5户，生产苗种400万，主要用于普通网箱养殖。

琼海：70户育苗厂家，生产石斑鱼苗种1 900万尾，主要用于工厂化及池塘养殖。

东方：主要有20户育苗厂家，生产石斑鱼苗种1 800万尾，主要用于工厂化及池塘养殖。

临高：主要有6户育苗厂家，生产石斑鱼苗种60万尾，主要用于工厂化及池塘养殖。

万宁：主要有30户育苗厂家，生产石斑鱼苗种2 000万尾，主要用于池塘养殖及普通网箱养殖。

### 1.2 养殖面积及年产量、销售量、年末库存量

试验站成鱼养殖厂家散养户较多有 2 193 家，包括工厂化养殖、池塘养殖、普通网箱养殖和深水网箱养殖。

#### 1.2.1 工厂化养殖

四个示范县工厂化养殖品种都以石斑鱼为主，养殖面积 53 000 $m^2$，年总生产量为 2 100 吨。今年销售量 1 300 吨，年末库存量为 800 t。其中：

琼海：工厂化养殖面积 12 000 $m^2$，年产量 800 t，销售 600 t，年末库存 200 t。

东方：工厂化养殖面积 8 000 $m^2$，年产量 750 t，销售 300 t，年末库存 450 t。

临高：工厂化养殖面积 15 000 $m^2$，年产量 250 t，销售 150 t。

万宁：工厂化养殖面积 18 000 $m^2$，年产量 300 t，销售 250 t。

#### 1.2.2 池塘养殖

试验站池塘养殖面积 14 000 亩，主要养殖品种为石斑鱼，年产量 27 985 t，年销售量 22 650 t，年末库存量 6 600 t。

陵水县：池塘养殖面积 500 亩，年产量 250 t，年销售量 150 t。

琼海市：池塘养殖面积 2 500 亩，年产量 4 000 t，年销售量 2 000 t，年末库存量 2 000 t。

东方市：池塘养殖面积 1 000 亩，年产量 2 000 t，年销售量 1 000 t，年末库存量 1 000 t。

临高县：池塘养殖面积 4 000 亩，年产量 1 735 t，年销售量 1 500 t。

万宁市：池塘养殖面积 6 000 亩，年产量 20 000 t，年销售量 18 000 t，年末库存量 2 000 t。

#### 1.2.3 网箱养殖

试验站内，普通网箱养殖主要有陵水县、万宁市，养殖面积 650 000 $m^2$，主要养殖品种为石斑鱼和军曹鱼，产量共计 6 300 t；深水网箱养殖示范区有陵水县、临高县，养殖主要品种为卵形鲳鲹，养殖水体 4 695 784 $m^3$，产量 30 000 t。

陵水县：普通网箱养殖面积 150 000 $m^2$，养殖主要品种以石斑鱼及军曹鱼为主，石斑鱼普通网箱养殖面积 120 000 $m^2$，年产量 1 100 t，年销售量 1 000 t，年末库存 100 t；军曹鱼养殖面积 30 000 $m^2$，年产量 2 200 t，年销售量 1 800 t。深水网箱养殖水体 200 000 $m^3$，养殖品种主要为卵形鲳鲹，年产量 5 000 t，年销售量 4 000 t。

万宁市：普通网箱养殖面积 500 000 $m^2$，养殖主要品种为石斑鱼，年产量 717 t，年销售量 3 000 t，年库存量 600 t。

临高县：深水网箱养殖水体 4 495 784 $m^2$，养殖主要品种为卵形鲳鲹，年产量 25 000 t，年销售量 25 000 t。

### 1.3 品种构成

每个品种养殖面积及产量占示范区养殖总面积和总产量的比例见附表 2。

工厂化育苗总面积 40 000 $m^2$，其中石斑鱼 40 000 $m^2$，占育苗总面积 100%。

工厂化出苗量 6 100 万尾，其中石斑鱼 6 100 万尾，占总出苗量 100%。

工厂化养殖的总面积为 53 000 $m^2$，养殖主要品种为石斑鱼，养殖总产量 2 100 t。

池塘养殖总面积为 14 000 亩，养殖品种为石斑鱼，养殖总产量为 27 985 t。

普通网箱养殖总面积为 150 000 $m^2$，其中石斑鱼 120 000 $m^2$，占普通网箱总养殖面积 80%，总产量 1 100 t，占普通网箱养殖总产量 33.30%；军曹鱼普通网箱养殖面积 30 000 $m^2$，占普通网箱总养殖面积 20%，总产量 2 200 t，占普通网箱养殖总产量 66.70%。

深水网箱养殖总水体 4 695 784 $m^3$，养殖主要品种为卵形鲳鲹，深水网箱养殖产量 30 000 吨。

从以上统计可以看出，在示范县（市）内，育苗以石斑鱼、卵形鲳鲹、军曹鱼为主；工厂化养殖及池塘养殖以石斑鱼为主；普通网箱养殖以石斑鱼及军曹鱼为主；深水网箱养殖以卵形鲳鲹为主。

## 2 示范县（市、区）科研、开展情况

### 2.1 科研课题情况

试验站依托单位海南省海洋与渔业科学院积极申请海水鱼产业相关项目，做好产业技术集成与示范，通过地方科研体系与国家体系对接，更好地完成产业体系的示范工作。依托单位承担的蓝色粮仓科技创新“开放海域和远海岛礁养殖智能装备与增殖模式”2 个课题完成年度任务指标，战略性国际科技创新合作重点专项“开放海域养殖设施高海况潜降关键技术与核心装备联合研发”完成课题实验设计，可再生能源与氢能技术专项“温差能转换利用方法与技术研究”完成年度任务，工信部高技术船舶项目“半潜式养殖装备工程研发”项目完成项目任务书编写工作，海南省重大科技计划项目“南海开放海域潜浮渔场养殖模式构建”“水产养殖种苗工业化生产与新养殖对象人工繁育技术研究”获得立项。

### 2.2 发表论文、标准、专利情况

2021 年，陵水综合试验站授权实用新型专利 1 件，具体如下：

刘龙龙，罗鸣，陈傅晓等. 一种石斑鱼水泥池养殖的拦鱼装置 202022491638.3

# 3 海水鱼产业发展中存在的问题

陵水综合试验站各示范县（市）主养石斑鱼、卵形鲳鲹、军曹鱼等鱼类。各示范县（市）养殖条件与品种不同，养殖存在的问题也不同。目前在示范区海水鱼养殖过程中存在的主要问题有：

（1）优良苗种缺乏。优良苗种不足是目前石斑鱼产业发展的主要问题。卵形鲳鲹则由于种质退化，所育苗种生长速度和抗病能力降低。

（2）养殖病害种类较多。网箱养殖区片面追求高密度、高产量，超过了环境容纳量引发鱼病种类越来越多。

（3）在全省海岸带环保督查背景下，对池塘及工厂化养殖影响较大，需要进行设施的全面更新改造。

（4）养殖综合效益低。养殖品种单一，产品集中上市造成水产品市场价格剧烈波动，严重影响养殖户生产积极性。

（5）水产品储运加工生产技术滞后，水产品附加值低。

**附表 1　2021 年度陵水综合试验站示范县（市）海水鱼育苗及成鱼养殖情况统计表**

| 项目 \ 品种 | | 陵水 | | | 琼海 | 东方 | 临高 | | 万宁 |
|---|---|---|---|---|---|---|---|---|---|
| | | 石斑鱼 | 卵形鲳鲹 | 军曹鱼 | 石斑鱼 | 石斑鱼 | 石斑鱼 | 卵形鲳鲹 | 石斑鱼 |
| 育苗 | 面积/m$^2$ | 5 000 | 150 000 | 6 000 | 190 000 | 200 000 | 2 000 | | 90 000 |
| | 产量/万尾 | 400 | 9 000 | 400 | 1 900 | 1 800 | 60 | | 2 000 |
| 工厂养殖 | 面积/m$^2$ | | | | 12 000 | 8 000 | 15 000 | | 18 000 |
| | 年产量/t | | | | 800 | 750 | 250 | | 300 |
| | 年销售量/t | | | | 600 | 300 | 150 | | 250 |
| | 年末库存量/t | | | | 200 | 450 | 100 | | 50 |
| 池塘养殖 | 面积/亩 | 500 | | | 2 500 | 1 000 | 4 000 | | 6 000 |
| | 年产量/t | 250 | | | 4 000 | 2 000 | 1 735 | | 20 000 |
| | 年销售量/t | 150 | | | 2 000 | 1 000 | 1 500 | | 18 000 |
| | 年末库存量/t | 100 | | | 2 000 | 1 000 | 235 | | 2 000 |
| 普通网箱 | 面积/m$^2$ | 120 000 | | 30 000 | | | | | 500 000 |
| | 年产量/t | 1 100 | | 2 200 | | | | | 3 000 |
| | 年销售量/t | 1 000 | | 1 800 | | | | | 2 400 |
| | 年末库存量/t | 100 | | 400 | | | | | 600 |
| 深水网箱 | 水体/m$^3$ | | 200 000 | | | | | 4 495 784 | |
| | 年产量/t | | 5 000 | | | | | 25 000 | |
| | 年销售量/t | | 4 000 | | | | | 25 000 | |
| | 年末库存量/t | | 1 000 | | | | | 0 | |
| 户数 | 育苗户数 | 15 | 30 | 5 | 70 | 20 | 6 | | 30 |
| | 养殖户数 | 300 | 22 | 19 | 1200 | 25 | 25 | 12 | 600 |

**附表 2　陵水综合试验站 5 个示范县（市）养殖面积、养殖产量及主要品种构成**

| 项目＼品种 | 年产总量 | 石斑鱼 | 卵形鲳鲹 | 军曹鱼 |
|---|---|---|---|---|
| 工厂化育苗面积/$m^2$ | 40 000 | 40 000 | 0 | 0 |
| 工厂化出苗量/万尾 | 6 100 | 6 100 | 0 | 0 |
| 工厂化养殖面积/$m^2$ | 53 000 | 53 000 | | |
| 工厂化养殖产量/t | 2 100 | 2 100 | | |
| 池塘养殖面积/亩 | 14 000 | 14 000 | | |
| 池塘年总产量/t | 27 985 | 27 985 | | |
| 普通网箱养殖面积/$m^2$ | 150 000 | 120 000 | | 30 000 |
| 普通网箱年总产量/t | 3 300 | 1 100 | | 2 200 |
| 深水网箱养殖水体/$m^3$ | 4 695 784 | | 4 695 784 | |
| 深水网箱年总产量/t | 30 000 | | 30 000 | |
| 各品种工厂化育苗面积占总面积比例/% | 100 | 100 | 0 | 0 |
| 各品种工厂化出苗量占总出苗量的比例/% | 100 | 40 | 0 | 0 |
| 各品种工厂化养殖面积占总面积的比例/% | 10 | 10 | | |
| 各品种工厂化养殖产量占总产量的比例/% | 3 | 3 | | |
| 各品种池塘养殖面积占总面积的比例/% | 100 | 100 | | |
| 各品种池塘养殖产量占总产量的比例/% | 47 | 47 | | |
| 各品种普通网箱养殖面积占总面积的比例/% | 100 | 80 | | 20 |
| 各品种普通网箱养殖产量占总产量的比例/% | 100 | 33 | | 67 |
| 各品种深水网箱养殖水体占总面积的比例/% | 100 | | 100 | |
| 各品种深水网箱养殖产量占总产量的比例/% | 100 | | 100 | |

（陵水综合试验站站长　罗　鸣）

# 三沙综合试验站产区调研报告

## 1　示范县（市、区）海水鱼养殖现状

三沙综合试验站下设5个示范县（市），分别为三沙市、三亚市、文昌市、儋州市、乐东黎族自治县。示范县（市）海水鱼养殖模式、品种等各有不同，如三亚市的养殖海水鱼类主要是金鲳鱼；儋州市的主要养殖海水鱼类为石斑鱼；乐东县的主要养殖海水鱼类为石斑鱼；文昌市的养殖海水鱼类主要是石斑鱼、美国红鱼、军曹鱼、和金鲳鱼。各示范县（市）的人工育苗、养殖品种、产量及规模见附表。

### 1.1　育苗面积及苗种产量

三沙市、三亚市没有苗种产出，儋州市年产海水鱼苗502万尾，乐东县年产海水鱼苗种7 843万尾全部为石斑鱼苗，文昌市年产海水鱼苗种327万尾，其中34万尾是石斑鱼苗，其余为其他鱼苗。

### 1.2　养殖面积及年产量、销售量、年末库存量

三亚市年养殖产量为3 041 t，养殖面积为96.43 $hm^2$，销售量为3 041 t，无年末库存；儋州市年产量为8 744 t，养殖面积为271.2 $hm^2$，销售量为8 744 t，无库存；乐东县年产量为1 259 t，养殖面积为236.6 $hm^2$，销售量为1 259 t，无库存；文昌市年养殖产量为39 182 t，养殖面积为1 528.62 $hm^2$，销售量为39 182 t，无库存。

### 1.3　品种构成

三亚市的养殖海水鱼类主要是金鲳鱼；儋州市的主要养殖海水鱼类为石斑鱼；乐东县的主要养殖海水鱼类为石斑鱼；文昌市的养殖海水鱼类主要是石斑鱼、美国红鱼、军曹鱼、和金鲳鱼。

# 2 示范县（市、区）科研开展情况

## 2.1 科研课题情况

试验站依托单位三沙美济渔业开发有限公司积极开展相关科研研究，就如何建立和完善南沙岛礁潟湖与开放性水域规模化增养殖方案，实现及落实绿色可持续发展理念，同时关注并积极参与推动国家渔业战略发展、装备建设，和构建立足南沙的金枪鱼苗种基地建设、软颗粒饲料批量加工转化工作，开展海水鱼养殖渔情采集、数字渔业示范基地的建设和海水鱼产业技术体系信息管理平台接入工作。开展南海岛礁资源养护与生态增养殖的示范应用，并积积极组织参加科技部重大项目。积极研发半自动远程遥控投饵系统。

## 2.2 发表论文、标准、专利情况

授权 1 项专利：一种改进的养殖池底吸污装置，专利号（授权号）：ZL2020 2 0838757.9。

# 3 海水鱼养殖产业发展中存在的问题

近两年，海南省大力推进现代化渔业发展，传统土塘养殖业快速取缔，导致大量渔业从业者跟不上发展的形势，被迫转产专业。传统海水鱼养殖业和育苗业受到巨大的冲击，而现代化渔业基础薄弱，无法快速补充市场空缺。具体表现如下：

（1）优良苗种缺乏。优良苗种不足是目前石斑鱼产业发展的主要问题，且近亲繁殖导致种质退化，所育苗种生长速度和抗病能力降低。

（2）养殖病害种类较多。网箱养殖区片面追求高密度、高产量，超过了环境容纳量引发鱼病种类越来越多，危害越来越大。

（3）在全省海岸带环保督查背景下，传统土塘几乎全部取缔，鱼苗及成鱼产量急剧下降，对工厂化养殖也影响较大，需要进行设施的全面升级改造。

（4）养殖综合效益低。养殖品种单一，跟风现象严重，产品集中上市造成水产品市场价格剧烈波动，严重影响养殖户生产积极性。

（5）水产品储运、加工生产技术滞后，水产品附加值低，水产品无法经过深加工销往内陆。

**附表 1　2021 年度本综合试验站示范县（市）海水鱼育苗情况表**

| | 合计/万尾 | 军曹鱼/万尾 | 紫红笛鲷/万尾 | 石斑鱼/万尾 | 金鲳鱼/万尾 | 其他/万尾 |
|---|---|---|---|---|---|---|
| 三亚市 | 0 | 0 | 0 | 0 | 0 | 0 |
| 儋州市 | 502 | 0 | 0 | 0 | 0 | 502 |
| 乐东县 | 7 843 | 0 | 0 | 7 843 | 0 | 0 |
| 文昌市 | 3 27 | 0 | 0 | 34 | 0 | 293 |

注：1. 三沙市不可统计；2. 本表为育苗情况。

附表 2　本综合试验站 5 个示范县（市）养殖面积、养殖产量及主要品种构成

| 单位 | 小计 | | 鲈鱼 | | 鲆鱼 | | 石斑鱼 | | 美国红鱼 | | 军曹鱼 | | 鲕鱼 | | 鲷鱼 | | 河鲀 | | 金鲳鱼 | |
|---|---|---|---|---|---|---|---|---|---|---|---|---|---|---|---|---|---|---|---|---|
| | 产量/t | 面积/$hm^2$ | 产量/t | 面积/$hm^2$ | 产量/t | 面积/$hm^2$ | 产量/t | 面积/$hm^2$ | 产量/t | 面积/$hm^2$ | 产量/t | 面积/$hm^2$ | 产量/t | 面积/$hm^2$ | 产量/t | 面积/$hm^2$ | 产量/t | 面积/$hm^2$ | 产量/t | 面积/$hm^2$ |
| 三亚市 | 3 041 | 96.43 | 0 | 0 | 0 | 0 | 0 | 0 | 0 | 0 | 0 | 0 | 0 | 0 | 0 | 0 | 0 | 0 | 0 | 96.43 |
| 儋州市 | 8 744 | 271.2 | 0 | 0 | 0 | 0 | 1 185 | 166.3 | 0 | 0 | 0 | 0 | 0 | 0 | 0 | 0 | 0 | 0 | 0 | 0 |
| 乐东县 | 1 259 | 236.06 | 0 | 0 | 0 | 0 | 1 259 | 236.06 | 0 | 0 | 0 | 0 | 0 | 0 | 0 | 0 | 0 | 0 | 0 | 0 |
| 文昌市 | 39 182 | 1 528.62 | 0 | 0 | 0 | 0 | 36 835 | 1 394.32 | 0 | 12.1 | 600 | 55.2 | 0 | 0 | 0 | 0 | 0 | 0 | 138 | 0 |

**附表 3　本综合试验站 5 个示范县（市）养殖模式**

| 项目 | 池塘养殖 | | | | | | 深水网箱养殖 | | 普通网箱养殖 | | 工厂化养殖 | |
|---|---|---|---|---|---|---|---|---|---|---|---|---|
| | 小计 | | 其中 | | | | | | | | | |
| | | | 高位池 | | 低位池 | | | | | | | |
| 单位 | 产量/t | 面积 | 产量/t | 面积 | 产量/t | 面积 | 产量/t | 水体/$m^3$ | 产量/t | 面积/$m^2$ | 产量/t | 水体/$m^3$ |
| 三亚市 | 0 | 0 | 0 | 0 | 0 | 0 | 3 041 | 95 000 | 0 | 0 | 0 | 0 |
| 儋州市 | 32 652 | 1 717.21 | 6 646 | 301 | 26 005 | 1 411.61 | 6 400 | 802 627 | 0 | 0 | 0 | 0 |
| 乐东县 | 2 312 | 373.71 | 1 769 | 266.94 | 370 | 99.8 | 0 | 0 | 0 | 0 | 157 | 1 200 |
| 文昌市 | 82 218 | 4 181.6 | 33 314 | 1 616.3 | 47 308 | 2 348 | 0 | 0 | 606 | 77 969 | 2 736 | 231 688 |

（三沙综合试验站站长　孟祥君）

# 第三篇

# 轻简化实用技术

# 大黄鱼高温胁迫响应的非侵入性检测方法

## 1　技术要点

大黄鱼受到高温胁迫后体表黏液和周围水中的皮质醇、丙二醛（MDA）、免疫球蛋白M（IgM）及碱性磷酸酶（AKP）的水平均与血液中的水平呈极其显著的正相关，因此可以用滴管等吸取少量体表粘液代替血液，检测其应激反应指标，据此判断所检测个体的应激反应水平，作为判断其健康状况和耐高温能力的参考指标。

## 2　适宜区域

无限制。

## 3　注意事项

无。

## 4　技术委托单位及联系方式

技术委托单位：集美大学水产学院。　联系人：刘贤德。联系电话：13799267069。

# 海鲈盐碱水域养殖技术

## 1 技术要点

### 1.1 苗种来源

从有花鲈苗种生产资质的国家级原种厂或良种场购进苗种，选择体制健壮、大小均匀、无伤无病的优质花鲈苗种。因野生花鲈苗种具有野性大、难驯化、规格差异大、养殖周期长等缺点，一般选择黄渤海海鲈亲鱼所产的人工培育苗种。苗种需正常摄食配合饲料，规格在 3 cm左右为宜。

### 1.2 苗种运输

花鲈苗种运输方式多样，可根据苗种规格、路程远近、运输条件等进行选择。较为常见的有帆布桶或塑料袋充氧运输。短距离运输多采用帆布桶充氧运输的方式，全长 3 cm左右的鱼苗可按 1 万尾/立方米的密度装运；远距离运输时多采用塑料袋充氧运输的方式，全长 3 cm左右的鱼苗，每袋可装 500~1 000 尾；打包鱼苗数量可根据运输距离远、近适当调整。花鲈苗种运输前需停食 1 d排清粪便。

### 1.3 苗种放养

苗种到达放苗地点，向运输苗种水体中逐渐添加盐碱地池塘水，直至其含量达 80%以上，方可下塘。暂养时在养殖池塘的一个边角用网围出一块水面，第 1 天不投喂饵料，1 d后开始逐步投饵驯食。

### 1.4 投喂方式

根据池鱼总量与规格，日投喂量为鱼体重的 1.5%~2.5%，每天投喂 3 次~5 次。根据苗种生长情况，水质、水温和天气等情况，调整饵料投喂量。溶氧过低、水温过高或天气闷热时停喂或少喂。

### 1.5 养殖管理

在养殖过程中注意水色和透明度。高温天气和养殖后期要合理增氧，定期测量水体水质指标。水质指标超出正常范围时，需使用微生态制剂进行调节。每天需巡塘，观察苗种进食情况，以此适当调整日投喂量。

## 2　适宜区域

该养殖技术适宜于我国绝大部分沿海及内陆水域，其养殖碱度小于 10 mmol/L均可。

## 3　注意事项

小规格海鲈易出现残食现象，体重<20 g左右需定期进行筛分大小。高温季节需减少投喂量。定期使用微生态制剂保持水质稳态，减少渔药的使用。需选择在低温季节出鱼，提高后续养殖成活率。

## 4　技术委托单位及联系方式

技术委托单位：中国海洋大学、内蒙古鄂尔多斯市水产管理站、内蒙古自治区水产技术推广站。

联系人：温海深。

联系电话：13853270722。

# 卵形鲳鲹陆海接力深远海绿色高效养殖技术

## 1 技术要点

### 1.1 亲鱼催产与苗种培育

根据卵形鲳鲹性状评价选择优质亲本，且控制近交系数小于0.2。结合雌雄分子鉴定技术优化亲本雌雄配对比例为3 ： 1；强化亲鱼营养，开展亲鱼促熟催产，获得优质受精卵。结合生物饵料选择、营养强化以及繁育条件优化，应用池塘生态培育及工厂化育苗等技术规模化培育卵形鲳鲹优质苗种；苗种培育至3 cm以上即可进行转运。苗种不得检出神经坏死病毒、刺激隐核虫。

### 1.2 苗种运输

鱼苗运输前24 h停止投喂饲料，并根据卵形鲳鲹生物特性和运输距离，采用充氧打包或活海鲜运输方式进行运输。其中，5~8 cm 幼鱼充气打包运输时间不宜超过 8 h，运输密度宜控制在15 kg/m$^3$；活海鲜运输车或船采用连续增氧运输方式，可适当加入冰块降温，运输水温控制在15 ℃ ~18 ℃，以降低鱼类的活动能力，提高苗种运输的成活率。

### 1.3 养殖管理

#### 1.3.1 网箱准备

鱼苗放养前1 d将洗净后检查无破损的网衣系挂于网箱框架上，并潜水对网箱锚泊系统进行全面检查，网衣水面部分内侧加挂密围网，以防浮性饲料随潮流流失。

#### 1.3.2 苗种入网

鱼苗运达后，为减少鱼类应激反应，可通过增添新鲜海水调节运输装置中海水水温和盐度，运输海水应与当地海区海水的温差小于4℃，盐度差小于3‰。

#### 1.3.3 养殖密度

放苗时间在每年4~5月，在中间育过程中宜将苗种规格提高至6~10 cm，以提高鱼体的养殖成活率及生长速度。一般而言，在网箱养殖中，苗种体长为5~8 cm时，放养密度为40 ~ 50尾/立方米。若养殖水质条以及管理到位的话，可适当加大养殖密度，养殖密度调整至60尾/立方米，但生长周期会延长。同时，随着鱼体增长，苗种放养密度随之改变，最终养殖密度为20~40尾/立方米。

#### 1.3.4　饲料投喂

大规模养殖主要采用高档海水鱼膨化配合饲料，要求饲料蛋白质含量为35%~40%，或采用粗蛋白含量43%的金鲳鱼用膨化饲料。养殖至一定大小后，可配合投喂鲜杂鱼，效果更佳。投喂时遵循以下原则：潮小多投，大潮少投；水透明度大时多投，水浑时少投；流水急时少投，平潮、缓流时多投；水温不适宜时少投或不投，每年5 ~ 8月份多投，越冬时少投；等等。必要时，可定时在饲料中添加维生素C和维生素E，提高鱼体饲料转化效率和抗激能力。

根据鱼体不同生长阶段确定饲料种类，当鱼体体重≤ 100克/尾，选用鱼种配合饲料，日投喂4次，投喂量为鱼体的5%~6%；鱼体体重为100克/尾~300克/尾，选用中鱼配合饲料，日投喂3次，投喂量为鱼体的3%~4%；鱼体重≥ 300克/尾，选用成鱼配合饲料，日投喂3次，投喂量为鱼体的2%~3%。

#### 1.3.5　养殖管理

网箱养殖的日常管理要做好“五勤一细”，即勤观察、勤检查、勤检测、勤洗网和勤防病。每天早、晚对网箱进行巡查，检查网箱是否存在破损，重点检测网衣有无破损，特别是台风过后观察鱼体摄食及活动情况是否正常，有无游泳较弱的鱼；有无残饵，做好相关养殖记录。及时清换网衣，做好日常记录，记录水温、pH、盐度、饲料投喂、药物使用、天气变化、鱼病防治以及鱼体生长等情况。

#### 1.3.6　疾病防治

坚持“以防为主，防治结合”原则，主要是从维护良好的水质、提供充足的营养和控制病原传播等三方面入手。日常坚持巡视，留意观察鱼群流动、摄食情况，在病害流行季节加强疾病预防工作，在预混合配合饲料粉料中添加大蒜素、免疫多糖或中草药制剂，加工制成软颗粒饲料投喂，网箱内挂消毒剂袋。一旦发病死鱼应及时隔离治疗，或进行无害化处理，切勿随意将其扔出网箱外，使病毒传播蔓延。

### 1.4　收获

卵形鲳鲹生长速度快，养殖5 ~ 6个月即可达到规格。适时掌握卵形鲳鲹生长情况和市场需求，当卵形鲳鲹达到上市规格，市场价格适当，可考虑及时收获。

## 2　适宜区域

广东、广西、海南以及福建等卵形鲳鲹主要养殖区。

# 3　注意事项

1）卵形鲳鲹苗种来源清晰，需从具有水产苗种生产许可证的苗场购进，要求体格健壮、规格整齐、无病无伤、无畸形，外购鱼苗应经过当地有关检疫部门检疫合格方可放入网箱养殖。

2）养殖过程中注意加强病害防治，特别是神经坏死病毒、刺激隐核虫以及淀粉卵甲藻病的传染性强、危害性大的疾病。

# 4　技术委托单位及联系方式

技术依托单位：中国水产科学研究院南海水产研究所。

地址：广州市海珠区新港西路231号。

联系人：张殿昌。

邮编：510300。

联系电话：020-84108316。

邮箱：zhangdch@163.com。

# 大西洋鲑DNA条形码鉴定技术

## 1　技术要点

运用大西洋鲑DNA条形码标准检测序列，可快速、准确地鉴定大西洋鲑，克服了传统的形态学鉴定存在的困难与技术瓶颈，有效缩短了鉴定时间。该鉴定方法准确高效、重复性高、稳定性好，能够将大西洋鲑与其他鲑鳟鱼类加以区别。

## 2　适宜区域

大西洋鲑及其他鲑鳟鱼类物种鉴定。

## 3　注意事项

无。

## 4　技术委托单位及联系方式

技术依托单位：中国水产科学研究院黄海水产研究所。
联系人：柳淑芳。
联系电话：18678616232。
邮箱：liusf@ysfri.ac.cn。

# 鱼类线粒体营养素

## 1 技术要点

线粒体是真核动物细胞进行生物氧化和能量转换的主要场所，细胞生命活动所需能量的80%是由线粒体提供的。线粒体的损伤会导致鱼类的氧化应激、生长缓慢和抗逆性降低等。

补充线粒体营养素可以有效地保护粒体功能的完整，修复线粒体的损伤。通过在饲料中添加合适水平的羟基酪醇、辅酶Q10、B族维生素可以提高线粒体酶活性、增强细胞内的抗氧化防御能力、修复线粒体膜损伤。

## 2 适宜区域

全国各区域。

## 3 注意事项

各物质水平、比例要适宜。

## 4 技术委托单位及联系方式

技术依托单位：集美大学。
联系人：鲁康乐，张春晓。
联系电话：18750229731。

# 海水鱼疫苗预防接种管理与实施规程

## 1　技术要点

### 1.1　实施疫苗预防接种的管理总则

#### 1.11　养殖者与养殖场须知

养殖者有责任保障养殖场中鱼类的健康。在适当情况下，养殖者应在执业兽医师指导和帮助下履行这一职责。养殖者应遵循以下原则确保实现负责任实施疫苗预防接种。

（1）将疫苗接种作为养殖场良好管理和常规健康管理的补充。

（2）养殖场应制定涵盖疾病防控内容的健康养殖计划。

（3）养殖场提供相关资料（如养殖场备存鱼类药物记录簿及有关操作条例和规程副本），执业兽医师为需接种鱼类制订接种方案，该方案包括疫苗种类、疫苗数量与剂量、接种方式、接种次数等，并提交给负责执行预防接种的养殖场管理人员。

（4）准确保存本规程规定的记录，包括已接种鱼的身份信息、所使用疫苗的批号、数量及有效期。

（5）对所有使用的疫苗，应将适当的信息存档，例如产品数据表、包装说明书或安全资料表等。

（6）如怀疑接种的鱼或接触疫苗的养殖场工作人员对疫苗有任何不良反应，应向执业兽医师报告。

（7）养殖场应保存有关疑似不良异常反应的记录。

（8）养殖者有责任安全使用、储存和处置疫苗并建立档案记录系统。

#### 1.1.2　生物安全

应建立旨在最大限度减少通过人、鱼或其他动物的流动从养殖场地外将致病生物体引入养殖场所的生物安全管理措施，预防潜在疾病的发生与传播。

#### 1.1.3　常规卫生程序

保持良好卫生管理是疾病控制不可或缺的重要组成部分，应及时清除废弃物，定期清洁和消毒养殖设施。应注意所选择的消毒剂与养殖水生环境兼容，消毒剂容器使用后应参照产品说明书做无害化处理。养殖水质应保持在养殖品种适宜的水平。

### 1.2 接种前管理与准备

#### 1.2.1 疫苗储运和储存温度

疫苗应按照标签说明进行储运和管理，在全程冷链下运输配送和储存（一般维持在 2 ℃ ~8 ℃）。交付后，疫苗需按照产品标签所示的储存温度存放于专用冰箱中。

#### 1.2.2 疫苗种类、剂型、剂量和数量

在交付疫苗时，养殖场应由专人检查核对疫苗种类是否与拟预防的流行病原（种、株）相一致，剂型、剂量和数量是否与采购订单相符。

#### 1.2.3 疫苗有效期

检查有效期，不得使用过期疫苗产品。

### 1.3 接种前通用准备规程

#### 1.3.1 接种鱼要求与准备事项

（1）只能给无临床症状和摄食正常的健康鱼实施疫苗接种。

（2）制定疫苗接种的方案，减少操作中对鱼的处理压力。

（3）称量鱼体重，记录最大、最小和平均体重。

（4）测量鱼腹腔壁厚度，记录最小值、最大值和平均值。

#### 1.3.2 接种器具、设施要求与准备事项

（1）检查接种针头长度是否正确，确保针头斜面可以穿透腹腔壁 1~2 mm。

（2）疫苗和注射枪应以无菌方式连接；浸泡接种设施应清洗消毒并检查增氧设备是否到位。

（3）疫苗注射接种枪应做剂量校正。

（4）如有需要，注射接种应按产品说明书要求准备麻醉剂并使用试验鱼调整麻醉剂浓度。

（5）应准备完整的疫苗接种记录表。

### 1.4 接种前准备

#### 1.4.1 接种时机

按照养殖品种适宜接种规格、养殖模式、疫苗产品保护周期、目标疫病流行季节等选择合适时机实施预防接种计划与操作，或参照疫苗产品说明书确定接种时机。

#### 1.4.2 接种前 2 周准备工作

（1）方案与日期确认：检查接种方案是否是适合使用的疫苗；确保接种小组知道计划的接种日期。

（2）健康检查：由执业兽医师对待接种鱼群进行健康状况检查和评估，不应给不健康的鱼实施接种。

（3）接种鱼龄（规格）与接种方式：参照疫苗产品使用说明书进行确认。

（4）鱼群分选与计数：检查鱼大小规格是否适合接种，按适龄接种的大小规格对待接种鱼群进行分选并计数，确保体型大小均一，保障接种速度和精度。

（5）应避免在接种日期前鱼受到环境变化、生产操作等胁迫影响。

### 1.4.3　接种前 1 周准备工作

（1）检查鱼群的行为、食欲和死淘率（<0.1%），确认鱼群是否处于健康状态。

（2）检查接种方案是否适合所使用的疫苗。

（3）检查疫苗正确和所需数量无误，并提供了配套冷藏（2℃ ~8℃）。

（4）检查疫苗有效期和质量。

（5）现场检查洗涤剂、消毒剂和麻醉剂是否到位。

（6）接种枪/接种操作台/接种设备（浸泡免疫装置），麻醉设备（如需要）、分级及辅助设备均已到位并且功能正常。

（7）现场检查接种针头规格（直径和长度）或浸泡接种设施规格是否适宜，数量是否充足。

（8）如使用活菌疫苗，接种前不得使用任何抗生素类药物记录。

### 1.4.4　接种前 2~3 d准备事项

（1）检查鱼群健康状况（行为、食欲和死亡率）。

（2）检查待接种鱼群的规格是否均一。

（3）停饲：根据不同养殖区和季节性水温情况以及不同养殖品种的摄食习性，在接种前 24 h（夏季或水温高）或 48~72 h（冬季或水温低）停止饲喂。

### 1.4.5　接种前一天准备事项

（1）抽样称重鱼并记录最小、最大和平均质量。

（2）应准备完整的疫苗接种记录表。

（3）检查疫苗接种（注射或浸泡）和辅助设备是否已清洗消毒，以备使用。

（4）接收已接种疫苗鱼的容器或设施（池、槽、网箱）应已清洗和消毒。

（5）疫苗使用前预处理：在接种前一天确认疫苗外观没有异常，并参照疫苗产品说明书进行预处理。

（6）校准剂量：对接种器具进行剂量校准；对每瓶（袋）疫苗的可接种尾数进行计量，核对计划接种尾数与疫苗剂量统计数相一致。

（7）光线控制：应避免光应激对疫苗接种鱼种的影响。

## 1.5 环境和设施要求

### 1.5.1 养殖水温

养殖水温应控制在待接种鱼种的最适宜养殖温度，并保持接种前、接种期间和接种后养殖水温基本一致。

### 1.5.2 针头和浸泡槽规格确认

接种前确认鱼的大小规格以确保合适的注射针头或浸泡槽规格。

### 1.5.3 接种器具和配套耗材

根据接种计划确认实施操作的接种人员了解所使用的疫苗剂量，并有专人负责确保所需的接种器具状态良好，配件数量齐备。

### 1.5.4 其他器材

泵、管线、筛、手套、容器等应在接种前进行检查和检修、清洁和消毒，并确保管线、容器等不应有尖锐边缘。

### 1.5.5 设备清洁

对可能直接或间接接触鱼的接种器具、辅助设施和器材进行消毒或灭菌。

### 1.5.6 清洁接收设施

对拟接收完成疫苗接种的鱼的设施或容器（如池、槽、塘、网箱、桶、舱等）进行清洁和消毒。

### 1.5.7 设施与设备的移动

应避免在接种操作中将所涉及的相关设备或设施进行与操作非相关的地点转换。

## 1.6 人员和健康

### 1.6.1 人员情况

接种操作人员应经过良好培训，并确保接种计划实施期间配备足够数量的接种操作人员。

所有参与接种计划的人员应熟悉安全数据表（用于麻醉和疫苗）的位置，并熟悉接种操作程序。养殖场应设置专人负责健康、安全与环境事项。

### 1.6.2 急救预案

应知悉当地医院地点和急救医生联系方式，以便发生自我注射情况时，及时通知外科医务人员采用正确的急救措施，处理自我注射可能引发的过敏性休克等状况。

## 1.7　疫苗接种规程

### 1.7.1　注射接种

#### 1.7.1.1　麻醉

1.7.1.1.1　麻醉剂

按照疫苗产品使用说明书的规定选用指定麻醉剂。

1.7.1.1.2　麻醉时间

参照麻醉剂制药商使用说明书将适宜数量鱼放入盛有事先配制好的规定浓度麻醉剂的容器内；参照疫苗使用说明书和麻醉剂产品说明书建议的麻醉适宜时间。应始终监测鱼对麻醉剂的反应。

1.7.1.1.3　麻醉液更换

参照制药商的使用说明书更换麻醉液。

1.7.1.1.4　麻醉后在接种操作台上的时间控制

根据接种时的环境温度，高温环境（>20℃）下不超过 2 min，低温环境（<20℃）下最长不应超过 3 min。

麻醉速度应匹配疫苗接种速率并根据疫苗接种速率调整麻醉速度。

1.7.1.1.5　麻醉接种后恢复

麻醉接种后放入接收容器或养殖设施水环境中时，接种鱼应在 60~120 s内恢复。

1.7.1.1.6　人工麻醉用工具与吸鱼泵

人工麻醉操作时，应使用无结、宽而浅的网抄，轻柔地捕获鱼。

对有条件的养殖场和适宜鱼种，建议采用吸引泵输送鱼至麻醉槽。

#### 1.7.1.2　注射针头规格

1.7.1.2.1　针头长度

应根据不同养殖鱼种，确保针头的整个斜角可穿透待接种最大规格鱼的腹腔壁 1 mm，保障疫苗内容物全部注入鱼腹腔内。

肌肉注射应参照疫苗产品使用说明书规定执行。

1.7.1.2.2　针头直径

应选择合适直径的针头，确保注射操作的顺畅。

#### 1.7.1.3　接种部位与接种操作要点

1.7.1.3.1　接种部位

根据疫苗产品说明书实施。

1.7.1.3.2　接种角度

对于纺锤形性鱼类，应尽可能保持接种枪垂直于鱼的腹壁；对于扁平型鱼类，则与接种部位腹面呈 50 °~75 °夹角；同时，注射针头接触鱼体时不应有横向移动。

1.7.1.3.3　异常检查

检查每尾鱼是否有临床外观病症、体表破损等明显异常。

1.7.1.3.4　麻醉状态检查

所有在接种操作台上的鱼均应处于麻醉后的镇静状态。

1.7.1.3.5　接种操作方式与按压力度

接种操作时，操作动作应轻柔，注射操作按压力度以使接种针头平稳顺滑刺入鱼体为原则。

1.7.1.3.6　疫苗沉积

对于腹腔接种，拔出接种针头前，应将全部应接疫苗注入腹腔内。

1.7.1.3.7　护针器

建议使用护针器，以减少自我注射风险。

1.7.1.4　注射针头和疫苗瓶（袋）更换操作要点

1.7.1.4.1　针头

应及时更换异常针头。

建议每接种 1 000 尾鱼后，应对空完成 1 次疫苗推射，检查针头堵塞情况，确保注射顺畅。

每接种 3 000~5 000 尾后或造成撕裂损伤等伤害以及发生针头变钝时，及时更换新针头。

1.7.1.4.2　疫苗匀质

使用中每更换一批疫苗接种液时，应充分摇晃和挤压疫苗瓶（袋）不少于 2 分钟，确保疫苗内容物（或稀释液）均匀同质。

1.7.1.4.3　疫苗使用中的存储及重复使用

一旦疫苗瓶（袋）打开，应在接种当天的 12 h内使用完毕或根据制造商的指示说明丢弃。如果疫苗液在接种暂停储存期间在输送连接管线中产生分离，应在重新接种操作前排空这一段。

1.7.1.4.4　疫苗输送管材及配件

更换疫苗时应使用灭菌管材，并检查管材无任何泄漏。同一根管材及配件使用时间不得超过 1 天。

1.7.1.4.5　接种装置和导管中的气泡和疫苗液分隔检查

更换疫苗瓶（袋）时，应清除接种设备（接种枪、连接管线等）中存在的气泡，如导管中存在疫苗液分隔，应更换导管，确保接种剂量准确。

1.7.1.5　动物福利与接种卫生

接种操作时，应小心处理鱼，减少对鱼的胁迫和损伤。

接种期间，应经常更换或使用体积分数为 70%的酒精消毒注射针头，降低污染风险。

接种人员休息时或处理带伤鱼后，应清洗、消毒手套和操作台面，避免增加污染风险。

定期清洁和消毒所有与接种鱼直接或间接接触的表面和设施。

疫苗接种后的鱼应放入清洁消毒的养殖设施或容器内。

1.7.1.6　接种质量控制

在整个接种期间，应设立专人对接种人员的操作和各环节工序规范性进行监控，保障接种质量符合要求。每天应进行不少于 4 次的质量检查，如有问题，应进行更多的检查。

应对整群鱼的体长规格等级进行检查（特别是在接种操作开始时），并检查疫苗的外部注射部位和内部沉积情况。

麻醉和镇静情况的检查是接种质量控制的关键点之一，应重点检查。

质控主管人员应能够及时发现问题并及时纠正，如问题出现在鱼身上，应停止接种。

实时记录检查结果以建立良好文件档案。

在疫苗接种记录表上记录每个接收容器（养殖设施）内鱼的数量。

填写疫苗接种记录并签名。

1.7.1.7　安全防护应急处置

如果发生意外的自我注射，伤者必须立即送往医疗中心进行应急处理。

安全数据表应随身携带，以供医生参考。

### 1.7.2　浸泡接种

使用前摇匀疫苗容器（瓶/袋），以确保内容物混合均匀；打开后立即稀释至所需浸泡浓度。

根据疫苗使用说明书，使用清洁养殖用海水稀释疫苗，并根据鱼的体长规格和稀释后的疫苗体积分批接种，保障充足溶氧水平。

应确保稀释后的疫苗温度和鱼群接种后放养的养殖区域水温相差不超过 5 ℃。

确保所有处理疫苗或接种鱼的人员都佩戴适当的防护措施，如戴橡胶手套。

填写疫苗接种记录并签名。

根据疫苗制造商的说明废弃任何使用过的疫苗容器。

## 1.8　接种后管理

### 1.8.1　接种记录档案

所有接种记录表应由专门记录人员首签，然后由接种小组主管和现场负责人确认后填写并签名。

### 1.8.2　卫生、消毒和无害化处理

1.8.2.1　接种装置、器具与场地消毒

对所有使用过的接种装置、器具（如接种枪、接种操作台、麻醉槽）和操作场地进行例行清洗和消毒处理。宜使用肥皂水刷洗后使用消毒剂消毒，然后用水清洗。

场地消毒可根据《畜禽养殖场消毒技术》（NY/T 3075—2017）中适用项实施。

1.8.2.2 已开瓶(袋)的疫苗

对于已开瓶（袋）的疫苗，接种操作期间如未使用，可暂存于2℃~8℃冰箱内，并应在接种当天12 h内使用。

接种当天未使用完的疫苗应按照疫苗制造商的说明做无害化处理后废弃，不得再次使用。

1.8.2.3 病、死鱼及接种废弃物的无害化处理

对于接种中发现的病鱼、操作致死或濒死鱼可参照《病死及病害动物无害化处理技术规范》(农医发［2017］25号）中适用方法实施无害化处理。

对接种操作中废弃的针头、管材、手套、疫苗瓶（袋）、清洗废水等废物参照GB19489和NY/T 1948中适用规定处理。

1.8.2.4 设备维护

应对接种装置和器具进行清洁、润滑、检查并维护后放置保管。

1.8.3 接种后鱼群监测与管理

1.8.3.1 生产操作

疫苗接种后的2周内不宜实施使鱼产生应激的分级、分池、转移等生产操作。如需进行陆海接力养殖，宜在接种后2周后进行转运。

活疫苗接种后1周内不得使用任何抗生素类药物。

1.8.3.2 死淘率

在21天内鱼死淘率累计超过0.5%或出现死亡，应检查整个接种过程，查找死亡原因，并采取适宜救治措施。

1.8.3.3 食欲监测

根据水温、鱼龄、生长阶段、疫苗类型和养殖环境，通常约1周左右可恢复至盛食期状态，不同鱼种及低水温（或冬春季）下可能会延长至3周。

1.8.3.4 排泄物

应避免和减少不规范接种操作或鱼的应激反应造成鱼出现黄、白粪便样拖曳分泌物。

1.8.3.5 疫苗泄漏

接种鱼和接种操作技术不规范造成鱼注射部位表面出现疫苗残留物或注射管道或鱼肛周孔泄漏以及接种操作台污染造成疫苗泄漏，应用水清洗分解体表这些残留物。

1.8.3.6 避免应激

在接种后2周内，应减少水温、盐度、光照和生产操作等各种养殖环境和人为因素对鱼群造成的应激胁迫。

1.8.4 接种后的饲喂管理

1.8.4.1 停止饲喂

接种后应停食2~5 d。可根据养殖鱼种摄食特性以及不同的养殖环境温度进行适当调整，高温期宜短，低温期宜长。

1.8.4.2　恢复饲喂

停饲结束后，所有鱼应同时恢复正常饲喂。

# 2　适宜区域

本技术适用于海水养殖鱼类实施疫苗人工注射和浸泡预防接种的管理与操作

# 3　注意事项

详见体系团体标准T/HSY 0011—2021 相关事项。

# 4　技术委托单位及联系方式

技术依托单位：华东理工大学。

地址：上海市梅陇路 130 号。

联系人：马悦，刘晓红。

邮编：200237。

联系电话：021-64253306。

# 海水鱼类工厂化循环水高效养殖技术工艺

## 1 技术要点

### 1.1 封闭循环水系统水处理单元处理能力

在工厂化封闭循环水养殖系统中，微滤机、生物滤池、泡沫分离器等处理单元的通用化设计不能满足不同养殖品种的环境需求。因此，明确各环节对水环境调控的贡献和处理能力是工厂化养殖水质调控的基础需求。

### 1.2 封闭循环水精准养殖系统构建

针对工厂化循环水养殖系统的各个环节对水环境处理效率参数，结合设施设备、养殖品种、生物过程及生产技术工艺工厂化养殖水质调控技术，构建海水鱼类工厂化精准养殖系统。(图 1)

图 1 工厂化精准养殖系统

## 2　适宜区域

适用于海水鱼工厂化封闭循环水养殖系统。

## 3　注意事项

养殖策略与水处理系统配套。基于目前现有养殖系统的养殖品种、养殖密度、投喂量等，配备和设计合理的水处理工艺及生物滤池体积，使处理负荷能够满足要求；基于已有的水处理系统，对该系统的养殖管理进行调控，指导生产，合理设置养殖密度、设定投喂量，使产生的污染可被水处理系统有效净化。

## 4　技术委托单位及联系方式

技术委托单位：中国科学院海洋研究所

联系人：李军。

联系电话：0532-82898718。

# 大黄鱼深远海围栏养殖技术

## 1 技术要点

### 1.1 深远海大型围栏的选址与设置

#### 1.1.1 适宜的海域条件

#### 1.1.2 海域环境及理化因子

### 1.2 围栏的设置与安装

#### 1.2.1 围栏的形状和面积

#### 1.2.2 围栏固定桩及网衣的布设

### 1.3 围栏养殖配套设施

#### 1.3.1 管理房和饵料加工台

#### 1.3.2 投饵框

#### 1.3.3 围栏内操作平台

#### 1.3.4 防逃流刺网

### 1.4 养殖与管理

#### 1.4.1 鱼种的投放

#### 1.4.2 养殖管理

#### 1.4.3 鱼病防控

#### 1.4.4 商品鱼起捕

#### 1.4.5 围栏养殖商品鱼的品质

## 2　适宜区域

浙江、福建、江苏半开放或开放海域。

## 3　注意事项

围栏建造前需要对海区进行地质勘测；海水水温在10℃～30℃，盐度在10～32。

## 4　技术委托单位及联系方式

技术依托单位：中国水产科学研究院东海水产研究所。

地址：上海市杨浦区军工路300号。

联系人：宋炜。

邮编：200090。

联系电话：15800390904。

邮箱：swift83@sina.com。

# 水产养殖溶解氧传感器自适应接口中间件

## 1 技术要点

水产养殖溶解氧传感器自适应接口中间件（Dissolved oxygen sensor interface middleware，DOS-IM）由控制模块、信号采集模块、数据存储模块、数据输出模块和电源模块组成。控制模块以STM32F103C8T6芯片为控制核心，实现与上位机进行数据交互、产生时间脉冲等功能。信号采集模块完成溶解氧传感器输出信号的采集、转换。溶解氧传感器的输出信号进入采集器经电路紧密运放等处理后，输入到模数转换芯片进行模数转换，通过电压转换芯片输出到控制模块。信息采集模块采用四路采集器，可分别采集4个不同品牌的溶解氧传感器信号。数据存储模块采用W25Q128串行Flash存储器，用于存储DOS-IM的端口号配置、数据输出类型和校准值等固定特性参数，可以永久保存在FLASH存储器中。数据输出模块分别通过Wi−Fi通信模块和RS-485接口进行无线、有线传输。电源模块分别为控制器、模数转换芯片、FLASH存储芯片、RS-485通信芯片及WiFi芯片等板载器件提供5 V、3.3 V、4.4 V电源。

## 2 适宜区域

水产养殖水质在线监测系统，无限制。

## 3 注意事项

无。

## 4 技术委托单位及联系方式

技术委托单位：天津农学院。

地址：天津市西青区津静路22号。

邮编：300384。

邮箱：tianyunchen@tjau.edu.cn。

# 水产养殖水质传感器自动清洁装置

## 1　技术要点

水质传感器自动清洁装置集成了毛刷、气动等清洁方式，实现了水质传感器探头自动清洁，较好地解决了因探头附着物造成的水质传感器灵敏度下降的问题，避免了手动清洁对传感器探头造成的损伤，延长了传感器使用寿命。装置由控制部分、固定部分、清洁部分组成。控制部分包括时间控制器、压缩空气罐、调压阀、电磁阀和电源模块。时间控制器、电磁阀通过导线与电源连接，调压阀、电磁阀通过空气导管与压缩空气罐连接，可设定清洁方式、设定开始清洗时间和清洗时长、控制空气调压阀调节压缩空气的压力。固定部分包括固定柱和两个固定半环，通过固定半环与螺栓将传感器固定，与清洁部分相连接。清洁部分包括电机盒、清洁管、挂刷，通过毛刷、气动方式完成水质传感器的自动清洁。

## 2　适宜区域

水产养殖水质传感器清洁。

## 3　注意事项

无。

## 4　技术委托单位及联系方式

技术委托单位：天津农学院。

地址：天津市西青区津静路22号。

邮编：300384。

邮箱：tianyunchen@tjau.edu.cn。

# 陆基工厂化水产养殖池自动清洗机器人

## 1 技术要点

陆基工厂化水产养殖池自动清洗机器人主要包括机械部分、控制部分、电机驱动模块、传感器模块和电源模块。机械部分主要包括导轨、移动机构、清洗机构、防水外壳，具有良好的移动能力、负载能力和清洗能力。控制部分主要包括控制方式、避障策略、路径规划，采用集成式控制系统完成，利用一个主控制器完成全部控制功能，即通过主控模块对其他模块进行数据处理和实时控制，通过控制软件完成自动避障、路径规划。电机驱动模块包括步进电机驱动和直流电机驱动，驱动清洗机构完成清洗和移动机构行走。传感器模块采集位置信息，与控制系统互相配合，实现机器人自动避障，完成自动越池清洗。电源模块为整个机器人系统提供能源，采用电池+电缆相结合的供电方式，选择容量为 40 Ah的锂电池组，输出电压为 24 V，最大输出电流为 90 A，保证清洗装置连续工作 80 min左右。

## 2 适宜区域

陆基工厂化养殖池清洗。

## 3 注意事项

无

## 4 技术委托单位及联系方式

技术委托单位：天津农学院。

地址：天津市西青区津静路 22 号。

邮编：300384。

邮箱：tianyunchen@tjau.edu.cn。

# 海水鱼中恩诺沙星、环丙沙星残留的胶体金免疫层析检测前处理技术

## 1　技术要点

（1）准确称取 1.00 g（精确到 0.01 g）试样于 5 mL 离心管中。

（2）加入 2 mL乙酸乙腈溶液涡旋 1 min混合均匀，使用组织分散机以 6 000 r/min均质 5 min，以 3 600 g离心 5 min。

（3）将上清液转移至 5 mL离心管中，沉淀中再次加入 2 mL乙酸乙腈溶液，重复上述步骤。

（4）合并两次提取液，加入 0.6 g无水硫酸钠脱水。

（5）上清液全部转移至新的 5 mL离心管中，50℃氮吹至干。

（6）用 1 mL 磷酸盐缓冲液复溶，用氢氧化钠调节pH为 8.0~8.5。

（7）过 0.22 μm微孔滤膜，处理液可按照符合国家相关要求的商品化胶体金免疫层析检测卡的说明书进行检测。

## 2　适宜区域

适用于进行胶体金免疫层析快速检测恩诺沙星、环丙沙星残留的海水鱼可食部位样品的前处理过程。

## 3　注意事项

与本技术配套使用的胶体金免疫层析检测卡的性能及质量应符合国家相关要求，使用前应对检测卡的主要性能做必要验证。

## 4　技术委托单位及联系方式

技术依托单位：中国海洋大学食品安全实验室。

联系人：曹立民。

地址：山东省青岛市市南区鱼山路5号。

联系电话：13675323405。

邮箱：caolimin@ouc.edu.cn。

# 海鲈鱼小片品质提升技术

## 1　技术要点

将前处理好的海鲈鱼片根据产品需要切小片，浸入由TG 酶添加量 3%~4%、明胶添加量 2%~2.5%、蛋清粉添加量 4%~6%组成的复合品质改良液中，浸泡温度为 0℃ ~4℃，时间为 5.50 h。取出后进行后续加工或包装，可有效改善海鲈鱼小片不耐煮易散的问题。产品完整且具有较好的白度和弹性。

## 2　适宜区域

不限。

## 3　注意事项

保持在 0℃ ~4℃温度下处理。

## 4　技术委托单位及联系方式

技术委托单位：中国水产科学研究院南海水产研究所。

联系人：吴燕燕。

联系电话：020－34063583。

# 大黄鱼肝油脱腥技术

## 1 技术要点

取大黄鱼加工副产物鱼肝为原料，采用酶法提取鱼肝油，按鱼肝质量加入 2 倍体积水，然后加入鱼肝质量 2.5%的中性蛋白酶，调节pH7.3 在 50℃条件下酶解 4.0 h。酶解后离心收集上层鱼肝油。加入 8%~10%的绿茶多酚（GTP），置于密闭容器中，在 60℃的水浴以 200 r/min的转速加热 20 min。使用高速离心机，在常温条件下以 10 000 r/min离心 10 min。收集离心后的鱼肝油，即得 GTP 脱腥鱼肝油。

## 2 适宜区域

无限制。

## 3 注意事项

脱腥之后还需进行脱酸、脱色处理，才能得到澄清的鱼肝油。

## 4 技术委托单位及联系方式

技术委托单位：中国水产科学研究院南海水产研究所。

联系人：吴燕燕。

联系电话：020-34063583。

# 卵形鲳鲹预制菜加工技术

## 1　技术要点

### 1.1　工艺流程

卵形鲳鲹→前处理→调味→脱水→油炸→真空包装→灭菌→冷却→成品。

### 1.2　操作要点

以海水养殖卵形鲳鲹为原料，将卵形鲳鲹开腹去鳃、去内脏，切块（在两侧鱼体中间切三至四刀，但是不要切断），进行调味，在室温下浸渍 1 个晚上。调味液配方及其和鱼的质量百分比如下：食盐 7%~10%、料酒 12%~16%、酱油 4%~5%、白糖 4%~5%、辣椒粉 2%~5%。

将浸渍好的鱼取出，在低温下进行脱水。可采用低温控温除湿干燥设备（如空气能热泵干燥机），控制温度在 30℃ ±2℃，相对湿度为 30%±5%。建议设置参数 20℃ ~26℃烘 5 h，再用 35℃ ~38℃烘 8 ~ 10 h。要注意观察除湿状况，脱去 50%~60%的水分。

将脱水好的鱼进行油炸，油温控制在 180℃ ~ 220℃的油锅中炸 3 min，取出后沥油后再复炸一次（30 s）。取出，冷却后进行真空包装，最后进行高温压灭菌（121℃、15 min），取出后冷却即为开袋即食卵形鲳鲹预制食品。

## 2　适宜区域

无限制。

## 3　注意事项

产品可常温贮藏。

# 4 技术委托单位及联系方式

技术委托单位：中国水产科学研究院南海水产研究所。

联系人：吴燕燕。

联系电话：020-34063583。

# 卵形鲳鲹黄嘌呤氧化酶抑制肽的制备技术

## 1　技术要点

以卵形鲳鲹鱼肉为原料，用均质机将鱼肉打浆，按鱼肉质量加入3倍体积水，加入中性蛋白酶，含量为鱼肉质量的0.2%在pH7.0，酶解温度54℃，酶解时间4 h。酶解后灭活酶，离心。上清液即为黄嘌呤氧化酶抑制肽。

## 2　适宜区域

无限制。

## 3　注意事项

酶解条件的控制。

## 4　技术委托单位及联系方式

技术委托单位：中国水产科学研究院南海水产研究所。
联系人：吴燕燕。
联系电话：020-34063583。

# 石斑鱼精准分割加工技术

## 1 技术要点

### 1.1 工艺流程

新鲜石斑鱼→前处理→分割→清洗→包装→冷冻→成品。

### 1.2 操作要点

(1)原料前处理:将活石斑鱼放在操作台上,在鱼喉尖角处割一刀,须切断鱼动脉血管,放入流动水槽中放血,水温宜控制20℃以内。冷冻的石斑鱼须放在水槽中自然解冻或冰水解冻,环境温度宜控制在20℃以内。石斑鱼用机械或人工的方法去除鳞、鳃、内脏,用清水冲洗干净。水温不宜超过20℃。

(2)鱼头:将前处理好的石斑鱼放在操作台上,用刀沿着石斑鱼鳃盖骨后缘,沿鳃外缘根处割断,使头与身分离,再将头对称分割,如果头质量大于500 g,宜继续分割。

(3)背鳍:将石斑鱼鱼体平放在操作台上,沿着背鳍鳍条和衔接下方刺纹肌的整个背鳍部位割取下来,并修整去除杂质。

(4)鱼腩鳍:将石斑鱼鱼体平放在操作台上,从鳃后沿脊椎骨横向切开,长度与胸鳍长度平行,再向腹部方向切到腹鳍,从两个腹鳍中间分开,形成带有胸鳍和腹鳍的方形石斑鱼腩鳍,再修整去除杂质。

(5)鱼扒:将石斑鱼鱼体平放在操作台上,沿脊椎骨刺纹中间对称分割,按鱼形切成方块状,并进一步修整,去除杂质。

(6)鱼柳:将石斑鱼鱼体平放在操作台上,从尾鳍部位开始沿着脊椎骨取出两片肉,在每片肉中间位置骨刺旁左右各切一刀,取出小刺,然后进行修边,去除腹腔膜及杂质。

(7)鱼小片:将鱼柳平放台面,均匀切成厚度0.4~0.7 cm的鱼小片。

(8)鱼尾:将石斑鱼鱼体平放在操作台上,顺着臀鳍前缘斜向至背鳍后缘切割下来,将臀鳍连着鱼尾部取下,并进一步修整,去除杂质。

(9)清洗:将上述分割的各部分产品,用清水冲洗干净后,沥水。水温宜控制在15℃以下。

(10)装盘包装:将石斑鱼各部分根据规格大小分别装盘。预包装产品进行称重、内包装，产品净含量应符合《定量包装商品净含量计量检验规则》(JJF 1070—2016)要求。非预包装产品进行称重、内包装，加贴实际重量标签。

(11)冷冻：将分割包装好的产品冻结，应于2 h内使产品中心温度达到-18℃及以下。

## 2　适宜区域

无限制。

## 3　注意事项

加工过程需在洁净车间生产，保证产品的卫生和安全性。

## 4　技术委托单位及联系方式

技术委托单位：中国水产科学研究院南海水产研究所。

联系人：吴燕燕。

联系电话：020-34063583。

# 臭氧水对腐败希瓦氏菌和腐生葡萄球菌抑制效果评价技术

## 1 技术要点

研究了臭氧水对腐败希瓦氏菌和腐生葡萄球菌的抑制效果评价技术。发现臭氧水处理可以导致腐败希瓦氏菌和腐生葡萄球菌表面皱缩破裂，蛋白质、核酸等成分泄漏，最终导致菌体死亡，可有效抑制腐败希瓦氏菌和腐生葡萄球菌的生长。

## 2 适宜区域

无限制。

## 3 注意事项

注意臭氧水使用的时效性。

## 4 技术委托单位及联系方式

技术委托单位：上海海洋大学食品学院。
联系人：谢晶。
联系电话：021-61900351，15692165513。

# 大黄鱼静态臭氧流化冰冰鲜新技术

## 1　技术要点

研究了动、静态臭氧流化冰对大黄鱼保鲜效果的评价。与静态臭氧流化冰贮藏大黄鱼相比，动态臭氧流化冰处理会加大鱼体间摩擦，破坏鱼体组织，增加鱼体的交叉感染，加速大黄鱼冷藏过程中微生物的生长和鱼肉品质的劣变。静态臭氧流化冰组保持较高的持水性，延缓样品流通期间的蛋白质氧化，更能维持其蛋白质三级结构的完整性。静态臭氧流化冰可使大黄鱼在第 12 天时菌落总数 $<10^6$ CFU/g，产品鲜度指标达到国家二级标准。

## 2　适宜区域

无限制。

## 3　注意事项

注意臭氧流化冰使用的时效性。

## 4　技术委托单位及联系方式

技术委托单位：上海海洋大学食品学院。

联系人：谢晶。

联系电话：021-61900351，15692165513。

# 海鲈鱼超声波处理保鲜技术

## 1 技术要点

海鲈鱼经超声处理后，其菌落总数、嗜冷菌数、pH与挥发性盐基氮（TVB-N）的增长速度明显缓于对照组；其肌原纤维碎片化指数（MFI）的增幅高于对照组，硬度值相应降低，可见超声处理使样品嫩度相应提高。但超声处理会使样品的蛋白质结构破坏。因此，以超声处理10 min对样品的综合品质保持效果相对较好，与对照组（8 d）相比，海鲈鱼在第10天时其菌落总数$<10^6$ CFU/g，产品鲜度指标达到国家二级标准，实现生鲜海鲈鱼产品保质期达到10 d以上。

## 2 适宜区域

无限制。

## 3 注意事项

注意超声波处理时的频率和功率。

## 4 技术委托单位及联系方式

技术委托单位：上海海洋大学食品学院。

联系人：谢晶。

联系电话：021-61900351，15692165513。

# 海鲈鱼超声联合微酸性电解水处理保鲜技术

## 1 技术要点

采用超声（20 kHz，600 W）、微酸性电解水（pH为6.35 ± 0.04、ORP值为861.60 mV ± 12.35 mV，ACC值为（30.00 ± 1.54 ppm））前处理并结合真空包装对海鲈鱼冷藏期间品质变化进行研究。超声联合微酸性电解水处理可抑制TVC、PBC与腐败希瓦氏菌的增长，减缓TVB-N、TBA、pH与K值的升高。对照组样品在第8天达到腐败，而微酸性电解水处理能明显抑制微生物生长，20 kHz、600 W超声处理可改善鱼肉质地。与对照组8 d产品保质期相比，该联合处理实现生鲜海鲈鱼产品保质期达到12 d以上。

## 2 适宜区域

无限制。

## 3 注意事项

注意超声波处理时的频率和功率、微酸性电解水的时效性。

## 4 技术委托单位及联系方式

技术委托单位：上海海洋大学食品学院。

联系人：谢晶。

联系电话：021-61900351，15692165513。

# 海鲈鱼有水保活运输技术

## 1 技术要点

水温在 12 ℃时，海鲈鱼新陈代谢较低，呼吸频率较低，是海鲈鱼有水保活运输的最佳运输温度，可避免鱼出现剧烈游动、撞击、挣扎等应激反应。盐度 16 时，海鲈鱼可有水保活运输 72 h，存活率为 98%。如果在运输水体中添加香蜂草精油（30 mg/L MS-222）时，海鲈鱼可有水保活运输 72 h，海鲈鱼基本上处于存活状态。糖酵解率、能量消耗、脂质过氧化和肝细胞凋亡水平最低，免疫水平最高。因此，添加香蜂草精油可以使海鲈鱼在有水保活运输过程中保持镇定和麻醉状态，有效减少保活运输对鱼体造成的组织损伤和鱼体的应激反应。

## 2 适宜区域

无限制。

## 3 注意事项

运输前海鲈鱼的身体状态。

## 4 技术委托单位及联系方式

技术委托单位：上海海洋大学食品学院。

联系人：谢晶。

联系电话：021-61900351，15692165513。

# 大型管桩围栏生态混合养殖技术

## 1　技术要点

### 1.1　建设地点选择

（1）建设地点选择地质较硬、泥沙淤积少水域，要求海底表面承载力不小于4 t/m$^2$，淤泥层厚度不大于600 mm。

（2）建设地点海域透明度大，受风浪影响较少、不受污染的海区，日最高透明度500 mm以上的时间要求不少于100 d，年大风（6级）天数少于160 d，水质符合渔业二类水质标准以上。

（3）海域水流交换通畅，但流速不宜过急，要求不大于1 500 mm/s。

（4）水深适宜，理论最低水深要求不低于10 m。

（5）禁止在航道、港区、锚地、通航密集区、军事禁区以及海底电缆管道通过的区域及其他海洋功能区划相冲突的海区进行建设。

### 1.2　钢制管桩围栏设计

远海大型钢制管桩围栏采用钢制管桩作为网衣的支撑架，采用双层结构。使用钢制管桩是基于对国内废旧钢材再利用，实现钢材去产能的目的的考虑。网衣采用PET龟甲网，目的是增加网衣强度，减少网衣海洋生物附着，保障养殖生产安全。养殖结构为圆形主要目的一是增加养殖水体，实现大水体养殖，二是养殖操作方便，三是抗风浪效果好。

### 1.3　管桩围栏设施设备配套

围栏建设多功能平台、休闲垂钓平台，发展休闲渔业，实现一、三产业融合发展。配套环境观测网系统、气象监测系统、大型气动投喂装备、吸鱼泵、分级筛等装备，实现水质在线监测、水上水下视频监控、自动投喂等智能化操作。

### 1.4　大型管桩围栏生态混合养殖技术

构建管桩围栏底层养殖半滑舌鳎、中上层养殖斑石鲷、黄鰤鱼、许氏平鲉等游泳性鱼类、内外管桩夹层养殖大规格斑石鲷清理网衣的生态混合养殖。

# 2　适宜区域

适宜海域坡度平缓、水深适宜的我国大部分沿海地区。

# 3　注意事项

管桩围栏建设选址前，须做好海域底质调查。管桩围栏管桩直径与材质、围栏周长、双层管桩间距、同层管桩间距等，可根据应用单位养殖需求、当地海域风浪大小等因素，进行科学化、个性化设计。为保证双层网衣的透水性、耐流性和抗附着性，可以选择较大网目的超高分子量网衣、PET网衣等，适于养殖较大规格苗种。管桩围栏养殖水体大，对改善鱼类体形、体色、肉质，提高鱼类附加值意义重大，因此，宜开展名贵鱼类的较低密度混合生态养殖。

# 4　技术委托单位及联系方式

技术委托单位：莱州明波水产有限公司。

地址：山东省烟台市莱州市三山岛街道吴家庄子村。

邮码：261418。

联系电话：0535-2743518。

联系人：李文升。

# 人工智能养殖装备

## 1　技术要点

（1）研制基于适合水产养殖的半自动投饵机的控制芯片设计，主要是在复杂工况下的耐久度问题，水产养殖，尤其是海水养殖，海面上空气中的含盐量很高。盐分对设备的机械机构、传输系统及集成电路有强烈的腐蚀作用。我们设计了KDD®MR1715树脂，通过增加涂覆厚度（干膜100 ~ 200 μm）满足更高的防腐要求。

（2）进行设备的密封及防腐研究。投饵机结构虽然不复杂，但是零部件和活动结构部分的防腐和密封尤为关键。传动轴部分，采用更细、强度更高的材料制造，以完成双层密封，不会对电机部分造成腐蚀。连接件和活动部件部分采用PVD喷涂防腐。

（3）研发了远程遥控深海沉浮式养殖网箱。此养殖网箱采用21 700堆叠电芯电池组、非晶硅太阳能电池板，有独立的进气室和安全SDR通信系统。

## 2　适宜区域

深远海及近海养殖。

## 3　注意事项

### 3.1　使用耐高温、腐蚀等电池组系统。

### 3.2　定期保养维护防腐涂层。

### 3.3　防通信干扰及防台风。

## 4　技术委托单位及联系方式

技术委托单位：三沙蓝海海洋工程有限公司。

地址：海南海口港澳开发区兴旺路正 1 号。
联系人：孟祥君。
邮编：571000。
联系电话：13807566255。

# 第四篇

# 获奖或鉴定验收成果汇编

# 获奖成果

## 大黄鱼脂类营养及代谢调控机制研究

获奖名称、级别：高等学校科学研究优秀成果奖（科学技术）（省部级）。

获奖时间：2021 年 3 月 24 日。

主要完成单位：中国海洋大学。

主要完成人员：艾庆辉，麦康森，徐玮，左然涛，谭北平，张彦娇，李庆飞，张璐，廖凯，董小敬。

工作起止时间：2016 年 1 月 1 日至 2017 年 1 月 9 日。

内容摘要：

针对水产动物营养与饲料行业所面临的鱼油资源短缺问题，本项目以我国海水养殖鱼类产量最大的大黄鱼为研究对象，聚焦高脂和高比例植物油导致的海水鱼类脂肪异常沉积、炎性反应发生和脂类营养品质下降 3 个共性关键问题，开展了大黄鱼脂类营养及代谢调控机制的研究，揭示了大黄鱼脂肪代谢异常和炎性反应发生的调控机制，阐释了大黄鱼长链多不饱和脂肪酸合成能力低的原因和调控机制。通过技术集成和产业示范，开发出缓解养殖大黄鱼脂肪异常沉积、促进养殖鱼类健康、改善脂类营养品质方面的营养调控策略，并成功应用到大黄鱼饲料生产与绿色健康养殖中，大大提高了养殖成功率和经济效益。研究成果完善了海水养殖鱼类脂类营养代谢调控理论，促进了海洋生物资源的高效利用。

## 海水工厂化养殖尾水高效处理技术的建立与示范

获奖名称、级别：天津市科学技术进步奖二等奖。

获奖时间：2021 年 11 月。

主要完成单位：天津农学院，中国科学院海洋研究所，大连海洋大学，天津市水产研究所，中国海洋大学。

主要完成人员：李贤，刘鹰，季延滨，贾磊，王金霞，李军，孔庆霞，宋协法。

工作起止时间：2016 年至 2020 年。

内容摘要：

本项目通过对天津、山东等地水产养殖企业的养殖模式、养殖规模、厂区车间及排水管道布局、养殖尾水排放量及水质特征的细致调研与分析，查明了海水工厂化养殖鱼类、虾类尾水的水质特点，研究开发了微小悬浮物去除技术，含盐固体颗粒物热裂解构建新型生物炭技术，荚膜固定化微生物技术，以及高效稳定、环境友好的海水养殖尾水处理工艺、综合集成机械过滤、微生物硝化/反硝化处理、大型藻类净化、电化学氧化、海水人工湿地处理等技术，构建了海水工厂化养殖尾水高效处理及再利用技术工艺，并通过系统运转评估及优化，建立和完善了养殖尾水处理系统，提高了处理效率，实现养殖尾水达标排放和回用，缓解了水产养殖业面临的水资源压力、能源压力、环保压力，提升了陆基工厂化养殖的生态效益和经济效益。

# 石斑鱼高效环保饲料关键技术创新与应用

获奖名称、级别：海洋科学技术奖一等奖。

获奖时间：2021 年 4 月 8 日。

主要完成单位：广东海洋大学，广东恒兴饲料实业股份有限公司。

主要完成人员：谭北平，董晓慧，张海涛，迟淑艳，王卓铎，刘泓宇，杨奇慧，章双，姜永杰，韦振娜。

工作起止时间：2010 年 1 月至 2019 年 12 月。

内容摘要：

针对石斑鱼营养需求参数和原料利用率数据库不完善导致饲料配方不合理、养殖效益低下，饲用蛋白质资源日益短缺、鱼粉豆粕等优质蛋白源严重依赖进口并已成为制约行业可持续发展的“卡脖子”因素，大量使用冰鲜杂鱼严重破坏海洋渔业资源并污染海洋环境等一系列制约产业发展的关键问题，本项目以我国具有代表性的石斑鱼养殖种类——斜带石斑鱼和珍珠龙胆石斑鱼为研究对象，开展了石斑鱼高效环保饲料研发并推广应用。

# 棘头梅童鱼种质资源与人工繁育关键技术

获奖名称、级别：2020 年度上海海洋科学技术奖一等奖。

获奖时间：2021 年 5 月 7 日。

主要完成单位：中国水产科学研究院东海水产研究所，上海市水产研究所。

主要完成人员：宋炜，周文玉，杨刚，潘桂平，张涛，刘本伟，梁述章，蒋科技，马春艳，李羽，张凤英，谌微。

工作起止时间：2007 年 11 月 01 日至 2020 年 06 月 30 日。

内容摘要：

棘头梅童鱼是我国重要的小型经济鱼类，有限的种群规模和繁衍速率难以满足市场需求，现已出现过度捕捞和种群衰退的危险。为保护棘头梅童鱼种群及满足市场需求，项目组历时 13 年，在农业农村部、上海市等相关项目资助下，从“资源调查—遗传分析—人工繁育”3 个递进方面入手，围绕“资源现状→生态特征→种质鉴定→遗传结构→基因组研究→亲鱼采捕→人工授精→苗种培育”的思路，开展了棘头梅童鱼种质资源开发关键技术研究，探明了棘头梅童鱼生态特征，揭示了其种群遗传多样性和遗传结构，构建了棘头梅童鱼基因组图谱，攻克了人工繁育关键技术瓶颈，获得了多项创新性成果。

# 鲆鲽类工程化池塘生态高效养殖技术构建与示范

获奖名称、级别：中国产学研合作创新成果奖二等奖。

获奖时间：2021 年 1 月。

主要完成单位：中国水产科学研究院黄海水产研究所，青岛贝宝海洋科技有限公司，青岛忠海水产有限公司，日照星光海洋牧场渔业有限公司。

主要完成人员：徐永江，柳学周，王滨，姜燕，张凯，蓝功钢，杨洪军，曲建忠，史宝，孟振。

工作起止时间：2011 年月 1 日至 2019 年 12 月 31 日

内容摘要：

中国水产科学研究黄海水产研究所海水鱼类繁育理论与技术团队针对我国鲆鲽类传统池塘养殖存在的问题和产业升级的技术需求，结合我国养殖池塘的结构、环境以及鲆鲽类生物学特性，构建了工程化池塘循环水养殖系统和工程化岩礁池塘养殖系统，研究了池塘养殖鱼类生长健康调控机制，研发了苗种规格与养殖密度调控、饵料精准投喂、水环境在线监测与微生态调控、高效增氧、安全越冬与度夏、尾水资源化处理等六大养殖关键技术，形成了鲆鲽类工程化池塘高效养殖技术规范，并在山东、辽宁等鲆鲽类主产区进行了示范与应用，推动了我国鲆鲽类池塘养殖提质增效和转型升级，促进海水鱼类池塘养殖走工业化发展的道路，推广应用良好，经济、生态和社会效益显著。

# 南海渔业生物种质资源收集保存评价与创新利用

获奖名称、级别：2020—2021 年度神农中华农业科技奖二等奖。

获奖时间：2021 年 10 月 13 日。

主要完成单位：中国水产科学研究院南海水产研究所，广东省渔业技术推广总站，海南晨海水产有限公司，深圳市龙岐庄实业发展有限公司。

主要完成人员：张殿昌，江世贵，郭华阳，张楠，郭梁，刘宝锁，蔡云川，马振华，何志超，周发林，李娜，陈明强，陈素文，苏天凤，吕俊霖。

工作起止时间：2005 年 01 月 01 日至 2018 年 12 月 31 日。

内容摘要：

该成果围绕南海渔业生物种质资源收集保护与种质评价和优异种质创制，从活体、标本和基因资源等不同层次构建了我国种类最丰富的南海渔业生物种质资源库；建立了海洋生物种质资源遗传多样性和经济性状的精准评价技术，系统评价了重要捕捞种类遗传多样性本底水平，开展了捕捞压力下遗传多样性变化情况的持续监测；精准评价了重要养殖种类的经济性状和遗传背景，阐释了重要经济性状的遗传基础，构建了重要养殖种类的核心种质群；创制出优良新种质，培育出 1 个新品种；突破了具有重要养殖开发潜力种类的人工繁育技术，开发出养殖新对象。成果技术整体达到国际先进水平。2018 年至 2019 年累计新增销售额 8.16 亿元，新增利润 2.02 亿元，社会和经济效益重大，实现了对南海渔业生物种质资源保护与利用的双赢。

# 石斑鱼新种质创制与应用

获奖名称、级别：渔业新技术 2021 年度优秀科技成果。

获奖时间：2021 年 10 月 29 日。

主要完成单位：中国水产科学研究院黄海水产研究所，莱州明波水产有限公司。

主要完成人员：田永胜，李文升，王林娜，庞尊方，李振通，马文辉，刘阳，王清滨，翟介明，李波。

工作起止时间：2020 年 1 月至 2021 年 12 月。

内容摘要：

由中国水产科学研究院黄海水产研究所与莱州明波水产有限公司合作完成的“石斑鱼新种质创制及产业化应用”相关技术成果，推广至福建、广东、海南、山东、天津等地应用，近两年累计培育推广云龙石斑鱼 3732 万尾、金虎石斑鱼 6566 万尾，苗种生长快、抗病性强、适温范围广，受到养殖企业（户）欢迎，产生显著的经济社会效益，直接带动经济效益 10.22 亿元。

# 鲆鳎鱼类亲体营养生理研究

获奖名称、级别：海洋科学技术二等奖。

获奖时间：2021 年 12 月。

主要完成单位：中国水产科学研究院黄海水产研究所，海阳市黄海水产有限公司，青岛玛斯特生物技术有限公司，烟台开发区天源水产有限公司。

主要完成人员：梁萌青，徐后国，薛致勇，卫育良，魏万权，曲江波，张建柏，赵敏，肖登元，曹林。

工作起止时间：2009 年 1 月至 2020 年 12 月

内容摘要：

该项目针对鲆鳎类亲鱼营养需求参数缺乏、普遍使用冰鲜杂鱼、很难满足亲鱼繁殖性能要求、严重影响苗种质量的现状，建立了半滑舌鳎和大菱鲆亲鱼重要营养素需求参数数据库，揭示了长链不饱和脂肪酸对半滑舌鳎亲鱼性腺中性类固醇激素合成及合成过程中关键蛋白基因表达的调控作用，创建了不同性腺发育阶段和不同性别半滑舌鳎亲鱼中性类固醇激素分泌的精准调控技术，促进性激素分泌，提高繁育性能，发明了提高亲鱼繁殖性能及受精率的营养策略，显著改善半滑舌鳎亲鱼产卵量及后代质量，为鲆鳎鱼类繁育性能的营养调控和亲鱼专用配合饲料的研发提供坚实理论基础，开创了营养调控改善鲆鳎苗种质量的技术途径，为鲆鳎种业的发展提供技术支撑，经济效益社会效益显著。

# 海洋食品品质靶向提升关键技术及产品化

获奖名称、级别：山东省科学技术进步奖二等奖。

获奖时间：2021 年 12 月 21 日。

主要完成单位：中国海洋大学，山东省海洋生物研究院，山东惠发食品股份有限公司，山东美佳集团有限公司，荣成泰祥食品股份有限公司。

主要完成人员：李振兴，林洪，王颖，孟祥红，惠增玉，郭晓华，杨青，刘炳杰。

工作起止时间：2005 月 1 日至 2018 月 12 日。

内容摘要：

建立了原料—加工—流通的全链条危害靶向控制和品质提升技术体系，研制了快速准确的检测方法与检测设备，实现了海洋食品生产—加工—流通等全过程的实时监测，构建了一套有效提升海洋食品品质的技术规范，组建了一支具有国际视野和水平的研究队伍。该项目成果突破了海洋食品危害物的消减和品质靶向提升的瓶颈，有效提升了我国海洋食品产业的技术水平，增强了我国海洋食品产业在国际市场上的竞争力，对推动我国海洋食品产业的提质增效具有重要的示范作用。

# 海水养殖动物重要病原新型核酸检测技术研发及推广应用

获奖名称、级别：广东省农业技术推广一等奖。

获奖时间：2021 年。

主要完成单位：华南农业大学。

主要完成人员：秦启伟，石磊，王劭雯，常彦磊，谢海平，宋长江，张璜，李言伟，颜远义，宋海霞，黄晓红，马志洲，陈秋林，谢会，阮奕恕，陈明波，丘金珠，林晓秀，姚明河，王海青。

工作起止时间：2018 年 1 月至 2020 年 12 月。

内容摘要：

本项目围绕海水养殖动物的 12 种重要病原（传染性脾肾坏死病毒、神经坏死症病毒、石斑鱼虹彩病毒、对虾白斑综合征病毒、对虾传染性皮下及造血组织坏死病毒、急性肝胰腺坏死综合症病毒、溶藻弧菌、创伤弧菌、哈维氏弧菌、海豚链球菌、刺激隐核虫和虾肝肠孢虫），研发了一系列快速检测技术及产品，并建立了产品生产线，包括 12 种恒温核酸检测试剂盒和配套的Dhelix-Q恒温荧光PCR仪及基于核酸适配体的胶体金试纸条检测试剂盒，方便、快捷且智能，适于养殖现场快速检测。目前，新型核酸检测技术及产品已辐射广东海水养殖主产区，并向其他省份推广，有助于病害防控，减少病害造成的损失，促进海水养殖绿色可持续发展，产生了显著的经济、社会和生态效益。

# 鲆鳎鱼类重要性状遗传解析及分子育种技术创建与良种培育

获奖名称、级别：农业农村部 2020 至 2021 年度神农中华农业科技奖一等奖。

获奖时间：2021 年 10 月。

主要完成单位：中国水产科学研究院黄海水产研究所，上海海洋大学，中国水产科学研究院北戴河中心实验站，深圳华大生命科学研究院，海阳市黄海水产有限公司。

主要完成人员：陈松林，邵长伟，鲍宝龙，侯吉伦，王娜，张国捷，王磊，田永胜，李仰真，薛致勇，徐文腾，周茜，崔忠凯，刘洋，杨英明，李希红，陈亚东，郑卫卫。

工作起止时间：2010 年 1 月至 2018 年 12 月。

内容摘要：

针对牙鲆和半滑舌鳎雌雄差异大、抗病力差、苗种成活率低及变态异常等问题，对鲆鳎鱼类变态发育、性别分化及抗病等性状的遗传基础及分子育种技术与良种培育进行了系统研究，取得多项创新性成果。揭示了鲆鳎鱼变态发育和体色不对称的分子机制，阐明了半滑舌鳎性别分化与性逆转的分子机制；初步揭示了牙鲆抗细菌病性状的分子机制；创建了鲆鳎鱼类抗细菌病性状基因组选择技术，研制出我国首款鱼类抗病育种基因芯片“鱼芯 1 号”；创建了半滑舌鳎基因组编辑技术；培育出牙鲆“鲆优 2 号”和牙鲆“北鲆 2 号”2

个抗病、高产新品种。发表论文74篇，其中SCI论文50篇，包括*Nature Genetics*论文1篇，出版《鱼类基因组学和基因组育种技术》专著1部，授权发明专利10件。在山东、河北、江苏、天津和辽宁等沿海省市进行了推广应用，产生了显著经济效益和社会效益。

# 鲆鲽鱼类弧菌病基因工程活疫苗创制技术

获奖名称、级别：中国农学会，获选“2021中国农业农村重大新技术新产品新装备”之十大新技术。

获奖时间：2021年11月。

主要完成单位：华东理工大学。

主要完成人员：马悦，王启要，刘晓红，张元兴。

工作起止时间：2011年至2019年。

内容摘要：

该成果系统解析海洋弧菌条件致病和养殖病害暴发机制，开展鲆鲽鱼类弧菌病基因工程活疫苗理性设计和产品创制，实现了我国水产疫苗创新与产业化的新突破。

本创新技术中获得的“大菱鲆鳗弧菌基因工程活疫苗（MVAV6203株）”为国内首例鱼类基因工程活疫苗，于2011年获批《农业转基因生物安全证书（生产应用）》（农基安证字（2011）第065号）。此项工作完成了该类疫苗产业化开发中第一个里程碑阶段，加速推进了我国首个海水鱼类基因工程活疫苗的临床试验申报及新兽药注册申报进程，为此类疫苗开发平台创制的系列新型疫苗产品的商品化进程奠定了坚实的行政许可保障，水产鱼类基因工程活疫苗就此迈入产业化开发的重要阶段。

大菱鲆鳗弧菌基因工程活疫苗（MVAV6203株）于2019年4月4日正式获批国家一类新兽药注册证书（证书号：（2019）新兽药证字15号），同时颁布生效了“制造与检验试行规程”和“质量标准”2项兽药国家标准。这是目前国际上首例被行政许可批准的鱼类弧菌病基因工程活疫苗，丰富了我国水产疫苗的产品种类，为我国以鱼类为代表的现代水产养殖业的绿色健康发展提供具有国际先进水平的核心产业技术与配套产品支撑。这一药证的获批实现了我国水产疫苗创制与产业化进程中又一次零的突破。

# 岱衢族大黄鱼养殖产业提升关键技术创新与应用

获奖名称、级别：2021 年度宁波市科学技术进步奖一等奖。

获奖时间：2022 年 3 月 8 日。

主要完成单位：宁波市海洋与渔业研究院，宁波大学，象山港湾水产苗种有限公司，中国海洋大学，浙江万里学院。

主要完成人员：吴雄飞，沈伟良，竺俊全，薛良义，徐万土，严小军，毛芝娟，申屠基康，艾庆辉，余心杰，施祥元，王雪磊，沈锡权。

工作起止时间：2011 年 1 月 1 日至 2020 年 12 月 30 日。

内容摘要：

为保护和恢复濒临枯竭的岱衢族大黄鱼种质资源，针对养殖大黄鱼产品品质不高和养殖效益低等问题，开展岱衢族大黄鱼养殖产业提升关键技术创新与应用，取得的主要技术创新成果：① 采捕了岱衢洋具有特定遗传标记的野生大黄鱼，经扩繁建立了岱衢族大黄鱼种质资源库，阐明了其形态、生长、繁殖、生理生化和遗传等生物学特性，研发出岱衢族大黄鱼与闽–粤东族大黄鱼的鉴别方法；建立了岱衢族大黄鱼种质活体保存和精子超低温冷冻保存技术，冷冻精子 511 份，保存岱衢族大黄鱼种质活体 91399 尾。② 以岱衢洋野生大黄鱼为基础群体，培育出大黄鱼“甬岱 1 号”新品种（GS–01–001–2020），生长速度提高 16.36%，体形匀称细长，在浙江、福建应用增效 20%以上。③ 阐明了养殖岱衢族大黄鱼体形、体色和风味与饲料、环境的关系，建立了品质评价指标体系，研发出可提升品质的专用配合饲料投喂和分级养殖等技术，提质增效显著。技术成果已在浙江及福建的 7 个大黄鱼主产区（县）规模化应用，近 3 年繁育岱衢族大黄鱼和大黄鱼“甬岱 1 号”优质健康苗种 4.49 亿尾，技术推广应用养殖网箱 224 万$m^3$，围网 182 万$m^2$，养殖高品质大黄鱼 6776.7 t，新增产值 7.87 亿元，新增利税 2.2 亿元，取得了重大经济社会效益。

# 岱衢族大黄鱼养殖产业提升关键技术创新与应用

获奖名称、级别：2021 年度中国水产科学研究院科学技术奖二等奖。

获奖时间：2022 年 1 月 12 日。

主要完成单位：宁波市海洋与渔业研究院，宁波大学，象山港湾水产苗种有限公司，中国海洋大学，浙江万里学院。

主要完成人员：吴雄飞，沈伟良，竺俊全，薛良义，徐万土，严小军，毛芝娟，申屠基康，艾庆辉，余心杰，施祥元，黄琳，沈锡权，王雪磊，段青源。

工作起止时间：2011 年 1 月 1 日至 2020 年 12 月 30 日。

内容摘要：

为保护和恢复濒临枯竭的岱衢族大黄鱼种质资源，针对养殖大黄鱼产品品质不高和养殖效益低等问题，开展岱衢族大黄鱼养殖产业提升关键技术创新与应用，取得的主要技术创新成果：① 采捕了岱衢洋具有特定遗传标记的野生大黄鱼，经扩繁建立了岱衢族大黄鱼种质资源库，阐明了其形态、生长、繁殖、生理生化和遗传等生物学特性，研发出岱衢族大黄鱼与闽-粤东族大黄鱼的鉴别方法；建立了岱衢族大黄鱼种质活体保存和精子超低温冷冻保存技术，冷冻精子 511 份，保存岱衢族大黄鱼种质活体 91399 尾。② 以岱衢洋野生大黄鱼为基础群体，培育出大黄鱼“甬岱 1 号”新品种（GS-01-001-2020），生长速度提高 16.36%，体形匀称细长，在浙江、福建应用增效 20%以上。③ 阐明了养殖岱衢族大黄鱼体形、体色和风味与饲料、环境的关系，建立了品质评价指标体系，研发出可提升品质的专用配合饲料投喂和分级养殖等技术，提质增效显著。技术成果已在浙江及福建的 7 个大黄鱼主产区（县）规模化应用，近三年繁育岱衢族大黄鱼和大黄鱼“甬岱 1 号”优质健康苗种 4.49 亿尾，技术推广应用养殖网箱 224 万$m^3$，围网 182 万$m^2$，养殖高品质大黄鱼 6776.7 t，新增产值 7.87 亿元，新增利税 2.2 亿元，取得了重大经济社会效益。

# 鱼类生物法腌制加工关键技术的研究与应用

获奖名称、级别：广东省科技进步奖二等奖。

获奖时间：2021 年 3 月。

主要完成单位：中国水产科学研究院南海水产研究所。

主要完成人员：吴燕燕，李来好，杨贤庆，陈胜军，岑剑伟，黄卉，郝淑贤，赵永强，蔡秋杏，王悦齐。

工作起止时间：2004 年至 2020 年。

内容摘要：

该研究成果针对传统腌干鱼类品质和风味形成机制不清，亚硝基化合物、生物胺等危害因子形成和来源不明，加工效率低、产品盐度高、品质不稳定等关键瓶颈问题，通过自主创新和技术集成，探明了传统腌干鱼类品质特性与特征风味形成的作用机制，揭示了传统腌干鱼加工过程中危害因子的形成机理，靶向开发并集成创新了低盐腌制、生物法控制及低温热泵干燥的连续式快速绿色腌干新技术，开发了具有高品质的新型低盐腌干鱼制品，并在国内率先建立了腌干鱼类质量安全标准化技术体系，形成了一批创造性成果，为水产品绿色加工区域示范提供高质化生物加工技术支撑。

# 鉴定验收成果

# 新型饲料添加剂在大黄鱼配合饲料中的应用

主要完成人员：艾庆辉，王震，王修能。

工作起止时间：2021 年 10 月至 2021 年 12 月。

验收时间：2021 年 12 月 29 日。

验收地点：福建省宁德市富发水产有限公司。

组织验收单位：中国海洋大学农业农村部水产动物营养与饲料重点实验室

验收结果：

该项目养殖实验于10月28日开始，12月29日结束，水温13.6℃~25.8℃，共计63 d。以基础饲料为对照组，在基础饲料中分别添加20 g/kg功能性饲料添加剂为实验组1，添加40 g/kg杜仲发酵液为实验组2，每组3平行，大黄鱼幼鱼初始体重为12.9 g。对照组增重率为189.67%；实验1组增重率为231.01%，与对照组相比，大黄鱼幼鱼增重率显著提高27.16%；实验2组增重率为251.29%，与对照组相比，大黄鱼幼鱼增重率显著提高38.32%。对照组、实验1组和实验2组体长均值分别为11.8 cm、12.5 cm和12.47 cm。专家组成员一致认为功能性饲料添加剂和杜仲发酵液对大黄鱼具有显著促生长效果，应用潜力极大，建议大力推广应用！

# 工厂化环境调控培育亲鱼及育苗技术

主要完成人员：李军，肖志忠，肖永双，徐世宏。

工作起止时间：2019年5月至2021年5月。

验收时间：2021年8月15日。

验收地点：威海市文登区海和水产育苗有限公司。

组织验收单位：中国科学院海洋研究所。

验收结果：

储备斑石鲷亲鱼627尾，研发了斑石鲷亲鱼生殖调控技术，建立了斑石鲷苗种规模化繁育技术工艺。规格为5.5 m×5.5 m×1.2 m的培育池40个，现存池苗种数量110万余尾，苗种培育成活率35.7%。现场随机取样测量30尾，其中最大全长为85.6 mm，最小全长60.3 mm 平均全长73.2 mm。苗种健壮，活力强，适宜后续斑石鲷工厂规模化培育及养殖。

# 海水鱼养殖尾水处理技术

主要完成人员：李军，李贤，王朝夕。

工作起止时间：2019年10月至2021年10月。

验收时间：2021年12月16日。

验收地点：烟台开发区天源水产有限公司牟平基地。

组织验收单位：中国科学院海洋研究所。

验收结果：

构建了物理过滤、物理沉淀、贝藻及生态池塘净化的养殖尾水处理技术工艺。建立了工程化与生态处理相结合的养殖尾水处理系统1套，日处理养殖尾水6 000 $m^3$。经第三方有资质的水质检测机构检测，处理后水质指标：悬浮物9 mg/L，TAN 0.630 mg/L，$NO_2^-$-N 0.062 mg/L，$NO_3^-$-N 0.120 mg/L，TIN 0.785 mg/L，$PO_4^{3-}$-P 0.096 mg/L，$COD_{Mn}$ 0.40 mg/L，符合海水养殖水排放要求（SC/T 9103–2007）。回用率75%以上，实现养殖尾水达标排放和回用。初步建立了海水工厂化养殖尾水高效处理及再利用技术规程。

# 新型非粮蛋白源——天虫优$^{TM}$研发与利用

主要完成人员：谭北平，林勇。

工作起止时间：2016年1月至2020年12月。

验收时间：2021年8月19日。

验收地点：广东云浮。

组织验收单位：广东海洋大学。

验收结果：

广东海洋大学与广东泽和诚科技有限公司共同研制了新型非粮蛋白源——昆虫蛋白（天虫优TM）病退黄。应用结果表明，石斑鱼对产品中粗蛋白质的表观消化率为78%~83%，饲料中鱼粉替代比例为30%，且可以100%替代石斑鱼饲料中的豆粕。2019年以来，该产品在石斑鱼饲料中推广应用，生产饲料10万t，养殖面积7万余亩，饲料系数降低15%~20%。

# 水产智能化养殖关键技术的优化、集成与应用

主要完成单位：天津农学院。

主要完成人员：田云臣，王文清，华旭峰，马国强，单慧勇，孙学亮，王庆奎。

工作起止时间：2018年1月1日至2021年5月31日。

鉴定时间：2021年6月24日。

组织鉴定单位：天津市科学技术局。

内容摘要：

针对水产养殖行业数字化、自动化、智能化水平不高的问题，开展了传感器信号传输机理、机器人路径规划和自主作业、鱼类生长预测模型等水产智能化养殖关键技术研究，突破了智能装备、智能模型与系统、智能物联网等制约水产智能化养殖的技术瓶颈。创制了水质传感器自适应接口中间件和多路循环水水质监测控制、养殖设备集中控制等智能装备，构建了实时监测水质环境指标、车间环境指标、循环水系统运行状况和支持养殖现场、控制中心以及远程三级控制的水质、车间环境、循环水系统自动调控的智能化物联网系统，实现了养殖生产设备的集中控制。研发出具有路径规划和自动避障功能、遥控和自主行走两种模式、支持多种养殖生产设施装备集成的养殖作业智能机器人，实现了取料、运输、填料、投喂自动作业。创建了半滑舌鳎、珍珠龙胆石斑鱼生长预测模型，开发了半滑舌鳎养殖智能决策支持系统，实现了养殖生产精细化、智能化管理。基于SOA和云架构，开发了支持计算机终端和手机终端的智慧养殖综合信息平台。

# 陆基工厂化养殖池自动清洗机器人

主要完成人员：田云臣，华旭峰，马国强，单慧勇，孙学亮，王庆奎，贾磊。

工作起止时间：2021 年 1 月至 2021 年 11 月。

验收时间：2021 年 11 月 23 日。

验收地点：天津立达海水资源开发有限公司。

组织验收单位：天津农学院。

验收结果：

针对现阶段陆基工厂化水产养殖池人工清洗存在的作业烦琐重复、劳动强度大、生产效率低等问题，开展了自动定位、路径规划、自动避障、自主作业等智能机器人关键技术研究，研发了陆基工厂化养殖池自动清洗机器人，实现了工厂化养殖池池底、池壁自动清洗，避免了池底湿滑造成的安全事故和养殖动物的应激反应。自动清洗机器人由导轨、同步带轮移动机构、可伸缩清洗机构和控制系统构成，移动机构可沿导轨前后、左右、上下平稳运行。清洗机构上下伸缩，清洗刷头 360° 旋转，通过四轴联动实现养殖池池底、池壁自动清洗。控制系统可实时获取限位传感器采集的位置信息，控制清洗装置进行往复型或螺旋型路径的自动清洗，并具有避障、越池功能。自动清洗机器人作业水深 1.5 m，清洗幅宽 0.5 m，单位时间清洗面积 2 $m^2$/min。

# 耐低氧军曹鱼种苗培育

主要完成人员：陈刚，张健东，黄建盛。

工作起止时间：2021 年 10 月至 2021 年 11 月。

验收时间：2021 年 11 月 20 日。

验收地点：广东阳西县水产养殖专业合作社。

组织验收单位：广东海洋大学科技处。

验收结果：

课题组在室外地膜池培育军曹鱼鱼苗的池塘共 2 口，育苗水体面积共 3.2 亩，于 2021 年 10 月 3 日和 15 日分别投发初孵军曹鱼仔鱼 45 万尾和 63 万尾；经抽样定量，估算池塘鱼苗数分别为 14.7 万尾和 27.8 万尾，成活率分别为 32.7%和 44.1%，平均体长分别为 16.7 cm和 7.9 cm；种苗体形完整，体质健壮，活力强；生产过程各项操作规范，记录资料完备、翔实。

# 基于绿色养殖需求的新型农用海洋生物制品研发与应用示范

主要完成人员：陈新华，何天良，母尹楠，何亮华，陈政榜。

工作起止时间：2019 年 6 月至 2021 年 5 月。

验收时间：2021 年 8 月。

验收地点：福州。

组织验收单位：福建省海洋与渔业局。

验收结果：

针对海水鱼养殖过程中病害问题，该成果研发了 5 种养殖鱼类重要病原快速检测试剂盒：鱼类细胞肿大虹彩病毒、流行性造血器官坏死病毒、诺卡氏菌、溶藻弧菌和变形假单胞菌等多重RT-PCR检测试剂盒，检测灵敏度均在每微升 100 个病毒或细菌基因组拷贝；完成了抗氧化酶Prx4 免疫调节剂 100 L中试工艺的研发，其攻毒保护率提高 17.7%；完成乳酸杆菌HMT免疫调节剂的制备，可降低鱼肠炎发病率 19.09%，使鱼生长速率提高 11.31%；完成乳酸杆菌HMT免疫调节剂的应用示范，应用于大黄鱼养殖网箱 40 框，示范周期 3.1 个月；石斑鱼养殖池 12 口，示范周期 5 个月；鲈鱼养殖池 10 口，示范周期 4 个月。

# 石斑鱼新种质创制及产业化应用

主要完成单位：中国水产科学研究院黄海水产研究所，莱州明波水产有限公司。

主要完成人员：田永胜，李文升，王林娜，庞尊方，李振通，马文辉，刘阳，王清滨，张晶晶，刘江春，李波，翟介明，陈帅，黎琳琳，段鹏飞，王心怡。

工作起止时间：2020 年 1 月至 2021 年 12 月。

鉴定时间：2021 年 12 月 12 日。

组织鉴定单位：中国农学会。

内容摘要：

中国水产科学研究院黄海水产研究所与莱州明波水产有限公司合作完成了石斑鱼从种质库构建、精子冷冻保存、远缘杂交育种、新种质培育、产业化推广应用等多项创新成果，其中在石斑鱼精子冷冻保存技术应用到远缘杂交育种和新种质创制方面，达到国际领先水平。该成果培育 12 种石斑鱼亲本 6129 尾，建立 12 种石斑鱼精子冷冻保存技术；培育新品种“云龙石斑鱼”、新种质“金虎石斑鱼”。其中，云龙石斑鱼生长速度是母本的 3.08 倍，是同类养殖品种的 1.37 倍，适温范围 9℃ ~32℃；金虎石斑鱼生长速度是母本的 2.06 倍，耐低氧，适温范围 9℃ ~35℃。应用本技术培育推广云龙石斑鱼和金虎石斑鱼优良苗种 1.03 亿尾，在南北方规模化推广养殖，生产经济社会效益 10.22 亿元。

# 2021 年度第一批福建省工业和信息化重点新产品

主要完成人员：方秀，汪晴，陈小辉。

工作起止时间：2021 年 04 月至 2021 年 07 月。

验收时间：2021 年 07 月 21 日

验收地点：福建省福鼎市山前铁塘里工业园区福临路 340 号。

组织验收单位：福建省工业和信息化厅。

验收结果：我站依托单位以“闽威鱼松”申报了 2021 年度第一批福建省工业和信息化重点新产品，根据文件要求完成申报材料准备、专家答辩等环节。福建省工业和信息化厅组织专家核查组到我站现场核查后授予我站依托单位该项荣誉。“闽威鱼松”将作为福建省工业和信息化重点新产品进行推广。

# 福建省渔业结构调整名牌农产品<br>“闽威鲈鱼”品牌推广项目

主要完成人员：方秀，汪晴，陈小辉，方翔，陈方园。

工作起止时间：2021 年 01 月至 2021 年 11 月。

验收时间：2021 年 11 月 29 日。

验收地点：福建省福鼎市山前铁塘里工业园区福临路 340 号。

组织验收单位：福鼎市海洋与渔业局、福鼎市财政局。

验收结果：

福鼎市海洋与渔业局、福鼎市财政局组织有关专家前往福鼎市山前铁塘工业园区对该项目进行现场验收。验收组专家听取了项目汇报，查阅了相关资料，经质询与讨论，形成如下意见：① 项目资料完整，符合验收要求。② 完成闽威鲈鱼专题片视频拍摄、宣传手册制作。③ 在动车站投放宣传广告牌 3 处（5 面）。其中宁德动车站入口、候车厅二楼共 2 面，福鼎站候车大厅 2 面，太姥山站候车厅 1 面。④ 在福鼎南大路投放LED屏宣传广告 1 处。⑤ 在福州地铁 2 号线投放新媒体广告 7 处共 18 面（宣传广告牌 13 面，LED屏 5 面）。综上所述，项目承担单位完成了项目建设任务，专家组同意通过项目验收。

# 半滑舌鳎繁养关键技术的研究与应用

主要完成单位：天津市水产研究所。

主要完成人员：贾磊，张博，刘克奉，赵娜，刘皓，王群山，马超，陈春秀，尚晓迪，王婷，殷小亚，赵营，刘张倩，王钢，李翔。

工作起止时间：2017 年 1 月至 2021 年 5 月。

鉴定时间：2021 年 5 月 19 日。

组织鉴定单位：天津市科学技术评价中心。

内容摘要：

该成果针对半滑舌鳎养殖中种群退化、雌性率低、病害频发和黑化现象严重等问题，收集与驯化了半滑舌鳎野生种质资源，构建了半滑舌鳎繁育种质库；研发了高雌苗种制种、亲本强化培育等关键技术；发明了降低鱼体无眼侧黑化发生的养殖管理方法；筛选获得了哈维氏弧菌对半滑舌鳎感染的生物标识物，研发了免疫增强剂；分析了循环水养殖系统中生物滤池微生物群落结构，优化完善了天津地区半滑舌鳎标准化循环水养殖系统与工艺。

创新点：一是分析了不同地理种群的半滑舌鳎遗传多样性和群体分化关系，构建了种质资源库和天津地区鲆鲽类种质资源信息管理平台。二是首次在鱼类精液中分离鉴定到了外泌体，获得了与半滑舌鳎伪雄鱼性别关联的分子标记，发明了性别检测试剂盒和性别快速鉴定试纸条，研发了高雌苗种生产技术，繁育苗种雌性比例提高了 20%以上。三是阐明了Mc1r基因在半滑舌鳎无眼侧黑化发生中的作用机制，发明了降低无眼侧黑化发生的养殖管理方法，半滑舌鳎苗种无眼侧黑化率降低 30%以上。

联合申报农业农村部审定新品种 1 个，授权发明专利 10 件、实用新型专利 3 件，获得软件著作权登记 1 件，发表论文 21 篇，其中SCI收录论文 11 篇，经济社会效益显著。综上，该项目成果总体达到了国际先进水平。

# 许氏平鲉繁养殖技术体系的构建与应用

主要完成单位：山东省海洋资源与环境研究院，中国科学院海洋研究所，中国水产科学研究院黄海水产研究所，烟台大学，青岛农业大学，山东富瀚海洋科技有限公司，烟台仁达自动化装备科技有限公司。

主要完成人员：姜海滨，李军，韩慧宗，关长涛，刘立明，王腾腾，陈京华，王斐，张明亮，刘丽娟，姜汉，吕荣福，王忠全，刘京熙，陈玮。

工作起止时间：2005 年 1 月至 2020 年 12 月。

鉴定时间：2021 年 1 月 15 日。

组织鉴定单位：山东水产学会。

内容摘要：

本项目成果首次系统建立了许氏平鲉规模化苗种培育技术：阐明了许氏平鲉早期发育

规律，建立了亲鱼弱光培育原池产仔技术，创制了许氏平鲉苗种培育环境调控、饵料转换、营养强化及疾病防控技术。首次建立许氏平鲉生殖调控及全人工繁育技术：首次构建许氏平鲉染色体水平的高质量基因组并揭示精子储存机制，阐明了许氏平鲉雌雄亲鱼性腺发育成熟规律，创制了许氏平鲉雌雄性成熟亲鱼生殖调控技术、工厂化人工控制交尾技术，开展了许氏平鲉种质资源遗传评估、快速生长品系的继代选育工作，揭示了许氏平鲉雌雄亲鱼交配模式。构建了许氏平鲉网箱健康养殖技术体系：摸清了许氏平鲉最适环境因子需求及生态阈值，研发了许氏平鲉陆海接力运输技术、大规格苗种培育、深水网箱养殖和病害防控技术；研制了许氏平鲉专用配合饲料，制定了许氏平鲉配合饲料营养标准和缓沉料加工工艺标准；改进养殖网箱技术要点，开发了智能化养殖辅助设备。集成许氏平鲉规模化苗种培育技术、生殖调控及全人工繁育技术、网箱健康养殖技术构建了许氏平鲉繁养殖技术体系，并开展了应用、示范及推广工作；技术支撑了许氏平鲉国家级、省级原种场以及海洋资源增殖放流工作。该成果整体达到国际领先水平。

# 池塘养殖条件下红鳍东方鲀专用饲料的中试

主要完成人员：梁萌青，徐后国，卫育良，马强。

工作起止时间：2021 年 7 月至 2021 年 9 月。

验收时间：2021 年 9 月 26 日。

验收地点：唐山海都水产食品有限公司。

组织验收单位：中国水产科学研究院黄海水产研究所。

验收结果：

本次中试开始于 2021 年 7 月 26 日，历时 40 d，在池塘中红鳍东方鲀与凡纳滨对虾混养，实验设饲料组和鲜杂鱼组，饲料组和鲜杂鱼组初始体重均为 10 g左右。实验结束后，分别对两组进行称重，结果为红鳍东方鲀专用饲料组平均体重 209 g，鲜杂鱼投喂组平均体重 194 g。

总体结果表明，在本实验养殖条件下，专用配合饲料可取代鲜杂鱼在池塘中实现红鳍东方鲀与凡纳滨对虾混养，且生长速度与投喂鲜杂鱼无显著差异。

# 池塘养殖条件下红鳍东方鲀、菊黄东方鲀专用配合饲料中试

主要完成人员：梁萌青，徐后国，卫育良，马强。

工作起止时间：2021 年 7 月至 2021 年 9 月。

验收时间：2021 年 10 月 10 日。

验收地点：东港市祥顺渔业有限公司。

组织验收单位：中国水产科学研究院黄海水产研究所。

验收结果：

试验在 3 个池塘中进行。红鳍东方鲀、菊黄东方鲀分别与海蜇、缢蛏、中国对虾混养。红鳍东方鲀设置对照组和试验组，分别投喂鲜杂鱼和配合饲料。菊黄东方鲀设置配合饲料投喂组。红鳍东方鲀初始体重为 10 g，菊黄东方鲀为 3.5 g。7 月 10 日开始，试验组池塘投喂专用配合饲料，对照组池塘全程投喂鲜杂鱼；9 月 1 日试验组投喂配合饲料与鲜杂鱼混合投喂（100 kg鲜鱼+40 kg饲料）。池塘养殖实验于 9 月 30 日结束，并转入到室内养殖。

实验结束后，分别对对照组和试验组随机各取 50 尾鱼进行称重，结果为红鳍东方鲀专用饲料组平均体重 286.8 g，鲜杂鱼组平均体重 286.0 g，菊黄东方鲀平均体重 151.8 g。结果表明，配合饲料和冰鲜杂鱼展现相同的生长性能。另外，根据对比养殖试验期间的观察，投喂配合饲料的河鲀抗应激及抗病能力强，且池塘水质清澈，鱼体规格均匀，效果显著优于使用鲜杂鱼组。

# 海鲈优异种质资源挖掘与苗种规模化繁育关键技术研究及示范

主要完成单位：中国海洋大学，利津县双瀛水产苗种有限责任公司，全国水产技术推广总站，福建闽威实业股份有限公司，珠海市强晟农产品有限公司，奉化龙泰进出口有限公司，唐山海都水产食品有限公司，珠海市斗门区河口渔业研究所，宁波市海洋与渔业研究院。

主要完成人员：温海深，李昀，陈守温，张美昭，李刚，方秀，郭振强，林国存，李

卫东，崔阔鹏，李吉方，张凯强，齐鑫，王庆龙，吴雄飞。

工作起止时间：2011 年 1 月 1 日至 2021 年 12 月 31 日。

鉴定时间：2021 年 11 月 19 日。

组织鉴定单位：青岛连城创新技术开发服务有限责任公司。

内容摘要：

针对海鲈产业面临的优质苗种供应不足、种质资源混乱等问题，攻克了海鲈种质资源鉴定、挖掘与苗种规模化繁育等关键技术，解决了优质苗种数量供应不足的产业瓶颈问题，引领了我国海鲈养殖业的健康可持续发展。

（1）主要技术成果内容：构建了首个系统、丰富的海鲈种质资源库，建立了精准的海鲈种质来源鉴定技术；系统解析了海鲈繁殖生理机制并建立了高效的海鲈精液超低温冻存技术；创建了北部海区海鲈全人工繁殖及苗种培育技术体系；解析了海鲈生长、耐盐碱等重要经济性状的遗传分子机制，筛选出多个具有育种价值的分子标记和功能基因。

（2）形成的主要成果：形成国家标准 1 项，授权专利 10 项，主编获参编专著 6 部，发表论文 58 篇。获批地理标志产品“利津花鲈”、商标“利北花鲈”。团队开展技术培训 13 场，培训近 1 000 人。协助企业获批山东省花鲈良种场、山东省高新技术企业。实现累计经济效益 5 947.51 万元，利润 704 万元。团队成员获福建省科技进步奖三等奖、东营市科技合作奖、广东省农业科技推广二等奖，被聘山东省科技特派员和利津县“凤凰学者”。

# 2020 年度海鲈苗种繁育

主要完成人员：温海深，李昀，张美昭，齐鑫，李吉方，张凯强。

工作起止时间：2020 年 1 月至 2021 年 1 月。

验收时间：2021 年 1 月 16 日。

验收地点：山东省利津县双瀛水产苗种有限责任公司。

组织验收单位：中国海洋大学。

验收结果：

2020 年优化了亲鱼室内水泥池越冬、室外网箱育肥及营养强化的亲鱼培育方式，基地保有性成熟海鲈亲鱼共 155 尾（体重 2.55~6.63 kg，平均 3.79 kg），后备亲鱼 350 尾（平均体重 1.0 kg以上）。2020 年优化了亲鱼培育、激素诱导、人工授精及苗种培育等人工繁育关键技术，获得受精卵 522 万粒，初孵仔鱼 417 万尾，孵化率为 79.9%。2020 年 10 月 28 日开始苗种培育，经过 81 d培育出海鲈鱼苗 31 万尾，鱼苗全长 24.0~61.0 mm，平均全长 35.5 mm。

# 2020 年度海鲈亲鱼培育和苗种工厂化生产关键技术

主要完成人员：温海深，李昀，张美昭，齐鑫，李吉方，张凯强。

工作起止时间：2020 年 4 月至 2021 年 4 月。

验收时间：2021 年 4 月 17 日。

验收地点：山东省烟台经海海洋渔业有限公司高新区科研中试基地。

组织验收单位：烟台经海海洋渔业有限公司、中国海洋大学。

验收结果：

验收专家查看了现场、听取了工作汇报，经质询讨论，形成如下验收意见：验收方法为查看海鲈亲鱼养殖和苗种生产现场，查阅生产记录与档案，随机抽取 60 尾鱼苗，测量全长。基地保有日照、招远来源海鲈亲鱼各 112 尾和 11 尾，东营来源后备亲鱼 400 尾，目前养殖在南隍城网箱中。2020 年 11 月 1 日开始苗种培育，经过 168 d，培育出海鲈鱼苗 29.6 万尾，其中福建来源受精卵孵化率 92.3%，苗种数量 10.8 万尾，成活率 3.9%；东营来源受精卵孵化率 98.0%，苗种数量 18.8 万尾，成活率 8.3%。福建来源苗种平均全长 76.5 mm，东营来源苗种平均全长 72.9 mm。

# 岱衢族大黄鱼养殖产业提升关键技术研究与示范

主要完成单位：宁波市海洋与渔业研究院，宁波大学，象山港湾水产苗种有限公司，中国海洋大学，浙江万里学院。

主要完成人员：吴雄飞，沈伟良，竺俊全，薛良义，徐万土，严小军，毛芝娟，申屠基康，艾庆辉，余心杰，王雪磊，施祥元，黄琳，沈锡权，陈琳，刘伟健，段青源，马睿，周岐存，王建平，许曹鲁，陈彩芳，王国良，高有领，倪海儿，林淑琴，陈京华。

工作起止时间：2011 年 1 月 1 日至 2020 年 12 月 30 日。

鉴定时间：2021 年 4 月 11 日。

组织鉴定单位：浙江省科技查新咨询协会查新工作站B01。

内容摘要：

为保护和恢复濒临枯竭的岱衢族大黄鱼种质资源，针对养殖大黄鱼产品品质不高和养殖效益低等问题，开展岱衢族大黄鱼养殖产业提升关键技术研究与示范，取得的主要技术创新成果：① 采捕了岱衢洋具有特定遗传标记的野生大黄鱼，经扩繁建立了岱衢族大黄鱼种质资源库，阐明了其形态、生长、繁殖、生理生化和遗传等生物学特性，研发出岱衢族大黄鱼与闽-粤东族大黄鱼的鉴别方法；建立了岱衢族大黄鱼种质活体保存和精子超低温冷冻保存技术，冷冻精子 511 份，保存岱衢族大黄鱼种质活体 91399 尾，繁育优质苗种 28075 万尾。②以岱衢洋野生大黄鱼为基础群体，培育出大黄鱼“甬岱 1 号”新品种（GS-01-001-2020），生长速度提高 16.36%，体形匀称细长，在浙江、福建应用增效 20%以上。③ 阐明了养殖岱衢族大黄鱼体形、体色和风味与饲料、环境的关系，建立了品质评价指标体系，研发出可提升品质的专用配合饲料投喂和分级养殖等技术，提质增效显著。④ 项目实施期间，共发表论文 74 篇，其中SCI论文 30 篇，获得授权国家发明专利 10 件、实用新型专利 2 件、软件著作权 1 件、制定地方标准 2 项、企业标准 7 项。相关成果已在浙江、福建等地应用，经济社会效益显著。成果创新性强，总体达到国际先进水平。

# 大菱鲆育种及养殖产业技术优化集成与示范

主要完成人员：马爱军，曲江波，杨志。

工作起止时间：2018 年 1 月至 2020 年 12 月。

验收时间：2021 年 9 月 18 日。

验收地点：烟台开发区。

组织验收单位：烟台市科技局。

验收结果：

共收集国内大菱鲆主要养殖区 7 个养殖群体活体样本 5315 尾，补充更新了大菱鲆原良种种质；综合制定出了系统的鱼类耐高温性状选育技术体系和扩繁体系，完成了大菱鲆耐高温性状苗种培育及推广，共推广 120 万尾；研制海水鱼苗种分级机样机一套，集成并构建自动投饲系统设备一套；完成尾水处理工艺优化，实现养殖尾水达标排放；形成工厂化循环水高效健康养殖技术规范；研发制备水解鱼蛋白；大菱鲆鳗弧菌基因工程活疫苗获批国家一类新兽药证书，鲆鲽鱼类爱德华氏菌活疫苗创制技术入选“2019 年中国农业农村十大新技术”。并制定相关使用操作规程，建立以联合免疫接种为核心的新型鲆鲽类健康养殖生产体系。发表论文 6 篇（SCI收录论文 4 篇），申请国家发明专利 5 项，授权国家发明专利 2 项，授权实用新型专利 3 项，制定企业标准 1 项，提交科技报告 1 篇。

# 大黄鱼抗刺激隐核虫新品系“宁抗 1 号”示范养殖

主要完成单位：厦门大学，宁德市富发水产有限公司。

主要完成人员：徐鹏，郑炜强。

工作起止时间：2021 年 4 月至 2021 年 12 月。

鉴定时间：2021 年 12 月 30 日。

组织鉴定单位：宁德市蕉城区海洋与渔业局。

内容摘要：

育种组应用基因组选择育种技术开展大黄鱼抗刺激隐核虫新品系“宁抗 1 号”选育，并于 2021 年 4 月 29 日起在三都大湾网箱养殖基地开展“宁抗 1 号”F3 继代选育苗种示范养殖。

示范养殖设置试验组（“宁抗 1 号”F3 继代选育系 4 框）和对照组（未经选育的普通后代 40 框），示范网箱规格为 12 m × 8 m × 5 m，每框均投放全长 4~5 cm的鱼苗 8 万尾。

至 2021 年 12 月 30 日测产，试验组存活数量为 10.02 万尾，平均体重为 97.7 g；对照组存活数量为 54.10 万尾，平均体重为 110.8 g（详见附件）。经统计，试验组和对照组成活率分别为 31.31%、16.91%，试验组相对对照组，即“宁抗 1 号”F3 继代选育系比未经选育的普通后代苗种的成活率提高了 14.40%。

# 大黄鱼“富发 1 号”生产性对比养殖试验

主要完成单位：宁德市富发水产有限公司。

主要完成人员：刘招坤，郑炜强。

工作起止时间：2019 年 4 月至 2021 年 5 月。

鉴定时间：2021 年 5 月 31 日。

组织鉴定单位：宁德市蕉城区水产技术推广站。

内容摘要：

2019 年 4 月 17 日在蕉城区八都镇下溪海区宁德市东江红渔业有限公司养殖基地，放养大黄鱼“富发 1 号”F6 和普通大黄鱼鱼种各 3 口网箱，每口网箱放养 18 万尾，网箱规格 24 m × 20 m × 8 m（长 × 宽 × 深）。大黄鱼“富发 1 号”F6 为 2019 年 1 月繁育的鱼苗，放养规格为平均体长 5.0 cm；对照组为宁德市拓鑫水产有限公司同期繁育的普通大黄鱼鱼苗，放养规格为平均体长 5.1 cm.

经 26 个月养殖，大黄鱼“富发 1 号”F6 平均体重 832.8 g，平均体长 35.6 cm，平均全长 39.S cm；对照组平均体重 649.3 g，平均体长 32.7 cm，平均全长 36.5 cm。

# 闽南海域采捕大黄鱼现场测产

主要完成单位：宁德市富发水产有限公司。

主要完成人员：郑炜强，刘兴彪。

工作起止时间：2021 年 9 月至 2021 年 11 月。

鉴定时间：2021 年 11 月 5 日。

组织鉴定单位：宁德市科学技术局。

内容摘要：

从厦门翔安外海域采捕的大黄鱼通体呈金黄色、色泽鲜亮，唇部橘红色，鳞片细密匀称，头侧扁，体延长、侧扁，尾柄细长，胸鳍前翻可过眼睛。随机捞取 30 尾，经测量结果如下：平均全长 21.4 cm，平均体长 18.2 cm，平均体高 4.7 cm，平均尾柄长 5.0 cm，平均尾柄高 1.3 cm，平均体重 86.3 g，体长/体高为 3.5~4.2，尾柄长/尾柄高为 3.4~3.9，具有传统野生大黄鱼的表型特征。

2021 年 9 月至今，共计从厦门翔安外海域采捕大黄鱼 6 393 尾，现存 1806 尾。

# “物联网自动投饵系统在大黄鱼养殖上的应用研究”项目测产

主要完成单位：宁德市富发水产有限公司。

主要完成人员：陈佳，陈卫民。

工作起止时间：2019 年 5 月至 2020 年 12 月。

鉴定时间：2021 年 1 月 3 日。

组织鉴定单位：宁德市科学技术局。

内容摘要：

2019 年 5 月 20 日至 12 月 14 日，项目开展了物联网自动投饵系统在大黄鱼养殖上的初步试验，确定了大黄鱼的摄食规律和对应的物联网自动投饵系统技术参数。

根据试验结果，2020 年 8 月 1 日开始在大湾渔排开展物联网自动投饵系统大黄鱼示范养殖，示范组网箱 3 口（每口规格：24 m × 24 m），每口养殖 13 万尾大黄鱼（3 口平均规格分别为 375.5 g、350.3 g、352.1 g）；并设置对照组网箱 1 口（规格：24 m × 24 m），养殖 13 万尾大黄鱼（平均规格 332.9 g），采用传统养殖方式进行投饵管理。至 2021 年 1 月 23 日，经测产示范组平均体长 32.8 cm，平均全长 37.1 cm，平均体重 624.7 g；对照组平均体长 30.1 cm，平均全长 34.4 cm，平均体重 507.6g（详见附件）。根据生产记录，示范组 3 口网箱的存活率分别 80.59%、95.53%、88.59%，饵料系数分别 2.11、2.19、2.09，平均饵料成本 10.15 元/斤：对照组存活率 87.27%，饵料系数 3.46，饵料成本 12.65 元/斤。示范组较对照组饵料成本降低 19.80%。

2020 年 10 月 19 日，项目组在大湾渔排又开展第二批物联网自动投饵系统大黄鱼养殖示范，示范养殖 9 口网箱（每口规格：24 m × 24 m），共投放初始平均规格 116.0 g的大黄鱼 140 万尾。

# “大黄鱼耐高温性状基因组选择育种创新示范”项目测产

主要完成单位：宁德市富发水产有限公司。

主要完成人员：潘滢，吴怡迪。

工作起止时间：2020 年 12 月至 2021 年 3 月。

鉴定时间：2021 年 3 月 27 日。

组织鉴定单位：宁德市科学技术局。

内容摘要：

2020 年 12 月 17 日，项目组按照基因组选育技术路线，从 2 450 尾候选亲本群体中挑选耐高温基因组育种值（GEBV）排名前 603 的个体作为选育亲鱼，开展耐高温新品系子一代苗种繁育：2021 年 2 月 5 日，培育的苗种暂养于三都湾大湾海域富发养殖渔排 109 框网箱（4 m × 8 m）。

2021 年 3 月 27 日，专家组从以.上 109 框中随机抽取 2 框进行计数和测量。经测产，每框平均 20.877 万尾，计 2 275.593 万尾，苗种平均全长 4.93 cm。

# 物联网自动投饵系统在大黄鱼养殖上的应用研究

主要完成人员：陈佳，陈卫民。

工作起止时间：2019 年 4 月至 2021 年 7 月。

验收时间：2021 年 7 月 22 日。

验收地点：福建省宁德市蕉城区三都镇秋竹村里鱼潭 29–1 号。

组织验收单位：福建省科学技术厅。

验收结果：

项目引进了日本水产株式会社的研究成果，结合我国大黄鱼养殖的特点，开展大黄鱼鱼群摄食行为研究，通过伪饵（食欲传感器）进行数据采集，经比较分析大黄鱼的周年摄食规律，确立了适合于大黄鱼的养殖投饵参数，申请并获计算机软件著作权登记证书 1 项，合作研发完成 1 种适合大黄鱼养殖的物联网自动投饵系统。在宁德大湾海区构建了物联网自动投饵养殖示范区，示范养殖 10.36 亩，新增产值 246.85 万元，发表论文 2 篇，制定企业标准 1 项，开展专业技术培训 66 人次。研究结果表明，试验组相较于对照组饲料成本降低了 19.80%。

# 大黄鱼产业技术研究院建设

主要完成人员：郑炜强，徐鹏。

工作起止时间：2018 年 7 月至 2021 年 8 月。

验收时间：2021 年 8 月 26 日。

验收地点：福建省福州市鼓楼区北二环西路 108 号。

组织验收单位：福建省科学技术厅。

验收结果：

项目试制鱼类表型测量系统 1 套；建立大黄鱼经济性状测评标准体系 1 个；完成染色体级别的大黄鱼基因组序列图谱的绘制；完成大黄鱼基因组育种芯片“宁芯 1 号”研发与制备，SNP标记密度 57.95 万个。储备了可供选育长速快、抗病虫害、耐高温和耐植物蛋白饲料等性状的育种材料，构建了海上和陆上活体种质库，蓄养亲鱼和后备亲鱼 101 511 尾，其中亲鱼 18 411 尾；应用群体选育和基因组育种技术建立了“富发 1 号”等新品系 5 个，示范养殖 1 100 口网箱（规格 4 m×4 m以上，计 35.5 亩）。开展病害防控和营养饲料技术示范养殖 108 口网箱。开展大黄鱼内脏白点病的致病机理及生物防治技术研究，揭示了该病的致病分子机理，开发出用于内脏白点病防治的益生菌剂 2 种；开发了环境友好型大黄鱼饲料 2 种；开发了无骨蒲烧味大黄鱼片新产品 1 项。与高校和科研院所开展科技合作 27 项，接纳科技人员驻场开展科研工作 307 人次，共享仪器设备 300 人次以上；开展企业技术服务与合作 5 项；完成各类技术推介、宣传和培训 5 场次，计 331 人次；编写并发放《海水鱼类病害防控科普图册》等资料 500 份；项目的最新研究成果在网络载体上展示，发布病害预警预报信息 22 条。

# 第五篇

# 专利汇总

# 申请专利

## 一种用于大规模测定大菱鲆个体饲料转化率的装置及方法

专利类型：发明专利。

专利申请人（发明人或设计人）：刘志峰，马爱军，孙志宾，王新安，王庆敏，李迎娣，常浩文，徐荣静。

专利申请号（受理号）：CN202110205761.0。

专利权人（单位名称）：中国水产科学研究院黄海水产研究所。

专利申请日：2021 年 2 月 24 日。

专利内容简介：

本发明涉及一种用于大规模测定大菱鲆个体饲料转化率的装置及方法，属于水产养殖领域，所述方法包括如下步骤：① 制作圆柱形尼龙网箱，底部用圆形PVC板作为支撑。② 将网箱固定到长方形的养殖池内，单独饲养大菱鲆。③ 投喂颗粒饲料并记录每条鱼的日摄食粒数。④ 根据公式“个体饲料转化率＝个体增重/个体实际总摄食量”得到测试周期内每尾大菱鲆的个体饲料转化率。应用本发明，可以解决现有技术无法获得大菱鲆个体饲料转化率表型从而导致该性状选育开展缓慢的问题，为后续开展该性状的遗传评估和选择育种夯实基础。

## 一种底栖鱼类生长表型高效测量方法及装置

专利类型：发明专利。

专利申请人（发明人或设计人）：刘洋，陈松林，江文亮，刘吉，郑道琪，于敬东，杨英明，李文龙。

专利申请号（受理号）：202111610513.0。

专利权人（单位名称）：中国水产科学研究院黄海水产研究所，青岛森科特智能仪器有限公司。

专利申请日：2021 年 12 月 27 日。

专利内容简介：

本发明公开了一种底栖鱼类生长表型高效测量方法及装置。所述装置包括通过支架安装在养殖池上方的摄像机，密封摄像机的密封舱，用来滤除反光的偏振镜片，与摄像机相连的服务器，与服务器相连的人机交互模块。测量方法包括：安装装置，根据已知尺寸的标定板计算测得实际视野范围比例，采集养殖池图像，利用深度学习模型提取图像中底栖鱼类的轮廓，计算鱼类全长和体重、全长体重均值，并在显示器上进行实时显示。所述装置和方法可用于长度大于 5 cm的底栖鱼类的全长测量，基于深度学习算法，实现全天候无接触的实时测量，并自动绘制全长均值增长曲线，同时根据全长估算出体重。

# 一种大黄鱼遗传性别相关的分子标记、鉴定引物及其用途

专利类型：发明专利。

专利申请人（发明人或设计人）：王志勇，崔瑜。

专利申请号（受理号）：202111244273.7（公布号：CN113897439A）。

专利权人（单位名称）：集美大学。

专利申请日：2021 年 10 月 26 日。

专利内容简介：

本发明公开了一种大黄鱼遗传性别相关的分子标记、鉴定引物及其用途。该分子标记为当Dmrt1 基因完整ORF全长为 915 bp时，第 5 外显子上第 84 位核苷酸发生了C/A的变异，第 87 位核苷酸发生了G/A的变异；当Dmrt1 基因第 5 外显子首位有 3 个碱基的插入，即完整ORF全长为 918 bp时，第 5 外显子上第 87 位核苷酸发生了C/A的变异，第 90 位核苷酸发生了G/A的变异。该分子标记可快速、稳定地鉴别出不同生长阶段、及不同地区群体的大黄鱼个体的遗传性别。定位于基因编码区域的性别标记的开发，利于大黄鱼性别决定机制等科学研究的开展，同时能鉴定各种表型性别大黄鱼的遗传性别，辅助大黄鱼单性养殖，提高养殖效益。

# 一种青红杂交斑种质改良的方法

专利类型：发明专利。

专利申请人（发明人或设计人）：张海发，杨宇晴，刘晓春，吴锦辉，刘苏，黄培卫，蒙子宁，黄锦雄，甘松永，石和荣。

专利申请号（受理号）：202110741627.2。

专利权人（单位名称）：广东省海洋渔业实验中心，中山大学。

专利申请日：2021 年 6 月 30 日。

专利内容简介：一种关于青红杂交斑种质改良的方法，包含以下步骤：① 选择斜带石斑鱼和赤点石斑鱼，通过种群内繁育进行亲本筛选优化，建立繁育群体；经 3 代选育后获得斜带石斑鱼和赤点石斑鱼优化亲本系；② 从上述优化的亲本群体系中选择斜带石斑鱼个体作为母本、赤点石斑鱼个体作为父本进行杂交，获得青红杂交斑。该方法可显著提高青红杂交斑制种过程中的育苗稳定性和苗种质量，可稳定的培育出大量具有赤点石斑鱼优良性状的杂交石斑鱼。

# 一种花鲈骨骼肌卫星细胞的体外培养、鉴定及诱导分化方法

专利类型：发明专利。

专利申请人（发明人或设计人）：齐鑫，李昀，温海深，张静茹，董夕梦，张凯强。

专利申请号（受理号）：202111111546.0。

专利权人（单位名称）：中国海洋大学。

专利申请日：2021 年 11 月 2 日。

专利内容简介：本发明提供一种花鲈骨骼肌卫星细胞的体外培养、鉴定及诱导分化方法，其中包括：花鲈鱼体及肌肉组织块灭菌，剪成块状组织，组织块培养以及花鲈骨骼肌卫星细胞的差速贴壁纯化、传代培养、冻存与复苏。本发明还提供了传代培养的花鲈骨骼肌卫星细胞的体外诱导分化方法。除此之外，本发明将初次培养的组织块重新贴壁培养，

其迁出骨骼肌卫星细胞的速度明显快于初次培养的组织块。本发明培养的花鲈骨骼肌卫星细胞能传代培养以及用马血清诱导分化成多核肌管，可为了解海水硬骨鱼类肌肉生长发育的分子机制、相关基因的功能验证以及骨骼肌损伤修复方面的研究提供实验材料。

# 花鲈FGF6A、FGF6B以及FGF18 重组蛋白及其制备方法和应用

专利类型：发明专利。

专利申请人（发明人或设计人）：李昀，齐鑫，温海深，张凯强，董夕梦，张静茹，王孝杰，陈基伟。

专利申请号（受理号）：202111505223.X。

专利权人（单位名称）：中国海洋大学。

专利申请日：2021 年 12 月 10 日。

专利内容简介：本发明提供了一种花鲈FGF6A、FGF6B以及FGF18 重组蛋白及其制备方法和应用，花鲈FGF6A、FGF6B以及FGF18 重组蛋白，包含：FGF6A、FGF6B以及FGF18 成熟肽氨基酸序列，以及连接到FGF6A、FGF6B、FGF18 成熟肽氨基酸序列的N端的标签肽段，标签肽段包含组氨基酸标签序列和促溶标签序列。本发明还提供了编码该重组蛋白的基因、表达该重组蛋白的载体和重组工程菌。本发明还进一步提供了重组蛋白的制备方法，以及该重组蛋白在花鲈育种中的应用。本发明可通过原核细菌大量诱导表达获取可溶性FGF6A、FGF6B、FGF18 重组蛋白，且重组蛋白具有活性，有利于后续工业化提取和纯化。

# 一种卵形鲳鲹快速生长新品种的分子标记辅助育种方法

专利类型：发明专利。

专利申请人（发明人或设计人）：刘宝锁，张殿昌，郭梁，郭华阳，朱克诚，张楠。

专利申请号（受理号）：20211098091.8.。

专利权人（单位名称）：中国水产科学研究院南海水产研究所。

专利申请日：2021 年 7 月 14 日。

专利内容简介：本发明公开了一种卵形鲳鲹快速生长新品种的分子标记辅助育种方法，该方法通过高效整合个体表型值选择、微卫星分子标记、加性遗传相关矩阵、线性混合模型、数量遗传学、个体育种值选择、性别特异性分子标记、个体间遗传距离分析和群组交配方案等技术，可有效解决现有卵形鲳鲹快速生长新品种遗传育种工作中候选亲本遗传评价与选优困难、亲缘与性别不清盲目近亲繁殖导致苗种生长缓慢、成活率低、抗逆抗病能力差和种质退化等问题。

# 一种与卵形鲳鲹耐低氧性状相关的SNP分子标记及其应用

专利类型：发明专利。

专利申请人（发明人或设计人）：张殿昌，刘宝锁，伞利择，刘波，郭华阳，朱克诚，郭梁，张楠。

专利申请号（受理号）：202110313332.5。

专利权人（单位名称）：中国水产科学研究院南海水产研究所。

专利申请日：2021 年 3 月 24 日。

专利内容简介：本发明公开了一种与卵形鲳鲹耐低氧性状相关的SNP分子标记，该SNP分子标记的序列如SEQ ID NO.1 所示，SEQ ID NO.1 所示序列自 5’ 端开始第 121 位碱基是C或G。当SEQ ID NO.1 上第 121 为核苷酸为G时，卵形鲳鲹耐低氧性状相关在低氧胁迫下有更长的存活时间。本发明还公开了用于检测所述的SNP分子标记的引物对和包括所述引物对的试剂盒，以及对低氧处理后的卵形鲳鲹耐低氧性状相关进行全基因组重测序分型，通过全基因组关联分析得到一个SNP分子标记。本发明可以对卵形鲳鲹耐低氧性状相关育种材料进行早期选择，有效提高了选育具有耐低氧性状相关的卵形鲳鲹耐低氧性状相关的效率和准确性。本发明为卵形鲳鲹耐低氧性状相关的分子标记辅助选择提供了一个新的SNP分子标记。

# 一种促进雄性红鳍东方鲀性腺发育的方法

专利类型：发明专利。

专利申请人（发明人或设计人）：闫红伟，刘奇，刘鹰，李伟缘，王秀利，熊玉宇，庞洪帅，张磊，王子维，张琦。

专利申请号（受理号）：202111191152.0。

专利权人（单位名称）：大连海洋大学。

专利申请日：2021.10.13。

专利内容简介：

本发明涉及一种促进雄性红鳍东方鲀性腺发育的方法，属于红鳍东方鲀养殖技术领域。本发明自9月份或10月份开始，在2.5龄及以上红鳍东方鲀的养殖水面上方设置LED光源，LED光源为全光谱白光，光周期为12 h光照和12 h黑暗，养殖周期为90~150 d。本发明通过营造特定的光环境，以促进雄性红鳍东方鲀的性腺发育，缩短性腺发育时间，提高养殖企业的经济效益。

# 一种大黄鱼仔稚鱼饲料及其加工工艺

专利类型：发明专利。

专利申请人（发明人或设计人）：艾庆辉，王震，张璐，薛敏，麦康森，徐玮，万敏，张彦娇，周慧慧。

专利申请号（受理号）：202110062246.1。

专利权人（单位名称）：中国海洋大学。

专利申请日：2021年1月18日。

专利内容简介：

本发明提供一种大黄鱼仔稚鱼饲料，其颗粒由壁材包裹以饲料为主要成分的芯材构成，所述壁材主要由鱼油和硬脂酸构成。本发明还提供大黄鱼仔稚鱼饲料的加工工艺。该大黄鱼仔稚鱼饲料以壁材对饲料颗粒进行包被，在饲料颗粒表面形成不溶于水且具备诱食性的包膜，既提高饲料在水中的稳定性，又促进大黄鱼仔对饲料的摄取，而且又具有良好的体内消化性，有利于大黄鱼仔对饲料的吸收利用。

# 一种大黄鱼仔稚鱼微包膜饲料及其制备方法

专利类型：发明专利。

专利申请人（发明人或设计人）：艾庆辉，刘家辉，王云涛，张健敏，徐文轩，王震，刘勇涛。

专利申请号（受理号）：202110842262.2。

专利权人（单位名称）：中国海洋大学。

专利申请日：2021 年 7 月 26 日。

专利内容简介：

本发明公开了一种大黄鱼仔稚鱼微包膜饲料，属于水产饲料技术领域，使用该饲料投喂的大黄鱼仔稚鱼具有吸收好、生长快的特点。它是由芯材和包裹在芯材外的壁材组成，所述的芯材是由下述原料组成的混合物：白鱼粉 43%~47%，低温磷虾粉 18%~22%，低温破壁酵母粉 3%~4%，乌贼内脏干粉 2%~4%，鱼油 6%~7%，玉米蛋白粉 4%~6%，α-淀粉 2%~4%，海藻酸钠 1%~3%，大豆卵磷脂 4%~6%，含量为 60%的氯化胆碱 0.1%~0.3%，L-抗坏血酸-2 磷酸酯 0.1%~0.3%，含磷 22%的磷酸二氢钙 1%~3%，维生素预混料 1.3%~1.7%，所述的壁材由壳聚糖和乙酸组成。本发明还公开了该种大黄鱼仔稚鱼微包膜饲料的制备方法。

# 一种调控高脂投喂下大黄鱼肌肉脂肪酸组成的营养学方法

专利类型：发明专利。

专利申请人（发明人或设计人）：艾庆辉，何昱良，王震，唐宇航，许宁，麦康森。

专利申请号（受理号）：202111100758.9。

专利权人（单位名称）：中国海洋大学。

专利申请日：2021 年 9 月 18 日。

专利内容简介：

本发明涉及一种调控高脂投喂下大黄鱼肌肉脂肪酸组成的营养学方法，属于水产营养饲料领域，在大黄鱼高脂饲料中添加含量为0.5%的植物甾醇。本发明方法能够显著降低肌肉脂肪酸组成中SFA的含量比例，并在一定程度上提高n-6 PUFA和n-3 PUFA的含量比例，提高鱼肉的营养价值。

# 一种石斑鱼配合饲料及其制备方法和应用

专利类型：发明专利。

专利申请人（发明人或设计人）：迟淑艳，谭北平，杨烜懿，宋紫菱，植心妍。

专利申请号（受理号）：CN113558156A。

专利权人（单位名称）：广东海洋大学。

专利申请日：2021 年 7 月 28 日。

专利内容简介：一种石斑鱼配合饲料,其特征在于,包括以下质量百分含量的原料：蛋白源原料 60%~75%，脂肪源原料 5%~8%，碳水化合物原料 15%~25%，晶体氨基酸 0.5%~2%，维生素预混料 0.1%~1%，矿物质预混料 0.1%~2%，氯化胆碱 0.1%~0.6%，抗氧化剂 0.03%~0.5%和植酸酶 0%~0.50%；所述蛋白源原料包括红鱼粉、肠膜蛋白粉、豆粕、棉籽蛋白、小麦谷朊粉和血球蛋白。

# 戊糖乳杆菌在改善由于摄食氧化鱼油饲料引起的水产动物肌肉品质和/或肌肉风味中的应用

专利类型：发明专利。

专利申请人（发明人或设计人）：闫晓波，董晓慧，谭北平，李之好，龙水生，章双，杨原志。

专利申请号（受理号）：CN113080337A。

专利权人（单位名称）：广东海洋大学。

专利申请日：2021 年 3 月 2 日。

专利内容简介：本发明属于水产饲料技术领域，公开了戊糖乳杆菌在改善由于摄食氧化鱼油饲料引起的水产动物肌肉品质和/或肌肉风味中的应用。本发明以珍珠龙胆石斑鱼为研究对象，通过投喂新鲜鱼油饲料、氧化鱼油饲料、氧化鱼油+不同浓度的戊糖乳杆菌，通过 60 d的养殖实验，比较不同饲养条件下石斑鱼肌肉质构参数、脂肪酸组成、氨基酸组成及呈味挥发性物质组成来评判戊糖乳杆菌对石斑鱼肌肉品质的调控作用，提供了一种可调节鱼体肌肉品质的益生菌添加剂，为解决养殖过程中因摄食氧化饲料所引起的肌肉品质下降提供一种解决方案。

# 斜带石斑鱼piscidin1 及其合成多肽在制备抗病毒或抗细菌药物中的应用

专利类型：发明专利。

专利申请人（发明人或设计人）：魏京广，秦启伟，张馨，孙梦诗，吴思婷。

专利申请号（受理号）：202110888235.9。

专利权人（单位名称）：华南农业大学。

专利申请日：2021 年 10 月 13 日。

专利内容简介：本发明公开了斜带石斑鱼piscidin1 及其合成多肽在制备抗病毒或抗细菌药物中的应用。本发明发现，斜带石斑鱼piscidin1 的成熟多肽具有抗病毒及抗细菌活性，人工合成的斜带石斑鱼piscidin1 的成熟多肽不仅可以抑制鱼类DNA和RNA病毒的复制，同时还能抑制鱼类病原细菌的生长，可将其应用于制备抗鱼类病毒或抗细菌的药物以及抗病功能基因制品。

# 一种金钱鱼脑细胞的体外培养方法

专利类型：发明专利。

专利申请人（发明人或设计人）：魏京广，吴思婷，秦启伟，李泽茹，韩默宇，王雨，李泽文。

专利申请号（受理号）：202111109461.9。

专利权人（单位名称）：华南农业大学。

专利申请日期：2021 年 9 月 23 日。

专利内容简介：本发明公开了一种金钱鱼脑细胞的体外培养方法，包括金钱鱼脑组织获取，消化分离脑细胞，再进行原代培养和传代培养，成功获得了一株金钱鱼脑的细胞系。所述金钱鱼脑细胞 5 d可以铺满瓶，每 7 d传代一次，现在已经传至 20 代。培养获得的金钱鱼脑细胞在L15 培养基中生长最好，在 25℃ ~ 30℃之间生长较快。细胞生长速度随着血清浓度（5%~20%）的升高而增加，血清浓度为 15%和 20%时生长最快，血清浓度低至5%时细胞生长缓慢。本发明金钱鱼脑细胞系的成功构建为金钱鱼基因功能和金钱鱼病毒病等的研究提供平行性好、可精准控制条件的实验材料。

# 一种鞍带石斑鱼头肾细胞系及其构建方法和应用

专利类型：发明专利。

专利申请人（发明人或设计人）：黄友华，黄晓红，刘泽天，秦启伟。

专利申请号（受理号）：202110088381.3。

专利权人（单位名称）：华南农业大学。

专利申请日期：2021 年 5 月 13 日。

专利内容简介：本发明公开了一种鞍带石斑鱼头肾细胞系及其构建方法和应用。ELHK细胞系于 2020 年 12 月 4 日保藏于广东省微生物菌种保藏中心（GDMCC），地址：广东省广州市越秀区先烈中路 100 号 59 号楼 5 楼，邮编：510070，保藏号为：GDMCC No：61340。本发明获得了鞍带石斑鱼头肾细胞系-ELHK细胞系，其生长状态良好，细胞增殖稳定、细胞形态以成纤维样为主要形态，不仅可以连续传代（目前细胞已经传至超过120 代），并可超低温冻存和复苏。该细胞系的建立为石斑鱼种质资源保存的相关研究奠定基础。

# 一种鱼用疫苗联合免疫接种方法

专利类型：发明专利。

专利申请人（发明人或设计人）：王启要，马悦，刘晓红，徐荣静，张琛，曲江波，王田田。

专利申请号（受理号）：202110476234.3。

专利权人（单位名称）：华东理工大学、烟台开发区天源水产有限公司。

专利申请日：2021 年 4 月 29 日。

专利内容简介：本发明提供了一种鱼用疫苗联合免疫接种方法；第一种方式：采用迟纯爱德华氏菌减毒候选疫苗株WED株和大菱鲆鳗弧菌基因工程活疫苗MVAV6203 株以抗原浓度比 1∶10 进行疫苗配制注射接种大菱鲆；第二种方式：大菱鲆幼苗期采用浸泡方式接种迟纯爱德华氏菌减毒候选疫苗株WED株，长至幼鱼期时采取注射方式接种大菱鲆鳗弧菌基因工程活疫苗MVAV6203 株。本发明以冷水性鲆鲽类养殖品种为免疫靶动物，探索了上述两种疫苗的联合接种策略，通过评价该策略对实际生产中鲆鲽类的饲料转化率、死淘率等关键生产性能的影响，确定联合接种策略的可行性和有效性，最终建立起以联合免疫接种为核心的新型鲆鲽类健康养殖生产体系，实现对多病原混合感染的联防联控效果。

# 一种利用罗非鱼生物防控刺激隐核虫感染的方法

专利类型：发明专利。

专利申请人（发明人或设计人）：李安兴，钟志鸿。

专利申请号（受理号）：202110205544.1。

专利权人（单位名称）：中山大学。

专利申请日：2021 年 2 月 24 日。

专利内容简介：本发明提供了一种利用罗非鱼生物防控刺激隐核虫感染的方法，包括如下步骤：① 将罗非鱼进行海水驯化；② 将海水驯化后的罗非鱼与易感刺激隐核虫的鱼类进行混养。本发明通过将红罗非鱼与卵形鲳鲹进行混养，混养比例为 3 ： 20，罗非鱼数量为 19 尾/平方米，可显著降低卵形鲳鲹的载虫量，提高其存活率；能有效地防控刺激隐核虫对易感刺激隐核虫鱼类的二次重复感染，能够达到预防与防治刺激隐核虫的双重作用，是一种对环境友好、绿色安全的生物防治方法，值得在海水鱼养殖中进行推广。

# 一种大黄鱼CRISPR/Cas9 基因编辑方法

专利类型：发明专利。

专利申请人（发明人或设计人）：陈新华，黎球华，邵光明，丁阳阳，母尹楠，许丽冰。

专利申请号（受理号）：202110227210.4。

专利权人（单位名称）：福建农林大学。

专利申请日：2021 年 3 月 2 日。

专利内容简介：

本发明公开了一种大黄鱼CRISPR/Cas9 基因编辑方法，所述方法包括以下步骤：利用体外转录合成Cas9 mRNA和靶基因sgRNA，将它们与酚红混合，Cas9 mRNA和靶基因sgRNA的终浓度分别为 1000 ng/μL和 120 ng/μL；再利用显微注射的方式，将混合物导入卵膜变硬之前的大黄鱼受精卵中；孵化 48 h后，检测并获得相应的基因突变体。本发明首次成功建立了大黄鱼基因编辑的方法，不仅可用于大黄鱼基因功能的研究,还为大黄鱼遗传改良育种开辟新的途径。

# 一种复合纳米药物的制备及应用

专利类型：发明专利。

专利申请人（发明人或设计人）：陈新华，母尹楠，余素红，吴文静，刘敏。

专利申请号（受理号）：202110347258.9。

专利权人（单位名称）：福建农林大学；福州大学。

专利申请日：2021 年 3 月 31 日。

专利内容简介：

本发明涉及一种复合纳米药物的制备及应用。本发明通过合成介孔二氧化硅并以其为载体，以核酸适配体AS1411 作为“门控分子”将“客体分子”抗菌肽封盖在介孔二氧化硅纳米颗粒（MSN）中，构建LMSN-AS1411 纳米载药系统。本发明可提高纳米载体靶向性，降低药物泄露率，为开发新生纳米药物载体提供了新的选择。

# 一种自净化鱼池系统

专利类型：发明专利。

专利申请人（发明人或设计人）：倪琦，黄达，李金刚，顾川川，胡勇兵。

专利申请号（受理号）：202110632189.6。

专利权人（单位名称）：中国水产科学研究院渔业机械仪器研究所。

专利申请日：2021 年 6 月 7 日。

专利内容简介：本发明公开了一种自净化鱼池系统，主要目的是解决现有养殖系统设施对设备要求高、结构复杂、难以普遍适用的弊端，其技术方案要点是包括发酵池、过滤箱，还包括自净化鱼池；自净化鱼池包括鱼池本体及底座、连通于鱼池本体内部再由排污管连通于发酵池的底排装置、连接至过滤箱的上溢水装置、移动床生物反应器。本发明的自净化鱼池系统，结构简单，设备要求低，更加经济适用，能实现经济型循环式养殖模式的推广。

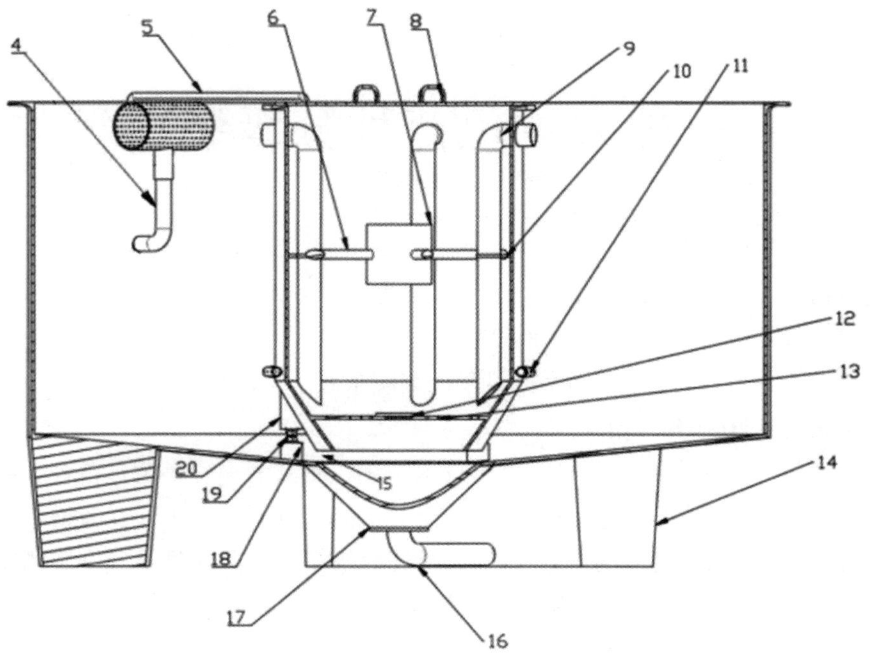

# 一种海水鱼类增殖放流苗种野性驯化系统及驯化方法

专利类型：发明专利。

专利申请人（发明人或设计人）：姜燕，徐永江，柳学周，王滨，崔爱君，李影，方璐，王开杰。

专利申请号（受理号）：202011598257.3。

专利权人（单位名称）：中国水产科学研究院黄海水产研究所、青岛海洋科学与技术国家实验室发展中心。

专利申请日：2020 年 12 月 29 日。

专利内容简介：本发明提供了一种海水鱼类增殖放流苗种野性驯化系统及驯化方法，属于海洋生物资源养护技术领域，所述驯化系统包括驯化场、光源、造流泵、人工鱼礁和摄像系统。本发明系统用于驯化放流苗种的摄食和逃避捕食的能力，增强人工繁殖的增殖放流苗种适应海洋自然环境的能力，提高放流苗种的存活率，进而提升海水鱼类放流的增殖效果。

# 一种大黄鱼苗种分级装置

专利类型：发明专利。

专利申请人（发明人或设计人）：宋炜，王鲁民，刘永利，王磊。

专利申请号（受理号）：202110042012.0。

专利权人（单位名称）：中国水产科学研究院东海水产研究所。

专利申请日：2021 年 1 月 13 日。

专利内容简介：本发明涉及水产养殖技术领域，尤其为一种大黄鱼苗种分级装置，包括分级箱，所述分级箱沿长度方向位于第三安装槽的右侧开设有第四安装槽，所述分级箱的内部通过第一安装槽安装有第一分级框，所述分级箱的内部通过第二安装槽安装有第二分级框，所述分级箱的内部通过第三安装槽安装有第三分级框，所述分级箱的内部通过第四安装槽安装有第四分级框，所述第一分级框、第二分级框、第三分级框和第四分级框的上侧中间处设置有提取把手，所述分级箱沿宽度方向右侧面均匀设置有出口箱，所述第一分级框、第二分级框、第三分级框和第四分级框的内部安装有分级网。通过该分级箱采用多个分级框对大黄鱼苗种进行分级筛选，使大黄鱼苗种分级筛选的效率高，实用性高。

# 一种大黄鱼深远海大型渔场养殖的投喂装置

专利类型：发明专利。

专利申请人（发明人或设计人）：宋炜，王鲁民，刘永利，王磊。

专利申请号（受理号）：202110043425.0。

专利权人（单位名称）：中国水产科学研究院东海水产研究所。

专利申请日：2021 年 1 月 13 日。

专利内容简介：本发明涉及水产养殖装备的技术领域，尤其为一种大黄鱼深远海大型渔场养殖的投喂装置，包括浮台，所述浮台的顶部固定连接有储料罐，所述储料罐内部开设有储料槽，所述储料罐顶部且在储料罐对应位置处安装有罐盖，所述储料槽内部固定连接有隔板，所述隔板内部中心处固定连接有导流管，所述导流管的外壁安装有电磁阀，所述储料罐底部连接有转盘，所述转盘的底部中心处固定连接有旋转电机。通过设置浮台、储料罐、转盘、旋转电机、出料槽，解决了下述问题：目前在深远海养殖大黄鱼时，由于渔场的面积较大，养殖企业通常都会采用自动投料装置来投放配合饲料，市场上的自动投料装置存在只能定向投放饲料，抛撒饲料的面积较小，并且比较集中，无法覆盖整个渔场。

# 一种提高棘头梅童鱼授精成功率的采捕方法

专利类型：发明专利。

专利申请人（发明人或设计人）：宋炜，王鲁民，曹平。

专利申请号（受理号）：202110520438.2。

专利权人（单位名称）：中国水产科学研究院东海水产研究所。

专利申请日：2021 年 5 月 13 日。

专利内容简介：本发明涉及水产养殖技术领域，尤其为一种提高棘头梅童鱼授精成功率的采捕方法，包括以下步骤：采用2艘机帆船作为操作船，其中一艘机帆船上带有网具，另一艘机帆船上带有伸缩式遮阳蓬。本发明通过将网囊缓慢提出水面，并利用伸缩式遮阳蓬使网囊区域保持相对黑暗的环境，而且保持在水中挑选亲鱼，可有效避免棘头梅童鱼亲鱼的应激反应，确保亲鱼的成活率，并避免亲鱼卵子流失，解决了下述问题：利用野生棘头梅童鱼亲鱼开展人工苗种繁育，在采捕野生棘头梅童鱼亲鱼过程中，棘头梅童鱼应激反应强烈，捕上的亲鱼死亡率高，而且亲鱼成熟卵子容易流失，从而造成受精率低，影响棘头梅童鱼苗种的培育数量。

# 一种大黄鱼陆基工业化养殖池

专利类型：发明专利。

专利申请人（发明人或设计人）：宋炜，王鲁民，熊逸飞，韩昕辰，刘永利，王磊。

专利申请号（受理号）：202110777155.6。

专利权人（单位名称）：中国水产科学研究院东海水产研究所。

专利申请日：2021年7月09日。

专利内容简介：本发明涉及水产养殖技术领域，具体为一种大黄鱼陆基工业化养殖池，包括养殖池主体，所述养殖池主体的内部中间处设置有储污槽，所述储污槽的内部设置有定位柱，所述定位柱上设置有清污组件，所述养殖池主体上左侧面设置有水氧调和组件，通过设置的清污板能够对养殖池主体池底的沉淀物进行刮除；通过定位轮能够在清污时使装载架在养殖池主体上进行转动工作，使清污组件的运行稳定性高，并且清污效果好，能够有效地定期对养殖池主体进行清污，使养殖池主体的养殖水质较高；通过水氧调和组件能够对养殖池主体中的养殖水进行水氧调和，使养殖池主体的水质调控简单方便，有效提高大黄鱼工业化养殖效果。

# 一种用于大黄鱼接力养殖的活鱼增氧装置

专利类型：发明专利。

专利申请人（发明人或设计人）：宋炜，王鲁民，熊逸飞，韩昕辰，刘永利，王磊。

专利申请号（受理号）：202110812082.X。

专利权人（单位名称）：中国水产科学研究院东海水产研究所。

专利申请日：2021 年 7 月 19 日。

专利内容简介：本发明涉及活鱼增氧装置技术领域，具体为一种用于大黄鱼接力养殖的活鱼增氧装置，包括浮球圈，所述浮球圈上安装有定位支撑组件，所述定位支撑组件上安装有增氧组件，通过设置的浮球圈能够对定位支撑组件，通过设置的上转接杆和下转接杆类似L形结构，能够使定位支撑组件在水中的放置稳定，通过设置的定位支撑组件能够提高增氧组件在水中运行的稳定性和安全性，通过设置的增氧叶轮的转动能够有效提高水体增氧效果，通过上推水叶板和下推水叶板交错排列设置，能够将上层和下层的富氧水推向外侧，提高增氧率，并且结构简单可靠，使用效果好。

# 一种用于大黄鱼接力养殖的活鱼转运装置

专利类型：发明专利。

专利申请人（发明人或设计人）：宋炜，王鲁民，熊逸飞，韩昕辰，刘永利，王磊。

专利申请号（受理号）：202110812545.2。

专利权人（单位名称）：中国水产科学研究院东海水产研究所。

专利申请日：2021 年 7 月 19 日。

专利内容简介：本发明涉及渔业养殖技术领域，尤其为一种用于大黄鱼接力养殖的活鱼转运装置，包括高位升降组件和低位升降组件，所述高位升降组件和低位升降组件分别安装在船体的两侧，所述高位升降组件通过渔网与低位升降组件连接。本发明通过升降机构将渔网以收缩状态沉到鱼池底部，利用简洁的扩网组件将渔网张开，再将渔网升起后制作渔网两边的高度差，在渔网张紧状态下鱼能够顺渔网滑入滑道进入养殖网箱，减少了鱼之间的相互挤压，有效减少了活鱼损失，减少操作工序，减轻了使用者的作业负担，节省了大量的时间。

# 一种用于大黄鱼接力养殖的运输船

专利类型：发明专利。

专利申请人（发明人或设计人）：宋炜，王鲁民，熊逸飞，韩昕辰，刘永利，王磊。

专利申请号（受理号）：202110817919.X。

专利权人（单位名称）：中国水产科学研究院东海水产研究所。

专利申请日：2021 年 7 月 20 日。

专利内容简介：本发明涉及大黄鱼接力养殖技术领域，具体为一种用于大黄鱼接力养殖的运输船，包括运输船主体，所述运输船主体的前端设置有工作台，所述工作台上设置有第一卸料组件，所述运输船主体的端部、控制室的前侧设置有第二卸料组件。通过存放腔能够对大黄鱼运输箱进行装载放置，使大黄鱼在接力转运过程中的存放效果好；通过第一卸料组件能够方便对救生艇进行投放，使救生艇的投放和搬运简单方便；通过第二卸料组件能够在运输船主体行驶到海上养殖基地时，方便对大黄鱼进行转运，顺利投入至海上网箱中，使运输船主体的大黄鱼上料和卸料简单方便，提高大黄鱼接力养殖运输的的便捷性，确保大黄鱼接力养殖的运输质量和效率。

# 一种用于大黄鱼接力养殖的运输船上循环水养殖系统

专利类型：发明专利。

专利申请人（发明人或设计人）：宋炜，王鲁民，熊逸飞，韩昕辰，刘永利，王磊。

专利申请号（受理号）：202110817932.5。

专利权人（单位名称）：中国水产科学研究院东海水产研究所。

专利申请日：2021 年 7 月 20 日。

专利内容简介：本发明涉及养殖设备技术领域，尤其为一种用于大黄鱼接力养殖的运输船上循环水养殖系统，包括养殖池、过滤净化池、生物净化池、化学净化池以及沉淀处理池，所述养殖池与过滤净化池之间设置有出水管，所述养殖池与沉淀处理池之间安装有回流管，所述过滤净化池与生物净化池以及所述化学净化池与生物净化池之间均设置有第一导流管。本发明可有效解决大黄鱼接力养殖中海上转运暂养环节养殖废水处理难、转运大黄鱼成活率低等问题。

# 一种用于大黄鱼接力养殖转运的起捕网

专利类型：发明专利。

专利申请人（发明人或设计人）：宋炜，王鲁民，熊逸飞，韩昕辰，刘永利，王磊。

专利申请号（受理号）：202110817654.3。

专利权人（单位名称）：中国水产科学研究院东海水产研究所。

专利申请日：2021 年 7 月 20 日。

专利内容简介：本发明涉及鱼类养殖技术领域，尤其为一种用于大黄鱼接力养殖转运的起捕网，包括起捕网支撑架，所述起捕网支撑架的上侧安装有捕捞称重组件，所述起捕网支撑架的内部安装有网袋本体，所述起捕网支撑架的底部安装有驱动控制组件，所述起捕网支撑架包括上侧限位环、提拉带、捕捞吊环、侧面牵拉带、下侧限位环和底部支撑带，所述上侧限位环的上侧安装有呈圆周分布的提拉带，所述提拉带的上侧端部安装有捕捞吊环，所述上侧限位环的下侧安装有侧面牵拉带，所述侧面牵拉带的下侧端部安装有下侧限位环，所述下侧限位环的底部安装有底部支撑带。本发明整体结构简单，能够对单次捕捉的大黄鱼进行重量限制，从而使得大黄鱼的养殖转运更加方便。

# 一种棘头梅童鱼苗种人工培育方法

专利类型：发明专利。

专利申请人（发明人或设计人）：宋炜，熊逸飞，王鲁民。

专利申请号（受理号）：202110848159.9。

专利权人（单位名称）：中国水产科学研究院东海水产研究所。

专利申请日：2021 年 7 月 21 日。

专利内容简介：本发明涉及棘头梅童鱼苗种人工培育方法，苗种在工厂化育苗车间的苗种培育池内进行培育。根据棘头梅童鱼的生态习性和生理特性，采用工厂化育苗，通过控制育苗水的盐度、温度、光照、流速、溶解氧、充气量、换水量，配备棘头梅童鱼仔稚幼鱼饵料，将棘头梅童鱼初孵仔鱼在设定的环境条件下，经55~65 d培养，达到叉长大于3 cm以上的幼鱼，苗种成活率达90%以上。

# 一种棘头梅童鱼的人工授精及孵化方法

专利类型：发明专利。

专利申请人（发明人或设计人）：宋炜，熊逸飞，王鲁民。

专利申请号（受理号）：202110847963.5。

专利权人（单位名称）：中国水产科学研究院东海水产研究所。

专利申请日：2021年7月27日。

专利内容简介：本发明为一种棘头梅童鱼的人工授精及孵化方法。利用棘头梅童鱼生殖洄游特性，获得大量优质亲本。棘头梅童鱼人工授精雌雄比例为1.2 ：1，采用干法授精方法，受精率达95%以上，苗种孵化率可达到70.0%~73.8%，能满足经济化生产的要求。

# 四向推拉式船用冷藏集装箱

专利类型：发明专利。

专利申请人（发明人或设计人）：谢晶，孙聿尧，王金锋。

专利申请号（受理号）：2021100122352。

专利权人（单位名称）：上海海洋大学。

专利申请日：2021年1月7日。

专利内容简介：

本发明涉及冷藏集装箱领域，具体涉及四向推拉式船用冷藏集装箱，包括冷藏集装箱顶板、侧壁板、紧固搭扣、把手、保温板、立柱、冷藏集装箱底板及插入杆。将冷藏集装箱的4个侧壁板设计为推拉式的复合板，均可单边开启，可将保温板装入侧壁板内，取放容易，减小了更换保温板时的操作难度。同时，侧壁板也代替了冷藏集装箱箱门的作用，可以拉开任意一个侧壁板，开启冷藏集装箱进行装卸货，4个方向均可，十分便利。本发明为冷藏集装箱的保温板维护方面提供了一种新的思路。

# 带涡流管超声波快速冷冻设备及冷冻方法

专利类型：发明专利。

专利申请人（发明人或设计人）：谢晶，许启军，王金锋，孙聿尧。

专利申请号（受理号）：2021100494459。

专利权人（单位名称）：上海海洋大学。

专利申请日：2021 年 1 月 14 日。

专利内容简介：

本发明涉及冷冻设备研发领域，特别是涉及一种能够方便移动、适用于对水产品及其他肉制品进行超声波快速冷冻的带涡流管超声波快速冷冻设备。其中带涡流管超声波快速冷冻设备，包括设备箱体、循环水泵系统、超声波发生装置、涡流管快速冷冻装置和测温装置。本发明利用涡流管制冷，设备箱体内部有循环流动的盐溶液，可以快速且均匀地将所需冷冻食品的热量带走，达到高效冷冻食品的目的。本发明的目的至少在于提供一种能够带有多个超声波频段、可方便移动、提高冷冻效率、带有涡流管快速冷冻装置的设备及方法。

# 鱼类高密度保活运输箱及运输方法

专利类型：发明专利。

专利申请人（发明人或设计人）：谢晶，王琪，王金锋，贾发铜，梅俊，丁玉庭。

专利申请号（受理号）：2021109652833。

专利权人（单位名称）：上海海洋大学。

专利申请日：2021 年 8 月 23 日。

专利内容简介：

本发明涉及鱼类保活运输领域，具体涉及一种鱼类高密度保活运输箱及利用该运输箱运输活鱼的具体运输方法。运输箱包括运输箱体和运输箱盖，运输箱体分为运鱼区域和运输水循环区域；活鱼运输区域的运输箱盖与运输箱体之间通过转轴连接，运输箱盖上设有一个防溅水的排气孔，运输箱盖与运输箱体连接处设有密封胶；运输水循环区域设置在运输箱体内侧右侧，运输水循环区域具体包括水质净化系统、制冷机和曝气系统；水质净化系统由初级过滤、次级过滤、活性炭过滤和紫外杀菌 4 个区域组成。本发明提供的上述技术方案，能够有效延缓水质恶化，提高活鱼运输存活率。

# 不同货物叠堆方式对冻藏效果影响的分析方法

专利类型：发明专利。

专利申请人（发明人或设计人）：谢晶，孙聿尧，王金锋。

专利申请号（受理号）：2021110664121。

专利权人（单位名称）：上海海洋大学。

专利申请日：2021 年 9 月 13 日。

专利内容简介：

本发明涉及食品冻藏领域，具体涉及不同货物叠堆方式对冻藏效果影响的分析方法，运用Workbench软件对不同的货物叠堆方式进行数值模拟，根据模拟所得的数据对货物温度变异系数（Tvart）、速度不均匀系数（kv）及能量利用系数（η）进行计算，从货物的降温效果、货物的冷却均匀性、流场的均匀性及制冷机组的能源利用率这几个角度进行分析，从而比较不同货物叠堆方式对冻藏效果的影响，对货物叠堆方式的选取起到了积极的作用。

# 结合不同叠堆方式的冻藏方法

专利类型：发明专利。

专利申请人（发明人或设计人）：谢晶，孙聿尧，王金锋。

专利申请号（受理号）：2021110664117。

专利权人（单位名称）：上海海洋大学。

专利申请日：2021 年 9 月 13 日。

专利内容简介：

本发明涉及食品冻藏领域，具体涉及结合不同叠堆方式的冻藏方法，该方法结合了UPF金字塔叠堆方式与传统的整齐叠堆方式，将冻藏食品的冻藏过程分为速冻过程和冻藏过程，在速冻过程中运用UPF金字塔叠堆方式，使冻藏食品可以快速降温，在冻藏过程中运用整齐叠堆方式，使冷库内流场的均匀性提高、制冷机组的能源利用率提高，在结合不同叠堆方式的冻藏方法中充分利用这两种叠堆方式的优点，为冻藏食品的货物叠堆方式提供了一种新的思路。

# 一种减缓海鲈鱼氧化应激损伤的保活运输方法

专利类型：发明专利。

专利申请人（发明人或设计人）：谢晶，王琪，梅俊，王金锋。

专利申请号（受理号）：2021112298153。

专利权人（单位名称）：上海海洋大学。

专利申请日：2021 年 10 月 22 日。

专利内容简介：

本发明公开了一种减缓海鲈鱼氧化应激损伤的保活运输方法，将海鲈鱼在保活运输前置于暂养池中禁食暂养 36 h，使之排出体内的代谢废物。设置制冷机以 3 ℃ /h降温速率将暂养池中的水从 20 ~ 22 ℃降至运输温度 12 ℃，将被乳化的香蜂草精油加入PE袋的运输水体中，完成保活运输后将海鲈鱼从PE袋子里转移至水温为 12（±1）℃的干净水体中进行室温恢复。本发明有效减低海鲈鱼在保活运输过程中的能量消耗和新陈代谢速率，有效减缓保活运输对鳃、肝和肾组织诱发的损伤和细胞凋亡，延缓海鲈鱼血清皮质醇、应激蛋白、乳酸、血糖以及氧化酶活性上升，增强海鲈鱼在运输中总抗氧化能力，将活鱼运输存活率提高 46%，获得更高的经济效益。

# 一种超声波辅助镀冰衣装置及其控制方法

专利类型：发明专利。

专利申请人（发明人或设计人）：谢晶，高建业，孙聿尧，王金锋。

专利申请号（受理号）：2021112593597。

专利权人（单位名称）：上海海洋大学。

专利申请日：2021 年 10 月 28 日。

专利内容简介：

一种超声波辅助镀冰衣装置及其控制方法，其设备包括机体、放置板、液位报警器、超声辅助装置、抽拉装置、控制面板。其中超声辅助装置由超声波平板、超声振子及超声波发生器组成；抽拉装置由抽拉握手、上轨道及下轨道组成。本发明通过超声波辅助镀冰衣，显著促进传热效应，缩短了镀冰衣时间；并促进晶核形成，降低晶核形成所需的过冷温度，提高结晶率，使冰晶形成更加均匀；且使冰晶变小，减少冰衣与水产品在接触面处，冰衣对水产品造成的影响，进而改善镀冰衣水产品的品质，实现了对水产品高效、均匀的镀冰衣。

# 采用蓄冷板的小型蓄冷冷库

专利类型：发明专利。

专利申请人（发明人或设计人）：谢晶，游辉，孙锦涛，王金锋。

专利申请号（受理号）：2021108526439。

专利权人（单位名称）：上海海洋大学。

专利申请日：2021 年 7 月 28 日。

专利内容简介：

采用蓄冷板的小型蓄冷冷库，包括库体、冷库门、制冷机组、冷风机、蓄冷板、智能控制系统，所述制冷机组与所述蒸发器连接形成制冷回路，所述蓄冷板内充注蓄冷材料，所述智能控制系统与所述制冷机组连接以实现对冷库温度监测，自动维持库温稳定，所述冷库的运行策略为夜间充冷 6~12 h，白天释冷 12~18 h。本发明通过在蓄冷冷库内均匀设置蓄冷板，结构简单、蓄冷量大、在需要降温的时候释放冷量，使得冷库库体内的温度分布均匀；利用电低谷制冷蓄冷，使制冷机组在峰段时间停止运行，长期运行可节约大量电费，值得推广应用。

# 专用于冷藏集装箱围护结构的碳排放计算方法

专利类型：发明专利。

专利申请人（发明人或设计人）：谢晶，张瀚文，孙聿尧，王金锋。

专利申请号（受理号）：2021113695564。

专利权人（单位名称）：上海海洋大学。

专利申请日：2021 年 11 月 18 日。

专利内容简介：

本发明涉及可持续领域，具体涉及专用于冷藏集装箱围护结构的碳排放计算方法，通过平均热通量，根据冷负荷来计算运用不同的冷藏集装箱围护结构所产生的碳排放量大小，从而得出在相同运行时间内，不同的冷藏集装箱围护结构对能源消耗所产生的影响，与围护结构相关的碳排放量越大，则说明该冷藏集装箱因为围护结构而产生的能源消耗越大，可通过分析的结论进行围护结构的设计的选取。本发明对冷藏集装箱围护结构的设计起到了积极的作用。

# 一种利用生物法增强鱼肉爽弹性的加工方法

专利类型：发明专利。

专利授权人（发明人或设计人）：吴燕燕，王悦齐，沈颖莹，陈茜，李来好，杨贤庆，陈胜军，胡晓，李春生，杨少玲，赵永强。

专利号（受理号）：2021106135 。

专利权人（单位名称）：中国水产科学研究院南海水产研究所。

专利申请日：2021 年 2 月 5 日。

授权专利内容简介：本发明公开一种利用生物法增强鱼肉爽弹性的加工方法，先对鱼进行前处理，沥水后涂抹鱼质量的 1%~2%的复合生物发酵剂，低温发酵 1.5~2.5 d后取出；其中复合生物发酵剂的配制为：戊糖片球菌、清酒乳杆菌、肉葡萄球菌按 1 ∶ 1 ∶ 3 的质量比混合，按 1 ∶ 20~1 ∶ 10 的质量比溶于水中；在水中添加鱼质量的 2%~3%食盐、0.03%~0.05%生姜粉和 0.03%~0.05%甘草粉。本发明的加工方法，不仅赋予产品香甜味道和富有弹性的口感，改变了传统鱼类冷冻或热加工单一的口感和品质，而且有效地解决了鱼类腥味特别是淡水鱼类的泥腥味问题。产品弹劲爽口，无不良味道，是一种老少皆宜营养食品。

# 一种新型蓝圆鲹黄嘌呤氧化酶抑制肽及其制备方法

专利类型：发明专利。

专利授权人（发明人或设计人）：胡晓，周雅，杨贤庆，李来好，陈胜军，吴燕燕，郝淑贤，戚勃，马海霞，邓建朝，杨少玲，荣辉。

专利号（受理号）：202110172141.1 。

专利权人（单位名称）：中国水产科学研究院南海水产研究所。

专利申请日：2021 年 2 月 8 日。

授权专利内容简介：本发明公开了一种新型蓝圆鲹黄嘌呤氧化酶抑制肽及其制备方法。该方法包括：将蓝圆鲹去除头尾和内脏，洗净沥干后，绞成蓝圆鲹肉糜；将蓝圆鲹肉糜与水混合，得到混合液，加入蛋白酶，进行酶解，灭酶，离心得到酶解液；将酶解液过超滤膜，取滤过液，干燥得到蓝圆鲹肽粉；将所述蓝圆鲹肽粉溶解水中，得到蓝圆鲹肽溶液；将蓝圆鲹肽溶液上样至固载有$Fe^{2+}$亲和层析柱中，洗脱，将洗脱液进行透析，取保留液，浓缩，干燥，得到所述新型蓝圆鲹黄嘌呤氧化酶抑制肽。该新型蓝圆鲹黄嘌呤氧化酶抑制肽具有很高的黄嘌呤氧化酶抑制活性。该方法工艺较为简单，产品安全，可应用于实际生产中。

# 基于多维数据的鱼露滋味形成功能微生物胞外酶挖掘方法

专利类型：发明专利。

专利授权人（发明人或设计人）：王悦齐，李春生，吴燕燕，李来好，杨贤庆，陈胜军，赵永强，杨少玲，岑剑伟，魏涯，王迪。

专利号（受理号）：202111009045.1 。

专利权人（单位名称）：中国水产科学研究院南海水产研究所。

专利申请日：2021 年 8 月 31 日。

授权专利内容简介：本发明提供一种基于多维数据驱动的传统发酵鱼露滋味形成功能微生物胞外酶挖掘方法，分别构建鱼露发酵过程滋味物质变化数据集和发酵鱼露微生物功能基因数据库，对unigene翻译的蛋白质以及鉴定到的蛋白质进行物种注释分析，通过反向遗传学推测氨基酸序列获得相应的编码基因信息，追踪复杂环境中微生物群体的功能，挖掘影响滋味形成的微生物胞外酶，相对于传统纯培养盲目筛选具有通量高、目的性强和和预测性高等优势，为实现传统发酵海洋食品品质靶向调控提供技术支撑。

# 一种利用发酵盐厌氧菌改善鱼露发酵品质的方法

专利类型：发明专利。

专利授权人（发明人或设计人）：李春生，李文静，李来好，杨贤庆，陈胜军，吴燕燕，赵永强，王悦齐。

专利号（受理号）：202110955495.3 。

专利权人（单位名称）：中国水产科学研究院南海水产研究所。

专利申请日：2021 年 8 月 19 日。

授权专利内容简介：本发明公开了一种利用发酵盐厌氧菌改善鱼露发酵品质的方法，属于微生物发酵技术领域，该菌株保藏于中国微生物菌种保藏管理委员会普通微生物中心，保藏编号为CGMCC No.22952，保藏地址为北京市朝阳区北辰西路 1 号院 3 号，保藏时间为 2021 年 07 月 26 日。本发明利用发酵盐厌氧菌所生产的鱼露，具有传统发酵鱼露特有的香气，而且能够明显改善传统自然发酵鱼露的品质和质量安全，与传统自然发酵鱼露相比，发酵周期明显缩短，氨基酸态氮含量明显提升，挥发性盐基氮、组胺和总生物胺的含量显著降低，具有广阔的市场应用前景。

# 一种多拷贝金鲳鲜味肽的制备方法及表达载体和重组菌

专利类型：发明专利。

专利申请人（发明人或设计人）：林洪，邓小飞，郭晓华，隋建新，董浩。

专利申请号（受理号）：202011406616.0。

专利权人（单位名称）：中国海洋大学，山东美佳集团有限公司。

专利申请日：2020 年 12 月 4 日。

专利内容简介：

本发明公开了一种多拷贝金鲳鲜味肽的制备方法，包括：① 设计并合成多拷贝串联的鲜味肽基因组并扩增；② 将扩增后的所述鲜味肽基因组连接到具有His-sumo标签的质粒中，得到重组表达载体；③ 将所述表达载体转化到宿主菌中，筛选后，诱导表达；④ 初步纯化后得到带有His-sumo标签的鲜味肽；⑤ 将所述带His-sumo标签的鲜味肽裂解去除His-sumo标签，并二次纯化，即得鲜味肽。本发明还提供了包含上述鲜味肽基因组的表达载体和重组菌及其应用。根据本发明的制备的鲜味肽快速简便，克隆效率高，能够快速有效去除标签序列对鲜味肽的影响。

# 负载噬菌体内溶素的阳离子瓜尔胶脂质体、其包被液及应用

专利类型：发明专利。

专利申请人（发明人或设计人）：王静雪，林洪，宁厚齐。

专利申请号（受理号）：202110937847.2。

专利权人（单位名称）：中国海洋大学。

专利申请日：2021 年 8 月 16 日。

专利内容简介：

本发明涉及一种脂质体，具体涉及一种负载噬菌体内溶素的阳离子瓜尔胶脂质体、其包

被液及应用，属于生物技术领域。所述脂质体包被液包括：有效量的磷脂、胆固醇和弹性增强剂，以及噬菌体内溶素 0.1–0.8 mg/mL，阳离子瓜尔胶；包被液中，噬菌体内溶素与阳离子瓜尔胶的质量比为 1 ∶ 15~1 ∶ 1。脂质体及其包被液对副溶血弧菌具有有效的杀菌活性，经过高温和冻干处理后仍保留很强的杀菌活性。在蛤蜊养殖过程中应用可有效杀灭水体环境中的副溶血弧菌，杀菌率最高在 99%以上，减少蛤蜊副溶血弧菌的污染；对污染了副溶血弧菌的蛤蜊具有很好的净化作用，脂质体添加至热变性内溶素终浓度 25 μg/mL时对蛤蜊体内副溶血弧菌杀菌率超过 90%。

# 一种负载噬菌体内溶素的阳离子瓜尔胶脂质体的制备方法

专利类型：发明专利。

专利申请人（发明人或设计人）：王静雪，林洪，宁厚齐。

专利申请号（受理号）：202110936480.2。

专利权人（单位名称）：中国海洋大学。

专利申请日：2021 年 8 月 16 日。

专利内容简介：

本发明涉及一种脂质体的制备方法，具体涉及一种负载噬菌体内溶素的阳离子瓜尔胶脂质体的制备方法，属于生物技术领域。该方法包括以下步骤：① 将磷脂、胆固醇和弹性增强剂溶解在有机溶剂中形成预混物；② 从所述预混物中蒸发掉所述有机溶剂以形成磷脂膜；③ 噬菌体内溶素和阳离子瓜尔胶共混的体系与磷脂膜的水合；④ 均化，以形成脂质体的包被液，包被液中噬菌体内溶素与阳离子瓜尔胶的质量比为 1 ∶ 15~1 ∶ 1。本发明制得的脂质体对副溶血弧菌具有有效的杀菌活性，经过高温和冻干处理后仍保留很强的杀菌活性。

# 基于MapReduce和BP神经网络的人工养殖水产生长预测方法及系统

专利类型：发明专利。

专利申请人（发明人或设计人）：田云臣，侯嘉康。

专利申请号（受理号）：202110234606.1。

专利权人（单位名称）：天津农学院。

专利申请日：2021 年 3 月 3 日。

专利内容简介：

本发明提供一种基于MapReduce和BP神经网络的人工养殖水产生长预测方法，包括以下步骤：

获取影响养殖水产生物生长的特征因子，并将获取的特征因子进行归一化处理；

将归一化处理后的特征因子输入至训练好的融合MapReduce算法的BP神经网络中，得出预测的养殖水产生物的体重。

以养殖时间为横轴，将预测得出的养殖水产生物的体重作为纵轴，进行曲线拟合，得出预测生长曲线与实际生长曲线进行对比，并根据对比结果，调整批量梯度。

# 一种溶解氧传感器接口中间件

专利类型：发明专利。

专利申请人（发明人或设计人）：田云臣，左渠。

专利申请号（受理号）：202110072360.2。

专利权人（单位名称）：天津农学院。

专利申请日：2021 年 1 月 20 日。

专利内容简介：

本发明公开了一种溶解氧传感器接口中间件，包括输入端接口、信号放大模块、模数转换模块、控制单元、无线Wi-Fi输出端和电源模块；输入端接口通过信号放大模块与模数转换模块连接，控制单元与模数转换模块、无线Wi-Fi输出端分别连接，电源模块与信号放大模块、模数转换模块、控制单元、无线Wi-Fi输出端分别连接。本发明可以对多种不同品牌、不同种类的溶解氧传感器进行转换以实现接口统一，有效解决了不同品牌溶解氧传感器与上位机不兼容的问题，具有结构模块化、通用性强、数据集成度高的特点。

# 一种耐低氧青石斑鱼杂交育种方法

专利类型：发明专利。

专利申请人（发明人或设计人）：田永胜，陈帅，王林娜，李振通，李子奇，黎琳琳，刘阳。

专利申请号（受理号）：CN202011310457.4。

专利权人（单位名称）：中国水产科学研究院黄海水产研究所。

专利申请日：2020 年 11 月 20 日。

专利内容简介：本发明公开了一种耐低氧青石斑鱼杂交育种方法。本发明包括以下步骤：① 蓝身大斑石斑鱼亲鱼培育和精子的获取；② 精子冷冻保存；③ 青石斑鱼亲鱼培育和卵子的获取；④ 人工授精取蓝身大斑石斑鱼冷冻精液，解冻后与卵子混匀，加入海水受精；静置，加入高盐度海水，收集上浮卵；⑤ 孵化管理孵化 6 ~ 10 h，置于高盐度海水中，再次收集上浮受卵，置于养殖池中孵化培育；⑥ 后期培育，利用生物饵料培育，获得青石斑鱼杂交鱼苗。本发明的青石斑鱼杂交育种所得的育苗成活率高，生长速度快，耐低氧，耐低温，杂交后代形态和体色均一，染色体核型为 2n= 1sm+47t，具有独特的遗传特征和显著杂交优势，市场接受程度高，经济效益可观。

# 一种大西洋鲑DNA条形码标准检测基因、引物及其应用

专利类型：发明专利。

专利申请人（发明人或设计人）：柳淑芳，赵新宁，李昂，牟铭，庄志猛。

专利申请号（受理号）：CN202110106224.0。

专利权人（单位名称）：中国水产科学研究院黄海水产研究所。

专利申请日：2021 年 1 月 26 日。

专利内容简介：本发明涉及一种大西洋鲑DNA条形码标准检测基因、引物及其应用，属于分子生物学领域，所述序列为SEQ ID NO：1 所示。本发明还提供了一对检测大西洋鲑DNA条形码标准检测基因的引物，以及大西洋鲑DNA条形码标准检测序列在鉴定大西洋鲑中的应用。利用所述引物对大西洋鲑DNA进行扩增，得到的PCR扩增产物进行核苷酸序列测定，根据序列比对分析结果判别物种鉴定结果，如果与如SEQ ID NO：1 所示的核苷酸序列的遗传距离在 0.02 以下，即可判定待测样本为大西洋鲑。本发明方法能够将大西洋鲑与其他鲑鳟鱼类加以区别。

# 一种繁殖后松江鲈亲鱼的养殖方法及其应用

专利类型：发明专利。

专利申请人（发明人或设计人）：刘玉峰，何忠伟，侯吉伦，王桂兴，王玉芬，徐子雄，李鸿彬。

专利申请号（受理号）：202111441124.X。

专利权人（单位名称）：中国水产科学研究院北戴河中心实验站。

专利申请日：2021 年 11 月 30 日。

专利内容简介：本发明属于水产养殖技术领域，具体涉及一种繁殖后松江鲈亲鱼的养殖方法及其应用。采用本发明提供的营养强化剂在松江鲈繁殖后强化和控制水温的养殖方法能够及时补充其所需的营养，有效改善松江鲈亲鱼繁殖后不摄食的情况，缩短恢复期以达到延长生命周期的目的，提高松江鲈亲鱼的存活率至 30%以上，进而能够达到多次繁殖的效果，以保持松江鲈群体的遗传多样性，促进其种质资源的保护与利用。实施例结果表明采用本发明提供的养殖方法，繁殖后松江鲈亲鱼的存活率为 30%~33%。本发明显著提高了繁殖后松江鲈亲鱼的存活率。

# 一种提取河豚毒素暗纹东方鲀养殖专用配合饲料及使用方法

专利类型：发明专利。

专利申请人（发明人或设计人）：钱晓明，叶建华，孙侦龙，储智勇。

专利申请号（受理号）：202111384423.4。

专利权人（单位名称）：南通龙洋水产有限公司。

专利申请日：2021 年 11 月 22 日。

专利内容简介：

本发明涉及一种用于提取河豚毒素的暗纹东方鲀养殖专用配合饲料及使用方法，该饲料含有鱼粉、豆粕、小麦粉、花生粕、产河豚毒素的梭形芽孢杆菌冻干粉等成分。目前，国内尚未见有提取河豚毒素暗纹东方鲀养殖专用配合饲料的研究报道和商品销售。本发明配合饲料适用于规模化人工养殖的暗纹东方鲀在特定的规格和季节饲喂，同时结合投喂催产素，能够使暗纹东方鲀在肝脏、卵巢等组织高效地积累河豚毒素，从而规模化提供河豚毒素提取制备的原料，并减少野生河豚的捕捞量，有效保护野生河豚资源。

# 一种全自动水产动物溶解氧控制实验装置

专利类型：实用新型。

专利授权人（发明人或设计人）：沈伟良，王雪磊，黄琳，丁杰，刘成。

专利号（授权号）：202121234428.4。

专利权人（单位名称）：宁波市海洋与渔业研究院。

专利申请日：2021 年 6 月 3 日。

专利内容简介：

一种全自动水产动物溶解氧控制实验装置，包括储水池、实验池和继电控制器，储水池与实验池之间通过管路相连通；所述实验池处于封闭状态下，且实验池内设有循环热量交换器、溶氧探头和温度探头；所述储水池内连有气管；与现有技术相比，在实验池内设置溶氧探头和温度探头，控制循环热量交换器和水管启停，对实验池内的动态溶解氧和水温进行调节，确保溶解氧和水温具有较高的稳定性；同时装置配有储水桶，可以实现实验桶进水水源温度、溶解氧等条件的稳定。

# 一种用于野生大黄鱼的保活方法

专利类型：发明专利。

专利申请人（发明人或设计人）：余训凯，包欣源，黄匡南，翁华松，柯巧珍，刘兴彪，兰斌，刘家富。

专利申请号（受理号）：202110363285.5。

专利权人（单位名称）：宁德市富发水产有限公司。

专利申请日：2021 年 4 月 2 日。

专利内容简介：

本发明公开了一种用于野生大黄鱼的保活方法，包括以下步骤：制作采捕网，放置采捕网，采捕到大黄鱼后挑选活力好的放入运输桶，运输至室内鱼池，制备生物饵料，生物饵料浸泡免疫制剂，用浸泡过免疫制剂的生物饵料投喂大黄鱼，之后驯化并过度到采用人工饲料投喂大黄鱼，打上电子标记，并混入人工繁育的大黄鱼养殖网箱中养殖。本发明有效提高了野生大黄鱼的保活率。

# 一种水产养殖肥料及其制备方法

专利类型：发明专利。

专利申请人（发明人或设计人）：周广军，徐荣静，吴红伟，王鹤，柯可，黄华。

专利申请号（受理号）：202110738710.4。

专利权人（单位名称）：烟台开发区天源水产有限公司。

专利申请日：2021 年 6 月 30 日。

专利内容简介：本发明公开了水产养殖技术领域的一种水产养殖肥料及其制备方法，该水产养殖肥料由菜籽油渣、牡蛎粉、载体、蔗糖、复硝酚钠、腐殖酸钠、缓释复合物和疏水涂层组合而成，该水产养殖肥料的制备方法包括如下步骤：将上述得到的滤渣与牡蛎粉进行混合，并送进干燥器进行干燥，得到混合牡蛎粉，所述干燥器的温度设定为120~150℃，干燥时间为12~17 min，将混合牡蛎粉通过造粒机制成颗粒；将疏水涂料按照特定的压力与距离喷涂到上述的颗粒上，并经过烘干设备将涂料固化在颗粒上，制得具有疏水功能的水产养殖肥料。本发明在肥料的外表面增加疏水涂层，肥料投入水中后不会立即分解，能够有效的阻止肥料中营养物质的流失。

# 一种黏性卵孵化装置

专利类型：实用新型。

专利授权人（发明人或设计人）：徐荣静，曲江波，张琛，王田田。

专利号（申请号）：2021231147898。

专利权人（单位名称）：烟台开发区天源水产有限公司。

专利申请日：2021 年 12 月 13 日。

专利内容简介：本实用新型公开了一种黏性卵孵化装置，包括底座，所述底座的上端固定连接有箱体以及泵液管，所述箱体的两端内壁之间共同固定有隔绝网，所述箱体内装有培养液，所述箱体的内部开设有腔体，所述腔体内设置有用于对箱体内的培养液进行搅拌的搅拌机构，所述搅拌机构包括固定连接再腔体底部的动力电机。本实用新型结构合理，通过设置搅拌机构，实现对箱体内的培养液以及鱼卵进行有效的搅拌，使得鱼卵在箱体内旋转，能够有效的防止鱼卵沉底发生粘连的情况，同时能够对鱼卵进行有效的保护，大大提高鱼卵的孵化成功率，通过设置泵液机构以及驱动机构，实现将营养液泵至箱体内，进而达到自动添加营养液的目的，无须人工添加，费时费力。

# 一种适用于鲈鱼养殖试验的网箱

专利类型：实用新型。

专利授权人（发明人或设计人）：徐荣静，曲江波，张琛，王田田。

专利号（授权号）：ZL202123114743.6（CN216627126U）。

专利权人（单位名称）：烟台开发区天源水产有限公司。

专利申请日：2021 年 12 月 13 日。

专利内容简介：本实用新型公开了一种适用于鲈鱼养殖实验的网箱，包括底环以及顶环，所述底环与顶环上均固定套接有多个呈周向等间距设置的套管，位于同一竖直方向的两两套管相对的侧壁上均开设有凹槽，位于同一竖直方向的两个所述凹槽内均共同插设有侧柱。本实用新型结构合理，通过设置顶环、底环、多个侧柱以及多个套管，能够对顶网、底网以及侧网进行有效的限位，防止风浪较大导致网被挤压变形，提高网箱的稳定性，能够有效防止鱼鳍戳伤鱼的情况发生，大大减小了鱼的死亡率，提高实验精准度，通过设置固定机构，当不需要使用网箱时，转动螺纹杆两端的螺母，使其脱离螺纹杆，此时抽出螺纹杆，即可对顶环以及底环进行拆卸，便于储存。

# 一种高密度聚乙烯方形网箱及其连接件

专利类型：实用新型。

专利申请人（发明人或设计人）：陶启友，胡昱，王绍敏，袁太平，冼容森。

专利申请号（受理号）：202122583921.3。

专利权人（单位名称）：珠海市强森海产养殖有限公司。

专利申请日：2021 年 10 月 26 日。

专利内容简介：

本实用新型公开了一种高密度聚乙烯方形网箱及其连接件，连接件由内管、外管、水平板、矩形层架、竖向延伸板和连接架组成，连接件能够实现方形网箱的内主浮管和外主浮管的连接，具有结构可靠、稳定性高的优点；并且，本实用新型的连接件设有矩形层架，矩形层架的顶面和多层走道踏板安装层均能够用于方形网箱的走道踏板铺设，以能够依据走道踏板的不同离水高度需求而选择相应的走道踏板铺设位置。本实用新型的高密度聚乙烯方形网箱具有结构简单可靠、便于维护、造价低、对水域面积利用率高，安装操作高效方便的优点。

# 授权专利

## 一种促使牙鲆精巢生殖细胞凋亡的方法

专利类型：发明专利。

专利授权人（发明人或设计人）：任玉芹，王玉芬，于清海，孙朝徽，侯吉伦，张晓彦，王桂兴，姜秀凤，司飞。

专利号（授权号）：ZL201910366369.7（CN109964860 B）。

专利权人（单位名称）：中国水产科学研究院北戴河中心实验站。

专利申请日：2019 年 5 月 5 日。

授权公告日：2021 年 9 月 21 日。

授权专利内容简介：本发明提供了一种促使牙鲆精巢生殖细胞凋亡的方法。本发明的方法，包括如下步骤：① 在第一高温下对生殖期的牙鲆进行第一次培育，直至牙鲆的精液完全消化；② 在第二高温下对经所述第一次培育的牙鲆进行第二次培育，在第二次培育阶段向牙鲆注射 1-4-丁二醇二甲磺酸酯。本发明的方法对牙鲆精巢生殖细胞的凋亡效果好，同时牙鲆的存活率高达 85%以上。

## 一种大黄鱼遗传性别相关的SNP标记及其引物和应用

专利类型：发明专利。

专利授权人（发明人或设计人）：王志勇，林晓煜，肖世俊。

专利号（授权号）：ZL201810586380.X（授权公告号：CN108424958 B）。

专利权人（单位名称）：集美大学。

专利申请日：2018 年 6 月 8 日。

授权公告日：2021 年 6 月 22 日。

授权专利内容简介：

本发明公开了一种大黄鱼遗传性别相关的SNP标记及其引物和应用。大黄鱼遗传性别相关的SNP标记为SEQ ID NO：1所示序列自5’端起第201位碱基是T或C。当所述SNP标记为CC基因型的个体为雌性大黄鱼，SNP标记为CT基因型的个体为雄性大黄鱼。通过鉴别该分子标记，具有快速、简便、准确鉴别大黄鱼遗传性别的特点，同时也为顺利开展大黄鱼的性别控制育种工作、发展单性养殖，以及开展大黄鱼基因组选择育种和性别决定分子机制研究建立基础。

# 一种饲料添加剂和大黄鱼饲料及其制备方法和应用

专利类型：发明专利。

专利授权人（发明人或设计人）：王秋荣，韩星星，叶坤，王志勇。

专利号（授权号）：ZL201810233237.2（授权公告号：CN108208472B）。

专利权人（单位名称）：集美大学。

专利申请日：2018年3月21日。

授权公告日：2021年7月23日。

授权专利内容简介：

本发明属于大黄鱼养殖领域，公开了一种饲料添加剂和大黄鱼饲料及其制备方法和应用。所述饲料添加剂含有鱼油和混合色素，所述鱼油中n-3系列高度不饱和脂肪酸的质量分数不低于20%，所述混合色素由叶黄素和虾青素按照0.5 ∶ 1~2 ∶ 1的质量比组成。当将本发明提供的饲料添加剂引入大黄鱼基础饲料中时，能够明显改善大黄鱼体色并提高大黄鱼的抗氧化能力以及体内多不饱和脂肪酸的含量。

# 一种饲料及其制备方法和应用以及大黄鱼的饲养方法

专利类型：发明专利。

专利授权人（发明人或设计人）：叶坤，韩星星，王秋荣，王志勇，陈丰林，柴志强。

专利号（授权号）：ZL201810984238.0（授权公告号：CN109105307 B）。

专利权人（单位名称）：集美大学。

专利申请日：2018 年 8 月 28 日。

授权公告日：2021 年 7 月 23 日。

授权专利内容简介：

本发明涉及大黄鱼养殖领域，公开了一种饲料及其制备方法和应用以及大黄鱼的饲养方法。所述饲料含有鱼粉、脱脂黑水虻粉、磷虾粉、玉米蛋白粉、发酵豆粕、谷朊粉、鱼油、小麦粉、α-淀粉、大豆卵磷脂、维生素、矿物质、磷酸二氢钙、氯化胆碱、牛磺酸、乌贼膏和防腐剂，鱼粉的含量为 20%~40%，脱脂黑水虻粉、发酵豆粕、谷朊粉和小麦粉的含量为 5%~15%，磷虾粉、玉米蛋白粉、鱼油和α-淀粉的含量为 2%~10%，大豆卵磷脂和磷酸二氢钙的含量为 0.5%~3%，维生素、矿物质、氯化胆碱、牛磺酸的含量为 0.5%~2%，乌贼膏的含量为 0.1%~1%，防腐剂的含量为 0.01%~0.2%。采用上述饲料对大黄鱼进行养殖，大黄鱼的生长性能、体成分及血清生化指标、抗菌、抗氧化结果均较好，达到节省饲料成本，保证鱼体健康的养殖效果。

# 一种黄姑鱼性染色体特异分子标记、检测引物和试剂盒，及其用途

专利类型：发明专利。

专利授权人（发明人或设计人）：李完波，王志勇，孙莎。

专利号（授权号）：ZL 202011171045（授权公告号：CN112159852A）。

专利权人（单位名称）：集美大学。

专利申请日：2020 年 10 月 28 日。

授权公告日：2021 年 12 月 17 日。

授权专利内容简介：

本发明公开了一种黄姑鱼性染色体特异分子标记、检测引物、试剂盒及其用途。所述分子标记的核苷酸序列为SEQ ID NO：1 所示序列，其存在于黄姑鱼的X染色体上，但在Y染色体上缺失。遗传性别为XX型的雌性黄姑鱼具有SEQ ID NO：1 所示核苷酸序列，而遗传性别为XY型的雄性黄姑鱼中只X染色体上有SEQ ID NO：1 所示核苷酸序列，Y染色体上缺失该SEQ ID NO：1 所示核苷酸序列。鉴于黄姑鱼呈XX/XY型性别决定系统，本发明

的分子标记可以简便、快速、准确、稳定地鉴别出黄姑鱼各个群体中胚胎、幼体及成鱼的遗传性别，为实现黄姑鱼的单性育种、养殖及相关遗传学基础研究奠定了基础。在黄姑鱼性别控制育种和规模化生产上具有重要的应用价值。

# 一种石斑鱼放流群体鉴别微卫星标记的特异性引物和应用

专利类型：发明专利。

专利授权人（发明人或设计人）：蒙子宁，花茜茜，吴利娜，王希，黄文华，刘晓春，张为民，林浩然。

专利号（授权号）：2021082500714840。

专利权人（单位名称）：中山大学。

专利申请日：2018 年 8 月 1 日 。

授权公告日：2021 年 10 月 13 日。

授权专利内容简介：本发明公开了一种石斑鱼放流群体鉴别微卫星标记的特异性引物，所述特异性引物为 12 对，包括 7 对三碱基重复序列GRTR-1 ~ GRTR-7 的特异性引物和 5 对四碱基重复序列GRQU-1 ~ GRQU-5 的特异性引物，其中三碱基重复序列GRTR-1 ~ GRTR-7 的特异性引物的碱基序列如SEQ ID No：1 ~ 14 所示，四碱基重复序列GRQU-1 ~ GRQU-5 的特异性引物的碱基序列如SEQ ID No：15 ~ 24 所示。还公开了一种石斑鱼放流群体鉴别的方法，以及上述特异性引物在石斑鱼放流群体的亲子鉴定、群体鉴别以及遗传育种和放流效果评估中的应用。

# 一种卵形鲳鲹全同胞家系构建方法

专利类型：发明专利。

专利授权人（发明人或设计人）：郭华阳，张殿昌，江世贵，刘宝锁，郭梁，朱克诚，张楠。

专利号（授权号）：ZL2019107909075。

专利权人（单位名称）：中国水产科学研究院南海水产研究所。

专利申请日：2019 年 8 月 26 日。

授权公告日：2021 年 11 月 09 日。

授权专利内容简介：本发明提供了一种卵形鲳鲹全同胞家系构建方法，包括以下步骤：① 亲鱼选择与培育：筛选出卵形鲳鲹全同胞家系构建方法亲鱼，利用电子标记对亲鱼进行标记，并进行营养强化；② 亲鱼催产及外部标记：亲鱼性腺成熟后，使用催产剂对亲鱼进行人工催产，利用外部标记对亲鱼进行个体辨别，记录对应电子标记编号；③ 亲鱼观察与挑选：注射催产剂后观察亲鱼交配行为，根据亲鱼交配行为确定一对配对亲鱼，记录配对亲鱼个体的电子标记编号和对应的外部标记，并将配对亲鱼选出单独培育待产；④ 受精卵获得与育苗：待亲鱼产卵后收集受精卵，进行苗种培育，获得卵形鲳鲹全同胞家系构建方法。本发明方法可有效解决卵形鲳鲹全同胞家系构建方法亲鱼雌雄难辨，无法有效开展家系选育的问题。

# 一种卵形鲳鲹抗菌肽NK-lysin基因及其应用

专利类型：发明专利。

专利授权人（发明人或设计人）：张殿昌，刘广东，郭华阳，朱克诚，郭梁，刘宝锁，张楠。

专利号（授权号）：ZL2019108151801。

专利权人（单位名称）：中国水产科学研究院南海水产研究所。

专利申请日：2019 年 8 月 30 日。

授权公告日：2021 年 12 月 21 日。

授权专利内容简介：本发明的第一个目的在于提供一种卵形鲳鲹抗菌肽NK-lysin基因及其编码蛋白。本发明的第二个目的在于提供含有所述卵形鲳鲹抗菌肽NK-lysin基因的表达载体及利用该载体转化的重组菌株。本发明的第三个目的在于提供一种制备重组卵形鲳鲹抗菌肽NK-lysin蛋白的方法。本发明的第四个目的在于提供所述卵形鲳鲹抗菌肽NK-lysin基因的应用。

# 一种改善石斑鱼肌肉品质的饲料及其制备方法

专利类型：发明专利。

专利授权人（发明人或设计人）：迟淑艳，谭北平，杨烜懿，王光辉，赵旭民，董晓慧，杨奇慧。

专利号（授权号）：CN111513186B。

专利权人（单位名称）：广东海洋大学，南方海洋科学与工程广东省实验室（湛江），浙江华太生物科技有限公司。

专利申请日：2020年5月17日。

授权公告日：2021年7月2日。

授权专利内容简介：一种提高石斑鱼肌肉品质的饲料，其特征在于，所述饲料包括以下质量份的原料：蛋白源原料65~70份、脂肪源原料7~9份、碳水化合物原料15~20份、氨基酸补充剂1~1.5份、维生素预混料0.1~0.3份、矿物质预混料0.4~0.6份、维生素C 0.03~0.06份、磷酸二氢钙1.0~2.0份、氯化胆碱0.2~0.5份、乙氧基喹啉0.015~0.035份和植酸酶0.2~0.4份；所述蛋白源原料包括红鱼粉、酶解肠膜蛋白粉、豆粕、棉籽蛋白、小麦谷朊粉和血球蛋白粉；所述红鱼粉、酶解肠膜蛋白粉、豆粕、棉籽蛋白、小麦谷朊粉和血球蛋白粉的质量比为（28~32）:（2.5~3.5）:（20~22.5）:（5~7.5）:（4~6）:（2.5~5）；所述氨基酸补充剂包括赖氨酸和蛋氨酸；所述赖氨酸和蛋氨酸的质量比为（0.6~0.9）:（0.24~0.45）。

# 一种黄粉虫喂料装置

专利类型：实用新型。

专利授权人（发明人或设计人）：林勇，刘勇，王仪，谭北平。

专利号（授权号）：CN213153551U。

专利权人（单位名称）：广东泽和诚生物科技有限公司，广东海洋大学。

专利申请日：2020年7月23日。

授权公告日：2021年5月11日。

授权专利内容简介：一种黄粉虫喂料装置，其特征在于，包括可移动平台，所述可移动平台上设有料斗、送料组件和投料组件，所述投料组件包括横设于黄粉虫养殖区上方的投料管，所述投料管朝向黄粉虫养殖区的侧壁上沿轴向开设有宽度可调的投料口，所述投料口长度与黄粉虫养殖区宽度匹配，所述投料管的入口端与所述送料组件的出口端连通，所述送料组件与料斗连通。

# 一种维持低脂型养殖鱼类肌肉脂肪酸品质的营养学方法

专利类型：发明专利。

专利授权人（发明人或设计人）：徐后国，梁萌青，卫育良，毕清竹，廖章斌。

专利号（授权号）：ZL202011229978.7。

专利权人（单位名称）：中国水产科学研究院黄海水产研究所。

专利申请日：2020 年 11 月 6 日。

授权公告日：2021 年 8 月 27 日。

授权专利内容简介：本发明涉及一种维持低脂型养殖鱼类肌肉脂肪酸品质的营养学方法，属于水产营养领域，当饲料中以亚麻油、豆油或葵花籽油完全替代鱼油添加时，或当饲料中以菜籽油、棕榈油、牛油、猪油或鸡油完全替代鱼油添加时，通过交替投喂方式，来实现与一直投喂鱼油相同的肌肉脂肪酸品质。本发明方法能够达到与“一直投喂添加鱼油饲料”同样的效果，解决了鱼肉脂肪酸品质下降问题，节约了饲料成本，增加了收益，且本方法对鱼类生长没有影响。

# 一种调控红鳍东方鲀肌肉脂肪沉积的营养学方法

专利类型：发明专利。

专利授权人（发明人或设计人）：徐后国，梁萌青，卫育良，廖章斌，张庆功。

专利号（授权号）：ZL201810978485.X。

专利权人（单位名称）：中国水产科学研究院黄海水产研究所。

专利申请日：2018 年 8 月 27 日。

授权公告日：2021 年 2 月 12 日。

授权专利内容简介：本发明为一种调控红鳍东方鲀肌肉脂肪沉积的营养学方法，属于水产动物营养饲料领域。所述方法通过在红鳍东方鲀饲料中通过添加一定量的虾青素并对蛋氨酸的含量进行控制来升高或降低养殖红鳍东方鲀肌肉中的脂肪含量。本发明方法使红鳍东方鲀肌肉中脂肪含量的定向调控成为可能。本方法绿色环保，不产生任何毒副物质，不影响食品安全，且成本在可控范围内。

# 一种石斑鱼虹彩病毒的亚单位疫苗及其制备方法和应用

专利类型：发明专利。

专利申请人（发明人或设计人）：秦启伟，黄晓红，周胜，魏京广，黄友华。

专利授权号：ZL201711377044.6。

专利权人（单位名称）：华南农业大学。

专利授权日：2021 年 1 月 5 日。

专利内容简介：本发明公开了一种石斑鱼虹彩病毒的疫苗及其制备方法和应用。本发明的石斑鱼虹彩病毒的疫苗是SEQ ID NO.1 所示的核苷酸序列编码的蛋白。其是构建质粒 pET32a–VP88 并转化大肠杆菌 BL21（DE3），诱导表达并破碎细胞后自上清中回收重组蛋白，即为石斑鱼虹彩病毒的疫苗。可以将重组蛋白rVP88 与佐剂混合，所得疫苗混合液具有对新加坡石斑鱼虹彩病毒SGIV免疫保护的作用。本发明的石斑鱼虹彩病毒的疫苗免疫效果稳定，保护率较高，具有高效保护性，可应用于石斑鱼养殖过程中以保护鱼苗及成鱼对抗石斑鱼虹彩病毒感染。

# 基于胞内甜菜碱积累的疫苗制备方法及制剂

专利类型：发明专利。

专利授权人（发明人或设计人）：马悦，王启要，刘晓红，张元兴。

专利号（授权号）：ZL 201710084014.X。

专利权人（单位名称）：华东理工大学。

专利申请日：2017 年 2 月 16 日。

授权公告日：2021 年 9 月 14 日。

授权专利内容简介：本发明涉及基于胞内甜菜碱积累的疫苗制备方法及制剂，展示了一种新型的制备活细胞疫苗冻干制剂的方法。该方法包括培养活细胞使得活细胞内积累甜菜碱、之后再进行冻干的步骤。本发明的方法可以极为显著地提高活细胞在冻干后的存活率以及细胞活力，弥补了以往疫苗冻干制剂配体系统无法有效保护疫苗株胞内生理代谢功能不受损伤的不足，有效发挥了疫苗株胞内外不同保护剂的协同效应。

# 大黄鱼IFNc基因大肠杆菌表达产物的制备方法与应用

专利类型：发明专利。

专利授权人（发明人或设计人）：陈新华, 丁扬，母尹楠。

专利号（授权号）：ZL201811362411X。

专利权人（单位名称）：福建农林大学。

专利申请日：2018 年 11 月 15 日。

授权公告日：2021 年 2 月 26 日。

授权专利内容简介：

本发明涉及一种大黄鱼干扰素c（IFNc基因）大肠杆菌表达产物的制备方法与应用，本发明通过分子生物学手段，将大黄鱼IFNc基因克隆后连接至大肠杆菌表达载体中，通过转化，诱导表达，获得重组表达产物，具体包括以下步骤：基因克隆、重组表达载体的构建、转化入大肠杆菌、IPTG诱导及表达产物的纯化等步骤。所获得的表达产物可诱导大黄鱼外周血白细胞表达抗病毒蛋白如Mx1、PKR和ISG15。

# 一种分泌抗大黄鱼免疫球蛋白T单克隆抗体的杂交瘤细胞株

专利类型：发明专利。

专利授权人（发明人或设计人）：陈新华，傅秋玲，母尹楠。

专利号（授权号）：ZL201911130192.7。

专利权人（单位名称）：福建农林大学。

专利申请日：2019 年 11 月 18 日。

授权公告日：2021 年 7 月 20 日。

授权专利内容简介：

开发了一种分泌抗大黄鱼IgT单克隆抗体的杂交瘤细胞株IgT-6,保藏号为CCTCC NO：C2019215。本发明以纯化的重组大黄鱼IgT重链胞外区蛋白抗原四次免疫BALB/C小鼠后；取大黄鱼IgT抗体效价最高的小鼠的脾细胞，与SP2/0 骨髓细胞进行融合，筛选获得抗大黄鱼IgT单克隆抗体的杂交瘤细胞株IgT-6。用本发明方法制备获得的单克隆抗体IgT-6 具有特异性强、效价高、稳定性好等特点，可用于大黄鱼疾病的诊断和疫苗使用效果的评价，对大黄鱼疾病的研究及防治具有重要理论和现实意义。

# 抗大黄鱼IgM单克隆抗体及其制备方法

专利类型：发明专利。

专利授权人（发明人或设计人）：陈新华，黄宇鹏。

专利号（授权号）：ZL201811360852.6。

专利权人（单位名称）：福建农林大学。

专利申请日：2018 年 11 月 15 日。

授权公告日：2021 年 11 月 12 日。

授权专利内容简介：

本发明为抗大黄鱼IgM单克隆抗体及其制备方法。抗大黄鱼IgM单克隆抗体为杂交瘤细胞株IgM-9G7。制备大黄鱼IgM抗原；制备杂交瘤细胞株IgM-9G7；制备抗大黄鱼IgM的单克隆抗体。大黄鱼IgM单克隆抗体是由杂交瘤细胞株IgM-9G7产生、对大黄鱼IgM具有特异性的抗体。该细胞分泌的免疫球蛋白能够高效特异性结合大黄鱼IgM，最高效价达到2×10～（4）。将纯化的大黄鱼IgM免疫动物，取其产生抗大黄鱼IgM单克隆抗体的脾细胞，与骨髓瘤细胞融合获得能够分泌特异性抗体的杂交瘤细胞株，该细胞株能分泌抗大黄鱼IgM的单克隆抗体。此抗体特异性高，灵敏度高，可用于大黄鱼IgM的结构分析、免疫应答水平检测等。

# 一种鱼类养殖池塘内循环增氧装置及其使用方法

专利类型：发明专利。

专利授权人（发明人或设计人）：徐永江，柳学周，王滨，史宝，张凯，蓝功岗。

专利号（授权号）：ZL201610633858.0。

专利权人（单位名称）：中国水产科学研究院黄海水产研究所。

专利申请日：2016年8月3日。

授权公告日：2021年7月8日。

授权专利内容简介：本发明为一种鱼类养殖池塘用内循环增氧装置及其使用方法，属于水产养殖技术领域。所述装置包括底座、潜水泵、支架、取水管、三通管、进气管、出水管、射流管、远程控制开关和电缆；潜水泵安置在底座上；潜水泵连接取水管；取水管通过三通管连接进气管和出水管；所述的三通管一水平端口与取水管连接，另一水平端口与出水管连接，与水面垂直的端口连接进气管；取水管与出水管通过三通管的两个水平端口连接在同一直线上。在池塘内设置内循环增氧装置，实现上下水层交换和增氧，同时推动池塘内养殖水体形成内循环流动，便于大颗粒养殖废弃物集中清理，营造了优良的鱼类生长环境，大大降低因池塘底质腐败和水质恶化引发的病害发生概率，提高鱼类池塘养殖成活率和养殖产量，达到池塘养殖生产提质增效的目的。

# 一种海水鱼类增殖放流苗种野性驯化系统

专利类型：实用新型。

专利授权人（发明人或设计人）：姜燕，徐永江，柳学周，王滨，崔爱君，李影，方璐，王开杰。

专利号（授权号）：ZL202023263880.1。

专利权人（单位名称）：中国水产科学研究院黄海水产研究所、青岛海洋科学与技术国家实验室发展中心。

专利申请日：2020 年 12 月 29 日。

授权公告日：2021 年 9 月 7 日。

授权专利内容简介：本发明提供了一种海水鱼类增殖放流苗种野性驯化系统，属于海洋生物资源养护技术领域，所述驯化系统包括驯化场、光源、造流泵、人工鱼礁和摄像系统。使用本发明系统用于驯化放流苗种的摄食和逃避捕食的能力，增强人工繁殖的增殖放流苗种适应海洋自然环境的能力，提高放流苗种的存活率，进而提升海水鱼类放流的增殖效果。

# 一种大黄鱼育苗池用水过滤装置

专利类型：实用新型。

专利授权人（发明人或设计人）：宋炜，曹平，王鲁民，甘武，王磊，刘永利。

专利号（授权号）：ZL 202120410798.2。

专利权人（单位名称）：中国水产科学研究院东海水产研究所。

专利申请日：2021 年 2 月 24 日。

授权公告日：2021 年 11 月 26 日。

授权专利内容简介：本实用新型涉及海水养殖配套装置技术领域，尤其为一种大黄鱼育苗池用水过滤装置，包括第一过滤箱以及第二过滤箱，所述精滤网下方固定安装有第一转轴，所述玻璃管内部固定安装有紫外线灯管。本实用新型设置伸缩螺杆、盖子、复位弹簧以及限位插杆。在过滤工作完成后，工作人员可通过打开盖子，向上拉动调节板，使得伸缩螺杆以及复位弹簧压缩，限位插杆从安装头上端以及开槽内部设置有限位孔内部脱离开，从而即可取出粗滤网并对其进行清洗。工作人员也可打开开门，通过同样的操作将精滤网取出并进行清洗。本实用新型便于定期对过滤装置进行清洗，在一定程度上可避免过滤装置堵塞而影响过滤效果的现象。

# 一种用于大黄鱼养殖围栏带照明功能的伸缩式长柄网兜

专利类型：实用新型。

专利授权人（发明人或设计人）：宋炜，曹平，王鲁民，甘武，王磊，刘永利。

专利号（授权号）：ZL 202120410797.8。

专利权人（单位名称）：中国水产科学研究院东海水产研究所。

专利申请日：2021 年 2 月 24 日。

授权公告日：2021 年 11 月 9 日。

授权专利内容简介：本实用新型涉及海水养殖配套装置技术领域，尤其为一种用于大黄鱼养殖围栏带照明功能的伸缩式长柄网兜，包括网兜主体、拉绳套、拉绳以及安装套，所述安装座顶部固定安装有固定喉箍，所述固定喉箍上固定安装有固定喉箍螺纹杆，所述固定喉箍内部固定安装有照明灯，所述照明灯一侧固定安装有照明灯开关，所述连接杆一侧固定安装有伸缩杆，所述伸缩杆上固定安装有伸缩杆螺纹杆，所述伸缩杆外侧固定套设有防滑套，所述伸缩杆一侧固定安装有握柄，所述握柄上固定安装有握柄螺纹杆。使用者在携带时们可以通过伸缩杆、螺纹杆以及握柄螺纹杆将伸缩杆以及握柄拆下，将装置分解成各个小部件，方便携带。

# 一种用于大黄鱼养殖围栏打捞小型漂浮物拉杆网兜

专利类型：实用新型。

专利授权人（发明人或设计人）：宋炜，曹平，王鲁民，甘武，王磊，刘永利。

专利号（授权号）：ZL 202120410754.X。

专利权人（单位名称）：中国水产科学研究院东海水产研究所。

专利申请日：2021 年 2 月 24 日。

授权公告日：2021 年 12 月 14 日。

授权专利内容简介：本实用新型涉及海水养殖配套装置技术领域，尤其为一种用于大黄鱼养殖围栏打捞小型漂浮物拉杆网兜，包括支撑架、连接杆、第一加长杆以及第二加长杆，所述第二加长杆上固定安装有第二螺纹杆，所述第二加长杆外侧固定套设有防滑套，所述第二加长杆一侧固定安装有第三加长杆，所述第三加长杆上固定安装有第三螺纹杆，所述第三加长杆一侧固定安装有握柄，所述握柄上固定安装有握柄螺纹杆，所述握柄螺纹杆一侧固定安装有刀刃。在对小型漂浮物进行打捞时，难免会被水草或者树枝等杂物将网兜缠绕住，导致网兜不能收回。通过设置的刀刃，使用者可以将水草或者树枝割断，从而将网兜收回，避免装置受损，提高装置使用寿命。

# 一种大型围栏养殖设施的洗网机

专利类型：发明专利。

专利授权人（发明人或设计人）：宋炜，王鲁民，曹平，王武卿，刘永利，王磊。

专利号（授权号）：ZL 202010946512.2。

专利权人（单位名称）：中国水产科学研究院东海水产研究所。

专利申请日：2020 年 9 月 10 日。

授权公告日：2021 年 9 月 28 日。

授权专利内容简介：本发明涉及水产养殖技术领域，尤其为一种大型围栏养殖设施的洗网机，包括清洗箱，所述清洗箱内开设有清洗槽，所述清洗槽两侧中心处开设有圆槽，所述圆槽内固定连接有轴承，所述轴承内连接有转轴，所述转轴远离轴承一端开设有凹槽，所述凹槽内连接有固定杆，所述固定杆顶部和底部均固定连接有固定框，所述固定框远离固定杆位置处且在固定杆的上方和下方均固定连接有绑带，所述绑带的正面和背面均固定连接有魔术贴。本发明通过设置清洗箱、清洁喷头、固定框、固定杆、绑带，解决了下述问题：目前围栏设施长期使用后，网衣上会附着大量的藻类等杂物。这些杂物容易堵塞和腐蚀网衣，影响网衣内外水交换频率，并造成网衣破损，影响养殖效果。现在一般采用人工水下冲洗网衣，存在清洗操作费时费力、安全系数低等问题。

# 一种合成纤维网与铜合金编织网连接方法

专利类型：发明专利。

专利授权人（发明人或设计人）：王磊，王鲁民，郑汉丰，宋炜，李子牛，肖黎。

专利号（授权号）：202010318289.7。

专利权人（单位名称）：中国水产科学研究院东海水产研究所。

专利申请日：2020 年 4 月 21 日。

授权公告日：2021 年 8 月 20 日。

授权专利内容简介：本发明为一种合成纤维网与铜合金编织网连接方法，包括以下步骤：① 合成纤维网下边缘固定好受力绳纲；② 将连接扣与连接件通过轴承连接形成组合连接件，连接扣为可以打开和闭合的锁扣装置；③ 将合成纤维网下边缘的绳纲对应放入组合连接件的连接扣内部，闭合连接扣，制成下缘装配连接件的合成纤维网模块；铜合金编织网片上缘连接铜网预连件制成铜合金编织网模块；④ 将合成纤维网模块的组合连接件与铜网预连件固定。

# 一种合成纤维网与铜合金编织网连接装置

专利类型：发明专利。

专利授权人（发明人或设计人）：王磊，王鲁民，郑汉丰，宋炜，李子牛，肖黎。

专利号（授权号）：202010317658.0。

专利权人（单位名称）：中国水产科学研究院东海水产研究所。

专利申请日：2020 年 4 月 21 日。

授权公告日：2021 年 11 月 16 日。

授权专利内容简介：本发明为一种合成纤维网与铜合金编织网连接装置，包括：合成纤维网；合成纤维网的组合连接件，用于和合成纤维网的下边缘结合形成网片模块；铜合金编织网；铜合金编织网预连件，用于和铜合金编织网的上缘结合形成铜合金编织网模块；用于将网片模块和铜合金编织网模块连接的组件。

# 一种用于围栏养殖的编织网连接方法

专利类型：发明专利。

专利授权人（发明人或设计人）：王磊，王鲁民，宋炜，余雯雯，王永进，齐广瑞。

专利号（授权号）：202010317682.4。

专利权人（单位名称）：中国水产科学研究院东海水产研究所。

专利申请日：2020 年 4 月 21 日。

授权公告日：2021 年 10 月 1 日。

授权专利内容简介：本发明为一种用于围栏养殖的编织网连接方法，包括以下步骤：① 将连接件与铜合金编织网纵向的边缘连接，形成铜合金编织网模块，连接件上具有和柱桩固定连接的连接件开孔；② 柱桩上设定好间距，将柱桩预装件排布预固定，柱桩预装件环绕所述柱桩外周，柱桩预装件上具有预装件连接装置用于和铜合金编织网模块连接；③ 铜合金编织网模块边缘的连接件开孔和预装件连接装置的开孔对齐后利用尼龙棒或轴承穿插固定。

# 一种用于围栏养殖的编织网连接装置

专利类型：发明专利。

专利授权人（发明人或设计人）：王磊，王鲁民，宋炜，余雯雯，王永进，齐广瑞。

专利号（授权号）：202010318308.6。

专利权人（单位名称）：中国水产科学研究院东海水产研究所。

专利申请日：2020 年 4 月 21 日。

授权公告日：2021 年 9 月 28 日。

授权专利内容简介：本发明为一种用于围栏养殖的编织网连接装置，包括柱桩、柱桩预装件、铜合金编织网模块。柱桩预装件为圆环状，环绕所述柱桩外周；柱桩预装件上具有预装件连接装置用于和铜合金编织网模块连接；所述铜合金编织网模块包括铜合金编织网和连接件；连接件和预装件连接装置之间通过尼龙棒或轴承穿插固定。

# 一种用于围栏养殖的合成纤维网连接装置

专利类型：发明专利。

专利授权人（发明人或设计人）：王磊，王鲁民，宋炜，石建高，王帅杰，徐国栋。

专利号（授权号）：202010317661.2。

专利权人（单位名称）：中国水产科学研究院东海水产研究所。

专利申请日：2020 年 4 月 21 日。

授权公告日：2021 年 4 月 6 日。

授权专利内容简介：本发明为一种用于围栏养殖的合成纤维网连接装置，合成纤维网按照围栏养殖设施柱桩建造的间距制成相应尺寸的网片，边缘固定好受力绳纲；将连接扣与连接件组合好，利用轴承穿插连接形成组合连接件，使连接扣保持打开状态；将绳纲对应放入组合连接件的子母连接扣内部，并闭合子母连接扣，使卡齿进入卡槽，制成标准的合成纤维网模块；根据强度设计要求设定网衣与柱桩的连接点，以此设定柱桩预装件在柱桩的安装间距，并预固定于柱桩上；将合成纤维网模块与柱桩预装件的安装孔对齐后通过尼龙棒穿插固定，再锁紧柱桩预装件的螺栓，即可在两根柱桩间完成网衣的安装。

# 一种椭圆漏斗状射流喷嘴结构

专利类型：美国发明专利。

专利授权人（发明人或设计人）：谢晶，柳雨嫣，王金锋。

专利号（授权号）：US 10,913,078 B2。

专利权人（单位名称）：上海海洋大学。

专利申请日：2017 年 12 月 1 日。

授权公告日：2021 年 2 月 9 日。

授权专利内容简介：

本发明为一种椭圆漏斗状射流喷嘴，包括椭圆锥形导流槽、椭圆射流喷嘴、传送板带，椭圆漏斗状射流喷嘴特征在于：椭圆锥形导流槽、椭圆射流喷嘴和传送板带的厚度为 15 mm；所述椭圆锥形导流槽为包括上端开口和下端开口的中空倒椭圆锥台形，导流槽的上端开口与椭圆形开孔连接，导流槽的下端开口连接喷嘴的入口，喷嘴为中空椭圆柱形。本发明可以有效地提高冻结区域的换热强度，提高速冻机的冻结效率，有效地改善传统喷嘴结构不能同时兼顾较高冻结效率和换热不均匀的缺陷。

# 一种刺破式中性蛋白酶型时间温度指示器

专利类型：荷兰发明专利。

专利授权人（发明人或设计人）：谢晶，黄文博，王金锋。

专利号（授权号）：NL 2024639。

专利权人（单位名称）：上海海洋大学。

专利申请日：2019 年 1 月 20 日。

授权公告日：2021 年 3 月 17 日。

授权专利内容简介：

本发明为一种刺破式中性蛋白酶型时间温度指示器，由时间温度指示器和比色卡组成，所述时间温度指示器包括一个容器，容器内包括显色试剂、底物和酶；所述显色试剂为Folin-酚试剂，浓度为 2 mg/L；所述底物为质量分数为 2%的酪蛋白液，由酪蛋白、0.1 mol/L的氢氧化钠溶液及蒸馏水组成；所述酶为浓度为 2 mg/L的中性蛋白酶溶液。本发明是根据Folin-酚测定蛋白质浓度的方法设计的一种酶底物反应的显色体系，经历时间的推移或温度的波动可发生不可逆的可视的颜色变化，达到直观指示冷藏食品经历时间或者温度变化后品质变化的目的。

# 一种冰衣液复配装置及方法

专利类型：澳大利亚发明专利。

专利授权人（发明人或设计人）：谢晶，余文晖，王金锋，谭明堂，王雪松，励建荣。

专利号（授权号）：AU 2021105447。

专利权人（单位名称）：上海海洋大学。

专利申请日：2019 年 8 月 22 日。

授权公告日：2021 年 9 月 29 日。

授权专利内容简介：

发明涉及水产品保鲜领域，具体涉及一种冰衣液复配装置及方法。所述配置装置包括框架部分、母液配置部分、冰衣液配置部分、冰衣液后处理部分和控制系统；框架部分包括箱体、底座、保温隔板；母液配置部分包括进水总管、储水箱进水电磁阀、储水箱、第一母液罐、第二母液罐、第三母液罐、第四母液罐、搅拌机构和进水机构；冰衣液配置部分包括均液罐、均液罐进液、均液罐进液电磁阀、废液缸进液电磁阀、均液罐搅拌叶；冰衣液后处理部分包括接液缸、废液缸、接液缸进液流量计、接液缸进液电磁阀。本发明提供的上述技术方案，装置使用简单实用，配置的浓度精准有效；复配过程简化，可以有效提升复配效率。

# 一种冰衣液复配装置及方法

专利类型：南非发明专利。

专利授权人（发明人或设计人）：谢晶，余文晖，王金锋，谭明堂，王雪松，励建荣。

专利号（授权号）：PT 2021/06242。

专利权人（单位名称）：上海海洋大学。

专利申请日：2019 年 8 月 22 日。

授权公告日：2021 年 9 月 29 日。

授权专利内容简介：

发明涉及水产品保鲜领域，具体涉及一种冰衣液复配装置及方法。所述配置装置包括框架部分、母液配置部分、冰衣液配置部分、冰衣液后处理部分和控制系统；框架部分包括箱体、底座、保温隔板；母液配置部分包括进水总管、储水箱进水电磁阀、储水箱、第一母液罐、第二母液罐、第三母液罐、第四母液罐、搅拌机构和进水机构；冰衣液配置部分包括均液罐、均液罐进液、均液罐进液电磁阀、废液缸进液电磁阀、均液罐搅拌叶；冰衣液后处理部分包括接液缸、废液缸、接液缸进液流量计、接液缸进液电磁阀。本发明提供的上述技术方案，装置使用简单实用，配置的浓度精准有效；复配过程简化，可以有效提升复配效率。

# 一种复合咸味剂快速腌制鱼类的加工方法

专利类型：发明专利。

专利授权人（发明人或设计人）：吴燕燕，赵志霞，李来好，杨贤庆，林婉玲，陈胜军，胡晓，郝淑贤，杨少玲，荣辉，翟红蕾。

专利号（授权号）：ZL201710894251.2。

专利权人（单位名称）：中国水产科学研究院南海水产研究所。

专利申请日：2017 年 9 月 28 日。

授权公告日：2021 年 1 月 12 日。

授权专利内容简介：本发明为一种复合盐快速腌制鱼类的加工方法，包括以下步骤：原料处理：选取鲜鱼或冷冻鱼，预处理后备用；盐水的配制：按一定比例将氯化钠、氯化钾、苹果酸钠、白糖完全溶解于水中；腌制：将部分盐水注射至鱼内，其余盐水浸泡鱼身；清洗：将腌制好的鱼从盐水中捞起，用水冲淋，沥干；后处理：将沥水后的鱼制成湿腌鱼产品或低盐腌干鱼制品。本发明采用氯化钠、氯化钾和苹果酸钠复合盐作为腌制剂腌制鱼类，几种成分的复合起到协同快速腌制的作用；解决了单一氯化钠腌制产品中钠离子含量较高，不利用人体健康的问题，又解决了腌制鱼类的咸味和风味问题；同时，采用这个方法，也大大地缩短了腌制时间。

# 一种抑制多脂鱼脂质过度氧化的复合抗氧化剂及腌制加工方法

专利类型：发明专利。

专利授权人（发明人或设计人）：李来好，吴燕燕，蔡秋杏，杨贤庆，陈胜军，邓建朝，杨少玲，赵永强。

专利号（授权号）：ZL201710191075.6。

专利权人（单位名称）：中国水产科学研究院南海水产研究所。

专利申请日：2017 年 3 月 28 日。

授权公告日：2021 年 4 月 9 日。

授权专利内容简介：本发明公开了一种抑制多脂鱼脂质过度氧化的复合抗氧化剂及腌制加工方法，由以下组分组成：植物乳杆菌菌液浓度为 $10^{8}-10^{10}$ CFU/mL，菌液用量为鱼质量的（v/w）：2.0%~3.5%；迷迭香酸质量为所处理鱼质量的 0.03%~0.05%；竹叶黄酮质量为所处理鱼质量的 0.03%~0.05%；维生素C质量为所处理鱼质量的 0.01%~0.02%。本发明有利于促进多脂鱼在腌制和低温烘干过程适度的脂肪氧化，产生腌干鱼特有风味，而在烘干结束后，该氧化过程也处于停滞状态，从而有效抑制多脂鱼腌干产品的进一步脂质过度氧化，延长了产品的保质期。

# 一种基于磷脂对鱼糜品质进行评价的方法

专利类型：发明专利。

专利授权人（发明人或设计人）：林婉玲，韩迎雪，李来好，吴燕燕，杨贤庆，胡晓，黄卉，杨少玲，荣辉。

专利号（授权号）：ZL201911016806.9。

专利权人（单位名称）：中国水产科学研究院南海水产研究所。

专利申请日：2019 年 10 月 24 日。

授权公告日：2021 年 10 月 26 日。

授权专利内容简介：本发明提供了一种基于磷脂对鱼糜品质进行评价的方法，通过测定所选鱼种鱼肉的磷脂含量，根据磷脂含量与鱼糜凝胶强度的相关性模型，得到所选鱼种制成鱼糜的凝胶强度，对所选鱼种鱼糜品质进行评价并分等级。本发明基于磷脂对鱼糜品质进行评价的方法，通过磷脂含量就能计算得到鱼糜凝胶强度预测值，挑选到不同等级凝胶强度的淡水鱼鱼种，解决挑选做鱼糜鱼种的盲目性问题，使得挑选做鱼糜的鱼种过程简单，科学合理，有着广阔的开发和应用前景。

# 一种基于气味可视化的梅香鱼发酵程度多维融合鉴别方法

专利类型：发明专利。

专利授权人（发明人或设计人）：王悦齐，吴燕燕，陈茜，李来好，杨贤庆，陈胜军，赵永强，李春生，杨少玲，岑剑伟，魏涯。

专利号（授权号）：ZL202110135985.9 。

专利权人（单位名称）：中国水产科学研究院南海水产研究所。

专利申请日：2021 年 2 月 1 日。

授权公告日：2021 年 10 月 26 日。

授权专利内容简介：本发明公开了一种基于气味可视化的梅香鱼发酵程度多维融合鉴别方法，融合了电子鼻系统、气相？离子迁移质谱和多维数据融合分析，建立了有效多维发酵程度鉴别模型。本发明的方法融合神经网络算法、PCA分析等数据分析方法建立了梅香鱼发酵程度快速鉴别模型，适用于梅香鱼的品质评估与发酵程度鉴别，成本低，结果可视化程度高。本发明基于多维融合鉴别与预测策略，相对于传统感官分析和单种风味分析，具有灵敏度高、分析时间短、操作方便和预测性高等优势，可满足现代水产食品快速检测和分析的要求。

# 一种应用于鱼类加工流水线上的高压清洗装置

专利类型：实用新型。

专利授权人（发明人或设计人）：王悦齐，吴燕燕，李来好，杨贤庆，陈胜军，赵永强，李春生，岑剑伟，杨少玲，魏涯，王迪。

专利号（授权号）：ZL202110135985.9 。

专利权人（单位名称）：中国水产科学研究院南海水产研究所。

专利申请日：2021 年 3 月 10 日。

授权公告日：2021 年 10 月 26 日。

授权专利内容简介：本实用新型公开了一种应用于鱼类加工流水线上的高压清洗装置，包括安装于地面的固定架和与固定架固定连接的清洗装置，其特征在于：清洗装置包括顶部清洗单元、底部清洗单元、盛水盘和翻转板；顶部清洗单元和底部清洗单元上下对应设置；底部清洗单元与顶部清洗单元均有相同的设置；底部清洗单元的输入端设置于顶部清洗单元的输出端正下方；提高了本装置的空间利用率，实现了鱼体无死角的清洁，且避免了工序间的交叉污染。

# 一种聚乙烯亚胺超支化琼脂糖基硼亲和材料的制备方法及其应用

专利类型：发明专利。

专利授权人（发明人或设计人）：曹立民，郑洪伟，林洪，隋建新，王博成，殷佳珞。

专利号（授权号）：CN109225177A。

专利权人（单位名称）：中国海洋大学。

专利申请日：2018 年 9 月 6 日。

授权公告日：2021 年 4 月 13 日。

授权专利内容简介：

本发明涉及分离技术领域，公开了一种聚乙烯亚胺超支化琼脂糖基硼亲和材料的制备方法及其应用，制备方法包括：① 琼脂糖微球的制备；② 环氧化琼脂糖的制备；③ 环氧化琼脂糖的氨基化修饰；④ 苯硼酸琼脂糖的制备。本发明制备的基于琼脂糖基的高柱容量、高生物相容性硼亲和材料，其中琼脂糖被选作为基架，聚乙烯亚胺作为超支化配基进行修饰，同时 3，5-二氟 4-甲酰基苯硼酸作为亲和基团；琼脂糖具有更高的亲和性及柱容量和可操作性。本发明克服了一系列技术问题，成功将硼亲和材料应用于细胞水平的识别与分离，与现有技术相比，取得了显著的进步。

# 一种适应于鱼类原肌球蛋白纯化的琼脂糖硼酸亲和材料的制备方法

专利类型：发明专利。

专利授权人（发明人或设计人）：曹立民，殷佳珞，郑洪伟，林洪，隋建新，王博成。

专利号（授权号）：CN110711571A。

专利权人（单位名称）：中国海洋大学。

专利申请日：2019 年 7 月 8 日。

授权公告日：2021 年 6 月 22 日。

授权专利内容简介：

本发明涉及分离技术领域，公开了一种适应于鱼类原肌球蛋白纯化的琼脂糖硼酸亲和材料的制备方法，本发明以 3，5-二氟 4-甲酰基苯硼酸为功能单体，三（2-氨基乙基）胺为多支化配体，琼脂糖微球为基质材料，制备了一种新的琼脂糖硼酸亲和材料，并将其首次用于鱼类原肌球蛋白的分离纯化中，并用不同的鱼类样品确定了最佳使用条件。结果显示，当琼脂糖浓度为 3%，上样平衡液pH为 7.4，HAc洗脱液浓度为 100 mM时，所得原肌球蛋白纯度在 90%以上，柱容量约为 1.85 mg/mL以上。与传统方法相比，此技术可以显著缩短纯化时间（从数天缩减至 3~4 h），且不使用有机溶剂，产物纯度与传统方法相当。

# 一种环保型海洋经济鱼饲料投放装置

专利类型：实用新型。

专利授权人（发明人或设计人）：张云霞，张云，李强，龚艳君，张宸瑜。

专利号（授权号）：2021 2 1863427.6。

专利权人（单位名称）：辽宁省海洋水产科学研究院。

专利申请日：2021 年 8 月 11 日。

授权公告日：2021 年 12 月 21 日。

授权专利内容简介：本实用新型专利属于海产品养殖技术领域，具体为一种环保型海洋经济鱼饲料投放装置，包括安装架、储料箱和控制盒，所述安装架上设置有称重模块，所述称重模块的顶部设置有储料箱，所述储料箱的顶部设置有进料口，所述储料箱的底部贯穿称重模块设置有排料口，所述排料口上设置有电磁阀，所述储料箱的顶部设置有电机，所述电机的输出端贯穿储料箱设置有搅拌组件，所述储料箱的前表面设置有控制盒。其结构合理，通过称重模块测量储料箱中的饲料重量。当物料不足时，可以通过显示屏和蜂鸣器发出警报，同时可以通过传输模块和上位机实现远程提醒，通过时间继电器定时的发送信号给处理器，处理器控制驱动器和电磁阀，实现定时投放饲料。

# 鱼体头尾分类序列上料系统

专利类型：发明专利。

专利授权人（发明人或设计人）：单慧勇，李晨阳，张程皓，赵辉，卫勇，杨延荣，于镓。

专利号（授权号）：ZL201911115086.1。

专利权人（单位名称）：天津农学院。

专利申请日：2019 年 11 月 14 日。

授权公告日：2021 年 5 月 25 日。

授权专利内容简介：

本发明公开了一种鱼体头尾分类序列上料系统，包括：鱼体序列上料装置、头尾判别装置、头尾方向调整装置和第二输送装置、第一输送装置。相较于传统的人工喂料方式，鱼体序列上料装置可以实现大批量的鱼体分拣上料，大大提高了效率，增加了可靠性，有效节省人力。头尾判别装置利用了鱼体头、尾重量不同的特性，根据第二重量传感器读取的重量数据，可方便实现头尾判别，可靠性高；头尾方向调整装置巧妙地运用了鱼体重量特性，利用载鱼板的往复运动对鱼体头尾方向进行调整。头尾判别装置和头尾方向调整装置可以实现流水线上鱼体头尾判别与调整，大大提高了鱼体前加工处理流水作业效率，降低人工成本，为鱼体流水线自动化作业提供可靠的物料支撑。

# 一种鱼类垂向切尾放血装置

专利类型：发明专利。

专利授权人（发明人或设计人）：李晨阳，单慧勇，张程皓，赵辉，卫勇，杨延荣，于镓。

专利号（授权号）：ZL201911068430.6。

专利权人（单位名称）：天津农学院。

专利申请日：2019 年 11 月 5 日。

授权公告日：2021 年 12 月 7 日。

授权专利内容简介：

本发明属鱼类处理加工设备技术领域，具体涉及一种鱼体屠宰设备，尤其是一种鱼类垂向切尾放血装置，包括一安装架，所述安装架上方沿水平方向悬装有传送装置，位于传送装置下方的安装架内安装有刀具，所述安装架内位于传送装置进料侧与刀具之间的位置安装有位置检测装置，位于刀具上方的安装架内安装有立式夹持装置；位置检测装置用于检测鱼尾的竖直位置，刀具可根据检测到的竖直位置调整竖直高度。

# 一种半滑舌鳎外泌体性别差异表达标签及试剂盒

专利类型：发明专利。

专利授权人（发明人或设计人）：张博，贾磊，赵娜，李仰真，刘克奉，高磊，高燕。

专利号（授权号）：ZL201811019139.5。

专利权人（单位名称）：天津渤海水产研究所。

专利申请日：2018 年 9 月 3 日。

授权公告日：2021 年 4 月 27 日。

授权专利内容简介：本发明的目的是针对半滑舌鳎雄鱼及伪雄鱼识别问题，提出一种半滑舌鳎精液来源的外泌体microRNAs作为生物标记物识别雄鱼及伪雄鱼的方法。半滑舌鳎精浆外泌体microRNA在性别鉴定中应用，microRNA性别标签为dre-miR-10d-5p，其序列为taccctgtagaaccgaatgtgtg 。

# 半滑舌鳎性别标签piR-mmu-72274 的应用

专利类型：发明专利。

专利授权人（发明人或设计人）：张博，贾磊，高磊，赵娜，刘克奉，鲍宝龙，李仰真，车金远。

专利号（授权号）：ZL201811020134.4。

专利权人（单位名称）：天津渤海水产研究所。

专利申请日：2018 年 9 月 3 日。

授权公告日：2021 年 4 月 16 日。

授权专利内容简介：本发明涉及一种半滑舌鳎性别标签piR-mmu-72274 的应用，所述性别标签piR-mmu-72274 来源于鱼精浆外泌体。本发明通过small RNA测序分析，筛选到两种鱼显著差异表达的标签piRNAs，通过实时定量PCR验证，最终确定了对两种鱼具有指示作用的piRNA生物标志物。标签piRNAs为piR-mmu-72274，序列为GCATTGG TGGTTCAGTGGTAGAATTCTCGCCT，并以此为基础开发制备了检测试剂盒。本发明方法具有无创、高效的优点，且鉴定结果可靠，是首次通过定量检测来判别半滑舌鳎的遗传性别。

# 半滑舌鳎差异表达的microRNA标签及应用

专利类型：发明专利。

专利授权人（发明人或设计人）：张博，贾磊，赵娜，李仰真，刘克奉，车金远，高磊，彭康。

专利号（授权号）：Zl201811019600.7。

专利权人（单位名称）：天津渤海水产研究所。

专利申请日：2018 年 9 月 3 日。

授权公告日：2021 年 5 月 14 日。

授权专利内容简介：本发明涉及一种半滑舌鳎性别差异指示标签microRNA的应用，属于鱼类生物技术领域。所述microRNA性别标签为sdre-miR-141-3p，其序列为TAACACTGTCTGGTAACGATGC。本发明旨在解决半滑舌鳎雄鱼及伪雄鱼在生殖遗传上的区分问题。本标志miRNAs具有在雄鱼和伪雄鱼中显著差异表达的特点，是特异的分子识别标记。

# 一种诱导鲆鲽鱼类卵巢生殖细胞凋亡的方法

专利类型：发明专利。

专利授权人（发明人或设计人）：孙朝徽，任玉芹，王玉芬，张晓彦，于清海，姜秀凤，侯吉伦，王桂兴，赵雅贤。

专利号（授权号）：ZL201910352333.3（CN110024721 B）。

专利权人（单位名称）：中国水产科学研究院北戴河中心实验站。

专利申请日：2019 年 4 月 29 日。

授权公告日：2021 年 9 月 21 日。

授权专利内容简介：本发明提供了一种诱导鲆鲽鱼类卵巢生殖细胞凋亡的方法。本发明包括如下步骤：在产卵季节过后对鲆鲽雌鱼进行高温培养，在高温培养阶段向鲆鲽雌鱼多次注射用于使生殖细胞凋亡的药物；其中，所述药物为白消安，特别是以生殖孔注射方式进行多次注射。本发明的方法能够保证鲆鲽雌鱼具有较高的存活率，同时诱导鲆鲽鱼类卵巢生殖细胞凋亡的效果良好。

# 牙鲆育性相关的SNP分子标记及其筛选方法和应用

专利类型：发明专利。

专利授权人（发明人或设计人）：张晓彦，侯吉伦，王桂兴，王玉芬，孙朝徽，都威。

专利号（授权号）：ZL201811373070.6（CN109385482 B）。

专利权人（单位名称）：中国水产科学研究院北戴河中心实验站。

专利申请日：2018 年 11 月 19 日。

授权公告日：2021 年 10 月 26 日。

授权专利内容简介：本发明建立了一种牙鲆育性研究模型，提供了一种快速大量建立 21OHD动物模型的方法，筛选得到了育性相关的cyp21a2 基因的SNP位点。利用得到的SNP位点，筛选出仔鱼期的不育DH牙鲆可作为 21OHD动物模型，进行人类CAH疾病的深入研究。本发明发现通过雌核发育手段制备的双单倍体（DH）雌性牙鲆大多表现为不育，而不育个体的雄激素水平较高，ACTH激素水平显著性提高，21 羟化酶活性显著性降低。同时，DH牙鲆的转录组结果显示：DH不育与cyp21a2 基因显著性低表达相关。本发明对可育牙鲆和不育DH牙鲆的cyp21a2 基因进行重测序，筛查SNP，与DH牙鲆育性性状进行关联分析，确定与育性性状相关的SNP标记，利用该标记用于牙鲆分子标记辅助选育，同时可利用该标记筛选出仔鱼期的不育DH牙鲆作为 21OHD动物模型，进行人类 21OHD疾病的深入研究。同时，DH牙鲆存在制备手段简单，突变种类多，个体纯合度高，突变个体较多，甚至能进行大规模制备的优点。

# 浮性鱼卵分离装置

专利类型：实用新型。

专利授权人（发明人或设计人）：司飞，孙朝徽，任建功，刘玉峰，何忠伟，赵雅贤，都威，刘霞。

专利号（授权号）：202021894489.9。

专利权人（单位名称）：中国水产科学研究院北戴河中心实验站。

专利申请日：2020 年 9 月 2 日。

授权公告日：2021 年 2 月 23 日。

授权专利内容简介：本实用新型公开了一种浮性鱼卵分离装置，涉及鱼卵收集技术领域。浮性鱼卵分离装置包括底座、用于容纳水和浮性鱼卵的分离桶以及用于将所述分离桶悬空架持在所述底座上的固定架。所述分离桶设有用于供水和浮性鱼卵进入的开口。所述分离桶的下端呈倒锥形结构，且所述倒锥形结构的锥尖处设有排口，以使所述分离桶内的死卵或优质鱼卵排出。所述排口处设有用于开启和关闭所述排口的阀门。如此设置，静置之后优质活卵会上浮在水表面，质量差的鱼卵悬浮在水中，死卵沉到水底，此时打开阀门，将质量差的鱼卵和死卵先排出扔掉，关闭阀门，然后在排口的下方接收集装置，再打开阀门将优质鱼卵排出。本实用新型分离效果好，可避免后期运输中水质败坏和优质鱼卵死亡。

# 一种便捷自动投喂桡足类的装置

专利类型：发明专利。

专利授权人（发明人或设计人）：佘训凯，包欣源，刘兴彪，黄匡南，翁华松，张文兵，王容锐。

专利号（授权号）：202010642314.7。

专利权人（单位名称）：宁德市富发水产有限公司。

专利申请日：2020 年 6 月 18 日。

授权公告日：2021 年 11 月 9 日。

授权专利内容简介：

本发明公开了一种便捷自动投喂桡足类的装置，包括 3 个开口向上的筒体，3 个筒体呈环形设置，所述筒体的外侧设为圆台形，所述筒体上粘接固定套设有漂浮套，筒体的顶部磁吸固定有桶盖，且桶盖的侧壁上开设有 3 个出气孔，桶盖的顶部设置有与其一体化加工而成的弧形把手，3 个筒体之间固定连接有同一个连接座，连接座位于 3 个漂浮套的下方。本发明设计合理，便于同步调整 3 个筒体内桡足类的排出投喂速度；利用解冻的过程逐渐投喂的方式保证了鱼苗有充足的时间摄食，减少了饵料的浪费；能够自动同步对 3 个筒体内的桡足类进行搅拌泡水解冻和排料扩散。整个解冻和扩散的过程能够自动实现，无须人工操作，节省时间的同时还保证了养殖质量。

# 一种冷链包装系统

专利类型：实用新型。

专利授权人（发明人或设计人）：方秀。

专利号（授权号）：ZL202020690705.1。

专利权人（单位名称）：福建闽威食品有限公司。

专利申请日：2020 年 4 月 29 日。

授权公告日：2021 年 4 月 27 日。

授权专利内容简介：本实用新型提供一种冷链包装系统。冷链包装系统包括清洗台，所述清洗台后侧具有放置架，放置架旁侧具有速冻冷库，速冻冷库的旁侧设置有裹冰机，裹冰机的出料端具有物料提升机，所述物料提升机的下方设置有接料斗，所述接料斗下方设有包装传送带，所述包装传送带旁侧设置有人工包装台，所述人工包装台上设置有封口机。本实用新型通过统一的规划设计的设备能够实现鱼类鱼类冷冻包装的清洗、速冻及对鱼类表面进行裹冰至包装工序，整体工序效率高，转运方便。

# 鱼肉搅拌调味机

专利类型：实用新型。

专利授权人（发明人或设计人）：方秀，刘荣城。

专利号（授权号）：ZL202020699106.6。

专利权人（单位名称）：福建闽威食品有限公司。

专利申请日：2020 年 4 月 30 日。

授权公告日：2021 年 4 年 27 日。

授权专利内容简介：本实用新型涉及一种鱼肉搅拌调味机，其特征在于：包括搅拌装置、定量下调料装置，所述的定量下调料装置安装于搅拌装置正上方，所述的搅拌装置包括机架、搅拌筒，所述的搅拌筒转动连接于机架上，搅拌筒中部横置有水平搅拌棍。本实用新型设计合理，方便专业化生产，提高劳动生产效率，减少人工劳动且使搅拌更加均匀。

# 鱼肉食品挤压成型机

专利类型：实用新型。

专利授权人（发明人或设计人）：方秀，刘荣城。

专利号（授权号）：ZL202020699094.7。

专利权人（单位名称）：福建闽威食品有限公司。

专利申请日：2020 年 4 月 30 日。

授权公告日：2021 年 4 月 27 日。

授权专利内容简介：本实用新型涉及一种鱼肉食品挤压成型机，其特征在于：包括传送带、挤压机构、滚薄机构，所述的挤压机构安装于传送带中部上方，所述滚薄机构安装于传送带传出端上，所述的挤压装置包括落料漏斗，落料漏斗下设置有绞龙装置，绞龙装置的输入口与落料漏斗的输出口相连接，绞龙装置的输出口连接有可调节输出口径的挤压漏斗，落料漏斗上于绞龙装置的进口上沿纵向设置有圆柱旋转刀，所述滚薄结构包括间隔横置于传送带上的第一滚轮、第二滚轮、第三滚轮，本实用新型设计合理，方便专业化生产，提高劳动生产效率，减少人力劳动，挤压成型的鱼肉厚薄更均匀。

# 一种裹冰机

专利类型：实用新型。

专利授权人（发明人或设计人）：方秀。

专利号（授权号）：ZL202020692442.8。

专利权人（单位名称）：鱼肉食品挤压成型机。

专利申请日：2020 年 4 月 29 日。

授权公告日：2021 年 6 月 22 日。

授权专利内容简介：本实用新型提供一种裹冰机，裹冰机包括用于放置冰块及冷却液的存冰槽，所述存冰槽的内固定有裹冰槽，所述裹冰槽的两端搭于存冰槽两侧，裹冰槽的下表面及侧部具有镂空的流通微孔，所述裹冰槽的一端具有使水流从一端向另一端流动的旋转叶片，所述旋转叶片由电机驱动转动，本实用新型能够实现在鱼类冷冻包装中对鱼类表面进行裹冰操作，通过在裹冰槽内的增加旋转叶片使裹冰槽内的冰水定向推动冷冻低温的鱼类由一侧向另一侧移动，保证鱼类表面裹冰的充分也同时带动鱼类向另一侧排出。

# 水产养殖自动排污装置

专利类型：发明专利。

专利授权人（发明人或设计人）：李波，李文升，庞尊方，等。

专利号（授权号）：ZL202111065777.2。

专利权人（单位名称）：莱州明波水产有限公司，山东明波海洋设备有限公司，莱州湾区海洋科技有限公司。

专利申请日：2021.9.13。

授权公告日：2021.11.19。

授权专利内容简介：

本发明公开了一种水产养殖自动排污装置，涉及排污装置技术领域。包括处理池和排污池，所述排污池设置在处理池的旁侧，所述排污池的下部贯穿开设有排污管，所述处理池上设置有刮除组件、第一挡板、喷淋组件、传动组件、刷洗组件和锁定组件，所述处理池的底部均匀开设有若干个进气孔，所述处理池上部的一侧开设有缺口，所述第一挡板滑动设置在缺口内，所述喷淋组件设置在排污池的上方，所述刷洗组件设置在喷淋组件与排污池之间，所述传动组件设置在凵形板与喷淋组件之间。通过从处理池的底部向微污染水内均匀输送空气，为水体提供足够的溶解氧，并且气泡在上升过程中可以吸附污水中粒径较小的悬浮颗粒物，达到去除杂质的效果，提高了本装置的实用性。

# 水产养殖用水与代谢物分离设备

专利类型：发明专利。

专利授权人（发明人或设计人）：牛艺澎，李波，李文升，等。

专利号（授权号）：ZL202111103434.0。

专利权人（单位名称）：莱州明波水产有限公司，山东明波海洋设备有限公司，莱州湾区海洋科技有限公司。

专利申请日：2021 年 9 月 22 日。

授权公告日：2021 年 12 月 3 日。

授权专利内容简介：

本发明公开了一种水产养殖用水与代谢物分离设备，属于污水处理技术领域，包括养殖鱼池，还包括双层网板切换装置和代谢物聚拢装置，双层网板切换装置和代谢物聚拢装置均设置在养殖鱼池的内部，双层网板切换装置包括第一网孔板、第二网孔板、切换振荡组件和伸缩连接组件，第一网孔板和第二网孔板堆叠设置在养殖鱼池内的下端，切换振荡组件设置在养殖鱼池内的一侧且分别与第一网孔板和第二网孔板的侧端连接，伸缩连接组件设置在养殖鱼池内远离切换振荡组件的两侧。本装置将大量代谢物聚拢到一个较小的区域后对其进行抽取，抽水量较小，既不会影响养殖鱼池内的生态环境，也可最大限度地对养殖鱼池内水中的代谢物进行分离。

# 一种许氏平鲉致病菌哈氏弧菌菌株P5W及应用

专利类型：发明专利。

专利授权人（发明人或设计人）：韩慧宗，王腾腾，姜海滨，陈钰臻，王斐，张明亮，李斌，崔广鑫，杜文勇。

专利号（授权号）：ZL202110234519.6。

专利权人（单位名称）：山东省海洋资源与环境研究院（山东省海洋环境监测中心、山东省水产品质量检验中心）。

专利申请日：2021 年 3 月 3 日。

授权公告日：2021 年 6 月 22 日。

授权专利内容简介：

本发明提供了一种许氏平鲉强致病菌哈氏弧菌菌株P5W及应用；菌株P5W对许氏平鲉具有极强的致病力，该菌株P5W保藏在中国微生物菌种保藏管理委员会普通微生物中心，保藏编号为CGMCC NO.21154，保藏日期为 2020 年 11 月 11 日，分类命名为哈氏弧菌 *Vibrio harveyi*。本发明实施例所涉及的哈氏弧菌P5W对许氏平鲉具有较强的的致病力，能够引起许氏平鲉肝、脾、肾和肌肉出现不同程度的病变，在较短时间内造成鱼体发病或死亡，可以用于许氏平鲉抗哈氏弧菌苗种的选育和许氏平鲉哈氏弧菌疫苗的制备。

# 一种许氏平鲉怀仔亲鱼的运输装置

专利类型：实用新型。

专利授权人（发明人或设计人）：韩慧宗，姜海滨，王腾腾，李斌，张明亮，王斐，相智巍，孙春晓，陈钰臻。

专利号（授权号）：ZL202022397472.9。

专利权人（单位名称）：山东省海洋资源与环境研究院（山东省海洋环境监测中心、山东省水产品质量检验中心）。

专利申请日：2020 年 10 月 26 日。

授权公告日：2021 年 7 月 30 日。

授权专利内容简介：

本实用新型公开了一种许氏平鲉怀仔亲鱼的运输装置，包括有转运筐本体，所述转运筐本体的内部安装有 3 个斜挡板和 2 个直挡板，所述斜挡板和直挡板间隔式安装在转运筐本体的内部，使每个隔层的形状从正上方看为梯形，所述转运筐本体的顶部活动安装有盖板，所述盖板顶部后侧的左右两侧均固定连接有连接块，所述连接块的背面固定连接有两个转动块。本实用新型通过在转运筐本体内部安装斜挡板和直挡板，可以使亲鱼运输的过程中分隔开放置，亲鱼之间不易扎伤，避免了鱼体受伤，不容易感染；且对代谢物、黏液等进行简单过滤，保证水质良好，为怀仔亲鱼提供一个相对舒适的养殖环境。

# 干冰缓释可控温保温箱

专利类型：实用新型。

专利授权人（发明人或设计人）：郭晓华，董浩，申照华，励建荣，梁建，孙爱华，张永勤，张廷翠。

专利号（授权号）：ZL20202511932.6 。

专利权人（单位名称）：山东美佳集团有限公司。

专利申请日：2020 年 11 月 4 日。

授权公告日：2021 年 8 月 31 日。

授权专利内容简介：本实用新型公开了一种干冰缓释可控温保温箱，属于保温箱技术领域，包括箱体，箱盖扣合在箱体的上端，其特征在于：还包括气体调节装置，所述箱体的内腔设有一圈内壁，箱体的外壁与内壁之间形成环形空腔，环形空腔内安装有气体调节装置；所述气体调节装置包括出气U形盘管、进气U形盘管、气泵和换向阀，出气U形盘管和进气U形盘管分别绕箱体环形空腔一圈。与现有技术相比较具有延长保温时间的特点。

# 一种改进的养殖池底吸污装置

专利类型：实用新型。

专利授权人（发明人或设计人）：周胜杰，马振华，杨其彬，胡静，杨蕊，陈旭，纪东平。

专利号（授权号）：ZL2020 2 0838757.9。

专利权人（单位名称）：中国水产科学研究院南海水产研究所热带水产研究开发中心；三亚热带水产研究院；防城港市农业农机服务中心。

专利申请日：2020 年 5 月 19 日。

授权公告日：2021 年 1 月 1 日。

授权专利内容简介：改进了养殖池底吸污管的结构和构造，增加了吸污效率，防止养殖物种误吸情况发生。

# Method for Analyzing Differential Metabolites of Traditional Fermented Food Based on Non-targeted Metabolomics

# 一种基于非靶向代谢组学的传统发酵食品差异产物解析方法

专利类型：发明专利。

专利授权人（发明人或设计人）：王悦齐，吴燕燕，李春生，李来好，杨贤庆，陈胜军，赵永强，岑剑伟，杨少玲，魏涯，王迪，王雨。

专利号（授权号）：2021106589 。

专利权人（单位名称）：中国水产科学研究院南海水产研究所。

专利申请日：2021 年 3 月 10 日。

授权公告日：2021 年 10 月 27 日。

授权专利内容简介：本发明公开了一种基于非靶向代谢组学的传统发酵食品差异代谢产物解析方法，基于UHPLC-Q/TOF-MS非靶向代谢组学分析不同发酵时间下传统发酵食品代谢组的差异，并利用多元统计学分析方法对差异代谢产物进行生物学解析。本发明的方法建立了传统发酵食品模型，适用于传统发酵食品的差异代谢产物解析，鉴别成本低，结果可视化程度高。本发明基于多维融合鉴别与预测策略，相对于传统感官分析和单种代谢物分析，具有灵敏度高、分析时间短、操作方便等优势，满足现代发酵食品快速检测和分析的要求。

# Method for Improving Fermentation Quality of Fish Sauce by Halanaerobium fermentans

# 一种利用发酵盐厌氧菌改善鱼露发酵品质的方法

专利类型：发明专利。

专利授权人（发明人或设计人）：李春生，李文静，李来好，杨贤庆，陈胜军，吴燕燕，赵永强，王悦齐。

专利号（授权号）：2021106407 。

专利权人（单位名称）：中国水产科学研究院南海水产研究所。

专利申请日：2021 年 3 月 10 日。

授权公告日：2021 年 10 月 27 日。

授权专利内容简介：本发明公开了一种利用发酵盐厌氧菌改善鱼露发酵品质的方法，涉及生物发酵技术领域。利用发酵盐厌氧菌（保藏编号为CGMCC No. 22952）发酵生产的鱼露，具有传统自然发酵鱼露特有的风味，而且能够明显改善传统自然发酵鱼露的品质和质量安全。与传统自然发酵鱼露相比，加菌发酵鱼露的发酵周期明显缩短，氨基酸态氮含量明显提升，而挥发性盐基氮、组胺和总生物胺的含量显著降低。

# Preservation method of Lateolabrax Maculates with Ozone Ice

# 一种利用臭氧水保鲜海鲈的方法

专利类型：发明专利。

专利授权人（发明人或设计人)：马海霞，杨贤庆，李来好，陈胜军，戚勃，胡晓，邓建朝，岑剑伟，荣辉，李春生，潘创，李浩权。

专利号（授权号)：2021106135 。

专利权人（单位名称)：中国水产科学研究院南海水产研究所。

专利申请日：2021 年 3 月 10 日。

授权公告日：2021 年 10 月 13 日。

授权专利内容简介：本发明提供了一种利用臭氧冰保鲜海鲈鱼的方法，其包括以下步骤：① 将鲜活海鲈鱼去鳞、去鳃、开背、去内脏后用流动水冲洗干净；② 用臭氧水浸泡经步骤① 的海鲈鱼 5 min~10 min；③ 将经步骤②的海鲈鱼从臭氧水中捞出，再层鱼层臭氧冰装入泡沫保温箱内，并将泡沫保温箱置于 0℃ ~4℃的温度条件下贮藏。本发明方法能明显延长鲜海鲈鱼的货架期，在 0℃ ~4℃的环境温度下货架期为 10~12 d，能保持产品良好的品质，确保产品的食用安全性。